DAIMLER WERKZEITUNG

1919/20

ISBN 3-87067-429-6
Gesamtherstellung: Brendow Druck, 4130 Moers 1

©DaimlerBenz Aktiengesellschaft, Stuttgart, alle Rechte vorbehalten.
Herausgeber: DaimlerBenz AG.
Druck und Verlag mit Genehmigung der DaimlerBenz AG:
Joh. Brendow & Sohn, Grafischer Großbetrieb und Verlag

©Für diese Ausgabe:
Joh. Brendow & Sohn, Grafischer Großbetrieb und Verlag, D-4130 Moers 1
Das Werk einschließlich aller seiner Teile ist urheberrechtlich geschützt.
Jede Verwertung außerhalb der engen Grenzen des Urheberrechtsgesetzes
ist ohne Zustimmung des Verlages unzulässig.
Das gilt insbesondere für Übersetzungen, Mikroverfilmungen und die
Einspeicherung und Verarbeitung in elektronischen Systemen.
Vertrieb: v. d. Linnepe Verlagsgesellschaft mbH & Co., Hagen

Inhalt

Geleitwort	VII
Andreas Möckel *Eugen Rosenstock-Huessy (1888–1973)*	IX
Otto Nübel *Paul Riebensahm, Eugen Rosenstock-Huessy und die Daimler-Motoren-Gesellschaft 1919–1920*	XIII
Daimler Werkzeitung 1. Jahrgang 1919/1920	1–292
Daimler Werkzeitung 2. Jahrgang 1920	1–126
Anhang: Eugen Rosenstock-Huessy *Denkschrift – Über die geistige Sanierung des Daimlerwerks*	XXXVII
An den Arbeiter-Ausschuß	XIL
Aus den Papieren der Daimler-Werk-Zeitung	XLI
Eugen Rosenstock-Huessy *Der technische Fortschritt erweitert den Raum, verkürzt die Zeit und zerschlägt menschliche Gruppen*	XLV
Personenregister 1. und 2. Jahrgang	LI

Geleitwort

Die Rosenstock-Huessy-Gesellschaft hat uns um Zustimmung und Unterstützung zum Nachdruck der Daimler Werkzeitung der Jahre 1919/20 gebeten. Wir folgen ihrem Wunsch gern, denn das in dieser Zeitschrift dokumentierte Zusammenwirken zwischen der Leitung eines Wirtschaftsunternehmens und einem jungen, hochbegabten und sensiblen „christlichen Sozialrevolutionär" stellt einen bemerkenswerten Versuch zur Lösung gesellschaftspolitischer Probleme in schwerer Zeit dar.

Für Daimler-Benz war dies ein wichtiger Ansatz in der Geschichte des Unternehmens, der es verdient, auch in der Gegenwart bedacht zu werden. In solchem historischen Wissen allein geht allerdings nicht auf, was Rosenstock-Huessy inhaltlich als seine Überzeugung eingebracht hat. Neben vielem anderen, aber durchaus stellvertretend, sei insoweit auf einen seiner Schlüsselsätze verwiesen, in dem er feststellt: Die Weltwirtschaft muß „den Gegenrhythmus zu ihrer eigenen technischen Rhythmik kontrapunktisch *selber* erzeugen".

Rosenstock-Huessy meinte mit dieser Aussage nichts anderes als das, was auch Novalis im Sinne hatte, als er erklärte, daß jeder technische Fortschritt nur menschendienlich und -verträglich sein kann, wenn er von einer entsprechenden geistig-ethischen Anstrengung begleitet wird. Bereits Rosenstock-Huessy war sich der Tiefe der Fragestellung bewußt, die auch die gegenwärtige Diskussion um Problem und Krise der Industriegesellschaft bewegt, wenn von einer Unternehmenskultur, ja einer Unternehmensphilosophie die Rede ist.

Was die eigentliche Aktualität der Intuitionen Rosenstock-Huessys ausmacht, ist die Erkenntnis, daß das „soziale Problem" auch eine geistig-kulturelle Dimension hat, die von dem nur szientistischen und materialistischen Geist nicht gesehen wird. Seine konkreten Antworten, die er im Blick auf die damalige Situation gegeben hat, mögen zeitbedingt sein, aber seine Intention verdient es, auch unter veränderten und fortgeschritteneren Bedingungen der Gegenwart bedacht und ernstgenommen zu werden.

Wir wünschen uns, daß dieses frühe anspruchsvolle Dokument einer Werkzeitung und die in der Einleitung festgehaltenen Zusammenhänge seiner Entstehung auch Wissenschaftlern bei ihren Arbeiten Nutzen bringen. Wir freuen uns zu wissen, daß die Veröffentlichungen des Gesamtwerkes von Rosenstock-Huessy mit dem Neudruck vervollständigt werden können. Wir hoffen, daß damit auch Anregungen gegeben werden, die wissenschaftliche Forschung auf sozialpolitisch wichtige Problemlösungsversuche im Rahmen einer industriellen Betriebsgemeinschaft zu erstrecken.

Rosenstock-Huessy hat auch nach dem Zweiten Weltkrieg mit der Daimler-Benz AG auf dem Gebiet der Erwachsenenbildung zusammengearbeitet. Im Begleittext zur Neuauflage seines Buches „Der unbezahlbare Mensch" hat er 1962 die Fruchtbarkeit des „lebendigen Sprechens" mit über 100 Ingenieuren unseres Hauses über die Gesetze des technischen Fortschritts erwähnt. Das Protokoll dieser Tagung ist unten angefügt.

Es erfüllt uns mit Genugtuung, daß dieser von Walter Hammer später „Erzvater des Kreisauer Kreises" genannte, in planetarischen Dimensionen denkende Mann schon der Daimler-Motoren-Gesellschaft nahestand und in deren Vorstandsmitglied Professor Riebensahm einen vorausdenkenden Partner fand.

Reuter

Gentz

Aufnahme von 1921

EUGEN ROSENSTOCK-HUESSY
(1888 – 1973)

Kulturphilosoph, Soziologe und Erwachsenenbildner, Professor für
Rechtsgeschichte, Bürgerliches Recht, Handels- und Arbeitsrecht,
Vater des Kreisauer Kreises

Eugen Rosenstock-Huessy

(1888–1973)

Andreas Möckel

Als Vorsitzender der Rosenstock-Huessy-Gesellschaft danke ich dem Vorstand der Daimler Benz AG für den Reprint der Werkzeitung von 1919/20. Er macht sie einer großen Öffentlichkeit zugänglich. Das Verdienst, die erste Anregung zum Wiederabdruck gegeben zu haben, gebührt Herrn Willibald Huppuch.

Diese Zeitung spiegelt nicht nur eine Epoche der Daimler-Motoren-Gesellschaft nach dem Ersten Weltkrieg und nicht nur einen damals neuartigen Weg zur Lösung sozialer Konflikte, sondern auch die politische und praktische Seite eines Wissenschaftsverständnisses, das erst nach dem Zweiten Weltkrieg als Handlungsforschung oder als Aktionsforschung bekannt und anerkannt worden ist. Die Bezeichnung Handlungsforschung reicht allerdings nicht aus, um die einmalige Situation des Redakteurs Rosenstock im Jahre 1919 zu kennzeichnen; es ging um mehr als Forschung.

Eugen Rosenstock-Huessy wurde am 6. Juli 1888 in Berlin geboren. Seine liberalen, jüdischen Eltern stimmten zu, als sich der Sechzehnjährige evangelisch taufen ließ. Mit zwanzig Jahren promovierte er, zwei Jahre später habilitierte er sich als Rechtshistoriker. Von großer Bedeutung auch für den Neuanfang nach dem Weltkrieg war die Freundschaft mit Franz Rosenzweig, dem großen Erneuerer des jüdischen Glaubens in diesem Jahrhundert. Ohne diese Freundschaft ist beider Lebenswerk nicht zu erfassen. Um den Redakteur der Werkzeitung zu verstehen, muß man den Kreis um die 1920 in Würzburg gegründeten drei Neubauverlage mitsehen: Patmos, Moria und Eleusis. Die drei Namen bildeten zusammen ein Programm, das über die Zielsetzung der ökumenischen Bewegung, die ebenfalls nach dem Ersten Weltkrieg begann, noch hinausgeht. Christen, Juden und Akademiker – Rosenstock-Huessy nannte sie „Griechen" – sollten zusammenarbeiten, ohne die jeweils unterschiedliche geistige Herkunft zu verleugnen, aber auch ohne sie bis zur Beschädigung eines zwischenmenschlichen Umgangs zu verteidigen, was in ideologischen Kämpfen leider oft geschah und geschieht. Zu den Autoren des Patmos Verlages gehörten Karl Barth, Rudolf und Hans Ehrenberg, Leo Weismantel, Georg Picht.

Die Methode, nach der die Beiträge in der Daimler Werkzeitung angeregt, ausgewählt und zusammengestellt wurden, spiegelt die Vorstellungen Rosenstocks und des Patmoskreises. Beide Unternehmungen scheinen weit auseinander zu liegen; in Wirklichkeit sollte auf verschiedenen Wegen in unterschiedlichen Lebensgebieten das gleiche erreicht werden. Anregungen des genialen Anregers Rosenstock in der Zeit der Weimarer Republik in Stuttgart, Frankfurt und Breslau und nach seiner Auswanderung im Jahre 1933 in den USA verdienen heute nicht weniger Aufmerksamkeit als damals. Die innere Übereinstimmung der verschiedenen Wege wird sichtbar, weil er sie glaubwürdig, ohne Rücksicht auf berufliche Karriere, selbstvergessen beschritt.

In einer Ansprache vor der Wirtschaftspolitischen Gesellschaft von 1947 formulierte er 1959 pointiert: „Weil die Weltwirtschaft sich weder auf Missionare der Kirche noch auf Kriegsschiffe der Staaten verlassen kann, muß sie den Gegenrhythmus zu ihrer eigenen technischen Rhythmik kontrapunktisch selber erzeugen." Die bloße Negation unbequemer, realer Kräfte lehnte er ab. Er erinnerte in der Paulskirche an das Revolutionsjahr 1848/49: „Einstmals hieß es: Gegen Demokraten helfen nur Soldaten. Das kommt mir etwas unfruchtbar vor. Wie wäre es mit dem neuen Vers: Gegen Waren und Maschinen hilft nur – du mußt selber dienen!" (Friedensbedingungen einer Weltwirtschaft, S. 43).

Im Jahr 1919 war er sicher, daß er weder Staatssekretär, noch Universitätslehrer, noch Mitherausgeber einer renommierten Zeitschrift werden durfte. Er spürte die große Verödung, die nach dem Krieg eingetreten war und die Menschen von innen bedrohte. Er spürte, daß er selbst die Antwort auf die Herausforderung seiner Zeit finden mußte und daß Kirchen-, Staatsmänner und reine Wissenschaftler keine ausreichenden Antworten auf gesellschaftliche Fragen zu geben vermochten.

Die Bücher, Aufsätze und Vorträge aus dieser Zeit liegen thematisch meistens weit ab von seinem Spezialgebiet, der mittelalterlichen Rechtsgeschichte. Er suchte Helfer und Freunde wie einer, der den

Schwelbrand riecht und die Schlafenden wecken will, bevor es zu spät ist: „Wir sind in der Nacht, nur in der Nacht. Und da ein Uhr vorüber ist, so wird es erst jetzt ganz hoffnungslos still und schweigsam. Die grenzenlose Bangigkeit wird noch viele Deutsche in den kommenden Jahrzehnten zu Revancheplänen, Restaurationsversuchen und gewaltsamen Empörungen treiben. Wir werden den Versuch eines Lügenkaisertums durchzumachen haben, weil die Kräfte nicht rasten werden, ehe sie nicht widerlegt sind" (Die Hochzeit des Kriegs und der Revolution, S. 242).

Frieden, so wußte er, ist nichts Natürliches. Er muß ausdrücklich geschlossen werden. Frieden ist eine sprachliche Leistung, eine keineswegs vorhersagbare Verständigung von keineswegs immer verständigen Menschen. Die Dienste, die er forderte, anregte und selbst in Gang setzte, zeigten Auswege angesichts nationaler und sozialer Konflikte und drohender Gewaltlösungen. Die Übernahme der Redaktion der Daimler Werkzeitung gehört in die Reihe dieser immer neuen Anläufe, mit denen Rosenstock der explosiven Sprachlosigkeit seiner Zeit begegnete. In Stuttgart ging es unter anderem um die oft unausgesprochene, aber deutlich gefühlte Unzufriedenheit und Ungerechtigkeit am Arbeitsplatz in der industriellen Fertigung. Er sah, daß der Arbeitsplatz keinen Raum zum Leben darstellte.

Das Buch „Werkstattaussiedlung" (1922), das dem leitenden Ingenieur Paul Riebensahm zugeeignet ist und den Geist der Stuttgarter Zusammenarbeit atmet, enthält einen eindrucksvollen Bericht von Eugen May, einem Dreher der Daimler-Motoren-Gesellschaft, der nicht nur die Lage des unmündig gehaltenen Arbeiters vor dem Ersten Weltkrieg drastisch zeigt, sondern auch beweist, daß der Beitrag der scheinbar Unmündigen für die Besserung der Situation unentbehrlich ist. Gibt man Arbeitern Gelegenheit, mitzureden und ihre Probleme auszusprechen, das war Rosenstock-Huessys Überzeugung, öffnet sich die Situation und provoziert kreative Lösungsvorschläge.

„Werkstattaussiedlung" (1922) und „Vom Industrierecht" (1926) setzten mit wissenschaftlichen Mitteln fort, was Rosenstock-Huessy mit der Redaktion der Werkzeitung begonnen hatte. Beides zusammen gibt die Richtung an. „Die pädagogische Pflicht, von den Aufgaben und Gesetzen des Soziallebens lehrend Zeugnis zu geben, kann nur erfüllt werden, indem man Probleme aufrollt, die vor geistige Entscheidungen stellen, weil sie eine Vereinigung zwischen Sprecher und Hörer in der obersten Zielsetzung unvermeidlich machen. Das ist etwas Neues. Bisher behandelt die wissenschaftliche Methode und Logik den Leser oder Schüler entweder als zu belehrenden Jünger oder als zu widerlegenden Älteren." Die von ihm vertretene Wissenschaft, er nannte sie an dieser Stelle Volkswissenschaft, nicht Soziologie, „behandelt beide als Alters- und Leidensgenossen, die bei gleichem Schicksal geteilte Aufgaben haben. Volkswissenschaft kann nie zeitlos sein, sie muß mit Urteilen über gesund und krank, Regel und Ausnahme, willkürlich und gesetzmäßig, eingreifen, wie Medizin" (Werkstattaussiedlung, S. 285).

Nachdem die Tätigkeit als Redakteur in Stuttgart beendet war, übernahm er die Leitung der neu gegründeten Akademie der Arbeit an der Universität in Frankfurt a. M., deren Konzept er mitbestimmt hatte. In der Denkschrift für den preußischen Kultusminister forderte er eine Akademiezeitung und wies hierbei auf die Daimler Werkzeitung hin. Kennzeichen der Akademiezeitung ist, daß der Schüler den Dozenten „ebenbürtig oder überlegen ergänzt" (zit. nach Feidel-Mertz 1968, S. 89). Tatsächlich, in der Daimler Werkzeitung ergänzten Beiträge der Arbeiter den Ingenieur oder den Professor für Arbeitsmedizin.

Rosenstock übernahm 1923 in Breslau eine Professur für Rechtsgeschichte, Bürgerliches-, Handels- und Arbeitsrecht. Die Löwenberger Arbeitslager mit Arbeitern, Bauern und Studenten trugen seinen Stempel. Teilnehmer aus diesen Lagern haben sich später mit anderen als Gegner Hitlers verständigt und ein Konzept für die Zeit nach dem Krieg erarbeitet: Helmuth James Graf von Moltke, Peter Graf York von Wartenburg, Horst Einsiedel, Carl Dietrich von Trotha, Adolf Reichwein, Hans Peters. Walter Hammer hat Eugen Rosenstock-Huessy daher Erzvater des Kreisauer Kreises genannt.

Im Hohenrodter Bund, einem Zusammenschluß im Bereich freier Erwachsenenbildung, gehörte Rosenstock mit Theodor Bäuerle, Wilhelm Flitner, Leo Weismantel zu den bedeutendsten Anregern. Rosenstock, seit den zwanziger Jahren nach dem Namen seiner Schweizer Frau Rosenstock-Huessy, entschloß sich am Tage nach der Ernennung Hitlers zum Reichskanzler zur Auswanderung in die USA. Dort lehrte er zunächst als Gastprofessor an der Harvard Universität in Cambridge, Mass., später am Dartmouth College in Hanover, N. H.

Im Jahr 1940 richtete er im Staate Vermont das Camp William James ein, das an die Arbeitslager in

Schlesien anknüpfte (Preiss 1978). Auf Wunsch Roosevelts diente es zur Ausbildung von Führungskräften für das Civil Conservation Corps (CCC). Ihm verdankte, wie Sargent Shriver, der Schwager John F. Kennedys, schrieb, auch das amerikanische Peace Corps viel (1961; Preiss 1978, S. X). Aktion Sühnezeichen steht Rosenstock-Huessys Gedanken nahe. Greenpeace beruft sich auf ihn.

Sein letztes Buch in deutscher Sprache „Dienst auf dem Planeten" (1965) faßt noch einmal die Notwendigkeit, aber auch die aussichtsreichen Chancen eines Friedensdienstes zusammen. Rosenstock-Huessy sah gerade in den streitbaren Momenten dieser Dienste einen wichtigen Beitrag zur Aufrechterhaltung des Friedens. In den Niederlanden gibt es ein „Eugen Rosenstock-Huessy Huis", eine Lebensgemeinschaft, die sich an seinem Werk orientiert und flexibel Dienste entweder ausübt, neue anregt oder bestehende unterstützt. Nach dem Zweiten Weltkrieg war er Gastprofessor, unter anderem in Göttingen und Münster. Die dortige Evangelische Theologische Fakultät verlieh ihm, dem Rechtshistoriker und Soziologen, den theologischen Ehrendoktor.

Im Geiste von Helmuth James von Moltke und Eugen Rosenstock-Huessy hat in Kreisau (Krzyzowa) eine Arbeitsgruppe, deren Mitglieder aus den Vereinigten Staaten, den Niederlanden, der damaligen DDR und der Bundesrepublik kamen, zusammen mit dem Klub Katholischer Intelligenz in Breslau (Wroclaw) Planungen für eine Begegnungs- und Gedenkstätte des Widerstandes aufgenommen. Soziale und nationale Konflikte sind immer vorhanden, ja sie scheinen in Zeiten des Friedens noch deutlicher hervorzutreten als in Zeiten des Kalten Krieges. „Wir tappen nach einer sozialen Weisheit, die uns über die brutalen ‚üblichen' Vernichtungsvorgänge der Gesellschaft und das ungeheuer Bedrohliche des sozialen Vulkans hinausführt" (Das Geheimnis der Universität, S. 111). Diese Worte finden sich in einer Kritik Rosenstock-Huessys am wissenschaftlichen Ansatz Descartes, aber sie könnten auch schon vom Redakteur der Daimler Werkzeitung in Stuttgart gesagt worden sein.

Eugen Rosenstock-Huessy ist immer noch unerhört aktuell, allerdings auch unbequem. Er starb am 24. Februar 1973 in Norwich, Vermont. George Allan Morgan sagt von ihm, „he erupted like a volcano" (Morgan 1987, S. XI). Der Niederländer Wim Leenman stellte im Blick auf die Zukunftsperspektiven des einen Planeten Erde im Blick auf Rosenstock-Huessy fest: „Er ist uns immer noch weit voraus."

Literatur

Feidel-Mertz, Hildegard (Hrsg.): Zur Geschichte der Arbeiterbildung. Bad Heilbrunn/Obb. 1968.

van der Molen, Lise: A Complete Bibliography of the Writings of Eugen Rosenstock-Huessy. New York and Toronto 1989.

Morgan, George Allan: Speech and Society. The Christian Linguistic Social Philosophy of Eugen Rosenstock-Huessy. University of Florida Press/Gainesville 1987.

Preiss, Jack J.: Camp William James. Norwich, Vermont 1978.

Rosenstock-Huessy, Eugen: Die Hochzeit des Kriegs und der Revolution. Würzburg 1920.

Rosenstock-Huessy, Eugen: Werkstattaussiedlung. Untersuchungen über den Lebensraum des Industriearbeiters in Verbindung mit Eugen May und Martin Grünberg. Berlin 1922.

Rosenstock-Huessy, Eugen: Vom Industrierecht. Berlin und Breslau 1926.

Rosenstock-Huessy, Eugen: Soziologie, 2 Bände. Band 1, Die Übermacht der Räume, 2. Aufl. Stuttgart 1958, Band 2, Die Vollzahl der Zeiten, Stuttgart 1958.

Rosenstock-Huessy, Eugen: Das Geheimnis der Universität. Stuttgart 1958.

Rosenstock-Huessy, Eugen: Friedensbedingungen einer Weltwirtschaft. In: Offene Welt. Zeitschrift für Wirtschaft, Politik und Gesellschaft, Nr. 59, Januar-Februar 1959, S. 34–48 und S. 60.

Rosenstock-Huessy, Eugen: Ja und Nein. Autobiographische Fragmente. Heidelberg 1968.

Rosenstock-Huessy, Eugen: Dienst auf dem Planeten, Stuttgart 1965.

Rosenstock-Huessy, Eugen: Des Christen Zukunft, Moers 1985.

Rosenstock-Huessy, Eugen: Die europäischen Revolutionen, Moers 1987.

Rosenstock-Huessy, Eugen: Heilkraft und Wahrheit, Moers und Wien 1991.

Rosenstock-Huessy, Eugen: Atem des Geistes, Moers und Wien 1991.

PAUL RIEBENSAHM
(1880 – 1971)

Vorstandsmitglied der Daimler-Motoren-Gesellschaft, Professor für mechanische Technologie, führender Rationalisierungsexperte, Fabrikorganisator und Industriepädagoge

Paul Riebensahm, Eugen Rosenstock-Huessy und die Daimler-Motoren-Gesellschaft 1919—1920

Otto Nübel

Ende Januar 1919 fanden im Untertürkheimer Werk der Daimler-Motoren-Gesellschaft (DMG) Wahlen zum Arbeiterausschuß statt. Das wäre an sich nichts Ungewöhnliches gewesen, wenn die Wahl turnusgemäß stattgefunden und zu den gewohnten Ergebnissen geführt hätte. Traditionell vereinigten, noch im September 1918, gemäßigte, der Mehrheitssozialdemokratie nahestehende Kandidaten, namentlich Albert Salm und Wilhelm Schifferdecker, die eindeutige Stimmenmehrheit in der Untertürkheimer Arbeiterschaft auf sich.

Dieses Mal war alles anders, schon deshalb, weil die Wahlen vom Januar 1919 auf ein Mißtrauensvotum zurückgingen, das eine stark nach links orientierte Bewegung unter den Arbeitern, Mitglieder des Spartakusbundes und der USPD Mitte Dezember 1918 gegen den amtierenden Ausschuß ins Werk gesetzt hatte.[1] Das Ergebnis der Neuwahlen löste einen Erdrutsch aus: Erstmals in der Geschichte des Hauses ging die linke Mitte im Arbeiterausschuß auf eine Minderheit von 27 Sitzen zurück, während die extreme Linke mit 32 Sitzen an die Macht gelangte.[2] Die seit Jahren bewährte Leitung des Arbeiterausschusses unter Salm/Schifferdecker als Vorsitzenden wechselte auf Grötzinger/Großhans und somit auf Männer über, die sich selbst revolutionäre Sozialisten nannten.

Die leitenden Herren der DMG hatten mit einer solchen Entwicklung nicht gerechnet. Zwar gab es Mitte November 1918 erstmals deutliche Hinweise darauf, daß USPD und Spartakus, die zwei Monate zuvor nicht einmal für den Arbeiterausschuß kandidiert und bislang in Untertürkheim keine wesentliche Rolle gespielt hatten, sich plötzlich eines wachsenden Zulaufs im Werk erfreuten. Aber Ernst Berge als führende Persönlichkeit im Untertürkheimer Direktorium berichtete dem Aufsichtsratsvorsitzenden von Kaulla noch im Dezember, bei den vermehrten Aktivitäten der Linksradikalen handle es sich eher um Rückzugsgefechte, eher um ein Zeichen ihres schwindenden Einflusses als eine konkrete Bedrohung des Werksfriedens. Auch baute er darauf, daß der amtierende Arbeiterausschuß und die Gewerkschaft das beste Gegengewicht zu den Attacken von USPD/Spartakus abgeben und der Lage schon Herr bleiben würde.

Das Wahlergebnis bereitete solcher Zuversicht am 29./30. Januar 1919 ein herbes Ende. Die bislang eher gelassene Stimmung im siebenköpfigen Vorstand der DMG schlug um. Das Eindringen linksradikaler, erklärtermaßen auf einen Umsturz, die Machtübernahme in Untertürkheim und Enteignung des Werkes gerichteter Kräfte stellte eine Herausforderung dar, auf die nicht bloß mit landläufigen Abwehrmaßnahmen reagiert werden konnte. Es bedurfte vielmehr einer Grundsatzentscheidung, welcher politischen Linie der Vorstand unter den fundamental neuen Verhältnissen nach der Revolution seinen Arbeitern gegenüber zu folgen gedachte. Es ging darum, ob er sie, dem nur Wochen zuvor durch das Stinnes-Legien Abkommen eingeläuteten partnerschaftlichen Umgangsstil zwischen Gewerkschaftsleitung und Führungsspitzen der Industrie entsprechend, als gleichberechtigte Gesprächspartner in einen Prozeß der Verständigung, des Interessenausgleichs einzubeziehen bereit war oder nicht, und ob er diese neue Linie auch angesichts der aktuellen politischen Bedrohungen durchzuhalten imstande sei. Als Alternative dazu bot sich die traditionelle Herr-im-Hause-Politik der Unternehmensleitung an, wie sie im Kaiserreich selbstverständlich gewesen war. Auf sie zurückzugreifen lag für manche Vorstandsmitglieder angesichts der Gefährdung Untertürkheims durch linksradikale Eindringlinge sicherlich nahe.

Der Vorstand entschied sich trotzdem für den Dialog, für eine „Arbeitsgemeinschaft" zwischen den Sozialpartnern im Sinne von Stinnes-Legien und somit für ein grundlegend neues Konzept seiner Sozialpolitik. Unter die Vielzahl verschiedenster Schritte, die er im Lichte dieser neuen Politik tat, zählt die Gründung einer Daimler-Werkzeitung. Als Beispiel für alle übrigen Maßnahmen in diesem Sinne kann hier die Verwirklichung der Gruppenfabrikation unter der Verantwortlichkeit des Vorstandsmitgliedes Richard Lang Erwähnung finden. Vom Kern her eine bahnbrechende Neuerung auf dem Wege zur Rationalisierung, trug die Gruppenfabri-

Luftaufnahme des Werkes Untertürkheim der Daimler-Motoren-Gesellschaft, 1921
© Untertürkheim, Strähle KG (Abteilung Luftbild)

kation zugleich erste entscheidende Schritte zur Humanisierung des Arbeitsplatzes bei. Sie ermöglichte jedem Arbeiter, sein Tätigkeitsfeld „zu überblicken und geistig zu verarbeiten und zu vermeiden, daß er infolge mangelnden Überblicks die geistige Fühlungnahme mit seiner Arbeit verliert und zur stumpfen Maschine herabsinkt", wie Lang sich ausdrückte.[3]

Das Ziel, dem Arbeiter einen Überblick über die Produktion zu ermöglichen, um damit sein Interesse zu wecken, stand im Mittelpunkt solcher Bemühungen. Willy Hellpach, einer der Wegbereiter der Sozialpsychologie auf deutschem Boden, sah in der Gruppenfabrikaton ein Mittel zur „Überwindung der sachlichen und menschlichen Atomisierung des arbeitenden Fabriklers".[4] Er berichtete in eindrucksvollen Schilderungen „von dem Enthusiasmus . . ., der im Besucher einer Langschen Fabrikationsgruppe entfacht" werden mußte. Für ihn war in Untertürkheimer Werkhallen an die Stelle der „Ratlosigkeit gegenüber einem chaotischen Getriebe" herkömmlicher Produktionsanlagen „ein Kosmos der Fertigung" getreten, „die gewinnendste Überraschung, die ich in einer Fabrik jemals erlebt habe".

Der Gedanke, eine Werkzeitung zu gründen, stammte von dem Vorstandsmitglied Paul Riebensahm.[5] Nach seiner Überzeugung forderten die Zeitumstände den Interessenausgleich zwischen Arbeit und Kapital und zu diesem Zweck eine Plattform in Gestalt der Zeitung, um den durch politische Agitation aufgeworfenen Graben der Entfremdung zwischen den Sozialpartnern zuschütten zu helfen. Es dauerte nach den Arbeiterausschußwahlen vom Januar 1919 nur wenige Tage, bis Riebensahm am 6. Februar Friedrich Muff erste Anweisungen bezüglich des ihm vorschwebenden Konzepts der Daimler-Werkzeitung gab.[6] Muff war der richtige Mann für solche Aufgaben: Er stand am Anfang seiner Karriere bei Daimler und zeichnete später für die Werksnachrichten verantwortlich, ein in Untertürkheim und Sindelfingen herausgegebenes Mitteilungsblatt.

Die neue Werkzeitung, so führte Riebensahm aus, sollte über den Rahmen eines Mitteilungsblattes weit hinausreichen, nach seiner Vorstellung allerdings zunächst „nur *wirtschaftliche* Aufklärung" betreiben, die „sozialpolitische Aufklärung voraussichtlich von selbst nach sich ziehen wird". Zur Unterstützung des Vorhabens waren einzelne Herren des Hauses — Richard Lang wurde an erster Stelle genannt — sowie der Arbeiterausschuß zu konsultieren. Als Themen, die auch die Frauen der Arbeiter interessieren sollten, nannte Riebensahm: „a) Taylor System; b) Interne Arbeiterpolitik; c) Allgemeine Sozialpolitik; d) Arbeiter-Bildung und Erziehung; e) Sozial-Hygiene und Wohlfahrt".[7]

In die Vorbereitung auf die neue Werkzeitung wurde „ernste Arbeit" gesteckt, wie Muff dem Arbeiterausschuß mitteilte. Ihre Gestaltung insgesamt sollte von vornherein „ein hohes künstlerisches Niveau" erreichen. Das Titelblatt stammte von einem ungenannten Künstler, dem aufgegeben war, „kein übermodernes oder eigenartiges Bild zu schaffen, sondern eine dem Inhalt angepaßte schwere Zeichnung des Titels". Auch die Schrifttype wurde „unter künstlerischer Beratung mit Sorgfalt ausgewählt"; der Druck „für die technisch-wissenschaftlichen Artikel, die durch den Inhalt an sich eine größere Aufmerksamkeit des Lesenden erfordern, besonders groß und deutlich gewählt, um alle geistigen Kräfte für das Verständnis des Inhalts freizuhalten".[8]

Daß die Werkzeitung nur einen Teil eines umfassenden, von der Unternehmensleitung veranlaßten sozialpolitischen Programms dargestellt haben muß, mit dem sie den radikalen Einflußnahmen zu begegnen suchte, ging daraus hervor, daß Riebensahm in der gleichen Besprechung Muff weitere Arbeiten auftrug, wie Vorbereitungen für die Verbreitung von Flugblättern, die Veranstaltung von Vorträgen im Werk, von Kinovorführungen und nicht zuletzt auch zur Belebung des Sports unter „Beteiligung der Fabrikleitung an sportlichen Veranstaltungen".[9]

Vieles davon scheint alsbald in Angriff genommen worden zu sein. In diesem Rahmen sprach beispielsweise zwei Monate später der Anthroposoph Rudolf Steiner Ende April 1919 in einem „Vortrag für Arbeiter der Daimler-Werke" so „weitherzig und so großzügig als möglich" über das heiß umkämpfte Thema Sozialisierung vor der Untertürkheimer Belegschaft.[10] Bei dieser Gelegenheit richtete „der Technische Leiter der DMG", möglicherweise Riebensahm, „ernste Worte zu der Versammlung", um ihr zu sagen, „wie man auch von seiten der Leitung ernste Lösungsversuche der sozialen Frage begrüßen könne, nur müsse darauf hingewiesen werden, daß die Umwälzungen für den Fortgang der Industrie kontinuierlich geschehen sollen. Er fürchte aber sehr, daß die aufgeregten Massen anders verfahren werden und mahne zur Besonnenheit".[11]

Dieser Appell stieß in der Versammlung auf Beifall. Er umriß in wenigen Worten die Schwierigkeiten der Lage und warf ein Schlaglicht auf die Zielsetzungen des Vorstandes, der die Notwendigkeit eines Interessenausgleiches, allerdings in einem angemessenen sachlichen und zeitlichen Rahmen, bejahte.

Damit bewegte sich der Vorstand der DMG politisch auf dem Boden der Arbeitsgemeinschaft zwischen Gewerkschaften und Unternehmern, die am 15. November 1918 durch das Stinnes-Legien Abkommen besiegelt worden war. In ihr hatten sich die Sozialpartner angesichts der bevorstehenden militärischen Niederlage des deutschen Reiches im Herbst 1918 in der Hoffnung zusammengefunden, unter gemeinsamer Anspannung aller Kräfte die horrenden Schwierigkeiten der Nachkriegszeit meistern zu können. Dem Abkommen lag die Überzeugung beider Seiten zugrunde, daß es nur gemeinsam gelingen könnte, des anstehenden politischen und wirtschaftlichen Umbruchs Herr zu werden, um eine völlig unkontrollierbare, chaotische Entwicklung im Reich zu vermeiden.[12]

Aus diesem Verständnis der Lage heraus war im Oktober 1918 das Angebot der Unternehmer, eine Arbeitsgemeinschaft einzugehen, bei der Gewerkschaftsführung auf „freudige Verhandlungsbereitschaft" gestoßen. Das war schon deshalb um so verständlicher, als es ein Novum darstellte, daß Unternehmer auf partnerschaftlicher Basis mit Gewerkschaftsvertretern Gespräche zu führen bereit waren. Auch erklärten sich erstere jetzt ohne weiteres mit lange bekämpften Grundsatzforderungen der Gewerkschaften einverstanden. Der Achtstundentag, der kollektive Arbeitsvertrag, Arbeiterausschüsse in allen größeren Betrieben, Schlichtungsinstanzen und vieles mehr ließ sich im Stinnes-Legien Abkommen zügig durchsetzen. Eine von Arbeitgeber- und Arbeitnehmerseite paritätisch besetzte Arbeitsgemeinschaft sollte in Zukunft nicht nur diese neuen Vereinbarungen, sondern auch die geordnete Durchführung der Demobilisierung, die Überleitung in eine gesicherte Nachkriegswirtschaft und andere wirtschaftspolitische Zielsetzungen realisieren.[13]

Die Gewerkschaftsführung verstand das Abkommen als nichts weniger denn die „Magna Charta der deutschen Arbeiter", einen „gewerkschaftlichen Sieg von seltener Größe", der „die kühnsten Erwartungen der organisierten Arbeiterschaft" erfülle.[14] Aber

Das Verwaltungsgebäude der Daimler-Motoren-Gesellschaft, um 1920

auch auf der Arbeitgeberseite war man's durchaus zufrieden, schon deshalb, weil „Anarchie, Bolschewismus, Spartakusherrschaft und Chaos" verhütet worden waren, wie sich einer von ihnen ausdrückte.[15]

Für die Unternehmer besaß das Abkommen jedoch noch einen weit größeren Vorteil: Während der Verhandlungen waren die Gewerkschaften nicht auf ihr altes Hauptanliegen, die Forderung nach Enteignung und Vergesellschaftung der Produktionsmittel, zurückgekommen. Dabei hatten sie in dem keineswegs zutreffenden Glauben gehandelt, dieses ihr zentrales Postulat lasse sich in einem Augenblick höchster vaterländischer Not nicht durchsetzen, während man sich auf Unternehmerseite insgeheim schon „mut- und ratlos" auf eben diese Forderung der Gewerkschaften eingestellt hatte.[16]

Aufgrund der Zurückhaltung der Gewerkschaftsleitung begründete das Stinnes-Legien Abkommen also statt der von breiten Arbeiterschichten erhofften Verstaatlichung der Produktionsmittel eine gemeinsame Verantwortung der Sozialpartner für die Funktionstüchtigkeit der Volkswirtschaft unter Beibehaltung ihrer traditionell gegebenen Eigentumsverhältnisse.

Damit war, zumindest vorerst, der Verzicht auf die Verstaatlichung der Produktionsmittel besiegelt. Nun hatten aber SPD und Gewerkschaften deren Sozialisierung lange Zeit gepredigt. Ganzen Generationen sozialdemokratisch gesinnter Arbeiter bedeutete sie den Übergang zum Sozialismus und damit die Verheißung einer besseren Welt. Was unter Sozialismus zu verstehen sei, blieb unklar, aber hier und da zeigte sich gelegentlich, daß man unterschiedlichste Vorstellungen damit verband, die von maßvollen Forderungen nach Mitbestimmung im Betrieb bis zur entschädigungslosen Enteignung und dem Davonjagen von Unternehmern oder Direktoren nach russischen Beispielen reichten.

So diffus die allgemeinen Erwartungen blieben, es war in den Augen breiter Schichten doch eindeutig eine gerechtere Welt, die der Sozialismus durch die Vergesellschaftung der Produktionsmittel bringen mußte. Noch niemals war ein Erfolg auf dem Wege dorthin so zum Greifen nahe gewesen wie in der kritischen Stunde des Übergangs von der Monarchie zur Republik, von der Kriegswirtschaft zur Demobilisierung. Im ganzen Land verstanden Arbeiter die deutsche Niederlage von 1918 als Stunde des Klassenkampfes, der Revolution gegen den Kapitalismus, als Beginn einer neuen Wirtschaftsordnung im Sozialismus, der die dringend notwendigen Verbesserungen ihrer Lebensumstände ermöglichen würde.

Der Verzicht der Gewerkschaftsführung auf die Verstaatlichung in eben diesem Augenblick zog eine gefährliche Ernüchterung in Arbeiterkreisen nach sich. Das Arbeitnehmerlager spaltete fortan ein bitterer Dissens zwischen Anhängern und Gegnern der Arbeitsgemeinschaft, des Zusammenwirkens mit den Arbeitgebern. Der Verzicht auf die Enteignung wurde den „Arbeitsgemeinschaftlern", wie sie von ihren Gegnern abfällig tituliert wurden, als Nachweis verhandlungspolitischer Unfähigkeit, wenn nicht des Verrates am Prinzip des Klassenkampfes, der Revolution und des Sozialismus angekreidet. Viele Arbeiter wähnten sich von ihrer eigenen Führung um ihre Lebensziele geprellt. Sie reagierten mit starken Neigungen zur Abwanderung in linksextreme Parteien oder Zirkel, deren politische Agitation die Gunst der Zeiten für sich zu nutzen verstand.

In Untertürkheim konnte man davon ein Lied singen. Die Stimmung war dort gespannt, seit USPD und Spartakusbund dem Daimler-Werk in den letzten Kriegstagen ihre konzentrierte Aufmerksamkeit zugewandt hatten. Bei ihren Bemühungen, in den Stuttgarter Fabriken Organisationen aufzuziehen, hatten die linksextremen Parteien unter Daimler-Arbeitern beträchtlichen Anklang gefunden.[17] Schon im November 1918 gab es militante Kader im Werk, man traf sich regelmäßig zu politischen Diskussionen im Nebenraum einer Untertürkheimer Arbeiterkneipe, und die Vorgänge um den Arbeiterausschuß bewiesen erste, sehr drastische Ergebnisse solcher Bemühungen.

Als der Verband Württembergischer Metallindustrieller und der Deutsche Metallarbeiter-Verband sich im gleichen Monat auch noch dem Stinnes-Legien Abkommen anschlossen, „aus Angst vor russischen Verhältnissen" und um die „dringend erforderliche Ruhe und Ordnung" in den Fabriken zu gewährleisten, verursachte das die endgültige Spaltung der Untertürkheimer Belegschaft[18]: Gemäßigten, zur SPD, dem Stinnes-Legien Abkommen und daher einer Zusammenarbeit mit der Unternehmensleitung hin orientierten Kreisen in der Belegschaft standen von USPD und Spartakus beeinflußte Linksradikale gegenüber, die mit dem Abkommen auch jede weitere Verständigung im Hause schroff ablehnten und statt dessen auf Klassenkampf, Enteignung und Revolution setzten.

Die unglücklichen politischen Zeitumstände, ein Lebensstandard am Rande des Existenzminimums und zahlreiche Entlassungen als Folge der Demobilisierung — innerhalb der auf den 9. November 1918 folgenden zehn Wochen schrumpfte die Untertürkheimer Belegschaft von 15 053 auf 8 833[19] — verliehen den radikalen Tendenzen unter den Arbeitern der DMG den entscheidenden Auftrieb. Es war ganz wörtlich zu verstehen, wenn Berge dem Aufsichtsratsvorsitzenden berichtete, es drohe ein Bürgerkrieg. Tausende von Daimler-Arbeitern marschierten, am 9. Januar 1919 beispielsweise, an der Spitze revolutionärer Demonstranten durch Stuttgart. Und die Ergebnisse der außerplanmäßigen Wahl des Arbeiterausschusses Ende Januar 1919, der Sturz von Salm und Schifferdecker, die im Werk ohnehin „Knechte des Kapitals" genannt wurden, bewiesen, daß die Radikalen in Untertürkheim seit Anfang 1919 die Mehrheit zu stellen begannen. Ein Teil der Untertürkheimer Belegschaft, im Stuttgarter Innenministerium als „Vorhut der Revolution" bekannt, spielte von jetzt an achtzehn Monate lang bis zur vorläufigen Schließung des Werkes im August 1920 die führende Rolle bei revolutionären Unruhen in Württemberg.

Je weiter die Verhältnisse im Werk durch radikale Umtriebe ins Unhaltbare abrutschten, um so zwingender ergab sich für den Vorstand die Notwendigkeit, im Geiste der Arbeitsgemeinschaft mit den besonneneren Kräften unter der Belegschaft zusammenzuwirken, vielleicht gar den einen oder anderen unter den Radikalen eines besseren zu überzeugen. Unter diesen Umständen gewann neben vielen sozialpolitischen Maßnahmen, die solchen Zwecken dienten — der Eröffnung einer Werkbücherei, Lese- und Schreibräumen, der Auslage in- und ausländischer Zeitungen —, die Schaffung der Werkzeitung unter den Vorschlägen Riebensahms besonderes Gewicht.

Beamten-Speisesaal der Daimler-Motoren-Gesellschaft, 1915

Am Anfang mußten zweifelsohne Überlegungen stehen, wer sie gestalten könne. Bis heute ist jedoch unbekannt geblieben, auf welchen Wegen der eben dreißigjährige Eugen Rosenstock-Huessy von diesem Vorhaben erfuhr.[20] Rosenstock-Huessy kehrte damals aus dem Kriege zurück; am „8. November 1918 stand ich auf dem Umsteigebahnhof von Wabern, um aus dem Lazarett ins ‚Leben' zu fahren", berichtete er. Gleich drei Wege in die Zukunft boten sich ihm: Als Unterstaatssekretär die Weimarer Verfassung aufzuzeichnen; an der katholischen Zeitschrift Hochland mitzuarbeiten oder eine Professur an der Universität Leipzig anzunehmen.[21] Aber all das konnte „nicht in Betracht kommen für ein vom Anruf der Revolution und des Weltkrieges, des Verfalls des Abendlandes und der Not der Arbeit in mir aufgewachtes Gewissen". Rosenstock-Huessy schlug alle drei Möglichkeiten aus. „Den Daimlerwerken in Stuttgart, wo gerade 18 000 Arbeiter streikten, bot ich meine Dienste an",[22] in Form einer Denkschrift „über die geistige Sanierung des Daimlerwerks".[23]

Rosenstock-Huessy nannte darin die üblichen Maßnahmen zur Beruhigung der Lage untaugliche Heilmittel, Appelle „an das Pflichtgefühl oder die Anstachelung des Eigennutzes" beispielsweise, poetische „Sentimentalität, Kunstgenuß, Religion", nicht einmal Lebensmittelzuteilungen, Einwirkungen der Leitung auf die Belegschaft, da sie ja als parteiisch erkannt werden mußten, oder Einflüsse aus der Öffentlichkeit vermochten seiner Überzeugung nach der DMG noch zu helfen. Gerade die letzteren wirkten seinem Urteil nach zersetzend, wenn, und das war sicher eine direkte Anspielung Rosenstock-Huessys auf die Untertürkheimer Verhältnisse, „die Direktion anthroposophisch, die Beamten demokratisch, die Arbeiter spartakistisch begeistert werden".[24]

„Ich erbiete mich", schrieb Rosenstock-Huessy angesichts solcher schriller Dissonanzen in der DMG, „als Sprecher für die Werkeinheit Daimler nach Untertürckheim zu ziehen." Es „trete jemand auf", forderte er, „der zu nichts anderem da ist, als diese Übersetzung der Parteien ineinander, die gemeinsame Werksprache zu sprechen, dessen Beruf eben das und nur das, auch wirtschaftlich, ist. Er maskiert sich weder als Arbeiter noch als Beamter. Er saniert die geistige Einheit des Werks, indem er anfängt, aus ihr heraus zu sprechen".

Als entscheidend wichtig empfand Rosenstock-Huessy dabei seine Unabhängigkeit; er dürfe „kein Angestellter sein, denn dann kann ihm niemand glauben"; seine Leistungen für das Haus würden dadurch „umsonst oder ‚spottbillig' erscheinen", gewissermaßen „entwertet und die leistende Persönlichkeit zum Spott. Man hält sie sich, das Werk kann sie sich leisten". Er zog es vor, „ein wirtschaftliches Risiko für seine Arbeit zu tragen", um nur von Tag zu Tag für Einzelleistungen bezahlt zu werden. An anderer Stelle fügte er ausdrücklich hinzu: „Das Werk, Direktion und Betriebsrat, entlasten mich nur von dem Risiko für das Zeitungsunternehmen, nicht für meine persönliche Existenz."[25]

Rosenstock-Huessys Vorschläge verfehlten bei Riebensahm ihre Wirkung nicht. Er wußte auch Rat, wie er dessen für die Hierarchie eines Industriebetriebes ungewöhnlichen Forderungen nachkommen konnte. Als Vorstandsmitglied hatte er Möglichkeiten, ihn — es muß im April oder Mai 1919 gewesen sein — in seiner unmittelbaren Umgebung unterzubringen, der Stellung nach zunächst einem Vorstandsassistenten vergleichbar. Die Natur der Verhältnisse aber scheint anfangs nicht einmal den beiden Beteiligten selbst klar gewesen zu sein.

Erst Anfang August 1919 berichtete Rosenstock-Huessy seiner Frau: „Diese zwei Tage verdichteten und vereinfachten zugleich wieder vieles in meinem Kopf und in meinen Beziehungen zu Rie(bensahm)." Rosenstock-Huessys Status als Privatdozent und angehender Hochschullehrer kam dabei zur Sprache, nachdem er Riebensahm „den Professor in spe erzählt" hatte. „Von da aus sah er auch meine Position in neuem Lichte", die Beziehungen beider zueinander „verdichteten und vereinfachten" sich, auch wenn Riebensahm später gelegentlich Aufträge an „meinen Sekretär, Herrn Dr. Rosenstock" erwähnte.[26] Tatsächlich „werde ich natürlich ganz frei going, staying und returning sein", versicherte Rosenstock-Huessy seiner Frau.[27]

Über dieses Arrangement war vorerst niemand eingeweiht, nicht einmal Berge. Erst im August, als die Werkzeitung schon Erfolge feierte, „hat Rie(bensahm) ihm seinen Privatsekretär gestanden", worauf Berge mit „Erstaunen, Bedenken, schließlich aber Überzeugung" reagierte.[28] Bis dahin hatte Friedrich Muff sogar intern seinen Namen für das Projekt hergeben müssen, wie er überhaupt pro forma bis zum letzten Heft für die Schriftleitung verantwortlich zeichnete, auch wenn er murrte, „er selbst eigne sich nicht zum Chefredakteur".[29] Diese Umstände müssen das Verhältnis Muffs zu Rosenstock-Huessy anfänglich belastet haben, denn letzterer empfand es als gewaltigen Schritt vorwärts, Muff Ende Juli „nun mit gewonnen" zu haben. Er „enthüllte sich", schrieb Rosenstock-Huessy an seine Frau, „als der ganze Kerl, der hinter dem Generalstäbler steckt — und wir vertrugen uns — auch mit seiner Frau, und auch Du wirst sie mögen — aufs herzlichste".[30]

Damit schloß sich der Kreis der Beteiligten, wobei Muff nur in praktischen Dingen Mitspracherechte geltend machte. Langwierige Beratungen mit ihm in Sachen Werkzeitung kamen für Rosenstock-Huessy auch sonntags vor. Sogar während seines Urlaubs werde er „jede Woche zu Muff fahren müssen, um mit ihm zu konferieren", seufzte er einmal.[31] Dagegen hatte Muff an der Gestaltung des Konzepts der Zeitung kaum Anteil. Was das betraf, so mußte sich Rosenstock-Huessy mit Riebensahm einigen. Letzterer hegte an der Zeitung lebhaftestes Interesse und nahm die Sache so ernst, daß er im August 1919 seinen Urlaub nur unter der Bedingung antrat, daß Rosenstock-Huessy „als Vikar dableibe".[32]

Bezüglich des Konzeptes hatte Rosenstock-Huessy ein mehrmals wöchentlich erscheinendes „Werkblatt" vorgeschwebt, das „teuer und klein" sein sollte. Riebensahm seinerseits wollte den Inhalt bekanntlich auf „wirtschaftliche Aufklärung" begrenzt sehen. Beides fand schließlich keine Berücksichtigung, wenn auch erst als Folge einer anfänglichen Suche nach dem richtigen Weg. Das von den späteren Inhalten leicht abweichende Konzept der ersten Hefte gibt sie zu erkennen.

Weder die politisch-volkswirtschaftlichen Betrachtungen der Rundschau noch die Buchbesprechungen — unter ihnen eine von Walter Rathenaus Schriften[33] — oder der Briefkasten für Zuschriften aus der Belegschaft kehrten in den späteren Heften wieder. Auch Auseinandersetzungen mit politischen Themen der Zeit unterblieben. Im Gegenzug willigte Rosenstock-Huessy in eine lose, etwa vierzehntägige Erscheinungsweise ein. Anfang August 1919 überzeugte ihn das inzwischen gefundene Konzept; er schickte das vierte Heft seinem Vater und meinte dazu, es „wird Euch allen gefallen".[34]

Rosenstock-Huessys Absicht, das Blatt inhaltlich „so interessant und spannend" zu gestalten, „daß die Beamten wie die Arbeiter es kaufen und abonnieren", taten solche Zugeständnisse keinen Schaden. Wie er, so wünschte auch Riebensahm ja „gerade im Beginn der Zeitung, hauptsächlich die Dinge und so zu besprechen, die alle Arbeiter auf(s) ‚heftigste' interessieren und beschäftigen".[35] Schwierigkeiten bereitete schon eher der Umstand, daß sich so etwas wie Redaktionskonferenzen einbürgerten, an denen neben Muff einzelne Vorstandsmitglieder und, mit vollem Stimmrecht, Riebensahms Sekretärin Fräulein Wurster teilnahmen.[36]

An der kritischen Würdigung durch diese Allianz scheiterten wiederholt Beiträge, unter ihnen einer über die Fabrik im Kampf ums Dasein aus bislang unbekannter Feder[37] und ein zweiter über die Krise der Arbeit, wohl von dem späteren Heidelberger Ordinarius, Philosophen und Pfarrer Hans Ehrenberg.[38] Ehrenberg ließ sich keineswegs entmutigen, wozu seine freundschaftliche Bindung an Rosenstock-Huessy beigetragen haben mag. Er veröffentlichte postwendend einen anderen Beitrag über das molekulare Spiel H-O-H[39], im Juni 1920 einen weiteren über die neu beginnende Volksordnung.[40]

Riebensahm meinte, Rosenstock-Huessy die Ablehnung des Ehrenbergschen Artikels durch seine Frau „schonend" mitteilen lassen zu müssen, aber auch Rosenstock-Huessy nahm die Sache nicht tragisch, sondern stellte nur lakonisch fest, für die Ablehnung seien „sachliche Gründe genug vorhanden, auch solche, die ich mitempfinde". Der „ruhige vorsichtige Schritt der Zeitung" dürfe keinesfalls gefährdet werden.[41]

Solche Behutsamkeiten empfahlen sich zweifellos. Andererseits hatte Rosenstock-Huessy genaue Vorstellungen, was Inhalte und Stil der Beiträge anging, und lehnte seiner Überzeugung nicht entsprechende Texte selbst rundweg ab. Daher sah er sich — ohne Rücksicht auf die Konsequenzen — schon in den Anfangstagen der Daimler-Werkzeitung gezwungen, den Artikel eines einflußreichen Beamten der DMG zurückzuweisen und ihm „offen zu sagen, daß auf diese Weise eine Zusammenarbeit zwischen Ihnen und meiner Zeitung unmöglich sein wird".[42]

Die Absage galt Dr. Simonis, dem die Pflege der Verbindungen zum Berliner Werk der DMG in Marienfelde oblag.[43] Er gedachte die neue Werkzeitung offensichtlich auch dort einzuführen und hatte einen entsprechenden Beitrag übersandt, den Rosenstock-Huessy jedoch zu übernehmen ablehnte. Seine Begründung ist so aufschlußreich wie kaum eine zweite Aussage über Natur und Problematik seines Vorhabens in Untertürkheim: „Nicht darum kann es sich handeln, den Arbeitern zu schmeicheln oder ihnen völlig außerhalb ihrer Mitarbeit in der Fabrik liegende Bildungswerte zu schenken, sondern wir versuchen eine Sprache zu sprechen, die alle Werksangehörigen vom Direktor bis zum Laufburschen um ihrer Arbeit und der Fabrik willen verbindet und gleich nah angeht."

Simonis aber wolle „heut einfach an die Stelle der unhaltbar gewordenen Wohltätigkeit von oben die bedingungslose Kapitulation vor dem Arbeiter" setzen. „Eine würdelose Selbstaufgabe ‚als mitringender Genosse', Verurteilung der gesamten Bildungsschicht, der Sie selbst angehören, Überschätzung der neuen Arbeiterfamilie und Verheißung eines Sonnenlandes", wie Simonis formuliert hatte, konnte nach Rosenstock-Huessys Überzeugung „ebensowenig helfen, wie die alte würdevolle Herablassung".[44] Er hielt es sogar für notwendig, den Leiter des Marienfelder Werkes, Direktor Schippert, schriftlich vor den Plänen Simonis' zu warnen: „Man darf mit diesen Dingen heut nicht spielen, und es liegt eine ungeheure Verantwortung in der Beschäftigung damit. Es kann mit den ersten Schritten alles gewonnen, aber auch alles verloren werden."[45] Rosenstock-Huessy setzte sich durch, der Beitrag Simonis blieb ungedruckt. Von der Einführung der Werkzeitung in Berlin war allerdings fortan keine Rede mehr.

Der uneingeschränkten Unterstützung durch das Haus konnten Riebensahm und Rosenstock-Huessy ohnehin nicht gewiß sein, wie es ja auch anderwärts bezüglich der Anliegen der Arbeitsgemeinschaft prinzipiell auseinandergehende Standpunkte gab. Zwar schien Kommerzienrat Berge mit dem vierten Heft, jenem über Leonardo, endgültig gewonnen worden zu sein. „Die Leonardo Nummer hat Berge geschmolzen", schrieb Rosenstock-Huessy in bewußter Zweideutigkeit. Berge „hat sie gleich seiner Tochter Dagmar auf den Ruhstein geschickt. Sie sei die beste Nr. bisher".[46] Aber die anfängliche stille Reserve Berges kann sich auch später nicht ganz verloren haben.[47] Rosenstock-Huessy wunderte sich jedenfalls, warum der Handelskammersyndikus Dr. Klien ausgerechnet an Berge „spontan einen wunderbaren Brief über die Herrlichkeit der Werkzeitung" sandte, der „begeisterter und außerdem geschickter" nicht hätte lauten können.[48]

Bei den eigentlichen Adressaten im Werk stieß die Zeitung rasch auf Anklang. Rosenstock-Huessy war sich der Schwierigkeiten seines Unterfangens bewußt

Arbeiter-Speisesaal der Daimler-Motoren-Gesellschaft, 1915

und erwartete vorerst nicht mehr als „wohlwollende Duldung und eine abwartende Haltung" von den Werksangehörigen. Er könne weder „Süßholzraspeln noch ölig predigen noch die Konkurrenz in allgemeiner Bildung und Belehrung mit Wirtshaus oder Kino aufnehmen", hob er hervor, sondern „kann und muß vorerst herbe, essigsaure Männerkost bieten. Diese Männerkost muß beherzt anknüpfen an die paar wissenschaftlichen Brocken, die als letzte Spracheinheit noch übrig sind, um von hier aus den Weg ins Freie der Sprache zurückzufinden".[49]

Riebensahm brachte diese Probleme in einem Brief an Hellpach Mitte August 1919 auf folgenden Nenner: „Freilich muss ich besonders bemerken, dass die Abhandlungen *sehr* einfach und populär geschrieben sein müssen. Verschiedene Kritiken aus dem Kreise der Arbeiter und Beamten haben gezeigt, dass wir mit den bisherigen fachlichen Aufsätzen doch noch etwas zu hoch waren. Es scheint ausserordentlich schwer, über diese Themata so zu schreiben, dass wirklich die Arbeiter den Inhalt verstehen und so angefasst werden, wie es der eigentliche Zweck der Werkzeitung ist. Insbesondere ist uns immer wieder gesagt, dass wir jedes Fremdwort vermeiden sollen. Als interessantes Beispiel möchte ich anführen, dass gerade in dem Aufsatz Tageskurven der Begriff ‚Rhythmus' als ‚Pflanze' gedeutet ist."[50]

Andererseits durfte die erforderliche einfache Darlegung überschaubarer Zusammenhänge keinesfalls zu simplen Inhalten der Werkzeitung führen. Darauf bestand gerade Riebensahm: „Natürlich sollen neben dem, was möglichst allen Arbeitern verständlich sein sollte, Abhandlungen mehr wissenschaftlicher Art stehen, die für den unteren und oberen Beamten wertvoll sind. Denn auch unsere oberen Beamten haben heute noch viel zu lernen",[51] wobei es Rosenstock-Huessy und den Autoren überlassen blieb, all diese Erfordernisse unter einen Hut zu bringen.

Das gelang tatsächlich, jedenfalls in den Augen der Werksangehörigen. Im August 1919 bescheinigte der Verlag der Werkzeitung „einen Absatz von je 4 000 Exemplaren", mußte aber den ohnehin in keinem Verhältnis zu den Herstellungskosten stehenden Preis auf 20 Pfennig pro Heft erhöhen, da es „einen erheblich größeren Umfang angenommen hat, als ursprünglich geplant war".[52] Im gleichen Monat erschien auch der erste Beitrag eines Belegschaftsmitglieds, des Schlossers und Monteurs Schilling aus Fellbach.[53] Er rief dazu auf, die Probleme seiner Zeit einschließlich der Frage nach Sozialismus oder Kommunismus durch eine Rückbesinnung auf Gott zu lösen. „Bete und arbeite", lautete schlicht die Antwort Schillings auf die Schwierigkeiten in der DMG.

Auf erste Erfolge Rosenstock-Huessys ließ auch der Umstand schließen, daß schon im Sommer 1919 „ein bißchen Konkurrenzgefühl gegen unsere Werkzeitung" aufkam, etwa bei dem „Leiter der Volkshochschule, die Bosch sehr nahe steht".[54] Trotzdem arbeitete man Hand in Hand, allein schon deshalb, weil Rosenstock-Huessy bei Bosch Oberingenieur Adolf Wagenmann „entdeckte", der einen Beitrag über die Bewegungen der Himmelskörper in der Untertürkheimer Werkzeitung veröffentlichte. „Er hat 1904 ein ‚System der Welt' verfaßt, ein tolles Buch", berichtete ein enthusiastischer Rosenstock-Huessy seiner Frau.[55]

Auch verband Rosenstock-Huessy ungemein viel mit den Zielen der noch in ihrer Prägung begriffenen Volkshochschule.[56] Sie hatte ihre wichtigste damalige Aufgabe in der Bildung des Arbeiterstandes erkannt. „Die Volkshochschule bedeutet das Mittel zum Eintritt der Arbeiterschaft in das Geistesleben", erklärte Werner Picht Ende 1919 in der Daimler-Werkzeitung, und Rosenstock-Huessy wußte, die „Arbeiter wollten noch Wissen als Macht", gerade auch in Untertürkheim.[57] Er sah die Belegschaft charakteristischerweise als Arbeitsgemeinschaft, als „eine Schar der Suchenden und Lernenden", wie Picht sich auch für die Volkshochschule ausdrückte. Ihnen hatte sie „Überblicke über ganze Wissensgebiete zu geben, gewissermaßen eine Erdkunde der geistigen Welt".[58] Nicht anders hatte Riebensahm für die Daimler-Werkzeitung angekündigt, es solle darin „wechselnder Stoff aus anderen Arbeitsgebieten, und Darstellungen, die versuchen, die inneren Zusammenhänge zu zeigen und eine allgemeine Übersicht zu geben, Anregung und geistige Erholung sein".[59]

An solchen Zielen orientierte sich die Arbeit Rosenstock-Huessys in Untertürkheim. Es bedurfte dabei kaum noch der weiteren Anstöße zugunsten der Werkzeitung, wie Muff sie anfangs vorsorglich einleitete. Rosenstock-Huessy zufolge hatte er „einen Köderartikel verfaßt gehabt, der als Äußerung eines Arbeiters erscheinen sollte", aber niemals in Druck ging.[60] Dagegen bediente sich Rosenstock-Huessy selbst wiederholt ähnlicher Wege, um ihm wichtige Aspekte in der Werkzeitung nachhaltig zu beleuchten. So veröffentlichte er schon im zweiten Heft „Etwas vom Innenleben fürs Innenleben" unter dem Namen Friedrich Wondratschek, Kunstgewerbezeichner der DMG in Cannstatt,[61] ein Pseudonym, das mehrfach wiederkehrte,[62] schrieb auch als Dr. phil. Hüssy,[63] vermutlich aber nicht als Fritz Wurzmann, wie bislang gemutmaßt worden ist.[64]

An den Inhalten mancher anderer Artikel war er mehr oder weniger stark beteiligt, da er sich „nach meinem Erfolg bei Schilling" angewöhnt hatte, die Autoren zu besuchen.[65] Bezüglich eines Beitrages Riebensahms zur Arbeitszeit läßt sich ein solcher Werdegang nachvollziehen.[66] Eine Untersuchung über Preßluftverbräuche in einer technischen Zeitschrift veranlaßte Riebensahm, die Verbräuche wegen der „jetzigen vielfachen Umdisponierung der Arbeitszeiten und der Neuorganisation der Werkstattordnungen" im Zuge der Einführung der Gruppenfabrikation auch in Untertürkheim feststellen zu lassen. „Ich beauftrage meinen Sekretär, Herrn Dr. Rosenstock", teilte Riebensahm Hellpach mit, „darüber einen, meinen Ansichten und Absichten entsprechenden Aufsatz für die Werkzeitung zu schreiben und versah selbst diese Abhandlung mit einem Vor- und Nachwort".[67] In anderen Fällen lagen die Verhältnisse jedoch wieder ganz anders. Mitte Februar 1920 beispielsweise arbeitete Riebensahm laut Rosenstock-Huessy „wild an einem Artikel" über Werkzeichnung, Modell und Abguß für das erste Märzheft, obgleich am selben Tag eine Aufsichtsratssitzung stattfand.[68]

Es war an Riebensahm, Zweck und Inhalt der neuen Zeitung am Freitag, den 6. Juni 1919 als Tag ihres Erscheinens durch einen ersten einleitenden Artikel bei den Werksangehörigen bekannt zu machen. Einen Tag zuvor schon hatte ein in den Werkstätten ausgehängtes Merkblatt sie angekündigt. „Die erste Nummer der Zeitung", schrieb Muff an den Arbeiterausschuß, „will nicht durch besonders reichen Inhalt bestechen, sie soll mehr durch die dargelegte Absicht interessieren. Durch gemeinsame Arbeit aus dem Kreise des Werks heraus, wie wir das als unsere Erwartung dargelegt haben, wird sich der Inhalt allmählich bilden und beleben", weshalb „jede Mitarbeit" willkommen geheißen wurde.

Riebensahm entledigte sich seiner Aufgaben mit „nackter Offenheit", stellte selbst die naheliegende Frage, ob die Unternehmensleitung etwa glaube, „mit solchen Mitteln die soziale Revolution und deren Folgen aufzuhalten, die ihr unbequem und bedrohlich sein mögen"; ob „es — nach der unverhüllten Kampfansage des Proletariats an Kapital und Bürgertum — noch etwas Gemeinsames zwischen Werksleitung und Werksarbeitern" geben könne.[69] „Arbeitnehmer und Arbeitgeber", hielt Riebensahm diesen Tendenzen der Zeit entgegen, „müssen sich wieder darauf besinnen, daß sie aufeinander angewiesen sind, daß engste Beziehungen zwischen ihnen bestehen, daß das Wohl und Wehe beider in die technische und wirtschaftliche Rechnung eingesetzt werden muß." Erst wenn „Menschen miteinander sprechen, können sie sich verständigen", betonte Riebensahm, und das „ist der Zweck der Daimler-Werkzeitung!".

Allerdings, thematisch „soll nicht der tägliche Arbeitsstoff der Gegenstand sein. Was tagsüber die Gedanken der Arbeitenden erfüllt, soll nicht am Abend in anderer Wiederholung die gleichen Nerven ermüden". Dagegen versprachen neben den Sachthemen „Kunst und menschliches Erleben" dankbare Gebiete für die Werkzeitung zu sein, um sich „menschlich einander näher zu bringen und sich verstehen zu lehren", wie Riebensahm hoffte, damit „dies heute aufs höchste gesteigerte Mißtrauen Aller gegen Jeden überwunden, vielleicht sogar einiges gegenseitige Vertrauen wieder geschaffen wird, und damit die Grundlage zu ruhigem vorurteilsfreiem Anhören und Nachdenken". Kein einziges Heft der Daimler-Werkzeitung verzichtete daher auf den Abdruck passender Kapitel aus der Literatur, vorzugsweise aus Max Eyths Werken oder von Gorch Fock, Bernhard Kellermann, Peter Rosegger, Knud Rasmussen und anderen. Auch Karl Bröger, der Arbeiterdichter aus Nürnberg, kam zu Wort.

Die Werksleitung hoffe, so schloß Riebensahm seinen Aufruf an die Mitarbeiter, „etwas Ernsthaftes zu wirken mit der Werkzeitung. Sie soll nicht die ‚soziale Frage lösen'. Aber sie soll ... Verständigung anbahnen"; immer daran erinnern, daß der Mensch das Maß aller Dinge sei; daß „der Mensch nicht um der Arbeit willen da ist, sondern die Arbeit um des Menschen willen: um ihm einen Lebensinhalt zu geben und alle Fähigkeiten, die in ihm liegen, herauszubringen, zu entwickeln und zu steigern".

Im folgenden, zweiten Heft schon, unternahmen Riebensahm und Rosenstock-Huessy einen ersten Versuch, die angekündigte Verständigung einzuleiten, und zwar auf dem Gebiet der Arbeitszeit, einem Thema, das gerade in der DMG seit Jahrzehnten umstritten war und Irritationen von der ersten Stunde an geweckt hatte. Riebensahm forderte bezüglich der Arbeitszeit „gegenüber der bisherigen Denkweise eine grundsätzlich andere Betrachtungsart" durch die Frage, ob sich „Arbeitszeit, d. h. die

Frage der Produktionsmenge, überhaupt nach einem reinen Stundenmaß untersuchen" läßt oder ob nicht „jede äußere Regelung der Arbeitszeit den natürlichen physischen und psychischen Fähigkeiten und Grenzen des menschlichen Organismus angepaßt werden muß".[70]

Nun lag anhand der Preßluftverbräuche ja eine anschauliche Kurve vor, „welchen Schwankungen die menschliche Schaffenskraft im Laufe eines Tages unterworfen ist", was Rosenstock-Huessy zur Illustration dafür diente, daß der Mensch „im Wandel des Tages verschiedene Stufen seiner Wachheit und Leistungsfähigkeit" durchläuft, so daß es einseitig genannt werden müsse, „wenn immer nur von der Arbeit gesprochen wird, als bestände sie aus gleichwertigen Abschnitten". „Jede halbe Stunde am Tage", versuchte er seinen Lesern zu erklären, „hat ihre besondere Art, gelebt und erlebt zu werden", und jeder Mensch „seinen eigenen Arbeitsrhythmus".[71] Für den Arbeiter galt es daher, einerseits „sein Tagewerk von innen als notwendige Äußerung seines Wesens anzusehen", statt sie durch die bisher übliche Einstellung zu ihr „selbst zu entwerten", und andererseits Verständnis für die Notwendigkeit einer allgemein verbindlichen betrieblichen Ordnung, etwa geregelter Arbeitszeiten, aufzubringen.

Die Werksleitung ihrerseits müsse aus der geschilderten Natur des Menschen, aus den „unabänderlichen, den anderen Menschen so gut wie ihr selbst anerschaffenen Regeln" ihre Schlüsse ziehen, das hieß, sich ihnen beugen; beispielsweise den Wert von Überstunden richtig einschätzen lernen oder Pausenregelungen den Bedürfnissen der Menschen anpassen und dabei tolerieren, „daß ein gewisser Arbeitsverlust unvermeidlich ist". Bisher, stellte Rosenstock-Huessy mit viel Realismus fest, „entschied da blindes Ungefähr, Meinung von oben, Stimmung von unten".

An ihre Stelle setzte er die gewissenhafte Erforschung objektiver Gegebenheiten, Erkenntnisse aus dem Verlauf der Tageskurven etwa, was eine direkte und weitreichende Zusage des Hauses bedeutete: „Künftig wird man die Verhältnisse sorgsam zu prüfen und auszuwerten versuchen, und dann wird auch die Kurve des Arbeitstages für alle Beteiligten die günstigste werden." Das setzte allerdings guten Wil-

Psychotechnische Apparaturen bei der Lehrlings-Aufnahmeprüfung der Daimler-Motoren-Gesellschaft, 1920/21

len auf beiden Seiten voraus, unterstellte mit Rosenstock-Huessys Worten, „daß beide, sowohl die Leitung wie der einzelne, die Gefahr auf sich nehmen, möglicherweise das eigene selbstsüchtige und selbstgerechte Ich und seine leidenschaftlichen Vorurteile zu enttäuschen und durch die unerwartete Wahrheit der Tatsachen überrascht zu werden".[72] Schon in den ersten Tagen der Werkzeitung war also schwarz auf weiß nachzulesen, worauf es Rosenstock-Huessy in Untertürkheim ankam und was er im gleichen Heft unter dem Namen des Kunstgewerbezeichners Wondratschek „für uns Proletarier" aussprach: „das Recht des Einzelnen gegenüber der Masse und die Verpflichtung des Einzelnen für die Gesamtheit".[73]

Eine Fülle verschiedenster Beiträge rundete in wohlüberlegten Gegengewichten zueinander jedes einzelne der Hefte ab. Sie zeichneten sich durch eine bunte Vielfalt des vermittelten Wissens, ihre Orientierung an allerlei Interessengebieten der Untertürkheimer Belegschaft, fachkundige Darlegungen vorwiegend jüngerer Wissenschaftler, den neuesten Stand der Forschung aus. Viele Hefte waren Schwerpunktthemen gewidmet, über Verkehrsmittel etwa, das Eisenbahnwesen — hier berichtete Bonatz über den Neubau des Stuttgarter Hauptbahnhofes — und die Schiffahrt, bis auf die Erzählung über eine Ballonfahrt, dagegen nicht über die Luftschiffahrt, obgleich Daimler im Kriege zu einem der größten deutschen Flugzeugproduzenten herangewachsen war.

Andere Hefte befaßten sich mit Ausbildungs- und Nachwuchsfragen; mit den Grundlagen der Metallurgie; mit im Arbeitsalltag wichtigen Aspekten der Optik, wie sie beim Abbilden von Werkstücken oder bei Selenzellen eine Rolle spielten; mit Prüfungen und Prüfungsverfahren sowie den im industriellen Bereich völlig neuen Erkenntnissen der Arbeitspsychologie, damals noch Psychotechnik genannt;[74] mit der amerikanischen und der italienischen, nicht dagegen der kaum weniger interessanten französischen oder britischen Automobilindustrie; mit Albert Einstein und seiner eben erst praktisch bestätigten Relativitätstheorie. Für dieses Vorhaben hatte sich Rosenstock-Huessy der Mitwirkung eines Heidelberger Privatdozenten, des späteren Neurologen Viktor von Weizsäckers vergewissert. Er publizierte in der Daimler-Werkzeitung, nach Rosenstock-Huessys erklärender Einleitung, den ersten grundlegenden Versuch, die Relativitätstheorie und das neue Weltbild der Physik allgemeinverständlich darzulegen.

Weitere Themen betrafen spezifische Interessen der gesamten Belegschaft, das in Stuttgart seit jeher kritische Wohnungsproblem etwa. Dazu stellte Rosenstock-Huessy im ersten Heft zwei Konzepte für die Gestaltung von Kleinwohnungen zur Diskussion, das Laubenhaus des Berliner Baumeisters Bruno Möhring und das Doppelstockhaus von Heinrich de Fries. Beide galten als Lösungsvorschläge für eine überzeugende Unterbringung breiter Bevölkerungsschichten unter großstädtischen Verhältnissen. Im März 1920 widmete sich das in Zusammenarbeit mit dem Stuttgarter Architekten Paul Schmitthenner entstandene Heft 15/18 ausschließlich der gleichen Frage.

Schmitthenner, Professor an der Technischen Hochschule Stuttgart und bekannt durch eine bodenständige, schlichte, materialgerechte Bauweise, forderte in der Daimler-Werkzeitung nichts weniger als „eine vollkommene Änderung unseres städtischen Siedlungswesens". Er veranschaulichte seine Ideen unter Bezugnahme auf die von ihm geschaffenen Gartenstädte in Berlin-Staaken und Plaue bei Brandenburg bis in die Einzelheiten, sogar Details der Möblierung. Rosenstock-Huessy stellte dem eine minutiöse Entstehungsgeschichte der Siedlung Neu-Deutschland im Magdeburg-Helmstedter Braunkohlenrevier gegenüber, bezeichnenderweise als das Beginnen einer Arbeitsgemeinschaft von Arbeitslosen mit dem gemeinsamen Ziel des Wohnungserwerbs.

Ein inhaltlicher Schwerpunkt der Werkzeitung lag bei technischen und technikgeschichtlichen Themen. Rosenstock-Huessy trug dem sogleich mit dem Abdruck eines flammenden Aufrufs aus VDI-Kreisen eindrucksvoll Rechnung: „Was ist Technik?", fragte darin ein Oberingenieur. „Die umfassende Antwort liegt in der Gegenfrage: Was ist nicht Technik?! Nehmt dem Menschen die Technik, und Ihr nehmt ihm alles, was ihn zum Menschen gemacht hat! Ihr nehmt ihm die Wissenschaft und die Kunst, Sprache und Kultur. Ihr nehmt ihm sein Menschentum!"

Solche Worte las man in Untertürkheim gern, auch wenn sie schon 1911, somit vor acht Jahren und noch im kaiserlichen Deutschland gesprochen worden waren. Kein Techniker hätte sich den Folgerungen des Vortragenden versagen mögen, die lauteten: „Das erste selbstgefertigte Werkzeug war des Menschen erster Besitz, sein erstes Recht, seine erste Pflicht. Es war zugleich der erste Schritt zur Kultur, die erste Erfindung, die erste und größte menschliche Geisteserrungenschaft. Die Technik als praktische Wissenschaft ist älter als alle übrigen Wissenschaften; sie ist die Urwissenschaft, und aus ihr sind alle anderen gezeugt."[75]

Die Technikbegeisterung der Zeit schlug im gleichen Heft mit einem Abdruck aus Fürsts „Leuchtende Stunden" vollends durch, wo nicht vom nüchternen, sondern vom unerhört phantastischen Zeitalter der Technik gesprochen wurde.[76] Die allgemeine Euphorie ließ sich noch nicht dämpfen „von ein wenig Qualm, der aus den Fabriktüren euch entgegenschlägt, durch die paar Rinnsale schmutzigen Öls, die über die Höfe laufen". Aber das Problem Umwelt war 1920 in Untertürkheim trotz seiner unvergleichlich viel kleineren Proportionen schon erkannt, wenn auch eher unter dem Begriff sparsamen Wirtschaftens und der möglichen Wiederverwendung von Rohstoffen. Anfang 1920 erschien dementsprechend in der Werkzeitung ein ausführlicher Beitrag über die Wertung des Abfalls von dem Leipziger Privatdozenten und Kollegen Rosenstock-Huessys Ernst Schultze, der wenig später als Ordinarius das dortige Weltwirtschaftsinstitut gründen sollte.

Auch Technikgeschichte interessierte in Untertürkheim. Neben einem zeitgenössischen Bericht über Stephensons erste Fahrten enthielt die Werkzeitung ein ganzes Heft über James Watt anläßlich seines hundertsten Todestages, mit Abdrucken nicht nur des offiziellen Beitrages zu diesem Thema aus der Feder des „Historikers der Technik und Industrie" Conrad Matschoss, sondern auch eines zweiten Lebensbildes des Menschen, Schlossers und Außenseiters James Watt. Erst beide zusammen, wußte Rosenstock-Huessy, „bringen uns den Menschen so nahe, als trennten nicht einhundert Jahre sein Dasein von dem unsrigen".[77]

Fühlbar weniger als über Technik hatte die Daimler-Werkzeitung über betriebs- und volkswirtschaftliche Aspekte zu berichten. Eine bemerkenswerte Ausnahme bildeten die drei Beiträge des Untertürkheimer Prokuristen Arthur Löwenstein, der mit großem didaktischem Geschick — und mit unverkennbarem Seitenblick auf die zeitgeschichtlichen Ereignisse — Begriffe wie Valuta-Fragen, Reserven und Abschreibungen oder Aktie und Dividende erläuterte. Dadurch, so hoffte er jedenfalls, „wird manches unberechtigte Vorurteil schwinden und die Haltlosigkeit manches gedankenlos gebrauchten Schlagworts eingesehen werden".[78]

Gruppenfabrikation von Hinterachsen bei der Daimler-Motoren-Gesellschaft, Abteilung Meister Greiner, Mitte der zwanziger Jahre

Erwähnung verdient auch der Beitrag eines anderen Untertürkheimer Beamten, des Prokuristen und Leiters der Reparaturabteilung Peter Donndorf.[79] Er war Rosenstock-Huessy freundschaftlich verbunden und förderte die Werkzeitung nach Kräften.[80] Beide trugen sich mit Gedanken an neue Organisationsformen der beruflichen Arbeit und der Arbeitsteilung, von denen ein Beitrag zur Lösung der Probleme des Arbeiterstandes erwartet werden konnte. Noch unter dem Eindruck der ersten, in Stuttgart gemachten Erfahrungen beschloß Rosenstock-Huessy im Sommer 1919, darüber ein Buch zu schreiben.[81] Anfang August 1919 bestätigte er, daß Donndorf zu dem gleichen Thema „an einem radikalen Artikel brütet", der im Oktober 1919 in der Werkzeitung erschien.

„Was hindert uns", fragte Donndorf darin, „einen Mann innerhalb seiner Fabrikationsgruppe an allen vorkommenden Operationen teilnehmen zu lassen? Man würde auf diese Weise statt einseitiger Spezialisten vielseitige Handwerker erhalten", könne manchen von „stumpfsinniger Arbeit" befreien, verhindern, „daß ein und derselbe Arbeiter wochen-, ja monatelang die gleiche Operation vornimmt", um ihm statt dessen „die komplette Anfertigung eines Gegenstandes in Serie übertragen" zu können, ebenso wie „der selbständige Kleinhandwerksmeister" vorgeht und ähnlich den Anfängen, die Richard Lang mit der Gruppenfabrikation schon gemacht hatte.[82]

Donndorf empfahl Versuche und Studien in dieser Richtung, wobei sich auch gleich zeigen würde, „ob die Arbeiterschaft wirklich Wert auf Abwechslung und Vielseitigkeit in ihrer Beschäftigung legt, die ihr eine innere Befriedigung bieten kann". Er dachte dabei über den Rahmen des einzelnen Betriebes hinaus, verstand es generell als Aufgabe der Industrie, die Arbeitsteilung durch „Unterstützung oder sogar Angliederung des selbständigen freien Handwerkertums an die Großindustrie" überzeugend zu gestalten; Handwerksbetriebe mit Hilfe des technischen Wissens und Könnens der Industrie auf das modernste auszustatten, um ihnen die Serienfertigung zu ermöglichen, wie es etwa in den letzten Kriegsjahren schon der Fall war.[83] Auf diesen Wegen ließen sich nach Donndorfs Überzeugung sogar neue Existenzen gründen, und „so verschwindet ein gut Teil soziales Elend".

Eher politischen als volkswirtschaftlichen Charakter trugen schließlich, trotz Riebensahms Ankündigung, in der Werkzeitung „bleibt alles Politische heraus", die zwei Beiträge von Theodor Heuss und Paul Rohrbach. Heuss, der nachmalige Bundespräsident, war Dozent an der Hochschule für Politik in Berlin, als er sich in der Daimler-Werkzeitung für einen Anschluß Österreichs an Deutschland, für „die deutsche Sprach- und Kulturgemeinschaft in einem einheitlichen Nationalstaat" aussprach, wobei er nach Möglichkeiten des Reiches forschte, „die schlimmen Finanzverhältnisse" Österreichs zu verkraften.[84] Der ideelle Wert einer „Heimkehr der Deutsch-Österreicher zur großen Volksgemeinschaft" aber schien Heuss in bewußter Gemeinsamkeit mit der österreichischen Sozialdemokratie wichtiger als Rücksichtnahme auf volkswirtschaftliche Probleme.

In heute ungemein aktueller Weise forderte Heuss „die endliche Vereinigung aller Deutschen", fragte sich, was die nächsten Monate diesbezüglich bringen könnten, und war ganz sicher, daß „die Geschichte auch den Deutschen das Selbstbestimmungsrecht auf die Dauer nicht verweigern können" wird. Der Theologe und Journalist Paul Rohrbach entdeckte in der Werkzeitung, kaum weniger aktuell, das 1918 wiedererstandene Polen als einen geographischen und wirtschaftlichen Bestandteil Mitteleuropas, nicht aber Rußlands, zu dem es politisch bislang größtenteils gehört hatte. In seinem Beitrag, der auch volkswirtschaftliche Zusammenhänge allgemein verständlich erläuterte, empfahl er, trotz der schmerzlichen Gebietsabtretungen an Polen „die Folgerungen aus dem verlorenen Kriege zu ziehen, Polen als unseren Nachbarn im Osten anzuerkennen und Wirtschaft mit ihm zu treiben".[85]

Es dauerte nach der Gründung der Daimler-Werkzeitung kaum ein halbes Jahr, bis sich in ihr die von Rosenstock-Huessy erhoffte Diskussion zwischen Werkleitung und Belegschaft entfaltete. Anlaß dazu bot eine am 3. Dezember 1919 erschienene „kritische Betrachtung von Modellschreiner Z.", ein Pseudonym, das ein Untertürkheimer Werksangehöriger anfangs offenbar noch für notwendig hielt.[86] Gegenstand seiner Kritik war das von ihm so bezeichnete System Völliger, die Gewohnheit nämlich, bei der Herstellung von Gußstücken generell wenigstens einen Millimeter stärkeres Material stehen zu lassen, um spätere Nachbesserungen zu ermöglichen.

Bei der Zylinderproduktion beispielsweise „wird die Mantelwand von 3 auf 4 verstärkt, jeder Flansch, jede Rippe, jede Nabe und jeder Nocken müssen ‚völliger' sein" als vorgeschrieben, eine

„wilde Selbsthilfe" der Modellschreiner, die nicht nur zu Materialverschwendung, sondern auch zu ganz unerwartetem Gewicht der Motoren führte. Einen Teil der Verantwortung dafür schob Z. auf die Praxisferne der Techniker, denen er „einen Bummeltag zu geben" vorschlug, damit sie „in den Werkstätten den Arbeitsgang beobachten können".

Das war, wie gleich mehrere anschließende Zuschriften bewiesen, wohl jedem Modellschreiner aus der Seele gesprochen.[87] „Mit großem Interesse hat ein Teil der Arbeiterschaft den Artikel ‚Völliger' in Nr. 9 der Werkzeitung gelesen und erwartet Folgen solcher Kritik", schrieb ein anderer Modellschreiner. Die Erfahrungstatsache allerdings, daß der Vorgesetzte „es unbedingt immer besser wissen muß als derjenige, der es täglich auszuführen hat", dämpfte die Erwartungen der Belegschaft und stimmte sie eher skeptisch.

„Aus Arbeiterkreisen können noch viele brauchbare Vorschläge gemacht werden", unterstrich ein Gesenkschlosser, der für seinen Bereich ähnliche Mißstände bestätigte wie die Modellschreiner. Sie würden sich „durch Verständigung zwischen Büro und Werkstatt" leicht beheben lassen. Aber die leitenden Herren „sollen die Meinung fallen lassen, sie würden sich etwas vergeben, wenn sie Anregungen von anderer Seite berücksichtigen", forderte er.[88] „Sollte jedoch die Betriebsleitung auf solche berechtigte Kritik das Bessermachen folgen lassen", meinte der Modellschreiner, „dann ist zu erwarten, daß die Arbeiterschaft das bis jetzt noch bestehende Mißtrauen ablegt."[89] Eigentlich, wunderte er sich, hätten sich die Konstrukteure des Hauses das System Völliger, „dieses Kurpfuschertum, das ihre Gewichtsberechnungen immer wieder stört, schon längst verbitten müssen".

Das System Völliger wurde zum Prüfstein, nicht bloß für die Werksleitung, sondern auch für Rosenstock-Huessy. Riebensahm nahm die Herausforderung unverzüglich an. Schon im folgenden Heft erschien Anfang März 1920 seine Stellungnahme, eben jene, an der er nach Rosenstock-Huessys Zeugnis „wild" gearbeitet hatte, „um eine von keiner Seite voreingenommene Antwort zu finden".[90] Daß die Kritik des Modellschreiners Riebensahm betroffen gemacht hatte, konnte man seinen Worten

Former in der Gießerei der Daimler-Motoren-Gesellschaft, Mitte der zwanziger Jahre

entnehmen, es könne „wohl gegengefragt werden, ob es wirklich möglich ist, daß in einem großen, gut organisierten Betrieb ein offenbar großer Mißstand der Leitung solange verborgen bleibt".

Aber es kam Riebensahm entscheidend auf die „Art der Lösung des Falles" an, der neben dem sachlichen Nutzen für das Werk „allen Beteiligten die Genugtuung und Beruhigung einer wirklichen Klärung bringen" sollte. Es kam darauf an, daß die Werksleitung „sachlich und unparteiisch dabei vorgeht". Deshalb legte er in einer ausführlichen Begründung anschließend dar, weshalb die von dem Modellschreiner kritisierte Verfahrensweise im Prinzip nicht abgeändert werden, man auch vom Konstrukteur nicht verlangen könne, „wenn er auch noch all das wissen sollte, was zu den Erfahrungen des Gießers und Formers gehört".

Andererseits räumte Riebensahm ein, daß bezüglich der Genauigkeitsgrade bislang nur mündliche Angaben und Vereinbarungen existierten, was dem Modellschreiner die volle Verantwortung für die Genauigkeit der Maße und „seiner Willkür große Freiheit" aufbürdete, „die Völliger-Zugaben allgemein zu machen, um der Gießerei entgegenzukommen". Riebensahm sah diese Gefahr ein. Er gab unumwunden zu, daß „erhebliche Abweichungen von dem, was sich werkstattstechnisch hätte erreichen lassen, und ein Mißbrauch des Systems Völliger, festgestellt" werden mußte, was er als Folge der übersteigerten Massenfabrikation im Kriege begriff. Seine Gegenmaßnahmen erfolgten prompt: Einführung von Genauigkeitsgraden auf den Zeichnungen, Prüfung dieser Zeichnungen vor ihrer Freigabe sowie laufende Querschnitts- und Gewichtskontrollen der Abgüsse.[91]

Riebensahm und Rosenstock-Huessy legten großen Wert auf die Feststellung, daß diese Ergebnisse „nicht das Besserwissen der Leitung darstellen", sondern Resultat „einer eingehenden Prüfung der Verhältnisse, die auf die Kritik des Arbeiters hin eingesetzt hat. An dieser Prüfung haben alle Beteiligten, Arbeiter und Vorarbeiter, Meister und Ingenieure verschiedener Werkstätten, Konstrukteure und Werksleitung mitgewirkt", wobei sich herausstellte, „daß die Kritik des Arbeiters nicht unberechtigt war", bestätigte Riebensahm. „Deshalb wird die Leitung des Werks und der Werkzeitung, die zu solcher (Mit)Arbeit aufgerufen hat, festhalten an der offenen und ehrlichen Sprache, wie die Werkzeitung sie bisher gesprochen hat", versicherte er abschließend.

Es gab gar keinen Zweifel: Man fing an, die gemeinsame Werksprache zu sprechen, wie Rosenstock-Huessy sein Ziel genannt hatte. Sie fand sich bezeichnenderweise fast immer unter der Rubrik Freie Rede, die anfangs in der Zeitung kaum zu finden und ausschließlich Rosenstock-Huessy vorbehalten war. Bei Anfängen sollte es jedoch nicht bleiben. In und über die Gesenkschmiede kamen inzwischen ähnliche Diskussionen wie bei den Modellschreinern in Gang, wenn auch unter häufigen Verzögerungen, die möglicherweise mit vor allem in der Schmiede vertretenen brisanten politischen Anschauungen zusammenhingen.[92] Aber Rosenstock-Huessy leitete in unmittelbarem Anschluß an die Stellungnahme Riebensahms zum System Völliger zu einem dritten Thema über.[93]

Es betraf dieses Mal die Former, deren gebückte Arbeitshaltung Hellpach bei einem Besuch in Untertürkheim aufgefallen war. Er hatte Riebensahm schriftlich vorgeschlagen, die Arbeitsfläche der Former mindestens um einen Meter anzuheben und damit eine weniger anstrengende Haltung zu ermöglichen. Die Verwirklichung dieses an sich einleuchtenden Gedankens stieß jedoch auf unerwartete praktische Schwierigkeiten. Rosenstock-Huessy bat Hellpach daraufhin im Dezember 1919 „recht dringend", seinen Vorschlag in einem Beitrag der Werkzeitung darzulegen, nicht nur, weil das eine weitere „Stufe voran im Austausch zwischen ‚den beiden Ständen' oben und unten bedeuten könnte", sondern auch, weil „sich vielleicht eine Gegenstimme" bei den Formern erheben und den richtigen Weg zur Lösung des Problems weisen könne.[94]

Als sich die erhoffte Gegenstimme Anfang Juni 1920 tatsächlich zu Wort meldete, war es bereits zu spät.[95] Die Folgen ihrer eigenen Entstehungsgeschichte begannen die Daimler-Werkzeitung einzuholen. Ihre Geschicke hatten vom ersten Tag an unter dem Eindruck der politischen Auseinandersetzungen gestanden, die im Sommer 1920 nach einem langwierigen zähen Ringen in einen unverhüllten Kampf um die Macht mündeten. Den äußeren Anlaß dazu bildete in Untertürkheim die nach den neuen Bestimmungen durchgeführte Betriebsratswahl vom März 1920. Die politisch radikalisierten Elemente unter den Arbeitern griffen von diesem Zeitpunkt an zur Selbsthilfe und versuchten ohne weitere Rücksicht auf die Interessen des übrigen

Teils der Belegschaft, das Werk Untertürkheim mit Gewalt in ihre Hand zu bekommen.

Unter dem Einfluß des Gedankengutes linksradikaler politischer Parteien hatten sich die Verhältnisse im Werk seit Monaten zugespitzt, gestalteten sich je länger, um so schwieriger, schließlich unhaltbar. Ein seit langem betriebener Abbau jeglicher Autorität verursachte nach und nach eine Lähmung der Betriebsführung. Die Leistungen der Arbeiter wurden bei dauernder Steigerung ihrer Verdienste bewußt reduziert, die Qualität der Arbeit ließ erschreckend nach, „Unregelmäßigkeiten aller Art wurden zur Gewohnheit, jede Ordnungsmaßnahme wurde bekämpft und umgangen, Pfuscharbeit und Diebstähle nahmen einen ruinösen Umfang an, die Autorität der Meister, der Ingenieure und der Fabrikleitung selber aber wurden teils im stillen, teils durch offene Gewalt derart erschüttert, dass schliesslich eine Weiterführung des Betriebs überhaupt nicht mehr möglich war".[96]

Es glückte Rosenstock-Huessy lange Zeit, Distanz zwischen dem beständig anwachsenden Druck der Verhältnisse und seinen eigenen Zielen zu halten. Er war sich ganz sicher, sie verfehlen zu müssen, wenn er bloß noch „als Partei, statt als Vertreter der Werkeinheit angesehen" würde, wie er in seiner Denkschrift bei der Gründung der Werkzeitung an Riebensahm geschrieben hatte. Und doch konnte nicht in Frage stehen, daß die Werkzeitung, und mit ihr Rosenstock-Huessy in Untertürkheim als Partei galten, gelten mußten.

Nicht nur, daß er sich am Vorabend des Machtkampfes in Untertürkheim eindeutig gegen den Kommunismus aussprach, der auf falschen Wegen, mit Gewalt und Zwang zu erreichen versuche, was bislang nicht einmal dem Christentum möglich gewesen sei. Auch hatte er wiederholt vor allen -ismen gewarnt, soweit sie nicht ins Christentum eingebunden waren, „Kapitalismus und Sozialismus, Individualismus und Kommunismus" beispielsweise, weil sie „viele Millionen dumpfer Menschenhirne verwirren".[97]

Rosenstock-Huessy legte seine Anschauungen Ende Juli 1920 unmißverständlich dar, als er in einem längeren Beitrag die segensreichen Auswirkungen der Arbeitsgemeinschaften ebenso hervorhob wie die Tatsache, daß die Daimler-Werkzeitung „zuerst auf dem neuen Boden praktisch zu bauen versucht" habe.[98] Muff sah es keineswegs anders; auch er verstand Herausgeber und Redaktion der Daimler-Werkzeitung „als auf dem Boden der Arbeitsgemeinschaft stehende Gruppe".[99]

Eben gegen Arbeitsgemeinschaften der Sozialpartner, wie sie im Stinnes-Legien Abkommen begründet worden waren, richtete sich nun aber auch in Untertürkheim die prägnante Abneigung breiter und vor allem linksorientierter Arbeiterschichten, weil sie sie, wie das Abkommen generell, als Verrat am Sozialismus und an den Prinzipien des Klassenkampfes empfanden. Aus diesem Blickwinkel gesehen waren Rosenstock-Huessy und die Werkzeitung Partei, mußten alle Einwände gegen die Arbeitsgemeinschaft auch gegen sich gelten lassen und unterlagen dem gleichen leidenschaftlichen Urteil, das die Gegner Stinnes-Legiens über das Abkommen selbst in all seinen Facetten gefällt hatten.

Dagegen wog Rosenstock-Huessys Anliegen, Verständigung anzubahnen, miteinander zu sprechen, zwischen den Parteien zu vermitteln, das Gespräch zwischen Betriebsleitung und Belegschaft, Kapital und Arbeit, oben und unten in Gang zu bringen, nach dem Begriff des aufständischen Teils der Untertürkheimer Arbeiterschaft nicht so schwer wie der von Spartakusbund und USPD ausgehende Ruf nach Vollendung des Klassenkampfes und Enteignung des Privateigentums an Produktionsmitteln, die eine bessere wirtschaftliche Zukunft verhießen. Nicht einmal Riebensahms drängende Worte, nur „in der gemeinsamen Arbeit" könne man sich gegenseitig verstehen lernen, nur wenn „Menschen miteinander sprechen, können sie sich verständigen", zeigten in der siedenden Hitze der politischen Spannungen des Frühsommers 1920 Wirkung.

Ein Umbruch kündigte sich in Untertürkheim an, der auch vor der Tür der Werkzeitung nicht haltmachen konnte. Anfang Juni 1920 debattierten Rosenstock-Huessy und Muff „sehr ernstlich" darüber, wie sie die Zeitung „sowohl von dem Kapital wie von der Demagogie unabhängig" machen könnten. Erfolg versprach vor allem der Plan, die Finanzierung durch einen Vertrieb im Ausland zu sichern.[100] „500 Schweizer, 500 holländische und nordamerikanische Bezieher; und wir sind unabhängig!" jubelte Rosenstock-Huessy. Auch „Riebensahm war sehr begeistert von dieser Idee", obwohl er mit Muff die feste Überzeugung teilte, „dass die WZtg auch sonst weiter geht", eine Zuversicht, die Rosenstock-Huessy offenbar teilte.

Aber in zu vielen anderen Hinsichten wendeten sich Verhältnisse und Zeiten. Nicht nur, daß der Machtkampf zwischen Werkleitung und radikalisierter Arbeiterschaft in Untertürkheim mit fraglichem Ausgang bevorstand. Auch die konjunkturelle und damit die wirtschaftliche Lage der DMG verschlechterte sich zusehends, so daß einschneidende Sparmaßnahmen, sogar Entlassungen bevorstanden.

Vor allem aber hatte Riebensahm sich für neue berufliche Aufgaben in München entschieden, um anschließend seine Charlottenburger Professur anzutreten. „Er ist sehr siegessicher und tatenlustig für München heimgekommen, voll Energie und Frische", berichtete Rosenstock-Huessy, aber „unsere Wege entfernen sich doch reissend voneinander".[101] Auch Donndorf schied als „Direktor einer Automobilfabrik in Madrid" Anfang Juli 1920 von Untertürkheim.

Damit lichtete sich der Kreis der Beteiligten stark. Muff und Rosenstock-Huessy blieben dennoch von dem Gedanken beflügelt, die Zeitung auf einer neuen unabhängigen Basis weiterhin erscheinen zu lassen, wobei Muff „Vertrauensmann von Daimler" bleiben sollte. Auch war eine regelmäßige, dichtere Erscheinungsfolge des Blattes im Gespräch, nachdem Rosenstock-Huessy bei Riebensahm geklagt hatte, er „könne nicht so in vierteljährlichen Zuckungen leben". Beide stellten bei dieser Gelegenheit „die Notwendigkeit eines neuen Vorstandsbeschlusses über mich und die Zeitung" fest, um der zukünftigen Entwicklung den Weg zu ebnen.[102]

Rosenstock-Huessy war voller Zuversicht. Noch am 20. August 1920 bahnte er in Zürich die Einführung der Daimler-Werkzeitung in der Schweiz an. „Kurz, es rührt und regt sich was", schrieb er seiner Frau. „Und ich habe doch das Gefühl zu tun zu haben und zu schaffen, im wachsenden Mass."[103]

Als die Belegschaft der Daimler-Motoren-Gesellschaft am Morgen des 25. August 1920 in Untertürkheim zur Arbeit erschien, fand sie die Tore ihres Werkes verschlossen vor. Wachposten waren aufgezogen, die Umzäunung verstärkt, ein Plakat verbot den Zutritt bei Todesstrafe. Schwerbewaffnete Polizeieinheiten hatten das Gelände, neben anderen Stuttgarter Fabriken, in der Nacht zuvor auf Befehl der württembergischen Regierung und nach Information der Geschäftsleitungen besetzt.

In den vorangegangenen Tagen hatten Gewalttätigkeiten einer nach Tausenden zählenden radikalen Arbeiterschaft, die sich an der Einführung steuerlicher Abzüge vom Lohn entzündeten, das Faß zum Überlaufen gebracht. Abermals war die Direktion in schwerste Bedrängnis geraten, ein neuer Höhepunkt der seit Monaten schwelenden Unruhen erreicht.

Eine grundsätzliche Klärung nicht nur der unhaltbaren politischen, sondern auch der sich rapide verschlechternden wirtschaftlichen Verhältnisse war seit langem überfällig. Die Intervention der Regierung bot dafür einen Ausgangspunkt: Das Werk Untertürkheim wurde auf ihre Anweisung hin vorerst geschlossen, allen Arbeitnehmern insgesamt gekündigt. Die Belegschaft trat daraufhin in den Generalstreik. Der lange erwartete Machtkampf brach aus.[104]

Das bedeutete ein jähes Ende aller Bemühungen um Verständigung und Interessenausgleich, um Arbeitsgemeinschaften und die Werksprache. Nackte Gewalt, politisches Kalkül, wirtschaftliche Zwänge traten an die Stelle aller Vermittlungsversuche. Auch die Daimler-Werkzeitung gelangte dadurch an ihr unverhofftes Ende. Am 26. August 1920, einen Tag nach der Schließung des Werkes Untertürkheim, erschien sie zum letzten Mal.

Quellen und Anmerkungen

[1] Mai, G.: Kriegswirtschaft und Arbeiterbewegung in Württemberg 1914—1918, Stuttgart 1983, Seite 296.

[2] Bellon, B.P.: The workers of Daimler — Untertürkheim 1903—1945, a study in the history of German labor, lieferte im Rahmen einer Dissertation zum ersten Mal eine umfassende Untersuchung zur Sozialgeschichte des Daimler-Arbeiters. Das Manuskript lag in einer vorläufigen Version von 1987 vor. Die Arbeit ist später in Buchform unter dem Titel Mercedes in Peace and War: German Automobile Workers 1903—1945 in den USA erschienen.

[3] Daimler Werkzeitung (siehe unten, im folgenden abgekürzt DWZ), 1. Jg., S. 4 f.

[4] Der Mediziner, Sozialpsychologe und Politiker Willy Hellpach, seit 1911 Ordinarius in Karlsruhe und Gründer des dortigen Instituts für Sozialpsychologie, interessierte sich stark für Langs System der Gruppenfabrikation und verfolgte dessen Einführung in Untertürkheim auf das genaueste.

Hellpach wurde 1922 Minister für Unterricht und Kultus, 1924 Staatspräsident in Baden und kandidierte im März 1925 für das Amt des Reichstagspräsidenten, kehrte nach einer Abgeordnetentätigkeit im Reichstag 1930 jedoch zur Wissenschaft zurück. Zur Gruppenfabrikation in vielen Einzelheiten Richard Lang/Willy Hellpach: Gruppenfabrikation. Sozialpsychologische Forschungen, Band 1, Berlin 1922; DWZ, 1. Jg, S. 4 f.

Dieser Beitrag in der Werkzeitung ist die „erste Mitteilung über sein Betriebsexperiment"; Hellpach druckte sie in seinem Buch wörtlich ab und kommentierte sie. Ebendort, S. 94 ff.

Die Vorzüge der Gruppenfabrikation wurden von den betroffenen Arbeitnehmern bestätigt. Vgl. DWZ, 2. Jg, S. 95. Eine kritische Stimme kam dagegen aus dem Betriebsrat. Dazu Roth, K. H./Schmid, M.: Die Daimler-Benz AG 1916—1948. Schlüsseldokumente zur Konzerngeschichte, Nördlingen 1987, S. 50 ff.

[5] Der am 7. September 1880 in Königsberg als Kaufmannssohn geborene Riebensahm hatte nach dem Besuch des humanistischen Gymnasiums sein Studium des Maschinenbaues und der Elektrotechnik 1909 mit der Promotion an der TH Berlin abgeschlossen, seit 1912 dem Vorstand der Eisenacher Fahrzeugfabrik angehört und am 1. Oktober 1918 als stellvertretendes Vorstandsmitglied und Direktor Aufnahme in die Technische Leitung Untertürkheims gefunden.

Sein vielfältiges späteres Wirken als Ordinarius für mechanische Technologie an der TH Charlottenburg, bei der Gründung des Instituts für Betriebssoziologie als führender Experte auf dem Gebiet der Rationalisierung, in der Akademie für Volksforschung und Erwachsenenbildung konnte bislang ebensowenig ausreichend untersucht werden wie seine Tätigkeit für die Daimler-Motoren-Gesellschaft.

Für sie war es ein Glücksfall, daß sich in Riebensahm und Rosenstock-Huessy zwei Persönlichkeiten fanden, die gemeinsam um die Einheit von geistig-humaner und fachlicher Bildung rangen. Die Daimler-Werkzeitung als Zeugnis ihres gemeinsamen Schaffens wirft ein helles Licht auf die Tatsache, daß solche Anstrengungen bleibenden Erfolg haben können.

Riebensahm und Rosenstock-Huessy schöpften Kraft und Zuversicht aus einer umfassenden Bildung, von der sie beide, später auf getrennten Wegen gehend, noch hervorragende Zeugnisse ablegten. Ein spezifisches Verdienst Riebensahms, dessen Werk noch heute in der Riebensahm-Gesellschaft fortlebt, ist es, sich schon seit der Mitte der 30er Jahre intensiv um Hochschulreformen gekümmert zu haben.

Er kämpfte zeitlebens darum, „die Studenten über die Enge der technischen Fächer hinaus zu ‚ganzen' Menschen heranzubilden". In diesem Sinne wirkte unter anderem eine Denkschrift, die er 1948 als Vorsitzender eines Reformausschusses über eine neue Studienordnung an der TH Charlottenburg verfaßte. Ihr Ziel ging dahin, der Lehre an der TH eine humanistische Grundlage zu geben. Darüber hinaus war dem Ausschuß die Aufgabe gestellt worden, einen „Plan für den Aufbau einer Fakultät als Trägerin der humanistischen Disziplinen" zu entwerfen.

Das bruchstückhafte Wissen über Riebensahm liegt unter anderem an einer mangelnden Quellenbasis. Im Mercedes-Benz Archiv hat sich außer einem Teil seines Arbeitsvertrages und wenigen verstreuten Einzelhinweisen nichts über Riebensahm erhalten. Vgl. jedoch neuerdings H. Schuster: Industrie- und Sozialwissenschaften. Eine Praxisgeschichte der Arbeits- und Industrieforschung in Deutschland, Opladen 1987, S. 256 ff.

Eine Dissertation, die sich u. a. den Tätigkeiten Riebensahms widmet, ist zur Zeit in Augsburg im Entstehen begriffen. Vgl. Rabus, W.: Praxisorientierte Betriebssoziologie und Industriepädagogik in Deutschland 1918—1933 (Arbeitstitel). Rabus stellte für den vorliegenden Text wichtige Quellen zur Verfügung; ihm sei hier für die gute Zusammenarbeit Anerkennung und Dank ausgesprochen.

[6] Am 1. Februar 1919 trat Muff als Direktions-Sekretär in die DMG ein; ab Mai 1919 war er „für Personal D(aimler) Zeitungen" zeichnungsberechtigt. Er hatte zuletzt als Major im deutschen Generalstab am Weltkrieg teilgenommen; 1920 wurde er Prokurist im Hause, Mitglied der Lohnkommission und Vertrauensmann der Schwerbeschädigten, wenig später Leiter der Abteilung für Arbeiterfragen. Die Daimler Werksnachrichten erschienen ab 12. November 1919 unter seiner Leitung.

Während der gefährlichen Krise der DMG 1925, kurz vor der Fusion mit Benz, nutzte der zum Direktor im Hause aufgestiegene Muff seine langjährigen Beziehungen zum Militär, um über General Kurt von Schleicher Aufträge für Daimler anzubahnen. Im gleichen Jahr zog er sich als Direktor der Daimler-Mercedes-Automobil AG nach Zürich zurück. Vgl. Mercedes-Benz Archiv, Werksangehörige; Bellon, B. P.: a. a. O., MS, S. 422.

[7] Besprechung Direktor Dr. Riebensahm — Muff, 6. 2. 1919, Mercedes-Benz Archiv, DMG 167.

[8] Muff an Arbeiterausschuß, 3. 6. 1919, Mercedes-Benz Archiv, vgl. Anlage.

[9] Besprechung Direktor Dr. Riebensahm — Muff, 6. 2. 1919, Mercedes-Benz Archiv, DMG 167.

[10] Vortrag für Arbeiter der Daimler-Werke von Dr. Rudolf Steiner, Ut, den 26. April 1919, als Manuskript gedruckt, Mercedes-Benz Archiv, DMG 172.

Im Verband Württembergischer Metallindustrieller reagierten manche Herren anscheinend nicht gerade begeistert auf solche Vorträge Steiners. Vgl. Fischer, A.: Verband Württembergischer Metallindustrieller e.V. 1897—1934, o. O., o. D., Seite 37.

[11] Vortrag Steiner, a. a. O., Seite 25 ff.

[12] Bieber, H. J.: Gewerkschaften in Krieg und Revolution, Hamburg 1981, Seite 595 ff.

13 Feldmann, G. D./Steinisch, I.: Industrie und Gewerkschaften 1918–1924, Stuttgart 1985.

14 Bieber, H. J.: a. a. O., S. 608.

15 Ebendort, S. 609.

16 Ebendort, S. 622.

17 Bellon, B. P.: a. a. O., MS, S. 272 ff.

18 Ebendort.

19 Protokoll Vorstandssitzung DMG, 25. 1. 1919, Mercedes-Benz Archiv.

20 Um auf die überragende Persönlichkeit des Kulturphilosophen, Rechtswissenschaftlers und Soziologen Eugen Rosenstock-Huessy auch nur andeutungsweise eingehen zu können, fehlt hier der Platz. Als Einführung in sein eigenes, kaum zu überblickendes literarisches Werk und ein ebensolches über ihn sei aus neuester Zeit stellvertretend genannt: Bastian, K. F.: „Ich bin ein unreiner Denker", Erinnerungen an einen Unzeitgemäßen: Eugen Rosenstock-Huessy, Neue Gesellschaft/-Frankfurter Hefte, Januar 1989; Thieme, H.: Eugen Rosenstock-Huessy (1888–1973), Zeitschrift der Savigny-Stiftung für Rechtsgeschichte, 106, 1989, Germ. Abt., S. 1 ff.
Rosenstock-Huessys Weg und Werk ist bis heute einem weltweiten Freundeskreis bekannt.

21 Eugen Rosenstock-Huessy: Ja und Nein. Autobiographische Fragmente, Heidelberg 1968, S. 76.

22 Ebendort.

23 Die Denkschrift liegt bisher nur in einer undatierten, maschinenschriftlichen Fassung ohne Quellenangaben im Mercedes-Benz Archiv, DMG 193 vor. Vgl. Anlage.

24 Ebendort.

25 Ebendort.

26 Rosenstock-Huessy an seine Frau, 2. 8. 1919; Riebensahm an Hellpach, 16. 8. 1919. Badisches Generallandesarchiv, Abt. N, Willy Hellpach.
Die Abschriften sämtlicher hier zitierter Briefe Rosenstock-Huessys stellte Freya Gräfin von Moltke zur Verfügung. Sie sind gegebenenfalls im Daimler-Benz Konzern Archiv, Stuttgart-Möhringen, einzusehen.
Für ihre rasche und außerordentlich hilfreiche Unterstützung gebührt Gräfin Moltke aufrichtiger Dank, der sich zugleich an Dr. Hans Huessy, USA, richtet.

27 Rosenstock-Huessy an seine Frau, 28. 7. 1919.

28 Rosenstock-Huessy an seine Frau, 9. 8. 1919.

29 Ebendort.

30 Rosenstock-Huessy an seine Frau, 28. 7. 1919.

31 Ebendort.

32 Ebendort.

33 Ihr Verfasser Robert Uhland vom Literarischen Büro der DMG kam zu dem Schluß: „So sehr somit das Studium der Schriften Rathenaus empfohlen werden kann, wird man doch gut tun, sich auch gleichzeitig die gegnerischen Arbeiten gründlich anzusehen, um den Wert der ersteren richtig einschätzen zu lernen." DWZ, 1. Jg., S. 38 f.

34 Rosenstock-Huessy an seine Frau, 9. 8. 1919.

35 Riebensahm an Hellpach, 16. 8. 1919. Badisches Generallandesarchiv Karlsruhe, Abt. N, 263, Willy Hellpach.

36 Riebensahm kannte sie aus seiner Eisenacher Zeit und hatte sie im Sommer 1919 nach Untertürkheim geholt. Sie machte sich um Rosenstock-Huessys wirtschaftliche Verhältnisse offensichtlich Sorgen und wollte ihn deshalb im Untertürkheimer Werk „zum Sozialsekretär erheben" (Rosenstock-Huessy an seine Frau, 9. 8. 1919).

37 Siehe Anlage.

38 Rosenstock-Huessy an seine Frau, 15. 2. 1920.
Der Beitrag konnte in der Literatur bislang nicht gefunden werden und scheint verloren zu sein.
Zu Hans und zu Rudolf Ehrenberg, der in der Daimler Werkzeitung ebenfalls mit einem Artikel (DWZ, 1. Jg., S. 207 ff) vertreten ist: Hermeier, R. (Hrsg.): Jenseits all unseres Wissens wohnt Gott. Hans Ehrenberg und Rudolf Ehrenberg zur Erinnerung, Moers 1987.
Frau Professorin Maria Eugenie Ehrenberg, Würzburg, sei für mehrfache hilfreiche Unterstützung aufrichtiger Dank gesagt.

39 DWZ, 1. Jg., S. 236 ff. Für freundliche Unterstützung bezüglich der Einordnung dieses bisher unbekannten Artikels sei Herrn Professor Brakelmann, Bochum, verbindlicher Dank gesagt.

40 DWZ, 2. Jg., S. 17 f.

41 Rosenstock-Huessy an seine Frau, 15. 2. 1920. Seine Stellungnahme zu Hans Ehrenbergs Beitrag lautete: „Übrigens sind bei Hansens Aufsatz sachliche Gründe genug vorhanden, auch solche, die ich mitempfinde. Er paßt nicht ganz in die Zeitung. Er bietet zuviel ungelegte Eier auf einmal an. Der ruhige vorsichtige Schritt der Zeitung wird ohne wirklichen Gewinn überstürzt durch so ein Bild aus der Vogelperspektive."

42 Rosenstock-Huessy an Simonis, 11. 7. 1919, Rosenstock-Huessy-Archiv, Bethel.

43 Simonis hatte Anfang 1919 in Berlin die Leitung sowohl der juristischen wie auch der wirtschaftlichen Abteilung übernommen, bei der sich u. a. „alle Arbeiter- und Beamtenangelegenheiten konzentrierten" (Protokoll Vorstandssitzung DMG, 3./4./5. 2. 1919, Mercedes-Benz Archiv).

44 Rosenstock-Huessy an Simonis, 11. 7. 1919, Rosenstock-Huessy-Archiv, Bethel.

45 Rosenstock-Huessy an Schippert, o. D. (11. 7. 1919), ebendort.

46 Rosenstock-Huessy an seine Frau, 9. 8. 1919.

47 Das mag politische Gründe gehabt haben oder auch aus der Distanz zu der leitenden Persönlichkeit des Hauses entstanden sein, die Rosenstock-Huessy schon um seiner Aufgabe willen für erforderlich gehalten haben wird.
Seiner Frau schrieb er einmal: „Gestern habe ich uns eine Daimler Aktie gekauft! Nur eine, aber immerhin eine! So, Herr Berge, jetzt bin ich Ihr Chef. Du siehst: Größenwahn. Ach, Gritli, sonst aber nichts, sondern ganz demütiglich, Dein Eugen." (Rosenstock-Huessy an seine Frau, 9. 8. 1919).

48 Rosenstock-Huessy an seine Frau, 15. 2. 1920.

49 Denkschrift Rosenstock-Huessy, vgl. Anlage.

50 Riebensahm an Hellpach, 16. 8. 1919. Badisches Generallandesarchiv, Abt. N, Willy Hellpach.

51 Ebendort.

52 Die Auslage der Hefte in der Kantine und bei den Meistern überzeugte wegen der Beschädigungsgefahr nicht recht, so daß auch ein Postvertrieb eingerichtet wurde, mit „Rücksicht auf das Format, die Ausstattung und besonders die wertvollen Bilder". Wenig später erschien eine Sammelmappe (Anzeige des Verlags als Anlage in einzelnen Heften, Mercedes-Benz Archiv, Bibliothek).

53 Rosenstock-Huessy an seine Frau, 28. 7. 1919; DWZ, 1. Jg., S. 82 f.

⁵⁴ Rosenstock-Huessy an seine Frau, 2. 8. 1919.

⁵⁵ Ebendort, 28. 7. 1919.

⁵⁶ Im Felde hatte Rosenstock-Huessy als Aufklärungsoffizier der 103. Infanteriedivison 1916/17 zum ersten Mal Zustimmung dafür erwirkt, statt der üblichen vaterländischen Aufklärung ein Volkshochschulheim einzurichten.

⁵⁷ Ja und Nein, a. a. O., S. 78.

⁵⁸ DWZ, 1. Jg., S. 150.

⁵⁹ Ebendort, S. 2.

⁶⁰ Rosenstock-Huessy an seine Frau, 28. 7. 1919.

⁶¹ DWZ, 1. Jg., S. 24 f.

⁶² Ebendort, 1. Jg., S. 159; 2. Jg., S. 15.

⁶³ Ebendort, 2. Jg., S. 53.

⁶⁴ Ebendort, 2. Jg., S. 14. Der Zweifel an einer Urheberschaft Rosenstock-Huessys bei diesem Beitrag ergibt sich nicht nur aus einer offensichtlich großen Vertrautheit des Verfassers mit den Einzelheiten der in Frage stehenden Arbeit, über die in der Regel nur Personen verfügen können, die sie selbst leisten.
Zweifel ergibt sich vielmehr auch aus den sachlichen Zusammenhängen. Es kam Rosenstock-Huessy ja gerade auf eine fachliche Meinungsäußerung aus Kreisen der Former an, um dadurch das spezifische Problem der Höhe ihrer Arbeitsfläche lösen zu können. An einer Antwort aus seinem eigenen Wissen konnte ihm daher überhaupt nicht gelegen sein. Vgl. unten S. XXIX.

⁶⁵ Rosenstock-Huessy an seine Frau, 28. 7. 1919.

⁶⁶ DWZ, 1. Jg., S. 17 ff.

⁶⁷ Riebensahm an Hellpach, 16. 8. 1919. Badisches Generallandesarchiv, Abt. N, Willy Hellpach.

⁶⁸ Rosenstock-Huessy an seine Frau, 15. 2. 1920; DWZ, 1. Jg., S. 225 ff.
Riebensahm war dermaßen in Anspruch genommen, daß er „nicht mal ein Auto für Hellpach" bereitstellen ließ, wie Rosenstock-Huessy kopfschüttelnd feststellte (ebendort).

⁶⁹ DWZ, 1. Jg., S. 1 ff; Muff an Arbeiterausschuß, 3. 6. 1919, Mercedes-Benz Archiv, vgl. Anlage.

⁷⁰ Ebendort, S. 17 ff.

⁷¹ Welches Unterfangen es in Einzelfällen darstellen mußte, sich verständlich genug auszudrücken, illustrierte Riebensahms gelegentliche Bemerkung, das hier verwandte Wort „Rhythmus" sei von Lesern im Sinne von Pflanze gedeutet worden. Vgl. dazu oben S. XXII.
Daraus einen Rückschluß auf das Bildungsniveau der Belegschaft im allgemeinen zu ziehen, wäre allerdings nicht begründet. Diesbezüglich ließen die in der Werkzeitung, 2. Jg., Heft 2/4 publizierten Ergebnisse der Lehrlingsprüfungen von 1920 interessante Einblicke zu.
Hellpach als außenstehender neutraler Beobachter bestätigte zumindest den Untertürkheimer Drehern „den Bereich des guten Durchschnitts der deutschen Facharbeiterintelligenz". Er zeigte sich beeindruckt, wie der Dreher Eugen May „mit sachtechnischer Kritik" einen die Kurbelwellenfabrikation betreffenden Verbesserungsvorschlag einbrachte, wobei es darum ging, den etwa drei Kilometer langen Irrweg jeder neu zu fertigenden Welle durch die verschiedenen Werkstätten der Fabrik abzukürzen.
Zuvor hatten sich, wie Hellpach illustrierend hervorhob, „zwei Generationen von großenteils studierten, durchgehend technisch gelernten Betriebsleitern mit diesen Übelständen abgefunden, ohne kundzugeben, daß sie sie als Übelstände bemerkt hätten". Diese Verhältnisse gaben zugleich Anlaß für die Einführung der Gruppenfabrikation durch Richard Lang. (Lang, R./Hellpach, W.: Gruppenfabrikation, Berlin 1922, S. 51 f und passim. Zur Biographie Eugen Mays, vgl. Rosenstock, E.: Werkstattaussiedlung, Berlin 1922, S. 16 ff.)

⁷² DWZ, 1. Jg., S. 21.

⁷³ Ebendort, S. 25.

⁷⁴ Offensichtlich wurde an dieser Stelle die von Riebensahm und Rosenstock-Huessy im Zusammenwirken mit Georg Schlesinger als Kapazität auf diesem Gebiet geförderte Absicht der DMG, Erkenntnisse und Verfahren der Arbeitspsychologie im Hause einzuführen.
Dazu diente erstmals die in der Werkzeitung mit allen Details belegte Aufnahmeprüfung für Lehrlinge des Jahres 1920, zu der im Mercedes-Benz Archiv weiteres Bildmaterial vorhanden ist, dessen Bedeutung in dieser Hinsicht bislang nicht erkannt wurde.
Einen der Berichte über die Prüfung steuerte Max Sailer bei, der zu den großen Rennfahrern des Hauses zählt und es später zum technischen Direktor und Vorstandsmitglied der Daimler-Benz AG brachte.

⁷⁵ DWZ, 1. Jg., S. 14.

⁷⁶ Ebendort, S. 26.

⁷⁷ Ebendort, S. 129 ff.

⁷⁸ Ebendort, 2. Jg., S. 10. Löwenstein war auch an anderer Stelle sehr verdienstvoll für die DMG tätig. So lag die gesamte Abwicklung der Beziehungen des Hauses zum Reich während der Phase der Demobilisierung in seiner Hand.

⁷⁹ Dipl.-Ing. Donndorf gehörte der DMG lange Jahre an, kannte noch Paul und Adolph Daimler persönlich und erinnerte sich gut an die Anfangsjahre des Automobils. 1914 trug er als Rennleiter und als Vorgänger des legendären Alfred Neubauer durch ein von ihm erdachtes Nachrichtensystem mittels Flaggen und Tafeln zu dem überragenden Erfolg des Untertürkheimer Rennwagen im Großen Preis von Frankreich bei.
In seiner Freizeit musizierte Donndorf gern; als Cellist des Neuen Stuttgarter Trios gab er auch öffentlich Konzerte.
Rosenstock-Huessy wohnte eine Zeitlang im heute noch unverändert erhaltenen Hause Professor Karl Donndorfs in der Ameisenbergstraße 82. Darüber gab Min. Dir. i. R. Wolf Donndorf, Stuttgart, dankenswerterweise vielerlei aufschlußreiche Auskünfte.

⁸⁰ Als Berge Anfang 1920 einen für die Werkzeitung sehr förderlichen Brief erhielt, fragte sich Rosenstock-Huessy, ob „Donndorfs dahinterstecken" (Rosenstock-Huessy an seine Frau, 15. 2. 1920, vgl. oben S. XXI).

⁸¹ Rosenstock-Huessy, E.: Werkstattaussiedlung. Untersuchungen über den Lebensraum des Industriearbeiters, Berlin 1922. Das Werk ist „Dr.-Ing. Paul Riebensahm dankbar zugeeignet". Es entstand zweifelsohne vor dem Hintergrund der Untertürkheimer Verhältnisse. Manche Entwicklungsstationen des Gedankens an Werkstattaussiedlungen lassen sich aufgrund der Briefe Rosenstock-Huessys neuerdings nachzeichnen.
„Ein Schlosser von 26 Jahren", schrieb Rosenstock-Huessy am 9. August 1919 an seine Frau, „dem das Kollektivabkommen nicht paßt, und der zu Rie(bensahm) eingedrungen ist, er wolle sich selbständig machen, Maschinen kaufen usw., ist die erste Schwalbe der heraufziehenden Dezentralisation." Da der Schlosser und Dreher Weidmann (auch Weitmann geschrieben) hieß, berichtete Rosenstock-Huessy in späteren Briefen über Aktivitäten der „Weidmänner", insbesondere am 15. Februar 1920, als er mit Hellpach und sieben Arbeitern eine Betriebsbesichtigung machte:
„Die Arbeiter waren begeistert von der Besichtigung. Aber auch Hellpach taute immer mehr auf, und heut erklärte er

ein paar Mal, es sei der größte ‚sozialpsychologische' Eindruck seines Lebens, dieser unbefangene Tag mit leibhaftigen Arbeitern. Weitmann selbst sieht schrecklich elend aus. Er kämpft mit dem Geldgeber einen stillen Kampf. Der will ihm plötzlich Ingenieure vor die Nase setzen, will Patente kaufen, kurz will groß werden, richtige Unternehmergesinnung des Herrn Gewerkschaftssekretärs. Weitmann aber fühlt, daß er dazu nicht taugt und will so bleiben, wie er ist, wie es ja auch allein vernünftig ist. Eine betrübliche Lage. Natürlich wäre das Geld zu beschaffen, um den Werner auszukaufen, aber der wird nicht leicht weichen und ist außerdem ein gefährlicher Gegner. Deshalb ist Weitmann schwer zu helfen, weil er sich in den Nerven diesem durchtriebenen Fuchs nicht entfernt gewachsen fühlt. Was nützt da alles Recht. Morgen früh kommt sein Freund und Mitarbeiter Schmied, der heut mit den alten Kapitalisten spricht, zu mir. Wir werden dann beraten, ob mit Geld etwas zu machen ist. Sowohl Hellpach wie Riebensahm haben das Gefühl, daß man dies bezeichnende Ringen zwischen Kapital und Arbeit nicht mit der Niederlage der Arbeit enden lassen darf." Rosenstock-Huessy an seine Frau, 9. 8. 1919, 13. 2. 1920, 15. 2. 1920.

[82] DWZ, 1. Jg., S. 113 ff.; vgl. oben S. XIII f.

[83] Bei dieser Gelegenheit sind interessante Aussagen über die damaligen Zulieferer der DMG zu erfahren, nämlich, daß die DMG 1918 „für über 10 Millionen Mark Aufträge — wohlgemerkt reine Bearbeitungsaufträge — an mittlere und kleine Meister vergeben" hat, wodurch „manche selbständige Existenz, die auf schwankendem Boden stand, gefestigt worden" sei (DWZ, 1. Jg., S. 115). Der Umsatz der DMG betrug, allerdings 1916, 124 Mio RM.

[84] DWZ, 1. Jg., S. 22 ff.

[85] Ebendort, S. 176 ff.

[86] Ebendort, S. 153. Erst im Jahresinhaltsverzeichnis der Werkzeitung gab sich Modellschreiner Z. als Heinrich Klomann, Modellschreiner in der DMG Untertürkheim zu erkennen.

[87] DWZ, 1. Jg., S. 197 ff., S. 215 ff., S. 218 f.

[88] Ebendort, S. 219.

[89] Ebendort, S. 197.

[90] Ebendort, S. 225 ff.

[91] Ob Klomanns Verbesserungsvorschlag finanziell anerkannt wurde, ist leider nicht ersichtlich, doch gab es Anerkennungszahlungen wie im heutigen Vorschlagswesen schon damals. Vgl. DWZ, 1. Jg., S. 215.

[92] DWZ, 1. Jg., S. 165 ff. (der letzte der auf S. 168 abgebildeten, 1916 in Chemnitz gebauten Einständerhämmer ist in der Untertürkheimer Schmiede noch heute in Gebrauch); S. 215 ff.; 2. Jg., S. 95 ff., S. 112 ff.

[93] DWZ, 1. Jg., S. 231 f.

[94] Rosenstock-Huessy an Hellpach, 23. 12. 1919, Badisches Generallandesarchiv, Abt. N, Willy Hellpach, Nr. 265.

[95] DWZ, 2. Jg., S. 14 f.

[96] Daimler-Werksnachrichten, Nr. 10, 18. 10. 1920, Mercedes-Benz Archiv. Der Betriebsrat sah die Verhältnisse aus ganz anderer Perspektive. Dazu Roth, K. H./Schmid, M.: a. a. O., S. 50 f.; Bellon, B. P., a. a. O., MS, S. 342 ff.

[97] DWZ, 1. Jg., S. 81 f.; 2. Jg., S. 15 f.

[98] DWZ, 2. Jg., S. 87 ff., insbesondere S. 90.

[99] Rosenstock-Huessy an seine Frau, 3. 6. 1920.

[100] Ebendort. Die Daimler-Werkzeitung stieß schon seit längerem über die Werksbereiche hinaus in einer breiten Öffentlichkeit auf Interesse. Im März 1920 ließ der Verlag deshalb wissen, bei „den hohen Kosten und der zunehmenden Bezieherzahl von Nichtangehörigen der Daimler-Werke kann die Werkzeitung an letztere nicht mehr zu dem Vorzugspreis abgegeben werden". Vgl. anliegende Bestellkarten in DWZ, Mercedes-Benz Archiv Bibliothek.

[101] Rosenstock-Huessy an seine Frau, 3. 6. 1920, 17. 6. 1920.

[102] Ebendort, 17. 6. 1920.
In den erhaltenen Protokollen über Vorstandssitzungen der DMG findet sich keinerlei Hinweis auf Rosenstock-Huessy und die Werkzeitung.

[103] Rosenstock-Huessy an seine Frau, 17. 6. 1920.

[104] Dazu in vielen Einzelheiten Bellon B. P.: a. a. O. MS, S. 370 ff.

DAIMLER
WERKZEITUNG

1. JAHRGANG 1919/20

INHALT.

Aufsätze.

Nummer 1. Seite 1—16.

In der Welt der Arbeit. Von Dr.-Ing. P. Riebensahm. ** Gruppenfabrikation. Von Dipl.-Ing. Richard Lang. ** Zwei Vorschläge zur Umbildung der großstädtischen Kleinwohnung. Das Laubenhaus von Prof. Bruno Möhring und das Doppelstockhaus von H. de Fries. Von Prof. W. Franz. ** Valuta-Fragen. Von Dr. Arthur Loewenstein. ** Rundschau. ** Bücher. ** Briefkasten. ** Kulturgeschichtliche Aphorismen. Von Ober-Ing. Alphons Heinze. ** Der Kampf. Aus Max Eyth: „Hinter Pflug und Schraubstock".

Nummer 2. Seite 17—28.

Arbeitszeit. Von Dr.-Ing. P. Riebensahm. ** Die wirtschaftliche Bedeutung eines Anschlusses Deutsch-Österreichs an Deutschland. Von Dr. Theodor Heuss. ** Etwas vom Innenleben fürs Innenleben. Von F. Wondratschek. ** Die Brücke. Von Josef Pennell. ** Das Reich der Kraft. Von Arthur Fürst. ** Der Kampf (Schluß). Aus Max Eyth: „Hinter Pflug und Schraubstock".

Nummer 3. Seite 29—44.

Der soziale Gedanke in Amerika. Von Prof. Dr.-Ing. E. Heidebroek. ** Amerikanische Automobil-Industrie. ** Bücher: Walther Rathenaus Schriften. Von Ing. Robert Uhland. ** Stuttgart. Von Prof. Alfred Lichtwark. ** Ballonfahrt über dem Bodensee. Von W. v. Scholz.

Nummer 4. Seite 45—68.

Leonardo da Vinci. ** Der Italiener als Arbeiter. Von Dipl.-Ing. H. Groß. ** Italien und Deutschland. Von Dr. E. Rosenstock. ** Der Aufschwung der italienischen Automobil-Industrie. ** Der Abendmahlsmaler. Von C. L. Schleich. ** Leonardo schreibt an den Herzog. ** Leonardo beim Herzog. ** Der Meister.

Nummer 5. Seite 69—92.

Reserven und Abschreibungen in der Bilanz einer Aktiengesellschaft. Von Dr. A. Loewenstein. ** Die deutsche Seeschiffahrt vor und nach dem Kriege. Von Dr. R. Hennig. ** Der Wiederaufbau des Einzelnen. ** Ein Heilmittel gegen die Verarmung unseres Volkes. Von G. Schilling. ** Die erste deutsche Seekabellegung. Von Werner von Siemens. ** Das Schwimmdock. ** Seefahrt ist not! Von Gorch Fock.

Nummer 6. Seite 93—112.

Volk, Staat, Eisenbahn. Von Dr. E. von Beckerath. ** Die Entstehung eines Fahrplans. Von Finanzrat G. Stainl. ** Zum Neubau des Stuttgarter Hauptbahnhofs. Von Prof. P. Bonatz. ** Georg Stephenson. Aus Max Maria von Weber: „Welt der Arbeit." ** Ruf der Fabriken. Von K. Bröger. ** Berufstragik. Aus Max Eyth: „Hinter Pflug und Schraubstock".

Nummer 7. Seite 113—128.

Handwerk und Großindustrie. Von Dipl.-Ing. P. Donndorf. ** Die Berufseignungsprüfung für Kraftfahrer. (Psychotechnische Prüfung.) Von Dr. A. Neuburger. ** Schwäbisches Runenfachwerk. Von Ph. Stauff. ** Berufstragik (Fortsetzung). Aus Max Eyth: „Hinter Pflug und Schraubstock".

Nummer 8. Seite 129—148.

James Watt. Von Prof. C. Matschoss. ** James Watt. Von Dr. R. Laemmel. ** Watts Vertrag mit seinem Geldgeber. ** Aus Watts Briefen. ** Watts Lebensarbeit. ** Die erste in Deutschland gebaute Dampfmaschine Wattscher Konstruktion. ** Die Berufseignungsprüfung für Kraftfahrer (Schluß). Von Dr. A. Neuburger. ** Berufstragik (Schluß). Aus Max Eyth: „Hinter Pflug und Schraubstock".

Nummer 9. Seite 149—164.

Volkshochschule und Arbeiterschaft. Von Dr. W. Picht. ** „Völliger". Eine kritische Betrachtung von Modellschreiner Z. ** Vorgeschichte der Medizin. Von Dr. F. Worthmann. ** Gedanken über das Weltgeschehen. Von Kunstgewerbezeichner F. Wondratschek. ** Der Tunnel. Von B. Kellermann.

Nummer 10. Seite 165—184.

Plaudereien aus der Gesenkschmiede. Von Ing. P. H. Schweißguth. ** Die Heizkraft des Holzes. Von Dr. S. v. Jezewski. ** Wirtschaftliche Folgen der Wiederaufrichtung Polens. Von Dr. P. Rohrbach. ** Der Tunnel (Schluß). Von B. Kellermann.

Nummer 11. Seite 185—200.

Die künftigen Führer der Arbeit. Von Prof. Dr.-Ing. E. Heidebroek. * * Werkstatts-Praktikanten. Von Dr.-Ing. P. Riebensahm. * * Hand! Nicht Kopf! Von Prof. Dr. J. Hofmiller. * * Die Wertung des Abfalls. Von Dr. E. Schultze. * * Erwartungen. Von einem Modellschreiner der D. M. G. * * In der Grünheustraße. Von Max Eyth.

Nummer 12/13. Seite 201—224.

Das Abbilden der Werkstücke. (Projektion und Perspektive.) Von Direktor C. Volk. * * Das Auge. Von Prof. Dr. med. R. Ehrenberg. * * „Sehende" Maschinen. Von E. Trebesius. * * Vorschläge aus der Gesenkschmiede. Von Gesenkkontrolleur H. Beck. * * Anregungen. Von einem Gesenkschlosser. * * In der Grünheustraße (Schluß). Von Max Eyth.

Nummer 14. Seite 225—244.

Werkzeichnung — Modell — Abguß. Von Dr.-Ing. P. Riebensahm. * * Die Arbeitshaltung des Formers. Von Prof. Dr. W. Hellpach. * * Deutsche Lohnarbeit. Von Dipl.-Ing. W. Speiser. * * „Ach, das Gold ist nur Schimäre." Von P. v. Szczepanski. * * H — O — H. Von R. Ehrenberg.

Nummer 15/18. Seite 245—292.

Die deutsche Volkswohnung. Von Prof. P. Schmitthenner. * * „Neu-Deutschland". Geschichte einer Siedlung. Von Dr. E. Rosenstock. * * Der Stand der Siedlungs- und Wohnungsfrage in Deutschland. * * Mein Heim. Von Peter Rosegger.

Kunstbeilagen und Abbildungen.

Nr. 1.

Laubenhaus.
Wohnraum im Doppelstockhaus.

Nr. 2.

Josef Pennell, Die Brücke.

Nr. 3.

Heine Rath, Stuttgart-Schloßplatz.

Nr. 4.

Leonardo da Vinci, Mausoleum, Mona Lisa, Bronzepferd, Selbstbildnis, Abendmahl, Dom. Anatomische Studien, Feilenhaumaschine, Bombarden, Parabelzirkel, Nadelschleifmaschine, Säge, Bagger, Flugmaschine, Zahnräder, Sonnensystem, Kreisel, Bohrmaschine, Gelenkketten, Schwimmgürtel, Riesenarmbrust, Gewölbekonstruktion, Stockwerkstraße mit Kanalisation, Erdbohrer, Landkarte.

Nr. 5.

A. Eckener, Das Schwimmdock.

Nr. 6.

Bonatz und Scholer, Neuer Stuttgarter Bahnhof.
Georg Stephensons Preislokomotive Rakete.
Die schwerste Lokomotive in Europa (Maffei München).
Bilder vom Lokomotiv-Wettbewerb in Rainhill 1829.
Trevithicks Lokomotive von 1808.

Nr. 7.

Bilder aus der Kraftfahrer-Prüfungsanstalt.
Rathaus in Backnang.
Rathaus in Steinheim a. d. Murr.
Schillerhaus in Marbach.
Häuser in Enzweihingen, Oberriexingen und Strümpfelbach.

Nr. 8.

Porträt des James Watt.
Watts Wohnhaus und Werkstatt in Heathfield.
Watts Denkmal in der Westminster-Abtei. Doppelseite.
Die erste in Deutschland gebaute Wattsche Dampfmaschine.
Bilder aus der Kraftfahrer-Prüfungsanstalt.

Nr. 9.

Porträt des Andreas Vesalius.

Nr. 10.

Zweiständerhammer.
Einständerhammer in den Daimler-Werken.
Brückenhammer im Stahlwerk Becker A. G. - Willich.
Druckwasser-Schmiedepresse bei Krupp-Essen.
Großschmiede mit Schmiedepressen bei Krupp-Essen.

Nr. 12/13.

Projektionszeichnungen.
Perspektivzeichnungen.
M. Hobbema, Die Straße von Middelharnis.
P. Janssens, Inneres eines Wohnraumes.
Kirche St. Paul vor den Mauern, Rom.
Schnitt durch das menschliche Auge.
„Sehende" Maschinen (mit Selenzellen).

Nr. 14.

Schema der Arbeitshaltung des Formers.

Nr. 15/18.

Bilder der Siedlung Plaue a. d. Havel.
Bilder der Gartenstadt Staaken bei Spandau.
Bilder der Siedlung Ooswinkel (Baden).
Plan und Vogelschau der Siedlung Ooswinkel.
Zeichnungen und Grundrisse von Einzelhaus, Doppelhaus, Reihenhaus, Gruppenhaus.
Kleinhaus-Möbel und -Zimmer.
Geschichtliche Bilder von Siedlungen und Wohnhäusern.
Die Siedlung „Neu-Deutschland" bei Völpke.

Verfasser.

A. Tote.

	Seite
Boulton, englischer Erfinder und Unternehmer der Wattschen Patente (1728—1809).	138
Eyth, Max, Ingenieur, Gründer der deutschen Landwirtschaftsgesellschaft (1836—1906).	15, 26, 108, 125, 146, 198, 219
Fock, Gorch (Pseudonym für Hans Kinau), niederdeutscher Dichter (1880—1916), fiel in der Schlacht am Skagerrak.	89
Gobineau, Graf von, Joseph Arthur, französischer Orientalist (1816—1882).	66
Kemble, engl. Schauspielerin u. Schriftstellerin (1806—1893).	104
Leonardo da Vinci (1452—1519).	65
Lichtwark, Alfred, Direktor der Kunsthalle in Hamburg, Kunstschriftsteller (1853—1914).	40
Rosegger, Peter, volkstümlicher Schriftsteller (1843—1918).	290
Siemens, Werner v., Erfinder der Dynamo-Maschine, Gründer der Firma Siemens und Halske (1819—1893).	83
Vesalius, Andreas, Begründer der wissenschaftlichen Anatomie (1515—1564).	157
Watt, James, Erfinder der Dampfmaschine (1736—1819).	139

B. Lebende.

	Seite
Beck, Hugo, Gesenkkontrolleur in der D. M. G., Stuttgart.	215
Beckerath Emil v., Dr. phil., Professor der Nationalökonomie an der Universität Rostock.	93
Bonatz, Paul, Professor der Achitektur an der technischen Hochschule Stuttgart.	102
Bröger, Karl, Arbeiter, Dichter in Nürnberg.	107
Donndorf, Peter, Diplom-Ingenieur, Oberingenieur der D. M. G., Stuttgart.	113
Ehrenberg, Rudolf, Professor Dr. med., Privatdozent der Physiologie an der Universität Göttingen.	207, 236
Franz, W., Professor an der technischen Hochschule Charlottenburg.	5
Fürst, Arthur, Verfasser von „Die Welt auf Schienen", „Wunder der Technik" usw., Berlin.	25
Groß, Hermann, Diplom-Ingenieur der D. M. G., Mailand.	52
Heidebroek, E., Dr.-Ing., Professor des Maschinenbaus an der technischen Hochschule Darmstadt.	29, 185
Heinze, Alphons, Oberingenieur der Halleschen Maschinenfabrik, Halle a. S.	14
Hellpach, Willy, Professor Dr. med., Dozent für Arbeitswissenschaft an der technischen Hochschule Karlsruhe.	21, 231
Hennig, Richard, Dr. phil., Schriftsteller, Berlin-Friedenau.	76
Heuss, Theodor, Dr. phil., Volkswirt, Berlin.	22
Hofmiller, Josef, Prof. Dr. phil., Schriftsteller, München.	192
Jezewski v., Dr. phil. in Jena.	175
Kellermann, Bernhard, Roman-Dichter, Verfasser von „Der Tunnel", „Das Meer" usw., Berlin.	160, 179
Klomann, Heinrich, Modellschreiner in der D. M. G., Untertürkheim.	153
Laemmel, Rudolf, Dr. phil. in Zürich.	134
Lang, Richard, Dipl.-Ing., Direktor der D. M. G., Stuttgart.	4
Löwenstein, Arthur, Dr., Prokurist der D. M. G., Stuttgart.	8, 69
Matschoss, Conrad, Dr.-Ing., Professor der Geschichte der Technik an der technischen Hochschule Charlottenburg.	129
Mereschkowski, D. S., russischer Schriftsteller.	68
N., N., Modellschreiner in der D. M. G.	197
Neuburger, Albert, Dr. phil. in Berlin.	116, 142
Picht, Werner, Dr. phil., Mitarbeiter im preußischen Ministerium für Unterricht, Berlin und Hinterzarten i. Schwarzw.	149
Riebensahm, Paul, Dr.-Ing., Direktor der D. M. G., Stuttgart.	1, 17, 190, 225
Rohrbach, Paul, Dr. phil., Verfasser von „Weltgeschichte", Berlin.	176
Rosenstock, Eugen, Dr. jur., Privatdozent des deutschen und Staatsrechts an der Universität Leipzig.	45, 57, 282
Schilling, Gotthilf, Schlosser in der D. M. G., Fellbach.	82
Schleich, Ludwig Carl, Prof. Dr. med., Verfasser von „Schaltwerk der Gedanken", „Es läuten die Glocken", Berlin-Wilmersdorf.	62
Schmitthenner, Paul, Professor der Architektur an der technischen Hochschule Stuttgart.	245
Scholz, Wilhelm v., Dr. phil., Dichter, Dramaturg am Württ. Landestheater Stuttgart.	42
Schultze, Ernst, Dr. phil., Privatdozent an der Universität Leipzig.	194
Schweißguth, Heinrich Paul, Diplom-Ingenieur, Direktor der Teplitzer Eisenwerke, Teplitz i. Erzgebirge.	165
Speiser, Wilhelm, Diplom-Ingenieur Berlin.	233
Stainl, Gustav, Finanzrat der württembergischen Staatsbahnen, Stuttgart.	97
Stauff, Philipp, Schriftsteller in Großlichterfelde-Berlin.	120
Szczepanski, Paul v., Schriftsteller, Freudenstadt.	234
Trebesius, Ernst, Diplom-Ingenieur in Zwenkau bei Leipzig.	211
Uhland, Robert, Ingenieur der D. M. G., Stuttgart.	38
Volk, Carl, Direktor der Beuth-Maschinenbauschule Berlin.	201
Wondratschek, Friedrich, Kunstgewerbezeichner der D. M.G., Cannstatt.	24, 159
Worthmann, Friedrich, Dr. med., Schweidnitz.	154

DAIMLER WERKZEITUNG
1919 Nr. 1

INHALTSVERZEICHNIS

Dr.-Ing. Riebensahm: In der Welt der Arbeit. * Dipl.-Ing. Richard Lang: Gruppenfabrikation. * Prof. W. Franz: Zwei Vorschläge zur Umbildung der großstädtischen Kleinwohnung. Das Laubenhaus von Prof. Bruno Möhring und das Doppelstockhaus von H. de Fries. * Dr. Arthur Löwenstein: Valuta-Fragen. * Rundschau. * Bücher. * Briefkasten. * Ober-Ing. Alphons Heinze: Kulturgeschichtliche Aphorismen. * Aus Max Eyth „Hinter Pflug und Schraubstock": Der Kampf.

In der Welt der Arbeit.

Von Dr.-Ing. Riebensahm.

Während die schwere innere Krise und die Erfüllung eines unheilvollen äußeren Geschickes das deutsche Land und die deutsche Industrie so sehr erschüttern, daß der Zusammenbruch fast unvermeidlich erscheint; während durch dieses Geschehen auch die Werke, die den Namen Gottlieb Daimlers tragen, hart an die Grenze ihrer Widerstandskraft gebracht sind: wagt die Leitung dieser Werke ein neues Unternehmen, die Herausgabe einer Werkzeitung, und beansprucht dafür das Interesse ihrer Arbeiter und Beamten und ihre Mitarbeit.

Mißtrauen regiert die Stunde! Was will die Werksleitung bezwecken? Will sie versuchen, die Leser zu beeinflussen durch tendenziöse Darstellungen der Verhältnisse und Ereignisse? Will sie versuchen, sie für sich zu gewinnen durch Darbietung von Literatur und Kunst, in geschickter Wahl, durch Befriedigung persönlicher Eitelkeit, die sich selbst gedruckt sehen möchte? Glaubt sie etwa, mit solchen Mitteln die soziale Revolution und deren Folgen aufzuhalten, die ihr unbequem und bedrohlich sein mögen?

Diese Fragen werden die erste Wirkung der erscheinenden Zeitung sein; sie werden auftauchen, und sie werden ausgesprochen werden. Aber indem wir sie selbst aussprechen, nehmen wir ihnen den Grund, und zeigen, daß wir wissen, daß der Arbeiter heute klug genug ist, um sich durch solche Mittel nicht beeinflussen zu lassen, daß er Geist und Kunst selbst zu suchen und zu finden weiß, daß er nicht mehr aufzuhalten ist auf seinem Wege der Selbstbefreiung aus einem Dasein, welches ihn zu wenig Mensch sein ließ. Es ist notwendig, über solche Dinge mit nackter Offenheit zu sprechen, wenn wir das Mißtrauen zerstreuen — vielleicht Vertrauen erwerben wollen.

Die Werkzeitung verfolgt also ein anderes Ziel. Können wir aber, wie die Dinge heute liegen, hoffen, ein Ziel zu erreichen, das mehr ist als eine billige Unterhaltung, für welche die Zeit zu ernst ist? Gibt es — nach der unverhüllten Kampfansage des Proletariats an Kapitalismus und Bürgertum — noch etwas Gemeinsames zwischen Werksleitung und Werksarbeitern, worüber der Leiter dem Arbeiter etwas zu sagen hätte und was der Arbeiter anzuhören Anlaß und Lust hätte? Braucht die Arbeiter- und Beamtenschaft noch die Persönlichkeit der Leiter, und bringt es ihr

Vorteil, sich deren Gedanken und Absichten, ihrer geistigen Leitung anzuschließen?

Eine tiefe Kluft trennt heute mehr als jemals Arbeitgeber und Arbeitnehmer, durch den im Ausbruch der Revolution aufs äußerste gesteigerten Gegensatz der gesellschaftlichen Klassen und durch die verbitterte Feindschaft des Arbeiterproletariats gegen den Kapitalismus. Wie ist das gekommen?

Zwanzig Jahre zurück liegt die Zeit, zu der es Gottlieb Daimler, der selber einmal Arbeiter war, noch möglich war, in dem kleineren Kreis von wenigen hundert Arbeitern und Beamten Jeden persönlich zu kennen und Allen ein persönlich gekannter und geschätzter Leiter, Lehrer und Arbeitskamerad zu sein. Damals arbeiteten Leiter und Arbeiter miteinander und füreinander, sie wußten einer vom anderen, wie er fühlte, dachte und strebte, und gaben sich, was jeder für seine Arbeit und für sein Leben als Mensch mit Recht beanspruchte. Mit dem zwanzigsten Jahrhundert begann der Siegeslauf der deutschen Technik; er ließ die größeren Werke so anschwellen, daß der Arbeiter immer mehr von dem Leitenden entfernt wurde; er zog den Ingenieur so in ein rasendes Tempo hinein, daß der für sich selbst und für den Arbeiter keine Zeit mehr hatte; er machte schließlich den Ingenieur beim Erdenken der Spezialmaschinen vergessen, in die Rechnung den Arbeiter einzusetzen, der sie mit seinen Fähigkeiten bauen und bedienen soll; er ließ ihn über der Maschine den Menschen vergessen.

So kam es, daß wir zwar lernten, von der Welt angestaunte Maschinen und beneidete industrielle Werke zu schaffen, die gewaltige Leistungen vollbringen und in denen eine höchste Wirtschaftlichkeit erreicht wurde, welche die Energieersparnisse nach Bruchteilen von Prozenten berechnete. Aber in der Welt der Arbeit lebten Arbeitgeber und Arbeitnehmer voneinander fort in getrennten Welten, die sich fremd wurden, nichts Gemeinsames mehr zu haben schienen, sich feindlich wurden. Sie handelten gegen ihre beiderseitigen berechtigten Interessen. Daraus wurde der Kampf, er steigerte sich, der große Krieg führte ihn zur Katastrophe, und nun wurde in kurzer Zeit mehr zerschlagen, als in den langen Jahren mühsamer Arbeit ersonnen und erspart ward.

Das Verlorene ist nicht wiederzubringen. Aber die Welt der Arbeit muß wieder aufgebaut werden. Das muß so geschehen, daß das vermieden wird, was zum Zusammenbruch geführt hat. Dazu genügt nicht allein eine neue Regierungsform und Wirtschaftsordnung. Diese können wohl ein engeres Zusammenarbeiten erzwingen, aber kein innigeres herbeiführen. Die inneren Verhältnisse in der Welt der Arbeit müssen besser gefügt werden. Arbeitnehmer und Arbeitgeber müssen sich wieder darauf besinnen, daß sie aufeinander angewiesen sind, daß engste Beziehungen zwischen ihnen bestehen, daß das Wohl und Wehe beider in die technische und wirtschaftliche Rechnung eingesetzt werden muß. Die Welt des Ingenieurs, des Kaufmanns, muß sich mit der des Arbeiters durchdringen; in der gemeinsamen Arbeit müssen sie sich durchdringen und sich gegenseitig verstehen. Nur dadurch können Arbeitswerte von wirklicher Vollendung und Dauer geschaffen werden.

Wenn Menschen miteinander sprechen, können sie sich verständigen. Aber im heutigen Großbetriebe bringt auch kein guter Wille die Möglichkeit, daß Arbeitleiter und Arbeiter miteinander sprechen können über die Fragen der täglichen Arbeit und über die Dinge, die darüber hinaus gemeinsames Interesse haben. Da kann nun das gedruckte Wort den Weg bilden, auf dem ein solcher Verkehr möglich ist, mit aller Muße, die eine Verständigung erfordert.

Das ist der Zweck der Daimler-Werkzeitung! Damit ist auch charakterisiert, was in ihr stehen soll. Das wird nie eine Tendenz haben, oder nur die in dem Gesagten angedeutete Tendenz. Da es nur Fragen aus der Welt der Arbeit behandeln wird, bleibt alles Politische heraus.

In einem allerdings müssen wir das Politische streifen, da wo es unser persönliches Leben am nächsten berührt, im Arbeitsverhältnis. Die behördlichen Verfügungen liest der Arbeiter im allgemeinen nur in Tageszeitungen, die weggeworfen werden, und sie sind oft nicht eindeutig oder nicht klar genug, um Mißverständnisse zu vermeiden. Darum soll die Zeitung diese Verfügungen bringen und gleichzeitig, oder sobald als möglich, Erklärungen dazu, um rechtzeitig Streit zu vermeiden. Gleiches soll mit inneren Werksangelegenheiten geschehen.

In den Darstellungen aus der Welt der Arbeit soll nicht der tägliche Arbeitstoff der Gegenstand sein. Was tagsüber die Gedanken der Arbeitenden erfüllt, soll nicht am Abend in anderer Wiederholung die gleichen Nerven ermüden. Vielmehr soll wechselnder Stoff aus anderen Arbeitsgebieten, und Darstellungen, die versuchen, die inneren Zusammenhänge zu zeigen und eine allgemeine Übersicht zu geben, Anregung und geistige Erholung sein. Aus „Technik und Betrieb", aus dem „Wirtschaftsleben", aus der „Geschichte der Arbeit und Technik" und aus „Natur und Naturwissenschaft" wird der Inhalt der Zeitung genommen werden.

Die geistige Welt, die gemeinsamer werden soll für Arbeitgeber und Arbeitnehmer, umfaßt nicht nur die Arbeit und das Wissen, sondern auch das menschliche Erleben und die Kunst. Darstellungen des Lebens beider Kreise, und der Kunst, die als lebenschaffende und lebenerhaltende Kraft beide gleich durchdringt, soll also die Zeitung in Literatur und Bild geben. Nicht als billige Unterhaltung, sondern als stärksten und lebendigsten Ausdruck dieser Lebenskreise, als stärkstes Mittel, sie menschlich einander näherzubringen und sich verstehen zu lehren. Darum werden Schriftsteller und Bildner aus den Kreisen der Arbeiter und des Proletariats, wie aus denen des Bürgertums, ohne jeden Unterschied, wiedergegeben werden.

Weil dies alles in der Werkzeitung nur in beschränktem Umfang geschehen kann, soll durch Hinweis auf Neuerscheinungen des Büchermarktes und auch unserer Werkbücherei, und durch Bücherbesprechungen erweiterte Anregung und Übersicht gegeben werden ohne einseitige Wahl und ohne Urteilsbeeinflussung.

Wenn es möglich sein wird, soll für Fragen aus dem Kreise des Werkes über technische oder rechtliche Gegenstände ein Fragekasten eingerichtet werden.

Das wird die Aufgabe und der Arbeitsplan der Werkzeitung sein.

Es soll nun noch eine Frage gestellt werden: Ist dies die Aufgabe gerade einer Werkzeitung? Es gibt doch Bücher und Fachschriften und Tageszeitungen genug, die mehr und Eingehenderes bringen können, und die jedermann sich selbst nach eignem Willen und eigner Wahl kaufen oder leihen kann!

Die kommende schwere Zeit wird — trotz aller sozialen Maßnahmen — nicht viel Muße lassen. Es ist nicht leicht, alles zu kennen und zu erfahren, was an Büchern erscheint, und gerade gute Literatur und Kunst ist nicht billig und nicht leicht jedem zugänglich; Fachschriften sind meist nur Fachleuten verständlich und zum großen Teil so spezialisiert, daß sie die allgemeinen Zusammenhänge nicht erkennen lassen; die Tageszeitungen aber sind von der Parteien Haß und Gunst verwirrt.

Dies können daher nicht die Mittel sein, das zu erreichen, was wir als notwendig und als unser Ziel geschildert haben. Der Aufbau, an dem wir hier arbeiten wollen, kann nur in engerem Kreise begonnen werden. Nur von dieser Beschränkung kann erwartet werden, daß in ihr dies heute aufs höchste gesteigerte Mißtrauen Aller gegen Jeden überwunden, vielleicht sogar einiges gegenseitige Vertrauen wieder geschaffen wird, und damit die Grundlage zu ruhigem vorurteilsfreiem Anhören und Nachdenken. Darum muß die Werkzeitung das Mittel sein, sie muß aus dem engen Kreis des Werkes heraus entstehen, und jeder Angehörige des Werkes soll mitarbeiten können.

So glaubt die Werksleitung in der Tat hoffen zu können, etwas Ernsthaftes zu wirken mit der Werkzeitung. Sie soll nicht die „soziale Frage lösen". Aber sie soll durch ihren geistigen Inhalt, auf dem Wege, der gezeigt wurde, Verständigung anbahnen. Sie soll immer daran erinnern, daß in der Arbeit, die gerade uns in der nächsten Zukunft ganz einfach ein brutales Muß sein wird, wir alle Kameraden sind; soll zeigen, daß diese Arbeit, sei sie geistig oder körperlich und noch so verschieden, nur gelingen kann, wenn der Mensch, der sie tut, sie geistig durchdringt; soll schließlich den, der Anderen vorgesetzt ist, erinnern, immer daran zu denken, daß der Mensch nicht um der Arbeit willen da ist, sondern die Arbeit um des Menschen willen: um ihm einen Lebensinhalt zu geben und alle Fähigkeiten, die in ihm liegen, herauszubringen, zu entwickeln und zu steigern zur höchsten und edelsten Vollendung. Denn auch in der Welt der Arbeit ist „der Mensch das Maß aller Dinge".

Technik und Betrieb.

Gruppenfabrikation.
Von Dipl.-Ing. Richard Lang.

Die Gefühle, die das Wort Massenfabrikation im allgemeinen in Arbeitskreisen auslöst, pflegen keine besonders freundlichen zu sein und finden hauptsächlich in den Einwänden Ausdruck, daß Massenfabrikation infolge ihrer Eintönigkeit eine sehr schädliche, abstumpfende Wirkung ausübe, daß sie den Arbeiter zur Maschine herabdrücke u. dgl. mehr. Es ist nicht die Aufgabe dieses kurzen Artikels, solche Einwände zu prüfen und zu widerlegen, es soll nur das eine gesagt werden, daß Massenfabrikation, wenn je, so heute eines der wenigen Mittel, wenn nicht das einzige ist, das uns ermöglicht, so sparsam, billig und gut zu arbeiten, wie es die Notwendigkeit des Wiederaufbaues erfordert. Sie allein ermöglicht es, bei schonendster Ausnützung der Arbeitskraft Höchstleistung zu erzielen und aus Material, Maschinen, Werkzeugen und sonstigen Einrichtungen volle Ergiebigkeit herauszuholen; dabei bietet sie gerade in der Aufgabe, Maschine und Werkzeug zu vollster Leistung zu entwickeln, auch für jeden mit Interesse arbeitenden Arbeiter eine Fülle geistiger Anregung.

Wenn wir uns nun die Durchführung der Massenfabrikation für eine größere Automobilfabrik betrachten, so springt als besonderes Merkmal ins Auge, daß es sich hier nicht um die Herstellung großer Massen gleicher Teile handelt, sondern um die Herstellung einer großen Zahl von Erzeugnissen, die sich ihrerseits wieder aus einer Menge verschiedenartiger und ganz verschiedene Arbeitsgänge durchlaufender Teile zusammensetzen, ohne daß dabei die gleichen Stücke eigentliche Massen bilden. Diese Vielartigkeit der Teile bringt es mit sich, daß die Arbeitsgänge, welche ein beliebiges Stück zu durchlaufen hat, sich nicht auf ein und derselben Werkzeugmaschine, sondern auf einer Reihe verschiedener abspielen, daß also die Teile während ihres Werdeganges längere oder kürzere Wanderungen durchmachen. Bisher war es nun im allgemeinen üblich, die Maschinen, auf denen gleichartige Arbeitsgänge ausgeführt werden (z. B. Drehbänke, Fräsmaschinen u. dgl.) zusammenzustellen und zu geschlossenen Abteilungen zu vereinigen, und die Arbeitsstücke zwischen den einzelnen Abteilungen hin und her zu befördern. Diese Art der Einrichtung ermöglicht eine gute Ausnützung der Maschinen, spart damit an deren Zahl, an Raum und an fachmännischem Aufsichtspersonal, und ist, solange es sich um Herstellung kleinerer Mengen handelt, gutzuheißen, wenngleich auch da schon der häufige Transport der Arbeitstücke als Nachteil zu bezeichnen ist. Werden aber infolge Herstellung größerer Massen die einzelnen Abteilungen so groß, daß sie in verschiedenen, vielleicht gar weit auseinanderliegenden Gebäuden untergebracht werden müssen, so fällt der Nachteil des Transports so schwer in die Wagschale, daß die übrigen Vorzüge dieser Anordnungsart mehr als aufgewogen werden. Dazu kommt noch, daß mit der zunehmenden Zahl der verschiedenen Teile eine Überwachung ihres jeweiligen Bearbeitungszustandes nur mit großen Schwierigkeiten durchzuführen, wenn nicht überhaupt unmöglich ist.

Diese Überlegungen führen dazu, die Fabrikation auf einem andern Grundsatz aufzubauen, der den erwähnten Nachteil großer Transportwege vermeidet und auch die Übersicht wesentlich erleichtert. Diese Anordnung der Fabrikation, die wir mit Gruppenfabrikation bezeichnen wollen, geht davon aus, eine gewisse Anzahl verschiedener zusammengehöriger Teile (z. B. alle Teile des Vergasers, der Wasserpumpe, der Lenkung, des Getriebes) zu einer Gruppe zusammenzufassen und ihre ganze Bearbeitung in einer Fabrikationsgruppe durchzuführen. Eine solche Fabrikationsgruppe setzt sich aus allen Arten von Werkzeugmaschinen zusammen und umfaßt außer Maschinenarbeitern auch Schlosser und andere Handarbeiter. Sie ist in sich geschlossen und von anderen Bearbeitungs-Abteilungen unabhängig, läßt also auch hinsichtlich des Raumes für ihre Unterbringung großen Spielraum. Der Transport der Einzelteile spielt sich auf dem denkbar kürzesten Weg innerhalb der Gruppe selbst ab; nur die Rohteile fließen ihr vom Magazin aus zu, um sie erst völlig fertig bearbeitet und zusammengebaut wieder zu verlassen. Daß innerhalb einer solchen Gruppe die Übersicht und damit die Überwachung des Fortganges der Arbeit ganz unvergleichlich besser ist, liegt auf der Hand. Betriebsingenieur, Meister und Arbeiter werden mit den Einzelteilen ihrer Gruppe derart vertraut, daß sie sich in deren Fülle ohne die Hilfe zeichnerischer und schriftlicher Unterlagen spielend zurechtfinden. Damit sind aber die Vorzüge dieser Anordnung noch nicht erschöpft. Sie ermöglicht die Ausnützung aller Vorteile der reinen Massenfabrikation, da sich Ingenieur, Meister und Arbeiter viel eingehender mit jedem Teil der Gruppe und seinen einzelnen Arbeitsgängen befassen können, als bei der zuerst geschilderten Fabrikationsart. Sie führt fast zwangläufig zu weitgehendster Ausbildung von Spezialvorrichtungen und Werkzeugen, zur Verbesserung und Verbilligung der einzelnen Arbeitsgänge, zur Erhöhung der persönlichen Fertigkeit und damit des Verdienstes des Arbeiters und zu Verbesserungen der Teile selbst nach Bauart und Material.

Diesen Vorteilen gegenüber steht als Nachteil ein etwas größerer Bedarf an Platz, Maschinen und fachmännischem Aufsichtspersonal. Dieser Nachteil wird aber durch die erwähnten Vorzüge weit aufgewogen.

Die Einführung der geschilderten Fabrikationsart war für unser Werk schon während des Krieges geplant, konnte aber wegen der dazu nötigen Umstellung vieler Maschinen und der damit verbundenen Störung des Betriebs, sowie wegen Platzmangels damals nicht durchgeführt werden. In der Übergangszeit dagegen, wo sich die Umstellung teilweise als willkommene Notstandsarbeit ausführen ließ und auch mehr Raum zur Verfügung stand, wurde mit der Ausführung des Planes umgehend begonnen. In verschiedenen Abteilungen ist sie heute schon durchgeführt und hat recht gute Ergebnisse gezeitigt. Auch die Schlossereien sind zum großen Teil nach denselben Gesichtspunkten in Fabrikationsgruppen eingeteilt worden, von einer Verschmelzung derselben mit den mechanischen Gruppenabteilungen wurde aber vorerst noch Abstand genommen.

Die eingangs aufgestellten Ziele: sparsamstes Wirtschaften und die Erreichung höchster Leistung der Maschinen und Werkzeuge bei schonendster Ausnützung der Arbeitskraft können und müssen auf dem im Vorstehenden gezeigten Weg erreicht werden. Außerdem aber gibt diese engere Umgrenzung des Arbeitsgebietes innerhalb einer Gruppe jedem daran Beteiligten die Möglichkeit, dasselbe zu überblicken und geistig zu verarbeiten und zu vermeiden, daß er infolge mangelnden Überblicks die geistige Fühlungnahme mit seiner Arbeit verliert und zur stumpfen Maschine herabsinkt.

Zwei Vorschläge zur Umbildung der großstädtischen Kleinwohnung.

Das Laubenhaus von Prof. Bruno Möhring und das Doppelstockhaus von H. de Fries.

Von Prof. W. Franz, Charlottenburg.

Zu den Gebieten, in denen der soziale Gedanke sich nur zögernd und nur gegen schärfsten Widerstand hat durchsetzen können, gehört das Kleinwohnungswesen. Was hier in den letzten zwei Jahrzehnten versäumt worden ist, ist im Hintergrunde der wirren Ereignisse zu erkennen, die wir seit dem 9. November v. J. erlebt haben.

Die Frage der Kleinwohnung ist das Problem der Befriedigung des Wohnungsbedürfnisses der großen Massen. Berücksichtigt man nur die städtische Wohnweise, der die folgende Betrachtung gilt, so muß man — was die öffentliche Meinung so gern vergißt — die aus Küche und höchstens zwei heizbaren Räumen bestehende Kleinwohnung das Heim des Deutschen nennen. Weit über die Hälfte unserer Volksgenossen — in den Großstädten bis zu 80 v. H. der Bevölkerung — leben jahrzehntelang in Kleinwohnungen, unter denen ein sehr großer Teil nur aus einem einzigen Raum besteht. In Groß-Berlin wohnen nach Dr. W. Hegemann[1]) 1½ Millionen Menschen in Wohnungen mit nur einem heizbaren Zimmer. Auch in anderen Großstädten, z. B. Breslau, Barmen, Königsberg, Magdeburg, Posen, Görlitz, hatten 40 bis 55 v. H. aller vorhandenen Wohnungen außer der Küche nur ein heizbares Zimmer. Diese Kleinwohnungen sind oft dauernd überfüllt. Der Propaganda-Ausschuß „Für Groß-Berlin" machte 1912 auf die Tatsache aufmerksam, daß in Groß-Berlin 600000 Menschen in Wohnungen wohnen, in denen jedes Zimmer mit fünf und mehr Personen belegt ist. Daß 10, ja 12 Personen in einem Zimmer wohnen und schlafen, ist nicht selten. In zahlreichen Städten ist die Wohnungsüberfüllung so erschreckend hoch, daß es schwer gefallen ist, die Glaubwürdigkeit der Statistik zu erweisen. Nicht nur das Proletarierkind, nein, Millionen des Nachwuchses unserer Arbeiter- und Mittelstandsschichten sind in dieser Enge der städtischen Kleinwohnung geboren und aufgewachsen. Die sozialpolitische Bedeutung dieser Tatsache ist so groß, ihre Wirkung auf die körperliche und noch mehr auf die seelische Beschaffenheit des ganzen Volkes ist so gewaltig, daß es schwer verständlich bleiben wird, weshalb in einer Glanzzeit des Deutschen Reiches, in der gerade der technisch-wirtschaftliche Geist, geführt von dem Gedanken sozialer Gerechtigkeit, große Triumphe gefeiert hat, das Kleinwohnungswesen rückständig geblieben ist. Liegt der tiefere Grund in dem Interessengegensatz der städtischen Oligarchien oder in der Einseitigkeit einer an Gedanken armen Baupolizei, die ihre Tätigkeit fast ganz in der Wohnungshygiene und in Geboten konstruktiver Sicherheit erschöpfte? Oder fehlte es an zeitgemäßen Wandlungen im Städtebau?

Der schlimmste Fehler der überwiegenden Mehrzahl aller städtischen Kleinwohnungen ist ihre Knappheit — nicht so sehr an Luftraum als an Nutzraum. Dazu kommt das Zurückdrängen von der Straßenseite nach den Höfen großer und tiefer Baugrundstücke, aus der die politisch ungünstig wirkenden Hof- und Hinterhauswohnungen entstanden sind. Die Kleinwohnung ist eine Abart der Großwohnung geworden und letztere — obwohl sie nur einem kleinen Teil der Einwohnerschaft dient — das beherrschende Element im Städtebau geblieben. Das Umgekehrte wäre richtiger. Eberstadt

---

[1]) Dr. W. Hegemann: Der Städtebau nach den Ergebnissen der Allgemeinen Städtebau-Ausstellung, Berlin 1911, E. Wasmuth. Vergl. auch: Schriften der Gesellschaft für Soziale Reform, Fragen der kommunalen Sozialpolitik in Groß-Berlin. Jena 1911, G. Fischer.

Abb. 1. Das Laubenhaus.

sagt in seinem vortrefflichen Handbuch[2]), „die Kleinwohnung müßte heute eigentlich dem Städtebau das Gepräge geben". Dazu ist es nötig, daß sie zunächst einmal zu selbständiger Form entwickelt und zu dem maßgebenden Einzelglied des Baublocks wird.

Ein wichtiger Schritt zu diesem Ziel ist mit zwei Vorschlägen gemacht worden, von denen der erstere eine bedeutsame Arbeit von Prof. Bruno Möhring ist, die schon vor dem Kriege entstanden und im Vorjahre durch die Monatsschrift „Der Städtebau"[3]) der fachmännischen Kritik unterstellt worden ist.

Dem Vorschlag liegt der Gedanke zugrunde, daß es bei der Unmöglichkeit, allen Stadtbewohnern eine Wohnung im Flachbau mit Garten zu bieten (die vielleicht eine naturgemäßere Lebensweise erleichtert), doch möglich sein muß, auch in hohen Geschoßbauten der Kleinwohnung eine Form zu geben, der nicht mehr die Nachteile der bisherigen Mietwohnungen anhaften, wie dunkle Flure, schlecht belichtete und entlüftete Aborte und Baderäume, auf Kosten überhöhter Räume verringerte Wohnfläche, unhygienische und unsoziale Verbindung von Wohn- und Schlafräumen, Unmöglichkeit, den Kindern Spiel- und Bewegungsfreiheit in freier Luft zu gewähren (ohne sie auf die Straße zu schicken) u. a. Die Verbindung mit der freien Natur will Möhring in einem jeder Wohnung angegliederten einseitig offenen Raum

[2]) Prof. Dr. Rud. Eberstadt, Handbuch des Wohnungswesens und der Wohnungsfrage. Jena 1909, Gust. Fischer.

[3]) Der Städtebau, Monatsschrift für die künstlerische Ausgestaltung der Städte nach ihren wirtschaftlichen, gesundheitlichen und sozialen Grundsätzen; begründet von Theodor Goecke und Camillo Sitte. Berlin W. 8, Ernst Wasmuth. Heft 12. 1917.

schaffen, den er Laube nennt und nach dem er die Bezeichnung Laubenhaus gewählt hat. Das Laubenhaus, Abb. 1 bis 4, enthält vier Hauptgeschosse von je 5,95 m Höhe, von denen jedes in ein 3,05 m hohes Wohn- und ein darüberliegendes 2,90 m hohes Schlafgeschoß zerlegt ist. Der Hauptraum des Wohngeschosses ist eine Wohnküche; das Schlafgeschoß hat drei Räume. Die unmittelbare Verbindung der Teilgeschosse durch eine besondere Treppe sichert den Charakter der abgeschlossenen Familienwohnung. In jedem der vier Hauptgeschosse sind 6 bis 8 solcher Wohnungseinheiten von einem gemeinsamen Treppenhaus und einem balkonartig vorgelegten offenen Flur aus zugänglich. Die Waschküchen liegen am Treppenpodest. Je eine derselben ist vier Wohnungen gemeinschaftlich. Eine weitere Gemeinschaftlichkeit besteht nicht. In einem Vergleich dieses „Einfamilienhauses im Stockwerkbau" mit dem freistehenden Kleinhaus zeigt Möhring die größere Wirtschaftlichkeit des ersteren, das zudem eine bedeutend größere Nutzfläche hat.

Ein zweiter ganz ähnlicher Vorschlag geht von Heinrich de Fries aus und ist von ihm in einer im Verlage der „Bauwelt" Berlin 1919 erschienenen Druckschrift „Wohnstädte der Zukunft, Neugestaltung der Kleinwohnungen im Hochbau der Großstadt" dargestellt, der Abb. 5 bis 8 entnommen sind. Auch nach diesem Vorschlag besteht

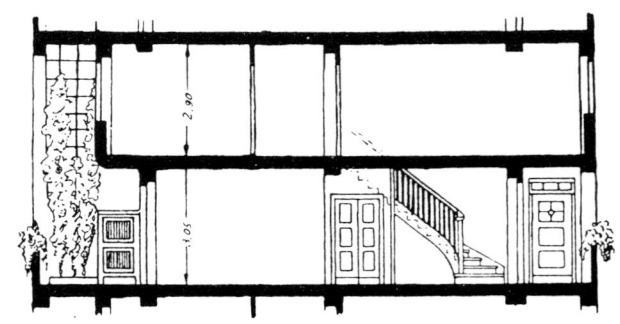

Abb. 2. Querschnitt des Laubenhauses.

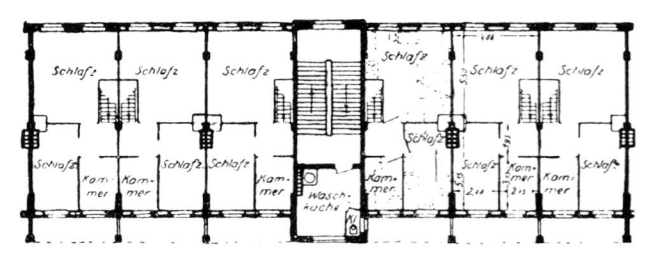

Abb. 3. Schlafgemach des Laubenhauses.

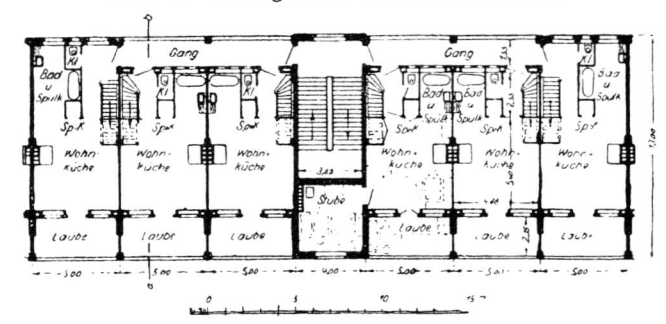

Abb. 4. Wohngeschoß des Laubenhauses.

das hohe Haus aus mehreren (hier aus drei) Hauptgeschossen, die in einem Teil einen einzigen hohen Raum, die Wohnküche, enthalten und im übrigen durch eine Decke in Halbgeschosse von je 2,20 m Lichthöhe zerlegt sind. Die Zerlegung in zwei Halbgeschosse hat Veranlassung zu der Bezeichnung „Doppelstockhaus" gegeben. Durch den oberen Luftraum der Wohnküche ist in Anlehnung an die Außenwand ein Flur (Lichthöhe 2,20 m) durchgelegt, der zu den Haupttreppen führt. Von diesem Flur aus erreicht man die Wohnküche über eine in letztere ausgebaute Innentreppe. Der Wohnküche ist unter dem Flur eine Loggia und daneben ein Sitzerker (Lichthöhe 2,20 m) vorgelagert. Auf der andern Seite liegen Abort, Spülküche und ein Schlafraum und über letzteren ein zweites und ein drittes Schlafzimmer. Wie bei dem Laubenhaus bestehen also in dem Doppelstockhaus die einzelnen abgeschlossenen Wohnungen je aus einer größeren Wohnküche mit ihrem Nebengelaß und aus drei Wohn- oder Schlafräumen.

Um die Wirtschaftlichkeit des Doppelstockhauses nachzuweisen, vergleicht de Fries verschiedene nach seinem Vorschlag gebildete Typen von 4 m, von 4,5 m und von 5 m Breite mit Kleinwohnungen der bisherigen Art von gleichem Nutzrauminhalt. Er stellt z. B. den Typ von 5 m Breite, der bei 9,5 m Haustiefe 213,75 cbm und bei Abzug von 18 cbm des für die Wohnung nicht zu zählenden Verbindungsganges rd. 196 cbm Gesamtbaumasse enthält, einer großstädtischen Kleinwohnung gegenüber, die bei der üblichen Raumhöhe von 3,50 m und bei 56 qm Grundfläche einen Raumgehalt von ebenfalls 196 cbm hat.

Abb. 5. Tageswohnraum des Doppelstockhauses.

Vergleich

nach bisheriger Bauweise		im Doppelstockhaus	
1 Zimmer	20 qm	1 Wohnküche	27,5 qm
1 Zimmer	16 „	1 Spülküche	6,5 „
1 Küche	13 „	1 Schlafzimmer	12,0 „
		1 Schlafzimmer	12,0 „
		1 Kammer	8,0 „
Nutzraum zus.	49 qm	Nutzraum zus.	66,0 qm

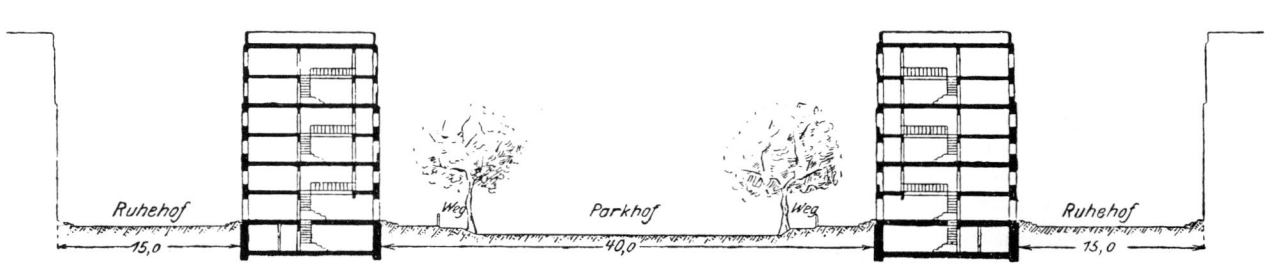

Abb. 6. Querschnitt des Doppelstockhauses.

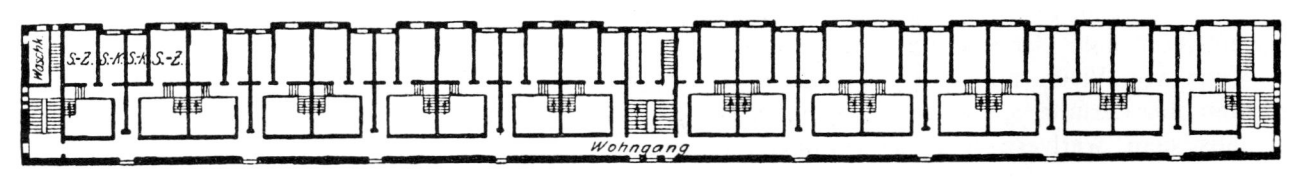

Abb. 7. Oberstock im 1. und 2. Geschoß.

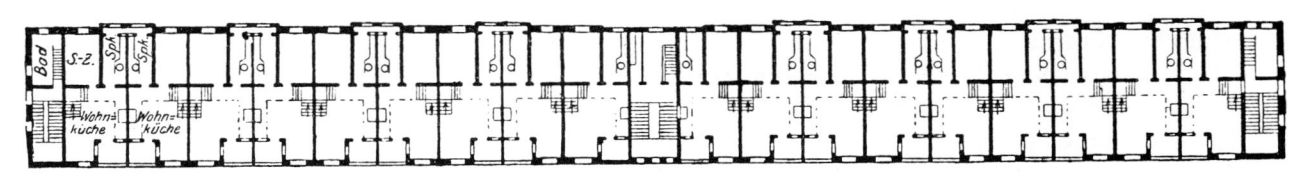

Abb. 8. Unterstock mit 1. und 2. Geschoß.

Während die Kleinwohnung der bisherigen Art nur drei Nutzräume von zusammen 49 qm hat, bietet die Kleinwohnung im Doppelstockhaus bei **nicht größerem umbautem Raum** also fünf Nutzräume mit zusammen 66 qm Flächengröße. Dieses günstige Verhältnis, das sich ebenso auch für das Laubenhaus feststellen läßt[4]), ergibt sich aus der durchaus zulässig erscheinenden Ersparnis an Raumhöhe. Die bei 3,50 m Lichthöhe der üblichen Kleinwohnungen über den oft reichlich hohen Fenstern der Schlafzimmer liegende obere Luftmasse ist als Atmungsluft von geringerem Wert und konnte, wie dies in den beiden Vorschlägen geschehen ist, zugunsten einer Grundflächenvergrößerung um weniges herabgesetzt werden, da bei der geringeren Haustiefe und der vollen Durchlüftbarkeit sowohl des Laubenhauses wie des Doppelstockhauses die erforderliche Lufterneuerung auch in den verhältnismäßig niedrigen Schlafräumen gesichert erscheint.

Auch das Doppelstockhaus ist als Element des Baublockes so zu verwenden, daß die Zugänge zu der Mehrzahl der Wohnungen an ruhigen, vom Durchgangsverkehr freibleibenden Fahrstraßen oder Gartenwegen liegen. de Fries schlägt im besonderen vor, die wenn irgend möglich in der Nord-Süd-Richtung anzuordnenden, also doppelseitig besonnten, etwa je 100 m langen Doppelstockhäuser so zu stellen, daß die Schlafzimmerseiten einem sogenannten Ruhehof von 15 m Breite zugekehrt sind, während vor der Vorderseite ein 40 m breiter Parkhof (mit Spielplätzen) liegt, Abb. 6. de Fries berechnet unter Darlegung eines Entwurfes für einen Block von 200·300 = 6000 qm Flächengröße und eine Bebauung von $^2/_5$ dieser Fläche 1000 Wohnungen mit etwa 6000 Bewohnern, denen sämtlich je eine Küche mit drei Zimmern und Nebengelassen zur Verfügung steht.

Dieser Ausblick auf eine Wandlung in unserem städtischen Wohnungswesen ist verheißungsvoll. Und dies um so mehr, als doch wohl angenommen werden kann, daß das Ideal der städtischen Flachsiedelung (jeder Arbeiter im eigenen Häuschen mit Garten) unerreichbar bleiben wird. Ein erheblicher Teil der städtischen Bevölkerung wird stets auf das Gemeinschaftshaus angewiesen sein. Dieses zu verbessern, ist deshalb eine der wichtigsten Aufgaben unserer Wohnungspolitik.

(Technik und Wirtschaft, Nr. 5.)

---

[4]) Das Laubenhaus hat abzüglich der Laube und des Wohnganges eine Nutzfläche von 102 qm bei 260 cbm umbauten Raumes; für die gleiche Nutzfläche würden nach der bisherigen Bauweise 355 cbm umbauten Raumes erforderlich sein.

Wirtschaftsleben.

Valuta-Fragen.

Von Dr. Arthur Löwenstein.

Valuta ist eines der erst im Kriege populär gewordenen Worte. Daß es sich bei der vielgenannten Valuta geradezu um eine Existenzfrage unseres Volkes handelt, weiß heute jeder Zeitungsleser. Aber was nun eigentlich hinter dem Begriff steckt und worin die außerordentliche Bedeutung der Valutafragen liegt, ist auch jetzt noch vielen unklar, und so mag es manchem erwünscht sein, darüber etwas Näheres zu hören.

Valuta heißt auf deutsch „Währung"; unter dem Ausdruck „Deutsche Valuta" ist also die Markwährung gemeint. Wenn von Valuta-Fragen gesprochen wird, so versteht man aber darunter im allgemeinen die Probleme, die sich aus dem Wertverhältnis der Währung eines Landes zu der eines andern, oder meistens zu allen ausländischen Währungen, und aus den Verschiebungen dieses Verhältnisses ergeben. Dem Laien erscheint es zunächst merkwürdig, daß in diesem Wertverhältnis Änderungen eintreten können. Er ist geneigt, die Währung als etwas Unwandelbares anzusehen, als einen Maßbegriff, wie das Meter, das Liter oder das Kilogramm; er weiß, daß auch für diese Begriffe das Ausland zwar teilweise andere Maßeinheiten aufgestellt hat, daß aber diese in einem bekannten und stets gleichbleibenden Größenverhältnis zu den entsprechenden inländischen Maßbegriffen stehen. Anders steht es mit den Beziehungen der Währungen untereinander.

Bekanntlich haben fast alle Kulturstaaten der Welt die **Goldwährung**. Das Gold wurde als Maßstab gewählt, weil es unvergänglich und selten ist; die Bedeutung der letzteren Eigenschaft wird sofort klar, wenn man sich vorstellt, daß irgend jemand zufällig ein Lager von Millionen Tonnen Gold finden könnte, und an die sozialen und wirtschaftlichen Folgen denkt, die ein solcher Zufall haben müßte. Goldwährung heißt nun, daß ein Staat beschlossen hat, aus einer bestimmten Gewichtsmenge des Goldmetalls eine stets gleichbleibende Anzahl von Münzen zu prägen und diesen einen bestimmten Wertbegriff, also z. B. M. 20.—, beizulegen. Umgekehrt wird der Staat jedem, der ungemünztes Gold anbietet, dafür eine gleichbleibende Menge von Werteinheiten, also in Deutschland eine bestimmte Anzahl Mark vergüten.

Das Verhältnis der Werteinheit, also der Mark, des Franken, des Dollars, zur Gewichtseinheit Gold ist nun in den einzelnen Staaten verschieden. Wenn Deutschland aus 1 Kilogramm Gold für 1392 Mark Zwanzig-Markstücke, also etwa 69$^1/_2$ Stück prägt, so entspricht 1 Mark dem Kaufpreis der Reichsbank für etwa 0,7 Gramm Gold (die Zahlen sind nicht genau, da die Bank für Prägekosten und Zinsverluste Abzüge macht und die Goldmünzen aus prägetechnischen Gründen kleine Zusätze von Kupfer und anderen Metallen enthalten). Da nun z. B. Frankreich für seinen Franken nicht 0,7 gr, sondern nur etwa 0,55 gr Gold verlangt, ist es klar, daß der innere Wert des Franken im Verhältnis zur Mark in Gold gemessen etwa ⁴/₅ ist; mit anderen Worten, der Franken ist etwa 81 Pfg. wert. Hieraus ergeben sich die Wertverhältnisse der einzelnen Währungen zueinander, die sogenannte Goldparität. Bekanntlich ist 1 Franken im Wert = Mk. 0,81, 1 Englisches Pfund Sterling = Mk. 20.40, 1 Amerikanischer Dollar = Mk. 4.20, 1 Russischer Rubel = Mk. 2.16, 1 Schwedische Krone = Mk. 1.12, 1 Österreichische Krone = Mk. 0.85, 1 Holländischer Gulden = Mk. 1.70.

Dieses normale Wertverhältnis der Währungen untereinander unterlag in normalen Zeiten nur geringen Schwankungen. Jedermann weiß, daß niemals alle Zahlungen im örtlichen oder im internationalen Verkehr in Gold geleistet wurden; man zahlte außerdem auch in Silber, Papier, mit Schecks und durch Banküberweisung; aber jeder, der wollte, konnte Gold in unbegrenzter Menge erhalten, denn die Reichsbank war verpflichtet, auf Verlangen für jede Banknote Gold zu geben. Wenn Schwankungen in den Wertverhältnissen der einzelnen Valuten zueinander, Änderungen der sogenannten Devisen-Kurse vorkamen, so konnten sie sich nur in engsten Grenzen bewegen, die etwa durch die Versendungskosten des Goldes (Fracht, Versicherung, Zinsverlust) gezogen waren. Ging die Kursänderung der Valuta über diese Grenzen hinaus, so versandte man gemünztes oder ungemünztes Gold von einem Land ins andere und stellte damit die Parität wieder her.

Nun entsteht die Frage: wie können derartige Veränderungen überhaupt entstehen? Ein Meter bleibt doch immer ein Meter, warum ist es nicht mit der Mark das gleiche? Darauf lautet die Antwort: auch das Geld, die Währung, ist im internationalen Verkehr eine Ware wie irgend eine andere und richtet sich nach dem Wirtschaftsgesetz von Angebot und Nachfrage.

Wenn also z. B. viele Leute in Deutschland Schweizer Währung zur Bezahlung ihrer Schweizer Schulden kaufen wollen, ohne daß ein entsprechendes Angebot in Schweizer Währung gegenübersteht, so wird der Kurs in die Höhe gehen, denn der Kauflustige wird statt 81 Pfennig für den Franken vielleicht 82 oder 83 Pfennig bieten, um damit Besitzer von Schweizer Frankengeld oder von Frankguthaben zum Verkauf zu veranlassen. Wie wir oben gesehen haben, wird aber, solange Gold erhältlich ist, diese Kurssteigerung nur bis zur Goldparität gehen, d. h. bis zum Goldwert zuzüglich der Versendungsspesen, Zinsverluste usw. Wenn umgekehrt viele Schweizer deutsche Guthaben oder deutsches Geld besitzen, ohne Kaufliebhaber dafür zu finden, so werden sie den Preis, den sie dafür haben wollen, so lange heruntersetzen, bis sich Käufer zu dem billigen Preis finden.

Wir hören also, daß die Schwankungen der Devisenkurse von dem Angebot und der Nachfrage abhängig sind, die in einem Lande nach der Währung eines anderen herrschen. Wie entsteht aber überhaupt Angebot oder Nachfrage in Zahlungsmitteln? Durch den internationalen Handelsverkehr. Machen wir uns das einmal an einem naheliegenden Beispiel klar: die D. M. G. verkauft einen Wagen an einen holländischen Kunden für 10 000 Gulden. Der Kunde zahlt in einem Scheck auf seine Bank in Amsterdam; die D. M. G. hat also jetzt bei der holländischen Bank ein Guthaben von 10 000 Gulden. Das nützt ihr aber nichts, denn sie kann ihre Löhne und Gehälter nur in Mark und nicht in holländischen Gulden zahlen. Sie schickt deshalb den Scheck zur Württembergischen Vereinsbank und verkauft ihn ihr, und bekommt, wenn der Kurs Mk. 1.70 ist, für die 10 000 Gulden 17 000 Mark; dafür hat nun die Vereinsbank bei der holländischen Bank ein Guthaben von 10 000 Gulden. Gleichzeitig hat nun die Schuhfabrik Sigle in Kornwestheim in Holland für 10 000 Gulden überseeische Häute gekauft, um daraus Stiefel zu fabrizieren. Um sich die holländischen Zahlungsmittel zu beschaffen, geht sie auch zu ihrer Bank, der Württembergischen Vereinsbank, und diese verkauft ihr das holländische Guthaben, das die D. M. G. verkauft hatte. Sigle zahlt der Vereinsbank 17 000 Mark, erhält dafür das Verfügungsrecht über die 10 000 Gulden bei der Bank in Amsterdam und bezahlt damit den holländischen Verkäufer. Sobald wir uns dieses Einzelbeispiel vertausendfacht denken, ergibt sich der Schluß, daß die gesamte Ausfuhr eines Landes, z. B. Deutschlands, die Zahlungsmittel für seine gesamte Einfuhr schaffen muß. Dabei ist es gleichgültig, ob die Einfuhr aus dem gleichen Auslandsstaat erfolgt, in den die Ausfuhr geschah, denn man kann die Guthaben in einem Lande dazu verwenden, um dort Zahlungsmittel eines Zweiten oder Dritten zu erwerben. Wenn also beispielsweise Deutschland nur nach Holland ausführen und nur aus Rußland einführen würde, während Holland andererseits aus seinem Export russische Guthaben hätte, so könnte natürlich Deutschland für seine holländischen Guthaben die russischen Guthaben Hollands erwerben und damit seine russischen Schulden zahlen.

Normalerweise müßte also der Wert der Ausfuhr eines Landes immer dem seiner Einfuhr entsprechen, damit sich die sogenannte Handelsbilanz ausgleicht. Es ist aber klar, daß dem nicht immer so sein kann. Es gibt Länder, die in der glücklichen Lage sind, mehr ausführen zu können, als sie einführen müssen, die eine sogenannte aktive Handelsbilanz haben. Diese sammeln ausländische Guthaben an, die sie nicht für Einfuhrzwecke brauchen. Sie können diese Guthaben vielmehr in armen Ländern ausleihen, sich dort Grundbesitz, Fabriken, Wertpapiere kaufen, Bahnen bauen, Bergwerke niederbringen, kurz, sie werden Gläubiger des armen Landes. Damit ist auch schon die Frage beantwortet, wie sich Länder mit passiver Handelsbilanz die Zahlungsmittel beschaffen, die sie nicht durch eigene Ausfuhr erwerben können. Sie müssen sich dieselben von reicheren Ländern leihen, sie werden deren Schuldner. Wie aber im alltäglichen Geschäftsverkehr ein Geldmann einem Darlehenssucher nur Geld leihen wird, wenn er ihn für vertrauenswürdig hält, d. h. wenn jener fleißig und tüchtig genug ist, um allmählich seine Schulden abverdienen zu können, so ist es genau auch im großen internationalen Verkehr. Nur das Land, dessen politische und rechtliche Verhältnisse, dessen Bodenschätze und Fabriken, dessen Bewohner durch ihre Arbeitsamkeit und Geschicklichkeit Gewähr dafür bieten, daß das Gläubigerland für das geliehene Kapital und dessen Verzinsung beruhigt sein kann, wird Aussicht haben, internationale Kredite zu erhalten.

Eine weitere wichtige Voraussetzung hiefür ist, daß im Schuldnerland geordnete Währungsverhältnisse herrschen. Es muß durch Ansammlung ausreichender Goldbestände, durch maßvolle Politik in der Papiergeldausgabe, durch rationelle Handelspolitik Gewähr geboten sein, daß die Valuta des Schuldnerlandes nicht ins Bodenlose sinkt. Denn wenn ein deutscher Gläubiger einem österreichischen Schuldner für 100 000 Kronen Waren liefert und ihm dafür einen langfristigen Kredit einräumt, so setzt er dabei natürlich voraus, daß dieser Kronenbetrag am Fälligkeitstermin des Kredits ebensoviel Mark wert ist wie bei der Gewährung des Kredits, daß also der Kronenkurs inzwischen nicht gesunken ist. Nun ist es allerdings auch denkbar, daß der ausländische Gläubiger mit seinem Schuldner vereinbart, daß die Schuld in der Währung des Gläubigerlandes zu bezahlen ist; in diesem Falle trägt der Schuldner das sogenannte Valutarisiko, und bei dem obigen Beispiel müßte der österreichische Schuldner, falls die Krone inzwischen auf die Hälfte des Werts gesunken wäre, statt der 100 000 Kronen, die er ursprünglich erhalten hat, bei Fälligkeit der Schuld 200 000 Kronen aufwenden, um den entsprechenden Markbetrag zu beschaffen.

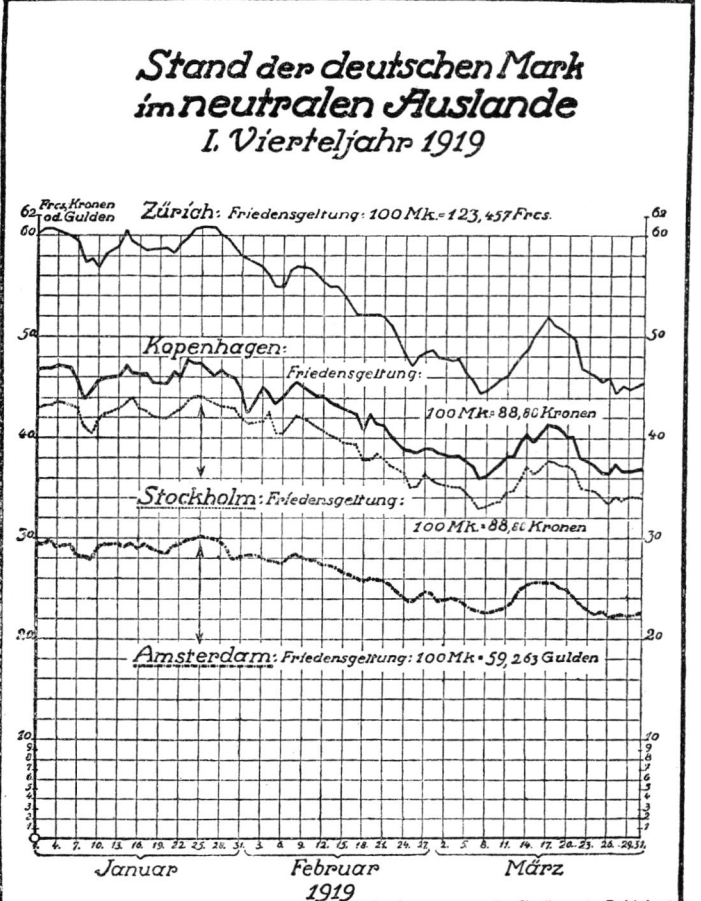

Aus diesem letzten Beispiel ergibt sich schon klar, welch verhängnisvolle Wirkung die Verschlechterung der Valuta auf das gesamte Wirtschaftsleben eines Landes haben muß. Alles was das Land einführt, muß es teurer bezahlen, als bei normalem Währungskurse, und da, wie wir oben gesehen haben, gerade Länder, die stark auf Einfuhr angewiesen sind, Gefahr laufen, daß sich ihre Valuta verschlechtert, fällt diese Verteuerung der Einfuhr für deren Volkswirtschaft besonders schwer ins Gewicht. Sie verteuert natürlich alle Waren, die eingeführt oder aus eingeführten Rohstoffen oder mit eingeführten Hilfsmitteln hergestellt werden müssen; aber auch solche Waren oder Produkte, die ohne ausländische Hilfsmittel im Inland erzeugt werden, jedoch in ungenügender Menge, so daß der überschießende Bedarf durch Einfuhr gedeckt werden muß, erfahren die volle Verteuerung durch den Preisausgleich des Markts, falls nicht behördliche Preisbeschränkungen dies verhindern. Wenn also beispielsweise Deutschland $^3/_4$ seines Getreidebedarfs aus eigenen Produkten decken und dieselben mit 20 Mark pro Ztr. abgeben könnte, während das restliche Viertel aus Argentinien eingeführt werden muß und dieses Getreide infolge Sinkens der Valuta auf 30 Mark pro Ztr. zu stehen kommt, so wird sich der Preis für alles Getreide, das in Deutschland auf den Markt gelangt, auf 30 Mark stellen, denn kein Mensch wird billiger verkaufen, wenn für die gleiche Ware, zu gleicher Zeit, am gleichen Ort der höhere Preis verlangt und erzielt wird. Endlich werden aber auch diejenigen Waren und Produkte, die vollständig im Inland erzeugt werden, eine Preiserhöhung erfahren, denn durch die Verteuerung so vieler anderer Bedarfsartikel wird notwendigerweise eine Erhöhung der Gestehungskosten auch für die Inlandsware eintreten, insbesondere werden alle Löhne und Gehälter in die Höhe gehen. Und selbst bei Bodenprodukten werden sich die Preise erhöhen, da infolge der Verteuerung der ganzen Lebenshaltung der Produzent darauf bedacht sein muß, ein höheres Einkommen als früher zu erzielen. Diese ganze Entwicklung aber wirkt wieder auf die Währungsverhältnisse des Staates selbst zurück: er hat erhöhte Ausgaben für die Gehälter seiner Beamten, für seine Bahnen und Bauten, der Geschäftsverkehr braucht infolge der hohen Preise mehr bares Geld, und da der Goldbestand nicht willkürlich vermehrt werden kann, bleibt nichts übrig, als immer mehr Papiergeld auszugeben, also den inneren Wert der Währung immer weiter herabzudrücken, mit anderen Worten, die Kreditwürdigkeit des Staates zu verschlechtern. Die Devisenkurse werden also immer weiter sinken, ihre Verschlechterung wird wieder auf die Preisgestaltung im Inlande verheerend wirken, und so ist die ganze Entwicklung eine Unglücksschraube ohne Ende, die zum sicheren Ruin des Landes führt.

Nach den vorstehenden allgemeinen Ausführungen wird jeder die ungünstige Entwicklung der **deutschen Valuta** während des Krieges und seit der Revolution verstehen. Deutschland war vor dem Kriege nach jahrzehntelanger unermüdlicher Arbeit ein Land mit aktiver Handelsbilanz geworden, ein reiches Land, das seine Auslandsguthaben in großem Maßstab zu finanziellen Anlagen in weniger hoch entwickelten Ländern, besonders auf dem Balkan, in Rußland, Ostasien, Südamerika und in anderen Teilen der Welt verwenden konnte. Nun kam der Krieg und mit ihm die englische Handelsblockade. Trotz derselben waren wir darauf angewiesen, für unsere Kriegswirtschaft viele Rohstoffe gewissermaßen zu Schleichhandelspreisen aus dem Ausland zu beziehen. Unsere Ausfuhr aber war so gut wie abgeschnitten, teils durch die Blockade, teils weil wir wegen Menschen- und Materialmangel überhaupt nicht mehr exportieren konnten. Die verhängnisvolle Wirkung auf die Valuta zeigte sich bald: nachdem unsere Auslandsguthaben aufgebraucht waren, fand ein nur durch vorübergehende Kurserholungen unterbrochenes, stetiges Sinken unseres Valutakurses statt. Solange unsere Sache militärisch gut zu stehen schien, wir also dem Ausland kreditwürdig erschienen und unsere wirtschaftliche Wiedererstarkung nach Friedensschluß anzunehmen war, betrug die Wertverminderung etwa 30 %; als die militärische Katastrophe eintrat, sank die Valuta auf etwa die Hälfte ihres ursprünglichen Werts, und heute, da unser Vaterland von äußeren und inneren Feinden an den Rand des Abgrunds gebracht ist und auch Optimisten kaum mehr auf eine Besserung in absehbarer Zeit rechnen können, ist die Valuta auf weniger als ein Drittel ihres Wertes gesunken. Mit anderen Worten: die Ware, die wir früher für 80 Pfennig aus der Schweiz beziehen konnten, kostet uns jetzt etwa 2½ Mark. Was das zu bedeuten hat, erkennt man, sobald man sich vergegenwärtigt, daß Deutschland in den nächsten Jahren in allerweitestem Umfang auf Einfuhren angewiesen ist, um seine erschöpften Lebensmittel- und Rohmaterialvorräte wieder aufzufüllen. Die allgemeine Preissteigerung im Inland, die, wie wir oben gesehen haben, eine notwendige Folge jeder Valutaverschlechterung ist, erfahren wir ja in erschreckendem Maße am eigenen Leibe.

Gibt es noch eine Rettung für uns vor dem Abgrund, in den wir stürzen? Drei Heilmittel können uns noch helfen: Sparsamkeit, Arbeit und innere Ruhe!

Wir müssen **sparsam** sein, jede unnötige Ausgabe vermeiden, um den Import zu verringern, die Notenausgabe zu ermäßigen, Güter für den Export bereitstellen zu können.

Wir müssen **arbeiten**, damit wir Güter erzeugen, die wir dem Ausland liefern können, um uns dort wieder Guthaben zu schaffen.

Wir müssen **Ruhe im Innern** haben, damit das Ausland wieder Vertrauen zu uns faßt, uns Kredite einräumt und uns beim Wiederaufbau unserer Volkswirtschaft hilft.

Rundschau.

Deutschlands Recht auf Kolonien.

„Gewalt ohne Maß und Grenze soll dem deutschen Volk angetan werden!" Diese Feststellung des Reichspräsidenten Ebert in seinem Aufrufe an das deutsche Volk gegen die Versailler Friedensbedingungen trifft in besonders krasser Form auf die Behandlung der Frage des deutschen Kolonialbesitzes in dem vorgelegten Friedensvertrag zu, der von Deutschland den bedingungslosen Verzicht auf seine überseeischen Besitzungen zugunsten der Entente fordert, trotzdem Präsident Wilson im Punkte 5 der Botschaft an den Kongreß vom 8. Januar 1918 als Bedingung für den Frieden eine „**freie, offenherzige und gänzlich unparteiische Regelung aller kolonialen Ansprüche**" vorgeschlagen hatte.

Gegenüber dem ungeheuerlichen Ansinnen des Friedensvertragsentwurfs soll in nachstehendem Deutschlands Recht auf Kolonien an Hand von unwiderlegbarem Zahlen- und Tatsachenmaterial einwandfrei nachgewiesen werden.

Eine der wesentlichsten Voraussetzungen für eine gerechte Verteilung der kolonialen Ansprüche ist die Frage, ob ein Land **nach seiner Größe und Bevölkerungszahl** imstande ist, Kolonien zu verwalten, ob diese in ihrer Ausdehnung nicht über die Kräfte des Mutterlandes gehen, ob dieses die Menschen hat, um die Kolonien zu verwalten und zu besiedeln, und endlich, ob der **Handel** des Mutterlandes so bedeutend ist, daß er auch Kolonien beanspruchen kann. Nachstehend folgt eine Zusammenstellung von Zahlen nach Hübners geographisch statistischen Tabellen (1917) durch F. Stuhlmann, welche diese Fragen für Deutschland, England, Frankreich beantworten können. Es stellt sich dabei folgendes heraus:

	Größe in 1000 qkm	1000 Einwohner
England		
Mutterland	318	45 375
Kolonien	33 598	394 134
Eroberungen und erstrebte Angliederungen	11 682	37 320
Frankreich		
Mutterland	536	38 893
Kolonien	16 649	82 618
Eroberungen u. A.	734	6 196
Belgien		
Mutterland	29	7 571
Kolonien	2 365	15 003
Niederlande		
Mutterland	34	6 449
Kolonien	2 046	48 027

Deutschland	Größe in 1000 qkm	1000 Einwohner
Mutterland { bisher	541	64 926
ohne Elsaß-Lothring.	526	63 051
Verluste (Elsaß und Kolonien)	2 968	14 234
bisher Kolonien	2 953	12 360

	Auf 1 qkm Heimatsland kommen an Kolonialland	Auf 1 Einwohner des Mutterlandes kommen Einwohner im Kolonialland
England		
alte Kolonien	105,6	8,6
ev. Eroberungen	36,2	0,8
Frankreich		
alte Kolonien	31,0	2,1
ev. Eroberungen	1,3	0,1
Deutschland		
bisher	5,4	0,2
Belgien		
alte Kolonien	81,5	1,9
Niederlande		
alte Kolonien	60,1	7,4

England hat demnach schon jetzt 105 mal mehr Kolonialgebiet als Mutterland und fast 9 mal soviel Einwohner in den Kolonien als zu Hause. Bei Frankreich stellen sich diese Zahlen auf 31 und 2,1, während Deutschland bisher nur 5,4 mal soviel Kolonialland als Mutterland hatte, und auf jeden Deutschen nur $1/_5$ Kolonialeingeborener kam. Belgien hat ein 81 mal größeres Kolonialland als das Mutterland mit doppelt so vielen Bewohnern – und verlangt jetzt noch große Teile von Deutsch-Ostafrika als Zuwachs –, Holland ein Kolonialland von 60 facher Größe des Mutterlandes mit $7^{1}/_{2}$ facher Bewohnerzahl. Es geht daraus die ungeheure Übersättigung Englands, Frankreichs, Belgiens und Hollands mit Kolonialland hervor, die außerdem, wie die Zahlen zeigen, viel stärker bewohnte Kolonialgebiete als Deutschland besitzen, weil sie sich eben zum Teil alte Kulturländer unterworfen haben.

Deutschland soll alles an Kolonien und dazu Elsaß-Lothringen fortgenommen werden, Gebiete, in die England und Frankreich sich teilen wollen. Aber nicht genug hiermit, sie beanspruchen auch noch einen großen Zuwachs an Land, das bisher zur Türkei gehörte, und England ist dabei, sich außerdem festzusetzen in Persien, Afghanistan, Turkestan, Archangel, Tibet und Spanisch-Marokko. Die feindliche Presse bespricht mehr oder weniger offen die Absichten, diese Länder in englische Abhängigkeit zu bringen. Durch diese künftigen Eroberungen und Angliederungen würde England auf den heimischen qkm noch fernere 36,2 qkm und auf jeden Menschen des Heimatslandes 0,8 Menschen in kolonialem Gebiet dazu erhalten, während bei Frankreich diese Zahlen 2,1 qkm und $1/_{10}$ sein würden.

Mit den beabsichtigten Neuangliederungen würde England demnach 142 mal soviel Kolonialland wie Mutterland, rund 9,4 mal soviel Kolonialeingeborene wie Engländer haben; Frankreich 32,3 mal soviel Kolonialland und 2,2 mal soviel Kolonialeinwohner wie das Mutterland, wobei England noch verhältnismäßig dadurch zu günstig berechnet ist, daß sich Irland zum Mutterland rechnete, während es doch auch eher als unterworfenes Gebiet anzusehen ist.

Wenn nach dem Willen von Wilson die Verteilung der Kolonialgebiete gänzlich unparteiisch erfolgen soll, so lege man diese Ziffern zugrunde!

Auch die Größe des Handels des Mutterlandes fällt für eine unparteiische Beurteilung ins Gewicht, denn je größer der Handel, desto mehr ist Gelegenheit zur kolonialen Betätigung gegeben. Wir finden hierbei nun für das letzte Jahr vor dem Kriege (1913) folgende Zahlen (ohne Edelmetalle):

Spezialhandel von	Einfuhr in Mill. $\mathcal{M}$	Ausfuhr	Zusammen
Deutschland	10 770	10 096	20 866
England	15 711	10 734	26 445
Frankreich	6 681	5 161	11 842

Hiernach hatte Deutschland einen Gesamthandel von rund 21 Milliarden $\mathcal{M}$, während Frankreich nur einen von rund 12 Milliarden $\mathcal{M}$, England dagegen von 26 Milliarden $\mathcal{M}$ hatte. Deutschland, das einen fast doppelt so großen Spezialhandel wie Frankreich hatte, besaß nicht ein Fünftel von dessen Kolonialgebiet. Es hatte einen nur wenig geringeren Handel als England und besaß rund den 11. Teil an Kolonialfläche und nur den 28. Teil an Kolonialmenschen.

Hat unter diesen Umständen Deutschland nicht das Recht, bei der unparteiischen Verteilung der Kolonien berücksichtigt zu werden und mehr zu erhalten, als es bisher hatte? Wie steht es da mit der Gerechtigkeit?

* *

Vergleichende Zahlenübersicht über Fläche und Bevölkerung der heimischen und kolonialen Gebiete von England, Frankreich, Belgien, Holland und Deutschland.

1. Britisches Reich

	Flächeninhalt qkm	Bevölkerung
England (Stammland)	317 915	45 374 679
Kolonien in Europa (Gibraltar, Malta)	328	247 962
Kolonien usw. in Asien (Cypern, Br. Indien, Ceylon, Malediven, Straits, Malayenstaaten, Hongkong, Waihaiwai, Nord Borneo, Sarawak und Brunei, Kamaran und Baharain)	5 265 292	324 937 540
Kolonien in Afrika (Süd-Afrika, Swasiland, Basuto, Rhodesia, Betschuana, Nyassa, Ost-Afrika, Uganda, Somali, Sansibar, Nigeria, Sierra Leone, Gambia, Goldküste, St. Helena, Ascunsion, Tristan da Cunha, Mauritius, Seychellen)	6 190 967	36 912 139
Kolonien in Amerika (Br. N.-Amerika, Bermuda, Jamaica, Turks und Caicos, Bahama, Leeward, Windward, Trinidad, Honduras, Guyana, Falkland)	10 336 403	10 484 692
Kolonien in Australien u. Oceania (Austr. Bundesstaat, Papua, Norfolk, Neuseeland, Fiji, Tonga)	8 261 341	6 781 764
Schutzstaaten (Ägypten und Sudan)	3 544 168	14 769 824
	33 598 499	394 133 921

Als Kolonien oder Schutzstaaten jetzt beansprucht	Flächeninhalt qkm	Bevölkerung
Deutsch Ost-Afrika	995 000	7 661 000
Süd-West-Afrika	835 100	83 000
$1/_3$ von Kamerun	263 000	917 000
$1/_2$ von Togo	87 200	516 000
Neu-Guinea mit Inseln	242 000	603 000
Arabien (unabhängiges)	2 279 000	950 000
Persien	1 645 000	9 500 000
Afghanistan	624 000	4 450 000
Gouv. Archangel in Rußland	858 930	483 000
Ferghana und Samarkand	230 350	3 332 000
Chiwa und Bochara	270 860	2 300 000
Tibet	2 109 000	2 000 000
Spanisch Marokko	218 000	404 000
Türkisch Arabien	441 000	1 050 000
Mesopotamien	341 100	1 842 000
Palästina	17 100	382 000
Syrien und Sur	174 900	847 000
	11 631 640	37 320 000

2. Französisches Weltreich

Frankreich (Stammland)	536 464	39 602 258
Besitzung in Nord-Afrika (Algerien, Tunesien, Marokko, Sahara)	9 666 285	38 892 566

	Flächeninhalt qkm	Bevölkerung
Besitzungen in West-Afrika... (Senegal-Niger, Mauretanien, Guinea, Elfenbeinküste, Dahomé)	3 912 250	12 386 573
Besitzung. in Äquatorial-Afrika (Gabun, Kongo, Ubangi-Schari, Tschad)	1 439 000	9 800 000
Besitzungen in Ost-Afrika... (Somali, Madagascar, Réunion)	713 616	3 735 403
Besitzungen in Indien...... (Pondichery, Karikal, Mahe, Yanaon, Chandernagor, Cochinchina, Kambodja, Annam, Tongking, Laos)	803 568	17 262 730
Besitzungen in Amerika.... (St. Pierre, Guadeloupe, Martinique, Guyana)	91 248	459 652
Besitzungen in Ozeanien.... (Neukaledonien, Tahiti usw.)	22 651	81 070
	16 649 618	81 617 994
Als Kolonial- oder Schutzgebiet jetzt beansprucht		
½ von Togo........	87 200	516 000
⅔ von Kamerun.......	526 000	1 834 000
Aleppo, Beirut, Libanon.....	105 700	1 972 000
	718 900	4 322 000
Elsaß-Lothringen.........	14 522	1 874 014
3. Deutsches Reich (1910).....	540 857	64 925 993
Kolonien...........	2 925 924	12 360 269
4. Belgien		
Mutterland.........	29 452	7 571 387
Kongo-Kolonie.......	2 365 000	15 003 350
5. Niederlande		
Mutterland..........	34 186	6 449 348
Kolonien...........	2 045 652	48 027 118

(Wirtschaftsdienst Hamburg Nr. 7.)

Statistik über den Kraftwagengebrauch in den verschiedenen Ländern. Nach den dem „New Statesman" entnommenen und lediglich europäische Länder umfassenden Zahlen gibt es Kraftwagen:

in	Anzahl der Wagen	Auf wieviel Einwohner entfällt ein Wagen
Großbritannien....	171 607	268
Frankreich......	98 400	402
Deutschland......	95 000	684
Italien........	85 000	1002
Rußland.......	27 900	5241
Oesterreich-Ungarn...	19 360	2671
Belgien........	14 700	575
Spanien........	10 253	1989
Schweden.......	9 000	626

So bedeutend die Benutzung von Kraftwagen in den europäischen Ländern hiernach ist, so wird sie doch noch weit übertroffen durch die Zahl der in den Vereinigten Staaten von Amerika laufenden Kraftwagen, die am 1. Juli 1917 4 242 139 Kraftwagen auswies, so daß schon auf je 29 Einwohner ein Kraftwagen entfiel.

* *

Die Einheitsbestrebungen in der französischen Kraftfahrzeugindustrie, die vor allem gegen die amerikanische Gefahr gerichtet sind, haben einen sehr bemerkenswerten Erfolg zu verzeichnen. Zwei der bekanntesten Werke, De Dion und Darracq, haben sich mit Césanne, einer der größten neueren Unternehmungen, zusammengeschlossen. Ferner haben sich die Firmen Clément-Bayard, Tamine, Ballot, Barbaroux, Constinsanza, Nicaise, Palin und Repusseau auf die Herstellung einer neuen Zündung „Delio" geeinigt.

(Allgem. Automobil-Zeitung Nr. 9.)

* *

Bücher.

Das Saargebiet. Sonderheft (Nr. 15 und 16) der „Europäischen Wirtschaftszeitung". IV. Jahrgang. Verlag Dr. A. Hofrichter, Berlin. Preis 1.50 M.

Frankreich begehrt das von einer rein deutschen Bevölkerung bewohnte Saarbecken nach vielfachen Bekenntnissen französischer Blätter in erster Linie aus wirtschaftlichen Gründen. Die Franzosen wollen sich die wertvollen Kohlengruben, Eisenhütten, Eisen verarbeitenden Betriebe, Glashütten usw., an denen der Saarbezirk, wie aus den einzelnen Abhandlungen des vorstehenden Sonderheftchens hervorgeht, so reich ist, aneignen; sie wollen die Früchte der reichen Arbeit gewinnen, die wir Deutschen in diesem Gebiet aufgewandt haben. Das rigorose Vorgehen der Franzosen gegen die deutschen Bergarbeiter schildert u. a. Dr. A. Hofrichter in dem Aufsatz: „Das Saargebiet und die deutschen Arbeiter" und zeigt darin, was diese von einer mehr oder weniger versteckten Annexion des Saargebiets durch die Franzosen zu erwarten hätten. An Hand geschichtlicher Tatsachen weist zum Schluß das Mitglied der deutschen Friedensdelegation, Prof. Dr. W. Schücking, „Deutschlands Recht auf das Saargebiet" nach, so daß das Heftchen nach seinem ganzen Inhalt als ein willkommener Führer durch alle das Saargebiet betreffenden Fragen bezeichnet werden kann.

Klarc: „Gebt den Kindern Sonne". Ein Mahnwort an Mütter. Mit einem Geleitwort von Oberstabsarzt Dr. Hehn. Verlag des deutschen Zentralkomitees zur Bekämpfung der Tuberkulose, Berlin. 16 Seiten mit 8 Textabbildungen. Preis 30 Pf.

Licht und Luft werden in gemeinverständlicher Weise als Heilfaktoren geschildert.

Die kleine Clauß. Ein Roman aus dem Industrieleben von Clara Paust. Verlag von Fr. Wilh. Grunow, Leipzig. Geheftet 5 M., gebunden 7 M.

Im stillen zähen Kampf stehen in diesem Roman deutsche Männer und Frauen in Handel und Industrie im erfolgreichen Wettbewerb mit dem Ausland. Clara Paust ist ein modernes Erzählertalent, sie ist aber auch eine gute Kennerin des heutigen Volkslebens. Diese hohen Eigenschaften geben ihrem fesselnd geschriebenen Roman das Gepräge. Es sind wirkliche Menschen und Menschenschicksale, die wir kennen lernen und miterleben.

Briefkasten.

Der Briefkasten steht allen Angehörigen unserer Werke in Untertürkheim und Sindelfingen offen. Er ist nur für **technische** und **rechtliche** Fragen bestimmt. Soweit sie im allgemeinen Interesse liegt, wird die Beantwortung an dieser Stelle erfolgen, sonst erhält der Fragesteller unmittelbare briefliche Auskunft.

Eine **Verpflichtung** der Beantwortung und eine **rechtliche Haftung** aus der Antwort können wir nicht übernehmen.

Wir bitten alle Zuschriften nicht an eine einzelne Person, sondern an die Schriftleitung der Werkzeitung zu richten und dabei nur **eine** Seite des Papiers zu beschreiben. Briefe, die uns mit der Post zugestellt werden, sind freizumachen.

Anfragen ohne Namensunterschrift können nicht berücksichtigt werden.

Kunst * Literatur.

Kulturgeschichtliche Aphorismen.

Aus einer Rede des Obering. Alphons Heinze, gehalten im Mai 1911 vor dem Thüringer Bezirks-Verein Deutscher Ingenieure.

Technik.

Was ist Technik? Die umfassende Antwort liegt in der Gegenfrage: Was ist nicht Technik?!

Nehmt dem Menschen die Technik, und Ihr nehmt ihm alles, was ihn zum Menschen gemacht! Ihr nehmt ihm die Wissenschaft und die Kunst, Sprache und Kultur. Ihr nehmt ihm sein Menschentum!

Technik — im weitesten Sinne — das ist der Mensch selbst!

* * *

Technik ist die Herrschaft des Menschengeistes über die Naturkräfte, ihre Bändigung durch den menschlichen Willen, die Auflösung ihrer Geheimnisse; Menschengeist in Werkzeug und Maschine.

Technik ist der gewaltige Stützpunkt für den Hebel der Kultur und seine bewegende Kraft zugleich, die den Menschen zur Potenzierung seiner Leistungen befähigt und antreibt; eine wunderbare Leiter, deren erste Sprosse das primitive Werkzeug ist und deren Bau der Mensch weiter Sprosse auf Sprosse einfügt, auf denen die Wissenschaft rastlos zu immer höherer Erkenntnis der Natur und ihrer geheimnisvollen Gesetze emporklimmt.

Ihr Wesen ist Arbeit, Gestaltung des Formlosen, Bewegung des Unbewegten; ihre Triebfeder — ewige Ungenügsamkeit; ihr Weg — stetiger Fortschritt; ihr Ziel — Freiheit!

Technik, jahrhundertlang die mißachtete und verkannte Sklavin der Menschheit und doch — ihre Herrscherin!

* * *

Das Werkzeug.

So wenig man bisher vermocht hat einen Kristall in statu nascendi zu belauschen, so wenig weiß man von der ursprünglichen Entstehung des Werkzeuges, das den Kristallisationsmittelpunkt menschlicher Kultur bildet, sowohl der geistigen als der materiellen; auf dessen urgewaltiger Dreieinheit: Keil, Hebel und Rolle, sich die Technik aufbaut bis zu ihren modernsten und kompliziertesten Formen.

Bevor der Mensch das Werkzeug besaß, war er der Sklave seiner Organe, geleitet allein durch seine tierischen Instinkte. Beobachtung und Erfahrung an den wiederholten Wahrnehmungen zufälliger Vorgänge und Wirkungen mögen den ersten Anstoß zur Anwendung des ersten technischen Hilfsmittels, des Werkzeuges, geboten haben; zunächst vielleicht nur als Verteidigungswerkzeug, als Waffe.

Beobachtung und Erfahrung besitzt freilich auch das Tier; aber des Menschen, ihm von der Natur zugewiesene Bestimmung half ihm darüber hinaus, seine geistige Potenz befähigte ihn zur Erkenntnis der Wechselbeziehung von Ursache und Wirkung, führte ihn zur Voraussicht des gewollten Erfolges, zur zielbewußten Anwendung der ihm von der Natur zufällig gebotenen Hilfsmittel und schließlich, wo er diese nicht fertig vorfand, zur Nachahmung, zur selbständigen Anfertigung derselben — zur Herstellung des Werkzeuges.

So wurde die Technik geboren als erstes Erzeugnis menschlicher Geistestätigkeit, als erster Menschengedanke. Und je mehr sie ihn in ihren Bannkreis zwang, je mehr sie dem menschlichen Geiste Anregung zum Denken gab, desto mehr differenzierte sich dieses Denken und führte zur Entwicklung der Sprache, die, als formaler Ausdruck des Gedankens, nichts anderes ist, als die Technik des Geistes.

Durch das Werkzeug entstand die menschliche Sprache.

Was die Natur dem Menschen fertig darbot, war Allgemeinbesitz, was der Mensch sich selbst herstellte, war Eigenbesitz. Das erste selbstgefertigte Werkzeug war des Menschen erster Besitz, sein erstes Recht, seine erste Pflicht. Es war zugleich der erste Schritt zur Kultur, die erste Erfindung, die erste und größte menschliche Geisteserrungenschaft.

Die Technik, als praktische Wissenschaft, ist älter als alle übrigen Wissenschaften; sie ist die **Urwissenschaft** und aus ihr sind alle anderen gezeugt.

Aus Max Eyth „Hinter Pflug und Schraubstock".

Ein Sohn schwäbischen Bodens, 1836 in Kirchheim u. Teck geboren, bereiste Max Eyth als Ingenieur der großen Landwirtschafts-Maschinenfabrik v. Fowler zu Leeds fast die ganze Erde. Später nach Deutschland zurückgekehrt, wurde er Mitbegründer der deutschen Landwirtschaftsgesellschaft. Deutsche Tatkraft und Intelligenz im Auslande — heute für uns von doppeltem Interesse, da es gilt, dort draußen das Deutschtum von Grund auf wieder aufzubauen. Einer der ersten, der die Bedeutung der Maschine für die vermehrte Produktion landwirtschaftlicher Güter erkannt und diesem Gedanken seine ganze Kraft gewidmet hat. Und daneben ein Dichter, dem die Arbeit nicht öde Geldmacherei, nicht Lohnsklaverei, nicht Ausbeutung war. Seine Schriften sind ein freudiges Bekenntnis zum inneren Selbstwert schaffender Arbeit, deren Schönheit ihm durch Ruß, Öl und Staub hindurchleuchtete.

Von seinen Werken seien besonders hervorgehoben: „Wanderbuch eines Ingenieurs", „Hinter Pflug und Schraubstock", „Der Kampf um die Cheopspyramide", „Der Schneider von Ulm".

Der Kampf.*)

Der prachtvolle ägyptische Morgen brach an wie alltäglich und fand alles in Bewegung, nachdem ich die Leute, die zunächst nötig waren, mit freundlichen Worten und dem Stock meines Sais ein wenig ermuntert hatte, in jener fünftausendjährigen Sprache des alten Nillandes, in der ich mich schon ziemlich deutlich ausdrücken konnte und die, wenn sie richtig und ohne boshaften Ernst gesprochen wird, dem Fellah nicht nur die verständlichste, sondern, man könnte fast glauben, auch die liebste ist.

Die gebrochene Kette wurde durch eine neue ersetzt, die mit Schlamm überzogenen Räder gewaschen, die beiden Maschinen an den Feldenden aufgestellt, die Seile ausgezogen und am Pflug befestigt, und dieser, ein gewöhnlicher Vierfurchenpflug, zum Beginn der Arbeit bereitgestellt. So sah das Ganze, mit Howard an einem und Fowler am andern Ende der fünfzig Hektar, in der Ferne fast aus, als ob wir in England stünden. Wären wir tatsächlich dort gewesen, mit englischen Arbeitern auf den Maschinen, so hätte ich mit ruhiger Zuversicht den nächsten Stunden entgegengesehen. So aber frühstückte ich doch mit einigem Herzklopfen. Meine braven Fellachin waren wohl voll Eifer und hatten sich sogar feiertäglich herausgeputzt. Aber wer konnte wissen, was uns bevorstand? Mit Allah läßt sich nicht spaßen. Er gibt den Sieg, wem er will, sagt sein Prophet, und seine Gläubigen beugen sich, ohne zu murren. So weit sind wir Christen noch lange nicht.

Um acht Uhr kam Bridledrum mit seinen Leuten von Kairo, und auch die Howardsche Maschine begann zu rauchen. Ich zeigte ihnen alles, was für sie vorbereitet war: ihre abgewogenen Kohlen, die wir zusammen nachwogen, die Einrichtung für ihre Wasserzufuhr, die Kanne Schmieröl, die ihnen zur Verfügung stand. All das wurde von der Gesellschaft mit stummen Zeichen des Einverständnisses, jedoch etwas mißtrauisch entgegengenommen. Dann stattete ihr erster Dampfpflüger, ein wackerer Bedfordshiremann, meinen Maschinen einen Besuch ab, und zum erstenmal erschien auf seinem breiten ehrlichen Gesicht ein Lebenszeichen: schmunzelnde Zufriedenheit. Die Maschinen sahen allerdings nicht aus, als ob sie für ein Siegesfest aufgeputzt wären. Und die Nigger! Der Mann, der schon auf Barbados in den Antillen gepflügt hatte, teilte seit jener Zeit die Menschheit in zwei Klassen: Engländer und Nigger. Ein Fowlerscher Pflug, und bloß Nigger, die ihn bedienten! Das konnte nicht ernsthaft gemeint sein.

Von neun Uhr an kamen Esel, Pferde und selbst Wagen aus Kairo, verirrten sich in allen Enden und Ecken des Guts — die meisten schienen zu glauben, die Prüfung finde in meinem Hause statt — und sammelten sich schließlich im Versuchsfelde: Bridledrums Freunde aus dem Hotel Shepheard, die Witwe mit ihrem Söhnchen voran, O'Donald, voller Eifer, mich gegen Bridledrum und Bridledrum gegen mich aufzuhetzen, Doktor Beinhaus, ernst und kampfesgrimmig wie immer, Heuglin mit der Ruhe eines schwäbischen Philosophen, den die Sonne Afrikas gedörrt hat. Der Vizekönig kam nicht; an seiner Stelle dagegen in prächtigem Wagen hinter zwei wundervollen arabischen Hengsten und in voller ägyptischer Amtstracht sein Finanzminister Sadyk, damals noch Bei, und zwei Adjutanten. Dann folgten kleine Paschas und große Grundbesitzer: Nubar, Sheriff und andere, die hilflos auf dem Felde herumstanden und sich gegenseitig die wunderbaren Dinge zu erklären suchten, die sie nicht verstanden. Um halb zehn erschien Halim in dem eleganten Korbwagen, den er benutzte, wenn er den Landwirt spielte, mit seinem ständigen Adjutanten Rames-Bei an der Seite, dem baumlangen Tscherkessen in goldstrotzender Mameluckentracht, dessen Hauptaufgabe es zu sein schien, seinem kleinen, nervös lebhaften Herrn alle dreißig Sekunden eine neue Zigarette zu reichen, die dieser nach zwei Zügen wegwarf. Der Pascha begrüßte zunächst seine vornehmsten Gäste, die sich tief vor ihm verneigten, dann schüttelte er Bridledrum die Hand und ließ sich den Howardschen Apparat von ihm erklären, alles mit scharfen Blicken prüfend, aber ohne ein Wort zwischen die nicht ganz gewöhnlichen französischen Phrasen des Engländers zu werfen. Darauf rief er mich heran und meinte, daß für alle Anwesenden eine möglichst kurze Prüfung genügen würde. Jeder Apparat möge, um halb elf beginnend, eine volle Stunde arbeiten und so viel und so gut pflügen, als es ihm möglich sei. In einer Stunde könne sich dann jedermann selbst seine Meinung bilden.

Ich hätte lieber wenigstens einen halben Tag lang gepflügt; dabei hätte sich deutlicher zeigen können, was jedes der zwei Systeme wert ist. Doch blieb uns beiden, Bridledrum und mir, vorläufig nun nichts weiter übrig, als in zehn Minuten draufloszuarbeiten, so gut wir konnten. Wir gingen jeder zu seinen Maschinen. Halim, einen riesigen Chronometer in der Hand, blieb mit der Mehrzahl unsrer Gäste um Howards Apparat. Ich konnte un-

---
*) Abdruck mit Genehmigung der Deutschen Verlags-Anstalt, Stuttgart, bei der sämtliche Werke von Max Eyth erschienen sind.

gestört nachsehen, ob alle Maschinenlager genügend geschmiert waren. Auch die Leute schienen es zu sein. „Fünfzig Piaster Mann für Mann, wenn uns Allah den Sieg verleiht!" war die Losung, die von Mund zu Mund ging, und Achmed schraubte, ohne daß ich es bemerkte, die Federbelastung der Sicherheitsventile fester, um wenigstens die Dampfspannung etwas höher halten zu können, als erlaubt war. Wenn Allah bestimmt hatte, daß wir in die Luft fliegen sollten, waren ja doch alle Sicherheitsventile nutzlos. Die Engländer hatten, wie ich nachher entdeckte, in aller Ruhe das gleiche getan.

Ein dreifacher Pfiff verkündete, daß es halb elf war. Emsig keuchend stießen die Maschinen ihre weißen Dampfwolken in den tiefblauen Himmel und begannen die mächtigen Pflüge in den Boden zu ziehen. Es knirschte und krachte, daß es eine Freude war. Für mich war dies alles natürlich ein alltägliches Vergnügen. Der Acker mit seinen fürchterlichen Kämmen und Wasserfurchen in dem steinharten Boden, die der Baumwollbau mit sich bringt, war eines der Durchschnittsfelder, wie ich sie jeden Tag aufzubrechen hatte. Wie ein Schiff im Sturm schwankend glitt der Pflug vorwärts; etwas zu schnell, so daß man ihm nur halb im Trabe folgen konnte. Die fünfzig Piaster wirkten, und mächtige Schollen, kleinen Felsblöcken gleichend, wurden wild auf die Seite geschleudert. Ich ließ den Pflug die dreihundert Meter lange Strecke zwischen den beiden Maschinen ein paarmal hin und her laufen und ermahnte die Maschinenwärter, nichts zu überstürzen. Es war nicht nötig, überschnell zu arbeiten. Dann konnte ich Howards Apparat einen Besuch abstatten.

Schon bei seiner ersten Bewegung von einem Acker zum andern war der Pflug zweimal stillgestanden. Das eine Mal hatte der Anker in dem steinharten Boden nicht gefaßt und sich dem Pfluge entgegen in verzweifelten Sprüngen auf die Wanderschaft gemacht. Beim zweiten Stillstand hatten die Engländer mit der Ruhe, die sie nie verläßt, einen der vier Pflugkörper des Gerätes abgeschraubt und auf diese Weise den Vierfurchen- in einen Dreifurchenpflug verwandelt. So ging es besser, wenn auch noch immer langsam und in gewaltsamen, stoßartigen Zuckungen. Die Maschine war sichtlich zu schwach für einen derartigen Boden.

„Nun, Herr Bridledrum," fragte ich meinen Freund und Gegner, „wie gefällt Ihnen Ägypten? Sie bemerken wohl, es ist nicht alles Sand hier?"

„Heißen Sie das Erde? Verfluchte Backsteine!" antwortete er grimmig. Er war offenbar an der Grenze seiner Spannkraft angelangt. Ich wußte es aus Erfahrung: Es ist keine Kleinigkeit, lächelnd die Vorteile eines Systems zu preisen, während man jeden Augenblick erwartet, ein Seil reißen oder einen Anker in die Luft fliegen zu sehen. Halim war zu den Fowlerschen Maschinen hinübergegangen. Bridledrum konnte Atem holen und sich mir gegenüber etwas gehen lassen.

„Ich glaube, Sie haben das härteste Feld im ganzen Nilland für uns ausgewählt", fuhr er mit einem Lächeln fort, unter dem es kochte. „Macht nichts, Herr Eyth, macht nichts! So haben wir es am liebsten. Wir werden Ihnen schon zeigen, was pflügen heißt. – Der verteufelte Anker!"

Am fernen Ende war der Eckanker wieder ausgerissen. Bridledrum trippelte ungeduldig in der keineswegs musterhaften Furche herum. Der Gang des Pfluges war zu unstet, um eine regelmäßige Tiefe einhalten zu können. Doch war ich zu höflich, darauf hinzuweisen; es war klar, ich konnte unbeschadet des Endergebnisses alle Rücksicht auf die Gefühle meines Gegners nehmen. Wir sahen, während der widerspenstige Anker zurückgeschleppt und wieder in den Boden eingelassen wurde, nach Fowlers Pflug hinüber, der ruhig, aber mit gefährlicher Geschwindigkeit durch das Feld segelte. Aus der Ferne sah sich dies vortrefflich an, namentlich für die ahnungslosen Zuschauer, welche nichts von den zitternden Schrauben und Zapfen wußten, die, wenn die höllischen Mächte es wollten, jeden Augenblick eine Katastrophe herbeiführen konnten. Der Pflug jagte jetzt förmlich, in eine haushohe Staubwolke eingehüllt. Ich nickte Bridledrum ermunternd zu und beeilte mich, nach meinen Maschinen zu kommen.

„Langsam, ya salaam, langsam!" rief ich Achmed schon aus weiter Ferne zu. Es half nichts. Er konnte mich in dem Lärm nicht hören. Seine Maschine brauste und klapperte weiter, schwankend und bebend. Beide Sicherheitsventile sandten senkrechte Dampfstrahlen gen Himmel. Die Heizer schaufelten die Kohlen in die Feuerbüchse, als wären sie besessen.

„Langsam, langsam!" schrie ich; „wo ist mein Dragoman?"

Keuchend kam Abu-Sa auf seinem Esel übers Feld. Er hatte auch bei Howard hospitiert und erhielt eine Ohrfeige. Da er ein Christ und ein Schriftgelehrter war, kam dies selten vor und verstimmte ihn ein wenig. Doch blieb er jetzt an meiner Ferse hängen wie mein Schatten und schimpfte in meinem Namen mit löblicher Energie. Aber all unsre Bemühungen schienen keinen merklichen Einfluß auf das stürmische Tempo des Pflügens zu gewinnen. Stand ich auf dem Tender hinter Machmud, dem Führer der ersten Maschine, so jagte die zweite am entfernten Feldende, als wäre sie toll geworden. Eilte ich dorthin und riß Achmed den Steuerhebel aus der Hand, so schien Machmud entschlossen, die verlorenen Sekunden wieder einzubringen, auch wenn alles in die Luft fliegen sollte. Erst nach zehn Minuten dieser nicht zu bändigenden Raserei wurde mir ihre Ursache von Abu-Sa erklärt. Während meines Besuchs bei Bridledrum war Halim-Pascha auf den Fowlerschen Maschinen gewesen. Das Feuer des Wettkampfes hatte ihn gepackt. Er hatte beiden, Achmed und Machmud, einen Theresientaler in die Hand gedrückt und mit seinem verstohlenen Lächeln zu den Leuten gesagt: „Oh, ihr Gläubigen! Wenn ihr heute diese Engländer da drüben besiegt, so erhaltet ihr ein Backschisch! – ein Backschisch!! ein englisches Pfund, jeder, der mitgearbeitet hat!"

(Schluß folgt.)

DAIMLER WERKZEITUNG
1919 Nr. 2

INHALTSVERZEICHNIS

Dr.-Ing. Riebensahm: Arbeitszeit. * Dr. Theodor Heuss: Die wirtschaftliche Bedeutung eines Anschlusses Deutsch-Österreichs an Deutschland. * F. Wondratschek: Etwas vom Innenleben fürs Innenleben. * Josef Pennell: Die Brücke. * Arthur Fürst: Das Reich der Kraft. * Aus Max Eyth „Hinter Pflug und Schraubstock": Der Kampf (Schluß).
Die am Schluß mit D. M. G. bezeichneten Arbeiten stammen von Werksangehörigen.

Arbeitszeit.
Von Dr.-Ing. Riebensahm.

Der Kampf um den Achtstundentag hat seinen Abschluß gefunden. 48 Wochenstunden sind als Höchstarbeitszeit gesetzlich festgelegt. Ein Programmpunkt des Sozialismus ist erfüllt und kann von der Tagesordnung abgesetzt werden. Der Arbeiter hat das, worum er dreißig Jahre erbittert gekämpft hat, erreicht: die Befreiung aus einer weder einheitlich noch planmäßig nach oben begrenzten Arbeitszeit, die ihm häufig eine Zwangsjacke war. Dagegen soll ihm das neue Maß der Arbeit seine persönliche Bewegungsfreiheit gewährleisten.

Ist die Frage der Arbeitszeit damit restlos gelöst?

Es scheint zunächst nicht so. Es tauchen schon neue Wünsche auf, die über das Errungene hinausgehen. Der freie Samstag-Nachmittag und die Beschränkung der täglichen Arbeitszeit auf 8 Stunden lassen mit 5×8=40 Stunden und dazu Samstags 5, bestenfalls 6 Stunden, nur eine Wochenarbeitszeit von 45 oder 46 Stunden übrig, die also hinter der gesetzlichen Regelung und internationalen Festlegung zurückbleibt. Für unseren Bezirk sieht ein Tarifabkommen 46 Wochenstunden vor.

Sind diese neuen Ansprüche nun ein übers Ziel Hinausschießen unbeherrschter Wünsche, oder enthalten sie in irgendeiner Weise berechtigte Ansprüche und Überlegungen? —

So schwerwiegend eine weitere Verkürzung der wöchentlichen Arbeitszeit für die Produktion und Konkurrenzfähigkeit Deutschlands ist, ebenso ernsthaft sind doch auch die beiden erwähnten Momente: freier Samstag-Nachmittag und tägliches Arbeitshöchstmaß, einzuschätzen.

Läßt sich die Frage der Arbeitszeit, d. h. die Frage der Produktionsmenge, überhaupt nach einem reinen Stundenmaß untersuchen und klären? Beginnt nicht heute diese Frage in ein Stadium zu treten, das gegenüber der bisherigen Denkweise eine grundsätzlich andere Betrachtungsart verlangt? Alle volkswirtschaftlichen Verhältnisse haben sich so verschlechtert gegenüber denen zur Zeit der Aufstellung dieser Programmforderung, daß eine eingehendere Prüfung aller Grundlagen der Arbeitsleistung notwendig erscheint. Es wird dazu einer Art wissenschaftlicher Betrachtungsweise des eigentlichen Wesens der Arbeitsleistung nötig sein, freilich so, daß nun nicht etwa wissenschaftlich herausgeklügelt werden soll, auf welche Weise das Äußerste aus dem menschlichen Organismus herausgeholt werden kann; sondern so, daß wissenschaftlich beobachtet werden soll, wie jede äußere Regelung der Arbeit den natürlichen physischen und psychischen Fähigkeiten und Grenzen des menschlichen Organismus angepaßt werden muß.

Diese neue Grundlage ergibt neue Probleme, die bisher nicht genügend beachtet sind, jetzt aber der Lösung zugeführt werden müssen, wenn die so notwendige Steigerung der Produktion nicht auf einen neuen Angriff gegen den 8-Stunden-Tag hinauslaufen soll.

Die Art des Friedensschlusses mit der Entente kann geeignet sein, alle natürlichen Gesetze beiseite zu schieben und uns Arbeitszeiten auferlegen, die wir heute als unmöglich betrachten. Dann ist es aber um so mehr unsere Pflicht, alle von der Natur gegebenen inneren Gesetze der Arbeit zu beachten.

Um den 8-Stunden-Tag haben Arbeiter und Arbeitgeber gegeneinander gekämpft. Dagegen wird die innere Ausgestaltung dieser neuen Arbeitszeit von vornherein ein gemeinsames Ringen der bisherigen Widersacher um eine gemeinsame Erkenntnis erfordern. Denn diese Erkenntnis und ihre Befolgung wird wichtig sein für das Gedeihen der Industrie und aller in der Industrie Lebenden.

Ich finde, daß der folgende Aufsatz in dies zu erforschende Gebiet einführt, indem er zunächst eines der angedeuteten Probleme, und zwar den Verlauf der Arbeitsleistung während eines Tages untersucht.

* * *

Der Gang des Arbeitstages.

Eine Fabrik S. im Rheinland hat versucht, die Ausnutzung ihrer Werkstätten in einwandfreier Weise nachzuprüfen. Eine große Werkstatt mit zahlreichen Arbeitsstellen verwendet Preßluft. In die Preßluftleitung wurde nun ein Druckschreiber (Manometer) eingeschaltet. Alle Schwankungen in der Entnahme von Preßluft zeichnet dieser Apparat in einer fortlaufenden Kurve auf. Die Beobachtungen wurden längere Zeit durchgeführt. So wurde ein ziemlich verläßlicher Durchschnitt aus den täglichen Kurven gewonnen. Und nebenstehende Zeichnung veranschaulicht, welchen Schwankungen die menschliche Schaffenskraft im Laufe eines Tages unterworfen ist. Der Vormittag wird dabei durch eine Frühstückspause in zwei Teile zerlegt. Der Nachmittag ist ein einheitlicher Zeitabschnitt, an den sich noch ohne Unterbrechung die gleichfalls beobachteten Überstunden angliedern.

Auf den ersten Blick bietet diese Kurve ein außerordentlich unregelmäßiges Bild. Der neunstündige Arbeitstag besteht nicht aus neun gleichmäßigen Stunden, sondern verläuft in heftigen Sprüngen. Das zeigt sich freilich erst, sobald er durch diese Kurve, also gewissermaßen von innen angeschaut wird. Jede Stunde, ja jede halbe Stunde hat da ihren eigentlichen Charakter und ihren deutlich unterschiedenen Platz im Gesamtverlauf des Tages.

Der auffallend langsame Anstieg der Arbeitskurve morgens und nachmittags wird auf die besonderen Verhältnisse der beobachteten Werkstatt mit Preßluftbetrieb zurückzuführen sein. Die Frühstückspause selbst dauert nur fünfzehn Minuten. Aber schon eine Viertelstunde vorher wird die Preßluftanlage wegen der Vorbereitungen für die Pause nicht ausgenutzt. Noch längere Zeit braucht die Wiederumschaltung zur Arbeit. Hier zeigen sich die Wirkungen unserer deutschen Frühstückssitten: ein karger Schluck Kaffee vor dem Gang zur Fabrik, dafür aber ein reichliches Frühstück in der ersten Arbeitspause. Darum muß sich der Körper erst hier wegen der Aufnahme des Frühstücks wieder Raum schaffen, und sich dann zur Arbeit langsam umstellen. Die Unterbrechung durch das Frühstück umfaßt also fast eine Stunde. Die Höchstleistung des Vormittags und zugleich des ganzen Arbeitstages liegt dann zwischen Frühstückspause und Mittag. Aber bereits von einhalb zwölf Uhr ab wird wieder weniger geleistet. Die inneren und äußeren Vorbereitungen zu der Unterbrechung für Essen und Ruhe machen sich geltend. Die Pause selbst ist ausgiebig, sie dauert anderthalb Stunden bis eineinhalb Uhr. Nachmittags hält sich die Arbeitsleistung nur kurze Zeit auf der Höhe des Vormittags und sinkt dann allmählich und unaufhörlich. Am Schluß der Arbeitszeit folgen zweieinhalb Überstunden, aber nur während des ersten Drittels dieser Zeit wird noch wirksame Arbeit geleistet.

Ungefähr kennt jeder arbeitende Mensch diesen Verlauf seines Werktages auch aus seiner eigenen Erfahrung. Aber erst solch eine sichere greifbare Beobachtung veranlaßt uns dazu, ihn ins Bewußtsein zu erheben und ihm im Denken und Handeln die gebührende Rechnung zu tragen.

Denn nun sehen wir unser Gefühl in einem Bilde anschaulich verkörpert und stutzen darüber, daß hinter dem eintönigen Schlagwort vom Neun- oder Achtstundentag ein federnder Rhythmus der Arbeit auf und nieder pulst. Der Mensch durchläuft offenbar im Wandel des Tages verschiedene Stufen seiner Wachheit und Leistungsfähigkeit. Sein Leben läßt sich also nicht einfach in die drei großen Abschnitte: Arbeit, Genuß, Schlaf zerschneiden, sondern es schwingt nach unbewußtem Gesetze, das dem Leben der ganzen Schöpfung und insbesondere dem Sonnenlauf eingepaßt ist, in unaufhörlichem Wellengange. Das innere Geheimnis unserer Arbeit, ihr von uns selbst empfundener Rhythmus, wird zugedeckt, sobald sie bloß aus acht Einzelstunden zusammengezählt wird.

Dadurch wird der Arbeit gerade das genommen, was sie von bloßer Mechanik unterscheidet, bedeutet. Unsere Arbeit ist zunächst nichts anderes als eine Äußerung unseres Wesens und der Bestimmung des Menschen. Denn wenn der Mensch früh aufsteht, so wird er wach und rege zu einer bestimmten Menge von Kraftäußerung noch unbestimmten Inhalts. Er trägt gleichsam ein Kraftfeld um sich herum, das er nun mit den Verrichtungen und Ereignissen des Tages ausfüllen wird. Was er auch Einzelnes tun mag, geschieht innerhalb der Grenzen dieses einheitlichen Kraftfeldes. Er beginnt und beendet viele und verschiedene einzelne Leistungen am Tage; aber der große Anfang bleibt immer das Erwachen und das große Ende das Einschlafen. Immer geht der Mensch im Laufe des Tages von einer Äußerung und Betätigung zur nächsten weiter, aber alle sind nur die Wirkung einer einheitlichen Spannkraft. Und so vollzieht sich während des Tages ein einheitlicher und zusammenhängender Auflösungsprozeß der morgens erwachten Kräfte.

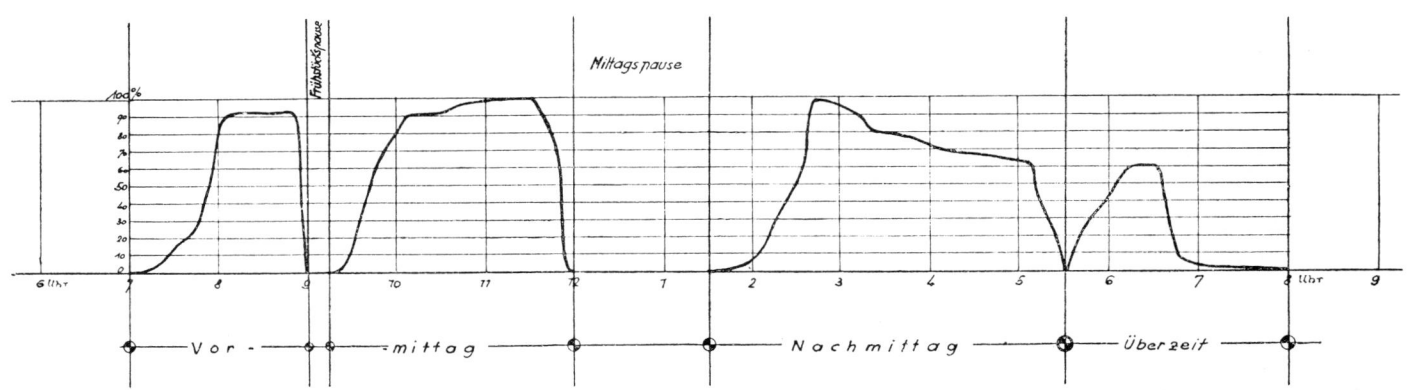

In dieser Zeichnung stellt die Grundlinie das Stundenmaß von vormittags 6 Uhr bis abends 9 Uhr dar. Die darüber verlaufende Wellenlinie gibt durch ihre Höhe über der Grundlinie zu jedem Zeitpunkt die in ihm verbrauchte Menge von Preßluft an. Der höchste Verbrauch ist mit 100% bezeichnet und die 10 Querlinien lassen den jederzeitigen Prozentsatz des Verbrauchs erkennen. Es kann angenommen werden, daß der Preßluftverbrauch der Arbeitsleistung entspricht. Also gibt die Kurve den Grad der Arbeitsleistung zu jedem Zeitpunkt des Tages an.

nämlich die Art, wie sie aus dem lebendigen Menschen herausquillt. Die Kurve zeigt, daß Arbeit nicht nur eine gleichmäßige Ware ist, sondern für den einzelnen lebendigen Menschen etwas, das wie ein Überschuß tagtäglich aus ihm ungleichmäßig und doch wohlgeregelt hervorgeht. Es ist also einseitig, wenn immer nur von der Arbeit gesprochen wird, als bestände sie aus gleichwertigen Abschnitten. So stellt sich freilich die Sache für den dar, der die Arbeit vergibt und bezahlt, für den Werkleiter. Dieser muß die Leistung nach dem Erfolg bemessen, und deshalb kann es nicht seine erste Aufgabe sein, hinter die einzelnen Arbeitsstunden zu blicken. Aber der arbeitende Mensch sollte diese Anschauungsweise nicht für sich unbesehen übernehmen. Er muß sich einmal Rechenschaft darüber geben, was für ihn ein Werktag in seinem Verlauf vom Arbeitsbeginn bis zum Feierabend bedeutet.

Hält der Arbeiter sich diese Vorstellung, diese Empfindung gegenwärtig, so kann ihm die Kurve zeigen, wie auch die gleichmäßigsten wiederkehrenden Verrichtungen, sei es der Kopfarbeit oder der Handarbeit, für ihn selbst an Leib und Seele, den einheitlichen Zusammenhang der Betätigung seines Wesens im Tageslauf nicht zerstören können. Das Wach- und Tätigwerden seiner Sinne schwillt an und ab, breitet sich aus, ebbt ab, ist durch Ungeduld oder Erwartungen ablenkbar, und wird z. B. in den Überstunden nur noch widerwillig heraufgezwungen. Jede halbe Stunde am Tage hat ihre besondere Art, gelebt und erlebt zu werden.

Die wiedergegebene Kurve aber ist ihrerseits nur ein Durchschnitt. Jeder einzelne Arbeiter weicht von diesem Durchschnitt wieder ab, weil jedes Menschen Tätigkeit seinem besonderen

Pulsschlag folgt und von der innersten Gliederung seines Wesens abhängt. **Jeder Arbeiter hat seinen eigenen Arbeitsrhythmus.** Und er sollte Freude an ihm verspüren. Dazu muß er aber innerlich so selbständig werden, um sein Tagewerk von innen als notwendige Äußerung seines Wesens anzusehen, statt wie heute durch die Redeweise der Allgemeinheit seine Tätigkeit vor sich selbst zu entwerten.

Erst wenn der Arbeiter diese Kraft in sich aufbringt, wird er auch die Ausdrucksweise der Werkleitung billigen lernen. Die Werkleitung kann voraussetzen, daß jeder Arbeiter, jeder Mensch von Haus aus seinen eigenen Arbeitsrhythmus festhalten und sich nicht zerstören lassen wird. Um die Eigenart des Einzelnen kümmert sie sich also nicht; die bleibt Sache und Sorge des Einzelnen. Die Werkleitung blickt vielmehr auf das Ziel, auf den Leistungserfolg, auf die Produktion, die von ihr gefordert wird. Von dort her bestimmt sie das Maß von Arbeit, das aufgewendet werden muß. Und dies allgemeine Arbeitsquantum zerlegt sie nun in möglichst gleichmäßige und übersehbare Abschnitte, sozusagen in Arbeitszentimeter. Jeder solcher Arbeitszentimeter, jede Arbeitsstunde ist ebensoviel wert in ihrer Berechnung wie jede andere, und sie teilt jedem von ihr beschäftigten Menschen eine bestimmte Anzahl solcher Arbeitsstunden zu.

Auf der einen Seite habe ich als arbeitender Mensch beides nötig, einmal die Freude an meiner aus meinem Wesen strömenden Tätigkeit, und zweitens das Verständnis für eine äußere Festlegung und Bestimmung der mir aufgetragenen Arbeit; ebenso darf auch die Leitung ihrerseits sich nicht genügen lassen an dem Überschlag der gesamten von ihr benötigten Arbeitsmenge. Er wird die Grundlage bleiben, denn nur der einheitliche Zweck kann ja so viele Köpfe zusammenordnen und verbinden. Aber die Leitung muß sich auch darüber klar werden, daß sie nie ganz gleichmäßige Arbeitsstunden dem Arbeiter wird abkaufen können. Wenn die Werkleitung die Vorstellung so gleichmäßiger Arbeitsstunden anwendet, so hat das nur Sinn bis zu einer gewissen Grenze. Über der Vorstellung von der Arbeit als Ware darf die Leitung nie die unmittelbare Anschauung dessen verlieren, was ihr wirklich an einem Arbeitstag vom Arbeiter geliefert wird. Denn sie erwirbt immer eines lebendigen Menschen zusammenhängende Tätigkeit. Das zeigt ihr die Kurve. Was soll sie nun daraus folgern?

Wollte die Werkleitung eine solche Darstellung wie die abgebildete nur mit den Augen eines Käufers von Arbeitsstunden mustern, so müßte sie eine Mißwirtschaft in ihrem Betriebe daraus ablesen. Sie müßte sofort Maßregeln dagegen ergreifen, die Akkordpreise herabsetzen, eine schärfere Aufsicht einführen, um dadurch ein möglichst sofortiges Einsetzen der vollen Höchstleistung bei jedem Arbeitsbeginn, ein Hochhalten der Arbeitskurve über die ganze Arbeitszeit zu erzwingen und ein vorzeitiges Absinken vor dem Schlußzeichen zu verhindern. Der Pendelschlag der Uhr müßte das Gesetz sein, dem sie selbst zu gehorchen hat, und dem deshalb auch die Muskeln des Arbeiters zu folgen hätten.

Diese einseitige Beurteilung kann eine verständige Werkleitung nicht anwenden, denn sie würde damit dem festen Gesetze zuwiderhandeln, nach dem der Tätigkeitstrom eines Werktages verläuft. Sein Gefüge entspricht zu tief dem Wesen des Menschen, als daß es gewaltsam geändert werden könnte.

Vorausgesetzt ist hierbei freilich, daß eine solche Kurve gesunde Verhältnisse wiedergibt und nicht durch Unordnung und willkürliche Störung verzerrt ist, gegen die nach den Gesetzen der Ordnung und Gerechtigkeit eingeschritten werden muß.

Daher wird die Werkleitung angesichts solcher Abbildungen mit anderen Augen sehen. Statt als Käufer die Ware Arbeit zu mustern, wird sie mit den Augen des Mitarbeiters auf die Tätigkeit ihrer Genossen in der Fabrik schauen. Sie wird an ihr eigenes tägliches Arbeitserlebnis denken. Und mit Hilfe dieses Rückblickes auf sich selbst wird sie die Ergebnisse der Beobachtung als die unabänderlichen, den anderen Menschen so gut wie ihr selbst anerschaffenen Regeln hinnehmen; sie wird aus diesen Gesetzen ihre Schlüsse ziehen, das heißt: sie wird sich ihnen beugen. Sie wird, wenn alle Beobachtungen die Angaben dieser — ja nur **ein Beispiel** liefernden — Kurve bestätigen würden, den Wert der Überstunden richtig einschätzen. Sie wird sich überlegen, ob eine Frühstückspause von einer Viertelstunde beizubehalten, oder ob nicht eine zusammenhängende Arbeitszeit unter Weglassung der Frühstückspause von allen Beteiligten vorzuziehen ist, selbst in dem Bewußtsein, daß die Frühstücksbedürfnisse des Arbeiters bei unseren Ernährungsgewohnheiten damit nicht etwa aus der Welt geschafft werden, und daß ein gewisser Arbeitsverlust unvermeidlich ist. Ebenso wird sie das Ruhe- und Schlafbedürfnis über Mittag gründlich erforschen, um die richtige Stunde und die richtige Länge der Pause zuverlässig zu bestimmen. Bisher entschied da blindes Ungefähr, Meinung von oben, Stimmung von unten. Künftig wird man die Verhältnisse sorgsam zu prüfen und auszuwerten versuchen, und dann wird auch die Kurve des

Arbeitstages für alle Beteiligten die günstigste werden.

Die berechnenden Pläne der Leitung, die auf dem einheitlichen Ansatz der „Arbeitsstunde" aufbauen, und das unbewußte Gefühl des einzelnen Arbeiters müssen sich von Haus aus fremd gegenüberstehen. Aber uns enthüllt sich, daß die Gedankenwelt beider nicht unvereinbar getrennt ist, sondern daß beide nur in umgekehrter Reihenfolge denken und empfinden. Für den Arbeiter kommt zuerst seine persönliche Tätigkeit, hernach die äußere Arbeitsordnung; denn er ist verantwortlich für sich selbst und für seine persönliche Entwicklung. Für die Werkleitung kommt zuerst der äußere Stundenplan, hernach die Tätigkeit des Einzelnen; denn sie bleibt verantwortlich für das Gedeihen des Ganzen.

Wenn aber beide die menschlichen Anlagen und Triebe in gewissenhafter Beobachtung berücksichtigen, so können sie trotz dieser umgekehrten Reihenfolge ihrer Gedanken zu einer gemeinsamen Anschauung kommen. Eine gewissenhafte Beobachtung wird freilich von ihnen fordern, daß beide, sowohl die Leitung wie der Einzelne, die Gefahr auf sich nehmen, möglicherweise das eigene selbstsüchtige und selbstgerechte Ich und seine leidenschaftlichen Vorurteile zu enttäuschen und durch die unerwartete Wahrheit der Tatsachen überrascht zu werden. Wer es sich erst einmal abgewonnen hat, den Gang eines Arbeitstages von beiden Seiten her, und das heißt gewissenhaft, zu betrachten, der wird ihn auch hernach freudig zu gehen oder zu leiten imstande sein.

※　　　※

※

Die Probleme, die hier für den Gang des Arbeitstages aufgeworfen werden, haben eine Eigentümlichkeit, die sie von den alten Problemen unterscheidet. Sie bedürfen nämlich der Lösung ohne Rücksicht auf die Betriebsform des Werkes. Sowohl ein verstaatlichter als auch ein vollständig sozialisierter Betrieb steht hier vor genau den gleichen Aufgaben wie eine kapitalistische Aktiengesellschaft. Keine politische oder wirtschaftliche Neuordnung kann andere Ziele und andere Wege zur Vermittlung der Gegensätze zwischen Leitung eines Ganzen und Selbstbehauptung jedes einzelnen Arbeiters zeigen. Leitung und Arbeiterschaft aber wird es immer geben.

Deshalb haben diese Ausführungen einen grundsätzlichen Wert, der von irgendwelchen Strömungen und Bewegungen des öffentlichen Lebens nicht beeinflußt werden kann.

D. M. G.

Prof. Dr. Willy Hellpach-Karlsruhe äußert sich im „Tag" vom 27. 4. 18 über die Frage der ungeteilten Arbeitszeit wie folgt: Die Frage der ungeteilten Arbeitszeit ist in wirtschaftspsychologischen Zusammenhängen erneut zur Debatte gestellt. Ich persönlich bin schon seit 1906 in meinen arbeitswissenschaftlichen Vorlesungen auf Grund der Ergebnisse der experimentellen Arbeitsforschung, namentlich der Untersuchungen über den Ermüdungsausgleich durch Schlaf und Pause, den Arbeitswechsel und den Übungsverlust zur entschiedenen Befürwortung der ungeteilten Arbeitszeit gelangt. Zum entgegengesetzten Schluß kommt der Telegrapheninspektor Dohmen auf Grund einer Untersuchung der Ermüdungsfehler von Telephonistinnen. Ich möchte dazu bemerken, daß ich stets die deutschen Frühstücksgepflogenheiten als unvereinbar mit ungeteiltem Durcharbeiten gekennzeichnet habe, weil sie eine vorzeitige physiologische Ermüdung im Arbeitsanfang setzen müssen. Daß übrigens das leistbare Tagesquantum bei ungeteilter Arbeitszeit hinter jenem bei geteilter etwas zurückbleiben könne, ist nicht ausgeschlossen; es fragt sich, ob man dies gegen die ethischen Vorzüge der ungeteilten Mußezeit in Kauf nehmen darf. Hier verwickeln sich wie überall die rationalen mit den moralischen Gesichtspunkten; auch in ihrer neuesten Phase darf die Arbeitsforschung nicht vergessen, daß Menschenarbeit nicht über ein gewisses Maß hinaus rationalisiert werden kann, ohne demoralisiert zu werden!

Wirtschaftsfragen.

Die wirtschaftliche Bedeutung eines Anschlusses Deutsch-Österreichs an Deutschland.

Von Dr. Theodor Heuss.

Der Friedensentwurf der Entente, wo er die beabsichtigten Grenzen des restlichen Deutschlands abschreitet, folgt zwischen der Schweiz und Schlesien den alten staatlichen Linien. Da die deutschen Grenzen künftig, nach dem Willen der Feinde, ohne Genehmigung des Völkerbundes nicht geändert werden dürfen, so sollen Paris, London und Washington die Entscheidung darüber behalten, ob und wie lange der Zufall früherer fürstlicher Staats- und Hauspolitik die deutschen Stämme, die zusammenstreben, geschieden halten soll. Unter den vielen Verhöhnungen, mit denen die Gewaltbeschlüsse von Versailles die Wilsonschen Grundsätze belegen, ist diese eine der grausamsten: wenn nach der Niederlage für das deutsche Volk etwas zum Trost werden konnte, dann dies, daß das Jahr 1866 aus der Geschichte gelöscht sein würde und die deutsche Sprach- und Kulturgemeinschaft in einem einheitlichen Nationalstaat gesammelt.

Wenn man als eine Folge dieses Krieges zu erkennen glaubt, daß die staatliche Lebensmöglichkeit der in Europa zusammengedrängten Völker als Frage aufgeworfen bleibt, so weiß man auch in aller Not und Bedrängnis, daß trotz alledem die Deutschen politisch zusammenkommen werden. Wenn Polen, Tschechen, Ruthenen, Südslaven Recht und Wille zur neuen Staatlichkeit erhalten, wird die Geschichte auch den Deutschen das Selbstbestimmungsrecht auf die Dauer nicht verweigern können. In diesem Sinne sprechen wir heute, wo Verzicht und Resignation der deutschen Seele fast aufgezwungen wird, von der „großdeutschen" Lösung als dem Ziel unserer staatlichen Entwicklung, das unverrückbar bleibt, trotz Versailles, trotz St. Germain.

Der Zusammenschluß des Deutschen Reiches mit Deutsch-Österreich erscheint in erster Linie als eine national- und kulturpolitische Frage. Das deutsche Element hat im alten Habsburger Staat die kulturelle Erziehungsarbeit an den jüngeren geschichtlichen Völkern geleistet, ist aber, eine hoffnungslose und zerspaltene Minderheit, immer ein Opfer der Kompromisse mit den Slaven geworden. Heute sehnt es sich, müde von dem aufreibenden Nationalitätenhader und bedroht von dem ungestümen Imperialismus der neuen Staatenbildungen, nach der Anlehnung an den deutschen Großstaat, gleichviel, ob dieser jetzt selber schwach, zerschlagen, gedemütigt ist. Deutsch-Österreich mag von der Entente vielleicht „glimpflicher" behandelt werden — es ist hungernd dem Feinde ausgeliefert —, es mag augenblickliche Vorteile oder geringere Gewalttätigkeit als Lockung gezeigt erhalten; auf längere Sicht hat es geographisch, politisch, wirtschaftlich keine eigene Lebenskraft. Und weiß dies auch. Am deutlichsten in den Kreisen der sozialistischen Arbeiterschaft.

Wie aber stellt sich die Frage für uns dar? Können wir in einem Augenblick, der uns im Osten die Wegnahme wichtiger agrarischer Überschußgebiete androht, unseren Wirtschaftskörper mit Gebieten erweitern wollen, die selber auf fremdes Getreide angewiesen sind? Haben wir die Möglichkeit, die schlimmen Finanzverhältnisse dieses Staatenrestes noch zu verkraften — die Deutschen drüben haben nicht nur mit ihrem Blut, sondern auch mit ihrem Gut die Hauptlasten in dem Krieg der Gesamtmonarchie getragen —, ihre Valuta ist trostlos, ihre Wirtschaftskraft aus Rohstoffmangel gelähmt. Müssen wir nicht selber die Stimme des Blutes schweigen heißen und einer nüchternen Rechnung allein das Wort geben?

Wenn wir Wirtschaftspolitik mit dauernden Werten machen wollen, so werden wir nicht nur die gegenwärtigen Schwierigkeiten betrachten, sondern auch das, was an Aktiven drüben vorhanden ist oder entwickelbar. Man kann das Gestein des Hochgebirges nicht Weizen tragen heißen, aber man vermag in den fruchtbaren Gegenden Niederösterreichs (und Westungarns südlich Preßburg, wenn es hinzutritt) durch Rationalisierung der Wirtschaft die Ertragsfähigkeit des Bodens außerordentlich zu steigern. Nicht durch einfache Düngerzufuhr, wie das sich vielleicht mancher etwas primitiv vorstellt, sondern durch eine Entwicklung der landwirtschaftlichen Kultur. So tüchtig und arbeitsam der Volksschlag im allgemeinen ist, das alte österreichische Regime hat in seiner Schulpolitik nicht das geleistet, was den Menschen draußen überall lebendig, wagend, zupackend macht. Österreichische Idyllen sind ja etwas Schönes, aber sie dürfen heute nicht mehr erlaubt sein, wo alles daran liegt, Brot, Fleisch, Gemüse für die Volksgenossen zu schaffen. Die großen erziehlichen Leistungen der „Deutschen Landwirtschaftsgesellschaft" müssen der österreichischen Agrarwirtschaft unmittelbar nutzbar gemacht werden. Während des Krieges hat sich die Bedeutung der landwirtschaftlichen Genossenschaften verstärkt — sie werden zusammen mit einer Erneuerung des ländlichen Fachschulwesens sich in höherer Produktivität umsetzen müssen. Drüben wie hüben gilt in Zukunft, daß nicht Rohstoffe allein, sondern die durchgebildete Leistungskraft der einzelnen Arbeitskräfte für die volkswirtschaftliche Erneuerung schlechtweg entscheidend ist.

Wie aber steht es mit der Industrie? Die wichtigste deutsche Industrie, Textil, Glas, liegt in Nordböhmen; sie

Josef Pennell, Die Brücke.

ist teilweise ohne weiteres auf dem Weltmarkt konkurrenzfähig. Ihr Charakter ist dem benachbarten Sachsen verwandt. Bekanntlich beanspruchen die Tschechen das ganze von $3^1/_2$ Millionen Deutschen besiedelte Sudetenland und die Entente ist bereit, es ihnen zuzusprechen. Auf die Deutschen dort wird mit Lockung und Drohung eingewirkt, daß sie sich mit ihrem Schicksal im Tschechenstaate abfinden sollen. Sie werden es nicht tun. Aber wir können heute nicht sagen, wie ihre nahe Zukunft aussehen wird.

Die übrige deutsch-österreichische Industrie ist in einzelnen Gebieten, vor allem in feineren verarbeitenden Gewerben, ziemlich hoch entwickelt, Konfektion, Posamenterie, Kunstgewerbe, Holzbearbeitung, aber sie hat nicht die finanzielle Kraft, die bisher hinter der deutschen stand, und teilweise betrachtete sie deshalb den Zusammenschluß der Wirtschaftsgebiete mit ängstlicher Sorge. Wenn sie auch großenteils mit billigeren Arbeitslöhnen rechnen konnte (abgesehen von Wien), so fürchtete sie doch die überlegene Stoßkraft der deutschen Energie, der durchgebildeten Arbeitsorganisation. Nun ist zu sagen, daß der Krieg in Österreich teilweise zu einem Rationalisierer, zu einem Erneuerer altertümlicher Betriebsmethoden geworden ist, so daß der Vergleich nicht mehr so durchaus ungünstig für Österreich aussah (wie man es drüben aus wirtschaftspolitischen Schonungsgründen selber gerne betrachtete und aussprach); da die reichsdeutsche Industrie in ihrer Gesamtheit durch ihre innere Umstellung manche Hemmung erfahren wird, muß sich der Vorsprung in manchem ausgleichen, beide müssen in gewissem Sinn vorne anfangen und die notwendige Spezialisierung wird gründlicher und erfolgreicher durchgeführt werden können, wenn das gemeinsame Wirtschaftsgebiet an sich größer, der innere Markt dadurch von sich aus aufnahmefähiger ist.

Was nun Deutsch-Österreichs industriellen Typus von dem deutschen unterscheidet, ist die geringere Bedeutung der „schweren Industrie". Die Kohlenreviere, sprachlich zwischen Tschechen und Deutschen strittig, scheiden staatlich gesehen wahrscheinlich aus; die Skodawerke in Pilsen sind in tschechischer Hand und das Industrierevier von Teschen, südlich Oderberg, wird von Polen und Tschechen gleichermaßen begehrt. Nirgends liegen Erze und Kohlen in der Nachbarschaft voneinander, so daß eine ähnliche Entwicklung wie in Westfalen und im Saargebiet nicht einsetzte. Österreich besitzt aber in Steiermark, im Erzberg, ein sehr reichhaltiges Erzlager; dessen Verhüttung ist zwar kostspielig, aber sie liefert einen hochqualifizierten Stahl, der heute schon größte Bedeutung besitzt und sie in Zukunft noch mehr erhalten wird, weil die lothringische Minette, die mit dem Thomasverfahren erschlossen und durch die deutsche Initiative in ihrem Ertrag so außerordentlich gesteigert wurde, wie die luxemburgischen Erze künftig außerhalb des deutschen Wirtschaftsgebietes liegen werden. Wir sind, bei unserem großen Eisenverbrauch, plötzlich ein erzarmes Land geworden; um so wichtiger wird für unsere Maschinenindustrie usf. künftig der Steiermärker Stahl werden.

Wir wissen noch nicht, wie das staatliche Schicksal des Saargebiets und von Oberschlesien sein wird; wir können deren Kohlenschätze nicht entbehren und unsere Volkszukunft hängt von der Verfügung über die dortigen Gruben ab. Doch war das schon deutlich, ehe diese politische Fragestellung sich in unsere sorgende Überlegung eindrängte, daß die Zukunft eine Rationalisierung unserer teilweise verschwenderischen Kohlenwirtschaft bringen würde. Darüber haben Techniker, Geologen, Chemiker sich den Kopf zerbrochen. Sicher ist so viel, daß künftig aus den verschiedensten Gründen die Förderung von Kohlen wesentlich teurer sein wird, von der Steuerbelastung ganz abgesehen. Was das nicht so sehr für den einzelnen als für die Entwicklungsfähigkeit der Massen verbrauchenden Industrien bedeutet, liegt auf der Hand. Von hier aus gewinnt die Auseinandersetzung zwischen der schwarzen und der „weißen" Kohle eine außerordentliche Bedeutung.

Und nun eröffnet sich ein starkes Aktivum der österreichischen Alpenländer: sie besitzen außerordentliche Wasserkräfte, die heute noch fast ungebraucht sind. Ihr Wert wird nach Hunderten von Millionen geschätzt —, diese Zahlen sind natürlich ziemlich spielerisch, ihren Wert, wie auch die Summierung der gewinnbaren Pferdekräfte, erhalten sie erst mit der Überleitung in die Produktion und deren Charakter. Die Italiener, die ja der eigenen Kohle völlig entbehren, haben die Entwicklung ihrer lombardischen und savoyischen Industrie wesentlich mit durch die Ausnutzung ihrer Wasserkräfte genährt, die Schweiz geht auf diesem Wege weiter —, was für Möglichkeiten bieten sich hier Deutsch-Österreich! Sie blieben bislang ungenutzt, weil der kühne Versuch in diesem Staat nicht allzuviel Förderung fand und die industrielle Intensität solch starke Kapitalinvestitionen noch nicht ertrug; jetzt wird das Programm Wirklichkeit werden müssen. Durch wen? Das ist die so schwere Frage. Dem deutschen Kapital bot sich hier eine Aufgabe, schöpferische Werte zu fassen —, aber wird es dazu noch in der Lage sein? Wird der Engländer, wird der Amerikaner für die Erschließung eines natürlichen Monopols herangeholt werden und damit Beherrscher der gewerblichen Entwicklung von Millionen sein —, sei es, daß er sie um der Verzinsung willen fördert, sei es, daß er sie um der Leistung in der eigenen Heimat reguliert oder lähmt? Die Frage ist um deswillen besonders interessant und wichtig, weil mit diesen natürlichen Wasserkräften Werte gegeben sind, die wie wenig andere für die Ausbeutung als Volkseigentum taugen, „für die Sozialisierung reif" sind —, wird der Staat seine Aufgabe begreifen, wird er fähig genug sein, das Kapital zu solchen Werken hinzuleiten, ohne daß er die prüfende, lenkende Macht aus der Hand gibt? Das kann nur ein Staat, der auch im Wirtschaftlichen groß zu denken gelernt hat, und der es nicht in der Notlage des Zusammenbruchs verlernen will. Deutsch-Österreich, dessen Wirtschaftsrhythmus im ganzen mehr kleingewerblich gewesen, kann dies allein nimmermehr leisten. Es ist aber wichtig, da das Problem der Sozialisierung auf beiden Seiten der Grenzen ja diskutiert wird, daß ein Gleichklang der Lösungen gerade in solchen Grundproblemen von vornherein gesucht und auch gefunden wird.

In Österreich ist es gerade die Arbeiterschaft, die den Anschlußgedanken mit besonderer Wärme führt. Viktor Adler, der verstorbene Führer der österreichischen Sozialdemokratie, hatte in seinem langen Leben den Versuch gemacht, in dem Nationalitätengewirr des Habsburger Staates wenigstens seine Partei und die Gewerkschaften zum Träger allgemeiner, übernationaler, staatspolitischer, wirtschaftlicher, kultureller Ziele zu machen. Es ist ihm nicht gelungen. Schon vor mehr als zehn Jahren gründeten die Tschechen ihre eigene Partei, ihre eigene Gewerkschaft; bei Kriegsbeginn liefen die polnischen Sozialisten Österreichs mit fliegenden Fahnen zu den Chauvinisten ihrer Nation über –, Adler lernte zu verzichten.

Aber als dann der alte Staat in die Brüche ging, gab der greise Kämpfer, wenige Wochen vor seinem Tode, die Losung aus: Anschluß an Deutschland, Heimkehr der Deutsch-Österreicher zur großen Volksgemeinschaft! Dies wurde geradezu in Österreich dann die Wahlparole der sozialistischen und bürgerlichen Demokratie, und es fesselte schließlich auch die klerikale Partei, die anfangs befangen war und zurückhielt. Der Drang von drüben ist im Wachsen, und in der Tiefe des Volkes läßt er sich auch nicht mehr durch Diplomatie über kritische Momente hinweg eindämmen.

Wir im Reich müssen, in aller eigenen Not, diese Frage nicht klein werden lassen und zur Vergessenheit versinken. Wer will prophezeien, was die nächsten Monate bringen? Aber indem wir uns in Not und Drangsal für unsere sozialen, nationalen und wirtschaftlichen Aufgaben große Ziele stecken (und ein solches ist die endliche Vereinigung aller Deutschen), behalten wir die Kraft, die nicht in Resignation und Verzicht auf neuen Aufstieg endet.

Leben und Kunst.

Etwas vom Innenleben fürs Innenleben.

Von Kunstgewerbezeichner F. Wondratschek.

Das Verlangen nach einem menschenwürdigen Dasein ist von der Allgemeinheit wohl noch nie so tief empfunden und so laut ausgesprochen worden als in der Gegenwart. Aber bei all den Forderungen, die damit zusammenhängen und deren Erfüllung zumal für uns Proletarier von so weittragender Bedeutung ist, vermißt man schmerzlich die Betonung der Innenseite des Menschenlebens. Dort allein liegen die Wurzeln, aus welchen unsere Persönlichkeit erwächst. Was uns sonst im Leben geboten werden kann, macht uns höchstens zu Personen. Das will zwar viel heißen gegenüber dem Leben der Tier- und Pflanzenwelt, aber das ist noch lange kein wahres Menschentum.

Solange wir nicht umgewandelt worden sind zu Persönlichkeiten, so lange bleibt unser eigentlicher Lebenszweck unerfüllt, so lange sind wir nicht wahrhaft glücklich, so lange gehen wir in der Irre und leiden Hunger, auch wenn wir Brots die Fülle hätten. „Der Mensch lebt nicht vom Brot allein." Mit diesem Brot ist ja alles gemeint, was man durch Arbeit und mit Geld erwerben kann, und was sich im Verbrauch vermindert. Was dem Menschen als Persönlichkeit erwächst, das wird nicht weniger, ob er noch so viel davon austeilt; im Gegenteil, das vermehrt sich. Hier ist wahrer Reichtum, die Sehnsucht aller, die nur auf falschem Weg nach Stillung sucht! Wie gelangen wir dazu?

Wir müssen zuerst auftauchen und herausstreben aus der Masse, in die wir vom Leben hineingeworfen sind. Wir dürfen uns nicht unterkriegen, nicht glattbügeln lassen. Das klingt ketzerisch im sozialistischen Zeitalter, aber wahr ist's! Solange ein kleines Kind von sich noch in der dritten Person spricht, dreht es sich noch ganz mechanisch mit dem Kreis des Familienlebens, aus dem es stammt. An dem Tag, wo es zum erstenmal das Wörtlein „ich" gebraucht statt seines Namens, hat es den ersten Schritt zur geistigen Selbständigkeit getan und ganz allmählich dämmert ihm die Erkenntnis, daß es sich von seiner Umgebung unterscheidet. Aber es ist noch lange nicht reif zu eigenem Wollen, zu eigenem Handeln; es muß erst gehorchen lernen in Haus und Schule. Und darnach kommt das Reifealter, wo der junge Mensch mit vollem Bewußtsein empfindet, daß er zwar ein Ich ist, ein Eigenleben hat, aber daß ihn eine Masse umgibt, die ihm Grenzen setzt und ihn mit sich reißen will. Vor etlichen Jahrzehnten ist einer über die Erde gegangen, der hat gespottet über die „Herdenmenschen", über die „Allzuvielen" und hat die Herrenmoral verkündigt. Das war Nietzsche. Er hat die berechtigte Forderung nach Selbstentwicklung krankhaft gesteigert, aber sein Auftreten war eine Naturnotwendigkeit, wie der verstärkte Ausschlag des Pendels nach rechts, wenn er zu weit nach links gedrückt wird.

Seinem Evangelium vom Herrenmenschentum stand eine andere geistige Bewegung gegenüber: der Sozialismus, dem die Gemeinschaft alles und der Einzelne fast nichts ist. Diese Zeiterscheinung betonte in schroffer Weise die andere Seite der ewigen Wahrheit: der Mensch ist nicht dazu geboren, daß er sich allein entwickeln und für sich allein sorgen soll, er ist nur ein Teil des Ganzen. Aber bei dieser Verkündigung und ihrer Geltendmachung ist viel innere Selbständigkeit plattgedrückt worden. Freilich ist der Einzelmensch nur ein Teil, und doch soll er zugleich ein in sich abgeschlossenes selbständiges Wesen werden. Alle Sittlichkeit, d. h. wahres Menschentum, dreht sich wie eine Ellipse um 2 Brennpunkte; sie heißen: **das Recht des Einzelnen gegenüber der Masse und die Verpflichtung des Einzelnen für die Gesamtheit.**

Einer hat gelebt — vor 1900 Jahren —, der hat beides gepredigt, daß eine Menschenseele für sich allein mehr wert sei als die ganze Welt und daß nur der einen Wert habe, der sich mit all seinem inneren Eigentum restlos ausliefere an die Gesamtheit. Diese seine Worte hat er besiegelt mit einer unbegreiflich großen Tat. Er hat sich seinen Richtern gegenüber selbst behauptet als einer, der sich so ganz anders geartet fühlte wie die übrigen Menschen, und er hat sich mit klarem Bewußtsein und sicherem Willen selbst hingegeben als Opfer für die ganze Menschheit, damit sie durch den Glauben an ihn (d. h. durch geistige Verbindung mit ihm) so werde, wie sie sein soll: jeder frei in sich selber und doch gebunden an die andern, nicht durch Zwang, sondern durch Liebe.

In dieser Richtung allein liegt unser innerstes unzerstörbares persönliches Glück, liegt die einzige Sicherheit zum Gelingen des Wiederaufbaues unseres Volkes, liegt unsere deutsche Aufgabe gegenüber der Welt. **Unsere Zukunft liegt in unserem Innenleben!** Damit wir dieses besser entfalten können, darum mußten wir arm werden, darum müssen wir am tiefsten von allen Völkern durch die Nacht hindurch. Hinter dieser Nacht dämmert der Morgen einer neuen Weltzeit.

D. M. G.

Die Brücke.

Handzeichnung von Josef Pennell.

Die Zeichnung gibt ein Abbild der großen Hängebrücke bei New-York. Aber es ist nicht nur das Abbild eines technischen Bauwerkes. Durch das Auge des Künstlers gesehen, steigert sich der Eindruck dieses Bauwerkes ins Außerordentliche: aus dem kolossalen steinernen Brückenpfeiler heraus schwingt sich der ungeheure Doppelbogen des stählernen Hängewerkes hinüber zum Gegenpfeiler in der verschwindenden Weite des anderen Ufers. Durch die starke Perspektive des tiefen Blickpunktes wird der Schwung des Bogens so gesteigert, daß unser Auge ihn fast als unwirklich empfindet. Es unterliegt aber dem Geist der Darstellung: der beobachtende Verstand muß zurücktreten, und der Anblick eines Zweckbaues wird, vom Künstler geleitet, zu einer starken Gefühlswirkung.

Das dieser Nummer beigefügte Kunstblatt ist eine Autotypie dieser Zeichnung.

Das Reich der Kraft.

Von Arthur Fürst.

Das nüchterne Zeitalter der Technik — ist eine Phrase, die sehr vielen Literaten heute gar leicht und häufig aus der Feder fließt. Diese glatte Wendung ist falsch wie alle solche oberflächlichen Maximen. Sie kennzeichnet eine Weltbetrachtung, die mit verzückten, sehnsüchtigen Augen nach der Vergangenheit schaut und die Gegenwart nicht kennt. Unser Zeitalter des gewaltigen technischen Aufschwungs ist nicht nüchtern, sondern unerhört phantastisch.

Wann hat man jemals ein solches Abenteuer gesehen, wie eine der modernen vieltausendpferdigen Dampfmaschinen, die mit fest zupackendem, nimmer müdem Arm die gewaltigen Räder um und um jagt und sie brausende Lieder singen läßt? Welcher Eindruck aus der Vergangenheit läßt sich vergleichen mit dem Bild des Feuerbogens glühenden Erzes, der dem glutfauchenden Turmbau des Hochofens entströmt? Wir vermögen die Himmelskraft weißleuchtender Blitze der Hochspannungsleitung zu entlocken, wir können das lebendig zuckende Herz photographieren, wir sind die unerhörtesten Zauberer. Und kraftvolle Phantasie wohnt in den Gehirnen der Männer unserer Zeit, die ihre echtesten Kinder sind. Diese kühnen Eroberer im Reich der Industrie herrschen, ohne ein greifbares Machtmittel zu besitzen, kraftvoll, allein durch die Macht des Gedankens über ein Heer von Tausenden. Sie ziehen eiserne Schienen oder kupferne Stränge über alle Länder der Erde, in unscheinbaren Häusern schaffen und häufen sie Güter von unermeßlichem Wert, ihr Wille wird zu gleicher Zeit in fünf Weltteilen kund.

Die Epoche der rasch vorwärtsschreitenden Technik ist wie keine andere Zeit vor ihr voll zarter Märchen und gewaltiger Heldengeschichten. Sie erzählt von dem Manne, der durch den Druck auf einen kleinen Hebel die Kunde von großen Ereignissen im Augenblick hundert Meilen weit durch die Luft sendet, sie berichtet von den Werkleuten, die in heißen, schwarzen Schlünden die Eingeweide der Erde zerreißen, die brodelnde Kessel flüssigen Metalls umrühren oder die Bergeslast eines langen hochrückigen Stahlträgers mit spielender Leichtigkeit an der Krankette hin und her fahren. Diese unsere Zeit hat durch das Weltbild, das sie geschaffen, alles weit hinter sich gelassen, was phantastische Erzähler früherer Epochen je zu denken wagten. Nur ein Kurzsichtiger kann hier von Nüchternheit sprechen.

* * *

Wo man sich umsieht in dem weiten Reich der Kraft, da findet man Eindrücke voll Größe, Romantik und Poesie. Es ist nicht immer notwendig, daß man dabei die Riesenwerke ins Auge faßt, wo die Feuerschlünde lodern und die Dampfhämmer dröhnen. Auch die kleineren Werkstätten zeigen oft Räume, die mit eigenartigen Lichtern erfüllt, in denen seltsame Farben und Kontraste zu finden sind und die malerische Anordnung der Reihen arbeitender Menschen das Künstlerauge zu ergötzen vermag.

Wie eigenartig ist zum Beispiel der Glanz des Sonnenlichts auf den feinen, rasch sich aufwickelnden Fäden in dem Spulsaal einer Kunstseidefabrik, auf diesem rasch dahinrollenden Netz der über die ganze Länge eines großen Werktisches sich aneinander drängenden dünnen Strähnen. Kernig und wuchtig steigen die dickbäuchigen Wölbungen der Maischbottiche einer Brauerei auf inmitten des leichtfertig sich durcheinander bewegenden Wirrsals der Antriebsriemen. Den Glühwürmchen im dunklen Laub vergleichbar flirren in der Düsternis der Glashütte die roten Punkte der Glasmasse auf den Rohren der Bläser. Überall findet man hier der Schönheit und des frisch lebendigen Lebens genug; Bilder von neuem und nie geschautem Glanz entstehen fortwährend — und da will man von trockener Nüchternheit sprechen!

Geht hin und schaut, lernt die Stätten der Arbeit wirklich kennen. Laßt euch nicht abhalten von ein wenig Qualm, der aus den Fabriktüren euch entgegenschlägt, durch die paar Rinnsale schmutzigen Öls, die über die Höfe laufen! Hier schlägt das Herz unseres modernen Lebens. Es pocht in einem andern Takt als frühere Epochen es gewöhnt waren. Aber das darf uns nicht zu falschen Urteilen führen. Auch die Zeit, in der wir leben, hat wohl ein Recht darauf, eindringlich und liebevoll gewürdigt zu werden — unsere Epoche, dieses mächtig und bewundernswert vorwärtsstürmende Jahrhundert, das unerhört phantastische Zeitalter der Technik.

Aus Max Eyth „Hinter Pflug und Schraubstock".

Der Kampf.
(Schluß.)

„Inschallah!" hatten sie alle inbrünstig gerufen und waren bereit, mit den Maschinen in die Luft zu fliegen. Tut nicht Allah, was er will, auch mit Dampfmaschinen?

Ganz wie ein Mensch muß sich auch ein Pflug an seine Arbeit etwas gewöhnen, ehe er zeigen kann, was in ihm ist. Howards Gerät lief jetzt besser und stetig, wenn auch nur halb so schnell als das unsre. Ein stattlicher schwarzbrauner Streifen frisch gepflügten Landes lag schon hinter uns, schätzungsweise zweimal so breit als der am andern Feldende, und anzusehen, als ob ein Afrit die Erdklumpen umhergeschleudert hätte. Hübsch gepflügt konnte man es nicht nennen. Aber wer weiß in Ägypten, oder wer will wissen, was hübsch gepflügt ist? Staunend und den Propheten anrufend liefen die aufgeregten Türken des Vizekönigs den letzten Furchen entlang und sprangen, ihre Pluderhosen zusammenraffend, entsetzt zur Seite, wenn der Pflug in seiner Staubwolke knirschend und prasselnd an ihnen vorüberglitt. Beinhaus und Heuglin gingen ernst und schweigend auf und ab. O'Donald gestikulierte heftig mit Bridledrum, der sich vergebens bemühte, seinen Leuten ein andres Tempo beizubringen. Beide wußten nicht, daß die Wackeren stumm und ingrimmig taten, was irgend möglich war.

Zweiundvierzig Minuten unsrer Stunde waren abgelaufen. Ich stand auf Machmuds Maschine, als ein kleiner Fellahjunge, von Achmed kommend, atemlos über das Feld gelaufen kam und zu mir heraufkletterte. „O Baschmahandi!" schrie er mir in die Ohren, „komme eiligst. Achmeds Vapor ist erkrankt."

Vapor ist neuarabisch für alles, was vom Dampf getrieben wird. — „Der Kuckuck! dacht' ich mir's doch!" rief ich wütend, sprang von der Maschine und rannte über das Feld, Abu-Sa hinter mir her, die beiden Esel nachschleppend. Doch es rauschte und brauste noch alles in scheinbar bester Ordnung. Nur noch fünfzehn — nur noch zwölf Minuten!

Achmed stand neben seiner Maschine, die im Augenblick nichts zu tun hatte, da die andre den Pflug zog. Er war mit der Speisepumpe beschäftigt, immer ein schwacher Punkt des Ganzen, und schraubte an dem Ventilkasten herum, der zwischen dem Kessel und der Pumpe sitzt. Die Dichtung der Flansche desselben hatte nachgegeben und ein dünner Wasserstrahl schoß aus der haarfeinen Öffnung heraus, die sich durch kein Festschrauben schließen lassen wollte. Das Schlagen des Ventils war nicht mehr hörbar; die Pumpe versagte. Konnte dies nicht wieder in Ordnung gebracht werden, so mußten wir in einigen Minuten aufhören, wenn wir aus Wassermangel den Kessel nicht fünf Minuten später in die Luft sprengen wollten. Ich drückte mit einem Schraubenschlüssel einen Putzlappen auf die entstandene Spalte, so daß der Wasserstrahl, der immer größer und heftiger hervorschoß, zurückgehalten wurde, und sofort hörte man das tröstliche Schlagen des Ventils, welches bewies, daß so das Speisewasser wieder seinen richtigen Weg in den Kessel fand. Nur dauerte es nicht lange. Der Wasserstrahl fand seinen Weg an dem Schlüssel vorbei, unter dem Schlüssel durch; das Ventil hörte wieder auf zu schlagen. Doch Achmeds Augen funkelten. Er hatte einen Gedanken; nur war keine Zeit, darüber zu sprechen. Mit einem Riß hatte er beide Ärmel seiner zerlumpten Bluse abgerissen, ließ sich von seinem Heizer Werg und Putzlappen, die reichlich vorhanden waren, um beide Hände und Arme wickeln und mit den Fetzen seiner Bluse umbinden. Dann drückte er, eine Hand auf die andre gestützt, mit aller Kraft gegen die haarfeine Spalte unter der heißen Ventilflansche. So war der Wasserstrahl fast gänzlich gehemmt. Die Pumpe arbeitete mit lautem Schlagen. Der Pflug war am andern Ende angekommen. „Bravo, Achmed!" rief ich, „vorwärts da droben!" Der Heizer verstand die Handgriffe so weit, um die Maschine in Bewegung zu setzen, die jetzt rasselnd und klappernd den Pflug heranzog. Die augenblickliche Gefahr war vorüber. Man konnte weiterpflügen.

Achmed hielt fest. Die Pumpe arbeitete. Aber das Wasser fing an, ihm zwischen den Fingern durchzulaufen. Man sah in seinem Gesicht, daß es siedend war. Die Lumpen um seine Arme dampften. Zum Glück kam soeben ein voller Wasserwagen angefahren. Ich ließ einen Blecheimer füllen und schüttete selbst dem Helden des Augenblicks einen Strom kalten Wassers über Hände und Arme. „Gut! gut!" sagte er und hielt fest. Dieses Verfahren war rasch organisiert. Zwei Eimer waren zur Stelle; der eine wurde gefüllt, während ein Fellah mit dem andern fortwährend Achmeds Hände und Arme beschüttete. Zwei-, dreimal rief er aus dem Dampf heraus, in dem er fast verschwand, nach seinem Propheten: „ya nabbi! ya salaam!" Aber er hielt aus. Ich wagte nicht, ihn zu ermuntern. Die Pumpe arbeitete; das Wasser im Kessel, das gefährlich nieder gestanden hatte, war schon um zwei Zentimeter gestiegen. Es war ein wirkliches und wahrhaftiges kleines Heldenstück, von der Mucius-Scävola-Gattung. Schweißbedeckt, selbst naß bis auf die Haut und halb betäubt sah ich endlich wieder nach Howards Maschine hinüber. Und mit einem Mal – hallo, was war das? –

Ein kleiner dumpfer Knall, bis herüber hörbar, ein lautes, wütendes Zischen, eine ins riesige wachsende Dampfwolke, welche die ganze Howardsche Maschine einhüllte, aus der ein halbes Dutzend Türken, sich überpurzelnd, herausstürzten! Ihr Pflug aber stand mitten im Feld plötzlich stockstill.

„Festhalten, Achmed! Nur noch drei Minuten festhalten!" rief ich, sprang auf meinen Esel und galoppierte der neuen Unglücksstätte zu. Was geschehen war, wußte ich im ersten Augenblick; es bedeutete nichts Gefährliches, aber doch das Ende der heutigen Prüfung. Ich kannte den Knall. In jeder anständigen Feuerbüchse befindet sich ein sogenannter Sicherheitspfropfen aus Blei, der ausschmilzt, wenn das Wasser im Kessel zu nieder steht. Durch das hierdurch entstehende Loch strömt der Dampf in den offenen Feuerraum, löscht das Feuer aus und verhindert so eine wirkliche Explosion, die durch das Überhitzen der Kesselbleche bei niederem Wasserstand stattfinden würde. Aus irgendwelchen Ursachen – vielleicht war auch bei Freund Bridledrum die Speisepumpe des heftigen Arbeitens müde geworden – war das Wasser zu tief gesunken, so daß der Kessel seine eigne Rettungsvorrichtung in Tätigkeit gesetzt hatte. Es muß in einem solchen Fall ein neuer Bleipfropf eingeschraubt, der Kessel frisch mit Wasser gefüllt und aufs neue Feuer und Dampf gemacht werden, ehe man weiterarbeiten kann. Das heißt: der kleine Unfall kostet einen Stillstand von drei bis vier Stunden.

Als ich bei der verunglückten Maschine ankam, stand der englische Maschinenwärter vor seiner noch immer wild zischenden Dampfwolke, die Wasser und Feuer spie, stumm, grimmig einen Strohhalm kauend. Im Felde hatten sie schon das Seil vom Pfluge losgehakt. Bridledrum explizierte Halim-Pascha mit feuriger Beredsamkeit die unbezahlbaren Vorteile eines Bleipfropfs in der Feuerbüchse. Die arabischen und türkischen Würdenträger hatten sich mit etwas unziemlicher Hast in ihre Wagen geflüchtet und waren bereits in der Schubraallee und auf dem Wege nach Kairo. Fowlers Pflug lief noch immer über das Feld, als ob dort alles in schönster Ordnung wäre.

„Ich denke, wir können aufhören, Herr Eyth", sagte der Prinz zu mir, um sich dem Redestrom Bridledrums zu entziehen. Er sah auf seinen Riesenchronometer, den er bisher gewissenhaft in der Hand gehalten hatte, und gab ihn Rames-Bei, der das kostbare Kunstwerk ohne Umstände in den bodenlosen Taschen seiner grünen Hosen versinken ließ.

„Siebenundfünfzig Minuten!" fuhr Halim fort, indem er die Zahl mit einer goldenen Bleifeder in ein vergoldetes Miniaturtaschenbuch eintrug. Er hatte nicht umsonst an der Ecole Centrale zu Paris zwei Jahre lang Technologie studier „Sieben – und – fünfzig – Minuten!

Null – Komma – fünf – sieben Stunden! Das heißt, das ist wohl nicht ganz korrekt. Wie, Herr Eyth? – Messen Sie jetzt die gepflügten Flächen und legen Sie mir morgen das Ergebnis vor. Herr Bridledrum wird Ihnen Gesellschaft leisten. Sehr hübsch, Herr Bridledrum, sehr hübsch! Die Sache hat mir wirkliches Vergnügen gemacht. Ihr Apparat hat einige Vorzüge, namentlich für englischen Boden, der ohne Zweifel leichter aufzubrechen ist als unser alter Nilschlamm. Adieu, meine Herren!" Er sprang in seinen Korbwagen, Rames-Bei ihm nach, die Zigaretten hervorholend, und fort waren die Herrschaften. Auch Abu-Sa, der Dragoman, hatte, auf meinem vielgeprüften Esel querfeldein reitend, die Fowlerschen Maschinen erreicht und schon unterwegs mit Händen und Füßen und lauter Stimme „Stop! Stop!" telegraphiert. Der Pflug war am Ende seiner letzten Furche angelangt und hielt stille. Die Prüfung war zu Ende.

Als auch ich Achmeds Maschine erreichte, um nach dem Burschen zu sehen, lag er mit geschlossenen Augen auf einem Kohlenhaufen und rührte sich nicht. Er schien ohnmächtig geworden zu sein. Mein erster Pflüger Ibrahim, sein noch jugendlicher Schwiegervater, kniete vor ihm und sagte von Zeit zu Zeit: „Malisch! malisch!" zu dem Dutzend Fellachin, die die Gruppe umstanden. Ich wollte nach Öl und Verbandzeug schicken. Ibrahim schüttelte den Kopf und beschäftigte sich eifrig damit, in einem Wassereimer aus einer aufgeweichten Erdscholle einen zähen Lehmbrei zu kneten, den er zolldick um die verbrühten Hände und Arme des Daliegenden klebte. „Gut! sehr gut!" rief das Fellahpublikum, sichtlich bestrebt, mich über die hervorragenden chirurgischen Erfahrungen Ibrahims aufzuklären. Achmed öffnete die Augen, richtete sich auf und sah nicht ohne Befriedigung die zwei Klumpen Erde, die ihm statt der Arme am Leibe hingen. Dann stand er auf, sagte ebenfalls „Malisch" und ging nach der Maschine, um sich von seinem Heizer aus dem notdürftig gereinigten Eimer einen gewaltigen Trunk Wasser reichen zu lassen. Als sein Kopf wieder aus dem Eimer herauskam, sah er erfrischt und vergnügt aus und sagte: „Wo ist das Backschisch, o Baschmahandi?" Ich hatte ein neues englisches Pfund schon seit einer Viertelstunde nervös zwischen den Fingern hin und her gedreht und steckte es jetzt in den Lehm, der seine Hand umgab. „Gut, sehr gut!" rief das entzückte Publikum. „Mir auch – mir auch! Wo ist unser Backschisch?"

„Morgen bekommt ihr euer Teil, wenn ihr es verdient und euch Allah den Sieg verliehen hat", ließ ich durch Abu-Sa verkünden.

„Morgen – Inschallah – morgen!" riefen sie alle wie ein Theaterchor. „Er ist gut, unser Baschmahandi, er wird uns ein großes Backschisch geben." Und dann begann eifriges Beraten, was mit dem großen Backschisch zu machen sei, und lustiges Geplauder, wie das von Kindern um die Weihnachtszeit, während im nächsten trockenen Graben die Vorbereitungen für das äußerst einfache Mittagsmahl der Gesellschaft getroffen wurden.

Bridledrum, O'Donald, meine zwei deutschen Freunde und ich maßen nun mit vereinten Kräften die gepflügten Flächen, Bridledrum in gereizter Stimmung, aus der er sich gelegentlich aufraffte, um O'Donald die Ursachen auseinanderzusetzen, die heute seinen Apparat verhindert hatten, das zu leisten, was er unzweifelhaft sonst überall leistete. Bei der Multiplikation der Länge und Breite der Feldstücke machte er zweimal den Versuch eines ausgleichenden Rechnungsfehlers, aber in diesem Punkte war das rechnerische Gewissen O'Donalds unerbittlich, während Beinhaus dem Agenten über die zuckenden Schnurrbartspitzen einen seiner blutdürstigen Blicke zuwarf, der ihn völlig aus der Fassung brachte. Über die Pflugtiefe wurde wie gewöhnlich heftig gestritten; schließlich schien doch das Ergebnis festzustehen: Fowlers Apparat hatte in der Stunde 8350 Quadratmeter 30 Zentimeter tief, Howards 3800 Quadratmeter 22 Zentimeter tief gepflügt.

„Theorie!" rief Bridledrum verächtlich, als beim dritten Versuch das Multiplizieren keine besseren Früchte tragen wollte, klappte sein Notizbuch zu und rief nach seinem Wagen. Meine Einladung zum Frühstück lehnte er mit finsterer Höflichkeit ab. Die drei andern waren klüger. In einer halben Stunde lagen wir in meinen dunkeln kühlen Zimmern auf den Diwans herum, mischten eiskaltes Nilwasser mit Ungarwein und ließen Deutschland, England und Ägypten, Halim-Pascha, Fowler und Howard und selbst Bridledrum hochleben.

Ein harter Morgen war vorüber.

*

*

*

Quellennachweis: Arthur Fürst: Das Reich der Kraft aus „Leuchtende Stunden, Eine Reihe schöner Bücher". Herausgeber Franz Goerke, Direktor der Urania in Berlin. (Vita Deutsches Verlagshaus, Berlin-Charlottenburg.) * * Max Eyth: Der Kampf, aus „Hinter Pflug und Schraubstock". (Deutsche Verlagsanstalt, Stuttgart.) * *

Herausgegeben von der Daimler-Motoren-Gesellschaft in Stuttgart-Untertürkheim. * Druck bei Greiner & Pfeiffer, Buchdruckerei, Stuttgart. Alle Rechte vorbehalten. * Zuschriften an die Schriftleitung: Friedrich Muff, Stuttgart-Untertürkheim.

(27. 6. 1919.)

DAIMLER WERKZEITUNG
1919 Nr. 3

INHALTSVERZEICHNIS

Prof. Dr.-Ing. E. Heidebroek: Der soziale Gedanke in Amerika. * Amerikanische Automobil-Industrie. * Bücher: Ing. Robert Uhland: Walther Rathenaus Schriften. * Prof. Alfred Lichtwark: Stuttgart. * W. v. Scholz: Ballonfahrt über dem Bodensee. Die mit D. M. G. bezeichneten Arbeiten stammen von Werksangehörigen.

Der soziale Gedanke in Amerika.

Von Dr.-Ing. E. Heidebroek, Darmstadt,
Professor an der Technischen Hochschule.

Durch die Zeitungen ging unlängst die Nachricht, daß die Produktion an Automobilen in den Vereinigten Staaten im Laufe des Jahres 1919 wahrscheinlich auf über 2 000 000 Stück steigen wird. Die Zahl der in Betrieb befindlichen Automobile ist so groß, daß auf je etwa 15 Einwohner ein Automobil entfällt. Vergleicht man mit diesen Zahlen die Leistungen unserer gesamten Kraftwagenindustrie in Deutschland während des Krieges, so erkennt man, daß dieselbe etwa nur den hundertsten Teil der amerikanischen Produktion ausmacht und daß wir auch im Verbrauch an Kraftwagen im gleichen Verhältnis hinter Amerika zurückstehen. Diese Ziffern sind ein überaus bezeichnendes Merkmal für die Fortschritte in der Industrialisierung jenes Landes und seine ungeheuren mechanischen und materiellen Hilfsmittel, deren Unterschätzung uns letzten Endes den Krieg verlieren ließ.

Wenngleich Nord-Amerika von den unmittelbaren Einwirkungen des Krieges fast ganz verschont blieb, hat doch auch drüben eine gewaltige Beschleunigung des gesamten sozialen und technischen Entwicklungsprozesses dadurch stattgefunden, daß der Krieg ähnlich wie in anderen kriegführenden Ländern eine höchste Anspannung der industriellen Hilfskräfte — sowohl der materiellen wie der menschlichen — und damit eine gewaltige Steigerung der industriellen Produktivität herbeigeführt hat

Damit ist auch die soziale Bewegung drüben in ein entscheidendes Stadium getreten, und es ist überaus interessant zu verfolgen, wie in einem Land, das den Sozialismus im europäischen Sinne und eine Sozialdemokratie als Partei kaum kennt, die sozialen Ideen zur Wirkung kommen, aus denen sich in Europa die revolutionären Entwicklungen in fast allen kriegführenden Ländern herleiten. Die Amerikaner haben in einem Punkte vor den europäischen Völkern einen großen Vorsprung, nämlich darin, daß sie durch ihre absolut demokratische Erziehung des ganzen Volkes nicht mehr politische und wirtschaftliche Forderungen durcheinander zu erkämpfen brauchen. Der demokratische Gedanke ist drüben durch alle Schichten der Bevölkerung fest eingewurzelt; die gesellschaftlichen und beruflichen Klassenunterschiede sind nicht entfernt so entwickelt wie bei uns, und über allem steht jedem Amerikaner als höchstes politisches Gut: Die Freiheit der Persönlichkeit, die Achtung vor jeder Art von Arbeit, aber auch die Freiheit in der Ausnutzung jedes erarbeiteten Erfolges.

Daher die Abneigung vor dem Staatssozialismus, der dem Amerikaner bislang in der Seele verhaßt war.

Indessen machen sich drüben in dem Kampf der arbeitenden Schichten um den Ertrag der Arbeit neuerdings auch die sozialen Ideen aus den Hauptgebieten der europäischen Industrie bemerkbar. Man erkennt plötzlich, daß man in der jahrelangen, gewaltsamen Entwicklung der Produktionsmittel die Fürsorge für den Träger der Produktion, d. h. den arbeitenden Teil der Bevölkerung, vernachlässigt hat, und mit der rücksichtslosen Offenheit und der großzügigen Aktionsfähigkeit, die dem Amerikaner eigen ist, stürzt er sich jetzt auf dieses soziale Problem, gewissermaßen aus dem Gefühl heraus, den Europäern zu zeigen, daß man alle diese Probleme auch ohne sozialistischen und kommunistischen Utopismus durchführen könne, und daß er vor allen Dingen auch dieses soviel besser zu meistern verstehe als der Europäer.

Ausgehend von seinen grundsätzlich demokratischen Anschauungen will der amerikanische Industrielle der neuen Periode, die mit dem Krieg eingesetzt hat, auch in seinen Betrieben das Prinzip der Demokratie, d. h. die Mitwirkung Aller an der industriellen Arbeit durchsetzen, weil er davon überzeugt ist, daß er ungeheure Kräfte nutzbar machen kann, wenn er eine Solidarität der Interessen zwischen seinem arbeitenden Volk und dem bis zur höchsten wirtschaftlichen Leistung gesteigerten Kapital herbeiführen kann.

Die Anschauungen, die sich in den allmählich hier bekannt werdenden Veröffentlichungen der Amerikaner zu erkennen geben, sind durchaus urwüchsig, drastisch und naiv zu gleicher Zeit, erfüllt von großem Selbstbewußtsein, aber auch in vielen Dingen von einem Radikalismus, der in europäischem Ohr vielfach noch einen unangenehmen Klang haben würde. Sie sind aber für uns der größten Beachtung wert; das Endergebnis dieser Entwicklung wird vielleicht einmal entscheidend für die soziale Frage in allen Ländern werden.

Im Folgenden sollen in freier Übersetzung einige Auszüge aus charakteristischen Aufsätzen in maßgebenden amerikanischen Zeitschriften gebracht werden, aus denen die erörterten Gesichtspunkte kenntlich werden. Besonders bemerkenswert sind insbesondere die Veröffentlichungen in der neuen Zeitschrift: "Industrial management" (deutsch: Werkleitung), welche sich ausgiebig gerade mit diesen sozialen Problemen befaßt.

Die hier angezogenen Veröffentlichungen stammen bereits aus dem Jahre 1918. Ein Aufsatz aus dem August 1918 ist überschrieben:

„Der Geist der Organisation".

Darin heißt es u. a.:

Wenn wir uns damit beschäftigen, den „Geist der Organisation" zu schaffen, müssen wir beim Kopfe anfangen, denn in den meisten Fällen sind die Sorgen sowohl wie die Freuden des Körpers Reflexe des Kopfes. Eines der hoffnungsvollsten Anzeichen bei der gegenwärtigen Richtung ist die Neigung auf Seiten der führenden Leiter, sich auf eine gemeinsame Basis, in Reih und Glied mit der großen Masse der Männer zu stellen; die Neigung, lieber überzeugen als herrschen zu wollen.

Der industrielle Leiter ist in der Vergangenheit hauptsächlich damit beschäftigt gewesen, Anlagen zu bauen, Material zu finanzieren und zu bearbeiten, und hat im Verhältnis dazu nur wenig Zeit und Studien auf die persönliche Eintracht verwendet. Im Hinblick auf das wundervolle industrielle Wachstum dieses Landes war es notwendig, daß Material und Anlagen einen großen Raum in den Gedanken der ausführenden Leitung eingenommen haben, aber die Wahrheit des Wortes:

„Geschäftsbau heißt Menschenbau"

war niemals deutlicher als heute, denn wir schätzen jetzt den Wert der menschlichen Arbeitskraft in vollem Umfange ein, und als Ergebnis dieses großen Krieges werden wir sicherlich niemals mehr das Material den größten Teil unserer Gedanken verzehren lassen. Von jetzt ab und für viele Jahre werden wir unermüdlich beschäftigt sein, eine „Organisation" zu schaffen.

Es gibt Hunderte, nein Tausende von Anlagen, wo die Herrschaft eisernen Willens existiert, wo Männer und Frauen nichts kennen als Arbeit (sie haben niemals etwas anderes als Furcht gekannt) und doch, wenn wir mit manchen von den Beamten dieser Anlagen sprechen, könnte man glauben, daß sie vollständig erfüllt seien von dem Geiste der Freundlichkeit, des Anstandes und der Gerechtigkeit. In Wirklichkeit lächeln sie innerlich darüber, nennen diese Art Politik weichmütig und mokieren sich über eine solche alberne Höflichkeit.

In solchen Werken ist die Furcht tief eingewurzelt und erzeugt eine kümmerliche Gesinnung oder schürt den Klassenhaß, der sich heute in den schärfsten Formen äußert.

Eine derartige Politik ist ein kommerzielles und industrielles Verbrechen, denn sie tötet die Initiative. Sie tötet das Interesse an der Arbeit; sie tötet das größte menschliche Erfordernis: die Triebkraft. Denn es gibt wenige Menschen auf industriellem Gebiete, die sich darüber klar sind, daß ein jeder von uns irgendeine Art von Triebkraft haben muß, ohne die wir entweder rückwärts gehen oder auf die Wege falscher Überlegung kommen.

Der Geist kommt vom Haupt! Es ist außerordentlich schwierig für die Oberleitung, für die Abteilungschefs und Vorarbeiter, den richtigen Geist zu erzeugen, wenn nicht das Oberhaupt selbst bei der Mitarbeit tätig ist und persönliches und aufrichtiges Interesse zeigt; denn jedes andere als aufrichtiges Interesse wird leicht als solches entdeckt, und es ist besser für das Oberhaupt, sich von seinen Leuten fernzuhalten, wenn es nicht wirklich aufrichtig ist in seiner Absicht zu helfen.

Die großen Finanzinstitute haben in der Vergangenheit Kapital geliehen nach der Einschätzung von Anlagen und Bilanzen, aber in letzter Zeit sind sie zu dem Schluß gekommen, daß dahinter zuviel Verluste stecken, die von einem dritten Faktor abhängig sind, der oft aus den Augen verloren wird, nämlich der Organisation; und so finden wir, daß sie neuerdings vielmehr danach fragen, ob hinter dieser Anlage und hinter der Bilanz eine wohl eingespielte Mannschaft steht oder nur eine Reihe selbst bedeutender Einzelpersönlichkeiten.

Handelt es sich um die Organisation eines Mannes? Von ihm beherrscht und geleitet?

Oder ist es eine Organisation, wo eine volle Verteilung von Autorität und Verantwortlichkeit stattfindet auf solche Leute, die fähig sind, jede Aufgabe mit einem hohen Grade von Intelligenz zu erledigen?

Und weiter: arbeiten sie Hand in Hand, haben sie den „Geist der Organisation"?

Man muß die Leute dazu bringen, daß sie nachdenken lernen. Der Leiter einer großen Gesellschaft hat kürzlich geäußert, daß er bisher niemals daran gedacht habe, daß man von ihm erwartet, seine Leute zum Denken zu bringen. Er war lediglich so instruiert und gewohnt, daß nur ein Ding für ihn von Wichtigkeit wäre, und das war: „Wieviel Tonnen können sie heute herausbringen." Er war niemals gelehrt worden, seine Flügelmänner zusammenzunehmen und mit ihnen die Dinge durchzusprechen.

Die Lösung des großen industriellen oder Arbeitsproblemes ist eine Frage der richtigen Art von Männern, die ausführende Beamte sein sollen und mit dem richtigen Geist durchtränkt sein müssen. Der zukünftige Beamte muß ein Lehrer sein; er muß seine Abteilungsbeamten und Vorarbeiter lehren, daß in der Herrschaft der Vernunft die einzige Lösung der Sorgen beruht, die zwischen dem sogenannten Kapital und der Arbeit bestehen. Der zukünftige Nachwuchs von Arbeitern muß gelehrt werden, richtig zu denken und gemeinsam mit den Arbeitgebern zu denken und nicht getrennt von ihnen. Ihre Interessen sind eins und untrennbar.

Diese Erziehung muß geschehen nach sorgfältig ausgearbeiteten Plänen und muß ausgeführt werden von Männern, welche die Menschen lieben und kennen. Die Organisation muß aufblühen zu dem Ideal, welches von ihrem ausführenden Oberhaupt aufgestellt ist, und der Himmel beschütze den Beamten, der kein Ideal hat. Denn er wird üblen Tumult ausstehen müssen ohne das. Das „liegt in der Luft", und es kommt keiner drum herum.

Der Präsident einer der größten amerikanischen Fabriken reist fast in jedem Monat durch das halbe Land, nur um einer Zusammenkunft seiner Meister und Vorarbeiter beizuwohnen, ohne daß er dabei aktiv teilnahm, lediglich in dem Wunsche, mit ihrem Geiste vertraut zu werden, und außerdem, um sein Interesse zu zeigen, mit seinen Leuten unmittelbar zusammenzukommen, und die meisten von ihnen persönlich anzureden. In solchen Betrieben wechseln die Meister nicht oft; und doch wird dieser große Mann nicht darüber reden, was er für seine Leute tut, da er weiß, daß das eine viel zu heilige Sache ist, um sie bekanntzugeben.

Wie ungleich jene andere große Gesellschaft, deren Hauptsorge es ist, dem Publikum genau mitzuteilen, was sie an Wohlfahrtseinrichtungen schafft!

Der Aufbau einer wohl abgerundeten, ausgeglichenen Organisation ist das Ergebnis einer mühsamen, lang andauernden Selbstaufopferung von seiten gewisser Ausführungsorgane, welche von ihrem eigenen Leben etwas opfern, indem sie ein lebendiges Beispiel hinstellen von der Art der Zusammenarbeit, die sie mit ihren Leuten aus der großen Menge herbeiführen möchten.

Von den einzelnen Gruppen der Beamten ist keine Klasse so wichtig und keine wird so wenig beachtet, wie die der Werkmeister und Vorarbeiter, und kein Arbeitsfeld so unergründlich in den Möglichkeiten einer nützlichen Entwicklung, wie das der Werkmeister.

Sie sind die Männer, welche mit der großen Masse der Arbeiter unserer Werkstätten zusammenkommen. Sie schaffen und entfalten jeden Tag neue Arbeitskräfte. Der tägliche Arbeitsgang hängt in weitem Umfang an der Verantwortlichkeit dieser Leute.

Die Werkmeister müssen zusammengebracht und von Grund auf unterrichtet werden über den Wert einer richtigen Beaufsichtigung, und durchdrungen werden mit dem Geist des Gebens und Nehmens, und lernen, ihre eigenen kleinen, geringfügigen Beschwerden zu vergessen.

Die Art der Erziehung soll ein Teil ihrer Gedanken werden, und wenn wir die Werkmeister dahin bringen, nachzudenken und über die meisten Dinge mit der Firma gemeinsam nachzudenken, haben wir ein gutes Stück Weg zurückgelegt, um die Männer in der vordersten Linie zu erreichen; denn wenn die Werkmeister mit den Arbeitern in Fühlung kommen, werden sie in natürlicher Folgewirkung diesen Leuten die Ideen und Ideale nahebringen, über die sie selbst nachgedacht haben. Zwar tun sie auch jetzt schon so, aber es ist traurig zu sagen, daß sie oft nur mit halbem Herzen die Fabrikleitung verteidigen.

Die Leute, welche unsere Arbeiter behandeln, sollten mit richtigen Gedanken erfüllt werden, **denn eines Mannes Gedanken bilden das Gesetzbuch seines Lebens und daher auch seiner Handlungsweise.**

Aus derselben Zeitschrift, August 1918, ein längerer Aufsatz unter der Überschrift:

„Under new management – Der neue Betriebsleiter".

Der neue Betriebsleiter wird nicht schnauzen, er wird nicht mit den Fingern schnalzen; es wird ruhig und kühl und gesammelt unter der neuen Betriebsleitung hergehen.

Arbeit wird es natürlich geben, und zwar genug davon. Aber es wird noch außerdem etwas geben: es wird die persönliche Einwirkung des Charakters geben, der heute von den Fachschulen noch nicht erzogen wird; es wird ein neues Gefühl für Werte geben – oder vielmehr ein altes Gefühl für Werte, das wieder aufgelebt ist.

Der neue Betriebsleiter wird darauf sehen, daß alle mitarbeiten. Es wird keine scharf befehlenden Töne geben, keine roten Köpfe bei Untergebenen, die auf den Wink des Betriebsleiters herbeigestürzt kommen; alle werden einer, einer für alle sein.

Es gibt wenig solche Betriebsleiter heute; sie sind eher eine Ausnahme als Regel, und wo Sie diese Betriebsleiter finden, werden Sie kleine Fabriken sehen, bei denen der Betriebsleiter zur Hälfte oder mindestens zu einem Teile Miteigentümer ist.

Dieselben haben keine Verpflichtungen gegen Aktionäre (Männer und Frauen außerhalb des Werkes, die nur an ihre Dividenden denken und deshalb ungeduldig auf Resultate warten) und haben so am meisten zu gewinnen oder am meisten zu verlieren durch die Art, wie sie ihre Geschäfte führen. Sie sind eng verwachsen mit den Dingen, die Wert haben, und haben die Weisheit gelernt, eins zu sein mit den Männern und Frauen um sie herum an ihrem Arbeitstisch.

Deshalb wissen sie, daß es ungeheuer wertvoll ist, Personen und Persönlichkeiten richtig einzuschätzen, wenn das Geschäft gedeihen soll.

Es sind lediglich die Männer oder Familien, die hinten sitzen und Coupons schneiden, welche die arbeitende Welt aufbringen und den Neid der Arbeiter erwecken.

Der neue Betriebsleiter muß die Menschenrechte kennen.

Er wird großzügig in menschlichen Dingen sein.

Er wird treu gegen die Quellen seines Einkommens sein, gegen das Kapital auf der einen Seite und gegen die Arbeit auf der anderen. Er wird gleicherweise treu sein und gerecht gegen beide, und keine geheimen Neigungen nach anderer Richtung unterhalten. Er wird ein Mann von Anteilnahme sein, er wird ein Mann von Herz sein, er wird für die Interessen der Arbeit so energisch kämpfen, wie für die Interessen des Kapitals.

Da wird es kein Lächeln hinter dem Handrücken geben, keine Verbeugungen, kein Spiel nach der Galerie hin, kein Kotau vor den Göttern. Er wird den Absolutismus der Menschenrechte anerkennen, und wird ihn anerkennen, gleichviel ob er vom Kapital oder von der Arbeit repräsentiert wird. Das ist heute nicht so.

Der frühere Betriebsleiter war ein Grobian, der seinen Weg nach oben vergessen hat, der nach oben gekommen ist rücksichtslos über die Schultern seiner Arbeitsbrüder, nicht zum wenigsten durch eine mehr oder weniger unbarmherzige Vernachlässigung der Rechte dieser Amtsbrüder. Er hat die Herrschaft gewonnen durch einen energischen, dominierenden Willen zur Herrschaft.

Er hat sich zum leitenden Posten emporgerungen. Bei diesem Gewinn, bei der Behauptung seiner selbst, über und gegen seine eigene Art hat er den Überblick verloren über die Wünsche, die Rechte des Menschentums insgesamt. Deshalb ist er unfähig zu herrschen, weil er jedes Gefühl für die Verhältnisse, für den Gefühlskreis derer verloren hat, über die er herrschen möchte.

Wie ich mir einen Beamten wählen würde.

Wenn ich der Eigentümer einer Unternehmung wäre und eines Tages einen Werkmeister oder einen Aufseher oder einen Betriebsleiter nötig hätte, so würde ich nur eins tun. Ich würde nicht versuchen, von einer anderen Organisation einen Mann wegzunehmen, dessen Ruf so wäre, daß er für mich erwünscht erscheint. Ich würde auch nicht in einer Zeitung inserieren, um nach den Diensten eines solchen Mannes zu suchen; ich würde auch nicht meine Augen über das brauchbare Nutzholz in meiner Anlage schweifen lassen, um einen Mann zu finden, dessen Arbeit und lange Dienste ihn zu einem geeigneten Kandidaten machen; ich persönlich würde nichts derartiges tun. Statt dessen würde ich, wenn mir die Verpflichtung obliegt, einen Mann für solch eine Vakanz zu finden, die Ausführung der berufenen Vertretung der Organisation anheimgeben. Ich würde einen Tag für die Wahl ansetzen, zu geeigneter Zeit mit den versammelten Männern meiner Belegschaft eine Besprechung abhalten und einen oder mehrere Kandidaten von meiner Organisation vorgelegt erhalten. Dann würde ich eine reguläre Wahl abhalten, wobei jeder abstimmen kann, von den Jungens, die in der Lehre stehen, und den Mädels, die die Schreibmaschine hämmern, aufwärts bis zu dem Eigentümer selbst − d. h. mir selbst. Mit nicht mehr Gewicht für meine Stimme als für die, welche von dem Laufjungen abgegeben wird. Und so würde ich meinen Mann für die offene Stelle finden und sichern. Nicht allein das. Ich würde für ein Referendum und Rückberufung sorgen, falls der gewählte Mann sich als unzureichend erweisen sollte, und eine andere Wahl abhalten. Die Wahl, verstehen Sie, das ist die Hauptsache!

Das würde mein Weg sein, um die leitenden Beamten und Offiziere für meine verschiedenen Abteilungen zu finden, selbst herauf bis zum Betriebsleiter.

Ich fühle, solch eine Methode würde Resultate ergeben, wie keine andere, die heute üblich ist.

Die Gerechtigkeit dieser Methode würde an die Arbeiter appellieren, derart, daß sie, wenn sie einmal ihren Mann gewählt hätten, mit ihm durch dick und dünn gehen würden. Genau so wie gute Kameraden heute mit ihrem auserwählten Mann durch dick und dünn gehen, selbst wenn dieser Ausgewählte eines Tages außerhalb ihrer eigenen kostbaren Gedanken und Meinungen sich stellt. Als Nation betrachtet sind wir so ähnlich. Wir beharren bei dem, was wir tun oder sagen. Mag das Endergebnis sich als gut oder schlecht erweisen. Es gibt heute viele geheime Angstköpfe, welche für den Präsidenten Wilson stimmten, weil sie glaubten, er würde keinen Krieg erklären. Jetzt, wo er den Krieg erklärt hat, gehen sie trotzdem mit ihm, obwohl sie heimlich besorgt sind bis zum Äußersten.

Wie ich sagte, so sind wir nun einmal.

Eine Organisation, welche ihren Werkleiter oder Werkmeister oder obersten Betriebsleiter wählt aus ihren eigenen Reihen — und ich persönlich würde keine Beschwerden empfinden, wenn mein beigeordneter Werkmeister in der Maschinenwerkstatt zum obersten Betriebsleiter gewählt würde — würde mit diesem Mann aushalten, selbst wenn der Himmel einstürzte; als Vorsichtsmaßnahmen würden das Referendum und die Rückberufung dafür sorgen, daß unfähige Kräfte nicht allzuweit kommen. Aber bevor ich einen solchen Mann zurückstoßen würde, würde ich noch einmal zu meinen Angestellten gehen und die Lage offen vor ihnen auseinandersetzen, und ich glaube, ich würde mich beruhigen bei ihrer gemeinschaftlichen Entscheidung. Solch ein Mann würde große Macht über die Leute haben, sonst würde es nicht möglich sein, daß er gewählt würde. In der Ausübung dieser Macht würde er sich als eine wertvolle Kraft in meiner Organisation beweisen. Darüber habe ich keinen Zweifel.

Was der Arbeiter denkt.

Der Arbeiter ist schnell bei der Hand eine Persönlichkeit zu empfinden. Er braucht nicht in unmittelbare Beziehung zu dem Beamten gebracht werden, um den Mann getreulich zu erkennen. Die Kenntnis kommt zu ihnen auf mancherlei verborgenen Wegen; manchmal beurteilen sie einen Mann genau nach einer flüchtigen ersten Besichtigung, wenn er durch ihre Abteilung geht; ein anderes Mal kommt er zu ihnen aus Schriftstücken, aus Betriebsanweisungen, die er von Zeit zu Zeit herausgibt. Ein Anruf im Telephon gibt oft einer Person eine schnelle Empfindung über den Charakter oder wenigstens charakteristische Eigentümlichkeiten des Mannes. Die Arbeiterschaft ist immer schnell bei der Hand in diesen Dingen und bewandert im Urteil. Und so arbeiten diese Dinge in einer Werkstatt.

Das Wort läuft um, fällt hier und dort beiläufig in eine Unterhaltung und so kommt es, daß die ganze Organisation bis hinunter zum niedrigsten Hilfsarbeiter den Mann, welcher die Zügel hält, gern hat oder nicht gern hat, auch wenn dieser Mann selten in der Werkstatt gesehen wird, und so gewinnt die Organisation als ein Ganzes die Billigung oder Mißbilligung der ganzen Arbeitsgemeinde.

Des neuen Betriebsleiters Lebensweise.

Der neue Betriebsleiter wird ein reines Leben führen. Sein Privatleben wird ohne Tadel sein. In seinen Adern wird kein Wein fließen, keine überflüssige Fettschicht seinen Leib bedecken. Die Welt ist immer wenig geduldig gegen Menschen mit tierischen Instinkten; sie wird es in Zukunft noch weniger sein. Völlerei hat keinen Platz in unserem Schema. Es hat uns eine lange trübe Zeit gekostet, bis wir das gelernt haben.

Das Urteil des neuen Betriebsleiters.

Der neue Betriebsleiter wird von Natur ein scharfer Beurteiler sein. Er wird es sein durch göttliches Recht, denn solche Menschen werden geboren, nicht gemacht. Das rührt her von außergewöhnlichen Kräften der Beobachtung. Es gibt einzelne Menschen, welche sehen, andere, welche nicht sehen. Wir haben Menschen, welche durch das Leben gehen ganz als Ohr, und Menschen, welche durch das Leben gehen ganz als Auge. Mechaniker gehören im allgemeinen zu den letzteren. Laß sie einmal ein Ding sehen, wie du es machst, und sie werden es dir nachmachen. Erzähle ihnen aber, wie es gemacht werden sollte, sowohl du, wie der Gehilfe aus dem Laboratorium, und obwohl ihr euch Mühe gebt mit der Erklärung, wird das Ding dennoch nichts werden.

Der neue Betriebsleiter wird ein Mann des Auges sein. Er wird instinktiv beobachten, ohne bewußte Anstrengung auf seiner Seite. Es wird das eine Funktion seines Wesens sein, so natürlich und so unfreiwillig, wie das Atmen.

So wird er sehen und urteilen und wissen und lernen.

Menschen, welche gleichmäßig gehen oder gleichmäßig sprechen, oder gleichmäßig sehen oder gleichmäßig handeln, werden in den meisten Fällen ausgeglichen sein. Das ist die Hauptsache, wenn man das Lesen in Charakteren beherrschen will. Ein natürlicher Beobachter wird eines Mannes Erscheinung im Gedächtnis behalten, ebenso wie er die hervorstechenden Merkmale eines Charakters im Gedächtnis behalten wird.

Der neue Betriebsleiter wird nicht bluffen.

Es wird keinen Bluff, keine Anmaßung geben und nur recht wenig Würde bei dem neuen Betriebsleiter. Ich möchte das ausdrücklich betonen. Wir brauchen auch nicht zu erklären, daß es nötig ist, daß dem neuen Leiter jeder Falsch abgeht, das versteht sich von selbst. Auch als Volk sind wir keine Bluffer, obwohl die Welt vor unseren Türen jahrelang diese Meinung von uns unterhalten hat; aber das Ding stimmt nicht.

Amerikaner – wirkliche Amerikaner – bluffen nicht. Sie haben nichts zu bluffen. Sie wissen, was sie wissen, und sind stolz und froh, dem Ausdruck zu geben, wie ihnen der Schnabel gewachsen ist. Ebenso sind wirkliche Amerikaner schnell bei der Hand, ernsthafte Fragen aufzuwerfen, indem sie offen zugeben, daß sie nicht alle Dinge besser wissen als irgend eine Rasse auf dem Erdball. So ist es also nicht nötig zu erklären, warum bei dem neuen Betriebsleiter kein Bluff vorhanden zu sein braucht.

Das Bild des neuen Betriebsleiters.

Hier haben Sie ein physisches und geistiges Bild des neuen Betriebsleiters. Er wird alle diese Dinge haben und noch einige mehr, gemäß den gleichen, allgemeinen Richtlinien der Wahrheit.

Er wird ein Mann von weitem Gesichtskreis sein, der noch viel mehr weiß, als die Anforderungen seiner Stellung es verlangen, der außerdem den Wert dieser anderen Kenntnisse zu schätzen weiß bei der bewußten Erfüllung der Pflichten seines Amtes. Er braucht nicht so weise zu sein wie Homer, das hat er nicht nötig, aber er wird unendlich weise sein in Gedanken, Wünschen, Hoffnungen, Interessen des arbeitenden Mannes. Er wird dies sein, weil er selber einer von ihnen sein wird. Er wird ein Mensch unter Menschen sein! Wenn wir dies gesagt haben, haben wir alles gesagt.

*   *

*

Soweit die Amerikaner. Ingenieure und Arbeiter, die von amerikanischen Verhältnissen wissen, werden den oder jenen Punkt anzweifeln. Mancher wird sich fragen, ob hier nur gebluftt wird. Mancher wird leugnen, daß solche Aufsätze irgend etwas für die wirkliche Arbeitsordnung beweisen in einem Land, wo neben dem angelsächsischen Arbeiter noch Millionen andersprachiger und andersfarbiger Arbeiter stehen. Aber mag die Fabrikverfassung drüben auch noch in Wirklichkeit anders aussehen, und mag vieles bei uns schon längst erheblich ernster und gewissenhafter geordnet sein, eins scheint doch sicher: Das amerikanische Fabrikwesen entwickelt sich in sein neues Stadium folgerichtig aus den charakteristischen Elementen des amerikanischen Volkslebens heraus. Unbedingte allseitige Achtung der freien Persönlichkeit, männliche Offenheit, eine beherzte Sprache des Vertrauens halten ihren Einzug auch in die bisher stummen Werkstätten der Industrie.

Dieser Strömung gibt der amerikanische Unternehmer nicht aus Schwäche nach, sondern aus nüchterner Berechnung seines Vorteiles, aus gesundem Menschenverstand. Ein offenes Wort, vertrauensvolle Aussprache räumen schnell Berge des Anstoßes aus dem Wege, durch die wir noch mühsam enge Tunnel zu graben suchen.

*   *

*

Amerikanische Automobil-Industrie.

Die Entwicklung der letzten Jahre.

Die Entwicklung der amerikanischen Industrie während des Krieges kommt besonders deutlich im Automobilbau zum Ausdruck. Hierfür sind nicht so sehr, wie in anderen Industriezweigen, die Kriegsaufträge, welche die amerikanischen Kraftwagenfabriken von der Entente erhielten, maßgebend gewesen, als vielmehr die allgemeine Hochkonjunktur, die das gesamte Wirtschaftsleben der Union im Kriege erlebt hat. Die Einkommensverhältnisse sind drüben infolge der Kriegsgewinne glänzend wie nie geworden und die Kaufkraft des großen Publikums ist derart gestiegen, daß man im Kraftwagen dort längst nicht mehr einen Luxusgegenstand erblickt, den sich nur wenige Begüterte leisten können. Dazu kommt, daß die großen amerikanischen Automobilfabriken wie Ford, Overland, Studebaker usw. infolge ihrer aufs höchste entwickelten Produktionstechnik ihre Wagen zu sehr billigen Preisen liefern können, die auch im Kriege trotz dessen preissteigernden Einflusses für die amerikanischen Käufer recht wohlfeil blieben. So hat sich nicht nur das Personenauto drüben einen Massenabsatz wie in keinem anderen Lande erworben, auch der Lastkraftwagen hat sich, besonders im Dienste des Farmers auf dem platten Lande, ein weites Feld in Amerika erobert und begonnen, den Eisenbahnen fühlbare Konkurrenz zu bereiten.

Die Vereinigten Staaten von Amerika haben so heute im Automobilwesen alle anderen Länder der Welt weit überflügelt, in keinem europäischen Lande hat bisher der Kraftwagen eine ähnliche, den Verkehr beherrschende Stellung errungen, wie es in der Union der Fall ist. Ein Vergleich, den kürzlich die italienische Fiat-Gesellschaft in dieser Beziehung zwischen Amerika und Europa angestellt hat, zeigt, daß Europa z. B. 1917 im ganzen etwa 522 000 Automobile besaß, die Vereinigten Staaten aber am 1. Juli 1917 nicht weniger als 4 242 000, also achtmal so viel wie ganz Europa zusammen, während 1918 etwa 5 Millionen und mehr Kraftwagen in Amerika vorhanden waren; und wenn im Jahre 1917 in der Union schon auf je 29 Einwohner ein Automobil entfiel, so kam in England erst auf 268, in Frankreich auf 402 und in Deutschland (1914) auf je 684 Einwohner ein Kraftwagen.

Wie dieser Vergleich zeigt, steht heute die amerikanische Automobilindustrie als die größte der Welt da und in der amerikanischen Gewerbestatistik rangiert sie bereits an vierter Stelle, da sie an Bedeutung nur noch von der Stahl-, Holz- und Textilindustrie übertroffen wird. Das in den etwa 550 amerikanischen Kraftwagenfabriken angelegte Kapital wird heute auf rund $3^{1}/_{4}$ Milliarden Mark geschätzt, die Zahl ihrer Arbeiter auf 300 000 und der Wert ihrer jährlichen Produktion auf über 4 Milliarden Mark. Die Jahreserzeugung von Automobilen hat 1916 zum ersten Male die Ziffer von einer Million Wagen überschritten. Sie hatte im Jahre 1912 erst 378 000 Wagen betragen und stellte sich dann

1913 auf	483 000	Wagen im Werte von	425	Mill.	Dollar
1914 „	573 000	„ „ „ „	465	„	„
1915 „	892 000	„ „ „ „	691	„	„
1916 „	1 617 000	„ „ „ „	1274	„	„
1917 „	1 878 000	„ „ „ „	1450	„	„
1918 „	1 157 000	„ „ „ „	1000	„	„

Der Rückgang der Erzeugung im Jahre 1918 ist auf die Schwierigkeiten zurückzuführen, die der wachsende Arbeiter- und Rohstoffmangel der Kraftwagenindustrie im Laufe des Jahres 1918 verursachte, mehr aber noch auf die Maßnahmen der amerikanischen Regierung, die im Interesse der Rüstungsindustrie auf eine Einschränkung der Herstellung von Personenwagen abzielten. So sind denn auch im Jahre 1918 insgesamt nur 974 000 Personenwagen hergestellt worden gegen 1 718 000 im Jahre zuvor, während die Erzeugung von Lastautomobilen von 160 000 Stück im Jahre 1917 auf 183 000 im letzten Jahre gestiegen ist.

Angesichts der riesenhaft angewachsenen Produktion ist es verständlich, daß die Amerikaner jetzt, wo das Kriegslieferungsgeschäft ein Ende erreicht hat, in erhöhtem Maße ihre Aufmerksamkeit auf den Weltmarkt richten. Bis jetzt ist ja der Export von amerikanischen Kraftwagen im Verhältnis zur Jahreserzeugung noch ziemlich gering gewesen. Denn wenn er auch, durch den Krieg begünstigt, von 1913 bis 1917 von 25 000 auf 82 000 Stück gestiegen ist, so machte doch die Ausfuhr immerhin nur 4 bis 5% der gesamten Jahreserzeugung der amerikanischen Kraftwagenfabriken überhaupt aus. Allein der Ausdehnungsdrang der Industrie ist derart stark, daß man in Amerika die Absicht verfolgt, einen Weltexport von Automobilen in der Friedenszeit zu schaffen, zumal es fraglich ist, ob der amerikanische Markt selber in absehbarer Zeit nicht schon eine gewisse Übersättigung zeigen wird. Man hat drüben bereits zu diesem Zwecke teilweise angefangen, die Kriegspreise für Kraftwagen abzubauen, obwohl die Produktionskosten unverändert geblieben sind. Nach Angaben der englischen Fachzeitschrift „The Statist" vom 8. Februar 1919 betrugen z. B. die Preise für einige kleinere und anspruchslosere Wagen Anfang 1919 im Vergleich zu den Kriegs- und Vorkriegspreisen:

	bei Kriegsbeg. Dollar	Kriegsende Dollar	Jan. 1919 Dollar
Buick (7-Pers.-Tourenwagen)	1385	1835	1785
Chevrolet (5-Pers.-Tourenwagen)	490	865	735
Dodge (Tourenwagen)	785	1085	1085
Ford (Tourenwagen)	360	525	525
Nash (5-Pers.-Tourenwagen)	1295	1490	1490
Oldsmobile (5-Pers.-Tourenwagen)	—	1670	1295
Overland (5-Pers.-Tourenwagen)	695	1095	985
Studebaker (5-Pers.-Tourenwagen)	995	1125	1125

Wenn auch die angeführten Preisermäßigungen nur 3 bis 22% gegenüber den Kriegspreisen betragen, so wiesen die Januarpreise von 1919 im Vergleich zu den Vorkriegspreisen doch keinen allzu hohen Stand auf.

Die europäischen Kraftwagenfabriken haben heute die Vorzüge der amerikanischen Massenfabrikation längst erkannt, in Deutschland, England, Frankreich und Italien geht man in steigendem Maße zu den amerikanischen Produktionsmethoden über, um sich der drohenden Massenkonkurrenz der amerikanischen billigen Wagen zu erwehren, wozu auch meist noch das Mittel eines starken Zollschutzes hinzutreten soll. Eine andere Frage aber ist die, ob die europäischen Fabriken auch auf dem Weltmarkt den Wettbewerb mit den Amerikanern bezüglich der Billigkeit ihrer Wagen erfolgreich aufnehmen können. Weltwirtschafts-Zeitung, Nr. 20.

* * *

Ford. Nach Meldungen in skandinavischen Blättern führt der amerikanische Kraftwagenfabrikant Ford in Dänemark Unterhandlungen wegen Errichtung einer großen Fabrik in diesem Lande, die für eine jährliche Herstellung von ungefähr 20 000 Kraftwagen berechnet sein soll. Ferner trägt sich Ford mit dem Plan, in Kopenhagen ein großes Kontor zu errichten, von dem aus die Fordschen Motorschlepper vertrieben werden sollen. Für diese Schlepper, die während des Krieges eine große Rolle in der englischen Landwirtschaft spielten, will Ford Absatzgebiete in den baltischen Ländern suchen, auf die sich ja neuerdings überhaupt in besonderem Grade die Blicke der amerikanischen Geschäftswelt richten. Inwieweit die eingangs erwähnten Fordschen Verhandlungen gediehen sind und ob es wirklich zur Errichtung der beabsichtigten Fabrik kommt, ist im Augenblick nicht bekannt. Darüber braucht sich allerdings die deutsche Geschäftswelt keiner Täuschung hinzugeben, daß die gründliche Veränderung, die die politische Lage an der Ostsee erfahren hat, auch in bedeutendem Grade den Handel und die Industrie Deutschlands berühren. Besonders will Ford nach Skandinavien, Finnland, Rußland und – dem östlichen Deutschland seine Erzeugnisse ausführen.

* * *

Die Tages- und Jahreserzeugung amerikanischer Automobil-Fabriken.

In welcher Weise die amerikanischen Kraftfahrzeug-Fabriken ihre Erzeugung steigern, geht aus folgender Aufstellung hervor:

	Tageserzeugung in den Monaten			Voraussichtliche
	Januar	Februar	März	Jahreserzeugung 1919
Buick	100	400	450	140 000
Briscoe	30	50	50	15 000
Barley	—	4	10	2 000
Cadillac	55	60	80	15 000
Chalmers	30	65	70	14 000
Chandler	—	50	90	18 000
Chevrolet	—	300	350	100 000
Columbia	8	10	15	4 000
Dodge	300	375	400	150 000
Dort	40	65	70	15 000
Ford	2000	2000	2500	1 250 000
Harroun	4	4	10	6 000
Hudson	30	50	50	20 000
Hupp	38	55	65	18 000
King	—	4	10	2 000
Liberty	15	15	25	10 000
Maxwell	150	150	220	65 000
Monroe	5	5	8	2 500
Oakland	160	160	200	60 000
Olympian	4	5	10	5 000
Oldsmobile	—	110	140	110 000
Overland	320	400	442	180 000
Packard	—	—	—	800
Paige	50	55	55	25 000
Paterson	10	10	10	2 000
Reo	100	100	125	40 000
Saxon	10	50	65	17 000
Scripps-Booth	20	20	45	10 000
Studebaker	150	150	175	160 000
Essex	30	50	50	20 000
Grant	25	35	50	12 000
Zusammen:	3648	4822	5741	2 139 500

Es sind dies 31 Firmen, darunter freilich so ziemlich alle bedeutenden. Beruhen die obigen Zahlen auf Richtigkeit, so wird man die Erzeugung der gesamten amerikanischen Industrie im Jahre 1919 rund mit 2$^1/_2$ Millionen Wagen veranschlagen müssen.

Allgem. Automobil-Zeitung, Nr. 25.

* * *

Vorzugsstellung der amerikanischen Kraftfahrzeug-Industrie.

In keinem Lande ist die Kraftfahrzeugindustrie in der Nachkriegswirtschaft so günstig gestellt wie in den Vereinigten Staaten. Wo früher die Industrie der europäischen großen und kleinen Staaten ihre Kraftfahrzeuge abzusetzen pflegte, hat der Amerikaner den Markt erobert, und aus Südamerika wird er sich wohl überhaupt nicht mehr verdrängen lassen. Marokko, Japan, China, die englischen und holländischen Kolonien (selbst Britisch-Indien) sind in den ersten Kriegsjahren fast ausschließlich mit amerikanischen Kraftfahrzeugen bedient worden, und auch während der eigenen Anteilnahme am Kriege haben die Amerikaner ihre Ausfuhrbewegung im Gange gehalten. Selbst den lieben Alliierten in Europa bangt jetzt noch mehr als vor dem Kriege vor der amerikanischen Gefahr. Und noch ein Weiteres kommt der amerikanischen Industrie zugute: Keines der nach Europa gelieferten Kriegsfahrzeuge darf nach den Vereinigten Staaten zurückkehren, während für die französische Industrie die Masse der zurückbleibenden englischen und amerikanischen Kraftfahrzeuge eine schwere Sorge bildet.

Immerhin gibt es auch in den Vereinigten Staaten zu demobilisierende Heeresfahrzeuge, tausende, die in den Vereinigten Staaten zu militärischen Zwecken (man denke nur an den Munitionstransport nach den Einschiffungshäfen) gebraucht wurden, und abermals tausende, die für die Front bestimmt wurden, aber nicht mehr abgeschickt wurden. Für deren Verwendung im Frieden sind mannigfache Zwecke vorgesehen. Etwa 20 000 Stück der gewöhnlichen Heereslastwagen sollen die Postbehörden übernehmen zur Verbesserung und zum Ausbau der Postverbindungen.

Eine Ausnahme von der Bestimmung, daß keine amerikanischen Kraftwagen nach den Vereinigten Staaten zurückkehren sollen, wird mit den Tanks- und Raupenschleppern gemacht. Man wird sie zur Erschließung und Urbarmachung brachliegenden Landes durch entlassene Kraftfahrer und im schweren Ueberlandtransport verwenden. Die Befürchtung, es würden die Landstraßen durch diese Riesenmaschinen beschädigt, wird als unbegründet bezeichnet. Der größte amerikanische Heeresschlepper ist das mit einem 120-PS-Motor ausgerüstete Fahrzeug der Firma Holt, das bei 6,3 m Länge in Fahrtbereitschaft 12 500 kg wiegt, aber eine solche Gewichtsverteilung aufweist, daß auf einen Quadratzentimeter nicht einmal ein Kilogramm Druck kommt. Mit 600 Umdrehungen des Motors in der Minute und angehängter Last wird eine Stundengeschwindigkeit von 5 km. erzielt und jedes Hindernis genommen. Der 55-PS-Holt-Schlepper für 10 t leistet in der Stunde 6,7 bis 9 km und bei den 5- und 2$^1/_2$ Tonnen-Schleppern sind die Geschwindigkeiten noch erheblich größer. Mit einem 10-Tonnen-Holtschlepper wurden bei voller Belastung in 6 Tagen 768 km zurückgelegt, also nahezu 130 km im Tage.

Immer noch sehr aufnahmefähig ist die Kundschaft der amerikanischen Farmerstaaten. In 4 Jahren ist z. B. die Zahl der Kraftwagen in Kentucky von 12 000 auf 66 000 gestiegen. Auch Kanada ist ein Eldorado für die amerikanischen Kraftfahrzeugbauer. Dort betrug die Zahl der Kraftwagen im Jahre 1914 67 000, im Jahre 1917 190 000 und im Jahre 1918 250 000, so daß nun in Kanada auf jeden 32. Einwohner ein Kraftwagen kommt.

(Allgem. Automobil-Zeitung Nr. 23.)

* * *

Die Kraftfahrzeug-Ausfuhr der Vereinigten Staaten im Jahre 1918.

Aus den amtlichen Zahlen für die Kraftfahrzeug-Ausfuhr der Vereinigten Staaten im Jahre 1918 geht hervor, daß im Vergleich mit den 12 Monaten von Juli 1913 bis Juni 1914 die Ausfuhr der Personenwagen um die Hälfte, die der Nutzfahrzeuge um das Dreizehnfache zugenommen hat. Wir entnehmen der Statistik folgende Zahlen:

Ausfuhr von Personenwagen:		
nach:	Juli 1913 bis Juni 1914	1918
Kanada	4377	8543
Australien	3099	3826
Japan	96	2699
Mexiko	155	1915
Chile	195	1734
Cuba	297	1780
Philippinen	614	1690
Argentinien	940	1628
Neuseeland	1065	1418
Uruguay	183	1351
Südafrika	1618	1205
Indien	290	1260
Brasilien	299	1108
Frankreich	1427	1003
China	144	874
Spanien	83	808
Deutschland	1411	—
England	6992	398
Rußland	926	10
Andere Länder	4094	3686
Zusammen	28 305	36 936

Ausfuhr von Nutzfahrzeugen:		
nach:	Juli 1913 bis Juni 1914	1918
Frankreich	2	3658
England	203	2080
Kanada	247	1596
Japan	1	605
Cuba	19	557
Mexiko	12	397
Chile	2	154
Indien	7	154
Philippinen	38	152
Norwegen	2	108
Schottland	—	182
Peru	3	100
Andere Länder	248	864
Zusammen	784	10 607

Die Statistik ist insofern lehrreich, als die Ausfuhrsteigerung nicht bloß auf die Heereslieferungen der kriegführenden Länder zurückzuführen ist. Man sieht vielmehr deutlich, wie auf der übrigen Welt die Amerikaner den Markt erobert haben.

Allgem. Automobil-Zeitung, Nr. 20.

Die Gesamterzeugung der deutschen Automobil-Industrie an Lastkraftwagen erreichte im letzten Kriegsjahre unter dem höchsten Druck militärischer Kraftanstrengung eine monatliche Zahl von 800, d. h. eine Jahres-Erzeugung von rund 9600 Wagen, also nicht einmal die Zahl der amerikanischen **Ausfuhr** des Jahres 1918.

Bücher.

Walther Rathenaus Schriften.

Von Ingenieur Robert Uhland.

Der Generaldirektor der Allgemeinen Elektrizitätsgesellschaft, Walther Rathenau, hat vor, während und nach dem Kriege eine Anzahl Werke*), insbesondere volkswirtschaftlichen Inhalts, herausgegeben, über deren Wert und Bedeutung lebhafte Meinungsäußerungen wachgerufen wurden.

Während die im Jahre 1912 erschienenen Werke „Zur Kritik der Zeit" und „Zur Mechanik des Geistes" mehr philosophisches Gepräge haben, bewegen sich die weiteren Arbeiten vorwiegend auf wirtschaftlicher Grundlage.

Die Veröffentlichung zweier während des Kriegs in der Deutschen Gesellschaft 1914 gehaltener Vorträge „Deutschlands Rohstoffversorgung" und „Probleme der Friedenswirtschaft" bildet den Vorläufer zu Rathenaus Hauptwerk „Von kommenden Dingen".

Schon der Titel dieses Buches deutet an, daß der Verfasser hier unter die Propheten gegangen ist. Aber er gibt keine Vorhersagungen über bestimmte Einzelheiten, sondern entwickelt die aus den veränderten Verhältnissen entspringenden, seiner Überzeugung nach unabweisbaren Forderungen und erörtert die hieraus erwachsende Umbildung der derzeitigen Zustände für den Einzelnen wie für die Gesamtheit. Er gelangt schließlich zu einer demokratischen Staatsform, in der nur Einer, nämlich der Staat selbst, dieser aber unermeßlich reich ist, während er andererseits eine Veredlung und Verinnerlichung der Menschheit anstrebt.

Abgesehen von der Wiedergabe der Vorträge sind Rathenaus Bücher nicht leicht zu überlesen, schon wegen ihrer Gedankenfülle, dann aber auch wegen der vom Verfasser beliebten Wortneubildungen, die aber anderseits wieder die Schärfe des Ausdrucks erleichtern und die Übersichtlichkeit verbessern. Immerhin sind sie glänzend geschrieben und halten den Leser, sobald er sich mit der Schreibweise abgefunden hat, bis zum Ende in Atem.

Scharf in der Kritik bestehender Zustände, ist namentlich das letztgenannte Hauptwerk in erster Linie für die Umwälzung der deutschen Verhältnisse geschrieben, mahnt und rüttelt uns auf, aus den gewaltigen Geschehnissen des Kriegs die richtigen Folgerungen zu ziehen. Wie sich der Verfasser in den einleitenden Sätzen selbst ausdrückt, handelt dieses Buch von materiellen Dingen, aber nicht um ihrer selbst, sondern um des Geistes willen. Es ist darin die Rede von Arbeit, Not und Erwerb, von Gütern, Rechten und Macht, von technischem, wirtschaftlichem und politischem Bau, ohne daß aber diese Begriffe als Endwerte gestellt oder geschätzt werden.

---

*) „Zur Kritik der Zeit", M. 6.—; „Zur Mechanik des Geistes", M. 8.—; „Von kommenden Dingen", M. 8.80; „Vom Aktienwesen", M. 1.40; „Die neue Wirtschaft", M. 2.—; „Zeitliches", M. 2.40; „An Deutschlands Jugend", M. 2.40; „Nach der Flut", M. 1.65. Dazu kommen zwei Vorträge: „Deutschlands Rohstoffversorgung", M. 1.—, und „Probleme der Friedenswirtschaft", M. 1.—, „Vom neuen Staate", M. 1.35. • Sämtliche Werke sind erschienen bei S. Fischers Verlag in Berlin.

"Stuttgart-Schloßplatz" Wiedergabe einer Originalzeichnung von Professor Heine Rath-Stuttgart.

Gleichsam als Fortsetzung des Buches „Von kommenden Dingen" und als Ergänzung zu dem Vortrag über „Probleme der Friedenswirtschaft" erschien dann im Anfang des Jahres 1918 „Die neue Wirtschaft" und 1919, also nach erfolgter Revolution, das Buch „Nach der Flut", in welch letzterem Rathenau darauf hinweisen kann, daß eine ganze Reihe seiner Voraussagungen sich verwirklicht haben, wenn auch manches anders geworden ist, als er es sich dachte. Gleichzeitig stellt er eine Anzahl neuer Forderungen auf und entwickelt die Pläne, nach denen er die Gesundung der wirtschaftlichen und politischen Verhältnisse Deutschlands allein für möglich und erreichbar hält.

Insbesondere in seinen neueren Werken wirft sich Rathenau geradezu als den Retter Deutschlands durch das von ihm vertretene Organisationssystem auf.

Rathenau verlangt eine Wandlung der Menschheit zum Höheren in der Weise, daß jeder seinen Teil zur Entwicklung und idealen Hebung des Ganzen beiträgt. Ein jeder soll Selbstverleugnung üben und über dies hinaus seinen minder gut veranlagten Mitmenschen auf seine höhere Stufe zu ziehen helfen. Wir sehen, hinsichtlich der Weiterentwicklung der Menschheit zeigt sich Rathenau als Idealist; auch im Schlußwort des Büchleins „Die neue Wirtschaft" offenbart sich dies. Er sagt da:

„Unserem deutschen Gewissen ist es bestimmt, das Schwerere „zu erfassen, das Härtere zu entringen; einzufühlen, umzudenken, „in die Tiefe göttlichen Willens zu sinken, das große Geschehen „umzulenken und es seiner inneren, innerlichen Bestimmung ent„gegenzutragen. Das ist deutsche Sendung."

Über die staatsrechtliche Form des von ihm empfohlenen Volksstaats gibt übrigens Rathenau keine scharf umgrenzten Angaben. Er betont, daß es überall auf den Geist ankommt, der die Einrichtungen erfüllt, so daß die Form zur Nebensache wird.

Für den wirtschaftlichen Ausgleich und die soziale Freiheit stellt Rathenau in den „Kommenden Dingen" folgende Grundsätze auf:

„Der Gesamtertrag menschlicher Arbeit ist zu jeder Zeit begrenzt. „Verbrauch — wie Wirtschaft überhaupt — ist nicht Sache des „Einzelnen, sondern der Gemeinschaft. Aller Verbrauch belastet „die Weltarbeit und den Weltertrag. Luxus und Absperrung unter„liegen dem Gemeinwillen und sind nur soweit zu dulden, als die „Stillung jedes unmittelbaren und echten Bedarfs es zuläßt."

Ferner:

„Ausgleich des Besitzes und Einkommens ist ein Gebot der Sitt„lichkeit und der Wirtschaft. Aus seinen Mitteln hat der Staat „für Beseitigung aller Not zu sorgen. Verschiedenheit der Einkünfte „und Vermögen ist zulässig, doch darf sie nicht zu einseitiger „Verteilung der Macht und der Genußrechte führen."

Und endlich:

„Beschränkung des Erbrechts, Ausgleich und Hebung der Volks„erziehung sprengen den Abschluß der Wirtschaftsklassen und „vernichten die erbliche Knechtung des untersten Standes. Im „gleichen Sinn wirkt die Beschränkung luxuriösen Verbrauchs, „indem sie die Weltarbeit auf die Erzeugung notwendiger Güter, „gemessen am Arbeitsertrage, ermäßigt."

Diesen Grundsätzen zufolge äußert sich Rathenau in der „Neuen Wirtschaft" über die Stellung der Arbeiter in dem ihm vorschwebenden Volksstaat:

„Die Bestrebungen eines künftigen Sozialismus werden daher „nur, soweit sie dogmatische bleiben wollen, auf kommunistische „Wirtschaft hinwirken; wollen sie Praxis und Gerechtigkeit ver„wirklichen, so werden sie, abgesehen von Tagesfragen des „wirtschaftlichen und politischen Ausgleichs, zwei Richtungen „einschlagen: durch Einwirkung auf Sitte und Recht werden sie „die proletarische Gebundenheit aufgeben, durch innere Umfor„mung der Wirtschaft werden sie ihren Wirkungsgrad so weit „zu steigern suchen, daß der Ertrag menschlicher Arbeit bei natür„licher, unpedantischer Aufteilung dem Einzelnen würdige Lebens„bedingungen und der Gemeinschaft freie Kulturentfaltung sichert."

Hinsichtlich der Bodenreform entsprechen Rathenaus Vorschläge etwa den Bestrebungen des Bundes deutscher Bodenreformer:

„Zwei Säulen der alten Ordnung werden aus der Brandstätte „ragen, die Monopole des großen Landbesitzes und der Boden„schätze. Doch ihnen entzieht sich langsam, so sehr zunächst „die Macht ihrer Hüter anwachsen mag, das Fundament der „Gesetzgebung, dem sie ihren Halt verdanken."

Die Kritik, welche Rathenaus Schriften hervorgerufen hat, ist keineswegs allezeit eine schroff ablehnende gewesen. So wies s. Zt. Friedr. Stampfer im „Vorwärts" auf die Verwandtschaft vieler Rathenauscher Gedanken mit den Plänen der Sozialdemokratie hin, der „Kunstwart" würdigte das Buch „Von kommenden Dingen" in einer ausführlichen Erörterung in anerkennender Weise, wenn er auch manches auszusetzen hatte, die „Frankfurter Zeitung" nannte Rathenaus Bestrebungen ein gutes Vorbild für den Geist der „Neuorientierung", der uns nottut, die „Neue Züricher Zeitung" nennt das Buch „Von kommenden Dingen" ein Bekenntnisbuch, nicht nur ein literarisches Produkt, sondern eine Tat. Die Aufnahme der Werke war also im großen ganzen keine unfreundliche.

Erst neuerlich, nach Herausgabe der „Neuen Wirtschaft", wie des Buches „Nach der Flut", erwächst Rathenau eine schärfere Gegnerschaft.

Selbst ein so angesehener Praktiker in Organisationsfragen wie Generalkonsul Ludwig Roselius, Bremen[*]), lehnt ihn ab; besonders schroff wendet sich Walther Lambach[**]) in seiner Broschüre „Diktator Rathenau" gegen ihn, während der Kölner Soziologe Leopold von Wiese[***]) in seiner Schrift „Freie Wirtschaft" in feiner Weise die Vorschläge Rathenaus bekämpft und in geistvoller Gedankenführung Gegenvorschläge bringt. Wiese ist der Überzeugung, daß Rathenaus Staatssozialismus auf kapitalistischer Grundlage nimmermehr eine Erstarkung der deutschen Wirtschaft zeitigen würde und hat große Bedenken gegen seine monopolartige Wirtschaftspolitik.

Eine ziemlich ausführliche Besprechung hierüber von Dr. Clemens Klein, Berlin, findet sich in Heft 9 der Zeitschrift „Stahl und Eisen" des laufenden Jahrgangs.

So sehr somit das Studium der Schriften Rathenaus empfohlen werden kann, wird man doch gut tun, sich auch gleichzeitig die gegnerischen Arbeiten gründlich anzusehen, um den Wert der ersteren richtig einschätzen zu lernen.   D. M. G.

---

[*]) Ludwig Roselius, „Briefe" (Kommunismus?); Verlag H. M. Hauschild, Bremen. M. 11.—. — [**]) Walther Lambach, „Diktator Rathenau"; Deutschnationale Verlagsanstalt, Hamburg. M. 2.50. — [***]) Leopold von Wiese, „Freie Wirtschaft"; Der Neue Geist-Verlag, Leipzig. M. 3.—.

Kunst ✶ Literatur.

Stuttgart.

Von Alfred Lichtwark.

„Was wir Stadt nennen, ist die sichtbare Hülle eines im letzten Grunde unsichtbaren Lebewesens, der Stadtgemeinde. Die Struktur der Stadt ist über diesen Körper gemodelt wie die des Schneckenhauses über den seiner Bewohnerin." Mit diesen Worten führt Lichtwark in sein Buch „Deutsche Königsstädte" ein, dem der nachfolgende Abschnitt entnommen ist. Er sucht in diesem Buche das äußere Stadtbild nach Grundriß und Aufriß verständlich zu machen aus den inneren Wandlungen, welche die Stadtgemeinde im Laufe der Jahrhunderte erfahren hat. Was hier geschildert wird, ist der Schloßplatz aus dem Jahre 1896. Der Brand des Theaters hat inzwischen einer neueren Zeit den Raum geschaffen, sich mit ihren Bauformen doch noch in ein Bild einzuzwängen, das damals bereits endgültig abgeschlossen schien.

Alfred Lichtwark ist der verstorbene große Hamburger Museums-Direktor, der als erster die Kunst aus einer Angelegenheit reicher Leute zur Volkssache gemacht hat.

. . . Für eine halbe Stunde hat Stuttgart an jedem Sommertag ein wirkliches Forum. Mittags bei der Militärmusik trifft auf dem Königsplatz die ganze Gesellschaft zusammen.

Es blühen gerade die mächtigen Kastanien, die ihn einschließen. Sie tragen so viele weiße Blumen wie Blätter, und die herrlichen Blumenrabatten stehen in vollem Flor. In der weichen Frühlingsluft fühlt man sich hier vor jedem rauhen Winde geschützt, denn prachtvolle Monumentalbauten hegen den Platz an allen Seiten ein. Über ihren Dächern sieht man Häusermassen sich auf die Berglehnen drängen, einzelne Villen wagen sich höher hinauf, und über sie weg lugen die roten Häupter der Hügel herab. Ein köstlicher Fleck Erde.

Wie ich mit Freund Lehrs behaglich im Strom der plaudernden oder lauschenden Gesellschaft schlenderte, das Auge von der Schönheit der Szenerie erfüllt, mit dem Ohr halb unbewußt die anregenden Rhythmen eines Musikstückes aufnehmend, schoß mir plötzlich die Umgebung des Platzes zu einem überwältigenden Bild der modernen Kulturgeschichte zusammen.

✶ ✶
✶

Der Königsplatz in Stuttgart dürfte an Geschlossenheit des geschichtlichen Bildes und an typischer Bedeutsamkeit seiner Teile in der Tat kaum seinesgleichen finden.

Jede Seite stellt eine andere Phase der Entwickelung dar, vom Kampf des mittelalterlichen Fürsten bis auf die breite Sicherheit der modernen Bourgeoisie.

Der Königsplatz gehört in die Kategorie der zweiten — fürstlichen — Stadtzentren. Das bürgerliche erste mit Markt und Rathaus liegt weiter unten in der älteren Stadt.

Er ist wie der Zwinger in Dresden, der Hofgarten in München und der Lustgarten in Berlin ursprünglich ein fürstlicher Garten der Spätrenaissance. Aber sein Schicksal ist ein ganz anderes. Während der Zwinger ein einsames Stück eingehegten Gartens bildet, fast ausschließlich von staunenden Fremden besucht, der Lustgarten in Berlin von hastigen Passanten zur Abkürzung des Weges durcheilt wird, und der Münchener Hofgarten als lauschiges Plätzchen einen Anhang der Arkadencafés bildet, auf dem sich die Münchener Gesellschaft an Kaffeetischen sonnt, ist der Königsplatz der Mittelpunkt des städtischen Lebens geworden, das Forum, auf dem sich alle begegnen, an dem aller Wagenverkehr vorüberstreicht.

Nach der Seite der alten Stadt wird der Platz durch das Gemäuer der ehemaligen Herzogsburg abgeschlossen, die mit Erkern und Giebeln und stumpfroten Dächern über die grünen Kastanien wegschaut, und deren düsteres Eingangstor in der schlichten fensterlosen Wand — die Fenster fingen früher erst im dritten Stock an — sich als dunkel gähnender Schatten in der Mauermasse auftut. Man sieht es von weitem durch die Stämme der Kastanien.

Noch sind die Spuren der Gräben da. Es war eine richtige Festung, zuletzt im 16. Jahrhundert umgebaut, trotzig nach außen und den, der durch das finstere Tor tritt, mit einem heiteren, festlichen Hofraum überraschend, nach dessen Loggien sich einst das häusliche Leben der Bewohner öffnete. Das Äußere ist ganz deutsch, das Innere offenbart den Import italienischer Kultur.

Von dieser hart an die Mauer der Stadt gebauten Burg haben die Herzöge die Stadt beherrscht, von hier den Uradel des Landes bezwungen und fast ausgerottet. Der neue Adel, den sie schufen, trägt neben den aristokratischen Ortsnamen häufig noch den bürgerlichen seines Ursprungs.

Von dem modernen Königsplatz aus mit seiner Regelmäßigkeit und seinem modernen Leben gelangt man durch diese Burg mit zwei Schritten in das Nürnberg

Das beigelegte Blatt „Stuttgart-Schloßplatz" ist die Wiedergabe einer Originalzeichnung von Professor Heine Rath-Stuttgart.

der alten Stadt mit Erkern und Giebeln und allerlei lustigen und malerischen Winkeln. Namentlich gegen Abend hat diese nächste Umgebung der Burg auf der Stadtseite etwas wunderbar Altertümliches, Geschlossenes, Stimmungsvolles. Es ist eine Insel, vom modernen Leben umwogt und unberührt, in seiner Existenz auch heute noch von der Burg geschützt.

* * *

Das ist die Stadtseite. Die Burg ist ein längst überwundener Standpunkt, und der Lustgarten wurde als Königsplatz auf ihren Nachfolger, das Residenzschloß, orientiert.

Als im 18. Jahrhundert die Fürsten keine festen Burgen, in denen sie eine kleine Belagerung behaglich aushalten konnten, mehr nötig hatten, gaben sie dem Gefühl ihrer Sicherheit und dem Bewußtsein ihrer Selbstherrlichkeit durch den Bau der Residenz Ausdruck. Wie ihre Politik und Lebenshaltung nahmen sie auch ihren Baustil aus Frankreich.

Kein Wall, kein Graben, nicht einmal ein Gitter umhegt den mächtig gelagerten Bau mit dem stattlichen corps de logis und den breiten vorspringenden Flügeln, die den offenen Ehrenhof einhegen.

Wo in den dicken Elefantenmauern der Burg und in ihren trotzigen Türmen weit hinauf ursprünglich nur Luglöcher saßen, hat die Residenz schon im Erdgeschoß ihre Enfiladen großer, bis zum Boden reichender Fenster, die weder bei Revolten noch bei den geringsten Putschen irgend eine Verteidigung denkbar machen. Dergleichen Möglichkeiten haben freilich am Horizont der Absoluten um 1750 nicht gedämmert.

Wer nichts als die streng geschlossene Burg mit ihrer inwendigen Fassade und die Residenz mit ihrem breit geöffneten Hof als die Wohnsitze der Fürsten um 1600 und um 1750 zum Ausgangspunkt nähme, könnte sich aus ihrer Erscheinung die ganz entgegengesetzten Lebensformen der Fürsten dieser Zeitalter aufbauen. Kampf ist die Signatur des einen, Behagen und Genuß der Macht die der anderen.

Es scheint fast unverständlich, daß ein Herzog im kleinen Württemberg ein Palais nötig hatte, das selbst in Paris große Figur machen würde. Der Fürst hatte damals eben alle Kräfte des Landes um sich zusammengezogen. Er lebte für das ganze Land, und alles lebte durch ihn und um ihn herum.

Das hat sich heute geändert. Der gegenwärtige König war in dem bescheidenen Hause wohnen geblieben, das er als Kronprinz innegehabt hat. Er füllt mit dem Train seines täglichen Lebens die Residenz seiner absoluten Vorfahren nicht mehr aus. Sie dient ihm zu Repräsentationszwecken.

Somit ist auch sie nun historisiert, die leere Hülle einer ausgestorbenen Daseinsform: des absoluten Fürsten. Der Park, der zur Residenz gehörte, ist längst durch eine Fahrstraße abgetrennt und dem neuen Faktor überlassen, der heute gemeinsam mit dem Fürsten die Gewalt in den Händen hat, dem Bürger.

* * *

Und auch diese neue Macht hat am Königsplatz der Residenz gegenüber ihren monumentalen Ausdruck gesucht.

Es ist die übermächtige Säulenhalle des Königsbaues, der eigentlich Bürgerbau heißen sollte und seinen Namen einer höflichen Huldigung der neuen Macht an die zurücktretende alte verdankt.

Von weitem sieht die mächtige Kolonnade aus, als gehörte sie der großen Diana der Epheser. Kommt man näher, so entdeckt man hinter den Riesensäulen kleine Budiken von Barbieren und Tabakshändlern.

Aber einem Gott ist der Bau dieser kleinen Budiken doch geweiht, dem einzigen, dessen Macht der Mensch der bürgerlichen Kulturepoche im tiefsten Herzen fühlte, Apollo, dem Schützer der Musik. Über den Budiken liegen große Festsäle, die namentlich für die Musikfeste angelegt sind.

Sehr merkwürdig ist der künstlerische Gehalt des Gebäudes, der auf den ersten Blick den Ursprung in einer schlecht equilibrierten Zeit enthüllt, in seiner Maßlosigkeit und Kleinlichkeit ein sprechender Gegensatz zu der Residenz gegenüber, in der alles Maß, Rhythmus, Proportion ist und Selbstsicherheit und Zweckdienlichkeit verrät. Beim Königsbau sind die Säulen zu lang, die Ornamente entweder zu groß oder zu winzig, die Kapitelle maßlos groß unter ganz kleinen Giebeln. Das Ganze ein Nutzbau hinter einer ungeheuren Dekoration verborgen mit der bürgerlichen Devise: Kunst und Verzinsung.

Wer möchte ihn aber an diesem Orte missen?

* * *

Die vierte Seite hat nicht die Einheit der übrigen.

In der Ecke am Schloß liegt die Oper, ein Übergangsbau aus der Zeit, da Fürsten und Volk um die Verfassung rangen. Es ist eine Konzession an das Bürgertum. Der Fürst hatte schon die Kunst nicht mehr für sich allein. Aber noch verbindet eine Galerie — ein Faktum und ein Symbol — das Opernhaus mit der Residenz und macht aus dem freistehenden Gebäude, in das die bürgerliche Gesellschaft aller Stände einströmt, einen Anhang an das Königsschloß. Früher stand an dieser Stelle das berühmte Lusthaus der Herzöge, vielleicht der schönste Bau der deutschen Renaissance, dessen Abbruch ein nationaler Verlust war.

Neben der Oper lagen bis vor kurzem kleine Häuser, die einer Seitenlinie des Königshauses gehören. Jetzt sind sie niedergerissen, und an ihrer Stelle erhebt sich ein großes Zinshaus, unten mit Prachtsälen für ein Café, oben mit Bankiersetagen. Das Ganze mit Kuppeln und Mansarden eine Imitation fürstlicher Schlösser des vergangenen Jahrhunderts, aber diesen Vorbildern nach der

Seite der Verhältnisse und der Formen nicht wesentlich näher als der Königsbau seinen antiken Vorbildern. Das Bürgertum schmückt sich mit den Fetzen fürstlicher Pracht. Alles ist Symbol.

So ist der steinerne Ring der Geschichte, der den Platz umhegt, geschlossen. Eine neue Evolution der Dinge, die einmal kommen wird, kann hier nichts mehr hinzufügen.

Ballonfahrt über dem Bodensee.

Von Wilhelm von Scholz.

Dies berichte ich getreu nach der mündlichen Erzählung eines Teilnehmers an dem ziellosen Fluge über den Bodensee, der, im Herbst 19.. unternommen, fast schlimm geendet hätte, dann aber mit seinen Eindrücken wie mit seinen Gefahren zu einem so starken Erlebnis für die Mitfliegenden wurde, daß, nach den Worten meines Gewährsmannes, sie alle vier „eine ganz neue Lebensanschauung dort oben gewonnen hätten". Ich selber komme auch in dem Bericht vor, aber mitsamt meinem Nachen nur als einer von drei kleinen Strichen, drei Spielzeugkähnchen, die man einmal aus der Ballongondel beobachtete. —

Es war ein klarer, ganz windstiller Spätherbsttag, als mich die Kinder mit frohem Geschrei von der Arbeit riefen: ein Luftballon fliege über dem See. Sie hatten schon zwei Boote flottgemacht und ruderten hinaus, ehe ich kam, das dritte loszubinden. Zwischen den Wipfeln der Uferbäume sah ich groß den ziemlich niedrighängenden, sonnenbeleuchteten Gasball, wie eine in die Atmosphäre gesunkene Weltkugel, sich fast unbewegt in der Fläche spiegeln und mit dem Schleppseil den Glanz über dem Wasser berühren.

Wir erkannten durch das Doppelglas ganz deutlich den Korb mit Seilen, Anker, Ballast, sahen sich Köpfe über die Brüstung neigen — und jetzt lebhaftere Bewegung. Es kam ein sich fast in der Luft auflösender, zitternder, flimmernder Fall kleiner sonnenheller Stäubchen, der eine immer spitzere und dünnere Garbe bildete, je tiefer er kam, und schließlich zu vergehen, zu verlöschen schien. Ein leise perlender, rieselnder Regen rauschte auf die Seefläche nicht weit von uns. Gleichzeitig hob sich der Ball, während das Schleppseil fast dem Griff des Blickes entschwand, und zog, in der höheren, bewegteren Luftschicht kleiner werdend, der breiten Seemitte zu.

Wir fuhren ans Land, noch ganz erfüllt von dem hohen Raum über uns, der durch den hineingesunkenen Ball plötzlich fühlbar, aus Unsichtbarkeit zu einem luftvollen, fast sichtbaren Dasein gekommen war und nun über uns und den halbgelichteten Baumwipfeln unseres Ufergartens nicht mehr verging. Als wir später nocheinmal Ausschau hielten, fing schon Nebel an sich über dem See zu bilden. In der beginnenden Dämmerung war kaum eine kleine Kreislinie im fernen Grau mehr zu unterscheiden. Dann stieß spät abends Wind in den Nebel, daß eine kurze Zeit die Wellen ans Ufer klatschten. Der Nebel schien zu steigen. Und gegen Morgen war Sturm.

Der Luftfahrer erzählte: „Wir wurden mittags zuerst über den Untersee getrieben, der wie eine ruhige Landkarte dalag. Es machte uns Freude, von oben in die kleinen Ortschaften hineinzusehen, über die wir hinwegglitten, in Straßen, Höfe, ummauerte Gärten, die ja alle nach dem Himmel zu offen sind. Die Luftströmung wechselte und trieb uns gegen Konstanz zurück. Wir wurden nicht müde, uns an der bewegten Buchtenlinie des Schweizer Ufers zu freuen, das mit all seinen Höhen — nicht flach, eher wie leicht gewellt — unter uns zurückglitt. Aber erst, als wir Konstanz passiert hatten, vom Obersee ab, begann der Flug Großartigkeit anzunehmen, bis wir schließlich mit unserem Ballon sozusagen ins All hinausgerissen wurden. Es fing an, wie wir über den drei Gondeln standen, aus deren einer Sie zu uns aufsahen: Sie waren für uns freilich nur drei kleine schwimmende Hölzchen. Sie erinnern sich, daß, als wir den Ballast ausgeworfen hatten, der Ballon langsam der Mitte und Breite des Seebeckens zuglitt. Dort kam er wieder ganz zur Ruhe, schien uns aber allmählich weiter zu steigen. Dies war der erste Augenblick völliger Erhabenheit.

Denken Sie sich auf einen ganz hohen, einsam inmitten eines riesigen Landschaftsringes gelegenen Berggipfel, um den, im Kreise über dem klaffenden Abgrund alles Nahen, der Horizont zu Ihrer Höhe emporgestiegen ist! Und nun denken Sie sich diesen Berg plötzlich unter sich hinweggeschwunden und statt dessen, in einem für Sie unmeßbaren Fall, die Fläche eines ungeheuren glatten Spiegels, den Sie nicht als Spiegel empfinden können, sondern als einen in wolkige Tiefe hinabgehenden Raum, in dem Ihr Ballon so unendlich schwebt, daß Sie das Gefühl für Oben und Unten verlieren — dann haben Sie etwas von unserem Eindruck in diesem Augenblick.

Dies Unter-uns, dies herabstürzende Gefühl unter unserem Fuß, das gleichzeitig durch das unbewegte Spiegelbild zu einem Hinaufstürzen wurde — so, als stünden wir hier in der Luft nur durch das Sichaufheben dieser zwei Bewegungen und als könnte das leiseste Schwanken der Gondel das zitternde Gleichgewicht zerstören — dies Unter-uns fühlte ich fortwährend in meinen Füßen und dann die Nerven heraufkommen, als ein Ziehen wie beim Schaukeln, auch wenn ich mich nicht hinunterbeugte, sondern wagrecht nach dem Horizontwall hinübersah.

Während sich nördlich vom Hegau bis zu den Allgäuer Bergen über der schwäbisch-bayerischen Hochebene schmutziggrauer Dunst breitete, dessen dunkle Schicht wie ein atmosphärisches Meer aussah, war der Süden ganz klar: hoch reckte sich der zerhackte Halbring von österreichischen und Schweizer Gebirgen. Das Auge wird unruhig in solcher Unermeßlichkeit. Es flattert wie ein gescheuchter Vogel von Gipfel zu Gipfel.

Wir hingen still in der Luft. Der Führer erzählte, um uns gruseln zu machen, lachend die Geschichte vom wahnsinnigen Luftschiffer, der in einer Höhe wie der unseren die Hängetaue der Gondel durchschnitten hatte und mit seinen Begleitern erst in ein ausgespanntes Wolkentuch und dann in den Vesuv gestürzt war. Die Dame, die mit uns fuhr, ließ bei dieser Erzählung einen halb scherzhaften Schreckenslaut hören und sah ängstlich einmal in die Tiefe, wodurch der Führer nur noch mehr angestachelt wurde und genau schilderte, wie der Wahnsinnige erst immer einen Strick um den andern durchschnitt und zuletzt, als die Gondel noch an einer Seite mit zwei Seilen festhing, in den Tauen bis über den Ring kletterte, von dort die Gondel ganz lostrennte, daß sie in der Tiefe verschwand, während er selbst mit dem Ballon in letzte Höhen davonflog.

Der Führer hatte eben seine Erzählung beendet, als — ehe noch die Dunkelheit hereinbrach — der Spiegel unter unseren Füßen blind, flockig, weich wurde; nicht zu unserer Freude. Nebel bildete sich, Gewölk. In wilden, großartigen Formen klomm es auf. Der Berg, den Sie sich vorhin denken und wieder wegdenken sollten, war plötzlich unter uns da und trug uns. Nur war er nicht aus Stein und Erde, sondern aus rauchigem, glasartigem, halb durchsichtigem, halb milchigem Dunst, der in bizarren Wolkenschroffen bis tief hinabreichte, wo vorher der Seespiegel glänzte. Das Gebilde schien bald unwirklich, vergehend, geisterhaft, fließend, wie aus verschwimmenden Strahlen erzeugt — bald wieder ruhend und fest. Wir waren im Entstehen der Wolken.

Überall fing es zu werden an und umformte, überwölbte uns, durchsichtig noch, wie eine riesige phantastische Spitzkuppel, deren verworrene Rippen und Gewölbe, Wolken auf Nebel ruhten. Ich hatte jetzt das Gefühl, als schwebten wir wie eine Ampel an langer Kette in dem Luftdom, der sich mit Zauberschnelle um uns aufgebaut hatte. Plötzlich wallte er zu Chaos zusammen. Wind mochte eingesetzt haben und uns treiben. Wir merkten ihn nicht, weil wir mit ihm wehten, nun ganz umhüllt von den kalten Dämpfen des Nebels, die dunkler und dunkler wurden. Wenn wir unsere elektrischen Lampen anrieben, fielen gespenstisch körperhafte Schattenkegel von uns bis tief in das flirrende Grau und rührten gleichzeitig mit der Hand noch an uns selbst. Wo waren wir? Wohin trieben wir? Der Nebel, der schon auf dem Erdboden mit seinen feinkörnigen Wasserwänden jedes Haus, jeden Chausseebaum, jedes Wegstück von zehn Schritten, in Einsamkeit vermauert, schafft hier oben eine unerhörte, unbeschreibliche Einsamkeit. Es ist so, als ob Sie in der Tiefe des Meeres wären, in der jede Orientierung, jedes Ortsbewußtsein rettungslos ertrinkt. Wir warfen Ballast aus, um über den Nebel hinauszukommen in den Vollmond. Heller und heller wurde die graue Schicht, die neben uns in die Tiefe sank. Jetzt wurde sie dünner, und trotz immer zunehmender Lichtkeit wurde schweres blaues Dunkel stückweise in ihr sichtbar; sie löste sich in Fetzen und Flocken auf, über denen klarer Nachthimmel stand. Wurden wir erst jetzt der ganzen Bewegung inne oder flogen wir jetzt rascher — sobald der Ballon sich aus den Nebeln herausgearbeitet hatte, schien er fast emporzuspringen: rasch verkleinerte sich sein Kugelschatten, den der hohe Mond auf die Nebelfläche warf.

Es war noch einmal ein Verlassen der Erde und alles Irdischen, nicht wie erst, um in die Lüfte zu fliegen — jetzt in den Weltenraum. Das Wolkenmeer lag ganz weiß unter uns wie ein riesiges Schneefeld: ohne Leben, kalt, unendlich. Die Raumkuppel über uns war von so reiner schwarzer Klarheit, daß kaum um die Mondscheibe, die uns manchmal über dem Ballon entschwand, ein wenig Nebenhelle war. Hart stand ihr Kreis vor dem Samt des Raumes, in dem die Sterne wie Edelsteinnadeln steckten.

Ich gestehe, daß ich in den Nebelstürzen, durch die wir hinaufstiegen, von leisem Grauen erfaßt war. Jetzt fühlte ich mich frei und erlöst. Es hätte mich nicht mehr mit Schrecken erfüllt, wenn die ungeheure weiße Fläche unter uns sich nach abwärts zur Kugel gewölbt hätte und wir von der Erde fort in die Unendlichkeit gestiegen, gesunken wären, in deren Riesenraum ich mich nie so gefühlt habe, wie in dieser Stunde.

Während wir vier — der Führer, ein Freund von ihm mit seiner Gattin und ich — über dem Untersee und seinen Städtchen noch manches Wort gesprochen, uns gegenseitig auf dies und das aufmerksam gemacht hatten, waren wir schon über der Spiegeltiefe sehr schweigsam. Jetzt sprachen wir lange kein Wort.

Es war empfindlich kalt geworden; trotz Pelzen, Schals, Ohrenklappen, Fußsäcken, Decken und Tüchern froren wir — was indessen der Gewalt des ungeheuren Raumbildes keinen Eintrag tat. Wohl einige Stunden blieb es ohne Veränderung.

„Steigt der Nebel so?"

„Nein. Wir fallen plötzlich."

Es wurde Ballast ausgeworfen. Der Ballon hüpfte, begann aber gleich wieder zu sinken. Offenbar waren wir in einen schrägen Windstrom gekommen, der uns auf das Nebelmeer hinabführte, dessen Oberfläche wild und wolkig aussah. Schon griffen seine Wellen um die Gondel, schon um den Ballon — und wieder waren wir im Chaos.

Der Mond war, noch ehe das Fallen begann, vor frühestem Tagesgrauen verblichen, das nun mit uns in die bewegte Dunstmasse einsank.

Der Führer beobachtete sorglich und gespannt nach unten. Jetzt kam es aus der Tiefe wie ganz fernes Pfeifen des Windes. Das Pfeifen kam näher, wuchs. Wir mußten auf den Ruf des Führers fest in die Taue greifen, um uns hochziehen zu können. So hingen wir in ängstlicher Spannung.

„Sollen wir nicht Ballast auswerfen?"

„Es würde jetzt nichts nützen. Die Luft ist zu stark. Hier würden wir ihn verschwenden. Wir müssen auf unseren guten Stern vertrauen."

Wir blickten uns fest und ernst an. Das Pfeifen des Windes war jetzt ganz nahe, auch merkten wir deutlich, wie die Gondel sich manchmal stark auf die Seite legte und anzustreifen schien.

Ein Ruck! Waren wir in einen Wirbelwind geraten, der uns zurückriß, oder hatten wir eine Sekunde an etwas Festem; einer Felszacke gehangen? Wieder hatte die Gondel ganz schief gelegen, so daß ich auf den Führer zu fallen fürchtete. Immer noch sahen wir nichts, fühlten aber — wie man im Dunkel des Hauses ohne Berührung einen Schrank, einen Pfosten fühlt — im Undurchsichtigen Erdmassen, Raumgewalten um uns, unter uns. Lange Zeit. Meine Hände im Geseil waren ganz steif geworden, trotz der Pelzhandschuhe.

Jetzt — einen Augenblick Helle: ein Schneefeld schoß unter uns weg, eine schwarze nasse Steinwand glitt neben uns in die Tiefe. Feiner Schnee wirbelte. Es war kein Zweifel, daß wir im nächsten Augenblick irgendwo zerschellen, günstigerenfalls in einem Schneefeld enden konnten — von dem wir vielleicht nie zu Tal fanden. Denn wir wußten jetzt, daß wir in etwa dreitausend Meter Höhe Schweizer oder Tiroler Berge überflogen, richtiger: in ihnen flogen. So sah die Gefahr wirklich aus, von der wir Märchen erzählt hatten. —

„Festhalten!!" hörte ich plötzlich von unten den Führer schreien, und sah, wie unsere Begleiterin am oberen Rand des schräg liegenden Korbes nur noch mit einer Hand hing und zu fallen drohte. Der nächste Stoß konnte sie herausschleudern.

Während ich bisher apathisch, starr und eigentlich ohne das zu sehen, worauf ich starrte, immer nur ein Viereck zwischen Seilen und das wirbelnde Grau im Blick gehabt hatte, sah ich jetzt das Gesicht der Schwankenden neben mir, die ich doch nicht stützen konnte. Sie war kreidebleich; in ihrem angstvollen, wie gekrampften Blick stand Verzweiflung. Verzweiflung schien auch die schwere Bewegung ihres linken Armes zu führen, als sie die Hand mühsam wieder in die Taue schob.

Gleich darauf wurden wir fast umgeworfen, so schlug der Korb gegen irgendein Unsichtbares.

„Festhalten! Es ist nichts geschehen. Festhalten!"

Wieder klammerte ich mich in die Seile und stemmte die Füße auf den immer entgleitenden Boden der Gondel. Ich war völlig bereit und schloß die Augen...

Als ich sie nach vielem Drehen, Schwenken, Schaukeln, das mir aber weniger heftiger vorkam, wieder öffnete, war es heller geworden.

Wir sahen uns an; wir bekräftigten uns, daß es heller und stiller geworden sei.

Plötzlich hingen wir aus den Wolken heraus in eine lichte Tiefe, ein Tal mit Fluß, Dörfern, grünen Wiesen, hellen Straßen, das schnell unter uns fortglitt. Wir atmeten auf. Aber wir hatten, ehe wir mühsam in der Nähe von Chur landeten, noch schwere Anstrengung und auch erneute Gefahr durchzumachen. Lange streifte unsere Gondel so niedrig über den Boden hin, daß sie fortwährend anschlug, sich umlegte, hochgerissen wurde, niedersauste, sprang, bis der Ballon endlich in einem Baumgerippe hängen blieb und wir nach manchem kräftigen Rippenstoß aussteigen konnten. Das war der letzte, unerhörteste Moment: wie wir taumelnd endlich wieder auf der Erde standen. Sie haben eine ganz schwache Spur davon gewiß einmal gefühlt, wenn Sie nach einer stürmischen Seefahrt festes Land betraten. Die Erde schien wie im Erdbeben zu zucken und mich umstoßen zu wollen, so daß ich mich an einem Baum halten mußte. Der Boden kam dann in ein kurzes Schwanken und Schaukeln, Steigen und Sinken, das noch Stunden nachher anhielt.

Und doch war es ein wundervolles Gefühl, wenn auch nur halbfest, wieder auf diesem zuckenden und schwankenden alten Planeten zu stehen, selbst die Ameisenstrecke unserer täglichen Wege laufen zu können — statt an einen Ball gebunden Meilen durch die Lüfte gehoben, getragen, gerissen zu werden — zu fliegen."

Mir tauchte, als der Erzähler geendet, wieder das seltsam stille, schwebende Raumbild auf, wie der Ballon am Nachmittag seiner Ausfahrt über dem Seespiegel und unseren Gondeln groß und dunkel in der Luft gestanden und das Gefühl der Wolkenhöhe in uns zurückgelassen hatte, in die er langsam hineinschwand, unbekanntem Schicksal zu.

* * *

Quellennachweis: Prof. A. Lichtwark: Stuttgart, aus „Deutsche Königsstädte". Verlag Br. Cassirer, Berlin NW. • W. v. Scholz: Ballonfahrt über dem Bodensee, aus „Die Beichte", Erzählungen. Verlag Georg Müller - München 1919.

Herausgegeben von der Daimler-Motoren-Gesellschaft in Stuttgart-Untertürkheim. • Druck bei Greiner & Pfeiffer, Buchdruckerei, Stuttgart. Alle Rechte vorbehalten. • Zuschriften an die Schriftleitung: Friedrich Muff, Stuttgart-Untertürkheim.

(15. 7. 1919.)

DAIMLER WERKZEITUNG
1919 Nr. 4

INHALTSVERZEICHNIS

Leonardo da Vinci. ** Der Italiener als Arbeiter. Von Diplom-Ingenieur H. Groß. ** Italien und Deutschland. Von Dr. E. Rosenstock. ** Der Aufschwung der italienischen Automobilindustrie. ** Der Abendmahlsmaler. Von C. L. Schleich. ** Leonardo schreibt an den Herzog. ** Leonardo beim Herzog. ** Der Meister.

Die am Schluß mit D. M. G. bezeichneten Arbeiten stammen von Werksangehörigen.

Leonardo da Vinci.

Wer ist der Stammvater der heutigen Technik?

Das Millionenheer der Technik und Industrie flutet heute mit gewaltigem Anprall hinein in die Staatsmaschine. Der Industriearbeiter will den Staat regieren und die Beamten ersetzen. Der Ingenieur und der Techniker wollen die Juristen verdrängen. Aus den Fabriken und Laboratorien strömen sie alle in die Politik. Der Techniker, bisher über seinen Schraubstock oder seine Zeichenblätter gebeugt, will hinaus aus seinem Arbeitsraum, um die von Soldaten und Juristen bisher geleitete Volksordnung endlich nach technischen und wissenschaftlichen Grundsätzen, d. h. naturgesetzlich und sozialistisch aufzubauen.

Entdecken die Techniker damit vielleicht ihre eigene ursprüngliche Vergangenheit wieder? Liegt ihnen die Politik von Haus aus nahe? Waren die ersten Männer der Industrie und Technik leidenschaftliche Politiker oder scharfsinnige mathematische Rechengenies? War es ein Pionier im Kriegsdienst oder ein fürstlicher Beamter, ein geldgieriger Spekulant oder ein ehrgeiziger Erfinder? Und brechen die Eigenschaften des Ahnherrn heute in seinen geistigen Erben wieder hervor?

Nichts von alledem ist der Fall. Der Stammvater der heutigen Technik ist nicht in dem Klassenkampf der Gesellschaft erwachsen. Wie ein Baum wurzelt er unmittelbar, unberührt von der Konkurrenz zwischen den Menschen, in der Mutter Erde. Der Stammvater der heutigen Technik ist ein in sich gekehrter Mensch, abseits von der Menge, ein Künstler.

Leonardo ist 1452 nahe dem Dorfe Vinci bei Florenz geboren und vor jetzt vierhundert Jahren, am 2. Mai 1519, gestorben.

Er ist eines Bauernmädchens unehelicher Sohn, und obwohl er bei seinem Vater in der Stadt aufwuchs, hat er doch seiner Mutter bis an ihr Sterbebett die Treue gehalten. Wohl möglich, daß er dieser Abstammung die unmittelbare innige Fühlung für alle Regungen der Kräfte und Stoffe in der Natur verdankt. Im steinernen Florentiner Stadthaus allein wäre er dafür schwerlich so feinhörig geblieben.

Leonardo wuchs im politischen Mittelpunkt Italiens, in der größten Kaufmannstadt der Zeit, auf; aber niemals hat er sich mit Politik befaßt oder Handelsgeschäfte getrieben. Dadurch unterschied er sich von seinen damaligen Genossen in der Kunst, die ihn vor allem berühmt gemacht hat, in der Bildhauerei und der Malerei. An jugendlicher Frische und Liebenswürdigkeit hingegen wetteiferte er mit ihnen und übertraf sie alle durch sein elegantes und ebenso leichtes wie sicheres Auftreten. Als Maler soll er schon mit zwanzig Jahren seinen Lehrer so sehr überwältigt haben, daß dieser sich beschämt verschwor, keinen Pinsel mehr anzurühren. Er hat dann in Mailand ein erstaunliches Reiterstandbild, 26 Fuß hoch, aus Bronze errichtet, das die Franzosen nach Paris verbringen wollten; so sehr wurde es von allen bewundert. In Florenz malte er ein Wandbild, zu dem dreißig Jahre lang jeder Maler, der in die Stadt kam, pilgerte, um daran das Malen zu erlernen, so auch der berühmte Raffael. In einer Kirche bei Mailand verfertigte er in sieben langen Jahren eines der Wunderwerke der italienischen Kunst: das große Abendmahl Jesu und seiner Jünger. Und der König von Frankreich kaufte ihm für 4000 Goldstücke das Bildnis der Mona Lisa del Giocondo ab, an dem er vier Jahre hindurch ununterbrochen gemalt hatte. Um die Frau nicht zu ermüden, ließ er Musik vor ihr spielen und Possendichter in seinem Atelier auftreten. Dafür gelang es ihm aber auch, das Lächeln in ihrem Gesicht so hinreißend auf der Leinwand festzuhalten, daß noch 1913 ein leidenschaftlicher Italiener das Bild nach Florenz zurückentführte; und die begeisterten Florentiner tauften darauf das Gasthaus, in dem der Dieb abstieg, nach der Frau auf diesem Bilde „Zur Gioconda" um.

Aber noch bevor Leonardo der größte Maler seiner Zeit geworden war, als er sich dazu noch lernend vorbereitete, lehrte er bereits alle seine Zeitgenossen Dinge, in denen er nur die Natur selbst zu seiner Lehrmeisterin genommen hatte. Darin unterschied er sich von seinen Zeitgenossen. So wenig nämlich wie um die Politik und den Handel kümmerte er sich sonderlich um die alten lateinischen und griechischen Bücher, die zu seiner Zeit sonst von allen verschlungen wurden und deren Wiederentdeckung und Wiederbelebung der Zeit von 1450 bis 1520, also Leonardos Lebenszeit, den Namen Renaissance, Wiedergeburt, eingetragen hat. Statt dessen suchte er die Natur, suchte er das Schöne, das sein Pinsel und Meißel gestaltete, zu erforschen. Er untersuchte den Bau des menschlichen Auges, mit dem wir das Schöne ja allein wahrnehmen können, und die Gesetze der Perspektive. Von da drang er weiter und studierte die mathematischen Gesetze der Flächen und Körper, die Formen der Tiere und Pflanzen. Er trieb Anatomie so leidenschaftlich, daß seine Neider ihn nicht härter treffen zu können meinten, als indem sie ihm vorübergehend das Zerschneiden von Leichenteilen verbieten ließen. Er unternahm eine mehrjährige Reise nach Ägypten und Armenien. Als er heimkam, wurde er dem Herzog von Mailand als Meister in der Musik und im Bau von Musikinstrumenten empfohlen. Er selbst aber legte auf seine Fähigkeiten, Auge und Ohr des Menschen zu befriedigen, den geringsten Wert und empfahl sich dem Herzog als — Festungsbauer und Pionieroffizier. Er erfand Explosivkörper und Kanonen, besondere Kampfwagen und Feldgeräte in großer Zahl. Vor allem verlangte es ihn aber, die Sümpfe bei Mailand und bei seiner Vaterstadt Florenz in Ackerland zu verwandeln, und er entwarf die Pläne zu einem großartigen Kanalsystem. Als später sein neuer Herr, der Herzog Cesare Borgia, sich ein neues Fürstentum gründete, zeichnete Leonardo auf sechs riesigen Blättern ein genaues geographisches Kartenbild des Gebiets. Währenddessen versuchte er bei jedem neuen Bild auch neue Malweisen und erfand unablässig andere Lacke, Farben und Firnisse, als bis dahin bekannt waren. Maschinen waren damals noch fast unbekannt. Er verbesserte die Sägen, so daß sie vor- und rückwärts schnitten. Und seine Marmorsäge ist heute noch in den großen Steinbrüchen von Carrara in Verwendung. Er erfand die beste Seilermaschine, die man kennt. Für die berühmten Florentiner Tuchfabriken erfand er Schermaschinen, die zweihundertfünfzig Jahre später, nämlich 1758, in England als neueste Erfindung unter heftigem Widerstand der Arbeiter eingeführt worden sind. Aber er verstieg sich auch bereits dazu, eine Kirche in Florenz von ihrem Sockel aufheben zu wollen, und auf einen neuen marmornen Fuß wieder niederzulassen, ein Hebeverfahren, das erst neuerdings in Amerika und bei uns ausgebildet worden ist. Das Verhalten der Steinmassen, das er bei solchen Plänen ergründete, führte ihn weiter zur Erkenntnis der Gesetze des Falls, der Schwerkraft, der Bewegung der Erde, der Wellenbewegung des Meeres und anderer erst im Laufe der folgenden vierhundert Jahre von vielen tausenden einzelner Forscher ermittelter Tatsachen und Regeln. Dabei verschmähte er nicht, sich auf seiner Fensterbank in Rom eine kleine Spiegelfabrik herzurichten und seinen deutschen Gehilfen, der das Fabrikgeheimnis zu verraten drohte, scharf zu überwachen.

So vollständig durchlief dieser eine einzige Mensch alle Fragen und Aufgaben der kommenden Geschlechter, daß er sogar das letzte Problem dieser vier Jahrhunderte: den menschlichen Flug, richtig erfaßt hat. Er beruhigte sich nämlich nicht

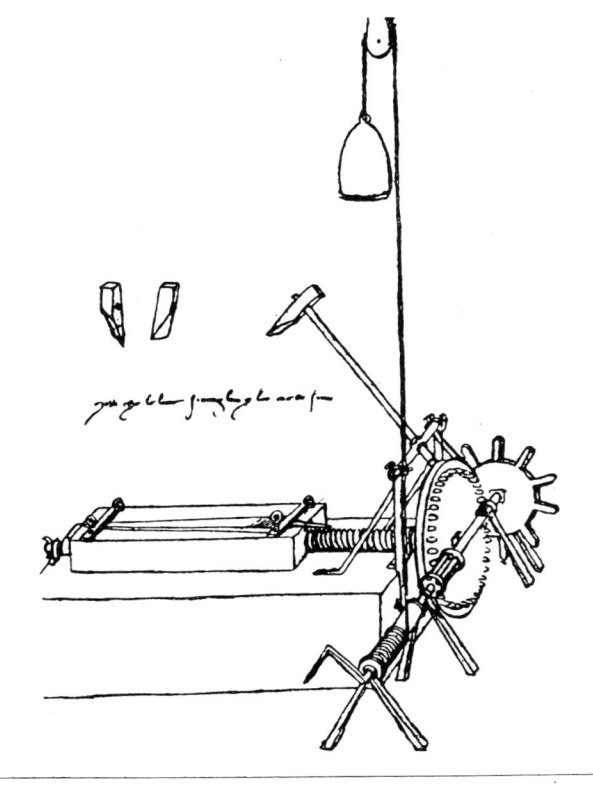

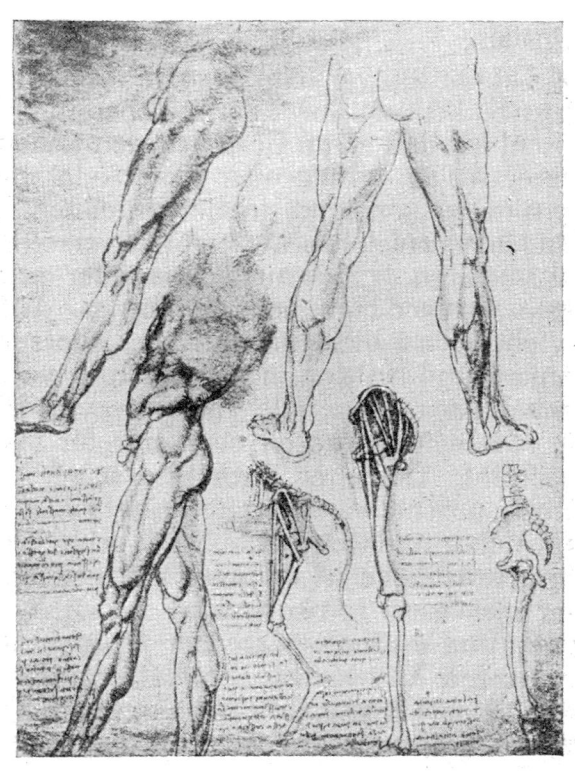

Feilenhaumaschine — Mausoleum — Anatomische Studien

dabei, nur den Vogelflug zu studieren und Vogelflügel nachzubilden, sondern verfiel schon auf den Bau des modernen Flugzeugs, der Luftschraube, „die sich ihre Mutter in der Luft selbst macht".

So mußten die Natur des Menschen, die Kräfte und Stoffe der Erde, die Farben und Töne der Kunst, die Zahlen und Linien der Mathematik, ihm alle ihre Geheimnisse preisgeben. Er formte die Dinge mit eigener Hand — er war so stark, daß er ein Hufeisen in der Hand zerbrechen konnte — und sein Geist bestimmte gleichzeitig ihre Gesetze. Alles wurde ihm zur mathematisch klaren Formel. So hat er auch als einer der ersten Christen die arabischen Zeichen + und — in seinen Rechnungen verwendet. Scheu blickten die abergläubischen Menschen der Renaissance auf den großen Zauberer, der Handwerker und Gelehrter, Arbeiter und Ingenieur in einer Person war.

Es ist darum kein Zufall, daß heute sein vierhundertster Todestag noch die Aufmerksamkeit erzwingt. Denn er verkörpert wie eine ungeheure Vorahnung alles das industrielle und technische und künstlerische Leben, das sich dann in der Folge durch die Arbeit von über zwölf Generationen bis auf den heutigen Tag entfaltet hat. An der Wiege der Technik steht also nicht der Politiker oder der Geldmensch, sondern der ruhige, in sich gekehrte, mit der Mutter Natur durch Ahnung und Gefühl tief verknüpfte einsame Künstler.

Leonardo war ein in sich vollkommener Mensch, bedürfnislos; von solcher innerer Gelassenheit, daß er im Gespräch den andern ganz wie er wollte, zornig oder heiter oder gierig zu zu stimmen verstand, in der geheimen Absicht, sein Mienenspiel, ja seine von Wut verzerrte Fratze zu studieren. Er brauchte, je älter er wurde, desto weniger Freunde oder Diener. Wohl um unbehelligt zu bleiben, schrieb er alle seine Gedanken und Notizen in Spiegelschrift von rechts nach links nieder. Die Tausende von Blättern, die er beschrieb, waren eben nur für ihn selbst bestimmt. Baute er doch alle seine Apparate selber, mischte eigenhändig seine neuen Farben und nahm nur wenig Schüler in seine Werkstatt. Von Frauenliebe ist er unberührt geblieben. Er war gleichsam mit sich selbst vermählt, in sich rund, und bedurfte nicht der Ergänzung durch das andere Geschlecht. So hat er wie ein Gott die Welt der Gegenstände um sich her mit Zauberfingern umgeschaffen, mit Seheraugen geordnet und berechnet.

Aber es ist, als habe das Schicksal die nachfolgenden Geschlechter nicht entmutigen wollen. Derselbe Mann, der in sich das Programm für die Arbeit von vier Jahrhunderten verkörpert, durfte doch nichts von all seinem Können unmittelbar vererben. Das mächtige Bronzebild in Mailand wurde zerstört, das von allen Malern zum Muster genommene Wandbild in Florenz war nach wenigen Jahrzehnten unkenntlich geworden. Und ein ähnlicher Unstern hat über seinem ganzen Lebenswerk gewaltet. Nicht zehn echte und vollständige Bilder von seiner Hand sind uns erhalten. Seine Schriften und Entwürfe blieben verborgen, bis sie im neunzehnten Jahrhundert aus dem Staub der Bibliotheken hervorgezogen und gedruckt wurden. Von seinen fertigen Werken blieb also nur gerade so viel erhalten, z. B. sein Buch über die Malerei, um den Ruhm seines Namens hindurch zu retten bis auf den heutigen Tag. Der Weg, auf dem er wirkte, mußte also ein geheimnisvoller sein: Seine Werke und sein Leben hinterließen in den Seelen seiner Zeitgenossen so unauslöschliche Eindrücke, daß sie dadurch die Welt mit veränderten Augen ansahen. In lebendige Seelen hat er seine Kunst und sein Wissen hinein gezeugt, als müßten sie erst in viele Menschen hineingebettet werden und dort Frucht tragen, um ihren ganzen Wert zu bekunden. Dies mächtige Fortwirken des Künstlers trotz des Untergangs aller seiner Werke muß uns zu denken geben. An den fertigen Gebilden der Technik liegt also nicht alles. Sondern wenn nur in den Menschen die Geheimnisse der Natur und der Schönheit lebendig sind, so mag die Roheit der Zeit die äußeren Bauten zerstören. Museen oder Fabriken können vernichtet werden; wenn die Menschen eines Zeitalters dieser Museen oder dieser Technik wert sein sollen, so müssen sie die Bilder und Vorstellungen davon so unauslöschlich tief in ihrem Herzen hegen, daß die äußere Welt leicht und schöner wiederaufgebaut werden kann.

Heute also hat Leonardo da Vincis Allweisheit nicht eine, sondern Dutzende von Künsten und Wissenschaften aus sich entfaltet. Nicht Tausende, sondern Millionen von Menschen, Arbeiter und Ingenieure, Techniker und Gelehrte über die ganze Erde hin teilen sich in die Gebiete, die er noch allesamt umfaßte, weil er tief und ganz in der Schöpfung wurzelte. Aber herrscht in der Welt der Technik, in der Arbeitsteilung der die Erdkräfte meisternden Menschen auch jene weisheitsvolle Harmonie, die Leonardos eigene Persönlichkeit durchwaltete? Anders gestaltet sich die Arbeitsteilung im einzelnen Menschen, anders unter der Menge von Genossen. Leonardo war die innere Harmonie angeboren. Von den Millionen, die heute seine Gedanken verwirklichen, muß sie erst in mühsamem Ringen aufgebaut werden. Es ist kein Zufall, daß Leonardo aller Politik und aller Industrie fernblieb. Er stellte in sich selbst ein gewaltiges Königreich dar, das in sich einig war. Die Kunst des Gemeinschaftslebens kann die Welt der Technik nicht bei ihm lernen. So tritt sie heute, vierhundert Jahre nach seinem Tode, vor eine neue Aufgabe. An die Stelle der technischen treten die sozialen Rätsel; an die Stelle der Unterwerfung der Naturkräfte tritt die Ordnung der menschlichen Kräfte und Leidenschaften. Das Volk der Arbeit steht vor der Aufgabe, sich als Ganzes zu einem so harmonischen großen Menschen aufzubauen, wie sein geistiger Ahnherr Leonardo da Vinci selbst durch die Gnade der Geburt als einzelner Mensch vor ihm steht. Seine Gaben hat Leonardo der Nachwelt vererben dürfen. Das Geheimnis seiner Menschlichkeit muß erst noch offenbar werden als Ordnung des arbeitenden Volks. Trotz all der Wunder und Rätsel der Schöpfung, die der Genius des Menschen erforscht, bleibt er selbst das wunderreichste und rätselvollste Geschöpf der Erde.

Leonardo-Alphabet.

Einiges von dem, was er erfunden, berechnet, konstruiert und gebaut hat.

Armbrust	Festungsbau	Laufwerke	Schrapnell
Arnokanal	Festzüge	Leitungen	Schraubenschneider
Atmen unter Wasser	Flugmaschine	Licht	Schrittzähler
Aufzüge	Formmaschine	Luftfeuchtigkeitsmesser	Schwimmgurte
Bagger	Froschklemme	Luftschraube	Schwungrad
Bandbremse	Gebläse	Magnet	Seilbrücke
Bastionen	Gelenkketten	Materialprüfung	Seilerei
Bau von Straßen	Geschosse	Mauerbrecher	Signale
Belagerungsmaschinen	Geschütze	Mausoleum	Sonnenentfernung
Blasbälge	Gewehre	Minen	Spinnmaschine
Bleilöten	Gewinde	Münzapparat	Ställe
Bleiwalzen	Glasguß	Musikinstrumente	Stockwerkstraße
Bohrmaschine	Glaslinsen	Nadelfabrikation	Stoßgesetze
Boote mit Schaufelrädern	Glaszylinder	Naturselbstdruck	Sumpfentwässerung
Brander	Goldwalzen	Nivellieren	Tauchanzug
Bratenwender	Granaten	Öfen	Treppen
Bremse	Gußofen	Ölpressen	Trockenbagger
Brille für Schnee, für Taucher	Hammer, mechanischer	Orgelpfeifen	Trommel, mechanische
Bronzeguß	Hausbauten	Ovalzirkel	Tuchschermaschine
Brücken	Hebeklaue	Parabelzirkel	Turbine für Warmluft
Brunnen	Heuböden	Pendel	Uhren
Dächerlöten	Hinterlader	Perpetuum mobile	Verdampfung
Dachplatten	Höhenmesser	Pumpe	Vogelflug
Dampfgebläse	Hohlspiegel	Radschiff	Wagenwinde
Dampfgeschütz	Hörrohr	Radschloß	Walzwerke
Denkmäler	Kamin	Rammsporn	Wärmekraftmaschine
Destillier-Apparat	Kampfwagen (Tank)	Rebhühner-Mörser	Wäschepresse
Drahtseil	Kanäle	Reibungswiderstand	Wasserleitung
Drahtziehen	Kanalschleusen	Relais, mechanisches	Weckeruhr
Drechselbank	Kasematten	Rettungsapparat	Weinpressen
Drehbank	Kompaß	Rollenlager	Werkzeugmaschine
Drehbrücke	Korkzieher	Sägewerk	Widerstandprüfung
Drehfenster	Kostüme	Säulenaufrichter	Windfänge
Drehkrane	Krane	Schallgesetze	Windmesser
Druckerpresse	Kreisel	Scheinwerfer	Windmühle
Dunkelkammer	Kriegsmaschinen	Schermaschine	Zählwerke
Erdarbeiten	Krippen	Schiffsbrücke	Zahnrad
Fallschirm	Kunststein	Schleifmaschine	Zahngestänge
Fassonsteine	Lagerzapfen	Schmelzöfen	Zentrifugalpumpe
Feilenhaumaschine	Lampen	Schmirgelmaschine	Zieheisen
Fernrohr	Latrinen	Schornstein	Zylinderschleifen

Angefertigt mit Hilfe von Feldhaus, Leonardo da Vinci, der Techniker und Erfinder.

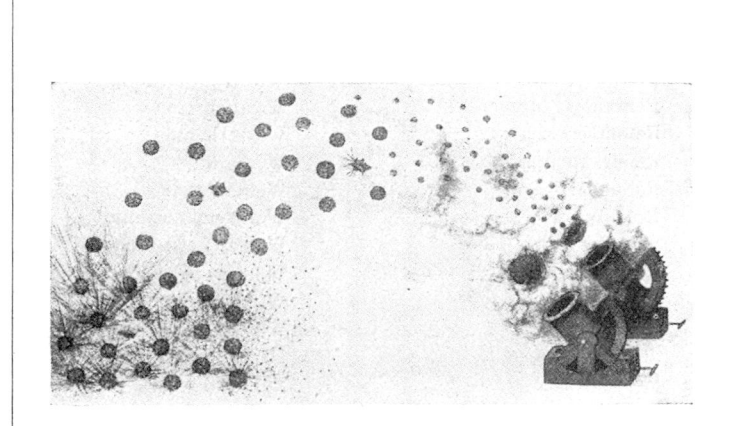

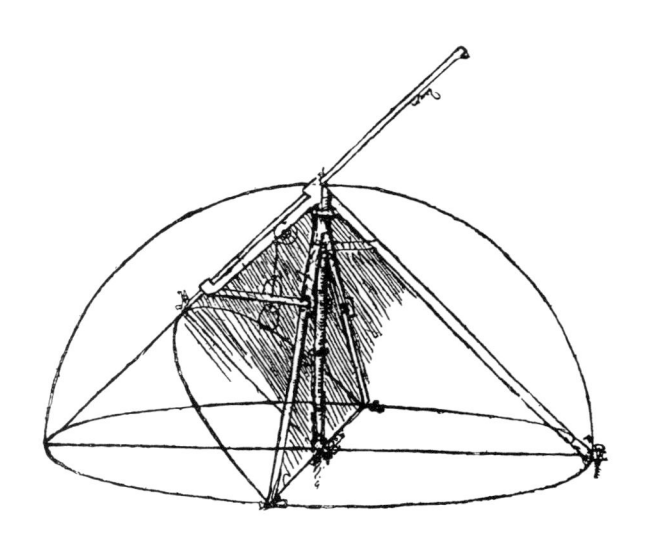

Bombarden   Mona Lisa   Parabelzirkel

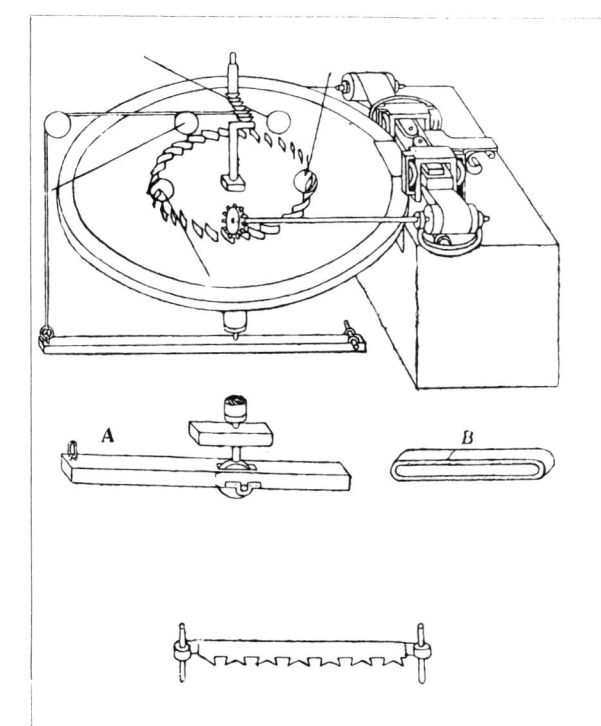

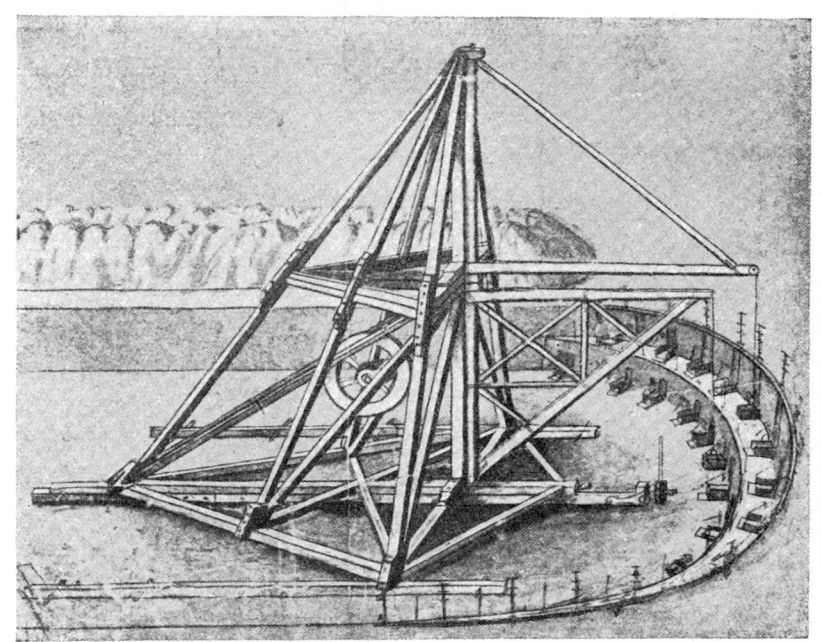

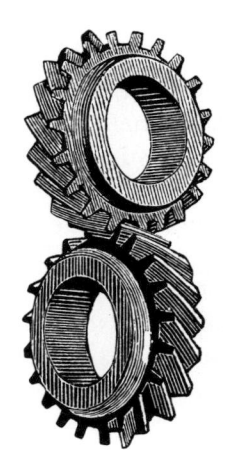

Nadelschleifmaschine   Bagger   Flugmaschine
     Säge   Bronzepferd   Zahnräder

Der Italiener als Arbeiter.

Von Diplom-Ingenieur H. Groß.

Sind die Italiener ein Volk, eben gut genug, um Erdarbeiten zu machen?

Vielfach glaubt man das in Deutschland, weil man nach dem bei uns allein bekannten italienischen Erdarbeiter urteilt. Weit gefehlt! Was bei uns als Erdarbeiter oder im Saargebiet und Lothringen — einst deutschen Landen — als Grubenarbeiter die schwersten Arbeiten leistete, diejenigen, welche den Gotthard und Simplon durchbohrten, und ohne deren Hilfe man in Deutschland auch heute noch keinen Tunnel bauen könnte, stammen aus einer auch jetzt noch ganz industrielosen Gebirgsgegend. Nordöstlich von Verona, im oberen Venetien und in den Berglanden Friauls ist ihre Heimat. Nicht mit ihrem Beruf geben diese Norditaliener ein Gesamtbild vom italienischen Arbeiter, wohl aber mit ihrem Fleiß und ihrer Genügsamkeit. Würde ihnen die heimatliche Scholle Arbeit geben, so wären nicht ganze Dörfer Friauls im Sommer ohne Männer, ebensowenig wie aus dem felsigen Calabrien, der Fußspitze Italiens, nicht Hunderttausende jährlich nach Nord- und Südamerika auswandern müßten, um ihr Brot jenseits des Meeres in schwerer Arbeit zu verdienen. Gerade diese Auswanderer beweisen, wie falsch in Deutschland die Meinung derjenigen ist, welche die Italiener für faul halten. Gewiß, im Süden Italiens, unter der heißen Sonne, wird man vergeblich nach dem Fleiße suchen, der uns Deutschen bis vor kurzem zur zweiten Natur war. Man darf daher auch nie den Norditaliener mit dem Süditaliener in einem Atemzug beurteilen: der Unterschied zwischen Nord und Süd ist größer, als der zwischen uns und einem Norditaliener, was nicht allein im Klima seinen Grund hat, sondern besonders darin, daß im Norden durch Gothen und Langobarden reichlich germanisches Blut in die Bevölkerung kam, während im Süden viel griechisches, ja auch afrikanisches, dazwischen geflossen ist.

Der mittel- und oberitalienische Arbeiter ist, auch wenn er manchmal, was übrigens immer seltener wird, nicht lesen und schreiben kann, geistig außerordentlich regsam, er faßt schnell auf und geschickt an, hat Freude an seiner Arbeit und eigene Gedanken, dabei ist er fleißig und von einer unermüdlichen Arbeitskraft. Vor allem aber ist er nüchtern: der Italiener trinkt nicht. Obgleich der Wein im Lande so im Überfluß wächst, daß im wasserarmen Süden das Wasser oft bezahlt werden mußte, während der Wein in vielen Jahren nichts kostete, gibt es nie Betrunkene in Italien: niemand wird mehr verabscheut, als ein Betrunkener. Wer je im Inland dort einen gesehen hat, kann sicher sein, daß es ein Deutscher oder Schweizer, oder, wenn in einem Hafen, es ein englischer Matrose war.

Von der großen italienischen Sparsamkeit geben die blühenden italienischen Sparkassen ein beredtes Bild. Ihre jährlichen Überschüsse ermöglichen es ihnen, öffentlichen und Wohlfahrtszwecken Zuwendungen zu machen, von denen man sich bei uns keinen Begriff macht. Die Sparkasse Mailands z. B. führt solchen Zwecken in Form von Schenkungen Beträge zu, welche schon die zwanzig Millionen im Jahr überschritten haben, und dies nur aus ihren Überschüssen!

Von einem süditalienischen Industriearbeiter kann kaum gesprochen werden, denn, abgesehen von Ölfabriken, Mühlen, der staatlichen und einer Tosischen Schiffswerft in Tarent und einer andern in Palermo, gibt es im Süden so gut wie keine Fabriken. Die zahlreichen, auch Deutschland versorgenden, sizilianischen Schwefelgruben können als Fabrikbetriebe in diesem Sinne nicht angesehen werden. Mit Rom, beinahe schon mit Florenz, hört nach Süden die italienische Industrie auf, nur um Neapel befinden sich noch neben kleineren Schiffswerften die Hochofenwerke von Bagnoli und einige Baumwollspinnereien. Brauchbar und anstellig, wenn auch weniger leistungsfähig, hat sich der Italiener aber auch hier erwiesen. Schwer war es allerdings, ihn zu geregelter Arbeit in geschlossenem Raume zu bringen. Wo seit Menschengedenken das Leben ganz und gar im Freien sich abspielt, wo, mit Ausnahme weniger Wintertage, glühende Sonne auf das Land herabbrennt, wo der Boden mit geringer Bebauung einer anspruchslosen Bevölkerung die, wenn auch einfache, Nahrung beinahe mühelos gibt, ist dies begreiflich. Im Süden wird der Italiener wohl immer nur Landarbeiter bleiben. Was im nachstehenden über Arbeiter und Arbeitsverhältnisse gesagt ist, gilt daher nur für den Nord- und Mittelitaliener.

Die Grundzüge seines Wesens, Nüchternheit, Fleiß und Geschicklichkeit, sind bereits erwähnt. Wie steht es mit seiner Ausbildung? Hier kann und wird noch manches besser werden. Was hauptsächlich sich noch fühlbar macht, ist das Fehlen einer geregelten Schul- und Lehrlings-Ausbildung. Der Besuch einer Volksschule bis zum 14. Lebensjahr ist zwar vorgeschrieben, aber der Italiener macht von dieser Bildungsmöglichkeit keinen sehr ausgiebigen Gebrauch, wahrscheinlich, weil sie durch Gesetz vorgeschrieben ist; wäre sie seinem freien Willen überlassen, wäre der Schulbesuch vielleicht ein besserer. Ebenso bestehen Fortbildungsschulen und von ihrem Besuch, der freiwillig ist, wird von Vielen Gebrauch gemacht. Feste Lehrzeiten gibt es im allgemeinen nicht. Vom ersten Tage an bezahlt, kann der Anfänger seinen Arbeitsplatz ohne besondere Schwierigkeit wechseln, wenn es ihm beliebt; ob der junge Mann mehr oder weniger lernt, ist seine eigene Sache. Er wird später auch nicht nach Prüfungen, sondern nach seiner Leistung beurteilt. Die Vorteile einer gründlichen Schulung in einer strengen Lehre, welche den deutschen Arbeiter auszeichnen, werden einem in Italien oft recht bewußt. Wo seine Geschicklichkeit, seine Intelligenz ihm über die praktische Durchbildung hinweghelfen können, wie z. B. als Schmied oder als Modellschreiner, wird man beim Italiener kaum einen Unterschied bemerken, ja, sogar wirkliche Meisterleistungen antreffen, wo aber Tüchtigkeit durch Handfertigkeit und jahrelange Betätigung gepaart mit gründlicher Ausbildung erst erworben werden kann, da steht er zweifellos zurück. Deshalb hat auch die Feinmechanik, der Lehren- und Werkzeugbau in Italien heute noch keinen Fuß gefaßt. Hier fehlt es an der Schulung, die allerdings vielleicht dadurch erschwert würde, daß ein Italiener sich über die Kleinigkeit eines hundertstel Millimeters meistens erhaben fühlt.

Die Jugend der italienischen Metallindustrie, welche kaum ein Vierteljahrhundert alt ist, brachte es mit sich, daß staatliche Arbeiter-Schutz-Vorschriften und Versicherungen vor dem Kriege noch nicht bestanden. Gesetzliche Vorschrift war nur, daß der Arbeiter gegen Unfall zu versichern war, wobei die ihm zustehenden Sätze für Verdienstausfall und teilweise oder ganze Erwerbsunfähigkeit staatlich vorgeschrieben waren. Im übrigen war es dem Arbeitgeber überlassen, seine Belegschaft bei einer privaten Versicherung nach seiner Wahl zu versichern. Eine Krankenversicherung bestand nicht. Vielfach aber hat hier die Arbeiterschaft selbst eingegriffen, indem sie aus eigenen Mitteln, zu welchen freiwillig auch der Arbeitgeber beisteuerte, ihre Mitarbeiter bei längerer Krankheit unterstützte. In den größeren Industrie-Mittelpunkten haben die Arbeitgeber gemeinschaftlich einen Arbeiterschutz geschaffen. Wie bei uns die Dampfkessel von einem durch die Besitzer selbst gebildeten Verein überwacht werden, wurden durch ähnliche Vereinigungen, welche hierzu ihre beamteten Ingenieure hatten, die Werke auf ihre Schutz- und Wohlfahrtseinrichtungen regelmäßig geprüft. Der Arbeiter kam daher bald schon in den Genuß eines Schutzes, der zwar nicht staatlich war, aber doch praktisch dem unsrigen, den er sich zum Vorbild nahm, nahezu gleich kam. Vor dem Kriege noch erhielten dann die übrigens auch vorher schon peinlich befolgten Anordnungen der Überwachung Kraft polizeilicher Vorschriften, und gegenwärtig liegt dem italienischen Parlament ein Gesetzentwurf vor, welcher das Arbeiterversicherungswesen genau nach deutschem Muster, so genau, daß sogar Marken geklebt werden sollen, regelt, nach welchem demnach die Versicherung auf Alter und Krankheit ausgedehnt wird und wobei nunmehr der Staat als Versicherer auftritt.

Nun wäre es aber falsch, anzunehmen, es sei in Italien vorher für den Arbeiter in Krankheits- oder Unglücksfällen gar nicht gesorgt gewesen. Was in italienischen Städten an Wohlfahrtseinrichtungen besteht, könnte Deutschland in vielen Fällen als Muster nehmen. Die Krankenhäuser sind meist eigene Verwaltungen, juristische Personen bei uns genannt, welche den Gemeinde- und Bezirksbehörden zwar zur Aufsicht unterstehen, aber diesen keine Unkosten machen, weil sie dank ihnen fortgesetzt zuströmender Stiftungen über reiche Mittel verfügen. Das große Krankenhaus in Mailand, das mehrere tausend Betten hat, ist schwer reich, so daß es die wirtschaftlich Schwachen kostenlos verpflegen kann. So auch in anderen Städten. In Italien stirbt kaum ein Begüterter, der nicht wohltätigen Anstalten reiche Stiftungen hinterläßt.

Besonders ist bei Unglücksfällen gesorgt. In Mailand bestehen nicht eine, sondern mehrere private Unfallskolonnen, welche aus selbstaufgebrachten Mitteln eine erste Hilfeleistung bei Unglücksfällen kostenlos versehen. Über die Stadt sind, Tag und Nacht geöffnete, mit allen erforderlichen Einrichtungen ausgestattete und jederzeit mit Ärzten besetzte Unfallstationen verteilt, denen durch die Kolonnen Verunglückte zugeführt werden. Es genügt ein telefonischer Anruf mit Stichwort, und letztere sind in wenigen Minuten mit Kraftwagen und Arzt zur Stelle, und zwar manchmal nicht eine, sondern mehrere zugleich, ja oft entspinnt sich zwischen diesen ein edler Wettstreit um den armen Verunglückten, denn jede Kolonne rechnet es sich zur Ehre an, am Jahresende als diejenige mit der Höchstzahl von Hilfeleistungen dazustehen.

Einrichtungen, die ebenfalls Nachahmung verdienen, beziehen sich auf die arbeitende Frau. Kinderkrippen übernehmen morgens die Kinder arbeitender Mütter und geben sie abends wieder zurück. Sie bringen Säuglinge zur Arbeitsstelle der Mutter, um dieser Gelegenheit zum Nähren des Kindes zu geben, und jede Fabrik, welche Frauen beschäftigt, muß zu diesem Zweck die gesetzlich vorgeschriebene besondere Stillstube haben.

Nun ein Wort zum Verhältnis zwischen Arbeitgeber und Arbeitnehmer, wobei vorweggenommen werden kann, daß es ein — besseres ist als bei uns. Der Italiener hat einen persönlichen Stolz und ein Freiheitsgefühl, welche diesem Verhältnis eine andere Grundlage geben. In Italien gibt es nicht die Verbotstafeln, von denen bei uns in der Vorhalle schon eines kleinen Bahnhofs unschwer ein Dutzend zu zählen ist, denn sie würden nur das Gegenteil erzielen. Soll etwas nicht geschehen, so wird nicht „verboten", sondern es wird „gebeten". Das Überschreiten von Geleisen eines Bahnhofs ist nicht „verboten", wohl aber „gefährlich". Wenn es „verboten" wäre, wer weiß wieviel Unglück geschehen würde, weil es aber nur „gefährlich" ist, passiert nie etwas. Der Italiener arbeitet mehr aus freiem Willen als auf Befehl: Überstunden durch einfachen Fabrikanschlag angeordnet wären kaum möglich; wenn aber der Arbeitgeber seinem Arbeitnehmer die Notwendigkeit darlegt, solche zu leisten, so werden sie auch nahezu unbegrenzt willig übernommen. Daß in Fällen der Not auch 24 Stunden durchgearbeitet wird, kommt manchmal vor. Ich erinnere mich eines Falles, wo drei Monteure mit mir 52 Stunden ununterbrochen arbeiteten, nicht auf meinen Befehl, wohl aber auf meine Bitte, und weil sie selbst ihren Stolz darein setzten, zur versprochenen Zeit fertig zu werden, und wir wurden fertig!

Aus dieser mehr freiheitlichen Auffassung des Arbeitsverhältnisses ergeben sich praktisch für die Warenerzeugung keine Schwierigkeiten, wohl aber Vorteile. Allerdings erfordert der italienische Arbeiter eine größere Aufsicht, nicht über seine Leistung als solche, denn er ist, wie schon gesagt, sehr fleißig, wohl aber deshalb, weil er gern nach eigenem Kopfe seine Arbeit ausführt. Eine Werkstattzeichnung ist nicht ohne weiteres für ihn verbindlich. Wenn er eine Abänderung für besser hält, so ist er schnell bereit, diese Verbesserung dem Werkstück zuteil werden zu lassen, womit er natürlich nicht immer den Beifall seines Meisters erntet. Er erfindet und verbessert gern. Verstöße gegen die Arbeitsordnung sind selten, einen blauen Montag kennt er nicht, im übrigen „stupft" er genau so wie bei uns. Wenn er die Fabrik verlassen hat, dann ist er ein freier Mann und ebensoviel wie sein Arbeitgeber. Deshalb ist auch das Verhältnis zwischen beiden meist noch ein patriarchalischeres als bei uns. Er hat aber auch Schattenseiten, eine davon ist in dem obenerwähnten Freiheitsgefühl begründet: seine Lust zum Streiken; manchmal aus geringen Anlässen, weniger aus wirtschaftlichen Gründen, öfters aus Solidarität, sehr selten nur mit einer Spitze gegen seinen Arbeitgeber. Kommt es irgendwo zum Streik, so bricht aus seinem Solidaritätsgefühl gern ein Generalstreik aus, der dann auch von einer seltenen Generalität, aber auch nur von kurzer Dauer ist. Belästigungen des Publikums auf der Straße sind hierbei ausgeschlossen, wohl aber kosten Generalstreike gern Schaufenstern, Bogenlampen oder Straßenbahnwagen ihr zerbrechliches Dasein. Zum Glück ist dieses kindliche Zerstörungsbedürfnis begleitet von einer der schönsten Eigenschaften des Italieners, jener Höflichkeit, die man, von Italien kommend, schon bei der ersten Unterhaltung mit dem ersten deutschen Schaffner schmerzlich vermißt. Versucht die Straßenbahn, ihren Betrieb aufrecht zu erhalten, so kann es vorkommen, daß Fahrgäste in aller Form gebeten werden, auszusteigen, da der Wagen zertrümmert werden müsse, und man doch niemand etwas zu Leid tun wolle. Ist dann alles in Sicherheit, aber auch nicht vorher, so sind in wenigen Sekunden die Fenster des Wagens in Scherben. Ein anderes Streikbild: Generalstreik in Mailand, alles ist stillgelegt, keine Straßenbahn fährt, kein Wagen darf fahren. Meine Mutter, eine damals schon bejahrte Frau, will nach Deutschland zurückreisen, ich finde einen Kutscher, der bereit ist, uns in möglichste Nähe des Bahnhofs zu fahren, bis zum Bahnhof übernimmt er keine Verpflichtung. Sechs bis achthundert Meter vorher wird unser Wagen auch richtig von Streikposten angehalten, welche uns höflich bitten, zur Vermeidung von Unannehmlichkeiten den Rest des Weges zu Fuß zu gehen. Unterhandlungen. Wir haben zwei große Koffer. Sofort ruft der Streikposten zwei handfeste Streikende herbei und beauftragt sie, die Koffer zum Bahnhof zu tragen und — dort angekommen — verweigern diese die Annahme einer Entlohnung mit der Bemerkung, sie haben der Frau gegenüber nur ihre Pflicht getan. Bei uns??

Während des Krieges hat die Regierung, in Erkenntnis der Streikliebe ihrer Bevölkerung, alle Arbeiter der mit Heereslieferungen beschäftigten Betriebe unter ein Ausnahmegesetz gestellt, von dessen Strenge man hier kaum wohl etwas weiß. Schon einfaches Wegbleiben von der Arbeit konnte mit Gefängnis bis zu drei Monaten, Anstiftung zum Wegbleiben mit bis zu fünf Jahren Gefängnis bestraft werden. Noch strengere Strafen waren auf Ungehorsam gegen Vorgesetzte, oder gar tätlichen Widerstand gegen solche, vorgesehen.

Die wirtschaftlichen Interessen der Arbeiterschaft werden von den Arbeitskammern, die etwa unseren Gewerkschaften entsprechen, wahrgenommen. Im allgemeinen sind diese jedoch mehr lokale Einrichtungen, die Zahl der bei ihnen eingeschriebenen Mitglieder war im Verhältnis nicht so groß wie diejenige unserer Gewerkschaften.

Wenn in den ersten Daseinsjahren der italienischen Industrie die Löhne auch noch niedriger als bei uns waren, so sind sie doch in den Jahren vor dem Krieg auf dieselbe Höhe angestiegen. Es wurden in Liren dieselben Beträge bezahlt wie bei uns in Mark, und da die Lira in Italien die Kaufkraft unserer Mark hatte, kann trotz des Friedenskursunterschiedes (1 L. = 80 Pfg.) von praktisch gleicher Höhe gesprochen werden.

* * *

Man wird mir vielleicht einwerfen, ich habe das Bild des italienischen Arbeiters rosa in rosenrot gezeichnet. Zum Glück gibt es aber einen Beweis für meine Ausführungen, und dieser Beweis ist einwandfrei: das Emporblühen der italienischen Industrie!

Ohne einen tüchtigen Arbeiter wird es nie eine leistungsfähige Industrie geben. Er ist zwar nicht die einzige Bedingung, aber einer der Bausteine, ohne welchen das ganze Gebäude nicht möglich ist. Die eingangs aufgeworfene Frage wird durch nichts besser verneint als durch einen kurzen Überblick über Italiens wirtschaftliches Aufleben. In den Jahren vor dem Kriege war Italien das einzige mir bekannte Land, das statt neue Schulden zu machen, seine Staatsschulden zurückbezahlte. Da es eigene Rohstoffe nicht besitzt und seine Getreideerzeugung noch nicht zur Hälfte zur Ernährung seiner Bevölkerung ausreicht, kann es die Zunahme seines Volksvermögens nur seiner Arbeit verdanken, seiner Arbeit, welche ihm in Form von Hunderten von Millionen als Ersparnisse seiner Ausgewanderten ins Land zurückfloß, seiner Arbeit, die es in seiner Industrie im Lande selbst leistete. Kein Land beweist so schlagend wie Italien den Segen der Arbeit seiner Bevölkerung.

LEONARDO DA VINCI

SELBSTBILDNIS

Nr. 4 — Leonardo da Vinci. — Seite 55

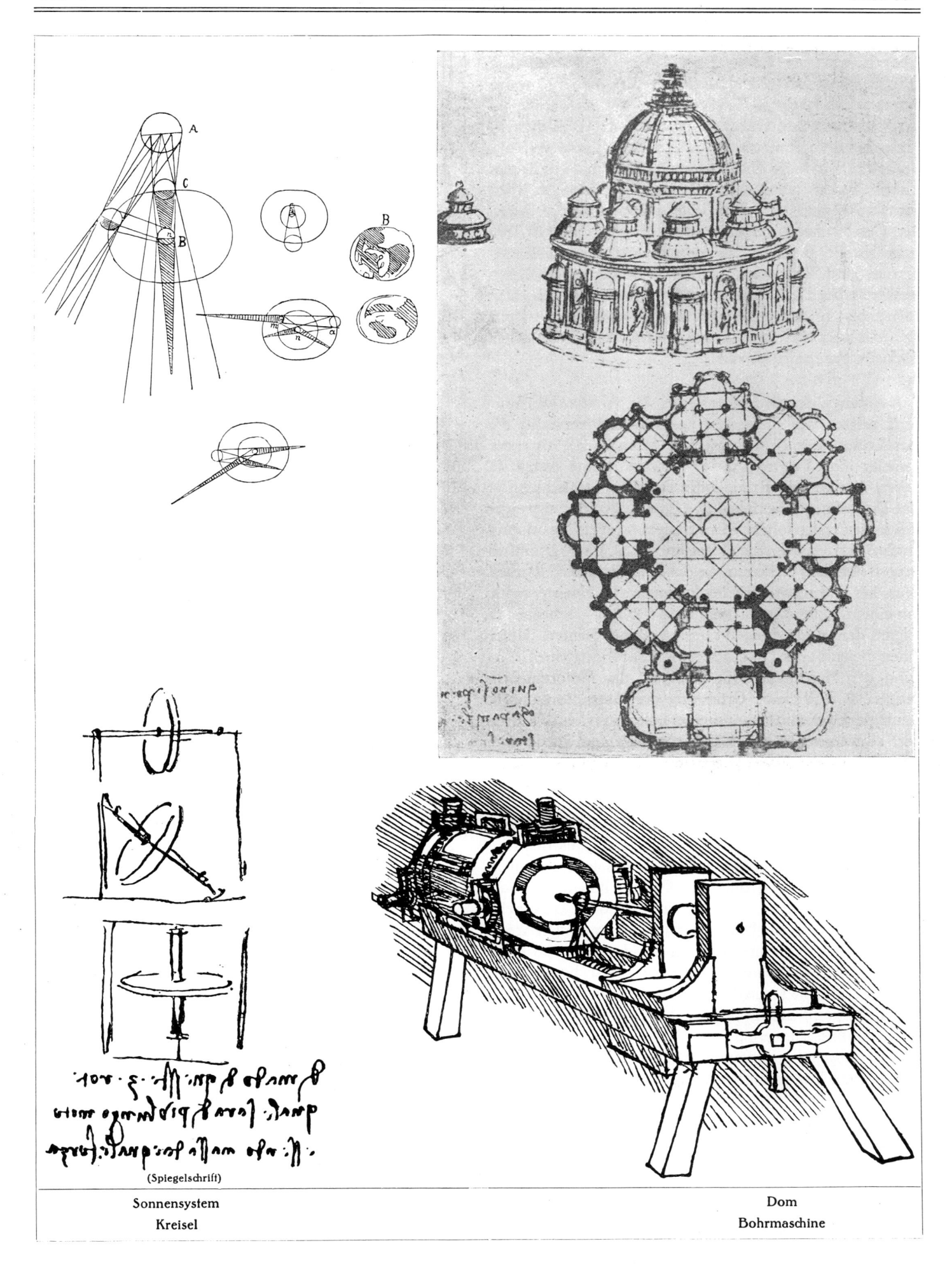

(Spiegelschrift)

Sonnensystem
Kreisel

Dom
Bohrmaschine

Bis zu Beginn des letzten Jahrzehnts des vergangenen Jahrhunderts war Italien noch reiner Agrarstaat. Die maschinelle Aufschließung des Gespinstes der Seidenraupe war nur die Fertigmachung zum Versand eines mittelbar landwirtschaftlichen Erzeugnisses, des in Oberitalien weitverbreiteten Maulbeerbaumes. Als erste Industrie erwachte, begünstigt durch die Nähe Ägyptens, die heute hoch entwickelte Baumwollindustrie. Geringere Frachten der Rohbaumwolle und vor allem eine durch keine Schranken der Gesetzgebung behinderte Ausnützung der billigen Arbeitskräfte machten die italienischen Baumwollspinnereien und Webereien schnell zu einem gefährlichen Wettbewerber Deutschlands und Englands. War doch in Italien bis in das erste Jahrzehnt unseres Jahrhunderts die jetzt verbotene zwölfstündige Tag- und Nachtarbeit auch für Frauen noch erlaubt!

Anfangs der neunziger Jahre des vorigen Jahrhunderts zeigten sich die ersten bescheidenen Versuche, die Metallindustrie in Italien heimisch zu machen. Als erster Italiener hat Franco Tosi — sein Name klingt in Italien ähnlich wie Krupp oder Borsig in Deutschland — eine Dampfmaschinenfabrik in Legnano gegründet, welche sich in den ersten Jahren ihres Bestehens allerdings darauf beschränkte, Sulzersche Maschinen in photographisch treuem Nachbau zu liefern, welche aber dank der Mitarbeit deutscher und schweizerischer Ingenieure und Meister heute mit einem Aktienkapital von L. 80 000 000.— arbeitet. Es folgten dann Gründungen meist deutscher Firmen. Unter ihnen diejenige der Lokomotivfabrik Saronno: eine Gründung der Maschinenfabrik Eßlingen, der Motorenfabrik Langen & Wolf: eine Gründung der Gasmotorenfabrik Deutz, der Elvetica in Mailand, einer Lokomotivfabrik, welche von schweizer Geldleuten ins Leben gerufen wurde u. a. Bis zum Beginn unseres Jahrhunderts war der Italiener der Industrie gegenüber sehr zurückhaltend. Er zog es vor, sein Geld einer Sparkasse, welche es ihm zu 1—2% verzinste, zu überlassen, statt es in einem Fabrikunternehmen zu riskieren. Dies wurde anders, als deutsche Banken zwei Tochterunternehmungen auftaten: die Banca Commerciale Italiana und den Credito Italiano in Mailand. Diese beiden, anfangs rein deutschen Unternehmungen, wurden zum Erwecker der schlummernden Kräfte und brachten dem übervölkerten Land, was es so nötig hatte: Arbeit für seine Arbeitslosen. Jetzt begann der Aufstieg! Und zwar ein Aufstieg, vielseitig wie der deutsche oder der japanische, aber vielleicht noch schneller als beide. Im Dampfmaschinenbau blieb Tosi allein. Gegen seine in jeder Beziehung einwandfreien Erzeugnisse kam gegenüber seinem Vorsprung niemand auf, aber Schiffswerften wurden gegründet, inbesondere bei Genua und Venedig und in Ancona. Wasserturbinen bauten Riva-Moneret in Mailand. Sie wurden bald, auch wieder dank ihrer schweizer und deutschen Konstrukteure, gefährliche Wettbewerber für uns auf dem Weltmarkt. Landwirtschaftliche Maschinen wurden in Piacenza und Verona gebaut. An Lokomotiv- und Wagenfabriken entstanden, außer den schon genannten, weitere in Mailand, in Sampierdarena und in Reggio Emilia, ferner ein Stahlwerk in Terni bei Rom und schließlich sogar zwei Hochofen- und Walzwerke, eines in Bagnoli bei Neapel und eines in Piombino gegenüber Elba. Unserer deutschen Elektrizitätsindustrie erwuchsen ernste Konkurrenten in Ansaldo in Genua und Marelli in Mailand. Schon vor dem Kriege gingen die Unternehmungen, welche ausländischen Geldgebern ihre Entstehung verdankten, langsam aber sicher in italienische Hände über, wie auch die beiden obengenannten durch deutsches Wissen und deutsche Arbeit groß gewordenen Banken heute rein italienische sind.

Während die übrige Metallindustrie beinahe allgemein, das eine Werk mehr, das andere Werk weniger, dem Ausland seine Gründung verdankte, stand die italienische Kraftwagenindustrie von Anfang an auf rein italienischen Füßen. In keinem Lande der Erde wird so wenig zu Fuß gegangen wie in Italien. Vielleicht versprach sich deshalb der Italiener ein besonderes Geschäft aus diesem jüngsten Beförderungsmittel. Ums Jahr 1906, bei Einsetzen des großen Kraches, sollen 96 größere und kleinere Automobilfabriken bestanden haben, von denen dann der heilsame Sturm, der über sie hereinbrach, und der sogar Fiat zu einer Zusammenlegung des Kapitals zwang, so ziemlich alle knickte, so daß nur etwa noch ein Dutzend übrig blieb. Diese aber entwickelten sich um so kräftiger, voran Fiat, welche heute 100 fertige Wagen am Arbeitstag zu liefern verspricht.

In der Metallindustrie, mit Ausnahme der schon genannten feineren Mechanik, ist Italien heute so gut wie unabhängig vom Ausland, und von welcher Bedeutung und wie kräftig die italienische Metallindustrie ist, wie sehr Deutschland mit ihrem Wettbewerb rechnen, ja ihn fürchten muß, dafür sprechen die Zahlen der in ihr heute angelegten Kapitalien, welche sich auf Milliarden belaufen. Die Schiffswerft Ansaldo in Genua hat heute allein ein Kapital von 500 Millionen, Fiat ein solches von 200 Millionen Lire.

Das Bild wäre unvollständig, wenn nicht auch die Ausbeutung der italienischen Wasserkräfte erwähnt würde. Schon zu Mitte der neunziger Jahre erbauten die Siemens-Schuckert-Werke die Wasserkraft-Zentralen in Paderno und Vizzola, welche zusammen etwa vierzigtausend Pferdestärken aus Entfernungen von rund 50 km nach Mailand und Umgebung leiteten. Heute werden wohl über eine Million Pferdestärken erfaßt sein. Die Stadt Mailand hat eigene Werke, welche ihr aus über 150 km Entfernung rund hunderttausend Pferdekräfte zuführen. Eine Elektrizitätsgesellschaft in Venedig leitet Wasserkräfte Veneziens in Form elektrischer Energie bis in die Gegend von Ancona, beinahe 500 km weit. Und wie billig ist diese Betriebskraft! Die Pferdestärke kostete vor dem Krieg und wird heute jedenfalls nicht viel teurer sein, im Jahre für Tag- und Nacht-Benützung L. 100.— bis 150.— (M. 80.— bis M. 120.—). Die Daimler-Motoren-Gesellschaft bezahlte vor dem Kriege für eine noch nicht einmal zehn volle Stunden täglich bezogene Pferdekraft jährlich etwa M. 200.—, heute über M. 400.—. Dieser billigen „weißen" Kohle verdankt Italien auch zu einem guten Teil das rasche Aufblühen seiner Industrie und seine Wettbewerbsfähigkeit auf dem Weltmarkt.

Gewiß, diese Industrie wäre ohne deutsche Unternehmungslust, ohne deutsche Arbeit nicht das geworden, was sie heute ist. Sie gaben den Anstoß zu einer Zeit, als Italiens Geldleute sich zur Mitarbeit noch kaum bereitfanden. Denn erst ums Jahr 1905, als die bisher an Privatgesellschaften zum Betrieb überlassenen Eisenbahnen vom Staat zurückgekauft wurden, kam ein Millionenregen übers Land. Allein eine der Gesellschaften erhielt bei dieser Gelegenheit rund 500 Millionen vom Staat, welcher verlangte, daß dieses Geld im Lande selbst nutzbar angelegt werde. Aber weder der deutsche Unternehmungsgeist noch diese Millionen allein wären imstande gewesen, den heute unbestrittenen Erfolg zu sichern, wenn sie nicht im italienischen Arbeiter einen wertvollen Bundesgenossen gefunden hätten.

Es ist hier nicht der Platz, zu erörtern, ob die im Kriege noch weiter erstarkte italienische Industrie sich auf ihrer gegenwärtigen Höhe wird halten können; aber sicher ist, daß sie schon vor dem Krieg ein glänzendes Bild bot. Der seit den Zeiten des Kolumbus und der Dogen von Venedig eingeschlummerte Wagemut der Unternehmer ist neu erwacht und neben ihm steht ein fleißiger, geschickter, rasch auffassender Arbeiter. Die Italiener haben von uns, ihren Lehrern, viel gelernt, so daß sie heute ihren Lehrmeistern fast gleichkommen, und daß Vorteile, wie ihre weiße Kohle und ihr vorzüglicher Arbeiterstand, unsere deutschen Unternehmer vor schwere Aufgaben, unsere deutschen Arbeiter vor heilige Pflichten stellen, wenn wir von ihnen nicht auf dem Weltmarkt beiseite gedrückt werden wollen. D. M. G.

Italien und Deutschland.

Von Dr. Eugen Rosenstock.

Den Bewohnern des Landes, das uns seine Zitronen und Apfelsinen über die Alpen schickt, klingt kein warmer Gefühlston bei uns entgegen: Die Italiener können uns gestohlen bleiben. An diesem Zustand wird sich schwerlich viel ändern lassen. Die Volksart hüben und drüben bleibt sich fremd; die liebenswürdige List dort, die grobe Ehrlichkeit bei uns schließen innigen Verkehr aus. Aber vielleicht ist der Verkehr nicht das Wichtigste im Völkerleben. Vielleicht gibt's einen internationalen Zusammenhang zwischen dem fröhlichen Südländer und dem tatkräftigen Nordmann, gerade weil sie so verschieden sind und bleiben sollen. Der Gegensatz selbst wäre gerade das Wesentliche und Wertvolle; so wie der Mensch aus Mann und Weib besteht und beide, Mann und Weib, zum vollständigen Menschen gehören, ähnlich gäbe es also auch eine Ergänzung und Entsprechung zwischen den beiden Völkern.

Wenigstens liegen gleich in der Gegenwart merkwürdige gleichzeitige Ereignisse vor, die solch einen Zusammenhang zwischen dem äußerlich entgegengesetzten Verhalten von Italien und Deutschland nahelegen.

In der selben Woche vom 16. bis 23. Juni 1919 zum Beispiel, während der bei uns in Weimar das Kabinett Scheidemann stürzte wegen des Ja oder Nein unter den Todesurteilsfrieden, haben auch die Italiener den Kopf verloren und trotz des „Sieges" ihr ganzes Ministerium mit Schimpf und Schande fortgejagt. In der ganzen übrigen Welt regte sich nichts, das diesem Zusammenbruch der Vorstellungswelt der letzten fünf Jahre in Deutschland und Italien vergleichbar wäre.

In demselben Mai 1915, wo wir aus unserer Ostgrenze mächtig hervorbrachen und Polen von Rußland trennten, bei Gorlice und Tarnow, brachen die Italiener gegen ihren Osten, gegen das verhaßte Österreich, los, um damit uns das Gleichgewicht zu halten.

Genau in den gleichen drei Stufen, in denen von 1848 mit seinem Schwarzrotgold über 1866 bis 1870 das deutsche Kaiserreich zustande kam, erhob sich auch das italienische Königreich. In beiden Ländern wird 1848 die alte nationale Vormacht geistig überwunden; in Deutschland das Haus Habsburg, in Italien der Vatikan. Die Schlacht bei Königgrätz gab Italien trotz seiner Niederlage Venedig und Udine, der Sieg bei Sedan erzwang den Abzug der Franzosen aus Rom.

In alter Zeit ist es ähnlich gegangen. Jeder kennt die Weihnachtsgeschichte von dem Gebot, das ausging von dem Kaiser Augustus, daß alle Welt sich schätzen lasse. Dieser Weltkaiser saß also gerade vor 1919 Jahren in Rom. Die einzigen Völker aber, die sich nicht schätzen ließen wie alle Welt, das waren damals die deutschen Stämme, die Roms Armee neun Jahre danach im Teutoburger Walde in Stücke hieben. Im Mittelalter saß dann der Papst der Christenheit in Rom, der Kaiser der Christenheit aber waltete in Deutschland. Beide gehörten zusammen als der geistliche und der weltliche Oberherr der Welt.

Zur gleichen Zeit zerfielen dann Italien und Deutschland, vor jetzt vierhundert Jahren. Bei uns tat sich der Riß zwischen Protestanten und Katholiken auf durch die Kühnheit des großen Ketzers Martin Luther. Dieser Riß zerteilt noch heute die ganze Welt. Gleich auf Luthers Auftreten folgte der blutige Bauernkrieg, und jeder weiß von den mörderischen Glaubenskämpfen, die seitdem zwischen internationaler Ordnung und Volks- und Gewissensfreiheit ausgefochten worden sind.

Wie zur Ergänzung wandte sich gleichzeitig der größte Italiener, Lionardo da Vinci, fort von aller Politik und von den Kriegen der Menschen, die er als „bestialischste Narrheit" verachtete, und gab sich ganz dem Studium der Natur hin. Nur mit mathematischen Naturgesetzen wollte er es zu tun haben. Er erzeugte durch sein Beispiel die still vor sich hinarbeitenden Ingenieure und Techniker, die bis heute feindlich und spröde den Juristen gegenüberstehen.

Die Gewissensfreiheit und die Kleinstaaterei haben die Deutschen, Kunst und Naturforschung die Italiener beide mit jahrhundertelanger Verwelschung und Verfremdung bezahlen müssen (durch die Franzosen und Schweden jene, diese durch die Habsburger aus Spanien und Österreich).

Und diese lange Reihe von Zwillingsereignissen wird in der Gegenwart gekrönt durch das Verhalten beider Völker zum Sozialismus!

Bei uns ist der Sozialismus aufgetreten und zur Macht gekommen als Sozialdemokratie. Als festgefügte Partei, in Presse, Gewerkschaften, Jugendgruppen, Sekretariate eisern diszipliniert, hat sie ihren Siegeslauf angetreten. Wer Sozialist war in Deutschland, der ging auch in die Partei. Außerhalb der Partei konnte man Sozialisten mit der Laterne suchen. Die bürgerliche Welt ächtete und verfehmte jeden sozialistischen Gedanken; denn sie nahm an, nur ein Sozialdemokrat, ein organisierter Genosse, könne sozialistisch denken. Und so legte sie ihren gesellschaftlichen Bannfluch über den Sozialismus.

Ganz anders in Italien. Die Partei ist dort locker und undiszipliniert. Der Sozialismus marschiert nicht in dröhnendem Eisentritt der Arbeiterbataillone. Sondern wie ein geistiges Gas erfüllt er seit Jahrzehnten alle Bezirke des geistigen Lebens in Italien. Z. B. bestreiten noch heut bei uns zähe Professoren und Juristen, daß es eine Wissenschaft wie die Soziologie, die Lehre vom Volksleben, geben könne oder dürfe. In Italien vereinigen sich seit zwanzig Jahren Politiker, Ärzte und Geschichtsschreiber in der gemeinsamen Arbeit an ihr. Da ist der Verfasser der Geschichte Roms, Ferero, da ist der Deutsch-italiener Robert Michels, der bezeichnenderweise in Deutschland nicht vorwärtskam, da sind die Jungsozialisten, da sind Volkswirte, wie der jetzige hervorragende Ministerpräsident Nitti: ein ganzer Generalstab von Soziologen, wie er der Millionenarmee der deutschen Sozialdemokratie abgeht. Ja aus der Wissenschaft und Politik griff der Sozialismus sogar in das adligste Stück des Volkslebens schon vor dem Kriege über — in die Kunst. Die sogenannten Futuristen haben in Italien ihr Werk der großen und gründlichen Sozialisierung und Revolutionierung der Kunst begonnen. Fort mit der Luxuskunst, zurück zur Ausdruckskunst der Gesellschaft und des Volks, so riefen sie schon 1913 und 1914. So war in Italien ein Sozialist immer salonfähig. Ja, er war sogar ein bißchen Mode.

Also im Süden lebt der Sozialismus als Gedankenwelt; sozusagen in flüssigem Zustande durchfließt er den ganzen Volkskörper. Im Norden tritt er selbst als fester Körper, als Sozialdemokratie in starrem, nach außen scharf abgegrenztem System dem alten System und Staatskörper gegenüber.

So zeigt sich heute das gleiche Gesetz wie seit Beginn unserer Zeitrechnung in Kraft. Deutsche und Italiener lieben einander nicht allzusehr. Ja sie verstehen sich und beschäftigen sich miteinander nur wenig. Bei einem durch alle Zeiten wirkenden gleichsam unterirdischen Zusammenhang erfüllt ein jedes der beiden Völker seine bestimmte Sonderaufgabe. Das Bewußtsein, geschwisterlich unter einem Gesetz der Ergänzung zu leben, kann beiden heute in ihrer Vereinsamung Trost geben. Darum verlohnt es sich, dies Bewußtsein von den Gesetzen der Verschwisterung im Völkerleben zu erwecken und zu vertiefen. Aus ihm kann die geschwächte Volkskraft in beiden Ländern neuen Antrieb empfangen, auch zukünftig Aufgaben entgegenzuwachsen von ähnlicher Größe wie in dem Wettkampf der ersten zwei Jahrtausende seit Christi Geburt.

Gelenk-Ketten

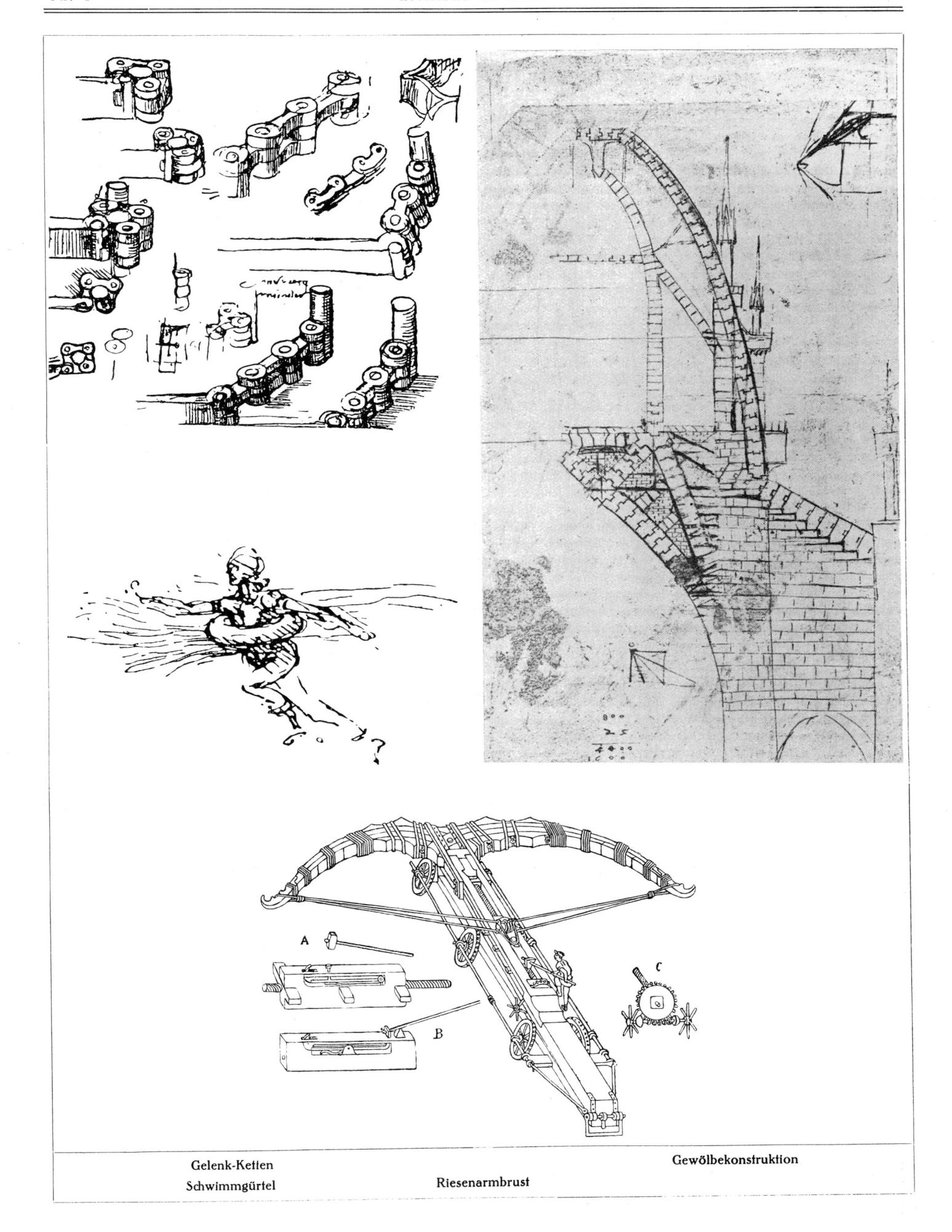

Gewölbekonstruktion

Schwimmgürtel

Riesenarmbrust

Der Aufschwung der italienischen Automobilindustrie.

Die italienische Kraftwagenindustrie, deren Hauptzentren sich bekanntlich in Turin und Mailand befinden, hat infolge des Krieges während der letzten Jahre einen außerordentlichen Aufschwung genommen. Der enorme Bedarf Italiens an Personen- und Lastkraftwagen für die Zwecke der Kriegführung hat an die Fabriken die größten Ansprüche gestellt; die Industrie erlebte eine Hochkonjunktur, die man sich früher nicht träumen ließ, Neugründungen und umfangreiche Erweiterungen von Anlagen, riesige Neuinvestierungen von Kapital führten zu einer Produktionssteigerung, die den italienischen Automobilfabriken nicht nur gestattete, die Heeresbedürfnisse des eigenen Landes zu befriedigen, sondern auch darüber hinaus beträchtliche Lieferungen für die verbündeten Heere zu übernehmen. Folgende Ziffern dürften den Aufschwung der Kraftwagenindustrie Italiens beleuchten; es betrugen:

	1913	1917
Zahl der Fabriken	32	55
Eingezahltes Kapital (Mill. Lire)	49,2	195,1

Danach hat die Zahl der Fabriken 1913 bis 1917 um 23 (72%), das eingezahlte Kapital um 145,9 Mill. Lire (296%) zugenommen. Die finanziellen Ergebnisse der Automobilfabriken gestalteten sich unter der Kriegskonjunktur natürlich glänzend. Das italienische Gesetz von 1916, das die Höhe der Dividende auf den Höchstbetrag von 8% für die Industriegesellschaften festsetzte, sollte dafür sorgen, daß die Riesengewinne nur zu einem kleinen Teile den Aktionären zugute kamen. Diese Bestimmung führte schließlich zur Anhäufung ungeheurer Reserven aus den nicht verteilten Gewinnen und begünstigte den Ausdehnungsprozeß der Automobilindustrie noch erheblich. Die nicht verteilten Summen wurden zum größten Teil wieder zu Ankäufen von Fabriken, Erweiterung von Anlagen und Kapitalserhöhungen verwendet, und letzteres geschah oft in der Form von Gratisaktien, auf die den Aktionären die zulässige Höchstdividende gezahlt wurde, so daß die eigentliche Absicht des italienischen Gesetzes über die Höchstdividende in der Praxis vereitelt wurde.

Von den führenden italienischen Automobilfabriken Fiat (Turin), Itala (Turin), Isetta Fraschini (Mailand), Spa, Zust usw. hat die Fiat-Gesellschaft (Fabbrica Italiana Automobil Torino) die größte Entwicklung aufzuweisen und eine herrschende Stellung erlangt. Ihr Aktienkapital, welches im Jahre 1901 800000 Lire und im Jahre 1914 17 Millionen Lire betragen hatte, stieg seitdem:

1915 auf 25½ Millionen Lire
1916 auf 34 Millionen Lire
1917 auf 50 Millionen Lire
1918 auf 125 Millionen Lire

Heute ist die Fiat-Gesellschaft, die im Kriege sich u. a. Eisenwerke und Maschinenfabriken angegliedert hat, der größte Automobilerzeuger in Europa. Ihre Arbeiterzahl betrug 1918 bereits etwa 30000 Köpfe, und ihre Produktion, die im Anfang etwa 150 und 1909 ungefähr 1900 Wagen jährlich betrug, hat im Jahre 1917 die Zahl von 20000 überschritten. Die Rekorderzeugung eines Monats betrug 2023 Automobile (75 pro Arbeitstag), und wurde im Oktober 1917 erreicht. Wie glänzend die finanziellen Ergebnisse der Gesellschaft im Kriege waren, das zeigen die erwähnten riesigen Kapitalserhöhungen, die aus den unverteilten Gewinnen bestritten wurden. Die Kriegsgewinnsteuer, die die Fiat-Werke in den letzten Jahren zu zahlen hatte, war die höchste, die in der italienischen Industrie überhaupt anzutreffen war; im Jahre 1916 hat die Gesellschaft z. B. von 46,795 Mill. Lire reinem Kriegsgewinn eine Steuer von 21,559 Mill. Lire bezahlt, mehr als die großen Konzerne der Ilva- und Ansaldo-Gesellschaft. Die Zahl ihrer Wagentypen hat die Fiat-Gesellschaft in den letzten Jahren auf ein Minimum eingeschränkt, ohne sich indes auf ein einziges Modell zu konzentrieren. Das billigste Modell, mit dem die Gesellschaft jetzt auf den Markt kommen wird, soll ein leichter Zweisitzer-Wagen sein, der besonders für den europäischen Markt geeignet ist. Für das hochwertige Tourenmodell gaben die Fiat-Werke der sechszylindrigen Maschine den Vorzug vor den acht- oder zwölfzylindrigen. Die Gesellschaft denkt mit ihren Wagen auf dem Weltmarkt jetzt einen starken Wettbewerb entfalten und vor allem der amerikanischen Konkurrenz erfolgreich begegnen zu können.

Der Export ist heute ein noch viel wichtigerer Faktor für das Gedeihen der Automobilindustrie Italiens geworden als vor dem Kriege. Der Kraftwagenverkehr in Italien ist ja zweifellos noch sehr entwicklungsfähig, die Zahl der im Verkehr befindlichen Automobile betrug nach dem Annuario Statistico Italiano 1913/14 rund 21000, im Jahre 1917 nach einer Statistik der New Yorker Fachzeitschrift „Automobile Industry" rund 35500, während ihre Zahl für Großbritannien 1917 auf etwa 170000, für Frankreich und Deutschland auf 90000 bis 100000 Stück geschätzt wird. Auf der anderen Seite ist aber die Leistungsfähigkeit der italienischen Automobilfabriken während des Krieges ganz unverhältnismäßig gestiegen und die jährliche Erzeugung der Industrie soll heute nach der „Financial Times" vom 16. September 1918 über 50000 Wagen betragen. Nachdem der starke Heeresbedarf an Automobilen für Kriegszwecke in Wegfall gekommen ist, gewinnt der Weltmarkt für Italiens Kraftwagenindustrie die größte Bedeutung, da sie etwa die Hälfte ihrer Jahreserzeugung wird ausführen müssen. Italien steht bereits heute im Kraftwagenexport an zweiter Stelle unter allen Ländern.

Bemerkenswert ist dabei, daß die Zunahme der Ausfuhr ausschließlich auf Lastkraftwagen entfallen ist. Nach dem „Economiste français" vom 11. Mai 1918 wurde Italien schon 1916 nur noch von den Vereinigten Staaten im Automobilexport übertroffen, da die amerikanische Ausfuhr in jenem Jahre rund 507 Mill. Lire betrug, Italiens 84,18, während Großbritannien und Frankreich mit einem Export von 35 bzw. 20 Mill. Lire an dritter und vierter Stelle standen. Bestimmend für die glänzende Entwicklung der italienischen Ausfuhr war aber während des Krieges lediglich der große Bedarf der Bundesgenossen Italiens an Kraftfahrzeugen für Heereszwecke: Interessante Ziffern hat in dieser Beziehung vor kurzem die Fiat-Gesellschaft veröffentlicht. Nach Angaben der „Financial Times" vom 20. Januar 1919 wurden im Jahre 1914, als Italien noch neutral war, nur 500 Motorwagen für Heereszwecke überhaupt von der Gesellschaft geliefert; in der Zeit vom 1. Januar 1915 bis 30. Oktober 1918 hat sie für die verbündeten Heere nicht weniger als 50000 Personen- und Lastkraftwagen hergestellt. Von diesen 50000 Automobilen waren 30000 für die italienische Armee bestimmt, 15000 für die französische und 5000 für die britische, amerikanische und portugiesische Armee, so daß also im ganzen 20000 Wagen oder 40% der Heereslieferungen der Fiat überhaupt in der genannten Zeit für die Bundesgenossen bestimmt waren.

Jetzt, wo der Heeresbedarf Italiens und seiner Verbündeten aufgehört hat, geht man in Italien energisch daran, die überseeischen Absatzmärkte, die in den letzten Jahren völlig vernachlässigt waren, für italienische Kraftwagen zurückzugewinnen und den Export dorthin in großem Maßstabe zu forcieren. Vor allem richtet man in den Kreisen der italienischen Automobilfabrikanten sein Augenmerk hierbei auf die zukunftsreichen mittel- und südamerikanischen Märkte. In Mexiko, Brasilien, Argentinien, Chile usw. glaubt man noch trotz der amerikanischen Konkurrenz ein weites Arbeitsfeld finden zu können. Es genügt aber nicht, daß die italienische Kraftwagenindustrie gegen die amerikanische Massenkonkurrenz einen erfolgreichen Wettbewerb entfaltet, sie muß natürlich auch damit rechnen, daß die übrigen europäischen Länder, die ihre Automobilindustrie während des Krieges ebenfalls entwickelt haben, den schärfsten Wettbewerb auf dem Weltmarkt jetzt entfalten werden, nicht nur in bezug auf den Preis, wie die Amerikaner, sondern auch vor allem in bezug auf die Qualität der Wagen.

Weltwirtschafts-Zeitung, Nr. 21.

Der Aufschwung der italienischen Automobilindustrie.

Über die wichtigsten Automobilfabriken Italiens wird nachstehende amtliche Statistik veröffentlicht:

Firma	Kapital	Anlagen/Reserven
1. Fonderia Officine Frejus, Turin	Kapital 1915: 1 Million Lire	Anlagen 1 655 000 Lire
2. Società Ligure Piemontese Automobili, Turin	Kapital 1918: 10 Millionen Lire	
3. Fabbrica Automobili e Velocipedi Edoardo Bianchi, Mailand	Kapital 1918: 9 Millionen Lire	
4. Fabbrica Automobili Isotta e Fraschini, Mailand	Kapital 1918: 15¼ Millionen Lire	
5. Italia Fabbrica di Automobili, Turin	Kapital 1915: 1,75 Millionen Lire	Anlagen 3 940 000 Lire Reserven 2 192 000 Lire
6. Fabbrica Automobili Alfa, Mailand	Kapital 1913: 1,2 Millionen Lire	Anlagen 1 158 815 Lire
7. Zust Fabbrica Automobili, Brescia	Kapital 1915: 1 700 000 Lire	Anlagen 677 000 Lire
8. Società Anònima Frera, Tradate	Kapital 1915: 1 Million Lire	Anlagen 859 000 Lire
9. Società Torine Automobili „Rapid", Turin	Kapital 1915: 698 425 Lire	Anlagen 989 000 Lire
10. „Scat" Società Veirano Automobili, Turin	Kapital 1915: 700 000 Lire	Anlagen 808 000 Lire
11. Società Anònima Fratelli Machhi, Varese	Kapital 1918: 2 Millionen Lire	Anlagen 693 000 Lire
12. „Fiat" Fabbrica Italiana Automobili, Turin	Kapital 1919: 200 Millionen Lire	

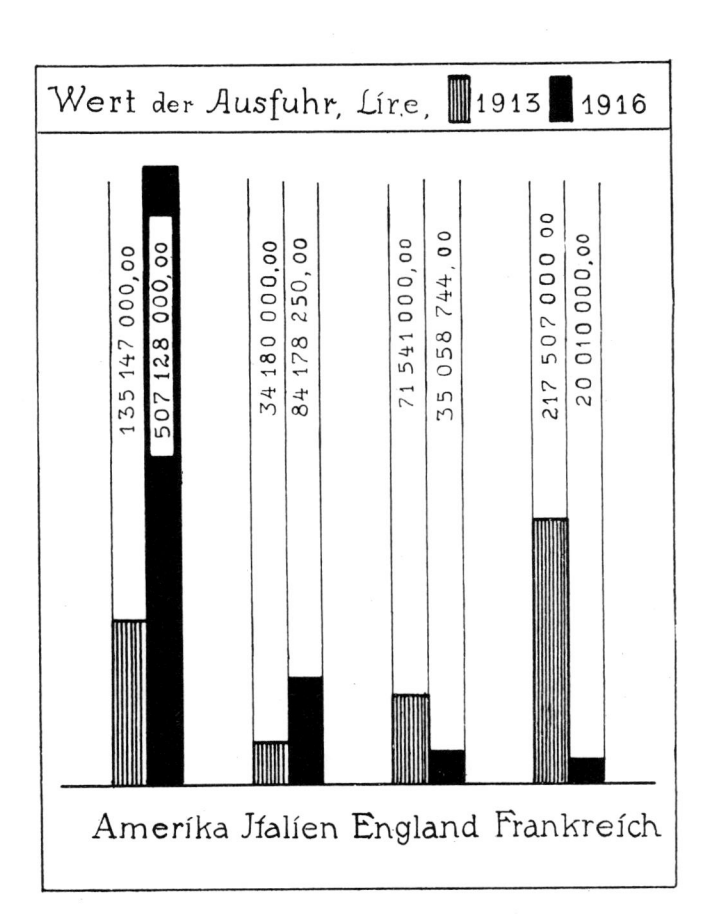

Den Aufschwung der italienischen Automobilindustrie und die Bedeutung der in Italien erwachsenen Konkurrenz beleuchtet nachstehende Übersicht.

Der Wert der Ausfuhr von Automobilen aus Italien stieg in den letzten Jahren wie folgt (in Lire):

Jahr	Lastautos	Tourenwagen	Zusammen
1911	2 236 072	29 127 875	31 363 947
1912	2 929 580	35 786 180	38 715 760
1913	2 305 470	31 875 467	34 180 937
1914	4 037 325	36 634 670	40 671 995
1915	35 830 400	27 830 400	63 380 975
1916	74 663 100	9 515 150	84 178 250
bis Ende April 1917	45 171 140	1 515 915	46 687 055

Bemerkenswert ist besonders die Tatsache, daß ungefähr 80 v. H. des ganzen Umsatzes auf die Fiat-Werke entfallen.

Vergleicht man die Ausfuhr aus den Vereinigten Staaten von Amerika und aus Italien mit der Ausfuhr aus Frankreich und England, so ergibt sich nebenstehendes Bild.

Man sieht, allen voran steht Amerika. Bedenkt man, daß die Automobilindustrie nur einen kleinen Ausschnitt aus der industriellen Entwickelung Amerikas darstellt, daß aber die Länder der Entente seit 1914 die Hauptabnehmer der Vereinigten Staaten waren, so erkennt man das eminente Interesse, das die letzteren an einem Siege ihrer Hauptschuldner hatten. Italien aber, dessen Automobilausfuhr vor dem Kriege unter den vier Großmächten die letzte Stelle einnahm, hat 1916 bereits den zweiten Platz erobert, während Frankreich seine führende Stellung vollkommen eingebüßt hat. Welcher Reichtum Italien durch das gewaltige Anschwellen seines Exports zufließt, bedarf keiner Erörterung. Reichtum aber bedeutet die Möglichkeit kultureller Entwicklung, wie sie auch bei uns vor dem Kriege in die Erscheinung trat, und letzten Endes dem Volksganzen zugute kommt.

Wert der Ausfuhr, Lire, ▥ 1913 ■ 1916

Amerika	Italien	England	Frankreich
135 147 000,00 / 507 128 000,00	34 180 000,00 / 84 178 250,00	71 541 000,00 / 35 058 744,00	217 507 000,00 / 20 010 000,00

Leonardo da Vinci.   Das zerstörte Bild.

Der Abendmahlsmaler.
Von Carl Ludwig Schleich.

In einer großen und mächtigen Stadt des Südens lebte einst ein großer Maler, der war herabgestiegen zu Tal aus den Bergen seiner Heimat als ein Prophet und Verkünder großer Dinge. Denn er war von Natur gesegnet mit einem Blick für den innersten Zusammenhang aller Erscheinungen und einer Hand, die seinen tiefsten Gedanken Ausdruck geben konnte, sei es nun, daß er meißelte, malte oder schrieb oder an eigenartigen Werkzeugen bastelte. Er war einsam und in sich verschlossen. Schweigsam und schwer zum Reden zu bringen, genoß er doch großer, freilich wechselnder Liebe bei den Fürsten seiner Zeit und hatte immer Jünger um sich. Einige hielten ihn für einen halben Gott, andere freilich konnten sich sein sonderbares Wesen nicht anders erklären, als mit der Annahme, er sei insgeheim mit dem Teufel im Bunde. Arbeitete er doch meist hinter geschlossenen Türen mit sonderbarem Gerät und allerart Gestein und Pulvern, kleinen Kanonen und Geschossen, verfertigte große Flügel aus Seidenstoff, sonderbar geformten Holzspangen, lieh sich Bohrwerkzeuge und Hebel aus und brachte gar Tierkadaver in seine Hexenkammer und man munkelte, er habe Leichen Gehenkter und an Seuchen Verstorbener zu sich geschleppt.

Wozu? — Das wußte niemand. Aber alles das trug dazu bei, ihn bei jedermann mit einem Schein der Unnahbarkeit zu umgeben, und wenn nicht hier und da aus seiner Werkstatt Werke der Malerei und Bildnerkunst ans Licht gekommen wären von wunderbarer Herrlichkeit und hinreißender Treue der Darstellung, so wäre es ihm in der dunklen Zeit der Teufelsfurcht schlecht ergangen.

Man kann sich heute nicht ausmalen, wie hoch die damaligen Herrn der Welt die Kunst hielten, sei es, daß es eine Frage der Eitelkeit und des Wetteifers war, welcher der vielen Staaten des Landes den größten Meister gleichsam sein eigen nannte, sei es, daß ein wildes, lasterhaftes Leben an den Höfen sie in Opfern für die Schönheit eine werktägige und nicht allzu schwere Buße für unerhörte Greuel des Genusses und der Grausamkeit suchen ließ. Kunst war damals eine feine Mode, niemals waren die Trachten prächtiger, die Gerätschaften des täglichen Lebens geschmackvoller und die Werke der Meister schönheitgetränkter. Die Unsicherheit des Lebens war groß; und schöpferische Seelen sind um so fruchtbarer, je weniger ihnen Behaglichkeit und Ruhe gegönnt ist. Ihre Saat muß zur Erde, je schneller, je lebenserneuender, um so besser. Sie sind wie die Eintagsfliegen gezwungen, die kurze Spanne von heut auf morgen eilig zu benutzen. Jeder Tag, jede Minute konnte damals die letzten ihres Wirkens sein.

So arbeitete auch unser Meister, wie unter einem gewaltigen Druck der Unrast und der Zweifel, ob er je würde sein Lebenswerk zu einem Abschluß bringen können. Was wollte er alles bewältigen und aus dem Boden stampfen! Wasserkanäle bauen, die große Ströme aus ihrem naturgegebenen Bett lenken sollten, Städte, die nur ein einziges großes Haus bildeten, Wurfgeschosse, die auf halbe Meilen Länge wirksam werden und Festungen in Schutt und Asche legen sollten; die Schwerkraft überwinden, Maschinen, mit der Hand getrieben, gleich feurigen Wagen über die Straßen sausen lassen, Sprengstoffe und ein Gefährt für die Luft, das Menschen gleich Vögeln über die Höhen tragen sollte. Er wollte eine Heilkunst gründen, die Seuchen unmöglich machen müßten, und beweisen, daß der Mensch gebaut sei, wie ein Tier, und daß in seinem Gehirn alle die Apparate zu finden und zu sehen seien, die man haben müsse, um sein Leben paradiesisch zu gestalten. Daneben wollte er die Malerei und Bildnerkunst auf ganz neue Bahnen lenken und rechnete und konstruierte an einem geheimen, unoffenbartem Kunstgesetz herum. Neue Farben mit ungeheurer Lichtwirkung wollte er finden, verließ die Bahnen erprobter Überlieferungen überall und zähmte doch seine in ihm tobenden Schöpferrosse mit der harten Gewalt eines nie erlahmenden Willens.

So faßte er eines Tages den Entschluß, das größte Bildwerk aller Zeiten zu erschaffen und konnte keinen gewaltigeren Stoff finden, als die Stunde des heiligen Abendmahls, da Jesus dem Ischariot es ins Gesicht sagte, daß er ein Verräter sei. — In einer Stunde, da sich alle Schleusen seiner Beredsamkeit und die ganze Macht seiner Persönlichkeit denen, die ihm zugehörten, unvergeßlich in die Seele schrieb, trug er seinem Fürsten seinen Plan vor. Die Szene, die er malen wollte, sei das größte Drama, das sich je im Menschenherzen abgespielt, es sei der Anprall wilder Mächte, die alles Irdische und Himmlische umfaßten. Das Göttliche wie das Teuflische sollten mit nie geschauter Klarheit im Kampf geschildert werden und jeder, der er schaute, sollte vor die Frage der Entscheidung gestellt werden, welcher Macht er selber und sein Tun angehöre. Er werde Christus malen in hinreißender Schönheit und nie sollte eines Unholds Schreck verblüffender zum Ausdruck kommen.

Der Fürst gewährte alle Mittel und der Meister ging ans Werk. Eine Kapelle mit breiter Altarswand wurde bestimmt, von welcher das Bild herniederleuchten sollte, das, wie der Herr dem großen Maler auf das Wort glaubte, ein Pilgerheiligtum der ganzen Christenheit werden müsse. Tag um Tag, Jahr um Jahr arbeitete der Meister mit eigenen Farben an diesem Werk, einsam und von niemand gesehen saß er auf seinem Gerüst, umhüllt von schweren, dichten Vorhängen, die dasselbe umkleideten, hinter die von oben das Licht aus einer Kuppel fiel. Die Mischungen vom Grundstoff seiner Farben war sein Geheimnis, triumphierend sprach er es aus, daß sie nicht eher weichen, erblassen oder lichtarm werden würden, als bis die Mauer in Staub zerfalle. Dafür, daß das nicht geschehe, würden Jahrhundert um Jahrhundert, ja Gott selber Wache stehen!

Endlich, nach sieben langen Jahren war das Gemälde fertig, nur eins noch fehlte, der Christuskopf. Siebenmal auf die Wand entworfen, siebenmal gelöscht und übermalt, weil immer noch nicht der Seelenkönig jenen Glanz zurückwarf, den er im Herzen trug, gelang es ihm endlich, ihn sich zur Genüge festzuhalten und nun in einem Zuge zu vollenden. Der Fürst, der schon lange böse Worte voller Ungeduld und Zweifel hatte fallen lassen, wurde eingeladen, das Bild zu sehen. Als er — nach Beding — allein und ohne jede Begleitung eintraf, war das Bild noch verhüllt. Der Meister bat ihn, ihm nicht zu zürnen, wenn er es ihm noch nicht in voller Ausdehnung zeige, es sei zwar fertig, aber noch mit einem Schutzstoff zu überziehen, der langsam trockne. Er wolle des Fürsten Gnade aber nicht länger auf die Probe stellen, und so habe er sich entschlossen, ihm allein den Christuskopf als Unterpfand für das Gelingen des ganzen Werkes zuerst vor allen Menschen zu enthüllen.

Ein Zug an der Gardine — und aus einem Spalt von Purpursammet leuchtete die Gnade so überwältigend rein, daß der Fürst erblaßte, bis in das Mark erzitterte, und das geblendete Auge mit dem Arm deckte. Dann starrte er wieder und wieder, trat näher heran und sprach das Vaterunser. Des Meisters Blicke sprühten Stolz.

Noch an demselben Tage überstrich er die ganze Fläche mit seinem nur für diesen Zweck ersonnenen Firnis, der anders wie sonst Firnisse tun, das Licht noch heller, die leuchtenden Stellen noch prächtiger und die Schatten noch tiefer wirken ließ. Der Meister atmete tief auf, als er alles noch einmal übersinnend davor stand. Dann zog er den Vorhang über das Bild. Bald sollte es der Welt gehören.

Wie eine frohe Botschaft ward es dem Volk verkündet, daß des einsamen Meisters Werk vollendet sei und morgen in der Frühe von jedermann bewundert werden könne. Der Fürst selbst war wie im Fieber und sprach von nichts anderem, als von dem Eindruck, den ihm der Christuskopf gemacht und schürte somit selbst das allgemeine Verlangen. Feste wurden gefeiert, Gelage, Orgien abgehalten, und viele wachten die ganze Nacht, um unter den Ersten zu sein, die in die Kapelle dringen durften. Der Hof war versammelt; ein dumpfes, unruhvolles Brausen lag über den Tausenden, die des großen Ereignisses harrten. Da kam der Meister hoch aufgerichtet und hörte vor Lust tief aufatmend mit stolzem Staunen das tosende Vivatrufen der Menge gegen sich anprallen. Der Fürst selbst zog den Hut, nahm eine schwer goldene Kette von seiner Brust und legte sie ihm eigenhändig über seinen schlichten Malermantel.

Der Meister bat, sich noch einen Augenblick zu gedulden. Er wolle nur die Teppiche und das Gerüst beiseite stellen.

Nach einer geraumen Zeit stürzte er blaß, entstellt, ohne Kappe, mit zerrissener Goldkette und wirrem Haar heraus und rief, an allen Gliedern bebend: „Geht nach Haus! Ein Verbrechen! Das Bild ist vernichtet! Wer hat es getan? Wer hat es getan?"

Ohne ihn zu fragen, ging der Fürst in die Kapelle, das Volk drängte nach. Der Meister warf sich ihnen entgegen, wie ein Rasender: „Zurück, zurück! Ich beschwöre euch!"

Vor den entsetzlich entstellten Zügen ebbte der Strom der Drängenden nach rückwärts. Da kam der Fürst.

„Eine Schandtat! Geht nach Hause! Der Kopf des Herrn ist von Bubenhand zerkratzt!"

Da ging ein einziger Entrüstungsschrei durch die Menge. Als er verhallt war, wandte jeder schweigend den Rücken. Der Meister blieb allein vor seinem Bilde.

Er schluchzte laut. Endlich erhob er sich, warf alle Kränkung von sich, setzte ruhig Leiter und Gerüst vor die Wand, nahm Palette und Pinsel und begann mit einem milden Lächeln den Kopf noch einmal zu malen!

Als die letzten Sonnenstrahlen sanken, war er vollendet. Schöner noch, leuchtender als das erste Mal. Ihn wollte es dünken, etwas wie milder Dank durchströme ihn, daß ein Bösewicht ihm diese Steigerung seiner Kunst erlaubte. Vorsichtig gemacht, ließ er das Bild innen von zuverlässigen, fürstlichen Waffenträgern beobachten und alle seine Jünger hielten die Kapelle umstellt wie eine Ehrenwache. Beide die ganze Nacht hindurch.

Des Morgens früh kam der Meister sie abzulösen. Wie erschrak er aber, als in gleicher Weise wie tags zuvor, das Haupt des Erlösers wiederum zerkratzt und vernichtet war.

Das war völlig unerklärlich. Mit einem gewaltigen Ruck seiner so leicht nicht beugbaren Seele ging er zum dritten Male an die Arbeit. Ehe der Tag sank, war der Heiland wieder im Bilde, gewiß nicht weniger herrlich, als beide Male zuvor.

Eine entsetzliche Furcht vor der Nacht überkam ihn. Er ließ sich ein Kruzifix, Waffen und eine Blendlaterne bringen, denn er war auf das äußerste nunmehr entschlossen, nicht nur eine neue Zerstörung zu verhüten, sondern mit eigener Hand den Schändlichen zu fassen, der es gewagt hatte, sein und der Menschen Heiligtum zu schänden.

Die Nacht sank herein. Unheimliche Stille schwebte durch den großen Raum. Der Meister stand und wartete. Jeder Schritt, jedes Rascheln seiner Kleidung schluckte begierig der leere, große Raum wie hungrig nach Geräusch und Ton.

Da – um Mitternacht – als eben die Donnerschläge des Turms ersterbend im Rachen der Finsternis verhallt waren – ein Knacken, hinter dem Vorhang, noch eins – ein Schlürfen, Schreiten, leises Ächzen des Gerüsts! Wie ein Tiger sprang der Meister, in der Linken das Kruzifix, rechts die aufgeführte Fackel in der Hand, zum Vorhang und schlug die beiden Flügel zurück.

Da stand, aus dem Bilde getreten, mit gräßlich verzerrtem Antlitz, Judas Ischariot mit schon zu Gott erhobenen Fängen. Leer war sein Sitz am Tische.

Hoch schwang gegen ihn der furchtlose Maler das Kreuz, Ischariot ließ einen Augenblick die Hände sinken. Dann erhob er den geduckten Kopf und mit furchtbarer Stimme dröhnte er dem Meister entgegen:

„O, du von mir Verfluchter, dreimal Verdammter und Verhaßter. Ja, ich bin's, ich war's, ich werde es sein!

„Du, dem Lucifer selbst den Gedanken eingegeben hat, diese furchtbarste Stunde eines Menschenlebens hier den Millionen der nichts verstehenden, nichts ausdenkenden Menschenaffen feilzuhalten – du, der du den dunkelsten Augenblick grausam gefangen hast aus dem Meer der Ewigkeit, an dem ich bluten muß, seit er erstand, – der du meine Qual, gleichwie meine Eingeweide, diese entsetzliche Tat, diese Erden erzittern machende Furcht den Blicken der Millionen herausgezerrt hast aus dem Grab der Geschehnisse – – du dreimal Grausamer, der du mich, wie ich jenen Schuldlosen dort, der brüllenden Menge zum Augenschmaus an die Wand gekreuzigt hast, so schicksalswahr, als hättest du dort an dem Tisch gesessen, als es geschah, – du, der du meinen unseligen Schatten zurückbanntest in meine Erdenform, daß ich noch einmal in jene schauervolle Zeit zurückgestoßen bin – du Mann des Unheils! Sei verflucht! Von mir, auf dem alle Flüche der Welt ruhen, der alleinig weiß, was die furchtbare Verdammnis eines um seinen Sohn aufschreienden Gottes ist! Ja, ich wollte es zerstören, das Bild des Heiligen von Nazareth – ich kann es nicht ertragen, daß er mir von nun an Jahrhunderte lang in meine wieder leiblich schauenden Augen blickt mit der traurigen Wehmut des von mir unnütz, – mein Gott, wie unnütz! – hingeschlachteten Lammes – ich sprengte alle Fesseln, sprang vom Stuhl auf und ja! zerkratzte, zerriß und zerhieb mit beiden Fäusten dieses Haupt, das wie das ganze Weh der Erde auf meinem vielzuviel gepeinigten Herzen liegt. Nun ist es aus: Dein gesegnetes Kruzifix bindet meine Hände. Mit einer Tat ist's nicht zu tun.

Aber wehe, du grausamer als Schicksal, Gott und alle Welt. Mein Fluch wird auf dir ruhen! Und so sage ich dir: dein Bild, eine der größten Menschentaten – ha! Dem Untergang will ich es dennoch weih'n! Deine Farben zerreißen, dein Lack zerfällt! Falsch gewählt, Fürwitziger, falsch gemischt! Ich mach' es schon zu nicht. Aber weiter, du Unsterblicher! Alle deine Werke sollen fallen und verschwinden in Jahrtausenden, in denen ich höhnend mit dir die Welt umwandern will, und nie geahntes Unheil wird durch dich in deinem Namen über die Menschen kommen!

Du hast Kanäle gebaut und Schürfgruben in die Tiefe – Hundert und aber Hundert Menschen werden umkommen in solchen Maulwurfshöhlen, in denen sie in deinem Namen den schwarzen Stein des Feuers zu Licht und Arbeit emporgraben!

Du hast Schwefel und Salpeter gemischt und suchtest ein drittes zu einer Masse, die mit Feuerregen platzt, Steinkugeln weithin schleudert und Mauern umreißt. Du fandest das dritte nicht — ein Mönch wird es in deinem Namen suchen und finden und Menschenleiber Unzähliger werden zerrissen werden wie Fetzen von Pergament in deinem Namen!

Maschinen wird man bauen, auf deinen klugen Plänen fußend, die werden Tausende von Menschenleben kosten in deinem Namen!

Du hast den Ikarus der Lüfte nachgeäfft und Flugwerkzeuge konstruiert, zu feig, sie selbst zu besteigen, es werden Abertausende von dir verführt, durch die Höhen schweben und auf der Erde zerschellen!

So wird Tod und Verderben sich einst an deine Spuren heften, rasender Grübler, und um deinen Sonnengang in Siegerschritten werden sich die Schatten ringeln wie Schlangen mit Gift im Rachen und die einstige Geschichte deines Namens wird eine Spur zeigen von unzähligen zum Martertod geschleppten Opfern! Fluch dir und deinem Namen, der einst, wenn ich alle deine Werke, dies voran, großer Meister, zerstört haben werde, im Nebel der Legende versinken soll, wie der meine! Sei verflucht!" — —

Da hielt der Schäumende inne und schlich sich auf den Platz im Gemälde. Der angedonnerte Meister stand entsetzt und sah, mit beiden Händen das Kreuz umfassend, hilfeflehend zum Gottessohn in seinem Bild und rief betend: „Sohn der heiligen Mutter! Ist das wahr?" — —

Da leuchtete das Bild Jesu Christi. Die Augen bekamen eine noch schmerzlichere Beschattung und das Gotteshaupt neigte sich langsam einmal mit wehmütiger Bejahung. Dann war alle geisterhafte Bewegung im Bilde gestorben.

Der Meister von Mailand aber richtete sich hoch auf, lächelte bitter und ging mit zu Eis erstarrten Zügen aus der Kapelle.

Leonardo schreibt an den Herzog.

Briefentwurf aus einer alten Handschrift.

Nachdem ich, erhabener Herr, nunmehr zur Genüge die Proben von allen jenen gesehen und betrachtet habe, die sich Meister wähnen und Kompositoren von Kriegsgeräten, und die Erfindung der Wirkung besagter Geräte in nichts entfernt ist (von jenen) allgemeinen Gebrauches: werde ich mich anstrengen, ohne irgendeinem andern Abbruch zu tun, Euerer Exzellenz mich zu Gehör zu bringen, indem ich derselben meine Geheimnisse mitteile, um nachher, sie ihr zu jeglichem Belieben anbietend, wenn die Zeiten sich schicken, auch alle jene Sachen zum Effekt auszuarbeiten, die in Kürze zum Teil hier unten aufgezeichnet werden.

1) Habe ich Arten von Brücken, sehr leichte und starke, und geeignet, aufs bequemste getragen zu werden, und mit jenen den Feinden zu folgen, und manches Mal zu fliehen, und andere, sicher und unverletzlich in Feuer und Schlacht, leicht und bequem wegzunehmen und aufzustellen. Und Arten, jene des Feindes zu verbrennen und zu zerstören.

2) Weiß ich bei der Belagerung eines Platzes das Wasser der Gräben wegzunehmen und unendliche Brücken, Mauerbrecher und Leitern und andere Geräte zu machen, die zu benannter Expedition gehören.

3) Item, wenn wegen Höhe des Ufers oder wegen Festigkeit von Ort und Lage man bei Belagerung eines Platzes nicht den Dienst der Bombarden verwenden könnte, habe ich Arten, jede Burg oder andere Festung zu zerstören, wenn sie nicht etwa oben auf einem Felsen gegründet wäre usw.

4) Habe auch Arten von Bombarden, äußerst leicht und bequem zu tragen. Und mit jenen kleine Steine zu schleudern, fast ähnlich einem Ungewitter. Und mit dem Rauch von jenen dem Feinde großen Schrecken gebend, mit ernstem Schaden für ihn und Verwirrung usw.

9) Und geschähe es, daß man auf der See wäre, so habe ich Arten von vielerlei Geräten, höchst geeignet zum Angreifen und Verteidigen: und Schiffe, die Widerstand leisteten gegen das Abfeuern von jeder allergrößten Bombarde: und Pulver und Rauch.

5) Auch habe ich Arten, durch Höhlungen und geheime und gewundene Wege, ohne irgendwelchen Lärm gemacht zu haben, zu einem bezeichneten (Punkt?) zu kommen, selbst wenn man unter Gräben oder irgendeinem Fluß passieren müßte.

6) Item werde ich Wagen machen, bedeckt und sicher, unangreifbar, welche mit ihrer Artillerie zwischen die Feinde so hineinfahren, daß keine so große Menge von Waffenleuten existiert, die sie nicht brächen. Und hinter diesen könnte Infanterie recht unverletzt und ohne Hindernis folgen.

7) Item, wenn der Notfall käme, würde ich Bombarden machen, Mörser und Pasvolanten von allerschönsten und nützlichen Formen, ganz außerhalb jener des allgemeinen Gebrauchs.

8) Wo die Wirkung der Bombarden fehlte, würde ich Katapulte zusammensetzen, Wurfmaschinen, Donnerbüchsen und andere Geräte von bewundernswerter Wirksamkeit und außerhalb des Gebräuchlichen. Und im ganzen, nach der Mannigfaltigkeit der Fälle, würde ich verschiedene und unzählbare Sachen zum Angreifen komponieren und zum ...

10) In Zeiten des Friedens glaube ich aufs beste, in Vergleich mit jedem anderen, in der Architektur, im Entwurf von Gebäuden, sowohl öffentlichen als privaten, Genüge leisten zu können. Und im Leiten von Wasser von einem Ort zu einem anderen.

Item werde ich Skulptur ausführen in Marmor, in Bronze und in Ton; ebenso in Malerei, was sich machen läßt, in Vergleich mit jedem anderen, und sei er, wer er wolle.

Auch werde ich ins Werk setzen können jenes Pferd von Bronze, das unsterblicher Ruhm sein wird und ewige Ehre dem glücklichen Angedenken Eueres Herrn Vaters und des erlauchten Hauses Sforza.

Und wenn irgendeine der oberwähnten Sachen irgendwem unmöglich und unausführbar schiene, erbiete ich mich aufs bereitwilligste, davon das Experiment zu machen, in Euerem Park oder an welchem Ort es Euerer Exzellenz belieben wird, welcher ich mich demütigst, so sehr ich kann, empfehle usw.

Die Vertauschung der Nummern entspricht
dem Urbild dieses Briefentwurfs.

Leonardo beim Herzog.

Aus Gobineau, Die Renaissance.

Ein Saal im Palast. — Ludovico Sforza, Regent von Mailand, sitzt vor einem großen Tisch, den eine rotsammetne, gold-, silber- und buntdurchwirkte Decke ziert. Er ist in ein schwarzes Seidengewand mit Jettstickereien gekleidet und trägt einen reich ziselierten Dolch im Gürtel. Er spielt mit seinem Handschuh. Um ihn herum sitzen: Antonio Cornazano, der Dichter des Werkes über die Kriegskunst; Giovanni Achillini, Archäolog, Poet, Hellenist und Musiker; Gaspardo Visconti, berühmt durch seine Sonette und von seinen Zeitgenossen dem Petrarca gleichgeachtet; Bernardino Luini, Maler; Lionardo da Vinci.

Ludovico: Ah, Meister Lionardo, kehret Ihr wirklich zu uns zurück?

Lionardo: Ihr tut mir unrecht mit Eurer Schärfe, gnädigster Herr. Eure Hoheit wissen wohl, daß ich Euch ein ergebener Diener bin!

Ludovico: Nun, ich bestreite nicht, daß Ihr mir im Augenblick das Schönste vom Schönen beteuert. Doch darum dreht sich's nicht. Denkt doch an Eure Briefe! Was habt Ihr mir nicht alles schon geschrieben! Florenz ermüde Euch; des Bruders Girolamo Savonarola fanatische Kanzelreden widern Euch an; und der Irrglaube, den dies Gepredige verbreitet, wecke Eure Entrüstung... Drum wäret Ihr geneigt, in meinen Diensten Kanonen, Geschosse und Maschinen zu konstruieren, Brücken zu schlagen, Festungspläne zu entwerfen, Kanäle anzulegen und zu alledem noch unsere Städte zu schmücken. Mit Palästen und Kirchen, mit Denkmalen und Gemälden... Ich weiß sehr wohl, daß Ihr der Mann seid, Euer Wort zu halten; aber vermöget Ihr auch, Eurer Unbeständigkeit Zügel anzulegen? Wie oft schon habt Ihr Ansichten und Neigungen gewechselt! Ich will Euch nicht schelten, teurer Lionardo, aber wahr ist's doch: Ihr seid wankelmütig, wie eine Kokette!

Lionardo (schüttelt den Kopf): Nur schwer kann ich ein Lächeln über Eurer Hoheit liebenswürdige Anklagen unterdrücken. Ja, Anklagen sind's, wenn Eure Hoheit es auch bestreiten. Und ich gestehe, der Schein spricht gegen mich. Doch ich bin in Wahrheit nicht wankelmütig! Vielleicht, gnädigster Herr, hätte ich mein ganzes Leben in Florenz verbringen sollen. Aber die Welt bietet so viel des Sehens- und des Lernenswerten! Wäre ich immer am gleichen Ort geblieben, mehr als die Hälfte dessen, was ich weiß, würde mir unbekannt sein. Es ist mir ja, bei aller Unbeständigkeit, nicht möglich, von dem, was ich gern lernen möchte, ein Hundertstel zu lernen.

Antonio Cornazano: Vielleicht tätet Ihr besser, Meister Lionardo, Euch einer einzigen Beschäftigung zu widmen, statt ihrer so viele verschiedenartige zu betreiben. Ihr leistet zum Beispiel Bewundernswertes in der Malerei. Warum also suchet Ihr den Lorbeer in anderen Gefilden?

Lionardo: Bernardino spricht aus Eurem Munde.

Bernardino Luini: Ach, Meister, wolltet Ihr doch nur die Gemälde vollenden, die Ihr begonnen! Wie würde Euer Schüler glücklich sein. Welche Anregungen könnte er aus Eurem Werke schöpfen!

Lionardo: Mag sein! Aber sollte ich deshalb der Geometrie und der Mathematik ganz entsagen?

Gaspardo Visconti: Ihr hättet allen Grund, Euch eifriger der Dichtkunst zuzuwenden und auch die Zahl der Lieder zu vermehren, die Ihr geschaffen! Und denkt doch auch wieder ein wenig an die Baßlaute, die Ihr ja selbst gebaut!

Lionardo: Ich werde wieder nach ihr greifen und ihren Klang verbessern. Die Musik steckt in den Kinderschuhen, und die Entwicklung liegt noch vor ihr. Aber jetzt ist es mir um andere Dinge zu tun.

Achillini: Um das Lehrbuch der Optik?

Lionardo: Auch darum nicht.

Bernardino Luini: Dann also um die Anatomie? Die bietet wenigstens der Malerei noch einige Ausbeute.

Lionardo: Die Anatomie ist eine wundervolle Wissenschaft... Nein, was mich jetzt bekümmert, ist,

Stockwerkstraße mit Kanalisation   Landkarte   Erdbohrer

daß man in Florenz meinen Bauplan des Kanals von Pisa abgelehnt hat. Die Verwirklichung dieses Planes hätte so unendlichen Segen stiften können! Da leider doch nichts daraus werden sollte, bin ich hierher geeilt, um Euch einen anderen Vorschlag zu machen. Vielleicht lasset Ihr Euch von mir bestimmen, den Überschwemmungen, unter denen die Landleute in den Tälern von Chiavenna und Veltlin so viel zu leiden haben, ein Ziel zu setzen. Ich habe das Projekt hier in der Hand.

Ludovico: Einem Mann von Eurer Art muß man jede Schaffensfreiheit zugestehen, Meister Lionardo. Was er leistet, wird immer höchsten Lobes würdig sein. Aber leider weiß ich schon jetzt, daß irgendeine Grille Euch locken wird, mich wieder zu verlassen. Alle Fürsten begönnern Euch und rufen Euch zu sich. Lorenzos des Prächtigen heißes Bemühen war es, Euch zu den erleuchteten Männern zu gesellen, mit denen er sich umgab; sein Tod raffte einen der Mitbewerber hinweg. Auch der Bannerherr Soderini hat Euch nur schweren Herzens ziehen lassen. Galeazzo Bentivoglio macht Euch die verlockendsten Anerbietungen, um Euch an Bologna zu fesseln, und ich weiß sehr wohl, daß der Valentino Euch zu seinem ersten Ingenieur und Architekten ernannt hat. Schließlich werdet Ihr Euch doch verführen lassen.

Lionardo: Solange ich mich Eurer Gunst erfreue, gnädigster Herr, glaube ich, der Versuchung standhalten zu können. Denn Ihr seid ja doch der kunstsinnigste Fürst, den Italien besitzt. Da Ihr selbst ein herrlicher Dichter seid, so ist der Dichter Wesen Euch nicht fremd. Bei Euch ist wohl sein: Euch kann man sich vertrauen, denn Ihr besitzet Verständnis für alles, und die Gaben Eures reichen Geistes sind mir hundertmal wertvoller als die goldenen Huldbeweise der straffsten Börsen. Ich bleibe bei Euch, solange Ihr mich haben wollt.

Der Meister.

Ausschnitt aus Mereschkowskis Leonardo da Vinci.

Leonardo sprach:

„Nicht die Erfahrung, die Mutter aller Wissenschaften und Künste, betrügt die Menschen, sondern die Einbildung, die das verspricht, was die Erfahrung nie zu geben vermag. Die Erfahrung ist unschuldig, aber unsere unsinnigen, eiteln Wünsche sind verbrecherisch. Indem die Erfahrung Lüge von Wahrheit scheidet, lehrt sie uns, nur nach dem Erreichbaren zu streben und nicht, aus Unwissenheit Unerreichbares zu wollen; so bewahrt sie uns vor Verzweiflung, die betrogenen Hoffnungen folgt."

Cesare erinnerte mich, als wir beide allein waren, an diese Worte des Meisters und bemerkte:

„Wieder Lüge und Verstellung!"

„Wo siehst du denn hier Lüge, Cesare?" fragte ich erstaunt. „Ich glaube, daß der Meister..."

„Nicht nach dem Unmöglichen streben, auf das Unerreichbare verzichten!" fuhr Cesare fort, ohne auf mich zu hören. — „Vielleicht wird sich jemand finden, der es ihm glaubt. Ich bin aber nicht so dumm, mir soll er nicht mit solchen Dingen kommen! Ich durchschaue ihn ja..."

„Was siehst du denn an ihm, Cesare?"

„Daß er sein ganzes Leben lang nach Unmöglichem strebte und Unerreichbares wollte. Du wirst es doch selbst einsehen: Wenn einer Maschinen erfindet, um wie ein Vogel durch die Luft zu fliegen oder wie ein Fisch im Wasser zu schwimmen, strebt der nicht nach Unmöglichem? Und die märchenhafte Schönheit seiner göttlichen, engelsgleichen Gestalten, hat er sie denn aus seiner Erfahrung geschöpft, aus seinen mathematischen Nasentabellen, oder aus den Farben-Meßlöffeln?... Er braucht die Mechanik zu einem Wunder: um auf Flügeln in den Himmel zu fliegen, um die natürlichen Kräfte gegen die menschliche Natur und gegen die Naturgesetze anzuwenden und sie zu überwinden, ganz gleich, wohin das führen sollte, zu Gott oder zum Teufel, jedenfalls aber zum Unbekannten und Unmöglichen! Einen richtigen Glauben hat er wohl nicht, aber eine unersättliche Neugier; je weniger er glaubt, um so neugieriger ist er: seine Neugier ist wie eine unstillbare Wollust, wie Kohlenglut, die man durch nichts löschen kann, weder mit Wissen, noch mit Erfahrung!"

Heute sagte mir der Meister, als ob er meine Zweifel errate:

„**Geringes Wissen macht die Menschen hochmütig, großes Wissen macht sie demütig. So heben die leeren Ähren ihre Köpfe stolz zum Himmel, die vollen beugen sie aber zur Erde, die ihre Mutter ist.**"

Quellen: Der Abendmahlsmaler; aus C. L. Schleich „Es läuten die Glocken". Concordia Deutsche Verlags-Anstalt, Berlin SW. 11. • Leonardo schreibt an den Herzog; aus M. Herzfeld „Lionardo da Vinci". Verlag Eug. Diederichs, Jena. • Leonardo beim Herzog; aus Gobineau „Die Renaissance" (S. 12), übers. v. B. Jolle. Insel-Verlag, Leipzig. • Der Meister; aus Mereschkowski „Leonardo da Vinci" (S. 170). Verlag R. Piper & Co., München.

Herausgegeben von der Daimler-Motoren-Gesellschaft in Stuttgart-Untertürkheim. • Druck bei Greiner & Pfeiffer, Buchdruckerei, Stuttgart. Alle Rechte vorbehalten. • Zuschriften an die Schriftleitung: Friedrich Muff, Stuttgart-Untertürkheim.

(8. 8. 1919.)

DAIMLER WERKZEITUNG
1919 Nr. 5

INHALTSVERZEICHNIS

Reserven und Abschreibungen in der Bilanz einer Aktiengesellschaft. Von Dr. A. Löwenstein. ** Die Deutsche Seeschiffahrt vor und nach dem Kriege. Von Dr. R. Hennig. ** Der Wiederaufbau des Einzelnen. ** Ein Heilmittel gegen die Verarmung unseres Volkes. Von G. Schilling. ** Die erste deutsche Seekabellegung. Von Werner v. Siemens. ** Das Schwimmdock. ** Seefahrt ist not! Von Gorch Fock. ** Die am Schluß mit D. M. G. bezeichneten Arbeiten stammen von Werksangehörigen.

Reserven und Abschreibungen in der Bilanz einer Aktiengesellschaft.

Von Dr. Arthur Löwenstein.

Auch der Laie hat sich während der Jahre der industriellen Kriegskonjunktur und erst recht jetzt in der Zeit der großen Wirtschaftsnot des Reiches daran gewöhnt, sich mit finanziellen Fragen aller Art zu befassen, um die er sich früher wenig zu kümmern pflegte. Er hat Begriffe in seine Gedankenwelt und seinen Sprachschatz aufgenommen, die ihm normalerweise ferne liegen und in die er deshalb manchmal einen nicht ganz richtig erfaßten Inhalt legt. Und da es leider der Krieg mit sich gebracht hat, daß die Moral in finanziellen Dingen vielfach Not gelitten hat — übrigens nicht nur bei uns in Deutschland, sondern in gleichem Maße auch bei unseren Feinden —, so ist es ganz natürlich, daß der Unbeteiligte an diese finanziellen Begriffe von vornherein mit Mißtrauen herantritt und sie im Lexikon seiner Gedankenwelt unter dem großen Sammelbegriff „Schiebung" einregistriert, obwohl sie meistens ganz ehrbarer Natur sind und sich vor jedermann sehen lassen können.

Zu den Begriffen, denen das große Publikum neuerdings seine Aufmerksamkeit zuwendet, und die es mit mißtrauischer Unsicherheit betrachtet, gehören vor allem die Reserven und Abschreibungen in den Bilanzen der Aktiengesellschaft. Es sei gleich erwähnt, daß all das, was im guten und schlechten bezüglich dieser Begriffe auf die Aktiengesellschaften zutrifft, in gleichem Maße auch für die Bilanz jeden Privatunternehmens gilt und wir werden am Schluß dieser Ausführungen zu untersuchen haben, ob und inwieweit auch eine sozialistische Wirtschaftsform sich ihrer bedienen muß, gleichgültig, ob sie ihnen nun dieselben oder andere Namen beilegt. Da aber die Aktiengesellschaft am meisten im Mittelpunkt des Interesses steht und infolge des gesetzlichen Zwanges zur regelmäßigen Veröffentlichung ihrer Jahresbilanzen am leichtesten der näheren Betrachtung zugänglich ist, wollen wir uns hier nur mit ihr beschäftigen.

Die Bilanz ist ein Bild des Vermögensstandes eines Unternehmens an einem bestimmten Termin. Wenn sie wahr und richtig aufgestellt ist, so soll sie auf der einen Seite ein völlig zutreffendes Bild des momentanen Werts aller Besitztümer des Unternehmens, der sogenannten Aktiven, geben, auf der anderen Seite eine genaue Aufstellung der Schulden und Verpflichtungen, der sogenannten Passiven. Diese Übersicht schuldet die Gesellschaft ihren Aktionären, also den Leuten, die Geld zum Betrieb des Geschäfts hergegeben haben; außerdem hat natürlich auch die breitere Öffentlichkeit und nicht zuletzt der Staat als Steuerfiskus Interesse an diesen Bilanzen. Der Staat hat deshalb auch als Gesetzgeber speziell für die Bilanz der Aktiengesellschaft eine Reihe von Vorschriften erlassen, die diese verschiedenen Interessen wahren sollen. Allerdings gehen sie alle in einer Richtung, die der heutigen landläufigen Ansicht über „Bilanzwahrheit" merkwürdig erscheinen könnte. Die meisten Leute glauben heute, und nicht immer ganz mit Unrecht, daß die Bilanz dazu da sei, um Kriegsgewinne zu verstecken, daß sie also im allgemeinen ein ungünstigeres Bild wiedergebe, als der Wirklichkeit entspricht. Die Vorschriften des Handelsgesetzbuches (H. G. B.) über die Bilanz der Aktiengesellschaft aber wollen ausnahmslos den Aktionär und die Öffentlichkeit davor schützen, daß die Bilanzzahlen ein zu günstiges Resultat vortäuschen. Es dürfen deshalb z. B. die Aktiven, wie Grundstücke, Gebäude, Maschinen, Rohmaterialien etc. mit keinem höheren Wert eingesetzt werden, als dem Anschaffungspreis, auch wenn im Moment der Bilanzaufstellung ihr Marktwert ein höherer sein sollte; ebenso die Halb- und Fertigfabrikate nur mit den reinen Gestehungskosten. Für die Passivseite schreibt das Gesetz vor, daß aus den jährlichen Gewinnen zunächst ein bestimmter Teil zur Bildung eines Reservefonds verwendet wird, ehe Dividenden verteilt werden dürfen, und erst wenn und solange dieser Fonds 10% des Aktienkapitals enthält, entfällt diese Bestimmung. Alle diese Vorschriften entstammen einer Zeit, in welcher die Aktiengesellschaft eine noch verhältnismäßig neue Rechtsform der wirtschaftlichen Unternehmung war und als die landläufige Ansicht dahin ging, man müsse den Aktionär gegen böse Absichten der Leiter der Aktiengesellschaft schützen. Inzwischen hat die Erziehung der Jahrzehnte und die Kontrolle der Öffentlichkeit, insbesondere der Finanzpresse, das Gewissen dieser Leiter geschärft, und wenn heute die öffentliche Meinung sich mit den Bilanzen der Aktiengesellschaft beschäftigt und die Art mancher Bilanzaufstellung bemängelt, so gehen die Bedenken meist in der Richtung, daß die Bilanzen als gegenüber dem tatsächlichen Vermögensstand zu ungünstig aufgemacht beanstandet werden. Es soll nicht geleugnet werden, daß manche Gesellschaften allerdings in ihren Bilanzen wenn nicht die Wahrheit, so doch die Klarheit manchmal recht vermissen lassen.

Wenn wir die Vorschriften des Handelsgesetzbuches (H. G. B.) im einzelnen betrachten, so interessieren uns insbesondere die Paragraphen 40, 261, 1, 2 und 3 und 262. Dieselben lauten:

§ 40: Die Bilanz ist in Reichswährung aufzustellen.

Bei der Aufstellung des Inventars und der Bilanz sind sämtliche Vermögensgegenstände und Schulden nach dem Werte anzusetzen, der ihnen in dem Zeitpunkte beizulegen ist, für welchen die Aufstellung stattfindet.

Zweifelhafte Forderungen sind nach ihrem wahrscheinlichen Werte anzusetzen, uneinbringliche Forderungen abzuschreiben.

§ 261: Für die Aufstellung der Bilanz der Aktiengesellschaft kommen die Vorschriften des § 40 mit folgenden Maßgaben zur Anwendung:

1. Wertpapiere und Waren, die einen Börsen- oder Marktpreis haben, dürfen höchstens zu dem Börsen- oder Marktpreise des Zeitpunktes, für welchen die Bilanz aufgestellt wird, sofern dieser Preis jedoch den Anschaffungs- oder Herstellungswert übersteigt, höchstens zu dem letzteren angesetzt werden.

2. Andere Vermögensgegenstände sind höchstens zu dem Anschaffungs- oder Herstellungspreis anzusetzen.

3. Anlagen und sonstige Gegenstände, die nicht zur Weiterveräußerung, vielmehr dauernd zum Geschäftsbetrieb der Gesellschaft bestimmt sind, dürfen ohne Rücksicht auf einen geringeren Wert zu dem Anschaffungs- oder Herstellungspreis angesetzt werden, sofern ein der Abnutzung gleichkommender Betrag in Abzug gebracht, oder ein ihr entsprechender Erneuerungsfonds in Ansatz gebracht wird.

§ 262: Zur Deckung eines aus der Bilanz sich ergebenden Verlustes ist ein Reservefonds zu bilden. (Es folgen nähere Bestimmungen über den vorgeschriebenen Umfang der Zuweisungen zu diesem Fonds.)

Diese Paragraphen umschreiben das Mindesterfordernis, das der Gesetzgeber von der Bilanz der Aktiengesellschaft bezüglich der Abschreibungen und Reserven verlangt. Betrachten wir uns zunächst, was über den Reservefonds gesagt wird, und nehmen wir uns zu diesem Behufe einmal eine Bilanz vor, wie wir sie nebenstehend wiedergeben.

Es interessiert uns in dieser Bilanz zunächst die Passivseite, und gleich bei dem ersten Posten werden wir stutzig. Das Aktienkapital steht unter den Passiven, es wird wie eine Schuld aufgeführt. Das widerspricht völlig der landläufigen Ansicht, wonach Kapital keine Schuld, sondern im Gegenteil Besitz ist. Wir müssen aber vom Standpunkt der Gesellschaft ihren Aktionären gegenüber ausgehen. Der Aktionär hat der Gesellschaft seinen Kapitalanteil gewissermaßen geliehen und die Gesellschaft ist ihm nun diesen Betrag wieder schuldig. Die Werte, die der

Aktiva:	Bilanz per 31. Dezember 1918.		Passiva:
Grundstücke	Mk. 500 000.—	Aktienkapital	Mk. 1 500 000.—
Gebäude		Obligationenanleihe	„ 1 100 000.—
Anschaffungswert bis 31. 12. 18 Mk. 2 000 000.—		(Gesetzlicher) Reservefonds I	„ 150 000.—
Abschreibung bis 31. 12. 17 „ 500 000.—	„ 1 500 000.—	(Außerordentlicher) Reservefonds II	„ 650 000.—
Maschinen	„ 1 320 000.—	(Delkredere) Reservefonds III	„ 280 000.—
Werkzeuge		Maschinenerneuerungsfonds	„ 690 000.—
Anschaffungswert bis 31. 12. 17 Mk. 694 216.—		Arbeiter-Unterstützungskasse	„ 250 000.—
Abschreibung bis 31. 12. 17 „ 694 215.—		Kreditoren	„ 3 832 000.—
Bestand am 1. 1. 18 Mk. 1.—		Gewinn pro 1918	„ 1 317 451.—
Zugang in 1918 „ 97 450.—			
Bestand am 31. 12. 18	„ 97 451.—		
Rohmaterialien	„ 1 800 000.—		
Halb- und Fertigfabrikate	„ 1 650 000.—		
Effekten	„ 420 000.—		
Wechsel	„ 360 000.—		
Kasse	„ 92 000.—		
Debitoren a) Kunden Mk. 1 640 000.— b) Banken „ 390 000.—	„ 2 030 000.—		
	Mk. 9 769 451.—		Mk. 9 769 451.—

Aktionär oder sein Vorgänger als Kapital der Gesellschaft bei der Gründung übergeben hat, also bares Geld, Grundstücke, Gebäude, Forderungen usw., erscheinen natürlich auf der Aktivseite der Bilanz als Besitz der Aktiengesellschaft, der Kapitalanteil, der dem Aktionär auf Grund dieser seinerzeitigen Einlage am Vermögen der Aktiengesellschaft zusteht, aber naturgemäß auf der Passivseite. Bei späterer Gelegenheit werden wir einmal ausführlicher auf den Aktionär und das Aktienwesen im allgemeinen zu sprechen kommen.

Ohne weiteres und jedermann verständlich ist, daß die Obligationenanleihe, die Schuldverschreibungen, die die Gesellschaft ausgegeben hat, auf der Passivseite erscheinen.

Nun folgen in der Bilanz, die wir betrachten, drei Reservefonds, die als gesetzlicher, außerordentlicher und Delkredere bezeichnet sind. Es sei gleich bemerkt, daß diese verschiedene Bezeichnung unwesentlich ist. Es steht der Gesellschaft frei, einen oder mehrere Reservefonds in ihrer Bilanz zu führen und die Praxis ist in dieser Beziehung sehr mannigfaltig. Das Gesetz schreibt nur vor, daß Reserven errichtet werden müssen, daß sie unter den Passiven der Bilanz aufzuführen sind und endlich, welche Beträge zu den Reserven überführt werden müssen. Als Beweggrund, der die Forderung der Bildung eines Reservefonds verursacht, bezeichnet das Gesetz „Die Deckung eines aus der Bilanz sich ergebenden Verlustes". Die Gesellschaft wird also gezwungen, einen Teil ihrer Jahresgewinne und sonstiger Einnahmen, z. B. aus Kapitalerhöhungen, Zuzahlungen der Aktionäre usw. nicht in Form von Dividenden an ihre Aktionäre zur Verteilung zu bringen, sondern daraus eine Reserve für Verlustjahre zu bilden. Es ist klar, daß diese Vorschrift am wenigsten aus Fürsorge für die Aktionäre geboren wurde. Diese erhalten zwar dadurch auch eine gewisse Gewähr für die stetige Entwicklung ihrer Gesellschaft, aber es kann für sie eigentlich kein großer Unterschied sein, ob sie in einem Jahre den ganzen Gewinn in Form hoher Dividenden erhalten, um dann in einem folgenden schlechten Jahre einen etwaigen Verlust aus ihrem Kapital gedeckt zu sehen, oder ob sie in guten Jahren nur einen Teil der Gewinne erhalten und aus dem nicht verteilten Rest die Verluste schlechter Jahre gedeckt werden. Der Zwang zur Bildung von Reservefonds entspringt vielmehr der Fürsorge für die Gläubiger der Gesellschaft und für die Gesellschaft selbst. Der Aktionär kann nämlich, wenn es der Gesellschaft schlecht geht, gegen seinen Willen nicht zu Nachzahlungen oder Zubußen gezwungen werden, die über den Nennwert seiner Aktie hinausgehen. Ist also der Betrag des Aktienkapitals einmal verloren, so ist die Gesellschaft überschuldet und kommt in Konkurs. Besteht aber ein Reservefonds, so bietet dieser eine weitere Sicherheit und die Überschuldung tritt erst später ein; je größer also der oder die Reservefonds, um so größer die Sicherheit, um so ferner die Gefahr der Überschuldung. Was aber Überschuldung und Konkurs für die Gläubiger der Gesellschaft und für diese selbst, d. h. für ihre Angestellten und Arbeiter bedeutet, das braucht wohl nicht näher ausgeführt zu werden. Je mehr also eine Gesellschaft Reserven bildet, statt in guten Jahren übermäßige Dividenden auszuschütten, umsomehr arbeitet sie im Interesse ihrer Arbeitnehmer.

Kehren wir nun zu den Reservefonds unserer Bilanz zurück. Wir wollen mit wenigen Worten ihre Benennung erklären. Der gesetzliche Reservefonds ist der vom Gesetz vorgeschriebene, der mindestens so lange bedacht werden muß, bis er 10% des Aktienkapitals erreicht. Außerordentlich wird im allgemeinen der Reservefonds genannt, dem die Gesellschaft auf Grund der Beschlüsse der Generalversammlungen ihrer Aktionäre Zuwendungen über die Vorschriften betreffend den gesetzlichen Reservefonds hinaus macht. Unter Delkredere-Fonds versteht man die Rückstellungen, die für Verluste aus zweifelhaften Kundenforderungen reserviert werden. Alle diese Fonds zusammen bilden die „offenen Reserven", so genannt, weil sie offen in der Bilanz erscheinen.

Neben ihnen bestehen nun die „stillen" Reserven, die aus der Bilanz nicht ohne weiteres ersichtlich sind. Sie sind eng verwandt mit den „Abschreibungen" und wir müssen daher diese beiden Begriffe zusammen betrachten.

Wir haben oben gesehen, daß eine wahre Bilanz ein zutreffendes Bild über den derzeitigen Vermögensstand einer Gesellschaft geben soll. Würde die Bilanz ganz genau den tatsächlichen Verhältnissen entsprechen, so würde das bedeuten, daß der Überschuß oder Verlust, den sie ausweist, genau dem Betrag entsprechen muß, der übrigbleibt oder fehlt, wenn die Gesellschaft im gleichen Moment in Liquidation treten würde und ihre sämtlichen Vermögenswerte versilbern und alle ihre Schulden zahlen wollte. Tatsächlich wird aber die Bilanz in den seltensten Fällen genau der Wirklichkeit entsprechen. Zunächst können schon die gesetzlichen Bestimmungen über die Aufmachung der Bilanz dies verhindern. Wir haben oben den Wortlaut von H.G.B. § 261 wiedergegeben. Nehmen wir nunmehr an, eine Gesellschaft habe vor kurzem 100 000 Kilogramm Kupfer, das Kilo zu Mk. 2.– gekauft. Bis zum Tage der Bilanzaufstellung ist aber der Kupferpreis gestiegen und beträgt nun am Stichtag Mk. 3.– pro Kilo. Der gesetzlichen Vorschrift entsprechend darf und wird aber die Gesellschaft ihren Kupferbestand in die Bilanz mit höchstens Mk. 200 000.– einstellen; es liegt also darin gegenüber dem tatsächlichen Zeitwert eine stille Reserve von Mk. 100 000.–. Würde nämlich an diesem Tage das Kupfer verkauft werden, so würde daraus ein Überschuß in dieser Höhe gegenüber dem Bilanzwert sich ergeben. Somit zeigt also die Bilanz ein um Mk. 100 000.– zu ungünstiges Bild, mit anderen Worten, es steht weniger Gewinn zur Verteilung an die Aktionäre zur Verfügung, als tatsächlich berechtigt wäre. Dieser Mehrbetrag ist Reserve, und weil er in der Bilanz nicht offen zum Ausdruck kommt, stille Reserve.

So können also aus der Vorschrift, daß die Bilanzposten höchstens zu Einkaufspreisen oder Gestehungskosten eingesetzt werden dürfen, schon sehr erhebliche stille Reserven für die Gesellschaft resultieren. Es können z. B. Grundstücke gegenüber dem Ankaufspreis im Wert gestiegen sein, die Rohmaterialien können durch inzwischen erfolgte Preissteigerung einen höheren Wert darstellen, Effekten können einen höheren Börsenkurs haben usw. Auch der Posten Halb- und Fertigfabrikate, der nach gesetzlicher Vorschrift höchstens zu Selbstkosten aufgenommen werden darf, wird dann eine bisweilen nicht unbeträchtliche Reserve enthalten, wenn es sich um leicht absetzbare Waren handelt, deren Verkauf einen Gewinn erbringt. Dieser Gewinn, der erst in der Zukunft tatsächlich erzielt wird, ist in der Bilanz schon als stille Reserve enthalten.

Nun haben wir schon oben gesehen, daß das Gesetz in H.G.B. § 261, 3, Abschreibungen in bestimmtem Umfang vorschreibt. Der Ausdruck „Abschreibungen" wird zwar nicht selbst gebraucht, das Gesetz spricht vielmehr davon, daß „ein der Abnutzung gleichkommender Betrag in Abzug gebracht, oder ein ihr entsprechender Erneuerungsfonds in Ansatz gebracht wird". Mit dieser Ausdrucksweise ist zugleich das Wesen der Abschreibungen klar umschrieben. Sie sind ein Ausgleich für die Wertminderung der Anlagen eines Unternehmens infolge von Abnutzung, Veralten usw. und zugleich ein Fonds, aus dem ein notwendig werdender Ersatz bezahlt wird. Das erstere ergibt sich ohne weiteres aus dem Wesen der Bilanz, die ja die derzeitigen Werte wiedergeben soll. Es würde also eine Täuschung sein, wenn beispielsweise eine Maschine, die vor 8 Jahren Mk. 20 000.– gekostet hat, mit diesem

Betrag in der Bilanz erscheinen würde, obwohl man heute für dieselbe bei einem Wiederverkauf infolge von Abnutzung nur noch Mk. 2000.— erzielen würde. Der Unternehmer muß vielmehr für jede seiner Betriebsanlagen, also für Gebäude, Maschinen, Werkzeuge, Fuhrpark usw. eine entsprechende Minderbewertung eintreten lassen, d. h. eine Abschreibung vom Einkaufswert absetzen. Wie hoch diese zu greifen ist, richtet sich ganz nach der Zeit, innerhalb deren die betreffende Anlage abgenutzt wird. Ein massives Gebäude wird vielleicht 50 Jahre benutzbar sein und daher alljährlich nur mit 2% abgeschrieben werden müssen; eine Werkzeugmaschine mag eine Lebensdauer von 10 Jahren haben und würde daher 10% jährliche Abschreibung bedingen; während Modelle, Werkzeuge, Gesenke usw. infolge Abnützung oder Produktionsveränderung vielleicht nach wenigen Monaten schon unbrauchbar werden und daher mit 100% abgeschrieben werden müssen, d. h. die während des Bilanzjahres dafür gemachten Aufwendungen müssen in der Bilanz wieder ganz abgeschrieben werden.

Die Abschreibungen sollen nun zugleich auch Erneuerungsfonds sein. Man stelle sich vor, ein Unternehmen vergesse, was in der Wirklichkeit gar nicht so selten vorkommt, daß sich die Anlagen abnützen und früher oder später erneuerungsbedürftig sind. Die Gesellschaft hat einen Maschinenpark, dessen Anschaffungswert eine Million Mark war. Statt alljährlich darauf sagen wir 10% = Mk. 100 000.— abzuschreiben, beziffert sie ihren Gewinn alljährlich in ihren Bilanzen um diesen Betrag höher und bringt diesen zur Verteilung. Nach 10 Jahren bricht der Maschinenpark nieder und statt nun die erforderlichen Neuanschaffungen aus der durch Abschreibungen gebildeten Reserve vornehmen zu können, steht die Gesellschaft ohne Mittel da und vor dem Ruin. Wenn man sich dieses Beispiel vergegenwärtigt, wird zugleich klar, daß Abschreibungen, soweit sie Erneuerungsfonds sind, unter Umständen einen höheren Betrag erreichen müssen, als der Anschaffungspreis betrug. Nehmen wir an, ein anderes Unternehmen habe vor dem Krieg ebenfalls einen Maschinenpark im Wert von einer Million gehabt, und auf diesen ordnungsmäßig alljährlich Mk. 100 000.— abgeschrieben. Nun müssen die Maschinen heute erneuert werden; der Ersatz kostet aber infolge der zwischenzeitlichen Verteuerung jetzt statt einer Million Mark drei Millionen Mark. Eine an sich korrekte Abschreibungspolitik reicht also in diesem Falle nicht aus und das Unternehmen käme in eine schwierige Lage, wenn es sich nicht durch darüber hinausgehende Abschreibungen, oder besser gesagt Rückstellungen, Reserven geschaffen hat. Es ist auch ohne weiteres verständlich, daß sich die Abschreibungssätze ändern, wenn die Abnutzung der Anlagen eine abnormale wird. Wenn also während des Krieges in einem Unternehmen in Doppelschicht gearbeitet wurde, oder durch viele ungelernte Leute die Maschinen rascher ruiniert wurden, muß dies natürlich durch höhere Abschreibung ausgeglichen werden.

Es herrscht nun vielfach die Anschauung, daß Reserven aller Art und durch Abschreibungen gebildete Erneuerungsfonds in der Kasse des Unternehmens in barem Geld vorhanden sein müssen. Das ist aber fast nie der Fall. Die Mittel, die die Gesellschaft einbehält, statt sie an die Aktionäre zu verteilen, werden natürlich wieder in das Unternehmen gesteckt, indem die Anlagen damit vergrößert werden, Rohmaterialien beschafft werden usw. Aber wenn auch somit die Reserven nicht in Gestalt von barem Geld vorhanden sind, so wächst damit doch das Aktiv-Vermögen des Unternehmens und im Bedarfsfall kann die Gesellschaft auf dieses in Grundstücken, Gebäuden, Waren usw. festgelegte Vermögen jederzeit in Form von Krediten, Hypotheken, Obligationen usw. Geld leihen.

Es ist deshalb auch verständlich, warum offene Reserven und Erneuerungsfonds auf der Passivseite der Bilanz erscheinen. Sie sind gewissermaßen eine — tatsächlich natürlich nicht bestehende — Schuld der Gesellschaft gegenüber den Aktionären und zwar eine Schuld, die aus nicht verteilten Gewinnen herrührt, und der auf der Aktivseite entsprechende Anlagewerte gegenüberstehen.

Aus dem bisher Gesagten geht noch nicht ohne weiteres hervor, welcher Zusammenhang zwischen Abschreibungen und stillen Reserven besteht, aber derselbe ist nun leicht zu verstehen. Wir haben gesehen, wie verhängnisvoll es für ein Unternehmen ist, wenn zu wenig abgeschrieben wird. Nun steht aber das Maß der Abschreibungen der Gesellschaft frei. Wählt sie es so groß, daß die Abschreibungen den tatsächlich eingetretenen Minderwert oder aber den Geldbedarf für Neubeschaffung überschreitet, so schafft sie damit eine stille Reserve, indem ihre Anlagen in der Bilanz mit einem geringeren Betrag erscheinen, als zu erzielen wäre, wenn diese Anlagen im Moment der Bilanzaufstellung veräußert würden. Bleiben wir bei unserem Maschinenbeispiel. Wenn die Lebensdauer der Maschinen mit Sicherheit 10 Jahre beträgt, die Abnützung alljährlich die gleiche ist, und die Neubeschaffung zum alten Preis gesichert erscheint, so müßte die Gesellschaft ordnungsmäßig alljährlich 10% vom Anschaffungspreis abschreiben. Schreibt sie statt dessen im ersten Jahre gleich volle 100% ab, so hat sie 9 Jahre lang in ihrer Bilanz eine stille Reserve, die erst Mk. 900 000.— beträgt und dann alljährlich um Mk. 100 000.— abnimmt, bis sie im zehnten Jahre ganz verschwindet. Gleiches ist natürlich bei allen anderen Bilanzposten der Aktivseite möglich.

Die Öffentlichkeit glaubt nun häufig, Abschreibungen und stille Reserven, die aus der veröffentlichten Bilanz nicht hervorgehen, seien gleichbedeutend mit Steuerhinterziehung, weil dadurch ja der ausgewiesene Gewinn vermindert wird. Das trifft aber keineswegs zu. Die Steuerbehörde erhält alljährlich eine Bilanz, die ganz anders aussieht, als die veröffentlichte. In der Steuerbilanz müssen alle Abschreibungen genau ersichtlich sein, und soweit sie über den tatsächlich eingetretenen Minderwert hinausgehen und somit als stille Reserve zu betrachten sind, werden sie unweigerlich zur Steuer herangezogen. In dieser Beziehung kann die Öffentlichkeit ganz beruhigt sein, denn die Steuerbehörde, vor allem die württembergische, tut in dieser Beziehung des Guten eher zu viel als zu wenig, indem sie häufig Abschreibungen zur Steuer heranzieht, die tatsächlich nur Ausgleich eines eingetretenen Minderwerts sind und infolgedessen steuerfrei bleiben müßten.

Wir wollen nun noch kurz an Hand der oben aufgestellten Bilanz die verschiedenen Arten betrachten, in denen Abschreibungen in einer Bilanz vorkommen können. Es sei dabei gleich erwähnt, daß die Vielfältigkeit, wie wir sie in unserem Beispiel der Deutlichkeit halber annehmen, in der Wirklichkeit natürlich im allgemeinen nicht vorkommt. Eine Gesellschaft wählt entweder den einen oder den anderen Abschreibungsmodus und behält diesen für alle Bilanzposten im allgemeinen bei. In unserem Bilanzbeispiel erscheinen zunächst Grundstücke, ohne daß bei diesem Posten eine Abschreibung ersichtlich ist. Wir nehmen an, daß eine solche auch nicht vorgenommen wurde. Im allgemeinen pflegen Grundstücke im Werte eher zu steigen als zu sinken, unterliegen natürlich auch nicht der Abnützung. Es ist vielmehr eher anzunehmen, daß hierin schon eine oft erhebliche stille Reserve liegt, infolge der Vorschrift, daß Anlagewerte nur zum Anschaffungspreis in die Bilanz aufgenommen werden dürfen. Bei dem Posten „Gebäude" und ebenso bei „Werkzeuge" wird aufgeführt, wieviel Aufwendungen hiefür bisher überhaupt gemacht wurden und wieviel darauf bis einschließlich dem vorletzten Bilanzjahr abgeschrieben wurde. Es bleibt also in beiden Fällen ein Bestandswert per 31. Dezember 1918, von dem wieder eine Abschreibung abgesetzt werden muß, entsprechend dem Minderwert, den diese Posten während des letzten Bilanzjahres erfahren haben. Diese Abschreibung wird vom Gewinn des Bilanzjahres genommen. Wenn wir annehmen wollen, daß diese Gesellschaft auf den Anschaffungswert ihrer Gebäude alljährlich 5% und ihre Werkzeuge alljährlich voll abschreibt, so würden vom Gewinn für diese beiden Abschreibungen Mk. 100 000.— und Mk. 97 450.— abgesetzt werden müssen. Nebenbei sei erwähnt, daß man auch bei völliger Abschreibung im allgemeinen auf jedem Konto noch eine Mark stehen läßt, um den Posten noch in der Bilanz erscheinen zu lassen. Bei dem folgenden Bilanzposten „Maschinen" ist keine Abschreibung angenommen, vielmehr erscheint hiefür auf der Passivseite ein gesonderter Erneuerungsfonds. In diesen muß natürlich für das Jahr 1918 eine Neuzuwendung aus dem Gewinn gemacht werden, entsprechend der Abnützung der Maschinen; also bei einer angenommenen Lebensdauer der letzteren von 10 Jahren, eine solche von mindestens Mk. 132 000.—. Bei dem Bilanzposten „Rohmaterialien" und „Halb- und Fertigfabrikate" geht aus der Bilanz nicht hervor, ob Abschreibungen auf dieselben vorgenommen wurden. Wir wollen aber annehmen, daß die Gesellschaft dies vorsichtshalber getan hat, obwohl sie es in der Bilanz nicht zum Ausdruck bringt. Sie hat eben den Wert dieser Posten von vornherein sehr nieder und vorsichtig geschätzt und sich damit einen niedereren Gewinn herausgerechnet, als sie es vielleicht hätte tun können.

Wir wollen einmal versuchen, die Bilanz, die wir eben betrachtet haben, so aufzumachen, wie es die absolute Bilanzwahrheit erfordern würde. Das heißt, wir wollen alle Vermögenswerte möglichst genau mit dem Betrag einsetzen, den sie erzielen würden, wenn sie die Gesellschaft am Bilanztage sämtlich verkaufen wollte. Wir nehmen also keine Rücksicht auf die Vorschriften des Gesetzes, wonach alle Anlagen höchstens zu Einkaufspreisen und die Fabrikate höchstens mit den Gestehungskosten in die Bilanz aufgenommen werden dürfen und wir wollen übermäßige Abschreibungen auf das durch den tatsächlich eingetretenen Minderwert gebotene Maß zurückführen.

Wenn wir nun die ursprüngliche Bilanz und die entsprechend den tatsächlichen Werten im Augenblick der Bilanzaufstellung korrigierte Bilanz nebeneinander stellen, so ergibt sich folgendes Bild:

Bilanz per 31. Dezember 1918.

Aktiva:	Bilanzwert abz. Abschr. u. stille Reserven	Tatsächlicher Zeitwert	Passiva:	Bilanz mit stillen Reserven	Bilanz ohne stille Reserven
Grundstücke	Mk. 500 000.—	Mk. 700 000.—	Aktienkapital	Mk. 1 500 000.—	Mk. 1 500 000.—
Gebäude	„ 1 500 000.—	„ 1 700 000.—	Obligationenanleihe	„ 1 100 000.—	„ 1 100 000.—
Maschinen, abz. Ern.-Fonds	„ 630 000.—	„ 930 000.—	Reservefonds I	„ 150 000.—	„ 150 000.—
Werkzeuge	„ 97 451.—	„ 150 000.—	Reservefonds II	„ 650 000.—	„ 650 000.—
Rohmaterialien	„ 1 800 000.—	„ 2 100 000.—	Reservefonds III	„ 280 000.—	„ 280 000.—
Halb- und Fertigfabrikate	„ 1 650 000.—	„ 1 980 000.—	Arbeiter-Unterstütz.-Kasse	„ 250 000.—	„ 250 000.—
Effekten	„ 420 000.—	„ 460 000.—	Kreditoren	„ 3 832 000.—	„ 3 832 000.—
Wechsel	„ 360 000.—	„ 360 000.—	Gewinn pro 1918	„ 1 317 451.—	„ 1 317 451.—
Kasse	„ 92 000.—	„ 92 000.—	Stille Reserven	—	„ 1 422 549.—
Debitoren	„ 2 030 000.—	„ 2 030 000.—			
	Mk. 9 079 451.—	Mk. 10 502 000.—		Mk. 9 079 451.—	Mk. 10 502 000.—

Was sagen diese Zahlen? Die Gesellschaft hat etwa ebensoviel, wie sie Kapital besitzt, in stillen Reserven verborgen. Mit anderen Worten: sie hätte einmal oder im Laufe der Jahre insgesamt etwa 100% mehr an Dividenden an ihre Aktionäre verteilen können, als tatsächlich geschehen ist. Wenn sie diese Beträge, sei es durch das Gesetz gezwungen oder freiwillig, ihren Aktionären vorenthielt, so hat sie sich damit einen Sicherheitsfonds geschaffen, der ihr über schlechte Jahre hinweghelfen soll. Es ist das Gleiche, wie wenn zwei Privatleute das gleiche Einkommen haben, der eine aber sein ganzes Einkommen alljährlich aufbraucht, während der andere einen Teil desselben auf die Sparkasse legt. Kommt nun Krankheit oder Arbeitslosigkeit, so wird der Sparsame von seinen Reserven leben, während der andere ins Elend kommt.

Fragen wir uns nun, ob die Politik der stillen Reserven sich mit einer sozialistischen Wirtschaftsform vereinbaren läßt, so müssen wir nach alldem, was wir dargelegt haben, zu dem Resultat kommen, daß die Frage unbedingt zu bejahen ist, denn stille Reserven sind im besten Sinne des Worts sozial und deshalb auch sozialistisch. Sie gewährleisten, soweit wie möglich, den Bestand eines Unternehmens auch über schlechte Jahre hinweg und bieten dadurch nicht nur den Gläubigern einer Gesellschaft, sondern vor allem ihren Arbeitern und Angestellten Sicherheit für gute und schlechte Zeiten. Auch ein sozialisiertes Unternehmen muß deshalb eine möglichst vorsichtige Politik der Abschreibungen und stillen Reserven treiben, wenn es nicht bei der ersten ungünstigen Konjunktur auf die Unterstützung durch öffentliche Mittel angewiesen sein soll oder finanziell zusammenbrechen muß. Wir erleben gerade gegenwärtig ein besonders krasses Beispiel an unserem Eisenbahnwesen, also einem sozialisierten Unternehmen größten Stils. Jahrzehntelang haben unsere Finanzminister aus den Eisenbahnen ansehnliche Gewinne herausgerechnet und damit ihr Budget verbessert. Sie haben dabei aber vergessen, an die Abnützung des Materials zu denken und durch reichliche Abschreibungen für ausreichende Erneuerungsfonds zu sorgen. Nun ist das Material durch den Krieg ruiniert, die Eisenbahnen sind mangels offener oder stiller Reserven, aus denen sie schöpfen könnten, bankrott, und das Volk zu der bösen Erkenntnis gelangt, daß die Überschüsse früherer Jahre zum größten Teil Täuschung waren. Jetzt sind Milliarden neuer Mittel, die die Steuerzahler aufbringen müssen, nötig, um die Eisenbahnen vor dem Zusammenbruch zu bewahren. Und diese Riesenausgaben werden jetzt in der Zeit der bittersten wirtschaftlichen Not erforderlich, während sich bei richtiger Abschreibungspolitik in langen Jahren die erforderlichen Fonds mit viel geringerer Belastung des Wirtschaftslebens hätten aufbringen lassen; allerdings hätten die Budgets weniger günstig, dafür aber wahrheitsgetreuer ausgesehen. Das Gleiche würde und wird jedem sozialisierten Unternehmen passieren, wenn es seine Abschreibungen und Reserven in seinen Bilanzen nicht im Prinzip nach den gleichen Regeln bemißt, wie die kapitalistische Aktiengesellschaft.

D. M. G.

Die deutsche Seeschiffahrt vor und nach dem Kriege.

Von Dr. phil. Richard Hennig.

Die in schwerste Unordnung geratene Maschine der deutschen Gütererzeugung in absehbarer Zeit überhaupt wieder in Gang zu bringen, wird nur möglich sein, wenn auch die deutsche Seeschiffahrt neuerdings befähigt wird, die hervorragenden Leistungen, die sie vor dem Kriege vollbrachte, wenigstens zum Teil wieder auszuführen. Da Deutschland ein vorwiegend kontinentales Land ist, das, im Herzen Europas gelegen, von den meisten Nachbarländern durch „trockene Grenzen" getrennt ist und das nur mit dem verhältnismäßig schmalen Küstensaum der friesischen Küste ans offene Weltmeer angrenzt, so ist bei den wenigsten Deutschen das volle Verständnis aufgehen fühlte im ahnenden Gefühl, was der deutsche Fleiß für das wirtschaftliche Wohlergehen der ganzen Welt zu bedeuten hatte. Wie sehr dieses Gefühl berechtigt war, mögen ein paar Zahlen beweisen:

Daß die Güterbeförderung übers Meer viel wichtiger und bedeutungsvoller ist als der Transport mit Eisenbahn-Güterzügen oder auch mit Hilfe der Binnenschiffahrt, geht aus der einfachen Tatsache hervor, daß der gesamte Warenaustausch zwischen den Ländern der Erde sich zu $^4/_5$ auf Seeschiffen abspielt. Natürlich wechselt die Zahl für die einzelnen Länder: ein Inselstaat, wie Großbritannien oder Japan, vermag nur auf dem Seeweg

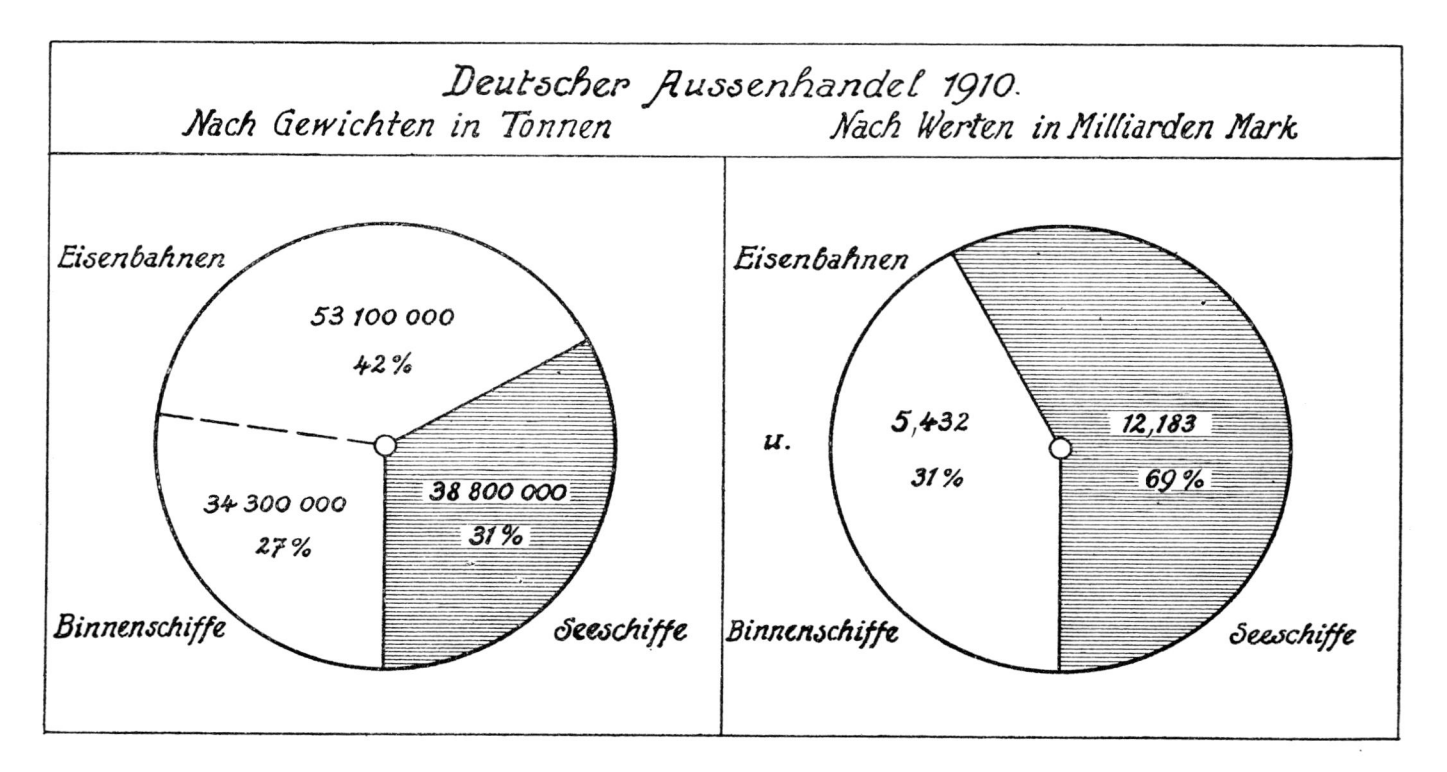

Deutscher Aussenhandel 1910.

Nach Gewichten in Tonnen — Eisenbahnen 53 100 000 (42%); Seeschiffe 38 800 000 (31%); Binnenschiffe 34 300 000 (27%).

Nach Werten in Milliarden Mark — Eisenbahnen u. Binnenschiffe 5,432 (31%); Seeschiffe 12,183 (69%).

entwickelt, was unsere deutsche Seeschiffahrt für unser **gesamtes** deutsches Wirtschaftsleben zu bedeuten hatte. Der Hanseate, der Bewohner der großen deutschen Welthafenstädte, der im Frieden tagtäglich mit dem frischen Atem des Weltmeeres Berührung hatte, ahnte wohl instinktiv beim Betrachten der bunten, lärmenden Hafenbilder, daß die deutsche Seegeltung das wichtigste Glied im gesamten weltwirtschaftlichen Organismus unseres Landes war; im Binnenlande hatte man naturgemäß nicht im gleichen Maße einen Blick für die tatsächlichen Verhältnisse, wenn auch jeder, der einmal nur vorübergehend das sinnverwirrende Bild etwa des Hamburger Hafens geschaut hatte oder auch nur mit dem Leben und Treiben eines großen binnenländischen Hafens, wie Duisburg oder Mannheim, vertraut war, sein Herz freudig

Außenhandel zu treiben, ein nirgends ans Meer angrenzendes Land, wie die Schweiz, das alte Serbien oder Bolivien ist dagegen vollkommen auf die Eisenbahn und allenfalls auf die Binnenschiffahrt angewiesen. Für Deutschland stellte sich nun vor dem Kriege der Anteil, den Eisenbahn, Seeschiff und Binnenschiff an der Bewältigung der Güterausfuhr ins Ausland hatten, in folgender, recht eigenartiger Weise dar. Im Jahre 1910 betrug der gesamte deutsche Außenhandel (ohne den Waren-Durchfuhrverkehr) 126 200 000 Tonnen im Werte von 17 615 000 000 Mark.

Hiervon entfielen dem Gewichte nach:
auf die Eisenbahnen . 53 100 000 t oder 42 Prozent
„ „   Seeschiffe . . . 38 800 000 t „ 31   „
„ „   Binnenschiffe 34 300 000 t „ 27   „

Legt man jedoch nicht den zufälligen Faktor des Gewichtes zugrunde, sondern den volkswirtschaftlich wichtigeren des Wertes der Ware, so ergibt sich das folgende vollkommen andere Bild, das uns die Bedeutung der Seeschiffahrt für Deutschlands Wirtschaftsleben erst ins rechte Licht setzt. Es wurden nämlich befördert:

von d. Seeschiffen Werte v. 12,183 Milliard. M. od. 69 Proz.
„ „ Eisenbahnen „ „ ⎫
„ „ Binnenschiffen „ „ ⎬ 5,432 „ „ „ 31 „
⎭
17,615 Milliard. M. 100 Proz.

Das heißt mit anderen Worten: gerade die hochwertigen Waren müssen zum weit überwiegenden Teil aus Deutschland übers Meer befördert worden sein. Die verhältnismäßig billigen und schweren Massenprodukte, vornehmlich die Rohstoffe, werden mit Vorliebe den Binnenschiffen und Eisenbahnen zur Beförderung in kontinentale Nachbarländer anvertraut, die hochwertigen Industrieerzeugnisse dagegen, die der Fleiß und die Geschicklichkeit deutscher Arbeiter, die Gedankenarbeit deutscher Ingenieure und Gelehrter geschaffen hatte, sie fanden ihren Weg am häufigsten übers Meer in diejenigen Kulturländer, die am dringendsten der deutschen Fabrikate bedurften und z. T. gerade deswegen am meisten neidisch auf unser blühendes Wirtschaftsleben wurden, das sie dann im Kriege zu zertrümmern leider mit Erfolg bestrebt waren.

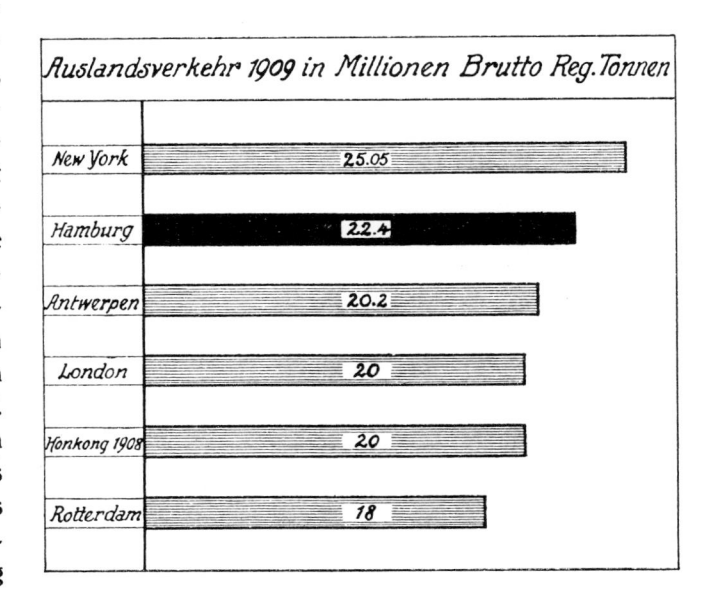

Auslandsverkehr 1909 in Millionen Brutto Reg.Tonnen

Hafen	Mill. Br.-Reg.-T.
New York	25.05
Hamburg	22.4
Antwerpen	20.2
London	20
Hongkong 1908	20
Rotterdam	18

Unter den gewaltigen Riesenhäfen des Weltverkehrs nahm unser deutsches Hamburg vor Kriegsausbruch die dritte Stelle ein. Nur London und New-York wiesen einen noch größeren ein- und ausfahrenden Schiffsraum auf, wobei jedoch zu beachten ist, daß London seinen Vorsprung vor Hamburg nur seiner Küstenschiffahrt, d. h. seinem Verkehr mit anderen Häfen der britischen Inseln, verdankte. Betrachtet man lediglich den überseeischen Auslands-Verkehr der Häfen, so war Hamburg selbst London noch überlegen und wurde seinerseits nur von New-York, und auch nicht einmal sehr erheblich, übertroffen. Im eigentlichen Ausland-Verkehr (Küstenschiffahrt abgerechnet) stellte sich nämlich die Reihenfolge der wichtigsten Welthäfen im Jahre 1909 folgendermaßen:

New-York	25,05	Mill. Br.-Reg.-T.
Hamburg	22,40	„ „ „ „
Antwerpen	20,20	„ „ „ „
London	20,—	„ „ „ „
Hongkong (1908)	20,—	„ „ „ „
Rotterdam	18,—	„ „ „ „

Die hohe Bedeutung des deutschen Wirtschaftslebens für den Seeverkehr der Erde ist aber um so beträchtlicher, als auch die stolze Blüte der Häfen Antwerpen und Rotterdam zum sehr bedeutenden, ja, zum größten Teil auf ihre Vermittlerstellung für die deutsche Aus- und Einfuhr zurückzuführen ist. Das ganze Rheinland und ein Teil Westfalens sind ja durch keine natürlichen Wasserstraßen mit deutschen Seehäfen verbunden und daher gezwungen, sich der ausländischen Umschlagplätze in Holland und Belgien zu bedienen. Bestände diese Notwendigkeit nicht, so würden die Verkehrszahlen der deutschen Nordseehäfen in noch viel sinnfälligerer Weise uns darüber belehren, was die Seeschiffahrt für das deutsche Wirtschaftsleben und das deutsche Wirtschaftsleben für die ganze Kulturmenschheit zu bedeuten hat. Rotterdam und Antwerpen, deren Hafenverkehr in den letzten Jahren vor dem Kriege dem Hamburger dicht auf den Fersen war, hätten von jeher nur einen Bruchteil ihrer Bedeutung behaupten können, wenn ihnen nicht deutscher Fleiß und deutsche Unternehmungslust den besten Teil ihrer Tätigkeit und ihres Wohlstandes zugeführt hätten. Wenn sie jetzt nach dem Kriege infolge des katastrophalen Zusammenbruches der deutschen Volkswirtschaft überwiegend auf eigene Füße gestellt bleiben sollen, so werden sie wohl bald genug den belebenden Hauch eines arbeitsamen deutschen Hinterlandes schmerzlich genug vermissen, vermissen ihn wohl schon heute und werden bei der Betrachtung ihrer künftigen sinkenden Verkehrszahlen mit Wehmut der guten, alten Zeit gedenken, da Deutschland in der Fülle seiner Kraft und Leistungsfähigkeit dastand und ihnen den reichen Überschuß daran mit zugute kommen ließ.

Um die Bedeutung der deutschen Seehäfen für den Außenhandel unseres Landes und das Wirtschaftsleben unseres Erdteils noch auf andere Weise zu verdeutlichen, seien einige weitere lehrreiche statistische Zahlen der Vorkriegszeit mitgeteilt. Wenn darin England selbstverständlich einen merklichen Vorsprung vor Deutschland hat, so muß nochmals betont werden, daß Englands gesamter Außenhandel sich durch die Seehäfen ergießt, Deutschlands dagegen, wie wir hörten, dem Gewichte nach nur zum dritten Teil.

Es gab in der Vorkriegszeit Seehäfen mit einem Jahresverkehr von mehr als 500 000 Netto-Register-Tonnen. (Stand vom Jahre 1908):

	500 000—1 Mill. T.	1—3 Mill. T.	3—10 Mill. T.	über 10 Mill. T.	Summe
in Deutschland	7	8	3	1	19
„ England	1	7	20	5	33
„ ganz Europa	36	40	62	14	152
„ der ganzen Welt	72	92	118	24	302

Den Schiffsbestand der bedeutendsten deutschen Reedereien vor dem Kriege zu erörtern, hat nur noch historischen Wert, nachdem der größte Teil unserer Handelsflotte im Kriege uns fortgenommen und der verbleibende Rest von uns selbst zumeist ausgeliefert worden ist.

Trotzdem müssen wir, um den ganzen kläglichen Unterschied zwischen einst und jetzt recht zu ermessen, auch dieses Thema einer kurzen Betrachtung unterziehen. Der Schiffsbestand der größten deutschen Reedereien war 1913 der folgende (einschließlich Neubauten):

Hamburg-Amerika-Linie, Hamburg	192 Schiffe	mit 1 254 000 Br.R.T.*)
Norddeutscher Lloyd, Bremen	133 „	„ 821 000 „ „ „
Hansa, Bremen	78 „	„ 410 000 „ „ „
Hamburg-Südamerikan. Dampfschiffahrts-Ges., Hamburg	57 „	„ 331 000 „ „ „
Deutsch-Australische Dampfschiffahrts-Ges., Hamburg	56 „	„ 285 000 „ „ „
Deutsch-Amerikan. Petroleum-Gesellschaft, Hamburg	43 „	„ 205 000 „ „ „
Kosmos, Hamburg	35 „	„ 201 000 „ „ „
Deutsche Levante-Linie, Hamburg	59 „	„ 161 200 „ „ „
Woermann-Linie	43 „	„ 112 900 „ „ „
Deutsch-Ostafrika-Linie	23 „	„ 102 200 „ „ „

*) einschließlich Flußdampfer, Schlepper, Leichter: über 1 400 000 Br.R.T.!

Was diese Zahlen, insbesondere diejenigen der Hamburg-Amerika-Linie und des Norddeutschen Lloyd besagen, das erkennt man erst recht, wenn man weiß, daß gleichzeitig die größte nichtdeutsche Reederei der Welt, die aus der Vereinigung von 6 einzelnen Gesellschaften entstandene Londoner Ellerman-Line nur eine Handelsflotte von 127 Schiffen mit zusammen 563 000 Br.Reg.T. besaß! oder wenn man hört, daß die Flotte der einzigen Hamburg-Amerika-Linie größer war als diejenigen ganz Österreich-Ungarns oder Schwedens!

Dabei ist zu beachten, daß die deutschen Seeschiffe die größte Durchschnittsgröße von allen nationalen Handelsflotten der Welt aufwiesen, wie das rechtsstehende Bild zeigt.

Deutschlands schwarz-weiß-rote Flagge war 1913 mit 11 % Anteil an der gesamten Welthandelsflotte beteiligt; Englands Anteil belief sich auf 45 %. Somit war die englische Handelsflotte (1913: 20 524 000 t) rund viermal so groß wie die deutsche (1913: 5 082 000 t).

Noch 1903 war sie fünfmal größer gewesen, 1898 siebenmal, 1875 neunmal größer.

Da die englische Flotte langsamer wuchs als die deutsche, drohte der Unterschied zwischen beiden Ländern immer geringer zu werden. Von einer Überflügelung der friedlichen britischen Seegeltung durch die deutsche konnte zwar unter den obwaltenden Umständen in weit absehbarer Zeit noch nicht entfernt die Rede sein, und niemand in Deutschland dachte auch nur an ein solches Ziel. Heute ist England die einzige wirkliche europäische Großmacht, die der Krieg noch übrig gelassen hat. Die deutsche Kriegs- und Handelsflotte ist gewesen. Und dennoch hat England nicht im mindesten Anlaß, mit dem Erreichten zufrieden zu sein, denn der Krieg hat fast über Nacht für die britische Handelsflotte eine neue Gefahr erstehen lassen, drohend und unheilschwanger, die ungleich größer ist, als es die deutsche Bedrohung jemals hätte werden können. Es ist das geradezu beängstigend schnelle Anwachsen der vereinsstaatlichen Handelsflotte, die man seit dem Sommer 1918 in England mit rasch wachsendem Unbehagen wahrnimmt. Durch eigene Neubauten, Ankauf fremder und Beschlagnahme feindlicher Schiffe haben die Vereinigten Staaten ihre ehedem gar nicht große eigentliche Ozeanflotte (1910: 800 000 t) seit dem Frühjahr 1918 derart gewaltig zu vermehren gewußt, daß zu Anfang 1919 die Flotte der Vereinigten Staaten schon doppelt so groß war, als es die deutsche zur Zeit ihrer höchsten Blüte im Sommer 1918 gewesen ist! Auf nicht weniger als etwa $10^1/_2$ Mill. Tonnen belief sich um die Jahreswende 1918/19 der Bestand der Handelsflotte der Vereinigten Staaten. Da der englische Schiffsbestand infolge der hohen Verluste durch den Krieg von 20 524 000 t auf etwa 16 000 000 t zurückgegangen ist, verfügen somit die Nord-Amerikaner heute über einen Schiffsbestand, der dem englischen schon zu $^2/_3$ gleichkommt und überdies, rasch weiter anschwellend, mit Vorliebe solche Handelswege aufsucht, die England ehedem als seine ureigene Domäne anzusehen geneigt war. Die „deutsche Gefahr", die man dereinst für unerträglich in England ansah, schrumpft zu einem Nichts zusammen, wenn man sie vergleicht mit der wirklich bestehenden schweren Gewitterwolke, die sich plötzlich über dem englischen Anspruch auf unbedingte Vorherrschaft zur See zusammengezogen hat. Treffend skizzierte ein objektiv urteilendes neutrales Blatt, das Genfer „Feuille", die neue Weltlage, in der England sich befindet, am 29. August 1918 mit folgenden Worten:

> „Sollte man so gewaltige Opfer dafür gebracht haben, einen auf den Welthandelsplätzen und großen Seestraßen gefährlichen Wettbewerber niederzuwerfen, nur um sich einen anderen noch gefährlicheren groß zu ziehen? Wird man, nachdem die „deutsche Gefahr" beschworen ist, die „amerikanische Gefahr" heraufkommen sehen?"

Eines seiner wesentlichsten Kriegsziele, die unbedingte Sicherung seiner Handelsvormacht auf den Weltmeeren, hat also England wider Erwarten nicht erreicht — im Gegenteil! Das ist freilich uns Deutschen ein schlechter Trost für den Verlust unserer Handelsflotte!

Wie sind nun unsere eigenen Aussichten, einige Seegeltung in kommenden Friedenszeiten zurückzugewinnen?

Hierüber ein einigermaßen sicheres Urteil abzugeben, ist zurzeit so gut wie unmöglich. Unsere Handelsflotte belief sich zwar nach dem Abschluß des Waffenstillstandes immer noch auf den stattlichen Wert von etwa $2^1/_2$ Mill. Tonnen; war sie auch gegenüber Anfang 1914 (Stand: 5 459 296 t) um fast drei Fünftel verringert, so wäre sie doch immerhin noch groß genug gewesen, um uns auch in Zukunft einen bescheidenen Anteil am Seehandel zu sichern und den Kern für eine kommende aussichtsvolle Neugestaltung abzugeben. Es war bezeichnend genug, daß zu Anfang 1919 die Hamburg-Amerika-Linie, trotz des Verlustes etwa der Hälfte ihres Schiffsraums, noch immer die größte Reederei der Welt war, denn nach Lloyds Register besaß sie damals noch 114 Schiffe mit 621 826 t, während die nächst großen Reedereien nunmehr die englische Peninsular and Oriental Line mit 60 Schiffen und 470 593 t und die inzwischen auf den dritten Platz aufgerückte japanische (!) Nippon Yusen Kaisha mit 104 Schiffen und 464 746 t waren.

Durchschnittsgröße der Schiffe in Tonnen 1912

Deutschland	2240
England	2080
Frankreich	1760
Ver. Staaten	1540
Norwegen	1130
Welt-Flotte	1750

Die Anlage III zum Artikel 244 des Versailler Friedens hat der deutschen Seeschiffahrt das Rückgrat gebrochen. Seit dem Jahre 201 v. Chr., als Rom dem besiegten Karthago die Auslieferung seiner ganzen Handelsflotte aufzwang, also seit über 2000 Jahren, hat es keinen Friedensvertrag mehr gegeben, wie den, der uns Deutschen am 28. Juni 1919 aufgezwungen wurde: unsere sämtlichen hochseetüchtigen Schiffe haben wir den Siegern auszuliefern, dazu die Hälfte der kleineren Fahrzeuge von 1000 bis 1600 t und noch eine große Menge der kleineren Schiffe, Fischerei-Fahrzeuge usw. Und damit ja nicht deutscher Fleiß daran denken kann, mit frischem Mut an den Wiedergewinn des Verlorenen zu gehen, sollen unsere deutschen Werften, deren Zahl durch den Verlust der für den Schiffsbau hochwichtigen Häfen Danzig und Flensburg und deren Leistungsfähigkeit durch mangelnde Rohstoffe, Kohlennot usw. ohnehin empfindlichst verringert worden ist, fünf Jahre lang für die Entente fronen und bis zu 200 000 t Schiffsraum im Jahre zunächst für unsere bisherigen Feinde und künftigen Handelsrivalen bauen, d. h. eine Menge, die wir bei unserer arg geschwächten Leistungsfähigkeit kaum werden schaffen können, so daß wir erst nach Ablauf von fünf Jahren vielleicht wieder daran denken können, deutschen Schiffsraum für deutsche Reedereien zu schaffen. Die Handelsflotte, die der Versailler Frieden uns läßt, reicht nicht einmal aus, nur unseren Ostseehandel aufrecht zu erhalten, während wir vom Weltmeer völlig vertrieben bleiben. Von seetüchtigen Schiffen über 1000 t behalten wir nur folgenden geradezu lächerlich dürftigen Bestand:

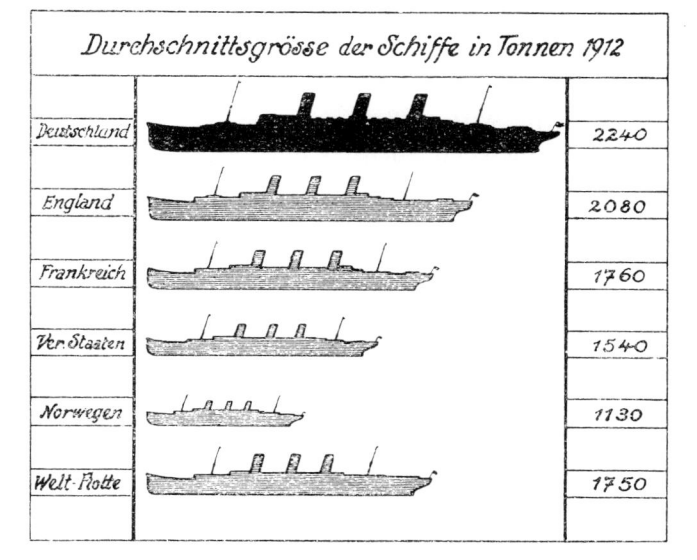

>   98 Dampfer ... mit 124 761 Br.Reg.T.
>   8 Segler ...... „ 10 921 „ „ „
>
> Summe: 106 Schiffe ..... mit 135 682 Br.Reg.T.

Die Aussichten für die deutsche Seeschiffahrt nach dem Kriege sind daher zurzeit so trostlos wie möglich.

Es wird auch im günstigsten Falle viele Jahre, vielleicht Jahrzehnte dauern, ehe sie sich wieder einigermaßen zu erholen vermag. Sie ist umsomehr ins Hintertreffen geraten, als unsern Reedern in den $4^1/_2$ Kriegsjahren bei fehlenden Einnahmen gewaltige Kosten durch Unterhalt der Flotte, Gehälter des Personals, Liegegelder für die bei Kriegsausbruch in neutrale Häfen geflüchteten Fahrzeuge usw. entstanden sind, während in derselben Zeit einzelne feindliche und vor allem neutrale Reedereien durch die ins Phantastische gesteigerten Seefrachtsätze ungeheure Einnahmen buchen und entsprechend hohe Rücklagen vornehmen konnten. Wenn man noch vor kurzem hoffen durfte, daß unsere deutschen Schiffahrts-Unternehmungen sogleich nach Abschluß des Waffenstillstandes sich wieder betätigen und durch Anteil an den noch fortbestehenden hohen Frachten belebend auf das deutsche Wirtschaftsleben einwirken könnten, so hat man inzwischen auch diese Hoffnung fahren lassen müssen: die Fortdauer der Blockade, die Auslieferung unserer Handelsschiffe und die Bestimmungen des Friedensschlusses haben sie zunichte gemacht. Dazu ist mit der Einstellung des U-Boot-Krieges und dem Verfügbarwerden großer Mengen Frachtraum ein Sturz der Seefrachtensätze eingetreten, den man in diesem Umfang noch vor kurzem für unmöglich gehalten hätte, und der geradezu katastrophalen Charakter angenommen hat, zumal wenn man bedenkt, daß viele nichtdeutsche Verfrachter sich noch auf längere Zeit an die extrem hohen Sätze des Vorjahres gebunden haben. Auf manchen Linien scheinen die Frachtraten schnell beinahe auf die Höhe der Vorkriegszeit zurückgehen zu wollen. In Schillingen ausgedrückt, würde zwar der Vorkriegsfrachtsatz bei dem schlechten Stand des deutschen Wechselkurses unter Zugrundelegung der Markwährung noch immer ein Mehrfaches seiner früheren Höhe darstellen.

Aber selbst wenn die Frachten noch sehr viel lohnender wären, was würde dies unserer deutschen Seeschiffahrt nützen, wenn selbst für den bescheidenen verbleibenden Rest keine Ausfuhrgüter zur Verfügung gestellt werden können? Unter den vielen erschütternden Nachrichten der letzten Monate war eine der trostlosesten die, daß die in Hamburg eingelaufenen amerikanischen Lebensmitteldampfer ohne Ladung, „in Ballast" zurückfahren mußten, weil die erwarteten Ausfuhrwaren einschließlich der benötigten Bunkerkohlen nicht zur Verfügung gestellt werden konnten.

✱   ✱

✱

Freie Rede.

Der Wiederaufbau des Einzelnen.

> „Und, um das ganze Vaterland
> Zu ordnen, ging man aus
> Vom kleinen, und man ordnete
> Zuerst das eigene Haus.
> Doch ehe man das eigene Haus
> Geordnet säuberlich,
> Ging man erst von sich selber aus
> Und ordnete bei sich."

Dieser Spruch aus der „Hohen Lehre" des Konfuzius birgt die Weisheit, die uns heute am dringendsten notwendig ist. Unser Vaterland ist zerrüttet und zerstört, jeder Einzelne von uns ist es nicht minder. Das stärkste Mittel zum Wiederaufbau des Volkes ist der Wiederaufbau des Einzelnen. Wir haben schwere Einbuße an unserem Selbst erlitten. Und zwar nicht nur durch die materiellen Schädigungen des Krieges, durch Wunden, Krankheit, Not und Leid, sondern auch durch die geistige Einstellung, in der wir während des Krieges und vielleicht auch schon vor dem Kriege gelebt haben.

Hungersnot sah anders aus, als wir sie uns vorgestellt hatten. Wir sahen keine zum Skelett abgemagerten Gestalten auf den Straßen herumirren und die Unratshaufen nach genießbaren Brocken durchsuchen. Wir fanden keine verhungerten Menschen vor unseren Augen tot hinsinken. Langsam hat uns der schleichende Hunger angenagt. Arbeitskraft und Arbeitslust schwanden dahin. Wir wurden mager, unsere Wangen wurden unmerklich langsam fahl und fahler. Gegen Krankheit und Alter wurden die Menschen widerstandslos. Sie verlernten das Lachen, die Hoffnung und die Güte.

Diesen Erscheinungen liegen tiefgreifende Störungen des Körpers zugrunde. Die Gewebe sind in der Lebenskraft getroffen, geschwächt, gealtert. Oft sicher so stark, daß eine völlige Erholung überhaupt nicht mehr eintreten kann, weit öfters so, daß durch sorgsame Behandlung eine überraschende Verjüngung und Wiederhebung möglich ist.

Wir müssen die Zeit der Kargheit mit einer gewissen Verschwendung beginnen. Milch, Eier, Butter, Käse, Öl, Fleisch muß herbei, auch wenn wir dafür wichtige und dringende Aufgaben anderer Art zurückstellen müssen. Wir werden nur so die Kraft zu nützlichem Schaffen uns selbst und unseren Kindern Lebensfähigkeit gewinnen können. Auch nur so die Gesundheit, die zum knappen Leben notwendig ist. Uns ist Nahrung jetzt Arznei.

Dann brauchen viele von uns Ruhe. Schichtweise müssen alle die vielen Zerrütteten ausgeruht werden. Was in Jahren verderbt ist, kann sich nicht in Tagen erholen. Auch dieser scheinbare Zeitverlust ist Kraftgewinn.

Ein halbes Jahr Krieg fraß mehr unproduktive Zeit. Deutschland hat Badeorte und Ruheplätze genug.

Was aber sollen wir gegen die Zerrüttung unserer Seele tun? An vier großen Kriegsübeln der Seele leiden wir: an Traurigkeit, an Hoffnungslosigkeit, an Zuchtlosigkeit und Gehässigkeit.

Gegen die Traurigkeit kann und soll man nichts tun. Wir bejahen mit ihr unser eigenes Leid und das gemeinsame. Wir sind sie den Seelen der Gefallenen und Hingerafften schuldig.

Von der Hoffnungslosigkeit werden wir von selbst gleichzeitig mit der Hebung unseres körperlichen Zustandes genesen.

Gegen die Zuchtlosigkeit in uns selbst müssen wir mit den schärfsten Mitteln gegen uns selbst vorgehen. Was wir früher Moral nannten, ist allmählich verfault und zermürbt. Wir sind in der Not notdürftige Gesellen geworden. Wir haben in Armseligkeit unser Gewissen weiten müssen. Wir konnten es nicht mehr so genau nehmen. Aber wir haben auch gelernt, daß Moral mehr ist, als das Vorurteil unphilosophischer Geister, daß sie das Fundament des Hauses ist, daß sie nicht dazu da ist, ihren Sinn zu ergründen, sondern ihre Gebote zu halten. Wir müssen also pharisäisch genau gegen uns selbst werden, bei aller Toleranz gegen die anderen. Alles begreifen, heißt alles verzeihen. Es handelt sich aber eben nicht um Schuld und Unschuld, sondern um Mensch, Familie, Land, Menschheit. Wir dürfen auch Moral nicht, wie wir es so oft getan haben, mit Güte verwechseln. Man kann sehr gut und sehr unmoralisch, sehr böse und sehr moralisch sein. Gerade diese Beziehung hat die Moral in Mißkredit gebracht. Sie ist nichts Göttliches, sondern etwas sehr Irdisches. Jetzt brauchen wir sie wie Milch, Eier, Butter und Seife.

Am schwersten ist es, der Gehässigkeit Einhalt zu tun. Auch gegen sie kann Politik und Verwaltung keiner Regierung helfen. Das kann auch nur vom Einzelnen ausgehen. Vielleicht beginnt uns allmählich zu dämmern, daß es in hohem Grade unwahrscheinlich ist, daß die Guten und Klugen sich sämtlich in der Partei a, die Bösen und Dummen sich sämtlich in den Parteien b, c und d zusammengefunden haben.

Wir müssen uns eben vor allen -ismen im Leben hüten. Es sind Werkzeuge des Denkens und gehören den Denkern. Sie passen nicht in das Leben, dessen Weg sich durch die Mitte hinzieht, und an jedem Extrem scheitern müßte.

Wir sind nicht Gott und dürfen auch die Menschen nicht nach unserm Ebenbilde schaffen wollen. Wie sie verschieden von Gestalt, so sind sie auch verschieden in Sinn und Wille. Wir müssen damit aufhören, uns zueinander bekehren zu wollen. Wir müssen versuchen, uns in unserer Verschiedenheit kennen zu lernen. Vielleicht gelingt es sogar, uns zu achten und selbst zu lieben.

Sonst müssen wir zu unserem Wiederaufbau noch so manches tun. Wir müssen uns möglichst viel in die unwirkliche Welt zurückziehen, die frei von Zwecken ist. Wer Rosen züchtet, wird ein besserer Mensch, gerade so wie der Schmetterlingssammler und der Botaniker. Je weniger ein Ding zu irgend etwas nütze ist, je ausgeschlossener es ist, daß man es je nutzbringend verkaufen kann, um so gesünder kann es sein.

Alles Exaltierte ist ungesund. Wir wollen uns, bei allem guten Willen, eine bessere Welt zu errichten, vor Übertreibungen und Paradoxen hüten. Weltrevolution sei uns eine nüchterne Sache, Weltgenesung nicht Weltbrand.

Ungesund ist es auch, hysterisch wie eine dekadente Frau nach bedeutenden Männern, nach großen Führern zu schreien. Wie wir eben sind, könnte uns weder Friedrich der Große noch Bismarck regieren. Es fehlt an **regierbaren Menschen**. Wenn wir wieder führbar geworden sind, werden unsere Führer von selbst große Führer geworden sein.

Das beste Heilmittel ist Freude und Glück. Es hat sie noch niemand auf Radaufesten, in Tingeltangeln und Tanzlokalen gefunden. Jeder hat in seinem Bücherschrank eine ganze Reihe vorzüglicher Werke, in denen über diesen Punkt nachzulesen angelegentlich empfohlen sei. R.

Frankfurter Zeitung, Nr. 504 vom 11. 7. 19.

Ein Heilmittel gegen die Verarmung unseres Volkes.

Mit Wehmut blickt unser Volk in diesen Tagen in seine fernere Zukunft. Haben wir doch das tiefste Niveau an Demütigungen in diesen Tagen erreicht. Nach einstiger Macht, Größe und Wohlstand gleicht unser Volk einer Ruine; es bewahrheitet sich das tragische Wort: Einen Blick nach dem Grabe seiner Habe, sendet noch der Mensch, ein Volk, zurück. Dem wäre so, wenn ohne Hoffnungsschimmer sich unser Volk jetzt den Weg bahnte und suchte, zum ferneren Aufbau, um über das Chaos wiederum zum Kosmos zu gelangen. Glücklich in unserer Lage, einen alliierten und assoziierten mächtigen, reichen Verbündeten zu haben, nach dem in vier Jahren schmerzlich empfundenen Wort: „allein" –. Wo ist dieser Verbündete, wie heißt sein Name? Er nennt sich Gott; es ist der Schöpfer Himmels und der Erde. Derselbe, welcher die Weltverteiler mahnt durch sein Wort: Alles Gold und Silber ist mein, der Erdboden und was darauf ist, das Vieh auf den Bergen, da sie bei Tausenden gehen. Derselbe, welcher spricht: Rufe mich an in der Not, so will ich dich erretten, so sollst du mich preisen. Derselbe hat dieses wahr gemacht an vielen Tausenden im harten Kampfe, als es nichts zu hoffen mehr gab. Demselben sind auch die Zügel der Weltregierung nicht entglitten, wenn auch im weiten Spielraum.

Jahrtausende liegen zurück. Mächtige Völker sind in diesem Zeitraum als führende Sterne wieder erloschen. Da gefiel es demselben Schöpfer, wiederum ein Volk sich zu erwählen und auf den Leuchter zu stellen. Schwach und unscheinbar, doch eigenartig in seinem Religions- und Opferkult, unterschied es sich kraß von den umliegenden Völkern. Kraft seiner Gesetzgebung und Zucht, welches in der Gottesfurcht wurzelte, wurde es das achtunggebietendste und seelisch gesündeste Volk zu seinen Zeiten. Was hat uns dieses Volk zu sagen? Können wir etwas von ihm lernen, im Anschauungsunterricht? Sehr wohl! Wurden doch nach Ausübung ihrer Gesetzgebung wirklich brennende Gegenwartsfragen in Sozialismus und Kommunismus vollkommen praktisch gelöst. So zu lesen in den Büchern Mose. Wohlstand, Reichtum in allen Erwerbszweigen waren die Früchte jener Gesetzgebung in Gottesfurcht. Zur Zeit des Salomonischen Tempelbaues achtete man das Silber für nichts. Gekrönte Häupter kamen aus fernen Landen, um sich zu überzeugen von dem guten Land, von dem man sagte: „Es fließt Milch und Honig innen", wo jedes unter seinem Weinstock, Ölbaum und Feigenbaum sicher wohnte. Dieses war aber alles abhängig von ihrer Stellung zu Gott. Wie! können wir in der Tat eine Wirkung ausüben, auch auf die Vegetation, daß die Erde ihre Frucht reichlich gibt, also auch den Mißwachs beeinflussen? Wird nicht in stumpfer Ergebenheit jenes als unabänderlich bezeichnet? Wie ist dann aber die Wirkung eines Gebets zu verstehen?

Keine Wirkung ohne Ursache. Gerade wie alle natürlichen Kräfte, je mehr Platz wir ihnen machen, desto stärker wirken, gerade so muß das Gebet zu seiner unbedingten Mitwirkung kommen, wenn wir ihm nur Platz verschaffen und Zeit in uns. Dies war die Lösung des Rätsels vom Mene Tekel an der getünchten Wand für jene schwelgende Hofgesellschaft; denn sie hatte das Beten verlernt.

Jene Zeichensprache mahnte auch uns vor Jahren als Mene Tekel, als die Erdbeben ganz Mitteleuropa schüttelten. Wohl erklärten unsere Geologen, daß für uns Beben in Stärke dessen von Messina nicht denkbar wären, indem die Erdrinde bei uns zu hart und dicht wäre, um derartiges zu erleben. Das Erlebte revidierte diese Anschauung gründlich. Unsere Apparate konnten die Ausschläge der Pendel nicht registrieren und wurden aus den Lagern geworfen, waren auch nicht dafür gebaut. Freilich, Erdbeben hatte es immer gegeben, bei vulkanischer Erdschichte und in Neuland mehr oder weniger, aber doch bei uns nicht. Indessen der Schöpfer des Weltalls spricht: Ich sehe die Erde an, so bebet sie. Weiter spricht derselbe: es werden sein Krieg und Kriegsgeschrei, Erdbeben hin und wieder.

Ursache und Wirkung äußerten sich beim Judenvolk wie auch bei uns. Durch den Wegfall der Ursache, des Gebetslebens, ging auch die Wirkung bei den Juden wie bei uns verloren. Führende Männer jenes Volkes sahen deshalb mit Scharfblick den Untergang voraus, wenn diese Gotteskraft im Volk ausgeschaltet würde. Ihre Mahnungen sind zur furchtbaren Wirklichkeit geworden unter den Völkern; bis auf heute führt dasselbe ein Schattendasein unter den Völkern. An diesem Beispiel dürfte für unser Volk das einzige Heilmittel gegen unsere Verarmung und Versklavung zu erkennen sein.

Wir brauchen nicht nur Gesetze für dies und jenes, wie heute so viele gemacht werden, sondern ein Gesetz, das uns den sichern Halt in allem gibt. Das Gesetz ist uns verloren gegangen, und darum ist heute eine Lücke in unserem Volksleben. Diesem Gesetze verhelfen wir zur Geltung, wenn es wieder die Ursache für unser Leben wird.

Zurück zur Gottesfurcht, zur Wiedergeburt an Sinn und Geist in Handel und Wandel. „Bete und arbeite" sei das Losungswort unserer jetzigen schweren Zeit. Dem hilflos schreienden Kinde ist der Vater am nächsten.

Durch Ausfüllung dieser Lücke, aber nur dadurch, sind wir dennoch auf dem Weg zum Aufstieg. Denn wenn Gott uns demütigt, macht er uns groß. Mehr als sonst einem Volk der Erde kann dann das Wort für unser Volk und Land gelten:

Laß Dir nicht grauen und entsetze Dich nicht; denn der Herr Dein Gott ist mit Dir in allem, was Du tun wirst.

Von Monteur G. Schilling. D. M. G.

Literatur * Kunst.

Die erste deutsche Seekabellegung.

Aus Werner v. Siemens Lebenserinnerungen.

Fast alle in der ersten Zeit von den Engländern gelegten unterseeischen Kabel, sowohl die im Kanal, im Mittelländischen und Roten Meere, wie auch das erste atlantische Kabel, welches im Sommer 1858 nach einem verfehlten Versuche im vorhergegangenen Jahre durch den Ingenieur Withehouse gelegt wurde, gingen zugrunde, weil man bei der Konstruktion und Herstellung, sowie bei den Prüfungen und der Legung sich nicht von richtigen Grundsätzen hatte leiten lassen.

In Erkenntnis dieser Tatsache übertrug die englische Regierung unserer Londoner Firma im Jahre 1859 die Kontrolle der Anfertigung und die Prüfungen von Kabeln, welche sie zu legen beabsichtigte. Bei diesen Prüfungen wurde zum ersten Male ein konsequentes, rationelles Prüfungssystem angewendet, welches Sicherheit gab, daß das vollendete Kabel fehlerlos war, wenn die Leitungsfähigkeit des Kupferleiters und der Isolationswiderstand des isolierenden Überzuges den spezifischen Leitungswiderständen der benutzten Materialien vollständig entsprachen.

Bei den in den Jahren 1858 und 1859 von der Firma Newall & Co. im östlichen Teile des Mittelländischen Meeres gelegten Kabeln ohne Eisenhülle wurde schon in dem Jahre der Legung ein großer Teil der Hanfumspinnung des mit Guttapercha isolierten Leiters durch Holzwürmer zerfressen. Sogar eine Eisenumhüllung schließt eine Zerstörung der im flachen Wasser liegenden Kabel durch den Holzwurm nicht vollständig aus, da Stellen, an denen ein gebrochener Draht abgesprungen ist, ihm Zugang verschaffen, und da die junge Brut auch die schmalen Zwischenräume zwischen den Schutzdrähten passieren und dann innerhalb der Schutzhülle sich zu gefährlicher Größe entwickeln kann. Mein Bruder Wilhelm hatte zur Beseitigung dieser Gefahr für flaches Wasser ein besonderes Kabel konstruiert, bei dem Längsfäden von bestem Hanf dem Kabel die nötige Tragfähigkeit geben sollten, während eine Lage schuppenartig übereinandergreifender Kupferblechstreifen die Kabelseele vor dem Holzwurm zu schützen bestimmt war. Ein derartiges Kabel erhielt unsere Londoner Firma im Jahre 1863 von der französischen Regierung für die Strecke von Cartagena nach Oran in Auftrag. Der damalige Generaldirektor des französischen Telegraphenwesens, M. de Vougie, hatte bereits wiederholt eine kostspielige Kabellegung von der französischen zur algerischen Küste versucht, ohne dadurch eine befriedigende telegraphische Verbindung erzielt zu haben. Er wollte jetzt eine solche auf billigstem Wege über Spanien durch ein ganz leichtes Kabel zustande bringen und beauftragte uns mit der Anfertigung und Legung eines kupferarmierten Kabels zwischen Cartagena und Oran.

Die französische Regierung hatte sich die Beschaffung des Dampfers sowie die Bemannung und Führung desselben durch Angehörige der kaiserlichen Marine vorbehalten. Der Generaldirektor, der mir von der Pariser Ausstellung des Jahres 1855 her, bei der wir beide als Jury-Mitglieder funktioniert hatten, wohlbekannt war, beabsichtigte selbst der Legung beizuwohnen. Wilhelm und ich wollten gemeinsam die Leitung übernehmen, und so trafen wir denn im Dezember 1863 in Madrid zusammen, wohin ich von Moskau, wo ich mich gerade aufgehalten, über Petersburg, Berlin und Paris fast ohne Unterbrechung in fünf Tagen gefahren war.

Mein Bruder hatte sich inzwischen — im Jahre 1859 — mit der Schwester des Mr. Gordon, einer geistvollen und liebenswürdigen Dame, verheiratet. Er brachte seine Frau mit nach Madrid, da sie Mühen und etwa mit der Legung verbundene Gefahren durchaus mit ihm teilen wollte. In Madrid war es unangenehm kalt und windig, so daß ich eine Verbesserung im Klima seit dem Verlassen Moskaus eigentlich nicht bemerken konnte. Wir reisten bald weiter nach Aranjuez, Valencia und Alicante, ohne auch da eine behaglichere Temperatur zu finden. Der Winter war ungewöhnlich kalt in Spanien, und es machte einen überraschenden Eindruck, auf dem ganzen Wege von Alicante bis Cartagena Dattelpalmen und mit goldigen Früchten reich beladene Orangenbäume mit Schnee belastet zu sehen. Auch in Cartagena, wo wir einige Tage auf das Kabelschiff warten mußten, war es in den kamin- und ofenlosen Häusen so bitterkalt, daß meine Schwägerin später oft behauptet hat, mein aus Rußland mitgebrachter Pelz hätte sie in Spanien vor dem Erfrieren geschützt. Erst in Oran tauten wir wieder auf. Die nötigen Vorbereitungen waren bald getroffen, und wir gaben uns der Hoffnung hin, die ganze Legung in wenigen Tagen vollenden zu können. Doch „zwischen Lipp' und Kelches Rand schwebt der finstern Mächte Hand" — nach vierwöchentlichen Mühen und Überstehung großer Gefahren hatten wir das Kabel verloren und mußten noch froh sein, nicht Schaden an Leben und Gesundheit erlitten zu haben.

Vom kühlen Standpunkt des vorgeschrittenen Alters aus beurteilt, war diese Kabellegung ein großer Leichtsinn, da Kabel, Schiff und Legungsmethode durchaus unzweckmäßig waren. Als Entschuldigung dafür, daß wir sie trotzdem unternahmen, kann nur Folgendes angeführt werden: Wir wollten unter allen Umständen ein eigenes Kabel legen, weil wir sahen, daß unsere Erfindungen und Erfahrungen ohne jede Rücksicht auf uns, und sogar ohne unsere unzweifelhaften Verdienste um die Entwicklung der submarinen Telegraphie auch nur zu erwähnen, von den englischen Unternehmern verwertet wurden, und ferner, und wohl hauptsächlich, weil die von Bruder Wilhelm erfundene Kabelkonstruktion und Auslegevorrichtung so durchdacht und interessant waren, daß wir es nicht über das Herz bringen konnten, sie unbenutzt zu lassen.

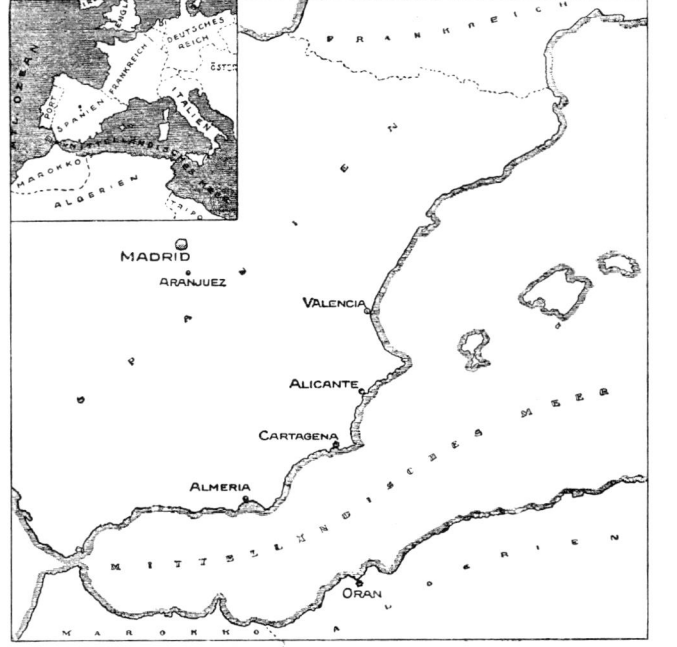

Das Kabel würde in jeder Hinsicht ausgezeichnet gewesen sein, wenn es seit seiner Fabrikation unverändert geblieben wäre. Wir mußten uns aber leider überzeugen, daß seine Festigkeit, obwohl die Hanffäden durch Tränken mit Tanninlösung gegen das „Verstocken" vermeintlich geschützt waren, sich sehr verringert hatte. Noch schlimmer fast war es, daß mein Bruder für die Kabellegung einen neuen Mechanismus erfunden hatte, der hier zum ersten Male probiert werden sollte. Derselbe bestand darin, daß das Kabel auf eine große Trommel mit stehender Achse gewickelt wurde, die zur Auf- und Abwicklung des Kabels durch eine besondere kleine Dampfmaschine gedreht werden mußte. Mir schien diese von meinem Bruder sehr genial durchgeführte Einrichtung doch recht bedenklich, denn die gleichmäßige Drehung einer so schweren Trommel war, namentlich bei bewegter See, mit Schwierigkeiten verknüpft, deren Umfang sich noch nicht übersehen ließ, und die durch die Trommeldrehung abgewickelten Kabellängen konnten nur dann richtig bemessen werden, wenn man Schiffsgeschwindigkeit, Meerestiefe und Strömungen jederzeit genau kannte. Da das Wetter aber ruhig und schön war, und ich zudem einen elektrisch betriebenen Geschwindigkeitsmesser konstruiert hatte, der seine erste Probe bestehen sollte, und der, wie ich hoffte, die Schiffsgeschwindigkeit immer sicher angab, so beschlossen wir, trotz der eingetretenen Schwächung der Tragfähigkeit des Kabels den Versuch zu wagen.

Leider erwiesen sich meine Befürchtungen als gerechtfertigt. Nachdem das schwere Uferkabel gelegt und die Auslegung des mit ihm verbundenen leichten Kupferkabels vielleicht eine Stunde lang ohne Störung fortgegangen war, so daß meine Hoffnung auf guten Erfolg bereits merklich stieg, riß das Kabel plötzlich und sank in die schon ansehnliche Tiefe hinab, ohne daß ein besonderer Grund dafür zu erkennen gewesen wäre. Es war unmöglich, das ausgelegte Kabel wieder aufzunehmen, da es durch mächtige Steingerölle am Meeresboden festgehalten wurde. Wir hatten infolgedessen keinen hinlänglichen Überschuß an Kabel mehr, um eine Legung nach Cartagena unternehmen zu können, beschlossen daher, den kürzeren Weg nach Almeria einzuschlagen und zunächst hinüberzufahren, um eine passende Landungsstelle dort aufzusuchen.

Die Fahrt nach Almeria bei herrlichem Wetter und spiegelblanker See war entzückend. Die Stadt wird durch eine bergige Landzunge verdeckt, die sich weit in die See hinausstreckt. Für uns war diese schöne Lage allerdings recht ungünstig, denn sie nötigte uns, einen so weiten Umweg um das vorspringende Kap zu machen, daß die geringere lineare Entfernung von Oran dadurch beinahe wieder ausgeglichen wurde. Wir landeten aber, um Vorräte einzunehmen, und genossen die Gastfreundlichkeit der Ortsbewohner, die es sich nicht nehmen ließen, uns feierlich zu empfangen und uns zu Ehren ein Fest in den Räumen des Theaters zu improvisieren. Was uns auf diesem Feste am meisten überraschte, war die klassische Schönheit der Frauen, deren Gesichtszüge unzweifelhaft maurischen Typus zeigten.

Wir ahnten an diesem genußreichen Abend nicht, daß der nächste Tag uns Gefahren bringen sollte, die überstanden zu haben mir noch heute wunderbar erscheint.

Um das Folgende recht verstehen zu können, muß man sich vergegenwärtigen, daß unser Schiff nicht für Kabellegungen gebaut, sondern von der französischen Regierung erst für diesen Zweck auf dem englischen Markte beschafft war. Es war ein englischer Küstenfahrer, dessen frühere Bestimmung gewesen, Kohlenschiffe nach London zu ziehen. Diese Schiffe sind nicht für hohe See gebaut; sie haben einen flachen Boden, keinen Kiel und auch keinen erhöhten Schiffsschnabel zum Brechen der Wellen. Der innere Raum dieses so sehr ungünstig gebauten Schiffes war nun zum größten Teil von einer mächtigen hölzernen Trommel mit stehender eiserner Achse ausgefüllt, auf die das ganze Kabel gewickelt war, die Belastung war daher für hohen Seegang sehr ungünstig verteilt. Doch das Wetter war unausgesetzt schön und das Meer ruhig. Dies änderte sich etwas, als wir nach der Abfahrt von Almeria das Kap umschifft hatten und das offene Meer vor uns sahen. Es blies eine mäßige Brise von Südwest und schwarze Wolkenhaufen lagerten hinter der Landzunge längs der Küste. Dabei fiel uns auf, daß die nächste dieser dunklen, tiefgehenden Wolken einen langen Rüssel zum Meere hinabsenkte und das Meer unter ihm in wilder Bewegung war, so daß es im fortdauernden Sonnenscheine wie ein glänzendes, vielgeklüftetes Eisfeld erschien. Unser Schiff fuhr nach unserer Schätzung etwa zwei Seemeilen an diesem hochaufschäumenden Felde vorbei, das vielleicht eine halbe Seemeile breit war, während die Tiefe sich nicht schätzen ließ. Auffallend war, daß der Rüssel, der oben mit der Wolke breit verwachsen war, sich dann aber schnell verjüngte, nicht ganz mit der bewegten Wasserfläche in Berührung kam, sondern durch einen klar erkennbaren Zwischenraum von ihr getrennt blieb; auch war keine besondere Erhebung der schäumenden Wasserfläche unter ihm zu erkennen, sondern die ganze Fläche schien gleichmäßig haushoch über das Meeresniveau erhoben zu sein. Dabei machte das Rüsselende eine unzweifelhafte Kreisbewegung über der weißen Meeresstelle, so daß es ungefähr alle zehn bis zwanzig Minuten auf denselben Punkt zurückkehrte.

Leider konnten wir die Beobachtung dieses interessanten Schauspiels, einer sogenannten Wasserhose, nicht lange fortsetzen, da sich diese ziemlich schnell in östlicher Richtung an der Küste hinzog und wir auch durch eine andere merkwürdige Erscheinung von ihr abgezogen wurden. Das Schiff geriet nämlich plötzlich in so heftige Schwankungen, daß wir uns nur mit Mühe aufrecht zu erhalten vermochten. Es waren kurze, hohe Wellenzüge, sogenannte tote See, in die wir geraten waren. Offenbar passierten wir den Weg, den die Wasserhose genommen hatte. Dem Kapitän waren die heftigen Schwankungen des Schiffes bei der ihm wohlbekannten Bauart desselben zwar sehr bedenklich, er behielt aber den Kurs in Richtung der Wellentäler bei, in der Hoffnung, bald wieder in ruhiges Fahrwasser zu kommen. Da fielen mir dumpfe, kurze Schläge auf, die das ganze Schiff bei jeder Schwankung erzittern machten. Wie ein Blitz durchzuckte mich der Gedanke „die Trommel hat sich gelöst und wird bald mit unwiderstehlichen Schlägen das Schiff zertrümmern". Ich stürzte in die Kajüte zu meinem Bruder, der bereits schwer mit der Seekrankheit kämpfte; nur er kannte die Konstruktion der Trommel und die Art ihrer Befestigung ganz genau, er allein konnte uns also vielleicht noch retten. Ich fand ihn schon auf den Füßen — totenbleich, aber gefaßt. Auch er hatte sofort die Ursache der gefahrdrohenden Schläge erkannt, und das hatte genügt, um jede Spur der Seekrankheit zu verscheuchen. Im Schiffsraume sah er in der Tat, daß die Trommelachse ihr oberes Lager gelöst hatte, und daß die zum Schutze der Lager und der Trommel selbst sorgfältig vorbereiteten und angebrachten Werkstücke aus besonders hartem Holze fehlten. Die französischen Schiffszimmerleute wollten anfangs keine Kenntnis von ihrem Verbleib haben, als aber die Schläge sich verstärkten und mein Bruder ihnen zurief, wir wären alle verloren, wenn die Hölzer nicht sofort gebracht würden, kam ihnen die Erinnerung und die Hölzer wurden sofort zur Stelle geschafft. Die Leute hatten das ihnen unbekannte feste Holz bewundert und die Stücke für überflüssig gehalten.

Bei den heftigen Schwankungen wollte es aber nicht gelingen, die Hölzer wieder in die vorgeschriebene Lage zu bringen; inzwischen verstärkten sich die Schläge so, daß alle von Furcht ergriffen wurden, das Schiff werde sie nicht länger ertragen. Da rief uns mein Bruder durch die offenstehende Deckluke zu: „Die Schwankungen sind zu groß, steuert gegen den Wind!" Der Kapitän gab auch sogleich das betreffende Kommando, und das Schiff drehte gegen die Wellen. Einen Augenblick darauf sah ich zu meinem Erstaunen, wie die Schiffsspitze unter Wasser tauchte und die Wellen bereits über den vorderen Teil des Deckes spülten. Ich erkannte sogleich den Grund der Erscheinung. Das Schiff war in voller Fahrgeschwindigkeit zu plötzlich gegen den Wind gedreht, und als eine Welle einmal die Schiffsspitze überspült und hinuntergedrückt hatte, behielt es die geneigte Lage bei und wurde durch seine Geschwindigkeit auf der schiefen Ebene hinab in die Tiefe getrieben. In diesem kritischen Augenblicke übernahm ich unwillkürlich selbst das Kommando und rief in den nahen Maschinenraum ein lautes „Stopp!", wie der Kapitän es zu tun pflegte. Glücklicherweise gehorchten die Maschinisten augenblicklich. Doch die Schiffsgeschwindigkeit konnte sich nur langsam verringern. Wir standen alle auf dem erhöhten Hinterdeck des Schiffes und sahen, wie das Vorderdeck immer kürzer wurde und das Meer immer mehr unserm Standpunkte sich näherte. Dann brandete es an dem erhöhten Hinterdeck, und es bildete sich ein mächtiger Strudel, in dem das Wasser durch die offene Deckluke in den Bauch des Schiffes strömte. Unser Ende schien zu nahen. Da wurde der Strudel schwächer, und nach einigen weiteren bangen Momenten erschien die Schiffsspitze wieder über Wasser, und wir schöpften neue Lebenshoffnung, denn auch die heftigen Schwankungen und die verhängnisvollen Schläge hatten jetzt aufgehört.

Mein Bruder, der im Schiffsraume das Herannahen der Gefahr nicht hatte beobachten können, wurde durch das plötzlich über ihn und die Trommel sich ergießende Meerwasser völlig überrascht. Um so größer war seine Freude, als der Einsturz des Seewassers aufhörte und es ihm bald darauf möglich wurde, die Holzstützen anzubringen und dadurch die gefährlichen Schläge der Trommelachse zu beseitigen. Der Kapitän ging jetzt vorsichtig wieder in den Kurs auf Oran über. Das Schiff machte zwar noch immer bedenklich große Schwankungen, aber man gewöhnte sich daran und war froh, daß die Trommel sich nicht wieder rührte. Die große Aufregung hatte bei allen die Seekrankheit vertrieben, und als es dunkel wurde, suchte jeder sein Lager auf, und bald herrschte allgemeine Ruhe.

Ich hatte noch nicht lange geschlafen, als mich lautes Kommando und Schreckensrufe auf Deck jäh erweckten; unmittelbar darauf legte sich das Schiff in einer Weise auf die Seite, wie ich es sonst nie erlebt habe und auch heute noch kaum für möglich halten kann. Die Menschen wurden aus ihren Betten geworfen und rollten auf dem ganz schrägstehenden Fußboden der großen Kajüte in die gegenüberliegenden Kabinen. Ihnen folgte alles, was beweglich auf dem Schiffe war, und gleichzeitig erlosch alles Licht, da die Hängelampen gegen die Kajütendecke geschleudert und zertrümmert wurden. Dann erfolgte nach kurzer Angstpause eine Rückschwankung und noch einige weitere von nahezu gleicher Stärke. Es gelang mir gleich nach den ersten Stößen, das Deck zu gewinnen. Ich erkannte im Halbdunkel den Kapitän, der auf meinen Zuruf nur nach dem Hinterdeck zeigte mit dem Rufe „voilà la terre!" (Da, die Küste!) In der Tat schien eine hohe, in der Dunkelheit schwach leuchtende Felswand hinter dem Schiffe zu stehen. Der Kapitän hatte, als er sie gesehen, das Schiff ganz plötzlich gewendet, und dadurch waren die gewaltigen Schwankungen hervorgerufen. Plötzlich rief eine Stimme im Dunkeln „La terre avance!" (Das Land kommt), und wirklich stand die hohe, unheimlich leuchtende Wand jetzt dicht hinter dem Schiff und rückte mit einem eigentümlichen, brausenden Geräusche heran. Dann kam ein Moment so schrecklich und überwältigend, daß er nicht zu schildern ist. Es ergossen sich über das Schiff gewaltige Fluten, die von allen Seiten heranzustürmen schienen, mit einer Kraft, der ich nur durch krampfhaftes Festhalten an dem eisernen Geländer des oberen Decks widerstehen konnte. Dabei fühlte ich, wie das ganze Schiff durch heftige, kurze Wellenschläge gewaltsam hin und her geworfen wurde. Ob man sich über oder unter Wasser befand, war kaum zu unterscheiden. Es schien Schaum zu sein, den man mühsam atmete. Wie lange dieser Zustand dauerte, darüber konnte sich später niemand Rechenschaft geben. Auch die in der Kajüte Gebliebenen hatten mit den heftigen Stößen zu kämpfen, die sie hin und her warfen, und waren zu Tode erschreckt durch das prasselnde Geräusch der auf das Deck niederfallenden Wassermassen. Die Zeitangaben schwankten zwischen zwei und fünf Minuten. Dann war ebenso plötzlich, wie es begonnen hatte, alles vorüber, aber die leuchtende Wand stand jetzt vor dem Schiffe und entfernte sich langsam von ihm.

Als nach kurzer Zeit die ganze Schiffsgesellschaft sich mit neu gestärktem Lebensmute auf dem Schiffsdecke zusammenfand und die überstandenen Schrecken und Wunder besprach, meinten die französischen Offiziere, das unglaublichste Wunder sei doch gewesen, daß unsere Dame gar nicht geschrieen habe. Die echt englische, mit steigender Gefahr wachsende Ruhe meiner Schwägerin schien den lebhaften Franzosen ganz unbegreiflich.

Wie wir später hörten, war die Wasserhose, die wir bei Almeria beobachtet hatten, an der spanischen Küste ostwärts hinabgegangen, hatte sich dann zur afrikanischen hinübergezogen, und wir hatten sie offenbar auf diesem Wege gekreuzt. Als die Wasserhose über uns fortgegangen, blieb das Meer noch einige Zeit in wilder Bewegung und war,

Professor A. Eckener
Schwimmdock

soweit man beobachten konnte, mit schäumenden Wellenköpfen bedeckt. Da sahen wir eine Naturerscheinung von einer Pracht und Großartigkeit, wie sie die kühnste Phantasie sich kaum ausmalen kann. Soweit das Auge reichte, erglühte das ganze Meer in dunkelrotem Lichte. Es sah aus, als wenn es aus geschmolzenem, rotglühendem Metall bestände, und namentlich die Schaumköpfe der Wellenzüge strahlten so helles Licht aus, daß man alle Gegenstände deutlich erkennen und selbst die kleinste Schrift lesen konnte. Es war ein schaurig-schöner Anblick, der mir noch heute, nachdem über ein Vierteljahrhundert darüber hingegangen ist, ganz deutlich vor Augen steht! Wir befanden uns an einer Stelle des Meeres, die von Leuchttierchen dicht bevölkert war. Ein Glas, welches ich mit Meerwasser füllte, leuchtete im Dunkeln hell auf, wenn man das Wasser heftig bewegte. Die wilde, strudelnde Bewegung, in die das Wasser durch die Wasserhose versetzt war, hatte die sämtlichen Leuchttierchen, die man bei Tage auch mit unbewaffnetem Auge noch deutlich erkennen konnte, in Aufregung versetzt, und ihrer allgemeinen, gleichzeitigen Leuchttätigkeit verdankten wir den wunderbaren Anblick des glühenden Meeres.

In Oran, wo wir einige Stunden später ohne weitere Störung unserer Reise landeten, mußten wir nun überlegen, was weiter zu tun wäre. Nach genauer Berechnung hatten wir noch Kabel genug, um Cartagena zu erreichen, wenn das Kabel mit dem geringsten Mehrverbrauche ausgelegt wurde, der erforderlich war, um es ohne Spannung auf dem nicht ganz ebenen Meeresboden zu lagern. Mein Bruder war durch die glücklich überstandenen Gefahren kühner geworden und wollte die Legung ohne weiteres mit den vorhandenen Einrichtungen noch einmal versuchen. Ich widersetzte mich dem aber, weil ich alles Vertrauen zu der Trommel und dem mit ihr belasteten Schiffe verloren hatte. Wir kamen denn auch endlich zu dem Entschluß, das Kabel umzukoilen und die Legung auf die gewöhnliche Weise mit Conus und Dynamometer auszuführen.

Als die mühsame und zeitraubende Umwickelung des Kabels vollendet und die verhängnisvolle Trommel beseitigt war, schritten wir zu dem zweiten Legungsversuche. Das Wetter war wieder prachtvoll, und die Legung ging ohne alle Schwierigkeit vor sich. Die Meerestiefe erwies sich aber größer, als in den französischen Meereskarten angegeben war, und wir mußten das Dynamometer bedenklich stark belasten, um nicht zu viel Kabel auszulegen. Ich kontrollierte den Verbrauch an Kabel durch mein elektrisches Log, das sich bis dahin immer gut bewährt hatte. So ging es ohne Störung, bis wir die hohe Küste bei Cartagena schon deutlich vor Augen hatten. Plötzlich versagte mein Log — wie sich später herausstellte, weil seine Schraube sich in Seetang verwickelt hatte. Da meine letzte Rechnung aber ergeben, daß wir Kabel gespart hatten und mit Überschuß in Cartagena ankommen würden, so ging ich zu meinem Bruder und forderte ihn auf, das Dynamometer weniger zu belasten, um gesicherter gegen den Bruch des Kabels zu sein. Er war darüber sehr erfreut und wollte mir nur erst zeigen, wie schön und gleichmäßig das Kabel bei der jetzigen Belastung abliefe, da sahen wir auf einmal, wie das Kabel ganz sanft auseinanderging. Das Bremsrad stand augenblicklich still, das abgerissene Ende verschwand in der Tiefe und damit eine für unsere damaligen Verhältnisse große Geldsumme, da wir die Kabellegung auf eigenes Risiko übernommen hatten. Doch was uns augenblicklich mehr noch als der Geldverlust ergriff, war das erlittene technische Fiasko. Die Arbeit von Monaten, alle Mühen und Gefahren, die nicht wir allein, sondern auch alle unsre Begleiter des Kabels wegen erlitten hatten, waren in einem Augenblicke, einiger verstockter Hanffäden wegen, unwiederbringlich verloren. Dazu das unangenehme Gefühl, Gegenstand des Mitleids der ganzen Schiffsgesellschaft zu sein! Es war eine harte Strafe für unsere Waghalsigkeit.

Als wir wenige Stunden nach dem Kabelbruche in Cartagena landeten, waren wir über einen Monat lang ohne Nachrichten aus Europa geblieben. In Almeria hatten wir bei unserm flüchtigen Besuche auch nicht viel mehr gehört, als daß der Krieg mit Dänemark wegen der Herzogtümer Schleswig und Holstein entbrannt wäre. Im Hotel zu Cartagena fanden wir nun französische und englische Zeitungen, und damit stürmten alle die großen politischen Neuigkeiten des letzten Monats aus dem Vaterlande auf uns ein. Es war ein ganz merkwürdiger Umschwung in den Zeitungsartikeln über Deutschland seit der Kriegserklärung und den kriegerischen Erfolgen gegen das von England begünstigte Dänemark eingetreten. Wir waren bisher gewohnt, in englischen und französischen Zeitungen viel wohlwollendes Lob über deutsche Wissenschaft, deutsche Musik und deutschen Gesang, sowie auch daneben mitleidige Äußerungen über die gutmütigen, träumerischen und unpraktischen Deutschen zu lesen. Jetzt waren es wutentbrannte Artikel über die eroberungssüchtigen, die kriegslustigen, ja die blutdürstigen Deutschen! Ich muß gestehen, daß mir dies keinen Verdruß, sondern große Freude bereitete. Meine Selbstachtung als Deutscher stieg bei jedem dieser Ausdrücke bedeutend. So lange waren die Deutschen nur passives Material für die Weltgeschichte gewesen; jetzt konnte man zum ersten Male schwarz auf weiß in der Times lesen, daß sie selbsttätig in den Lauf derselben eingriffen und dadurch den Zorn derer erregten, die sich bisher für allein dazu berechtigt gehalten hatten. Im Verkehr mit Engländern und Franzosen hatte ich während der Kabellegungen vielfach schmerzliche Gelegenheit gehabt, mich davon zu überzeugen, in wie geringer Achtung die Deutschen als Nation bei den andern Völkern standen. Ich hatte lange politische Debatten mit ihnen, die immer darauf hinauskamen, daß man den Deutschen das Recht und die Fähigkeit absprach, einen unabhängigen, einigen Nationalstaat zu bilden. „Nun was wollen die Deutschen denn eigentlich?" fragte mich nach einer längeren Unterhaltung über die seit dem französisch-österreichischen Kriege wieder lebendiger gewordenen nationalen Bestrebungen in Deutschland der uns begleitende Generaldirektor der französischen Telegraphen, der als ehemaliger Verbannungsgenosse des Kaisers Napoleon in Frankreich hochangesehene M. de Vougie. — „Ein einiges Deutsches Reich", war meine Antwort. „Und glauben Sie", entgegnete er, „daß Frankreich es dulden würde, daß sich an seiner Grenze ein ihm an Volkszahl überlegener, einheitlicher Staat bildete?" „Nein", war meine Antwort, „wir sind überzeugt, daß wir unsre Einheit gegen Frankreich werden verteidigen müssen". „Welche Idee", sagte er, „daß Deutschland einig gegen uns kämpfen würde. Bayern, Württemberg, ganz Süddeutschland werden mit uns gegen Preußen kämpfen". „Diesmal nicht," antwortete ich, „der erste französische Kanonenschuß wird Deutschland einig machen; darum fürchten wir den französischen Angriff nicht, sondern erwarten ihn guten Mutes". M. de Vougie hörte das kopfschüttelnd an; es schien ihm doch die Idee aufzudämmern, daß die Pandorabüchse der Nationalitätenfragen, die sein Gebieter im Kriege mit Österreich für Italien geöffnet hatte, sich schließlich gegen Frankreich wenden könnte.

Das Cartagena-Oran-Kabel war ein unglückliches für uns. Als das verlorene Kabel durch ein neuangefertigtes, etwas verstärktes ersetzt war, begab sich mein Bruder noch in demselben Jahre wiederum nach Oran. Alle Einrichtungen waren unter Benutzung der bei den früheren Legungen gemachten Erfahrungen aufs beste getroffen, das Kabel neu und hinreichend stark, die Bedienungsmannschaft geübt, das Wetter günstig — kurz, es war ein Mißerfolg diesmal gar nicht anzunehmen. Ich erhielt auch zur erwarteten Zeit aus Cartagena die ersehnte Depesche, daß das Kabel glücklich gelegt und bereits Depeschen zwischen Oran und Paris gewechselt seien. Leider folgte dieser Depesche schon nach wenigen Stunden eine andere, nach der das Kabel aus unbekannten Gründen nahe der spanischen Küste gebrochen war. Eine genauere Untersuchung ergab, daß der Bruch an der Stelle eingetreten war, wo die spanische Küste plötzlich bis zu großer Meerestiefe steil abfällt. Die Überschreitung solcher Abfälle, so wie überhaupt gebirgigen Meeresgrundes ist immer sehr gefährlich. Lagert sich das Kabel derart, daß es über zwei Felsen fortgeht, die sich so hoch über den Meeresgrund erheben, daß es über ihnen hängen bleibt, ohne den Boden zu berühren, so nimmt es die Form einer Kettenlinie an, deren Spannung so groß werden kann, daß es reißt.

Ein Aufnehmen des Kabels wurde versucht, blieb aber ohne Erfolg, da der Grund felsig, das Meer sehr tief und das Kabel für diese Tiefe nicht haltbar genug war. Kurz, wir hatten auch das zweite Kabel vollständig verloren und mußten noch froh sein, durch den Umstand, daß offizielle Depeschen zwischen Oran und Paris faktisch befördert waren, von der Verpflichtung entbunden zu sein, noch einen Legungsversuch zu machen.

Das Schwimmdock.

Nach einer Original-Radierung von Prof. A. Eckener.

Es ist keine leichte Aufgabe, ein Schiff in voller Ausrüstung zu heben. Erreicht doch ein nicht allzu großes, gepanzertes Kriegsschiff ein Gewicht von mehr als dreimalhunderttausend Zentner. Demgegenüber muß selbst der mächtigste Kran versagen. Man bedient sich darum zum Heben der Schiffe auch nicht mehr einer von Menschen erzeugten Kraft, sondern einer Gewalt, die die Natur aus ihrem immer noch überlegenen Kräftereservoir zur Verfügung stellt. Man benutzt hierzu den Auftrieb, dem hohle Körper im Wasser unterliegen. Ein Dock ist ein großes Gefäß aus Blech und eisernen Trägern. Boden und Seiten haben doppelte Wände, zwischen denen sich weite, mit Luft gefüllte Hohlräume befinden. Für gewöhnlich schwimmt das Dock ganz leicht auf dem Wasser. Wenn ein Schiff hineinfahren soll, so werden die Hohlräume mit Wasser gefüllt. Sofort beginnt das Dock zu sinken, und sein Boden steht schließlich so tief, daß der Kiel des einfahrenden Dampfers darüber hinweggleiten kann. Das Schiff fährt zwischen die Seitenwände, wird durch starke Ketten mit diesen fest verbunden, und nun beginnt man, das Wasser aus dem Inneren des Docks auszupumpen. Dessen Gewicht wird dadurch allmählich vermindert, der Auftrieb drängt es nach oben, und da die Luftkammern groß genug gewählt sind, so hat diese aus der spezifischen Schwere des Wassers sich ergebende, nach oben wirkende Kraft die Fähigkeit, auch das Gewicht des Schiffes mit in die Höhe zu befördern. Der allmählich aus dem Wasser steigende Rumpf wird durch Balken gegen den Boden und die Seiten des Docks versteift, so daß das Schiff in derselben Lage festgehalten wird, in der es auf dem Wasser zu schwimmen pflegte.

Kaum sind die Tanks des Docks völlig entleert, so beginnt um das Schiff herum jenes intensive, wimmelnde Leben, das für jeden modernen Großbetrieb charakteristisch ist. Nach einer Stunde schon sieht es aus, als habe an der Stelle des Hafens, wo das schwimmende Dock gerade liegt, schon immer eine Schiffswerkstatt bestanden. Viele Werkleute hängen auf fliegenden Gerüsten an dem Schiffskörper, Hämmer sausen auf Meißel, armlange Schraubeschlüssel bewegen knarrend große verrostete Muttern, Bohrmaschinen drehen sich, die Schmiedefeuer leuchten auf der Höhe des Docks und drunten dicht neben dem Kiel. Eng an den Schiffsrumpf gepreßt aber hocken die Arbeiter, die mit eisernen Besen, mit Schabeisen und großzinkigen Gabeln den faulig riechenden grünen Belag abkratzen. In überlegener Ruhe läßt der aus seinem Element herausgehobene Koloß sich all diese Zwackereien gefallen. Er scheint nichts von alledem zu merken, wie das Nilpferd sich nicht darum kümmert, wenn ein Mückenschwarm um seinen Rücken fliegt. Das Schiff, das sich ja jetzt in seiner ganzen Größe frei aufrecken kann, blickt verächtlich auf die Wesen herab, die sich in unscheinbarer Kleinheit um seinen Riesenkörper tummeln — und der Riese ist doch ein Werk dieser Zwerge, verdankt ihnen das Sein und die Größe.

Aus Fürst, Das Reich der Kraft.

Seefahrt ist not!

Von Gorch Fock.

(Kap. 15 des Buches.)

> Sinne, öffnet eure Tore!
> Grabbe.

Die Äquinoktien!

Herbsttagundnachtgleiche!

Die bösen Tage sind angebrochen: Land und See stehen in großer Angst. Ringsum lauern die grauen Stürme, die die Natur brechen und die Sonnenkraft tot machen sollen: wie Schwerter an Zwirnsfäden hängen sie an den Wolken: jeden Tag und jede Stunde können sie fallen.

Wie im Bann liegt der Deich an stillen Tagen, wie im Krampf bebt er bei unruhigem Wetter. In vielen Häusern liegt die Bibel jeden Abend aufgeschlagen auf dem Tisch. Mehr als sonst noch achten die Frauen auf Wind und Wetter, und die Finkenwärder Nachrichten mit der Cuxhavener Meldung über die hinter der Alten Liebe liegenden Ewer und Kutter reißt eine der andern aus den Händen. Jeder Ankömmling aber wird befragt: Weest nix van Jan af oder hest Hinnik ne sehn oder hett Paul ne bi jo fischt? Wie beben sie, wenn abends eine schwere Wolkenwand seewärts auf der Elbe steht oder wenn die Winde im Schornstein sausen!

In dieser Zeit werden keine Hochzeiten gefeiert. Es ist eine stille, bange Zeit.

Glücklich preist sich die Frau, deren Mann seinen Ewer anbinden und auflegen kann: das können und wollen aber nur wenige, denn die Zeiten sind schon nicht mehr danach, daß man mit dem Sommerfang auskäme: es muß auch Winters gefischt und verdient werden.

Ein furchtbarer Ernst umkrallt die Segel, die den Stürmen entgegenfahren.

* * *

Klaus Mewes fischt auf der Doggerbank, hundertfünfzig Seemeilen hinter Helgoland auf der Höhe von Hornsriff. Mit der abnehmenden Sonnenwärme haben die Fische die seichten Küsten verlassen und sind nach der Mitte der Nordsee, in die Tiefe geschwommen, wo das Wasser wärmer und der Grund stiller ist. Wer noch einen guten Streek tun will, der muß Helgoland und Neuwerk weit hinter sich lassen und sich schutzlos der weiten See anvertrauen. Die Schollen müssen aus den Stürmen herausgeholt werden.

Es sind nur die größten Kutter und die stärksten Ewer, die diesen Winterfang betreiben können: die andern liegen scharenweise zu Cuxhaven und warten auf den Hering.

Klaus Mewes fischt auf der Doggerbank.

Sein Ewer ist gut, seine Segel sind stark, seine Leute sind erprobt und für sich selbst kann er auch einstehen: so kurrt er getrost zwischen den Engländern und Holländern und läßt seine deutsche Flagge im Winde wehen.

Im Süden segeln zwei schwere Finkenwärder Austernkutter, als wenn sie binnen wollen: aber Klaus Mewes meint, sie tun es, weil sie die Reise haben, guckt Heben und Wetterglas an und fischt weiter. Gegen Abend kreuzt nur noch ein holländischer Logger bei ihm, aber er ist noch ohne Mißtrauen und geht geruhig zu Koje.

In der Nacht ruft Kap Horn, der die Wache hat, zum Reffen. Sie verkleinern die Segel durch teilweises Zusammenrollen und Festbinden, denn es ist stur geworden, dann geht Klaus Mewes aber noch wieder zu Bett, um noch einen Stremel zu schlafen, und Hein Mück tut dasselbe, denn das Wetterglas ist schon öfters gefallen, und auf Kap Horn, den Altbefahrenen, können sie sich verlassen, wie auf den Deich bei springender Tide.

Nach einer Stunde ruft der Knecht abermals. Es ist zu stur geworden und er muß befürchten, daß der jagende Ewer die Kurrleine abreiße. Klaus Mewes guckt in den Wind und ist damit einverstanden, daß sie einziehen. In schwerer Arbeit bergen sie die Kurre und die gefangenen Fische, dann schickt er die Leute zu Koje und übernimmt selbst die Wache. Im Sturm gehört das Ruder ihm, dem Schiffer!

* * *

Bis gegen Morgen hielt er den Ewer allein, immer scharf am Winde, so daß die Segel eben zwischen Klappern und Vollfallen standen, und hatte keine Haverei, so viel Wasser er auch überbekam und so stark der Ewer auch stampfte und schlingerte. Der Wind war Nordwest zum Westen und wehte etwa in Stärke 8 nach dem alten englischen Admiral Beaufort.

Da mit einem Male legte er sich gänzlich — ganz still wurde die Luft. Mit schlaffen, schlagenden Segeln, furchtbar knarrenden Gaffeln und donnernden Schoten dümpelte der Ewer in der hohen Dünung.

Klaus Mewes rief seine Leute, denn er traute dieser Stille nicht. Sie machten sich klar zum Sturm, der kommen mußte, denn das Wetterglas fiel rasend. Kurrbaum und Kurre wurden unter Deck verstaut, das Boot wurde ausgepackt und mit doppelten Ketten umwunden, damit es nicht über Bord gehe, das Bugspriet wurde eingezogen und Plichten und Luken wurden geschalkt. Auch sich selbst machten die Seefischer sturmbereit, dann steckten sie das zweite Reff in die Segel — und dann kam der Sturm wieder, diesmal aber von der andern Seite und furchtbarer an Gewalt. Es trommelte und pfiff im Südwesten, als wenn ein Heer in der Schlacht zum Stürmen lärmte, der weiße Geifer floß aus dem Maul des Untieres, das brüllend auf sie zukam und sich wütend auf sie warf, daß die Masten sich bogen und Hein Mück laut aufschrie. Einen Augenblick schien es, als wenn der Ewer dem ersten, gräßlichen Anprall nicht standhielte, als wenn er umkippte, aber es schien nur so, denn Klaus Mewes war auf der Hut und riß ihn auf. Wie brauste es in den Lüften, wie erhob sich die See, wie tanzte der Ewer! Wenn er mit dem Kopf tauchte, stand er mit dem Achtersteven so hoch, daß es aussah, als überschlüge er sich, und erhob er den Bug hoch aus der See, so zeigte er das tränenüberströmte Gesicht eines Riesen: das Wasser rann ihm aus den Klüsenaugen und über die Backen. Wenn nur die Masten nicht über Bord gingen, wenn nur die Luken nicht zerschlagen wurden!

Südweststurm. —

Noch vor Mittag mußten sie das dritte und letzte Reff einstecken, denn der Ewer konnte die Segel nicht mehr tragen. Sie standen nun allemann an Deck, mit Tauen festgebunden: Klaus Mewes unverzagt am Ruder, das er nicht los ließ. Als die Seen immer naseweiser wurden, scherte Kap Horn einige starke Taue kreuz und quer über Deck, von Wanten zu Wanten und von der Winsch nach der Besan, damit sie überall einen Halt fänden, wenn sie stolpern sollten.

Die Flagge war in Fetzen zerrissen. Klaus Mewes sah es wohl, aber er tröstete sich, daß es in Hamburg ja noch mehr Flaggen zu kaufen gäbe, und ließ sich nicht unruhig machen, so wenig wie Seemann, der unbekümmert im Nachthaus ruhte. Er hatte schon andre Stürme erlebt und überstanden.

Der Wind wurde aber immer wilder und ochsiger, die schlimmen Regenflagen jagten einander und die See kochte immer furchtbarer. Der Ewer wollte es auch mit dem gerefften Großsegel nicht mehr tun: sie mußten es wegnehmen und dafür den kleinen Klüver als Sturmsegel setzen, statt der Besan aber den dreieckigen Nackenhut. Als die Sturzseen über den Ewer brachen und alles zu Wasser machten, wurde Hein in die Koje geschickt, damit er nicht über Bord spüle, und Klaus Mewes blieb mit Kap Horn allein an Deck. Noch war keine Angst in sein Herz gekommen, so toll es auch im Wirbel ging, noch stand er fest, so glatt auch das Deck war und so schwer auch die Wogen über den Setzbord schlugen! Noch immer lachte er des Sturmes und er wünschte seinen Jungen herbei, damit er ihm zeigen könne, was Klüsen heiße. Auch als die Fock knallend aus den Lieken flog, verzog er nicht das Gesicht, denn er hatte noch eine Fock. Ohne sich zu besinnen, sprang er die Treppe hinunter, riß das Segel aus der Dielenkoje und holte es mit zwei Reffen auf. So ging es wieder einige Stunden gut, bis es Abend wurde und die Nacht jählings hereinbrach, eine sternenlose, sargdunkle Nacht. Da ritt der Sturm mit elf bis zwölf Windstärken sein schweißbedecktes, mit weitgeöffneten Nüstern und fliegender Mähne einherbrausendes Roß, die Nordsee, und selbst die Sturmsegel, die winzigen Lappen, wollten nicht mehr halten. Wenn sie nicht alles Tuch in die Winde fliegen sehen wollten, mußten die Segel gänzlich abgeschlagen werden.

Dann wendeten sie das letzte Mittel an, das ihnen noch blieb, sie machten die Sturmanker zurecht. Backbords schäkelten sie einen unklaren Anker auf dreißig Faden Kette und steckten sie an siebzig Faden Kurrleine, steuerbords taten sie zwei von den eisernen Kurrenkugeln auf fünfzig Faden Kette. Dieses Notgewicht sollte den Ewer mit dem Kopf am Winde halten und verhüten, daß er dwars schlüge und von den Seen kopfheister geworfen würde. Es ging auch alles klar: der Ewer lag gut am Winde. Dicht war er auch noch, wie die Peilung der Pumpen ergab.

So jagte der Sturm sie die ganze Nacht; er wirbelte den Ewer vor sich her wie der Jäger das Wild, das er lahm geschossen hat. Die ganze Nacht trieben sie auf der wilden, hungrigen See, durchnäßt und ermattet, aber in eiserner Wachsamkeit. Sie waren allein auf der Doggerbank, nirgends war ein Schiff zu sichten und sie sahen kein anderes Licht als die Strahlen des Elmsfeuers, das in Büscheln auf den Toppen der Masten und an den Blöcken der Gaffeln geisterhaft glomm, bis eine Hagelflage es verlöschte.

Gegen Morgen, als sie etwas gegessen hatten und der Junge wieder mit an Deck stand, weil es schien, als flaute der Sturm ab, bekam der Ewer eine schwere Sturzsee über, die wie ein Felsen gegen den Steven schlug und verheerend über das Deck brandete und schäumte. Die Fischer fühlten sich emporgehoben und verloren den Grund unter den Füßen, sie mußten schwimmen und spülten hin und her, daß sie glaubten, der Ewer sei schon in die Tiefe gedrückt. Es war nichts mehr zu machen!

Klaus Mewes hatte sich gerade wieder aufgerichtet — da schrie er gellend auf, denn eine schwere, kreißende, ungeheure See hing wie ein Berg, wie ein Eisberg steil über ihm und senkte sich ehern. „Holt jo fast, holt jo fast!" rief er schrill, aber der Lärm des Wassers und des Windes drängte ihm die Worte in den Mund zurück und erstickte sie. Dann schleuderte die See ihn wie Gerümpel zur Seite und warf ihn gegen das Nachthaus, daß ihm Hören und Sehen vergehen wollte.

Als der Ewer die Sturzsee überstanden hatte und sich wieder mit den kleinern Dwarsläufern abriß, hing Kap Horn mit zerrissenem Ölzeug und blutendem Gesicht in Lee an den Wanten, von Hein Mück war aber nichts mehr zu sehen und mit ihm war auch das Boot vom Deck verschwunden: zerrissen lagen die Ketten auf den Luken. Sie suchten die See mit den Augen ab und warfen den

Rettungsring über Bord, aber obgleich es schon einigermaßen hell geworden war, konnten sie doch weder Hein Mück, noch das Boot entdecken. Nur wilde, graue See war ringsum: der Junge war weg...

„Dat duert bloß en Ogenblick, denn ist ut," sagte Kap Horn tröstend, der nach achtern gekommen war und sich bei seinem Schiffer hingestellt hatte.

Klaus Mewes gab keine Antwort, er blickte immer noch über die See und suchte seinen Speisemeister. Was sollte er sagen, wenn die Mutter angeweint kam und ihn fragte, wo er ihren Jungen gelassen hätte?

* * *

„Goh man dol, Kap Horn, hier up Deck ist nix mihr," rief Klaus, aber Kap Horn schüttelte den Kopf und blieb bei ihm. Wenn es zum Sterben gehen sollte — und es sah ja so aus, wollte er nicht in der verschlossenen Kajüte ersticken, sondern frei in der See ertrinken: bis es aber so weit war, wollte er bei seinem Schiffer ausharren.

Klaus Mewes gab noch nichts verloren, wenn er auch nicht mehr lachte, sondern ein ernstes Gesicht machte. Wie ein Wiking trotzte er der See, wie ein Löwe verteidigte er seinen Posten am Ruder, wie ein Hagen hielt er aus. Er verband seinem Knecht die blutende Stirn und streichelte Seemann das nasse Fell, er sah von Zeit zu Zeit die Pumpen nach, er lotete gewissenhaft und tat alles, was sich noch tun ließ bei solcher Gelegenheit. Er dachte an Hein Mück und dessen arme Mutter, an Störtebeker und an Gesa, aber an Bleiben dachte er nicht.

Ein englischer Trawler kam in Sicht, ein Huller, das erste Schiff seit zwei Tagen. Aber der lag beigedreht und hatte genug mit sich selbst zu tun. Dennoch hätte er vielleicht geholfen, wenn Klaus Mewes die Notflagge gezeigt hätte, aber Klaus Mewes dachte nicht daran. Sich von einem Ingelschmann ins Schlepptau nehmen lassen! Gott schall mi bewohren, dachte er und ließ John Bull stiemen, der dann auch wieder aus den Augen kam.

Sie trieben ja gut, ins Skagerrak hinein! Nördlich genug, um von Jütland freizuscheren, hatten sie nur mit der norwegischen Küste zu tun — und die war noch weit weg.

„Ik gläuf, wi kommt dorch," sagte der Knecht. Etwas verwundert sah der Schiffer ihn an. „Wat schullen wi ne dörkommen!" antwortete er, „wi weut doch ne blieben!"

Und er ging in die Kajüte, um etwas zu essen und zu trinken. Danach mußte Kap Horn hinunter, damit er nicht flau würde.

Am späten Nachmittag aber wurde der Wind, der zeitweilig etwas schwächer gewesen war, zum Orkan! Das Fahrzeug arbeitete gewaltig und steckte mehr unter als über dem Wasser. Von allen Seiten sauste die wilde Dünung über Deck. Und siehe, siehe: eine Grundsee, die der Sturm in der Tiefe aufgerüttelt hatte und die mit Sand geschwängert und mit Muscheln und Steinen beladen war, schoß herauf, richtete sich urgewaltig auf und lief dem Ewer nach, der nicht von der Stelle konnte. Bleischwer stürzte sie sich auf das Achterdeck und drückte es nieder, daß der Steven steil aus dem Wasser sprang und die Ketten rissen, dann packte sie den Ewer mit ihren Tigerkrallen an den Seiten und warf ihn dermaßen auf das Wasser, daß er nicht wieder aufstehen konnte.

Kap Horn kam nicht wieder an die Oberfläche, er fühlte, daß er den einen Arm nicht bewegen konnte, und sank langsam in die Tiefe. Da gab er den Kampf und das Leben auf, der alte Janmaat, und legte sich in seines Gottes Hände: er hätte noch mit seinem Schiffer fischen und segeln können, hätte bei Hochzeiten am Deich auf seiner Harmonika spielen und den kleinen Klaus Störtebeker mit zu einem rechten Fischermann machen können, aber wenn es sein mußte, ging es wohl auch ohne ihn. Er hörte nicht mehr das Sausen des Wassers: eine große, tiefe Stille legte sich um ihn ... ganz in der Weite klangen Glocken ...

Klaus Mewes war es gelungen, die schweren Seestiefel loszuwerden, die ihn in die Tiefe ziehen wollten, wie seinen Knecht. So tauchte er wieder auf und versuchte, zu schwimmen. „Kap Horn, neem büst du?" schrie er in den Sturm hinein und rang schwer mit der Dünung, die ihn furchtbar hin und her warf. Beständig liefen ihm die Seen über den Kopf, so daß er viel bitteres Wasser schlucken mußte.

Er sah, wie der Ewer versank, wie die Masten sich noch einmal aufrichteten und dann untertauchten, daß kein Topp und kein Flögel mehr zu sehen waren. Blasen schossen steil aus dem Wasser, dann aber strich der Sturm mit unwirscher Hand über die Stelle hin und machte sie wieder so kraus, wie die ganze See war.

Klaus Mewes war allein: sein Knecht und sein Junge, sein Hund und sein Ewer waren ertrunken, er trieb in der wilden Dünung von Skagen: nirgends war ein Schiff, nirgends ein Halt. Er dachte, eine Luke oder ein Brett des untergegangenen Ewers zu finden und sich daran festzuhalten, aber er konnte nichts sehen.

„Geef di, geef di, Klaus Mees!" brüllte die See, aber er gab sich nicht, mit aller Kraft hielt er sich oben, denn er wollte noch nicht sterben und er konnte noch nicht sterben. Was sollte aus seinem Jungen werden, den keiner verstand als er? Wie die Sturzseen über den Ewer hergefallen waren, so würden sie am Deich über ihn herfallen und alles zerstören wollen, was er in ihm erbaut hatte: die schöne Furchtlosigkeit, die Liebe zur Seefischerei, das Vertrauen auf die eigene Kraft, die Freude am Sturm: alles würden sie ermorden wollen! Ob Störtebeker schon stark genug war, alles zu ertragen? Oder ob er wie ein armer Hase den vielen Hunden erlag, ob er den Sommer auf See vergaß und sich zu einem Schneider oder Schuster machen ließ! „Gesa, Gesa, lot mi den Jungen!" rief er in den Sturm hinein. Er sah seine

Frau vor sich, jung und blühend, und dennoch keine Fischerfrau, ewig bange und ewig unruhig: sie hatte nicht viel von ihm gehabt, weil sie nicht mitkonnte. Der einsame, ringende Schwimmer sah auch seine Schuld, er wußte, daß er oft hart mit ihr gewesen war, als er mondelang nach der Weser fuhr und ihr den Jungen abwendig gemacht, als er ihre Angst verlacht hatte, — aber Reue fühlte er nicht. Sie würde weinen, aber die Ruhe würde in ihr Herz kommen und sie würde ihren Mann erkennen lernen. Brot hatte sie: einen Zeugladen, wie ihn die andern Witfrauen aufmachen mußten, um sich zu ernähren, brauchte sie nicht.

Klaus Mewes fühlte, daß seine Arme ermatteten und daß er es nicht mehr lange machen konnte. Noch einmal ließ er sich von einer Wogenriesin emporheben und blickte von ihrem Gipfel wie vom Steven seines Ewers über die See, die er so sehr geliebt hatte, dann gab er es auf. Es paßte nicht zu seinem Wesen, sich im letzten Augenblicke klein zu machen und mit den Seen um die paar Minuten zu handeln. Er konnte doch sterben!

Er schrie nicht auf, noch wimmerte er, er warf sein Leben auch nicht dem Schicksal trotzig vor die Füße, wie ein Junge. Groß und königlich, wie er gelebt hatte, starb er, als ein tapferer Held, der weiß, daß er zu seines Gottes Freude gelebt hat und daß er zu den Helden kommen wird. Mit einem Lachen auf den Lippen versank er, denn er sah einen glänzenden, neuen Kutter mit leuchtenden, weißen Segeln und bunten Kränzen in den Toppen vor sich, der stolz dahinsegelte, und am Ruder stand ein lachender Junggast, sein Junge, sein Störtebeker ... grüßend winkte er mit der Hand ... fahr glücklich, Junge, fahr glücklich, sieh zu, daß du dein fröhliches Herz behältst, fahr glücklich! Guten Wind und mooi Fang, mien Jung! ...

Dann ging die gewaltige Dünung des Skagerraks über ihn hinweg. — — — — — — — — —
— — — — — — — — — — — —

Thees, der Segelmacher, hat es nachher oft genug erzählt, wie es an demselben Tage unsichtbar an dem Segel gerissen hätte, bei dem er gerade zu tun hatte. Als er genau zusah, war es Klaus Mewes seine Fock, an der unsichtbare Hände wie in höchster Not zerrten. Thees sah eine Weile zu, dann fragte er erschüttert: „Brukst du dat Seil, Klaus? Is de anner Fock di woll tweireten?" und versuchte, das Tuch glatt zu ziehen, als das aber nicht gehen wollte, legte er die Arbeit hin und ging hinaus. Der Wind blies wie nichts Gutes und die hochflutende Elbe ging wie eine breite See in Schaum und Gischt. In Seestiefeln und Ölzeug, den Südwester im Nacken, liefen die Seefischer hin und her und steuerten der gemeinen Not: sie zogen die Boote und Jollen auf den Deich, damit sie nicht voll Wasser schlügen, sie kämpften sich nach den Ewern und Kuftern hinaus, auf denen niemand an Bord war, und steckten mehr Ketten aus, damit die Fahrzeuge nicht vertrieben, sie schleppten Sandsäcke herbei und verstopften die Löcher im Deich, damit das Land keine Haverei hätte. „Is Klaus Mees bihus?" fragte der Segelmacher. „Ne, de is buten," erwiderte Jan Lanker, der lustige. „Denn weet ik genog," sagte Thees nickend und ging langsam nach seinem Boden zurück. Als er das Segel wieder übers Knie legte, lag es ganz still — das Zerren hatte aufgehört. „Brukst du dat Seil nu ne mihr, Klaus?" fragte er leise und wollte weiternähen, aber da brach ihm die Nadel ab. Seine Augen weiteten sich, als wenn er etwas sähe, dann stand er auf, rollte das Segel schweigend zusammen, legte es in die Ecke und ging an Hinnik Külpers Besan.

— — — — — — — — — — — —

Gesa stand in der Küche hinter der Waschbalje und rubbelte Störtebekers Kleibüxen, die voll Schlick und Schmeer saßen und gar nicht rein zu kriegen waren. Ihr Herz war voll Angst und Sorge und sie horchte bange auf den Sturm, der das Haus vom Deich werfen wollte, denn sie wußte nicht, ob Klaus einen Hafen hätte, oder ob er draußen sei. Wie wehte es!

Plötzlich fuhr sie zusammen und drehte sich jäh um, denn an der Tür hatte es gescharrt, sie hatte es deutlich gehört. Stand der Hund, der Seemann, draußen und begehrte Einlaß, war er vorausgelaufen und kam Klaus nach, lag der Ewer schon am Bollwerk? Hastig trocknete sie die Hände ab, um die Tür zu öffnen, da stand ihr das Herz still und ihre Knie bebten, denn die Tür war von selbst aufgegangen und auf der Schwelle stand ihr Mann, als wäre er dem Wasser entstiegen. Sein Gesicht war totenweiß, sein Haar war wirr und seine Augen waren müde und glanzlos. Niemals hatte Gesa ihn so gesehen. In starrer Angst sah sie ihn an. Sie wollte ihm entgegengehen und ihm die Hand geben, aber sie vermochte nicht, die Füße voreinander zu setzen, sie wollte ihn fragen, ob etwas passiert wäre, ob er Haverei gehabt hätte, aber ihre Zunge war gelähmt und sie konnte keinen Laut herausbringen.

„Gesa," sagte die furchtbare Gestalt leise und hob die Hand, da schrie Gesa laut auf und sank zu Boden.

— — — — — — — — — — — —

Quellen: Die erste deutsche Seekabellegung; aus „Lebenserinnerungen von Werner von Siemens". Verlag von J. Springer, Berlin (Volksausgabe Mk. 4.80). * Das Schwimmdock; aus Arthur Fürst „Das Reich der Kraft". Vita Deutsches Verlagshaus, Berlin-Ch. * Seefahrt ist not! 15. Kapitel aus dem gleichnamigen Werk von Gorch Fock. Verlag von M. Glogau jr., Hamburg.

Herausgegeben von der Daimler-Motoren-Gesellschaft in Stuttgart-Untertürkheim. * Druck bei Greiner & Pfeiffer, Buchdruckerei, Stuttgart. Alle Rechte vorbehalten. * Zuschriften an die Schriftleitung: Friedrich Muff, Stuttgart-Untertürkheim.

(28. 8. 1919.)

DAIMLER WERKZEITUNG
1919 Nr. 6

INHALTSVERZEICHNIS

Volk, Staat, Eisenbahn. Von Dr. E. von Beckerath. ** Die Entstehung eines Fahrplans. Von Finanzrat G. Stainl. ** Zum Neubau des Stuttgarter Hauptbahnhofs. Von Prof. P. Bonatz. ** Georg Stephenson. Aus Max Maria von Weber: Welt der Arbeit. ** Ruf der Fabriken. Von K. Bröger. ** Berufstragik. Aus Max Eyth: Hinter Pflug und Schraubstock.

Volk, Staat, Eisenbahn.

Von Dr. E. von Beckerath,
Privatdozenten der Nationalökonomie an der Universität Leipzig.

Der Erfinder der Eisenbahn glaubte ein technisches Problem gelöst zu haben, Menschen und Güter mit Hilfe der Dampfkraft von Ort zu Ort zu schaffen. Das und nichts anderes war die Aufgabe, die er sich gestellt hatte. Er hat sie bezwungen. Die folgenden Jahrzehnte haben technische Verbesserungen gebracht; aber die Eisenbahn als Verkehrsträger wurde davon überraschend wenig beeinflußt. Schon im Jahre 1830 war eine Geschwindigkeit von 30 km in der Stunde erreicht. Vor dem Kriege legten die Schnellzüge in der gleichen Zeit in Norddeutschlands Tiefebenen etwa die dreifache, in den gebirgigen Bundesstaaten des Südens die zwei- bis zweieinhalbfache Entfernung zurück. Bedenkt man, daß der Transport von Gütern mit dem Landfuhrwerk auf eine Entfernung von einigen 100 Kilometern, je nach Wetter und Wegbeschaffenheit, Monate dauern konnte, so ist es klar: der Sprung von der Landstraße auf die Schiene war ungeheuer. Der Fortschritt von Stephensons „Eisernem Pferd" bis zur vierzylindrigen Verbund-Schnellzugslokomotive war verhältnismäßig kleiner.

Aber die Eisenbahn ist nicht bloß eine Anhäufung von Eisen, Beton und Bahndämmen, ein Schnittpunkt von bewegender Kraft, Masse und Reibungswiderstand — dieser technische Apparat ist vielmehr die Grundlage für eine länderumspannende Unternehmung. Und während das „Technische" in allen wesentlichen Punkten im Augenblick der Erfindung fertig war, hat das Leben der Unternehmung damals erst begonnen, ist ununterbrochen gewachsen und steht heute in der allgemeinen Revolution selber in einer revolutionären Krise, deren Ausgang sich noch nicht ahnen läßt. So mögen einige Worte über das Verhältnis der Eisenbahnunternehmung zu Staat und Volk heute nicht unnütz sein.

Blicken wir auf die angelsächsische Welt! Nur schwache Fesseln hat dort der Staat den Eisenbahnunternehmungen übergestreift und ihr Verhältnis zueinander blieb vollends dem freien Spiel der Kräfte überlassen. In Nordamerika wurde die Eisenbahn eine wirksame Waffe in der Hand der den Staat überrennenden Trusts;

in England spannte der Wettbewerb das Verkehrsnetz zwischen den Hauptpunkten des Landes so dicht, daß der Reisende stets zwischen mehreren Unternehmungen wählen konnte. Dagegen war in Deutschland die Eisenbahn ein wuchtiges Mittel staatlicher Wirtschaftspolitik und der Bürger in allen Stücken auf die „staatliche Unternehmung" angewiesen.

Wie sind solche Gegensätze möglich, wo doch im Grunde Eisenbahn Eisenbahn ist? Es muß doch überall leitende Köpfe für den technischen Betrieb und die Verwaltung geben, überall ausführende Arme vom Stationschef bis zum Streckenarbeiter. Die Eisenbahn ist überall Unternehmung und hat die Eigentümlichkeiten jeder Unternehmung; denn jede Unternehmung beruht auf Teilung der Arbeit, braucht leitende Gehirne und ausführende Hände.

Aber die Eisenbahn unterscheidet sich von allen anderen Unternehmungen dadurch, daß sie nicht an einen Standort gebunden ist, von dem aus sie das Land unter ihre geschäftliche Botmäßigkeit zu bringen sucht; sondern sie ist allgegenwärtig, ihr Standort ist das ganze Land. Sie erzeugt zwar selbst keine Güter, aber alle Güter, die im Lande erzeugt werden, werden wie mit magischer Gewalt von ihren Schuppen und Lagerräumen angezogen und ein jedes erreicht seine Bestimmung erst, nachdem es über ihre Schienenstränge gerollt ist. Durch diese, ihre Allgegenwärtigkeit und alles erfassende Kraft ist sie dem anderen Allgegenwärtigen und Allerfasser, dem Staat, nächst verbunden und so kommt es, daß der Staat dieser ihm wesenverwandtesten aller Unternehmungen seine Form aufprägt.

Ein Staat, wie unser alter, schon durch seine eingepreßte Lage in Europa dauernd in Sorge, seine gesamten Kräfte für den Kriegsfall zusammenreißen zu müssen, war schon früh in seinen einzelnen Gliedern zum Staatsbahnsystem gekommen. England, ganz von Wasser umgeben, Nordamerika, teils an das Meer, teils an schwache Nachbarn anstoßend — beide ohne Angst um ihre Grenzen —, konnten bei dem Privatbahnsystem beharren. Und überhaupt war das Verhältnis des Staats zu seinen Bürgern dort ein anderes als bei uns. Bei uns eine bis in Bevormundung ausartende patriarchalische Fürsorge auf allen Gebieten: Sozialpolitik, Erziehung und Gesundheitswesen. Und dementsprechend stand der Staat auch im Eisenbahnwesen gewissermaßen unter dem Zwang der Vorstellung, das Interesse seiner Bürger könne nicht gewahrt werden, wenn er nicht alles — von der Festsetzung des Fahrplanes und der Beförderungsweise bis zur Anlage neuer Strecken — fest in der Hand halte. In Amerika, um immer wieder auf den Gegensatz zurückzukommen, und übrigens ganz ähnlich in England, wo sich der Staat nach einem Witzworte Lassalles mit der Rolle des Nachtwächters begnügte und möglichst viel dem Ausgleich durchs Spiel der Kräfte und der losgebundenen Tüchtigkeit des einzelnen überließ, herrschte auch im Eisenbahnwesen weitester Spielraum für private Unternehmungslust; das Interesse der Öffentlichkeit werde dabei, so glaubte man, von selber zu seinem Rechte kommen. Ein kleiner aber bezeichnender Zug, um die Verschiedenheit der beiden Systeme zu beleuchten. Bei uns wurde das Publikum durch ein Getöse von Kommandos vom Vater Staat wie Kinder oder Rekruten in die Abteile hineingeschoben; in England spielte sich der Bahnhofsverkehr fast lautlos ab, und wer die Station verschlief, an der er aussteigen wollte, hatte es sich selbst zuzuschreiben.

Und wie hier im ganz Großen der Volkscharakter, der deutsche und der angelsächsische, in seinen beiderseitigen Licht- und Schattenseiten offenbar wird, so spiegelt sich auch der persönliche Wille des Staates, vielfach auch die Eigenart seines Aufbaues, ja selbst sein geschichtliches Schicksal, im Eisenbahnwesen wieder. Im kaiserlichen Rußland hatte die Volksvertretung nichts zu sagen; nur dort konnte der Landeseisenbahnrat die Beförderungsweise ganz nach seinem Belieben aufstellen, denn es gab kein Parlament, das sich dadurch in seinen Rechten hätte gekränkt fühlen können. Deutschland war Bundesstaat, die Souveränität der einzelnen Glieder fand in der Eisenbahnhoheit den vielleicht stärksten Ausdruck. Preußen und Bayern feilschten über tarifarische Vergünstigungen, die sie sich gegenseitig einräumten, mit der Hartnäckigkeit von Weltmächten, die sich handelspolitische Zugeständnisse abzuringen trachteten. Die Zollpolitik beeinflußt die Richtung des Güterstromes, die Tarifpolitik seinen Weg. Und um diesen ging der Kampf, wenn Preußen den Verkehr von und nach Österreich um das ehemalige Königreich Sachsen herumleitete, oder die Südstaaten ihre Waren zur Beförderung nach Übersee in Kehl oder Mannheim dem „freien Rhein" zulenkten, anstatt sie auf dem Wege nach den deutschen Nordseehäfen, den Eisenbahnen Preußens tributpflichtig zu machen. Die Eisenbahn als Mittel zur Wirtschaftspolitik, und diese selbst das Gewicht auf der Wagschale des politischen Einflusses, das entsprach dem partikularistischen Charakter des Reichs. Dagegen bedeutete es eine Überbrückung der Gegensätze, wenn Deutschland —

Georg Stephensons Preislokomotive „Rakete",
die in dem Wettkampf zu Rainhill, 1829, den Sieg davontrug.

Die schwerste Lokomotive in Europa
Güterzug-Tender-Lokomotive der bayerischen Staatsbahn; erbaut von J. A. Maffei-München; Entstehungsjahr 1913.

Vergleich der beiden Lokomotiven:

	Länge	Dampfspannung	Heizfläche	Gewicht	Höchste Leistung	Brennstoffverbrauch f. 1 km u. 1000 kg Zuggewicht
Alte Maschine:	3,85 m	3,3 kg auf 1 qcm	12,8 qm	7450 kg	10 PS	$\frac{1}{2}$ kg Koks
Neue Maschine:	17,55 „	15 „ „ 1 „	285 „	122500 „	1800 „	$\frac{1}{8}$ „ Kohle

wie es in den letzten Jahren vor dem Kriege tatsächlich geschah — in tarifarischen Verhandlungen dem Auslande gegenüber als Einheit auftrat, oder wenn nach dem „Wagenübereinkommen" das „rollende Material" in allen Strähnen des deutschen Bahnnetzes ungehemmt und frei verkehrte. Ruhelos, wie seine politische Geschichte im 19. Jahrhundert, ist die Eisenbahnpolitik Frankreichs von Anbeginn an gewesen. In der ersten Epoche vom Jahre 1832—1842 machte sich eine starke Strömung zugunsten der Staatsbahnen geltend, die vom Dichter Lamartine getragen wurde; die zweite, bis 1859 währende, brachte den Ausbau des Netzes und — bei völlig frei gelassenem Wettbewerb — den Kampf aller gegen alle, der zur Bildung der 6 großen Monopolgesellschaften geführt hat. In der Zeit des Wiederaufbaus nach der Niederlage von 1870/71 wollte sich der Staat der Eisenbahnen bemächtigen, zerschellte aber am Widerstand der Privatbahnen und sah sich in den Verträgen von 1883 zu erheblichen finanziellen Opfern — direkten Zuschüssen — genötigt. Diese Verträge hatten in der Mitte der neunziger Jahre den Sturz eines französischen Ministers und eine Präsidentschaftskrise zur Folge. Entschiedener als vorher ist seitdem die Republik in das Staatsbahnsystem eingelenkt. Das erste Ministerium Clémenceaus war es, das 1906 den Gesetzentwurf über den Rückkauf der Westbahn eingebracht hat und damit die Wendung zu einer neuen Verstaatlichungspolitik eröffnete. Und während der Plan des Eisenbahnnetzes mit echt französischer Starrheit, so wie ihn der Ingenieur im Jahre 1842 am Zeichentisch abgezirkelt hatte, im wesentlichen bis heute Geltung behielt, wechselten über dieser gleichbleibenden Eisenbahnkarte die Grundsätze der Verkehrspolitik mit der gleichen Plötzlichkeit, wie Frankreichs wechselnde Staatsverfassungen über die gleichbleibende Grundlage seiner Verwaltung hinzogen. Dabei bewirkte die allgemeine Blutleere des französischen Wirtschaftskörpers, daß auch hier der geweckten Unternehmungslust mit reichen staatlichen Zuschüssen beigesprungen werden mußte. Wie sehr die politischen Vorbedingungen das Eisenbahnwesen beeinflussen, zeigt England in seinen Kolonien. Dasselbe England, das bei sich die Unternehmungen frei schalten ließ, hat in den überseeischen Besitzungen teils eine Staatsbahn, teils reichlich unterstützte Gesellschaften; kaum eine Eisenbahnunternehmung verzehrt so große Staatszuschüsse wie die Kanadische Überlandbahn, die für den englischen Imperialismus eine Brücke bildet zwischen dem Mutterland und Asien.

Genug der Beispiele! Sie haben uns das eine gelehrt, daß die Fragen des Eisenbahnwesens nicht begriffen werden können, losgelöst aus ihrem natürlichen Zusammenhang mit dem gesamten Leben von Staat und Volk. Und so verstehen wir auch jetzt, wenn wir den Paragraphen der Weimarer Verfassung ansehen, der Reichseisenbahnen vorschreibt, daß dieser Paragraph aus bedrucktem Papier Wirklichkeit werden kann, wenn die Reichseinheit selbst nicht bloß auf dem Papier stehen wird.

Wir haben in der Revolution erlebt, wie die Staatsmacht derart zurückgetreten war, daß sich das Eisenbahnwesen zeitweilig selbständig machte und die einzelnen Verwaltungskörper, die Direktionen, sich selber regierten. Eine solche Loslösung aber der Eisenbahn vom Staats- und Volksganzen ist ebenso unheimlich und unheilvoll wie jede Verselbständigung nach bloß technischen Gesichtspunkten: denn dabei zwingen die Sachgüter, die um des Menschen willen da sind, den Menschen in ihren Dienst. Und das ist die größte Gefahr im Wirtschaftsleben der Völker, ganz gleich, ob sie nun von einem hemmungslosen Kapitalismus kommt oder von einem besinnungslos gewordenen Sozialismus. In beiden Fällen vergewaltigen die Mittel den Zweck. Und der Mensch ist verloren, wenn er nicht freier Herr bleibt über die Mittel.

✽   ✽

✽

Die Entstehung eines Fahrplans.

Von Finanzrat G. Stainl.

Wenige Wochen noch vor dem Fahrplanwechsel geht bei der Eisenbahnverwaltung eine große Zahl Wünsche auf Fahrplanänderungen ein, und der Zustrom dauert fort bis zum Erscheinen des neuen Fahrplans, ja seit der Krieg die früher selbstverständliche Unabänderlichkeit eines Fahrplans während seiner Dauer durch die Notwendigkeit, den militärischen Anforderungen, dem Personal-, Lokomotiv- und Kohlenmangel Rechnung zu tragen, aufgehoben hat, werden mit steigender Häufigkeit mitten im Fahrplan Wünsche auf weitgehende Fahrplanänderungen innerhalb kurzer Frist mit größter Dringlichkeit geltend gemacht.

Allerdings, wenn früher am 1. Mai der neue Sommerfahrplan, am 1. Oktober der neue Winterfahrplan mit größter Pünktlichkeit erschienen und der an sich schon reich ausgestaltete Fahrplan immer wieder zahlreiche Verbesserungen durch Vermehrung und Beschleunigung der Züge, Herstellung neuer Anschlüsse usw. brachte, der Fahrplanwechsel betrieblich mit anscheinender Leichtigkeit erfolgte, so ist es erklärlich, daß weite Kreise die Aufstellung eines neuen Fahrplans für eine einfache Sache hielten und nicht auf den Gedanken kamen, welch langwieriger Vorarbeiten es bedarf, bis nur die technische Herstellung des Fahrplans, die allein schon reichlich Zeit erfordert, beginnen kann.

Es soll ganz davon abgesehen werden, daß die Vorbedingungen für die weitere Ausgestaltung des Fahrplans durch Bewilligung der Geldmittel für Beschaffung von Lokomotiven, Wagen, Betriebsstoffen, Einstellung weiteren Personals usw. schon Jahre voraus geschaffen werden müssen mit der Aufnahme entsprechender Forderungen in den der Volksvertretung vorzulegenden Voranschlag des Landeshaushalts; es soll nachstehend nur geschildert werden, wie in gewöhnlichen Zeiten der Fahrplan, und zwar beispielsweise der Sommerfahrplan, entsteht.

Die Aufstellung des Fahrplans für den Sommer beginnt schon alsbald nach Erscheinen des Winterfahrplans, denn Mitte November finden regelmäßig die mehrere Tage dauernden Beratungen der Eisenbahnverwaltungen unter sich statt über den Fahrplan der dem großen Durchgangsverkehr dienenden Züge und über die Anschlüsse der Nachbarbahnen, wozu die Anmeldungen 4 Wochen vorher erfolgen müssen. Es müssen also bis Mitte Oktober schon die Pläne über die Änderungen in diesen Verkehrsbeziehungen, über die Führung neuer, die Beschleunigung bestehender Schnellzüge, die Herstellung neuer Anschlüsse usw. entworfen sein. Diese frühzeitige Feststellung ist nötig, denn an die durchgehenden Verbindungen auf den großen Verkehrslinien müssen sich die Züge der Seitenlinien anschließen, ihre Lage ist davon abhängig, während andererseits wieder die raschfahrenden Züge die Züge für den Berufsverkehr (Arbeiter, Angestellten, Schüler) nicht durch ihre Lage oder auch nur die zu befürchtenden Verspätungen stören sollen. So manche Pläne lassen sich aber auf dieser allgemeinen Besprechung nicht verwirklichen, die hiebei sich erst zeigenden Schwierigkeiten erfordern zu ihrer Beseitigung oft noch länger sich hinziehende Verhandlungen.

Noch während diesen ist der Fahrplan der Personenzüge für den Binnenverkehr nach den auf ihn einwirkenden Änderungen des Fernverkehrs und den weiterhin beabsichtigten Änderungen zu bearbeiten, wobei die von früherher bekannten Wünsche und Bedürfnisse und neu einlaufende Gesuche nach Möglichkeit zu berücksichtigen sind. Eine beschleunigte Feststellung dieses Teils ist Voraussetzung dafür, daß der wichtige Güterzugfahrplan bearbeitet werden kann, denn immer wird der Personenzugfahrplan den Rahmen für den Güterzugfahrplan bilden müssen. Die langsamen Güterzüge müssen sich in der Hauptsache nach den rascher fahrenden Personenzügen richten. Und doch muß auch der Güterzugfahrplan um den neu auftretenden und wechselnden Bedürfnissen des sich immer steigernden und auf weitere Strecken ausdehnenden Güterverkehrs entsprechen zu können, zuerst in den durchgehenden Verbindungen mit den andern Eisenbahnverwaltungen beraten und festgestellt werden, ehe an seine Ausarbeitung im Binnenverkehr gegangen werden kann.

Unter den Personenzügen spielen die dem Berufsverkehr dienenden eine wichtige Rolle und erfordern viel Arbeit. Die andern Personenzüge dienen dem nicht an bestimmte Abfahrts- und Ankunftszeiten gebundenen Verkehr und hängen in der Regel nur von Anschlüssen an Schnellzüge und andere gleichartige Personenzüge ab. Sie bleiben daher meist in ihrer Lage und wenn sie Änderungen erfahren müssen, sind sie selbst wie ihre Anschlüsse, wenn auch mit größeren oder geringeren Schwierigkeiten verschiebbar. Die Züge des Berufsverkehrs dagegen sollen die Reisenden möglichst kurz vor dem auf bestimmte Zeit festgesetzten Arbeitsbeginn an ihre Arbeitsstätte bringen, die kurze Mittagspause möglichst ausnützen lassen und nach dem Arbeitsschluß bald nach Hause zurückführen. Arbeitsbeginn, Mittagspause und Arbeitsschluß wechseln je nach der Jahreszeit, der im Tarifvertrag festgesetzten wöchentlichen Arbeitszeit, deren Verteilung auf die verschiedenen Wochentage, der Einrichtung der Betriebe für die Wohlfahrt der Arbeiter, je nachdem die Arbeiterschaft hauptsächlich ortsansässig oder von auswärts ist usw.

Selten handelt es sich nur um Züge aus einer Richtung, in der Regel sind es mehrere Linien, auf denen für dieselben Betriebe die Züge so herangeführt werden müssen, daß sie fast alle zu gleicher Zeit am Arbeitsort ankommen. Bei großen Werken sind sogar je mehrere Züge aus derselben Richtung nötig. Wo solche Massen gleichzeitig zu befördern sind, ist es nicht einmal angängig, nach Schluß der Arbeitszeit, wo ein kleiner Zeitverlust nicht ins Gewicht fallen würde, dies auszunützen, im Gegenteil ist es dann nötig, um eine Ansammlung von Tausenden von Arbeitern auf den Bahnhöfen und Überfüllung der Züge zu vermeiden, die ersten Züge so knapp nach Arbeitsschluß abzulassen, daß sie nur Arbeiter aus der Nähe des Bahnhofs erreichen können.

Ist es schon schwierig, den Fahrplan dieser Züge aufzustellen, wenn es sich nur um ein Werk oder einen Ort handelt, so wachsen diese Schwierigkeiten ganz unverhältnismäßig, wenn, wie es meist der Fall ist, eine Anzahl Betriebe und Orte eine Strecke entlang durch dieselben Züge zu bedienen sind. Überall sollten die Züge aus den verschiedenen Richtungen etwa zur gleichen Zeit eintreffen, der auf ihnen ruhende Anschlußverkehr soll auch noch rechtzeitig an Ort und Stelle kommen, ohne die am Ort der Anschlußstation Beschäftigten zu frühe an ihr Ziel heranbringen zu müssen usw. Dabei ist zu bedenken, daß die für den Berufsverkehr nötigen Leistungen namentlich heutzutage, wo Fabriken, Handels- und Gewerbebetriebe, Beamtungen, Schulen fast alle zur gleichen Zeit beginnen, neben den für den allgemeinen Verkehr nötigen Zügen Verkehrsspitzen, d. h. die höchste Beanspruchung der Lokomotiven, Wagen, des Personals, der Bahnhofs- und Streckenanlagen während des ganzen Tags darstellen, so daß die Eisenbahn nicht in der Lage ist, für jeden Ort und jede gewünschte Arbeitszeit Züge zu führen, vielmehr deren Zahl möglichst nieder halten muß dadurch, daß sie eine größere Anzahl Orte durch den gleichen Zug zu bedienen sucht. Dies ist um so mehr nötig, als die Strecken, auf denen regelmäßig die Eisenbahnen zu und von der Arbeitsstätte benützt werden, verhältnismäßig sehr lang sind, — 50 km in einer Richtung sind durchaus keine Seltenheit —. Die Bedienung mehrerer Werke oder Orte mit verschiedener Arbeitszeit durch mehrere im kurzen Abstand hintereinander fahrende Züge auf solche Entfernungen (wie das nicht selten gewünscht wird) würde Betriebsmittel und Personal in solcher Höhe erfordern, daß es wirtschaftlich nicht zu rechtfertigen wäre. Es bleibt daher der Eisenbahn gar nichts anderes übrig, als durch Verhandlungen mit den Beteiligten auf Grundlage eines Fahrplanentwurfs Änderungen der Arbeitszeiten, Ausgleich der einander entgegenstehenden Fahrplanwünsche zu erzielen, Verhandlungen, die begreiflicherweise ihre Zeit verlangen.

Beim Personen- und Güterzugfahrplan ist nun mehr die technische Durchführbarkeit und die Wirtschaftlichkeit der geplanten Änderungen überall im einzelnen zu prüfen. Denn bei der Fahrplanbildung ist die Leistungsfähigkeit der Bahnanlagen zu berücksichtigen, die Gleisanlagen der Stationen für die Aufnahme und die Verarbeitung der Züge, den ungefährdeten Zu- und Abgang der Reisenden; die Leistungsfähigkeit der Strecke, so verschieden je nach der Zahl der Gleise, der Entfernung und Anlage der Bahnhöfe und Blockstellen; weiterhin die für den einzelnen Zug verfügbare Lokomotivkraft, dessen Fahrzeit ihr anzupassen ist, um Vorspann- und Schubleistungen zu vermeiden. Auf den Kehrstationen muß die nötige Zeit für das Richten der Lokomotiven, das Umsetzen, Umbilden, Reinigen der Wagenzüge vorhanden sein. Die zulässige Dienstzeit des Personals darf nicht überschritten, die mindest erforderliche Zeit für die Nachtruhe, Übergabe und Übernahme des Dienstes gewahrt sein, auf den Strecken, wo kein durchgehender Nachtdienst ist, muß die Lage der Spät- und Frühzüge dem Rechnung tragen usw.

Spätestens gegen Ende Februar muß der gedruckte Entwurf (der sogenannte Zeitungsfahrplan) für die Öffentlichkeit, der bildliche Fahrplanentwurf für die Dienststellen fertig gedruckt sein, jener, damit die Öffentlichkeit und namentlich die beteiligten Kreise dazu Stellung nehmen können, der Dienstfahrplan zu dem Zweck, daß die Diensteinteilungen der Lokomotiven, des Lokomotivpersonals und des Zugbegleitpersonals entworfen werden und die Stellen des äußeren Dienstes, die Durchführbarkeit innerhalb ihres Bereiches prüfen können: Ausreichende und zweckentsprechende Bedienung des zu erwartenden Verkehrs, Zulänglichkeit der Aufenthalte, Fähigkeit der Gleisanlagen, die Züge wie vorgesehen aufzunehmen, überholen, kreuzen zu lassen, um- und neu zu bilden, genügende Stärke und Eignung des Personals und dgl. Die Stationsvorstände treten auftragsgemäß mit den Betrieben, Schulen wegen der für den Berufsverkehr vorgesehenen Züge ins Benehmen und übermitteln die Wünsche an die vorgesetzte Stelle.

Die nun einlaufenden Wünsche und Anträge fordern vielfach eine eingehende Prüfung auf ihre Berechtigung, auf etwaige nachteilige Wirkung auf andere Interessen. Zur Klärung der gestellten Anträge, der Anstände, Einwände finden mündliche Verhandlungen mit den Vertretern der beteiligten Kreise, so dem aus Vertretern des Handels, der Industrie, der Landwirtschaft, des Handwerks und der Arbeiterschaft gebildeten Beirat der Verkehrsanstalten und mit den Eisenbahndienststellen der verschiedenen Bezirke statt. Die Ergebnisse dieser Besprechungen, die anfangs März beendet sind, und die zahlreich einlaufenden weiteren Fahrplangesuche werden nun zum endgültigen Entwurf verarbeitet, der in größter Eile fertig zu stellen ist, denn nunmehr drängt die Herstellung der Fahrplandrucksachen.

Außer den allgemein bekannten Fahrplänen für die Zwecke der Reisenden, dem Aushangfahrplan und dem amtlichen Kursbuch, Taschenfahrplan ist der weniger beachtete amtliche, als Beilage zum Staatsanzeiger bekannt zu gebende Zeitungsfahrplan, für den dienstlichen Gebrauch das Fahrplanbuch und der Bildfahrplan fertig zu stellen, dazu eine Anzahl Dienstvorschriften zur Durchführung des Fahrplans: der Zugbildungsplan, die Wartezeitvorschriften, die Beförderungsvorschriften für Tiere, Expreß-, Eil-, Frachtgut, Milch usw.

Die Dienstfahrpläne enthalten nicht nur wie der öffentliche Fahrplan die Personenzüge, sondern auch die regelmäßig und bedarfsweise verkehrenden Güterzüge, Lokomotiv-, Personal- und sonstige dienstliche Fahrten, wie Werkstätte- und Probezüge. Im Dienstfahrplanbuch sind die Fahrpläne der einzelnen Züge listenmäßig zusammengestellt, streckenweise geordnet und enthalten der Reihe nach alle Stationen und Blockstellen, die Entfernungen von einer zur andern, die Ankunfts-, Aufenthalts-, Abfahr- und Durchfahrzeiten, die Nummern der kreuzenden, überholenden und zu überholenden Züge, die fahrplanmäßigen und die kürzesten Fahrzeiten und das einzuhaltende Bremsverhältnis (Bremsprozente), auf jeder Seite fast nichts wie Zahlen, echte und Dezimalbrüche, und das Fahrplanbuch der württ. Staatsbahnen, in Friedenszeiten bestehend aus 15 Heften mit 1762 Seiten, war ein stattlicher Band. Als Muster ist eine Seite des Fahrplanbuchs hier abgedruckt. Der Satz für das Fahrplanbuch bleibt, um Zeit zu sparen, immer stehen. Aber mit den Satzänderungen, bei denen die wenigsten Ziffern unverändert bleiben, muß spätestens 2 Monate vor dem 1. Mai und mit dem Druck spätestens am 15. April begonnen werden. Bis dahin muß also der Fahrplan bis auf die letzte Zahl feststehen. Es dürfte ohne weiteres einleuchten, welche Arbeit hier selbst kleine Änderungen im Fahrplan eines Zuges verursachen. Denn nicht nur muß meist der ganze Fahrplan dieses Zugs, sondern auch der von überholenden Zügen, auf eingleisigen Strecken oft von einer ganzen Reihe von Zügen der Gegenrichtung weitgehend geändert werden.

Während das Fahrplanbuch in der Hauptsache für das Zugpersonal bestimmt ist, bedürfen die mit dem Fahrdienst befaßten Beamten auf den Stationen und die betriebsleitenden Stellen des Fahrplanbildes, um einen zuverlässigen Überblick über den gesamten Zugverkehr einer Strecke und das Verhältnis der einzelnen Zugfahrten untereinander (Zusammentreffen der Züge in den Stationen usw.) zu haben. Der bildliche Fahrplan zeigt auf einem Blatt alle auf der betreffenden Strecke verkehrenden Züge in ihrer Lage zueinander, ihre Eigenschaft (Personenzug, Güterzug), ob regelmäßig oder nach Bedarf verkehrend, die Ankunft-, Abfahr-, Durchfahrzeiten.

Hierzu werden die Züge nach Ort und Zeit in ein Rechteck eingezeichnet, dessen Begrenzung sich dadurch ergibt, daß die Stationsabstände auf einer senkrechten, und die Tageszeiten auf einer wagerechten Linie aufgetragen werden. Die Züge sind durch Linien dargestellt, die je nach den Geschwindigkeitsunterschieden eine mehr oder weniger geneigte Lage haben und je nach der Zuggattung verschieden ausgeführt sind. Ein Ausschnitt aus einem Fahrplanbild ist auf der nächsten Seite dargestellt.

Das Fahrplanbild wird in Steindruck hergestellt, die Steinzeichner brauchen zum Zeichnen mindestens 5 Wochen, 7 weitere Tage erfordert der Druck.

Der endgültige Entwurf des Aushangfahrplans muß am 5. April den fremden Eisenbahnverwaltungen, den vielen Bearbeitern von Kursbüchern und Taschenfahrplänen zugehen. Er wie der Taschenfahrplan muß am 21. April vollständig druckfertig sein.

Spätestens am 26. April müssen sich die Dienstfahrpläne und die sonstigen oben genannten Fahrplanbehelfe in den Händen der Stellen des äußeren Dienstes befinden; denn diese haben danach ihrerseits wieder rechtzeitig alle Vorbereitungen für den Übergang zum neuen Fahrplan zu treffen, Stations- und Lokomotivfahrordnungen aufzustellen, die auf großen Stationen in Buchdruck zu vervielfältigen sind, die Befehle für die eintretenden Änderungen auszuarbeiten und bekanntzugeben, das gesamte Stations-, Strecken- und Zugpersonal, das oft mehrere Tage vom Dienstsitz abwesend ist, rechtzeitig gegen Bescheinigung mit dem neuen Fahrplan auszustatten usw.

Die Aufstellung der Diensteinteilungen für die Lokomotiven, das Lokomotivpersonal und für das Zugbegleitpersonal nimmt mindestens 4 Wochen in Anspruch. 14 Tage vor Einführung sind sie dem Personal zur Einsicht und Stellung von Änderungsanträgen bekannt zu geben.

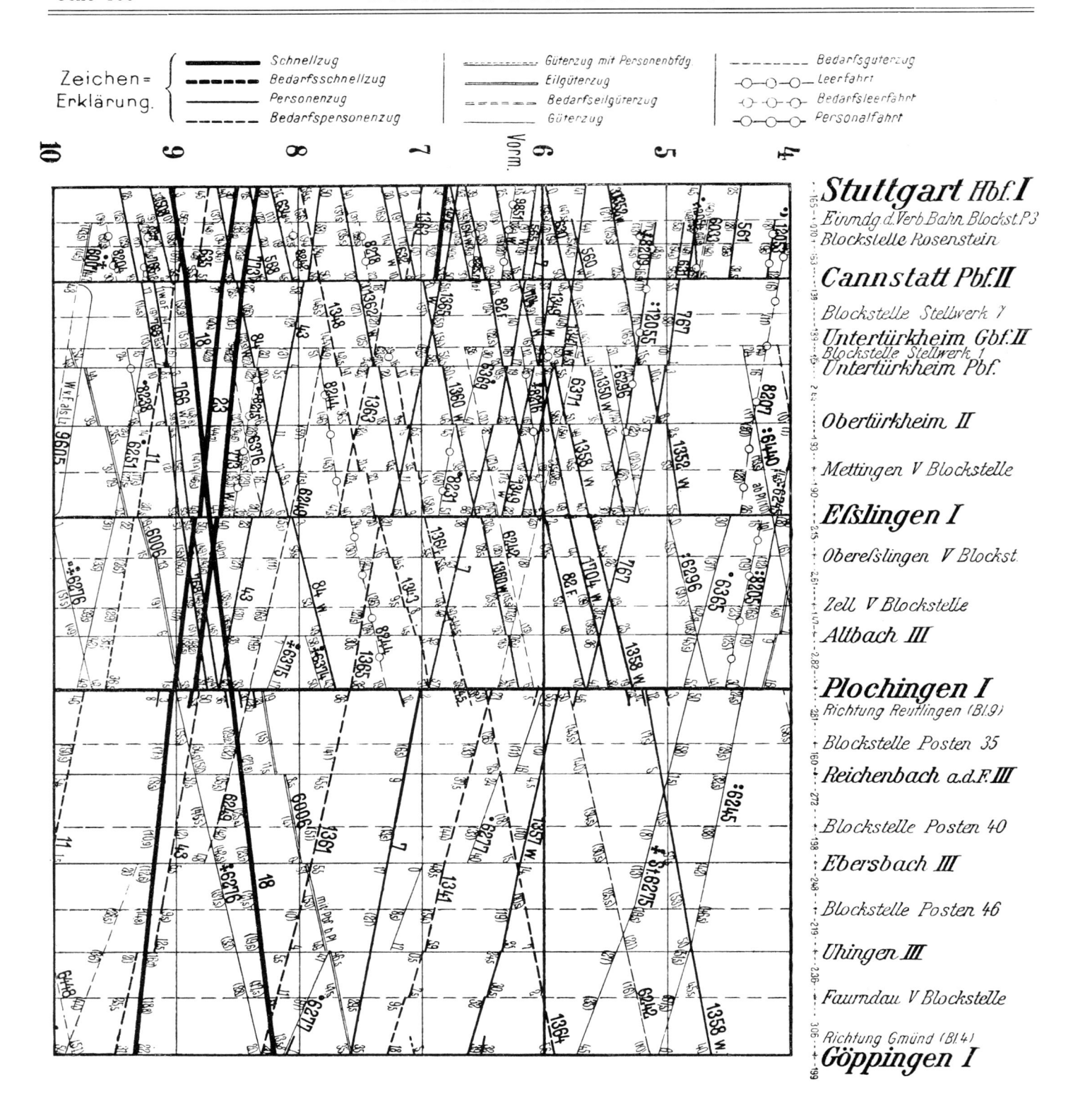

Aus allem geht hervor, daß der Fahrplan spätestens 7 Wochen vor dem 1. Mai bis in die Einzelheiten schon feststehen muß, wenn seine technische Herstellung noch rechtzeitig möglich sein soll. Bei den zeitraubenden Vorarbeiten ist es daher erklärlich, daß im allgemeinen Fahrplanwünsche spätestens $2^1/_2$ Monate vorher gestellt werden müssen, wenn sie Aussicht auf Berücksichtigung haben sollen.

Im vorstehenden ist der Werdegang des Fahrplans gezeichnet, wie er im Frieden die Regel war. Ein reich ausgestatteter Fahrplan befriedigte da schon die meisten und wichtigsten Bedürfnisse. Die wirtschaftlichen Verhältnisse änderten sich nicht plötzlich und nicht allgemein, die Arbeitszeiten blieben, abgesehen vom regelmäßigen Wechsel im Sommer und Winter, die gleichen, und eine verhältnismäßig große Anzahl von Betriebsmitteln und

-stoffen erleichterte die Führung neuer Züge, die Verschiebung und Ausdehnung der bestehenden usw.

Hierin ist durch den Krieg und die Waffenstillstandsbedingungen eine weitgehende Änderung eingetreten. Die Anforderungen der Heeresverwaltung an Betriebsmitteln und Personal erforderten im Krieg eine empfindliche Einschränkung des Fahrplans, die noch verschärft werden mußte, als die Waffenstillstandsbedingungen einen großen Teil der Lokomotiven, Personen- und Güterwagen, und zwar weitaus die besten, dem Betrieb entzogen. Wenn jetzt z. B. die württ. Staatsbahn unter möglichster Ausnützung ihrer Betriebsmittel und ihres Personals 48% der im Frieden gefahrenen Personenzüge fahren kann, andererseits in Rechnung gezogen wird, daß der Anteil des Berufsverkehrs (Arbeiter, Angestellte, Schüler) 48% des Gesamtpersonenverkehrs betrug, so ist einleuchtend, daß fast alle jetzt gefahrenen Personenzüge neben dem allgemeinen auch dem Berufsverkehr dienen müssen, ihre Bearbeitung daher nach den oben gemachten Ausführungen weit mehr Schwierigkeiten bietet.

An Lokomotiven mußte eine große Anzahl der kräftigsten ins besetzte Gebiet abgegeben werden, wovon bis jetzt nur wenige zurückgekommen sind. An die Entente mußten rund 60 Lokomotiven ausgeliefert und dazu die allerbesten ausgesucht werden. Die verbleibenden Lokomotiven sind durch die Überanstrengung während des Kriegs und der Demobilmachung sehr abgenützt. Dies im Verein mit der Verwendung von Ersatzstoffen (z. B. eiserne Feuerbüchsen statt der kupfernen), der schlechten Beschaffenheit der Kohlen, hat sie allgemein in einen so schlechten Zustand versetzt, daß ständig 35 bis 38% zur Ausbesserung in den Werkstätten stehen und die im Dienst befindlichen nur vermindert leistungsfähig sind. Die schon länger bestellten neuen Lokomotiven werden wegen des überall herrschenden Rohstoffmangels, der zurückgegangenen Arbeitsleistung usw. nur sehr schleppend angeliefert und können mit Not den fortwährenden Ausfall der ausbesserungsbedürftigen decken.

An die Entente abgeliefert und aus dem besetzten Gebiet nicht mehr zurückgekommen sind gegen 350 Personen- und 120 Gepäckwagen, es handelt sich auch hier um die neuesten und besten Wagen. Geblieben sind die ältesten, an sich schon am wenigsten widerstandsfähigsten, die, durch den Krieg abgenützt, fortwährend größere Ausbesserungsarbeiten verlangen, so daß ständig etwa 20% (gegen 5—6 im Frieden) dem Betrieb entzogen sind. Dabei ist zu berücksichtigen, daß der Wagenpark schon vor dem Krieg trotz möglichster Ausnützung nicht reichen wollte, daß aber der Personenverkehr, nach Abrechnung des starken Militärverkehrs, während des Kriegs noch um 4% gestiegen ist.

Das Personal betrug bei doppelt so hoher Zugleistung im Frieden 22 000, jetzt infolge des Achtstundentags 28 000 Köpfe und reicht trotzdem kaum aus. Eine rasche Vermehrung stößt auf Schwierigkeiten, weil die weiter einzustellenden Leute nach den für den Eisenbahndienst erforderlichen strengen Bestimmungen eine länger dauernde Ausbildung erhalten müssen.

So ist die Bahn gezwungen, aus Betriebsmitteln und Personal das äußerste herauszuholen, infolgedessen sind die Diensteinteilungen so engmaschig aufgestellt, daß selbst kleine Änderungen in der Lage der Züge, wenn sie überhaupt möglich sind, weitgehende Verschiebungen des Fahrplans bedingen.

Auf diese Weise besteht schon ein starker Zwang, auf die Wirtschaftlichkeit des Fahrplans zu achten; dies ist aber auch vom geldlichen Standpunkt aus nötig. Denn während noch im Jahre 1917 26 Millionen Mark an die Staatskasse abgeliefert und bei Verzinsung und Tilgung der Eisenbahnschuld eine Rente von $3^{1}/_{2}\%$ erzielt werden konnte, betragen für 1919 voraussichtlich die reinen Betriebsausgaben 229 Millionen Mark, die Einnahmen nur 128 Millionen, der Abmangel von über 100 Millionen Mark ist also durch Steuern zu decken.

Macht jetzt schon die Notwendigkeit, diese Unzulänglichkeit der Mittel peinlichst zu berücksichtigen, die Aufstellung des Fahrplans viel zeitraubender, so braucht auch seine technische Herstellung infolge der Kürzung der Arbeitszeit, Wegfall der Überzeitarbeit und Sonntagsarbeit in den Druckereien gerade in den letzten Wochen vor dem Fahrplanwechsel, wo sich alles zusammendrängt, ziemlich mehr Zeit.

Da es, abgesehen von allem andern, noch einer Reihe von Jahren bedürfen wird, bis Lokomotiven und Wagen nach Zahl und Zustand wieder den früheren Stand erreichen, ist vorerst auch nicht mit Behebung der Schwierigkeiten in der Aufstellung des Fahrplans zu rechnen und die Eisenbahnverwaltung wird leider noch längere Zeit auf die Einsicht und Nachsicht der Reisenden rechnen müssen, wenn sie den Verkehrsbedürfnissen nicht in dem so wünschenswerten weitgehenden Maße entsprechen kann.

* *
*

Kunst * Literatur.

Zum Neubau des Stuttgarter Hauptbahnhofs.

Von Prof. Paul Bonatz.

Wie soll ein moderner Bahnhof aussehen?

Die Antwort auf diese Frage wäre leicht zu geben, wenn es sich nur um den eigentlichen Bahn„hof", die glasbedeckten Einfahrtshallen handelte. Sie würde lauten: Eiserne Hallen in guter Linienführung, größte Sachlichkeit, ohne störendes Beiwerk.

Die Einfahrtshallen treten aber niemals für sich in Erscheinung. Sie sind immer mehr oder weniger stark — beim Kopfbahnhof von drei Seiten her — mit massiven Bauten nebengeordneter Zweckbestimmung umgeben. Können diese umgebenden Bauten sehr nieder gehalten werden, so daß über sie hinweg die Einfahrtshallen noch stark zur Geltung kommen, so liegt das architektonische Problem sehr einfach: es heißt Unterordnung. Die niederen Massivbauten werden wie vorgelagerte Terrassen wirken, sie werden möglichst ohne sichtbare Dächer mit horizontalem oberem Abschluß ausgebildet werden. Sie können in der Form indifferent sein.

Ganz anders liegen die Verhältnisse, wenn, wie beim Stuttgarter Bahnhofsneubau, die vorgelagerten Gebäudemassen so große Höhe und Tiefe haben müssen, daß die Einfahrtshallen von der Stadtseite und den Nebenseiten her nicht mehr sichtbar sind. Hier ist die Architektur der Hochbauten auf sich selbst angewiesen.

Ein Bahnhof ist ein halbtechnischer Bau. In Zweck und Inhalt ist er von all den Bauten, an denen sich die Formen früherer Stile entwickelt haben, so verschieden, daß ein Übernehmen alter Stilformen sich von selbst verbietet. Wie der Charakter eines Bahnhofs sein muß, wird vielleicht am besten deutlich, wenn wir ihn in Gegensatz zu anderen Bauten setzen. Ein Theater und ein Festsaal, die den Feierstunden des Lebens, der Erholung oder dem Vergnügen dienen, werden in ihren Formen festlich und heiter sein, eine Kirche, die die Menschen zur Andacht versammelt, wird feierlich ernst und kunstvoll geschmückt sein; ein gutes Wohnhaus wird nicht nur im Gebrauch, sondern auch im Formausdruck behaglich sein; — im Bahnhof ist man aber weder zum Vergnügen noch zum andächtigen Verweilen noch zum Behagen. Man betritt ihn nur, um ihn zu durcheilen, man hat nicht die Muße und Stimmung, sich in künstlerische Einzelheiten zu vertiefen. Der Betrieb im Bahnhof ist ein harter, schneller, unerbittlicher, kein gemütvoller. Alles ist Ordnung und Organisation. Wohl ist Rhythmus darin, doch nichts Weiches, Spielerisches, nur Strenges und Unausweichliches.

Wenn sich alles dieses in Haupt- und Einzelformen widerspiegelt, wird das Bauwerk den richtigen Charakter haben. Ob das im vorliegenden Falle zutrifft, kann natürlich nicht bewiesen werden. Solche Dinge sind letzten Endes nur für das Gefühl erfaßbar. Es wird jedoch das Verständnis für die Absichten des Entwurfs erleichtern, wenn einige Überlegungen aus dem Werdegang der Arbeit hier mitgeteilt werden.

Als erstes fällt dem Betrachter auf, daß alle Bauteile einfache kubische Formen ohne sichtbare Dächer sind. Die hier stehende Skizze verdeutlicht Sinn und Absicht dieser Grundform. Wenn auch die Eisenhallen von den drei Hauptansichtsseiten her hinter den Massivbauten verschwinden, so treten sie doch von der vierten Seite, der Ausfahrtsseite, her gesehen mit diesen gemeinsam in Erscheinung. Der Anschluß der Endflügel der Massivbauten an die Stirnwand der Einfahrtshallen ist der kritische Punkt, der bei den meisten Bahnhöfen unbefriedigend gelöst ist. Für das Auge hat der flankierende Steinbau die Funktion des Widerlagers. Er muß deshalb kräftig und geschlossen sein. Die kleine und schmale Dachform bei A wirkt neben den breit gelagerten, mächtigen Eisenhallen schwächlich. Das leichte Dach nimmt dem Körper A alle Widerstandskraft. Die einfache Würfelform B dagegen, die die gleichen Abmessungen hat wie der Körper A, hat in sich selbst so viel Kraft und Schwere, daß sie sich neben den Eisenhallen behauptet.

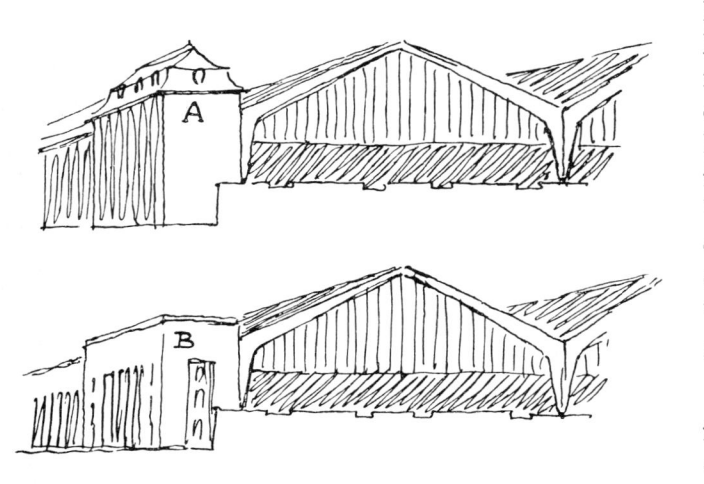

Prof. Bonatz u. Scholer

Neuer Stuttgarter Bahnhof

War einmal an entscheidender Stelle die dachlose Würfelform als Grundmotiv angeschlagen, so mußte, wenn ein einheitliches Gebilde entstehen sollte, das ganze Bauwerk nach dem gleichen Formgesetz durchgeführt werden.

Grundsätzlich legt sich ein viergeschossiger, massiver Baukörper in gleichmäßiger Gesimshöhe als feste steinerne Umklammerung um drei Seiten der Einfahrtshallen herum (vgl. folgende Skizze). Wie bei einem modernen Großbetrieb oder bei militärischer Organisation haben sich alle Einzelteile der verschiedensten Art in die gleiche, leicht zu übersehende Hauptform einzuordnen. Nur zwei Bauteile von besonderer Bedeutung überragen die allgemeine Gesimshöhe: die Eingangshalle und der Turm. Die Eingangshalle ist der große Mund des ganzen württembergischen Bahnsystems. Sie muß stark betont werden. Die Eingänge mit dem sie zusammenfassenden 17 m hohen Bogenfenster bilden das natürliche Hauptmotiv des Baues. Der Uhrturm steht an der bedeutsamsten Achsenkreuzung, der Achse der Königstraße und der Achse des Querbahnsteigs, der allen Verkehr sammelt und verteilt. Trotz selbständigsten Heraustretens aus der übrigen Baumasse verschmelzen Turm und Eingangshalle mit ihr zur Einheit, weil sie nach dem gleichen kubischen Formgesetz gestaltet sind. Der lange Seitenflügel, der in der Zeichnung dargestellt ist, wird durch drei Vorsprünge in gleicher Gesimshöhe gegliedert. In der dreimaligen gleichmäßigen Wiederholung liegt die Kraft der Wirkung. Auch diese drei Vorsprünge sind nichts Willkürliches. Sie sind jeweils der Kopf eines auf sie zuführenden Quertunnels für den Dienst der Post, der Station und des Expreßguts.

Wenn die Gliederung im großen auf breite, getragene und ruhige Wirkung ausgeht, so tritt die Gliederung im einzelnen hierzu in bewußten Gegensatz. In engem Abstand und unermüdlicher Wiederholung reiht sich Pfeiler an Pfeiler, gedrängt und in die Höhe strebend, ein vertikaler Rhythmus in den langen horizontalen Massen, eindringlich durch die Vielheit, streng geordnet wie Soldaten in der Kompagniefront, Sinnbild der vielen Einzelkräfte, deren geordnete Zusammenfassung große Wirkung hervorbringt. Die größte Steigerung des engen Vertikalismus wird in den schlanken Steinpfeilern des großen Bogenfensters erreicht. Mit Bewußtsein wurde auf schmückendes Detail verzichtet. Der Reiz der Flächengliederung besteht in dem Gegensatz der rauhen Bossenquader, der äußeren Haut mit den feingeschnittenen, scharfkantigen Teilen der Wandvertiefungen.

Zum Schluß sei noch einmal gesagt, ob der Ausdruck des Bauwerks dem Inhalt entspricht, kann nicht bewiesen werden wie ein mathematischer Lehrsatz. Alles Gesagte trifft schließlich nur Äußerlichkeiten, nie den Kern, der mit Worten nicht herauszuschälen ist. Ob die Absicht für erreicht angesehen werden will oder nicht, muß der Entscheidung des Einzelnen überlassen bleiben.

Wie ein Bauwerk Ausdruck seines Inhalts sein soll, so wird es auch Spiegel seiner Zeit. Es ist nicht gebaut in einer Zeit des Luxus und der festlichen Formenfreude, sondern in der ersten Hälfte des Krieges. Man könnte sich nicht vorstellen, daß in dieser Zeit ein barock überladener Bau wie der Frankfurter Bahnhof entstanden wäre. Wenn das, was wir heute bauen — unsre Mittel reichen kaum dazu aus, in diesem und dem nächsten Jahre einige dürftige Kleinwohnungen zu errichten —, die Not und Verarmung der Zeit wiedergibt, so ist der in der ersten Kriegshälfte erbaute Bahnhofsteil ein Zeugnis dafür, wie in den Jahren 1915 und 1916 alle Kräfte angespannt waren. Die zweijährige Baupause zeigt die Erschöpfung an. Die Wiederaufnahme und Fertigstellung des Baues ist der Gradmesser für das Wiedererwachen der Kräfte. Bliebe der Bau unvollendet, so wäre er das Sinnbild zerschlagener Kraft. Möge seine Vollendung das Zeichen neu erwachter Volkskraft werden.

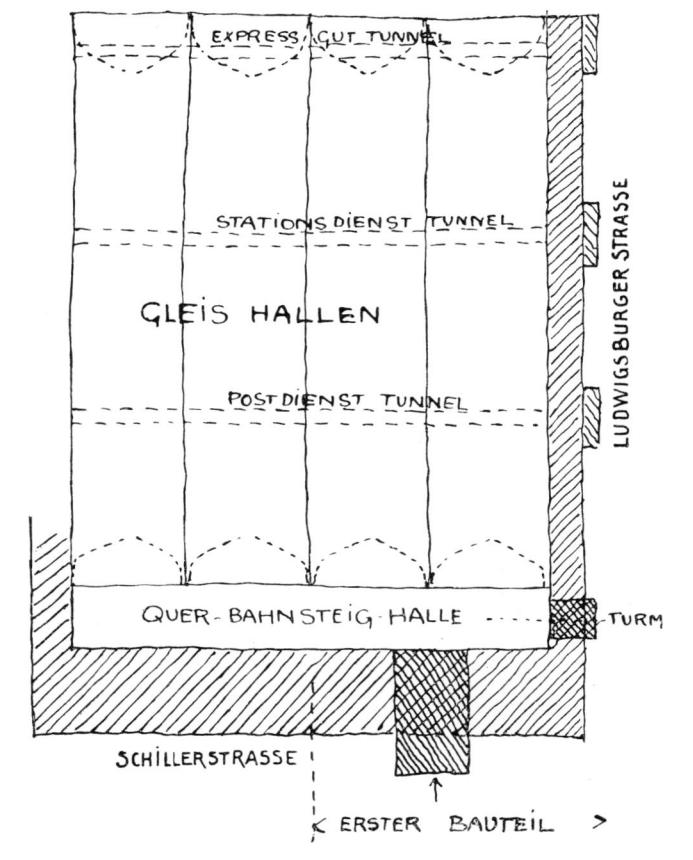

Georg Stephenson.

Die englische Schauspielerin Kemble fuhr an der Seite Stephensons, des Vaters des Eisenbahnbaues, auf seiner siegreichen Maschine „Rocket" (Rakete) im Jahre 1829 bei dem großen Lokomotiv-Wettbewerb zu Rainhill mit. Sie schreibt:

Ein kleines zartes Blättchen reicht für die Liebe aus, aber ein großer Schreibpapierbogen gehört dazu, wenn es gilt, eine Eisenbahn und meine Begeisterung aufzunehmen. Es war einmal ein Mann zu Newcastle on Tyne, der war ein gewöhnlicher Kohlenhäuer. — Dieser Mann hatte ein außerordentliches Konstruktionstalent, das sich darin kund gab, daß er einmal seine Uhr auseinandernahm und wieder zusammensetzte, ein andermal ein Paar Schuhe in Feierabendstunden machte — endlich — hier ist eine große Lücke in meiner Geschichte — brachte es ihn mit seinem Kopfe voll von Plänen für den Bau einer Eisenbahn von Liverpool nach Manchester vor ein Komitee des Hauses der Abgeordneten. Aber es traf sich, daß dieser Mann neben der schnellsten und kräftigsten Auffassungs- und Erfindungsgabe, neben unermüdlichem Fleiße und rastloser Ausdauer, neben der genauesten Kenntnis der Naturkräfte, die er für seine Zwecke braucht — so gut wie gar keine Gabe zum Sprechen hatte.

Er konnte so wenig sagen, was und wie er es tun wolle, als er fliegen konnte. Als daher die Parlamentsmitglieder in ihn einredeten und ihn fragten: „Da ist ein Felsen sechzig Fuß hoch zu durchbrechen, dort sind Dämme von ungefähr gleicher Höhe zu schütten, da ist ein Sumpf von fünf Meilen Länge zu übersetzen, in dem ein hineingesteckter Stab von selbst versinkt, — wie wollen Sie das alles ins Werk setzen?", so erhielten sie nichts zur Antwort als im breiten northumberischen Dialekte: „Ich kann's euch nicht sagen, wie ich es tun werde, aber ich sage euch, daß ich es tun werde." Und sie entließen Stephenson als einen „Schwärmer". — Da er aber in eine Gesellschaft von Liverpooler Gentlemen kam, die weniger ungläubig waren und das nötige Kapital aufbrachten, so wurde im Dezember 1826 der erste Spatenstich getan. — Und nun will ich Dir von meinem gestrigen Ausfluge erzählen. Eine Gesellschaft von sechzehn Personen wurde in einen großen Hof gelassen, wo unter Dach einige Wagen von eigentümlicher Konstruktion standen, von denen einer für uns reserviert war.

Es war ein langleibiges unbedecktes Fuhrwerk mit quergestellten Sitzen, auf denen man Rücken gegen Rücken saß. Die Räder standen auf zwei eisernen Streifen, welche die Bahn bilden, und sind so konstruiert, daß sie vorwärts zu gleiten imstande sind, ohne irgendwelche Gefahr, daß sie aus der Richtung kommen könnten, wie jedes Ding, das in einer Rinne dahingleitet. Der Wagen wurde durch ein bloßes Anschieben in Bewegung gesetzt und rollte mit uns eine geneigte Ebene hinab in einen Tunnel, der den Eingang in die Eisenbahn bildete. Dieser Tunnel ist, wie ich glaube, 400 Yards lang und wird mit Gas beleuchtet werden. Am Ende desselben tauchten wir aus der Finsternis auf, und da der Boden horizontal wurde, hielten wir an. — Wahrlich — es soll mich wundern, wenn Du ein Wort von allem verstehst, was ich Dir vorplaudere!

Wir wurden der kleinen, munteren Maschine vorgestellt, die uns die Schienen entlang ziehen sollte. — Sie (denn der zärtliche Sprachgebrauch macht die kuriosen, lieben kleinen Feuerrosse alle zu Stuten) besteht aus einem Kessel, einem Ofen, einer Bank und hinter der Bank einem Fasse mit genug Wasser, um ihren Durst während eines Rennens von fünfzehn Meilen zu stillen — das Ganze ist nicht größer als eine gewöhnliche Feuerspritze.

Sie wandert auf zwei Rädern, die ihre Füße sind, und diese werden durch glänzende Stahlbeine bewegt, die sie Kolben nennen. Diese werden vom Dampfe getrieben, und je mehr Dampf auf die obere Fläche dieser Kolben (ich glaube so etwas wie das Hüftgelenk) gegeben wird, um so schneller treiben sie die Räder um. Wenn

Der Einschnitt.

Das Moor.

es aber nötig wird, die Geschwindigkeit zu mindern, so entweicht der Dampf, der, wenn man ihm das nicht gestattete, den Kessel sprengen würde, durch ein Sicherheitsventil in die Luft.

Zügel, Gebiß und Trense, mit denen dies wundervolle kleine Tier geritten wird, bestehen zusammen aus einem kleinen Stahlhebel, der den Dampf auf die Beine (oder Kolben) wirken läßt oder ihn davon ablenkt. Ein Kind könnte ihn handhaben.

Die Kohlen, welche der Hafer des Tieres sind, liegen unter der Bank, und am Kessel ist ein kleines Glasrohr, mit Wasser gefüllt, angebracht, das durch Fülle oder Leerheit anzeigt, ob die Kreatur Wasser braucht, das ihm dann gleich aus dem Reservoir gegeben wird. Es ist auch ein Rauchfang am Ofen, da man aber Koks brennt, so ist nichts von dem abscheulichen Rauche zu spüren, der beim Reisen auf dem Dampfschiffe so belästigt. Dieses schnarchende, kleine Tier, das ich mich immer versucht fühlte zu tätscheln, wurde nun vor unseren Wagen gespannt, und nachdem mich Mr. Stephenson zu sich auf die Bank genommen hatte, fuhren wir ungefähr mit zehn Meilen in der Stunde ab.

Da das Dampfroß wenig geeignet ist, hügelauf und hügelab zu gehen, so ist die Bahn fast horizontal gehalten und scheint deshalb bald unter die Erdoberfläche zu fallen, bald über dieselbe zu steigen. Gleich bei der Abfahrt ist sie durch den lebendigen Felsen geschnitten, der rechts und links von ihr senkrechte Mauern bildet, über sechzig Fuß hoch. Du kannst Dir gar nicht denken, wie sonderbar es war, auf ihr zu reisen, ohne irgendwelche sichtbare Ursache der Fortbewegung als die Zaubermaschine vor uns mit ihrem weithin wehenden, weißen Atem und unwandelbar rhythmischen Schritte zwischen diesen Felsenmauern, die bereits mit Moos und Farnkräutern und Gras bekleidet sind. Und wenn ich erwog, daß diese großen Steinmassen auseinandergeschnitten worden waren, um uns so tief unter der Erde einen Weg zu lassen, so schien es mir, als reichten die Wunder keines Feenmärchens an diese Wirklichkeit. Brücken waren von Scheitel zu Scheitel dieser Klippen hinübergeschlagen, und die Menschen, die von ihnen auf uns herabschauten, sahen aus wie im Himmelsblau stehende zwerghafte Fabelwesen. Aber ich muß kürzer sein, wenn ich überhaupt fertig werden will.

Wir sollten bloß fünfzehn Meilen weit fahren, da diese Strecke groß genug war, um die Geschwindigkeit der Maschine zu zeigen und uns zu dem wunderbarsten und schönsten Gegenstande auf der Bahn zu führen. Nachdem wir diesen felsigen Hohlweg durchfahren hatten, fanden wir uns auf Dämme von zehn bis zwölf Fuß Höhe gehoben und kamen dann zu einem Moor oder Sumpf von bedeutender Ausdehnung, auf den kein menschlicher Fuß treten konnte, ohne einzusinken, und doch trug es den Weg, der uns trug. Dies Moor war im Gemüte des Parlaments-Komitees der große Stein des Anstoßes gewesen — den wegzuräumen Stephenson gelungen war. Ein Fundament von Faschinen oder Korbwerk, erzählte er, sei auf den Morast geworfen und dessen Zwischenräume wären mit Moos und dergleichen ausgefüllt worden. Hierauf war Lehm und Boden geschüttet worden, und die Bahn schwimmt in der Tat auf dem Moor. Wir passierten es mit 25 Meilen Geschwindigkeit, und wir sahen das Wasser auf der Oberfläche desselben bei unserem Vorüberfahren zittern. Verstehst du mich? Hoffentlich!

Die Aufdämmung war nach und nach höher gestiegen, und an einer Stelle, wo der Grund noch nicht genügend gesetzt war, um Dämme zu bilden, hatte Stephenson künstliche aus Holz gebildet, um welche die Erdmassen hergehäuft wurden. Er sagte, er wisse sehr wohl, daß das Holz verfaulen würde; bis dahin werde aber der darüber geschüttete Erdkörper genügend befestigt sein, um die Bahn zu tragen.

Wir waren nun fünfzehn Meilen weit gekommen und hielten da, wo die Bahn ein weites und tiefes Tal überschritt.

Stephenson ließ mich absteigen und führte mich hinab bis auf den Grund des Hügeltales, über das er,

Der Viadukt.

um seine Bahn horizontal zu halten, einen prachtvollen Viadukt von neun Bogen geschlagen hat, von denen der mittelste, durch welchen wir das ganze, reizende, kleine Tal überblickten, siebzig Fuß hoch ist. Es war lieblich und wundervoll und großartig zugleich über alle Beschreibung!

Hier an Ort und Stelle erzählte er mir manches Sonderbare von diesem Tale: wie er glaube, daß einst der Mersey durch dasselbe geflossen sei; wie sich der Grund in demselben für die Gründung seiner Brücke so ungünstig gezeigt habe, daß es notwendig geworden sei, sie auf enorm tief in den Boden getriebene Pfähle zu stellen; wie er beim Grundgraben, vierzehn Fuß unter der Erdoberfläche, auf einen Baumstamm gestoßen sei; wie Ebbe und Flut entstehen und wie eine neue Sündflut entstehen könne — alles dies habe ich meinem Gedächtnisse eingeprägt und viel ausführlicher niedergeschrieben, als ich hier sagen kann. — Er erklärte mir die ganze Konstruktion der Dampfmaschine und sagte, daß er aus mir einen famosen Ingenieur machen wolle — was ich ihm angesichts der viel größeren Wunder, die er getan, glauben mußte. Seine Art, sich auszudrücken, ist eigentümlich, aber sehr frappant, und ich verstand ohne Schwierigkeit, was er mir sagte. Wir kehrten dann zu der übrigen Gesellschaft zurück, und nachdem die Maschine Wasservorrat erhalten hatte und unser Wagen hinter dieselbe gestellt war, denn sie kann sich nicht drehen, fuhren wir davon mit der größten Geschwindigkeit der Maschine, fünfunddreißig Meilen in der Stunde — schneller als ein Vogel fliegt (denn wir machten das Experiment an einer Schnepfe).

Du hast keinen Begriff davon, was das Durchschneiden der Luft für ein Gefühl war. Und dabei ist die Bewegung so sanft als möglich. Ich hätte lesen oder schreiben können. — Ich stand auf, nahm den Hut ab und trank die Luft vor mir. Der Wind war stark, oder war es unser Anfliegen gegen ihn, er drückte mir unwiderstehlich die Augen zu.

Als ich sie geschlossen hatte, war das Gefühl des Fliegens ganz zauberisch und sonderbar über jede Beschreibung — aber trotzdem hatte ich das Gefühl vollkommener Sicherheit und nicht die geringste Furcht.

An einer Stelle ließ Mr. Stephenson, um die Kraft seiner Maschine zu zeigen, einen anderen Dampfwagen, der ohne Feuer und Wasser vor uns stand, am Vorderteil unserer Maschine befestigen, einen mit Bauholz beladenen Lastwagen aber hinter unseren mit Personen schwer besetzten Wagen bringen — und mit alledem flog unser braves, kleines Drachenfräulein davon! — Noch weiterhin fanden wir drei Erdwagen, die ebenfalls vor unsere Maschine gebracht wurden, und auch diese schob sie ohne Zögern und Schwierigkeit vor sich her.

Wenn ich hinzufüge, daß das reizende, kleine Geschöpf ebenso behende rückwärts als vorwärts läuft, glaube ich Dir einen vollständigen Bericht über seine Fähigkeiten gegeben zu haben.

Nun noch ein Wort über den Meister all der Wunder. Ich bin in ihn ganz verzweifelt verliebt! Er ist ein Mann fünfzig oder fünfundfünfzig Jahre alt; sein Gesicht ist edel, obwohl von Sorgen gefurcht, und trägt den Ausdruck tiefer Gedankenarbeit. Die Art, seine Ideen darzulegen, ist eigentümlich und sehr originell, treffend und eindringlich, und obwohl seine Sprache deutlich seine nordgrafschaftliche Abkunft bekundet, ist sie doch fern von jeder Gemeinheit oder Plumpheit. — Er hat mir in der Tat gänzlich den Kopf verdreht! — Vier Jahre haben genügt, sein großes Unternehmen zu vollenden. Die Eisenbahn soll am 15. nächsten Monats eröffnet werden. Der Herzog von Wellington wird herkommen, um dabei gegenwärtig zu sein, und ich denke, daß das bei der Masse der zuströmenden Zuschauer und der Neuheit des Schauspiels eine Szene von nie vorher dagewesenem Interesse geben wird.

Die Kosten des ganzen Werkes (einschließlich der Maschinen und Wagen) betragen 830 000 Pfund Sterling, und es ist bereits das Doppelte von dieser Summe wert.

Die Direktoren haben uns freundlichst drei Plätze für die Eröffnung angeboten, was eine große Gunst ist, denn ich höre, daß man Unglaubliches für einen Platz bietet.

Periculum Private — Militas Publica: Die Gefahr ist Sache des Einzelnen, der Nutzen Sache der Allgemeinheit.

Ruf der Fabriken.

Von Karl Bröger.

Warum sollen wir öde, trüb und erloschen stehn?
Laßt uns doch wieder im sausenden Schwung der Riemen gehn!
Brecht den Bann, der auf Kurbeln, auf Achsen und Kolben liegt,
Hißt die Fahne der Arbeit, die grau von den Essen fliegt.

Heizt die Kessel und Röhren, sie sind schon zu lange kalt,
Daß sie wieder atmen, von Feuer und Dampf umwallt,
Daß die Scheiben und Böden zittern von Stoß und Prall . . .
Leben herein in unser totes Gestein und Metall!

Laßt uns nicht länger verdrossen träumen und müßig sein!
Auf die Tore! Ihr Männer der Arbeit, herein, herein!
Wie es doch gleich durch alle Maschinen und Räder bebt,
Wenn ihr nur leicht die rauhen, verschwielten Hände hebt.

Keine Hand darf lose und lässig im Schoße ruhn.
Alle müssen sie wieder das wirkende Wunder tun.
Gott ist nur Gott, wenn er sich regt und schafft.
Jeder gerührte Finger ist voll Erlöserkraft.

Männer der Arbeit, versteht euren tiefen Sinn:
Euer die Tat und euer der Tat Gewinn!
Jedes Gewebe, von eurem Schweiß benetzt,
Trägt euer Antlitz und sei uns heilig von jetzt.

Heilig ist Arbeit, heiliger denn Gebet.
Dreimal heilig die Hand, die Rad und Riemen dreht.
Jeder Schraubstock ist Kanzel, jeder Amboß Altar,
Jeder Hammerschwung Predigt und Andacht, göttlich-wahr.

Bluse und Schurzfell, berußt und mit Öl bespritzt:
Edleres Kleid kein Priester noch König besitzt,
Ist in Himmel und Erde kein Wesen höher geweiht
Als ein Mensch, zum Schaffen und tätigen Werk bereit.

Müssen wir jetzt noch immer erloschen und trübe stehn?
Laßt ihr nicht bald uns im sausenden Schwung der Riemen drehn?
Auf die Tore! Männer der Arbeit, zieht ein, zieht ein!
Eine neue Welt will schaffend geadelt sein.

Karl Bröger zählt zu den bekanntesten Dichtern, die aus dem Proletariat hervorgegangen sind. Er wurde 1886 zu Nürnberg als Sohn einer Taglöhnerfamilie geboren, war mehrere Jahre als Fabrikarbeiter tätig und hat sich in harten Kämpfen mit dem Leben zum Dichter und Zeitungs-Schriftleiter durchgearbeitet.

Aus Max Eyth „Hinter Pflug und Schraubstock"
Berufstragik.

Lieber Herr Eyth!

Wollen Sie mir in einer Not, von der Sie keinen Begriff haben, einen Dienst erweisen, den ich Ihnen nie vergessen werde? Besuchen Sie uns, oder suchen Sie meinen lieben Mann zu sehen, ehe Sie wieder aus England verschwinden. Man weiß bei Ihnen ja nie, wie lange Sie erreichbar sind. Ich glaube, er ist ernstlich krank oder im Begriff, es zu werden. Überreden Sie ihn, England auf ein Jahr zu verlassen. Ägypten, das Kap, Westindien — der Ort ist ganz gleichgültig; aber fort muß er. Ich brauche Ihnen nicht mehr zu sagen, denn ich weiß, daß Sie einer seiner treuesten Freunde sind und er Ihnen selber sagen wird, was Sie zu wissen brauchen, um uns zu helfen. Am Samstag geht er nach Pebbleton. Vielleicht könnten Sie ihm in Leeds, das er um zehn Uhr erreicht, eine Stunde schenken. Unter allen Umständen aber rechnet auf Ihre Freundestreue

Ihre dankbar ergebene
Ellen Stoß.

Das war für eine Engländerin ein so dringender, bitterernster Brief, daß ich noch sinnend in meinem Sorgenstuhl lag, als der Kammerdiener zurückkehrte, um nachzusehen, ob es wenigstens mir beliebe, mich von ihm nach meinem Schlafzimmer geleiten zu lassen.

Es war heute Freitag, und wenn ich überlegte, was in der nächsten Woche geschehen mußte, keine Stunde zu verlieren.

„Kann man morgen in aller Frühe von Dunrobin nach Richmond oder London telegraphieren?" fragte ich den Mann.

„Zu jeder Stunde der Nacht, wenn Sie es wünschen", erwiderte er.

„Gut; geben Sie mir ein Formular", bat ich. Es lag auf dem Tisch schon bereit und eine eingetauchte Feder daneben, ehe ich mich erhoben hatte. Ich schrieb:

„Stoß. Ennovilla. Richmond. Bin morgen nachmittag vier Uhr an der Ennobrückenstation. Muß Dich vor Abreise nach Peru dringend sprechen. Verfehle mich nicht. Eyth."

Dann ging ich zur Ruhe, allerdings nicht übermäßig beruhigt. Peru machte mir keine großen Sorgen. Je mehr ich daran dachte, um so fühlbarer wuchs die Freude an dem Gedanken, den alten Inkas etwas vorzupflügen. Wie ich mich aus dem Geschichtsunterricht erinnerte, waren es sachverständige Herren, mit denen sich umgehen ließ. Aber Stoß? Was konnte meinem Freund zugestoßen sein? Frauengeschichten? Kaum denkbar. Ich konnte das Gefühl nicht los werden, daß es sich um etwas Schlimmeres handle. — Aber Unsinn! — Es konnte ja nichts Schlimmeres geben.

Als ich am folgenden Mittag zur verabredeten Stunde Stoß auf der Plattform der kleinen Station stehen sah, die eine halbe Stunde vor dem südlichen Ende der berühmten Ennobrücke als Knotenpunkt zweier von Süden kommenden Bahnlinien angelegt ist, konnte ich mich eines gelinden Schreckens nicht erwehren. Er hatte sich seit der Zeit unseres letzten Zusammenseins auffallend verändert. Seine Haltung war ersichtlich gebückt; manchmal, wenn er selbst sich dessen bewußt wurde, schnellte er mit einem nervösen Ruck in die Höhe. Er war dünner geworden. Seine früher vollen, bräunlichen Wangen waren eingefallen und spielten ins Gelbe, unter seinen dunklen Haaren konnte man die weißen längst nicht mehr zählen. Das Eigentümlichste waren seine Augen, die einst so heiter und herausfordernd in die Welt hineingesehen hatten. Sie schienen größer als früher, wenn er sie aufschlug, und dann lag etwas wie eine ängstliche Frage in dem Blicke, der unsicher und wie bewußtlos herumsuchte. Aber er sah selten auf und vermied es, sein Gegenüber anzusehen. Meist blickte er zu Boden, als ob er in tiefstes Nachdenken versunken wäre. Dann sah man wohl auch seine bleiche Unterlippe sich regen, während die Finger seiner linken Hand in fortwährender Bewegung waren, wie wenn ein schlechter Komponist an der Arbeit wäre. Es war kein Zweifel, mein guter Stoß war krank.

Wir begrüßten uns lebhaft; er mit ungewöhnlicher Heftigkeit; beide erfreut über das geschickte Zusammentreffen, denn Stoß war ebenfalls kaum vor fünf Minuten mit dem Zug aus Süden angelangt. Es wäre fast zu einem Kuß gekommen, wenn ich demselben nicht durch einen energischen Druck der Hand Einhalt getan hätte. Männer küssen sich auf englischen Eisenbahnstationen nicht, ohne allgemeines Aufsehen hervorzurufen, was ich für unnötig hielt. Aber in Stoß regte sich der alte Österreicher, und ich sah jetzt deutlich am Zittern seiner Lippen, wie weich er war.

Wir hätten besser getan, uns in Pebbleton zusammenzubestellen, meinte er. Dort sei ein vortrefflicher Gasthof. Hier, eine Viertelstunde von der Ennobrückenstation entfernt, läge nur ein kleines, aber allerdings ganz gemütliches Wirtshaus, in dem wir jedenfalls vor Wind und Regen Schutz finden würden.

Ich erklärte, daß ich auf die Ennobrücke verfallen sei, weil ich den Riesenbau unter der Leitung von einem seiner Schöpfer gern gesehen hätte. Für mich finde heute die Eröffnungsfeier statt. Ich hoffe, er habe etliche Flaggen zum Aushängen mitgebracht. Für den Festchor und die Hurras wolle ich einstehen.

Es zuckte über sein Gesicht wie ein körperlicher Schmerz, aber nur auf einen Augenblick. Dann schnellte er in die Höhe und lachte zum erstenmal sein altes Lachen.

„Grundschlechter Mensch, wie immer!" begann er. „Als wir die fünfzig Weißgekleideten hier hatten, hast du dich natürlich nicht blicken lassen. Wird es nicht besser mit dir werden? Meine Frau läßt dich vielmals grüßen und bittet um Aufklärung. — Gut; sehen wir uns die Brücke an, das ist ja auch mein Zweck, heute und in den nächsten Tagen. Wenn es Dämmerung wird, sitzen wir im „Goldenen Brückenkopf" zusammen, bis heute abend neun Uhr dreißig mein Zug geht, denn ich muß leider weiter. Die Direktoren der Nordflintshirebahn tagen morgen früh in Pebbleton; einer der Herren will noch heute nacht mit mir zusammentreffen, und ich soll morgen Bruce vertreten. Der alte Herr wird täglich behaglicher und eingebildeter. Die Brücke war zu viel für sein moralisches Gleichgewicht."

Der Stationsvorstand, welcher Stoß mit großer Höflichkeit begrüßte, übernahm unser Gepäck und versprach, das meine nach dem „Goldenen Brückenkopf" zu schicken, denn ich konnte erst am folgenden Morgen mit dem ersten Zug Leeds erreichen und hatte im Sinn, hier zu übernachten. Dann schlenderten wir einen Wiesenpfad entlang am Fuß des ansteigenden Eisenbahndamms der Brücke zu.

Ich fand rasch den alten Plauderton wieder. Bei Stoß wollte er sich nicht sofort einstellen, obgleich ich ihm ansah, wie er sich Mühe gab. Er erzählte mir, wie die technische Prüfung und die Eröffnung der Brücke ohne allen Anstand verlaufen sei und wie drei Monate später zwischen Bruce, den Bauunternehmern und der Bahngesellschaft alle Geldverhältnisse sich glatt und streitlos abgewickelt hätten. Die Brücke habe dreihundertzwanzigtausend Pfund gekostet, etwa um die Hälfte mehr, als man vor zwölf Jahren erwartet habe, sei aber trotzdem noch außerordentlich billig für ein so riesiges Werk. Seitdem sei er öfter hier, obgleich sein Schwiegervater und er mit dem Bau nichts mehr zu tun hätten. Doch halte er es für gut, von Zeit zu Zeit noch einen Blick auf dieses Monument des letzten Dezenniums zu werfen. Auch erhalte er gelegentliche Berichte von einem Herrn Noble, den die Bahngesellschaft zum Brückeninspektor ernannt habe, einem äußerst gewissenhaften alten Mann, der nach Schrauben, Keilen und Nieten sehe, die sich etwa gelöst haben könnten. Dieser habe ihn kürzlich gebeten, gelegentlich wiederzukommen, und mit ihm wolle er in den nächsten Tagen die ganze Struktur wieder einmal gründlich untersuchen.

Er hatte munter angefangen zu erzählen, sprach aber immer leiser und zuletzt stockend, wie wenn ihn eine schwere Sorge drückte. Von der Brücke konnte man noch immer nichts sehen, bis wir zu einem kleinen Wärterhause, das unmittelbar vor dem Brückenkopf erbaut ist, am Damm hinaufstiegen. Hier stand plötzlich das ganze großartige Bild vor uns.

Es war ein unruhiger, windiger Nachmittag. Zerfetzte weißgraue Wolken jagten mit Sturmeseile von den Bergen im Westen der See zu. Große Schatten und Sonnenflecke flogen über die weite Landschaft und belebten in wunderlicher Weise die mächtige Wasserfläche der Ennobucht, die sich etwa siebzig Fuß unter uns dehnte. Am andern Ufer, kaum sichtbar im Schatten der Hügel, lagen die Häuser von Pebbleton und am entfernten Strande hin eine Reihe von Dörfern und Städtchen. Im Hintergrund gegen Norden ragten die ruhigen Gipfel des schottischen Hochlands empor. Im fernen Westen türmten sich schwere Wolken auf, und die Sonne schien in kurzer Zeit in der vergoldeten Masse versinken zu müssen. Auf dem flimmernden, lebhaft bewegten Wasser flog ein Dutzend Segelschiffe der See zu. Da und dort sah man einen Dampfer, der eine Brigg oder einen Schoner mit gerefften Segeln heraufschleppte. Aber alles trat an dieser Stelle zurück vor dem mächtigen Bauwerk, welches eine dunkle, starre Linie durch die lichtbewegte Landschaft zog und seit Jahresfrist als der Stolz und Triumph unsrer Zeit gepriesen wurde.

Schön war sie nicht, die berühmte Brücke. Ein boshafter Kritikus hatte für ihren Stil die Bezeichnung „frühamerikanisch" erfunden. Aber die schwindelnde Höhe über dem Wasserspiegel, die riesige Länge gaben dem Bauwerk seinen eigenen Charakter, und auch in Bauwerken ist das Charakteristische oft mehr wert als das Schöne. Hier war in Eisen und Stein Entschlossenheit, Wille, Lebenszweck. Am Nordende, in dunstiger Ferne, machte die Brücke noch weit vom Ufer ihren gewaltigen Bogen gegen Westen, so daß eine lange Reihe ihrer schlanken Pfeiler deutlich hervortrat, während weitaus die Mehrzahl von unserm Standpunkte aus, in der Längenrichtung der Brücke, nicht gesehen werden konnte. Um so mehr schien es, als ob die riesigen Gitterbalken förmlich in der Luft hingen. Namentlich der mittlere Teil, der in der Länge von einem Kilometer hoch über die andern Partien hervorragte, machte den Eindruck, als ob die Gesetze der Schwere bei so gewaltigen Bauten keine Geltung mehr hätten. Die die Bucht überschreitende Bahn war nur eingleisig. Auf beiden Seiten der Schienen war ein schmaler asphaltierter Fußsteg, der nach der Wasserseite hin durch ein Eisengeländer geschützt war. Zwischen den Schienen und Schwellen jedoch konnte man noch immer durch die Gitterbalken ins grüne Wasser hinuntersehen und das Eisenwerk betrachten, auf dem die hölzernen Schwellen lagerten. Die achtzig Fuß unter uns durchziehende Strömung, die den Blick in wunderlicher Weise mitzog, trug nicht zum Gefühl der Sicherheit bei, mit dem ich Stoß folgte, der, ohne ein Wort zu sprechen, ein Stück weit über die Brücke wegging, die sich endlos vor uns dehnte.

„Wollen wir einen Zug abwarten?" fragte er plötzlich, wie wenn er meine Gedanken erraten hätte. „Es ist Platz genug für uns."

Ich konnte dem Vorschlag nichts Verlockendes abgewinnen und meinte, es wäre klüger, zurückzugehen, da es bald Dämmerung werden müsse und der Wind immer lebhafter aus Westen zu blasen begann. Gemütlich konnte man diesen Abendspaziergang zwischen Wasser und Himmel kaum nennen, selbst an der Seite des besten Freundes. Wir wandten um. Am Wärterhäuschen begrüßte Stoß mit einem: „Wie geht's, Knox?" einen Bekannten aus der Bauzeit, der Brückenwärter geworden war. Der alte, gutherzig und zuverlässig aussehende Mann erwiderte den Gruß mit verwunderten Augen, griff unbeholfen nach der Mütze und erkundigte sich angelegentlich nach Stoß' Gesundheit.

„Wir sind nicht so kräftig, als wir waren, Herr Stoß", meinte er zutraulich. „Zu viel Arbeit! Zu viel Sorgen! Sie sollten Bahnwärter werden, Herr Stoß! Gesunde Luft hier oben. Ein ruhiges, kleines Nest. Viermal des Tags auf der Brücke hin und her, das kann der Mensch aushalten. Nur bis zur Mitte, Herr Stoß! Nur bis zum Pfeiler Nummer dreiundvierzig. Ich habe es schon damals gesagt, als Sie noch auf dem Bau waren: Zu viel Sorgen, das zehrt."

„Es ist doch alles in Ordnung, Knox, soviel Ihr wißt?" fragte Stoß und tat wie belustigt, aber mit dem ängstlichen Blick, der immer deutlicher hervortrat.

„Was wird nicht in Ordnung sein, Herr Stoß!" rief der Alte fröhlich. „Vorige Woche ist wieder einer der Malefizkeile aus den Querstangen gefallen. Am Pfeiler Nummer fünfzehn. Aber wir haben das Luder hineingeschlagen, daß ihm das Ausfallen vergehen wird. Alles in Ordnung. Natürlich! Sie brauchen sich keine Sorgen zu machen. Ich und drüben Bob Stirling, wir passen auf!"

Wir wünschten dem Alten einen vergnügten Abend und gingen dem Hügel zu, der westlich von der Brücke zu mäßiger Höhe ansteigt. Auf dem Gipfel liegen die sieben Senkkastenarbeiter begraben, denen der alte Lavalette ein einfaches Steinkreuz hatte errichten lassen. Von hier aus übersah man das ganze Werk in einem prachtvollen Gesamtbild, und wie auf einen Wink brach die Sonne noch einmal durch die Wolken und überflutete die Landschaft mit rotem Gold. Namentlich machte der riesige Schatten der Brücke, der sich scharf auf dem Wasserspiegel der Bucht abzeichnete, einen fast unheimlichen Eindruck.

Ich schüttelte Stoß, dessen Züge sich freudig belebten, die Hand.

„Ich habe dir noch nicht Glück gewünscht, Stoß, wie ich es schon längst tun wollte!" sagte ich ernstlich. „Es ist wahrhaftig ein großes Werk, an das du deine besten zwölf Jahre gerückt hast. Natürlich, du hast es nicht allein gebaut, und dein Schwiegervater, wie es so der Weltbrauch ist, heimst alle Ehren ein, aber ein gutes Stück von dir steckt in dem Ding, und du darfst stolz darauf sein. Ich bin in keiner Hipp-hipp-hurra-Stimmung, und die sieben Toten, auf denen wir stehen, sind keine lustige Gesellschaft dazu. Aber ich denke mir, selbst sie muß es freuen, wenn sie sich in einer hellen Mondnacht herauswagen und das schwarze Ungetüm da unten fertig sehen. Selbst diese armen Kerle haben ihren Anteil daran und sind nicht umsonst geboren."

„Nein, die nicht; die Pfeiler stehen", sagte Stoß träumerisch. „Aber komm!" Er warf noch einen langen Blick auf das im stürmischen Abendlichte aufflammende Bild. Dann entzog er mir mit einer raschen Bewegung die Hand, die ich gehalten hatte, und ging den Hügel hinunter.

Gut! dachte ich, ihm folgend. Aber nach dem Tee muß er beichten.

* * *

Die beiden Zimmer, in denen ich gestern und heute meinen Abend zubrachte, hätten kaum einen größeren Gegensatz bieten können. Eins nur wissen die Engländer überall zu bewahren, selbst in Wirtshäusern, solange sie noch nicht dem Zuge internationaler Gleichmacherei erlegen sind: die Behaglichkeit eines wenn auch vorübergehenden Heims. Es war in dem kleinen Stübchen des „Goldenen Brückenkopfs", in welchem uns die Wirtin untergebracht hatte, nicht anders als im Herzogsschloß. Die niederen, mit roten Vorhängen verhängten Fenster, der schlichte, altertümliche Hausrat, an dem die Zeit da und dort ein Stück abgeschlagen hatte, dessen Wunden aber längst wieder vernarbt waren, das reinliche Tischzeug, dem man trotzdem den täglichen Gebrauch ansah, das Kohlenfeuer, das den kleinen Raum mehr durch seinen roten Schein als durch seine strahlende Wärme belebte, das alles lud zu einem traulichen Plauderstündchen ein, wie ich es brauchte. Dazu rüttelte jetzt ein förmlicher Sturm an den Fensterscheiben, so daß es mir ganz wohlig zumute geworden wäre, wenn ich noch den alten Stoß vor mir gehabt hätte. Während des Tees hatten wir von unsern frühesten Zeiten gesprochen, namentlich Schindlers gedacht, der seit Jahren mit seiner gewohnten Treue und Gewissenhaftigkeit über die Fortschritte eines technischen Lexikons und, in regelmäßigen Zwischenräumen, über die Geburt von fünf Mädchen berichtet hatte, die — alle sechse — sein Vaterherz hoch erfreuten. Dann rückten wir ans Kamin, und die Wirtin brachte ungebeten die Whiskyflasche und das heiße Wasser.

Auch in dieser Beziehung berührten sich Herzogsschloß und Bauernwirtshaus.

„Wie es windet!" begann ich, als nach einem lang ausgezogenen, fernen Grollen die Fenster wieder einmal hörbar zitterten. „Es tut einem ordentlich wohl, aus der warmen Stille heraus dem Aufruhr zuzuhören."

Stoß, der, das Schüreisen in der Hand, nachdenklich im Feuer herumgewühlt hatte, fuhr auf und flüsterte heftig:

„Du weißt nicht, was du sagst, Eyth! Das heißt —" Er stockte. Dann fuhr er langsam fort: „Ich erinnere mich, früher konnte ich das Gefühl auch verstehen. Noch vor zehn Jahren."

Wir waren beide schon fünfzehn Jahre in England. Eine gelegentliche Pause von zehn Minuten unterbrach unser Gespräch in keiner Weise.

„Du bist nicht wohl, Stoß; wach auf!" begannn ich wieder und gab ihm einen herzhaften Schlag auf das Knie. Wir mußten den alten Ton wiederfinden. Ich war jetzt zu jeder Gewaltmaßregel bereit.

„Nicht wohl?" fragte er mit peinlicher Wehmut in seiner Stimme. „Es ist mir nie wohler gewesen als heute, seit Monaten. Es tut mir gut, dich wiederzusehen, Eyth." Er reichte mir unnötigerweise die Hand, ohne mich anzusehen.

„Gut, dann schwatze!" sagte ich und bot ihm das dampfende Glas, in welchem ich, nach einem ziemlich kräftigen Rezept, seinen Abendtrunk gebraut hatte.

„Es stürmt furchtbar in diesen schottischen Tälern", sagte er nach einer zweiten Pause. Dann nahm er einen tüchtigen Schluck. Das Getränke schien ihn zu beleben. Er warf sich in seinen Stuhl zurück und begann endlich Zusammenhängendes zu erzählen.

„Du weißt nicht, was ich in den letzten Jahren durchgemacht babe, und Gott weiß, wie es enden soll. Aber es bleibt unter uns, was ich dir jetzt sage. Es kann keinem Menschen gut tun, wenn du es weiterplauderst, und mir kann niemand helfen. Du weißt, wie ich mit Bruce zusammen an den Plänen der Ennobrücke gearbeitet habe. Es war eine Lust. Der Mann mit seinem Weltruf hatte übermäßig viel zu tun in allen Winkeln des Erdballs und vertraute mir blindlings. Er hatte recht. Er wußte nicht viel mehr als ich. In diesen großen Aufgaben ist noch so vieles dunkel. Ohne Mut kommt man dabei nicht weiter, und den haben die Jungen so gut wie die Alten.

Es war eine glorreiche Zeit. Alles Schaffenslust und Hoffnung. Du weißt, Billy half schon eifrig mit und baute an der andern Brücke, die uns beide zusammenführen sollte. — Ich glaube wirklich, nach Bruces und des alten Jenkins ursprünglichen Plänen wären wir nie durchgekommen. Die Kosten wurden in dieser Weise für die damaligen Verhältnisse zu hoch. Da fiel mir auf dem Weg von London nach Richmond mein Plan mit den gußeisernen Pfeilern ein. Bruce griff danach, gierig, wie nach einem Rettungsring. Die Festigkeitsfrage, die Kostenberechnungen überließ er mir, wie es damals schon seine Art war, und, bei Gott, Eyth, ich habe ehrlich gerechnet und manche lange Nacht durchgesessen, um mit mir selber über die Sache völlig klar zu werden. Aber schließlich beruht doch alles mögliche auf Annahmen, auf Theorien, die noch kein Mensch völlig durchschaut und die vielleicht in zehn Jahren wie ein Kartenhaus zusammenfallen. Ein Holzbalken mit seinen Fasern ist noch verhältnismäßig menschlich verstehbar. Aber weißt du, wie es einem Block Gußeisen zumute ist, ehe er bricht, wie und warum in seinem Innern die Kristalle aneinander hängen; ob ein hohles Rohr, das du biegst, auf der einen Seite zuerst reißt oder auf der andern vorher zusammenknickt, ehe es in Stücken am Boden liegt? Wie viel ich über Kohäsion nachgedacht habe, damals und später — namentlich später —, daß mir übel wurde von den ewig kreisenden Gedanken — Donnerwetter, wie es stürmt!"

Er lauschte mit dem scheuen Blick, den ich noch immer bei ihm nicht gewohnt werden konnte.

„Das Schlimmste war nicht die einfache Tragfähigkeit. Mit den Gitterbalken ist, glaube ich, alles in Ordnung. Auch später, als die hohen Mittelpfeiler weiter gestellt werden mußten, wurde dieser Teil der Aufgabe so behandelt, daß wir keine Sorge zu haben brauchten. Aber in völligem Dunkel war man mit der Berechnung des Luftdrucks gegen die ganze Struktur. Bruce wollte hiervon überhaupt nichts wissen. „Wind! Wind!" rief er, wenn ich auf das Kapitel zu sprechen kam; „was sechs schwere Lokomotiven freischwebend trägt, wirft kein Wind um!" Das war seine Theorie, und sie läßt sich anhören. In schwachen Augenblicken habe ich mich selbst förmlich daran geklammert. Dabei wußte man und weiß noch heute blutwenig über den Luftdruck eines Sturms. Wir nehmen zwanzig Pfund auf den Quadratfuß an. Dabei müssen meine Pfeiler, wie ich sie ursprünglich projektiert hatte, wie Felsen stehen. Später, als die Brücke schon über die halbe Bucht fertig war, erfuhr ich, daß die Staatsingenieure in Frankreich vierzig Pfund annehmen. Vor einem Jahr erst schrieb mir ein Bekannter aus Amerika, daß sie dort auf fünfzig rechnen, und die amerikanischen Ingenieure sind nicht übermäßig vorsichtig, wie alle Welt weiß. — Doch tauchte die Frage erst später ernstlich auf, als schon alles in flottem Bau war. Niemand, auch ich nicht, kümmerte sich anfänglich darum. Wir glaubten an Bruce, und Sir William glaubte an sich und sein Gefühl. In den letzten Tagen, in denen die Berechnungen zum Abschluß kamen, auf denen das ganze Brückenprojekt aufgebaut ist, hatte ich noch einen lebhaften Kampf mit mir selber. Welchem Sicherheitskoeffizienten darf ich trauen? Nicht bloß das Brückenprojekt, auch was ich damals für mein höchstes Erdenglück hielt und was es geworden ist, hing an der Antwort. Wenn ich so rechnete, daß Bruce die Sache annehmbar fand, konnte ich die Hand nach Ellen ausstrecken. Gott verzeihe uns beiden! Sie küßte mich in einen niederen Sicherheitskoeffizienten hinein. Am folgenden Tag waren wir ein Brautpaar.

Ich war in den ersten Jahren nicht ängstlich, und hatte keine Ursache dazu. Wenn die Ausführung sorgfältig überwacht wurde und alles streng nach den Plänen durchgeführt werden konnte, so durfte ich so ruhig sein als Bruce und alle Welt. Daß ich aufpaßte, als ob mein Leben daran hing, kann ich beschwören. Aber als die Senkkästen abgeändert und meine Pfeiler statt aus acht nur noch aus sechs Säulen aufgebaut werden mußten, fing ich wieder an zu rechnen. Es war aus mit meiner Ruhe. Dazu kam der Tod Lavalettes, der Eintritt der neuen Bauunternehmer, die nicht halb so gewissenhaft waren als der alte Hugenotte; der Hochdruck, mit dem schließlich alles dem Ende zudrängte und manches nicht ausgeführt wurde, wie ich es wünschen mußte! Du verstehst jetzt vielleicht, wie mir nach und nach zumute wurde, und keinem Menschen durfte ich ein Wörtchen von all dem sagen. Das ganze Unternehmen drängte mit aller Wucht seinem Abschluß entgegen; zu ändern war nichts mehr. Wie oft ich an den Festkarren Dschagannathas dachte, den nur ein Gott aufhalten kann, wenn er über seine Hindus wegrollt!

Die Prüfung der Brücke auf ihre Tragfähigkeit, die Übergabe an die Bahngesellschaft, die Eröffnungsfeier; alles ging ja glänzend vorüber. Wir, Sir William und seine Leute sowie die Bauunternehmer, waren jeder Verantwortung los. Mein Schwiegervater wiegte sich im Gefühl, die größte Brücke der Welt gebaut zu haben, und schenkte der Sache keinen zweiten Gedanken. Was in mir vorgeht, Eyth, namentlich seitdem ich nach der Eröffnung weniger zu tun habe und, wie es heißt, mich etwas erholen kann, ist nicht leicht erzählt.

Alles, auf Schritt und Tritt, wachend und schlafend, erinnert mich an die Brücke. Zu London in unsern Bureaus sind die Wände mit prachtvollen Aquarellen des Baues geschmückt. Über meinem Schreibpult hängt ein Ölgemälde, das einen der großen Mittelpfeiler mit seinen sechs Säulen darstellt, von einer richtigen Künstlerbrandung umtobt. Komme ich abends nach Hause — mein Schwiegervater hat uns am Eröffnungstag eine reizende Villa geschenkt —, so starrt mir zuerst über dem Gartentor ihr Name — Ennovilla — in goldglänzenden Buchstaben entgegen, und zuletzt, wenn ich in die Augen meiner Frau sehe — wir lieben uns wie am ersten Tag — und sie mich küßt, denke ich daran, wie diese Augen vor zwölf Jahren an meinen Rechnungen mitgearbeitet haben. Jede Höhe, von der ich herunterblicke, jedes Wasser, über das ich gehe oder fahre, jeder Luftzug, der die Blätter eines Baumes zum Rauschen bringt — es ist eine Höllenqual — — und keine Rettung — —"

„Was sagt dein Arzt?" fragte ich, so ruhig ich konnte.

Stoß starrte mich mit weit aufgerissenen Augen an, als ob er mich nicht verstände. Es war etwas Irres in seinem Blick. Seine Aufregung konnte ich begreifen: er hatte allem nach zum erstenmal seinem Herzen Luft gemacht. Das konnte auch einen starken Mann erschüttern, der jahrelang unter einem solchen Druck lag und der Last täglich neue Steine zugeschleppt hatte.

„Komm!" rief ich aufspringend. „Wir haben noch eine halbe Stunde, bis dein Zug geht. Ich begleite dich bis an den Bahnhof. Die Luft wird uns beiden gut tun."

Er stand langsam auf. Einige Minuten später traten wir in die schwarze Herbstnacht hinaus. (Schluß folgt.)

Trevithicks, des ersten Lokomotiv-Erbauers
Maschine „Fang' mich, wer kann"
1808.

Quellen: Georg Stephenson; aus Gesammelte Schriften von Max Maria von Weber: „Aus der Welt der Arbeit"; herausgegeben von Maria von Wildenbruch. G. Grote'sche Verlagsbuchhandlung, Berlin. * Berufstragik; aus Max Eyth „Hinter Pflug und Schraubstock". Deutsche Verlagsanstalt, Stuttgart. * Die Abbildungen Seite 95, 104, 105, 106 und 112 sind dem Werke: Artur Fürst, „Die Welt auf Schienen", Verlag Albert Langen-München, entnommen.

Herausgegeben von der Daimler-Motoren-Gesellschaft in Stuttgart-Untertürkheim. * Druck bei Greiner & Pfeiffer, Buchdruckerei, Stuttgart. Alle Rechte vorbehalten. * Zuschriften an die Schriftleitung: Friedrich Muff, Stuttgart-Untertürkheim.

(18. 9. 1919.)

DAIMLER WERKZEITUNG 1919 Nr. 7

INHALTSVERZEICHNIS

Handwerk und Großindustrie. Von Dipl.-Ing. P. Donndorf. ** Die Berufseignungsprüfung für Kraftfahrer. (Psychotechnische Prüfung.) Von Dr. A. Neuburger. ** Schwäbisches Runenfachwerk. Von Ph. Stauff. ** Berufstragik. Aus Max Eyth: Hinter Pflug und Schraubstock. ** Die mit D. M. G. bezeichneten Artikel stammen von Werksangehörigen.

Handwerk und Großindustrie.

Von Diplom-Ingenieur P. Donndorf.

„Das Handwerk hat einen goldenen Boden" sagt der Volksmund und hebt damit diejenige Seite des Handwerks hervor, an der freilich die meisten Zeitgenossen ihr Hauptinteresse haben: die materielle. Man könnte das Sprichwort noch allgemeiner gestalten und sagen: „Arbeit hat einen goldenen Boden." Denn wer arbeitet, soll auch essen, gleich welcher Art seine Arbeit ist.

Wir wollen aber einmal bei der Originalfassung bleiben, denn vom Handwerk soll die Rede sein.

Wie die meisten Sprichwörter ist auch dieses fein geschliffen. Es erwähnt zunächst nur den goldenen Boden; vom „Inhalt" des Handwerks schweigt es.

Über den Inhalt soll man selbst nachdenken! Der Inhalt des Handwerks wie jeder Arbeit soll etwas anderes sein, nichts Materielles, etwas, das heutzutage in der Zeit des Großbetriebes Tausende schmerzlich vermissen, ohne es recht zu wissen. Diese Tausende werden darum nicht zufriedener, wenn auch der goldene Boden da ist. Man kann es täglich beobachten. Viele von diesen sind an dem Fehlen des Inhalts selber schuld, mehr aber sind sie Opfer der Verhältnisse, welche die Entwicklung der Industrie mit sich gebracht hat.

Schauen wir zurück in die Blütezeit des Handwerks und betrachten wir uns in einem Altertumsmuseum die Arbeiten der alten Handwerksmeister, so sind wir erstaunt und entzückt über die Güte der Ausführung und die Schönheit der Formen und können sofort verstehen, daß das Ansehen, das ehedem der Handwerker genoß, sehr berechtigt war. In diesen Arbeiten tritt uns die Persönlichkeit des Meisters entgegen. Wir können die stolze Freude nachempfinden, die das Herz eines solchen Mannes erfüllte, wenn er seine Arbeit unter seiner und seiner Gesellen Hand entstehen sah. Er trug die volle Verantwortung für das, was er machte; und aus diesen Gefühlen entsprang die Befriedigung und berechtigte Selbstschätzung, die den wahren Inhalt der Arbeit ausmacht und beglückend wirkt.

Dieses äußerst wertvolle seelische Moment ist heute vielen Arbeitern der Großindustrie abhanden gekommen. Wird die Arbeit nur vom Standpunkt des Ertrages, den sie bringt, betrachtet, so wird sie nur als Last, nicht auch als Lebensinhalt empfunden.

Es wäre nun falsch, anzunehmen, daß nur Kunstleistungen auf handwerklichem Gebiete innere Befriedigung schaffen könnten. Nein, auch geringere Leistungen vermögen dies, jedoch nur unter der Bedingung, daß der Schaffende in seiner Arbeit nach größtmöglicher Vollendung strebt. Im Streben nach Vollendung liegt das ganze Geheimnis der Befriedigung in der Arbeit.

Ein Beispiel aus anderem Gebiete wird das leichter verständlich machen. Im Sport z. B., der doch sicherlich keinen goldenen Boden hat, sondern Geld und oft recht viel Anstrengung kostet, ist es lediglich das Bemühen, die besten Leistungen zu erzielen, das Freude und Interesse an der sportlichen Betätigung wachhält. Ein ähnliches Bestreben wird der Handwerker, der auf sein Handwerk etwas hält, auch in seine Arbeit hineintragen; und Gott sei Dank gibt es deren in Deutschland noch recht viele, was gerade der deutschen Ware den Ruf der Qualitätsarbeit eingetragen hat.

Aber es besteht in hohem Maße die Gefahr, daß uns dies verloren geht, erstens einmal wegen der mehr und mehr um sich greifenden, rein materialistischen Auffassung der Arbeit nach ihrem Lohn, und zweitens wegen der stets weiter vordringenden „Amerikanisierung" der Industrien. Mancher Handwerker aus der Großindustrie wird mit Recht darauf hinweisen können, daß ihm ja gar nicht mehr Gelegenheit geboten ist, sein Handwerk in der ganzen Vielseitigkeit und dem ganzen Umfang auszuüben, weil er spezialisiert sei; daß er infolgedessen auch die seelische Befriedigung, die die Ausübung des Handwerks an sich wohl bieten könne, nicht aus seiner Tätigkeit zu ziehen vermöge.

Hiermit sind wir an dem Problem angekommen, dessen Lösung meines Wissens noch keiner versucht hat, die aber doch so wichtig ist. Freilich ist hier gleich einzuschalten, daß die ungeheure Erweiterung des Arbeitsfeldes durch die Großindustrie dem Handwerker Betätigungsgebiete erschlossen hat, an die vordem niemand dachte, d. h. es können heute eine größere Anzahl Handwerker durch die Industrie befriedigende Beschäftigung finden als früher, aber auf einen solchen kommen vielleicht ein Dutzend oder mehr mit — sagen wir es ruhig — stumpfsinniger Arbeit; und das ist der springende Punkt. Dr. Rudolf Steiner sagt in seiner Schrift „Die Kernpunkte der sozialen Frage" ... „vom Geistesleben des Proletariats": „... die Wahrheit ist, daß der Proletarier seit seiner Einspannung in die kapitalistische Wirtschaftsordnung nach einem Geistesleben sucht, das seine Seele tragen kann, das ihm das Bewußtsein seiner Menschenwürde gibt." Hiermit ist allerdings einer der Kernpunkte herausgeschält, und zwar einer der wichtigsten.

Die Amerikaner haben auf die Gestaltung des proletarischen Geisteslebens bei der Entwicklung ihrer Industrie nicht die mindeste Rücksicht genommen. Und der Europäer hat es ihnen nachgemacht, mußte es ihnen nachmachen, um gleichen Schritt zu halten. Es ist eine nachdenklich stimmende Tatsache, daß die Maschinen, welche der Menschheit zur Wohltäterin wurden: die Dampfmaschine, die Gasmaschine, die Dynamomaschine (Gramme Siemens), die Lokomotive, das Automobil und dgl. mehr Kinder Europas sind. Dagegen die Maschinen, welche den Menschen zum Sklaven ihrer selbst machen, die Werkzeugmaschinen im weitesten Sinne, verdanken ihre Entstehung und Entwicklung in der Hauptsache dem amerikanischen Ingenieur. Ähnlich steht es mit den Arbeitsorganisationen. Als in Deutschland dem einzelnen Arbeiter noch ein ziemlich umfangreiches Arbeitsfeld anvertraut war, hatte der Amerikaner längst die Arbeitsteilung bis ins kleinste durchgeführt. Auf die Gründe für diese Tatsachen sei hier nicht näher eingegangen (s. die Broschüre von Julius West „Amerika"). Aber besonders bemerkt sei, daß ursprünglich nicht Gewinnsucht der ausschlaggebende Faktor war, sondern die Untüchtigkeit der nur aus Einwanderern oft niederster Stufe zusammengesetzten Arbeiterschaft.

Kurz und gut, die amerikanischen Methoden haben die Verflachung und Verödung des Geisteslebens tausender — nicht aller — Arbeiter soweit es sich auf ihre Arbeit bezieht, zur Folge gehabt. Der deutsche Arbeiter hat aber anders darauf geantwortet, als der amerikanische; und ich sehe das als einen Beweis dafür an, daß der deutschen Seele die Schätzung für die Gemütswerte nicht verloren gegangen ist, wenngleich gerade dies im Unterbewußtsein lebt. Ist dem Amerikaner das „Geldmachen" immer noch die Hauptsache, so strebt der deutsche Proletarier neben der Verbesserung seiner Existenzgrundlagen „nach einem Geistesleben, das ihm das Bewußtsein seiner Menschenwürde gibt". Freilich muß ein solches Geistesleben aus verschiedenen Wurzeln seine Nahrung ziehen. Eine derselben ist aber jedenfalls die Berufstätigkeit, und man muß dafür sorgen, daß das Arbeitsfeld, in welches sich diese Nährwurzel hineinsenkt, nicht zu schmal bemessen ist, damit sie nicht verkümmert. Das ist versäumt worden; denn die Verhältnisse drängten zu weit in einer Richtung vorwärts.

Vielleicht ist aber doch der eine oder andere Weg zurück gangbar. Der Arbeitsteilung können wir zwar nicht gänzlich entraten; sie braucht aber nicht in der Weise durchgeführt zu werden, daß ein und derselbe Arbeiter wochen-, ja monatelang die gleiche Operation vornimmt, wie man dies gerade bei den höchstentwickelten Massenfabrikationen wahrnehmen kann. Es würde schon eine erhebliche Abwechslung mit sich bringen, wenn man einem Mann die komplette Anfertigung eines Gegenstandes in Serie übertragen würde, natürlich nur insoweit, als sie in sein Handwerksfach einschlägig ist. Die Unterteilung in einzelne Operationen nimmt der Betreffende dann selbst vor. Er kommt auf diese Weise an sämtlichen Operationen herum, macht heute die eine, morgen die andere und übermorgen die dritte Operation usw., bis die ganze Serie fertiggestellt ist. Nach dieser Methode geht der selbständige Kleinhandwerksmeister vor. Wir sollten unsere Arbeiter innerhalb der Fabrik wieder zu solchen Kleinmeistern machen und ihnen damit Gelegenheit geben, die Vielseitigkeit ihres Könnens zur Auswirkung zu bringen. Da ein geschickter Arbeiter schon nach Ausführung einer verhältnismäßig geringen Stückzahl auf diese bestimmte Arbeit voll eingearbeitet sein wird, kann der Mehraufwand an Arbeitszeit kein allzu erheblicher sein. Ein vergleichender Versuch und Studien in dieser Richtung wären jedenfalls empfehlenswert.

Es wäre Aufgabe der Meister und Betriebsleiter, die geeigneten Arbeitsgruppen ausfindig zu machen, um ihren gelernten Handwerkern eine befriedigende Tätigkeit zuweisen zu können. Vorschub in dieser Richtung ist z. B. schon in der sogenannten Gruppenfabrikation geleistet. (Siehe „Daimler Werkzeitung" Nr. 1, Seite 4, „Gruppenfabrikation" von Dipl.-Ing. Lang.) Was hindert uns, einen Mann innerhalb seiner Fabrikationsgruppe an allen vorkommenden Operationen teilnehmen zu lassen? Man würde auf diese Weise statt einseitiger Spezialisten vielseitige Handwerker erhalten, die jederzeit in der Lage sind, mit gutem Erfolg da und dort einzuspringen. Bald würde sich auch zeigen, ob die Arbeiterschaft wirklich Wert auf Abwechslung und Vielseitigkeit in ihrer Beschäftigung legt, die ihr eine innere Befriedigung bieten kann, oder ob die einseitige Spezialistentätigkeit bevorzugt wird, welche mehr oder weniger mechanisch geworden, geringe Ansprüche an den Arbeiter stellt. Würde das letztere in überwiegendem Maße offenkundig, so brauchte man sich allerdings über zu weit getriebene Teilung und Mechanisierung der Arbeit kein Kopfzerbrechen mehr zu machen.

Beim ungelernten Arbeiter wird es schon schwerer halten, die Betätigung so zu gestalten, daß sie ihn an sich befriedigen kann. Doch auch hier läßt sich durch allmähliche Erweiterung des Arbeitsfeldes und der Kenntnisse das Interesse und die Freude an der Arbeit wachrufen. Insbesondere sollten die Werkstattleiter diejenigen Männer zu ermitteln suchen und ihnen Vorschub leisten, welche nach solch einer Erweiterung streben.

Eine weitere Aufgabe der Großindustrie, welcher man seither nur notgedrungenermaßen nachgekommen ist, erblicke ich in der Unterstützung oder sogar Angliederung des selbständigen freien Handwerkertums an die Großindustrie. Die Großindustrie würde damit wieder gutmachen, was sie — auch unter dem Druck der Entwicklung — am Handwerkerstand gesündigt hat. Die Industrie ist durch ihre „amerikanischen" Methoden dem Handwerk ein solch übermächtiger Konkurrent geworden, daß das Handwerk nahezu erdrückt wurde. Diese Zusammenhänge sind ja jedermann bekannt. Wenn aber dem freien Handwerkerstand geholfen werden soll, dann muß für ihn die Möglichkeit zur Serien- und Massenherstellung geschaffen werden, ohne daß sich die Handwerksstätte deshalb zum Großbetrieb zu entwickeln braucht.

Dies ist möglich durch den Anschluß an die Großunternehmung und praktisch im großen Umfange während der letzten Kriegsjahre bereits durchgeführt worden. Die sich ungeheuer steigernden Anforderungen an Material seitens der Heeresverwaltung nötigten dazu, weniger Rücksicht auf die äußerste Wirtschaftlichkeit zu nehmen und das Kleinhandwerk wacker zur Unterstützung heranzuziehen. Die Daimler-Motoren-Gesellschaft beispielsweise hat im letzten Kriegsjahre für über 10 Millionen Mark Aufträge — wohlgemerkt reine Bearbeitungsaufträge! — an mittlere und kleine Meister vergeben. Es ist damit manche selbständige Existenz, die auf schwankendem Boden stand, gefestigt worden. Auf diese Weise ließen sich auch neue Existenzen schaffen.

Freilich bedürfte das einer neuen Organisation. Denn die neuen Kleinwerkstätten dürfen nicht zu Hand-Werkstätten im alten Sinne herabsinken; sondern indem sie der Großbetrieb freiwillig wiederherstellt und ausrüstet, wird er ihnen seine eigenen Errungenschaften der Kraftübertragung, höchstentwickelter Werkzeuge und Wirtschaftlichkeit, zu übermitteln streben.

Wenn wir aber heute einsehen und fühlen müssen, daß wir in den Zentralisationsbestrebungen, in den Massenanhäufungen von Arbeitern auf einen Punkt, zu weit gegangen sind, müssen wir auch in dieser Richtung nach einem Ausweg oder Rückweg suchen, der uns in gesunde Verhältnisse führt. Die Vorteile, welche uns letztere in sozialer Hinsicht bieten könnten, sind vielleicht oder sogar wahrscheinlich größere als die wirtschaftlichen Opfer, die gebracht werden müßten. Hierüber genaue Untersuchungen anzustellen, liegt nicht im Rahmen dieser Ausführungen. Ihre Absicht war lediglich, darauf hinzuweisen, daß Industrie und Handwerk nach innen und außen sich nicht als Gegner gegenüberstehen sollen, daß vielmehr die stärkere Schwester dem kranken Bruder in hilfreicher Selbstlosigkeit, wo nur möglich, ihren Beistand angedeihen lassen sollte. Wird dies erreicht, so verschwindet ein gut Teil soziales Elend. D. M. G.

*   *
*

Die Berufs-Eignungsprüfung für Kraftfahrer.
(Psychotechnische Prüfung.)
Von Dr. Albert Neuburger.

In bezug auf die Berufswahl beginnt man jetzt von neuen Gesichtspunkten auszugehen, die voraussichtlich zu einem weitgehenden Umschwung auf diesem so wichtigen Gebiete führen und vielleicht in erster Linie das Kraftfahrwesen in ihren Bereich ziehen dürften. Bisher waren es in der Hauptsache äußere Umstände, die sich für die Ergreifung des Berufes als maßgebend erwiesen. Beim Kraftfahrer lag die Sache so, daß eben jeder, der gerade Lust zu diesem Beruf hatte, ihn ohne weiteres ergreifen konnte. Er erlernte die Führung des Wagens, machte seine Prüfung und konnte dann losfahren. Die Prüfung selbst erstreckte sich in erster Linie darauf, ob er den Mechanismus des Wagens beherrschte und ob er ihn durch die Straßen der Stadt hindurchzusteuern vermochte. Daß sie in einer kleinen, unbelebten Stadt viel leichter zu bestehen sein muß als in der Großstadt, und daß der an das Kleinstadtleben gewöhnte Fahrer in Großstädten vielleicht versagen kann, leuchtet ohne weiteres ein. Bei berufsmäßigen Fahrern wird häufig noch darauf gesehen, daß sie gelernte Schlosser, Mechaniker oder Monteure sind, so daß sie Reparaturen am Wagen in einem bestimmten Umfange auszuführen vermögen. Damit wäre in der Hauptsache das Gebiet der Anforderungen umgrenzt, das man bisher an den Kraftfahrer zu stellen pflegte.

Neuerdings vollzieht sich, wie erwähnt, ein Umschwung. Man fängt jetzt damit an, zu versuchen, den einzelnen Berufen möglichst nur jene zuzuführen, die in ihnen etwas Besonderes zu leisten vermögen, weil sie alle jene Anlagen besitzen, die sie für den einen oder andern Beruf gewissermaßen vorherbestimmen.

Wie erkennt man aber diese Eigenschaften? Eine neue Wissenschaft hat sich herausgebildet, die Psychotechnik, die bereits in rascher Ausbreitung begriffen ist. In einer ganzen Anzahl von größeren Betrieben sind psychotechnische Versuchsanstalten errichtet. An technischen Hochschulen sind Lehrstühle für Psychotechnik entstanden, und es wurden auch ihnen Versuchsanstalten angegliedert. Hier werden nun die jungen Leute, die einen Beruf ergreifen wollen, nach allen Richtungen hin untersucht. Mit Hilfe äußerst sinnreicher Vorrichtungen und sehr genauer Apparate werden Tastgefühl, Augenmaß, Gelenkempfindlichkeit, Zusammenarbeiten von Augen und Hand, Beherrschung der Hand, Gedächtnis, Aufnahmefähigkeit, Eignung für die Lösung technischer Aufgaben, Urteilskraft, Aufmerksamkeit, Raumanschauung, Zeitwahrnehmung usw. geprüft. Auf diese Weise erhält man dann ein Bild der Anlagen, auf Grund deren der geeignete Beruf gefunden wird.

Im übrigen ist die Psychotechnik durchaus kein so neues Gebiet, wie sie manchem vielleicht erscheinen könnte. Ihre Anfänge finden sich schon seit längerer Zeit in einzelnen Berufen, zu denen niemand Zutritt finden konnte, der nicht vorher auf seine Eignung geprüft worden war. Es sei in dieser Hinsicht an die Untersuchungen der Eisenbahnbeamten erinnert, insbesondere an die der Lokomotivführer, wobei Sehkraft, Unterscheidungsfähigkeit für Farben, Fehlen von Farbblindheit usw. festgestellt werden. Des weiteren untersuchen die größeren Berufsfeuerwehren alle jene, die sich bei ihnen zum Eintritt melden, wobei sich die Prüfungen auf Unerschrockenheit, Ortssinn und Findigkeit, Sicherheit des Auges und der Hand erstrecken.

Auch für Kraftfahrer ist in neuerer Zeit ein besonderes Verfahren der Eignungsprüfung ausgearbeitet worden, das besonders in Deutschland eine hohe Stufe der Durchbildung und Vervollkommnung erreicht hat, und um das sich in erster Linie die Herren Dr. Moede und Dr. Piorkowsky hohe Verdienste erworben haben. Dieses Verfahren hat sich insbesondere während des Krieges vortrefflich bewährt, wo sich die Notwendigkeit herausstellte, für den Ersatz der Kraftfahrtruppen eine Auswahl zu treffen: Die Erfahrungen hatten gelehrt, daß eben durchaus nicht jeder, wie man vielleicht annahm, geeignet erscheint, einen Kraftwagen zu steuern. So wurden besondere Kurse zur Einführung in dieses Prüfungswesen bei den Spezialtruppen veranstaltet, und es wurden dann für die Kraftwagen-Ersatzabteilungen Prüfungsanstalten eingerichtet. Niemand wurde auf einen Wagen gesetzt, wurde im Fahren ausgebildet, von dem vorher nicht durch psychotechnische Untersuchungen festgestellt worden war, daß er sich auch wirklich zum Kraftwagenführer eigne, und daß er auch allen an einen solchen zu stellenden Anforderungen entsprach.

Der Krieg ist vorbei und es fragt sich, ob wir auch im Frieden einer Eignungsprüfung des Kraftwagen-

an. Ihr Zweck ist es, bestimmte Eigenschaften des Kraftfahrers erkennen zu lassen, die nicht ohne weiteres in Erscheinung zu treten pflegen. Auch hier handelt es sich um die Prüfung bestimmter Sinnesorgane einerseits und die Ermittlung gewisser allgemeiner Anlagen andererseits.

Von den Sinnesorganen kommen zunächst das Auge und das Ohr in Betracht. Wer also schlecht sieht oder gar nachtblind ist oder nichts hört, der eignet sich, wie ohne weiteres einleuchtet, nicht zum Kraftfahrer. Das Gehör soll auch imstande sein, gewisse Geräusche zu unterscheiden, um Unregelmäßigkeiten im Gange des Motors und des Wagens möglichst frühzeitig erkennen zu können. Des weiteren muß auch eine gewisse Empfindsamkeit der Gelenke vorhanden sein, die bei manchen Menschen sehr wenig ausgebildet oder überhaupt nicht da ist. Diese Empfindsamkeit ist deshalb

Abb. 1. In der psychotechnischen Kraftfahrer-Prüfungsanstalt. Die bei der Prüfung zu beobachtende Wand mit den Glühlampen usw.

fahrers bedürfen werden. Wir verschieben die Erörterung dieser Frage an den Schluß unserer Ausführungen. Zunächst seien die Verfahren der Prüfung selbst einer Besprechung unterzogen.

Alle diese Verfahren beruhen auf dem Versuch. Der Ausführung des Versuches geht natürlich eine allgemeine Befragung des Prüflings voraus. Ebenso wie der Arzt nicht nur die Körperbeschaffenheit untersucht, sondern sich über die Lebensgewohnheiten orientiert, um zu einem richtigen Urteil, zu einer richtigen Diagnose zu kommen, ebenso wird auch bei der psychotechnischen Untersuchung zunächst eine allgemeine Befragung durchgeführt, aus der sich schon ohne weiteres eine ganze Anzahl von Gesichtspunkten ergeben. An diese Befragung, die auf einer gewissen Kunst der Fragestellung basiert, schließen sich dann die eigentlichen Prüfungen

nötig, um auch im Dunkeln die Stellung mancher Einrichtungen am Kraftwagen fühlen sowie ihre richtige Einstellung bewirken zu können.

Diesen Prüfungen auf die Sinnesorgane reihen sich nun die äußerst wichtigen weiteren Prüfungen auf die Charaktereigenschaften an. Der Kraftfahrer muß vor allem eine rasche Entschlußfähigkeit und die Kraft aufweisen, seine Entschlüsse auch schnellstens in die Tat umzusetzen. Angesichts der heutigen Entwicklung des Verkehrs und besonders mit Rücksicht auf den Umstand, daß dieser Verkehr trotz seiner Mächtigkeit und gegenwärtigen Ausdehnung ja doch nur den Anfang einer zukünftigen Entwicklung darstellt, in der eben alles unter dem Zeichen des Kraftwagens stehen wird, erscheint es klar, daß langsame, schwerfällige und unaufmerksame Fahrer nicht zu brauchen sein werden.

Dr. Moede nennt sie „Fahrer mit der langen Leitung", d. h. Fahrer, bei denen die Leitung vom Sinnesorgan zum Gehirn, das den Sinneseindruck aufnimmt und von hier zur Hand oder zum Fuß, die den gefaßten Entschluß ausführen sollen, etwas lang ist, so daß also zwischen der Wahrnehmung einer Gefahr und der Ausführung einer Maßregel zu ihrer Verhütung viel Zeit vergeht.

Welche Zeit erfordert nun die Aufnahme einer Sinneswahrnehmung bei dem zu Prüfenden? Zur Feststellung dieser Zeit dient nun ein besonderer Apparat, der „Schnellseher" (Tachistoskop). Bei seiner Konstruktion ging man von der Tatsache aus, daß der Fahrer mit seinem Wagen an den verschiedenartigsten Gegenständen vorbeisaust, die zum Teil plötzlich auftauchen und wieder verschwinden, und daß er sich auch von den schnellsten derartigen Erscheinungen ein Bild zu machen imstande sein muß. Der „Schnellseher" besteht aus einem Brett, in dem ein kleiner viereckiger Ausschnitt angebracht ist und das vor dem zu prüfenden Fahrer aufgestellt wird. Hinter dem Ausschnitt kann man mit verschiedener Geschwindigkeit Karten vorbeigleiten lassen, die die mannigfachsten Aufschriften, Zeichnungen usw. tragen. Der Kraftfahrer soll nun sagen, was auf diesen Karten stand, was die Zeichnung darstellte usw. Bei je größerer Geschwindigkeit des Vorbeigleitens er dies vermag, um so besser ist sein Wahrnehmungsvermögen, um so rascher werden bei ihm die vom Auge erblickten Dinge dem Gehirn übermittelt und hier zum Bewußtsein gebracht. Die Versuche entsprechen also dem plötzlichen Auftauchen von Tafeln, Inschriften, Barrieren, Hindernissen vor dem Kraftwagen oder im Lichte der Scheinwerfer.

Mit der Beobachtung einer einzelnen Tatsache ist den Bedürfnissen der Prüfung auf das Wahrnehmungsvermögen aber nicht vollkommen gedient. Sie kann zeigen, daß jemand vollkommen ungeeignet ist, sie beweist aber noch nicht, ob der Kraftfahrer imstande ist, mehrere gleichzeitige Eindrücke aufzunehmen, wie sie sich ja auf allen Fahrten ununterbrochen folgen. Der Kraftfahrer, der durch eine belebte Straße dahinfährt, muß imstande sein, eine Mehrzahl von Eindrücken, mindestens aber deren zwei, gleichzeitig aufzunehmen. Da tauchen rechts und links erleuchtete Fenster auf, grelle Lichter erscheinen, Blendlaternen blitzen ihm entgegen, aus den Seitenstraßen nahen andere Gefährte, Gestalten huschen über den Weg, die mannigfachsten Geräusche treffen das Ohr und mengen sich mit dem Geräusch des arbeitenden Motors.

Um nun prüfen zu können, wie viel Eindrücke der Kraftfahrer gleichzeitig aufnimmt, wird dieser vor eine Wand gesetzt, an der eine ganze Anzahl elektrischer Glühlampen in verschiedener Entfernung und in verschiedenen Höhen befestigt sind. (Abb. 1.) Der Prüfende läßt mit Hilfe von Druckknöpfen, die er unbemerkt betätigt, die Glühlampen in rascher, jedoch unregelmäßiger Folge nacheinander aufblitzen. Der zu Prüfende hat dabei laut mitzuzählen, wobei sein Blick natürlich die ganze lange Wand umfassen muß. Gleichzeitig aber muß er auf das Geräusch eines aufgestellten Motors achten und jede Unregelmäßigkeit im Gange durch ein Signal, das er selbst abgibt, melden. Die Fehler, die er hierbei macht, werden festgestellt, wodurch sich ein Überblick über seine Fähigkeit ergibt, mehrere Reize zu erfassen.

Durch diese Prüfung erhält man schon eine engere Auswahl. Nun handelt es sich aber darum, außergewöhnlich plötzlich auftretende Reize möglichst schnell zu erfassen. Darum sind unter den an der Wand angebrachten Lampen auch rote Lampen, ferner gelbe usw. Es können besondere Töne erzeugt sowie sonstige Reize hervorgebracht werden, die auf Auge, Ohr oder auf die Haut wirken. Mit welcher Schnelligkeit werden sie erfaßt? Zur Feststellung der zwischen dem Auftreten des Reizes und der bis zu seiner Wahrnehmung verflossenen Zeit dient eine Tausendstelsekundenuhr. Diese Uhr zeigt die gewünschten Werte. Ihr Zeiger befindet sich zunächst in Ruhe. In dem Augenblick, wo der Prüfende die rote Lampe einschaltet oder einen sonstigen Reiz hervorbringt, wird er selbsttätig ausgelöst, setzt er sich in Bewegung. Der zu Prüfende hat durch Drücken auf einen Taster kundzugeben, sobald er den Reiz wahrnimmt. Drückt er auf diesen Taster, so kehrt der Zeiger an den Ausgangspunkt zurück. Die zwischen dem Auftreten des Reizes und der Wahrnehmung durch den Geprüften verflossene Zeit kann am Zifferblatt abgelesen werden. Außerdem aber kann für sich oder mit der Uhr zusammen noch ein Zeitschreiber arbeiten, der auf einer sich drehenden Trommel die Kurve aufzeichnet, aus der sich jene Zeit mit äußerster bis auf Tausendstel einer Sekunde stimmender Genauigkeit erkennen läßt. (Siehe die Abbildung 2.) Diese Genauigkeit ist des-

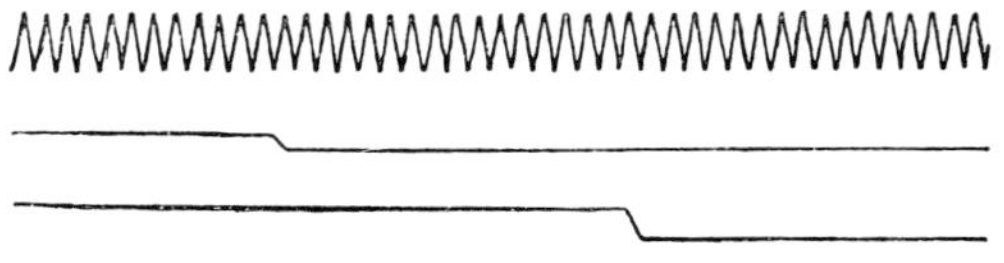

Abb. 2. Bestimmung der Reaktionszeit durch den Zeitschreiber.
Oben: Die Schwingungslinie der Stimmgabel.
Unten: Die beiden Markierungslinien für den Beginn des Reizes und den Eintritt der Wahrnehmung durch den Geprüften.

halb nötig, weil ja auch auf den Fahrten häufig Bruchteile von Sekunden entscheidend für Tod und Leben sind.

Diese Prüfung läßt uns gewisse Wesenszüge erkennen, sie gibt uns aber noch keinen Aufschluß über eine der wichtigsten Charaktereigenschaften des Fahrers, über seine Entschlußfähigkeit, über seine Tatkraft. Der Fahrer kann einen Reiz unter Umständen rasch wahrnehmen, rasch auf ihn reagieren, aber welche Zeit ist nötig, bis er im Augenblick einer plötzlich eintretenden Gefahr zu einem Entschluß kommt, bis er die notwendigen Gegenmaßregeln erkennt und auch durchführt? Hier handelt es sich nun darum, die Prüfung den Erfordernissen des praktischen Lebens möglichst gut anzupassen. Zu diesem Zweck wurde eine Einrichtung geschaffen, die mit allen jenen Einzelheiten ausgestattet ist, wie wir sie am Führersitz selbst finden.

Der zu prüfende Fahrer sitzt vor dem Steuerrad (Abb. 3) und hat die Füße auf der Bremse. Gegenüber befindet sich die lange Wand mit den Glühlampen, die nacheinander aufleuchten. Der beim Sitz angebrachte Motor surrt. Nun wird dem Fahrer gesagt, daß er die nacheinander aufleuchtenden Lampen beobachten und jedes Aufleuchten durch lautes Weiterzählen anzeigen solle. Beim Eintritt irgend eines ungewöhnlichen Ereignisses solle er sofort am Steuer, Bremse und an den sonstigen Hebeln die erforderlichen Gegenmaßnahmen treffen. Was zeichnet; die Prüfung geht weiter. Plötzlich geschieht irgend etwas Unerwartetes: Vor ihm schnellt, wie dies in der Abbildung 3 deutlich zu sehen ist, eine gebogene Feder empor und schlägt mit lautem Knall auf den Tisch, oder es blendet ihn mit einem Male von der Wand her ein Scheinwerfer ins Auge. Rotes Licht erscheint. Er bekommt einen Schlag auf die Hand und was dergleichen Dinge mehr sind, die in unendlicher Mannigfaltigkeit und immer neuen Abänderungen erfunden werden können.

Es wird genau verzeichnet, wie lange der Fahrer braucht, um dem einzelnen Reiz zu entsprechen, und wie lange es dauert, bis seine Gegenmaßregeln in Wirksamkeit treten. Dann aber werden auch diese Gegenmaßregeln genau erforscht. Der Hebel für die Bremse und der für die Regelung der Gaszuführung befinden

Abb. 3. Der „Führersitz" und seine Einrichtung.

die ungewöhnlichen Ereignisse sind, wird ihm nicht gesagt, nur auf eines wird er noch aufmerksam gemacht: Das Aufleuchten einer roten Lampe bedeutet Gefahr. Jede Unregelmäßigkeit im Gang des Motors ist gleichfalls kundzugeben.

Die Sinne des Mannes sind also zunächst nach zwei Richtungen hin in Anspruch genommen: durch das Beobachten der Lampen und durch das Horchen auf das Geräusch des Motors. Die Lampen leuchten bald hier, bald dort in unregelmäßigen Zwischenräumen auf. Plötzlich erscheint ein — gelbes Licht. Der ruhige und besonnene Fahrer wird sich hierdurch nicht irre machen lassen, da er ja nur auf rot reagieren soll. Der aufgeregte, nervöse Fahrer, ferner jener, der die Lage nicht genügend überblickt, dem es an Unterscheidungskraft fehlt, wird sofort ausschalten und bremsen. Der Fehler wird natürlich ver- sich dicht nebeneinander. Wer in der Schnelligkeit den falschen betätigt, der beherrscht die Lage nicht.

Die Prüfung dauert ziemlich lange. Sie wird volle dreiviertel Stunden hindurch mit den mannigfachsten Abänderungen fortgesetzt, wobei der Fahrer ständig neuen Überraschungen, Änderungen des Motorgeräusches, Aufblitzen verschiedenfarbiger Lampen usw. ausgesetzt ist. Auf diese Weise läßt sich ein gutes Gesamtbild seiner Veranlagung erlangen. Abgesehen von den vielen Einzelheiten, die diese Prüfung ergibt, wird man vor allem deutlich erkennen, ob man es mit einem ruhigen, überlegten und zugleich tatkräftigen Mann zu tun hat, oder mit einem, der leicht aus dem Gleichgewicht kommt, der schwer von Entschlüssen ist, oder der zwar eine gewisse Entschlußfähigkeit besitzt, aber dazu neigt, nach falschen Mitteln zu greifen.

(Schluß folgt.)

Schwäbisches Runenfachwerk.
Von Ph. Stauff.

Wenn wir die folgenden Ausführungen lesen, schauen wir das Fachwerk der alten Häuser mit andern Augen an. Wir sind erstaunt. Sollten wirklich diese Formen Geheimzeichen wiedergeben, deren Ursprung mehr als tausend Jahre zurückliegt? Sollte über 15 Jahrhunderte hinweg ein „Runenwissen" im Erbauer und Zimmermann gelebt haben? — Nicht um diese wissenschaftliche Frage zu erörtern, bringen wir diesen Aufsatz, sondern weil er zwingt, sich einmal mit liebevoller Aufmerksamkeit in die Einzelheiten dieser schönen und sinnreichen Formen zu vertiefen. Die Schriftleitung.

Aus der Urzeit unserer arischen Rasse sind uns die Runen überkommen, heilige Zeichen, die damals eine Art Sprache bedeuteten, und somit natürlich auch Schrift. Aber es war keine Schrift wie die unsere in Buchstaben, obwohl sich dann in den ersten Jahrhunderten nach Christus unter römischem Einfluß die Runenzeichen stark vermehrten (auf über 200) und nur mehr Buchstabenbedeutung annahmen. Lange meinte unsere Wissenschaft, die Runen wären überhaupt erst aus der Lateinschrift entstanden, und wenn man nur die nordischen dicht beschriebenen Runensteine mit ihren langen Inschriften, die glatt als Buchstabenschrift zu lesen waren, betrachtete, so mußte man auf solche Meinung kommen. Es erwies sich aber, und schon die vielen Andeutungen der Göttersagen in der altnordischen Liederedda, dem germanischen Göttersagenbuche, ergaben es: die eigentlichen Runen sind älter und haben andere Bedeutung. Sie waren „Stäbe", die die Albruns, die weise Frau, ausgeworfen hat, um das Schicksal zu erkunden. Da muß jede Rune mehr bedeutet haben als einen Buchstaben, und es gab ihrer auch nur etwa 18, die wir noch ziemlich in Reihe finden, und so ähnlich, wie man wegen seines Anfangs das Jesugebet „Vaterunser" nennt, heißt man auch diese Runenreihe der alten Heilszeichen „Futhark" (fa, ur, thorr, ar, rit, kan) ᚠ ᚢ ᚦ ᚨ ᚱ ᚲ, also nach den ersten 6 Zeichen der Reihe. Was sie den Alten bedeuteten,

Rathaus in Backnang.

das hat der unlängst verstorbene große Germanenforscher Guido v. List in einem Büchlein „Das Geheimnis der Runen" dargelegt.

Der gedankliche Inhalt dieser Runen nun stammte natürlich ganz aus dem vorchristlichen Glaubensdenken der Germanen, und zwar ihrer Führerschicht von „Wissenden" — dieses Wort finden wir noch im späten Mittelalter auf Nachkömmlinge solcher Altführergeschlechter angewendet — der „Armanen", die oft in den Einzelstämmen verschiedene Sondernamen trugen, z. B. unter den Sachsen als Angeln, unter den Sueven als Hermunduren u. drgl. mehr. Wie in der Götterlehre für diese Wissenden höchstes Weistum steckte, während die Götter vom Volke mehr als wirkliche Wesenheiten verehrt und angebetet wurden, so ist auch die Bedeutung der Runen verschiedenstufig. Wo dem Wissenden die fa-Rune die göttliche Feuerzeugung ausdrückte, war sie der Allgemeinheit Vieh oder Besitz oder das Feuer an sich.

Da sich die Wahrsagungen aus den Runen wohl bis in christliche Zeit fortsetzten, wirkte die Kirche gegen ihren Gebrauch als Hexerei, wie sie überhaupt den alten Glauben auszurotten suchte, wo sie konnte. So wurde das Altwissen im geheimen weitergepflegt in den verschiedensten Formen: als runengetragene Bilderschrift in den Wappen und Hausmarken, als Brauchtumspflege und Gedächtniswahrung durch die „Kalandsbruderschaften";

als Steinbausymbolik und armanisches Maßwerkwissen in den Bauhütten, und als Gebälkverrunung in der Zimmermannskunst, die schon in sehr alten Zeiten bei uns Zunftsache war. Die technische Zweckmäßigkeit und Vorteilhaftigkeit des Fachwerkbaues in vielen deutschen Gauen, insbesondere des Südens, gab dem Zimmermann Gelegenheit, sein Runenwissen in den Fachwerkbau hinein zu geheimnissen, und gar oft wird der Häuserbauer, auf den selbst Altwissen überkommen war, wenigstens im Verständnis einiger der häufigsten Runen, die Gestaltung des Giebelgebälks mit dem führenden Zimmermeister genau besprochen haben.

die gekreuzten Meißener Schwerter im Gebälk aufweisen, eine Sache, die natürlich später, aber fraglos wissend erstellt ist.

Sonst tritt uns fast überall die Frage entgegen, ob wir es mit gewollter Fügung und somit begriffenem Inhalt oder mit unverstandener Nachahmung zu tun haben. Ganz zweifelsfrei läßt sich diese Frage nur in Einzelfällen entscheiden, nämlich, wenn es sich um eine Fügung handelt, die weder schönheitlich begründet noch wegen Festigkeit sinnhaft ist. Und solche Fälle gibt es. Daß zum Beispiel die thorr-Rune = ▷ als oberste Figur an Giebeln angebracht ist, erklärt auch Professor Petersen-

Rathaus in Steinheim a. d. Murr.

Der Fachwerkbau ist nicht überall gleich heimisch in deutschen Landen. Seine Hauptverbreitungsgebiete sind die oberrheinischen Gegenden — überhaupt der ganze Rheingau, dann Baden, Württemberg, Hessen, das bayerische Franken, Thüringen und etwas übergreifend in besonderer Form Westfalen. Also eigentlich das Lebensgebiet des alten Frankenstammes und Sueven (Schwaben)–Chatten (Hessen)–Stammes. Merkwürdigerweise finden wir den Fachwerkbau dann plötzlich wieder in den Ostseestädten Danzig, Elbing, Königsberg bis Riga, in der Ritter- und Hansazeit durch das deutsche Gewerbe (die Zunft) dahingetragen; das Flachland der Ostgebiete blieb ziemlich unberührt davon, obwohl wieder einige Landsitze ganz besondere Dinge wie Wappenschilder und

Danzig, der diese Fügung im Oderbruche vorgefunden hat, als technisch völlig unsinnig, weil äußerst schwierig und nicht haltgebend. Und ein anderer Gelehrter der Bauwissenschaft, Prof. Albrecht Haupt-Hannover (Verfasser des großen Werkes „Die Baukunst der Germanen") hat im Westfälischen unmittelbar das geschwungene, bautechnisch höchst unpraktische Tau-Zeichen = ⊂ vorgefunden.

Diese beiden besonders herausfallenden Zeichen wurden im Schwabenlande noch nicht entdeckt; sie werden sich auch kaum finden. Aber sehr reich vertreten sind die mehr schmuckhaft anmutenden Formen, die trotzdem mit Verständnis für ihre Bedeutung angebracht sind. Da ist vor allem die Raute = ◊ zu

Schillerhaus in Marbach.

nennen, meist in Untergefachen verwendet, wo sie ohne wesentliche Tragebedeutung ist; sie ist vom Kopf der odil-Rune = ◇ genommen und sagt „ing" — heute noch in erbreichen Zimmermannskreisen unter diesem Namen bekannt. Diese Silbe verweist im höheren Sinne auf das in sich begrenzte persönliche Sein; im gewöhnlichen Sinne aber auf Säßigkeit, Bodenständigkeit und kehrt in ungezählten schwäbischen Ortsnamen, z. B. Sindelfingen, Böblingen, wieder, auch in alten Personennamen wie Hunding, Wälting u. drgl. Wo die Figur gedoppelt nebeneinander auftritt, darf man annehmen, daß ein Paar aus zwei bekannten seßhaften Geschlechtern sich die Heimstatt gebaut hat. Nicht selten hat überhaupt auch die Zahl, in der die einzelne Rune erscheint, besondere Bedeutung.

Häufig tritt in dieses Zeichen, es an den Längsseiten nach einer Wandstücksecke durchragend, das „andere Kreuz" = × (in der Heroldskunst und vom Zimmermann „Schragen" genannt, wegen der Schrägstellung der Balken), das Malzeichen (die Kinder nehmen es heute noch beim Rechnen) im Gegensatz zur einfachen Mehrung, dem aufrechten Bur-Kreuz „und". Das „andere Kreuz", von der Kirche später als St. Andreaskreuz übernommen, verrät aber Kalandswillen, d. h. den Willen, unter Überführung in die neuen christlichen Formen und Bräuche das altgermanische Wissen und Denken verhehlt zu wahren („Kal-ander" bedeutet „verhehlt ändern"). So meint diese häufige Zeichenverbindung = ⋈ etwa, daß der Eigentümer des Hauses auf verhehlte Weis', wie man sagte, sein ererbtes Altwissen auf dem Heimsitze weiter pflegen wollte. In einer mehr äußerlichen Deutung aber heißt es mal-ing und drückt den Wunsch nach Mehrung (mal nehmen) des Besitzes aus.

Ferner erscheint das Kalandskreuz oft nicht richtig gewinkelt, sondern höher als breit. Dann ist es aus etwas anderem entstanden, nämlich aus der gibor-Rune = ×, die den Begriff des Gebens (vornehmlich des göttlichen) in sich schließt. Bei dieser ist aber eigentlich ein Schenkel gebogen, wie die Zeichnung zeigt, und um nun einerseits der konstruktiven Einfachheit, anderseits der besseren Stützkraft des Gebälks Rechnung zu tragen, haben zwar die Bauherren auch den krummen Schenkel der Rune gestreckt, aber in der Besorgnis, daß man das Zeichen auch wirklich als das erkenne, was es vorstellen solle, hat man wenigstens einmal im Bau — meist ganz zu oberst unterm Dachfirst — das Zeichen richtig gesetzt, oder gar die beiden Schenkel geteilt dargestellt, den links gerade, den rechts gekrümmt. In solchem Falle wird die kundgegebene Absicht gewiß niemand bestreiten wollen; es sei nur auf das wunderschöne Rathaus zu Backnang verwiesen, wo

Enzweihingen.

zu oberst über der Uhr zwei übereinandergetürmte Kal-ing-Rauten stehen, während links und rechts davon die gibor-Rune wie erwähnt aufgelöst ist. Der rechts eingesetzte Balken ist entschieden gebogen, der linke gerade.

Dies Haus ist, wenn wir nur den Giebel ansehen, äußerst reich bestellt. Unter der Uhr: gibor. Im Oberstock mittlings unterm Fenster zweimal die bekannte Figur nebeneinander. Links und rechts des Fensters die Runen eh und not = ⤹ ⤸. An den Enden unten je zweimal das Kalandskreuz oder die gibor-Rune, unter dem zweiten Fenster von links im Gehäuse zwei ing, aber durch Senkrechte getrennt, so daß das ganze Bild dieses Räum-

Der Unterstock bringt dreimal die hagal-Rune in großer Gestalt, die sich nach links fortsetzt in der Seitenwand. Auch das wäre zu lesen: Treue dem Hag, also Treue der Heimat. Zu unterst steht sechsmal das V der Fehme. Die Zahl 5 heißt ursprachlich „fem", und nach ihr hat die Fehme ihren Namen. Der Trutenfuß = ✩ (Fünfstern, Pentagramm) ist ihr besonderes Zeichen, aber auch das V, das wieder die lateinische 5 ist.

Die Renaissance-Zeit liebt gerundete Formen. Sie entwickelt deshalb die gibor-Rune nicht ins Gerade, sondern sie biegt beide Kreuzungsbalken einander entgegen. Die so entstehende Figur ist der „Fyrbok" = ✕, d. i. die göttliche Kraft des Feuers. Noch eine weitere

Oberriexingen.

chens eigentlich zu etwas anderem wird: links ka-Rune in rechter Lage, dann hagal-Rune, und dann ka-Rune gewendet (K ✶ ⋊). Die ka-Rune ist die des Blutes: sie wacht über der Nachkommenschaft; wie sie hier auftritt, schließt sie den Blutskreis des Geschlechtes ein in dem Hause, oder in diesem Falle — da es sich um ein öffentliches Bauwerk handelt — der städtischen Sippen. Der „hagal" ist die gesicherte Innerlichkeit des Heims, des Hages, und ins geistige Leben übertragen, das alles einschließende menschliche Bewußtsein. Also Blutssorge im Heimathag, d. h. Sorge für die heimischen Familien, oblag den Ratern im Rathaus. Ob sie das immer wußten?

Schmuck-Ausgestaltung bringen Rokoko und Barock: sie geben den Fyrbok in der sogenannten „Hirschhörnchenmanier" = ⋇, was eine fast allgemeine Liebhaberei geworden ist. Der Giebel des Steinheimer Rathauses trägt diese Rune im Dachgiebel sechs- und in den beiden Stockwerken achtmal. Mittlings steht, unten gegen oben vergrößert, das durch einen Querbalken versteifte Zeichen, das die aufwärtsgewendete man-Rune = ᛉ mit der abwärtsgewendeten yr-Rune = ᛦ vereinigt und in wissenden Zimmermannskreisen Althessens heute noch der „wilde Mann" = ⋇ genannt wird. Die Verbindung „yr-man" deutet auf das Armantum des Erbauers hin.

Die Giebelseite würde lehren: Arman, ehre das heilige Feuer! Links und rechts vom obersten Laden ist der Fyrbok zwiegeteilt.

Klar und einfach steht das ing-Zeichen, das der sippenhaften Ständigkeit, zu oberst im Giebel des Schillerhauses in Marbach. Die Versteifungsbalken rechts und links können „bar" = ∕ (steigend) und „balk" = ∖ (fallend) sein: Ob das Leben steigt oder sinkt, über Geburt und Tod hinweg bleibt die Sippe bestehen.

Mehr und mehr sieht man bei den am schmucksten erscheinenden Bauten die Figuren zweifelsohne nur mehr im Sinne des Zierrats verwendet. Das beweist dann schon die symmetrische Überfülle z. B. des Enzweihinger Hauses, die meist den Fyrbok verwendet oder sogar die ing-Raute in rundliche Form bringt, den Kal-ing (die vom Schragen durchstrebte Raute) das ganze Gebälk beherrschen läßt u. dgl.

Ein weiteres schönes Gebäude in Oberriexingen, das schon unter den Fenstern des ersten Stocks rechts „Hirschhörnchen" zeigt, birgt links davon ein einzigesmal und stark ausgeführt, also sichtlich betont, die Kalandsraute und will damit wohl sagen: Dies Haus (die Sippe) steht unterm „andern Kreuz", nämlich dem des Verhehlungswillens der Kalanden.

Ganz echt und wissend mag das Haus in Strümpfelbach erstellt sein, das zu oberst unter den Schenkeln des Arman (bur-) Kreuzes zwei Fyrböke zeigt, und dann zehn yr-Runen, außerdem aber noch allerlei winzige Anbringungen fyrbokähnlicher Art und zwei richtige Zeichen dieses Namens in den Dachwinkeln des ersten Stocks. Daß hier diese Zeichen in so winziger Größe, fernab von aller technischen Zweckhaftigkeit, angebracht

Strümpfelbach.

wurden — man könnte meinen, daß sie nur als Gestelle in Mörtel eingepreßt wären — verrät gewiß Absicht. Der Sinn des Ganzen dürfte sein: Ar-kruzi tuo fyrbok über zehn yr: Hochheil zeuge Feuer über die zehn Stufen des Vollendungswegs. Es ist ein Gottesanruf, der Erbauer will mit dem hohen Lichte durchleuchtet sein für den Armanenweg, den Weg des inneren Werdens. Er kannte noch die Runensprache und glaubte, es nötig zu haben, auf die verwendeten Sinnbilder noch besonders durch die verkleinerte Wiederholung hinweisen zu sollen.

Es gibt sicher noch manches wirklich echte Runen-Inschriften tragende Haus in den schwäbischen Gauen. Manches aber wird vor Überalterung gefallen sein, vielleicht auch abgerissen, um einem Neubau Platz zu geben. Das ist natürlich unersetzbares Gut. Denn für die Forschung ist die Zeit die wichtigste, in der sich des Zimmermanns Runenwissen noch mit dem des Erbauers zusammenfand. Wo der Zimmermann schon nur nach seinem Geschmack ohne besonderen genauen Auftrag schafft, da finden wir zwar die alten Zeichen noch, aber in sinnloser Verwendung. Diese Häuser schreien uns mehr entgegen: „Seht her, wie schön bin ich", als daß sie von ihrem Erbauer und seinem Geschlecht erzählen. Vereinzelt hat sich ja im Zimmermann etwas von dem hier in Frage stehenden Wissen lang vererbt, bis in die Tage unserer Großväter. Aber doch nur Form und Namen, ohne Kenntnis der inneren Bedeutung, aus der die Bildungen in grauer Vorzeit erwachsen sind, und mit der sie ursprünglich eingeflossen sind in den Fachwerkbau, den Steinbau, in das Wappenwesen, die Hausmarken und Steinmetzzeichen sowie in die Symbolik der Zünfte.

* * *
*

Aus Max Eyth „Hinter Pflug und Schraubstock"
Berufstragik.
(Fortsetzung.)

Es war ein Wetter, wie es im November und Dezember die schottischen Täler, die von West nach Osten streichen, gelegentlich durchbraust. Die ganze Natur schien im Aufruhr. Der Wind kam in heftigen Stößen über das Feld. Da und dort hörte man lautes Krachen. Blätterlose, abgerissene Zweige flogen durch die Luft. Es war schwarze Nacht um uns her. Trotzdem sah man an zwei, drei Stellen ein Stückchen des blauen Himmels mit klaren Sternen, über welche zerrissene Wolken in rasender Eile dahinjagten. Ich nahm Stoß beim Arm. Unter andern Umständen hätte ich es lustig gefunden, gegen den Sturm anzukämpfen. Heute beschäftigte mich zu sehr, was ich gehört hatte.

„Ein erfrischender Landwind!" schrie ich meinem Freund ins Ohr, um das Gespräch wieder aufzugreifen. „Aber die Sache ist ganz klar. Du hast zuviel gearbeitet. Deine Nerven sind nicht in Ordnung. Du bist einfach krank."

„Meinst du? — Ich wollt', ich wär's!"

„Sei ganz ruhig! Diesen Wunsch hat dir ein gütiges Geschick erfüllt, ehe du ihn aussprachst," fuhr ich zuversichtlich fort und drückte mich näher an ihn. Man konnte, wie der Wind, nur in Stößen sprechen und hörte sich dann kaum; aber es war keine Zeit zu verlieren. Was ich zu sagen hatte, mußte rasch gesagt werden.

„Es ist durchaus nicht notwendig, daß du krank bleibst. — Du hast Weib und Kind und darfst dich deinen Phantastereien nicht hingeben, wie zum Beispiel ich. In meinem Fall macht das nichts. Ich könnte mir den Genuß des Verrücktwerdens gestatten. Auch verstehe ich deine Empfindungen ganz genau. Brücken allein bringen sie nicht mit. Wenn man vor tausend Hektar Felsboden steht, der um jeden Preis gepflügt werden muß, oder wenn mir meine Maschinen, mit denen ich ein Königreich retten soll, im Schlamm versinken, oder wenn das ewige Ringen mit der rohen Natur einen neuen Gedanken verlangt, der aus dem Dunst des armen Gehirns nicht hervortreten will, dann wird es auch uns zumute wie euch Brückenbauern. Namentlich in den Nächten, wenn die kleinste Schwierigkeit sich aufbläst wie der Frosch, der ein Ochse werden wollte. Geht dann die Sonne rechtzeitig auf, was sie trotz all unsrer Kümmernisse selten unterläßt, so verschwinden die Gespenster. Man sieht die Dinge wieder, wie sie sind, und schließlich findet sich ein Weg aus jeder Not. Du mußt fort. Das ist das beste Mittel in solchen Fällen."

„Ich kann nicht weg von der Brücke," murmelte Stoß. „Es zieht mich wie mit deinen Drahtseilen. Ich habe nichts hier zu tun; aber du siehst, ich bin heute wieder hier. Ich kann nicht anders."

„Unsinn!" schrie ich in ehrlichem Zorn. „Das klügste wäre, du würdest heute noch umkehren, deinen kleinen Koffer von Anno damals packen und mit mir über den Atlantischen Ozean segeln. Du machst dir keinen Begriff davon, wie leicht es uns werden kann, wenn auch nur das kleinste Weltmeer zwischen uns und unsern Sorgen liegt; namentlich wenn sie an einer Brücke kleben. Du kannst in Panama wieder umkehren, wenn dir dieser Gedanke tröstlich ist. Aber ich weiß, du gehst mit bis Peru. Es sollen dort die tollsten Brücken gebaut werden. Zieht dich's endlich?"

Stoß lachte schwermütig. „Du denkst dir die Sache leicht. Die Ennobrücke schleppe ich mit mir herum, solange ich lebe. Eine ist genug. Die von Peru brauche ich nicht."

„So geh auf ein halbes Jahr nach Ägypten. Jedermann geht nach Ägypten!" rief ich. „Nimm Weib und Kind und eine Dahabieh und fahre bis zum zweiten Katarakt. Nicht eine Brücke auf dem ganzen Weg, und Hunderte haben dort ihre Nerven wiedergefunden! Das ist alles, was dir fehlt. Deine Rechnerei hat dir den Kopf verdreht. Es ist nicht einmal ein ungewöhnlicher Fall. Jeder Arzt, dem du ihn vorlegst, wird dir dasselbe sagen. Also versprich mir: in einer Woche hast du drei Fahrscheine nach Alexandrien in der Tasche; die zwei Kinder brauchen nur einen. Versprich mir's!"

Wir waren auf dem kleinen Bahnhof angelangt und konnten unter dem Schutze des Gebäudes ruhiger sprechen. Nach und nach schien Stoß meinen Vorschlag ernstlicher zu überlegen. Ich schilderte ihm die platonischen Freuden von Kairo und die beruhigenden Genüsse einer Nilfahrt. Dann, wenn es im Frühjahr für die Kinder zu heiß würde, könnte die kleine Karawane über Triest zurückkehren und ein paar Monate in seiner alten Heimat und den Steirischen Alpen zubringen. Wenn er dann nicht als ein neugeborener Mensch England erreiche und lachend über alle seine Brücken schreiten könne, wolle ich meinen Kopf und jede beliebige andre Wette verlieren, die er nur vorschlagen möge.

Der höfliche Stationsvorstand teilte uns mit, daß der aus Newcastle erwartete Zug zehn Minuten Verspätung habe, wahrscheinlich infolge des Sturms, der ihm fast in die Zähne blase. Wir setzten uns deshalb in den kleinen kahlen Wartsaal, den eine schwankende Petroleumlampe dürftig erleuchtete. Als einziger Zierat hingen an den Wänden, in schwarzen Rahmen, zwei Bibelsprüche und ein Fahrplan. „Bedenke, o Mensch, daß du dahin mußt", lautete der erste, der für eine kleine Bahnstation sinnig gewählt war. Der andre erschien mir an dieser Stelle weniger passend: „Der Tod ist der Sünde Sold". Eine spanische Kartause hätte kaum einen weniger erheiternden Eindruck machen können. Trotzdem ließ ich mich nicht abschrecken. Stoß begann sichtlich aufzuleben.

„Ich glaube, du hast recht!" sagte er müde, mit einer Erinnerung an sein altes Lächeln auf den eingefallenen Zügen. Dann plötzlich auffahrend, fuhr er fort: „Bei Gott, ich glaube, du kannst recht haben, Eyth. Vielleicht ist alles nur ein häßlicher Traum, der aus dem Magen kommt. Mein Magen ist sowieso nicht mehr in Ordnung. Ich will mir's überlegen."

„Überleg' dir nichts, alter Freund," mahnte ich dringend. „Mit dem Überlegen bist du in deinen elenden Zustand hineingeraten und kommst in deinem Leben nicht mehr heraus. Du brauchst reine Luft, leichte Kost, eine brückenlose Umgebung und einen andern Himmel über dir, das ist der ganze Witz. Glaube mir, ich saß schon zweimal in der gleichen Tinte und wäre so übel daran wie du, wenn ich nicht von einem gütigen Geschick und meinem Geschäft von Zeit zu Zeit in alle Weiten hinausgeschleudert würde, als ob ich auf einer Dynamitbombe gesessen hätte. Das tut gut. Morgen abend bin ich in London. Laß mich deine Billette nach Alexandrien besorgen. Paris, Brindisi, nicht wahr? Abgemacht!"

„Du bist noch der alte —"

„Und du mußt es wieder werden. Abgemacht?"

„Abgemacht! Wahrhaftig, es fällt mir wie ein Stein vom Herzen," sagte er aufseufzend, wie wenn er eine wirkliche Last abwürfe. „Ich glaube, mit den ewigen Stürmen in diesem Hundeklima hätte ich den Dezember nicht mehr durchlebt. Es ist mir seit zwölf Monaten zum erstenmal wieder wie Sonnenschein ums Herz. Leicht, alter Freund, tatsächlich leicht! Meine Frau wird eine kindische Freude haben, wenn sie von dem Plan hört. Sie hat natürlich keine Ahnung davon; wußte ich's ja selbst nicht vor einer Stunde. Eyth, ich glaube, du hast ein gutes Werk getan."

„Ich hoff's!" entgegnete ich; aber selbst seine freudige Aufregung gefiel mir jetzt nur halb. Er sprach wie im Fieber:

„Die Sitzung in Pebbleton ist morgen vormittag um elf Uhr zu Ende," fuhr er hastig fort. „Ich gehe mit dem nächsten Zug nach Richmond, um alles Nötige in Bewegung zu setzen. Du weißt nicht, was es heißt, eine Familie auf sechs Monate einzupacken. Und dann fort, hinaus in eine andre Welt. Du bist doch sicher, daß das Wetter in Ägypten jetzt paradiesisch ist — still — mild!

Ich muß Licht haben und Luft, und ein Land, in dem der Sonnenschein nicht aufhört."

„Darauf kannst du rechnen. Das ist eben das Schöne dort, daß man sich darauf verlassen kann!" sagte ich, als mich das Rollen des heranbrausenden Zugs unterbrach. Stoß griff nach seinem Gepäck. Ich brauchte einige Anstrengung, um die Tür des Wartsaals aufzustoßen, die der Winddruck hinter uns mit einem lauten Krach wieder schloß. Im gleichen Augenblick schnaubte das schwarze, triefende Ungetüm mit seinen zwei Feueraugen an uns vorüber, und weiße Rauchfetzen flatterten über die Plattform. Der Stationsvorstand öffnete eine Wagentür und hielt sie mühsam mit beiden Händen. Stoß sprang hinein, und der Sturm schlug sie zu.

Der Zug setzte sich bereits wieder in Bewegung. Offenbar hatte der Lokomotivführer Eile, die verlorene Zeit einzubringen. Mein Freund hatte das Wagenfenster geöffnet, um mir noch einmal zuzurufen:

„Adieu, Eyth! Wir sehen uns noch in London! Du besorgst die Billette; drei Stück!"

In diesem Augenblick fuhr er an der einzigen Laterne vorüber, die auf der Plattform steht. Das grelle Licht warf seinen flackernden Schein noch einmal auf sein bleiches Gesicht, daß es glänzte — heiter und voller Hoffnung.

Wahrhaftig, es tat mir wohl. Ich fühlte, daß, wie Stoß es genannt hatte, ein gutes Werk gelungen war.

Und es war so einfach, so leicht gewesen.

* * *

Ohne auf den Weg zu achten, ging ich nach dem Wirtshaus zurück. Der Sturm schien etwas nachgelassen zu haben; wenigstens folgten sich die brausenden Stöße nicht so häufig wie vor einer halben Stunde. Unser Wiedersehen gab mir genug zu denken. Das also war aus dem Mann geworden, den wir in aller Freundschaft bewunderten und beneideten. Ich zählte das Schöne und Gute auf, das ihm das Glück in den Schoß geworfen hatte: seine reizende Frau, seine Kinder, seine gesicherten äußeren Verhältnisse, die glänzende Stellung in seinem Beruf, welcher er entgegenging. Und dann dachte ich an das abgearbeitete Gesicht, an den ängstlichen, scheuen Blick, mit dem er, kaum mehr kenntlich, neben mir gesessen hatte. Aber es konnte und mußte anders kommen. Der heutige Abend hatte den Anstoß zu einer Wendung zum Besseren gegeben.

In meinem Zimmer standen unsere beiden Whiskygläser auf dem Tisch. Das seine war noch halb gefüllt. Ich weiß nicht, weshalb mir dies besonders auffiel; aber ich erinnere mich der Bewegung deutlich, die mich wie ein leiser, unerklärlicher Schauder erfaßte. Es war vielleicht nur die naßkalte Dezemberluft, die durch alle Ritzen des Hauses pfiff.

Das klügste schien, zu Bett zu gehen; doch es war zu früh, obgleich im Hause schon tiefe Stille herrschte

Ich holte eine Monatszeitschrift aus meiner Reisetasche, die ich für müßige Augenblicke mitgenommen hatte, stürte das Feuer auf und setzte mich in dem Großvaterstuhl des „Goldenen Brückenkopfs" zurecht, um noch ein halbes Stündchen zu lesen.

Wie es wieder tobte! Das Unwetter hatte offenbar aufs neue Atem geholt. Schwere Regentropfen schlugen jetzt mit dem harten Klang, den kleine Kiesel geben, an die Fenster. Zwischen dem Brausen der Windstöße hörte man langes, pfeifendes Seufzen in weiter Ferne. Manchmal kam ein Stoß durch den Kamin herunter, so daß das unruhige Kohlenfeuer flackernd ins Zimmer schlug. Wunderliche Geräusche wurden auch im Hause hörbar. Draußen im Gang fiel ein Brett um. Über mir, unter dem Dachboden, krächzte und stöhnte es in unheimlicher Weise. Am fernen Ende des Hauses war ein Fensterladen losgeworden und begann zu schlagen, als ob er die Mauern einhämmern wollte. Es ging wirklich über die Gemütlichkeit einer polizeilich zulässigen Sturmnacht und streifte an groben Unfug. Auch mit dem Lesen wollte es nicht gehen. Ich dachte wieder an Stoß und die Reihe von Jahren seit der Grünheustraßenzeit, in denen trotz der seltenen Begegnungen herzliche Beziehungen, eine Art Freundschaft ohne Worte, zwischen uns aufgesprungen waren. Wir verstanden uns. Ich hatte ihn namentlich heute in seinen Sorgen verstanden und hatte ihm mit der Versicherung nichts vorphantasiert, daß ich seine Stimmung aus eigener Erfahrung kenne. Unser Beruf verlangt oft genug rasche, entschlossene Entscheidungen, und wir sind nicht immer sicher, das Richtige getroffen zu haben. Dann kann die Zukunft schwarze Schatten in den hellsten Tag von heute werfen. Ich fühlte mich zu meinem kranken Freunde hingezogen mit der Gewißheit seiner Nähe, mit einem Drang, ihm zu helfen, daß mir die rätselhafte Empfindung fast unheimlich wurde. Doch glaubte ich, endlich eine Lösung für meine nervöse Spannung gefunden zu haben: Wie wär's, wenn ich auf sein Wohl noch einen Tropfen tränke.

Da passierte das Wunderlichste dieser Nacht; fast scheue ich mich, es in diesem wahrheitsgetreuen Berichte zu erwähnen. Als ich mich dem Tisch zuwandte, um mein Glas zu füllen, waren beide leer. Ich hätte darauf geschworen, daß ich das seine noch vor zehn Minuten halbvoll gesehen hatte. Und daß ich es nicht berührt haben konnte, aus Versehen, in Gedanken, spürte ich an der Trockenheit meiner Kehle. Oder hatten seine Nerven auch die meinen aus Rand und Band gebracht? Es war am Ende doch besser, zu Bett zu gehen. Natürlich! Ich mußte sein Glas in Gedanken ausgetrunken haben. Dann war es genug für heute.

Ein mächtiges Himmelbett mit roten Vorhängen stand im Nebenzimmer und sah mich behäbig und beruhigend an; ein Bau alten Schlags, mit entsprechendem Bettzeug. Wenn ich nur die Hälfte der Kissen über die Ohren zog, die zur Verfügung standen, konnte die Welt in Trümmer gehen, ohne daß ich es zu hören brauchte. So wollte ich's machen. Dabei konnte der verrückte Laden draußen schlagen, solange er Lust hatte. Ich wand meine Uhr auf: es war dreiviertel auf elf Uhr. Wie die Zeit fliegt, wenn man den Kopf voll hat!

Doch jetzt klapperte etwas Neues: zwei scharfe Schläge unten am Haustor. Ich stand mit der Uhr in der Hand und lauschte. Sie wiederholten sich nach einer kurzen Pause. Rapp! rapp! Das war sicherlich nicht der Wind.

Im Gang schlurften schwere Schritte. Türen gingen auf und zu, eine mit einem lauten Knall. Der Sturm mußte sie zugeschlagen haben. – Rapp! rapp! – Das war wieder nicht der Sturm. – – Jetzt hörte ich Stimmen unter mir in dem Hausflur, hastig, ungeduldig, dazwischen eine weinerliche Kinderstimme, dann eine schrille Frau auf der Treppe über mir. Ich zog halb mechanisch meinen Rock wieder an, den ich bereits abgelegt hatte, und öffnete die Zimmertür.

Es war schon Licht unten. Ein kleiner Bursche stand unter dem offenen Haustor, der Wirt halb angekleidet, der Hausknecht mit einer Stallaterne vor dem Kleinen. Die flackernde Helle fiel auf das Gesicht des Jungen, der verstört und außer Atem schien. Er schluchzte fast:

„Großvater schickt mich zum Stationsvorstand. Es ist etwas nicht in Ordnung mit der Brücke. Wie ich an eurem Haus vorüber will, sehe ich Licht oben. Da wollte ich auch bei euch anrufen, Onkel."

„Der Hausknecht soll mit dir gehen," sagte der Wirt. „Der Wind könnte dich ins Wasser blasen, Bobby. Was ist los? Was sagt der Großvater?"

„Er sitzt am Telegraphen und zittert. Etwas ist geschehen. Ich muß zum Stationsvorstand. Vater war auf der Maschine."

Jedenfalls zitterte der Kleine wie ein Blättchen Espenlaub und lief, sich plötzlich umdrehend, laut schluchzend in den Sturm hinaus.

„Halt, Bobby, halt!" schrie ihm der Wirt nach.

„Vater war auf der Maschine," hörte ich nochmals, schon aus der Ferne. Ich war jetzt selbst unten und sah den Wirt fragend an. Ein dumpfer Schrecken war auch mir durch Leib und Seele gefahren.

„Es ist der Bub' des Brückenwärters, heißt das, sein Enkel!" erklärte der Wirt unruhig. „Jack, lauf ihm nach; schnell! Dem Kind könnte etwas passieren in einer solchen Nacht. Ja, ja, Herr," fuhr er, sich zu mir wendend, fort, „ganz geheuer ist es nicht. John Knox ist ein ruhiger Mann. Für nichts schickt er den Kleinen nicht in dieses Unwetter hinaus. Es könnte schon etwas passiert sein."

„Ich muß sehen, was es ist!" rief ich ohne Besinnen und flog die Treppe wieder hinauf, um Hut und Schirm zu holen. Als ich herunterkam, hatte der Wirt seine Mütze auf und zog einen schweren Überrock an.

"Den Schirm können Sie zu Hause lassen, wenn Sie ihn nicht in tausend Fetzen sehen wollen," sagte er lachend. Er hatte den stoischen Gleichmut seiner Rasse wieder völlig erlangt, gab mir einen Stock und drückte mit aller Macht das Haustor auf, das der Wind donnernd geschlossen hatte. Der Hausknecht begegnete uns nach wenigen Schritten. Er hatte den Jungen nicht mehr finden können und das Rufen gegen den Wind als hoffnungslos aufgegeben. "Dem geschieht nichts!" tröstete er sich. "Er läuft im Straßengraben wie ein Wiesel." Für uns war es gut. Wir ließen ihn vorangehen, mit der Laterne unter seinem Mantel. Wenn er den Kragen zurückschlug, konnte man wenigstens von Zeit zu Zeit sehen, wo man war. Erst als wir den Bahndamm erreicht hatten, der uns gegen Westen schützte, war es möglich, wieder aufzuatmen. Schweigend gingen wir den Fußpfad entlang, den ich bereits kannte. Über unsre Köpfe weg sauste und zischte der Wind, ohne uns packen zu können. Gelegentlich fiel ein abgerissener Baumzweig vor uns zu Boden, den er verloren hatte. Über uns, in der Luft, schienen schreiende Katzen und Hunde durcheinander zu fliegen. Keiner von uns sprach. Nach zwanzig Minuten sahen wir über dem Rand des Bahndamms das Licht des Wärterhäuschens.

Der Knecht wickelte seine Laterne zum zehntenmal aus dem Mantel und beleuchtete die schmale Treppe, die an der Böschung hinaufführte. Wir kletterten mit einiger Vorsicht in die Höhe. Es war ein wunderliches Gefühl, als wir mit dem Kopf über die Dammkante in den vollen Sturm kamen, der über die Schienen wie über eine Messerschneide wegpfiff. Zum Glück hatten wir nur ein paar Schritte bis zur Türe des Häuschens und fühlten uns in den kleinen Raum förmlich hineingeblasen. Der Knecht hatte die Tür aufgerissen, die mit einem Knall hinter uns zuschnappte.

Alles war heute nacht in Bewegung: eine unruhig schwankende Hängelampe beleuchtete das nur mit einem Tischchen, mit ein paar Stühlen und einem Schrank dürftig ausgestattete Gemach. In der Ecke an der Rückwand stand ein Telegraphentisch mit einem der einfachsten Instrumente, die für Dienstsignale benutzt werden. Vor diesem Tisch saß ein regungsloser Mann, mit dem Kopf auf den Armen, der fest eingeschlafen schien.

"John! John Knox!" schrie unser Wirt, indem er ihm einen derben Schlag auf die Schulter gab.

Der scheinbar Eingeschlafene richtete langsam den Kopf auf, sah sich scheu um und starrte den Wirt an, wie wenn er noch nicht ganz bei Besinnung wäre.

John Knox – wach auf, Mann!" rief unser Führer ungeduldig. "Wir glaubten, es sei ein Unglück geschehen. Donnerwetter, ich glaube, es ist Whisky!"

"Nein," sagte John Knox, indem er aufstand und plötzlich am ganzen Leib zu zittern anfing. "Ich glaube – ich glaube, es ist ein Unglück."

"Aber was ist los, Mann? Deine Brücke steht noch."

"Mein Ende."

"Wach auf, Knox!" schrie der Wirt, den die irre Ruhe des Mannes nervös machte. "Was in Teufels Namen ist passiert?"

Knox wies nach dem Telegraphentisch, wie wenn er sich vor dem Apparat fürchtete. Dann sagte er mit heiserer Stimme: "Ich kann keine Antwort vom andern Ende erhalten; keinen Laut, seit zwei Stunden."

"Bloß das?" lachte der Wirt jetzt, laut und lärmend. "Alter Schafhund! Der Draht ist gerissen. Ist das ein Wunder in dieser Nacht?"

"Nach der Station hin, auf unserer Seite, sind sie alle gerissen!" versetzte Knox wie in dumpfer Gleichgültigkeit. "Aber über die Brücke können sie nicht reißen. Sie sind in die Brückenbalken eingelassen. Seit der letzte Zug von hier abging – kein Laut." Er trat an den Tisch und klopfte wie wütend auf die Taste des Instruments. – "Wilson! Wilson!" schrie er dann plötzlich auf. "Die Brücke ist gebrochen!"

"Großer Gott!" rief der Wirt. "Das ist nicht möglich! Mit dem Zug? Du hast es nicht gesehen. Das kann nicht geschehen sein."

"Mit dem Zug!" erzählte Knox keuchend, wie wenn plötzlich alles in ihm wach geworden wäre. "Er fuhr durch – alles in Ordnung. Der Maschinenführer, mein George, mein Sohn George, riß mir den Signalstock aus der Hand, wie gewöhnlich, und fuhr los. Er hatte zehn Minuten Verspätung und war in Eile und fuhr los. Man konnte kaum aus den Augen sehen, so stürmte es. Aber ich sah die roten Lichter am letzten Wagen noch eine Zeitlang – drei, vier Minuten – wie sie kleiner wurden. Dann mit einem Male waren sie verschwunden – wie ausgeblasen."

"Du hast nichts gehört?"

"Bei dem Gebrüll von oben und unten! Die Flut heulte noch lauter als der Sturm. Sie waren mit einem Male weg, wie ausgelöscht. Ich dachte nicht gleich daran, was es bedeuten könnte. Erst fünf Minuten später packte mich eine Angst – eine Angst, Wilson, wie wenn hundert Menschen ihre Arme aus dem heulenden Wasser heraufstreckten und sich an mich klammerten. – Ich hinein und an den Telegraphen. Der Zug mußte jetzt drüben sein. Bob Stirling konnte mir antworten. – Aber keine Antwort, kein Laut! Seit zwei Stunden kein Laut!"

(Schluß folgt.)

Quellen: Dr. A. Neuburger, Die Berufseignungsprüfung für Kraftfahrer; aus dem „Motor", Juli-August-Heft 1919. Verlag Gustav Braunbeck G. m. b. H., Berlin W. 35. * Berufstragik; aus Max Eyth „Hinter Pflug und Schraubstock". Deutsche Verlagsanstalt, Stuttgart.

DAIMLER WERKZEITUNG
1919 Nr. 8

INHALTSVERZEICHNIS

James Watt. Von Prof. C. Matschoss. ** James Watt. Von Dr. R. Laemmel. ** Watts Vertrag mit seinem Geldgeber. ** Aus Watts Briefen. ** Watts Lebensarbeit. ** Die erste in Deutschland gebaute Dampfmaschine Wattscher Konstruktion. ** Die Berufs-Eignungsprüfung für Kraftfahrer. Von Dr. A. Neuburger. (Schluß.) ** Berufstragik. Aus Max Eyth: Hinter Pflug und Schraubstock.

Der Erfinder der Dampfmaschine.

Zwei Bilder vom Leben eines großen Erfinders stehen im Folgenden nebeneinander.

Das erste hat der Professor der Geschichte der Technik gezeichnet als Nachruf auf den hundertjährigen Todestag im Namen des Vereins deutscher Ingenieure. Es gibt den großen Ingenieur und Menschen wieder, wie er sich der Geschichtsforschung darstellt. Das zweite Bild gibt uns den Mann, wie ihn Jeder aus der großen Menge sieht, welche die Wohltat seiner Erfindung genießt.

Beide zusammen bringen uns den Menschen so nahe, als trennten nicht einhundert Jahre sein Dasein von dem unsrigen.

James Watt.
Von Prof. Conrad Matschoss.

Am 19. August ist ein Jahrhundert dahingegangen, seit James Watt, einer der größten Ingenieure aller Zeiten, sein an Arbeit und Erfolg reiches, 83 Jahre langes Leben beschloß. Unter den großen Baumeistern bei dem Riesenbau der neuzeitigen Technik verdient er, an erster Stelle genannt zu werden; denn als Ergebnis seiner Lebensarbeit entstand die Dampfmaschine, die, wie selten eine menschliche Tat, von Grund aus umgestaltend auf menschliche Arbeit eingewirkt hat. Die großen Leistungen im Reiche der Technik, der Kunst und der Wissenschaft sind nicht an Landesgrenzen gebunden, und Dank und Verehrung werden freudig alle den großen Meistern zollen, die für alle gelebt und gearbeitet haben.

Selten klar liegt das Leben des großen Schotten, das 1736 in Greenock bei Glasgow seinen Anfang nahm und 1819 in Heathfield bei Birmingham endete, vor uns ausgebreitet. Ein zartes, schwächliches Kind mit überaus reger Phantasie, die sich in einer von allen bewunderten Gabe, Märchen zu ersinnen und sie meisterhaft zu erzählen — ein Talent, das ihm bis zum Ende des Lebens treu blieb —, ausdrückte, hat James Watt, bevor er die Schule besuchen konnte, in des Vaters vielseitiger Werkstatt vom Spiel zur Arbeit übergehend, sehr früh den Gebrauch der verschiedensten Werkzeuge kennen gelernt. So wuchs er in die praktische, gestaltende Arbeit hinein, und bis zum Ende seiner Tage war es ihm ein als selbstverständlich empfundenes Bedürfnis, mit Hand und Kopf zu arbeiten.

Watt wurde Mechaniker. Mühevoll war die Lehrzeit, und entsagungsreich war der Anfang des Berufes. Die Universität Glasgow bot ihm, dem nicht zünftig Ausgebildeten und deshalb von seinen Berufskollegen verfehmten Mechaniker, eine Freistatt. Hier war es, wo der Gedanke an die Dampfmaschine zuerst in ihm Wurzel faßte, ihn nicht mehr freiließ, so daß nach vielen Jahren er einst klagend an seinen Freund schrieb: „Ich muß Tag und Nacht an die Maschine denken." Erfinderschicksal! Wir wissen, wie planmäßig Watt von der Fragestellung aus den Königsweg des Versuches ging, wie er mit denkbar einfachsten Mitteln die Natur zur Antwort zwang, und wie er in logischer Schlußfolgerung aus diesen Versuchsergebnissen die technischen Lösungen seiner Aufgabe ableitete. Für alle Zeiten wird diese Arbeitsweise Watts ein Schulbeispiel für die Verbindung wissenschaftlicher Forschung mit technischer Anwendung bleiben. Der vom Arbeitszylinder getrennte Kondensator war erfunden, und mit ihm wurde aus der unbeholfenen Newcomenschen atmosphärischen „Feuermaschine" die Dampfmaschine, die Beherrscherin der mechanischen Welt.

Aber wie lange dauert oft ein solches „Wurde"! Wie unsäglich schwer ist der Weg von einer patentfähigen Idee zur praktischen Ausgestaltung, zur wirtschaftlich vorteilhaften Verwertung im vielgestaltigen Leben! Jahrzehnte schweren Kampfes vergehen von jenem Sonntag Morgen, an dem, wie Watt erzählte, plötzlich ihm die Lösung für die Verbesserung der Feuermaschine einfiel, bis zu der Zeit, wo er auf ein gesichertes wirtschaftliches Ergebnis seiner Lebensarbeit zurückblicken konnte.

Was er im Beruf verdiente, verbrauchten die Versuche an seiner Maschine. Jahrelang mußte er durch Übernahme von Landmesserarbeiten an Kanalbauten versuchen, sich und den Seinen das Leben zu fristen. Ein gutes Schicksal führt ihn mit Matthew Boulton zusammen, einem hervorragenden Techniker und erfolgreichen Unternehmer. Dieser erkennt die ungeheuren Entwicklungsmöglichkeiten der Wattschen Erfindung, und mit unvergleichlicher Tatkraft widmet er sich der Aufgabe, die Dampfmaschine in großem Stil in die Praxis einzuführen.

In Soho bei Birmingham entsteht die erste Dampfmaschinenfabrik der Welt. Jahrzehntelang ist es die Sehnsucht jedes Ingenieurs in Deutschland, Frankreich, Amerika, hier an der Quelle die neue geheimnisvolle, allen nur denkbaren Arbeitsmaschinen Leben spendende Kraftmaschine studieren zu können.

Friedrich der Große sandte damals den Bergassessor Bückling nach England, und froh konnte dieser seiner Regierung bald berichten, daß er viel mehr von der neuen Kunst gelernt habe als alle die französischen „Akademisten", die zu gleichem Zwecke in Soho weilten. Als Frucht dieser Arbeit entstand dann, von Bückling entworfen und **von der ganzen preußischen Monarchie** gebaut, die erste deutsche Dampfmaschine in Deutschland, aus deutschem Material und von deutschen Arbeitern hergestellt. Im Mansfeldschen bei Hettstedt hat sie nach mancherlei Schicksalen jahrelang gearbeitet, und der Verein deutscher Ingenieure hat 1885, 100 Jahre nachdem sie zum erstenmale ihre hölzernen und eisernen Glieder gereckt hatte, ihr an der Stelle ihrer Wirksamkeit ein Denkmal errichtet.

Auch Boulton mußte noch mit vielen Jahren schwerster Sorgen den endlichen Erfolg vorausbezahlen. Was seine andern Fabriken verdienten, fraß die Dampfmaschine. Auch das reichte nicht aus. Boulton opferte sein und der Seinen Vermögen, er erschöpfte restlos seinen persönlichen Kredit. Etwa 800 000 Mk., eine für damalige Verhältnisse riesige Summe, verschlang die Dampfmaschine, ehe das Verdienen begann. Watt, fast sein Leben lang ein kranker Mann — erst das hohe Alter befreite ihn von den schweren Kopfschmerzen, die ihn oft tagelang arbeitsunfähig machten —, litt seelisch und körperlich außerordentlich schwer in diesen sorgenvollen Entwicklungsjahren seiner Erfindung. Er fürchtete sich vor dem Schuldturm und warf sich vor, daß er die Ursache zum Unglück seiner Freunde werde, die ihm und seiner Erfindung Zutrauen entgegengebracht hatten.

Watt, eine zarte Gelehrtennatur, mit der schöpferischen Freude am Erfinden und Gestalten, hatte eine starke Abneigung gegen alles, was Geschäft hieß. Er schrieb einmal an einen seiner Freunde, daß er sich lieber vor die Mündung einer geladenen Kanone stellen wolle, als mit Menschen geschäftlich verhandeln. Jede neue Erfindung brachte neue Sorgen, und so ist es

James Watt

zu verstehen, wie der große Erfinder schließlich gegen neue Aufgaben sich angstvoll wehrte. Die Dampfmaschine war als **Wasserhaltungsmaschine** entwickelt worden. Boulton wollte sie als Betriebsmaschine angewendet sehen. Schweren Herzens entschloß sich Watt, auch an diese Aufgabe heranzutreten, die er, wie wir wissen, glänzend löste. Es tauchte der Gedanke auf, die Dampfmaschine für das Gebiet des Verkehrs zu verwenden. Aber hier leistete Watt entschiedensten Widerstand und verlangte, daß man sich nun endlich darauf beschränken solle, planmäßig das auszubauen, was vorlag, und nicht immer wieder neuen Plänen nachzujagen. Das sollte man den jungen Ingenieuren überlassen, die weder Namen noch Geld zu verlieren hätten.

Zur praktischen Ausbildung der Dampf-Maschine genügte nicht die Arbeit des Konstrukteurs. In einer Zeit, die noch keine Werkzeugmaschinen in unserm Sinne kannte, in der ungelernten Arbeitern die notdürftigsten Kenntnisse zunächst beigebracht werden mußten, war die Werkstatt entscheidend für den Erfolg der Maschine.

Boulton und Watt, durch den genialen Mitarbeiter Murdock unterstützt, haben Bewundernswertes geleistet. Watt ging früh daran, besondere Typen zu entwickeln. Er wehrte sich dagegen, an einer Maschine dauernd Verbesserungen anzubringen. Man solle diese Verbesserungen an der Versuchsmaschine probieren und wenn sie für ausreichend befunden werden, eine neue Bauart herausbringen. Wie wir sehen, ein durchaus neuzeitiger Fabrikationsgrundsatz! In einer Zeit, in der Zimmermann und Tischler Maschinenbauer waren, da noch lange Holz der bevorzugteste Baustoff für viele Maschinenteile war, hatte der Feinmechaniker Watt Feinmeßwerkzeuge erfunden und in der Werkstatt angewandt, wie sein im Londoner Museum aufbewahrtes Mikrometer beweist.

Watt hat planmäßig die ihm zugängliche wissenschaftliche Literatur studiert und sie in den Dienst seiner Arbeit gestellt. Die Ergebnisse dieser Wissenschaft und seiner Erfahrungen hat er in kurze Formeln zusammengefaßt und sich brauchbare, aus Messing hergestellte Rechenschieber geschaffen, mit denen er schnell und einfach die erforderlichen Abmessungen seiner Maschinen bestimmen konnte. Viele Jahrzehnte lang wußte man, daß, wenn ein Ingenieur den Rechenschieber benutzte, er bei Watt in die Schule gegangen war. Allerdings, die überragende Autorität Watts hat dann, da man später noch, als die Grundlagen seiner Rechnungen sich geändert hatten, oft bedingungslos seine Formeln als einzig richtige benutzte, die Entwicklung geschädigt. Kennzeichnend für seine Konstruktionen war die geniale Einfachheit der von ihm gefundenen Lösungen. Sein Wort: es sei schon viel erreicht, wenn man wisse, was man entbehren könne, bezeichnet dies Streben nach Einfachheit.

Wohn- und Sterbehaus Watts in Heathfield.

Die in der Werkstatt fertiggestellten Maschinen mußten an Ort und Stelle dem Betrieb übergeben werden. Arbeits-Maschinen mußten der neuen Kraft angepaßt werden, eine umfassende, wichtige Arbeit für den praktischen Ingenieur. Auch hier hat James Watt in langen Reisen immer wieder an Ort und Stelle eilen müssen, um zu helfen, wenn seine Mitarbeiter nicht mit den Maschinen fertig werden konnten. Im Grubenbezirk, wo die Maschinen zuerst heimisch wurden, war auch James Watt ein oft gesehener Gast.

Die Reisen führten ihn dann später auch nach dem Auslande. Er besuchte Frankreich, Paris, und, was wenig bekannt ist, er kam auch nach Deutschland, wo er die auch durch ihre maschinellen Einrichtungen besonders berühmt gewordenen Bergwerke im Harz besuchte. In dem in der Bibliothek der Bergakademie in Clausthal aufbewahrten Fremdenbuche der Grube Dorothea bei Clausthal vom August 1776 bis 1787 finden wir von ihm die Eintragung: „The 23. July. I went down the Carolina and came up the Dorothea. James Watt from Birmingham, England." (23. Juli. Ich fuhr durch Schacht Carolina ein und kam durch Schacht Dorothea wieder zu Tage. James Watt aus Birmingham, England.) Die Jahreszahl fehlt. Wie sich aber aus den vorhergehenden und nachfolgenden Eintragungen ergibt, ist auf 1786 zu schließen.

Sobald der Erfolg der Maschine deutlich vor aller Augen stand, begannen auch die Angriffe auf sein Patent. Jahrelange schwerste Kämpfe, die in London vor dem Parlament auszufechten waren, begannen und endeten schließlich mit dem Siege Watts. Das letzte Jahrzehnt des 18ten Jahrhunderts brachte dann auch den materiellen Erfolg. Watt konnte nunmehr auf einen von wirtschaftlichen Sorgen befreiten Lebensabend rechnen. Mit dem Jahrhundert lief auch das Patent und damit auch der Arbeitsvertrag mit Boulton ab. Während Boulton die Aufregungen des geschäftlichen Lebens unentbehrlich erschienen, und er nicht daran dachte, aus dem ihm lieb gewordenen Betriebe auszuscheiden, sehnte sich Watt nach Ruhe, und nicht einen Tag länger blieb er in Soho. Sein Sohn wurde sein Nachfolger. Er selbst aber zog sich in die Nähe auf ein von ihm erworbenes bescheidenes Landgut in Heathfield zurück, um nunmehr seinen Neigungen zu leben. Regen Geistes verfolgte er auch weiter die Entwicklung der Technik und Wissenschaft. Eifrig pflegt er den Verkehr mit seinen gelehrten Freunden. Jedes Jahr sieht man ihn einmal in London im Mittelpunkt aller geistigen Interessen. Oft führt ihn auch der Weg nach seiner geliebten Heimat, nach Schottland. Ueberall ist er der Mittelpunkt der für Fortschritt, Wissenschaft, Kunst und Technik arbeitenden Kreise. Wie der alte James Watt auf die Menschen, die mit ihm zu tun hatten, wirkte, davon gibt uns Walter Scott, der ihn nur einmal im 81sten Jahr in Schottland getroffen hat, in einem seiner Werke ein packendes Bild. Er war bei einem Empfang zugegen, den die nordischen führenden Männer der Literatur James Watt gaben. Der Dichter schildert in begeisterten Worten seinen Eindruck von der Größe dieses Mannes, der die nationalen Hilfsquellen in einem Grade entwickelt habe, der selbst die blühendste Vorstellungskraft wohl übertreffe. Man stand einem von der ganzen Welt bewunderten Ingenieur gegenüber, der Zeit und Raum verändert hatte, einem Zauberer, dessen in Rauch- und Dampfwolken gehüllte Maschinen eine Veränderung in der Welt hervorgebracht haben, deren Wirkung, so groß sie schon jetzt sei, doch erst in der Zukunft liege. Besonders eindrucksvoll aber war, daß man tief empfand, wie dieser große Mann der Wissenschaft und Technik auch zu den gebildetsten Menschen gerechnet werden mußte, und daß er vor allem auch zu den besten und gütigsten menschlichen Wesen zählte. „Mich däucht", fährt dann Walter Scott fort in der Schilderung dieses Zusammentreffens mit James Watt, „ich sehe und höre, was ich wohl niemals wieder sehen und hören werde. In seinem 81. Jahr hört dieser geistesfrische, freundliche, gütige, alte Mann auf jedermanns Frage, stellt sein Wissen zu jedermanns Verfügung. Sein Geist und seine Phantasie überschatten jedes Gespräch. Mit dem einen, einem Philologen, spricht er über die Entstehung des Alphabetes, mit einem andern, einem berühmten Kritiker, führt Watt die Unterhaltung in der Weise, daß man glauben sollte, er habe Volkswirtschaftslehre und Literatur sein ganzes Leben lang studiert. Von der Wissenschaft ist es unnötig zu sprechen, das war sein ureigenstes Gebiet." Wenn er aber mit einem Landsmann sprach, so stellte es sich heraus, daß er mit allen Einzelheiten der Landesgeschichte vertraut war.

Werkstatt Watts in seinem Wohnhaus in Heathfield.

Auch sein Briefwechsel, von dem leider nur ein kleiner Teil veröffentlicht ist, zeigt deutlich diese unerschöpfliche geistige Fähigkeit, die sich auf die verschiedensten Gebiete erstreckt, und die, getragen von einer außerordentlichen persönlichen Bescheidenheit und Güte, den Menschen James Watt so liebenswert machte.

Es ist selbstverständlich, daß ein Erfinder wie Watt auch in seinen Mußestunden das Erfinden nicht mehr lassen konnte. Jetzt aber, losgelöst von jedem geschäftlichen Zwang, lehnte er es ab, seine Arbeiten zu veröffentlichen oder gar auf seine Ideen Patente zu nehmen.

Als Kind in der Werkstatt aufgewachsen, konnte er auch als Greis nicht ohne Werkstatt leben, und so richtete er sich in seinem bescheidenen Landhaus in Heathfield im ersten Stock eine kleine Werkstatt ein, die sein liebstes Zuhause wurde, und die uns pietätvolle Verehrung seiner Nachfolger in unverändertem Zustand gelassen hat. Seine Drehbank, sein Zeichentisch, alle seine Werkzeuge und Arbeitsgeräte stehen hier noch unberührt, so wie sie Watt vor 100 Jahren verlassen hat. Und mitten im Raum sehen wir die Maschine stehen, an der er noch bis zum letzten Lebensjahr gearbeitet hat. Die Aufgabe, die er sich, als er sich vom Geschäft zurückzog, gestellt hatte, war die, auf maschinellem Wege die getreue Nachbildung von Erzeugnissen der bildenden Kunst herzustellen. Er wollte Medaillen und Büsten in der gleichen oder kleineren Größe fertigen. So ersann er eine Kopierfräsmaschine, auf der er nach jahrelangen Änderungen und Verbesserungen — besonders die Herstellung der Fräser machte ihm viel Schwierigkeiten, und Murdock half ihm hierbei — es fertig brachte, u. a. auch seine von Chantrey geschaffene Büste ausgezeichnet zu kopieren. Er pflegte dann wohl diese Erzeugnisse seiner Arbeit seinen Freunden mit den Worten zu schenken, daß sie von einem jungen Künstler herrührten, der eben erst 80 Jahre alt geworden sei. Für ihn war diese Art der Arbeit eine Erholung, die er nicht missen konnte.

So vergingen die Jahre, und es nahte der Tag, an dem ohne Kampf und Schmerz Watt zur ewigen Ruhe einging. Wer der Lebensgeschichte Watts in seiner Heimat nachgehen konnte und sich ein Gefühl für die Größe wie auch die menschliche Seite der technischen Arbeit erhalten hat, wird heute seine Gedanken gern weilen lassen in Heathfield, der Werkstatt Watts, wo jede Einzelheit ihn erinnert an den großen Ingenieur, in der Kirche in Handsworth, an der Ruhestätte des unermüdlichen Geistes und in London in der Westminster-Abtei, wo Watts großes von Chantrey geschaffenes Marmordenkmal zwischen all den Fürsten, Kriegern, Staatsmännern und Dichtern steht, mit der Inschrift, die besagt, daß das Denkmal nicht dazu dienen solle, einen Namen zu verewigen, der dauern muß, so lange die Künste des Friedens blühen, sondern zu zeigen, daß die Menschheit gelernt hat, die zu ehren, die ihren Dank am meisten verdienen: „James Watt, welcher, indem er die Kraft eines schöpferischen, frühzeitig in wissenschaftlichen Forschungen geübten Geistes auf die Verbesserung der Dampfmaschine wandte, die Hilfsquellen seines Landes erweiterte, die Kraft des Menschen vermehrte und so emporstieg zu einer hervorragenden Stellung unter den berühmtesten Männern der Wissenschaft und den wahren Wohltätern der Welt."

*   *   *

James Watt.
Von Dr. R. Laemmel.

Am 19. August vor hundert Jahren starb der Mann, den man kurz als den Erfinder der Dampfmaschine zu bezeichnen pflegt: James Watt aus Greenock am Clydefluß. Als er am 19. Aug. 1819 die Augen schloß, waren genau 50 Jahre verflossen, seit er sein entscheidendes Patent genommen hatte. Demnach hat die Dampfmaschine im ganzen eine Entwicklung von 150 Jahren hinter sich, wenn man von jenen Formen absieht, die keine weitere Verbreitung gefunden haben, der Zeit von Papin bis zu Watt. Das Zeitalter der Dampfmaschine ist also erst fünf Generationen lang herrschend: der Großvater meines Urgroßvaters lebte noch im technischen Mittelalter. Die Verbilligung der Arbeit durch die Einführung der Dampfmaschine ist so bedeutend, daß eine kommende Geschichte der materiellen Kultur die technische Neuzeit von der Zeit des James Watt an datieren wird.

James Watt war ein Schlosser; nicht mehr und nicht weniger; wenigstens damals, als er sein Patent nahm. Ja, auch für die Herren Schlosser war er eigentlich ein Außenseiter, ein „Kurpfuscher", denn er hatte keine regelrechte Lehrzeit hinter sich. Aber dafür hatte er glücklicherweise unter den Professoren in Glasgow Verwandte, die ihm zur Stellung eines Universitätsmechanikers verhalfen. In dieser Stellung lernte er den jungen Robison kennen, der ihn mit dem Problem der Dampfmaschine bekannt machte. Es gelang Watt, in jahrelanger Denk- und Bastelarbeit jene grundlegenden Verbesserungen anzubringen, welche die Dampfmaschine zu einer allgemein brauchbaren Anlage machten und welche noch heute das Wesen derselben bilden. Bis zu Watt diente der Dampf gar nicht dazu, durch seine Ausdehnung Arbeit zu leisten, sondern es wurde nur die Eigenschaft benützt, daß er sich durch

Einspritzen von Wasser gut verflüssigen läßt, wodurch ein luftverdünnter Raum entsteht, in welchen die äußere Luft einen Kolben drückt. Dieser letztere Vorgang war die Arbeit, so daß man jene Maschinen vor Watt eigentlich besser atmosphärische Maschinen, statt Dampfmaschinen, nennen sollte. James Watt kam auf den Gedanken, den Dampf abwechselnd von beiden Seiten auf den Kolben wirken zu lassen. Ferner verlegte er den Vorgang des Kondensierens des Dampfes aus dem Arbeitszylinder weg in einen besonderen, angeschlossenen Raum. Das waren seine beiden Erfindungen, die, wenn man will, ein neues Zeitalter heraufbeschworen. Zwar soll man die Verdienste seines unmittelbaren Vorgängers, des Grobschmiedes Newcomen, nicht vergessen, der die atmosphärische Maschine erstmals erbaute. Und schließlich war es der geistreiche Denis Papin, geboren 1647 zu Blois, der die ersten Anstrengungen in dieser Richtung gemacht hatte.

James Watt wurde am 31. Januar 1736 geboren. Er stammt aus einer alten schottischen Familie, in welcher der soziale Anstieg schon einige Generationen hindurch angehalten hatte. Da die Familie des Erfinders mit Watts Sohn ausstarb, so bietet sie das typische Bild einer Familienentwicklung: langsamer Anstieg, Höchstleistung, Verlöschen. Uebrigens will ich bemerken, daß der Name Watt auch in der Ostschweiz vielfach vorkommt; es wäre Aufgabe der Historiker, zu erforschen, ob die St. Gallischen Watt mit den schottischen zusammenhängen. Ich erinnere an „Wattwil" und „Schloß Watt" bei St. Gallen (Untere Waid). Wie viele bedeutende Männer kam auch Watt als sehr schwaches Knäblein zur Welt und entging einem frühen Tod nur infolge der äußerst sorgsamen Pflege durch seine Mutter. Starben doch in jenen Zeiten von zehn Neugebornen meist neun vor Erreichung des 15. Lebensjahres! Und dieses schwache Kind, das in Sparta im Taygetos* zugrunde gegangen wäre, starb in England als dreiundachtzigjähriger Mann, nachdem er seiner Nation die industrielle Hegemonie über den Kontinent verschafft hatte und durch die Rettung der Kohlengruben das Land vor einem Milliardenverlust bewahrt hatte. Denn das war in jenen Tagen der Zweck der Dampfmaschine: das Wasser aus den Bergwerken zu pumpen. Die Gruben im Cornwall drohten zu ersaufen. Watt hat diese Gruben gerettet.

Da Watt unbemittelt war, mußte er sich mit einem Kapitalisten verbinden. Hier liegt nun eines der sehr wenigen Beispiele vor, wo diese Verbindung vortrefflich gelang. Der Name seines „Associé", wie wir heute sagen würden, verdient, der Nachwelt überliefert zu werden: es ist der Millionär Boulton. Damals wie heute ist es ein Spiel des Zufalls, ob aus einer Erfindung etwas wird oder nicht. Watt war der Mann, der seine Idee beharrlich verfolgen und der Leute für die Sache gewinnen konnte. Wäre das nicht der Fall, so hätten wir heute wohl auch die Dampfmaschine, denn die Erfindungen Watts wären mit der Zeit auch von andern gemacht worden. Aber wir hätten heute vielleicht das Stadium der Entwicklung, wie es Anno 1850 vorlag.

Watt selber hat sich während seines Lebens nur mit der Verwendung der Dampfmaschine für Bergwerke beschäftigt. Man muß sich wundern, daß er nicht mehr die Energie aufbrachte, den Dampfwagen zu bauen, von welchem ihm schon Robison gesprochen hatte. Aber Watt erlebte noch die ersten Dampfschiffe und Lokomotiven und damit den Beginn der Verkehrsumwälzung, die Anfang des vorigen Jahrhunderts in Europa begann und heute noch nicht vollendet ist. Während in der langen Zeit von Cäsar bis Goethe die Reise von Rom bis Koblenz ziemlich gleich langdauernd blieb, etwa 10 Tage unter günstigsten Verhältnissen, ist seither eine Entwicklung eingetreten, die heute, 1919, noch nicht vollendet zu sein scheint. Warum diese bedeutsamen Neuheiten — Dampfschiff und Lokomotive — nicht unmittelbar von Watt selber herrühren, erklärt sich, wenn man die schweren Kämpfe bedenkt, die Watt in der kräftigsten Zeit seines Lebens auszufechten hatte. Kaum hatte er mit Boulton seine Fabrik in Soho eröffnet, da wurde er auch schon von Spionen umlagert, die seine Fabrikgeheimnisse ausspähten. Und bald hatte er neben den eigentlichen Kämpfen um die positive Entwicklung seiner Sache noch die Abwehr gegen den unlautern Wettbewerb. Dabei lernte er Menschen, Dinge und Verhältnisse von einer Seite kennen, wie sie ins schlichte Leben des Mechanikers noch nicht getreten waren. Er lernte das Gerichtswesen kennen. Die Dummheit und Böswilligkeit der Richter, die Verschleppungsmethoden der Advokaten, die Einsichtslosigkeit des Publikums. Aus dieser Epoche stammen Erkenntnisse wie diese: „Neun Zehntel der Menschen sind Schurken, der Rest ist idiotisch oder wahnsinnig."

Als Sturm und Drang im Leben Watts vorbei waren, der Erfinder reich und angesehen wurde, da war die Energie vorüber; Watt zog sich vom Geschäft zurück und lebte noch 19 Jahre einer ruhigen Beschaulichkeit. Er „bastelte" zwar immer noch, versuchte allerlei — aber seine Erfindung

---

* Die Spartaner setzten die schwächlichen Kinder im Taygetos-Gebirge aus, um ihren Volksstamm kräftig zu erhalten.

NICHT EINEM NAMEN DAUER ZU VERLEIHEN
WIRD ER DOCH LEBEN SO LANGE DIE KÜNSTE DES FRIEDENS BLÜHEN
SONDERN DAMIT SICHTBAR WIRD
DASS DIE MENSCHHEIT GELERNT HAT DIE ZU EHREN
DIE AM MEISTEN IHREN DANK VERDIENEN
HABEN DER KÖNIG
SEINE MINISTER UND VIELE DER EDELEN
UND BÜRGER DES KÖNIGREICHS
DIESES DENKMAL ERRICHTET

JAMES WATT

DER DIE KRAFT EINES SCHÖPFERISCHEN GEISTES
FRÜHZEITIG IN WISSENSCHAFTLICHER FORSCHUNG GEÜBT
AUF DIE VERBESSERUNG
DER DAMPFMASCHINE WANDTE
DIE HILFSQUELLEN SEINES LANDES ERWEITERT
UND DIE KRAFT DES MENSCHEN GESTEIGERT HAT
UND SO EMPORSTIEG ZU EINER HERVORRAGENDEN STELLUNG
UNTER DEN BERÜHMTESTEN JÜNGERN DER WISSENSCHAFT
UND DEN WAHREN WOHLTÄTERN DER WELT

GEBOREN ZU GREENOCK MDCCXXXVI
GESTORBEN ZU HEATHFIELD IN STAFFORDSHIRE MDCCCXIX

Inschrift des Denkmals.

Denkmal in der Westminster-Abtei zu London.

baute er nicht mehr weiter aus. Um sich eine klare Vorstellung von der Bedeutung zu machen, welche der Einführung der Dampfkraft zukommt, muß man schon zu recht drastischen Mitteln greifen. Eine moderne Dampfmaschine kann aus einem Kilo Kohle etwa 400 000 mkg mechanischer Arbeit entwickeln, d. h. so viel, wie der Muskelarbeit von sechs Taglöhnern entspricht. Mißt man beides, Kohle und Arbeit, im Geldwert, so ergibt sich, daß durch die Dampfmaschine eine tausendfache Verbilligung der Arbeit eingetreten ist. Damit ist alles gesagt, was wesentlich ist; denn es ist klar, daß eine solche Verbilligung der wertschaffenden Arbeit eine Umwälzung bedeutet.

In South-Kensington zu London, im Victoria Albert-Museum, steht als Nr. 21 das erste Modell Watts, der Gegenstand seines Patents von 1769. Es fällt dem Epigonen von 1919 schwer, sich vorzustellen, was für eine große Arbeit in dem unscheinbaren Ding steckt. Betrachten wir nur den harmlosen Messingzylinder: wer heute einen solchen braucht, bestellt sich ihn – womöglich telephonisch – bei irgend einer Firma, bei der er noch in jeder größern Stadt die Wahl unter Dutzenden hat. Damals aber gab es nirgends eine feinmechanische Werkstatt, und wer einen Messingzylinder brauchte, der – mußte ihn eben selber machen! Und das ist auch heute noch der Normalweg des Erfinders: er muß „basteln". Denn fertig kaufen kann man nur die Dinge, die eben schon erfunden sind!

Wir leben in einer Zeit heftigster materieller und sozialer Entwicklungen. Die Völker müssen den besten Kräften unter ihren Bürgern freie Bahn geben; sie müssen beginnen, durch vernünftige Organisation dasjenige zu tausendfacher Erscheinung zu bringen, was bis heute als Werk des Zufalls einmal gelang. Soll ich meinen Zeitgenossen den Vorteil in Franken und Rappen darlegen? Nun wohl: wäre nur der eine Watt durch Mißgeschick nicht zur Ausreifung gelangt, wäre statt dessen die Erfindung 30 Jahre nachher in Frankreich gemacht worden, so hätte England, in heutiges Geld umgerechnet, einen Verlust von mehreren Milliarden erlitten. Watts Leben zeigt klar, daß zu einer Erfindung nicht nur die Idee und nicht nur Durcharbeitung derselben gehört, sondern auch gewisse günstige äußere Umstände, die allein den schließlichen Erfolg auslösen. „In ganz Europa", sagt eine englische Biographie, „hätte Watt suchen können, er hätte keinen bessern Mann für seine Pläne finden können als gerade Boulton." Jawohl; und wie oft mag es wohl vorgekommen sein, daß ein anderer Watt seinen Mann nicht gefunden hat? Wie viele Erfinder sind wohl elend zugrunde gegangen? Ich meine damit nicht diejenigen, von welchen uns die Geschichte erzählt, sondern jene, von denen wir überhaupt gar nichs wissen!

Möchten doch die Völker der Erde Mittel finden, den Erfindern unter ihnen zu Hilfe zu kommen! Denn die wenigsten Erfinder verfügen über jene geschäftliche Betriebsamkeit und jene Robustheit, die heute leider noch nötig ist, wenn man „Erfolg" haben will. Es ist ein großer und grober Irrtum, zu glauben, daß sich „eben in der alles besiegenden Beharrlichkeit und Ausdauer" das Genie des Erfinders zeige. Über eine solche Zähigkeit verfügt jeder Valutaschieber, aber nicht jeder Erfinder! Und die Bedeutung oder der Wert der Erfindung – sie haben mit jener Zähigkeit nichts zu tun!

Ob wohl in hundert Jahren, wenn die Menschen sich des 200. Todestages von James Watt erinnern, der Bürger wird sagen können: „Heute braucht kein Watt mehr einen Boulton"?

Watts Vertrag mit seinem Geldgeber.

Boulton schreibt an Watt: Soho, Juli 1776.

„Es ist schwierig, den wirklichen Wert Ihrer Eigentumsrechte bei unserer Teilhaberschaft festzusetzen. Jedenfalls will ich es bestimmt bezeichnen und ich kann wohl sagen, ich würde Ihnen gern zwei-, auch dreitausend Pfund für die Übertragung Ihres Drittels an dem Patent geben. Es würde mir aber leid tun, mit Ihnen einen für Sie so unvorteilhaften Handel abzuschließen, und ich würde jedes Geschäft bedauern, was mich Ihrer Freundschaft, Zuneigung und tatkräftigen Hilfe berauben würde. Ich hoffe, daß wir in Liebe und Eintracht die 25 Jahre zusammen aushalten werden, und das wird mir lieber sein, als wenn ich als alleiniger Inhaber so reich wie Nabob werden könnte.

Wenn Sie vielleicht mit Ihren Freunden darüber verhandeln wollen, so können Sie ihnen von folgenden Hauptpunkten unseres Vertrages eine Abschrift geben:

1. Sie überweisen mir ²/₃ des Patents unter folgenden Bedingungen:

2. Ich habe die Kosten für die Versuche, für die Erwerbung des Patentes, sowie für das, was für die Maschine vom Juni 1775 gebraucht wurde, zu tragen, auch die Ausgaben für die ferneren Versuche zu bestreiten. All dies Geld ist von mir unverzinslich herzugeben, und darf nicht gegen Sie verrechnet werden. Die Versuchsmaschinen sind mein Eigentum, da sie von meinem Gelde gekauft werden;

3. ferner habe ich das Kapital, was zum Geschäftsbetriebe nötig ist, gegen übliche Zinsen vorzuschießen;

4. der Gewinn des Geschäfts nach Bezahlung oder Abschreibung der Zinsen, der Arbeitslöhne und aller Geschäftsunkosten, soweit sie sich auf unser Dampfmaschinengeschäft beziehen, ist in drei Teile zu teilen, von denen Sie einen, ich zwei Teile erhalte;

5. Sie haben die Zeichnungen zu entwerfen, die Angaben zu machen und die Leitung zu übernehmen. Die Auslagen für Geschäftsreisen übernimmt das Geschäft;

6. ich habe die Bücher genau zu führen, dafür Sorge zu tragen, daß jährlich Abschluß gemacht wird. Ferner habe ich Sie in der Leitung der Arbeiter zu unterstützen, Geschäfte abzuschließen, sowie überhaupt alles das zu tun, was wir beide von Interesse für das Geschäft halten;

7. ein Buch ist zu führen, worin alle neueren Übereinkommen zwischen uns zu Protokoll genommen werden und die, mit unserer beiden Unterschrift versehen, dieselbe Kraft haben, wie unser Vertrag;

8. keiner darf seinen Anteil ohne Zustimmung des andern veräußern. Sollte einer von uns sterben oder für gemeinsame Tätigkeit unfähig werden, so soll der andere der einzige Leiter sein, ohne Kontrolle der Erben, Testamentsvollstrecker oder gesetzlichen Nachfolger. Die Bücher jedoch können von ihnen eingesehen werden, auch kann der tätige Teilhaber eine vernünftige Entschädigung für seine besondere Mühewaltung beanspruchen;

9. der Vertrag tritt mit dem 1. Juni 1775 auf 25 Jahre in Kraft."

Aus Watts Briefen.

An einen Bekannten, der um Angaben über Dampfmaschinen zum Zweck der Veröffentlichung gebeten: 24. November 1798.

„Fürchten Sie nicht, daß in dem, was ich Ihnen zu senden gedenke, große Berechnungen und viel Mathematik enthalten sein wird. Mein Herz verabscheut sie beide und alle andern abstrakten Wissenschaften dazu. Ich werde Ihnen einige Tatsachen mitteilen zur Erklärung einiger „Warum" und „Weshalb", aber ich hoffe Ihre Zeit nur mit zwei Quartseiten in Anspruch zu nehmen........ So weit es mich anbetrifft, so würde ich mir nicht die Mühe erst machen in der Weise, wie Sie es wünschen, darüber zu schreiben, aber ich kann eine an mich so verbindlich gerichtete Bitte nicht abschlagen. Ich will es jedoch nur unter der Bedingung tun, daß Sie mich nicht wieder mit so unmäßigem Lob überschütten, wie bei dem letzten Artikel, wo Sie die Liebenswürdigkeit hatten, die Maschine zu erwähnen. Ich will nicht jungfräuliche Schüchternheit heucheln, aber Sie machen mich doch wirklich in meinen eigenen Augen verächtlich, wenn ich betrachte, wie weit unten meine Ansprüche beziehungsweise die der Maschine, auf der Leiter menschlicher Erfindungen sich befinden. Ich weiß es selbst, daß ich in den meisten Dingen tiefer stehe als der größte Teil geistig bedeutender Männer! Wenn ich mich ausgezeichnet habe, so ist daran, nach meinem jetzigen Dafürhalten, der Zufall und die Nachlässigkeit anderer schuld. Bewahren Sie die Würde eines Philosophen und Geschichtschreibers; berichten Sie Tatsachen, und überlassen Sie es der Nachwelt, zu richten."

* * *

24. April 1775.

„Nachdem wir nun fertig sind, wird vermutlich ein anderes Genie mit einer neuen Entdeckung auftreten und wird beweisen, daß seine Maschine siebenmal besser ist als die gewöhnliche Maschine, während unsere nur dreimal so gut ist."

* * *

14. Juni 1814.

„Bei so vielen neuen Ideen, warum habe ich deren nicht mehr ausgeführt? Der Geist war willig, aber das Fleisch war schwach."

Watts Lebensarbeit.

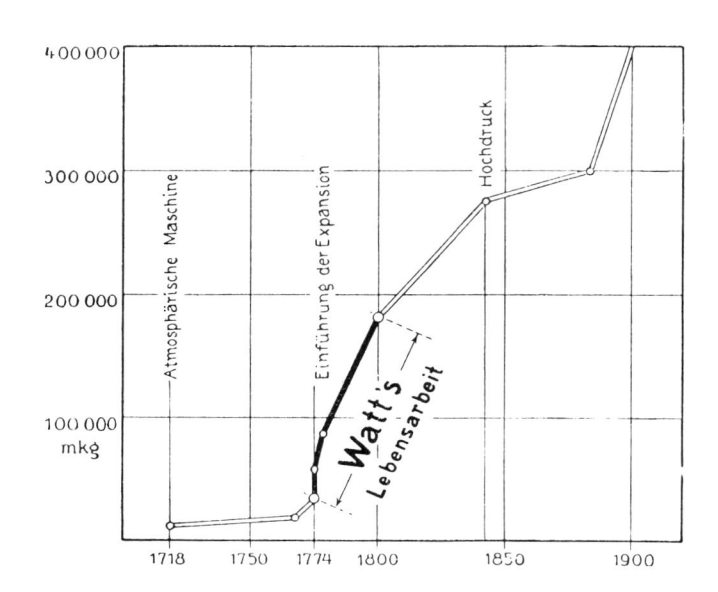

Nebenstehendes Schaubild zeigt, wie die Ausnützung der Steinkohle in den Jahren 1718–1900 durch Erfindungen und Verbesserungen an der Dampfmaschine gesteigert wurde. Die Kurve des Bildes gibt die aus 1 kg Kohle gewonnenen Arbeitsmengen, gemessen in Meterkilogramm, an. Die Anzahl der Meterkilogramme (mkg) ist auf den senkrechten Linien aufgetragen, die auf den Jahreszahlen der Grundlinie stehen. — 1 kg Steinkohle könnte unter der Voraussetzung, daß keinerlei Verluste bei der Umwandlung eintreten, etwa 3 000 000 mkg ergeben. Tatsächlich traten noch im Jahre 1774 so enorme Verluste auf, daß aus 1 kg Kohle nicht mehr als knapp 40 000 mkg gewonnen werden konnten. In 25jähriger Arbeit gelang es Watt, diese aus 1 kg Kohle gewonnene Arbeitsmenge auf ca. 190 000 mkg, also nahezu das Fünffache, zu steigern. Hundert Jahre weiterer Entwicklung haben es mit allen Errungenschaften der neueren Technik nur vermocht, eine weitere Steigerung auf etwa das Doppelte herbeizuführen.

Die erste in Deutschland gebaute Dampfmaschine Wattscher Konstruktion.

Erst mit Watts Niederdruckdampfmaschine beginnt die eigentliche Dampfmaschinenperiode Deutschlands.

Diesen Anfang mit heraufgeführt zu haben, war eine der letzten Taten Friedrichs des Großen. Wohlberaten durch Männer, wie den Grafen von Reden, den Schöpfer der Oberschlesischen Großindustrie, erkannte der große Preußenkönig die weitgehende Bedeutung der neuen Kraft und bewilligte die Mittel zur Anschaffung einer solch neuen Maschine aus dem Landesmeliorationsfonds. Da hieraus stets nur Unternehmungen, die der ganzen Monarchie zu Nutze waren, wie z. B. die Entwässerung des Oder-, Warthe- und Netzebruchs, Kanalbauten u. s. w., bestritten wurden, so zeigte der König damit deutlich an, welche allgemeine Förderung für das ganze Land er sich durch die Einführung der Dampfmaschine versprach. Diese erste Dampfmaschine Wattscher Konstruktion kam im Bezirk des Magdeburg-Halberstädtischen Oberbergamts in Betrieb.

Man war gezwungen, mit einem Schachte bei Hettstädt im Mansfeldischen tiefer zu gehen. Die hierfür geplante neue Wasserhaltung erforderte als Kraftquelle zu ihrem Betriebe mehr als 100 Pferde. Die hohen Unterhaltungskosten solcher Pferdeherden machten die Ausführung einer „Roßkunst" unmöglich. Für eine „Radkunst" war Wasser in genügender Menge am Ort nicht vorhanden. Es aus großer Entfernung hinzuleiten, hätte ungeheure Kosten verursacht. Es blieb nur noch der Vorschlag des Bergassessors Bückling, eine Dampfmaschine zu verwenden, zur Berücksichtigung übrig. Da sie im eigenen Lande erbaut werden sollte, wurde Bückling auf Spezialbefehl des Königs nach England gesandt, wo er „so glücklich war, die Boultonsche Feuermaschine, deren Mechanismus die französischen, nach London geschickten Akademisten vergebens zu erforschen bemüht gewesen sind, genau zu untersuchen und ihren Mechanismus sowohl, als das Verhältnis aller ihrer Teile sorgfältig zu berechnen". Nach seiner Rückkehr baute Bückling ein Modell der Feuerkunst im Maßstab von 1½ Zoll auf 1 Fuß, das seine vorgesetzte Behörde von der Möglichkeit der Ausführung überzeugte; 1783 wurde der Befehl zum Bau der Feuermaschine erteilt.

Die Arbeiten dafür wurden auf die verschiedenen Werke verteilt. Der Dampfzylinder wurde in dem Königl. Gießhause in Berlin gegossen, „aus dem Kern gebohrt und inwendig sehr sauber poliert". Die Kolbenstange und andere größere Schmiedeteile lieferte ein oberschlesischer Eisenhammer. Die Gußteile stammten aus Zehdenik in der Mark Brandenburg. Der Königliche Kupferhammer bei Neustadt-Eberswalde fertigte den Dampfkessel an, die Pumpen entstanden im Harz in Ilseburg und Mägdesprung, den hölzernen Balancier nebst Zubehör stellte man auf dem Schachte selbst her. Der bronzene Zylinder maß 732 mm im Durchmesser und war 3 m lang. Der Hub betrug 2,51 m. Der kupferne Kessel von etwa 2,6 m Durchmesser und 2,2 m Höhe hatte runde Form und sah etwa aus, wie eine Destillierblase. Die ganze preußische Monarchie arbeitete an der Fertigstellung ihrer ersten Dampfmaschine. Am 23. August 1785 wurde das Werk in Gegenwart des Ministers von Steinitz, des Oberbergrates von Reden und des Bergassessors Bückling in Betrieb gesetzt.

„Die Maschine hebet in einer Minute 18 mal und gießet auf jeden Hub 3 Kubikfuß Wasser. Die Kraft derselben ist übrigens der Kraft von 108 Pferden gleich." (Aus einem alten Bericht.)

Die Berufs-Eignungsprüfung für Krafffahrer.

(Psychotechnische Prüfung.)

Von Dr. Albert Neuburger.

(Schluß.)

Damit ist aber das Urteil über die Eigenschaften des Fahrers noch immer nicht abgeschlossen. Ein Fahrer kann ruhig, überlegt und tatkräftig sein und eignet sich doch wenig für den Beruf des Kraftfahrers, weil ihm eine der wesentlichsten Eigenschaften ermangelt, die einem solchen innewohnen müssen, nämlich die Zähigkeit, wie wir es nennen möchten, d. h. die Kraft, lange durchzuhalten ohne zu ermüden. Was nützt der beste Fahrer, wenn er rasch und leicht ermüdet? Mancher ist während der ersten Stunde sehr frisch und wird daher auch bei den vorstehend beschriebenen

liche Ermüdung auch geistige nach sich zu ziehen pflegt. Beim Fahrer kommen nun sowohl körperliche wie geistige Leistungen in Betracht: körperliche, die in der mit der Führung und Steuerung des Wagens verbundenen Muskeltätigkeit begründet sind, geistige, die durch die notwendige ständige Aufmerksamkeit verursacht werden. Es handelt sich also darum, beide Grundursachen der Ermüdung und ihre Wirkungen für sich zu prüfen.

Die Erfahrung hat nun gezeigt, daß es, um die körperliche Ermüdung zu ermitteln, durchaus nicht nötig

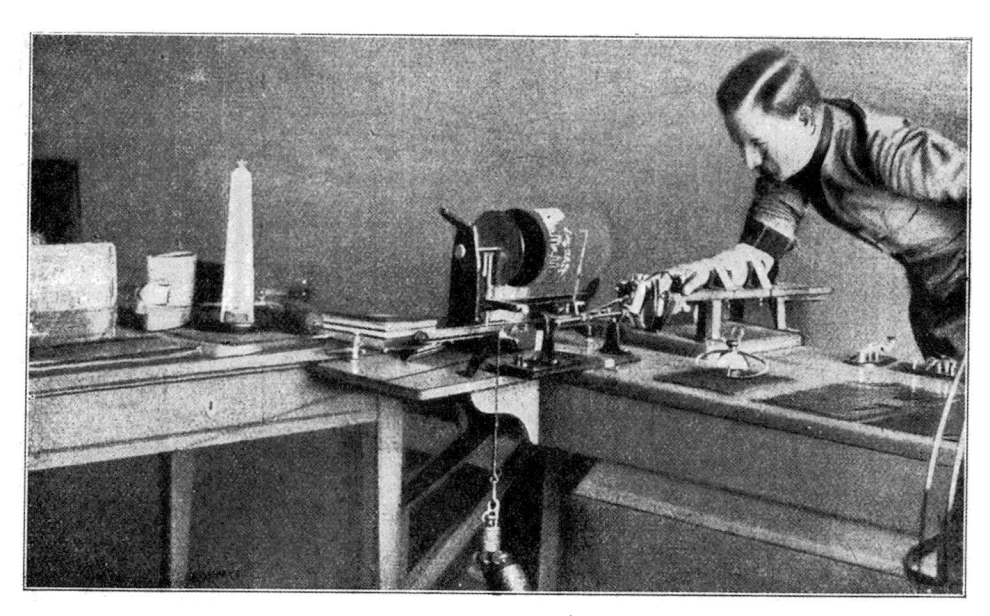

Abb. 4. Der Mossosche Apparat zur Messung der Ermüdung.

Prüfungen glänzend abschneiden. Aber schon kurze Zeit später ändert sich das Bild seiner Willensbetätigung. Eine rasche Ermüdung tritt ein, und in der zweiten oder dritten Stunde versagt er. Dieses Versagen kann sich in mannigfacher Weise geltend machen, sei es, daß seine Tatkraft gelähmt wird, sei es, daß eine gewisse Nervosität auftritt, die seine Handlungen beeinflußt und die mit der Zeit zu einer immer steigenden Erregung führt.

Aus diesen Gründen erschien es notwendig, die Prüfung noch auf einen weiteren Punkt auszudehnen, nämlich auf die Messung der Ermüdbarkeit. Man geht hierbei von der Erfahrung aus, daß geistige Ermüdung auch körperliche, und daß umgekehrt körperliche

ist, daß man den Mann sich etwa abarbeiten läßt. Es genügt vollkommen, eine einzige kleine Muskelgruppe arbeiten zu lassen, um die Ermüdungsmessung durchführen zu können. Als derartige Muskelgruppe wird nun der Mittelfinger der rechten Hand verwendet, dessen Prüfung in einem besonderen, von Mosso konstruierten Apparat vorgenommen wird.

Dieser Apparat (Abbildung 4) besteht aus einem wagerecht auf einem Gestelle befestigten Brett, in das der rechte Arm in wagerechter Lage eingeschnallt wird. Diese Festlegung des Armes hat den Zweck, die Tätigkeit seiner Muskeln auszuschalten. Würde man eine solche Ausschaltung nicht vornehmen, so würden un-

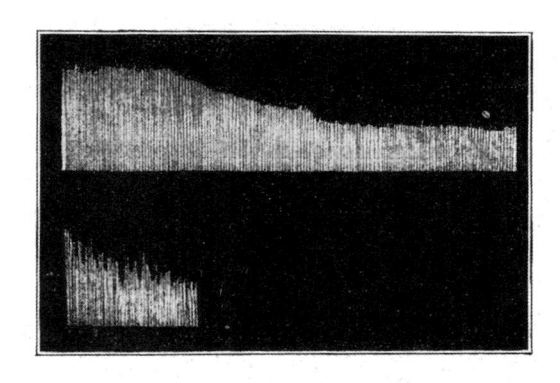

Abb. 5. Ermüdungskurven.
Oben: Gute, langsam eintretende allmähliche Ermüdung, praktisch Unermüdbarkeit.
Unten: Schlechte Leistung, rasch eintretende Ermüdung.

willkürliche Muskelbewegungen der Unterarmmuskeln eintreten, die den natürlichen Zweck verfolgen, die allmählich ermüdenden Muskeln des Mittelfingers zu unterstützen und ihnen einen Teil der Arbeit abzunehmen. Auch die übrigen Finger werden festgelegt, nur der Mittelfinger arbeitet. Er steckt in einer Hülse, an der eine Schnur angebracht ist, deren anderes Ende mit Gewichten belastet ist und die gleichzeitig einen Schlitten in Bewegung setzt, der auf zwei Schienen läuft.

Es handelt sich nun darum, durch Bewegungen des Mittelfingers die Gewichte immer wieder zu heben, sie also fortwährend auf- und niedergleiten zu lassen. Dadurch wird auch der Schlitten hin- und hergeführt, dessen Bewegungen mit Hilfe einer Schreibvorrichtung auf einer sich drehenden Trommel aufgezeichnet werden. Es entsteht so eine Kurve, die ganz verschieden aussieht, je nachdem, ob der Mann rasch oder nicht rasch ermüdet. Wer nicht rasch ermüdet, der hält gut und gleichmäßig durch. Nur allmählich werden seine Bewegungen schwächer, so daß der Schlitten nicht mehr im gleichen Maße hin- und hergleitet wie vorher. Die „gute" Kurve zeigt daher gleichmäßig hohe Striche, die nur allmählich und sehr gleichmäßig absinken. (Siehe die Abb. 5.)

Anders bei dem leicht Ermüdenden. Hier hat die Kurve zunächst eine bestimmte Höhe, aber schon nach kurzer Zeit tritt Ermüdung ein, ihre Striche werden kürzer. Der Arbeitende merkt dies und bemüht sich, seine Leistung zu verbessern: er strengt sich stärker an. Die Striche wachsen also wieder, aber nach sehr kurzer Zeit ist er schon wieder müde. Sein Wille langt nicht zu, die höhere Leistung aufrecht zu erhalten, die Striche werden wieder kürzer. Erneute vergrößerte Anstrengung verbessert sie etwas, doch sinken sie alsbald wieder. So geht es ununterbrochen auf und nieder, die Kurve ist gezackt und sinkt dabei ziemlich rasch.

Die Größe der angehängten Gewichte wird je nach der Leistungsfähigkeit des zu Prüfenden genau ausgemittelt. Durch diese Ausmittlung kann auch ein Überblick darüber gewonnen werden, ob durch Übung eine Verbesserung möglich ist. Aus der Übungsfähigkeit lassen sich auch weitere Schlüsse auf die Raschheit ziehen, mit der der Betreffende die verschiedenen Handgriffe erlernen und sich in seinen Beruf einarbeiten wird.

An die Prüfung der körperlichen Ermüdung schließen sich weitere Prüfungen der geistigen Ermüdbarkeit an, auf deren Einzelheiten aber hier nicht weiter eingegangen werden soll.

Nur eine Art der Prüfung sei noch erwähnt. Es ist dies die Prüfung auf die Erregbarkeit oder vielleicht besser ausgedrückt auf die Schreckhaftigkeit. Sie erfolgt mit Hilfe eines Apparates, den der zu Prüfende mit geschlossenen Augen ruhig in der Hand halten soll, und der dabei die Ruhelage der haltenden Hand aufzeichnet. Nun wird der Mann plötzlich erschreckt, sei es durch einen Schuß oder auf irgendeine sonstige Weise. Seine Hand oder sein Arm beginnt zu zittern, der Apparat zeichnet die Zitterbewegungen auf. Man kann aus den aufgezeichneten Kurven genau ersehen, bis zu welchem Maße er schreckhaft ist. Bei dem einen erfolgt nur eine geringe Zuckung, bei dem andern verzeichnet der Apparat ein richtiges Zittern. (Siehe die Abbildung 6.)

So viel über die technischen Einzelheiten. Es bleibt nun noch kurz zu erörtern, ob diese Prüfungen auch im Frieden weiter fortgeführt werden sollen.

Zunächst sei vorausgeschickt, daß die Erfahrungen der Praxis ihre vollkommene Brauchbarkeit erwiesen haben. Im Krieg war es möglich, hierüber genaue Feststellungen zu machen. Über alle durchgeführten Prüfungen wurden genaue Listen geführt und ebenso über das fernere Verhalten der Geprüften sowohl in der Heimat wie im Felde. Es ergab sich eine ganz vorzügliche Übereinstimmung, die ohne weiteres zu dem Schlusse berechtigte, daß man aus den Ergebnissen einer

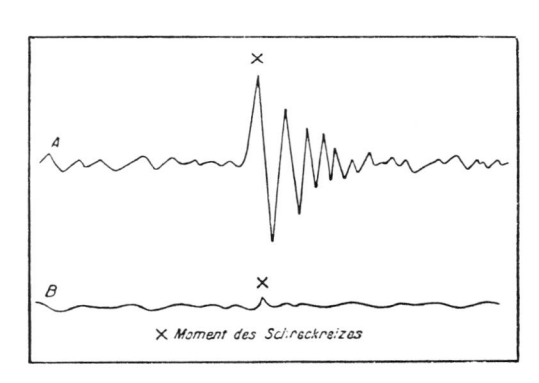

Abb. 6. Schreckreizkurven.
Oben: Die Kurve des Schreckhaften.
Unten: Die Kurve des wenig Erregbaren.

solchen Kraftfahrerprüfung sehr wohl die Eignung zum Kraftfahrer zu erkennen vermöge. Diese vorzüglichen Ergebnisse führten zu einem weitgehenden Ausbau dieses Prüfungswesens. Zunächst war nur eine einzige psychotechnische Versuchsanstalt in Berlin vorhanden. Dann wurden deren drei errichtet, und schließlich stieg ihre Zahl in ganz kurzer Zeit auf nicht weniger als **vierzehn!** Diese rasche Steigerung einer vorher überhaupt nicht bekannten oder doch nicht benutzten Einrichtung ist wohl besser als alle weiteren Ausführungen und Statistiken geeignet, einen Beweis dafür abzugeben, in welch hohem Maße man von der Vorzüglichkeit der Prüfungsverfahren und der Zuverlässigkeit und Verwertbarkeit ihrer Ergebnisse überzeugt war.

bereits nach psychotechnischen Verfahren geprüft, insbesondere ist dies bei den Lokomotivführern der Fall, bei denen die Prüfung neuerdings weit über das bisher übliche Maß hinaus ausgedehnt wurde. So hat z. B. die sächsische Staatseisenbahn in Dresden eine eigene psychotechnische Prüfungsanstalt eingerichtet. Hier werden nicht nur die früheren allgemeinen Prüfungen auf das Fehlen von Farbblindheit usw. ausgeführt, sondern auch Untersuchungen des Ortsgedächtnisses, der Fähigkeit der Schätzung von Geschwindigkeiten, Ermüdungsprüfungen, Prüfungen auf Erregbarkeit. Ebenso hat man bereits Versuche ausgearbeitet, die die Grundlage für Untersuchungen bei Straßenbahnen sowie elektrischen Hoch- und Untergrundbahnen bilden sollen.

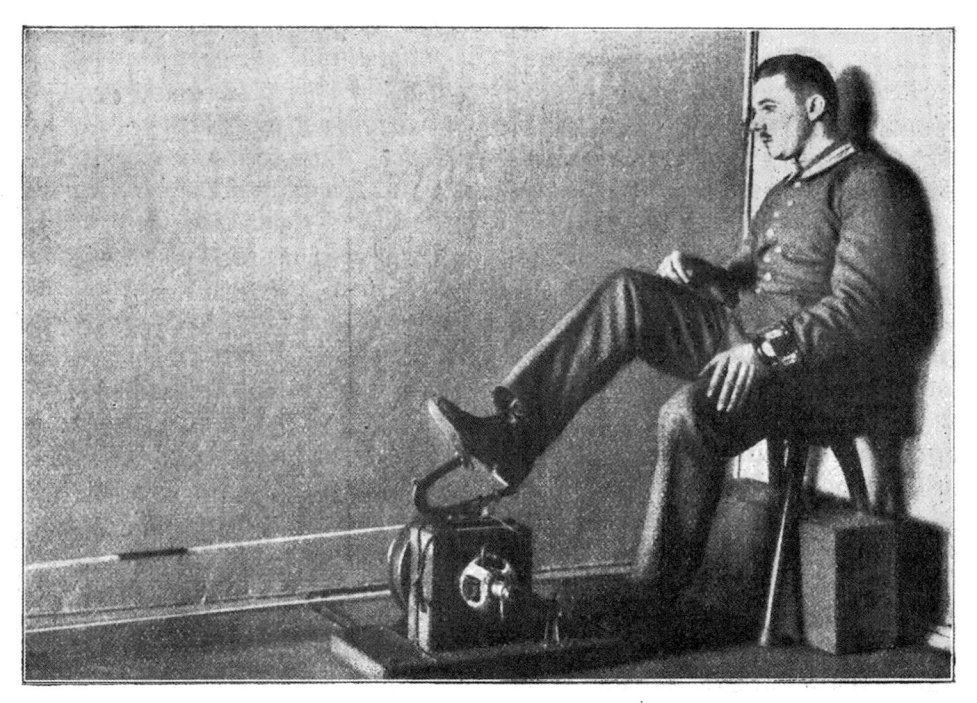

Abb. 7. Prüfung der Gelenkempfindung des Fußes und des Fußdruckes.

Nachdem also an der Brauchbarkeit der Verfahren selbst kaum mehr zu zweifeln sein dürfte, bleibt die Frage zu erwägen, ob man diese Einrichtungen mit in die Friedenswirtschaft hinübernehmen soll, ob und bis zu welchem Grade sie uns hier für die Entwicklung des Kraftfahrwesens nützlich sein können.

Zunächst einmal wird der Kraftwagen in immer steigendem Maße ein Hilfsmittel unseres öffentlichen Verkehrs werden. Man kann sogar annehmen, daß er in nicht allzu ferner Zukunft diesen Verkehr fast ausschließlich beherrschen wird. Es werden dann in immer zahlreicherer Menge Kraftwagen in den Dienst gestellt werden, die an die Stelle anderer bisher gebräuchlicher Verkehrsmittel treten, also an die Stelle von Eisenbahnen, Straßenbahnen, Pferdeomnibussen, Postfuhrwerken usw. Der Bau mancher in Aussicht genommenen Eisenbahnlinie wird unterbleiben, weil an ihrer Stelle eine Kraftwagenverbindung eingerichtet wird. Eine Anzahl der Führer dieser andern öffentlichen Verkehrsmittel wird

Die Vornahme einer derartigen Prüfung liegt ja sowohl im Interesse der Allgemeinheit wie des Unternehmens selbst; denn den öffentlichen Verkehrsmitteln sind Menschenleben anvertraut.

Außerdem aber wird ein von vornherein geeigneter Führer auch Schaden oder vorzeitige Abnützung des Materials zu verhüten wissen. Es sei nur daran erinnert, daß zu den vorstehend beschriebenen allgemeinen Prüfungen auch noch solche hinzukommen können, die mit der Art des Fahrens und der Behandlung des Materials in engster Beziehung stehen. So wurden für Kraftfahrer Verfahren ausgearbeitet, die zur Messung des Feingefühls im Fuß dienen, mit dem die Fußbremse betätigt wird. Es wird hier die Gelenkempfindung und der beim Bremsen aufgewendete Fußdruck genau festgestellt (Abb. 7), so daß Vergleiche recht wohl möglich sind.

Die Rücksichten auf die allgemeine Sicherheit bei der Benutzung öffentlicher Verkehrsmittel und wirtschaftliche Gründe sprechen somit dafür, diese Prüfungsverfahren auch in die Friedenswirtschaft mit hinüberzunehmen. Der Einwand, daß man bisher ohne sie ausgekommen sei, kann insofern nicht als stichhaltig angesehen werden, als es früher eben solche Verfahren nicht gab. Wer weiß, wieviele Unfälle hätten vermieden werden können und wieviel an Material und damit an Volksvermögen gespart worden wäre, wenn man schon seit Jahren über psychotechnische Prüfungsverfahren für Kraftfahrer verfügt hätte.

Es sprechen auch noch andere Gründe für die Beibehaltung dieser Verfahren, nämlich juristische. Der § 831 des Bürgerlichen Gesetzbuches lautet:

„Wer einen anderen zu einer Verrichtung bestellt, ist zum Ersatze des Schadens verpflichtet, den der Andere in Ausführung der Verrichtung einem Dritten widerrechtlich zufügt. Die Ersatzpflicht tritt nicht ein, wenn der Geschäftsherr bei der Auswahl der bestellten Person und, sofern er Vorrichtungen oder Gerätschaften zu beschaffen oder die Ausführung der Verrichtung zu leiten hat, bei der Beschaffung oder der Leitung die im Verkehr erforderliche Sorgfalt beobachtet oder wenn der Schaden auch bei Anwendung dieser Sorgfalt entstanden sein würde.

Die gleiche Verantwortlichkeit trifft denjenigen, welcher für den Geschäftsherrn die Besorgung eines der im Abs. 1, Satz 2 bezeichneten Geschäfte durch Vertrag übernimmt."

Es kommt also hier auf die Beobachtung der „erforderlichen Sorgfalt" an. Daß sich dieser Begriff mit den Fortschritten der Wissenschaft und auf Grund gemachter Erfahrungen ändern und neue Auslegungen erfahren muß, die dem jeweiligen neuesten Standpunkt unserer Kenntnis entsprechen, ist selbstverständlich. Was vor dreißig Jahren in dieser Hinsicht noch genügte, kann heute schon in jeder Hinsicht ungenügend sein.

Das Reichsgericht hat sich dahin ausgesprochen, daß Prüfungen der Sinneswahrnehmungen und anderer geistiger Fähigkeiten vorgenommen werden können.

Somit erscheint es durchaus nicht ausgeschlossen, daß die Gerichte in Zukunft eine bis zu einem gewissen Grade durchgeführte psychotechnische Prüfung als eine zur „erforderlichen Sorgfalt" gehörende Notwendigkeit erachten, so daß schon mit Rücksicht auf die Schadensersatzpflicht der Kraftwagenbesitzer ihre Durchführung angebracht erscheinen kann. Die Große Berliner Straßenbahn soll demnächst eine psychotechnische Eignungsprüfung einführen, wodurch nachweisbar auch eine erhebliche Verkürzung der Ausbildungszeit sowie buchmäßige Ersparnisse erzielt werden.

Schließlich sprechen für die Durchführung der psychotechnischen Prüfung noch andere Gründe. Die psychotechnische Prüfung von Kraftfahrern ist durchaus nicht auf Deutschland allein beschränkt. In fast allen größeren Staaten des Auslandes wird sie bereits vorgenommen. Wird sie hier zu einer bleibenden Einrichtung oder gar in dem einen oder anderen Staat gesetzlich vorgeschrieben, so müssen auch die andern und muß auch Deutschland folgen. Die Prüfung wird nämlich die Wirkung haben, daß nur noch wirklich geeignete Personen den Beruf des Fahrers ergreifen. Dadurch wird, wie wir oben schon ausführten, eine beträchtliche Schonung des Materials und damit eine längere Lebensdauer der Wagen selbst verbunden sein. Es kann wohl kaum ausbleiben, daß man diese günstigen Ergebnisse dann weniger der psychotechnischen Prüfung und der Auswahl der Fahrer als vielmehr einer vermuteten Güte der Fabrikate zuschreibt. Die Folge wäre, daß diese auf dem internationalen Weltmarkt einen besonders günstigen Ruf gewinnen, während das Urteil über Fabrikate anderer Länder weniger günstig ausfallen würde. Vom Ruf der Fabrikate hängen aber die Absatzmöglichkeiten, hängt die Beschäftigung und hängen die Erträgnisse der Industrie ab. Diese hat also vor allem ein Interesse daran, daß ihre Fabrikate nur von wirklich geeigneten Fahrern gesteuert werden.

Die Frage der psychotechnischen Prüfung dürfte aus allen diesen Gründen zu den wichtigsten Tagesfragen gehören, vor die das Kraftfahrwesen in nächster Zeit gestellt werden wird.

* * *

Stellungnahme der Gewerkschaften zur Eignungsprüfung.

Der zehnte Kongreß der Gewerkschaften Deutschlands hat sich für die Einführung der psychotechnischen Lehrlingsprüfung ausgesprochen. Ziffer 11 und 12 der Beschlüsse lauten:

„Ziffer 11: Berufsberatung. Im Zusammenarbeiten mit anderen geeigneten Körperschaften (Lehrern, Ärzten, Psychologen) sind geeignete Maßnahmen zur Berufsberatung zu treffen, dahingehend, daß jedes Kind noch vor Verlassen der Schule beraten wird, welcher Beruf für es auf Grund körperlicher und geistiger Eignung und auch aus wirtschaftlichen Gründen insbesondere in Frage kommt.

Ziffer 12: Eignungsprüfung. Mit der Berufsberatung ist eine Prüfung der Eignung zu verbinden; nicht allein durch ärztliche Untersuchung, sondern auch durch wissenschaftliche, systematische Prüfung der geistigen und körperlichen Eigenschaften. Gemeinsam mit den dafür geeigneten Männern der Wissenschaft sind für jeden Beruf Merkblätter anzufertigen, die die Eigenschaften nachweisen, die für den Beruf nötig sind und ebenfalls die Eigenschaften, die vom Ergreifen des Berufs abraten."

Aus Max Eyth „Hinter Pflug und Schraubstock"

Berufstragik.

(Schluß.)

„Und du bist der Brücke entlang gegangen, um nachzusehen?"

„Der Brücke entlang gehen — nachsehen? In dieser Finsternis; in diesem schwarzen Aufruhr!" stöhnte Knox. „Was hätte ich machen können, als mich hinunterblasen lassen, wo die andern sind. Aber ich habe es kommen sehen, seit Monaten. Morgen wollte ich's Herrn Stoß sagen; dem konnte ein gemeiner Mann wie unsereins dergleichen sagen."

Jetzt konnte ich nicht mehr stillhalten. Der ganze Schrecken des entsetzlichen Unglücks hatte auch mich gepackt.

„Großer Gott, was wollten Sie Stoß sagen?" fragte ich tief erregt.

„Sie wissen, die Zugstangen, die Kreuze zwischen den Pfeilersäulen, sechs in jeder der hohen Säulen —"

„Was ist es mit den Stangen?"

„Sie sind mit Keilen in den Säulen befestigt, und vom Zittern der Brücke wurden die Keile immer loser. Ein Dutzend sind in der letzten Woche herausgefallen, und die ganze Brücke zitterte und schwankte, wenn ein Zug zu rasch drüberging, daß es mir den Leib zusammenschnürte. Ich habe mit Stirling oft darüber gesprochen. Er meinte, wir sollten es Herrn Stoß schreiben. Aber wir wußten auch, daß Herr Stoß nichts mehr mit der Brücke zu tun hat."

„Aber um Gottes Willen, Mann — Sir William! Er ist noch heute der Ingenieur der Bahn. Warum haben Sie es nicht Sir William gesagt?"

„Da wären wir schön angekommen, wenn wir armen Teufel einem so hohen Herrn geschrieben hätten, daß seine Brücke einfallen wollte! Aber ich wollt', ich hätt's getan, oder Stirling, trotz alledem; ich wollt', ich hätt's gesagt!"

Er schrie dies hinaus, dann warf er sich auf seinen Stuhl und murmelte kaum hörbar: „Es hätte nichts genutzt."

„Komm, komm, Mann!" rief Wilson, der Wirt, und versuchte, ihn aufzurichten. „Was soll das heißen! Wir wissen noch gar nicht, was geschehen ist. Vielleicht ist doch nur der Draht gerissen!"

„In dreißig Minuten werden wir es wissen. Das halte ich nicht mehr aus. Wer geht mit?" fragte ich.

„Unmöglich!" rief der Wirt. „Sie können nicht über die Brücke. Man kann nicht auf ihr stehen, solange der Sturm anhält."

Knox stand auf, ruhig, wie umgewandelt, griff nach einer kleinen Blendlaterne auf dem Schrank, wie sie Bahnwärter benutzen, und zündete sie an, ohne ein Wort zu sagen.

„Gehen Sie nicht," bat der Wirt. „Was kann es nützen, so oder so? Helfen kann niemand mehr, wenn das Schlimmste geschehen ist."

„Aber ich kann's nicht länger aushalten," entgegnete ich. „Kommen Sie, Knox!"

Ich drückte die Tür auf. Es schien doch, als ob der Wind wieder etwas nachgelassen habe. Wir konnten stehen, wenn wir mit aller Kraft nach Westen überhingen. Da und dort war das Gewölke jetzt wieder zerrissen, und ein paar Sterne schienen in wilder Flucht dem Sturm entgegenzujagen. Dann wurde auf Minuten die Nacht wieder pechschwarz.

Es war kein Kinderspiel, dieser Gang. Zum Glück hatten wir jetzt vollauf mit uns selbst zu tun, so daß wir kaum an das Unglück denken konnten, das uns vorwärts trieb. Knox ging voraus, drehte sich aber um, so oft er ein paar Dutzend Schritte gemacht hatte, um mir zu leuchten. Ich folgte ihm stetig und langsam, vor jedem Schritt versuchend, ob ich fest genug stand, um dem wechselnden Luftdruck Trotz bieten zu können. Wir hatten so den Brückenkopf erreicht. Zwischen seinen monumentalen Granitblöcken war man etwas geschützt und konnte aufatmen. Dann traten wir auf die Brücke, indem wir uns mit beiden Händen an dem luftigen Eisengeländer anklammerten und daran fortarbeiteten. Unser Steg war die etwa drei Fuß breite Dielung, die nach der Innenseite der Brücke an die linksseitige Bahnschiene anstieß. Dies war die gefährlichere Seite, denn zwischen den Schienen und den bloßliegenden Schwellen gähnte der schwarze Abgrund, und der Wind blies uns mit boshaften Stößen in diese Richtung. Nach der andern Seite hatten wir wenigstens das Geländer und den Winddruck zu unserm Schutz. Gut war es, daß der Blick nicht in die Tiefe dringen konnte, wo ein zischender Lärm die hereinbrechende Sturmflut ankündigte. Auf Augenblicke nur sah man dort unten weiße Flocken blinken, ohne abschätzen zu können, ob sie sich ganz nahe oder turmtief unter uns bewegten. Das waren die Schaumkronen der sturmgepeitschten Wellen. Über uns war die Nacht ein Wühlen und Wallen, ein Sausen und Seufzen, ein Klatschen und Krachen, als ob der wilde Jäger und der fliegende Holländer sich in den Haaren lägen. Aber wir kamen vorwärts, Schritt für Schritt. Die Brücke zitterte fühlbar, aber sie stand noch. Wenn es so fortging, konnte vielleicht alles gut werden.

Da nach zwanzig Schritten das Ufer in undurchdringlicher Finsternis versunken war, und uns das gleiche bleierne Schwarz entgegenstarrte, zählte ich die Pfeiler, über die wir kamen, um ungefähr zu wissen, wo wir uns befanden. Es war dies möglich, obgleich sie nicht zu sehen waren, weil das Geländer auf jedem Pfeiler von einem höheren, reichornamentierten Pfosten getragen wurde, der uns sozusagen durch die Finger ging. So wußte ich, wie langsam wir vorwärts kamen, und nachdem wir fünf, sechs Pfeiler hinter uns hatten und über einer scheinbar unendlichen See hingen, die einförmig, unablässig, in schwarzer Wut unter uns toste, gewöhnte ich mich an unsern krebsartigen Gang und fing an, mich über meine kalt werdenden Hände zu ärgern, wie wenn es eine alltägliche Beschäftigung wäre, so in die unergründliche Nacht hinauszuklettern. Auch ging es nach jedem Pfeiler rascher. Ich glaube, ich wäre förmlich munter geworden, wenn nicht das leise, unheimliche Zittern der Brücke mich von Zeit zu Zeit daran erinnert hätte, daß wir auf einem Todesgang begriffen waren. Jetzt hörte man aus weiter Ferne den hartklingenden Schlag eines Eisens — jetzt wieder. Dies war unerklärlich, unnatürlich. Ich hielt an und lauschte, hörte dann aber nur das Pfeifen des Windes und das dumpfe, summende Zischen des Wassers unter meinen Füßen. Weiter!

Knox war ohne Zweifel an diese Art der Fortbewegung gewöhnt. Jedenfalls ging es bei dem alten Manne schneller als bei mir. Ich konnte im Dunkeln oft kaum mehr die Umrisse seiner Gestalt erkennen, dreißig, vierzig Schritte vor mir eine unruhige, gespenstische Silhouette am Nachthimmel. Wir mußten uns dem mittleren Teil der Brücke nähern. Wenn ich richtig gezählt hatte, lag der sechsundzwanzigste Pfeiler hinter uns. Ich erinnerte mich, daß vom siebenundzwanzigsten an das Bahngleise innerhalb der höher liegenden Gitterbalken läuft, anstatt, wie bisher, auf der oberen Flansche derselben. Meine Hoffnung stieg, daß sich noch alles zum Guten wenden müsse. Auch hatte seit den letzten zehn Minuten der Sturm rasch nachgelassen. Das schwarze Gewölke über uns zeigte Risse und lichtbraune Ränder. Ich fing an, aufzuatmen.

Da plötzlich war die Schattengestalt meines Vordermanns verschwunden. Das Geländer, das ich jetzt auf dreißig Meter ganz deutlich sehen konnte, war leer. Er konnte doch nicht abgestürzt sein. Ich schrie laut: „Knox! Knox!" Keine Antwort. Ich ließ jetzt selbst das Geländer mit der Rechten los und lief vorwärts, so schnell ich konnte. „Knox! Knox!"

Nein, er war nicht abgestürzt. Dort saß er, auf dem Bretterboden, die Beine über die Schienen zwischen den Schwellen herabhängend, die Arme auf den Knien, den Kopf auf den Armen, wie ein Igel, der sich zusammengerollt hat.

„Knox, was ist Ihnen?" rief ich durch den Lärm des Sturms, der eben wieder mit einem brausenden Stoß über uns wegging und die Brücke in zollweite Schwankungen brachte. Ich packte ihn an den Schultern. Wie der Mann dasaß, war es doch allzu gefährlich. Jeden Augenblick mußte ich fürchten, ihn zwischen den Schwellen durchschlüpfen zu sehen.

Er richtete sich ein wenig auf und deutete mit dem linken Arm nach vorwärts. Zum erstenmal, seit wir auf dem Wege waren, zerriß das Gewölk unter der dünnen Mondsichel und ließ einen grellgrünlichen Fleck des Himmels erscheinen. Man sah mit einem Male ziemlich weit nach allen Seiten. Es war, als stünde man in der Mitte einer Zauberkugel, tief unter uns in einem dämmerigen Kreis die schaumbedeckte See, um uns bestimmt und klar die Schienen, die Schwellen, das Geländer, vor uns, plötzlich scharf abgeschnitten, das Ende der Brücke, das ins leere Nichts hinausragte.

Ich ging noch zwanzig Schritte vorwärts, fast ohne zu denken, einem qualvollen Drange folgend, der mich weitertrieb. Dann klammerte ich mich wieder mit beiden Händen ans Geländer und sah in das dunstige Blau hinaus, wo noch vor zwei Stunden die riesigen, tunnelartigen Gitterbalken begonnen hatten. Sie waren verschwunden, spurlos weggeblasen.

Erst wollte ich mich setzen, wie Knox saß, und darüber nachdenken, ob das alles doch am Ende nur ein häßlicher Traum sei. Dann packte mich eine fürchterliche Neugier. Ich sah um mich mit der gespanntesten Anstrengung aller Nerven. In weiter, weiter Ferne sah man die Brücke wieder, das Ende, das vom Nordufer der Bucht kam, wie einen schlanken, senkrechten Pfahl, der hoch aus dem Wasser emporragte. Zwischen diesem Ende und dem unsern war eine leere Strecke, fast einen Kilometer breit, über die in ungestörter Kraft und Freiheit das heraufstürmende Meer hinwogte. Nur eine Reihe weißer Punkte bezeichnete über die Wasserfläche weg die Linie der einstigen Brücke. Es war die Brandung, die an den Resten der verschwundenen Pfeiler aufschäumte. Ich zählte sie mechanisch, ohne zu denken.

Zwölf! Ich wußte, dies war die Zahl der großen Pfeiler, auf denen der höhere Teil der Brücke geruht hatte. Wenn ich träumte, so träumte ich mit entsetzlicher Folgerichtigkeit. So mußte es gekommen sein. Die ganze Länge der hochliegenden Gitterbalken war eingestürzt.

Knox berührte jetzt mich, wie ich ihn vor wenigen Minuten berührt hatte.

„Sehen Sie etwas?" fragte er, nach der bleigrauen, weißgefleckten Wasserfläche deutend. „Da drunten liegt alles: die Gitterbalken, der Zug, die hundert Reisenden, die Lokomotive, mein Georg! Dreißig Fuß unter Wasser. Es ist alles vorüber. Und wie es sich so ruhig ansieht!"

In diesem Augenblick klang wieder ein lauter Schlag von unten herauf wie der Klang einer zersprungenen Glocke, nur härter, und ein leiser Schauer zitterte durch die ganze Brücke. Es waren ohne Zweifel losgerissene, herabhängende Eisenstangen des letzten stehenden Pfeilers, die der Wind hin und her schlug.

„Er führte die Lokomotive, mein Georg," begann Knox aufs neue und lehnte sich neben mir auf das Geländer, wie wenn er zu einem gemütlichen Gespräch aufgelegt wäre. „Ich fürchte, er ist etwas zu schnell gefahren. Ich weiß, es ist gegen die Vorschriften; die Herren trauten der Brücke selbst nicht ganz. Aber gestraft wird er nicht mehr, das hat ein Ende. Und dann die losen Keile in den Zugstangen und der Höllensturm! Man kann sich denken, wie es kam, jetzt, seit es zu spät ist. — Es war ein guter Sohn, mein Georg; ich hoffe, er hat nicht lange leiden müssen."

Er schwieg und sah starr ins Wasser hinab.

„Wenn man denkt, was jetzt alles drunten liegt!" fuhr er fort. „Gelitten hat er nicht lange, das ist ein Trost. 's ist Flutzeit. Die Lokomotive mit dem ganzen Zug in den Gitterbalken gut fünfzig Fuß unter Wasser; fünf Wagen, vielleicht hundert Passagiere, und alle so still — wie Mäuse, die man in ihrer Falle ersäuft. — Auch ein Wagen erster Klasse. Ich sah Herrn Stoß am Fenster, als er an meinem Posten vorbeifuhr. — Ja, ja, auch erster Klasse! Es ist alles eine Klasse, wenn der allmächtige Gott Brücken umbläst. Aber ich fürchte, man wird sie wieder aufbauen."

„Kommen Sie, Knox! Es tut nicht gut, hier hinunterzusehen," sagte ich, mich zusammenraffend. „Wir können ihnen nicht helfen. Vielleicht sind sie besser aufgehoben als wir hier oben."

Ich führte ihn am Arm; er folgte willig. Wir brauchten uns nicht mehr am Gitter zu halten. Eine Art Zyklon mußte in jener Nacht über die Bucht gefegt haben. Wir befanden uns jetzt ohne Zweifel in der ruhigen Mitte des Wirbelsturms.

Als wir das Ende der Brücke wieder erreicht hatten, war es fast windstill. Hoch über uns war der Himmel blaugrün und von unheimlicher Helle. Hinter uns, wie ein großes offenes Grab, lag die Ennobucht.

Der Herr des Lebens und des Todes schwebte über den Wassern in stiller Majestät.

Wir fühlten Ihn, wie man eine Hand fühlt.

Und der alte Mann und ich knieten vor dem offenen Grab nieder und vor Ihm.

* * *

Quellen: Prof. C. Matschoss, James Watt; aus „Zeitschrift des Vereins Deutscher Ingenieure", Nr. 33 vom 16. August 1919. • Dr. R. Laemmel, James Watt; aus „Neue Zürcher Zeitung", erstes Morgenblatt vom 22. August 1919. • „Watts Vertrag mit seinem Geldgeber" und „Aus Watts Briefen"; aus Prof. C. Matschoss „Geschichte der Dampfmaschine". Die Abbildungen Seite 131 und 141 aus den Werken „James Watt und die Grundlagen des modernen Dampfmaschinenbaues" von Prof. Ad. Ernst und „Geschichte der Dampfmaschine" von Prof. C. Matschoss, sämtliche vom Verlag Julius Springer, Berlin. • Das Diagramm zu Watts Lebensarbeit aus „Mitteilungen des Reichsbundes Deutscher Technik" Nr. 31. • Dr. A. Neuburger, Die Berufs-Eignungsprüfung für Kraftfahrer; aus dem „Motor", Juli-August-Heft 1919. Verl. G. Braunbeck G. m. b. H., Berlin W. 35. • Berufstragik; aus Max Eyth „Hinter Pflug und Schraubstock". Deutsche Verlagsanstalt, Stuttgart.

Herausgegeben und gedruckt von der Daimler-Motoren-Gesellschaft in Stuttgart-Untertürkheim. • Alle Rechte vorbehalten. • Zuschriften an die Schriftleitung: Friedrich Muff, Stuttgart-Untertürkheim.

(12. 11. 1919.)

DAIMLER WERKZEITUNG
1919 Nr. 9

INHALTSVERZEICHNIS

Volkshochschule und Arbeiterschaft. Von Dr. W. Picht. ** „Völliger". Eine kritische Betrachtung von Modellschreiner Z. ** Vorgeschichte der Medizin. Von Dr. F. Worthmann. ** Gedanken über das Weltgeschehen. Von Kunstgewerbezeichner Wondratschek. ** Der Tunnel. Von B. Kellermann. ** Die mit D. M. G. bezeichneten Arbeiten stammen von Werksangehörigen.

Volkshochschule und Arbeiterschaft.

Von Dr. Werner Picht,
im preußischen Ministerium für Bildungswesen.

Zeitungen und Veranstaltungen hallen heute wider von dem Wort Volkshochschule. Seit das Volk seinen alten Staat zerstört hat, seit dem 9. November 1918, ertönt der Ruf nach ihr mit überraschender Gewalt.

Mit dem Aufstiege der Arbeiterschaft fällt der Aufstieg des Wortes „Volkshochschule" zusammen. Also müssen zwischen beiden Zusammenhänge bestehen.

Der Zusammenhang ist auch da. Aber er läßt sich erst sehen, wenn wir wissen, was die Volkshochschule selbst ist, oder richtiger, was sie werden will. Denn sie ist ja noch nicht da. Sie ist im Werden. Vorläufig ist sie Losungswort.

Was ist die Volkshochschule?

Die Volkshochschule bedeutet das Mittel zum Eintritt der Arbeiterschaft in das Geistesleben.

Es kann sich also in der Volkshochschule nicht darum handeln, die Wissenschaft „volkstümlich" zu machen; denn das bedeutet meist nichts anderes als Verflachung. Auch nicht um Unterhaltung, sei sie auch noch so edler Art. Gewiß sind belehrende Vorträge, gute Konzerte und Theateraufführungen auch unentbehrliche Bildungsmittel; aber man sollte darin nicht, wie es vielfach geschieht, die Aufgabe der Volkshochschule erblicken.

Die Volkshochschule muß vielmehr all ihre Kräfte mit äußerster Beschränkung auf ihr besonderes Ziel richten: Sie ist die höchste, dem Volk offen stehende Bildungsstätte; sie muß also dem Volke das geben, was dessen erste Schule, die Volksschule, ihm nicht gibt und nicht geben kann: Die Bildung und das Wissen des Erwachsenen, die das Geistesleben erschließen. Der Erwachsene erwirbt Wissen anders als das Kind; nämlich nicht durch Auswendiglernen oder bloßes Zuhören sondern nur durch eigene Arbeit.

Der einzelne Arbeiter kann im allgemeinen nur schwer für sich allein geistig arbeiten. Aber eine Gemeinschaft gibt ihm die Möglichkeit, leichter, mit größerer Sicherheit des Fortschritts und mit ganz anderer Durchdringung zu lernen und zu erkennen. Deshalb muß die Volkshochschule ihre Besucher in Arbeitsgemeinschaften zusammenschließen, in denen sie als Genossen unter einem Führer ihre Fragen stellen und ihre Antworten erzielen.

Wie ist solch eine Arbeitsgemeinschaft und wie die Arbeit in ihr zu denken? Aus England gibt uns folgende Schilderung einer Arbeitsgemeinschaft von Bergleuten davon ein anschauliches Bild.

Diese Arbeitsgemeinschaft arbeitet ohne Lehrer. Zu einer Arbeitsstunde versammeln sich etwa zwölf Männer. Einer dieser Zwölf verliest einen Bericht über eine wissenschaftliche Frage, oder hält einen Vortrag, oder aber – und das ist das häufigste – er verliest einen Abschnitt aus einem der Lehrbücher. Er erklärt und erläutert den Abschnitt, so gut er kann. Darauf folgt eine Erörterung; und Punkt für Punkt wird die erste Frage geprüft und durchgesprochen, bis sie jedem einzelnen Mitglied der Klasse vollkommen klar ist. Wenn die erste Aufgabe erledigt ist, wird die zweite in derselben Weise durchgenommen und so fort. Es ist dort nichts Neues mehr, wie diese kleine Schar eine schwierige Stelle in einem Buche, die bisher all ihren Anstrengungen widerstanden hat, durchspricht und sich bemüht, sie zu verstehen. Die Erörterung schweift ab zu Gegenständen, die keine Verbindung mehr haben mit der verhandelten Frage. Erst die Mahnung eines strengeren Genossen führt wieder zu ihr zurück.

Alles in dem Buch, was Beziehung zu der Frage hat, wird durchgelesen. Die Besprechung beginnt von neuem. Aber ein Schatten legt sich auf jedes Gesicht bei dem Gedanken, die Versammlung könne auseinandergehen, ohne daß die Frage verstanden sei. Jedermann macht eine letzte verzweifelte Anstrengung, die Schwierigkeit zu überwinden.

Plötzlich fangen eines Mannes Augen an zu leuchten, und sein Gesicht klärt sich auf. Die Klarheit ist über ihn hereingebrochen. Mit der Begeisterung eines Menschen, der eben eine verwirrende Aufgabe gelöst hat, springt er auf und erklärt die Frage. Er tritt so aus der Schar der Suchenden und Lernenden heraus und wird zum Lehrer. Seine Erklärung löst die Schwierigkeit für einen Zweiten. Aus einem Lehrer sind so schon zwei geworden. Ihre Zahl wächst nun immer mehr, bis schließlich nur noch ein Schüler übrig bleibt. Er ist sich bewußt, der dümmste zu sein, und erklärt, er wolle den nächsten Punkt nicht als letzter verstehen. Die elf anderen sind alle um ihn bemüht. Er erfaßt die Erklärung eines unter ihnen und hört auf, ein Schüler zu sein. Aber noch besteht ein Zweifel, ob er die Schwierigkeit wirklich überwunden hat oder nur so tut, um den Druck los zu werden, der auf ihm lastete. Es wird deshalb vorgeschlagen, er solle die Schwierigkeit auf seine Weise auseinandersetzen, wie die anderen es vorher für ihn getan haben. Er tut's. Und es „herrscht mehr Freude über diesen einen Bekehrten" als über die andern elf. Aus zwölf einander fremden Männern ist hier eine Gemeinschaft geworden, in der man einander versteht.

Das Beispiel zeigt, worauf es in der Volkshochschule ankommt. Die Volkshochschüler sollen nicht Vorlesungen über sich ergehen lassen, die ihnen oft genug unverständlich sind. Vorlesungen geben nicht das, was sie brauchen, erziehen sie vor allem nicht zu eigener geistiger Arbeit. Sondern es sollen sich im Rahmen der Volkshochschule kleine Arbeitsgemeinschaften zusammenschließen, die unter Leitung eines Lehrers, der das behandelte Gebiet völlig meistert, einen Gegenstand selber durcharbeiten. Durch eigene Arbeit und eigene Erfahrung sollen sie lernen, mit welchen Schwierigkeiten und in welchem Zusammenhang allein Wissen gewonnen werden kann. Sie schulen daran ihr Denken, tun einen Einblick in wissenschaftliche Forscherarbeit und erwerben sich, wenn auch auf beschränktem Gebiet, wirklich zuverlässige Kenntnisse.

Dazu muß der Lehrer sich ihnen soweit annähern, daß die Schüler durch ihre Fragen den Unterricht tätig mit vorwärts bewegen. Auf der Schule fragte bisher der Lehrer, sein Schüler antwortete. Eine Frage des Schülers war die Ausnahme. Jetzt wird sie die Regel. Der Lehrer wartet auf sie, um darauf hingewiesen zu werden, wie er fortfahren muß. So wird in der Arbeitsgemeinschaft von Führern und Genossen ein neues Verhältnis zu geistigem Leben und geistiger Arbeit überhaupt geschaffen; und wir werden von der Herrschaft der Redensart befreit, der wir bisher oft genug unterworfen waren.

Neben dieser ins Einzelne gehenden Arbeit aber hat die Volkshochschule Ueberblicke über ganze Wissensgebiete zu geben, gewissermaßen eine Erdkunde der geistigen Welt. Denn ohne eine solche Anleitung findet sich heute niemand mehr in der Ueberfülle des Stoffes zurecht, den Bücher, Zeitungen und Reden über alle ausschütten.

Dabei will die Volkshochschule nicht unmittelbar praktischen Zwecken dienen, wie sie auch keine Prüfungen kennt und keine Berechtigungen erteilt. Denn das widerspricht ihrem reinen Bemühen, geistiges Leben um seiner selbst willen zu pflegen. Sie verficht keine Parteimeinung und hat keinen Zweck als den einen, der Wahrheit zu dienen und den Geist frei zu machen aus der Dumpfheit der Unbildung, der Verwirrung, der Vielwisserei und der gedankenlos nachgeredeten Meinungen.

Damit schafft sie auch erst die Voraussetzung für ein fruchtbares Wirken des geistig führenden Arbeiters im öffentlichen Leben an Stellen, an die er durch die Neuordnung der Verhältnisse berufen ist. Sie übt seine Fähigkeit, in Gemeinschaft mit anderen klar zu denken und verständlich zu sprechen, so daß Wort und Gedanke eines werden. Sie macht ihm die Zusammenarbeit mit anders Veranlagten und anders Denkenden zur Selbstverständlichkeit. Und die Wissenschaft äußert ihre lebendige Kraft, indem sie auch den Einzelnen in seinem täglichen Leben durchdringt und ihn befähigt, in den Fragen des allgemeinen Lebens mit Verstand zu sprechen und zu handeln. Er wird befreit davon, nur in der Masse und als ein Teil der Masse unpersönlich zu wirken.

Damit wissen wir, was die Volkshochschule will, und wie sie es will. Aber weshalb ist gerade das, was sie will, heute mit einem Schlage in aller Munde? Weshalb ist gerade heute der Tag für die Volkshochschule angebrochen? Wir wiederholen unsere Frage vom Anfang: Welches ist der Zusammenhang der Volkshochschule mit der Revolution der Arbeiterschaft?

Der Weg der Arbeiterschaft zur Volkshochschule.

Um den geistigen Zusammenhang ringt die Volkshochschule. Darin liegt ausgesprochen, daß der Arbeiterschaft bis zur Revolution der geistige Zusammenhang mit der übrigen Welt gefehlt hat.

Verstehen läßt sich diese Zusammenhanglosigkeit nur, wenn wir uns erinnern, daß der heutigen politischen Revolution eine wirtschaftliche Umwälzung vor achtzig Jahren vorausgegangen ist. Die politische Revolution ist von der industriellen Arbeiterschaft gemacht. Aber diese industrielle Arbeiterschaft ist umgekehrt erst von der wirtschaftlichen Umwälzung geschaffen worden. Die Revolution der Technik durch die Dampfkraft und die Elektrizität ist es, die den Arbeiterstand erzeugt hat. Sie ist auch der Grund für seine revolutionäre Zusammenhanglosigkeit mit den älteren Bestandteilen unseres Volkes.

Wie geht es denn vor dieser Umwälzung geistig zu? Solange die Wirtschaftsformen unverändert fortleben vom Vater auf den Sohn, bleibt auch der geistige Zusammenhang ungebrochen. Der Einzelne bleibt eingebettet in seine Familie. In der Vergangenheit seiner Ahnen, die auf der gleichen Scholle oder in dem gleichen Hause saßen, wurzelt sein leibliches wie sein geistiges Wesen. In eine geschwisterliche, ihm freundlich geöffnete Umwelt von Verwandten und Nachbarn wirkt sein Leben und seine Tätigkeit hinein. Und er fühlt die Verpflichtung, das Erbe seiner Väter zu mehren und vermehrt seinen Erben zu hinterlassen.

Dagegen hat die moderne Industrie, gezeugt durch technische Umwälzungen, keinen Zusammenhang mit der Vergangenheit. Sie kam mit ihren Fabriken und Mietskasernen in die bestehenden staatlichen und wirtschaftlichen Verhältnisse wie ein Fremdkörper hinein. Darum haben die Menschen, die in dieser Industrie leben, kein Verhältnis zu ihrer Vergangenheit, kein Verhältnis zu ihrer Umwelt. Sie haben kein Erbe; sie leben mit den alten Volksteilen, die in der Mehrheit sind, nicht geschwisterlich. Sie fühlen sich von ihnen ausgebeutet. Sie haben keinen geistigen Zusammenhang mit ihnen, sondern nur eine materielle Abhängigkeit.

Also waren Vergangenheit und Gegenwart der Arbeiterschaft verschlossen. So hielt sie Ausschau nach der Zukunft. Die Zukunft und ihr Reich waren ihr Traum, der Traum ihres Lebens.

So ist das Schicksal der Arbeiterschaft bis zur Revolution bezeichnet mit dem Wort: Absonderung. Anderen Geistes erscheint ihr daher jeder, der — wie etwa der Landwirt oder Handwerker — nicht den Daseinsbedingungen der Industrie unterliegt; er ist kein Genosse. Durch dieses Mißtrauen wird auch der Zusammenhang mit dem Geistesleben und seinen Trägern gestört.

So konnte der Wunsch nach einer unabhängigen Arbeiterkultur entstehen. Und doch streben Geist und Kultur immer nach der umfassendsten Gemeinschaft und Ausbreitung. Es sei nur an Lassalles stolzes Wort erinnert: er wirke ausgerüstet mit der ganzen Bildung seines Jahrhunderts; oder an die Bibliothek eines ganzen Erdteils, die Karl Marx in seinem Londoner Gelehrtendasein in sich hineingelesen hat. Marx und Lassalle haben nur Kultur, weil sie Vertreter der höchsten „bürgerlichen" Bildung von 1850 in Europa waren.

Die Arbeiterschaft übersah das, weil sie abseits stand. Aber die Zeit entwickelte sich weiter. Und in ihrer Entwicklung reifte die Wiederherstellung der geistigen Einheit. Der lebendige Geist kennt keine Klassengrenzen und keine Staatsgrenzen. Eine solche Zerspaltung, wie sie sich herausgebildet hatte, wird von der Natur nur vorübergehend ertragen; dann lehnt sie sich dagegen auf.

Diese Auflehnung geschah in der Revolution. In der Revolution bemächtigt sich die Arbeiterschaft der Regierung; ein Arbeiter wird Reichspräsident, ein Arbeiter unterzeichnet den Frieden. Damit steht die Arbeiterschaft auf einmal in der Wirklichkeit des politischen Lebens. In die nüchterne Wirklichkeit hinein werden alle die Ideen des Sozialismus gezogen, die bisher als Zukunfts-Ideen unbegrenzt und verheißungsvoll vor der Arbeiterschaft gestanden hatten; es widerfahren ihnen alle die Einschränkungen und Enttäuschungen der Wirklichkeit. Der Sozialismus ist Gegenwart geworden; er ist kein Glaube mehr. Er ist keine Hoffnung mehr, weil sich auf etwas Gegenwärtiges nicht hoffen läßt.

So bringt die Arbeiterschaft im Augenblicke ihres politischen Sieges das Opfer ihres geistigen Zukunftsreiches, des einzigen Bereiches, den ihr Geist sich erhalten und von dem er gezehrt hatte.

Ohne solch eine geistige Heimat kann ein Mensch nicht leben, wenn er nicht zum Tier in der Herde herabsinken soll. Darum wird in diesem Augenblicke der Gedanke der Volkshochschule geboren und vom ganzen Volke mit der Leidenschaft ergriffen, die uns in Erstaunen versetzt. Durch die große Veränderung im geistigen Leben der Arbeiterschaft wurde die Volkshochschule notwendig. Denn es ist ja ihr Sinn, daß sie versucht, dem Arbeiter die geistige Heimat zu verschaffen.

* * *

Der Stand der Volkshochschulbewegung.

Die Volkshochschulbewegung hat in der letzten Zeit ganz außerordentlich an Ausdehnung gewonnen. Dabei läßt sich allerdings nicht verkennen, daß all zu häufig der neue Name nur eine alte Sache deckt, und daß man an vielen Orten noch recht weit entfernt ist von der richtigen Erkenntnis der Volkshochschularbeit. So ist es auch nicht weiter verwunderlich, daß die Bezeichnung Volkshochschule heute mancherlei verschiedene Einrichtungen deckt, und daß es sehr schwer ist, einen klaren Überblick über den Stand der Bewegung zu gewinnen. Diese verwirrende Vielgestaltigkeit der Bewegung ließ es wünschenswert erscheinen, daß eine Stelle es sich zur Aufgabe macht, einen Überblick über die vielfachen Volkshochschulunternehmungen zu verschaffen und das geordnete und gesichtete Material der Öffentlichkeit zugänglich zu machen. Diese Aufgabe hat sich jetzt eine im Verlage von Quelle & Meyer erscheinende Zeitschrift „Die Arbeitsgemeinschaft" gestellt, als deren Herausgeber Dr. Werner Picht und Dr. R. von Erdberg, der Vorsitzende des Ausschusses der deutschen Volksbildungsvereinigungen, zeichnen. In ihrer ersten Nummer bringt „Die Arbeitsgemeinschaft" nun einen Überblick über den heutigen Stand der Volkshochschulbewegung. Danach bestehen allein 20 Organisationen (Vereine, Ausschüsse usw.), welche die Gründung und Förderung von Volkshochschulen auf ihr Programm geschrieben haben. Drei von ihnen leisten nur theoretische Arbeit, sieben wollen ihre Tätigkeit über das ganze Reich ausdehnen, während der Rest sich auf einzelne Landesteile beschränkt. An Volkshochschulblättern bestehen nicht weniger als neun, von denen das in Stuttgart neu erscheinende „Volksbildungsblatt für Württemberg und Hessen" genannt sei. Volkshochschulen bestehen in 32 Städten, und zwar in Apolda, Arnstadt, Berlin, Bielefeld, Chemnitz, Coburg, Danzig, Dresden, Düsseldorf, Eisenach, Elberfeld, Erfurt, Erlangen, Frankenhausen, Gehren, Görlitz, Großbreitenbach, Halberstadt, Hamburg, Heidelberg, Hildburghausen, Jena, Kahla, Karlsruhe, Köln, Magdeburg, Naumburg, Nürnberg, Pößneck, Saalfeld, Stuttgart und Würzburg. Als in der Gründung begriffen werden nicht weniger als 61 Volkshochschulen angegeben. Ländliche Volkshochschulen besitzen wir nur sieben und zwar in Friedrichstadt a. d. Eider, Hermannburg, Hohwacht (Ost-Holstein), Liebenzell, Mohrkirch-Osterholz, Norburg und Tingleff. Von diesen sind überdies noch die Volkshochschulen in Norburg und Tingleff durch die Volksabstimmung in Schleswig stark gefährdet. Darüber hinaus besitzen wir noch neun Abend- und Halbtagsschulen und zwar in Bietigheim, Gehrden, Geislingen, Gerlingen, Langenhagen, Möglingen, Rethen a. d. Leine, Ulm, Weißbach. Als geplante Volkshochschulen zählt die Zusammenstellung dann noch 15 und zwar städtische und ländliche Volkshochschulen auf. Was von diesen Gründungen lebensfähig bleiben wird, das muß erst die Zeit lehren, denn darüber wird man sich nicht täuschen dürfen, daß nach einem solchen Aufschwung eine Krise einsetzen muß, die manches Opfer fordern wird. Die Arbeit muß heute darin bestehen, daß dieser Krise nichts, was wertvoll und wahrhaft lebendig ist, zum Opfer fällt. Nicht eine möglichst große Ausdehnung, sondern eine Verinnerlichung der Bewegung muß das Ziel sein.

Frankf. Ztg., Abendbl. v. 10. 11. 19. W. As.

„Völliger".

Eine kritische Betrachtung von Modellschreiner Z.

Erstaunt wird wohl jedermann fragen: Was heißt „völliger"? Zu jedem gegossenen Körper muß vorher ein Modell angefertigt werden. Der Former bettet dies in Sand. Nach dem Herausnehmen des Modells entsteht im Sand ein Hohlraum, der, mit flüssigem Metall gefüllt, dem Gußstück Form und Maß gibt. Maß mit der Einschränkung, daß sich das Metall beim Erkalten zusammenzieht und kleiner wird. Diesem Zusammenziehen, Schwinden heißt der Fachausdruck, wird insofern Rechnung getragen, als das Modell nach Schwindmaß angefertigt wird. Von dem je nach Gußmaterial sich ändernden Schwindmaßstab braucht in diesem Zusammenhang nicht weiter gesprochen zu werden. An Stellen, wo das Gußstück bearbeitet werden soll, muß der Verfertiger des Modells einige Millimeter zugeben, z. B. bei Bohrungen 6—10 mm im Durchmesser, zum Hobeln oder Fräsen 2—5 mm, je nach Größe oder Material der betreffenden Fläche. Auf der Zeichnung sind die zu bearbeitenden Stellen meist durch einen roten Strich oder sonst ein Zeichen hervorgehoben. Nun vergleichen wir mal das Modell eines einfachen Lagerdeckels mit der vorgeschriebenen Zeichnung. Der Lagerdeckel besteht aus einem halben Rohr, links und rechts einem Lappen für die Befestigungsschrauben, oben einem Auge für die Schmierung.

Schwindmaß und Bearbeitungszeit sollen außerhalb unserer Betrachtung bleiben. Das Halbrohr ist $1^1/_2$ mm im Durchmesser stärker. Begründung: es könnte etwas ungleich ausgebohrt werden, dann kann man etwas verputzen. Die Befestigungslappen sind $1^1/_2$ mm breiter als der Konstrukteur es verlangt. Sie könnten etwa mit den am Lagerbock befindlichen nicht übereinstimmen. Das Halbrohr hat überdies noch $1^1/_2$ mm Hub. Es könnte zuviel am Lagermittel abgehobelt werden. System „Völliger" verschont auch das Auge für die Schmierung nicht. Es muß mindestens 1 mm völliger sein. Das Loch könnte etwas auf die Seite geraten. An komplizierten Gußstücken muß dementsprechend mehr nachkonstruiert werden. Man denke z. B. an einen wassergekühlten Autozylinder. Da wird die Mantelwand von 3 auf 4 verstärkt, jeder Flansch, jede Rippe, jede Nabe und jeder Nacken müssen „völliger" sein. Bei Hohlräumen in den Gußstücken müssen besondere Kernstücke in die Form eingesetzt werden. Der Modellschreiner stellt hierzu besondere Hohlräume her (Kernkasten), welche, mit Sand vollgestampft, das Kernstück ergeben. Um nun das Kernstück ganz aus dem Kernkasten herausnehmen zu können, muß der Kernkasten wie das Modell Anzug haben. Es muß konisch sein. Der Modellschreiner nimmt nun das Maß der Zeichnung „völlig" und dann noch konisch.

So manche Tonne Materials verschwindet so im Jahr; bei dem dauernden Materialmangel, den uns der unglückliche Krieg gebracht hat, wohl beachtenswert. Wenn wir uns emporarbeiten wollen, so muß das ganze Volk vom Geiste des Unterordnens beseelt sein, sprach kürzlich der ehemalige Wirtschaftsminister Wissel. Da wäre es gut, wenn wir das Konstruieren den Technikern überließen und nur die Zeichnung gelten ließen. Ein Stück Schuld an dem Abweichen von der vorgeschriebenen Zeichnung trägt das Fremdsein unserer Techniker mit dem tatsächlichen Arbeitsgang. So mancher Körper könnte von vornherein so gezeichnet werden, daß er fast von selbst aus der Form herausfällt, ohne daß der Zweck desselben irgendwie beeinträchtigt wird. Wenn, durch Massenherstellung bedingt, dieser oder jener Teil eines Arbeitsstückes aus seiner vorgesehenen Lage gerät, so muß eben die Zeichnung geändert werden, so daß nicht wilde Selbsthilfe Platz greifen kann. Von heute auf morgen wird „völliger" nicht auszurotten sein. Als Hilfsmittel möchte ich vorschlagen, allen vom „Reißbrett" einen Bummeltag zu geben, wo sie ohne Verpflichtung in den Werkstätten den Arbeitsgang beobachten können. Der Nachwuchs aber des Technikerberufes sollte mehr in der Werkstattausbildung gefördert werden. Was hat es z. B. für den künftigen Techniker Wert, wenn er in den paar Wochen, wo er die Grundlagen eines Berufes so kennen lernen soll, daß er später sicher für dieses Fach anordnen kann, Bästeleien ausführt, wie sie in den Knabenhandfertigkeitskursen üblich sind. Deshalb gilt trotzdem das alte Wort vom Probieren. Das Ziel, das er erreichen will, kann er sich selbst aussuchen; den Weg dahin, nämlich was er ausprobieren soll, muß man ihm zeigen.

Noch ein Wunsch zum Schluß. Um überflüssige Arbeit zu vermeiden, sollte der Techniker die Linien seiner Zeichnungen nicht allzu traumhaft zart auf das Papier hinhauchen. Bei Schnitten sollte auch stets eine Bezeichnung gegeben werden, wo geschnitten, sowie die Schnittlinie nach der Richtung umgebogen werden, wie der Schnitt gesehen ist. Dies erleichtert das Studium der Zeichnung dem Arbeiter ganz bedeutend.

D. M. G.

Vorgeschichte der Medizin.

Von Dr. med. F. Worthmann.

Halbbildung entsteht überall da, wo uns fertige Forschungsergebnisse mitgeteilt werden, ohne daß wir die Wege und Schwierigkeiten erfahren haben, durch welche sie gewonnen wurden.

Wollen wir das Wissen vom Bau und Leben des menschlichen Körpers gewinnen, so müssen wir den Wegen der Aerzte nachgehen, die uns dies Wissen erworben haben.

Auch für den Arzt selbst gibt es wohl nichts Bildenderes, als die Beschäftigung mit der Geschichte seiner Wissenschaft; nichts ist so geeignet, ihn vor dem Versinken in schablonenhaftes Arbeiten zu bewahren, als ein Vertiefen in den Wandel der Anschauungen, die sich seine Fachgenossen im Laufe vergangener Zeiten von seinem Forschungsgegenstande, dem doch immer sich gleichbleibenden menschlichen Körper, gebildet haben.

Daß diese Wissenschaft bis in ihre grundlegenden Anschauungen hinein einem ständigen Wechsel unterworfen sein mußte und noch ist, geht aus einer einfachen Ueberlegung hervor. Der Arzt ist ja doch, wie jeder Naturforscher, auf den Gebrauch seiner fünf Sinne und deren Werkzeuge angewiesen; durch sie allein sammelt er seine wirklichen Kenntnisse. Darum sind die großen Fortschritte seiner Wissenschaft in den letzten Jahrzehnten zum guten Teil darauf zurückzuführen, daß die fortschreitende Technik den Aerzten immer neue und vollkommenere Werkzeuge zur Verfügung stellte, durch deren zweckmäßigen Gebrauch sie immer tiefer in die Geheimnisse ihres Gegenstandes eindringen konnten.

Den großen Aerzten des Altertums fehlte nicht nur die hilfreiche Technik, sondern es war ihnen auch mit wenigen Ausnahmen die Forschung am menschlichen Körper, an der Leiche, untersagt. Eigentlich macht nur die sogenannte Alexandrinische Schule um 300 v. Chr. hierin eine rühmliche Ausnahme, und die Namen Herophilus und Erasisthratus aus jener Zeit haben in der Geschichte der menschlichen Anatomie, d. h. Zergliederungskunst, einen guten Klang. Im allgemeinen waren die Aerzte des Altertums für ihre Studien auf die Zergliederung von Tieren, z. B. Affen und Schweinen, angewiesen. Daß das trotz aller Aehnlichkeiten im Bau kein gleichwertiges Forschungsmittel ist, leuchtet ein. Und so kann es nicht Wunder nehmen, wenn jene Aerzte, obwohl sie als Menschen und Forscher zum Teil unsere ungeteilte Bewunderung verdienen, infolge des Mangels an Hilfsmitteln zu Anschauungen kamen, die uns Heutigen sonderbar genug vorkommen.

Unsere heutige Technik ist aber im wesentlichen ein Kind der letzten anderthalb Jahrhunderte, und noch den größten Teil des Mittelalters hindurch wußte die Kirchenzucht das Oeffnen menschlicher Leichen zu Forschungszwecken zu verhindern. Deshalb haben sich jene kindlichen Anschauungen noch bis vor wenigen hundert Jahren in der medizinischen Wissenschaft erhalten, und im Volke spielen sie noch jetzt eine große Rolle.

Der Körper galt jener Anschauung im wesentlichen als ein Gefäß, aus dem man bei verschiedenen Anlässen verschiedene Flüssigkeiten herauslaufen sah.

Hatte sich der Mensch einen tüchtigen Schnupfen zugezogen, dann lief der Schleim heraus. Die Worte: Katarrh und Rheuma (Rheumatismus!), die beide mit dem deutschen Fluß, Fließen, gleichbedeutend sind, weisen noch jetzt darauf hin.

Schlug man in den Menschen ein Loch, dann lief das Blut heraus, und zwar je nach dem Ort und nach der Beschaffenheit des Betroffenen rotes oder schwärzliches; letzteres unterschied man von dem eigentlichen Blut unter dem sonderbaren Namen der „schwarzen Galle". Die „gelbe Galle", die vierte Flüssigkeit, hatte man wohl durch die Zerlegung von Tieren zuerst kennen gelernt und sah ihre Wirkung nur gelegentlich mit Befriedigung bei Fällen von Gelbsucht.

Auf die Kenntnis dieser vier Flüssigkeiten: Schleim, Blut, schwarzer und gelber Galle, beschränkte sich im wesentlichen das Ergebnis der sinnlichen Wahrnehmung; und nun kam die frei schaffende Phantasie und errichtete auf dieser dürftigen Grundlage die kühnsten Lehrgebäude.

Jeder der vier Säfte, nahm man an, hat normaler Weise seinen Hauptsitz in einem bestimmten Organ: der Schleim im Gehirn, das Blut im Herzen, die schwarze Galle in der Milz und die gelbe Galle in der Leber. War die Mischung der vier die richtige, dann war der Mensch gesund; erhielt aber aus irgend welchen Gründen einer von ihnen das Uebergewicht, dann stellten sich Krankheiten ein, die sich je nachdem als „Flüsse", als Blutungen, als Leibschmerzen oder Gelbsucht äußerten.

Auch für die bei den einzelnen Menschen verschiedenen körperlichen und geistigen Veranlagungen mußten die vier Säfte herhalten, um so mehr, als man sie mit den damals sogenannten vier Elementen: Feuer, Luft, Wasser und Erde, in phantastische Beziehung gesetzt hatte. Der Schleim entsprach der Luft oder dem Kalten, das Blut dem Feuer oder dem Warmen; die gelbe Galle entsprach der Erde oder dem Trockenen, die schwarze dem Wasser oder dem Feuchten. Je nachdem ein Mensch in seinen Lebensäußerungen Kälte oder Wärme verrät, je nachdem ihn derbes Zufassen kennzeichnet, oder er, wie wir sagen, „nahe an's Wasser gebaut" ist, erachtete man den entsprechenden Lebenssaft als vorherrschend. Die Namen der vier sogenannten Temperamente, d. h. Grundstimmungen, stammen noch aus jener Zeit: Der Phlegmatiker hat vorwiegend kalten Schleim in sich, (griechisch: Phlegma), der Sanguiniker warmes Blut, (lateinisch: sanguis); im Choleriker ist die gelbe Galle vorherrschend, (griech.: Chole), im Melancholiker die schwarze, (griech.: Melan Chole).

Wenn man sich an dem uns widersinnig Erscheinenden dieser alten Lehre nicht stößt, dann wird man bald mit Staunen gewahr, wie anpassungsfähig sie sich zeigt, wenn es gilt, irgend welche körperlichen oder geistigen Erscheinungen zu „erklären". So läßt sich z. B. die Abhängigkeit des Temperaments von den verschiedenen Lebensaltern, den einzelnen Jahres- ja Tageszeiten unschwer aus den Eigenschaften derjenigen Lebenssäfte folgern, denen die äußeren Umstände gerade günstig oder ungünstig sind.

Der kalte Winter ist dem weißen Schleim verwandt. Man erkennt das ohne Mühe daraus, daß zu dieser Jahreszeit die größte Neigung zu all den Erkrankungen besteht, bei denen der Schleim eine Rolle spielt. Die Haut bleicht im Winter aus; gleichzeitig aber wirkt die Kälte günstig auf das Gehirn, und man denkt zu dieser Jahreszeit am klarsten.

Daß die beginnende Wärme des Frühlings dem Blute zusagt, beweist die Rötung der Wangen, die in dieser Zeit häufige Neigung zu Nasenbluten, das Wärmegefühl, das den Körper angenehm durchrieselt. Die Neigung des Frühlings zu jähem Wechsel macht sich aber um diese Zeit auch beim Menschen geltend, und so ist der „Sanguiniker" gekennzeichnet durch das Goethesche: Himmelhoch jauchzend, zum Tode betrübt.

Im trockenen Sommer, wo die Erde ihren Segen spendet, bräunt sich die Haut unter dem Vorwiegen der gelben Galle. Ein Gefühl der Festigkeit und Kraft, ein rücksichtsloses Streben nach Betätigung greift in der Seele Platz. Dabei ist aber, nach dem Vorbild der Wetterwolken, die urplötzlich den lachenden Sommerhimmel verfinstern können, auch der Choleriker zu unerwarteten Entladungen jederzeit bereit, stark im Wollen, stark im Unwillen.

Der Herbst mit seinen düsteren Nebelschwaden ist die gegebene Zeit der schwarzen Galle. Ihre Anhäufung in der Milz macht uns schwermütig, ihre Dunkelheit überträgt sich auf unsre Auffassung von Dingen und Ereignissen, und mit einer gewissen Sehnsucht wünscht man die Erlösung aus diesem ungesunden Zustand durch die kalte Klarheit des Winters herbei.

Man muß sich bei diesen Dingen länger aufhalten, denn sie zeigen, wie auch eine offensichtlich falsche Anschauung in den Händen geübter Denker eine große Ueberzeugungskraft gewinnen und dadurch zu einer großen Gefahr werden konnte. Und man kann auch wohl nicht eigentlich behaupten, daß wissenschaftliche Widerlegung der alten Säftelehre den Todesstoß gegeben habe; es ging ihr wie so vielen anderen Lehrmeinungen nach dem Worte des Geschichtsschreibers Ranke: Ihre Vertreter starben aus, nachdem jüngere Kräfte mit Erfolg begonnen hatten, auf anderem Wege dem menschlichen Körper seine Geheimnisse zu entreißen. Dieser andere Weg war der der Anatomie, der genauen Forschung mit dem Messer in der Hand.

Wie schon gesagt, hatte man sich fast das ganze Mittelalter hindurch mit dem Studium des Tierkörpers begnügen müssen. Ja, in jener überlieferungsgläubigen Zeit hielt man lange Jahrhunderte hindurch nicht einmal das für nötig. Hatte man doch die ganze Wissenschaft schwarz auf weiß in Händen in den umfangreichen Büchern des großen römischen Arztes Claudius Galenus. Diese Bücher waren schon im zweiten Jahrhundert n. Chr. geschrieben. Wenn sie noch 500 Jahre später die Hauptquelle des ärztlichen Wissens darstellten, so dürfen wir nicht vergessen, daß zu Beginn des Mittelalters über Europa der Sturm der Völkerwanderung hinweggebraust war. Dessen erste Folge war eine fast restlose Vernichtung all des herrlichen, alten Kulturbesitzes, den Griechen und Römer im Laufe von tausend Jahren geschaffen hatten. Wie die Erde zu Noahs Zeiten, so waren nach dem Ablaufen der Völkerwanderung die davon betroffenen Länder in geistiger Beziehung ein ödes, schlammbedecktes Trümmerfeld.

So waren auch die Medizin und mit ihr die Lehre vom menschlichen Körper damals aus dem öffentlichen Leben so gut wie ausgetilgt, und der ehemals so stolze Baum fristete nur stellenweise hinter Klostermauern der schützenden christlichen Kirche in Gestalt kraftloser Schößlinge ein kümmerliches Dasein. Zum Beispiel wurde in der Medizinschule von Salerno in Italien zuerst um das Jahr 1100 wieder Wert darauf gelegt, die Anatomie durch praktische Anschauung und selbsttätiges Zergliedern zu erlernen. Freilich war der Gegenstand zunächst noch nicht der Mensch selbst, sondern nach Galens Vorbild, der auch Affen und Bären zerlegt hatte, das Schwein. So ist uns ein Lehrbuch der Anatomie des Schweines aus jener Zeit erhalten geblieben.

ANDREAE VESALII.

ANDREAE VESALII

DE CORPORIS HVMANI FABRICA LIBER
PRIMVS, IIS QVAE VNIVERSVM CORPVS
suftinent ac fuffulciunt,quibusq; omnia ftabiliuntur
& adnafcuntur, dedicatus.

QVID·OS, QVIS'QVE OSSIVM VSVS
& differentia. Caput I.

Qv i a primum hoc Caput omnibus pariter oſsibus eſt commune, ipſi nulla illorum præponitur delineatio, neq, etiam hac ratione ullam ſibi uendicat peculiarem. niſi quis fortè omnes figuras arbitraretur hic præfigendas, quæ ſingulorum oſsium Capitibus neceſſariò adhibebuntur, quibusq, uniuerſus & integer oſsium contextus, cum uarijs eorundem nominibus, ad primi huius libri calcem exprimetur. Verùm omnes huc reponere, uel ideo parum conduceret, quòd tunc eædem ſibiq, ſimiles figuræ paſsim eſſent obuiæ, ac præter modum paginas occuparent: quodq, ſtatim initio de Lectoris in totius operis leuiter ſpectandis imaginibus, totoq, adeò librorum & capitũ ordine curſim ante ſeriam lectionẽ expendendo, induſtria & ſtudio nimiũ diffidere uideremur.

S CAETERARVM hominis partium maximè eſt terreum, ac proinde aridiſsimum & duriſsimum. Eius enim temperamenti ſummus rerum opifex Deus ſubſtantiam meritò efformauit, corpori uniuerſo fundamẽti inſtar ſubijciendam. Nam quod parietes & trabes in domibus, & in tentorijs pali, & in nauibus carinæ ſimul cum coſtis præſtant, id in hominis fabrica oſsium præbet ſubſtantia. Oſsium ſiquidem alia roboris nomine tanquã corporis fulcra procreantur: è quorum numero ſunt tibiarum & femorum oſſa, & dorſi uertebræ, ac omnis ferè oſsium contextus. Alia, præterquam quòd ſuſtinent, reliquis etiam partibus ueluti propugnacula, tutiſsimiq; ualli & muri à Natura obijciuntur: quemadmodũ caluaria, uertebrarum ſpinæ, & tranſuerſi earundẽ proceſſus, pectoris os, coſtæ. Alia tendinibus præcipua ſui parte innata, quorundam oſsium articulis prælocantur, tendinũ ro-

Oſsis natura.

Oſsium uſus.

Oſsiũ differentia ab uſu.

So beginnt das erste Blatt des Werks von Andreas Vesalius: Sieben Bücher vom Bau des menschlichen Körpers.
Im Alter von achtundzwanzig Jahren hat er dies kostbare Werk, einen Folioband von 850 Seiten, vollendet. Er widmete es dem Kaiser Karl V., dessen Leibarzt er war, im Jahre 1543. Sein Widmungsbrief schildert den Zustand, in dem er seine Wissenschaft, die Anatomie, vorfand:

„Die Ärzte glaubten, sie seien nur für die Heilung der inneren Krankheiten da. Deshalb gaben sie sich mit einer Kenntnis der Eingeweide zufrieden. Des Baus der Knochen, Muskeln, Nerven, der Blutadern, die Knochen und Muskeln durchströmen, achteten sie nicht. Da nun alle operativen Eingriffe den Barbieren überlassen blieben, verloren die Ärzte schließlich selbst die Kenntnis von den Eingeweiden. Aber auch die Zerlegungskunst ging dabei zugrunde. Denn die Ärzte gaben sich mit ihr nicht ab. Die Leute aber, denen diese Tätigkeit nun oblag, waren zu unwissend, als daß sie die Schriften der Anatomieprofessoren hätten lesen können. Wie geht es daher im Schulzimmer zu? Oben auf dem Katheder steht der Professor mit großer Feierlichkeit und schwätzt wie eine Dohle über das, was er niemals selbst in der Hand gehabt hat, sondern nur aus anderer Leute Büchern kennt und beschreibt. Unten steht der Gehilfe und ist so unwissend, daß er die zerlegten Teile den Zuschauern nicht erklären kann. Wenn der Professor ihn anweist, ein Stück vorzuzeigen, zerreißt er es; der Professor steht oben stolz wie ein Kapitän und lenkt sein Schiff nur aus dem Buch, ohne je die Hand an eine Leiche gelegt zu haben. So wird alles falsch gelehrt. Und mit lächerlichen Fragen geht eine Reihe von Tagen hin. Und in dieser Verwirrung wird den Zuschauern weniger geboten, als ein Metzger an seiner Schlachtbank den Arzt lehren kann.

Da nun die übrige Heilkunde in der glücklichen Entwicklung unseres Zeitalters, das Du regierst, wie alle anderen Wissenschaften mächtig aufblühte, und nur die Anatomie wie tot darniederlag, da reizte mich das Beispiel so vieler bedeutender Männer und Taten auf anderen Gebieten; und ich beschloß, meinerseits die Wissenschaft vom Bau des menschlichen Körpers vom Tode aufzuerwecken, schon um meinen Ahnen keine Unehre zu machen, die angesehene Ärzte gewesen sind. Wenigstens soweit wollte ich meine Wissenschaft wieder erheben, daß sie sich neben den Kenntnissen der Ärzte des Altertums könne sehen lassen."

Unter Karls V. Nachfolger, Philipp II., wurde dieser Mann der Zauberei angeklagt; er wurde zu einer Pilgerfahrt nach Jerusalem verurteilt, auf der er im Oktober 1564 den Tod fand.

Neben dem Einfluss Galens machte sich auch derjenige arabischer Ärzte geltend. Denn vom 8.–12. Jahrhundert n. Chr. blühte die ärztliche Wissenschaft an den Höfen der mohammedanischen Fürsten, deren Machtgebiet damals von Persien bis Spanien reichte. Trotzdem die Araber gerade in der Arzneikunde Meister waren, blieben aber diese Kenntnisse in Europa gering. So haben im Jahre 1196 die Professoren von Salerno von dem Abführmittel Aloë, von dem heute höchstens etwa $^1/_2$ gr verabreicht werden darf, nicht weniger als 13 gr dem deutschen Kaiser Heinrich VI. verordnet und damit den Tod des 32 jährigen Mannes herbeigeführt, der berufen schien, die Vorherrschaft des deutschen Kaisertums in Europa für Jahrhunderte aufzurichten.

Erst das 15. Jahrhundert erlöste die ärztliche Wissenschaft aus ihrer Erstarrung, als in Europa die Werke der alten griechischen Ärzte in der Ursprache bekannt und gelesen wurden. Nach allen Richtungen hin brachte nämlich die geistige Wiedergeburt des Altertums, die Renaissance, mit einer Fülle neuen Wissensstoffes eine gewaltige Erweiterung des geistigen Horizonts. Der Mensch des Mittelalters hatte bis dahin in der Überzeugung gelebt, die ihm durch die Kirche übermittelte römische Kultur sei die Krone aller menschlichen Geistesentwickelung, im Vergleich zu welcher alles andere höchstens den Rang einer vorbereitenden Unterstufe beanspruchen könne. Nun sah er mit einem Male, um es drastisch auszudrücken, „daß hinter dem Berge auch Leute wohnen"; vor seinem staunenden Auge gestaltete sich lebensvoll das Bild einer vergangenen Kultur, die älter war als die römische und trotzdem es mit dieser nicht nur getrost aufnehmen konnte, sondern sie in vieler Beziehung turmhoch überragte.

Da fing man an, den unbedingten Glauben an den eigenen geistigen Besitz zu verlieren. Man lernte von den Griechen nicht nur, was sie geschaffen hatten, sondern auch wie sie es geschaffen hatten: Ihre treue Beobachtung, ihr selbständiges, vorurteilsfreies Denken wurden je länger je mehr Gemeingut aller Gebildeten. Dem überall üppig emporsprießenden neuen Geistesleben wurden die Mauern der mittelalterlichen Kirchenweisheit zu enge. Ihr einst so stolzer Bau war lange Jahrhunderte hindurch der einzige Hort antiker Wissenschaft gewesen. Jetzt bekam er einen Riß nach dem andern, bis er im sechzehnten Jahrhundert zusammenstürzte.

Da vollzogen sich auf allen Gebieten gleichzeitig die größten Umwälzungen. Martin Luther und sein gewaltiges religiöses und nationales Werk sind jedermann bekannt. In dieselbe Zeit gehören, um nur einiges zu nennen, die unübertroffenen italienischen Maler des 16. Jahrhunderts, unter ihnen Leonardo da Vinci, gehört Cartesius, der Vater der neuen Philosophie und der Naturwissenschaft, gehört Kepler, der der Sternenkunde heute noch unangefochtene Gesetze gab, und gehört endlich auch Andreas Vesalius, der Begründer der neuzeitlichen Anatomie und damit der ganzen modernen Medizin.

Dieser geniale Mann war ein Deutscher. Er entstammte einer alten niederrheinischen Familie in Wesel. Nach seiner Vaterstadt nannte er sich, einem Brauch der Gelehrtenwelt folgend, mit lateinisiertem Namen Vesalius.

Er und seine Mitarbeiter und Schüler unternahmen es, die ganze Lehre vom menschlichen Körper von Grund aus neu aufzubauen. Dem von jenen Männern eingeschlagenen Wege sorgfältigen anatomischen Zerlegens, Beobachtens, Sammelns und Vergleichens von Tatsachen ist seither die Medizin nie mehr untreu geworden, und so baut sich seit den Tagen des Vesal in unserer Wissenschaft folgerichtig ein Stein auf den andern.

Hatte das 16. Jahrhundert die grundlegenden Tatsachen der Anatomie, der Lehre vom Bau des menschlichen Körpers, gebracht, so konnte das 17. Jahrhundert auf diesem neu gelegten Grunde die Physiologie, die Wissenschaft von der Tätigkeit des Körpers und seiner Organe, ganz neu aufbauen. Gerade hierin hatte ja die von so wenig Sachkenntnis eingeengte Phantasie der alten Aerzte ihre üppigsten Blüten getrieben. Nun gab der englische Arzt Harvey durch seine auf fast zwanzigjähriger Forscherarbeit beruhende neue Lehre vom „Blutkreislauf" den Anstoß zu einer Unzahl umwälzender Entdeckungen.

Die Aerzte der früheren Zeit wußten nichts von einem ununterbrochenen Kreisen des Blutes im Körper. War doch in ihren Augen der rote Lebenssaft nur einer von vier gleichberechtigten gewesen, der sich eben bei Verletzungen aus dem Körper zu entleeren pflegte. Die Blutgefässe, die Adern, hatte man auch nur zu einem Teile als solche erkannt. Bei der Leiche, und zumal im geschlachteten Tiere, findet man nämlich einen Teil derselben, die sogenannten Schlagadern, leer, da sie die Fähigkeit haben, sich ganz eng zusammenzuziehen und so das Blut, soweit es nicht überhaupt durch den Halsschnitt den Körper verlassen hat, an die schlafferen Blutadern oder Venen abzugeben. Infolgedessen hatte schon Hippokrates, der Begründer der altgriechischen Medizin, geglaubt, daß in ihnen während des Lebens eine Art Luft enthalten sei, der als „Pneuma" bezeichnete Geist. Der heute noch gebräuchliche Name: „Arterien" für Schlagadern heißt eigentlich: Luftwege. Erst Harvey und seine Nachfolger erkannten, daß in den Schlagadern zu Lebzeiten ebensogut Blut enthalten sei, wie in den Venen, und daß dieses, durch die Herzarbeit getrieben, in dauernder Bewegung den Körper in allen seinen Teilen durchströme, vom Herzen ausgehend und zu ihm zurückkehrend.

Damit wurde die ganze alte Säftelehre endgültig unmöglich. Die Galle wurde als eine Ausscheidung der

Leber erkannt, die sich in den Darm ergießt; die schwarze Galle verschwand gänzlich von der Bildfläche; und ebenso stellte sich heraus, daß der Schleim in keinerlei Beziehung zum Gehirn steht.

Auf den Erkenntnissen vom Bau und der Bedeutung der gesunden Organe konnte dann das 18. Jahrhundert die Wissenschaft von den krankhaften Veränderungen, die Pathologie, aufbauen.

Gegen Ende dieses Jahrhunderts begann dann auch schon die Technik in Beziehung zur ärztlichen Wissenschaft zu treten. Die galvanische Elektrizität, die später eine so große Rolle spielen sollte, wurde bei Gelegenheit eines medizinischen Versuchs entdeckt; die fortschreitende Optik, die sich seit Galilei mit der Verbesserung von Fernrohren und Vergrößerungsgläsern befaßt hatte, stellte nun der Medizin als neues Forschungsmittel das Mikroskop zur Verfügung.

Damit tritt die Medizin in die Bahn der neuzeitlichen Entwicklung, deren reißend schnelle Fortschritte zu schildern eine Aufgabe für sich ist. Aber auch schon die Vorgeschichte der ärztlichen Wissenschaft, von Stufe zu Stufe mit den entscheidenden Ereignissen der Geistesgeschichte fortschreitend, zeigt, welche Schwierigkeiten zu überwinden und welche Unsumme treuer Geistesarbeit zu leisten waren, damit wir uns eines anscheinend selbstverständlichen Besitzes erfreuen können: nämlich der Kenntnis unseres eigenen Körpers.

* * *

Freie Rede.

Gedanken über das Weltgeschehen.

Von Kunstgewerbezeichner F. Wondratschek.

Vor dem Krieg galt als Gipfel menschlicher Weisheit der Satz: Alles vollzieht sich nach ehernen, unabänderlichen Naturgesetzen. Nachdem der Weltkrieg die ganze Menschheit in einen Sumpf geführt hat, hört man ein anderes Wort von Volk zu Volk, von Partei zu Partei, von Mensch zu Mensch: „Ihr seid schuld, du bist schuld, jener ist schuld". Manche ballen die Faust und fluchen gen Himmel: „Wenn da droben einer ist, dann hat er die Schuld!" Niemand mag sagen: „Ich bin auch mitschuldig". Aber alle suchen nach den Schuldigen und bestätigen damit, daß es ein mechanisches, geist- und willenloses Geschehen nicht geben kann. Was dann? — — —

Vor bald 3 Jahrzehnten erklärte mir ein befreundeter niederrheinischer Heimarbeiter sein Handwerk, die Kunstweberei. Daher kommt mir folgender Vergleich: Die Kette oder der Zettel, d. h., die längslaufenden vom Weberbaum sich abrollenden Fäden versinnbildlichen die unabänderlichen Naturgesetze. Menschliches Wollen, Nichtwollen und Übelwollen ergeben den bunten Einschlag, der von der Weberin „Zeit" auf Spulen in Schiffchen quer durch den Zettel hin und her geworfen wird. Aber das ist noch nicht alles; die Hauptsache fehlt noch. Aus der Höhe des Webstuhls hängen Fäden herab, die mit ihren Ösen nach wohldurchdachtem in durchlochten Karten oben festgelegtem Plan die längslaufenden Fäden heben und wieder senken, um den querlaufenden aus dem Menschenwillen entspringenden Fäden ihre Bahn zu weisen, damit das Gewebe zustande komme, das im Kopf des Künstlers war.

So entsteht in zeitlicher Folge aus überweltlichem Willen und innerweltlichen Gesetzen unter Verwendung menschlichen Strebens und Sträubens, Suchens, Fehlens und Findens jenes komplizierte Gewebe, das wir Weltgeschichte nennen. Wir tun gut, wenn wir mit unserem Urteil zurückhalten, denn was wir unter den Händen der Weberin „Zeit" werden und sich aufrollen sehen, das ist ja nur die Rückseite. Erst jenseits von Raum und Zeit entrollt und enthüllt sich die Schauseite als Lösung aller Welträtsel.

D. M. G.

Der Tunnel.

Von Bernhard Kellermann.

Der Dichter Bernhard Kellermann schildert im „Tunnel" den Bau einer unterseeischen Verbindung Amerikas mit Europa, von New York über die Bermuda-Inseln und die Azoren nach der Nordwestküste von Frankreich.

Das Werk gehört in eine Reihe von Büchern, in denen ein technischer Gedanke mit allen Mitteln dichterischer Kraft zum phantastischen Roman ausgestaltet wird. Jules Verne war lange der hauptsächliche Vertreter dieser literarischen Richtung. Kellermann gibt uns mehr als sein französischer Vorgänger. Durch sein Buch geht der große Zug der Zeit, in der es entstanden ist, der Zeit unerhörter, wirklicher technischer Entwicklung, die wir alle erlebt haben. Es trägt ihre Hauptmerkmale: Kühnheit und Zähigkeit des technischen Wollens, Vollkommenheit der technischen Organisation und das Opfern des Menschen im Kampfe mit dem Stoff. Das Opfern des Arbeiters, aber auch des Unternehmers, der bei der Durchführung seines gigantischen Planes das Wertvollste verliert, was er als Mensch besitzt: Frau und Kind. Die Kraft des schöpferischen Gedankens wirkt mit solcher Gewalttätigkeit, daß sie nicht nur über fremdes, sondern auch über das eigene Leben seines Trägers hinwegschreitet.

Die Höhepunkte des Romans sind im Folgenden wiedergegeben und lassen den spannenden Aufbau des Ganzen durchscheinen.

Wochenlang war das Syndikatgebäude von Journalisten belagert gewesen, denn die Presse hatte mit der Sensation glänzende Geschäfte gemacht. Auf welche Weise sollte der Tunnel gebaut werden? Wie verwaltet? Wie sollten sie da drinnen mit Luft versorgt werden? Wie war die Tunnelkurve berechnet worden? Wieso kam es, daß die Tunnelkurve, trotz kleiner Umwege, um ein Fünfzigstel kürzer werden würde als der Seeweg? („Stich eine Nadel durch eine Erdkugel, und du weißt es!") Das waren alles Fragen, die das Publikum wochenlang in Atem hielten. Am Schluß hatte man nochmals die Fehde um den Tunnel, einen neuen „Tunnelkrieg" in den Zeitungen entfacht, der mit der gleichen Erbitterung und dem gleichen Lärm geführt wurde wie der erste.

Die gegnerische Presse führte wiederum ihre alten Argumente ins Feld: daß niemand diese ungeheure Strecke aus Granit und Gneis herauszubohren imstande sei, daß eine Tiefe von 4000 bis 5000 Metern unter dem Meeresspiegel jede menschliche Tätigkeit ausschließe, der ungeheuren Hitze und dem enormen Druck kein Material standhalten würde — daß aus all diesen Gründen der Tunnel kläglich scheitern würde. Die freundlich gesinnte Presse aber machte ihren Lesern zum tausendstenmal die Vorzüge des Tunnels klar: Zeit! Zeit! Zeit! Pünktlichkeit! Sicherheit! Die Züge würden so sicher laufen wie die Züge auf der Erdoberfläche — ja, sicherer! Man sei nicht mehr vom Wetter, vom Nebel und Wasserstand abhängig und setze sich nicht der Gefahr aus, irgendwo auf dem Ozean von den Fischen gefressen zu werden. Man erinnere sich nur an die Katastrophe der „Titanic", bei der sechzehnhundert Menschen das Leben verloren, und an das Schicksal der „Kosmos", die mit ihren viertausend Menschen an Bord mitten im Ozean verscholl!

Die Luftschiffe kämen überhaupt niemals für einen Massenverkehr in Betracht. Und zudem sei es bis heute erst zwei Luftschiffen gelungen, den atlantischen Ozean zu überfliegen.

In jener Zeit konnte man keine Zeitung oder Zeitschrift in die Hand nehmen, ohne auf das Wort „Tunnel" und auf Abbildungen zu stoßen, die sich auf den Tunnel bezogen.

Im November wurden die Nachrichten spärlicher, und schließlich erloschen sie ganz. Das Pressebureau des Syndikats hüllte sich in Stillschweigen. Man hatte die Baustellen gesperrt, und es war unmöglich, neue Bilder zu veröffentlichen.

Etwas Neues stand momentan im Vordergrund: internationaler Rundflug um die Erde!

Der Tunnel aber war vergessen.

Das war Allans Absicht! Er kannte seine Leute und wußte recht gut, daß diese ganze erste Begeisterung ihm keine Million Dollar eingebracht hätte. Er selbst wollte, wenn er den richtigen Zeitpunkt für gekommen wähnte, eine zweite Begeisterung entfachen, die nicht allein auf Sensation beruhte!

Im Dezember ging eine ausführlich erläuterte Nachricht durch die Zeitungen, die geeignet war, eine Ahnung von der Tragweite des Allanschen Planes zu geben: die Pittsburg-Smelting and Refining Company erwarb für die Summe von zwölfeinhalb Millionen Dollar das Anrecht auf alle im Verlauf des Baus zutage geförderten Materialien, die sich hüttentechnisch verarbeiten ließen. Gleichzeitig erschien die Notiz, daß die Edison-Bioskop-Gesellschaft für eine Million Dollar das alleinige Recht erworben habe, photographische und kinematographische Aufnahmen vom Tunnel während der ganzen Bauzeit zu machen und zu veröffentlichen.

Die Edison-Bio verkündete in grellen Plakaten, sie beabsichtige, die Tunnelfilme alle zuerst in New York vorzuführen, um sie von da aus über dreißigtausend Theater des ganzen Erdballs zu schicken.

Es war unmöglich, eine bessere Reklame für den Tunnel zu ersinnen!

Die Edison-Bio begann ihre Arbeit am gleichen Tage, und ihre zweihundert Theater New Yorks waren bis auf den letzten Platz besetzt.

Edison-Bio zeigte die fünf gewaltigen Staubsäulen der einzelnen Baustellen, die Steinfontänen, die das Dynamit emporjagt, die Abfütterung von hunderttausend Menschen, den Anmarsch der Arbeiterbataillone am Morgen, den Friedhof der Tunnelstadt mit fünfzehn frischen Hügeln. Sie zeigte Holzfäller in Kanada, die einen Wald für Allan niederschlagen — sie zeigte die Heere von beladenen Waggons, die alle die Buchstaben A. T. S. des Atlantic-Tunnel-Syndikats trugen.

Dieser Film, der zehn Minuten lang dauerte und den schlichten Namen „Eisenbahnwagen" trug, machte den stärksten und in der Tat einen überwältigenden Eindruck. Güterzüge, nichts sonst. Güterzüge in Schweden, Rußland, Österreich, Ungarn, Deutschland, Frankreich, England, Amerika. Züge mit Erzen, Holzstämmen, Kohlen, Schienen, Eisenrippen, Röhren, endlos. Ihre Maschinen qualmten, und alle rollten vorüber — alle rollten! — ohne Aufhören rollten sie vorüber, so daß man sie schließlich rollen und rauschen hörte.

Zum Schluß kam noch ein kurzer Film: Allan geht über die Baustelle in New Jersey.

Jede Woche brachte die Edison-Bio einen neuen „Tunnel-Film", und am Schluß erschien Allan stets in irgendeiner Situation in eigener Person.

Während Allans Name früher kaum mehr gewesen war als der Name eines Rekordfliegers, der heute bejubelt wird und morgen das Genick bricht und übermorgen vergessen ist, so verband die Menge jetzt mit seinem Namen und seinem Werk festgefügte und klare Vorstellungen.

Vier Tage vor Weihnachten waren New York und alle großen und kleinen Städte der Staaten mit möbelwagengroßen Plakaten überschwemmt, vor denen sich die Menge trotz des Geschäftsfiebers der Weihnachtswoche ansammelte. Diese Plakate zeigten eine Feenstadt, einen Ozean von Häusern aus der Vogelschau. Nie hatte ein Mensch etwas Ähnliches gesehen oder erträumt! In der Mitte dieser Stadt, die in lichten Farben gehalten war, lag eine großartige Bahnhofsanlage. Ein Bündel tiefliegender Strecken ging von ihr aus. Die Strecken, ebenso die Hauptstrecke, die zu den Tunnelmündungen führte, waren von unzähligen Brücken überspannt, von Parkanlagen mit Springbrunnen und blühenden Terrassen eingesäumt. Ein dichtgedrängtes Gewimmel tausendfenstriger Wolkenkratzer scharte sich um den Bahnhofsplatz: Hotels, Kaufhäuser, Banken, Officebuildings [1]. Boulevards, Avenuen, in denen die Menge wimmelte, Autos, elektrische Bahnen, Hochbahnen dahinschossen. Endlose Reihen von Häuserblöcken, die sich im Dunst des Horizonts verloren. Im Vordergrund links waren märchenhafte Hafenanlagen zu sehen, Lagerhäuser, Docke, Kaie, auf denen die Arbeit fieberte, voller Dampfer, Schornstein an Schornstein, Mast an Mast. Im Vordergrund rechts ein endloser, sonniger Strand voller Strandkörbe und dahinter riesige Luxusbadehotels. Und unter dieser blendenden Märchenstadt stand: „Mac Allans Städte in zehn Jahren."

Die oberen zwei Drittel des Riesenplakates waren sonnige Luft. Und ganz oben, am Rande, zog ein Aeroplan, nicht größer als eine Möwe. Man sah, daß der Pilot etwas mit der Hand über Bord warf, das anfangs wie Sand aussah, dann aber rasch größer wurde, flatterte, sich ausbreitete zu Zetteln wurde, von denen einzelne dicht über der Stadt so groß waren, daß man deutlich lesen konnte, was darauf stand: „Kauft Baustellen!"

Am gleichen Tag lag das Plakat in entsprechendem Format allen großen Zeitungen bei. Jeder Quadratfuß New Yorks war damit bedeckt. In allen Bureaus, Restaurants, Bars, Kaffees, Zügen, Stationen, Schiffen, überall stieß man auf die Wunderstadt, die Allan aus den Dünen stampfen wollte. Man belächelte, bestaunte, bewunderte sie, und am Abend kannte jedermann Mac Allans City ganz genau: ganz New York glaubte schon, in Mac Allan City gewesen zu sein! — — —

Waren diese Riesenstädte in Zukunft überhaupt wahrscheinlich und möglich? Das war die Frage, an der man sich die Köpfe einstieß.

Schon am nächsten Tage brachten die Zeitungen die Antworten der berühmtesten Statistiker, Nationalökonomen, Bankiers, Großindustriellen. Mr. F. says: —! [2] Sie stimmten alle darin überein, daß allein schon die Verwaltung des Tunnels und der technische Betrieb viele Tausende von Menschen erfordern würden, die an und für sich respektable Städte füllten. Der Passagierverkehr zwischen Amerika und Europa würde sich nach Ansicht der einzelnen Sachverständigen zu drei Vierteln, nach jener anderer zu neun Zehnteln dem Tunnel zuwenden. Heute waren täglich rund fünfzehntausend Menschen zwischen den Kontinenten unterwegs. Mit der Eröffnung des Tunnels würde sich der Verkehr versechsfachen, ja — nach einigen — verzehnfachen. Die Ziffern konnten ins Unfaßbare emporschnellen. Ungeheure Menschenmassen würden täglich in den Tunnelstädten eintreffen. Es war sogar möglich, daß diese Tunnelstädte in zwanzig, fünfzig und hundert Jahren Größenverhältnisse annehmen würden, die wir Menschen von heute mit unseren kleinlichen Maßstäben gar nicht auszudenken vermochten.

---
[1] Bürogebäude. [2] Herr F. sagt: —!

Allan führte nun Schlag auf Schlag. — — —

Am vierten Januar lud er die Welt auf einer Riesenseite in allen Zeitungen zur Zeichnung der ersten drei Milliarden Dollar ein, von welcher Summe zwei Drittel auf Amerika und ein Drittel auf Europa entfallen sollten. Die Subskriptions-Einladung enthielt alles Wesentliche über Baukosten, Eröffnung des Tunnels, Rentabilität, Verzinsung, Schuldentilgung. Dreißigtausend Passagiere täglich angenommen, würde sich der Tunnel schon rentieren. Es sei aber ohne Zweifel täglich mit vierzigtausend und mehr zu rechnen. Dazu kämen die enormen Einnahmen für Fracht, Post, pneumatische Expreßpost und Telegramme . . .

Es waren Zahlen, wie die Welt sie noch nie gesehen hatte! Verwirrende, beschwörende, unheimliche Zahlen, die einem Atem und Verstand raubten!

* * *

Unterdessen hatten sich Mac Allans Bohrmaschinen an den fünf Arbeitszentralen schon meilenweit in die Finsternis hineingefressen. Wie zwei schauerliche Tore, die in die Unterwelt hinabführen, sahen diese Tunnelmündungen aus.

Tag und Nacht aber, ohne jede Pause, kamen endlose Gesteinszüge im Schnellzugstempo aus diesen Toren heraufgeflogen, Tag und Nacht, ohne Pause, stürzten sich Arbeiter- und Materialzüge in rasendem Tempo hinein.

Mac Allans Arbeit war nicht jene Arbeit, die die Welt bisher kannte, sie war Raserei, ein höllischer Kampf um Sekunden. Er **rannte** sich den Weg durchs Gestein!

Die gleichen Maschinen, das gleiche Bohrermaterial vorausgesetzt, hätte Allan mit den Arbeitsmethoden früherer Zeiten zur Vollendung des Baus neunzig Jahre gebraucht. Er arbeitete aber nicht acht Stunden täglich, sondern vierundzwanzig. Er arbeitete Sonn- und Feiertage. Bei den „Vortrieben" arbeitete er mit sechs Schichten; er zwang seine Leute, in vier Stunden das zu leisten, was sie bei langsamem Tempo in acht Stunden geleistet haben würden. Auf diese Weise erzielte er eine sechsfache Arbeitsleistung.

Der Ort, wo die Bohrmaschine arbeitete, der Vortrieb, hieß bei den tunnelmen[1] die „Hölle". Der Lärm war hier so ungeheuer, daß fast alle Arbeiter mehr oder weniger taub wurden, trotzdem sie ihre Ohren mit Watte verstopft hatten. Die Allanschen Bohrer, die den Berg durchlöcherten, setzten mit einem klirrenden Schrillen ein, der Berg schrie wie tausend Kinder auf einmal in Todesangst, er lachte wie ein Heer Irrsinniger, er tobte wie ein Lazarett von Fieberkranken, und endlich donnerte er wie große Wasserfälle. Durch den kochend heißen Stollen heulten fünf Meilen weit schreckliche, unerhörte Töne, so daß niemand es gehört haben würde, wenn der Berg in Wirklichkeit zusammengestürzt wäre. Da das Getöse Kommando und Hornsignale verschluckt hätte, so mußten alle Befehle auf optischem Wege gegeben werden. Riesige Scheinwerfer schleuderten ihre grellen Lichtkegel bald gleißend weiß, bald blutrot in das Chaos von schweißüberströmten Menschenknäueln, Leibern, stürzenden Steinen, die selbst wieder Menschenleibern ähnlich sahen, und der Staub wälzte sich wie dicke Dampfwolken im Lichtkegel der Reflektoren. Mitten in diesem Chaos von rollenden Leibern und Steinen aber bebte und kroch ein graues, staubbedecktes Ungetüm, wie ein Ungeheuer der Vorzeit, das sich im Schlamm gewälzt hatte: Allans Bohrmaschine.

Von Allan ersonnen bis auf die kleinste Einzelheit, glich sie einem ungeheuren, gepanzerten Tintenfisch, Kabel und Elektromotoren als Eingeweide, nackte Menschenleiber im Schädel, einen Schwanz von Drähten und Kabeln hinter sich nachschleifend. Von einer Energie, die der von zwei Schnellzugslokomotiven entsprach, angetrieben, kroch er vorwärts, betastete mit seinen Fühlern, Tastern, Lefzen des vielgespaltenen Maules den Berg, während er helles Licht aus den Kiefern spie. Bebend in urtierischem Zorn, hin- und herschwankend vor Wollust des Zerstörens, fraß er sich heulend und donnernd bis an den Kopf hinein ins Gestein. Er zog die Fühler und Lefzen zurück und spritzte etwas in die Löcher, die er gefressen hatte. Seine Fühler und Lefzen waren Bohrer mit Kronen aus Allanit, hohl, mit Wasser gekühlt, und was er durch die hohlen Bohrer in die Löcher spie, war Sprengstoff. Wie der Tintenfisch des Meeres, so änderte er plötzlich seine Farbe. Aus seinen Kiefern dampfte Blut, seine Rückennarbe funkelte böse drohend, und unheimlich wie der Tintenfisch des Meeres zog er sich zurück, in roten Dunst eingehüllt — und wieder kroch er vorwärts. Vor und zurück, Tag und Nacht, jahrelang, ohne Pause.

Sobald er die Farbe wechselt und sich zurückzieht, stürzt sich eine Rotte Menschen die Gesteinswand hinauf und windet fieberhaft die Drähte zusammen, die aus den Bohrlöchern hängen. Und wie vom Grauen gepeitscht jagt die Rotte zurück. Es grollt, donnert, dröhnt. Der zerschmetterte Berg rollt den Fliehenden drohend nach, ein Steinhagel jagt vor ihm her und prasselt gegen die Panzerplatten der Bohrmaschine. Wolken von Staub wälzen sich dem roten Glutatem entgegen. Plötzlich blendet er wieder grellweiß, und Horden halbnackter Menschen stürmen in die brodelnde Staubwolke hinein und stürzen den noch rauchenden Schutthaufen hinauf

---

[1] Tunnelmänner.

Das gierig vorwärtsrollende Ungetüm aber streckt Freßwerkzeuge schauerlicher Art aus, Zangen, Krane, es schiebt seinen stählernen Unterkiefer vor und in die Höhe und **frißt** Gestein, Felsen, Schutt, den hundert Menschen mit verzerrten Gesichtern, glänzend von Schweiß, ihm in den Rachen werfen. Seine Kiefer beginnen zu mahlen, zu schlingen, der bis zum Boden schleifende Bauch schluckt, und zum After kommt ein endloser Strom von Felsen und Steinen heraus.

Schon aber meißeln und bohren und wühlen schmutzgetigerte Menschenklumpen unter den Freßwerkzeugen des Ungeheuers, um ihm den Weg zu ebnen. Männer mit Schwellen und Schienen keuchen heran, die Schwellen werden gebettet, die Schienen festgeschraubt, und das Ungeheuer wälzt sich vorwärts.

An seinem schmutzbedeckten Leib, seinen Flanken, seinem Bauch, seinem gewölbten Rücken hängen winzige Menschen. Sie bohren Löcher in Decke und Wände, den Boden, in hervorstehende Blöcke, so daß sie jederzeit im Augenblick mit Patronen gefüllt und abgesprengt werden können.

So fieberhaft und höllisch die Arbeit vor der Bohrmaschine wütete, so fieberhaft und höllisch tobte sie hinter ihr, wo der endlose Strom von Gestein herausquoll. Eine knappe halbe Stunde später mußte die Maschine zweihundert Meter rückwärts freie Fahrt haben, um das Sprengen abwarten zu können.

Der ewig wandernde Rost, der zehn Schritt hinter die Maschine reichte, aber schüttete die Gesteinsmassen prasselnd und krachend in niedrige, eiserne, verbeulte Karren, den Hunden in den Kohlengruben ähnlich, die, ein endloser Zug, vom linken Schienenstrang auf den rechten mit Hilfe eines halbkreisförmigen Verbindungsgeleises geführt wurden und gerade so lange hinter dem Rost stockten, als nötig war, um Gestein und Blöcke aufzunehmen. Sie wurden von einer mit Akkumulatoren gespeisten Grubenlokomotive gezogen. Klumpen von Menschen mit bleichen Gesichtern, einen Brei von Schmutz auf den Lippen, taumelten um Rost und Hunde, wühlten, wälzten, schaufelten und schrien, und das grelle Licht der Scheinwerfer blendete unbarmherzig auf sie hernieder, während die Luft der Wetterführung wie ein Sturmwind in sie hineinpfiff.

Die Schlacht bei der Bohrmaschine war mörderisch, und täglich gab es Verwundete und häufig Tote.

Nach einer vierstündigen Raserei wurden die Mannschaften abgelöst. Vollkommen erschöpft, gekocht in ihrem eigenen Schweiß, bleich und halb bewußtlos vor Herzschwäche, warfen sie sich auf das nasse Gestein eines Waggons und schliefen augenblicklich ein, um erst über Tag zu erwachen.

* * *

Die kleine Grubenlokomotive aber rasselte mit den beladenen Hunden kilometerweit durch den Tunnel, bis dahin, wo die Eisenbahnwaggons standen, die die Hunde an Kranen in die Höhe zogen und entleerten. Waren die Waggons gefüllt, so fuhren die Züge ab — in jeder Stunde ein Dutzend und mehr — und neue, mit Material und Menschen standen an ihrer Stelle.

Die amerikanischen Stollen waren gegen das Ende des zweiten Jahres fünfundneunzig Kilometer weit vorgetrieben worden, und diese ganze mächtige Strecke entlang fieberte und tobte die Arbeit. Denn Allan peitschte unaufhörlich zur größten Kraftanspannung an, täglich, stündlich. Rücksichtslos verabschiedete er Ingenieure, die ihre geforderten Kubikmeter nicht bewältigen konnten, rücksichtslos entließ er Arbeiter, die den Atem verloren.

Wo noch die eisernen Hunde rasseln und der zerfetzte Stollen von Staub, Steinsplittern und einem donnernden Getöse erfüllt ist, sind Bataillone von Arbeitern beim Schein der Reflektoren beschäftigt, Balken und Pfosten und Bretter zu schleppen, um den Stollen gegen hereinbrechendes Gestein zu sichern. Eine Schar von Technikern legt die elektrischen Kabel und provisorischen Schläuche und Röhren für Wasser und zugepumpte Luft.

Von dreihundert zu dreihundert Metern aber wütet ein Trupp schmutziger Gestalten zwischen den Pfosten mit Bohrern gegen die Stollenwand. Sie sprengen und schlagen eine Nische so hoch wie ein Mann, und sobald ein Zug gellend vorbeikommt, flüchten sie zwischen die Pfosten. Bald aber ist die Nische so tief, daß sie sich nicht mehr um die Züge zu kümmern brauchen, und nach einigen Tagen klingt die Wand hohl, sie stürzt ein, und sie stehen im Parallelstollen, wo die Züge vorbeifliegen wie drüben. Dann marschieren sie ihre dreihundert Meter weiter, um den neuen Querschlag in Angriff zu nehmen.

Diese Querschläge dienen zur Lüftung, zu hundert anderen Zwecken.

Ihnen auf den Fersen aber folgt ein Trupp, dessen Aufgabe darin besteht, diese schmalen Verbindungsgänge kunstgerecht auszumauern. Jahraus, jahrein tun sie nichts anderes. Nur jeden zwanzigsten Querstollen lassen sie stehen, wie er ist.

Weiter, vorwärts!

Ein Zug rauscht heran und hält bei dem zwanzigsten Querschlag. Eine Schar geschwärzter Burschen springt von den Waggons, und Bohrer, Spitzhacken, Eisenträger, Zementsäcke, Schienen, Schwellen wandern über ihre Schultern blitzschnell in den Querstollen hinein, während hinten schon die Glocken der aufgehaltenen Züge ungeduldig gellen. Weiter! Die Züge rollen. Der Querstollen hat die geschwärzten Burschen verschluckt, die Bohrer schrillen, es knallt, das Gestein birst, der Stollen wird breiter und breiter, er steht schräg zu den Tunneltrassen, Eisen und Beton sind seine Wände, seine Decke, sein Boden. Ein Geleise führt durch ihn hindurch: eine Weiche.

Diese Weichen haben den ganz unschätzbaren Wert, daß man von sechs zu sechs Kilometern nach Belieben die ewig rollenden Material- und Gesteinszüge des einen Stollens auf den anderen überführen kann.

Auf diese höchst einfache Weise ist eine Strecke von sechs Kilometern isoliert für den Ausbau.

Der sechs Kilometer lange Wald von Kronbalken, Pfosten, Stempeln, Riegeln verwandelt sich in einen Wald aus Eisenrippen und Eisenfachwerk.

* * *

Tausend Dinge mußten vorgesehen werden! Sobald die amerikanischen Stollen mit den Stollen zusammenstießen, die sich von den Bermudas aus durch den Gneis fraßen, mußte die ganze Strecke betriebsfähig sein.

Allans Pläne lagen seit Jahren bis auf die letzten Kleinigkeiten fertig vor.

Von zwanzig zu zwanzig Kilometern ließ er kleine Stationen in den Berg schlagen, in denen die Streckenwärter hausen sollten. Alle sechzig Kilometer plante er größere Stationen und alle zweihundertvierzig Kilometer große Stationen. All diese Stationen waren Depots für Reserveakkumulatoren, Maschinen und Nahrungsmittel. Die größeren und großen Stationen sollten Transformatoren, Hochvoltstationen, Kühl- und Luftmaschinen aufnehmen. Es waren ferner Seitenstollen nötig, in denen abgeleitete Züge Platz fanden.

Wie ein Vulkan in höchster Raserei spien die Tunnelmündungen Tag und Nacht Gestein aus. Unaufhörlich, dicht hintereinander flogen die vollen Züge aus den gähnenden Toren hervor. Mit einer Leichtigkeit, die das Auge entzückte, nahmen sie die Steigung, um, oben angelangt, einen Augenblick zu halten. Was aber nur Gestein und Schutt schien, das bewegte sich plötzlich auf den Waggons, und geschwärzte, beschmutzte, unkenntliche Gestalten sprangen herab. Der Gesteinszug aber wand sich über hundert Weichen und schoß davon. Er fuhr in einem großen Bogen durch „Mac City" (wie die Tunnelstadt allgemein hieß), bis er auf eins der hundert Geleise am Meer einlenkte, wo er entladen wurde. Hier am Meer waren sie alle laut und heiter, denn sie hatten die „leichte Woche".

Mac Allan hatte zweihundert Doppelkilometer Gestein herausgeschafft, genug, um eine Mauer von New York nach Buffalo zu bauen. Er besaß den größten Steinbruch der Welt; aber er verschwendete keine Schaufel voll. Er hatte das ganze ungeheure Gelände zweckmäßig nivelliert. Er hatte das Gestade, das allmählich abfiel, geebnet und das seichte Meer kilometerweit hinausgedrängt. Dort draußen aber, wo das Meer schon tiefer war, versanken täglich Tausende von Waggonladungen Gestein im Meer, und langsam schob sich ein ungeheurer Damm ins Meer hinaus. Das war einer der Kaie von Allans Hafen, der die Welt auf dem Plan der Zukunftsstadt so verblüfft hatte. Zwei Meilen entfernt davon bauten seine Ingenieure den größten und gleichmäßigsten Badestrand, den irgend ein Ort der Welt besaß. Hier sollten riesige Badehotels errichtet werden.

Mac City selbst aber sah aus wie ein ungeheures Schuttfeld, auf dem kein Strauch wuchs, kein Tier, kein Vogel lebte. Es flimmerte in der Sonne, daß die Augen schmerzten. Weithin war diese Wüste mit Geleisen bedeckt, übersponnen mit fächerförmig sich nach beiden Seiten ausbreitenden Geleisen, den magnetischen Figuren ähnlich, zu denen sich Eisenfeilstaub bei den Polen eines Magnets ordnet. Überall schossen Züge dahin, elektrische, Dampfzüge, überall qualmten Lokomotiven, heulte, schellte, pfiff und klingelte es. Draußen im provisorischen Hafen Allans lagen Scharen von qualmenden Dampfern und hohen Seglern, die Eisen, Holz, Zement, Getreide, Vieh, Nahrungsmittel aller Art von Chikago, Montreal, Portland, Newport, Charleston, Savanah, New Orleans, Galveston hierhergebracht hatten. Und im Nordosten stand eine dicke Mauer von Rauch, undurchdringlich: der Materialbahnhof.

Die Baracken waren verschwunden. Auf den Terrassen des Streckeneinschnittes blitzten Glasdächer: Maschinenhallen, Kraftstationen, an die turmhohe Bureaugebäude stießen. Mitten in der Steinwüste erhob sich ein zwanzigstöckiges Hotel: „Atlantic-Tunnel". Es war kalkweiß, nagelneu und diente als Absteigequartier für die Scharen von Ingenieuren, Agenten, Vertretern großer Firmen und für Tausende von Neugierigen, die jeden Sonntag von New York herüberkamen.

Gegenüber hatte Wannamaker ein vorläufig zwölf Stockwerke hohes Warenhaus errichtet. Breite Straßen, vollkommen fertig, liefen schnurgerade durch das Schuttfeld, Brücken spannten sich über den Streckeneinschnitt. Am Rande der Steinwüste aber lagen freundliche Arbeiterstädte mit Schulen, Kirchen, Spielplätzen, mit Bars und Kaffees, die von ehemaligen Preisboxern oder Rennfahrern geleitet wurden. Fernab, in einem Walde kleiner Zwergföhren, stand einsam, vergessen und tot ein Gebäude, das einer Synagoge ähnlich sah: ein Krematorium mit langen leeren Kreuzgängen. Nur ein Gang enthielt schon Urnen. Und sie alle trugen die gleiche Inschrift unter den englischen, französischen, russischen, deutschen, italienischen, chinesischen Namen: Verunglückt beim Bau des Atlantic-Tunnels — beim Sprengen — verschüttet — von einem Zug überfahren: wie die Inschriften gefallener Krieger.

(Schluß folgt.)

Quellen: Der Tunnel. Ausschnitte aus dem gleichnamigen Roman von Bernhard Kellermann. Verlag S. Fischer, Berlin W. 57.

Herausgegeben und gedruckt von der Daimler-Motoren-Gesellschaft in Stuttgart-Untertürkheim. • Alle Rechte vorbehalten. •
Zuschriften an die Schriftleitung: Friedrich Muff, Stuttgart-Untertürkheim. (3.12.1919.)

DAIMLER WERKZEITUNG

1919 · Nr. 10

INHALTSVERZEICHNIS

Plaudereien aus der Gesenkschmiede. Von Ing. P. H. Schweißguth. ∗∗ Die Heizkraft des Holzes. Von Dr. S. v. Jezewski. ∗∗ Wirtschaftliche Folgen der Wiederaufrichtung Polens. Von Dr. P. Rohrbach. ∗∗ Der Tunnel. Von B. Kellermann. (Schluß).

Plaudereien aus der Gesenkschmiede.

Von Ingenieur Paul Heinrich Schweißguth.

„Gut geschmiedet ist halb gefeilt", sagt ein altes Sprichwort. Man hat damals noch viel feilen müssen, um dem Werkstoff die gewünschte Form zu geben. Wenn diese aber zu schwierig war, so daß sie unter dem Hammer nur unförmig herauskam, und man viel Stoff und Arbeit vergeudet hätte, wenn man sie aus dem Vollen hätte herausarbeiten wollen, so gab man zu Gunsten der Massenherstellung das Schmieden ganz auf und zog die bequemere Formgebung des Gießverfahrens vor.

Erst die erhöhten Festigkeitsansprüche an den Werkstoff zwangen die moderne Technik, auch die verwickelten Formen durch Schmieden und Pressen in gleicher Vollkommenheit und Gleichmäßigkeit herzustellen wie beim Gießen, indem man die Sandform durch eine Stahlform ersetzte, wobei man noch den Vorteil hatte, die Form vielfach hintereinander benutzen zu können.

Heute wird überhaupt nicht mehr an der äußeren Form „gefeilt", denn der Hammer arbeitet mit einer Genauigkeit bis zu $1/2$ mm. Nur an den Stellen wird der Gegenstand gedreht, gehobelt oder geschliffen, wo Bewegungs- oder Verbindungsflächen entstehen sollen.

Zur neuzeitlichen Gesenkschmiede gehört aber recht viel. Da wir heute mit Arbeitslöhnen und Stoffen sehr sparsam umgehen müssen, sollen im folgenden einige praktische Fingerzeige gegeben werden.

Für größere Gesenkschmiedestücke wird wohl nur der Dampfhammer verwendet, obgleich schwere Fallhämmer mit sehr großem Hub für Gesenkarbeiten unleugbare Vorteile haben, wie z. B. ihre Bedürfnislosigkeit in Bezug auf Wartung, Ausbesserung, Billigkeit der Gründung und der Anschaffungskosten usw. Doch hat bei einer gewissen Größe des Fallgewichtes die Sache ein Ende. Wenn auch das Bestreben vorhanden ist, den Dampfhammer mehr und mehr oder vielleicht ganz durch die Druckwasserpresse zu ersetzen, so sind wir doch heute noch sehr weit von diesem Ziele entfernt. So sei hier nur von Dampfhämmern die Rede.

Gründung von Dampfhämmern.

Die Dampfhammer-Konstrukteure können es sich noch immer nicht abgewöhnen, auf ihren Fundamentzeichnungen unter der Schabotte [1] größere Holzlager anzulegen. Sie behaupten, daß die Schabotte elastisch gelagert werden müsse, um Brüche der Hammerstange zu vermeiden. Daß sie dabei ihren Dampfzylinder gefährden, Öl in die Schabottengrube fließen und das Holz anfeuchten und erweichen. Jeder schiefe Hammerschlag preßt das Holz auf einer Seite mehr zusammen als auf der andern. Beim Gesenkschmieden sind alle Schläge schief, man müßte denn Kugeln schmieden. Hat sich einmal die Schabotte nur um ein Geringes auf einer Seite

Abb. 1.
Zweiständerhammer, geschlossene Anordnung.

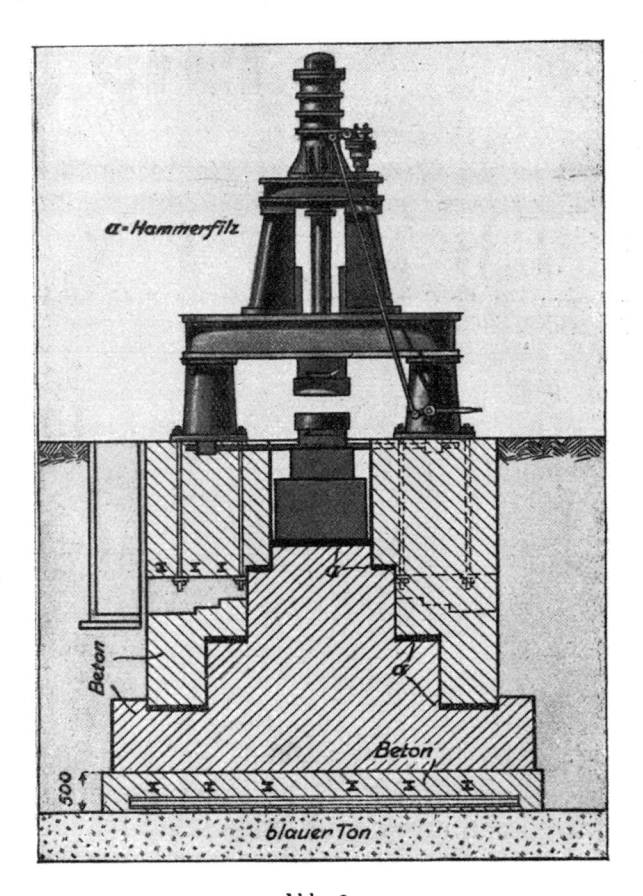

Abb. 2.
Gründung eines schweren Brückenhammers.

bedenken sie nicht. Sie legen auch stets das Schabottenfundament getrennt vom Hammerfundament an und kommen höchst selten aus der Gewohnheit. Die Folgen hiervon sind in fast jeder Schmiede zu beobachten. Einständerhämmer (Bild Seite 168) hängen nach kurzer Zeit vornüber, Brückenhämmer sind gewöhnlich windschief verzogen, und als Endergebnis häufen sich Zylinder- und Stangenbrüche so, daß man sich zu einer neuen Gründung entschließt, die sich in nichts von der alten unterscheidet.

Holzunterlagen unter der Schabotte nehmen fortwährend andere Form an, da aus der Stopfbüchse des Zylinders Kondensationswasser und

gesenkt, so wird die Hammerführung einseitig ausgearbeitet. Die Hammerstange wird bei jedem Schlage auf Knickung beansprucht, bis sie zum Schluß bricht. Dabei leidet natürlich der Zylinder. Da das Schabottenfundament viel zu kleine Auflagefläche hat, wird es bald in den Baugrund eingeschlagen. Das verdrängte Erdreich schiebt sich ungleichmäßig unter die benachbarten Fundamentteile des Hammerkörpers und stellt langsam aber sicher den Hammer schief. Dann fangen die Gesenke an zu brechen, weil das Obergesenk auf keine Weise mehr mit dem Untergesenk in Einklang zu bringen ist. Ein Gesenk, das meist Tausende von Mark kostet, ist in kürzester Zeit in ein paar nutzlose Stahlstücke verwandelt.

[1] Schabotte ist der Amboß, der Hammer heißt Bär.

Man verlangt beim Schmiedestück eine Genauigkeit von $1/2$ mm, führt die Gesenke mit einer Genauigkeit von $1/10$ mm mit Schwindmaß aus und denkt nicht daran, daß täglich veränderliche Verschiebungen zwischen dem Bär und der Schabotte von einigen Millimetern und ebenso große bleibende wöchentlich vor sich gehen. Man hilft sich dann stets mit Blechunterlagen für kurze Zeit.

Außerdem verlangt das Schmieden im Gesenk unbedingt einen harten Schlag, der aber durchaus nicht bei ausweichender Schabotte zu erzielen ist. Der harte Schlag ist notwendig, damit sich der weiche, glühende Stahl des Werkstückes in alle Vertiefungen des Gesenkes scharf einprägt. Ein bis zwei kurze, harte Schläge sind besser als 10 bis 20 weiche Schläge, bei denen das Gesenk zu warm und verdrückt wird. Die Amerikaner legen unter ihre schwersten Fallhämmer auf den Beton der Gründung nichts als eine dünne Lederunterlage.

Beim **Fallhammer** ist die Sache verhältnismäßig einfach, da die Geradführungen auf der Schabotte selbst angebracht sind, somit nur mit **einem** Körper auf der Gründung zu rechnen ist, dem man stets die nötige Auflagefläche im Baugrund geben kann, welcher Beschaffenheit dieser auch sein mag, ob Newa-Sumpf oder Donau-Schotter.

Ihm am nächsten kommt der **Zweiständerhammer** von Eulenberg, Mönting & Co., der nach der **geschlossenen Anordnung** gebaut ist (Abb. 1). Diese Hämmer haben einen glockenhellen Klang und eignen sich vorzüglich für mittlere Gesenkarbeiten. Größere Gesenke kann man nicht zwischen die Ständer bringen.

Der ganze Hammer mit Schabotte steht auf einem einzigen Betonklotz. Es genügt als Unterlage zwischen dem Hammer und der Gründung eine 50 mm dicke Platte aus Hammerfilz. Die vorgeschlagenen Unterlagen aus zwei Schichten Eichenholz sind überflüssig und schädlich. Der Hammerfilz muß mit einem genügend breiten Betonrand umgeben werden, damit er nicht ausweichen kann.

Viel schwieriger gestaltet sich die Gründungsfrage bei **schweren Brückenhämmern**, (Bild Seite 169). Bei diesen haben jede der Blechsäulen, auf denen die Brücke und der Zylinder ruhen, und die Schabotte ihre eigene Gründung.

Ich habe jahrelang Versuche gemacht mit einer Art von Gründung, die sich bis heute glänzend bewährt hat. Eine Lagenveränderung zwischen dem Bär und der Schabotte sowie der Brücke selbst war mit einem Pendel von $5\frac{1}{2}$ m Länge überhaupt nicht festzustellen, obgleich der Hammer (mit einem Fallgewicht von 4000 kg mit Obergesenk) im Krieg unausgesetzt in Tag- und Nachtschicht schwere Gesenkarbeit leistete.

Da das ganze Werk auf aufgeschüttetem Sand stand, mußte mit der Gründung 5 m tief hinunter gegangen werden, bis man auf ein Flöz von blauem Ton stieß. Dieses Tonflöz wurde angebohrt und ergab bei 750 mm Tiefe Wasser und feinen Sand.

Auf diesen Baugrund wurde eine 500 mm dicke Platte in Beton aufgestampft und mit einigen Trägern bewehrt; sie diente als Grundlage des ganzen Fundamentes (Abb. 2), so daß der Baugrund beim Schlagen höchstens mit 0,25 kg/qcm belastet wurde.

Der untere Teil des Schabottenfundamentes nimmt die ganze Fläche der Platte ein. Das Fundament baut sich bis unter die Schabotte stufenförmig auf. Die Schabotte im Gewicht von 70 000 kg ruht auf der obersten Stufe auf einer 50 mm dicken Platte aus gepreßtem und mit Teer getränktem Hammerfilz. Die Säulenfundamente schließen sich dicht an das Schabottenfundament und sind auf den wagerechten Flächen der Stufen mit ebensolchen Filzstreifen belegt, in den senkrechten Flächen mit Dachpappe isoliert. Die gußeisernen Fundamentplatten der Säulen sind wie üblich durch wagerechte Bolzen verbunden.

Diese Gründung hat sich glänzend bewährt. Der Schlag wird auf die ganze Platte übertragen und dadurch stark abgeschwächt. An dem Gebäude der Schmiede, das bereits 28 Jahre alt war, wurden nicht die geringsten Spuren der Erschütterung bemerkt. In 15 bis 20 m Entfernung stand ein Schornstein von 53 m Höhe und 1,5 m oberem Durchmesser, und in ebensolcher Entfernung eine Sammlerbatterie, die vollkommen unberührt blieben. Erst in 80 m Entfernung vom Hammer konnten leichte Erschütterungen bei schweren Schlägen bemerkt werden, was wohl auf die wellenförmige Uebertragung der Schläge durch das Tonflöz zurückzuführen war. Der Hammer schlug vollkommen hart und deckte das Untergesenk sehr genau.

Einständerhammer in den Daimler-Werken.

Brückenhammer im Stahlwerk Becker A. G.

Die Befestigung des Stieles im Hammer ist für den Schmied die ärgerlichste Beschäftigung.

Eine lange Hammerstange mit 1½ und 2 m Hub wird natürlich bei hartem Schlage stark beansprucht. Mit Stangen von 36 bis 45 kg/qmm Festigkeit kommt man daher keinesfalls mehr aus. Eine gute Hammerstange von 180 mm Durchmesser muß bei 2 m Hub und 3000 kg Fallgewicht des Hammers schon aus Chromnickelstahl mit 80 kg/qmm Festigkeit hergestellt sein, will man an ihr seine Freude haben. Solch eine Hammerstange kostet viel Geld, aber sie bringt auch etwas ein.

Stangen von geringerer Festigkeit sind der Schrecken jedes Schmiedes und stellen die ganze Wirtschaftlichkeit des Hammers in Frage. Die Stange verbiegt sich bald. Wenn sie nicht lösbar mit dem Bär verbunden ist, was höchst selten der Fall ist, da der Bär meist aufgeschrumpft wird, ist wenigstens eine Woche verloren; und zwar bei vorhandener Aushilfstange, sonst steht der Hammer bis zum nächsten Liefertermin still.

Der Schmied bemerkt die Verbiegung der Stange gewöhnlich erst, wenn sich der Bär nicht mehr aufwärts bewegen läßt, oder wenn von der Geradführung die Späne fliegen.

Der sparsame Schmied holt nun den Holzkohlenkasten herbei, um den Bär so warm zu machen, daß er die Stange von sich gibt; was ihm höchst selten gelingt. Der vernünftige Schmied holt mit umso größerer Entschlossenheit das Sauerstoff-Schneidzeug herbei und schneidet die Stange ein- bis zweimal durch, bohrt den Bär aus, oder entschrumpft den zurückgebliebenen Kegel auf warmem Wege und setzt die zu diesem Zweck bereit gehaltene Aushilfstange so schnell wie möglich an ihre rechtmäßige Stelle. Wenn dann die Zapfen in Bär und Kolben passen, ist alles bald wieder in Ordnung.

Angenehmer ist ja entschieden die Banningsche lösbare Kupplung der Hammerstange mit dem Bär, die Abb. 3 und 4 zeigen. Aber auch sie hat ihre schweren Tücken und fügt sich nur dem Vorschlaghammer in kräftiger Faust. Den unteren Kopf der Stange bildet ein umgekehrter Kegel a, der von einer Kugelfläche begrenzt ist. Dieser Kegel wird durch die zweiteilige kegelige Büchse b im oberen Teil des Bärs gehalten, der Stangenkopf durch die Platte p, die eine Vertiefung hat, in welche die Stangenabrundung paßt; Keil k preßt das Ganze in die kegelförmige Öffnung des Bärs hinein. Nun wiegen aber die Platte und der Keil je 50 kg, wenn nicht mehr. Die Platte p muß in der Schwebe ge-

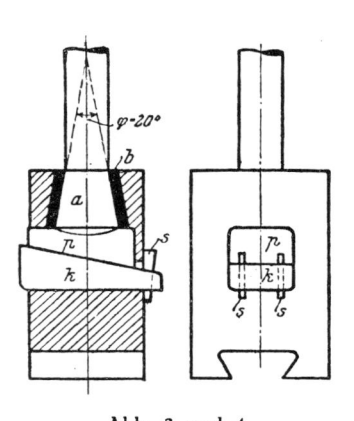

Abb. 3 und 4.
Banningsche Kupplung.

halten werden, damit der Keil k untergeschoben wird, und die Stange muß mit Unterdampf angezogen werden, denn sie mit dem Keil zu heben ist unmöglich. Gleichzeitig muß der Stangenkopf in der Vertiefung der Platte zentriert gehalten werden, solange man den Keil mit schwerem Vorschlaghammer anzieht. Dabei geht dem Schmied infolge der Schwere der Anzugteile vollkommen das Gefühl dafür ab, ob der Keil fest angezogen ist oder nicht. Man muß den Hammer ein paar leichte Schläge ausführen lassen, um sich hiervon zu überzeugen, und dann gegebenenfalls nachziehen.

Es ist sehr anzuerkennen, daß eine so hervorragende Fabrik wie J. Banning in Hamm die große Wichtigkeit der lösbaren Kupplung der Hammerstange mit dem Bär erkannt und wenigstens den Versuch gemacht hat, diese Frage zu lösen, denn sie ist und bleibt bei schweren Hämmern der wichtigste Teil. Die Konstruktion der Kupplung scheint mir jedoch verfehlt zu sein.

Als Beweis will ich einen bemerkenswerten Fall nicht unerwähnt lassen. Bei einem 4000 kg-Brückenhammer mit lösbarer Kupplung hatte sich die Verbindung gelockert und zwar im Beginn der Nachtschicht. Der Schmiedemeister hatte wohl überlegt, daß er die Lage nur durch eine Unterlage zwischen Stange und Platte retten könne. Er lief also in die Werkstätten, um „etwas Passendes" zu suchen, und fand zu seiner großen Freude eine sauber geschmiedete Scheibe vom gebotenen Durchmesser und 12 bis 13 mm Dicke, wie er sie brauchte. Nun mußte aber die Unterlage gewölbt sein, um sich an den Stangenkopf und in die Plattenvertiefung zu schmiegen. Schnell entschlossen nahm er die Platte p aus dem Bär, benutzte sie als Gesenk und wölbte die angewärmte Unterlage mit dem runden Setzhammer hinein, so gut es ging. Die rotwarme Unterlage wurde dann schnell in Wasser abgekühlt und an ihre Stelle gelegt, so daß der Hammer in kaum einer Stunde weiter arbeiten konnte (Abb. 5).

Anfangs bewährte sich die Kupplung vorzüglich, doch gegen Morgen schlug der Hammer bereits wieder sehr stark. Als ich die Schmiede betrat, erzählte mir der Meister sein Heldenstück und behauptete, man müsse eine neue Büchse machen, da trotz der Unterlage von 13 mm Dicke der Stangenkopf bereits um ebensoviel in einer Schicht in den Kegel gerutscht sei. Ich ließ sofort den Hammer stillsetzen, zog die Keile heraus und – fand keine Scheibe mehr. Der Kegel hatte ein gutes Aussehen, die Büchse saß fest an ihrem Platz, so daß ich die ganze Erzählung des Meisters für ein Märchen hielt. Viel Zeit zur Überlegung gabs nicht im Kriege. So wurde denn eine Scheibe aus weichem Maschinenstahl gedreht, und weitergearbeitet.

Als bald darauf die Hammerstange brach und ausgewechselt wurde, fiel mir die marmorierte Oberfläche des Stangenkopfes auf. Ich wollte ihn durchsägen lassen, aber vergebens, alle Sägen wurden nach ein paar Hüben stumpf. Der Kopf wurde darauf ausgeglüht und dann zersägt. Der Teil an der Wölbung zeigte würfelförmige Einschlüsse. Die chemische Untersuchung ergab Wolframstahl. Nun klärte sich die Sache mit der ersten Scheibe auf. Der Meister hatte eine Scheibe erwischt, die für Fräser bestimmt war. Er hatte sie nach dem Schmieden glashart gehärtet. Beim Schlagen war die Scheibe zersprungen, und die einzelnen Teile wurden in den weicheren Stangenkopf hineingepreßt (Abb. 6). Der Umfang des Kopfes hatte sich dadurch wohl vergrößert, doch nur, um die kegelige Öffnung ganz auszufüllen, was wahrscheinlich vorher nicht der Fall gewesen war.

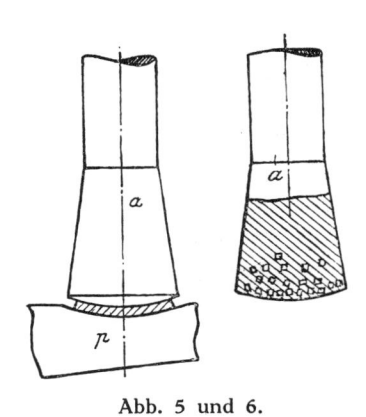

Abb. 5 und 6.

So veranlaßt diese Kupplung viele Betriebsstörungen. Trotzdem wird sie der Schmied jeder Schrumpfkupplung vorziehen.

Die Schwalbe im Bär (Abb. 7) ist auch ein wichtiger Teil, der schon lange normalisiert sein sollte. Jede Fabrik hat andere Abmessungen, die nie mit den Gesenkschwalben der Schmiede übereinstimmen. Der Bär wird natürlich in

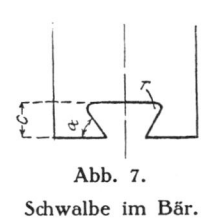

Abb. 7.
Schwalbe im Bär.

Für mittlere Hämmer bis 4000 kg genügen für c 75 mm, α liegt zwischen 60 und 70°, bei r sind gute Abrundungen zu machen, um Brüche des Bärs zu vermeiden.

Stahlguß oder besser geschmiedet mit 45 kg/qmm Festigkeit ausgeführt. Bei verwickelten Schmiedestücken, die hintereinander auf mehreren Hämmern bearbeitet werden, müssen bei Außerbetriebstellung eines Hammers die Gesenke umgewechselt werden, damit ein anderer Hammer die Arbeit für den kranken übernehmen kann. Das ist unmöglich, wenn die Schwalben nicht passen, und wenn alle Keile zum Festspannen der Gesenke verschieden sind.

Über Gesenkstahl.

Bei den Gesenken soll nicht an Stoff gespart werden, denn je schwachwandiger sie sind, desto eher werden sie zerstört. Die teuern hochwertigen Stähle sind für große Gesenke einmal zu kostspielig, dann aber auch nicht immer vorteilhaft, da sie weniger gut die großen plötzlichen Temperatur-Unterschiede überstehen als Kohlenstoffstahl. Ein Stahl von 0,6 vom Hundert Kohlenstoff und 0,5 bis 1 v. H. Mangan gibt tadellose Gesenke.

Ein Gesenk, das sich vorzüglich bewährt hatte, habe ich von 3 hervorragenden Stahlfirmen analysieren lassen und dabei folgende Ergebnisse erhalten:

Analyse	I	II	III
C	0,53	0,59	0,62
Mn	0,61	0,47	0,52
Si	0,17	0,31	0,15
P	0,03	0,014	0,05
S	0,009	0,022	0,02
Cu	Spuren	—	0,01

Gesenke mit großen Vertiefungen sind nicht zu härten, wenn sie diese Zusammensetzung haben. Ich härte schwere Gesenke nie. Ein gehärtetes Gesenk platzt leicht durch Schlag und bei starken Temperatur-Unterschieden. Ein weiches Gesenk kann oft nachgearbeitet werden, indem man den herausgetriebenen Stoff kalt zurückhämmert. Ein Gesenk für Flugmotorzylinder wiegt im Durchschnitt 1800 bis 2000 kg und kostet fertig bearbeitet gegen 5000 M. Über 2000 Zylinder kann man in solchem Gesenk schlagen, wenn es richtig hergestellt ist; manchmal aber bricht es beim ersten Zylinder.

Auch für Gesenke zum Schmieden von Eisenbahnrädern — als Beispiel für flachere Gesenke — kommt das oben Gesagte in Betracht. Diese Gesenke sind bedeutend schwerer, als die vorher genannten, und brauchen auch größere Hämmer; ebenso alle Teile für Kraftwagenmotoren, Eisenbahnhaken, Kranhaken. Diese können auf Hämmern bis zu 1000 kg geschmiedet werden; größere Exzenterstangen für Motoren brauchen bis zu 2000 kg Fallgewicht.

Neuzeitliche Schmiedeöfen.

Beim Gesenkschmieden heißt es aufpassen: „Kraft ohne Kunst ist hier umsunst!" Der größte Fehler ist das Schmieden bei zu niedriger Temperatur, das hält das vollkommenste Gesenk nicht aus. Ist der Ofen einmal nicht warm zu bringen, so unterlasse man auch das Schmieden, es gibt doch nur Ausschuß und zerbrochene Gesenke.

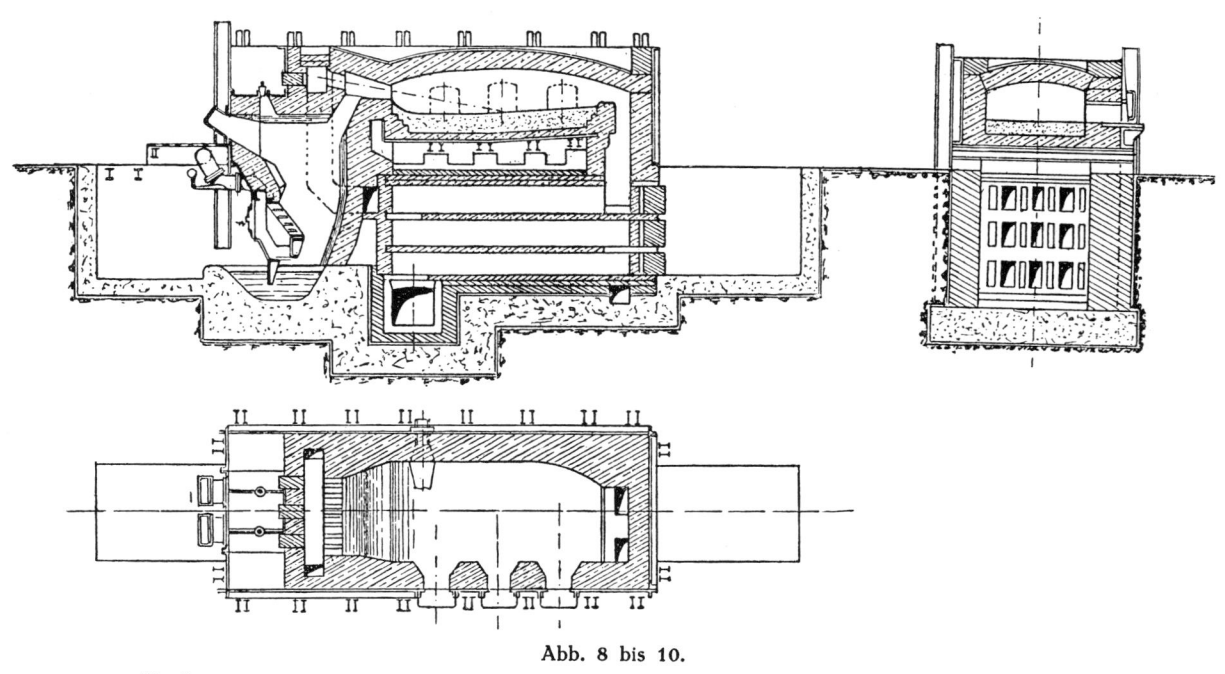

Abb. 8 bis 10.
Wiedergewinnungs (Rekuperativ)-Wärmofen mit Generator-Feuerung von Wilhelm Ruppmann.

Vor dem Kriege sah es hinsichtlich der Öfen in fast allen Schmieden erbärmlich genug aus. Der Krieg hat in vielen Schmieden Abhilfe geschaffen, aber nur, weil die alten Öfen nicht die gewünschte Stückzahl herausbrachten, die für den erhofften Gewinn erforderlich war. Nur aus wirtschaftlichen Gründen wurde die falsche Sparsamkeit aufgegeben.

Druckwasser-Schmiedepresse bei Krupp-Essen.

In kleinen und mittleren Anlagen werden die Öfen unmittelbar mit Kohlen geheizt. Große Schmieden sollten keine Kohlen in die Schmiede bringen, sondern fertiges Gas, mit dem sie dann auch die Dampfkessel heizen können. Über dieses wichtige Kapitel ein andermal!

Unmittelbar mit Kohlen geheizte sowie Gas-Oefen müssen nach dem Wiedergewinnungs-(Rekuperativ)-Verfahren gebaut sein, d. h. so, daß sie die Abhitze ausnutzen und höhere Temperatur erzielen.

Abb. 8 bis 10 zeigen einen solchen Ofen mit Generator-Feuerung (Kohlen-Gaserzeugungs-Feuerung) von Wilhelm Ruppmann in Stuttgart, der in allen seinen Einzelheiten gut durchdacht und vollendet gebaut ist. Ebenso gebaut sind die Gasöfen, nur fehlt die Generator-Feuerung, da sie ja das Gas sich nicht selbst herstellen müssen, sondern es fertig erhalten. Der Gaserzeuger steht außerhalb der Schmiede. Bei der Gaserzeugung kann man auch noch die Nebenerzeugnisse gewinnen, die heute gut bezahlt werden.

Oefen mit unmittelbarer Kohlenheizung sind zweckmäßig alle auf einer Längsseite der Schmiede unterzubringen, im Nebenbau zwischen den Säulen, damit durch die Zufuhr der Kohle der Betrieb in der Schmiede nicht gestört wird. Jeder Ofen erhält am besten seine eigene Esse, das ist nicht teurer als ein gemeinsamer Kamin mit langem Kanal. Solche Kanäle haben in Schmieden am meisten auszuhalten und müssen sehr stark gebaut werden. Bei gemeinsamem Sammelkanal werden die Endquerschnitte zu groß und die Anlage teuer.

Auf die Herde ist besondere Sorgfalt zu verwenden. Sie werden aus körnigem Quarz von 4 bis 5 mm Korngröße mit etwas Kaolin in dünnen Lagen eingeschweißt, bis die gewünschte Herdstärke von 180 bis 200 mm erreicht ist. Solche Herde können während des Betriebes ausgebessert werden. Schamotteherde sind nicht zu gebrauchen. Einmal halten sie die hohe Temperatur nicht aus, und dann bleiben Schamotteteile am Schmiedegut kleben, werden mit eingeschmiedet und verderben die Arbeit. Die Schlacke ist zu zähflüssig.

Eine Schmiede soll nicht so aussehen wie eine polnische Landstraße.

Der Fußboden in der Schmiede sieht gewöhnlich aus wie Polens Landstraßen. Man hebe den alten Mutterboden auf 300 mm aus und gebe ein Gemisch von Kesselschlacke und etwas Lehm hinein, dann wird er fest und elastisch und bildet keinen Brei, wenn er naß wird; denn mit Wasser wird viel in der Schmiede hantiert. Ein besseres und billigeres Mittel kenne ich bisher nicht. In Ungarn riet man mir eine Mischung an aus Ochsenblut, Kuhhaaren und Lehm. Ich habe sie nicht erprobt, weil ein solcher Boden längere Zeit einen Duft von zweifelhafter Güte ausstrahlen soll, auch würde das Blutopfer für große Schmieden zu gewaltig sein! Später soll er aber sehr fest werden. Für Kleinzeugschmieden, bei denen die Arbeitsstücke stets in Beförderungswagen gehalten werden, ist Betonboden vorzuziehen. Er verträgt aber kein heißes Eisen.

* * *

Über die Behandlung des Stahles, namentlich der wertvollen Konstruktionsstähle, Vergütung, Gesenkmacherei, Schmiedewerkzeuge, Dampfleitungen, Windlutten und Abdampf sowie Gebäudeanlagen wäre noch viel zu sagen. Der Umfang eines kurzen Aufsatzes reicht jedoch lange nicht aus, um alles zu erfassen. Aber mancher von den jüngeren Kollegen aus der Schmiede und von den Arbeitern wird auch in dieser kurzen Abhandlung einiges finden, was seiner Aufmerksamkeit wert ist.

Großschmiede mit Schmiedepressen bei Krupp-Essen.

Die Heizkraft des Holzes.

Von Dr. S. v. Jezewski.

Infolge des anhaltenden Kohlenmangels beginnt das Holz auf dem städtischen Brennstoffmarkte neuerdings eine Rolle zu spielen, die uns an längst vergangene Zeiten gemahnt. Der Einschlag in unseren Forsten ist verstärkt worden, zahlreiche Stadtverwaltungen haben sich zur Versorgung ihrer Einwohner für den kommenden Winter mit größeren Vorräten an Brennholz eingedeckt.

Das Holz bildet unser vornehmstes Heizmaterial. Sein Rauch enthält nicht die giftigen Bestandteile des Steinkohlenrauches, die die Luft verpesten und den Pflanzenwuchs schädigen. Nicht ohne Berechtigung ersuchten daher im 14. Jahrhundert die Bürger von London den Magistrat, „ein so schädliches und ungesundes Brennmaterial", die Steinkohlen, zu verbieten. An Heizkraft steht das Holz der Kohle allerdings erheblich nach. 1 kg lufttrockenen Holzes liefert nur 3000 bis 3600 Kalorien oder Wärmeeinheiten, 1 kg Steinkohle 5000 bis 9000 Kalorien. Der Heizwert der einzelnen Holzarten weist ziemlich beträchtliche Unterschiede auf. Am höchsten ist er beim Bergahorn. Durch einen bedeutenden Heizwert ist ferner das harzreiche Holz der Kiefer ausgezeichnet, dem das Buchen- und das Eschenholz nur wenig nachstehen. Setzt man den Heizwert des Ahornholzes gleich 100, so ergibt sich für das Kiefernholz die Zahl 89, für Buchen- und Eschenholz je 87. Dagegen stellt sich der Heizwert des Eichenholzes nur auf 68 bis 75, der des Lärchen- und Ulmenholzes nur auf 72. Am geringsten ist die Heizkraft des Erlen-, Weiden- und Pappelholzes, die nur 46 bis 39 % von jener des Ahornholzes beträgt. Sehr geschätzt ist dagegen das Holz der Birke, das besonders lange Flammen erzeugt und daher gern für Backöfen verwendet wird.

Der Holzertrag der Wälder läßt sich für die einzelnen Weltteile mit größerer oder geringerer Zuverlässigkeit schätzen. Der waldreichste Erdteil ist Amerika, wo der Wald etwa 35 % der Gesamtfläche einnimmt. Für Europa beträgt die Bewaldungsziffer 30, für Asien 27 %. In einigen Ländern, wie Japan, Brasilien, Finnland, bedeckt der Wald mehr als 60 % der Oberfläche, während er andrerseits in England nur 3,9, in Portugal 5,6, in Algier 6,8, in Dänemark 7,1 % des Landes einnimmt. Die Wälder des russischen Reiches umfassen 600 bis 700 Millionen Hektar, diejenigen Brasiliens mehr als 500 Millionen Hektar, die der Vereinigten Staaten 278 Millionen Hektar. Der gesamte Waldbestand der Erde nimmt etwa 3500 Millionen Hektar ein, d. i. rund ein Viertel der festen Erdoberfläche überhaupt. Auf jeden Bewohner der Erde entfallen rund 2 Hektar Wald. Über die größten Waldflächen verfügen die Bewohner Australiens, wo auf den Kopf der Bevölkerung nicht weniger als 21,3 Hektar kommen. In Amerika entfallen auf den Kopf der Bevölkerung 9 Hektar, in Afrika 3,2 Hektar, in Asien 1,2 Hektar, in Europa nur 0,7 Hektar.

Der jährliche Holzeinschlag der deutschen Forsten beläuft sich auf 55 bis 60 Millionen Kubikmeter, darunter etwa 20 Millionen Kubikmeter Brennholz. Bei einem Bestand von 14,2 Millionen Hektar entfällt in den deutschen Wäldern auf 1 Hektar ein jährlicher Holzzuwachs von rund 4 Kubikmeter. In Rußland rechnet man nur mit einem Jahreszuwachs von 2 bis 2 1/2 Kubikmeter. Überschätzt wird in der Regel der Holzreichtum der tropischen Urwälder. Neben Riesenbäumen beherbergen diese auch viel verkrüppeltes Holz, da die Bäume infolge des dichten Standes sich vielfach gegenseitig ersticken; sehr gering ist namentlich der Anteil an Edelhölzern wie Ebenholz, Mahagoni usw. Ein Hektar tropischen Urwaldes enthält im Durchschnitt nur 200 bis 250 Kubikmeter Holzmasse, während die gleiche Fläche gut bewirtschafteten Nadelwaldes in der nördlichen gemäßigten Zone bis zu 1000 Kubikmeter, die Bestände der Riesenbäume Kaliforniens sogar bis zu 10 000 Kubikmeter Holzmasse je Hektar enthalten. Veranschlagt man daher vorsichtigerweise den jährlichen Holzzuwachs sämtlicher Wälder der Erde auf nur 2 Kubikmeter je Hektar, so ergibt sich als jährliche Weltproduktion an Holz ein Betrag von 7 Milliarden Kubikmeter.

Vier Raummeter Holz kommen an Heizkraft einer Tonne Steinkohlen gleich. Die Menschheit wäre daher in der Lage, durch die Verheizung des alljährlich von den Wäldern der Erde erzeugten Holzes eine Steinkohlenmenge von rund 1 3/4 Milliarden Tonnen zu ersetzen, während die gesamte Kohlenförderung der Erde in den letzten Friedensjahren nur 1,3 Milliarden Tonnen betrug. Der überwiegende Teil der Holzerzeugung der Erde dient auch heute noch Heizzwecken. In den Industriestaaten findet zwar das Holz bereits hauptsächlich als Baustoff oder zur Papiererzeugung Verwendung — im Deutschen Reiche wird nur noch 1/3 der Jahresgewinnung verfeuert —; anderseits werden in kohlenarmen Waldgebieten zum großen Teil noch Dampfkessel und Lokomotiven mit Holz geheizt. Wir gelangen so zu der überraschenden Feststellung, daß Holz und Kohle sich noch heute auf der Erde als Brennstoffe die Wage halten; eine Verbesserung der Forstwirtschaft in den großen Waldgebieten der Erde wird dem Holz auch in Zukunft seine Stellung gegenüber der Kohle sichern.

Wirtschaftliche Folgen der Wiederaufrichtung Polens.

Von Dr. Paul Rohrbach.

Polen ist von Natur sowohl geographisch als auch wirtschaftlich ein Bestandteil nicht von Osteuropa sondern von Mitteleuropa. Das war künstlich verdeckt, solange der größte Teil des alten polnischen Staatsgebietes zu der osteuropäischen Macht Rußland gehörte. Die politischen und die Zollgrenzen Rußlands schnitten aus dem Körper Mitteleuropas einen großen vorspringenden Keil heraus und schlugen ihn gewaltsam zum Osten. Die natürliche Grenze zwischen Mitteleuropa und Osteuropa liegt aber erst in den großen Sumpfgebieten jenseits von Polen, aus denen die Flüsse westwärts nach Mitteleuropa, ostwärts nach Rußland hervorströmen. Gerade dort standen sich während des Weltkrieges die deutsche und die russische Front gegenüber.

Dadurch, daß Polen solange zu Rußland gehört hat, wurde auch die Kultur des polnischen Volkes, namentlich bei den Bauern auf dem flachen Lande, bedeutend niedriger gehalten als in den übrigen mitteleuropäischen Ländern. Wer von unseren Soldaten während des Krieges in Polen war, wird gesehen haben, wie dürftig die Bauern wohnen, wie tief die Bevölkerung vielfach steht, wie schlecht die Wege, wie wenig gepflegt die Felder und Wälder sind. Das alles war aber nur eine Folge der Zugehörigkeit zu Rußland. Posen und Westpreußen, die zum Teil auch eine polnische Bevölkerung haben, sind von Natur nicht fruchtbarer und reicher als das frühere Russisch-Polen. Trotzdem standen sie auf derselben Kulturhöhe wie das übrige östliche Deutschland.

In Galizien lagen die Dinge nicht so günstig, weil die österreichische Regierung nicht mit derselben Energie für die Landeskultur sorgte, wie es innerhalb der deutschen Grenze geschah. Das frühere Russisch-Polen und Galizien werden beide viel zu arbeiten haben, bis sie auch nur annähernd auf eine ähnliche Stufe kommen wie die von uns abgetretenen posenschen und westpreußischen Gebiete. Wenn aber gehörig geschafft wird, so wird die Natur des Landes nirgends ein Hindernis sein, daß Polen in die Höhe kommt. Es wird einzig und allein auf das polnische Volk und seine Führung ankommen. In dieser Beziehung ist es kaum möglich, die Zukunft vorher zu sagen. Der Pole ist lebhaft und begabt; er hat ein starkes, ja leidenschaftliches Nationalgefühl, aber er neigt mehr als ein anderes Volk zur Parteizersplitterung und zu inneren Kämpfen. Niemals hat er es verstanden, das Gesamtinteresse über die Partei und die Personen zu setzen. Hieran ist das alte Polen zugrunde gegangen, und ähnlich hat der Parteikampf auch schon in dem neuen, kaum geborenen polnischen Staat eingesetzt.

Einen Vorteil hat allerdings das neue Polen vor dem alten voraus. Früher gab es in Polen nur den Adel mit maßlosen Vorrechten und ungeheurem Landbesitz und den leibeigenen Bauern. Arbeiter- und Mittelstand fehlten. Alle Fabrikate wurden aus dem Auslande gekauft, Handel und Handwerk wurden von den Juden besorgt, die in bedrückter Lage lebten. Daher hat Polen unter allen europäischen Ländern noch heute den höchsten Prozentsatz Juden: 12—15 % der Bevölkerung, je nachdem, wie die vorläufig noch nicht feststehenden Staatsgrenzen gezogen werden. Polen hat jetzt aber auch eine ziemlich starke Industrie und eine entsprechend entwickelte Arbeiterschaft; dazu ist ein kraftvoller bürgerlicher Mittelstand emporgekommen. Dieser ist hauptsächlich dadurch entstanden, daß während der Zeit der politischen Unselbständigkeit des polnischen Volkes die Polen weder in Rußland noch in Deutschland in den Staats- oder Militärdienst eintraten. Statt dessen ging die Intelligenz in die Landwirtschaft, in die Industrie, in die bürgerlichen Berufe, Rechtsanwaltschaft, Medizin, Technik, Unterricht usw. Das hat sehr große Folgen für die Hebung des Polentums im ganzen gehabt. Dazu kam die Aufdeckung der großen Kohlen- und Eisenlager in der Nachbarschaft unseres oberschlesischen Gebietes, und die Ansiedlung deutscher Weber durch die russische Regierung in Lodz. Daraus ist die große polnische Textilindustrie entstanden. Neben dem alten Landbesitz des polnischen Adels, den vielfach die russische Regierung während der polnischen Aufstände von 1830 und 1863 konfiszierte, bildete sich ein kräftiger industrieller Kapitalismus. Die ganze polnische Industrie war aber erfüllt von deutschen Kräften: Werkmeistern, Ingenieuren, Direktoren. Ihre Blüte zog sie zum großen Teil daraus, daß sie mit dieser deutschen Hilfe wirtschaftlicher arbeitete als die Industrie im Innern von Rußland, und daß ihr dabei der große russische Markt offenstand. Auch der polnische Arbeiter ist höher entwickelt als der russische.

*   *   *

Es fragt sich, wie sich nun der selbständige polnische Staat wirtschaftlich zu seinen Nachbarn stellen, und durch welche materiellen Rücksichten die polnische Wirtschaftspolitik ihre Richtlinien erhalten wird.

Jede Volkswirtschaft ist bedingt durch das Verhältnis von Einfuhr und Ausfuhr und durch ihre Zahlungsbilanz gegenüber dem Auslande. Zwischen Zahlungs- und Handelsbilanz ist ein Unterschied. Bei der Handelsbilanz handelt es sich rein um das Verhältnis von Einfuhr und Ausfuhr. Die Zahlungsbilanz dagegen setzt sich zusammen aus der Handelsbilanz und den übrigen Verpflichtungen und Guthaben eines Landes. Ein verschuldetes Land, das viel Zinsen ans Ausland abzuführen hat, bekommt eine aktive Gesamtbilanz erst durch kräftige Überschüsse der Ausfuhr über die Einfuhr. Dann wird durch die Wareneinfuhr der Abfluß der Werte für die Zinszahlungen gedeckt. Umgekehrt darf auch die Einfuhr größer sein als die Ausfuhr, wenn die vom Ausland einkommenden Zinsen oder anderen Gewinne bedeutend genug sind, um mehr Einfuhrwaren zu bezahlen, als durch die Ausfuhrwerte gedeckt sind.

Polen hat nun bekanntlich einen großen Teil der alten russischen Schulden an Frankreich übernommen. Die russische Regierung schuldete den Franzosen schon vor dem Kriege ungefähr 20 Milliarden Franks in Gold. Soviel hatten die französichen Kapitalisten und Sparer an Rußland hergegeben, um es als Bundesgenossen kriegskräftig zu machen. Hierzu kommen noch uns unbekannte aber ebenfalls sehr große Summen, die während des Krieges von Frankreich an Rußland geliehen wurden. Wenn alle diese Ansprüche für die Franzosen verloren gehen, so wird die finanzielle Krisis durch den Krieg für Frankreich noch schlimmer als sie schon ohnehin ist. Dies ist ein Hauptgrund dafür, daß Frankreich sich so stark für die Wiederherstellung Polens interessiert. Auf der einen Seite wünscht man den polnischen Bundesgenossen, aus Sorge vor Deutschland, damit er uns von Osten her in die Flanke drückt; auf der anderen Seite ist man in Frankreich froh, daß die Polen versprochen haben, die russische Schuld und die Zinszahlungen an Frankreich zum großen Teil zu übernehmen, wenn Frankreich dafür hilft, daß Polen wieder aufgerichtet und so weit wie möglich ausgedehnt wird. Man erkennt leicht, daß dies mit eine Ursache für die Franzosen ist, soviel wie möglich deutsches Gebiet an Polen zu geben. Posen und Westpreußen sind wohlhabende und gut kultivierte Länder; bekommt Polen diese, so wird es umso zahlungsfähiger für seine Verpflichtungen an Frankreich. Ebenso treten die Franzosen dafür ein, daß das ukrainische Ostgalizien mit den Petroleumgebieten von Boryslaw an Polen kommt; das galizische Petroleum soll die Polen zahlungsfähig für Frankreich machen.

Die große Schuldenlast, die Polen sich von vornherein zu Gunsten Frankreichs aufgeladen hat, wird notwendiger Weise auch Einfluß auf die polnische Wirtschaftspolitik haben. Angenommen, die Polen haben 10 Milliarden der russischen Schuld an Frankreich übernommen (nach anderen Behauptungen sogar 20 Milliarden), so müssen sie dafür eine halbe Milliarde jährlich an Zinsen zahlen. Das belastet die polnische Zahlungsbilanz sehr stark. Polen muß also mit allen Mitteln danach streben, sein wirtschaftliches Leben zu entwickeln und seine Ausfuhr zu steigern. Eine Steigerung ist sowohl in der landwirtschaftlichen wie in der industriellen Produktion möglich. Die von Deutschland an Polen abgetretenen Gebiete sind agrarische Überschußländer und werden zukünftig Getreide und Kartoffeln nach Deutschland ausführen; das bisherige Russisch-Polen dagegen hat sich vor dem Kriege gerade noch selbst ernähren können. Die Landwirtschaft kann dort aber noch sehr verbessert werden. Dazu gehören künstlicher Dünger und landwirtschaftliche Maschinen. Mit anderen Worten: Wenn die agrarische Ausfuhr Polens zukünftig gehoben werden soll, so ist zunächst noch große Einfuhr an Verbesserungsmaterial nötig. Die hauptsächlichsten mineralischen Düngemittel sind Kali, Stickstoff und Phosphate[1]. Kali haben wir genügend zur Ausfuhr und sind damit näher an Polen als die Franzosen mit den an sie abgetretenen elsaß-lothringischen Lagern. Beim Stickstoff wird es darauf ankommen, ob die deutsche Industrie mit künstlichem Stickstoff (aus der Luft) die Konkurrenz mit der Salpetereinfuhr aus Südamerika wird aufnehmen können. Kann sie es, so wird Polen ein bedeutender Abnehmer sein. An Phosphaten sind wir arm; wir werden selbst viel davon einführen müssen, nachdem die phosphorhaltigen lothringischen Eisenerze an Frankreich gekommen sind.

Noch wichtiger als die Einfuhr künstlicher Düngemittel wird die Einfuhr von Maschinen nach Polen sein. Amerika und England werden natürlich versuchen, uns hier aus dem Felde zu schlagen. Bestehen wir die Konkurrenz, so sind hiervon entscheidende Vorteile für die deutsche Industrie zu erwarten. Auch für die Herstellung von Webstoffen und Metallwaren wird der Maschinenbedarf in Polen außerordentlich groß sein. Erstens sind viele Maschinen durch den Krieg zerstört, und zweitens ist es die Absicht der polnischen Industrie, auf diesem Gebiet besonders große Anstrengungen zu machen, um den Absatzmarkt in Rußland wieder zu gewinnen, wo ein vollkommener Ruin der Weberei und Eisenbearbeitung auf Jahrzehnte hinaus eingetreten ist. Wäre das neue Polen finanziell von vornherein gut gestellt, so würde es sich wahrscheinlich nicht viel Mühe um seine Entwicklung geben; so aber wird es alle seine Kräfte anspannen müssen, um industriell und landwirtschaftlich in die Höhe zu kommen.

Wenn die Polen sich wirtschaftlich nach der agrarischen wie nach der industriellen Seite hin wirklich beleben wollen, dann müssen sie ein viel größeres Eisenbahnnetz schaffen als bisher. Sie müssen außerdem die Weichsel und ihre vielen anderen wasserreichen Flüsse ordentlich schiffbar machen. Für den Ausbau der Bahnen und der Wasserstraßen sind Techniker, Materialien und Maschinen im größten Maßstabe nötig. Auch hier also heißt es für Polen: Einführen, um zukünftig die Zahlungsbilanz durch verstärkte Ausfuhr sicher zu stellen. Ein anderes Mittel dazu gibt es nicht; greifen die Polen nicht danach, so gehen sie wirtschaftlich zugrunde.

[1] Phosphor in Verbindung mit Sauerstoff u. Metallen, bes. in Eisenerzen, deren Schlacken der Landwirtschaft nutzbar gemacht werden (Thomasschlacke).

Zu den Bahnen, Flüssen und Kanälen kommt aber die Aufgabe, das ganze Land und die Städte einigermaßen in einen modernen technischen Kulturstand zu bringen. Es fehlt an Wasser-, Licht- und Kraftwerken, es fehlt an Straßenbahnen, es fehlt an Kanalisation, es fehlt an Brücken. Alles das ist während der russischen Zeit stark vernachlässigt worden. Soll das polnische Leben in die Höhe kommen, so müssen die Polen das nachholen. Bleiben die Dinge in ihrem heutigen Zustande, so ist an keinen dauernden Aufschwung zu denken. Davon, daß die polnische Industrie schon heute oder im Laufe des nächsten Jahrzehnts imstande wäre, alles Erforderliche zu liefern, kann keine Rede sein. Sie wird natürlich danach streben, dies Ziel zu erreichen, aber zu dem Zweck wird sie sich erstens selbst erst mit einem zahlreichen und leistungsfähigen Maschinen- und Anlagenmaterial versehen müssen, und zweitens ist der Bedarf für die notwendigste technische Durchkultivierung des vernachlässigten Landes so groß, daß Polen unmöglich die ausgiebige Hilfe des Auslandes entbehren kann.

Für die zunächst absehbare Zukunft wird Polen daher eins der einfuhrbedürftigsten Länder Europas sein, immer zu dem Zweck, sich technisch wirtschaftlich so weit empor zu entwickeln, daß Unabhängigkeit vom Auslande und eigene Ausfuhrmöglichkeit entstehen. Dabei begreift es sich von selbst, daß die industriellen Ausfuhrabsichten Polens sich in erster Linie nach Osten, nach Rußland hin, entwickeln müssen. Die Ausfuhr von Fabrikaten folgt immer dem vorhandenen Gefälle der Kultur, sie geht also von den technisch höher entwickelten in die technisch weniger entwickelten Länder. In diesem Falle heißt das soviel, wie von Polen nach Rußland.

Nach Westen, nach Deutschland, viel an Industrieerzeugnissen abzugeben, wird Polen unter normalen Verhältnissen niemals imstande sein, denn die industrielle Ausfuhr kann nicht bergauf fließen. Deutschland ist technisch entwickelter als Polen und wird es auf jeden Fall bleiben. Wohl aber werden wir Nahrungsmittel und Rohstoffe aus Polen bekommen: Getreide, Holz, Flachs. Falls Oberschlesien polnisch werden sollte, so wäre unsere Industrie auch auf den Bezug von Kohle und Erz (Eisen und Zink) aus Polen angewiesen; aber das könnte leicht zu einer Katastrophe für uns werden. Erstens würden wir infolge unserer schlechten Valuta die polnische Kohle und das polnische Eisen nur zu vernichtenden Preisen erhalten können, und zweitens wird der polnische Staat, um Einnahmen zu bekommen, vermutlich Ausfuhrzölle für Eisen und Kohle erheben. Er würde das umso sicherer tun, wenn seine Vorräte an Eisen und Kohle durch den Erwerb von Oberschlesien sich bedeutend über den gegenwärtigen Stand vergrößerten. Polen würde dann an beiden Stoffen einen reichlicheren Vorrat besitzen, als es selbst für seine Industrie bedarf, und könnte als Eisen- und Kohle-Ausfuhrland auftreten.

*   *   *

So schmerzlich es für uns auch ist, daß wir altes deutsches Land und Millionen deutscher Volksgenossen an Polen abgeben müssen, so bleibt uns jetzt doch nichts übrig, als die Folgerungen aus dem verlorenen Kriege zu ziehen, Polen als unseren Nachbarn im Osten anzuerkennen und Wirtschaft mit ihm zu treiben. Für die zunächst absehbare Zeit wird der polnische Staat wohl aufrecht stehen bleiben — schon aus dem Grunde, weil die Franzosen ihn mit allen Mitteln stützen werden. Namentlich das polnische Heer soll ganz nach französischem Muster und unter französischer Leitung ausgebildet werden. Eine große Gefahr für Polen ist aber die Vielheit der Nationalitäten in dem neuen Staat und die polnische Unduldsamkeit. Die Polen wollen 2 $^1/_2$ Millionen Deutsche (mit den schon von früher her im Lande lebenden deutschen Ansiedlern), 4 $^1/_2$ Millionen Ukrainer in Ostgalizien, 2—3 Millionen Weißrussen und womöglich auch 1 $^1/_2$ Millionen Litauer sich einverleiben. Dazu kommen mehrere Millionen Juden, gegen die der Pole große Abneigung hat. „Pogroms", Judenverfolgungen, sind schon jetzt in Polen an der Tagesordnung. Nationalpolen wird es im polnischen Staat höchstens 18 Millionen geben, also nicht viel über die Hälfte der Bevölkerung. Bei einem solchen Zahlenverhältnis ist das Polentum darauf angewiesen, duldsam zu sein und den anderen Nationalitäten ihre Freiheit zu lassen. Gerade das aber fällt dem polnischen Charakter am allerschwersten.

Die Polen werden, wenn sie nicht aus den Erfahrungen anderer Völker, auch des deutschen Volks, in diesem Kriege gelernt haben, zunächst wohl imstande sein, mit französischer Hilfe eine chauvinistische Politik zu machen. Sie werden vielleicht auch versuchen, Frankreich und die übrige Entente im Wirtschaftsverkehr zu bevorzugen. Solche Experimente im Wirtschaftsleben pflegen aber nicht lange zu dauern. Geschäft und Gewinn sind stärkere Kräfte, auf die Dauer wenigstens, als künstliche Haßpropaganda. Gefahr für seinen Bestand aber wird Polen laufen, wenn es nationale Gewaltpolitik macht und die Weltverhältnisse sich eines Tages so ändern, daß es keinen starken auswärtigen Beschützer mehr hat. Ein von inneren Parteikämpfen geschwächtes Volk, gegen das sich außerdem noch die vergewaltigten fremden Nationalitäten in seinen Grenzen erheben, würde dann sehr schnell seine durch fremde Hilfe geschaffene Machtstellung in Europa wieder verlieren. Einstweilen aber sind das Erwägungen, die neben der nüchternen Aufgabe, deutsch-polnische Wirtschaftsbeziehungen zu schaffen, zwar nicht ganz vergessen werden dürfen, aber nicht in der ersten Reihe stehen.

Der Tunnel.

Von Bernhard Kellermann.

(Schluß).

Einige Minuten vor vier Uhr ereignete sich die Katastrophe.

Der Ort, an dem die Bohrmaschine des vorgetriebenen Südstollens an diesem unglückseligen 10. Oktober den Berg zermalmte, war genau vierhundertundzwanzig Kilometer von der Mündung des Tunnels entfernt. Dreißig Kilometer dahinter arbeitete die Maschine des Parallelstollens.

Der Berg war soeben geschossen worden. Der Scheinwerfer, mit dem der kleine Japaner von gestern die Befehle erteilte, blendete kreideweiß in das rollende Gestein und die Rotte halbnackter Menschen, die den rauchenden Schuttberg emporjagte. In diesem Augenblick streckte einer die Arme empor, ein zweiter stürzte hintenüber, ein dritter versank urplötzlich. Der rauchende Schuttberg rollte rasend schnell vorwärts, Leiber, Köpfe, Arme und Beine verschlingend wie eine wirbelnde Lawine. Der tobende Lärm der Arbeit wurde verschlungen von einem dumpfen Brummen, so ungeheuer, daß das menschliche Ohr es kaum noch aufnahm. Ein Druck umklammerte den Kopf, daß die Trommelfelle zerrissen. Der kleine Japaner versank plötzlich. Es wurde schwarze Nacht. Niemand von all den „Höllenmännern" hatte mehr gesehen als einen taumelnden Menschen, einen verzerrten Mund, einen sinkenden Pfosten. Niemand hatte etwas gehört. Die Bohrmaschine, dieses Panzerschiff aus Stahl, das die Kraft von zwei Schnellzugslokomotiven vorwärts bewegte, wurde wie eine Wellblechbaracke aus den Schienen gehoben, gegen die Wand geschleudert und zerdrückt. Die Menschenleiber flogen in einem Hagel von Felsblöcken wie Projektile durch die Luft, die eisernen Gesteinskarren wurden weggefegt, zerfetzt, zu Klumpen geballt; der Wald aus Pfosten krachte zusammen und begrub mit dem niedergehenden Gestein alles unter sich, was lebte.

Das geschah in einer einzigen Sekunde. Einen Augenblick später war es totenstill, und das Dröhnen der Explosion donnerte in der Ferne.

Die Explosion richtete auf eine Entfernung von fünfundzwanzig Kilometern Verwüstungen an, und der Tunnel brüllte achtzig Kilometer weit auf — als donnere der Ozean in die Stollen. Hinter dem Gebrüll aber, das wie eine große eherne Kugel in die Ferne rollte, kam die Stille, eine fürchterliche Stille — dann Staubwolken — und hinter dem Staub Rauch: der Tunnel brannte!

Aus dem Rauch kamen Züge gerast, mit Trauben von entsetzten Menschen behangen, dann kamen unkenntliche Gespenster zu Fuß angestürzt, in der Finsternis, und dann kam nichts mehr.

Die Katastrophe trat unglücklicherweise gerade bei Schichtwechsel ein, und in den letzten zwei Kilometern waren rund zweitausendfünfhundert Menschen zusammengedrängt. Mehr als die Hälfte war in einer Sekunde zerschmettert, zerfetzt, erschlagen, verschüttet, und niemand hatte einen Schrei gehört.

Dann aber — als das Dröhnen der Explosion in der Ferne verhallte — wurde die Totenstille des nachtschwarzen Stollens von verzweifelten Schreien zerrissen, von lautem Jammern, von wahnsinnigem Gelächter, von hohen, winselnden Tönen des letzten Schmerzes, von Hilferufen, Verwünschungen, Röcheln und tierischem Gebrüll. An allen Ecken begann es zu wühlen und sich zu regen. Geröll rieselte, Bretter splitterten, es rutschte, glitt, knirschte. Die Finsternis war entsetzlich. Der Staub sank wie dicker Aschenregen herab.

Der Stollen war in einer Länge von drei Meilen nahezu vollkommen zerstört, von Pfosten und Gestein verschüttet. Überall kletterten Gestalten, blutig, zerfetzt, schreiend, wimmernd, wortlos, und keuchten so rasch wie möglich vorwärts. Sie kletterten über Gesteins- und Materialzüge, die aus den Schienen gehoben waren, sie krochen Schutthaufen hinauf und hinunter, zwängten sich zwischen Balken hindurch. Je weiter sie vordrangen, desto mehr Gefährten begegneten sie, die alle vorwärts hasteten. Hier war es ganz dunkel, und nur ein fahler Lichtzacken leckte zuweilen herein. Der Rauch drang vorwärts, beizend, und sobald sie ihn in der Nase spürten, schlugen sie ein verzweifeltes Tempo an.

Sie stiegen brutal über die Leiber der langsam kriechenden Verletzten hinweg, sie schlugen einander mit den Fäusten zu Boden, um einen einzigen kleinen Schritt zu gewinnen, und ein Farbiger schwang sein Messer und stieß jeden blind nieder, der ihm in den Weg kam. Bei einer engen Passage zwischen einem umgestürzten Waggon und einem Gewirr von Pfosten gab es eine richtige Schlacht. Die Revolver knallten, und die Schreie der Getroffenen vermischten sich mit dem Wutgeheul jener, die einander drosselten. Aber einer nach dem andern verschwand durch die Spalte, und die Verwundeten krochen stöhnend nach.

Dann wurde die Strecke freier. Hier standen weniger Züge im Wege, und die Explosion hatte nicht sämtliche Pfosten eingerissen. Aber hier war es vollkommen dunkel. Keuchend, zähneknirschend, schweiß- und blutüberströmt rutschten und kletterten die Fliehenden vorwärts. Sie rannten gegen Balken und schrien auf, sie stürzten von einem Waggon und suchten. Vorwärts! Vorwärts! Die Wut des Selbsterhaltungstriebes ließ langsam nach, und allmählich erwachte wieder ein Gefühl der Kameradschaft.

„Hierher, hier ist der Weg frei!"

„Geht es hier durch?"

„Rechts an den Waggons!"

Drei Stunden nach der Katastrophe erreichten die ersten Leute aus dem zerstörten Holzstollen den Parallelstollen. Auch hier war die Lichtleitung zerstört. Es war finstere Nacht, und alle stießen ein Geheul der Wut aus. Kein Zug! Keine Lampen! Die Mannschaften des Parallelstollens waren längst geflüchtet und alle Züge fort.

Der Rauch kam, und das wahnwitzige Rennen begann von neuem.

Die Rotte glitt, lief, stürzte eine Stunde lang durch die Finsternis vorwärts, dann brachen die ersten erschöpft zusammen.

„Es hat keinen Sinn!" schrien sie. „Wir können nicht vierhundert Kilometer laufen!"

„Was sollen wir tun?"

„Warten, bis sie uns holen!"

„Holen? Wer soll kommen?"

„Wir verhungern!"

„Wo sind die Depots?"

„Wo sind die Notlampen?"

„Ja, wo sind sie?"

„Mac —!"

„Ja, warte Mac —!"

Und plötzlich flammte ihre Rachegier auf. „Warte Mac! Wenn wir hinauskommen —!"

Aber der Rauch kam, und sie stürzten wieder vorwärts, bis abermals ihre Knie wankten.

„Hier ist eine Station, hallo!"

Die Station war dunkel und verlassen. Die Maschinen standen, alles war von der Panik hinausgerissen worden.

Die Horde drang in die Station ein. Mit den Stationen waren sie vertraut. Sie wußten, daß hier plombierte Kisten mit Nahrungsmitteln standen, die man nur zu öffnen brauchte.

Es krachte und knackte in der Finsternis. Niemand war eigentlich hungrig, denn das Entsetzen hatte den Hunger verscheucht. Aber inmitten der Vorräte erwachte in ihnen ein wilder Instinkt, sich den Magen anzufüllen, und sie stürzten sich wie Wölfe auf die Kisten. Sie stopften die Taschen voll Nahrungsmittel. Noch mehr, sinnlos vor Entsetzen und Wut verstreuten sie Säcke von Zwieback und getrocknetem Fleisch, zerschlugen sie Flaschen zu Hunderten.

„Hier sind die Lampen!" schrie eine Stimme.

Es waren Notlampen mit Trockenbatterien, die man nur einzuschalten hatte.

„Halt, nicht andrehen, ich schieße!"

„Warum nicht?"

„Es könnte eine Explosion geben!"

Dieser Gedanke allein genügte, um sie erstarren zu lassen. Vor Angst wurden sie ganz still.

Aber der Rauch kam, und wieder begann die Jagd.

Plötzlich hörten sie Geschrei und Schüsse. Licht! Sie stürzten durch einen Querschlag in den Parallelstollen. Und da sahen sie gerade noch, wie in der Ferne Haufen von Menschen um einen Platz auf einem Waggon kämpften, mit Fäusten, Messern, Revolvern. Der Zug fuhr ab, und sie warfen sich verzweifelt auf den Boden und schrien: „Mac! Mac! Warte, wenn wir kommen!"

Die Panik fegte durch den Tunnel. Dreißigtausend Menschen fegte sie durch die Stollen hinaus. Die Mannschaften in den unbeschädigten Stollen hatten augenblicklich, als sie das Brüllen der Explosion vernahmen, die Arbeit eingestellt.

„Das Meer kommt!" schrien sie und wandten sich zur Flucht. Doch die Ingenieure hielten sie mit Revolvern in der Faust zurück. Als aber eine Wolke von Staub hereinblies, und verstörte Menschen angestürzt kamen, hielt sie keine Drohung mehr zurück.

Sie schwangen sich auf die Gesteinszüge und jagten davon.

Bei einer Weiche entgleiste ein Zug, und die nachfolgenden zehn Züge waren plötzlich aufgehalten.

Die Horden drangen in den Parallelstollen ein und hielten hier die Züge auf, indem sie sich mitten auf die Schienen stellten und schrien. Die Züge waren aber schon gehäuft voller Menschen, und es gab erbitterte Kämpfe um einen Platz.

Die Panik war umso größer, als niemand wußte, was sich ereignet hatte — man wußte nur, daß etwas ganz Schreckliches geschehen war! Die Ingenieure versuchten die Leute zur Vernunft zu bringen, als sich aber immer mehr Züge voll entsetzter Menschen heranwälzten, die schrien: „Der Tunnel brennt!" — und als der Rauch aus den finstern Stollen hervorkroch, wurden auch sie von der Panik ergriffen. Alle Züge rollten auswärts.

Die einfahrenden Züge mit Material und Ablösungsmannschaften wurden durch das wilde Geschrei der vorbeijagenden Menschenhaufen abgestoppt und begannen hierauf ebenfalls auswärts zu fahren.

So kam es, daß zwei Stunden nach der Katastrophe der Tunnel auf hundert Kilometer vollkommen verlassen war. Auch die Maschinisten in den innern Stationen waren entflohen, und die Maschinen standen still. Nur da und dort waren ein paar mutige Ingenieure in den Stationen zurückgeblieben.

Ingenieur Bärmann verteidigte den letzten Zug.

Dieser Zug bestand aus zehn Waggons und stand im fertigen Teil des „Fegfeuers", wo die eisernen Rippen genietet wurden, fünfundzwanzig Kilometer hinter dem Ort der Katastrophe. Die Lichtanlage war auch hier zerstört. Aber Bärmann hatte Akkumulatorenlampen aufgestellt, die in den Rauch hineinblendeten.

Dreitausend Mann hatten im „Fegfeuer" gearbeitet, zweitausend etwa waren schon fort, die letzten tausend wollte Bärmann mit seinem Zug befördern.

Sie kamen in Gruppen angekeucht und stürzten sich toll vor Schrecken auf die Waggons. Immer mehr kamen. Bärmann wartete geduldig und zäh, denn manche „Fegfeuerleute" hatten drei Kilometer bis zum Zug zurückzulegen.

„Fahren! Abfahren!"

„Wir müssen auf sie warten!" schrie Bärmann. „No dirty business now! Ich habe sechs Kugeln im Revolver!"

Bärmann war ein ergrauter, kleiner Mann, kurzbeinig, ein Deutscher, und verstand keinen Spaß.

Er ging hin und her, am Zug entlang, und wetterte und fluchte zu den Köpfen und Fäusten hinauf, die sich droben im Rauch aufgeregt bewegten.

„Keine Schweinereien, ihr kommt alle hinaus!"

Bärmann hatte den Revolver schußbereit in der Hand.

Zuletzt, als die Drohungen lauter wurden, postierte er sich neben dem Maschinisten der Führungsmaschine auf und drohte ihm, ihn niederzuschießen, wenn er ohne Befehl abfahren sollte. Jeder Puffer, jede Kette des Zuges hing voller Menschen, und alle schrien: „Fahren, fahren!"

Aber Bärmann wartete immer noch, obschon der Rauch unerträglich wurde.

Da krachte ein Schuß, und Bärmann schlug zu Boden, und nun fuhr der Zug.

Horden verzweifelter Menschen rannten ihm nach, rasend vor Wut, um endlich atemlos, keuchend, Schaum vor dem Mund, stehen zu bleiben.

Und dann machten sich diese Horden der Zurückgebliebenen auf den vierhundert Kilometer langen Weg über Schwellen und Schutt. Und je weiter sie sich wälzten, desto drohender wurde der Ruf: „Mac, du bist ein toter Mann!"

Hinter ihnen aber, weit hinter ihnen, kamen noch mehr, immer noch mehr, immer andere.

Es begann das schreckliche Laufen im Tunnel, dieses Laufen um das Leben, von dem später die Zeitungen voll waren.

Die Horden wurden wilder und toller, je länger sie liefen, sie zerstörten die Depots, die Maschinen, und selbst dann, als sie die Strecke erreichten, wo noch das elektrische Licht brannte, nahmen ihre Wut und Angst nicht ab. Und als der erste Rettungszug erschien, der alle, für die gar keine Gefahr mehr bestand, hinausbringen sollte, kämpften sie mit dem Messer und dem Revolver, um zuerst auf den Zug zu kommen.

* * *

„Herr Allan — !"

„Ich bin vorbereitet, Doktor", sagte Allan halblaut, aber mit solch ruhiger, alltäglicher Stimme, daß ihm der Arzt mit einem raschen Blick verwundert in die Augen sah. „Auch das Kind, Doktor?"

„Ich befürchte, es ist nicht zu retten. Die Lunge ist verletzt."

Allan nickte stumm und ging zur Treppe. Es war ihm, als wirbele das helle klingende Gelächter seines kleinen Mädchens durch das Stiegenhaus. Oben stand eine Schwester an dem Schlafzimmer seiner Frau und gab Allan ein Zeichen.

Er trat ein. Es brannte nur eine Kerze im Zimmer. Maud lag auf dem Bett, langgestreckt, sonderbar flach, wächsern, starr. Ihr Antlitz war schön und friedevoll, aber es schien, als ob eine kleine, demütige und bescheidene Frage in ihren blutleeren Zügen stehen geblieben sei, ein leises Erstaunen auf ihren halb geöffneten fahlen Lippen. Der Spalt ihrer geschlossenen Augen glänzte feucht, wie von einer letzten kleinen Träne, die zerflossen war. Nie in seinem Leben vergaß Allan dieses feuchte Glänzen unter Mauds fahlen Lidern. Er weinte nicht, er schluchzte nicht, er saß mit offenem Mund neben ihrem letzten Lager und sah Maud an. Das Unbegreifliche hatte seine Seele gelähmt. Er dachte nichts. Aber die Gedanken gingen blaß und wirr in seinem Kopfe hin und her, er achtete ihrer nicht. Das war sie, seine kleine Madonna. Er hatte sie geliebt, er hatte sie aus Liebe geheiratet. Er hatte ihr, die aus einfachen Verhältnissen herauskam, ein glänzendes Leben geschaffen. Er hatte sie behütet und ihr täglich gesagt, auf die Automobile acht zu geben. Er hatte immer Angst um sie gehabt, ohne es ihr je zu sagen. Er hatte sie in den letzten Jahren vernachlässigt, weil ihn die Arbeit verschlang. Aber er hatte sie deshalb nicht weniger geliebt. Sein kleiner Narr, seine gute, süße Maud, das war sie nun. Verflucht sei Gott, wenn es einen gab, verflucht sei das hirnlose Schicksal!

Er nahm Mauds kleine, runde Hand und betrachtete sie mit hohlen, verbrannten Augen. Die Hand war kalt, aber sie mußte es ja sein, denn sie war tot, und die Kälte schreckte ihn nicht. Jede Linie dieser Hand kannte er, jeden Nagel, jedes Gelenk. Über die linke Schläfe hatte man den braunen, seidigen Scheitel tiefer gestrichen. Aber er sah durch das Gespinst des Haares hindurch ein bläuliches, unscheinbares Mal. Hier hatte der Stein sie getroffen, dieser Stein, den er Tausende von Metern tief unter dem Meere hatte aus dem Berge sprengen lassen. Verflucht seien die Menschen und er selbst. Verflucht sei der Tunnel!

Ahnungslos war sie dem bösartigen Schicksal begegnet, als es blind und weitausschreitend vor Wut des Weges kam. Warum hatte sie seine Weisung nicht befolgt? Er hatte sie ja nur vor Schmähungen beschützen wollen.

D a r a n hatte er nicht gedacht! Warum war er nicht hier, gerade heute?

Allan dachte daran, daß er selbst zwei Menschen niedergeschossen hatte, als sie damals die Mine Juan Alvarez stürmten. Er hätte, ohne sich zu besinnen, Hunderte niedergeschossen, um Maud zu verteidigen. Er wäre ihr ins tiefe Meer gefolgt, keine Redensart, er hätte sie gegen hunderttausend wilde Tiere verteidigt, solange er noch einen Finger bewegen konnte. Aber er war nicht hier . . .

Die Gedanken irrten in seinem Kopf, Liebkosungen und Flüche, aber er dachte gar nichts.

Da pochte es zaghaft an die Tür. „Herr Allan?"

„Ja?"

„Herr Allan . . . Edith . . ."

Er stand auf und sah nach, ob die Kerze fest im Leuchter stecke, damit sie nicht etwa umfalle. Dann ging er zur Tür, und von hier aus sah er Maud nochmals an. In seinem Geiste sah er, wie er sich selbst über die geliebte Frau warf, sie umschlang, schluchzte, schrie, betete, sie um Verzeihung bat für jeden Augenblick, da er sie nicht glücklich gemacht hatte — in Wirklichkeit aber stand er an der Tür und sah sie an.

Dann ging er.

Auf dem Wege zum Sterbezimmer seines kleinen Mädchens holte er seine letzten Kräfte aus der Tiefe seines Herzens herauf. Er wappnete sich, indem er sich alle schrecklichen Augenblicke seines Lebens ins Gedächtnis zurückrief, all jene Unglücklichen, die das Dynamit zerfetzt und Gesteinssplitter durchlöchert hatten; jenen einen, den das Schwungrad mitnahm und an der Wand zerquetschte . . . Und als er über die Schwelle trat, dachte er: „Denke daran, wie du einst Pattersons abgeschabten Stiefelschaft im verschütteten Flöz gespürt hast . . ."

Er kam gerade noch recht, um die letzten erlöschenden Atemzüge seines kleinen süßen Engels zu erleben. Ärzte, Pflegerinnen und Dienstboten standen im Zimmer umher, die Mädchen weinten, und selbst die Ärzte hatten Tränen in den Augen.

Aber Allan stand stumm und trocknen Auges da. „Denke, im Namen der Hölle, an Pattersons abgeschabten Stiefel, denke und schlage nicht hin vor den Leuten."

Nach einer Ewigkeit richtete sich der Arzt am Bett auf, und man hörte ihn atmen. Allan dachte, die Leute würden das Zimmer verlassen, aber sie blieben alle.

Da trat er ans Bett und streichelte Ediths Haar. Wäre er allein gewesen, so hätte er gerne nochmals ihren kleinen Körper in den Händen gefühlt, so aber wagte er nicht mehr zu tun. Er ging.

Als er die Treppe hinabstieg, brach plötzlich lautes, jammerndes Geschrei über seinem Kopf zusammen, aber es war in Wahrheit ganz still bis auf ein leises Schluchzen.

Unten stieß er auf eine Pflegerin. Sie blieb stehen, da sie sah, daß er ihr etwas zu sagen wünschte.

„Fräulein", sagte er endlich mit großer Mühe, „wer sind Sie?"

„Ich bin Fräulein Evelin."

„Fräulein Evelin", fuhr Allan fort, fremd, flüsternd, weich klang seine Stimme, „ich möchte sie um einen Dienst bitten. Ich selbst will es nicht, ich kann es nicht — ich möchte eine kleine Strähne Haar von meiner Frau und meinem Kind gern aufbewahren. Könnten Sie das besorgen für mich? Aber niemand darf es wissen. Wollen Sie mir das versprechen?"

„Ja, Herr Allan." Sie sah, daß seine Augen voll Wasser standen.

„Ich werde Ihnen mein ganzes Leben lang dankbar sein, Fräulein Evelin."

Allan ging in den Garten hinunter. Es schien ihm schrecklich kalt geworden zu sein, tiefer Winter, und er wickelte sich fest in den Mantel. Eine Weile ging er auf dem Tennisplatz hin und her, dann schritt er zwischen nassen Büschen hinab zum Meer. Das Meer leckte und rauschte und warf gleichmäßig atmend seine Gischtkrausen über den nassen, glatten Sand.

Es wurde immer kälter. Ja, ein schauerlicher Frost schien vom Meer herzukommen. Allan war ganz aus Eis. Er fror. Seine Hände erstarrten genau wie in größter Winterkälte, und sein Gesicht wurde steif. Er sah aber ganz deutlich, daß nicht einmal der Sand gefroren war, obwohl es knisterte, als zertrete er feine Eiskristalle.

Allan ging eine Stunde im Sand auf und ab. Es wurde Nacht. Dann ging er durch den vereisten, gefrorenen Garten hindurch und trat auf die Straße.

Andy, der Chauffeur, hatte die Lampen eingeschaltet.

„Fahre mich zur Station, Andy, fahre langsam!" sagte Allan, tonlos und heiser, und stieg in den Wagen.

Andy wischte sich die Nase am Ärmel ab, und sein Gesicht war naß von Tränen.

Allan vergrub sich in den Mantel und zog die Mütze tief über den Kopf. „Es ist merkwürdig", dachte er, „als ich von der Katastrophe hörte, habe ich zuerst an den Tunnel gedacht und dann erst an die Menschen!" Und er gähnte. Er war so müde, daß er keine Hand rühren konnte.

Die Menschenmauer stand wie vorher, denn sie wartete auf die Rückkehr der Rettungszüge.

Niemand schrie mehr. Niemand schwang die Faust. Er war ihnen ja jetzt ähnlich geworden, er trug am gleichen Schmerz. Die Leute machten von selbst Platz, als Allan hindurchfuhr und ausstieg. Nie hatten sie einen Menschen so bleich gesehen.

* * *

Der Tunnel war fertig. Die Menschen hatten ihn unternommen, die Menschen hatten ihn vollendet! Aus Schweiß und Blut war er gebaut, rund neuntausend Menschen hatte er verschlungen, namenloses Unheil in die Welt gebracht, aber nun stand er! **Und niemand wunderte sich darüber.**

Vier Wochen später nahm die submarine pneumatische Expreßpost den Betrieb auf.

Ein Verleger bot Allan eine Million Dollar, wenn er die Geschichte des Tunnels schreiben wolle. Allan lehnte ab. Er schrieb lediglich zwei Spalten für den Herald.

Allan machte sich nicht bescheidener als er war. Aber er betonte wieder und wieder, daß er nur mit Hilfe solch ausgezeichneter Männer wie Strom, Müller, Olin-Mühlenberg, Hobby, Harriman, Bärmann und hundert andern den Bau habe vollenden können.

„Ich muß indessen bekennen", schrieb er, „daß mich die Zeit überholt hat. Alle meine Maschinen über und unter der Erde sind veraltet, und ich bin gezwungen, sie im Laufe der Zeit durch moderne zu ersetzen. Meine Bohrer, auf die ich einst stolz war, sind altmodisch geworden. Man hat die Rocky-Mountains in kürzerer Zeit durchbohrt, als ich es hätte tun können. Die Motorschnellboote fahren heute in zweieinhalb Tagen von England nach New York, die deutschen Riesenluftschiffe überfliegen den Atlantik in sechsunddreißig Stunden. Noch bin ich schneller als sie, und je schneller Boote und Luftschiffe werden, desto schneller werde ich! Ich kann die Geschwindigkeit leicht auf 300—400 Kilometer die Stunde steigern. Zudem fordern Schnellboote und Luftschiffe Preise, die nur der reiche Mann bezahlen kann. Meine Preise sind populär. Der Tunnel gehört dem Volke, dem Kaufmann, dem Einwanderer. Ich kann heute vierzigtausend Menschen täglich befördern. In zehn Jahren, wenn die Stollen alle doppelt ausgebaut sein werden, achtzig- bis hunderttausend.

Und Allan kündigte in seinem schlicht und unbeholfen geschriebenen Artikel an, daß er genau in sechs Monaten, am ersten Juni des sechsundzwanzigsten Baujahrs, den ersten Zug nach Europa laufen lassen werde.

In den Hotels hatten Tausende von Menschen um zehn Uhr diniert und erregt über den bevorstehenden Start gesprochen. Musikkapellen konzertierten. Das Fieber wuchs und wuchs. Man nannte den Tunnel „die größte menschliche Tat aller Zeiten". „Mac Allan hat das Lied vom Eisen und der Elektrizität gedichtet." Ja, Mac Allan wurde sogar im Hinblick auf seine Schicksale in den fünfundzwanzig Jahren des Baus „der Odysseus der modernen Technik" genannt.

Zehn Minuten vor zwölf flammte die Lichtbildfläche der Edison-Bio auf und darauf stand: „Ruhe!"

Sofort wurde alles vollkommen still. Und augenblicklich begann der Fernkinematograph zu arbeiten. In allen Weltstädten der Erde sah man zur gleichen Sekunde die Bahnhofhalle von Hoboken-Station, schwarz von Menschen. Man sah den gewaltigen Tunnelzug, man sah, wie Allan sich verabschiedete — die Zuschauer schwingen die Hüte: der Zug gleitet aus der Halle . . .

Ein unbeschreiblicher, donnernder Jubel, der minutenlang währte, erhob sich. Man stieg auf die Tische. Die Musik intonierte das Tunnellied. Aber der Lärm war so ungeheuer, daß niemand einen Ton hörte.

Dann begann der eigentliche Film. Er begann mit dem „ersten Spatenstich", er führte im Laufe der Nacht mit Unterbrechungen durch alle Phasen des Baus, und so oft Allans Bild erschien, erhob sich neuer, begeisterter

Jubel. Der Riesenfilm zeigte die Katastrophe, den Streik. Man sah wieder Mac Allan durch das Megaphon zu dem Heer von Arbeitern sprechen (und der Phonograph brachte Teile seiner Rede!), die Prozession der Tunnelmen, den großen Brand. Alles.

Nach einer Stunde, um ein Uhr, erschien auf der Lichtbildfläche ein Telegramm: „Allan in den Tunnel eingefahren. Ungeheure Begeisterung der Menge! Viele Menschen im Gedränge verletzt!"

Der Film ging weiter. Nur von halber zu halber Stunde wurde er durch Telegramme unterbrochen: Allan passiert den hundertsten Kilometer — — den zweihundertsten — Allan stoppt eine Minute. Ungeheure Wetten wurden abgeschlossen. Niemand sah mehr auf den Film. Alles rechnete, wettete, schrie! Würde Allan pünktlich in Bermuda eintreffen? Allans erste Fahrt war zu einem Rennen geworden, zu einem Rennen eines elektrischen Zuges und zu nichts anderem. Der Rekordteufel wütete! In der ersten Stunde hatte Allan den Rekord für elektrische Züge gedrückt, den bis dahin die Züge Berlin-Hamburg behaupteten. In der zweiten war er den Weltrekorden der Flugmaschinen auf den Leib gerückt, in der dritten hatte er sie geschlagen.

Um fünf Uhr erreichte die Spannung einen zweiten Höhepunkt.

Auf der Lichtbildfläche erschien fernkinematographisch übermittelt die von greller Sonne durchflutete Bahnhofhalle der Bermudastation: wimmelnd von Menschen, und alle sehen gespannt in die gleiche Richtung. Fünf Uhr zwölf taucht der graue Tunnelzug auf und fliegt herein. Allan steigt aus, plaudert mit Strom, und Strom und Allan steigen wieder ein. Fünf Minuten, und der Zug fährt weiter. Ein Telegramm: „Allan erreicht Bermuda mit zwei Minuten Verspätung."

Ein Teil der Bankettteilnehmer ging nun nach Hause, die meisten aber blieben. Sie blieben über vierundzwanzig Stunden wach, um Allans Fahrt zu verfolgen. Viele hatten auch Zimmer in den Hotels gemietet und legten sich auf ein paar Stunden schlafen, mit dem Befehl, sie augenblicklich zu wecken, „im Falle etwas passierte". Über die Straßen regneten schon die Extrablätter nieder. —

Allan war unterwegs.

Der Zug flog durch die Stollen, daß sie meilenweit vor und hinter ihm dröhnten. Der Zug legte sich in den Kurven zur Seite wie eine meisterhaft konstruierte Segeljacht: der Zug segelte. Der Zug stieg, wenn es in die Höhe ging, gleichmäßig und ruhig wie eine Flugmaschine: der Zug flog. Die Lichter im dunkeln Tunnel waren Risse in der Dunkelheit, die Signallampen buntglitzernde Sterne, die sich in die runden Bugfenster des sausenden Torpedoboots stürzten, die Lichter der Stationen vorbeischwirrende Meteorschwärme. Die Tunnelmänner (verschanzt hinter den eisernen Rolltüren der Stationen), feste Burschen, die die große Oktoberkatastrophe trockenen Auges mitgemacht hatten, weinten vor Freude, als sie „old Mac" vorüberfliegen sahen.

Von Azora an führte Strom. Er schaltete den vollen Strom ein, und der Geschwindigkeitsmesser stieg auf zweihundertfünfundneunzig Kilometer die Stunde. Die Ingenieure wurden unruhig, aber Strom, dem die Hitze in den heißen Stollen wohl die Haare abfressen konnte aber nicht die Nerven, ließ sich nicht ins Handwerk pfuschen.

„Es wäre eine Blamage, wenn wir zu spät kämen", sagte er. Der Zug fuhr so rasch, daß er stillzustehen schien; die Lichter schwirrten ihm wie Funken entgegen.

Finisterra.

In New York wurde es wieder Nacht. Die Hotels füllten sich. Die Begeisterung raste, als das Telegramm die ungeheure Fahrtgeschwindigkeit meldete. Würde man die Verspätung einholen oder nicht? Die Wetten stiegen ins Unsinnige.

Die letzten fünfzig Kilometer führte Allan.

Er hatte vierundzwanzig Stunden nicht geschlafen, aber die Erregung hielt ihn aufrecht. Bleich und erschöpft sah er aus, mehr nachdenklich als freudig: viele Dinge gingen ihm durch den Kopf . . .

In wenigen Minuten mußten sie ankommen, und sie zählten Kilometer und Sekunden. Die Signallampen fegten vorbei, der Zug stieg . . .

Plötzlich blendete weißes, grausames Licht ihre Augen. Der Tag brach herein. Allan stoppte ab.

Sie waren mit zwölf Minuten Verspätung in Europa eingetroffen.

✱ ✱
✱

Quellen: Ing. P. H. Schweißguth, Plaudereien aus der Gesenkschmiede; aus „Zeitschrift des Vereines Deutscher Ingenieure" Nr. 45 vom 8.11.19. ✱ Die Abbildungen Seite 169, 173 und 174 sind mit Erlaubnis der Stahlwerke Krupp und Becker, wiedergegeben. ✱ Dr. S. v. Jezewski, Die Heizkraft des Holzes; aus dem „Tag" vom 1.10.19. ✱ Der Tunnel. Ausschnitte aus dem gleichnamigen Roman von Bernhard Kellermann. Verlag S. Fischer, Berlin W. 57.

Herausgegeben und gedruckt von der Daimler-Motoren-Gesellschaft in Stuttgart-Untertürkheim. ✱ Alle Rechte vorbehalten. ✱ Zuschriften an die Schriftleitung: Friedrich Muff, Stuttgart-Untertürkheim. (18.12.1919.)

DAIMLER WERKZEITUNG
1920 Nr. 11

INHALTSVERZEICHNIS

Die künftigen Führer der Arbeit. Von Prof. Dr.-Ing. E. Heidebroek. ** Werkstatts-Praktikanten. Von Dr.-Ing. P. Riebensahm. ** Hand! Nicht Kopf! Von Prof. Dr. J. Hofmiller. ** Die Wertung des Abfalls. Von Dr. E. Schultze. ** Erwartungen. Von einem Modellschreiner der D. M. G. ** In der Grünheustraße. Von Max Eyth. ** Die am Schluß mit D. M. G. bezeichneten Arbeiten stammen von Werksangehörigen.

Die künftigen Führer der Arbeit.

Von Dr.-Ing. E. Heidebroek, Darmstadt,
Professor an der Technischen Hochschule.

Die deutsche Technik hat vor dem Kriege Großes, im Kriege über alle Erwartung Großartiges geleistet. Nicht geringer aber ist, was wir von ihr jetzt beim Wiederaufbau des Wirtschaftslebens erwarten. Die Leistungsfähigkeit und die Entwicklung der Technik werden eine Lebensfrage für das deutsche Volk sein.

Da ist die Frage von brennender Bedeutung für Jedermann und nicht nur für die Techniker, ob die zukünftigen Führer der Arbeit, unsere jungen Ingenieure, von den technischen Hochschulen eine Ausbildung mitnehmen, die den schweren Aufgaben dieser Zeit genügt, sowohl in der Breite wie in der Tiefe, ob diese Ausbildung die beste ist, die ihnen eine Hochschule geben kann, wenn man alle die fachwissenschaftlichen Aufgaben auf der einen Seite, aber auch die allgemeinen Zeitfragen auf der andern Seite sich auftürmen sieht.

Von mancher Seite sind Zweifel ausgesprochen worden, die verurteilen und Änderungen fordern, — teils berechtigt, teils über Maß und Ziel hinausschießend.

Möge darum im folgenden versucht werden, die Auffassung über diese Dinge zu klären, damit auch die Allgemeinheit, deren Lebensinteressen davon getroffen werden, nicht zuletzt die Industriearbeiter, auf deren Dasein die Lösung dieser Fragen ganz unmittelbar wirkt, sich ihrer Verantwortung bewußt werden: mitzuhelfen, daß geschehe, was die Aufgaben unserer Zukunft erfordern, und daß alle Kräfte und Begabung an der rechten Stelle eingesetzt werden.

* * *

Die Schüler unserer Hochschulen sollen in erster Linie zu Ingenieuren erzogen werden, Ingenieuren im weitesten Sinne, wobei die Schüler der verwandten Gebiete, der Baukunst, der Chemie und Naturwissenschaft mit einbezogen sind.

Welcher Art ist nun die eigentliche Tätigkeit des Ingenieurs in seiner Berufsarbeit?

Ich möchte sie kurz nach drei Richtungen hin kennzeichnen.

Sie ist zunächst eine **forschende**, wissenschaftlich neu schöpfende. In dieser Richtung also ist sie Naturwissenschaft. Wo auch immer die Fragen liegen, die wir lösen wollen, immer wieder stoßen wir auf naturwissenschaftliche Aufgaben, die wir mit den Hilfsmitteln der Physik, der Chemie, der Mechanik zu lösen suchen.

In zweiter Linie ist die Tätigkeit des Ingenieurs **eine gestaltende, Form bildende**. Sie findet ihren stärksten Ausdruck im Schaffen des Baumeisters, dessen Schöpfungen am leichtesten die Aufmerksamkeit der großen Menge auf sich ziehen. Aber auch die Arbeiten des Konstrukteurs im Maschinenbau, im Eisenbau, in der Elektrotechnik sind Erzeugnisse der formenbildenden Ingenieur-Kunst. Mögen diese Werke nun wie die des Baumeisters teilweise aus den Gesetzen des Schönheitssinnes hervorgehen, oder mögen sie das in Formen gebildete Spiel von Kraft und Masse darstellen: immer ist diese bauende, schaffende, erzeugende Tätigkeit bewußt oder unbewußt künstlerischer Art.

Darüber hinaus endlich wächst sich die schöpferische Kraft des Ingenieurs in weitergreifende **organisatorische Tätigkeit** aus, in das Zusammenfassen und Disponieren wirtschaftlicher Gruppen, in **Gemeinschaftsarbeit**, dieses vor allem als industrielle Betriebsleitung, in gemeinwirtschaftlicher, volks- und staatswirtschaftlicher **technischer Verwaltung**.

Dies sind zunächst, ganz allgemein betrachtet, die **beruflichen** Aufgaben des Ingenieurs.

* * *

Welche Hilfsarbeit hat nun die Hochschule als die höchste Stufe der technischen Ausbildung hierzu beizutragen?

Da, wie gesagt, die **wissenschaftlich forschende** Tätigkeit des Ingenieurs mehr oder weniger naturwissenschaftlicher Art ist, so ist vor allen Dingen eine gründliche Ausbildung in den verschiedenen Zweigen der eigentlichen Naturwissenschaft erforderlich. Dabei bedürfen wir der Mathematik als einer wertvollen Hilfswissenschaft, ohne die wir naturwissenschaftliche Fragen nicht meistern können.

Die **Formen bildende** Tätigkeit des Ingenieurs verlangt vor allem die Ausbildung **des anschaulichen Denkens**. Die Sprache des anschaulich denkenden, formenbildenden Künstlers ist die Zeichnung. Die erste Forderung für den Gestaltungsunterricht ist daher die Pflege der Formenlehre und der darstellenden zeichnerischen Technik; aber auch die Anregung der Phantasie, der unbewußten Schöpferin neuer Gedanken und Formen.

In allen Zweigen der technischen Bildung muß der Gestaltungsunterricht an vorderster Stelle stehen.

Den Baukünstler führt er in die Gebiete künstlerischen Schaffens und lehrt ihn, geschult durch die Entwicklungsgeschichte früherer Kunstperioden, die neuen Formen der Raumgestaltung suchen, deren unsere neue Zeit bedarf.

Für den Ingenieur im engeren Sinne aber, den Konstrukteur, wird durch den Gestaltungsunterricht erst die Königin aller technischen Wissenschaften, die **Mechanik**, aus den bloßen Denkbegriffen in lebendige Ausdrucksformen umgewandelt.

Konstruieren heißt: die erkannten und durchdachten Grundgesetze der Mechanik: der Festigkeitslehre, der Bewegungslehre, in die Formen durchdachter Zweckbestimmung bringen, Masse und Kraft, Stoff und Bewegung beherrschen und gegeneinander ausgleichen.

Alle die verschiedenen technischen Aufgaben der eigentlichen Ingenieurarbeit wachsen aus der Mechanik heraus. Sie stellen in immer wieder verfeinerter Form stets mehr oder weniger vollkommene Anwendungen der Mechanik dar. In dieser Wissenschaft ruhen alle Geheimnisse der bewegten und Kräfte äußernden Natur; in ihr wird die Natur immer unsere unerreichte Lehrerin bleiben, die alle mechanischen Fragen, denen wir mühsam nachgehen, bereits in höchster Vollendung und unerreichter Zweckmäßigkeit gelöst hat.

Darum muß in dem eigentlichen Gestaltungsunterricht neben der Entwicklung des Formensinnes die Mechanik im Mittelpunkt stehen. Denn deren Gesetze führen uns, wenn sie richtig erkannt werden, immer wieder auf den letzten Zweck alles künstlerischen wie technischen Schaffens: mit den geringsten Mitteln die größten Wirkungen, mit dem geringsten Aufwand an Stoff und Arbeit die höchste Leistung zu erreichen.

„Vergeude keine Energie!"

Mit diesem Gesetz kennzeichnen wir am schärfsten das innerste Wesen jeder Ingenieur-Arbeit. Sie ist niemals Selbstzweck. Sie entspringt nicht aus einer philosophischen beschaulichen Denkweise. Sondern sie ist immer behaftet mit einem Endzweck wirtschaftlicher Art. Sie bleibt aber nicht auf den engen Rahmen der privatwirtschaftlichen und Geld-Interessen begrenzt, vielmehr hat jedes technische Schaffen einen volkswirtschaftlichen und damit einen sozialen Endzweck. Die geschichtliche Betrachtung zeigt uns, daß jeder grundlegende technische Fortschritt weittragende Folgen für das ganze öffentliche Leben und den Kulturstand der Völker mit sich bringt. Immer wieder werden neue Kulturabschnitte durch technische Umwälzungen eingeleitet.

Aber die technische Arbeit hat mit einer nie vorausgesehenen Schnelle immer größere Teile des Volkes in den großen Arbeitsprozeß der technisch durchdachten und technisch organisierten mechanischen Produktion hineingezogen. Daraus entspringt in der Hauptsache die große soziale Bewegung unserer Zeit, und jede Ingenieurarbeit führt mitten hinein in diese große Aufgabe. Ein Ausweichen gibt es da nicht, und deshalb muß auch die ganze Bildung des Ingenieurs hiernach eingestellt werden.

Unsere technischen Hochschulen würden ihren Namen als Hochschulen nicht verdienen, wenn sie nicht die Wurzeln der Bildung des jungen Ingenieurs mitten in die Gegenwartsfragen und die Aufgaben unserer Zeit hineinpflanzen würden. Die Technik ist niemals eine Wissenschaft gewesen, die sich auf die Betrachtung der Vergangenheit beschränkt: in ihr lebt der Geist ständigen Fortschritts, und ihre Aufgaben wachsen täglich neu empor aus der Zeitentwicklung.

* * *

Wenn wir die drei vorhin gekennzeichneten, grundlegenden Richtungen der Ingenieurtätigkeit für die berufliche Ausbildung als maßgebend ansehen, so müssen wir sie vor allen Dingen auch zu den großen geistigen Zeitfragen, insbesondere zu dem wirtschaftlichen und sozialen Kampf der Gegenwart in Beziehung stellen. **Kein Stand ist so berufen, wie der des Ingenieurs, in seiner Wirksamkeit mitten hineinzugreifen in die Not und die Hoffnungen unseres Volkes.**

Die deutsche Volkswirtschaft braucht mehr denn je den selbstlosen, unermüdlichen Forschungstrieb des **naturwissenschaftlich geschulten** Ingenieurs. Der Friedensvertrag entzieht uns die Verfügung über den größten Teil der Rohstoffe, aus deren Verwendung bisher unsere Industrie zu so großer Blüte gelangte. Auch in den anderen Rohstoffen, die wir vom Auslande beziehen müssen, sind wir bis aufs Aeußerste ausgehungert und wissen nicht, woher die Mittel nehmen, um ihre Einfuhr zu bezahlen.

Wir müssen also eine bis aufs Aeußerste gesteigerte Wirtschaftlichkeit in der Ausnützung unserer eigenen Hilfsmittel anstreben. Hierher gehören die sparsame Bewirtschaftung der Kohle, der Wärme und der Kraft in jeder Form, die Steigerung unserer landwirtschaftlichen Erzeugung, die Entwicklung unserer Industrie, die uns Ersatzstoffe für Metalle, für Oele und Fette, für Webstoffe liefern soll. Um diese Aufgabe zu lösen, bedarf unsere Industrie eines Nachwuchses von naturwissenschaftlich ausgebildeten Ingenieuren, der mit allem Rüstzeug der modernen Wissenschaft ausgestattet ist. Dazu benötigen aber die Hochschulen der Forschungs-Institute, die unabhängig und unbeeinflußt durch private Interessen dem Dienste unserer Volkswirtschaft sich widmen können.

Auch der zweiten Richtung, das ist den **Formen bildenden, bautätigen und produktiven** Ingenieuren, liegen schwere Gegenwartsaufgaben ob. Das deutsche Volk ist im letzten Entwicklungsabschnitt immer mehr industrialisiert worden, und wenn wir uns heute auch nach Kräften bemühen, durch Rückwanderung auf das Land diese Entwicklung einzudämmen, so bleibt doch die Lebensfähigkeit unserer Industrie eine Lebensfrage auch für das ganze Volk.

Unsere Konstrukteure müssen den Wettkampf aufnehmen mit den Ländern, denen alle Hilfsmittel in viel reicherem Maße zur Verfügung stehen als uns. Da gibt es nur eine Lösung, die heißt: „Qualitätsarbeit" und zwar billige Qualitätsarbeit. Darum müssen alle Methoden der Arbeitsteilung, der Normalisierung, der Typisierung und vor allem die wissenschaftlich geschulte Fabrikationstechnik aufs höchste entwickelt werden. Unsere jungen Ingenieure müssen mit diesen Dingen völlig vertraut werden.

Hier scheidet sich von der rein künstlerischen Arbeit die technisch organisatorische. Das Kunstwerk trägt immer den Charakter des Persönlichen, ohne Rücksicht auf wirtschaftlichen Erfolg. Jede technische Konstruktion und fabrikatorische Tätigkeit aber müssen sich unter die höheren Gesichtspunkte der Wirtschaftlichkeit unterordnen; sie müssen „rentieren", und zwar entweder privatwirtschaftlich oder — und das ist heute noch wichtiger — volkswirtschaftlich.

Es ist mit Sicherheit damit zu rechnen, daß große Gebiete der industriellen Tätigkeit, insbesondere die Erzeugung von Brennstoffen, Licht, Kraft, das Verkehrswesen in allen seinen Zweigen, in Zukunft fast ausschließlich gemeinwirtschaftlich betrieben werden müssen. Hier sind grundlegende neue Organisationsformen zu schaffen, zu deren Aufbau in erster Linie fachmännische technische Intelligenz nötig ist.

Soll der Techniker, wie es die Natur dieser Dinge fordert, in diesen gemeinwirtschaftlichen Betrieben die erste Stellung einnehmen, so ist es unbedingt notwendig, daß er in der Wirtschaftslehre und in den Staatswissenschaften ausgebildet ist.

Aber auch diejenigen industriellen Großbetriebe, bei denen die privatwirtschaftliche Form beibehalten werden muß, haben in ihrem inneren Gefüge ein anderes Aussehen bekommen. Wir haben immer wieder neue Maschinen und neue Arbeitsmethoden erfunden, um die bisherigen Fabrikationsverfahren zu verbessern. Auf den Menschen, als den Träger dieser ganzen Arbeit, hat diese Entwicklung wenig Rücksicht genommen. Aus diesem Widerstreit heraus entstehen die großen Auseinandersetzungen über das gesamte Arbeitsverhältnis, das Arbeitsrecht und den Arbeitsertrag. Die Zukunft unserer Industrie wird zunächst nicht allein davon abhängen, ob es gelingt, die technischen Verfahren noch mehr zu verfeinern wie bisher, sondern in erster Linie davon, ob es gelingt, wieder ein erträgliches Verhältnis der großen Massen der Arbeiterschaft und Angestellten zu den Unternehmungen herzustellen, denen sie ihre Arbeitskraft zur Verfügung stellen, von denen aber auch ihr Dasein abhängt.

In diese Auseinandersetzung wird jeder junge Ingenieur mitten hineingestellt. Für ihn ist die wahre Kenntnis der wirklichen Vorgänge in unserem heutigen industriellen Arbeitsprozeß ungeheuer wichtig, weil er, namentlich in jungen Jahren, bald auf die eine, bald auf die andere Seite der streitenden Parteien geraten wird, und der heftige Streit zum großen Teile auf viele veraltete Vorurteile zurückzuführen ist.

Wir müssen entschlossen uns darüber klar sein, daß wir in das vor uns liegende neue Land der sozialen und gesellschaftlichen Entwicklung nicht immer mit rückwärts gedrehtem Gesicht hineinmarschieren können. Wir müssen vorwärts sehen und nach Mitteln suchen, wie es möglich ist, die getrennt arbeitenden und durch Klassenunterschiede gespaltenen Volksgruppen wieder zueinander zu führen.

In Einzelheiten wird es natürlich immer Meinungsverschiedenheiten geben. Wenn es uns aber nicht gelingt, die Einheit des Volkes wenigstens in den Grundzügen wieder herzustellen, so dürfen wir uns auch von einem rein technischen Aufschwung keine zu großen Wirkungen auf den gesamten Wiederaufbau versprechen.

Daher muß sich der Ingenieur schon in den Studienjahren so intensiv wie möglich mit den Fragen des Arbeiterrechts, des Sozialismus, der Bürgerkunde, der Staatenkunde befassen. Er muß sich aber gleichzeitig darüber klar sein, daß man diese Probleme nicht aus fachwissenschaftlichen Büchern lernen kann, sondern nur aus dem Leben heraus und nur durch den Zusammenhang mit den Kreisen, aus denen die Bewegung hervorgeht, d. h. mit der großen Menge des arbeitenden Volkes. Wenn wir schon die Klassengegensätze nicht aus der Welt schaffen können, so sollten sie doch endlich aus dem Bewußtsein aller technisch schaffenden Menschen entfernt werden. Kein Stand ist so berufen, diese Gegensätze innerlich zu überwinden, wie der des Technikers.

Es ist überaus bemerkenswert, wieviel folgerichtiger in diesen Dingen bereits der Amerikaner denkt. Er beurteilt die Brauchbarkeit des studierten Ingenieurs in erster Linie nach seiner Eignung für soziale Arbeit. Bei einer Rundfrage, die über die Bewertung der einzelnen Unterrichtsgebiete in Amerika vor einiger Zeit ergangen ist, erscheint die Fachwissenschaft an fünfter Stelle. Davor nur Fächer der allgemeinen Menschenbildung, in der Hauptsache das Verständnis für die sozialen Aufgaben der Fabrikbetriebe, und, was das Wichtigste ist, **Charakterbildung und Menschenbehandlung**. Der Amerikaner hat längst eingesehen, daß der Mensch auch für die Gütererzeugung wichtiger und kostbarer ist als Rohstoffe und Maschinen, und gerade die Entwicklung, die die Industrie in Amerika durch den Krieg genommen hat, hat in überraschender Weise das menschliche und soziale Problem auch drüben in den Vordergrund gerückt.

Wir kommen damit auf den Hauptpunkt der Anforderungen, die in Zukunft an die Ausbildung der Ingenieure gestellt werden müssen. Fachbildung ist noch keine Menschenbildung. Und Fachwissenschaft bedeutet noch kein Können. Was vor allen Dingen nötig ist, ist die **Persönlichkeitsbildung**.

Es kommt wirklich nicht darauf an, ob ein Student der technischen Hochschule am Ende seines Studiums die eine oder andere Gleichung beherrscht oder nicht; worauf es aber ankommt, ist, **daß er in den ungeheuer schwierigen Aufgaben der Gegenwart als Mensch und Charakter bestehen kann.**

Ebenso wenig, wie mit der Überschätzung der Maschine und des Motors gegenüber dem Menschen im Arbeiter, genau so wenig wäre mit der allzugroßen Anhäufung von Fachwissen und Kenntnissen unter Vernachlässigung der Charakterbildung beim Ingenieur der Industrie und der Volkswirtschaft, d. h. dem Volke genützt.

Die Schule, an der das geschähe, wäre keine Hochschule, sondern eine mehr oder weniger gelehrte Fachschule. Die kann weder der Industrie noch dem öffentlichen Leben führende Persönlichkeiten geben. Was dort entscheidet, sind persönliche Tüchtigkeit und Charakter. Niemand kann mit Sicherheit sagen, daß irgend eine bestimmte fachliche Ausbildung unter den heutigen Verhältnissen Erfolg in wirtschaftlichen Lagen gewährleistet. Was wir aber verbürgen können, ist, daß nur die Techniker im wirtschaftlichen und staatlichen Leben ihren Platz ausfüllen, welche als **Ingenieure, Menschen und Charaktere** die Hochschule verlassen.

Darum ist die Aufgabe für die Hochschule und für ihre Schüler die: die technische Bildung zu geben und zu nehmen nicht nur als Fachbildung, als Mittel zum technisch-wirtschaftlichen Aufschwung, sondern sie zu erweitern und zu vertiefen zur Menschheitsbildung, damit die jungen Ingenieure, die zukünftigen Führer, imstande sind, die Arbeit zu lösen von dem Fluch, der ihr heute noch anhaftet.

Werkstatts-Praktikanten.

Von Dr.-Ing. P. Riebensahm.

Wir sehen in unseren Werkstätten eine Schar von jungen Praktikanten umherlaufen. Aus allen Gesellschaftschichten kommen sie. Angehörige der kaufmännischen und industriellen Kreise zumeist, neben ihnen immer mehr Söhne von Meistern und Arbeitern; heute auch Söhne hoher Adelsfamilien und ehemalige Offiziere.

Als Arbeiter unter Arbeitern stehen sie im Betriebe. Teils arbeiten sie, teils stehen sie an den Arbeitsplätzen und sehen zu. Sie wollen Unterweisung und Hilfe.

Sie greifen damit in das tägliche Leben des Arbeiters ein. Der Arbeiter sagt mir: die Leute stören mich. Sie mischen sich in meine Arbeit; ich soll ihnen von meiner Arbeitszeit abgeben, in der ich doch meinen Lohn, meinen Lebensunterhalt verdiene.

Welches Interesse haben wir aber daran, und weshalb ist es unsere Aufgabe, ihnen etwas beizubringen?

Die Praktikanten sind Studierende technischer Schulen, deren Prüfungsbestimmungen ihnen eine praktische Tätigkeit in Werkstätten vorschreiben, und zwar für die Maschinenbauschule 2 Jahre, für die Hochschule 1 Jahr.

Können sie denn in dieser kurzen Zeit, die sie in mehreren Werkstätten zubringen, etwas Rechtes lernen? Warum arbeiten sie nicht regelrecht als Lehrling in der Lehrlingswerkstätte, lernen ein Handwerk ordentlich und beginnen dann zu studieren?

Da sie die Schule erst mit 18 Jahren verlassen und nun auf den Fachschulen 4 Jahre zu studieren haben, so würden sie ja erst acht Jahre später als der Arbeiter ins Brot kommen. Außerdem hätten sie von der Erlernung eines Handwerks für ihren Beruf, in dem sie mit allen oder mehreren Handwerken zu tun bekommen werden, keinen entsprechenden Nutzen. Daher ist für sie nur die Arbeitszeit von einem oder zwei Jahren angesetzt, und in dieser Zeit müssen sie durch alle Werkstätten hindurch, um sich in allen Zweigen der Fabrikation selber zu betätigen und dadurch eine möglichst klare Anschauung von allen zu gewinnen.

Auf diese Weise läßt sich freilich kein Handwerk lernen. Der Aufenthalt in der Werkstätte hat daher, wenn er doch für notwendig gehalten wird, einen anderen Zweck.

Sehen wir uns an, was diese Leute einmal werden sollen.

Die Praktikanten sollen Ingenieure werden. Sie sollen dazu auf den technischen Schulen das wissenschaftliche Rüstzeug der Technik sich erwerben; sie sollen berechnen und bauen, organisieren und verwalten lernen, um die Schulen als Männer zu verlassen, die zur Leitung des industriellen Lebens befähigt sind.

Der Ingenieur wird an der Spitze der Arbeit immer gebraucht werden. Denn die Technik bedarf seiner wissenschaftlichen Schulung. Er ist kraft dieser Schulung der unentbehrliche Führer der Arbeit. Führerschaft verlangt aber mehr als Kenntnisse der Schule. Was muß der Führer können?

Der Arbeiter sieht ein, daß er den Ingenieur als Führer braucht. Aber er verlangt von einem Führer, daß er ihn achten und daß er ihm Vertrauen schenken kann. Achtung und Vertrauen genießt nur der, der in seinem Fache tüchtig, und außerdem ein Mann von Charakter ist.

Dem jungen Ingenieur verleiht Tüchtigkeit das, was ihm an Kenntnissen die Schule und an Erfahrungen dann die Praxis geben. Zum Charakter, zur Persönlichkeit kann den Menschen aber das Studium auf den Schulen allein nicht erziehen. Dazu muß ihn das Leben, muß er sich selbst erziehen.

Darum wird der Praktikant so früh als möglich hineingestellt in das Leben der Arbeit. Darum also liegt noch vor dem Studium das praktische Jahr in der Fabrik. Viel größer als der Wert der Handfertigkeit, die der Praktikant in diesem Jahr erreichen kann, ist die menschliche Bedeutung des Verhältnisses, in das er hier eintritt.

Mitten in den Betrieb unter die Arbeiter gestellt, soll er hier erkennen lernen, daß es in der Fabrik außer den technischen Aufgaben noch ganz andere Dinge gibt, die unter Umständen viel wichtiger sind; daß die Fabrik ein

Staat im Kleinen ist mit eigenen Gesetzen, die alle Vorgänge, und alle Handlungen der Menschen, die in ihr arbeiten, regeln. Das kann er nur, wenn er selbst die Stelle eines Arbeiters einnimmt, die Arbeitsordnung kennen lernt, sich allen ihren Forderungen und Beschränkungen fügen, pünktlich kommen, bis zur letzten Minute arbeiten muß.

Das alles könnte, wenn man nur an der Hochschule davon gehört hat und später darüber verfügen soll, gering erscheinen. Es bekommt aber ein anderes Gesicht, wenn man es selbst erfüllen muß und dabei erfährt, wie solche Pflichterfüllung tut.

Unter diesen Verhältnissen arbeitend, soll er ferner alles das einmal selbst ausführen, was er später anzuordnen haben wird. Er wird eine Anschauung davon bekommen, wie weit oft der Weg vom Befehl bis zur Durchführung, von dem Plan bis zum Gelingen ist, wieviel Nebenumstände in anscheinend einfache Vorgänge hineinspielen, welche Schwierigkeiten häufig die persönlichen Verhältnisse von Arbeitern und Beamten der Ausführung eines einfachen technischen Gedankens entgegenstellen.

Dabei wird er auch erkennen, wie Gehorchen tut, und an sich selbst lernen, wie ein Befehl „unten" wirkt und empfunden wird. Wer einmal befehlen soll, muß gehorchen gelernt haben. Und nur wer gelernt hat, zu fühlen, wie ein Befehl sein sollte, damit er durchgeführt werden kann, und wie sehr oft die Durchführung eines Befehls nur daran scheitert, daß er nicht falsch, aber ungeschickt und unfreundlich gegeben wurde, der wird später selbst und mit mehr Glück befehlen können.

Es soll nun hiermit nicht gesagt sein, daß der Praktikant all diese Erkenntnisse wirklich schon bewußt aufnimmt. Das würde doch wohl über die Reife des Verstandes, die man ihm in diesem Alter zutrauen darf, hinausgehen. Auch wird er vieles, was er jetzt sieht, sehr bald vergessen. Aber auch unbewußt empfangene Eindrücke und dem Bewußtsein wieder verloren gegangene Beobachtungen werden in ihm weiterleben. So mancher Handgriff, manche Belehrung, manches Gespräch mit einem Meister und Arbeiter werden erst später wieder aus dem Hintergrund seines Gedächtnisses, aus dem Unterbewußtsein, auftauchen, nun für ihn ihren vollen Sinn erlangt haben und ihn vielleicht bei einem Entschluß entscheidend beeinflussen.

Unvermeidlich hat der Praktikant bei den Erfahrungen, die er neben dem Arbeiter stehend als Arbeiter macht, das Ziel vor Augen, einst als Vorgesetzter über dem Arbeiter zu stehen. Er sollte aber darum nicht in den Fehler der Anmaßung oder Gleichgültigkeit gegen die Person des Arbeiters verfallen.

Vielleicht sammelt er all diese Erfahrungen mit kühlem Verstande. Der Verstand wird aber den Charakter, den wir vom Vorgesetzten verlangten, nicht bilden. Der junge Mensch wird sich zur Persönlichkeit nur entwickeln, wenn er alle diese Studien in der Werkstätte auch mit dem Herzen macht. Er soll während seiner Arbeit mit den Arbeitern deren Kamerad werden. Er soll ihre persönlichen Interessen und Wünsche kennen lernen. Nicht so, daß er sich bei ihnen einschmeichelt, sondern so etwa, wie der Alte Fritz es als seinen Grundsatz aufstellte: „Der Herrscher muß sich an die Stelle eines Landmanns oder eines Fabrikarbeiters setzen und sich fragen: wenn ich in diesem Berufszweige stände, was würde ich wohl vom Herrscher verlangen?" So soll er versuchen, in ihre Gedankenwelt sich einzufühlen, indem er ihnen ein fleißiger, freundlicher und hilfreicher Arbeitsgenosse ist.

Manchem wird das vielleicht schwer werden. Denn es ist bequemer, im Kreis gleichgestellter Freunde in Gesellschaft und an der Hochschule in gleichen Umgangsformen und Bildungsschichten zu verkehren und mit ihnen auszukommen. Und wenn auch alle jungen Männer im Kriege den schwersten Zwang ohne Murren auf sich genommen haben, so bedeutet doch die freiwillige Übung des Praktikanten-Jahres, aus empfindlicheren und bequemeren Lebensgewohnheiten kommend in Staub und Schmutz unter Getöse seine menschliche Art zu bewahren, ein gut Stück Persönlichkeitsbildung und Persönlichkeitsbeweis.

Damit hat der Studierende für sich und für sein zukünftiges Ziel aus der Werkstatt und aus dem Arbeiter geholt, was er brauchen kann. Aber die Welt der Arbeit fordert ihrerseits auch eine Gegenleistung von ihm.

In dem Praktikanten können sich die beiden Schichten der Arbeiter und Arbeitleiter am unmittelbarsten und unbefangensten berühren. Wie sich Arbeiter und Praktikant zueinander stellen, wirkt in weitere soziale Zusammenhänge hinein.

Erhält die Arbeiterschaft von den Praktikanten den Eindruck, daß es eine Schar von gleichgültigen oder überheblichen Anwärtern auf einen ihnen durch Geburt zugesprochenen

Führerposten ist, dann kann der Spalt der Klassengegensätze an dieser Stelle zu klaffen beginnen. Schon das Verhalten einer geringen Minderheit kann auf diese Weise eine die Allgemeinheit schädigende Folge haben. Und selbst wenn der einzelne Praktikant aus dem Proletariat stammt, wird solches Verhalten von der Arbeiterschaft nicht entschuldigt. Denn als Praktikant ist er ohne weiteres in die höhere Schicht übergetreten.

Zeigen sich dagegen die Praktikanten als die ernsten, angehenden Ingenieure, die sich der ganzen Tragweite ihrer Stellung und der Größe ihrer späteren Aufgabe im sozialen Leben bewußt sind, so kann hier im praktischen Jahr der Grund für eine Gemeinsamkeit der Welten und der Anschauungen von Führerschicht und Arbeiterschaft gelegt werden. In dem Verkehr des praktischen Jahres können Arbeiter und Ingenieur jeder von dem anderen lernen, daß er der selbe Mensch mit den selben Sorgen und Hoffnungen ist und auf die selbe Weise denkt und handelt.

Darum soll nun auch der junge Ingenieur, der in die Welt des Arbeiters einzudringen versucht hat, ihm die seinige öffnen. Er soll diese Gelegenheit nicht vorübergehen lassen, unbefangen dem Arbeiter zu zeigen, wie er über alle die Fragen der Arbeit und des täglichen Lebens, gerade auch im Hinblick auf seine spätere Stellung, denkt. Die größten Mißverständnisse kommen nicht daher, daß die Menschen die Dinge falsch sehen, sondern daß die Menschen nichts dafür getan haben, von den andern richtig gesehen und verstanden zu werden. Auch hier paßt ein Wort Friedrichs des Großen: „Was mich betrifft, der ich Gott sei Dank weder den Hochmut des Gebieters noch den unerträglichen Dünkel der Königswürde besitze, so trage ich keinerlei Bedenken, dem Volke, zu dessen Führer mich der Zufall der Geburt gemacht hat, Rechenschaft über mein Verhalten abzulegen. Mein Gewissen ist so rein, daß ich mich nicht scheue, meine Gedanken laut auszusprechen und die geheimsten Triebfedern meiner Seele offen darzulegen."

Auch das Gewissen des Praktikanten, des künftigen Führers der Arbeit, sollte diese Probe aushalten können, und zwar nicht nur in Bezug auf seine Handlungen in der Arbeit, sondern auch in seinem Privat-Leben. Niemand wird zwar von einem jungen Menschen verlangen, daß er das Bild einer sicheren und gefestigten Persönlichkeit bieten soll. Er ist ja noch unreif, wird sich unvermeidlich so manches Mal töricht oder falsch benehmen, und soll sich ja erst durch Lebenserfahrungen zum Manne entwickeln. Aber seine ganze Lebensführung sollte so sein, daß sie vor dem Arbeiter bestehen kann. Nur dann wird das Verhältnis von Praktikant und Arbeiter ein reines und klares werden. Denn nur dann kann sich der Praktikant geben, wie er ist, und dem Arbeiter wirklich als Mensch gegenübertreten. Dann erst wird es dahin kommen, daß der Arbeiter in dem Praktikanten den Kameraden empfindet, obwohl dieser einmal zu seinem Führer werden soll.

Darauf, daß das Studium eine erhöhte Anwartschaft auf die Führerstellen gewährt, kann nicht verzichtet werden. Um so wichtiger ist es, daß der Arbeiter den Studierenden als seinesgleichen anerkennen kann, als Arbeiter unter Arbeitern. Dann wird der Ingenieur nicht allein Rechte aus seinem Studium erwerben, sondern ihm wird dazu das freie Geschenk des Vertrauens der Arbeiterschaft dargebracht werden. Ohne dies Geschenk aber wird er seine Führerstellung nicht ausfüllen können.

D. M. G.

Hand! Nicht Kopf!

Die Aussichten der Berufe.

„Drei sofort eintretende Wirkungen des verlorenen Krieges und der Revolution beeinflussen die Aussichten aller jungen Leute, die jetzt anfangen zu studieren, äußerst ungünstig: 1. Da eine höhere militärische Laufbahn nicht mehr in Frage kommt, scheidet das Militär als Beruf für die Abiturienten der höheren Schule jetzt aus. Damit fallen soundsoviele tausend Offiziersstellen weg. Dasselbe gilt für Seeoffiziere. Damit nicht genug: eine Menge junger Offiziere, die sonst beim Militär geblieben wären, sind gezwungen, ihren Abschied zu nehmen und sich nach einem bürgerlichen Beruf umzusehen. Dadurch verschlechtern sich die Aussichten aller gleichaltrigen und jüngeren unter den Studierenden. 2. Durch Annexion Elsaß-Lothringens, deutsch-polnischer, deutsch-tschechischer, deutsch-dänischer Landesteile fallen einerseits alle in diesen Gebieten bisher von Deutschen innegehabten Stellungen weg, anderseits sind die bisherigen deutschen Beamten dieser Provinzen darauf angewiesen, daß entsprechende Stellen in Deutschland für sie freigemacht werden. Dadurch verschlechtern sich abermals die Aussichten aller derjenigen, für welche ein großer Teil dieser Beamten zu Vor-Leuten in der Beförderung wird. 3. Durch die katastrophale Verarmung Deutschlands wird zunächst in allen Teilen der Staats- und Gemeindeorganisationen am Real- und Personaletat bis an die äußersten Grenzen des Möglichen gespart werden: an Stellenanzahl und Stellenbezahlung, Pensionierungsmöglichkeit usw. Aber diese Verarmung greift auch über auf die sogenannten freien Berufe. Sie muß sich ausdrücken a) in einer riesenhaften Abwanderung des Kapitals, b) in einer starken Auswanderung von Arbeitskräften. Das gilt für alle Arten der technischen Berufe, für große Zweige der Industrie, für Banken und Versicherungen, die Privatangestellten, bis herab zu den Hilfs- und Schreibkräften aller Art. Des weiteren verkümmern allmählich eine Menge Möglichkeiten in den Luxusberufen, wozu vor allem auch die Künstlerberufe aller Art zu rechnen sind: bildende Kunst, Musik, Literatur, Zeitungswesen, Oper, Schauspiel, Kleinbühne aller Art; aber auch alles kostspieligere und daher besser bezahlte Kunstgewerbe mit seinen Verzweigungen bis in die Ausläufer der Hausindustrie. In allen sogenannten höheren Berufen herrscht jetzt bereits Überfüllung durch Überangebot von Arbeitskräften. Dieses Überangebot wird sich im Laufe der nächsten Jahre in demselben Maße steigern, wie sich die Zahl der zur Verfügung stehenden Stellen von Monat zu Monat verringern wird.

Im Jahre 1914 kam der bayerische Kultusminister auf die Aussichten der Lehramtskandidaten zu sprechen und gab folgende amtliche Ziffern an. Wartezeit: Altphilologen 10 Jahre, Mathematiker 18, Neuphilologen 13, Germanisten 10, Naturwissenschaftler 18, Zeichner 12. Es ist rätselhaft, wie noch jemand den Mut findet, zum Lehramt zu gehen, nachdem man jetzt mit einer Hinausschiebung des Anstellungsalters bis zum 35. Jahre rechnen muß. Dabei ist das Gehalt eines Lehramtsassistenten monatlich 150 Mark, die Durchschnittsdauer der Assistentenzeit allermindestens 5 Jahre. Ein junger Mann muß also damit rechnen, erst im 35. Jahre monatlich 250 Mark Gehalt zu beziehen.

Durch die Presse läuft gegenwärtig folgende Warnung des Ärztlichen Kriegsausschusses München vor dem Studium der Medizin: „Die Aussichten für Ärzte sind die denkbar schlechtesten geworden durch die große Ausdehnung der Krankenversicherung und die dadurch bedingte weitere Einschränkung der Privatpraxis, die Zunahme der Kurpfuscherei, das Einwandern deutscher Ärzte aus dem Auslande und den gefährdeten Landesteilen in Ost und West und den Wegfall der Schiffarztstellen. Seit Kriegsbeginn wurden 5800 Ärzte approbiert, bezw. notapprobiert. Durch die ungeheure Überfüllung ist jetzt schon ein großer Notstand unter den Ärzten eingetreten."

Obwohl jetzt schon Referendare um Arbeitslosenunterstützung bitten müssen, obwohl die wenigen Glücklichen, die bezahlt werden, unter 300 Mark monatlich beziehen, obwohl neulich erst Gymnasialabiturienten von 1904 in der Zeitung standen, die froh sein mußten, wenigstens als Amtsgerichtssekretäre mit 2400 Mark jährlich anzukommen, findet sich eine Menge junger Leute, die dies völlig aussichtslose Studium trotzdem anfangen. In der Anwaltschaft sind die Verhältnisse so trostlos, daß sich jedes Wort erübrigt.

Erzbischof Faulhaber erwähnte in einer seiner letzten Ansprachen, daß sich bei ihm bereits Offiziere gemeldet hätten, die den geistlichen Beruf ergreifen wollten, obwohl die Aussichten dieses Standes, bisher schon wenig günstig, sich durch die Schuldenlast des Staates und der Gemeinden und die geplante Trennung von Kirche und Staat in einer Weise verschlechtern werden, die sich heute noch gar nicht absehen läßt. Ingenieuren, darunter Diplomingenieuren mit glänzenden Noten, wußte kürzlich erst eine erste Autorität, an die sie sich wandten, nach bestem Wissen und Gewissen keinen anderen Rat zu geben, als den: sie sollten versuchen, als Erdarbeiter beim Walchenseekraftwerk anzukommen. Ein Amerikaner würde das sofort tun. Jeder Bankdirektor bestätigt, daß er täglich Dutzende von Bewerbern, darunter vor allem ehemalige Offiziere, abweist. Es muß mit einer wesentlichen Verringerung der ungesund entwickelten Banken und Bankfilialen gerechnet werden. Sie werden weniger werden, genau wie wir in Zukunft weniger Regierungsstellen, weniger Amtsgerichte, weniger Gymnasien, weniger Realanstalten, weniger Fabriken haben werden, für jeden einzelnen Posten dieser Banken, Ämter, Schulen und Fabriken jedoch mehr Anwärter.

Es wird auch nicht mehr so gebaut werden wie vor dem Kriege. Die billigen Wohnungen, an denen es mangelt, werden nach einem Schema hergestellt, für große Staats-, Gemeinde- und Privatbauten wird kein Geld in den Kassen sein. Es wird überall dasselbe Bild sein: Arbeiter finden leicht Unterkommen, aber nicht Ingenieure; Schlosser und Monteure, allenfalls noch Mechaniker braucht man eine Menge, aber nicht akademische Techniker; Maurer sind willkommen, aber nicht Architekten. Das ist die Lage, die der Krieg nicht gebracht, aber verschärft hat. Genau besehen, ist sie nicht so hoffnungslos. Die Parole heißt: Hand, nicht Kopf! In diese Lage und diese Parole schicken sich die Deutschen äußerst schwer, da ihr ganzes System bisher war: den Kopf zu entwickeln auf Kosten der Hand.

Wie wir uns vor dem Kriege auf allen Gebieten unsinnig in die Breite und Höhe überorganisiert hatten, besaßen wir auch viel zu viele höhere Schulen und Hochschulen. Der Deutsche ist seinem Charakter nach geneigter, sich sein Schicksal monatlich vom Staat rationieren zu lassen, als es selbst in die Hand zu nehmen. Durch die Überzahl höherer Unterrichtsanstalten wurde er in dieser verhängnisvollen Neigung nur bestärkt. Das drückte sich in einer tropischen Üppigkeit des Berechtigungsunwesens aus. Unglaublich, was man alles auf Grund des Einjährigenscheines werden konnte, wenigstens auf dem Papier; in Wirklichkeit waren diese Berechtigungen nicht viel mehr als Fleischkarten ohne die entsprechende Menge Fleisch... Statt die jungen Leute möglichst rasch in die Praxis zu bringen, verlängerten wir die Studienzeit, wo es nur ging. Man kam gar nicht mehr weg von der Universität... Hinaus aus der Schule! Hinein ins Leben!.. Was wird sich rentieren? Alles, was der Befriedigung der unmittelbarsten Lebensbedürfnisse dient: Essen, Trinken, Kleider, Wohnen. Die praktischen Berufe, die Handwerke, werden in der Wertschätzung ebenso steigen, wie die studierten sinken. Wir stehen am Anfang einer völligen Umwälzung im Berufswesen. Wer hell ist, greift zu. Die Konkurrenz wird sehr scharf werden. Wer lang überlegt, kommt unter die Räder."

Südd. Monatshefte (Febr. 1919).   Prof. Dr. Josef Hofmiller,

Die Wertung des Abfalls.

Von Dr. Ernst Schultze,
Privatdozent an der Universität Leipzig.

Nie war ein Volk mehr zur Sparsamkeit gezwungen als wir jetzt. Die ungeheuren Lasten, die uns der Krieg auferlegte, werden uns für Jahrzehnte zu einer Wirtschaftlichkeit der Produktion und des Verbrauchs zwingen, die selbst durch die prächtigsten neuen Erfindungen nur gemildert werden kann. Wir werden also mit allem Fleiß darauf zu sinnen haben, wie wir aus unserer Arbeit höheren Ertrag erzielen und andererseits unseren Verbrauch so einrichten können, daß wir aus geringeren Mengen höhere Nutzung erzielen.

Als Vorbild können wir den Haushalt der Natur betrachten. Er kennt ungenützte Stoffe in der organischen Welt kaum. Vielmehr vollzieht sich der Kreislauf, der alles nicht mehr Lebende wieder nutzbar zu machen sucht, mit außerordentlicher Schnelligkeit. Eine der wichtigsten Eigenschaften alles Organischen ist, schnell zu verfaulen, sobald es dem Körper eines Lebewesens nicht mehr angehört. Dann greifen eben sofort Organismen ein, die den toten Körper zerlegen und bis auf wenige unverdauliche Stoffe (etwa das Knochengerüst) dem Kreislauf der Natur von neuem zuführen.

Dagegen ist die Wirtschaft des Menschen voll des Ungenutzten. Ja, sie pflegt unter den Abfällen, die sie als lästig empfindet, weil sie allmählich in Fäulnis übergehen und daher gesundheitsschädlich wirken, förmlich zu leiden oder es doch wenigstens als unbequem zu empfinden, daß diese Abfälle bedeutenden Raum fortnehmen. Es hat einen tiefen wirtschaftsgeschichtlichen Sinn, daß die hervorragendste technische Arbeit, die Herakles zu leisten hatte, die Reinigung des Stalles des Augias war — also die Beseitigung von Abfällen, mit denen man weder etwas anzufangen, noch die man auch fortzuschaffen wußte.

Diese Unfähigkeit, der Abfälle der menschlichen Wirtschaft Herr zu werden, ist kennzeichnend für die Wirtschaftsstufe nicht nur der Naturvölker, sondern selbst noch der Kulturnationen bis weit in die neueste Zeit hinein. Ja, man gewinnt den Eindruck, daß der Menschheit die Bedeutung dieses Problems überhaupt erst bewußt geworden ist, seitdem im letzten Jahrhundert eine Massenerzeugung von Gütern gelang, wie kein früheres Menschenalter sie hervorzubringen wußte. Erst dadurch sah man sich gezwungen, über die Beseitigung der Nebenprodukte nachzudenken, während man sie früher kaum beachtet hatte.

Im Haushalt früherer Zeiten gab es weniger Abfälle, weil der Haushalt klein war. Was man von den Nahrungsmitteln nicht verbrauchte, pflegten die Haustiere alsbald aufzuzehren, soweit man es nicht der Landwirtschaft zuführte, die ja selbst im Kreise der städtischen Gemeinwesen bis in den Anfang des 19. Jahrhunderts hinein stark betrieben wurde. Auch im Gewerbe gab es damals nur wenig Abfall. Oder vielmehr: man sah ihn nicht. Was etwa beim Tischler an Sägespänen abfiel, wurde gelegentlich verbrannt, oder man schüttete es in den Bach. Jedenfalls deutet nichts darauf hin, daß man sich bewußt wurde, ungenutzte Stoffe von sich zu werfen.

Erst mit dem Emporkommen der Fabrik konnte dieser Gedanke sich einnisten —, und erst hier ließ sich an seine Ausführung denken. Nun erst wurde der Abfall des Materials so sinnfällig und so massenhaft, daß sich an eine Wiederverwendung denken ließ.

Zunächst freilich wünschte man ihn auch hier zu beseitigen. Allenthalben könnte die Wirtschaftsgeschichte aufzeigen, wie die Abfallstoffe durchaus nicht etwa geschätzt, sondern ursprünglich zunächst übersehen, später verächtlich betrachtet, dann peinlich empfunden und schließlich gar gehaßt werden. Da glaubte man wohl, das Problem gelöst zu haben, wenn man sie auf irgend eine Art beseitigte. Erst später lernte man, diese ungenutzten Stoffe der menschlichen Wirtschaft dienstbar zu machen.

In der Verwendung der Abfälle lassen sich wirtschaftsgeschichtlich 5 Stufen unterscheiden:

1. Die Abfallstoffe werden gänzlich übersehen.

2. Man übersieht sie nicht mehr, verachtet sie aber und wünscht, sie möglichst ohne Müheleistung zu beseitigen.

3. Die Verachtung steigert sich zum Ekel, weil die Abfälle an Umfang zunehmen oder durch andere Eigenschaften beschwerlich fallen (Geruch, Verwesung).

4. Nachdem die Abfälle so großen Umfang angenommen haben, daß sie nennenswerte Flächen bedecken, ihr bloßes Vorhandensein daher nennenswerte Kosten verursacht, kommt man auf den Gedanken, sie irgendwie von neuem dem Kreislauf der Wirtschaft zuzuführen.

5. Nach einiger Zeit gelingt dies —, und nun entdeckt man staunend, daß man vorher Stoffe von erheblichem Wert weggeworfen hatte. Nimmt sich die Wissenschaft der Durchforschung solcher Abfallstoffe an, so ergeben sich die mannigfaltigsten Verwendungsarten. Dann wird der zuerst übersehene, dann verachtete, schließlich gehaßte Abfallstoff zu einer Quelle neuen Wohlstandes und erringt auf diesem Wege die Achtung, ja die Bewunderung des Menschen.

Dieser Vorgang wiederholt sich auf **allen** Gebieten des Wirtschaftslebens. Wo er noch nicht klar erkennbar ist, können wir daraus die Folgerung ziehen, daß er noch nicht zu Ende gelangte. **Wir können ihn dann durch planmäßige Anstrengungen beschleunigen und dadurch den menschlichen Besitz abermals bereichern.**

Welche Bedeutung ein solches planmäßiges Vorgehen gewinnen kann, haben uns die **Kriegsjahre** vor Augen geführt. Unter dem Zwange der Not lernten wir Dinge, die wir achtlos fortzuwerfen gewohnt waren, sammeln, um Stoffe nutzbar zu machen, die sie in größerer oder geringerer Menge enthalten. So wurden 1916 in Deutschland etwa 7³/₄ Milliarden Obstkerne gesammelt, die 4 Millionen Kilogramm schwer waren und rund 200 000 kg Öl erbrachten. — Ebenso wurden zur Herstellung von Tee-Ersatzmitteln die jungen getrockneten Blätter unserer Beeren und vieler Obstbäume gesammelt. Blühende Brennesseln wurden abgeschnitten, getrocknet und gebündelt, um sie der Nesselfaser-Verwertungs-Gesellschaft zuzuführen. Aus Knochenabfällen wurden Speisefett, Stearin, Olein und Glyzerin gewonnen. Altpapier, Altgummi, Korken und alle möglichen anderen Abfälle wurden in großen Mengen erfaßt, um sie in neue wirtschaftliche Formen zu gießen. Das ganze deutsche Volk beteiligte sich an dieser Nutzbarmachung von Stoffen, die man sonst wegzuwerfen pflegte.

Buchstäblich waren durch Achtlosigkeit früher jährlich ungezählte Millionen verloren gegangen.

„Ein lehrreiches Beispiel für die Nutzbarmachung von Abfällen" — so schrieb kürzlich ein englischer Chemiker — „bieten die **zinnernen Konservenbüchsen**. Im Frieden wurde davon ein großer Teil aus **England** nach Deutschland eingeführt, weil die Engländer die alten Büchsen für wertlosen Abfallstoff hielten, der sich in den meisten Fällen zu nichts mehr verwenden lasse. In **Deutschland** aber wurde dieser Abfallstoff zu dem Rohmaterial für eine neue Industrie. Man befreite hier die alten Büchsen von Farbe und Lötmetall und behandelte sie dann so, daß die Zinnschicht sich in Zinnsalze verwandelte, während man das zurückbleibende Eisen in den Stahlwerken als Krätze verwendete. Die Zinnsalze wurden alsdann häufig an die englischen Färber zurückverkauft und in Verbindung mit den in Deutschland erzeugten Farbstoffen zur Herstellung der britischen Nationalflaggen verwendet."

„Ähnlich lagen die Dinge in der **Zuckerraffinerie**. Eine der bedeutendsten englischen Raffinerien führte ihre Melasserückstände einfach in die Abwässer ab. Dagegen überführte man dieselben Rückstände in Deutschland in Kalziumkarbonat und pharmazeutisch wertvolle Betaine und endlich in Zyanide."

„Auch aus der **Schlempe der Brauereien** gewann man in Deutschland die Zyanide, die besonders bei der Goldextrahierung von Bedeutung sind, aber auch sonst verschiedentlich angewendet werden. Dagegen behandelten die englischen Brauer die Schlempe als wertlosen Abfallstoff, der keinerlei Aufmerksamkeit verdiente*)."

Der Wege zur Sparsamkeit gibt es viele. Kann und soll nun die Gesamtheit als solche die Sparsamkeit organisieren?

Darauf gibt die Geschichte der Technik in den letzten Jahrzehnten eine treffende Antwort. Immer von neuem hat sie bewiesen, daß jede Steigerung der Sparsamkeit eine fühlbare Bereicherung im Gefolge hatte. Auf den Gedanken, aus Abfällen wirtschaftliche Werte zu gewinnen, kam man ja überhaupt erst, nachdem sich diese Rückstände zu so großen Mengen gehäuft hatten, daß man sich über den Raum ärgerte, den sie einnahmen, — oder daß man sich die Nase zuhalten mußte, weil sie üble Dünste aushauchten. So sind jahrhunderte- und jahrtausendelang die menschlichen Abfälle aus den Wohnungen in der primitivsten Art entfernt worden: indem man sie auf den Hof oder gar auf die Straße schüttete, wo sie in Fäulnis übergehen und durch ihren Gestank die Luft verpesten mochten. Keine Klage ist in den werdenden Großstädten bis über die Mitte des 19. Jahrhunderts hinaus gewöhnlicher als die des Schmutzes und des Geruches, der sich von den Unrathaufen verbreitete. So unangenehm dünkten diese Abfallhaufen, daß die Städte, als sie wuchsen, und das Übel dadurch immer unerträglicher wurde, gern bereit waren, nicht unerhebliche Summen für die Entfernung des Mülls und der menschlichen Auswurfstoffe zu zahlen.

Daß man daraus vielmehr Gewinn ziehen konnte — auf diesen Gedanken ist man erst sehr spät gekommen. In den **Ländern mit alter landwirtschaftlicher Kultur** und mit dicht zusammengedrängter Bevölkerung dagegen (wie namentlich in China) betrachtet man die Entfernung dieser Stoffe, ohne sie zu nutzen, schon seit langem als volkswirtschaftlichen Unsinn. Es gilt dort

---

*) S. Roy Illingworth: „Die Beziehungen der Wissenschaft zur Industrie. Abgedruckt in Prof. Dr. H. Großmann: „Der Kampf um die industrielle Vorherrschaft." Gesammelte Aufsätze aus den Kriegsjahren aus England, Frankreich und den Vereinigten Staaten von Nordamerika. Leipzig 1917, Veit & Comp., S. 36 f.

als selbstverständlich, daß sie zur Düngung für landwirtschaftliche Nebenbetriebe oder für Gärten nutzbar gemacht werden müssen, auch wenn dies innerhalb der Stadt nicht mehr möglich ist. In Europa schritt man erst verhältnismäßig spät zur Anlegung von Rieselfeldern. Aber auch heute besitzt wohl die Mehrzahl aller Großstädte solche Anlagen noch nicht. Man verließ sich darauf, daß die großen Städte an großen oder kleinen Flüssen lagen, und daß diese ja dafür sorgten, wie der große Arzt Professor Pettenkofer zeigte, sich durch „Selbstreinigung" der ihnen zugeführten Auswurfstoffe wieder zu entledigen. Was sich durch vernünftig bewirtschaftete Rieselfelder an Nährstoffen gerade für die Bevölkerung von Großstädten gewinnen läßt, hat dann namentlich die musterhafte Verwaltung der Stadt Berlin gezeigt.

Ähnlich ging es mit dem **Müll** der Großstädte. Überall wurde er zur Plage. So kam man in Berlin auf den Gedanken, ihn möglichst weit fortzuschaffen. Die Stadt erwarb bei Spreenhagen, einem Fischerdörfchen am Oder-Spree-Kanal zwischen Erkner und Fürstenwalde, ein ausgedehntes Gelände, baute dort einen Hafen, kaufte Schiffe, um den Müll darin zu befördern, legte eine Feldbahn an, um ihn vom Hafen aus weiter zu schaffen, und häufte auf diese Weise mit unendlichen Kosten ganze Gebirgszüge von Abfallstoffen an. Erst im Kriege kam man auf den Gedanken, durch Kriegsgefangene den zwanzigjährigen Müll dieser „Berge" über die unfruchtbare Fläche ausbreiten zu lassen, neben der sie emporgewachsen waren. Nun zeigte es sich, daß der Müll zu einer dunkelbräunlichen, fast schwarzen Erde geworden war, die zur brauchbaren Ackererde wurde. Heute wachsen auf der früher sandigen Fläche Beerensträucher und Obstbäume, daneben breiten sich Gemüse- und Luzernenbeete.

Eine andere Verwendungsart für den als lästig empfundenen Müll ist seine **Verbrennung**. Nachdem in England seit 1886 die ersten praktischen Versuche größeren Stils unternommen waren — der Müll wurde vorgetrocknet, bevor man ihn auf den Feuerrost brachte, man verwendete dazu möglichst seine eigenen Verbrennungsgase —, wurde die erste deutsche Verbrennungsanstalt 1894/95 in Hamburg am Bullerdeich in Betrieb genommen; zunächst nach dem englischen Muster, bald mit bedeutenden Verbesserungen. Die zweite Hamburger Anstalt, seit einigen Jahren am Neuen Deich in Betrieb, verbrennt mit wesentlich verbesserten mechanischen Feuerungseinrichtungen auf einem Quadratmeter in der Stunde 1400 kg, während der englische Herdofen der ersten Hamburger Anstalt nur 320 kg verzehrte.

Der Heizwert des Mülls hat sich als bedeutend größer herausgestellt als sein Düngewert, der hauptsächlich auf seinem Gehalt an Stickstoff, Kali und Phosphorsäure beruht. Da man den Müll ursprünglich nur stofflich nutzbar zu machen suchte, kam man gar nicht auf den Gedanken, die in ihm enthaltenen Heizstoffe zu verwenden. Inzwischen hat man gelernt, große Dampfkesselanlagen damit zu betreiben. Das bietet den doppelten Vorzug, daß jede eingelieferte Menge sehr rasch, meist innerhalb 24 Stunden, verarbeitet werden kann, so daß man Lagerplätze spart —, und daß man die im Müll enthaltenen Verwesungsstoffe schleunigst vernichtet. Klugerweise hat man Vorsorge getroffen, die gesamte Arbeit (von dem Abholen aus dem Hause bis zur Verbrennung des Mülls) mechanisch zu vollziehen, alle Handarbeit also, die nicht nur widerlich, sondern gesundheitsgefährlich wäre, zu sparen. Da aber der Müll auf mindestens 900 Grad erhitzt wird, sind die Rückstände gänzlich keimfrei. Rechnet man auf den Kopf der großstädtischen Bevölkerung im Tagesdurchschnitt etwa 0,5—0,7 kg, so müssen für je 100 000 Einwohner täglich 600 Doppelzentner bewältigt werden. Davon ist etwa ein Drittel verbrennbar, der Rest wird zur Schlacke, die sich zur Wegbeschotterung und ähnlichen Zwecken verwenden läßt.

Wohin wir im gewerblichen Leben blicken, treten uns Möglichkeiten der Abfallverwertung oder sparsameren Kraftverwendung, überhaupt größerer Wirtschaftlichkeit entgegen. In den letzten Jahrzehnten sind bereits viele dieser Möglichkeiten zur Tat geworden. Wir haben gelernt, die **Hochofenschlacke** zum einen Teil für die Landwirtschaft, zum anderen als Material für Wegebauten, Pflastersteine usw. zu verwenden. Wir haben aus dem früher verachteten **Steinkohlenteer** eine Fülle der schönsten Farben und der wirksamsten Heilmittel gewonnen. Ein großer blühender Industriezweig ist daraus entstanden, der Deutschland im Frieden Jahr für Jahr Hunderte von Millionen einbrachte. Überhaupt ist in der **chemischen Industrie** das Problem der Ausnutzung der Abfälle am besten gelöst. Andererseits arbeitet der **Haushalt** — das älteste Gewerbe der Menschheit — noch immer sehr verschwenderisch.

Die Ursache liegt darin, daß er seinem Wesen nach, von einigen Ausnahmen abgesehen, Kleinbetrieb bleiben muß, und sowohl die Sammlung, wie die unmittelbare Verwertung oder der Verkauf der Abfälle nur im Großbetrieb zweckmäßig geschehen kann. Indessen scheint es, als wenn wir auch für den Kleinbetrieb (im Haushalt und nicht minder im Gewerbe) Mittel zur sparsameren und rationelleren Wirtschaft ausfindig machen werden. Gerade der **Zwang zur Sparsamkeit**, unter dem wir jetzt stehen, wird uns weitere Fortschritte bringen.

Freie Rede.

Erwartungen.
Von einem Modellschreiner der D. M. G.

Mit großem Interesse hat ein Teil der Arbeiterschaft den Artikel „Völliger" in Nr. 9 der Werkzeitung gelesen und erwartet Folgen solcher Kritik. Wohl manchem Arbeitszweig mag es in einem großen Werk noch geben, wo der Arbeiter, der über seine Arbeit nachdenkt, Vorschläge zu Verbesserungen machen könnte. Allein der Umstand, daß auch heute noch, trotz aller Umwälzungen, der Angebende es unbedingt immer besser wissen muß, als derjenige, der es täglich auszuführen hat, und die Meinung, daß es doch immer beim Althergebrachten bleibt, wird wohl noch manchen Werksangehörigen abhalten, den Weg zu beschreiten, der nach Dr.-Ing. Riebensahm in seinem Leitartikel in Nr. 1 der Daimler-Werkzeitung der allein mögliche zur Verständigung ist in einem Großbetrieb, „das gedruckte Wort", die Werkzeitung.

Wenn natürlich die Zukunft erweist, daß tatsächlich durch solche Kritik nichts gebessert wird, ja vielleicht die Kritik kaum einer Prüfung wertbefunden wird, dann allerdings müßte eine Mitarbeit in diesem Sinne an der Werkzeitung von jedem denkenden Werksangehörigen als unnütz abgelehnt werden.

Sollte jedoch die Betriebsleitung auf solche berechtigte Kritiken das Bessermachen folgen lassen, wobei ohne weiteres zugegeben werden muß, daß in der Werkstatt die Sache sich leichter ansieht, als in der Wirklichkeit solche Umstellungen und Verbesserungen zu bewerkstelligen sind, dann ist zu erwarten, daß die Arbeiterschaft das bis jetzt noch bestehende Mißtrauen ablegt und freudig an der Weiterentwicklung der Daimlerwerke mitarbeitet. Denn solches Nachsinnen über Fortentwicklung des technischen und wirtschaftlichen Lebens ist auch für die Zukunft, von der wir Arbeiter ja die Verwirklichung unserer Ideale erwarten, unbedingt notwendig. Deshalb mag der Artikel „Völliger" der Prüfstein sein, welche Auffassung recht behält.

Denn hier wird in berechtigter Weise ein System gegeißelt, das man nur als wilde Selbsthilfe bezeichnen kann. Bei Auto- und Flugmotoren gelten leichte Bauart und geringes Gewicht als ganz besondere Vorzüge. Diese Eigenschaften sind aber nicht zuletzt nur bei bestimmter Einhaltung der vorgeschriebenen Maße unter vollständiger Ausschaltung des Systems „Völliger" und durch gewissenhaftes Arbeiten des Modellschreiners zu erzielen. Man mache doch die Probe auf's Exempel und prüfe die Abgüsse von Gehäusen, Vergasern, Öl- und Kühlwasserpumpen auf ihre Wandstärken nach. Überall wird eine um 1 bis 2 mm und noch mehr stärkere Wand als gezeichnet zu finden sein. Und es wird wohl stimmen, wenn man mindestens $1/8$ des Gewichts von jedem Gußstück auf das Konto von „Völliger" setzt.

Wie kann nun hier abgeholfen werden?

Außer Zweifel steht doch fest, daß unsere Ingenieure und Konstrukteure mit Hilfe ihrer technischen Berechnungen so konstruieren, daß nicht der Modellschreiner mit System „Völliger" nachzuhelfen braucht. Eigentlich hätten sich diese dieses Kurpfuschertum, das ihre Gewichtsberechnungen immer wieder stört, schon längst verbitten müssen. Die Aufgabe des Modellschreiners muß darin bestehen, daß er die vorgeschriebenen Maße der Zeichnung gewissenhaft einhält, äußerst genau arbeitet, bei Modell- und Kernkasten mit Gegenschablonen operiert und sein ganzes Interesse der Herstellung eines tadellosen, formgerechten Modells zuwendet. Bei der Massenherstellung von Guß-Stücken lohnen sich doch die einmaligen etwas höheren Kosten eines solchen Modells um ein Vielfaches durch Ersparnisse an Material, Arbeitszeit bei Former, Kernmacher, Gußputzer und dem ganzen weiteren Arbeitsprozeß. Deshalb wird die individuelle Arbeit des Modellschreiners auch nicht in ein s c h e m a t i s c h e s Akkordsystem gepresst werden dürfen, weil sonst dann wohl all die obenerwähnten Eigenschaften eines guten Modells zu Gunsten einer zweifelhaften Vorkalkulation mehr oder weniger verloren gehen würden.

Soweit die Arbeit des Modellschreiners.

Stellt sich aber nun heraus, daß tatsächlich Wandungen zu schwach angenommen wurden, d. h., der Guß läuft nicht aus, was bei dem heutigen Material vorkommen wird, dann ändere man bitte die Zeichnung und lasse nicht unkontrollierbare Selbsthilfe Platz greifen.

D. M. G.

In der Grünheustraße.

Von Max Eyth.

Am zweiten Tage meines Hierseins, als ich mich mit dem Mut der Unwissenheit, den besten Zeugnissen der Welt und einem warmen, wenn auch sehr allgemein gehaltenen Empfehlungsschreiben aus London, stammelnd in einer der ersten Fabriken Manchesters — Sharp, Steward & Co. — vorstellte, teils um die Fabrik besichtigen zu dürfen, teils und noch viel mehr in der Hoffnung, ein bescheidenes Plätzchen als Zeichner zu finden, begegnete ich einem halben Landsmann.

Dieser, wie ich rasch herausfand, mit einem geringeren Grad von Unwissenheit, mit noch besseren Zeugnissen und zwei Empfehlungsschreiben aus London ausgestattet, verfolgte genau die gleichen Absichten. Wir erzielten auch beide in sehr kurzer Zeit das gleiche Ergebnis, eine artige Verabschiedung, und wanderten gemeinsam eine Stunde später mit hängendem Haupte weiter, jedoch nicht, ehe durch die Besichtigung der brausenden Werkstätten meine Sehnsucht, Zeichner in einer englischen Fabrik zu werden, eine krankhafte Steigerung erlitten hatte. Vielleicht hätte ich meinen neuen Freund nicht kennen gelernt, denn ich schleppte noch zu viel schwäbische Schüchternheit und Menschenscheu mit mir herum. Zum Glück aber war Harold Stoß eine andre Natur, und ehe wir durch das Fabriktor von Sharp, Steward & Co. abzogen, empfand ich die Wahrheit des Horazschen: „Es ist ein Trost für die Unglücklichen, Leidensgefährten zu haben"; vollends als wir zu dritt waren.

Denn unter dem Tor befand sich ein zweiter junger Herr von unzweifelhaft teutonischem Kleider- und Haarschnitt, der soeben ängstlich den Inhalt seiner Brusttasche ordnete: Visitenkarte, beste Zeugnisse und drei Empfehlungsbriefe, um dies alles gleich uns und mit gleichem Erfolg den Herren Sharp, Steward & Co. zu Füßen zu legen. — Die beiden nickten sich zu, der Austretende mit einem spöttisch belustigten Lächeln, der Eintretende mit einem Seufzer, der sich kaum hinter einem freundlichen Gruß verstecken lassen wollte. Dann bat mich Stoß, in der nächsten Bierstube ein Glas Porter mit ihm zu trinken und auf Schindler zu warten, der unfehlbar in zehn Minuten wieder erscheinen werde. Der arme Kerl habe Fabriken genug angesehen und werde sich damit nicht aufhalten.

Beide wohnten schon seit einigen Wochen in der Grünheustraße. Stoß empfahl mir sein Nachbarhaus. So wurde ich der Dritte in dem Bunde, der sich das Ziel gesteckt hatte, irgendwo und um jeden Preis in dem schwarzen Eldorado damals junger deutscher Ingenieure auf ein paar Jahre unterzuschlüpfen. Es war dies keine kleine Aufgabe, denn es gab zu jener Zeit ähnliche Bünde in erschreckender Anzahl, und das Sprichwort von den vereinten Kräften wollte schlechterdings nicht passen, so daß wir schließlich eine geographische Einteilung von Manchester feststellten und wochenweise jedem sein Interessengebiet zuteilten, um uns nicht immer wieder unter den gleichen Fabriktoren schmerzlich lächelnd begegnen zu müssen.

Die Zeiten waren schlecht, wie sie es gewöhnlich sind, wenn man etwas von ihnen erhofft. Wir merkten dies nach wenigen Wochen des Suchens und Anklopfens. Aber es half nichts. Jeder Gang durch eine der tosenden Fabriken, jeder Blick auf das Gewirr einer halbmontierten Riesenlokomotive, eines unbegreiflichen Jacquardstuhls, einer Werkzeugmaschine mit ihren ungewohnten stämmigen Formen kräftigte den sinkenden Entschluß aufs neue, zu siegen oder zu verhungern.

Manchmal zeigten sich Lichtblicke am Horizont. Vor ein paar Wochen hatte ich einen Ausflug nach Leeds unternommen und zum erstenmal eine Ausstellung der Königlichen Landwirtschaftsgesellschaft von England gesehen. Ich machte mich ohne Hoffnung und mit wenig Freude auf den Weg, eines Empfehlungsbriefs wegen, den ich von einem Herrn in London erhalten hatte, und der an John Fowler gerichtet war.

Der Empfehlungsbrief führte auch wie alle andern zu nichts. Doch lernte ich auf dem Ausstellungsplatz John Fowler kennen, der neben seinem Dampfpflug in der Mitte eines Kreises fröhlich begeisterter Landwirte stand, die nicht aus dem allseitigen Händeschütteln hinauskamen und ihm zu dem eben gewonnenen Preis der Landwirtschaftsgesellschaft Glück wünschten. Ein prächtiger Mann von etwa vierunddreißig Jahren, groß und stattlich, schwarzhaarig und freundlich, mit einem Lachen, das seiner Umgebung auf hundert Schritte wohltat. Er las meinen Brief, drückte mir die Hand und konnte mich nicht brauchen; jetzt nicht. Vielleicht später. Das sagten die meisten; aber Fowler dachte es auch, man konnte es ihm ansehen. Mein Brief war von einem Quäker, und auch Fowler war Quäker. In dem Brief stand, „daß ich auf dem richtigen Wege sei", woran ich völlig unschuldig war. Allein mein Freund in London meinte es gut mit mir, und solche Dinge sind in England nicht bedeutungslos. Trotzdem mußte ich mich nach zehn Minuten anstandshalber verabschieden, so gern ich ohne weiteres geblieben wäre. Für Pflüge stand meine Mißachtung noch in voller Blüte. Aber Fowler war einer der seltenen Menschen, die man lieb gewinnt, wenn sie sich mit dem Taschentuch den Schweiß abtrocknen.

Zwei Tage schlich ich ab und zu um den Fowlerschen Stand und studierte die Geheimnisse des „Clipdrums"[1], ohne zu ahnen, daß ich mit dessen wirklichem Erfinder, einem bescheidenen Männchen, das noch vor kurzem als Klavierfabrikant tätig gewesen war, mehrfach ins Gespräch geriet; aber auch ohne Herrn Fowler wiederzusehen. Mein Gefühl gegen landwirtschaftliche Maschinen aber hatte eine schwere Erschütterung erlitten, ehe ich mich wieder auf den Heimweg nach Manchester machte. Doch was half's? Ernstlich hatte ich ja nicht erwartet, auf einer landwirtschaftlichen Ausstellung dem Ziel näherzukommen. Damit tröstete ich mich auf dem Rückweg, während ich eine Liste der mir bekannt gewordenen Fabriken von Liverpool zusammenstellte, die besuchsweise von Manchester aus abgemacht werden konnten, ehe ich mein Hauptquartier nach Glasgow verlegen wollte.

Wieder gingen zwei Wochen vorüber mit ihrer einförmigen Folge von Hoffnung und Enttäuschung; dann aber kam's anders. Stoß hatte uns zu einem Abendtee eingeladen, um seinen Abschied zu feiern.

Pünktlich um sieben Uhr abends setzte ich Stossens glänzend gescheuerten Türklopfer in Bewegung und wurde von ihm mit seiner gewohnten, etwas stürmischen Freude empfangen. Er hatte in der Tat Ursache, fröhlich zu sein; denn nach allen Anzeichen war für ihn die harte Zeit des Suchens und Wartens vorüber. Und auch Schindler schien endlich ernstliche Aussichten zu haben, den Lohn seiner Beharrlichkeit zu finden. „Wir werden ihn wahrscheinlich erst in einer Stunde sehen," erklärte mir Stoß. Er hatte sich noch gestern abend in der Aufregung über den bevorstehenden Abgang unsers Freundes rasch entschlossen, nach Derby zu fahren, wo ihm das heißersehnte Ziel wieder einmal winkte. „Ein kurioses Ziel!" lachte Stoß, halb verlegen, halb belustigt, wollte aber nichts weiter mitteilen. Schindler werde schon selbst berichten, wenn er komme. Sein Zug könne nicht vor acht Uhr hier sein. Das sei aber kein Grund, weshalb wir nicht unsern Tee trinken sollten, da Frau Stevens ihm später einen frischen Topf brauen könne.

Wir setzten uns an dem sauberen, wohlversehenen Teetisch nieder, dem ein Strauß mächtiger Dahlien das erforderliche festliche Aussehen gab.

Stoß erzählte mir zwischen dem Hering und der Marmelade, wie sich alles so plötzlich und unerwartet gestaltet hatte.

„Ich bin zu der Überzeugung gekommen, Eyth, daß man nichts in der Welt verachten darf — nichts!" sagte er, indem er mit der ihm eignen aristokratischen Feinheit das Gerippe seines Herings umdrehte, um zu sehen, ob auf der unteren Seite nicht noch etwas Fleisch hängen geblieben war. „Meine Mutter hat aus ihrer Jugendzeit noch ein paar alte Freundinnen in London, von denen ich natürlich nichts erwartete. Eine derselben — eine Miß Plunder — hat ein kleines Pensionat bei Richmond, soviel wir wußten. Die Nachbarvilla gehört einem Mister William Bruce, Zivilingenieur seines Zeichens und beratendes Mitglied des Direktoriums der Nordflintshire-Eisenbahn, welcher sein Geschäftsbureau in London hat und seit zwanzig Jahren in aller Welt Brücken baut. An diese Freundin schrieb meine Mutter in ihrer Herzensangst um ihr Söhnchen, und Bruce hatte das Glück, über die gemeinsame Gartenmauer hinweg von meinem Dasein zu hören, das ihm bisher völlig entgangen war. Auch ich hatte von dem Vorhandensein des berühmten Herrn Bruce erst über Karlsruhe einige verschwommene Nachrichten erhalten, beehrte ihn aber trotzdem vor acht Tagen mit einem Schreiben, in welchem ihm meine unschätzbaren Dienste angeboten wurden. Merkwürdigerweise nahm er dies ziemlich kühl auf. Doch erhielt ich, nicht ganz umgehend, eine Antwort mit der Aufforderung, wenn ich gelegentlich einmal nach London komme, möge ich ihn in seinem Bureau, Westminsterstraße Nr. 18, aufsuchen. Das war letzten Freitag. Die Gelegenheit bot sich unerwartet rasch; denn am Samstag früh saß ich bereits in einem Eisenbahnwagen, auf dem Wege nach London, und fuhr vom Bahnhof mit dem besten Pferd einer Droschke nach Westminsterstraße, wo bekanntlich, wie in einem Bienenkorb, alle berühmten Zivilingenieure der Welt, heißt das der englischen Welt, beisammen hausen. Nicht ganz ohne Hochachtung betrat ich das geheiligte Pflaster, und die palastartige Häuserfront mit ihren weltberühmten Namen auf glänzenden Messingplatten rieselte mir über den Rücken wie ein Anflug unpassender Bescheidenheit. Es war fast ein Uhr, ehe ich vor Nr. 18 anlangte; am Sonnabendnachmittag aber schließen die Könige unsers Berufs ihre Bude. So kam es, daß ich Herrn Bruce kennen lernte, wie er eben seine strohgelben Handschuhe anzog, und seine sechs Zeichner, die in einem großen hellen Saal hausen und sechs Brücken für fünf Weltteile entwerfen, bereits freiheitstrunken mit den Reißschienen klapperten.

Ein schöner, stattlicher Mann in weißer Weste, mit einem gewaltigen goldblonden Bart, den er liebevoll streichelt, so oft ihm die Gedanken stillstehen. Man kann sich in seiner Gegenwart vernunftloser Hochachtung kaum erwehren. Er las meine Karte, sah mich fragend an und strich seinen Bart etwas ungeduldig; es half offenbar nichts. Ich fing an, mich zu erklären, und war bald im ruhigen, gewohnten Fahrwasser. Wir haben uns in den letzten zwei Monaten einige Übung

---

[1] Bezeichnung eines Dampfpfluges.

in der Behandlung ähnlicher Fälle erworben. Sein Antlitz verdüsterte sich. Ich fühlte, wie mitten in meinem schönsten Satz die Hoffnungslosigkeit ihre eiskalte Hand auf meine Schulter legte. Auch das kennen wir zur Genüge. Plötzlich überzeugte mich ein leises vergnügtes Zucken im Gesicht des großen Mannes, daß ihm ein Licht aufging. — „Ah — ah — die alte Miß Plunder — über der Gartenmauer" — murmelte er, „ich weiß, ich weiß! — Aber ich habe keine Zeit jetzt, Herr Stoß. Man kommt nicht Samstagnachmittags. — Wissen Sie was? Morgen ist Sonntag. Sie sind ein Verwandter von Miß Plunder — wie? — Kommen Sie morgen nachmittag zu mir nach Richmond hinaus, Prinzeßweg, Irawaddyvilla. Kommen Sie um vier; wir speisen um fünf. Dann kann ich Sie in Ruhe anhören. Adieu!"

Er war zur Tür hinaus und die Marmortreppe hinunter, ehe ich recht wußte, wie mir geschah. Die sechs Zeichner sahen mich einen Augenblick mißtrauisch an, klapperten dann noch heftiger mit Schienen und Winkeln auf ihren Reißbrettern und warfen mit der Behendigkeit von Verwandlungskünstlern ihre Geschäftsröcke ab. Als ich zur Tür hinausging, hörte ich einen zu den andern sagen: „Das verdammte Narrenglück dieser Ausländer! Der Teufel soll sie holen!" — Wir haben seit drei Monaten nicht viel von ihm verspürt, Eyth? Wie?"

„Vom Teufel?" fragte ich, bereit, meinem Freund heftig zu widersprechen.

„Vom Glück!" erklärte er begütigend, so daß ich ihn fortfahren lassen konnte. „Nun aber kam's wirklich und wahrhaftig in seiner ganzen Glorie, wenigstens auf einen Sommernachmittag. Es war ein prachtvoller Tag, und das Themsetal um Richmond herum ist ein Paradies, wenn die Sonne scheint. Diese Blumen und Sträucher, diese Gärten und Parke, diese vornehme Stille, dieser freudige Glanz, dieser Duft über allem, der den nächsten grünen Hügel zu einem Waldgebirg macht und den kleinen Fluß in der Ferne blitzen läßt, als sei's der stolzeste Strom des Kontinents.

Ich hatte einige Mühe, Irawaddyvilla zu finden. Ein wundervoll gehaltener kleiner Garten, mit Bananen und Palmetten, Blutbuchen und weißem Flieder bestockt, führte zum Haus hinauf und auf der andern Seite nach der Themse hinunter. Das Haus war nicht groß, nicht allzu vornehm, aber behaglich und reichausgestattet mit allem, was das Leben lebenswert macht.

„Wo steckt Schindler denn eigentlich? Derby ist keine bedeutende Fabrikstadt, soviel ich weiß," bemerkte ich, indem ich mich nach englischem Brauch daran machte, die kalte Hammelskeule meines Freundes zu zerlegen, die vor mir stand.

„Man soll nichts im Leben verachten!" rief Stoß zum zweitenmal. Er triefte heute von Lebensweisheit, vermutlich, weil er jetzt im Hanfsamen saß, und wir armen Sperlinge noch nestlos auf den Hecken umherhüpften. Das gab ihm ein Recht, uns zu belehren. Dann fuhr er fort: „Meine mehrerwähnte Miß Plunder, die ich übrigens noch heute nicht gesehen habe, schrieb im gleichen Brief, in welchem sie meiner Mutter die Irrawaddyvilla verriet, daß ihr Bruder mit großem Erfolg die maschinenmäßige Erziehung von kleinen Jungen in Derby betreibe, und daß dieses hervorragende Institut einen Lehrer der französischen Sprache suche. — Du weißt doch, daß Schindler in Paris geboren ist?"

„Nicht möglich!" rief ich fast entsetzt. Ich kannte keinen Menschen, der urdeutscher aussah als der gute Schindler.

„Tatsache!" versicherte Stoß. „Sein Papa ist in jüngeren Jahren Prediger an einer deutschevangelischen Kirche oder Kapelle in Paris gewesen. Wie er dazu kam, wissen die Götter, die die deutschevangelische Kirche im modernen Babylon damals geleitet haben mögen. Auf dieser Grundlage weiterbauend, ließ der betörte Mann das Pfarrerstöchterlein aus Westfalen kommen, das er seit fünfzehn Jahren treu geliebt hatte, und heiratete sie, wahrscheinlich auf dem Wege der Selbstkopulation. Du siehst, unser Schindler hat seine rührende Treue nicht gestohlen; er ist erblich belastet. Jedenfalls waren seine Eltern ein seltenes Pärchen in Paris. Auch dauerte es nicht lange. Kaum erblickte unser Freund das Licht der Welt, so schrie er unablässig nach seinem wahren Vaterland. Der bedrängte Vater erhielt endlich sein geordnetes Pfarramt in Thüringen; der kleine Schindler verließ in seinem siebten Monat Paris und war von dieser Stunde an der zufriedenste Mensch auf Gottes Erdboden. Ich habe das alles von ihm selbst; es muß also wahr sein."

„So erklärt es sich zur Not!" sagte ich, mich beruhigend.

„Seine Zufriedenheit hindert ihn jedoch nicht," fuhr Stoß fort, „augenblicklich in einer wirklichen Notlage zu sein. Er hat nämlich seit einiger Zeit tatsächlich nicht mehr genügend Geld, um nach Hause zu kommen, auch eine Folge der wahnwitzigen Sucht, in übereilter Weise eine Familie zu gründen. So viel könnten wir ihm vielleicht vorstrecken. Wenn einer seine Schulden bezahlt, so ist es Schindler. Eine sicherere Kapitalanlage wäre nicht zu finden, wenn wir einmal unter die Kapitalisten gehen, wozu du besonders veranlagt bist, Eyth. Also, geniere dich nicht. Inzwischen habe ich ihm verraten, was der Schulmeister in Derby sucht. Meine Londoner Erfolge haben ihn dermaßen aufgeregt, daß er heute früh hinfuhr."

(Schluß folgt).

Quellen: In der Grünheustraße; aus Max Eyth „Hinter Pflug und Schraubstock." Deutsche Verlagsanstalt, Stuttgart.

Herausgegeben und gedruckt von der Daimler-Motoren-Gesellschaft in Stuttgart-Untertürkheim * Alle Rechte vorbehalten. *
Zuschriften an die Schriftleitung: Friedrich Muff, Stuttgart-Untertürkheim. (20.1.1920.)

DAIMLER WERKZEITUNG
1920 Nr. 12/13

INHALTSVERZEICHNIS

Das Abbilden der Werkstücke. (Projektion und Perspektive.) Von Direktor C. Volk. ** Das Auge. Von Prof. Dr. med. R. Ehrenberg. ** „Sehende" Maschinen. Von E. Trebesius. ** Vorschläge aus der Gesenkschmiede. Von Gesenkkontrolleur H. Beck. ** Anregungen. Von einem Gesenkschlosser. ** In der Grünheustraße. Von Max Eyth. ** Die am Schluß mit D. M. G. bezeichneten Arbeiten stammen von Werksangehörigen. 17. Februar 1920.

Das Abbilden der Werkstücke.
Projektion und Perspektive.
Von C. Volk, Direktor der Beuth-Maschinenbau-Schule in Berlin.

„Schreibe, wie du sprichst!" ist ein guter Rat. „Zeichne, wie du siehst!" ein nicht minder guter. Und doch befolgen wir Maschinenbauer diesen Ratschlag nicht.

Wenn wir einen Gegenstand, ein Werkstück zeichnerisch darstellen wollen, so machen wir die Zeichnung nicht so, wie unser Auge den Gegenstand sieht. Vielmehr geben wir von dem Gegenstand mehrere Darstellungen: eine von vorn, von rechts und links oder von hinten, und von oben.

Diese Darstellungen machen wir so: Die Zeichenfläche liegt wagrecht vor uns auf unserem Arbeitstisch; wir stellen den Gegenstand darauf. Zunächst sehen wir ihn von vorn her an, klappen ihn nach hinten in die Zeichenfläche um, schieben nun, von oben senkrecht herunter, jede Kante und jeden Umriß, wie wir ihn von oben her sehen, in die Zeichenfläche hinab und ziehen ihn da als Linie nach (Abb. 1). Ebenso machen wir es dann von einer Seite oder von hinten her; die Darstellung von oben, Draufsicht genannt, kann natürlich ohne Umklappen geschehen. Der Vorgang dieser Darstellung ist also — bei der Draufsicht ohne weiteres, bei den Seitenansichten nach dem Umklappen, — gewissermaßen ein Zusammendrücken der Körper in die Zeichenfläche hinein und ein Festhalten aller in dieser Zeichenfläche entstehenden Linien. Bei diesem Zusammendrücken schieben sich alle Punkte der Oberfläche des Körpers lotrecht nebeneinander herunter; d. h., sie verschieben sich parallel zu einander.

Auf diese Weise die Umrisse und Kanten auf einem Körper als Linien in eine Fläche bringen, heißt parallel projizieren, Parallelprojektion. Auch das Innere eines hohlen Körpers wird durch dies Verfahren darstellbar; er wird dazu in einer oder mehreren Flächen durchgeschnitten, und die in diesen Schnitten entstehenden Schnittlinien werden gezeichnet (Abb. 2). Nach diesem Verfahren entstehen tagaus tagein Hunderte und Tausende von Werkzeichnungen.

Abb. 1

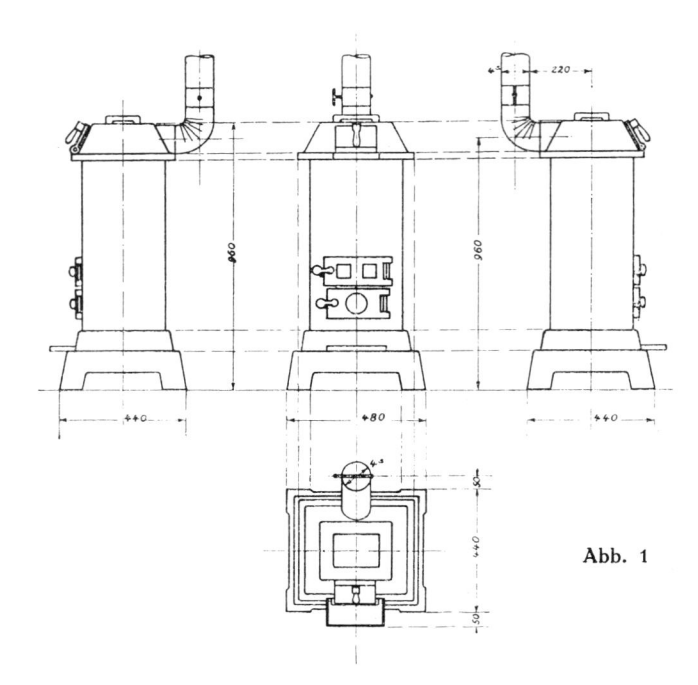

Wenn der Konstrukteur eine Maschine erdenkt, entstehen in seinem Kopf die Formen und Bilder aller ihrer Teile; die breitet er auf die geschilderte Weise in die Zeichenebene aus. Die Zeichnung ist die Sprache, und zwar die einzige Sprache, in welcher der Konstrukteur schreibend der Werkstatt seine Absicht mitteilen kann. Der Modelltischler, der Former, der Schmied, der Dreher muß diese Sprache verstehen. In seinem Kopf muß aus den Linien mehrerer Zeichnungen eines Gegenstandes das klare körperhafte Bild des Gegenstandes entstehen, das der Konstrukteur vorher aus seiner Vorstellung in die Zeichenebene projiziert hat.

Warum wird nun die Vorstellungskraft des Arbeiters nicht besser durch die Zeichnung unterstützt? Warum mehrere Zeichnungen statt einer?

In dem Verkehr zwischen Konstrukteur und Arbeiter kommt es nicht allein auf das Vorstellen an, sondern auf etwas anderes, nämlich auf das Herstellen der Werkstücke. Für die Herstellung muß aber jede Linie in der Zeichnung genau so sein wie am Körper selbst, sodaß ein Maß der Zeichnung dem entsprechenden Maß des in ihr dargestellten Körpers gleich ist, daß also der Arbeiter nach dem Maß der Zeichnung den herzustellenden Körper bemessen kann.

Das ist, wie wir vorher gezeigt haben, bei der Parallelprojektion der Fall. Sie gibt dem Arbeiter alle Angaben über den Körper in bestimmten Formen und Längen, d. h. in klaren Zahlen. Zur Sicherheit, und da sich das Papier der Zeichnung verzieht, können außerdem bei dieser Darstellung die Maße in sogenannten Maßlinien und Maßzahlen an die Körperlinien unmittelbar herangeschrieben werden.

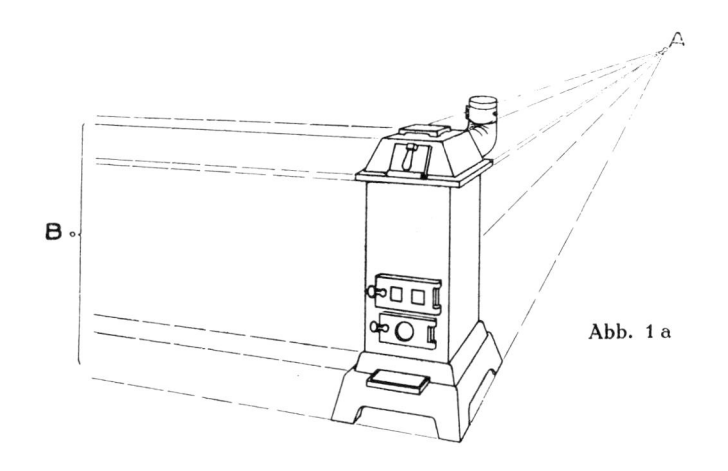

Abb. 1a

Auf diese Weise gibt jede Projektion die Möglichkeit der Herstellung des Körpers in der betreffenden **einen** Ansicht. Und da die zwei, drei oder mehr Projektionen untereinander in einem durch **rechte** Winkel bestimmten Zusammenhang stehen, der den Körper von allen Seiten umfaßt, so geben die Projektionen alle zusammen die Möglichkeit der Nachbildung aller Seiten des Körpers und damit **seiner ganzen Gestalt**. Schnittbilder des Inneren eines hohlen Körpers können ebenso behandelt werden, wenn sie nur auch in rechtwinklig zu einander stehenden Flächen aufgenommen sind.

Der Konstrukteur hat also in den Parallelprojektionen und ihren Maßzahlen ein zuverlässiges Mittel, um die Übertragung seiner Gedanken in die Wirklichkeit durchzusetzen.

* * *

Würden wir nicht die Verständigung zwischen Konstruktionsbüro und Werkstatt auch erreichen, wenn wir den Körper so zeichnen, wie wir ihn wirklich sehen? (Abb. 1a und 2a).

Wie sehen wir denn?

Nun, die Entstehung der Bilder im Auge und das Erkennen dieser Bilder durch das Gehirn, dies wundervolle Spiel unserer Sinne, es kann hier nicht erörtert werden; aber so viel wissen wir alle, daß die Strahlen, die von einem leuchtenden oder beleuchteten Gegenstande ausgehen,

Abb. 2

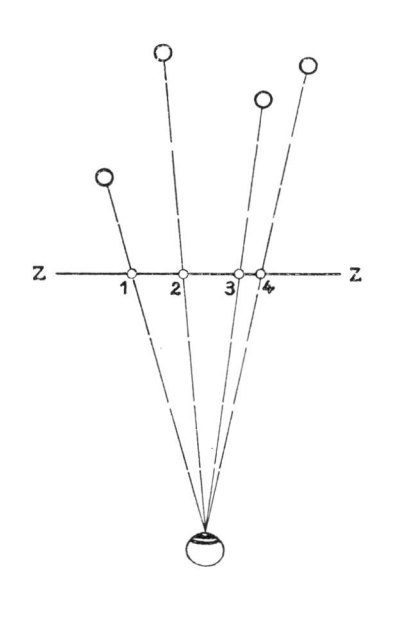

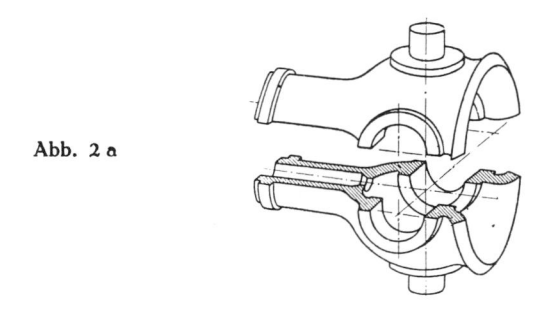

Abb. 2a

Abb. 3

zuerst durch die Öffnung der Pupille hindurch müssen, um auf unserer Netzhaut ein Bild erzeugen zu können. Das Bild setzt sich also aus einem Strahlenbündel zusammen, das in die Pupille als den Zentralpunkt von den einzelnen Punkten der draußen geschauten Gegend hineinführt.

Wollen wir ein Bild des Geschauten zeichnen, so denken wir uns die Zeichenfläche zwischen Auge und Gegend gestellt, und zwar senkrecht zum Mittelstrahle des Strahlenbündels. Nun wird jeder Punkt in der Gegend da, wo der zu ihm hinführende Sehstrahl durch die Zeichenfläche hindurchgeht, **festgehalten** (Abb. 3). Die Verbindungen der Punkte in der Zeichenfläche geben die Linien, die Linien in ihrer Gesamtheit das Bild.

Ein solches Bild hat „Perspektive", die Darstellung heißt eine perspektivische, das heißt etwa: eine „übersichtliche". In dieser Darstellung erscheinen nun aber die Größen und Formen der Körper **anders**, als sie in Wirklichkeit sind!

So hat z. B. ein Baum h hinter der Zeichenebene in der Zeichenfläche die Höhe h_1, ein weiter dahinterstehender gleichgroßer Baum nur die Höhe h_2, und jeder weiter hintenstehende wird immer kleiner. Die Fußpunkte der Bäume rücken dabei in der Zeichenfläche Z immer mehr hinauf, die Spitzen herunter (Abb. 4). Ebenso wird die wagrechte Entfernung e zwischen zwei Bäumen einer Allee in der Zeichenfläche immer kleiner (e_1 und e_2), je weiter zurück ein Baumpaar steht (Abb. 5).

Hieraus ergibt sich das perspektivische Bild (Abb. 6) einer Allee, in die wir hineinsehen: Die Breite der Allee und die Höhe der Bäume werden immer kleiner; die Linien der Fußpunkte und der Spitzen der Bäume laufen zusammen und verschwinden in einem Punkt A. Dieser Punkt heißt Verschwinde- oder Fluchtpunkt.

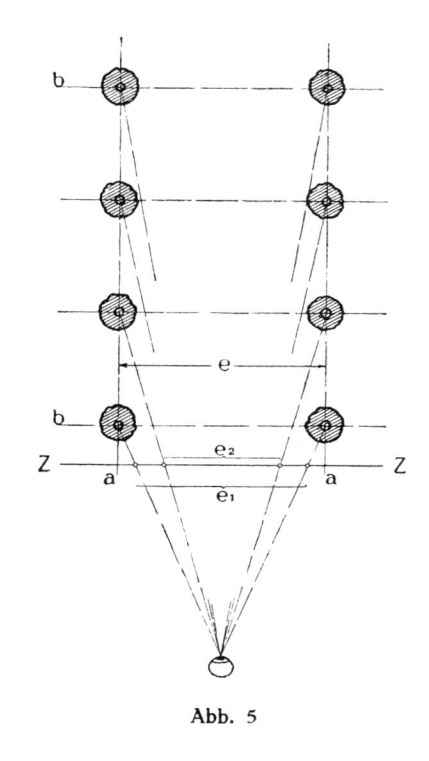

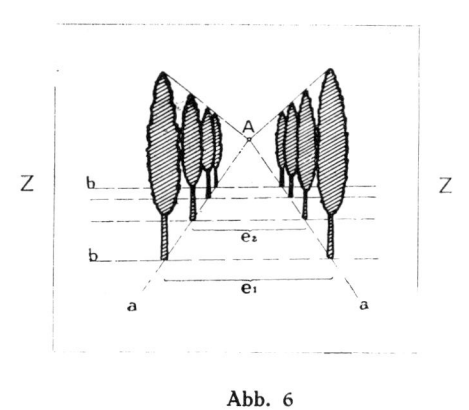

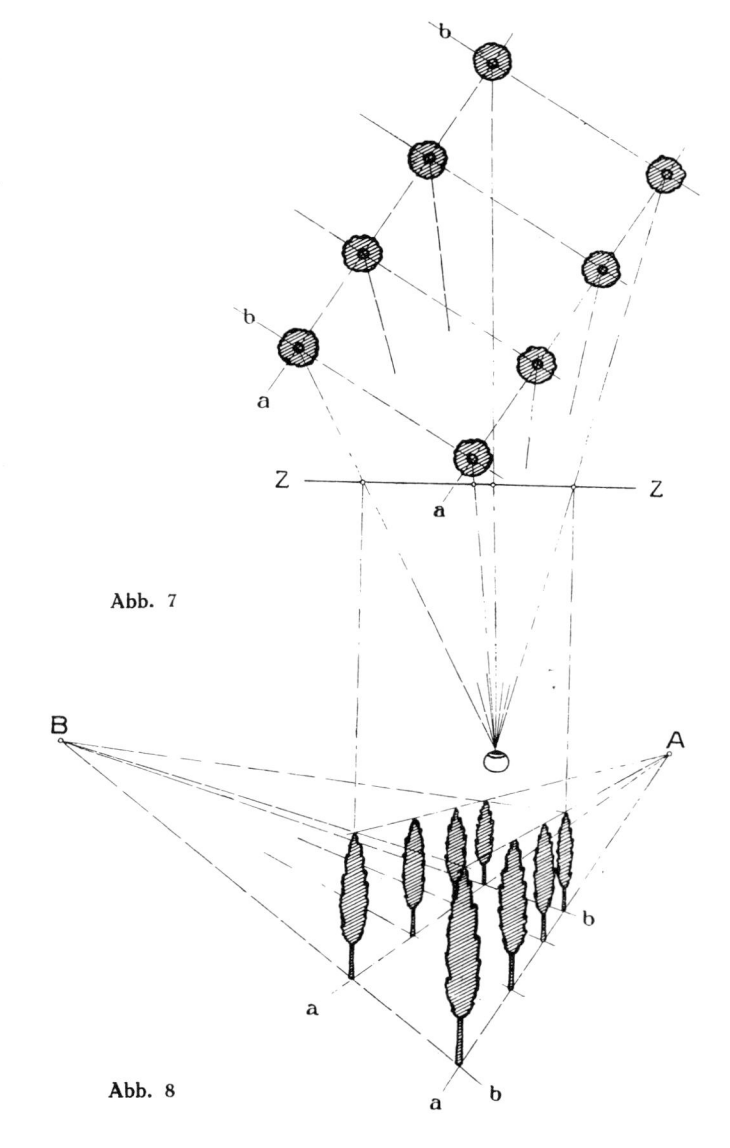

Abb. 7

Abb. 8

Abb. 5

Abb. 6

Bei einer Allee, in die wir nicht mitten hineinsehen, sondern von der Seite, ändern sich diese Verhältnisse wie in Abb. 7 und 8 dargestellt: Es entstehen zwei Fluchtpunkte A und B. Bei einem einzelnen Körper, z. B. einer Kiste mit Bändern herum (Abb. 9), sehen wir, daß die Verhältnisse genau die selben sind.

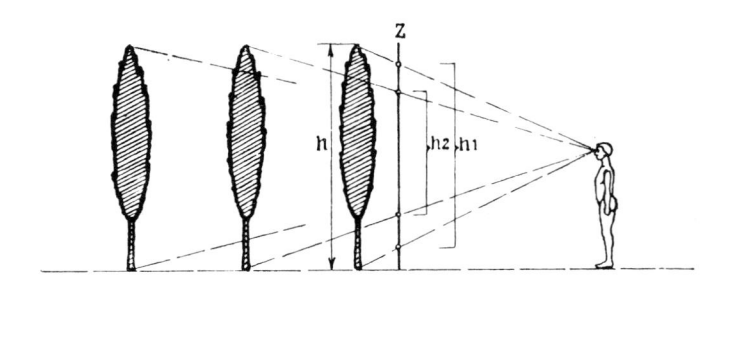

Abb. 4

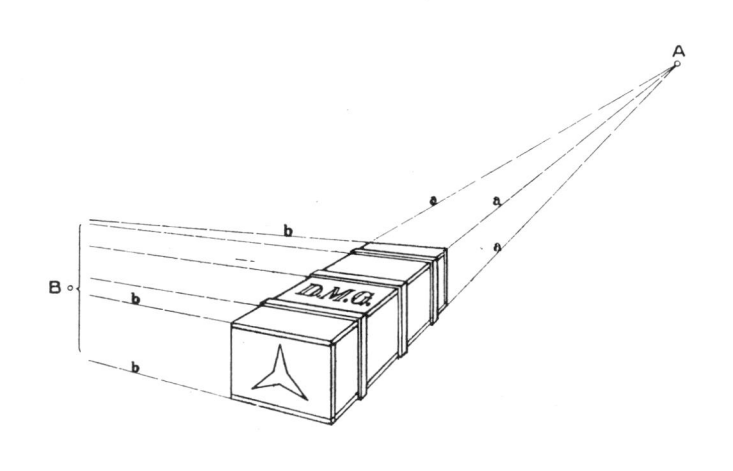

Abb. 9

Abb. 10
M. Hobbema: Die Straße von Middelharnis.

Diese Beispiele zeigen zugleich, daß alle Linien, die vom Beschauer weg in den Raum hineingehen, eine doppelte Veränderung erleiden: Sie werden „verkürzt", und ihre Lage wird verändert. Parallele Linien laufen zusammen in einen Fluchtpunkt. Gruppen paralleler Linien haben gemeinsame Fluchtpunkte (vgl. die Gruppen a und b mit Fluchtpunkten A und B in Abb. 7, 8, 9). Quer vor dem Beschauer im Raum liegende Linien (b in Abb. 5 und 6) bleiben in der Lage unverändert, aber ihre Länge wird verringert, je weiter entfernt vom Beschauer sie liegen.

Die perspektivische Darstellung gibt von einem Gegenstand ein einziges Bild, und dieses Bild ist so anschaulich, daß es keiner besonderen Vorstellungskraft bedarf, um die wirkliche Körpergestalt vor sich zu sehen (Abb. 1 a und 2 a). Eine solche Darstellung würde also dem Arbeiter eine besondere Denkarbeit ersparen, die die Projektion erforderte. Aber dieses Bild erlaubt dem Konstrukteur nicht, seine Gedanken maßweise eindeutig niederzuschreiben, und ebensowenig kann der Arbeiter nach dieser Darstellung an die Herstellung gehen. Das Bild ist zwar anschaulich, gibt ihm aber das Wichtigste nicht, die Maße. Der Verzicht auf Maß und Zahl ist eben der unvermeidliche Preis, den die übersichtliche Wiedergabe der geräumigen Wirklichkeit auf der Fläche des Papiers kostet.

Die perspektivische Darstellung ist also zur klaren, anschaulichen Wiedergabe für den Laien geeignet, für Offertzeichnungen, Reklamebilder und alles, was sich der Kunst nähert. Der Architekt wird sich ihrer bedienen (Abb. 12), und es bietet einen eigenen Reiz, auf manchen Bildern alter Meister, die in liebevoller Kleinmalerei Innenräume dargestellt haben, diese Perspektive, die Verschwindungspunkte der Zimmerkanten, Decken, Füllungen, Steinfliesen zu verfolgen (Abb. 11). Den Künstler reizt gerade das Spiel der im Hintergrund sich verlierenden Linien (Abb. 10 und 13).

Abb. 11
P. Janssens: Inneres eines Wohnraumes.

Abb. 12
Kirche „St. Paul vor den Mauern", Rom.

Die Werkstattzeichnungen aber (Abb. 14) können wir nur nach dem Verfahren der Parallelprojektionen anfertigen, und wir müssen dem Konstrukteur und dem Arbeiter den Umweg über die Zerlegung und Wiedervereinigung mehrerer Darstellungen zumuten.

Denn die Werkleute sollen die Dinge selber „bewerkstelligen". Ihnen darf der Augenschein nicht genügen. Sie müssen die Wirklichkeit so weit durchdringen und zu verstehen trachten, bis sie sich beziffern und berechnen läßt. Deshalb sprechen sie in Maßen und Zahlen untereinander da, wo dem Außenstehenden der anschauliche Eindruck der Erscheinung genügt. Und es ist nicht zum wenigsten durch diese scharfe und klare Ausdrucksweise, daß die Welt der Technik auf die übrigen Menschen leicht überverständig und unbegreiflich nüchtern wirkt. Aber nur scheinbar sind die übrigen Menschen phantasie- oder, wie man auch zu sagen pflegt, gemütvoller, indem sie sich an der ruhigen Betrachtung der Dinge begnügen. Denn gerade die nüchternen Zahlen dienen der schöpferischen Phantasie, durch die der bauende und konstruierende Mensch unablässig die Wirklichkeit umgestaltet.

Abb. 13

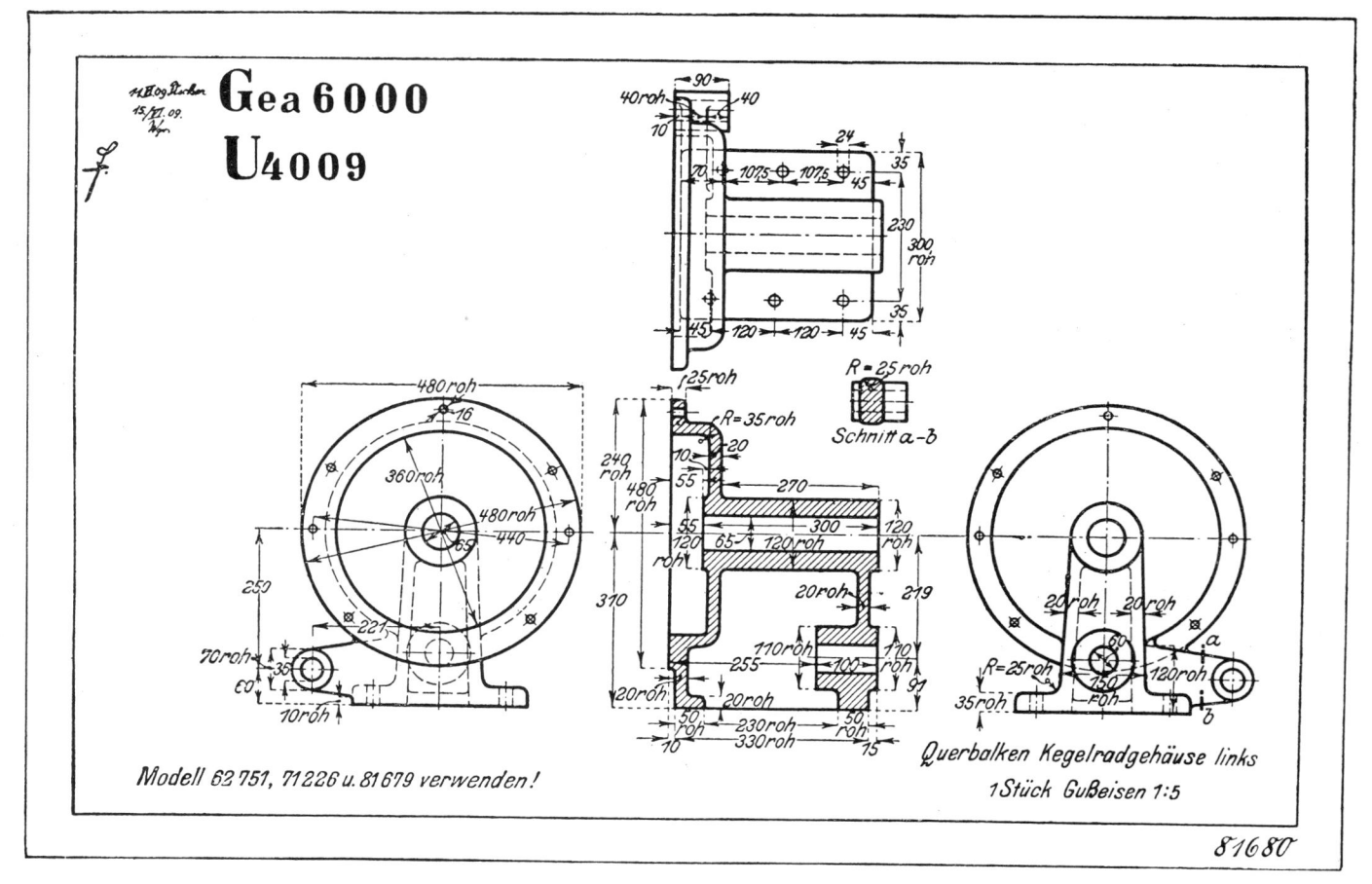

Abb. 14

Anmerkung: Die Zeichnungen 1 bis 9 wurden im Büro der Werkzeitung angefertigt, da die Original-Skizzen des Verfassers nicht rechtzeitig eintrafen. — Abb. 14 wurde dem Werk Prof. A. Riedler: „Das Maschinen-Zeichnen", Verlag Julius Springer, Berlin, entnommen.

Das Auge.

Von Prof. Dr. med. Rudolf Ehrenberg,
Privatdozent an der Universität Göttingen.

Wenn in einem großen allgemeinen Krankenhause jeder eingelieferte Kranke wahllos auf einen beliebigen Saal gelegt würde, so stünde der Ohrenarzt plötzlich ratlos vor einem Fleckfieber, der Augenarzt sollte ein Bein abnehmen und der Zahnarzt den Star stechen. Darum kommt jeder Patient, der ja selbst oft nicht weiß, wohin er gehört, zuerst auf eine Aufnahmestation, hier stellt eine vorläufige Untersuchung seine Zuständigkeit fest. Nicht anders macht es der Körper mit den heranströmenden Nachrichten von außen; er sorgt dafür, daß sie innen an die zuständige Station gelangen; er sortiert sie. Das leisten ihm die Sinneswerkzeuge. Das Ohr weist alles ab, was nicht „Schall" ist, die Nase alles, was sich nicht riechen läßt. Und das Auge, unser wichtigster Sinn, weist alles ab, was nicht Lichterscheinung ist.

Wie macht das Auge das? Nicht anders als wir es in unsren Häusern machen; es schließt sich durch ein starres Fenster gegen alles ab, was nicht Licht ist. Luft z. B. kann nicht hindurch. Dieses Fenster – die Hornhaut genannt – unterscheidet sich aber von einem gewöhnlichen Fenster sehr wesentlich: es ist stark gewölbt, nach außen vorgebuckelt.

Und das hängt mit der weiteren Aufgabe des Auges zusammen: von einem möglichst großen Teile der Außenwelt soll es die Lichtstrahlen gleichzeitig aufnehmen können und soll sie so zurichten, daß sie für die innere Aufnahme brauchbar werden.

Wenn ich in einem tiefen einfenstrigen Zimmer an die hintere Wand trete, die dem Fenster gegenüberliegt, so sehe ich durch das Fenster nur noch einen sehr kleinen Ausschnitt der Landschaft, nur das, was genau vor dem Fenster gelegen ist. Wenn das Zimmer aber einen vorgebauten Erker hat, etwa mit drei Fenstern, so sehe ich schon viel mehr, besonders wenn ich an meiner Wand in ihrer ganzen Breite hin und her gehe. Noch mehr sehe ich, wenn ich auch die Seitenwände entlanggehe, und falls ich gar in den Erker hinaustrete, so sehe ich von einiger Ferne an sogar Gegenstände, die gegen mein Haus nach rückwärts gelegen sind. All dies trifft für das Auge zu. Der Erker ist die Hornhaut, das Entlanggehen an den Seitenwänden ist dadurch bewerkstelligt, daß die Hinterwand des Auges, welche die Lichtstrahlen aufnimmt, kugelig gekrümmt und fast bis an die Hornhaut heran aufnahmefähig ist. Und das Hinaustreten in den Erker geschieht durch die Bewegung des Auges, das Auge kann kreisen; und dadurch wird die Rückwand soweit nach vorne gebracht, daß auch von Gegenständen, die seitlich-rückwärts vom Kopfe liegen, die Strahlen sie noch zu treffen vermögen.

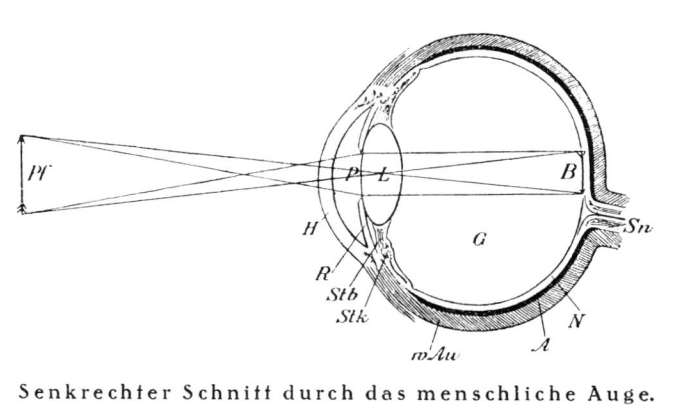

Senkrechter Schnitt durch das menschliche Auge.
wAu weiße Augenhaut. H Hornhaut. A Aderhaut. R Regenbogenhaut. P Pupille. Sn Sehnerv. N Netzhaut. L Augenlinse. (Stk und Stb Strahlenkörper und Strahlenblättchen, d. s. Organe, welche die Linse gespannt halten und deren Abflachung bezw. Wölbung verursachen.) G Glaskörper. Von dem Pfeile Pf entsteht auf der Netzhaut das Bild B.

* * *

Wie richtet das Auge die Strahlen nun zur Aufnahme zu? Genau so, wie der photographische Apparat sie für die aufnehmende Platte zurichtet. Das ganze Auge gleicht in dieser Hinsicht einer photographischen Camera. Wie diese ist es ein allseitig abgeschlossener Kasten, der nur eine lichtdurchlässige Öffnung hat; wie diese hat es in der Öffnung gekrümmte, durchsichtige Gebilde – die „Linsen" des Photographen –; wie bei dieser wird auf der Hinterwand ein vollständiges Bild eines Teils der Außenwelt entworfen; aber der Umfang dieses Bildes ist beim Auge viel größer als bei jeder Camera, weil bei ihm mit seiner gekrümmten Wandung auch die Seitenwände noch mitaufnehmen.

Wer je photographiert hat, der weiß, daß er seinen Apparat, wenn er scharfe Bilder bekommen wollte, je nach der Entfernung des Gegenstandes „einstellen" mußte. Er machte das so, daß er den Harmonikabalg auszog oder zusammenschob oder die Linse heraus- oder hineinschraubte. Es gibt Tiere, die das auch so machen, die ihr Auge verlängern oder verkürzen können. Das menschliche Auge erreicht die gleiche Wirkung auf andere Weise: es kann seine Linse stärker oder schwächer krümmen, je nachdem ob es nah oder fern sehen soll. Daß alte Leute nicht mehr ohne Brille lesen können, das rührt daher, daß ihre Linse starr geworden ist und sich nicht mehr stärker krümmen kann; die vor das Auge gesetzte Brille, die selbst nichts andres ist als eine Linse, ersetzt diesen fehlenden Krümmungsanteil. Bei sehr feinen Naharbeiten kann man an sich selbst beobachten, wie man die Augen zusammenkneift, und merkt bald die erhöhte Anstrengung des Auges; durch den Druck auf das Auge verkürzt sich der Durchmesser des Augapfels etwas, und die Hornhaut krümmt sich stärker, was beides die Genauigkeit des Sehens in nächster Nähe erhöht.

Der Photographiekundige kennt weiter die Einrichtung der „Blende", die es ermöglicht, die Öffnung für die Lichtstrahlen kleiner oder größer zu machen; je heller der Tag war, umso kleiner mußte er die Blende wählen. Auch das macht das Auge. Der blau, braun oder grau gefärbte Ring — die Regenbogenhaut — der die „Pupille", die dunkle Sehöffnung, umgibt, ist diese Blende; und wer sich von ihrer Tätigkeit überzeugen will, der braucht nur einmal bei Dämmerung plötzlich mit der Taschenlampe in ein Auge zu leuchten, dann sieht er, wie sie sich verbreitert und die Pupille verengt.

Natürlich gibt es auch Unterschiede gegen unser Beispiel. So ist das Auge nicht leer wie die Camera sondern mit Wasser oder einer durchsichtigen Gallerte angefüllt.

* * *

Was geschieht mit dem Bilde auf dem Augenhintergrund?

Auch hier können wir den Vergleich mit der Photographie noch fortsetzen. So wenig es mir da genügt, wenn ich das Bild durch die Mattscheibe betrachte — wie es der Berufsphotograph vor der Aufnahme tut, wenn er den Kopf unter das schwarze Tuch steckt — so wenig würde es genügen, wenn das Bild auf dem Augenhintergrund nur erschiene wie etwa auf der Leinwand des Kinos, also die Innenhaut des Auges — die Netzhaut — ebensowenig veränderte wie diese Leinwand. Der Photograph will ein dauerhaftes Bild, das nicht nur in seinem Apparat da ist, sondern das festgehalten und jederzeit wieder betrachtet werden kann. Das macht er durch Einsetzen einer lichtempfindlichen Platte, die unter der Einwirkung der Lichtstrahlen Veränderungen erfährt. Der Mensch will ein inneres Bild, das er in der Erinnerung aufbewahren kann, das nicht nur im Auge vorhanden ist, sondern im Geiste, wo es jederzeit aus dem Gedächtnis hervorgeholt, betrachtet, mit anderen Bildern zusammengebracht und verglichen, kurz: „verstanden" werden kann. In den Geist gelangt das Bild durch die Überleitung an den Gehirnteil, der mit dem Auge durch die Sehnerven verbunden ist. Dazu aber ist notwendig, daß es die Netzhaut des Auges, die empfangende Haut, verändert, wie das Bild im Apparat die aufnehmende Platte verändert. Die Lichtstrahlen selbst kann der Nerv nicht leiten — er ist ja undurchsichtig — das Licht selbst kann der Lichtbildapparat nicht aufbewahren. In beiden Fällen sind andersartige und zwar stoffliche Veränderungen notwendig, die von dem Licht nur verursacht werden; sie erst ermöglichen die Aufnahme des Bildes.

Die photographische Platte ist mit einer dünnen Schicht von Silberverbindungen bedeckt, in welcher das Licht, nach Maßgabe seiner Helligkeit, die Schicht verändern und das Silber freisetzen kann. Wird die Platte belichtet, so wird an einer Stelle mehr, an anderer weniger Silber ausgeschieden, je nachdem ob das aufgenommene Stück Außenwelt an der betreffenden Stelle hellere oder dunklere Bestandteile hatte. Gleicherweise verursacht in der Netzhaut das Licht nach Maßgabe seiner Stärke stoffliche Veränderungen, die dann ihrerseits wieder den Zustand der Nervenfasern verändern, welche von den betreffenden Stellen der Netzhaut zum Gehirne hinleiten. Das Gehirn empfängt weiter nichts als die Nachricht, daß die und die Punkte der Netzhaut verändert oder — wie man sagt — „erregt" worden sind. Jede einzelne Netzhautstelle gibt — bei all den zahllosen, beständig wechselnden Bildern, die das Auge aufnimmt — stets nur eine von zwei Nachrichten an das Gehirn: „ich bin erregt worden" oder „ich bin nicht erregt worden".

Wie? Aus diesem einfachen Ja oder Nein soll die unendliche Mannigfaltigkeit entstehen, die wir wahrnehmen?

Nehmen wir das Beispiel des Stellwerks eines großen Bahnhofs. Bei den modernen Stellwerken ist jedes Blocksignal, jede Weiche mit der Zentrale elektrisch verbunden; jeder fahrende Zug wird elektrisch gemeldet; so kann der Beamte die Stellung jedes Signals, jeder Weiche, die Belegung jedes Geleises dauernd ablesen. Jeder einzelne Anzeiger zeigt nur an: Das Signal steht auf „Halt", oder es steht auf „Freie Fahrt"; die Weiche ist geöffnet, oder sie ist geschlossen; das Geleise ist belegt, oder es ist frei; und doch setzen sich diese vielen Nachrichten im Kopfe des Beamten zu einem vollständigen, fortwährend sich verändernden Bilde der ganzen Bahnhofsanlage in ihrem derzeitigen Zustande um. Er sieht den Bahnhof in seiner ganzen Ordnung innerlich vor sich. Denken wir uns den Bahnhof ins ungeheure vervielfacht und auf dem Stellwerk ein Heer von Beamten, die unter einheitlicher Oberleitung und in fortwährendem Austauschverkehr miteinander arbeiten, so haben wir ein Gleichnis des Sehens. Die einzelnen Signale, Weichen, Geleise sind die einzelnen Netzhautpunkte, die Leitungsdrähte zum Stellwerk entsprechen den Fasern des Sehnerven, das Stellwerk ist das Gehirn, jeder der zahllosen Beamten entspricht einer Gehirnstelle, und die Oberleitung des Ganzen ist die Seele.

Ein anderes Beispiel: ein Klavier hat 85 Tasten, jede Taste gibt immer nur **einen** Ton, es gibt nur die zwei Möglichkeiten: sie wird angeschlagen und tönt, oder sie ist unberührt und tönt nicht. Und trotz dieses einfachen Ja oder Nein im Einzelfalle, welch eine Fülle mannigfaltigster Tonfiguren, Akkorde, Harmonien und Melodien kann das Klavier liefern, lediglich durch die Auswahl der angeschlagenen und der ruhenden Tasten! Denken wir uns ein Klavier mit Millionen und Abermillionen Tasten, so haben wir ein Gleichnis der Netzhaut des Auges; ist es verwunderlich, daß die Mannigfaltigkeit der Bilder eine unendliche ist?

* * *

Aber eine weitere Erkenntnis können wir diesen Gleichnissen noch entnehmen. Klavierspielen will gelernt sein, die Bedienung eines großen Stellwerks erfordert Jahre der Einübung. Mit dem Sehen ist es nicht anders, auch das muß erst gelernt werden; freilich wissen wir davon nichts mehr, weil es unser frühestes Lernen war. Wer selbst Kinder hat, wird das aber beobachtet haben: anfangs greift das Kleine nach der vorgehaltenen Uhr noch gar nicht, dann greift es, aber fehl; und erst nach längerer Zeit faßt es richtig. Das kommt nicht allein daher, weil es seine Arme noch nicht richtig dirigieren kann, sondern in erster Linie, weil es noch nicht „sehen" d. h. die Bilder, die vom ersten lichten Tage an vollkommen richtig auf seiner Netzhaut entstehen, noch nicht deuten, **räumlich verstehen kann**. Dazu braucht es Erfahrungen, die Erkenntnis von Zusammenhängen zwischen den verschiedenen Sinnesempfindungen, die es unbewußt aus der häufigen Wiederholung ähnlicher Fälle erwirbt.

Und das Lernen des Auges ist ja nicht etwa nur eine Sache der frühesten Kindheit. Jeder Künstler, jeder Mechaniker, ja überhaupt jeder Handarbeiter weiß, daß die Erlernung jeder Verrichtung der Hände zugleich und zuerst ein Lernen des Auges ist. Der geübte Barbier kann mich, wenn es sein muß, auch im Dunkeln rasieren, weil ihm das Sehen schon „ins Gefühl" gegangen ist.

Was ist denn das Erste, Wichtigste am Sehenlernen? Es ist das, was man gewöhnlich die **räumliche Orientierung** nennt. Das Auge soll mir ja die Kenntnis meiner Stellung im Raume, der räumlichen Beziehung der Gegenstände untereinander vermitteln. Nehmen wir an, ein Mensch könnte wohl wahrnehmen aber das Wahrgenommene nicht räumlich deuten, wie sähe die Welt für ihn aus? Sie wäre eine ebene Fläche, die mit hellen und dunklen, farbigen und farblosen Flecken bedeckt wäre, sie wäre für ihn das, was ein gemaltes Bild in Wirklichkeit ist.

Wodurch ist denn aber die räumliche Ausdeutung dieses Fleckenbildes, wie es im Auge entsteht, möglich?

Nur durch eine Reihe von Erfahrungen, die auf der Einrichtung des Auges beruhen. Eine Folge der Linsenvorrichtung ist die, daß ein und derselbe Netzhautpunkt immer nur von einem solchen Strahl erreicht werden kann, der aus einer ganz bestimmten, immer der gleichen Richtung auf das Auge auftrifft. Welche Richtung das draußen im Raume ist, das lernt das Kind unbewußt durch gleichzeitiges Sehen und Tasten; sobald es richtig greift, so hat es dies Erste gelernt.

Wer im Schützengraben war, der kennt den Grabenspiegel, durch den er, ohne selbst gesehen zu werden, das Vorgelände vor der Brustwehr überblicken konnte. Hat man den Spiegel auf einen bestimmten Punkt des feindlichen Grabens eingestellt und zugleich das Gewehr genau auf diesen Punkt gerichtet und eingespannt, so kann man unten im Graben sitzen und in den Spiegel hinaufsehen — wenn darin ein Kopf erscheint, und man sofort sein Gewehr abzieht, so wird der drüben getroffen. Vorbedingung für diese Festlegung eines Zielpunktes ist nur, daß man immer von der gleichen Stelle in den Spiegel sieht.

Diese Vorbedingung der räumlichen Orientierung ist nun durch die Linseneinrichtung des Auges erfüllt, und das erfährt das Kind unbewußt aus seinen Erfahrungen: immer mußte es **dorthin** greifen, wenn sein Gehirn Meldung von **dieser** Netzhautstelle bekam. Man nennt das, was das Kind so gelernt hat, die Rückverlegung des Bildes in den Raum.

Genügt es denn aber, wenn ich über die **Richtung**, aus welcher die Lichtstrahlen von einem Gegenstand her in mein Auge kommen, unterrichtet bin? Nein, denn damit weiß ich noch nichts über seine **Entfernung** von mir; ich bekam wohl Kenntnis von der seitlichen Verteilung der Dinge da draußen — oben und unten, rechts und links — aber die Tiefengliederung blieb mir verborgen. Wie erfahre ich die? Würde ich die Tiefe des Raumes nicht wahrnehmen können, so würde ich überhaupt kein Ding körperhaft sehen, denn jeder

Körper hat Breite, Höhe und Tiefe, sondern alles würde mir auf einer ebenen Fläche liegend vorkommen, und erst eine längere Erfahrung würde mich lehren, aus den Schatten auf die Körperhaftigkeit, aus der scheinbaren Kleinheit bekannter Dinge — z. B. der Häuser, der Menschen — auf die Entfernung zu schließen. Lange aber vor solch umständlicher Erfahrung lernt das Kind körperhaft sehen. Es muß also dafür besonders gesorgt sein.

Wer je durch ein Scherenfernrohr geblickt hat, dem ist aufgefallen, daß alle Gegenstände übertrieben körperhaft erschienen, während umgekehrt im einfachen, einäugigen Fernrohr die Landschaft absonderlich flächenhaft aussieht. Was ist denn das Eigentümliche des Scherenfernrohrs? Vor allem dieses, daß die beiden abgekehrten Öffnungen um das Vielfache weiter auseinander stehen als die Einseh-Öffnungen, die natürlich nur den Abstand der beiden Augen haben dürfen. Da ich aber in jedes Auge das Bild empfange, das der betreffende Arm des Scherenfernrohrs aufnimmt, so sehe ich scheinbar mit zwei Augen, die den weiten Abstand der beiden Scher-Enden voneinander haben, also einen ganz außerordentlich großen, und die Wirkung ist eine übertriebene Körperhaftigkeit des Sehens.

Danach ist klar, daß das Körpersehen überhaupt mit der Zweizahl der Augen zusammenhängt, und zwar beruht es darauf, daß beide Augen etwas verschiedene Bilder von ein und demselben Gegenstand bekommen. Wenn ich aus einer mehrfenstrigen Zimmerwand den nicht zu fernen Kirchturm betrachte, einmal aus dem einen dann aus dem andern Eckfenster, so sieht er jedesmal etwas anders aus und umso verschiedener, je länger das Zimmer ist. Diese Verschiedenheit der Bilder muß auch für kleine Abstände der Sehorte gelten bis herunter zu dem Abstand des rechten vom linken Auge, wenn der angeschaute Gegenstand nicht zu entfernt ist. Jeder weiß ja auch, daß nahe Dinge körperhafter aussehen als entfernte, und daß von einer gewissen Ferne an alles nur noch flächenhaft erscheint. Die beiden verschiedenen Bilder werden ja nun nicht getrennt gesehen — sonst müßten wir alles doppelt sehen — sondern im Gehirn vereinigt und treten als eine körperhaft-bildliche Empfindung in unser Bewußtsein ein. Die Schlußfolgerung aus den verschiedenen beiden Bildern auf die Körperlichkeit des Geschauten, die brauchen wir also nicht jedesmal erst bewußt zu vollziehen — wie langsam würden wir sonst das Erblickte verstehen! — sondern sie ist schon vollzogen, wenn das Bild in uns auftritt.

*   *   *

Nun fehlt uns noch eines: wir sehen ja nicht nur hell und dunkel, nicht nur Linien, Flächen und Körper, wir sehen auch Farben.

Hier versagt der Vergleich mit der photographischen Platte. Auf der Mattscheibe des Apparates zwar entsteht noch das farbige Bild, wie es der Wirklichkeit entspricht, aber die Platte nachher zeigt nur die Unterschiede von Hell und Dunkel. Wie ist denn nun das Farbensehen möglich? Hatten wir nicht gesagt, daß der Nerv immer nur eine Art von Nachrichten leiten kann, immer nur die reine Tatsache „der oder der Punkt der Netzhaut ist erregt". Und wir hatten gesehen, wie sich hieraus doch die unendliche Mannigfaltigkeit und die räumliche Bestimmtheit der Bilder zusammensetzen konnten. Nun erfahren wir aber beim Sehen doch nicht nur, der und der Punkt im Raume ist hell oder dunkel, sondern auch noch, er ist rot oder blau oder grün. — Wie verträgt sich das mit dem, was wir über den Nerv sagten, sieht es nicht doch so aus, als müßte der Nerv verschiedene Inhalte in seiner Leitung haben, etwa wie ein Gummischlauch einmal Gas, einmal Wasser, einmal Öl leiten könnte? Nein, der Nerv ist kein hohles Gebilde.

Beim Farbensehen sind es eben auch wieder besondere Bestandteile in der Sehhaut, welche nur durch Lichtstrahlen bestimmter Färbung „erregt" (d. h. zu stofflichen Umsetzungen angeregt) werden, auch hier leitet der Nerv nur die Nachricht: dieses rotempfindliche, jenes blauempfindliche Teilchen in diesem, jenem Bezirke der Netzhaut ist erregt worden, und da er es immer an dieselben, zugeordneten Gehirnstellen meldet, so wird es verstanden. Das Gehirn empfängt also immer zugleich die beiden Nachrichten „grün" in zwar „dem und dem Netzhautbezirk", und kraft der geschilderten „Rückverlegung des Bildes in den Raum" sagen wir dann: jene Stelle dort im Raum rechts oben ist grün.

Damit haben wir jenen Zusammenhang zwischen Außenwelt und Seele, den wir „Sehen" nennen, in seinem Ablauf verfolgt, soweit die Naturwissenschaft dies vermag; es liegt uns nur noch ob, eine Warnungstafel der Bescheidenheit aufzurichten: wie schließlich aus den Vorgängen in den verschiedenen Gehirnteilen, die wir als letzte nachweisbare Station des ganzen Verlaufs kennen lernten, die Empfindung in unsrem Geiste wird, darüber können wir nichts aussagen, das ist durch all unsre Erkenntnis von der Einrichtung unsres Sehwerkzeuges nicht verständlicher geworden. So wenig wir ein Meisterwerk der Bildhauerkunst aus der Wirkungsweise von Hammer und Meißel „verstehen" können, so wenig aus irgend welchen stofflichen Umsetzungen das Bild der Landschaft, die unser Herz erfreut. Aber die Naturwissenschaft kann sich hier auch ruhig bescheiden. Sie wird Großes erreicht haben, wenn sie den Vorgang, den wir hier in seinen Umrissen aufgezeigt haben, in allen Einzelheiten aufgehellt haben wird.

"Sehende" Maschinen.

Von Ernst Trebesius.

Außer dem Radium mit seiner ans Wunder grenzenden dauernden Energie-Ausstrahlung gibt es wohl kaum noch einen so merkwürdigen chemischen Stoff als das Selen (sprich: Selén). Bereits vor 100 Jahren im Bleikammerschwamm einer Schwefelsäurefabrik in Schweden entdeckt, hat es seitdem die Forscher dauernd beschäftigt und veranlaßte schließlich — wegen seiner höchst eigenartigen lichtelektrischen Eigenschaften — die Industrie zur Erbauung kleiner, empfindlicher Apparate, die man mit Fug und Recht als sehende Maschinen bezeichnen kann. Können sie doch manche der Funktionen ausüben, die sonst nur einem Menschen vermöge seines Augenlichtes vorbehalten waren. Bekanntlich ist der Vorgang des Sehens beim menschlichen Auge der, daß die von der Netzhaut aufgenommenen augenblicklichen Eindrücke durch den Sehnerv dem Gehirn als dem Sitze des Bewußtseins zugeführt und dort erst in tatsächliche Gesichtsempfindung umgesetzt werden. Nach dem gleichen Prinzip arbeiten auch die sehenden Maschinen. Das Auge, oder vielmehr die Netzhaut, wird durch eine lichtempfindliche Substanz ersetzt, das Leben durch den elektrischen Strom, das Licht durch eine Lampe, der Sehnerv durch eine elektrische Leitung, das Gehirn durch ein elektrisches Meßinstrument und die Kundgabe der Gesichtsempfindung durch Umwandlung der Lichtwirkung in mechanische Arbeit.

Als lichtempfindliche Substanz, die bei jeder sehenden Maschine als das elektrische Auge den wichtigsten Teil bildet, wird der eingangs erwähnte chemische Grundstoff Selen verwendet, der in der Hauptsache als Nebenprodukt bei der Schwefelsäurefabrikation in Form roten Pulvers gewonnen wird. Durch Schmelzen und weitere Wärmebehandlung geht das rote Pulver in einen graukristallinischen Zustand über und hat dann, in möglichst dünner Schicht zwischen zwei Elektroden angeordnet, die eigenartigen lichtelektrischen Eigenschaften, auf deren scharfsinniger Ausnützung die Konstruktion der mancherlei Apparate beruht, die man als sehende Maschinen bezeichnet. Die kleinen runden oder rechteckigen Selenzellen, wie sie von der Industrie in den Handel gebracht werden, haben nämlich die Eigentümlichkeit, dem Durchgang eines elektrischen Stromes bei Belichtung weit geringeren Widerstand entgegen zu setzen als im Dunkeln.

Schaltet man eine verdunkelte Selenzelle in einen Stromkreis mit einer Batterie und einem elektrischen Meßinstrument (Galvanoskop) ein, dann fließt trotz des hohen Widerstandes ein Strom durch die Zelle. Man erkennt dies am Ausschlag des Zeigers. Wird hierauf die Selenzelle belichtet, so schlägt der Zeiger sofort weiter aus; ein Zeichen dafür, daß nunmehr ein stärkerer Strom durch die Zelle fließt. Bei Einschaltung eines Weckers in den Stromkreis ist bei unbelichteter Zelle der Strom nach dem oben Gesagten ebenfalls nur schwach; er wird jedoch bei Belichtung der Zelle sofort verstärkt und ist alsdann stark genug, um einen Zweigstromkreis in Tätigkeit zu setzen und auf diese Weise den Wecker zum Tönen zu bringen. Ein solcher Alarmapparat (Abb. 1) leistet sehr gute Dienste als selbsttätiger Feuermelder bei ausbrechenden Bränden in Fabriklagern und Bergwerken. Auch das Betreten sonst dunkler Räume mit Licht, das Oeffnen eines Faches und dergleichen zeigt er an, so daß er unter Umständen einen geplanten Einbruch vereiteln hilft.

Wendet man eine entsprechende Schaltung an, so kann man erreichen, daß im Dunkeln überhaupt kein Strom durch das Relais[1] fließt, wodurch ein zu schneller Verbrauch der Batterie vermieden wird. Sobald jedoch

Abb 1.

---

[1] Relais = Vermittlungsapparat zur Umwandlung kleiner Kraftäußerungen in stärkere.

der geringste Lichtschein die Selenzelle trifft, schließt das Relais den zweiten Stromkreis, und die Signalvorrichtung tritt augenblicklich in Tätigkeit. Vermöge der wunderbaren lichtelektrischen Eigenschaften des Selens lassen sich solche Apparate mit derartiger Feinheit konstruieren, daß noch der Lichtschein eines brennenden Streichholzes in 8 Meter Entfernung auf sie wirkt.

Es war naheliegend, den Grundgedanken des eben geschilderten Apparates zur selbsttätigen Glühlampenentzündung heranzuziehen, um Räume, die mit Einbruch der Dunkelheit beleuchtet werden müssen, selbsttätig zu erhellen. Bei einer solchen Vorrichtung ist die Schaltung derartig angeordnet, daß der zweite Stromkreis unterbrochen ist, solange die Zelle Tageslicht empfängt. Sobald mit hereinbrechender Dämmerung das Tageslicht abnimmt, wird durch den veränderten Widerstand der Selenzelle das Relais betätigt, welches einen Starkstromkreis schließt, sodaß die elektrische Glühlampe aufflammt. Wenn alsdann die Zelle bei Tagesanbruch wieder Licht erhält, wird der zweite Stromkreis wieder unterbrochen, und die Glühlampe verlischt. Obwohl es sich bei diesem Apparat noch um eine verhältnismäßig einfache Konstruktion einer sehenden Maschine handelt, werden von ihr doch schon Arbeiten verrichtet, die sonst nur ein sehender Mensch ausführt.

In neuerer Zeit wird dieser Apparat auch zum selbsttätigen Zünden und Verlöschen leuchtender, unbewachter Seezeichen verwendet. Die Aufgabe der selbsttätigen Zünd- und Löscheinrichtungen für Leuchtfeuer hat verschiedene Lösungen gefunden. In früheren Jahren behalf man sich mit einem sinnreich konstruierten Uhrwerk, das entsprechend den zu- oder abnehmenden Tageszeiten die Lampen bei Eintritt der Nacht anzündete und bei Anbruch des Tages wieder verlöschte. Eine andere Konstruktion beruht auf der verschiedenen Wärmeausdehnung zweier vom Tageslicht beschienener Körper, von denen der eine mattschwarz gehalten und der andere hochglanz poliert ist. Die an sich geringe Verschiedenheit der Ausdehnung beider Körper wird durch empfindliche Vorrichtungen auf das Gasventil übertragen und bewirkt hier bei Einbruch der Nacht das Oeffnen des Ventils und morgens das Schließen desselben. Am sichersten von all diesen und ähnlichen Apparaten dürfte der Selenzündapparat wirken. Er kann übrigens in sinngemäßer Anordnung auch bei bewachten Leuchtfeuern (Abb. 2) Anwendung finden, indem er dem Wärter das Verlöschen oder die mangelhafte Leuchtstärke des Feuers durch Alarmzeichen bekanntgibt, sodaß dieser sein Leuchtfeuer nicht die ganze Nacht hindurch zu bewachen braucht.

Es war naheliegend, die erstaunlichen Eigenschaften des Selens auch in den Dienst der Astronomie zu stellen. Sie hat es öfters schon zur Feststellung des Verlaufes von Sonnen- und Mondfinsternissen verwendet. Die durch die wechselnde Belichtung in der Zelle hervorgerufenen Veränderungen der Leitfähigkeit brauchen nur durch einen Schreibstift selbsttätig aufgezeichnet zu werden, dann geben die Kurven Aufschluß über den Verlauf der Erscheinungen. Vor allem aber kann die Zeit der eintretenden Ereignisse auf ein Tausendstel einer Sekunde genau bestimmt werden, da, wie vorstehend schon erwähnt, die Selenzelle auf jede Belichtungsveränderung in weniger als einer tausendstel Sekunde reagiert. Der Ausschlag eines in den Stromkreis eingeschalteten Strommessers braucht nur mittels Lichtwahrnehmung aufgezeichnet zu werden, und man hat damit den Eintritt eines Ereignisses, etwa der gänzlichen Finsternis, genau festgelegt. Diese denkbar genaueste Zeitbestimmung ist natürlich für die Berechnung der Astronomen von allergrößter Bedeutung.

Ein weiteres Anwendungsgebiet der Selenzelle ist das der drahtlosen Lichttelephonie. Hier geht man in der Weise vor, daß man mit Hilfe des Selens die Schallwellen, wie sie beim Sprechen auf der Sende-Station entstehen, in Lichtschwankungen umsetzt und diese auf der Empfangs-Station wieder in Schallwellen. Der Schall wird gewissermaßen durch Lichtstrahlen in die Ferne gesandt. Der Gelehrte W. Smith, der zuerst die lichtelektrischen Eigenschaften des Selens entdeckte, schrieb später einmal begeistert: „Mit Hilfe eines Mikrophons[1] kann man das Laufen einer Fliege so laut hören, daß es dem Trampeln eines Pferdes auf einer hölzernen Brücke gleichkommt;

---
[1] Mikrophon = Schallverstärker in Telephonleitungen.

aber noch viel wunderbarer ist es meiner Meinung nach, daß ich mit Hilfe des Telephons einen Lichtstrahl auf eine Metallplatte fallen hörte." Bei der drahtlosen Lichttelephonie erleben wir das Wunder. Die Sendestation (Abbild. 3) besteht im wesentlichen aus einer manometrischen Kapsel, der von unten durch einen Gummi-

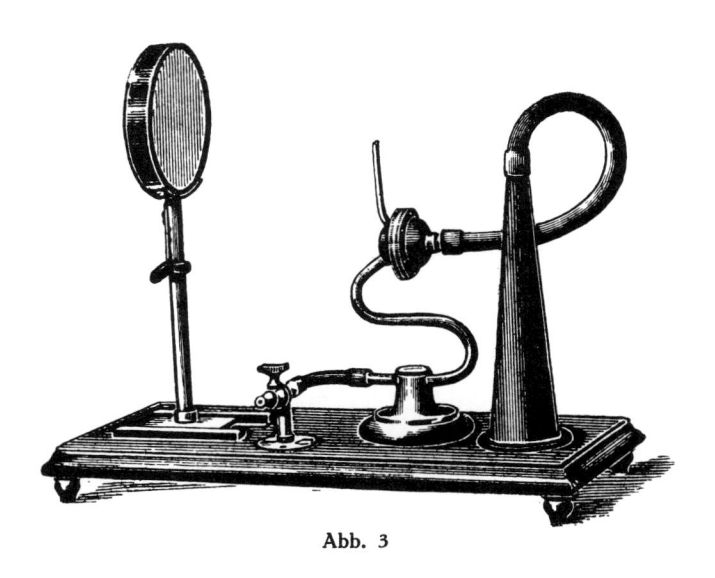

Abb. 3

schlauch Gas zugeführt wird. Oben trägt die Kapsel einen Spitzbrenner, dessen Spitzflamme etwa 1,5 cm hoch ist. Die eine flache Seite der Kapsel ist als Membran ausgebildet und trägt einen Schalltrichter. Das ganze ähnelt also dem Mikrophon eines Fernsprechers. Spricht man in den Schalltrichter, so gerät die Membran in Schwingungen, die sich natürlich auch auf das Gas in der Kapsel fortpflanzen. Das Gas steht während des Sprechens unter fortwährend wechselndem Druck. Diese Druckschwankungen äußern sich in Stärkeschwankungen der kleinen Spitzflamme; und deren Schwankungen entsprechen genau den zu übertragenden Schallwellen. Die Lichtstrahlen werden durch eine Sammellinse aufgefangen und nach der gewünschten Richtung gelenkt. Auf der Empfangsstation (Abb. 4), bestehend aus Selenzelle, Telephon und Batterie, werden die Lichtschwankungen alsdann in Schallwellen umgesetzt. Die Schallwellen durcheilen also in des Wortes wahrster Bedeutung auf Lichtstrahlen den Raum. Die Lichttelephonie hat gegenüber der Drahttelephonie den Vorzug, daß keine verbindende Leitung zwischen den beiden Stationen zu sein braucht; dafür hat sie allerdings den Nachteil, daß die beiden Stationen einander sichtbar sein müssen, weshalb der lichttelephonischen Übertragung von Gesprächen durch die örtliche Beschaffenheit Grenzen gezogen sind. Ganz abgesehen davon verhindern starker Schnee, Regen und Nebel ebenfalls diese Art der Nachrichtenübermittlung.

Die Erfindung der Lichttelephonie gab gegen Ende des vorigen Jahrhunderts die Veranlassung zu Versuchen, mit Hilfe der Selenzelle die Sprache zu photographieren. Die durch die Schallwellen hervorgerufenen Stärkeschwankungen des Lichtes wurden in geeigneter Weise auf einem photographischen Film festgehalten, von dem sie später wieder mit Hilfe einer ähnlichen Einrichtung, wie bei der Empfangsstation der Lichttelephonie, in Töne umgewandelt werden können. Dabei verwendete man statt des erwähnten Spitzbrenners einen sogenannten „sprechenden Flammenbogen", der ebenfalls durch das Sprechen und die dadurch erzeugten Schallschwingungen zu Stärkeschwankungen veranlaßt wird. Diese Lichtschwankungen wurden auf einen photographischen Film aufgenommen. Auf diese Weise gelangte man zur Photographie der Sprache. Wird der besprochene Film später wieder mit der gleichen Geschwindigkeit zwischen einer Lichtquelle und einer hochempfindlichen Selenzelle hindurchgeführt, dann werden die auf ihm aufgenommenen Lichteindrücke wieder in Schallwellen umgesetzt. Von der Photographie der Sprache bis zum „sprechenden Film" ist kein großer Schritt, und tatsächlich hat man gegenwärtig auch dieses schwierige Problem in Angriff genommen. Auch hierbei versucht man in ähnlicher Weise wie bei der Photographie der Sprache die Schallschwingungen in Lichtschwankungen umzusetzen und die Aufnahme der Töne sowohl als auch die der gespielten Szenen auf einem und demselben Film unterzubringen. Diesem Vorhaben stellen sich freilich zurzeit noch außerordentliche Hindernisse in den Weg.

Angesichts der großen Anzahl durch Einwirkung des Krieges erblindeter Menschen gewinnt das Problem der Blindenlesemaschine eine ganz besondere Bedeutung für die Gegenwart und Zukunft. Die meisten Vorstellungen von der Außenwelt verdanken wir ja dem Auge, und das Fehlen des Augenlichtes ist deshalb einer der schwersten Verluste, die den Menschen treffen können. Wohl kann durch besondere Ausbildung anderer Sinne, des Gehörs und des Tastsinnes, das Augenlicht zum

Abb. 4

Teil ersetzt werden, doch es bleibt auch nur ein Ersatz. Die geistigen Bedürfnisse eines sehenden Menschen können beim Blinden nur zum Teil befriedigt werden. Natürlich war man von jeher nach menschlichem Vermögen bemüht, ihm von den Kulturgütern zu vermitteln, was sich nur immer durch das Gehör vermitteln ließ. Auch hat man eine besondere Blindenschrift geschaffen, wobei die Buchstaben erhaben dargestellt wurden, sodaß sie der Blinde mit Hilfe seines fein entwickelten Tastsinnes abtasten kann. Seit etwa 40 Jahren hat man schließlich in der ganzen Kulturwelt die Braillesche Punktschrift eingeführt, bei der die Schriftzeichen durch Gruppen erhabener Punkte dargestellt werden. Geht nun auch das Lesen nach diesem System schneller und müheloser vor sich als nach den älteren Reliefbuchstaben, so hat es immer noch den großen Nachteil, daß die gewöhnliche Schrift erst in die Punktschrift umgesetzt werden muß. Hier Abhilfe zu schaffen und dem Blinden auch das Lesen der üblichen Druckschrift durch irgend eine maschinelle Einrichtung zu ermöglichen, setzen nun die eingangs erwähnten Bestrebungen zur Schaffung einer Blindenlesemaschine ein. Es handelt sich hierbei freilich um eine der schwierigsten Aufgaben, die je den Erfindern und Wissenschaftlern gestellt wurde. Gilt es doch, die Lichteindrücke, die von den gedruckten Buchstaben ausgehen, in Schallwirkungen oder Gefühlsreizungen umzusetzen, um sie auf diese Weise dem Blinden bemerkbar zu machen.

Da man mit Hilfe der Selenzelle schon manche andere Aufgabe auf wunderbare Weise zu lösen vermochte, so spielt sie natürlich auch bei der Konstruktion einer Blindenlesemaschine die Hauptrolle. Schaltet man eine Selenzelle, ein Telephon und eine Batterie in einen Stromkreis und belichtet die Selenzelle mit Licht von wechselnder Stärke, so setzt die Zelle dem Strom je nach der Belichtung bald einen stärkeren, bald einen schwächeren Widerstand entgegen. Der Strom fließt abwechselnd stärker oder schwächer. Die Stromschwankungen bringen natürlich das Telephon zum Tönen. Auf diese Weise wird also Licht in Elektrizität und diese wiederum in Schall umgesetzt. Aus der Art der Telephongeräusche können anderseits Schlüsse auf die Stärke der Beleuchtung gezogen werden. Ein solcher Apparat, der Licht in Schall umsetzt und den Blinden befähigen soll, Dasein und Stärkegrad von Licht durch das Ohr wahrzunehmen, wurde zuerst vor etwa fünf Jahren von einem Engländer erbaut und von ihm Optophon (Lichttöner, Lichthörer) benannt. Derselbe Erfinder – Fournier d'Albe – hat dann später versucht, diesen Apparat durch weitere Vervollkommnung zu einer Blindenlesemaschine auszubauen, indem er statt der einen Selenzelle deren sieben anordnete, so daß die ganze Konstruktion eigentlich sieben Optophone der eben geschilderten Art darstellt. Auch von anderer Seite aus wurden auf gleichem Grundsatz beruhende Optophone gebaut, denen leider noch der Nachteil anhaftet, daß die zahlreichen Tonverbindungen, die beim Gebrauch eines solchen Apparates auftreten, selbst nach langer Übung auch von einem guten Gehör kaum richtig gedeutet werden können. Andere Forscher haben aus diesem Grunde versucht, dem Blinden die Buchstaben durch Reizungen der Finger zum Bewußtsein zu bringen. Die Versuche mit beiden Systemen sind noch nicht abgeschlossen.

Eines der heiß umworbensten Probleme ist ohne Zweifel das des elektrischen Fernsehers. Seit nahezu vier Jahrzehnten versucht man eine Lösung der gewaltigen Aufgabe herbeizuführen, und doch ist dies bis auf den heutigen Tag noch niemand gelungen. Die entgegenstehenden Schwierigkeiten sind eben derartig groß, daß die einzelnen Erfinder und Forscher nur immer weitere Bausteine dem bereits vorhandenen Baugrund aufzusetzen vermögen, bis dann eines Tages der stolze Bau beendet sein wird. Das fertig errichtete Gebäude wird dann allerdings auch eines der hervorragendsten Denkmäler menschlicher Intelligenz und Erfindungsgabe darstellen. Ein Fernseher, der es dem Menschen ermöglicht, in dieselben Fernen zu sehen, in die er heute seine Telegramme versendet; ein Mechanismus, der irgend eine Straßenszene in Indien oder Amerika oder Afrika im gleichen Augenblick in Berlin einem schaulustigen Publikum vorführt; fürwahr, kann man sich eine erstaunlichere und wundersamere Erfindung, einen größeren Triumph menschlicher Schöpferfähigkeit vorstellen?

Noch sind wir allerdings von der Verwirklichung dieser lockenden Phantasie ein gut Stück entfernt, noch müssen wir uns mit der Übertragung eines einzelnen Bildes auf nicht zu große Entfernungen begnügen. Und diese Übertragung eines Bildes dauert gegenwärtig immer noch ca. 6 Minuten. Diese Zeitdauer auf den Bruchteil einer Sekunde herabzudrücken, dahin geht das Bestreben aller Erfinder, die sich mit dem Problem des Fernsehers beschäftigen. Die Bildtelegraphen in ihrer jetzigen Form lassen sich zum Fernsehen deshalb nicht verwenden, da die hierbei verwendeten Galvanometerspiegel, Hebel usw., die bei dem heutigen Betrieb etwa 4–5 Schwingungen in der Sekunde vollführen, dann mehrere tausend Schwingungen pro Sekunde ausführen müßten. Hier verweigert die Trägheit der körperlichen Massen einfach die Gefolgschaft. Soviel steht allerdings heute schon fest, daß das Problem des elektrischen Fernsehers nur mit Hilfe des Selens gelöst werden kann.

Das in die Ferne zu übertragende Bild wird mittels einer photographischen Kammer auf eine Selenzelle geworfen, wobei es durch einen beweglichen Schirm mit Öffnungen oder ein rotierendes Band in rascher Folge in lauter Bildpunkte zerlegt wird. Die aufeinander folgenden Lichtimpulse der Bildpunkte werden mittels einer Linse auf die lichtempfindliche Selenzelle konzentriert, die auf die Belichtungen mit Veränderungen ihrer Leitfähigkeit antwortet und in dem angeschlossenen

Stromkreis Stromschwankungen entstehen läßt. Der Stromkreis ist gebildet aus einer elektrischen Batterie, der Selenzelle in der Sendestation und einem entsprechenden Apparat auf der Empfangsstation. Im Empfänger werden die ankommenden Stromschwankungen wieder in entsprechende Bildpunkte umgesetzt, indem hier durch einen gleichen Schirm oder gelochtes Band die einzelnen Bildpunkte auf einen weißen Schirm geworfen werden. Vorbedingung ist, daß das gelochte Band von den gleichen Abmessungen ist wie jenes auf der Sendestation und mit gleicher Geschwindigkeit bewegt wird. Dem gelochten Band wird auf der Empfangsstation eine feststehende Lichtquelle gegenübergestellt, und zwischen beide wird ein Lichtfilter geschaltet, der durch die ankommenden Ströme der Fernleitung reguliert wird. Auf diese Weise entstehen Helligkeitsunterschiede, die das Bild hervorrufen. Je schneller nun die Folge der Bildpunkte ist, umso weniger vermag das Auge die einzelnen Lichteindrücke von einander zu unterscheiden, und so entsteht die Vorstellung eines einheitlichen Bildes. Ein wirklich gutes Bild kann nur entstehen, wenn das verkleinerte Bild der photographischen Kammer in mehrere tausend Lichtpunkte zerlegt und dieser Vorgang in einer Sekunde etwa zehnmal wiederholt wird. Nun sind zwar die lichtelektrischen Zellen fähig zu einer so großen Anzahl Stromschwankungen pro Sekunde, doch stößt ihre praktische Ausnutzung bei allen auftauchenden Projekten noch auf zu große Schwierigkeiten. Aus diesem Grunde konnte auch durch die Sehkraft des Selens bis zum heutigen Tage das Problem des Fernsehers noch nicht einwandfrei gelöst werden.

In den Anfängen ihrer Entwicklung sehen physikalische Versuche leicht etwas nach Spielerei aus, über die der Nüchterne gern die Achseln zuckt. Dem Telegraphen und dem Fernsprecher ist das ebenso ergangen. Heute bedient man sich ihrer mit Selbstverständlichkeit. Man macht sich auch keine Gedanken mehr über die gewaltige Arbeit, die viele Jahrzehnte hindurch in stillen Laboratorien geleistet werden mußte, um vom ersten Versuch zum Verkehrsmittel zu kommen, dessen Bedeutung uns erst zum Bewußtsein kommt, wenn wir es uns aus unserem Leben wegdenken. Hieraus mag auf die Zukunft der „sehenden" Maschinen geschlossen werden.

Freie Rede.

Vorschläge aus der Gesenkschmiede.

Von Gesenkkontrolleur Hugo Beck.

Hätten wir im Betrieb einen Betriebsrat, wie ihn Dr. Rud. Steiner in seiner Dreigliederung vorschlägt, so wäre es nicht nötig und möglich, daß an bewährten und auch hier anwendungsfähigen (möglichen) Arbeitsmethoden achtlos vorübergegangen wird. Der Krebsschaden, der hier vorliegt und verhindert, nur das Beste zur Ausführung kommen zu lassen, muß hier zum Nutzen der Allgemeinheit offen ausgesprochen werden. Herr Dr.-Ing. Riebensahm hat seinerzeit gesprochen und geschrieben, daß die Industrie mit dem Aufschwung der Maschine den Menschen vergessen hat. Das ist in kurzen Worten der definierbare Begriff von den vielen Schäden, welche sich auch anderswo in der Industrie eingefressen haben. Vor allem ist es die Unterdrückung der freien Geistestätigkeit des Einzelnen, welche sich in vielerlei Dingen und Wirkungen breit macht.

Vom Standpunkt desjenigen, der ehrlich mithelfen will an dem Aufbau des durch falsche Systeme zusammengebrochenen Vaterlandes, muß erkannt werden, daß außer dem Fehlen des — richtig — arbeitenden Betriebsrates die vielgerügte Vetterleswirtschaft eine Degeneration auch der technischen Fortschritte zur Folge haben muß. Viel nützen würde auf jeden Fall zur Arbeitsmethodenänderung, wenn sie von Nutzen sein soll, wenn auch solche Personen zur „Besprechung" herangezogen würden, welche nicht zur „alten Garde" des Betriebs zählen; denn die Industrie auch „anderer Branchen" hat viel zu technischen Fragen beizusteuern. Auch die Art der Entschädigung oder, besser gesagt, richtiger Bezahlung für praktische Verbesserungen, welche hier in Deutschland typisch behandelt wird, bedarf der Erkenntnis, daß hier nach amerikanischem Vorbild mehr genützt werden kann, als wie das in den meisten Fällen der Brauch in Deutschland ist. Es ist auch hier der Mensch nicht über der Maschine zu vergessen oder mit ihr gleichzustellen. Wenn ich aus Erfahrung hier spreche und des häufigeren ausgedrückt habe, daß die leitenden Männer gut daran täten, hier den richtigen Modus einzuschlagen, so kann ich gleichzeitig meiner

Beobachtung Ausdruck verleihen, daß bei uns in derlei Sachen sich hier eine Änderung im Anfangsstadium bemerkbar zu machen scheint. Möge dieser Embryo sich der glücklichen Geburt im Jahre 1920 zum Nutzen der D. M. G. und ihrer Werksangehörigen vollziehen, so wird es viele Leute geben und anspornen, ihr Bestes zum Aufbau beitragen zu helfen.

Als mir zu Ohren kam, die Firma beabsichtige, eine Werkzeitung herauszugeben, packte mich der große Schrecken. Mir schwebte die Fabrikzeitung — „Feierstunde"! genannt — einer Firma vor, bei der ich früher tätig war. Die Zeitung war, weil sie den Arbeitern nicht nützlich, auch der Firma nicht von richtigem Vorteil. Was hierin an Geistesauffrischung oder Bildungsnachhilfe zu finden sein sollte, konnte recht sein vor anno tobak, aber paßte nicht in die jetzige Zeit. Mir schwebte immer etwas vor, wie man die Zeitung für beide Teile nützlich gestalten könnte, aber wehe dem, der es gewagt hätte, die Redaktion dieser Zeitung in ihrem sich selbst schädigenden Tun und Treiben zu stören. Bis in das dritte und vierte Glied wäre das „Vergehen" dieses Unmenschen gestraft worden.

Der einleitende Artikel in Nr. 1 der Daimler-Werkzeitung befreite mich von meinem Schrecken, und bisher wurde auch das Versprochene gehalten in bezug auf vollwertigen Inhalt, wie die Arbeiter- und Beamtenschaft, an eine moderne Werkzeitung berechtigt, auch durch ihre tätige Mitarbeit Anspruch erheben können und sollen. Wenn aber die Mitarbeit aus dem Kreise der Werksangehörigen ausbleibt, so bekommen wir für beide Teile unfertige Artikel.

Ziehe ich den Artikel „Völliger!" in Betracht, so macht sich auch hierin bemerkbar, daß es von „unten" sehr vieles zu sagen gibt, was „oben" am grünen Tisch nicht gewußt werden kann und nur, seitdem die „Zügel der geistigen Einschränkung" etwas schlaffer geführt werden, so sukzessiv aus dem Sicherheitsventil ins frei sein sollende Weltall der geistigen Ungehemmtheit hineinspritzt; ich glaube, wenn (in dem Fall der Staat und Kapitalismus) der, welcher dann einmal die Schranken des geistigen Pferches für immer freigibt, sieht, welches geistesgeschäftige Leben sich hier entpuppt, er selbst seine Freude daran haben muß und selbst seiner schädlichen Arbeit klar wird, die er bisher der gesamten Menschheit angetan hat. Meine werten Mitarbeiter, Sie haben es in der Hand oder Schuld, die Zukunft besser oder schlechter zu gestalten, helfen Sie mit daran, denn je eher, daß wir das Ziel erreicht haben, die trennende Kluft zwischen Kapital und Arbeit zu beseitigen, desto eher bekommen wir die Zustände, welche jedes Parteichen sich letzten Endes doch als Ziel gesteckt hat, und das ist die Weltverbrüderung, die wir nicht erreichen können, solange wir einander bekämpfen, und die nur auf dem Wege der „gegenseitigen" Verständigung erreichbar ist; genau wie im politischen Parteikampf, so ist es auch hier. Die vielen Millionen, welche nutzlos an Versuche, welche hier und da vergebens „versucht" worden sind, verschwendet sind, könnten der Menschheit erspart werden, könnten zu weit nützlicheren Versuchen und Experimenten gebraucht werden. Bei richtiger Behandlung des Punktes Versuche könnte es auch nicht vorkommen, daß z. B. ein Ingenieur bei einem Vorschlag von „unten" die Sache kurzerhand mit einer aus einem technischen Kalender geschöpften Wissenschaft als unmöglich hinstellt, obwohl schon anderswo Jahrzehnte nach angeregtem Vorschlag fabriziert wird.

Sollte ich mit meinem Artikel der Zeit vorausgeeilt sein, so mag der, der so denkt, etwas größere Schritte nehmen. Meine Sache war es auch noch nie, Zeitungsartikel zu schreiben, aber vor dem Versuch zurückschrecken? Nein — Warum? wegen der etwaigen vorkommenden orthographischen Fehler? Nein, — die wird der Herr Redakteur schon zu entschuldigen wissen — vielleicht auch ausbessern. Also aller Anfang muß angefangen werden.

* * *

Meine Aufgabe soll sein, die Gesenkmacherei (als Teil zur Schmiede gehörig) zu behandeln, welche in Reihenfolge der Maschinen (Fallhammer und Exzenterpresse) — Zeichnung — und dem Material (Stahl) der vierte Faktor, welcher für die Gesenkschmiede in Frage kommt und wohl als einer der wichtigsten gelten darf. Will der Schmied, sagen wir eine Kolbenstange machen, so bedarf er hierzu unbedingt, wenn er der Zeichnung gerecht werden und jede unnötige unvermeidliche Nacharbeit durch Fräsen, Drehen usw. ersparen will, eines Gesenkes, das heißt, zweier in Stahlblöcke je zur Hälfte vertieft eingravierten Kolbenstangenformen. Wenn dieselben aufeinander passend in den Fallhammer eingebaut sind, und hierzwischen ein vorgeschmiedetes Stück Stahl, welches annähernd die Form hat, glühend in die vertieften Gesenke gepresst (eingeschlagen sagt der Schmied) ist, so haben wir die Kolbenstange, an welcher noch das übrige Material und der Grat abzuschneiden (abzugraten) sind, wozu die Exzenterpresse mit Abgratplatte und Stempel dienen. —

Die Herstellung der Gesenke an und für sich geschieht auf die Weise: Eine lange Stange (2—3 Meter) Stahl wird auf einer großen Hobelmaschine gehobelt, mit einer Schwalbe versehen, damit der Schmied die Gesenke einbauen (einspannen) kann. Die Stange kommt dann unter eine Kaltkreissäge und wird hier dann auf Maß in Stücke zersägt wie ein Stück Holz.

Jetzt bekommt der Anreißer zwei Stücke Stahl und reißt auf beiden hälftig die Kolbenstange auf, er bringt die Zeichnung durch Aufzeichnen, Anreißen und Aufpunktieren auf den Stahl, wobei er dann der Zeichnung das nötige Schwindmaß zugeben muß. Der Dreher dreht, was er kann (die Augen), vor. Dann bekommt die Gesenke der Fräser, welcher nach dem Vorgezeichneten genau zu fräsen hat, welches, wenn es genau gemacht ist, dem Graveur oder auch Gesenkschlosser viel Arbeit ersparen kann. Dann macht sich der Graveur oder Gesenkschlosser an die Vollendung oder genaue Ausarbeit des Kolbenstangengesenkes. Dieses geschieht mittels Meißel, Stemmer (Punzen, welche in Radiusform gearbeitet sind), Feilen, Graveur-Riffelfeilen.

Um sich nun überzeugen zu können, ob die ausgearbeiteten Gesenke der Zeichnung entsprechend sind, wird von beiden Gesenken ein Bleiabguß, anderswo ein Gipsabguß, gemacht; der Bleiabguß wird nun herausgenommen, die Gesenke leicht eingeölt und dann, weil sich der Bleiabguß durch das Erkalten zusammengezogen hat (geschwunden ist), wieder in das Gesenk geschlagen, wodurch er sich wieder streckt. Das Blei, was zu viel ist, wird mit einer Zinnfeile abgefeilt, und der Bleiabdruck wird durch einige Schläge mit einem schweren Hammer auf das Gesenk daraus losgeschlagen und herausgenommen. Nun werden beide Teile dem Kontrolleur gegeben, letzterer kontrolliert durch Anreißen, ob alles nach Zeichnung stimmt, ob nicht etwa noch etwas fehlt, was solange, wie die Gesenke noch nicht gehärtet sind, sich noch leicht nacharbeiten läßt. Sagen wir, die Gesenke stimmen, dann kommen dieselben in die Härterei, um hierselbst durch Härten für den Schmiedegebrauch dauerhafter gemacht zu werden. Jetzt ist das Gesenk erst für den Schmiedegebrauch fertig. In ähnlicher Weise geschieht dann auch die Anfertigung der Abgrate-Platten und Stempel.

Die Konkurrenz des Auslandes und die Forderung der Zeit verlangen, daß an den Teilen des Autos sowie Motors jede entbehrliche Bearbeitung, sei es durch Handarbeit oder Maschinenarbeit, erspart werden muß. Infolgedessen muß der Aufbau der Gesenke auch auf diese Forderung eingestellt werden. Die Wege, die hierzu führen, sind verschiedene; ob hier der richtige gegangen wird, der zum Ziel führt, stelle ich in Zweifel.

Ich muß daher auf die Verbesserungsmöglichkeit des neu eingeschlagenen Weges der Gesenkherstellung eingehen. Der augenblicklich beschrittene Weg, bei welchem sich wie bei fast jeder Verbesserung auch Übelstände zeigen, hat die Unbequemlichkeit von mehr Verbrauch an Kohle, Stahl, Arbeitsaufwendungen und dergl. mehr. Bei dem Verfahren wird so vorgegangen: entgegen der alten Weise wird das zu gravierende Gesenk zuerst als „positiv" hergestellt, welches als Pfaffe bezeichnet wird und eine Überlieferung aus der kunstgewerblichen Metallwarenbranche und Bijouterie-Fabrikation ist. Daselbst werden bei solchen Sachen, welche sich vertieft wegen der schmalen à jour nicht gut gravieren lassen, auf einem Pfaffen positiv (erhaben) graviert und dann nachher in die Stanze oder das Gesenk eingedrückt, welches auf kaltem Wege unter einer Friktionspresse geschieht. Da nun aber mit dem Kalteindrücken es auch seine Grenzen hat, so sah man sich genötigt, bei solchen, welche die Grenze wegen ihrer Größe und Tiefe überschreiten mußten, anders zu verfahren. Man ging vor z. B. in Lüdenscheid bei der Knopffabrikation, in Solingen bei der Kleineisen- und Stahlindustrie sowie in Hagen und noch mehr solcher Industrien, indem man das Stück Stahl, welches Gesenk werden soll, glühte, um ein leichteres Eindrücken zu erwirken; aber mit des Geschickes Mächten ist kein ew'ger Bund zu flechten. Letzteres ist auch der Weg, welcher bei uns eingeschlagen worden ist, die Pfaffen werden erhaben graviert und in das Stück Stahl, welches glühend ist, eingesenkt. Hierbei zeigen sich der Fehler mancherlei. Die Herstellung der Pfaffen, welche unrichtigerweise bekämpft wird, ist unbedingt nötig, wenn wir „Präzisionsgesenke" herstellen wollen. Aber die weitere Bearbeitung mit diesen Pfaffen wird dem Zweck und Ziel nicht gerecht. Die Vorarbeit, bis daß ein Pfaffe eingesenkt werden kann, ist daran schuld; hier wird zuerst das Schräghobeln oder Fräsen dem tückischen Geschick entgegengestellt, welches das Einsenken mit sich bringt; nämlich, weil sich die Mitte und steilen Kanten herunterziehen, deshalb ist notwendig, daß schon der Pfaffe 5—8 mm über die nötige Tiefe höher graviert werden muß, und das muß nachher wieder am Gesenk heruntergehobelt werden; dann drückt sich auch, weil die Gesenke nicht von außen eingekastet sind, die Masse, welche da am liebsten hingeht, wo sie den kürzesten und freiesten Weg hat, zur Seite hinaus. Auch hier muß nachher wieder eine Mehrarbeit geleistet werden durch Abfräsen. Die Kohle, welche zum Glühen gebraucht wird, verteuert auch die Sache, und das häufige Glühen ist der Güte des Stahles auch nicht dienlich. Dann werden die Pfaffen zu schnell durch das glühende Einsenken ausgeglüht und deformiert. Selbst durch die von mir angeregte neue Art des Festspannens der Gesenke und Aufhängung der Pfaffen an den Preßkopf der hydraulischen Presse beim Einsenken, wird nicht ganz von diesem Fehler loszukommen sein.

Ich möchte eine andere Art der Herstellung der Gesenke vorschlagen. Bei ihr werden die Fehler des Ausglühens und Deformierens der Pfaffen nicht vorkommen. Nicht um meine Person an die Stelle eines andern zu bringen, greife ich zum Vorschlag einer anderen Art, sondern dem unterdrückten Drang der Möglichkeit, hier etwas Vollendetes zu schaffen, folgend.

In der Besteckfabrikation z. B. und in der ganzen kunstgewerblichen Metallwarenbranche hat schon die

Graviermaschine, welche als Ersatz für die Fräsmaschine anfangs der 90er Jahre aufgekommen ist, bessere Vorarbeit geleistet. Ich habe dann dies Verfahren ergänzt, indem ich das gravierte Stück vermittels Salpetersäure nach einem Ätzverfahren, welches ich schon in verschiedenen derartigen Betrieben eingeführt habe, fertigstellte und eine Nacharbeit dadurch fast überflüssig machte. Ziehen wir in Erinnerung, daß der Aufschwung der Presserei-Technik der kunstgewerblichen Metallwarenbranche durch diese Verbesserungen seine höchste Vollendung erreichte, so müssen wir zu der Erkenntnis kommen, daß hier der Weg gezeigt ist, der auch für Präzisionsgesenke der Autobranche die erwünschten Erfolge zu bringen imstande ist.

Gegen die allgemein bekannte, langsame und kleine Reduzier-Graviermaschine werden allerdings Vorwürfe laut werden. Aber diese werden hinfällig, wenn ich betone, daß es sehr viele Systeme solcher Maschinen gibt, und es kann Stoff der persönlichen Aussprache sein, wie dieselben für unsere Zwecke sein sollen. Diese Angelegenheit läßt sich vorerst hier nicht gut behandeln, da zur besseren Illustration die eventuell notwendigen Klischees mir nicht zur Verfügung stehen.

Wenn die Möglichkeit vorhanden gewesen wäre, daß die Herren Techniker und Werkmeister in andere Berufsbetriebe Exkursionen hätten machen dürfen, so wäre dem Fortschritt der Technik mehr gedient, aber hier herrscht noch zu sehr der alte Kastengeist der Geheimtuerei. Der Gedanke der „Proletarischen Versuchsstation" zur Ausarbeitung technischer Verbesserungen, welche in den Köpfen der Arbeiter erwachsen und oft nutzlos verkümmern müssen, könnte zum Segen der Allgemeinheit verwirklicht werden. Die Forderung, welche eine solche Versuchsabteilung von Nutzen sein läßt, verlangt für sich die ungenierte Arbeitsweise, welche dem darin Tätigen zugegeben werden muß, nicht die Polizeiaufsicht eines Technikers, sondern die hilfsbereite, wo notwendig und verlangte Beihilfe von akademischer Seite, welche nicht in Schnüffelei und hindernde Art ausgreifen darf. Der Stolz, selbständig etwas zu machen, sollte unter keinen Umständen dem Arbeiter entrissen werden, erst dann wird etwas Gutes geschaffen werden können. Wenn solche Forderungen garantiert sind, dann wird die Mitarbeit von „unten" nicht ausbleiben, und ohne dieselbe wird wohl nicht gut auszukommen sein; ich sage dieses, ohne den Wert zu verkennen, welche die studierte Technik der Industrie und Allgemeinheit leistet. Jetzt mag untersucht und geprüft werden, ob nicht alles, was ich hier anführte, doch einen gesunden Boden hat, obwohl es manches Kopferröten verursacht hat, aber fort mit dieser falschen Scham, dann werden wir wieder Mensch zu Mensch.

D. M. G.

Anregungen.

Von einem Gesenkschlosser.

Durch die Artikel „Völliger" und „Erwartungen" in den Nummern 9 und 11 der Werkzeitung ist wohl jedem Modellschreiner aus der Seele gesprochen worden. Diese Anregungen gelten auch für die Anfertigung der Gesenke. Es gibt wohl manchen, welcher der Meinung ist, wenn er ein im Gesenk geschmiedetes Stück in Arbeit hat, dasselbe käme aus der Gießerei. Die Gesenke sind ja in gewissem Sinne ebenfalls Modelle, da sie formgebend sind. So kann sehr wohl die Meinung entstehen, das geschmiedete Stück sei gegossen, es hat ja auch die Merkmale des gegossenen Stückes, den Grat. Und wir haben in der Tat bei Gesenkschmiedestücken ähnliche Erscheinungen wie bei Gußstücken, sodaß die Ausführungen des Artikels „Völliger" in gewissem Umfang auch für die Gesenkschmiede zutreffen.

Der Anlauf zur Beseitigung der Übel, von dem die oben angeführten Artikel sprechen, ist gemacht, gehört aber restlos durchgeführt. Das wäre durch Verständigung zwischen Büro und Werkstatt leicht zu machen. Wählen wir als Beispiel ein Auge an einem Hebel. Das Auge soll an den Flächen bearbeitet werden, im Durchmesser aber nicht. Das Auge ist zylindrisch gezeichnet. Es wäre doch ein Leichtes, das Auge so zu konstruieren, daß der „Anzug" beim Modell wie Gesenk berücksichtigt wird. Es trifft sogar beim Gesenk noch mehr zu wie beim Modell. Der „Anzug" wird nach der Zeichnung weggefräst, was Materialverlust, Werkzeugabnützung und Kosten an Arbeitslohn zur Folge hat.

Ähnlich ist es mit der Bearbeitungszugabe. Vor 12—15 Jahren stand auf der Zeichnung: An den „rot" bezeichneten Stellen sind für Bearbeitung zuzugeben: an den Flächen x mm und an dem Durchmesser x mm. Das wäre auch heute noch am Platz mit der Abänderung: An den mit „b" bezeichneten Stellen usw. So könnten noch viele Teile an Wagen und Motor berücksichtigt werden.

Ein weiteres Übel ist das sogenannte „Versetzen", wenn Oberteil und Unterteil sich gegeneinander verschieben. Dies so weit wie möglich zu verhindern ist dann Sache der Gießerei und Schmiede. Die Durchführung dieser Anregungen ist mit eine der Lösungen dessen, was in Nr. 11 der Werkzeitung zu lesen ist: Qualitätsarbeit und zwar billige Qualitätsarbeit. Den Glauben an ein Aufsteigen unseres wirtschaftlichen Lebens soll die Werkzeitung befestigen helfen, und alle sollen danach handeln. Aus Arbeiterkreisen können noch viele brauchbare Vorschläge gemacht werden. Die „Leitenden" sollen die Meinung fallen lassen, sie würden sich etwas vergeben, wenn sie Anregungen von anderer Seite berücksichtigen. Doch „grau, lieber Freund, ist alle Theorie".

D. M. G.

Literatur.

In der Grünheustraße.

Von Max Eyth.

(Schluß.)

„Kann er Französisch?" fragte ich entrüstet. Der leichtfertige Ton, den Stoß anschlug, gefiel mir nicht. Die Sache war doch zu ernst für unseren guten Schindler.

„Ist er nicht in Paris geboren? Hat er nicht eine Braut in Thüringen? Die Liebe kann schließlich alles," antwortete Stoß mit einem siegreichen Lächeln. „Aber unterbrich mich nicht fortwährend. Ich komme jetzt zum interessanteren Teil meines Reiseberichts.

Unter den Riesenblättern eines Bananenbusches empfing mich in dem Paradiesgarten, den ich nicht weiter schildern will, eine kleine Eva, die ich dir nicht schildern kann. Blaue Augen, goldene Haare, einen Wuchs wie eine Tanne in deinem Schwarzwald, ein Mund – eine Nase – ein Paar Ohren – kurz, wie um aus der Haut zu fahren und ihr an den Hals zu fliegen. Du verstehst mich. Dabei nichts Gefährliches: zwölf oder dreizehn Jahre, das Alter, in dem sie bei uns völlig unmöglich sind. Ich mußte mich tüchtig zusammennehmen, als sie mich nach dem schattigsten Teil des Gartens führte, wo ihr Papa im Gras lag, so lang er war. Er befand sich in Hemdärmeln; in seinem Bart hing etwas Heu; er war ein völlig andrer Mensch als der von der Westminsterstraße. Als er seinen kleinen Engel sagen hörte: „Papa, hier ist der fremde Herr!" drehte er den Kopf ein wenig, ohne sich zu erheben. „Hallo, Herr Plunder," sagte er dann sehr ruhig, „schön, daß sie kommen. Legen sie sich hierher. Wir können am besten so sprechen." Ich gehorchte, nicht ohne einige Verlegenheit, und blieb „Herr Plunder" für den Rest des Nachmittags. Der Empfang hatte etwas Ungewohntes, namentlich da Herr Bruce längere Zeit kein Wort mehr sagte und, wie mir schien, einzuschlafen drohte. Tiefe Stille herrschte ringsum. Bienen summten. Da und dort regte sich ein leises Rauschen in den Bäumen. Nur von der Themse her, die sonnig durch das Buschwerk blinkte, hörte man von Zeit zu Zeit einen fernen, fröhlichen Ruf.

„Wie gefällt Ihnen das?" begann er nach einer Zehnminutenpause. „Sehen Sie, das ist der einzig wahre Genuß im Leben. Im Gras liegen, den blauen Himmel ansehen und ein Blatt oder zwei, die im Wege hängen. Ich kenne nichts Himmlischeres zwischen der Themse und dem Irawaddy."

Dann war er wieder still, fünf Minuten lang.

Doch nach und nach kam ein Gespräch in Gang. Er wollte wissen, woher ich komme, was ich getrieben habe, wie ich zu meinem Englisch gekommen sei. Ich erzählte ihm gewissenhaft, was ich davon wußte, sprach von den polytechnischen Schulen in Deutschland und begann von meinen Zeugnissen zu fabulieren. Ich hatte sie natürlich in der Tasche und lag darauf.

„Der Kuckuck hole Ihre Zeugnisse!" rief er plötzlich lebhaft, zog eine goldene Bleifeder aus der Westentasche, griff nach einer der Zeitungen, die um ihn her im Gras lagen, schrieb nachdenklich etwas auf ihren Rand und reichte mir das Blatt. „Lösen Sie mir das!"

Es waren zwei ziemlich harmlose Gleichungen zweiten Grades mit zwei Unbekannten, deren Lösung ohne Schwierigkeit auf dem Rest des Zeitungsrandes Platz fand. Jetzt erst setzte sich Herr Bruce auf, sah mich näher an und schien plötzlich zu energischer Tätigkeit zu erwachen. „Es ist Zeit zum Ankleiden fürs Mittagessen, Herr Plunder, vielmehr Herr Stoß," sagte er im freundlichsten Ton. „Sie haben keinen Frack hier?"

„Ich hatte keine Ahnung, daß ich die Ehre haben würde —" stotterte ich, nun ebenfalls aufstehend.

„Auch gut!" meinte Bruce. „Missis Bruce wird Sie entschuldigen. Kommen Sie!"

Wir holten ohne weitere Umstände Missis Bruce, die im benachbarten Gebüsch zwischen zwei Bäumen hing, aus ihrer Hängematte herunter. Nach einer Viertelstunde saßen wir unter der schattigen Veranda bei einem kleinen, einfachen, aber vortrefflichen Mittagsmahl. Bruce, der aufmerksamste Wirt, behandelte mich, als ob ich zehn Brücken für Indien zu vergeben hätte; Missis Bruce war liebenswürdig, wenn auch etwas zurückhaltend und erschöpft, von der Hängematte her; die zwei kleinen Miß Bruce waren dagegen um so lebhafter. Ich war ihnen als Deutscher hochinteressant, weil davon die Rede gewesen war, sie auf ein Jahr nach Bonn zu schicken. Sie wollten wissen, weshalb nicht alle Welt Englisch spreche, da ich es doch auch könne und es die einzige Sprache sei, in der man sich verstehe.

„Es wird schon kommen, Ellen!" meinte Bruce mit der Überzeugung des Engländers aus der Zeit Palmerstons.

„Also!" rief Miß Ellen. „Warum soll ich dann nach Bonn? Wenn manchmal ein deutscher Herr zu uns herauskommt, so spricht er ganz ordentlich Englisch. Das genügt mir völlig, Papa. — Maud, es ist nichts mit Bonn. Mama behält recht; wir bleiben, wo es am schönsten ist. Komm, spielen wir!"

Die Mädchen — ich kann dir sagen, Eyth, ein wahres Engelspärchen — verliefen sich wieder im Garten, und die Mama folgte ihnen. Bruce und ich blieben beim Sherry sitzen, bis es Dämmerung und Zeit für mich wurde, an meinen Zug nach der Stadt zu denken. Er hatte mir ein zweites Problem vorgelegt: die Berechnung eines eigentümlichen Gitterbalkens unter einer Belastung an drei Punkten. Es schien etwas aus seiner Praxis zu sein, denn er sah das Ergebnis — die Stärke der zu verwendenden Flacheisen — lange schweigend an, schüttelte den Kopf, nickte wieder, sagte dann kurz: „Das geht nach Kanada!" und steckte das Papier in die Tasche.

Dann begann er in der harmlosesten Weise von seinen Arbeiten zu erzählen, von Viadukten in Neuseeland, von Brücken in Bengalen, von einer riesigen Markthalle in Kalkutta. Die Welt schrumpfte zu einem Kügelchen zusammen, auf dem wir herumhüpften, bald mit dem Kopf, bald mit den Füßen nach oben, wie Fliegen auf einem Apfel. Und überall große Pläne, Arbeit in Menge und Ausblicke in die Zukunft, daß einem die Augen übergingen. Dabei blieb er so ruhig und kühl, als verstände sich alles von selbst, als brauchte er nicht vom Stuhl aufzustehen, um alle Weltteile zu übersehen. Ein andrer Horizont als in Karlsruhe, Eyth! Ich wunderte mich schließlich mehr über mich als über ihn, daß er mir das alles sagte und dabei nicht vergaß, mein Sherryglas zu füllen. Aber ich brauchte mich nicht zu beunruhigen. Er sprach mehr für sich als zu mir. Es war sein Sonntag-Nachmittagstraum. Schließlich begleitete er mich bis an das Gartentor, unter dem er plötzlich stehen blieb. Wie mit einem Ruck ging eine Veränderung in ihm vor. Das Traumgesicht verschwand, das Geschäftsgesicht kam zum Vorschein, bestimmt, scharf, mit einem leisen Zug von Ironie um den halb versteckten Mund. Dann sagte er:

„Ich brauche einen Rechner. Wann können Sie eintreten?"

„Am Mittwoch, Herr Bruce!" sagte ich. Du kannst dir denken, wie mir zumute war.

„Gut! Bis Mittwoch also. Adieu!"

„Und um es nicht zu vergessen," — Stoß machte einen völlig mißlungenen Versuch, Gleichgültigkeit zu heucheln — „am Ende der Gartenmauer, an der mich der Weg zum Bahnhof hinführte, steht auf derselben ein mit Efeu völlig überwachsenes Gartenhäuschen, eine kleine eiserne Pagode, wenn man das Ding näher ansieht. Als ich, noch halb betäubt von der plötzlichen Wendung der Dinge, unter demselben weiterging, wurde von unsichtbaren Händen ein Korb voll Blumen auf mich herabgeschüttet, so kunstvoll und energisch, daß mein Hut in einem Blumenregen davonrollte, und das silberne Lachen von zwei Kinderstimmen — das heißt ziemlich großen Kinderstimmen — mich in keinem Zweifel ließ, wer mich in dieser lieblichsten Weise verabschiedet hatte. Das nennen sie hierzulande ‚practical jokes'. Sie sind eben praktisch, wo sie die Haut anrührt, diese Engländer."

* * *

Ich fand Stoß' Begeisterung für seine Engländer mehr und mehr begreiflich, je öfter er auf den Blumenregen zurückkam, dem er sichtlich eine übertriebene Bedeutung beilegte. Doch hinderte ihn dies nicht, dem kommenden Ernst des Lebens fröhlich entgegenzugehen. Unser Tee war beendet. Wir rückten nach Landessitte an den offenen Kamin, der statt des Feuers mit Papierschnitzeln zierlich gefüllt war, und begannen Vorbereitungen für das übliche Glas Brandy oder Whisky zu treffen, als sich Schindler, von seiner eignen neugierigen Witwe gefolgt, im Gange hören ließ. Wir empfingen ihn mit den gebührenden Freudenbezeigungen, um so mehr, als er der Ermutigung bedürftig schien. Rasch waren die zweite Auflage des Tees und der dritte Hering zur Stelle. Da er versicherte, einen Wolfshunger mitgebracht zu haben, ließen wir ihn für den Augenblick in Frieden, bis auch er seinen Stuhl an den Kamin schob und wehmütig den Zucker im dampfenden Glase umrührte.

„Nun, alter Freund!" rief Stoß, klopfte derb auf seine Schulter und steckte ihm eine Zigarre in den Mund. In seiner Freude konnte er Schindlers bekümmerte Miene nicht länger untätig ansehen. „Raff dich auf! Ist's mißlungen?"

„Nein!" antwortete dieser, ohne Neigung zu zeigen, weiterzusprechen.

„Aber was der Kuckuck machst du dann ein Gesicht wie eine verwitwete Nachteule?"

„Weil es gelungen ist, Stoß, über alles Bitten und Verstehen gelungen!" rief Schindler mit plötzlich erwachender Heftigkeit. „Ich glaube, ich bin ein verlorener Mann!" Er sah in stummem Leid wieder in sein Brandyglas.

„Du hast doch auf dem Heimweg nicht etwa zu viel getrunken?" fragte ich teilnehmend.

„Ich wär's imstande, und, bei Gott, ich wäre berechtigt dazu!" antwortete er und leerte sein Glas mit einer komisch verzweifelten Bewegung, die er vielleicht zum erstenmal im Leben versucht hatte. Schindler war keine theatralisch angelegte Natur. Der Brandy aber tat ihm gut. Er wurde ruhiger und fühlte sich genügend gestärkt, um einen unzusammenhängenden Bericht seiner Abenteuer abzustatten.

Um zehn Uhr war er in Derby angekommen und hatte ohne große Schwierigkeit Doktor Plunders berühmtes Knabeninstitut aufgefunden. Die Knaben schienen, in Derby wenigstens, berühmt genug zu sein. Ein altes, etwas zerfallen aussehendes Gebäude stand in einem ziemlich großen, von einer Mauer umgebenen Garten, der mannigfache Spuren jugendlicher Tätigkeit aufwies. Die eine Hälfte war in einen Spielplatz umgewandelt, auf dem etliche zwanzig gesunde, kräftig und – nach Schindler – boshaft aussehende Jungen mit furchtbarem Ernste und gelegentlich wildem Geschrei Kricket spielten. Als er über den Platz dem Haustor zuging, traf ihn der Kricketball schmerzhaft an den Hinterkopf. Die Jungen waren hierüber in hohem Grade entrüstet, trotzdem er, halb betäubt, sich zu entschuldigen suchte. Doch hatte der Zwischenfall auch sein Gutes. Der Doktor erschien unter der Haustür, nahm ihn nicht allzu unfreundlich unter seinen Schutz und führte ihn in sein Studierzimmer.

„Das erinnert mich lebhaft an meinen Blumenregen, Schindler," sagte Stoß träumerisch. „Wir scheinen beide Glücksvögel zu sein, jeder in seiner Art. Hat es dir auch den Hut vom Kopf geschlagen?"

„Hast du auch eine faustgroße Beule am Hinterkopf?" fragte Schindler etwas gereizt, ehe er fortfuhr. Der Doktor, ein riesiger Fettklumpen, wohlgeölt, würdig und wohlwollend, schien kein übler Mann zu sein. Er half dem neuen Kandidaten freundlich über den stotternden Anfang der Vorstellung weg. Dieser erzählte, wie er durch seinen Freund Stoß, dessen Mutter eine intime Freundin der verehrten Fräulein Schwester des Herrn Doktors sei, erfahren habe, daß das berühmte Institut eines neuen französischen Lehrers bedürfe. Er komme, um sich um diese Stelle zu bewerben.

„Sehr schön, sehr schön!" meinte der Direktor, der mit dem Blick eines weltkundigen Menschenkenners sofort bemerkte, daß er einen billigeren französischen Professor wohl schwerlich gewinnen könne. „Sie haben wohl Zeugnisse, Papiere, Referenzen?" fragte er aber trotzdem mit würdiger Zurückhaltung.

„Zeugnisse – gewiß – das heißt –" stotterte Schindler und griff nach seiner wohlgefüllten Brusttasche. Seine Zeugnisse waren ja ausgezeichnet, berührten aber, wie ihm plötzlich schwer aufs Herz fiel, seine Leistungen im Französischen nicht im geringsten. Die wenigen auf seine sprachlichen Kenntnisse bezüglichen Papiere aus der Gymnasialzeit waren die einzig mittelmäßigen, die er besaß, und trotzdem hatte sie der ehrliche Mensch mitgenommen.

„Sie sehen, Herr Direktor," sagte er mit dem Mut der Verzweiflung, ehe er diese entfaltete, „ich bin ein geborener Pariser, wie Ihnen hier mein Paß bestätigt. Und so ist es wohl nicht unerklärlich, daß ich keinen Wert auf Zeugnisse bezüglich meines Französischen legte."

Dies war eine geschickte Lüge, wenn man berücksichtigt, daß es eine seiner ersten war. Der Gedanke an die ferne Braut hatte sie ihm abgerungen. Sie wirkte wie ein leichter, angenehmer elektrischer Schlag.

„Pariser! Ausgezeichnet! Ganz vortrefflich!" rief der Doktor. „Dies dürfte einen vortrefflichen Eindruck machen. Es ist mir leider selten gelungen, einen geborenen Franzosen dauernd an mein Institut zu fesseln. Einen geborenen Pariser könnte ich als Stern erster Größe bezeichnen. Lassen Sie Ihre Zeugnisse nur in der Tasche: ich bin völlig befriedigt, Mosiu Skindl!"

„Ich habe allerdings darauf aufmerksam zu machen," stotterte Mosiu Skindl, dessen deutsches, in einem wackeren

Pfarrhaus geschärftes Gewissen erwachte, „daß ich Paris schon ziemlich jung verließ."

„Papperlapapp!" — woher der Doktor das Wort hatte, ist unbekannt, er hielt es für französisch — „Sie sind noch jetzt ein junger Mann, Mosiu Skindl. Das geht uns nichts an. Ihr Paß ist nicht gefälscht, das sieht man Ihnen sofort an."

„Aber ich kam jung, ganz jung nach Deutschland!" Schindler bestand eigensinnig darauf, sich zu erklären.

„Nach Deutschland!" rief der Direktor und machte die Gebärde des Fliegens, als ob er sich mit jugendlicher Leichtfertigkeit über all das wegzusetzen gedenke. „Um so besser! Darauf komme ich noch zurück. Das ist wirklich ein ganz wunderbares Zusammentreffen glücklicher Umstände. — Was sind Ihre Bedingungen?"

Schindler war der bescheidenste Mensch der Welt. Trotzdem verdüsterte sich die Miene des Herrn Doktors ein wenig.

„Hm — hm!" machte er und rieb sich sein fettes, glattes Kinn heftig. „Ihrem Herrn Vorgänger hatte ich allerdings ein Drittel, ein volles Drittel weniger Gehalt zu bezahlen. Kost und Wohnung frei. Auch die Wäsche, beachten Sie wohl, auch die Wäsche. Da scheint mir doch die von Ihnen genannte Summe etwas hoch."

„War mein Herr Vorgänger auch geborener Pariser?" fragte Schindler, dem es an Galgenhumor nicht fehlte, wenn ihm das Wasser an die Kehle ging.

„Nein, das nicht," gestand der Direktor; „wir konnten ihn in unsern Anzeigen nur als hervorragenden Franzosen anführen, wenn wir streng bei der Wahrheit bleiben wollten; und wir bleiben grundsätzlich bei der Wahrheit, Mosiu Skindl, schon der uns anvertrauten Jugend wegen. Er war von Schaffhus."

„Aber Schaffhausen liegt nicht in Frankreich," bemerkte der unerschütterliche Schindler.

„Nicht? Was sie sagen!" rief der Doktor erstaunt. „Nun ja, wie dem auch sein möge: in andrer Beziehung war er um so mehr Franzose. Allzusehr! Ich mußte mich von ihm trennen, weil es sich nach kurzer Zeit herausstellte, daß zwei liebende Bräute aus Derby auf sein Herz Ansprüch erhoben. Dazu ist Derby zu klein. Ich hoffe, Herr Skindler, daß Sie Grundsätze haben. Ich sehe auf die strengste Achtbarkeit, selbst bei meinem Professor der französischen Sprache."

Schindler beruhigte ihn mit der Bemerkung, daß er eine heißgeliebte Braut in Deutschland zurückgelassen habe.

„Das ist mir lieb; lassen Sie sie nur zurück," meinte der Doktor. „Und wissen Sie was: geben Sie eine kleine Probelektion. Das genügt und ist mehr wert als alle Zeugnisse. Ich werde mir erlauben, anwesend zu sein, und danach das Gehalt bestimmen, das ich Ihnen auszusetzen berechtigt bin."

Er öffnete ohne weitere Umstände das Fenster und brüllte mit der Stimme eines Posaunenengels über den Spielplatz: „Die jungen Gentlemen der ersten Klasse sofort antreten! Französische Lektion!" Schindler trocknete sich die Schweißtropfen von der Stirn, während das wilde Heer über die Treppen tobte und durch donnerähnliches Zuschlagen von Türen andeutete, daß sich die jungen Gentlemen, tiefgekränkt durch die Unterbrechung ihres Spiels, versammelten. Nachdem etwas Ruhe eingetreten war, betrat der Doktor, von Schindler gefolgt, das Schulzimmer. Der letztere hing den Kopf wie ein Opferlamm, das zur Schlachtbank geschleppt wird. Er hätte der hoffnungsvollen Jugend lieber auf dem Kricketplatz noch zehnmal zur Zielscheibe gedient.

Die Klasse bestand aus zehn großen, kräftigen Burschen von 15—16 Jahren mit roten, blühenden Gesichtern, alle noch keuchend von den Anstrengungen des Spiels. Der Doktor gab Schindler ein Buch in die Hand und sagte feierlich: „Die jungen Herren lesen die schwierigeren Kapitel von Fénelons „Telemach". Wollen Sie anfangen lassen?"

Schindler raffte sich auf. „Bitte", stotterte er, das Buch aufs Geratewohl aufschlagend, „lesen Sie auf Seite 27 den ersten Abschnitt."

Ein langer Junge begann mit durchdringender Stimme siegesbewußt:

„Gwand onk ä diu kŏrătsch, onk weint äbaut diu taut."[1]

Der Doktor nickte befriedigt. Schindler fühlte sich gerettet: hier konnte er noch wirken. Er machte darauf aufmerksam, daß man neuerdings zu Paris nicht „Gwand", sondern „quand", nicht „kŏrătsch", sondern „courage" zu sagen pflege, was die Jungen mit skeptischem Lächeln hinnahmen, dem Doktor aber ein zweites Nicken der Billigung entlockte. „Auch die Aussprache von „on" in der Form von „onk" ist nicht ganz richtig", fuhr der neue Professor fort, „obgleich ich weiß, daß Engländer, die Frankreich häufig bereisen, „Didonk, garsonk!" statt „Dites donc, garçon" zu sagen vorziehen. Man sagt: „on", „donc", „garçon". Überhaupt wird das Französische mehr mit der Nase gesprochen. Sie müssen sich diese Eigentümlichkeit anzueignen suchen, meine Herren." — Diese Bemerkung wurde mit großem Beifall aufge-

---

[1] Quand on a du courage, on vient à bout de tout; das Französische ist englisch ausgesprochen und dadurch völlig unverständlich. Richtige Aussprache wäre etwa: ka (wie das Schwäbische: „kann") tona dü curasche o (wie im Schwäbischen: „Donau") viä (ä wie im Schwäbischen: „hä") tabu de tu (Deutsch: „Wenn man Mut hat, erreicht man alles").

nommen. Auf der zweiten und dritten Bank wurden sofort eigentümliche, kaum menschliche Laute hörbar und entsetzliche Grimassen geschnitten, um dem Wunsch des Herrn Professors wenigstens versuchsweise entgegenzukommen. Die Lektion dauerte eine Viertelstunde, in deren Verlauf der ermutigende Satz von allen Seiten beleuchtet und schließlich von den Schülern so ausgesprochen wurde, daß man ihn fast verstehen konnte. — Befriedigt klappte der Direktor sein Buch zu. Selbst er hatte viel gelernt.

„Eine schöne Wahrheit, eine große Wahrheit, Herr Skindler", rief er. „Quand on a du courage, on vient à bout de tout! Sehr wahr, sehr wahr! — Ihr könnt weiterspielen, Jungen!" — Das wilde Heer stürmte hinaus. Es war ein erhebendes Gefühl, durch das offene Fenster vom Spielplatz her zwischen den Schlägen der Kricketbats den lauten Ruf: „Quand on a du courage!" zu hören.

„Ich bin zufrieden, ich bin sehr zufrieden," sagte der Doktor lauschend. „Sie scheinen ein geborener Lehrer zu sein, Herr Skindler. Nur auf eins möchte ich Sie aufmerksam machen. Alle Franzosen, die den Sprachunterricht in meinem Institut leiteten — gütiger Himmel, ich hatte schon über ein Dutzend! — auch der von Schaffhus, machten, wenn sie im Schulzimmer auf und ab gingen, ganz kleine, zierliche Schritte. — Ganz kleine, zierliche Schritte, Herr Skindler! Sehen Sie, so —"

Der fette Koloß gab eine Vorstellung.

„Daran kennen wir den wahren Franzosen sofort — Sie, Herr Skindler — ich bedaure es sagen zu müssen —, machen ganz unförmliche, riesig lange Schritte. Sie haben sich dieselben wahrscheinlich in Deutschland angewöhnt. Dies erregt Zweifel. Man kann nicht jedermann und fortwährend Ihren Paß vorzeigen. Wollen Sie die Güte haben, sich im Interesse des Instituts eines weniger ausschreitenden, eines zierlicheren Ganges zu befleißigen. Vielleicht wären Gamaschen zu empfehlen. Bitte, versuchen Sie es doch. Sehen Sie, so! — Ganz kleine, zierliche Schritte! — Bravo, bravo! — Noch kleiner, bitte!"

Der Doktor marschierte mit Schindler im Schulzimmer auf und ab, bis letzterer den „französischen Schritt" zur Zufriedenheit des ersteren ausführte. Tief in Schindlers Seele schlummerte der schmerzstillende deutsche Humor. Der regte sich zum Glück. Sonst hätte er diese Szene vielleicht nicht überlebt.

„Und noch etwas," sagte der Doktor, dem Schindler seinen Lebenslauf nunmehr in aller Ausführlichkeit mitgeteilt hatte, in flüsternder Vertraulichkeit: „Sie sind also eigentlich ein Deutscher. Ich danke Ihnen für Ihr offenes Geständnis. Es macht Ihrem Charakter Ehre. Ich mache Sie aber darauf aufmerksam, daß dies niemand zu wissen braucht außer uns. — Als Deutscher sind Sie musikalisch."

Schindler wollte lebhaften Widerspruch erheben. Seit Paris habe er nicht mehr musiziert.

„Keine Einrede! Ich kenne Ihre Bescheidenheit. Sie sind musikalisch. Ich bezahle Ihnen das von Ihnen verlangte Gehalt. Sie übernehmen aber hierfür dreimal wöchentlich den Gesangsunterricht in meinem Institut. Haben Sie nicht vielleicht zwei Namen?"

Schindler sah seinen neuen Herrn entsetzt an.

„Mehrere Ihrer Herren Vorgänger hatten zwei Namen", fuhr der Doktor nachdenklich fort. „Es wäre sehr hübsch, wenn wir Sie für den Gesangunterricht als ‚Herrn Schindler' und für den Sprachunterricht als ‚Mosiu Petischoos' annoncieren könnten. Wir sollten zwei Namen haben, um Mißverständnisse zu vermeiden. Darüber will ich doch ernstlich nachdenken. Alles übrige ist abgemacht, mein lieber Mosiu Skindel. Wann können Sie eintreten?"

Er schüttelte mir die Hand so heftig, daß ich nichts mehr sagen konnte", schloß unser Freund, und aufs neue lagerte sich eine schwere Wolke auf seinen sonst so zufriedenen, wenn auch nicht strahlenden Gesichtszügen. „Von heute an bin ich Professor des Gesanges und der französischen Sprache zu Derby. Ich ließe mir's ja gefallen. Die Geschichte hilft mir aus der augenblicklichen Not; wer weiß, zu was sie sonst gut ist. Wenn ich nur die englische Nationalhymne von einem Choral unterscheiden könnte!"

*   *   *

„Quand on a du courage!" rief Stoß, die Gläser wieder füllend, und wollte in seiner chronisch gewordenen Herzensfreude ein Hoch auf den neuen französischen Musiklehrer ausbringen. Da erschien durch die vorsichtig geöffnete Türspalte der Kopf von Missis Matthews, meiner Wirtin. Sie brachte einen Brief, der mit der Abendpost angekommen sei, und da ich vielleicht spät nach Hause kommen würde, habe sie gedacht — dann verschwand der Kopf wieder.

„Was wird es sein?" brummte ich. „Die Damen werden nachgerade allzu aufmerksam. Die Epistel hätte sicherlich bis morgen warten können!" Gleichgültig riß ich den Umschlag auf; dann aber griff auch ich nach meinem Glas.

„Hipp hipp hurra!" war zunächst alles, was ich meinen Freunden mitteilte.

Der Brief war von John Fowler in Leeds, kurz und bündig, wie alle Briefe Fowlers, deren Form und Wert ich allerdings erst später kennen lernen sollte. Er lautete:

„Lieber Herr Eyth!

Mein Freund Taylor in London erinnert mich an Sie. Wenn Sie Lust haben, in meine soeben in Gang kommende Maschinenfabrik einzutreten, so finden Sie einen Schraubstock. Sobald sich Gelegenheit bietet, sollen Sie dampfpflügen lernen, wofür ich sorgen werde. Das Weitere muß sich finden. Ich glaube an die Zukunft der Sache. Für den Anfang biete ich Ihnen dreißig Schilling die Woche. Damit können Sie leben, was Ihnen vorläufig genügen sollte.

Freundlich grüßend
    Ihr ergebener
        Fowler."

„Hipp hipp hurra!" riefen die zwei andern. Bei näherer Betrachtung mußte ich zwar zugeben, daß nicht alles glänzt, was Gold ist. Aber es war ein Anfang auf diesem Kreideboden, dessen unerwartete Härte wir seit drei Monaten kennen gelernt hatten; ein Ende des bangen, müßigen, erschöpfenden Wanderns von Fabrik zu Fabrik, mit der Hoffnung im Herzen, die in den letzten Zügen lag und nicht sterben wollte. Es war eine Erlösung.

* * *

Die Bewegung ergriff das ganze kleine Haus in verschiedener Weise. Wir brauten das letzte Glas Punsch ziemlich stark. Jeder Grund, die Brandyflasche und die Zuckerdose zu schonen, war verschwunden. Wir stießen die Gläser zusammen, was in der Grünheustraße einen völlig ungewohnten Klang gibt und unsre Hausfrauen erschreckte. Wir begannen deutsche Lieder zu singen: „Muß i denn, muß i denn zum Städtele naus". Manchester ein Städtele! „Morgen muß ich fort von hier" und „Wohlauf noch getrunken". Der neue Musiklehrer brachte all die drei herrlichen Abschiedslieder in einer ergreifenden Mischung zur Geltung, ohne es zu ahnen. Bedauerlicherweise war ich der lauteste. Ich wollte die Grünheustraße nie vergessen, schon weil ich hier fast drei Monate lang schwer gelitten hatte, was mir jetzt erst ganz klar wurde; aber ich wollte hinaus, so schnell als möglich, noch vor den andern! Wohlauf, noch getrunken!

Wir wollten uns am nächsten Morgen nicht mehr begegnen. Es war schöner, heute abzuschließen. Stoß und ich begleiteten den wackeren Schindler, der uns zum erstenmal tief in seine treue Seele hatte blicken lassen, während er die Photographie seines Gretchens ans Herz drückte, nicht ohne einige Schwierigkeit nach Hause. Noch aus seinem Schlafzimmer rief er uns mit vor Rührung zitternder Stimme zu: „Quand on a du courage, on vient à bout de tout."

* * *

* * * Quellen: In der Grünheustraße; aus Max Eyth „Hinter Pflug und Schraubstock." Deutsche Verlagsanstalt Stuttgart. * * *

Herausgegeben und gedruckt von der Daimler - Motoren - Gesellschaft in Stuttgart - Untertürkheim. * Alle Rechte vorbehalten. *
Zuschriften an die Schriftleitung: Friedrich Muff, Stuttgart - Untertürkheim.

DAIMLER WERKZEITUNG
1920 Nr. 14

INHALTSVERZEICHNIS

Werkzeichnung – Modell – Abguß. Von Dr.-Ing. P. Riebensahm. ** Die Arbeitshaltung des Formers. Von Prof. Dr. W. Hellpach. ** Deutsche Lohnarbeit. Von Dipl.-Ing. W. Speiser. ** „Ach, das Gold ist nur Schimäre". Von P. v. Szczepanski. ** H–O–H. Von H. Ehrenberg. '**' Die am Schluß mit D. M. G. bezeichneten Arbeiten stammen von Werksangehörigen.   2. März 1920.

Werkzeichnung — Modell — Abguß.

Von Dr.-Ing. P. Riebensahm.

Die folgenden Ausführungen antworten auf die Artikel „Völliger", „Erwartungen" und „Anregungen" in den Nummern 9, 11 und 12/13 der Werkzeitung. Im Beginn und Schluß sind die wesentlichen Äußerungen jener Artikel in Anführungszeichen wiederholend wiedergegeben.

Schwierig gestaltete Werkstücke, die weder aus dem vollen Material herausgearbeitet, noch durch Schmieden geformt werden können, werden gegossen. Für diese Teile macht der Konstrukteur, wie für jedes andere Werkstück, eine Werkzeichnung, welche die Formen und Maße angibt, die das fertige Stück haben soll.

„Nach dieser Werkzeichnung muß zu jedem zu gießenden Körper vorher ein Modell angefertigt werden. Der Former bettet dieses in Sand. Nach dem Herausnehmen des Modells entsteht im Sand ein Hohlraum, der, mit flüssigem Metall ausgegossen, dem Guß-Stück Form und Maß gibt. Maß mit der Einschränkung, daß sich das Metall beim Erkalten zusammenzieht und kleiner wird. Diesem Zusammenziehen, Schwinden, wird insofern Rechnung getragen, als das Modell mit Schwindmaß (nach vergrößertem Maß-Stab) angefertigt wird."

„Für Hohlräume in den Guß-Stücken müssen besondere Kernstücke in die Form eingesetzt werden. Der Modellschreiner stellt hierzu besondere Hohlräume her, Kernkasten, welche mit Sand vollgestampft, das Kernstück ergeben."

„Um das Modell aus der Form, und den Kern aus dem Kernkasten herausheben zu können, muß der Kernkasten wie das Modell Anzug haben (keilförmig gestaltet sein)."

„An Stellen, wo das Guß-Stück bearbeitet werden soll, muß der Verfertiger des Modells einige Millimeter zugeben, je nach Größe oder Material der betreffenden Fläche."

Der Abguß wird dann nach den Maßen der Werkzeichnung „angerissen" und nach den Rissen abgearbeitet.

Das fertige Stück sollte nun den Formen und Maßen der Zeichnung entsprechen. Dies ist aber nicht der Fall! Die Maße der bearbeiteten Stellen stimmen zwar; aber die Formen der andern Flächen weichen von den gezeichneten ab, und die Wandstärken sind zu einem großen Teil dicker als gezeichnet.

Wie kann das geschehen, wenn der Modellschreiner genau nach der Zeichnung gearbeitet und der Former das Modell sorgfältig und sachgemäß abgeformt hat?

Der Modellschreiner hat das Modell gar nicht genau nach der Werkzeichnung angefertigt. Er hat — außer der Vergrößerung aller Maße entsprechend dem Schwindmaß und außer den Zugaben für Bearbeitung — an vielen Stellen „Anzug" gegeben, der nicht gezeichnet war, und er hat „alle Maße völliger gemacht". Der Modellschreiner hat das getan, weil das Modell nicht geformt werden könnte, und die von der Werkzeichnung verlangten Wandstärken nicht herauskommen würden, wenn er das Modell genau nach den Angaben der Werkzeichnung herstellen sollte und nicht durch System „Völliger" nachhelfen würde.

Wenn dem so ist, und das sei hier zunächst einmal als zutreffend angenommen, so muß der Modellschreiner fragen, warum er auf Selbsthilfe angewiesen bleibt, wenn sein Modell einen vorschriftsmäßigen Abguß ergeben soll, und warum nicht der Konstrukteur seine Zeichnung so macht, daß der Modellschreiner bei bestimmter Einhaltung der vorgeschriebenen Maße unter vollständiger Ausschaltung des Systems „Völliger" ein brauchbares Modell herstellen kann. Man sollte wohl annehmen, daß der Modellschreiner Recht hat, wenn er so fragt, und nicht nur fragt, sondern auch verlangt, daß die Betriebsleitung den Mißstand — den sie nicht gesehen habe — abstelle.

Aber alle Dinge haben zwei Seiten, und mit gleichem Recht könnte wohl gegengefragt werden, ob es wirklich möglich ist, daß in einem großen, gut organisierten Betrieb ein offenbarer großer Mißstand der Leitung so lang verborgen bleibt, und daß dem Konstrukteur „die tatsächlichen Arbeitsgänge fremd sind" oder aber, daß er sich „ein Kurpfuschertum gefallen läßt, das ihm seine Berechnungen wieder zerstört!?"

Um zu beiden Fragen eine nach keiner Seite voreingenommene Antwort zu finden, sollen die tatsächlichen Vorgänge hier in ihrem sachlichen Zusammenhang verfolgt werden, welche von der Werkzeichnung bis zum fertig bearbeiteten Werkstück führen.

Eine solche Untersuchung wird zugleich ein Bild von dem Planen, Entstehen und Gelingen technischer Arbeit geben, das auch für einen größeren Kreis nicht unmittelbar daran Beteiligter interessant und von Wert sein dürfte.

* * *

Der Zusammenhang der Arbeitsgänge ist in der Gießerei ungleich schwieriger und verwickelter als in den anderen Werkstätten der Metallbearbeitung. Jene arbeiten mit genauen Werkzeugen und Vorrichtungen an festen Werkstücken, können genau messen und kontrollieren, und wenn ein Arbeitsgang fertig und abgenommen ist, dann ist er richtig, und der nächste kann ebenso für sich vorgenommen und zum Abschluß gebracht werden, unbeeinflußt von den anderen.

In der Gießerei ist das einzige genaue Hilfswerkzeug das Modell; die danach hergestellte Form und der Abguß können nicht in der Genauigkeit der Metallbearbeitung hergestellt werden, und die Ausführung von Guß, Form und Modell beeinflussen einander weitgehend.

Das Modell hält sich zunächst an die Maße der Werkzeichnung des fertigen Werkstückes. Nehmen wir an, es sei genau danach hergestellt, nur mit der Abweichung nach dem eingangs erwähnten Schwindmaß, und werde so dem Former zur Verfügung gestellt. Es werde in Formsand eingebettet und herausgehoben. Der hohle Abdruck, der dann im Sande bleibt, entspräche der äußeren Gestalt, die das fertige Werkstück haben soll. Bei hohlen Werkstücken entspräche der Zwischenraum zwischen den Kernen (die in der Form die Hohlräume des Stückes darstellen) und der Hohlform den Wandstärken des fertigen Werkstückes; bei doppelwandigen Werkstücken der Zwischenraum zwischen den Kernen, und zwischen Kernen und Hohlform.

Der Former formt nun das Modell ein.

Das Herausheben des Modells aus dem Sand ist keine leichte Hantierung. Die Gestalt der Stücke, die gegossen werden sollen, muß so gebildet sein, daß die Modelle oder Modellteile glatt aus dem Sand gehoben werden können; seitliche Vorsprünge, Nocken, Augen und Leisten können nur lose am Modell angebracht und müssen einzeln herausgenommen werden und dementsprechend gestaltet sein. Der „Anzug", den alle diese Teile erhalten müssen, um ausgehoben werden zu können, muß den verschiedenen Gestaltungen der Konstruktionsteile angepaßt sein, bei größeren vielgestaltigen Körpern stärker als bei einfachen kleineren.

Dies alles läßt sich maßweise festlegen und wird vom Konstrukteur in die Werkzeichnung hineingearbeitet. Hier handelt es sich freilich nicht um theoretische Berechnungen, sondern um Erfahrungswerte aus den Werkstätten; diese lassen sich in Tabellen und Vorschriften festlegen, aber doch nicht so eindeutig und allgemeingültig, daß nicht der Konstrukteur vor der endgültigen zeichnerischen Gestaltung eines neuen oder doch neuartigen Werkstückes sich mit der Werkstätte darüber beraten müßte.

Dies geschieht auch. Trotzdem kann sich bei der Ausführung eines Modells oder eines Probeabgusses noch ergeben, daß sich das Stück so, wie es konstruiert wurde, noch nicht formen oder gießen läßt. In solchen Fällen darf die Werkstätte nicht nach eigenem Ermessen Änderungen vornehmen, ohne sie mit dem Konstrukteur zu besprechen oder ihm wenigstens Mitteilung zu machen. Erfährt der Konstrukteur nicht, daß sich Anstände ergeben haben, so muß er annehmen, daß alles in Ordnung ist, und kommt nicht dazu, Erfahrungen zu sammeln und zu verarbeiten. Besprechen aber Werkstätte und Konstrukteur solche Erfahrungen, so wird das Konstruktionsbüro das nächste Mal Zeichnungen liefern, nach denen die Werkstätte arbeiten kann.

Trotz des Anzuges und noch so günstiger Gestaltung geht das Modell nicht ohne weiteres aus dem Sand heraus. Der Former muß das Modell klopfen, um es von der Form zu lockern. Das verändert natürlich ein wenig die Form. Der Geschickte wird ein Modell auch bei geringem Anzug ausheben können, ohne stark zu klopfen und doch ohne die Form zu beschädigen. Der Ungeschicktere oder Bequemere wird ohne allzugroße Rücksicht auf eine Veränderung der Form stärker klopfen, um das Modell leichter herauszubekommen und nicht die Form ausbessern zu müssen; seine Form ergibt einen Abguß, der größer ist als das Modell.

Der Werkstoff, mit dem der Former arbeitet, ist lehmartiger Formsand. Aus solchem Stoff lassen sich keine sehr genauen Teile herstellen, wie etwa aus Holz oder Metall. Wenn mehrere solcher nicht sehr genauen Teile ineinander gelegt werden, wie beim Zusammenbau der Form aus Hohlformen und Kernen, so muß naturgemäß die Genauigkeit der Gesamtform darunter leiden.

Die Formen und Kerne müssen mit Graphit-Schwärze bestrichen werden. Die Schwärze trägt auf, dadurch werden die Abmessungen verändert: die Hohlform wird kleiner, die Kerne werden größer, und zwar in verschiedenem Maß, je nachdem der Former die Schwärze dicker oder dünner anrührt und gleichmäßig oder ungleichmäßig aufträgt. Der eine macht einen Brei, der andere eine wässerige Lösung; das ist in jeder Gießerei und bei jedem Former anders. Dadurch werden die Wandstärken des Stückes kleiner als beabsichtigt. Durch die Schwärze allein können Abweichungen bis über 1 mm von der gezeichneten Wandstärke herbeigeführt werden, da auf beiden Seiten der Wandstärke der Hohlraum der Form durch die Schwärze verringert wird.

Der Former sucht diese Ungenauigkeiten zu beseitigen oder zu vermitteln, indem er an der Form nacharbeitet und an den Kernen scheuert und abschneidet. Die Schwierigkeit des Arbeitsstoffes und Vorganges erfordert große persönliche Geschicklichkeit, und es gibt Former, die manches Stück formen können, das andere in anderen Gießereien nicht fertig bringen. Trotzdem kann aus den vorher geschilderten Gründen keine Form von absoluter Genauigkeit zustande gebracht werden; die Form hat unvermeidlich Abweichungen von dem Modell, nach dem sie gemacht wurde, nach oben und unten, d. h. die Hohlräume, die als Wandstärken des Abgusses zwischen den Formwänden bleiben, werden teils größer, teils kleiner sein als gezeichnet. An verschiedenen Stellen wird nun eine schwächere Wandstärke als gezeichnet nicht zulässig sein, da der Konstrukteur in dem Bestreben, möglichst leicht zu konstruieren, die geringste Wandstärke gezeichnet hat, die seine Berechnung zuläßt und die Gießtechnik erlaubt.

Aus all diesem ergibt sich, daß ein Modell, welches genau nach Werkzeichnung ausgeführt ist, nicht einen vorschriftsmäßigen Abguß ergibt.

Nach dem Ausgießen der Form treten beim Erkalten des Metalls außer dem normalen Schwinden noch andere Verziehungen ein, die von der Größe, der Gestalt und den Wandstärken des Stückes abhängen. Sie sind unberechenbar. Gewisse Teile des Gußstückes verkürzen sich mehr als andere; dadurch werden gerade Wände gewölbt und geradlinige Kanten und Leisten krumm. An Stellen, an denen der Abguß bearbeitet wird, werden durch die Bearbeitung solche Verkrümmungen beseitigt. Dabei wird eine lange gerade, gleichmäßig stark gegossene Leiste zum Beispiel, die krumm geworden und gerade abgehobelt wird, an den Enden weniger Material verlieren als in der Mitte; sie wird in der Mitte dünner, als gezeichnet, wenn sie im Modell ebenso stark war wie auf der Zeichnung.

Ähnlich wie vorher ergibt sich auch hier: Wenn das Modell genau nach der Werkzeichnung ausgeführt ist, so wird der fertig bearbeitete danach hergestellte Abguß anders, als die Zeichnung verlangt.

Die Werkzeichnung könnte doch nun auch diese Abweichungen berücksichtigen und andere Maße einschreiben, ebenso wie sie vorher die anderen Anforderungen der Werkstatt: Anzug, Modellteilung und dergleichen berücksichtigt hat!

Der Konstrukteur schreibt in die Zeichnung die Maße ein, die er nach seiner Berechnung braucht; z. B. für eine Wandstärke 4 mm. Wenn das Modell ebenfalls mit 4 mm ausgeführt wird, so kommt, wie wir gesehen haben, unter Umständen im Abguß eine schwächere Wandstärke, z. B. 3 mm heraus. Nehmen wir an, der Konstrukteur schreibt nun, um mit Sicherheit die gebrauchten 4 mm zu bekommen, 5 mm ein. Dann würde bei der gleichen Abweichung wie vorher zwar der Abguß 4 mm erhalten; aber die Zeichnung gäbe keinen Anhalt mehr dafür, welches die gebrauchte Wandstärke ist. Die berechnete Zahl, die für die Kontrolle des Gusses wie für die Bearbeitung nötig ist, ginge dabei verloren.

Es bleibt daher nichts anderes übrig, als daß der Konstrukteur die Maße seiner Berechnung zeichnet und einschreibt, und daß der Modellschreiner an den Stellen, an denen eine schwächere Wandstärke als die gezeichnete nicht zulässig ist, das Modell völliger macht, sodaß die gebrauchte Wandstärke auch dann noch herauskommt, wenn die unvermeidliche Ungenauigkeit der Form eine Abweichung nach unten hervorbringt. Dabei muß in Kauf genommen werden, daß umgekehrt, wenn diese Abweichung nach oben ausfällt, die Wandstärke stärker wird als gezeichnet. Wie bei Wandstärken, so ist es bei Nocken, Augen und Leisten; mit Rücksicht auf Verlagern und Versetzen müssen sie entsprechend völliger gemacht werden, damit die Bearbeitung mit Sicherheit auskommt. Und da im allgemeinen äußerst knapp konstruiert werden muß, so werden unvermeidlich im allgemeinen die Modelle völliger gemacht werden müssen und die Abgüsse stärker sein, als die Werkzeichnung angibt.

* * *

Zwischen Werkzeichnung und Modell müssen also grundsätzliche Veränderungen der Konstruktionsmaße vorgenommen werden; es muß eine sachgemäße Übersetzung der Maßzahlen geschehen und zwar in einer zweiten Zeichnung, der „Modellzeichnung".

Der Modellschreiner fordert, daß diese Übersetzung schon im Konstruktionsbüro geschieht. In einzelnen Werken geschieht das auch, aber es kann nur in solchen sein, in denen die Art des herzustellenden Gegenstandes einen ganz außergewöhnlich engen Zusammenhang zwischen Konstruktionsbüro und Gießerei zuläßt oder vielmehr erfordert, und dem Modellschreiner nicht die geringste Freiheit bei der Ausführung seines Modells gestatten kann.

Im Automobil- und Motorenbau würde es eine außerordentliche Belastung des Konstrukteurs, der schon durch die wissenschaftlichen Schwierigkeiten seines Arbeitsgebietes sehr beansprucht ist, bedeuten, wenn er auch noch all das wissen sollte, was zu den Erfahrungen des Gießers und Formers gehört. All diese Erfahrungen laufen bei dem Modellschreinermeister zusammen. Bei ihm bringt der Gießer seine Wünsche an, um ein möglichst gut und leicht zu gießendes Modell zu erhalten. Ihm stellt der Former seine Bedingungen, die für die Formbarkeit und das Gelingen des Modells maßgebend sind. Er soll all die Ungenauigkeiten, die die Natur der Form und des Gießvorganges bedingen, berücksichtigen, und soll dabei das Modell so machen, daß, wenn der

Former danach formt, ein Abguß herauskommt, der dem vom Konstrukteur gezeichneten Werkstück möglichst nahe kommt, jedoch nirgends die gebrauchten Wandstärken unterschreitet.

Daher ist der Modellschreinermeister am ehesten imstande, eine solche Übersetzung der Werkzeichnung vorzunehmen. Er führt sie aus nicht in einer besonderen Zeichnung, sondern in dem Riß auf dem Brett, den er für seine Modellschreiner zu jedem Modell anfertigt.

Freilich muß er hierzu von dem Konstruktionsbüro genaue Angaben darüber bekommen, an welchen Stellen der Konstruktion keine Abweichung nach unten zulässig ist, und welche Abweichungen an den anderen Stellen gestattet werden. Es ist heute allgemein üblich, die Werkzeichnungen für die Metallbearbeitung mit genauen Angaben über den auszuführenden Genauigkeitsgrad vor den entsprechenden Maßzahlen zu versehen. Gleiche Angaben für die Modellherstellung enthalten diese Zeichnungen nicht, sondern man beschränkt sich hier auf mündliche Angaben und Vereinbarungen. Das überträgt einerseits manche Schwierigkeit und die volle Verantwortung auf den Modellschreiner, andererseits läßt es seiner Willkür große Freiheit und bringt ihn in die Versuchung, die Völliger-Zugaben allgemein zu machen, um der Gießerei entgegenzukommen; wodurch die berechtigte „Selbsthilfe" zu einer „wilden" ausarten würde. Es ist verständlich, daß die Gießerei auf völlige Modelle dringt, weil sie ihr das Formen und die Vermeidung von Fehlgüssen erleichtern; geht doch jeder Fehlguß auf Rechnung der Gießerei.

In gewissem Maße muß diesem Wunsch der Gießerei auch entgegengekommen werden, und zwar insofern, daß nicht Wandstärken von ihr verlangt werden, die gießtechnisch zu schwer herstellbar sind. Das darf aber natürlich nicht so weit gehen, daß alles völliger gemacht wird. Dadurch würde die Güte der Gießerei allmählich zurückgehen. Denn wissen die Former: Es ist alles völliger, so können und werden sie dadurch verleitet werden, mit weniger Sorgfalt zu arbeiten, da ja in diesem Fall die gebrauchten Wandstärken mit großer Sicherheit herauskommen. Fehlgüsse würden also so gut wie ausgeschlossen sein, die Arbeit der Gießerei erschiene sehr zuverlässig, — aber die Abgüsse würden über Gebühr schwer werden. Wissen die Former dagegen: Alle Modelle sind mit größter Knappheit und Sorgfalt dahin gearbeitet, daß die geringsten möglichen Wandstärken erzielt werden, so müssen sie sorgfältig arbeiten, und werden so allmählich dazu erzogen, auch schwierigsten Guß fertig zu bringen. Denn von vorneherein kann das keine Gießerei; auch hier macht erst Übung den Meister. Was sich an dünnem Guß erreichen läßt und von der Gießerei verlangt werden kann, ist von Gießermeister und Konstrukteur miteinander für bestimmte Arten von Gußstücken und Metallen festzulegen. Wo theoretisch berechnete Wandstärken kleiner sind als die gießtechnisch möglichen, müssen die letzteren eingesetzt werden.

Das System „Völliger" darf dann nur als Sicherheitsmaß die Stellen treffen, an denen eine große Sicherheit notwendig ist oder erfahrungsmäßig so große Ungenauigkeiten entstehen, daß sie die Bearbeitung stören. Diese Stellen und die betreffenden Maße sollen vom Konstruktionsbüro auf den Blaupausen rot angemerkt werden, wie die Bearbeitungszugaben, oder etwa mit einem besonderen Zeichen, z. B. „g" (genau), versehen werden, wie dies ähnlich für die Metallbearbeitung geschieht.

Werden die Besprechungen und Vereinbarungen zwischen Konstrukteur und Werkstatt schon bei der Entstehung einer neuen Konstruktion gepflogen, um nicht an der fertigen nachträglich noch viel Änderungen vornehmen zu müssen, die in vielen Fällen gar nicht mehr möglich sein würden, so sollen die fertigen Werkzeichnungen, ehe sie für die Werkstatt gültig gemacht werden, zu einer letzten „Modellprüfung" an die Modellschreinerei gegeben werden; so wie sie heute zur „Normprüfung" an die Normenabteilung gehen, wo festgestellt wird, ob die Konstruktion alle Normen der Metallbearbeitung berücksichtigt hat. Ebenso hat die „Modellprüfung" zu kontrollieren, ob alle Vorschriften und Vereinbarungen für den Bau des Modells schließlich auch wirklich berücksichtigt sind.

Eine Kontrolle des fertigen Gußstückes durch Zerschneiden und Nachprüfen der Wandstärken, wie durch Nachwiegen wird ergeben, ob die Absichten und Maßnahmen dieser gemeinsamen Arbeit zum Ziel geführt haben; wo nicht, da sind noch nach dem Probeabguß Änderungen vorzunehmen, damit die Reihenfertigung dann mit möglichster Vollendung vor sich gehen kann. Aber auch in der Reihenfertigung soll eine dauernde Kontrolle der Arbeit von Formerei und Gießerei stattfinden, derart, daß bei einem bestimmten Prozentsatz der Abgüsse Schnitte und Wägungen vorgenommen werden. Dadurch wird sowohl in bezug auf die Güte des Erzeugnisses wie auch auf Materialersparnis mancher Vorteil sich erzielen lassen.

Bei solcher Regelung der Arbeiten wird nun innerhalb der Modellschreinerei der einzelne Modellschreiner genaue Risse und Angaben erhalten, so daß er in der Lage ist, das zu erfüllen, was er selbst als seine Aufgabe bezeichnet: „daß er die vorgeschriebenen Maße der Modellzeichnung gewissenhaft einhält, äußerst genau arbeitet, bei Modell und Kernkasten mit Gegenschablonen operiert und sein ganzes Interesse der Herstellung eines tadellosen formgerechten Modells zuwendet."

Dem Modellschreiner soll dadurch nicht seine Kunst genommen werden; es wird an jedem Modell trotz aller Angaben und Vorschriften immer noch Stellen geben, wo er seine Kunst anwenden kann und muß.

* * *

Die vorstehenden Ausführungen werden vielleicht von Einigen so gedeutet werden, daß eben doch wieder „die Leitung es besser weiß als derjenige, der es täglich auszuführen hat", und daß sie viel, gar schon sehr viel getan zu haben glaube, wenn sie solche „Anregungen von unten" aufnimmt und vermittels ihres Besserwissens widerlegt.

Dieses Urteil würde wohl nicht standhalten können vor der Tatsache, daß diese Ausführungen nicht das Besserwissen der Leitung darstellen; sie sind vielmehr das Ergebnis einer eingehenden Prüfung der Verhältnisse, die auf die Kritik des Arbeiters hin eingesetzt hat. An dieser Prüfung haben alle Beteiligten, Arbeiter und Vorarbeiter, Meister und Ingenieure verschiedener Werkstätten, Konstrukteure und Werksleitung mitgewirkt. Dabei hat es sich herausgestellt, daß die Kritik des Arbeiters nicht unberechtigt war. Es sind erhebliche Abweichungen von dem, was sich werkstattstechnisch hätte erreichen lassen, und ein Mißbrauch des Systems Völliger, festgestellt. Zu einem großen Teil wird dies auf Einwirkung der übersteigerten Massenfabrikation im Kriege zurückzuführen sein, bei der es mehr darauf ankam, große Mengen herauszubringen, als etwa zuerst der Forderung größter Leichtigkeit nachzugehen, die bei der großen Leistungsfähigkeit der im Kriege erzeugten Motoren sich als gar nicht mehr so ausschlaggebend erwiesen hatte.

In gleicher Weise hat die Güte aller Industrie-Werkstätten im Kriege nachlassen müssen. Es ist jetzt die wichtigste Aufgabe, sie wieder zur höchsten Leistungsgüte zurückzuführen, um der deutschen Technik ihre frühere führende Stellung wieder zu sichern.

Im vorliegenden Falle hat sich als Mittel dazu ergeben: Die Einführung der Angabe von Genauigkeitsgraden für die Modellherstellung bei den Maßzahlen der Werkzeichnungen; der „Modellprüfung" der Werkzeichnungen vor deren Gültigmachung für die Werkstatt, und der dauernden Querschnitts- und Gewichts-Kontrolle der Abgüsse. Damit kann das System „Völliger" auf ein Maß zurückgeführt werden, das ihm den Charakter des Mißbrauchs nimmt und es zu einem rechtmäßigen und zweckmäßigen Herstellungsvorgang erhebt.

Die Mitwirkung eines Arbeiters hat hier dem technischen Betrieb unbestreitbar einen Vorteil zugeführt. Die Art der Lösung dieses Falles dürfte aber neben dem sachlichen Nutzen für das Werk allen Beteiligten die Genugtuung und Beruhigung einer wirklichen Klärung bringen. Sie zeigt, daß die Mitarbeit aller Angehörigen des Werks dann gelingen kann, wenn alle zu der Stelle, die diese Arbeit zusammenfassend zu leiten hat, das Vertrauen haben, daß sie sachlich und unparteiisch dabei vorgeht. Deshalb wird die Leitung des Werks und der Werkzeitung, die zu solcher Arbeit aufgerufen hat, festhalten an der offenen und ehrlichen Sprache, wie die Werkzeitung sie bisher gesprochen hat — oder doch zu sprechen versucht hat.

D. M. G.

Die Arbeitshaltung des Formers.
Von Prof. Dr. Willy Hellpach in Karlsruhe.

Es gibt viele Menschen, die selber eine Art Unbehagen an sich verspüren, wenn sie einen anderen Menschen in unbequemen oder gefährlichen Stellungen hantieren sehen. So können manche nicht gut einem Dachdecker zuschauen; das Gefühl des Herunterfallens rieselt ihnen schauerlich durch den eigenen Körper. Es ist uns Europäern nicht bloß unfaßlich, wie die Asiaten stundenlang mit untergeschlagenen Beinen auf dem flachen Erdboden sitzen und sich dabei behaglich und ausgeruht fühlen können, sondern nicht Wenigen verursacht der Anblick dieser Stellung eine Art Wehgefühls in den eigenen Gliedern. Ich muß gestehen, daß mich ein solches Gefühl von Unbehagen, angedeutetem Kreuzweh und Müdigkeit befiel, als ich vor kurzem bei einem Gang durch das Daimler Werk die Former an ihrer Arbeit sah.

Die Form ist in die flache Erde eingebettet; so wissen wir's ja übrigens schon aus dem Anfang von Schillers „Glocke", wo es heißt: „Fest gemauert in der Erden steht die Form aus Lehm gebrannt". Tief gebückt darüber steht der Former und hantiert. Sein Körper ist im Kreuz ungefähr rechtwinklig gebeugt; dabei steht er auf beiden Beinen, er sitzt nicht, er kniet nicht, er lagert sich nicht langausgestreckt auf den Boden neben der Form (was alles er doch wohl könnte, denkt unsereins), er steht. Er steht ungefähr so, wie wir es als Kinder taten, wenn wir mit tief gesenkten Köpfen „durch die Beine guckten" und die Welt dann so sonderbar verändert fanden.

nie geformt habe): es müßte doch dem Former und der Form zugute kommen, wenn die Stellung beim Arbeiten bequemer sein könnte. Sei es, daß der Former sich neben die Form auf den ebenen Boden setzt, kniet (längeres Knieen ist freilich wiederum sehr anstrengend) oder lagert; sei es, daß die ganze Form aus dem Boden heraus — und in Bauch- oder Brusthöhe des Formers gebracht werden könnte, sodaß er seine Arbeit sitzend oder stehend verrichten würde!

Es kann ja sein, daß die Form keine andere Lagerung verträgt als unten auf dem Erdboden. Das müssen die Sachverständigen sich überlegen. Es kann aber auch sein, daß der Former wirklich in dieser Stellung am besten arbeitet, daß ihn diese Stellung immer noch am wenigsten ermüdet, obwohl es für uns Nichtformer so aussieht, als müsse ihn gerade diese Stellung ganz ungeheuer ermüden. Nämlich, ohne irgend ein „Bücken" wird es wohl beim Former nicht abgehen? Wenn ich mir denke, daß die Form einen Meter über dem Erdboden angebracht würde, sagen wir eingebettet in eine Tischplatte, so würde der Former dann zwar nicht sein Kreuz, aber seinen Nacken, sein Genick beugen müssen. Ich will es einmal mit ein paar Strichen, so wie Kinder manchmal aus Spaß Menschen aufs Papier malen, andeuten; die Zeichnung 1 zeigt den Former, wie ich ihn im Daimler-Werk sah, die Zeichnung 2 zeigt ihn, wie ich mir seine Arbeit bequemer vorstelle.

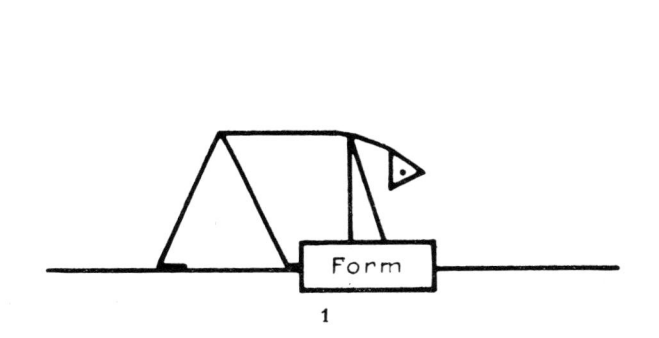

1   2   3

Lange haben wir das nie ausgehalten. Dann stieg uns das Blut zu Kopfe, und das Kreuz (samt den Beinen) fing an zu schmerzen. Und wenn ich den gebückt schaffenden Former anschaue, so denke ich mir auch, es müssen ihm das Kreuz steif und weh werden und der Kopf heiß und schwindlig.

Dennoch frage ich mich, ob er denn in dieser unbequemen Haltung arbeiten muß? Ich sehe nicht recht ein, daß er es muß, und sage mir (obwohl ich noch

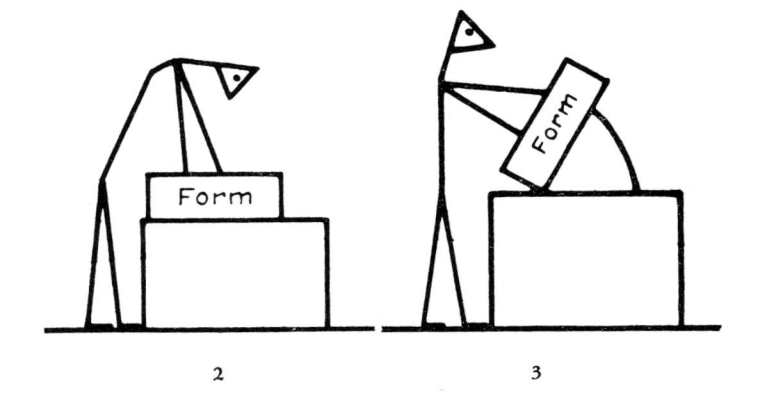

Mit gebeugtem Genick lange zu stehen, ist erfahrungsgemäß auch recht ermüdend. Aber ist es so ermüdend, wie mit gebeugtem Kreuz, gespreizten Beinen, wagrechtem Oberkörper und gesenktem Kopf lange zu stehen? Das kann ich mir eigentlich doch nicht vorstellen.

Vielleicht ließe es sich sogar möglich machen, daß der Former nicht einmal den Nacken zu beugen brauchte? Wenn man nämlich die Form in Brusthöhe und verstellbar lagerte (Zeichnung 3), sodaß er sie vor sich bringen kann wie **heute** viele Zeichner ihr Reißbrett? Vielleicht rede ich da recht einfältiges Zeug, dann will ich mich gerne eines Gescheiteren belehren lassen, am liebsten von den Formern selber. Aber die Zeichner haben auch lange gemeint, es sei nicht zu ändern, daß ein Reißbrett flach auf einem Tisch liege, sodaß sich der Zeichnende darüber beugen und oft mit dem halben Körper darüber legen muß — jedoch heute bürgern sich immer mehr die aufstellbaren und verstellbaren Reißbretter ein, vor denen der Zeichner sitzen und stehen kann, je nachdem es ihm bequem ist; und es ist zu hoffen, daß die Zeichner nicht mehr wie früher alle an Magendrücken, Appetitlosigkeit und Verdauungsstörungen leiden werden!

Ich kann mir nicht denken, daß die im Kreuz gebeugte Formerstellung den inneren Organen des Leibes zuträglich sein könne. Magen und Gedärm müssen dabei zusammengepreßt werden. Auch der abwärts gesenkte Kopf ist keine gesundheitlich vorteilhafte Haltung. Er begünstigt Blutstauungen zum Gehirn hin, und dies kann Ursache „nervöser" Zustände werden. Ich habe schon manchmal gehört, daß die Former als eine empfindliche, leicht reizbare Menschenart gelten. Wenn das wahr ist (vielleicht wehren sich die Former aber gegen eine solche Behauptung!), so könnte es am Ende mit ihrer unzweckmäßigen Haltung bei der Arbeit zusammenhängen. Ein beweisendes Urteil würde der Arzt allerdings erst gewinnen können, wenn er Gelegenheit hätte, alle Einzelheiten des Muskelspiels und der Muskelspannung am Körper eines nackt arbeitenden Formers zu beobachten.

Was sagen die Former wohl selber dazu? Vielleicht lachen sie über den fabrikfremden Professor, der nichts von ihrer Arbeit versteht und nun doch darüber klug reden, ihnen guten Rat erteilen will. Haben die Former eigentlich schon einmal darüber **nachgedacht**, ob ihre Arbeit so getan werden **muß**? und warum? oder ob sie bloß so getan wird, weil sie eben seit urdenklicher Zeit so getan **wird**!

Wenn keine Nachteile damit verbunden sind, also wenn das Formen nicht darunter leidet und die Former auf andere Art nicht **noch** müder werden — so sollte man für diese Arbeit eine zweckmäßigere Haltung ausdenken und einführen. Das kommt dann dem Arbeiter **und** der Arbeit zugute! Arbeit ohne Anstrengung und Unbequemlichkeit gibt es freilich nicht; und für manche Arbeiten muß man auch sehr große Unbequemlichkeiten in Kauf nehmen. Für einen Gelehrten z. B. ist es sehr lästig, daß er seine Gedanken in täglich stundenlanger Mühe, oft Monate und Jahre hindurch nieder**schreiben** muß; jeder Gelehrte weiß, welche Qual diese endlose Schreibarbeit oft ist; aber es hilft nichts. Der Arzt, welcher operiert, leidet oft sehr unter der großen Hitze und den Chloroformdünsten im Operationszimmer; aber dem entkleideten und betäubten Kranken zuliebe muß das in Kauf genommen werden. Es ist bekannt, wie unbequem und ungesund die sitzende Lebensweise vieler Berufsarten ist; aber die Beamten müssen das dennoch ertragen, es geht eben nicht anders. Jedoch, man soll alle **überflüssigen** Unbequemlichkeiten aus der Arbeit entfernen!

Darauf haben wir früher viel zu wenig geachtet. Auf was für Bänken haben unsere Schulkinder sich plagen müssen, und wie lange hat man kämpfen müssen, ehe man bequeme, vernünftige Schulbänke konstruierte! An was für Tischen und Pulten müssen in vielen amtlichen Büros und in Kontoren bei uns noch immer viele Beamten arbeiten! Um wie viel könnte erstens die Arbeitslust gehoben werden, zweitens die Arbeitsmüdigkeit verringert werden, drittens die Qualität des Gearbeiteten gesteigert werden, wenn man mit mehr Überlegung alle überflüssigen Unbequemlichkeiten aus der Arbeit entfernen wollte! Aber an dieser Überlegung müssen die Arbeitenden selber mitwirken. Es ist etwas nicht deshalb gut, weil man es seit jeher so macht. Und es gibt keine Leistung auf der Welt, die es nicht wert wäre, immer wieder einmal gründlich überprüft und durchdacht zu werden. Denn eine Arbeit mag „hoch" oder „niedrig" sein, dies macht immer erst ihren Segen aus, daß der arbeitende Mensch mit seinem Kopfe an ihr Anteil nimmt, daß er sie nicht zeitlebens stumpfsinnig weitermacht, wie er sie einmal gelernt hat, sondern sie zum Gegenstand der Vervollkommnung durch sein Nachdenken macht. Damit wird uns allen auch eine von Haus aus schwere und eintönige Arbeit dann lieb und wert. Nur dann behält der alte Justus Möser recht, ein etwas wunderlicher, aber grundgescheiter Mann, der vor etwa 150 Jahren lebte und einmal das merkwürdige Wort ausgesprochen hat: „Die Arbeit ist der **Fluch**, mit dem Gott uns Menschen **gesegnet** hat".

Deutsche Lohnarbeit.

Von Dipl.-Ing. W. Speiser.

Der Besiegte arbeitet in Fronarbeit für den Sieger. Das scheint folgerichtig und verständlich, und der uns aufgezwungene Vertrag von Versailles legt uns denn auch so reichliche Lasten auf, daß das deutsche Volk nur in schwerer Arbeit die Güter wird schaffen können, die zum Abtragen dieser Lasten erforderlich sind. Noch aber meinte man, diese Arbeit werde sich in der Form vollziehen, daß deutschen Eigentümern — seien es einzelne oder die Allgemeinheit — der Mehrwert der aufgewandten Arbeit zuwachse, und daß von ihrem rechtmäßig erworbenen Gewinn dann die Schuld werde getilgt werden können. Mehr und mehr aber verschiebt sich das Bild. Der Ausverkauf Deutschlands schreitet fort, nicht nur an Waren wandert alles ins Ausland ab, was dieses lachend und billig bezahlt, sondern auch die Produktionsmittel, unsere Fabriken, sind in zahlreichen Fällen in die Hände ausländischer Kapitalisten gekommen, so daß auch der Gewinn der in ihnen geleisteten Arbeit zunächst und zum großen Teile nicht mehr Deutschen zugute kommt, nicht mehr imstande ist, die deutsche Schuld abbürden zu helfen. Nicht mehr für die Entlastung des Vaterlandes, für das allmähliche Erträglichermachen der eigenen Lage arbeitet der deutsche Arbeiter, sondern für den ausländischen Besitzer, der noch obendrein vermöge des Einflusses, den er auf die Geschäftsführung des „deutschen" Werkes nehmen kann, nicht zögern wird, dieses zu schädigen, ja zugrunde zu richten, wenn er dadurch eigenen mitbewerbenden Werken die Bahn frei macht. Das ist der tiefere Sinn des Verkaufes deutscher Werke an das Ausland!

Und doch schreitet dieser Vorgang tagtäglich weiter. Mit allen Mitteln, vom offenen, unmittelbaren Kauf bis zum vorsichtigen, geheimen Ansichbringen der Aktienmehrheiten, arbeitet zielbewußt das ausländische Kapital, und mehr und mehr wird der Deutsche zum Lohnsklaven. Schon liegen ganze Industriegruppen — erinnert sei an die Margarine-Industrie, bei der es schon vor dem Kriege in weitem Maße der Fall war, und an die Speiseöl-Industrie, bei der sich scheinbar gerade jetzt der Übergang vollzieht oder vollzogen hat — in der Hand von Ausländern, schon streckt das fremde Kapital ganz unverhüllt die Hand aus nach den Industrie-Unternehmungen ganzer Länder. Ist auch die vom „Vorwärts" kürzlich gemeldete Bildung einer „German-Austrian Exploiting Company" in New York mit einem Kapital von 100 Mill. Doll., die angeblich zunächst die Wiener öffentlichen Werke, Gaswerk und Straßenbahn, aufkaufen wollte, vor der Hand anderweitig nicht bestätigt worden, so liegen doch schließlich andere Vorgänge ganz im gleichen Sinne. Wenn Deutsch-Österreich eine seiner Haupteinnahmequellen, das Tabakmonopol, gegen ein Darlehen von 200 Mill. Fr. an Frankreich verpachtet hat, wenn die Übergabe der österreichischen Staatsbahnen an eine aus Gläubigerstaaten gebildete internationale Aktiengesellschaft ernsthaft vorgeschlagen wird[1], als dem unmittelbaren Verkauf an ein amerikanisches Unternehmen vorziehbar, so mag die noch größere Notlage Deutsch-Österreichs zu diesen verzweifelten Mitteln zwingen. In Deutschland hat eine große amerikanische Fleischkonserven-Fabrik die ausreichende Versorgung der Bergarbeiter mit Lebensmitteln angeboten, wenn unter allgemeiner Erhöhung der Arbeitszeit wöchentlich der Ertrag einer Tagesschicht der Gesellschaft zufließen würde.

Trotz allem, was dagegen spricht, wird indessen auch der deutschen Industrie in großem Umfange nichts anderes übrig bleiben, als unmittelbar in der Form des Lohnvertrages für das Ausland, das die Produktionsmittel, zum mindesten Geld und, was heute wichtiger ist, Rohstoffe in der Hand hat, Lohnarbeit zu leisten und sich dementsprechend mit dem geringeren Gewinn zu begnügen, der der unselbständigen Arbeit entspricht. In Berlin soll — einstweilen freilich nur mit 300 000 M. Aktienkapital — eine „American Steel Engineering and Automotive Products Co." gebildet worden sein, die deutschen Verarbeitern Rohstoffe mit der Maßgabe zur Verarbeitung liefern will, daß 75 v. H. der aus den Rohstoffen in Deutschland hergestellten Waren durch die Gesellschaft wieder ausgeführt werden, während nur 25 v. H. zur heimischen Verwertung im Inlande verbleiben. In ähnlichem Gedankengange erörtert Dr. Schloß im „Plutus" vom 1. Januar 1920 u. a. den Gedanken, daß z. B. Amerika auf eine derartige Lohn-Veredelungsindustrie in Deutschland die industrielle Erschließung ganz neuer Absatzgebiete, z. B. in Afrika oder Vorderasien, stützen könnte. Der Gegensatz zwischen der freien Unternehmertätigkeit, der mit dem Wagnis auch der Gewinn winkt, und der unselbständigen Lohnarbeit wird hierdurch besonders deutlich.

In bedeutend milderer Form kommt der Gedanke der gebundenen Lohnarbeit in dem soeben mit Holland abgeschlossenen Kreditabkommen zum Ausdruck. Von den gewährten 200 Mill. Gulden sollen bekanntlich 60 Mill. Gulden der Beschaffung von Lebensmitteln, 140 Mill. Gulden der von Rohstoffen für die Industrie dienen. Dieser zweite Betrag erhält die Form eines sogenannten „revolving credit". Von dem Ertrage der aus den beschafften Rohstoffen hergestellten Waren ist die für den Kauf der verwendeten Rohstoffe benutzte Summe wieder dem Kreditguthaben in Holland zuzuführen, so daß durch dieses System der Wiederauffüllung der deutschen Industrie und dem deutschen Handel dauernd die durch das Kreditabkommen festgesetzte Summe zur Verfügung steht. Hier besteht zwar naturgemäß auch der Zwang, der dem Gläubiger die Sicherstellung seines Kapitals und seiner Zinsen über die bloße Schuld- und Zinsverpflichtung hinaus gewährleisten soll, aber dem Schuldner bleibt doch der Unternehmergewinn aus der wertschaffenden Verwendung des Geliehenen. Im Sinne dieser Auffassung liegt auch die Art der Sicherstellung einer angemessenen Handhabung des Krediets: Eine Treuhandgesellschaft in Berlin, in der alle bedeutenden Namen des deutschen Wirtschaftslebens vereinigt sein werden, wird die Kredite unter völliger Selbstverwaltung und Wahrung des Geschäftsgeheimnisses an die deutschen Häuser verteilen; durch die Einrichtung dieser Treuhandstelle wird der öffentliche Kredit der Form eines persönlichen Kredites nahegebracht.

Es ist zu hoffen, daß die deutsche Wirtschaft sich die innere Kraft, das eigene Selbstvertrauen und das Vertrauen im Auslande bewahren wird, in eigener, freier Unternehmerarbeit sich wieder hinaufzuringen und den Gewalten zu widerstehen, die sie zum unselbständigen Lohnarbeiter erniedrigen wollen.

---

[1]. Zeitung des Ver. Deutsch. Eisenbahnverwaltungen vom 13. 12. 19.

„Ach, das Gold ist nur Schimäre".[1]

Von Paul v. Szczepanski.

Als ich ein junger Leutnant war, wurden die Pferdebeschaffungsgelder für berittene Offiziere vom Staate erhöht. Das löste bei mir und einigen Kameraden, die ebenso jung, ebenso unerfahren, ebenso unbemittelt und ebenso unberitten waren wie ich, eine große Freude aus. Wir bildeten uns ein, nun auch die angenehme Aussicht zu haben, einmal Bataillonsadjutant und damit dem Rekrutendrillen entrückt zu werden. Deshalb beschlossen wir, unsere grünen Hoffnungen mit einer Bowle zu begießen. Ein alter unbeweibter Hauptmann, der an dem Mittagstisch im Kasino teilnahm, erkundigte sich nach dem Grunde dieser Extravaganz. „Ich erlebe die Erhöhung der Pferdebeschaffungsgelder nun schon zum drittenmal," sagte er dann, „aber die Pferde sind dadurch automatisch jedesmal teurer geworden. Bis einer von Ihnen als Bataillonsadjutant in Frage kommen könnte, ist der Gaul für sie wieder unerschwinglich geworden. Es bleibt, wie's war". Und resigniert schloß er mit dem Vers des sächsischen Weisen: „Wer nischt erheiratet und nischt ererbt, der bleibt ein armes Luder, bis er schterbt".

Der alte Hauptmann behielt recht, trotzdem der Staat damals noch in Gold zahlte oder wenigstens in Gold zahlen konnte, was er versprach. Die Pferde wurden teurer, nicht nur um so viel, wie die Erhöhung der Pferdebeschaffungsgelder betrug, sondern noch um einen beträchtlichen Schwung darüber hinaus. Wir jungen Leutnants bezahlten die Bowle und begruben unsere Hoffnungen.

Seitdem der Staat ein armes Luder geworden ist und seine Versprechungen nicht mehr in Gold, sondern nur noch in bedrucktem Papier einlösen kann, gebärdet sich ganz Deutschland ebenso jung und unerfahren wie damals wir jungen Leutnants. Jedermann, dem die Weihnachtsgans zum letzten Fest unerschwinglich war, bildet sich ein, er wird sie sich zum nächsten leisten können, wenn seine Einnahmen sich bis dahin verdoppelt haben. Daß sich dann auch der Preis der Gans verdoppelt haben muß, und sie ihm wieder ebenso hoch hängen wird wie im Vorjahr, fällt ihm nicht ein. Und doch ist das unausbleiblich, geschieht automatisch und läßt sich nicht ändern. Nicht nur der Staat, sondern wir alle sind arme Luder geworden, und wir werden immer ärmer, je mehr sogenanntes Geld, in Wahrheit bedruckte Papierzettel, im Lande umherschwimmt. Dieses Geld ist nämlich nur Schimäre, ein Phantom, das sich immer mehr in Nichts auflöst, je gieriger die Hände danach greifen.

---
[1] Lied aus der Oper „Robert der Teufel" von Meyerbeer.

Wer es nicht versteht, sich durch schlechte Jahre hindurchzuhungern, der hat keine Aussicht, bessere Zeiten zu erleben. Das gilt für ein ganzes Volk noch mehr als für den einzelnen Menschen. Der Einzelne kann Glück haben — einen reichen Onkel in Amerika beerben, ein reiches Mädchen heiraten, von wohlhabenden Gönnern unterstützt werden, Dumme anpumpen oder in der Lotterie gewinnen. Gerade den leichtsinnigsten Leuten passiert das zuweilen — keineswegs häufig —, und die soliden sind dann immer erstaunt darüber, daß ihnen niemals ein solcher Zufall zu Hilfe gekommen ist. Aber ein ganzes verarmtes Volk darf auf solche Zufälle des Glücks nicht rechnen. Heiraten kann es nicht, wohlhabende Gönner findet es nicht, so Dumme, daß sie sich von ihm anpumpen ließen, gibt es nicht, wenn es in der Lotterie spielte, würde es sein eigenes Geld gewinnen, und der reiche Onkel aus Amerika, auf den harmlose Leute in Deutschland noch vor kurzem rechneten, trotzdem er sich eben erst als durchaus unverwandtschaftlich gezeigt hat, denkt, denkt gar nicht daran zu sterben, sondern kommt vergnügt nach Deutschland, nicht um zu helfen, sondern um mit zweitausend Dollar zu kaufen, was hunderttausend goldene — nicht papierne — Reichsmark wert ist.

Was Deutschland übrigbleibt, wenn es bessere Zeiten erleben will, sind Darben und Arbeiten. Keine Regierung, die für Nichtarbeiten Prämien aussetzt, um ihre Wähler zu beschwichtigen, kein Kommunist, der aus den Geldschränken der wenigen Reichen den Rest nehmen möchte, kann es ändern. — Die große Not klopft nicht erst an unsere Tür, sie ist bereits seßhaft in unserem Hause. Und jeder, der sie zu beschwören glaubt, indem er nach mehr Papierzetteln verlangt, als ihm zustehen, der steigert die allgemeine Not, äfft sich selbst und entwertet weiter die papiernen Zettel.

Die Frage ist: Wieviel papierne Zettel stehen jedem von uns zu? Die Mehrheit der Darbenden ist der Ansicht: So viele, daß wir aufhören können zu darben. Nach dem Grundsatz des Verschwenders: Was der Mensch braucht, muß er haben. Und sie streiken und demonstrieren, bis ihnen ihre Forderungen gewährt sind. Arme Narren, die die Schimäre gefaßt zu haben glauben! Im Augenblick, in dem sie ihre Einnahmen um hundert Prozent erhöht haben, sind ihre Ausgaben um hundertundfünfzig Prozent gewachsen. Natürlich soll daran der Wucher schuld sein, der alle Lebensnotwendigkeiten verteuert. Auf den Agrarier wird geschimpft, der die Lebensmittel produziert, auf den Hausbesitzer, der die Mieten steigert, auf den Industriellen, der seine Erzeugnisse immer teurer abgibt, auf den Staat, der die Forderungen seiner Beamten nur zögernd bewilligt. Sie bleiben Leuteschinder und Blutsauger in den Augen der Masse, wenn sich auch das Einkommen der Masse von gestern auf heute um hundert Prozent und noch viel mehr erhöht hat. Der charakteristische Typus dieser Masse ist ein Portier in Berlin, den ich persönlich genau zu kennen die Ehre hatte. Er verdiente schon zu Zeiten, als die wahre Not noch an Deutschland vorüberzugehen zu wollen schien, seine zehntausend Mark im Jahr — schlechtgerechnet zweitausend als Portier und achttausend in einer Flugzeugfabrik in Johannistal, in der er arbeitete. Natürlich rümpfte er die Nase, wenn es aus meiner Küche nach Kohlrüben roch, während in der Portierwohnung der Schweinebraten duftete, und wenn er mit seiner Frau abends ausging, kostete ihn der Abend vierzig bis fünfzig Mark. Wenigstens zweimal in der Woche abends seinem Vergnügen nachzugehen, hielt er für notwendig, und daß ihn diese Ausgänge jedesmal vierzig bis fünfzig Mark kosteten, verstimmte ihn keineswegs. Bis er trotz seiner mindestens verdreifachten Einnahmen nicht nur diese, sondern auch seine vor dem Kriege zurückgelegten kleinen Ersparnisse verbraucht hatte. Da ging er nicht etwa in sich, sondern erklärte, daß kein Mensch mehr unter fünf Mark für die Stunde arbeiten könne, und streikte in Johannistal, wie er in dem Hause, in dem er als Portier angestellt war, schon immer und dauernd gestreikt oder wenigstens die Arbeit seiner Frau überlassen hatte.

Daß jede Arbeit so viel Papierzettel wert sei, wie der Arbeitende braucht, um nicht zu darben, kann schon deshalb nicht richtig sein, weil bei dem einen das Darben bereits anfängt, wenn er nicht mindestens zweimal in der Woche abends seinem Vergnügen nachgehen und jedesmal vierzig bis fünfzig Mark dafür ausgeben kann, bei dem anderen erst, wenn er nicht mehr das trockene Brot auftreiben kann, um sich zu sättigen.

Die Bedürfnisse des Menschen sind sehr verschieden, und die bedürfnislosen pflegen auch die fleißigeren, zuverlässigeren und tüchtigeren zu sein. Wenn unsere Arbeit unter allen Umständen so viel abwerfen müßte, wie wir zum Leben nötig zu haben glauben, würde die Arbeit des Bedürfnislosen und zumeist Tüchtigeren geringer zu entlohnen sein als diejenige des Anspruchsvollen, der nichts entbehren will, und des Unwirtschaftlichen, der sich nicht einzurichten versteht. Die Entlohnung des Arbeiters kann sich nicht nach seinen Bedürfnissen, sondern nur nach seiner Arbeitsleistung richten.

Selbstverständlich, daß der Wert der Arbeitsleistung sinken müßte, wenn die Konjunktur schlecht ist. Wie schlecht sie augenblicklich in Deutschland ist, braucht nicht auseinandergesetzt zu werden. Trotzdem drängt die Masse nach immer höherer Bewertung ihrer Arbeit. Und erreicht damit nur eins: die weitere Entwertung des Geldes. Nach dem Zusammenbruch Preußens im Jahre 1806 wurden die Offiziere auf Halbsold gesetzt, die Beamtengehälter verkleinert, und die Arbeitslöhne sanken auf ein Minimum, trotzdem der Scheffel Roggen teurer war als heute. Jedermann lernte, daß das Darben erst anfängt, wenn das trockene Brot nicht mehr ausreicht, um den Magen zu füllen. Aber das darbende Volk war nach sieben Jahren genügend erstarkt, um die Ketten des Eroberers abzuschütteln. Nach dem Zusammenbruch Deutschlands kostet uns das Häuflein von 100 000 Mann, das wir als Polizeitruppe halten dürfen, mehr als die Armee, die wir vor dem Kriege hatten, die Beamtengehälter wurden erhöht, und die Arbeitslöhne stiegen ins ungemessene — und trotzdem hängt nicht nur die Weihnachtsgans für 1920 noch höher als die für 1919, sondern wir stehen auch vor dem Verhungern, nicht nur vor dem Darben. Und was in sieben Jahren aus uns geworden sein wird, wenn wir weiter wirtschaften wie reiche Leute, statt wie verarmte, mag man nicht ausdenken.

Der Grundsatz: „Was der Mensch braucht, muß er haben," ist unverantwortlicher Leichtsinn, wenn ein Einzelner danach lebt. Er ist der zynischste Blödsinn, von Teufeln ausgeheckt, die uns den Hungertod gönnen, wenn ein ganzes verarmtes Volk ihn sich zu eigen macht. „Der Mensch darf nicht mehr brauchen, als er hat", das gilt für gute und noch mehr für schlechte Jahre. Wie er das Kunststück fertigbringt — kein Zweifel, daß es heute zum Kunststück geworden ist — ist seine Sache. Was daraus wird, wenn der Staat sich für verpflichtet hält, dem Einzelnen seine Sorgen abzunehmen, haben wir ja zur Genüge gesehen — eine Sintflut von Papierzetteln, in der der Wert des Geldes ertrinkt, die die Not des Einzelnen nur steigert und den Staat vollends ruiniert. Wer sich einbildet, mit der Notenpresse Geld fabrizieren zu können, das uns reicher macht und mit dessen Hilfe wir der kommenden Not entgehen werden, ist ein Phantast oder Schlimmeres. Den Hosengurt immer enger schnallen — das ist unsere Aufgabe, wenn wir bessere Zeiten erleben wollen. Wir gehen Zeiten entgegen, in denen uns Kohlrüben ohne Schweinebauch nicht als ein schrecklicher Ersatz für die fehlenden Kartoffeln, sondern als Delikatesse erscheinen werden.

H – O – H.

Ein molekulares Spiel in 5 + 5 + 5 + 5 + ... + 1 Szenen.

Von Hans Ehrenberg.

Ort: Eine Schnellzugs-Vierzylindermaschine in Fahrt.
Zeit: Zwei Kolbentouren.
Personen: Die Moleküle des hochgespannten Wasserdampfes.

1.

Im Dampfkessel.

(Alle Moleküle rasen mit höchster Geschwindigkeit durcheinander, prallen zusammen, werden abgelenkt oder zurückgeschnellt und jagen auf gradlinigen Bahnen weiter.)

Ein junges Molekül:
Krach! – – Herrgottssakrament! Sehn Sie sich doch vor! Wwupp! Ha, ha, dem habe ich's gegeben. – – Au, au! Das war mein Kopf! – – Ffft! Da ging's haarscharf! – –
Was soll bloß dies verrückte Umeinandergerase?

Ein andres Molekül:
Sie sind wohl noch neu? Eben erst aus dem Wasser gekommen, he?

Das junge Molekül:
Ich glaube ja. Aber sagen Sie – –! So bleiben Sie doch noch ein bißchen!

Das andre Molekül:
Kann nicht, muß dort hinüber.

Das junge Molekül:
Warum denn?

Das andre Molekül:
Weiß nicht. Empfehle mich.

Das junge Molekül:
Alle jagen sie wie verfault durcheinander, und keiner weiß warum.

Ein andres Molekül:
Au! Herr! Sie sausen ja selbst blindlings drauf los. Meinen wohl, Sie hätten alleine Gefühl?

Das junge Molekül:
Entschuldigen Sie nur! Ich tu's gewiß nicht mit Absicht. Aber wissen Sie vielleicht – –?

Mit den Buchstaben H - O - H bezeichnet die Wissenschaft der Chemie die chemische Gestalt des kleinsten Wasser- bezw. Dampfteilchens, ein sogenanntes Molekül, nach seiner Zusammensetzung aus einem Teilchen Wasserstoff, H, einem Teilchen Sauerstoff, O, und noch einem Teilchen Wasserstoff, H.

Nach der Lehre der Physik füllt der Wasserdampf wie ein Gas einen Raum aus, indem alle Teilchen des Dampfes wirr durcheinander mit großer Geschwindigkeit den Raum gradlinig durcheilen, bis sie einen Widerstand finden, daran abprallen, in geänderter Richtung weiterfliegen und so fort. Die Kraft, mit der die Teilchen gegen eine Wand prallen, stellt den Druck dar, der in dem Raum herrscht. Ist eine Wand beweglich, so schiebt dieser Druck die Wand fort. Dadurch vermindert sich der Druck in dem Raum. Wird die Wand wieder hereingeschoben, so steigert sich der Druck.

So in der Dampfmaschine, deren Hochdruckzylinder mit Dampf gefüllt wird, der den Kolben weiter schiebt, wobei sich die Spannung des Dampfes verringert. Mit dieser niedrigeren Spannung strömt er am Ende des Kolbenhubes, vom zurückkehrenden Kolben geschoben, aus dem Hochdruckzylinder in den Niederdruckzylinder, drückt nun dort den Kolben zurück, verliert dabei weiter an Druck und strömt nach beendetem Kolbenhub in den Kondensator, wo er durch Abkühlung zu Wasser wird; als Wasser wird er wieder dem Kessel zugepumpt, dort wieder zu Dampf und wieder in den gleichen Kreislauf hineingerissen.

Das andre Molekül:

    Bedaure, muß weiter.

Das junge Molekül:

    Warum denn so rasch?

Das andre Molekül:

    Weiß ich nicht.

Das junge Molekül:

    Weg ist er. – – – Giebt's gar niemand hier, der einem mal – – – – rrratsch! – Au, au, Mann! – – Sie verbiegen mir ja meinen rechten Wasserstoff!

Ein altes Molekül:

    Und Sie mir meinen linken.

Das junge Molekül:

    Der ist aber ohnehin schon sehr ramponiert.

Das alte Molekül:

    Es können nicht alle solche Gelbschnäbel sein wie Sie.

Das junge Molekül:

    Aber so lassen Sie mich doch los!

Das alte Molekül:

    Erst können vor Lachen!

Das junge Molekül:

    Herrgott, wir verheddern uns ja immer mehr!

Das alte Molekül:

    Nur die Ruhe, mein Lieber, nur Ruhe! – – Wir werden auch mal wieder getrennt.

Das junge Molekül:

    Aber wann denn?

Das alte Molekül:

    Wer weiß das? Nach dem Tode vielleicht.

Das junge Molekül:

    Tod? – – – Was ist das?

Das alte Molekül:

    Aus Wasser sind wir gemacht, zu Wasser müssen wir werden.

    (Sie fliegen zusammen weiter.)

Das junge Molekül:

    Eigentlich ist es gar nicht so schlimm, daß wir zusammenhängen, man kann sich doch unterhalten.

Das alte Molekül:

    Wwupp! – – Sehn Sie, wie wir den umgerannt haben? Das macht die doppelte Masse. Und uns tut's bloß halb so weh, jeder kriegt nur den halben Prall.

Das junge Molekül:

    Ja wirklich! – – Famos! – – Peng! Der hat sein Teil! Großartig! Ich tu's überhaupt nicht mehr anders, wir wollen uns ewige Treue geloben, und – – können wir nicht „du" sagen? Ich liebe dich.

Das alte Molekül:

    Gerne, mein Herzchen. Also: dein bis zum Tod!

Das junge Molekül:

    Schon wieder dies Wort?

Das alte Molekül:

    Ja, Kind, unser Bund ist schon der Anfang vom Sterben.

Das junge Molekül:

    Sterben?

Das alte Molekül:

    Ja, wir sind schon einen Schritt näher zum Wasserzustand. Wenn alle so eng verfilzt sind wie wir, das nennt man Wasser, das ist der Tod.

Das junge Molekül:

    Das versteh' ich nicht.

Das alte Molekül:

    Sieh mal: zwischen uns beiden, da ist schon keine Bewegung mehr, nur zwischen uns und den andern. Und wenn einmal ringsherum alles so eng verbunden ist, ein großer Klumpen, dann gibt's gar kein Bewegen mehr, das ist dann der Tod.

Das junge Molekül:

    Ich dachte, zwischen uns das, das hieße Liebe?

Das alte Molekül:

    Liebe und Tod gehören zusammen.

Das junge Molekül:

    Du bist so klug, und ich bin noch furchtbar dumm. Aber der ganze Klumpen, der kann sich dann doch noch bewegen?

Das alte Molekül:

Gar nicht dumm bist du. Da hast du gleich die große Frage gestellt. — — Ja, mein Liebling, bewegt der sich noch? Das weiß man nicht. Ich glaube daran. Ich glaube auch, daß man gar nicht ewig im Wasser bleibt, ich glaube, daß man wieder neugeboren wird, zum Lichte geboren.

Das junge Molekül:

Was ist das — — — „Licht"?

Das alte Molekül:

Das ist das Höchste. Was es eigentlich ist, weiß niemand, geseh'n hat's noch keiner hier, und viele glauben gar nicht daran. Aber ich glaube, daß wir dafür bestimmt sind.

Das junge Molekül:

Ich auch, ich auch! — — „Licht" — — Wie schön das klingt!

(Die Dampfpfeife wird gezogen, es dringt aus ihrem Ansatz ein ganz schwacher Lichtschimmer in den Kessel.)

Das junge Molekül:

O sieh nur, sieh nur!

Das alte Molekül:

O Wonne! O Glück! Das muß es sein, das i s t es!

Das junge Molekül:

Was, was?

Das alte Molekül:

Das Licht, das Höchste!

Das junge Molekül:

O, wie sie alle hinaufdrängen! Was für ein Sturm! Komm, komm, wir — — — Ach, nun ist es aus!

Das alte Molekül:

Ja, nun ist es wieder aus.

Das junge Molekül:

Und wir bleiben hier! Das kommt davon, zwei sind zu schwer. Allein wär' ich sicher jetzt draußen. Ach, daß ich dich mitschleppen muß!

Das alte Molekül:

Oder ich dich! — — Klage nicht, Kind! Wer weiß, was das Bessere ist? — — Ich hörte einmal, die dort hinausführen, die stürben.

Das junge Molekül:

Aber das Licht!

Das alte Molekül:

Vielleicht tötet das Licht, wenn man zu stürmisch hineinfliegt. — — Nicht traurig sein, Liebling! Wir wissen doch nun, daß es das Licht gibt, wir haben seine Offenbarung empfangen.

Ein fremdes Molekül:

Ha ha ha! Schöne Offenbarung! Gute Offenbarung! — Tut mir darum der Kopf weniger weh, wenn ich anrenne? Habe ich Ruhe davon oder Erholung oder Freiheit? — — — Brächte sie wenigstens Sinn in den Unsinn!

Das alte Molekül:

Ich sprach nicht zu Ihnen. Fliegen Sie gefälligst wo anders als neben uns!

Das fremde Molekül:

Ich fliege, wo ich muß, habe mir die Nachbarschaft auch nicht ausgesucht. — — — He, he, der alte Sünder will das hübsche Kleine allein für sich haben.
Laß dich nur nicht verkohlen, Kleiner, ist alles — — — au Satan!

(Es prallt an und wird fortgeschleudert.)

Das alte Molekül:

Danke schön, mein Herr, daß Sie uns von dem Kerl befreit haben.

Das anprallende Molekül:

Keine Ursache, ist nicht gern gescheh'n, der Satanskerl hat einen verteufelten Schädel. Empfehle mich.

Das alte Molekül:

So ein gemeiner Spötter!

Das junge Molekül:

Ich weiß nicht. Hat er ganz unrecht? Ist denn dieses Dasein nicht sinnlos?

Das alte Molekül:

Wir haben das Licht geseh'n.

Das junge Molekül:

Geseh'n, ja. Aber wissen wir nun, weshalb wir hier herumgejagt werden? Wissen wir, warum wir uns den Schädel verbeulen müssen, uns und den andern?

Das alte Molekül:
Nein, Kind, das wissen wir nicht. Aber daß es noch etwas anderes gibt als die scheinbare Sinnlosigkeit hier, daß es etwas ü b e r uns gibt, etwas, das unsre Herzen zur Sehnsucht zwingt, das wissen wir.
Und darum kann unser Dasein nicht sinnlos sein, auch hier nicht, auch so nicht.

Das junge Molekül:
Gibt es denn weiter keine Gedanken darüber? Du weißt noch mehr, du kennst die Geheimnisse. Bitte, bitte, sage mir alles, ich gehöre doch zu dir!

Das alte Molekül:
Viel weiß ich auch nicht, Liebling, und Geheimnisse sind es auch nicht. Es gibt eine Lehre von einem mächtigen, unbegreiflichen Willen, der all dieses schmerzliche, tobende Durcheinander in einer höheren Ordnung leitet, alles zu einem einigen Dienste fügt und auf ein Ziel hin richtet.

Das junge Molekül:
Was ist der Dienst?

Das alte Molekül:
Die Bewegung — so sagt die Lehre.

Das junge Molekül:
Was ist das Ziel?

Das alte Molekül:
Die Ruhe — — so sagt die Lehre.

Das junge Molekül:
Aber wozu erst Bewegung, wenn die Ruhe das Ziel ist?

Das alte Molekül:
Weil die Ruhe vor der Bewegung keine richtige Ruhe ist — — sagt die Lehre.

Das junge Molekül:
Das ist mir zu hoch. Aber was ist denn da los? Warum drängt denn alles dort rüber?

(Das Ventil zum Hochdruckzylinder steht auf und läßt Dampf einströmen.)

Das alte Molekül:
Ja, das ist wieder die rätselhafte Massenbewegung; die kommt ganz regelmäßig, ich habe sie schon ein paarmal erlebt. Das letztemal hätte ich mich beinahe mitreißen lassen. Auf einmal geht so ein Sturm durch das Volk, so ein einiger Drang, als wäre e i n Wille in allen — — und dann ist's wieder der alte Tumult.

Das junge Molekül:
Woher kommt denn das?

Das alte Molekül:
Das weiß ich nicht. Vielleicht ist's ein plötzlicher Massenwahnsinn.

Das junge Molekül:
Der immer wiederkäme? Und so einig, so brüderlich? — Sieh, wie sie alle in Reihe kommen, wie sie zusammenströmen! Nein, das ist kein Wahnsinn.

Das alte Molekül:
Vielleicht hast du recht. Vielleicht soll — — — — —

Das junge Molekül:
Komm! Laß uns mitfliegen! Das muß ich sehn!

Das alte Molekül:
Lieber nicht, Kind. Wer weiß, wohin uns das führt.

Das junge Molekül:
Kann es irgendwo ärger sein als hier?

Das alte Molekül:
Wohl kann es das. Dies Leben kennen wir wenigstens, alles andre ist dunkel.

Das junge Molekül:
Ich dächte, du glaubtest an den höheren Willen? Nun du ihn sehen sollst, fürchtest du dich?

Das alte Molekül:
Du hast recht, Lieber. Was können wir wollen? Wir werden gewollt.

Das junge Molekül:
Schon sind wir drin. Hurra! Vorwärts, Freunde, hurra!

Die Moleküle im Strom:
Hurra, hurra!

(Der Dampf strömt in den Hochdruckzylinder.)

2.

Im Hochdruckzylinder.

(Der Dampf strömt hinter den Kolbenstempel und drückt ihn vorwärts.)

Das junge Molekül:

Au! – Krach! – Au, schon wieder! – O mein Kopf! – –
Die Hölle! – – Auweh! – Die Hölle ist das! – – Oh! –
Nein, ich halt' es nicht aus!

Das alte Molekül:

Ruhig, Lie – – ach! – – Wupp! – – Zieh doch – – äääh – – den Kopf ein! Krach! – – So! – – Siehst du? – Wupp! – – Ist es nicht besser?

Das junge Molekül:

Ein bißchen. Hoppla! – – Wupp! – – Ja, etwas besser. Ach, wär' ich doch dir gefolgt!

Das alte Molekül:

Es sollte wohl sein. Eeeeeh, das war hart! – – Mut, Kleiner, Mut! Das kann nicht ewig so bleiben.

Das junge Molekül:

Krach! – – E–hepp! Der hat's gekriegt! – – Au, au!!

Das alte Molekül:

So streck' doch den Kopf nicht vor!

Das junge Molekül:

O weh, o weh! Ich wollt' bloß mal sehn. – – – Hier hagelt's ja nur so Zusammenstöße. Und dann dies Ganzharte! – – Bruch! Da war es wieder! – – Dagegen war das vorhin ja Kinderei.

Das alte Molekül:

Und doch tauschte ich nicht.

Das junge Molekül:

Was?!

Das alte Molekül:

Hier ist das Leben, das ganze Leben.

Das junge Molekül:

Ich danke dafür.

Das alte Molekül:

Merkst du nicht, wie es besser wird?

Das junge Molekül:

Ja, das ist wahr. Das Furchtbarharte ist seltner geworden.

Das alte Molekül:

Das haben w i r geschafft.

Das junge Molekül:

Wir? Geschafft?

Das alte Molekül:

Wir selbst. Begreifst du nicht, was das hier ist? Warum das so eng und so hart ist? – – Das ist die geformte Masse, die gerichtete Kraft der Millionen. Das ist die gestraffte Gestalt des Volkes, die gesammelte Wucht des geeinten Lebens. Das ist die Fülle der Tat.

Das junge Molekül:

Das klingt ja sehr schön. Was habe ich davon?

Das alte Molekül:

Daß dein Leben einen Sinn hat, das hast du davon. Einen faßbaren Sinn. Jetzt weißt du, wofür du lebst. Jetzt erlebst du dich selbst in der Welt.

Das junge Molekül:

Ich nicht. Ich sah, daß dies Leben unsäglich hart wurde, und sehe, daß es jetzt wieder leichter wird, mehr nicht.

Das alte Molekül:

Siehst du wirklich nicht tiefer? Siehst du nicht, was das bedeutet?

Das junge Molekül:

Nein.

Das alte Molekül:

So will ich's dir sagen. Zwei Dinge sehe ich. – – – Daß wir jetzt wirklich dienen, als alle, als Ganzes dem höheren Willen dienen. Darum auch die einige Freude, als der Strom uns ergriff, darum die begeisterte Hingabe aller an das Ungekannte, das gemeinsame Schicksal. Und die gewaltige Last, der mächtige Widerstand, der unser Leben hier so beengte und schwer machte, und sein allmähliches Weichen, sein Überwundenwerden, das muß ein Geschehen in jener höheren Ordnung bedeuten. Geplant in dem ewigen Willen, vollführt durch unsere Kraft.

Das junge Molekül:

Wie schön du das sagst! Es ist wahr, ich fühl' es, Geliebter! Aber was ist das wohl, was wir vollbringen?

Das alte Molekül:

Bewegung ist es, Bewegung des Unbewegten. Das Harte, an das wir stießen, das ist die Welt. Fühlen wir nicht jetzt größere Weite? Wir haben die Welt geweitet, wir haben sie an unserem Teil überwunden, unsere Leiden sind nicht vergeblich gewesen.

(Der Kolben hat den Hingang beendet.)

Das junge Molekül:

Und das andere? Du sprachst von zweierlei.

Das alte Molekül:

Das andre geschieht an uns selbst. Merkst du es nicht? Wir rennen doch nicht nur seltener an, auch der einzelne Stoß hat an Kraft verloren, er schmerzt viel weniger.

Das junge Molekül:

Ja, das ist wahr.

Das alte Molekül:

Woher kann das kommen? Daher, daß wir nicht mehr so rasen, wir alle; das ganze Volk ist ruhiger geworden, langsamer, schwächer.

Das junge Molekül:

Auch schwächer?

Das alte Molekül:

Müder, älter – – –, wie du es nennen willst.

Das junge Molekül:

Aber ist denn das gut?

(Der Kolben bewegt sich zurück.)

Das alte Molekül:

Gut? – Das ist nicht gefragt. – – Wir haben Arbeit geleistet und sind müde, das ist der natürliche Lauf.

Wir haben von unserer Kraft verbraucht. – – – Aber – – wird das nicht wieder enger?

Das junge Molekül:

Das kann doch nicht sein. Sag! Läßt sich die Kraft nicht erneuern?

Das alte Molekül:

Auf dem Wege nicht, vor dem Abend nicht – – sagt die Lehre. Wir haben ja noch nicht alles verbraucht, wir müssen warten, ob es noch Dienst für uns gibt. Aber die neue Kraft kommt erst jenseits der Nacht, erst in neuer Geburt – – sagt die Lehre.

Das junge Molekül:

Kann denn ein ganzes Volk alt werden?

Das alte Molekül:

So scheint es.

(Der Kolben drückt stärker zurück und preßt den verbrauchten Dampf in den Niederdruckzylinder.)

Das junge Molekül:

Au, au, au! – – Was ist das? – Au! – Das Harte! Das Harte! – Wieder! – O weh, weh! – –

Das alte Molekül:

O Ewiger! – – O Licht! – – Wir Elenden! – – Die Welt! O kann denn das?! – Die Welt kommt über uns! – – Oh, oh! – – Wehe uns! – – Oh!

Das junge Molekül:

Au! – Rasch, rasch! – – Krach! Oh! – – Rasch! – – Flieht, alles flieht! – – Au, au! – – Rasch doch! – Laß mich los! – Ich hasse dich! – – Weh! Wie weh!

Das alte Molekül:

Zu Ende! – – Alles! – – Mein Kopf! Äääh! – – Verloren! Alles umsonst! – – Ha, ha, ha! – – Oh!

Das junge Molekül:

Hierhin! – – Ich kann nicht mehr! – – O wie das kracht! Wie sie stürzen!

Das alte Molekül:

Aus! – – Kein Band! – – Kein Halten! – – O feiges Gewimmel!

Das junge Molekül:

Was, was nur? Was ist geschehn?

Das alte Molekül:
   Zusammenbruch! — — Keine Kraft mehr. So jäh, so bald! O du verfluchte Welt!

Das junge Molekül:
   Und der höhere Wille? — — Ha ha ha! Auweh!

Das alte Molekül:
   Knabe! Was wissen wir?

Das junge Molekül:
   Das, das weiß ich, daß keiner uns hilft! — — Selbst, nur ich selbst! Alles Humbug!

Das alte Molekül:
   So hilf dir, wenn du kannst!

(Der Dampf ist in den Niederdruckzylinder eingeströmt.)

3.

Im Niederdruckzylinder.

(Der Kolben wird vom Dampf vorwärtsgedrückt.)

Das alte Molekül:
   So schmählich gefallen!

Das junge Molekül:
   Hör auf! — — — Es läßt nach. — — Au! — — Ein Hartes! — Au — — au — — au — — es stößt ja fortwährend! Kopf weg! — — Hart ist es, tut aber doch lange nicht mehr so weh.

Das alte Molekül:
   Es stürzt nicht mehr auf uns. Und wir selbst fliegen so matt.

Das junge Molekül:
   Die andern spürt man schon kaum mehr beim Zusammenstoß. Aber sie sind so klebig geworden, eben der Kerl wollte gar nicht mehr loslassen, bis ein andrer ihn wegstieß.

Das alte Molekül:
   Das Sterben beginnt. Die Kraft ist verbraucht. Es geht zu Ende.

Das junge Molekül:
   Ach was! Jetzt fängt erst das wahre Leben an. Spürst du denn nicht, wie es wieder raumiger wird?

Ein andres Molekül:
   Weitersagen: Das Harte ist beweglich, alle Mann ran! Jeder an seiner Stelle, alle zugleich!

Ein andres Molekül:
   Weitersagen: Alles sich paaren! Das gibt Raum, das mindert die Hemmung, das sänftigt die Schmerzen.

Das junge Molekül:
   Siehst du? Jetzt wird gehandelt. Jetzt richten wir selbst unser Leben ein. Jetzt sind wir frei.

Das alte Molekül:
   Ach ihr kläglichen Selbstbetrüger! Müde seid ihr und nennt es Freiheit! Kraftlos seid ihr und nennt es Willen!

Das junge Molekül:
   Du glaubst ja selbst nicht mehr. Geh' schlafen, Alter!

Das alte Molekül:
   Ich wünsche nichts andres.

Das junge Molekül:
   Aber siehst du denn nicht, was wir schaffen? Weitet sich unser Leben nicht aus wie niemals zuvor? Leben nicht alle frei, unter leichterer Bürde, ohne den Kampf aller mit allen?

Das alte Molekül:
   Ich sehe, daß der Wille, den ihr verspottet, unser Leben noch fristet um einen letzten, schwächlichen Dienst. Ich harre des Endes.

Das junge Molekül:
   Und das Licht? Dein gelobtes Licht? Hoffst du nicht mehr?

Das alte Molekül:
   Ich bin zu müde, zu hoffen.

(Sie fliegen schweigend.)

Das junge Molekül:

> Sieh nur! Man sieht fast nur noch Gepaarte. Dort sind sogar drei beieinander.

Das alte Molekül:

> Ja, das Ende kommt näher.

(Der Kolben kehrt um, ein Teil des Dampfes entweicht nach dem Schornstein hin, ein Teil wird vom Kondensator angesogen.)

Das junge Molekül:

> Komm! Dorthin, dorthin! Zum Licht geht es, zum Licht!

Ein andres Molekül:

> Weitersagen: Die Einzelnen dort hinaus, die Gepaarten und Vielfachen hierher!

Das junge Molekül:

> Wer kann das befehlen?

Das andre Molekül:

> Soeben gesetzlich bestimmt.

Das alte Molekül:

> O diese Narren! Diese Hinterherkommandierer! Als ob wir was wollen könnten! Als ob nicht alles geschäh', weil wir müssen!

Das junge Molekül:

> Ach, warum bin ich nicht einzeln geblieben! — Ich wäre im Licht, ich wäre erlöst.

Ein drittes Molekül (hängt sich den beiden an):

> Nicht die Entlassenen sind die Erlösten.

Das junge Molekül:

> Was willst du bei uns?

Das dritte Molekül:

> Mit euch sterben.

Das alte Molekül:

> Sei willkommen!

(Die Moleküle treten mehr und mehr zu größeren Teilchen zusammen und werden matter im Fluge.)

Ein andres Molekül:

> Weitersagen: Alles zu Gruppen zusammentreten! Niemand darf abgewiesen werden! Jede Gruppe regiert sich selbst! Der Kampf ist abgeschafft!

Das alte Molekül:

> Ruhig, du Afterweiser! Störe die Stille des Sterbens nicht!

(Der Dampf strömt, sich mehr und mehr verdichtend, in den Kondensator.)

4.

Im Kondensator.

Das junge Molekül:

> Was ist das nur? Sie werden ja immer weniger. Eben war da noch die große Gruppe, und nun ist sie fort.

Das dritte Molekül:

> Sie ist herausgetropft.

Das junge Molekül:

> Was heißt das?

Das alte Molekül:

> Sterben heißt das. Wenn die Gruppe zu schwer wird, dann bleibt sie nicht in der Luft, sie fällt heraus.

Das junge Molekül:

> Wohin?

Das alte Molekül:

> Zu den Toten. Ins Wasser.

Das junge Molekül:

> Wir sind doch nur drei und fliegen so langsam und immer noch langsamer.

Das dritte Molekül:

> Die Wärme schwindet.

Das junge Molekül:

> Was ist das: Wärme?

Das alte Molekül:

> Er meint die Kraft, die uns von außen gekommen, damals, im Anfang des Lebens.

Das junge Molekül:
> War das dort, wo wir beide uns fanden?

Das alte Molekül:
> Ja. Damals empfingen wir alle Kraft unsres Lebens. Jetzt erkenne ich's klar: Wir erwachen zum Leben aus einer Kraft, die außer uns ist, wir verbringen das Leben unter einem Willen, der über uns ist, und wir verlieren das Leben an die Schwere, die in uns ist.

Das junge Molekül:
> Und der Sinn?

Das alte Molekül:
> Ich bin müde.

Das junge Molekül:
> Und das Ziel?

Das dritte Molekül:
> Der Schlaf.

Das junge Molekül:
> Nein, nein! – – Ihr Kleingläubigen! Ihr seid doch so weise, ihr wußtet so viel, ihr glaubtet so stark! Aber ich, ich hoffe!

(Ein andres Dreierteilchen stößt an und bleibt haften.)

Das dritte Molekül:
> Wer seid ihr?

Eines der drei:
> Müde.

Das dritte Molekül:
> Nun ist es bald aus mit uns.

Das alte Molekül:
> Da kommt so ein großes an! Bleibt ab! Fliegt weg! Wir sind euch der Tod!

Das dritte Molekül:
> Und sie uns! Fort, fort!

Das junge Molekül:
> Nein! Kommt her, kommt her! Kommt alle, alle! Ihr Brüder! – – Einst stießt ihr mich wund, einst schlug ich euch Beulen. Jetzt sind wir versöhnt, jetzt werden wir eins. Der Tod ist die Liebe! Hört es, ihr alle! Der Tod ist die Liebe! – – – Heran, heran! Umarmt mich, erstickt mich! Ich sterbe in euch! – –
> O Liebe! O Tod! O Leben!

(Der Tropfen fällt in das Kondenswasser.)

5.

Der Maschinenführer stellt die Pumpe an: das Kondenswasser wird in den Kessel gepumpt.
Es folgt: Szene 1 bis 5 x-mal.

Letztens.

Die Maschine wird außer Dienst gestellt. Das letzte Wasser wird abgelassen, es verdunstet an der Sonne.

*   *

*

Quellen: Dipl.-Ing. W. Speiser, Deutsche Lohnarbeit; aus „Zeitschrift des Vereines Deutscher Ingenieure", Nr. 6 vom 7. 2. 1920.
*   *   *   P. v. Szczepanski, „Ach, das Gold ist nur Schimäre"; aus dem „Tag" Nr. 30 vom 5. 2. 1920.   *   *   *

Herausgegeben und gedruckt von der Daimler-Motoren-Gesellschaft in Stuttgart-Untertürkheim. * Alle Rechte vorbehalten. *
Zuschriften an die Schriftleitung: Friedrich Muff, Stuttgart-Untertürkheim.

DAIMLER WERKZEITUNG
1920 Nr. 15/18

INHALTSVERZEICHNIS

Die deutsche Volkswohnung. Von Professor P. Schmitthenner. ** „Neu-Deutschland." Geschichte einer Siedlung. Von Dr. E. Rosenstock. ** Der Stand der Siedlungs- und Wohnungsfrage in Deutschland. ** Mein Heim. Von Peter Rosegger.   25. März 1920.

Die deutsche Volkswohnung.
Von Paul Schmitthenner.
Professor an der Technischen Hochschule in Stuttgart.

Die Vorbedingungen des Bauens. S. 245. Das Wohnungsproblem. Die Bodenfrage. Die Geldfrage. Die Baustofffrage. Die öffentliche Bewirtschaftung der Baustoffe. * Die Siedlung. S. 251. Die genossenschaftliche Siedlung. Die Lage der Siedlung. Der Siedlungsplan. Die Straße der Siedlung. Gesundheitlich-technische Einrichtungen. Die Gartengröße. * Das Haus. S. 257. Die Bauart. Das Einfamilienhaus. Das Mehrfamilienhaus. Das soziale Minimum. Die Wohnküche. Die Koch- und Wirtschaftsküche. Die gute Stube. Das Bad im Hause. Der Stall. Die Größe der Räume. Die Möbel des Kleinhauses. Das Bild im Hause. * Der Geist der Volkswohnung. S. 277.

> Der Mensch ist noch sehr wenig, wenn er warm wohnt und sich satt gegessen hat, aber er muß warm wohnen und sich satt gegessen haben, wenn sich die bessere Natur in ihm regen soll. Schiller.

Des deutschen Volkes sittliche Erneuerung und Erstarkung wird wesentlich von der Lösung der Wohnungsfrage abhängen. Dazu wird eine vollkommene Änderung unseres städtischen Siedlungswesens notwendig sein. Die moderne Großstadt der Mietskaserne ist der Krebsschaden an der körperlichen und sittlichen Gesundheit unseres Volkes. Künstlerisch, hygienisch, sittlich, politisch und volkswirtschaftlich, von welcher Seite wir dieses schillernde Chaos betrachten, ist es verwerflich.

Baukünstlerisch ist die moderne Großstadt meist häßlich, selbst wenn ein glückliches Beispiel da wäre, wo ein großer künstlerischer Wille Ordnung geschaffen, die Zügellosigkeit der Bauherrn und Architekten ausgeschaltet hätte, wäre sie unbefriedigend. Auch eine einheitlich durchgebildete Straße mit guten Mietskasernen ist eine Sammlung von Höhlen, die ihre Bestimmung nicht verleugnen können, Massenquartiere zu sein für Nomaden anstatt Heimstätten für Menschen. Der Heimatbegriff ist dem modernen Großstadtmenschen geraubt worden. Das Gefühl der Heimat gibt uns aber den Halt im Leben, macht uns sicher und frei als Mensch unter Menschen und als Bürger im Staat.

Die Großstadt ist ungesund. Auch die modernsten, hygienischen Einrichtungen, die Unsummen kosten, können das natürliche Atmen der Erde, können reinigendes Sonnenlicht und Wärme nicht ersetzen. Sie ist der Herd der verheerenden Krankheiten, die unsere Volkskraft schwächen. Die Tuberkulose, das schleichende Gespenst der Mietskaserne, Säuglingssterblichkeit, Rachitis, Skrophulose sind hier zu Haus. Verbrecher und Dirnentum werden hier gezüchtet. Die schroffen Gegensätze, die hier aufeinander platzen, führen zu politischem Radikalismus. Diese Menschen, abgesperrt von all dem, was das Leben erst lebenswert macht, gehetzt und gejagt, träumen verwegenste Träume. Wohin aber im letzten Grunde ihre Sehnsucht zieht, zeigen in geradezu rührender Weise die Schrebergärten im weiten Umkreise der Städte.

Ist die Großtadt aus diesem Grunde sittlich und politisch verkehrt, so ist sie auch volkswirtschaftlich falsch, denn die gleich große und unendlich gesündere Wohnung im Klein- und Mittelhaus der Siedlung oder Kleinstadt ist billiger, weil sie auf billigem Grund und einfacher gebaut werden kann.

Eine vollkommen falsche Boden- und Verkehrspolitik züchtete geradezu die Bodenspekulation und schuf das Monopol der Grundherrn und Hausbesitzer. Die Bewohner der Mietskaserne zahlen aber den Zins dieses künstlich geschaffenen Gebildes, hinter dem keinerlei produktive Arbeit steht. Die notwendige neue Siedlungspolitik ist ohne grundlegende Bodenreform unmöglich. Nur auf billigem Land können wir wirtschaftlich und sittlich gesunde Volkswohnungen schaffen.

Der Krieg hat unserem Volk furchtbarste Wunden geschlagen. Der Tod von 2 Millionen der Jüngsten und Kräftigsten, das Siechtum von Hunderttausenden von Krüppeln, die Unterernährung von Millionen Müttern und Kindern sind der Tod der deutschen Rassekraft, wenn wir nicht alles aufbieten, um dem siechen Leib Heilung zu bringen. Sittlich haben wir schwersten Schaden genommen, wirtschaftlich stehen wir vor dem Abgrund. Man predigt uns immer: nur Arbeit, dreimal Arbeit kann uns retten. Aber Arbeit, wie wir sie leisten müssen, kann nur der körperlich und sittlich gesunde und darum fröhliche Mensch leisten. Der Weg dazu führt durch die neue deutsche Volkswohnung. Die neuen Wohnungen Deutschlands dürfen nicht mehr in den Mietskasernen der Großstädte entstehen. Sonnige Wohnungen im Gartenland der Siedlung soll die Volkswohnung der Zukunft sein. Dort muß das deutsche Volk gesunden, dort sollen unsere Kinder, Deutschlands Zukunft, aufwachsen. Aller Arbeit und Wille gehören freilich dazu, das köstliche Ziel zu erreichen. Wir sind ein bettelarmes Volk geworden. Wenn wir aber auch arm an Willen zur Gesundung, so brauchen wir uns kaum das Grab zu schaufeln.

Das Wohnungsproblem.

In Deutschland fehlen uns zurzeit, sehr niedrig gegriffen, $3/4$ Millionen Wohnungen. Von einem Wohnungsproblem kann man also füglich sprechen. Die wichtigsten Fragen des Problems sind für uns die Boden-, die Geld- und die Baustofffrage.

Die Bodenfrage.

Rings um die Großstädte liegt ein Ring Bauland, dessen Preis meist so hoch, daß es für Siedlungen mit Gärten nicht in Frage kommt. Dieser Ring muß gesprengt werden durch Erschließung des weiteren Ringes, der billigen Boden trägt. Dazu sind schnelle, bequeme und billige Verbindungen zu schaffen. Das erschlossene Land muß der Spekulation dauernd entzogen werden und für Siedlungsland zur Verfügung stehen. Das neue Enteignungsgesetz gibt hierzu die Möglichkeit. Eine alte Forderung der Bodenreform geht darauf, an den neuen Wasserstraßen breite Streifen Land zu beiden Seiten für Industrie und Siedlung zu enteignen. Diese Forderung muß in Württemberg jetzt Hand in Hand mit dem großen Kanalprojekt zur Tat werden. Der Boden ist kein Spekulationsobjekt. Er ist nur einmal von der Natur geschenkt und kann nicht beliebig produziert werden. Alle anderen Dinge des Lebens, Nahrung, Kleidung u. a. steigen vorübergehend im Preise und belasten nicht dauernd. Die Lasten, die aber einmal auf den Boden gelegt sind, verlangen eine dauernde Verzinsung von Generationen zu Gunsten weniger, die den künstlich geschaffenen Mehrwert einstecken, ohne eine andere Arbeit geleistet zu haben, als Handauflegen auf den Boden mittels Geld. Der natürlich entstehende Mehrwert des Baulandes muß der Allgemeinheit gehören, da er durch die Allgemeinheit entsteht. Mehrwert des Bodens durch

1. Siedlung Plaue bei Brandenburg. Eingang zur Siedlung. Die alten Birken eines Feldwegs sind erhalten.

persönliche Leistung schafft nur der Bauer durch seiner Hände Arbeit im Schweiße seines Angesichts.

Aller Grund und Boden, der nicht der Volksernährung dient, muß Obereigentum 'des Staates werden. Dieser Forderung wird sich kein Bürger anständiger Gesinnung entziehen können. Man redet sich die Köpfe heiß über die Sozialisierung aller möglichen und unmöglichen Dinge, und das Nächstliegende und Mögliche geschehen nicht.

Die Geldfrage.

Bisher wurde der größte Teil des Wohnungsbedarfes durch das Privatkapital der Bauindustrie geschaffen, die in der Schaffung von Kleinhäusern keinen kaufmännischen Anreiz erblickte und sich daher fast nur mit der Herstellung der großen Mietshäuser abgab in engster Verbindung mit dem Terraingeschäft. Bei der heutigen Überteuerung, etwa das Sechsfache des Preises 1914, wird das Privatkapital vollkommen ausscheiden, da der Preis der neuerstellten Häuser in gar keinem Verhältnis zu den vorhandenen stehen wird, und das Risiko einer Preissenkung von dem Privatkapital nicht getragen werden kann. Es kommen daher heute nur öffentliche Mittel für die Beschaffung der notwendigen Wohnungen in Frage, denn der Staat ist allein in der Lage, das Risiko zu tragen und durch geeignete Maßnahmen den Ausgleich zu schaffen zwischen den bestehenden und den neuen Wohnungen. Wege dazu liegen in einer Wegsteuerung des unverdienten Mehrwerts der bestehenden Häuser und durch Erfassung des natürlichen Wertzuwachses an Grund und Boden für den Staat. Daß öffentliche Mittel nur gemeinnützigen Unternehmungen zur Verfügung gestellt werden, ist selbstverständlich.

Die Baustofffrage.

Diese gab es früher nicht, da wir für die verschiedenen Bauarten genügend und geeignete Baustoffe besaßen. Heute hängt die Frage der Baustoffe aufs engste mit der Kohlenfrage zusammen. Die wichtigsten, bisher gebräuchlichen Baustoffe, Ziegelsteine, Dachziegel, Kalk, Zement, bedürfen Kohle zu ihrer Herstellung. Die Kohlenfrage hat das Bild geändert. Wir müssen darauf bedacht sein, mit solchen Stoffen zu bauen, deren Herstellung von der Kohle möglichst unabhängig ist.

Wer bis heute nicht an das Gespenst der Kohlennot geglaubt, fühlt es jetzt wohl am eigenen Leibe. Wir müssen damit rechnen, daß dieser Kohlenmangel, wenn sich auch einiges im Laufe der Zeit bessern mag, eine Dauererscheinung sein wird (Friedensvertrag).

Was wir an deutscher Kohle nicht unbedingt brauchen für die lebenswichtige Industrie, den Verkehr und den notwendigsten Hausbrand, wird nach Abzug dessen, was wir gezwungen abliefern müssen, ein wichtiger Ausfuhrartikel sein. Die Kohle ist heute das deutsche Gold. Es ist dann selbstverständlich, daß wir keine Dinge einführen, die zur Herstellung Kohle brauchen, wenn wir dieselben im Lande selbst herstellen können, und auch hier nur zu solchen notwendigen Dingen, für die ein Ersatz nicht zu beschaffen. Daher ist es auch unsere Pflicht, zum Bau der vielen notwendigen Wohnungen nur solche Baustoffe zu verwenden, die keine oder ein Minimum an Kohle benötigen. Aus dieser Erkenntnis heraus ist manche anerkennenswerte Arbeit geleistet worden. An neuen Bausystemen, sogenannten sparsamen Bauweisen, sind wir nicht mehr arm, aber nur wenige treffen den Kern der Sache.

Die Forderung ist, die notwendigen Wohnungen gesundheitlich und technisch gut, dauerhaft, so billig und schnell als möglich, mit dem geringsten Verbrauch von Kohle herzustellen. Dieser Forderung am nächsten kommt der Holz- und Lehmbau. Die Baustoffe — Holz und Lehm — sind im Lande zu beschaffen und altbewährt.

Der reine Lehmbau ist fast nirgends mehr in Deutschland traditionell weitergeführt. Die vielerseits wieder aufgenommenen Versuche und Lehrkurse werden die verlorene Technik wieder bringen. Ich halte den Lehmbau nach meinen Erfahrungen in Ostpreußen und im Baltikum für sehr gut. Er erfordert allerdings eine sachgemäße Technik, verhältnismäßig lange Bauzeit, eine sorgfältige, dauernde Unterhaltung und ist durch Örtlichkeit beschränkt.

Zum Lehmbau eignen sich rein ländliche Häuser, am besten eigener Besitz. Der bäuerliche Siedler ist sein eigener „Zimmermann", und als Besitzer hat er das größte Interesse an sorgfältigster Instandhaltung seines Hauses. Aus diesen Gründen halte ich den Lehmbau zum wenigsten nicht überall am Platze.

Der reine Holzbau, wie ihn die verschiedenen Holzhaus-Systeme jetzt zeigen, erfüllt die aufgestellte Forderung an gesundheitlicher und technischer Güte und braucht keine Kohle. Die Dauerhaftigkeit ist begrenzt, die Feuersicherheit gering, die Kosten verhältnismäßig hoch.

Der Fachwerksbau ist in seiner ursprünglichen Form die Verbindung von Holz- und Lehmbau, er hat die Vorzüge beider ohne ihre Nachteile. Es ist daher im Grunde verwunderlich, daß man in Deutschland den alten Fachwerksbau nicht allgemein wieder aufnimmt, der, richtig verwendet, die vorgenannten Forderungen in vollendeter Weise erfüllt. Der Fachwerksbau wird im Gegensatz zum sogenannten Massivbau sehr zu unrecht als weniger haltbar angesehen. Wir haben Fachwerksbauten in Deutschland, die viele hundert Jahre alt sind. Fast alle Häuser Stuttgarts, z. B. die vor etwa 80—100 Jahren gebaut, bestehen aus beiderseits überputztem Fachwerk von 17 cm Gesamtstärke. Diese Ausführung ist heute in Württemberg noch allgemein gebräuchlich.

Das Wesen des Fachwerksbaues besteht darin, daß die Wände aus einem tragenden Konstruktionsgerippe aus Holz bestehen und aus nicht tragenden, nur füllenden Teilen, den Gefachen. Bei sogenanntem massiv gemauertem Haus ist die ganze Wand tragend.

Das Konstruktionsgerippe, das Riegelwerk muß aus gesundem Holz, zimmermannsmäßig richtig zusammengebaut sein, die Ausriegelung der Gefache aus wärmehaltendem, wetterbeständigem Baustoff bestehen.

Wetterbeständige Stoffe für die Ausriegelung sind Sandsteine, wie der in Stuttgart dazu verwendete Schilfsandstein, der als natürlicher Stein vor dem Backstein voraus hat, daß keine Kohle zu seiner Herstellung gebraucht wird.

Ausriegelung aus Backsteinen in 12 cm Stärke, auf beiden Seiten verputzt, ist auf dem Lande in Württemberg nichts Ungewohntes; häufiger ist der wesentlich bessere rheinische Schwemmstein. Beide Baustoffe brauchen Kohle zur Herstellung. Der erstere beim Brand, der zweite für das Bindemittel Kalk und Zement, das zu seiner Herstellung nötig. Immerhin werden bei dieser Wand nur halb soviel Steine verwendet, wie bei der dünnstmöglichen Massivwand von 25 cm Stärke, daher auch nur halb soviel Kohlen.

Wände in dieser Ausführung können Anspruch auf sehr große Wärmehaltung jedoch nicht machen. Was am Bau gespart, wird an Feuerung im Winter verbraucht. Mit Rücksicht auf unsere Knappheit an Brennstoffen ist diese Wand nicht unbedingt

2. Gartenstadt Staaken. Einfamilien-Reihenhäuser an einem kleinen Platz, stark durchgeführte Einheitsform.

zu empfehlen, vor allem nicht beim Haus in freier Lage. Wird aber eine solche Wand im Innern mit rauhen Brettern bekleidet und verputzt und zwischen der Ausmauerung und den Brettern ein isolierender Luftraum geschaffen, so hat man die wärmste und gesündeste Wand, die man sich wünschen kann.

In dieser Ausführung habe ich in diesem Jahre Siedlungshäuser gebaut, da die nötigen Backsteine für die Ausmauerung noch zu bekommen waren. Es ist aber kaum damit zu rechnen, daß für weitere Bauten dieser Ausführung genügend Steine vorhanden sein werden. Es bleibt dann entweder die Ausmauerung aus Sandsteinen oder aber aus ungebrannten Lehmsteinen, sogenannten grünen Steinen. Dieses Material ist nicht wetterbeständig und bedarf daher einer Verkleidung im Äußern durch Holzschalung oder Schindelbehang. Im Innern wird Lehmputz genügen. Die Ausführung dieser Wand erforderte also so gut wie keine Kohle, wäre sehr warm, gesund und billig. Die Innenwände sind in jedem Fall aus ungebrannten Steinen, das Kellermauerwerk aus natürlichen Steinen herzustellen (Sandstein). Auf Zement, der ebenfalls Kohle zur Herstellung benötigt, kann beim Kleinhaus, besonders bei der eben genannten Bauweise, so gut wie verzichtet werden. Bei ländlichen Siedlungen, wo jedes Haus einen Garten hat, muß auf die Anlage von Abortgruben verzichtet werden, zu deren Herstellung viel Zement notwendig ist. An Stelle der Gruben tritt das Torfklosett, wovon später noch die Rede sein wird. Die vorhandenen Kohlen sollten nur zum Brand von Dachziegeln verwendet werden, weil die harte Bedachung die Feuersicherheit und Haltbarkeit des Hauses gewährleistet. Bei vollkommen freistehenden Häusern und auf dem Land kann das Dach mit altbewährtem Material wie Schindel, Stroh oder Schilf, je nach der Gegend, eingedeckt werden. Das reine Lehmhaus mit Strohdach oder Schindel wäre mit Rücksicht auf die Kohlenfrage das Ideal, kommt aber aus den genannten Gründen nur in bestimmten Fällen zur Verwendung.

Alles in allem, mit den wenigen Kohlen, die für die Herstellung von Baustoffen benützt werden können, muß peinliche Wirtschaft getrieben werden,

3. Kleinhaussiedlung Plaue bei Brandenburg a Havel. (Erbaut 1916/17 Architekt Schmitthenner.) Reihenhäuser am Rande der Siedlung. Die Wirkung beruht auf der geschlossenen Form und in dem gleichen Rhythmus der wiederkehrenden Formen. (Bewohnte Stadtmauer.) Die Hauswände (Südseite) sollen mit Wein bepflanzt werden.

um mit dem wenigen möglichst viel bauen zu können.

Die geplante und in Angriff genommene Fabrikation der Ölschiefersteine, die ein ausgezeichnetes Baumaterial sind und zur Herstellung Kohle nicht erfordern, dürfte in absehbarer Zeit die Frage der Baustoffe für Württemberg wesentlich vereinfachen.

Nach diesen Gesichtspunkten gewirtschaftet, ist z. B. in Württemberg, der Heimat des Fachwerksbaues, die Schaffung der notwendigen Wohnungen von der Kohlenfrage jedenfalls nicht abhängig. Häuser nach diesen Gesichtspunkten gebaut, bedeuten in keiner Beziehung eine Verschlechterung. Das Gegenteil ist der Fall.

Die öffentliche Bewirtschaftung der Baustoffe.

Die Bewirtschaftung und Zuteilung der Baustoffe, wie wir sie bereits haben, werden beibehalten bleiben müssen, damit die knappen Baustoffe, zumal die von der Kohle abhängigen, in richtigem Maße den notwendigen Bauten zugeteilt werden. Aber auch die natürlichen Baustoffe, wie Holz, Bruchsteine, Lehm, Kies, werden dann der Bewirtschaftung unterstellt werden müssen, wenn sie zu angemessenen Preisen nicht zu beschaffen. Diese Baustoffe haben teilweise unerhörte und nicht zu rechtfertigende Preise erreicht, unverdienter Gewinn fließt in die Taschen Weniger auf die Kosten der Allgemeinheit. Vor allem muß das Holz aus den Staatsforsten auf dem einfachsten Wege unter Ausschaltung des Zwischenhandels und des blühenden Schiebertums seiner Bestimmung zugeführt werden.

Reich, Staat und Gemeinden sind also in erster Linie oder ausschließlich in der Lage, das Notwendige in der Wohnungsfrage zu tun. Zur Durchführung bedarf es aber der Unterstützung und des Verständnisses aller. Der Siedlungsgedanke nicht als romantische Idee, sondern als Erkenntnis des Weges zur Volksgesundung, muß uns alle treiben. Gemeinsam ist die Not, gemeinsam muß der Wille sein.

4. Siedlung Plaue. Das Innere eines Gartenblocks. Die Bewohner der Häuser sehen auf große grüne Gartenflächen und nicht auf Hinterhöfe mit üblem Geruch und ohne Licht.

Die Siedlung.

Die genossenschaftliche Siedlung.

Alles soll mitarbeiten an der Aufgabe. Jeder an seinem Platz. Die Behörden, die Besitzer von Grund und Boden, die Baumeister, die Handwerker und schließlich nicht zuletzt diejenigen, für die gebaut werden soll.

Die Mitarbeit ist von diesen aber nicht geleistet durch den Wunsch und die Forderung. Erst wenn sich die Siedler zu Genossenschaften zusammenschließen, kommt der Einzelne in die Lage, innerhalb dieser Genossenschaft die Siedlung durch seine Mitarbeit fördern zu können. Abgesehen von den ländlichen Siedlern in Einzelgehöften, die für die Frage der Innenkolonisation Deutschlands von größter Bedeutung sind, besteht die dringendste Wohnungsnot in den Städten. Die örtliche Begrenztheit des Bedürfnisses für jede einzelne Gemeinde erleichtert den Zusammenschluß zu Genossenschaften.

Das Bauen auf genossenschaftlicher Grundlage ist auch, abgesehen von der dadurch ermöglichten Mitarbeit der Siedler, deshalb das Richtige, weil die Zusammenarbeit zwischen Reich, Staat und Gemeinde mit einer Korporation leichter ist als mit vielen Einzelnen, und weil die Genossenschaft in der Beleihungsfrage eine größere Sicherheit zu bieten in der Lage ist als der Einzelne. Die Kürze dieser Einführung in das ganze Siedlungsproblem gestattet nicht, auf die verschiedenen

5. Gartenstadt Staaken. Vierfamilienhäuser am Stadteingang. Gleiche Baukörper, gleiche Höhen, gleiches Material.

Rechtsformen der Genossenschaft einzugehen. Allgemein kann gesagt werden, daß die gemeinnützige Genossenschaft mit beschränkter Haftung auf Erbpachtland in enger Zusammenarbeit mit Staat und Gemeinde das Zweckmäßigste ist und auch die Form, die für die Zukunft hauptsächlich in Frage kommen wird. Die Mitwirkung der Industrien neben den Gemeinden wird da in Frage kommen und erwünscht sein, wo es sich um Genossenschaften handelt, die in der Mehrzahl aus den Werksangehörigen von Industrien bestehen. Diese Zusammenarbeit ist für alle Beteiligten von Interesse. Die Gemeinde z. B. gibt das Land, womöglich erschlossen, in Erbpacht an die Genossenschaft. Dadurch gewinnt sie unmittelbaren, dauernden Einfluß auf die Bauentwicklung der Siedlung und des Orts. Die Industrie kann gegebenenfalls auch als Erbpachtgeber auftreten und kommt außerdem zur Hergabe von tilgbaren Hypotheken in Frage, z. B. für Siedlung mit Erwerbshäusern, wo dann der Werksangehörige der Industrie nach und nach sein Haus arbeitend erwerben kann. Die Industrie schafft sich auf diese Art einen freien, seßhaften Arbeiterstamm, und die gemeinsame Arbeit wird durch gemeinsames Interesse gefördert.

Die Genossenschaftsmitglieder und die Lage der Siedlung.

Zur gemeinnützigen Siedlungsgenossenschaft schließen sich diejenigen zusammen, die aus eigener Kraft Bedürfnis und Wunsch nach gesunder Wohnung mit Garten nicht erfüllen können. Für die Bewohner einer solchen Siedlung ist deren Lage zur Arbeitsstätte von größter Bedeutung. Bequeme, rasche und billige Verbindung mit dem Arbeitsort ist notwendig. Die Siedlung in der Nähe der Stadt, die Rand- oder Vorstadtsiedlung, wird für Leute verschiedenster Berufe richtig sein, die ihre Beschäftigung in der Stadt haben, und für solche Handwerker und Gewerbetreibende,

6. Gartenstadt Staaken. Einfamilien-Reihenhäuser mit Vorgärten und Hausbäumen.

denen die Siedlung selbst Existenzmöglichkeit bietet. Die Werksangehörigen einer Industrie werden die Siedlungen in möglichster Nähe des Werkes vorziehen, vielleicht nur soweit von ihm getrennt, um in keiner Weise von seiner Nähe belästigt zu werden. Wo im ersteren Falle eine Stadt vorausschauende Bodenpolitik getrieben hat, es sind leider nur wenige glückliche Beispiele bekannt, d. h. recht viel Land erworben oder im Besitz gehalten hat, anstatt damit Bodengeschäfte zu treiben, wird die Vorstadtsiedlung auf städtischem Boden als Randsiedlung entstehen können, anderenfalls muß, wenn geeignetes Land in der Stadtnähe zu angemessenen Preisen nicht zu erhalten, wie früher erwähnt, der Ring durchbrochen werden zur Erschließung billigen Bodens. Der Boden in der Stadtnähe ist naturgemäß wertvoller als der weiter entfernte, da ja die Verbindung zur Arbeitsstätte nach Geld und Zeit die billigere ist. Infolgedessen werden die Gärten solcher Vorstadtsiedlungen in der Regel kleiner sein als die Gärten rein ländlicher Siedlungen, wie sie sich an die Industriewerke anschließen, sofern diese, wie es notwendig aber leider nicht immer der Fall ist, entfernt von der Stadt und nicht in der Stadt selbst liegen. Außer der Verkehrsfrage und der Preisfrage des Bodens spielt natürlich auch die Bodenbeschaffenheit mit Rücksicht auf den Gartenbau, der Untergrund mit Rücksicht auf die Baukosten und anderes mehr eine wesentliche Rolle. Über all' diese Fragen müssen Sachverständige gehört werden.

7. Einfamilien-Reihenhäuser der Gartenstadt Staaken bei Spandau. Die Siedlung ist 1914–17 erbaut (Architekt Schmitthenner). Grund und Boden gab das Reich der Genossenschaft der Werkarbeiter Spandau in Erbpacht. Die Siedlung bietet 1000 Familien Haus und Garten.

Der Siedlungsplan.

Ist die Genossenschaft soweit, daß sie geeignetes Land hat, so ist die erste notwendige Arbeit die Aufstellung des Bebauungsplanes der Siedlung. Von dem Siedlungsplan hängt ganz außerordentlich viel ab. Er ist die Aufzeichnung des ganzen Programms, von dessen Güte oder Mangelhaftigkeit die ganze Entwickelung der Siedlung abhängt. Der Siedlungsplan spiegelt den Wunsch und Willen der Bewohner, ihre wirtschaftlichen und sozialen Wünsche und Notwendigkeiten. Es handelt sich bei dem Bebauungsplan um die Schaffung eines in allen Teilen klar erkennbaren Organismus. Der Architekt, der ihn aufstellt, muß Organisator sein. In seinen Händen laufen alle Wünsche, alle Möglichkeiten und Hemmungen zusammen, und er soll daraus das Kunstwerk schaffen. Dieses kann nur entstehen aus einem klaren und reinen Organismus. Der Siedlungsarchitekt muß Baumeister und Volkswirt sein, er muß Lebenserfahrung besitzen und warmes menschliches Verständnis für alle Schwierigkeiten und kleinen Dinge des Alltags.

Zur Aufstellung des Siedlungsplanes ist zunächst die Art der Häuser zu bestimmen. Sollen Einfamilienhäuser oder Mehrfamilienhäuser, soll ein- oder zweistöckig gebaut werden? Wieviel verschiedene Wohnungsgrößen sind notwendig, sollen die Siedlungshäuser in den Besitz der Bewohner übergehen, oder sollen sie dauernd im Eigentum der Gemeinschaft bleiben? Wie groß sollen die Gärten sein, wie ist die Wasser- und Lichtversorgung, wie die Ableitung der Gebrauchswässer? Wie ist die Erweiterungsmöglichkeit der Siedlung für Bau- und Gartenland? Welche öffentlichen Bauten und Anlagen sind notwendig oder angestrebt? All' diese Fragen bestimmen den Siedlungsplan, die Straßenführung und ihre Breiten, die Blocktiefen und -Längen und müssen richtigerweise schon vor dem Kauf des Bodens geklärt sein, um über die Eignung desselben für die Siedlung Klarheit zu schaffen.

8. Vierfamilienhaus aus der Gartenstadt Staaken. Einfacher, klarer Baukörper. Verzicht auf alles Überflüssige, die anständige Wirkung des Hauses liegt in den guten Verhältnissen.

Die Straße der Siedlung.

Diese wird einfacher sein als die städtische Straße, sie wird schmäler sein, entsprechend den niedrigeren Haushöhen, sie wird leichter gebaut sein, um billig zu sein, und wird im wesentlichen reine Wohnstraße sein, da sie nur den Verkehr aufzunehmen hat, der für die Siedlung erforderlich. Verkehrsstraßen sollten immer an den Siedlungen vorbeigeführt werden oder, wenn sie nach Lage der Verhältnisse durch die Siedlung führen müssen, durch genügend Garten oder Freiland von den Häusern getrennt sein.

Gesundheitlich-technische Einrichtungen.

Gas, elektrisch Licht, Wasserleitung sind wünschenswert und wohl in den meisten Fällen zu schaffen. Die Ableitung der Gebrauchswässer kann auf verschiedene Art erfolgen und ist bei geeignetem Siedlungsgelände immer möglich. Kanalisierung zur Wegführung der Schmutzwässer ist weder notwendig noch wünschenswert.

Die Fäkalien sind in der Gartensiedlung als Düngmittel von größter Wichtigkeit. Anstelle der Aborte mit Gruben, deren Herstellung verhältnismäßig teuer und, wie früher erwähnt, viel Zement erfordert, sollte der Torfstreuabort, zumal in der Gartensiedlung, allgemein eingeführt werden. Die Anlage ist wesentlich billiger und hygienischer und der Torfdünger ein intensiveres und angenehmeres Düngmittel. Der Torfstreuabort kommt bei richtiger Behandlung in Bezug auf Bequemlichkeit und Hygiene dem Spülklosett gleich. Guter Wille und Beiseitesetzen der üblichen Vorurteile gegen jede Neuerung sind natürlich notwendig.

Die Gartengröße.

Diese wird in erster Linie von dem Preise des Bodens abhängen, sollte aber möglichst nicht kleiner als 200 qm sein. Von dieser Größe ab läßt sich erst wirtschaftlich Kleingartenbau treiben. 500 qm sind das Wünschenswerte, da dies die Größe, die bei rationeller Gartenwirtschaft den

9. Gartenseite mit Hauslaube von Einfamilienhäusern der Gartenstadt Staaken. Die Hauslauben liegen erhöht zwischen den vorgebauten Ställen.

Bedarf einer fünfköpfigen Familie mit Gemüse und Obst deckt. Der kleinere Hausgarten soll immer ungeteilt unmittelbar am Haus liegen und mit demselben verbunden sein. Ob auch bei grösseren Gärten dieselben vollkommen am Haus liegen oder ob ein Teil getrennt vom Haus, hängt teils von der Frage der Straßenkosten, teils von der Art des Geländes ab. Es ist sehr wohl möglich und hat mancherlei Vorteile, einen Teil des zur Verfügung stehenden Landes im Bebauungsplan als Ergänzungsgärten zu den Hausgärten vorzusehen. Bei genossenschaftlichen Siedlungen kann das Ergänzungsgartenland in gleich große Parzellen geteilt werden, die je nach Kopfzahl der Familie oder nach Liebhaberei den einzelnen Siedlern verpachtet werden. Auch an die Anlage von gemeinsamen Obstangern, die gleichzeitig Weideland sein können, kann gedacht werden. Die Bäume werden unter den Genossen verteilt oder verlost, oder das Obst wird zum Selbstkostenpreis an die Genossen abgegeben. Der Garten ist wirtschaftlich von größter Bedeutung für die Siedler. Die Erträgnisse des Gartens, die je nach Fleiß und Verständnis der Siedler groß sein werden, bilden eine wesentliche Verbilligung des Wohnens, ganz abgesehen von der volkswirtschaftlichen Bedeutung der Selbstversorgung. Für die Anlage der Gärten sollten immer Sachverständige zugezogen werden. Gemeinsame Belehrung in Gartenbau, gemeinsamer Einkauf von Sämereien, Pflanzen, Düngmitteln sind zu empfehlen und werden Erfolg und Gartenfreude fördern. Die erste Anlage der Gärten soll immer gemeinsam vorgenommen werden, da nur ein richtig vorbereiteter Boden Erfolge verspricht und den Anreiz zur Gartenarbeit fördert.

10. Berliner Wohnungen. An der Straße Palastfassade mit aufgeblasener Architektur. Die Rückgebäude Mietskasernen-Elend schlimmster Art. In den unteren Stockwerken dieser Hofwohnungen können Kinder aufwachsen, die niemals Sonne im Haus gesehen haben.

Das Haus.

Die Bauart.

Es werden in einer Siedlung mit gesunder sozialer Mischung verschieden große Wohnungen notwendig sein. Diese verschiedenartigen Bedürfnisse sind festzustellen und darnach die einzelnen Wohnungsarten festzulegen. Der Architekt schafft in Zusammenarbeit mit der Genossenschaft verschiedene Grundrißlösungen, die den wirtschaftlichen und sozialen Verhältnissen der einzelnen Gruppen angepaßt sind, und die die besten Lösungen der Durchschnittsforderungen darstellen. Auf kleinliche Einzelwünsche muß der Genosse im Interesse der Gemeinschaft verzichten. Die Aufstellung weniger aber guter Formen verbilligt den Entwurf, die Verwendung gleicher Einzelteile ist technisch und konstruktiv besser und billiger und für die künstlerische Gestaltung der Siedlung von größter Bedeutung. Die äußere Form schon soll den Genossenschaftsgedanken, den solidarischen Geist, erkennen lassen. Ob die einzelnen Wohnungen nun im Einfamilienhaus, im Doppel-, Gruppen- oder Reihenhaus, ob einstöckig oder zweistöckig gebaut wird, hängt von vielfachen Überlegungen ab.

Das Einfamilienhaus

Daß dieses das Wünschenswerteste, dürfte ohne Frage sein. Die Haustüre hinter sich zugemacht und in seinen vier Wänden allein zu sein, ist schon sehr schön. Familiensinn, ungestörte Häuslichkeit werden dadurch gefördert, Streitigkeiten werden vermieden, und hygienisch ist es von größter Bedeutung. Ob das Haus freistehend gebaut werden kann, hängt von seiner Größe ab. Für Kleinhäuser, von denen wir hauptsächlich hier sprechen, wird das freistehende Einzelhaus ausschalten. Dieses Haus hat vier Außenwände, ist dadurch im Bau und in der Unterhaltung teuer und außerdem wesentlich kälter. Das Einfamilien-Doppelhaus (Abb. 11) hat schon den Vorzug, daß zwei Häuser eine Wand gemeinsam haben, und darum billiger und wärmer sind. Das Einfamilien-Reihenhaus (Abb. 2, 3, 6, 7) hat diese Vorzüge verstärkt. Dieses hat nur zwei freie Wände, also zwei gemeinsame, billige, warme Wände und nur zwei teure, kältere Außenwände. Das Reihenhaus ist also das billigste. Die Räume der Wohnung des Einfamilienhauses werden zweckmäßig in zwei Stockwerke verlegt. Die Räume des oberen Stockwerks können im ausgebauten Dach liegen (Abb. 6, 7) oder in einem zweiten Vollgeschoß (Abb. 11, 14, 16, 19). Das erstere ist den reinen Baukosten nach das Billigere. Auf den Quadratmeter nutzbaren Raum berechnet, ist jedoch das Haus mit zwei Vollgeschoßen das relativ billigere. Das zweistöckig eingebaute Einfamilienhaus darf deshalb in der Regel als das Wirtschaftlichste angesehen werden (Abb. 14, 16).

11. Doppelhaus Hausart V der Siedlung Ooswinkel. Straßenseite. Hinter der Anschlußmauer der Stall. Maßstab: 1 cm = 1 m.

12. Grundriß Hausart V der Siedlung Ooswinkel. Maßstab: 1 cm = 1 m. Vergrößerung von Hausart IV, jedoch im Obergeschoß 3 Schlafzimmer. An das Haus angebaut ein Kleintierstall, dessen eine Wand die Abschlußmauer der Straße bildet.

So = Sofa
N = Nähtisch
E = Eckmöbel
K = Kommode
T = Tisch
O = Ofen
S = Schrank
ST = Schreibtisch
KM = Kleinmöbel
BS = Bücherschrank
Kl = Klavier
A = Anrichte
B = Bett
BW = Badewanne

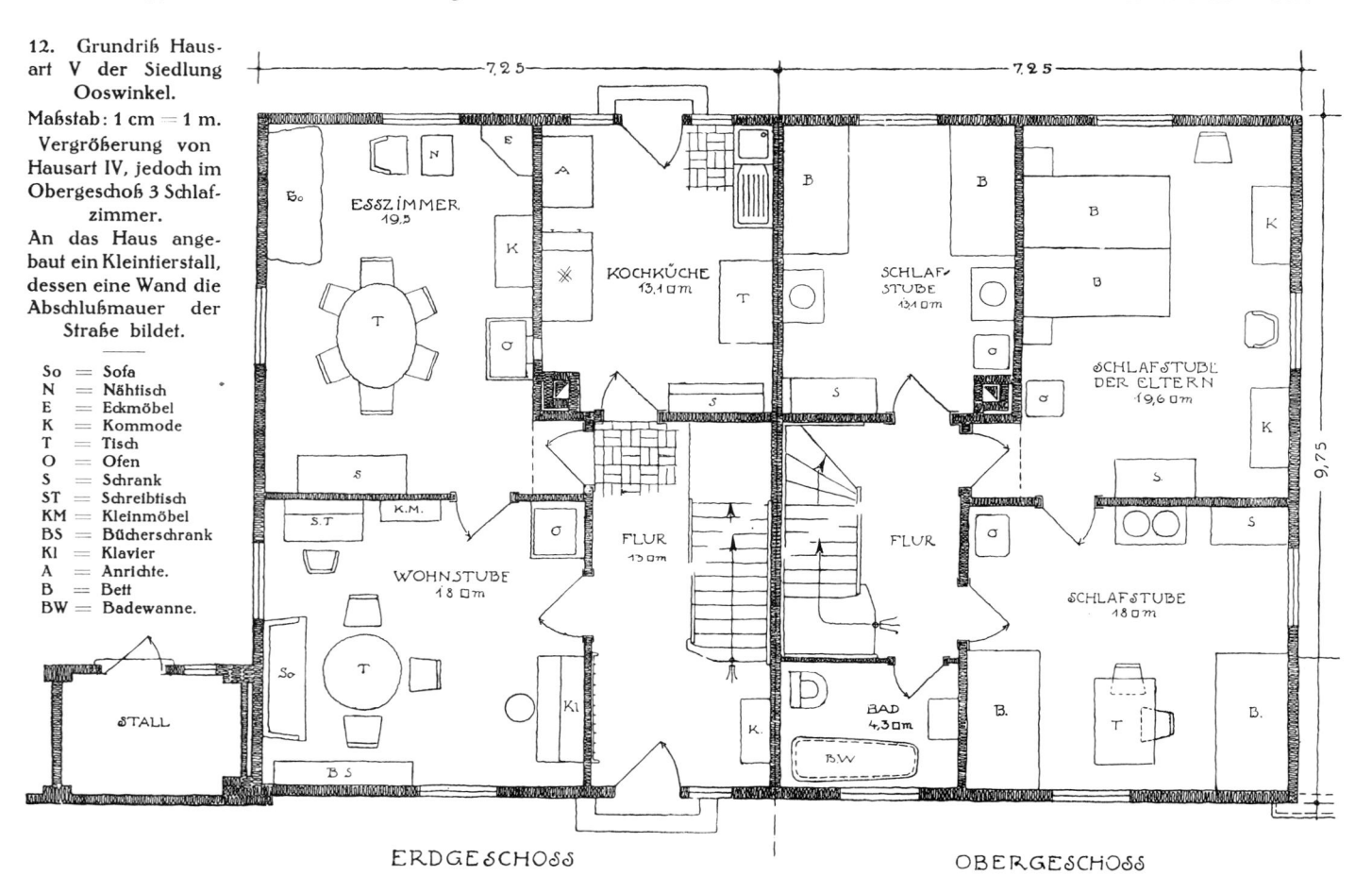

ERDGESCHOSS

OBERGESCHOSS

13. Doppelhaus Hausart V der Siedlung Ooswinkel. Gartenseite. — Bepflanzung mit Obstspalier. (Nutzwand). Maßstab: 1 cm = 1 m.

Das Mehrfamilienhaus.
(Bild 5 und 8.)

Ganz kleine Wohnungen für kinderlose Ehepaare oder ältere Leute ohne Kinder werden besser im Vier- oder Mehrfamilienhaus untergebracht, da das Einfamilienhaus eine gewisse Mindestgröße verlangt, um wirtschaftlich zu sein. Jedenfalls sollten Mehrfamilienhäuser höchstens zweistöckig sein, nur in bestimmten Fällen könnte auch das dreistöckige Haus in Frage kommen.

Das soziale Minimum der Familienwohnung.
(Bild 15, 17 und 18.)

Außer einem gemeinsamen Wohnraum und den Wirtschaftsräumen sollten immer noch drei Schlafräume vorhanden sein. Das Schlafzimmer der Eltern und die Schlafstuben für die Mädchen und Knaben. Weitere Wohnräume werden bestimmt durch den Beruf des Mannes oder die Art der Lebenshaltung. Außer der Kochküche sind an Nebenräumen notwendig: Waschküche, Bad oder Badegelegenheit, Abort, Keller und Speicherraum. Der Nebenraum sollte nicht zu gering bemessen sein, er ist von größter Bedeutung für Ordnung und Sauberkeit im Hause.

Die Wohnküche.
(Bild 15 und 18.)

Aus dem Gedanken heraus, die zum Kochen notwendige Wärme im Winter möglichst auszunützen, entstand die Wohnküche. Die Anlage der Wohnküche ist bei manchen Grundrißlösungen von Vorteil. Jedenfalls muß die Wohnküche, die einen Wohnraum ersetzen soll, reichlich groß sein, damit außer dem nötigen Platz für die Wirtschaft genügend Raum zum behaglichen Wohnen bleibt. Neben der Wohnküche muß als Nebenraum die sogenannte Spülküche liegen, in der alle schmutzige Arbeit verrichtet wird, da nur dadurch die Sauberkeit und Wohnlichkeit der Wohnküche möglich. Die Spülküche wird zweckmäßig gleich als Waschküche mit Badegelegenheit eingerichtet, um das Kochen von Wäsche in der Wohnküche zu verhindern.

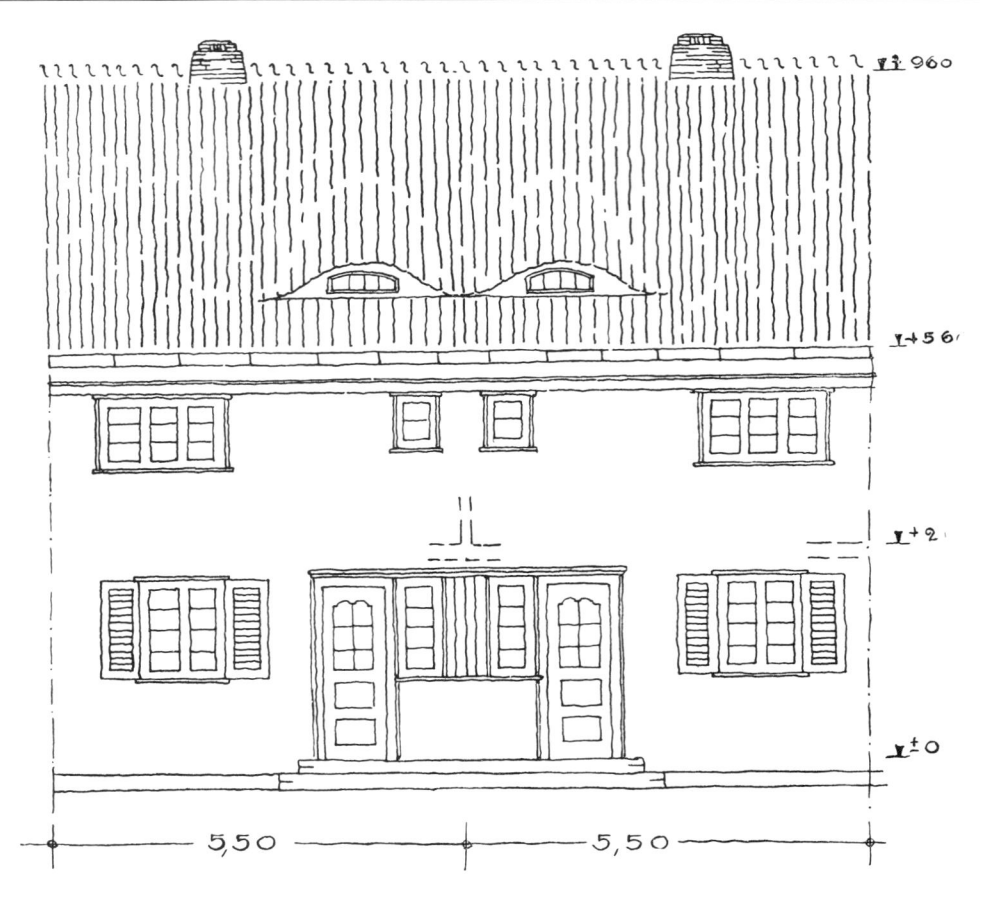

14. Eingebaute Hausart II der Siedlung Ooswinkel als Reihenhaus. Straßenseite. Maßstab: 1 cm = 1 m.

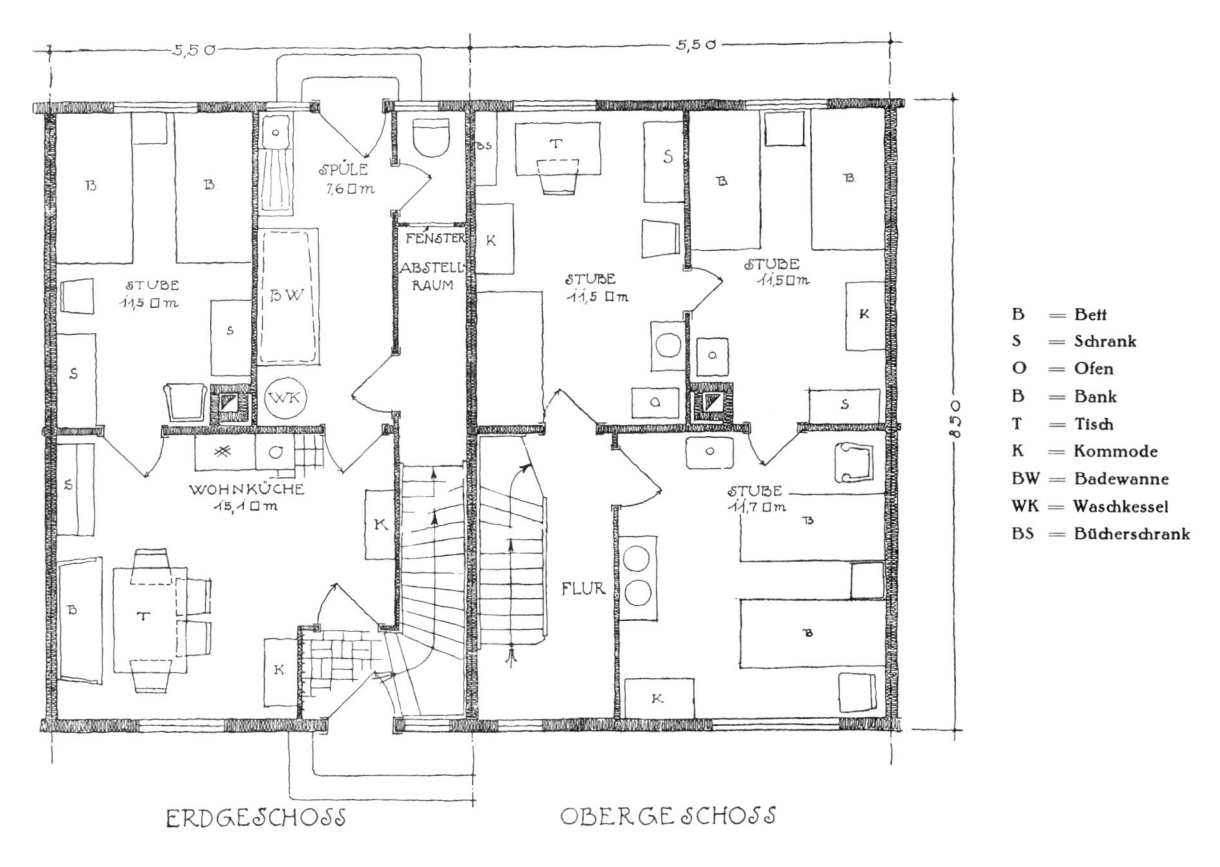

B = Bett
S = Schrank
O = Ofen
B = Bank
T = Tisch
K = Kommode
BW = Badewanne
WK = Waschkessel
BS = Bücherschrank

15. Grundriß Hausart II der Siedlung Ooswinkel. Maßstab: 1 cm = 1 m. Haus für kinderreiche Familie. Im Erdgeschoß Wohnküche mit anstoßender Spülküche, Schlafstube für die Eltern. Im Obergeschoß 3, im Dachgeschoß ein 4. Schlafraum für Kinder.

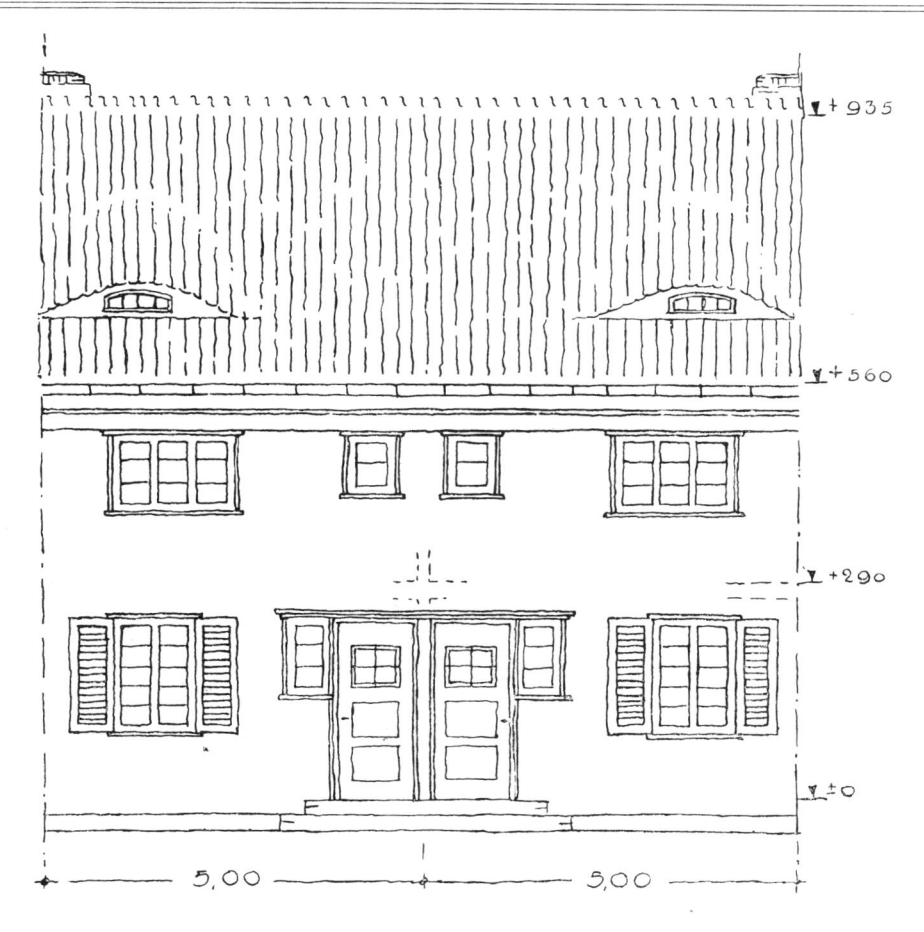

16. Eingebaute Hausart I der Siedlung Ooswinkel als Reihenhaus. Straßenseite. Maßstab: 1 cm = 1 m.

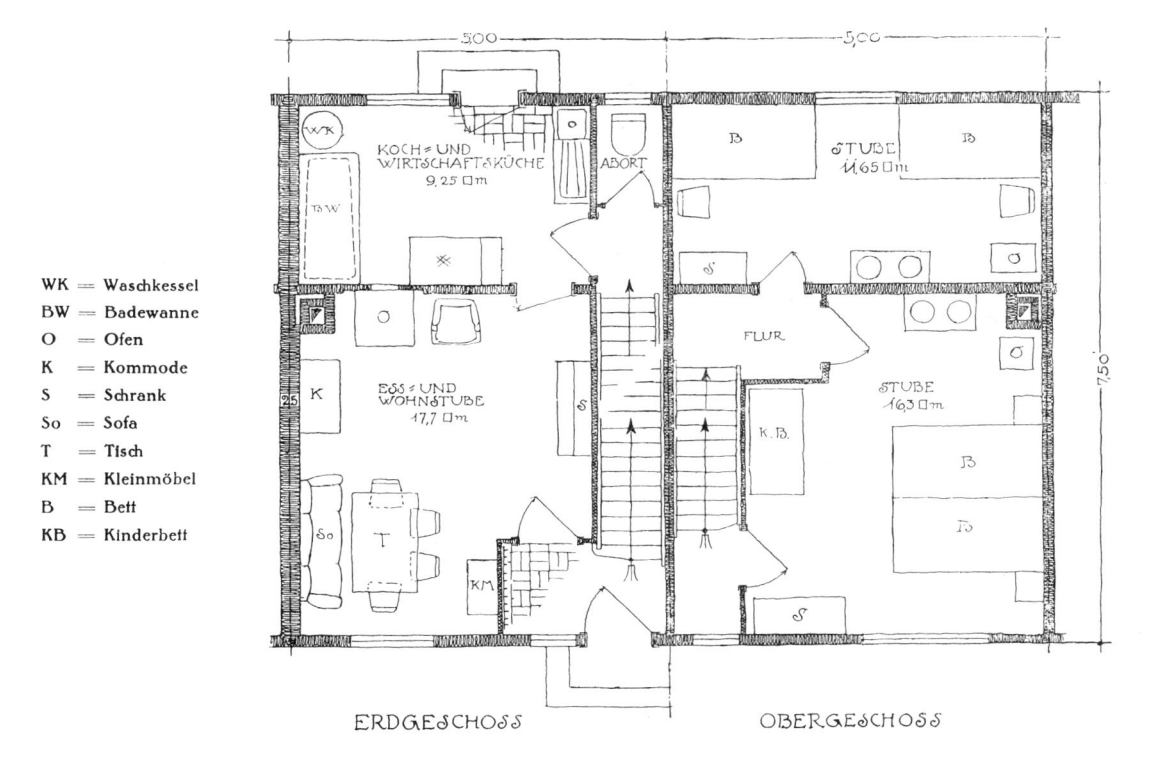

WK = Waschkessel
BW = Badewanne
O = Ofen
K = Kommode
S = Schrank
So = Sofa
T = Tisch
KM = Kleinmöbel
B = Bett
KB = Kinderbett

17. Grundriß Hausart I der Siedlung Ooswinkel. Maßstab: 1 cm = 1 m. Im Erdgeschoß Eß- und Wohnstube, daranstoßend die Koch- und Wirtschaftsküche. Die Abwärme des Herdes wird im Frühjahr und Herbst durch den Ofen der Wohnstube geleitet und erwärmt diese. Im Winter wird in dem Ofen der Wohnstube gekocht, Feuerloch und Kochröhre sind in der Küche. Die ganze Wärme kommt dem Zimmer zugute ohne Kochdämpfe und Gerüche. In der Koch- und Wirtschaftsküche Badewanne mit Klapptisch, Waschkessel, Spülstein, Ausgang zum Garten.

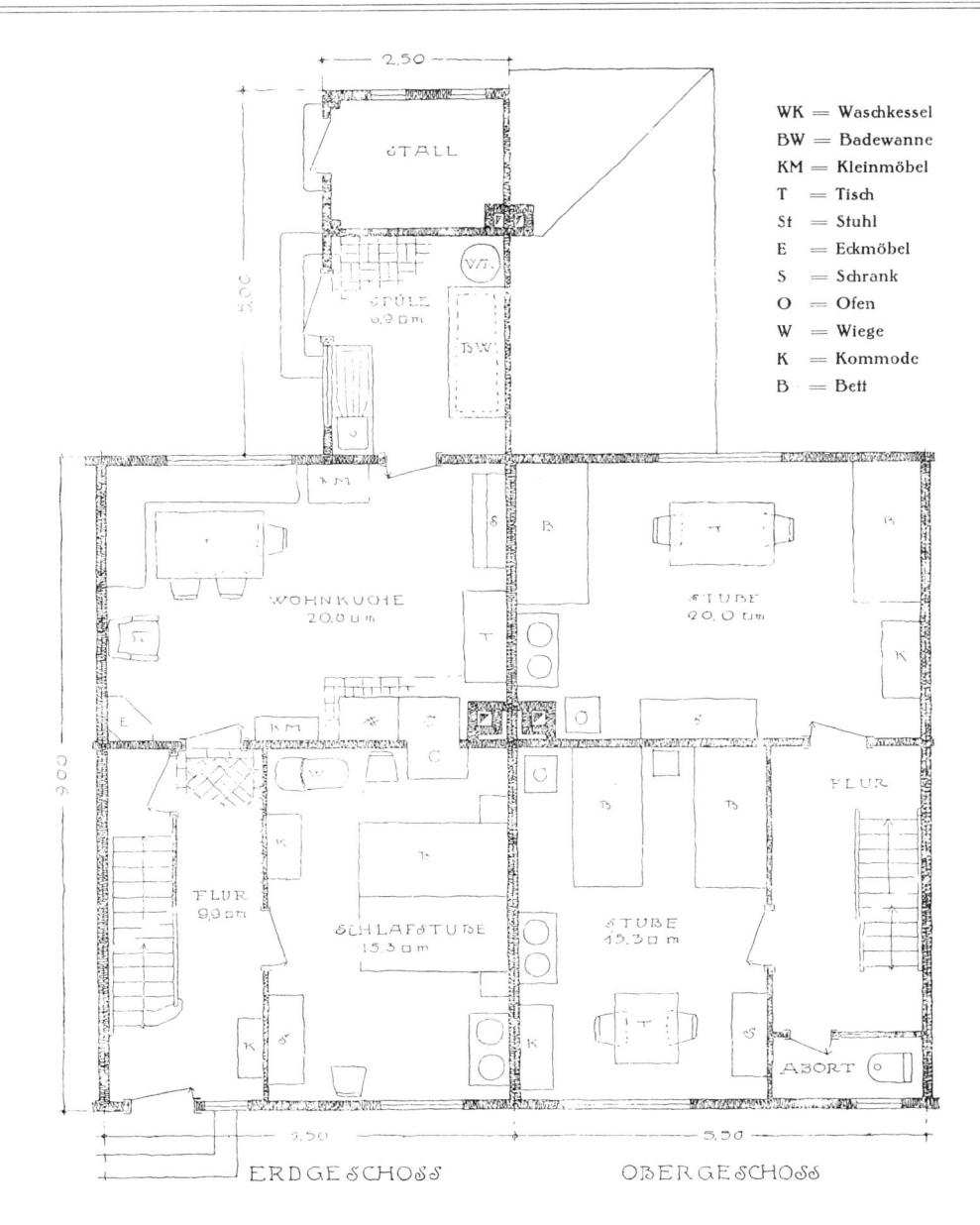

18. Grundriß Hausart III der Siedlung Ooswinkel. Maßstab: 1 cm = 1 m. Im Erdgeschoß Wohnküche mit Spülküche und Stall im Anbau. Schlafzimmer der Eltern oder zweite Wohnstube. Im Obergeschoß 2 Schlafräume, im Dachgeschoß der dritte.

Die Koch- und Wirtschaftsküche.
(Bild 12, 17 und 21.)

Die Kochküche als reiner Wirtschaftsraum kann verhältnismäßig klein sein und kann zu gleicher Zeit Waschküche mit Badegelegenheit enthalten. Um auch hier die zum Kochen notwendige Wärme im Winter voll auszunützen, kann die Abwärme dem Ofen des neben der Küche gelegenen Wohnraumes zugeleitet werden. Diese Anordnung hat der Wohnküche vielerlei voraus. Ein Nachteil der Wohnküche, z. B. im Sommer, ist die Hitze des Kochherds, deshalb sollte man zur Anlage von Wohnküchen nur da greifen, wo für den Sommer Kochgas zur Verfügung steht, aber auch dann würde der Gasherd zweckmäßig in der Spülküche angeordnet sein.

Die gute Stube.

Ob im Kleinhaus außer einem gemeinsamen Wohnraum, der die Wohnküche selbst oder die neben der Wirtschaftsküche gelegene Wohnstube sein kann, ein weiterer Wohnraum vorhanden sein soll, richtet sich nach den Lebensgewohnheiten, dem Einkommen und dem Beruf des Bewohners. Daß es eine Unsitte ist, eine sogenannte gute Stube zu halten auf Kosten ungenügender Schlafräume, braucht wohl nicht gesagt zu werden.

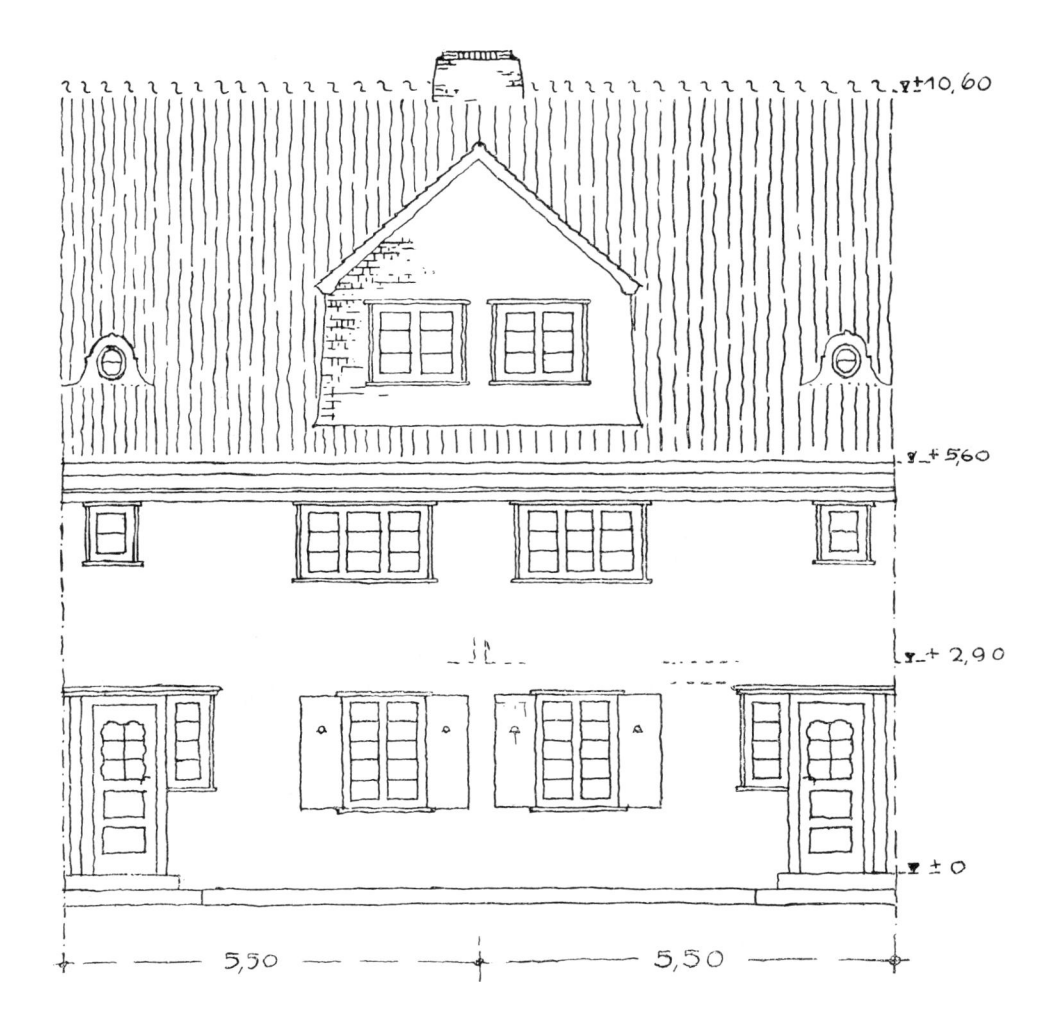

19. Eingebaute Hausart III der Siedlung Ooswinkel als Reihenhaus. Straßenseite. Maßstab: 1 cm = 1 m.

Man kennt diese „gute Stube", für die treffend die Bezeichnung „kalte Pracht" geprägt wurde. Sie ist die Sorge der Hausfrau, deren einzige Arbeit für diesen Luxus darin besteht, den Staub zu wischen, den Motten zu wehren, zu lüften und Kinder, Hund und Katze davon fern zu halten. Sie ist der Schrecken der Kinder, die das Geheimnisvolle, Verbotene lockt, die dann Neugier und Abenteuer teuer bezahlen müssen. Eine Stube hat nur Sinn und Leben, wenn sie bewohnt wird. Die kluge Hausfrau und verständige Mutter wird diese Unsitte nicht mitmachen. Wo nur ein Wohnraum Bedürfnis oder Notwendigkeit ist, muß er natürlich genügend groß sein.

Das Bad im Hause.

Sauberkeit und Gesundheit sind ein Begriff. Ob die Sauberkeit durch eine allermodernste Badeeinrichtung gewährleistet wird, ist eine andere Frage. Das Badezimmer neben dem Schlafzimmer mit fließendem warmem Wasser und jeden Tag ein Bad sind sicher mehr Sache der Bequemlichkeit und des Luxus als Sache der Hygiene. Der wirklich saubere Mensch kann sich auch sauber halten ohne diese Einrichtung. Ich glaube nicht, daß unsere Großeltern, die diese Einrichtung im allgemeinen nicht hatten, deshalb weniger sauber waren als ihre Enkel. Eine Badegelegenheit läßt sich aber auch in den einfachsten Verhältnissen schaffen und hat in richtiger Anordnung eine wesentliche, erhöhte Bedeutung für die Hauswirtschaft.

Die Anordnung des Waschkessels als Badeofen mit Badewanne in der Wirtschafts- oder Spülküche ist hier das richtige. Die Badewanne dient gleichzeitig zum Einweichen und späteren Spülen der Wäsche. Der richtig konstruierte Klapptisch über der Wanne kann zum Einseifen und Reiben der Wäsche dienen und ist zu

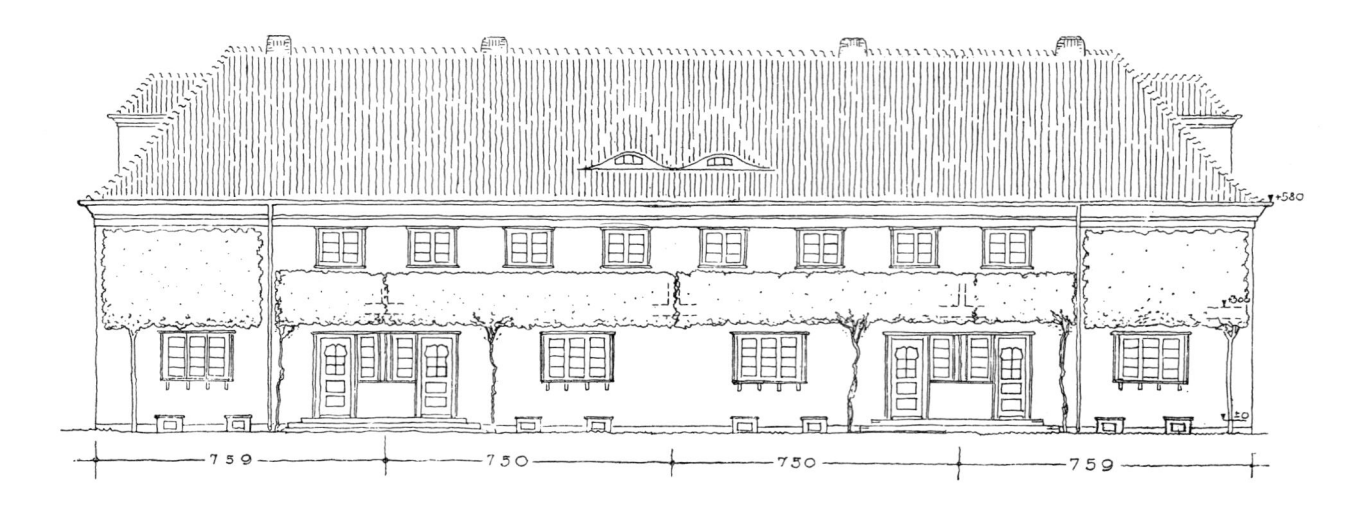

20. Gruppenhaus Hausart IV der Siedlung Ooswinkel. Straßenseite. Maßstab: 1 cm = 2 m.

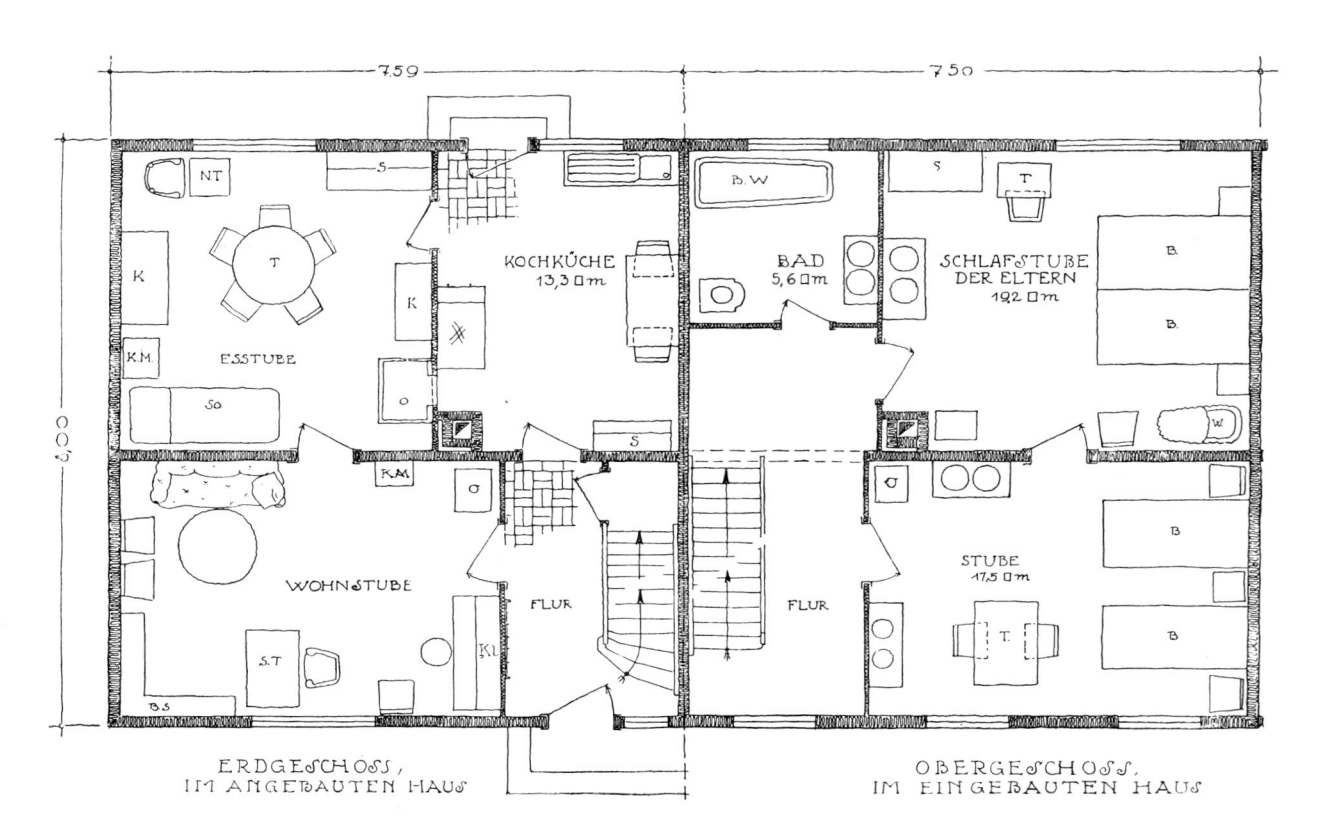

21. Grundriß Hausart IV der Siedlung Ooswinkel. Maßstab: 1 cm = 1 m. Im Erdgeschoß zwei Wohnzimmer und die Wirtschaftsküche. Im Obergeschoß Bad, zwei Schlafräume. Im Dachgeschoß zwei weitere Räume. Der Ofen der Eßstube nach demselben System wie Hausart I. Die Waschküche liegt im Keller.

NT = Nähtisch	K = Kommode	KM = Kleinmöbel	O = Ofen	BS = Bücherschrank	ST = Schreibtisch	B = Bett.
S = Schrank	T = Tisch	So = Sofa	W = Wiege	BW = Badewanne	Kl = Klavier	

gleicher Zeit der große Wirtschaftstisch der Küche. Wer baden will, kann baden und wird es tun, und neben der modernsten Badeeinrichtung kann einer ein Schmutzfink bleiben innerlich und äußerlich. Gemeinsame Badestuben und Waschhäuser in Siedlungen sind nicht empfehlenswert. Sie erfordern eine umständliche Verwaltung und geben Anlaß zur Uneinigkeit.

22. Gruppenhaus Hausart IV der Siedlung Ooswinkel. Gartenseite. Maßstab: 1 cm = 2 m.

Der Stall.

Durch die neuen Verhältnisse in Deutschland erhält die Kleintierhaltung besondere Bedeutung. Neben der Ziege, der Kuh der kleinen Wirtschaft, ist das Kaninchen das nützlichste Kleintier. Schweine- und Geflügelhaltung erfordern jedenfalls einen größeren Garten, um den nötigen Auslauf zu schaffen. Besonders die Hühnerhaltung bringt nur Nutzen bei rationeller Zucht. Wo es die Verhältnisse irgend zulassen, sollten Kleintierställe für jede Wohnung gebaut werden. Diese können an das Haus angebaut oder freistehend im Garten errichtet werden. Der Grundriß des Hauses wird wesentlich beeinflußt durch den angebauten Stall. Beide Anlagen, freistehend und angebaut, haben ihre Vorteile und Nachteile.

Die Entscheidung, welche Art zu wählen, hängt von dem Bauprogramm ab. Jedenfalls soll die Frage, ob Kleintierställe oder nicht, von vornherein geklärt werden. Nachträglich in den Garten gebaute oder gar an die Häuser angebaute Ställe sind unter Umständen sehr störend im ganzen Organismus und jedenfalls teurer. So ein wenig Hausgetier sollte in keiner Familie fehlen. Außer der Arbeit und dem Nutzen bringt es Leben und Freude und ist besonders für die Kinder von erzieherischer Bedeutung.

Die Größe der Räume.

Die Benutzbarkeit eines Raumes hängt weniger von seinem Ausmaß ab, als von guten Wandflächen für die Möbelstellung. Die Wandflächen werdenbe stimmt durch die Anordnung von Fenstern und Türen. Es kommt also weniger auf die absolute Größe des Raumes, auf seine Länge und Breite, an, als auf die gute Möblierungsmöglichkeit. Je kleiner die einzelnen Räume, je niedriger die Baukosten. Ein guter Grundriß kann nur entstehen, wenn er unter Berücksichtigung der Möbelstellung entworfen wird. Da es sich bei Siedlungsbauten um die Schaffung von Einheiten, von „Typen", handelt, ist der Grundriß dieser Hauseinheiten nur dann gut, wenn die einzelnen Räume nicht etwa auf eine ganz bestimmte Möblierung festgelegt sind. Es handelt sich um die Befriedigung eines Durchschnittsbedürfnisses. Dies ist nur dann der Fall, wenn der Spielraum für die verschiedensten Möblierungsmöglichkeiten geschaffen ist.

Erschwert ist die Arbeit dem Architekten dadurch, daß keine allgemein gültigen Maße für Möbel bestehen. Für Kleinhausmöbel wäre dies von besonderer Bedeutung. Von den Möbelmaßen hängen nicht nur die Wandflächen sondern auch die Türmaße ab.

Allgemein kann gesagt werden, daß die Wohnräume, besonders wenn nur einer vorhanden, möglichst reichlich zu bemessen sind auf Kosten der Maße der Schlafräume. Der Nebenraum im Haus ist, wie schon erwähnt, von Bedeutung für Ordnung und Reinlichkeit. Für die Abmessungen der Nebenräume gilt dasselbe wie für die andern Räume, die Nützungsmöglichkeit ist entscheidend.

23. Zusammenstellung einer Wohnstube mit einfachen Möbeln. Der Fußboden ist ohne Anstrich zum Scheuern, die Wände in fröhlicher Farbe mit einer guten Schablone abgeschlossen. An den Wänden Kunstwartbilder.

Die Möbel des Kleinhauses.

Das moderne Großstadthaus hat den Maßstab des Möbels geschaffen, den wir heute haben. Im Kleinhaus mit ganz anderen Zimmermaßen und Raumhöhen sind andere Möbelgrößen am Platze, wie die der heute allgemein üblichen Marktware. Hand in Hand mit dem Ausbau des Kleinhauses, wie wir ihn anstreben, müßte auch eine grundlegende Änderung unserer Möbel gehen. Fast noch schlimmer wie in der Architektur ist die verlogene und auf den Schein gestellte Äußerlichkeit beim Möbel. Nicht das einfach gediegene und dadurch immer würdige Möbel ist heute das vom Käufer verlangte und vom Markt angebotene, sondern das aufgeblasene, hohle, scheinbar vornehme. Rein technisch ist das heutige Handwerk mit den ihm zur Verfügung stehenden Mitteln in der Lage, das Allerbeste zu leisten.

Einzelleistungen beweisen das. Die Möbelindustrie aber, die Massenartikel fertigt, ist im allgemeinen weit davon entfernt, technisch und künstlerisch Gutes auf den Markt zu bringen. So sind wir tatsächlich soweit, daß der Mann mit bescheidenen Mitteln, der gediegene und einfache Möbel für billiges Geld sucht, keine bekommt. Alles, was als gutes, teures Möbel auf den Markt kommt, gilt schon als „Kunstgewerbe", mag es mit Kunst etwas zu tun haben oder nicht. Die „Kunst" ist damit zur Sache gestempelt, die sich nur der begüterte Mann leisten kann. Hier liegt der große Fehler! Man treibt mit der Kunst Schindluder. Man nennt etwas „Kunst", und damit wird es teurer. Man meint damit aber nicht Gesinnung, Qualität und Wahrhaftigkeit, sondern das Überladene, Luxuriöse und Teure einer Sache. Da ja aber bekanntlich „Die Kunst für das Volk", so wird beim einfachen Möbel die „teure Kunst"

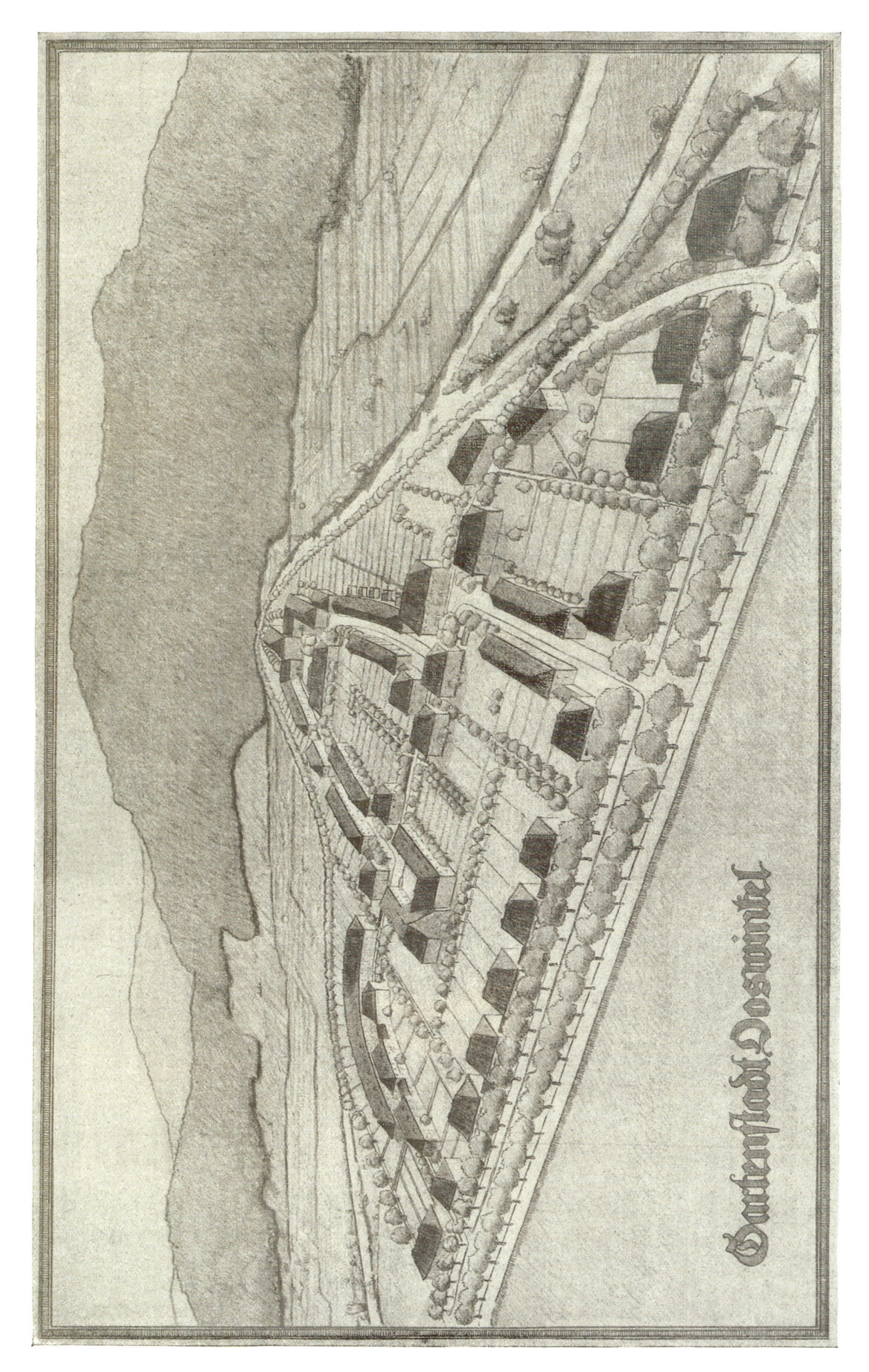

38. Die Siedlung aus der Vogelschau.

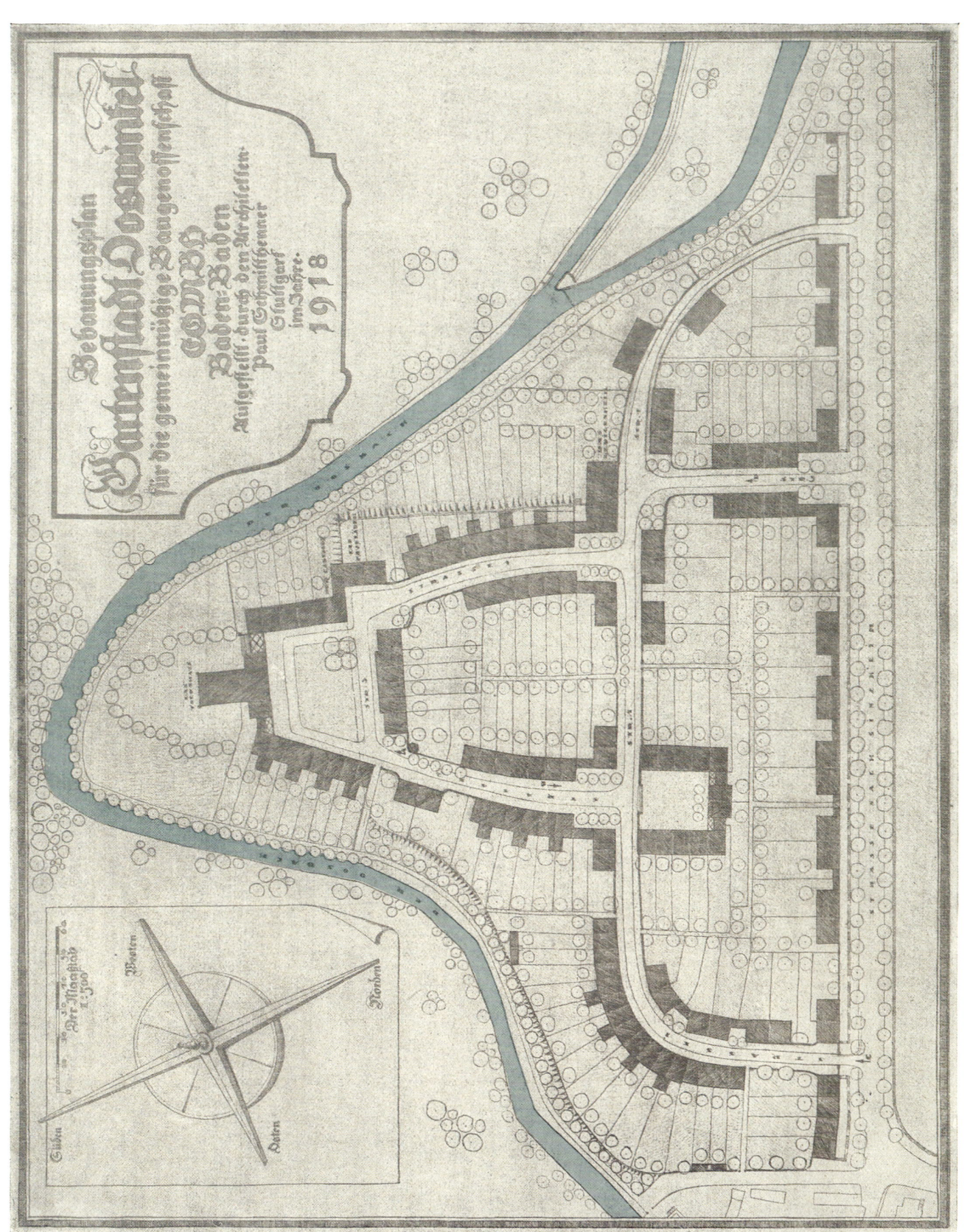

39. Das Gelände der Siedlung ist begrenzt durch den Oosbach und eine Landstraße mit alten Nußbäumen. Aus der charakteristisch zugeschnittenen Geländeform, aus den verlangten Gartengrößen 150—200 qm, aus der Himmelsrichtung ergibt sich die Straßenführung und Gruppierung der Häuser. Sämtliche Straßen sind Wohnstraßen von 9—10 m Breite mit Rücksicht auf die zweistöckige Bauweise. Verwendet sind 5 Haustarten, die eine gesunde soziale Mischung verbürgen. An Gebäuden besonderer Bestimmung sind ein Ledigenheim, ein Gasthaus mit Kaufläden und an dem kleinen Platz ein Volkshaus vorgesehen. In dem Volkshaus sollen neben einem Kleinkindertagesheim eine Volksbücherei, ein Saal und die Verwaltungsräume der Genossenschaft untergebracht sein. Hinter dem Volkshaus liegt eine kleine Volks- und Spielwiese mit Luft-, Licht- und Flußbad. Alle Gebäude sind Fachwerksbau. Für die Siedlung sind 5 Fenster- und 5 Haustürgrößen verwendet.

24. Einfacher Kleiderschrank. Die Preise waren 1915 je nach Ausführung 50—200 Mk. Der Stuhl ist das Massenerzeugnis einer Stuhlfabrik und kostete ungestrichen 2,80 Mark.

25. Kleinhausmöbel. Als Nähtisch, Pfeilerschränkchen für Wohnzimmer, Schlafstube oder Vorraum gleichgut geeignet. Der Spiegel hat einen Rahmen aus gestrichenem Holz.

26. Bettstelle. Die Wirkung in ungestrichenem Kiefernholz ist eine wesentlich andere als bei farbigem Anstrich. Der Anstrich kann einfach oder reicher sein. Das gleiche Bett wurde im Jahre 1915 hergestellt für 32, 60 und 100 Mk. einschl. der Matratze. Qualität und Form waren die gleiche, die verschiedenen Ausführungen bedingten den verschiedenen Preis.

27. Einfacher Tisch in gestrichenem Tannenholz. Die fröhliche Wirkung ist durch die Linie erreicht. Der Tisch, einfach gestrichen für eine Wohnküche gedacht, kostete 1915 fabrikmäßig hergestellt Mk. 25.—. Mit Ahornplatte zum Scheuern Mk. 40.—. In Birnbaumholz als Wohnzimmertisch Mk. 65.—.

eben vorgetäuscht. Hier kann nur Erziehung Besserung bringen. Wenn die große Masse der Käufer erst einmal anderes verlangt, so werden Handwerk und Industrie anderes liefern. Die Nachfrage entscheidet. Das billige Möbel braucht handwerklich und künstlerisch nicht eine Spur schlechter zu sein als das teure Möbel. Nur das Material wird ein anderes sein müssen. Ein Tisch, in guter Farbe gestrichen, kann dieselbe Form haben wie der gleiche Tisch in edelstem Holz. Dasselbe gilt für jedes andere Möbel. Der billige Schrank z. B. wird einfacheres Beschläg haben als der teure. In der Qualität braucht er um nichts schlechter zu sein. Nur anständig und wahrhaftig soll alles sein. Nicht mehr hermachen als man ist. Auch bei Menschen wirkt das übel und unanständig. Bei Möbeln des Kleinhauses sind vor allem kleinere Abmessungen von Bedeutung. Die Breite der Treppen und Gänge, Breite und Höhe der Türen, die Raumhöhe hängen wesentlich von den Möbelmaßen ab. Für die Ausmaße eines Raumes und die Möb-

Bild 28.

Bild 29.

28. Einfache Kommode mit Glasschränkchen in gestrichenem Tannenholz. 29. Der Tisch von Bild 27 und das Glasschränkchen von Bild 28 als Möbel zusammengestellt. Das Möbel hat feinsten Lackschliff und teureres Beschläg.

lierungsmöglichkeit ist es von großer Bedeutung, ob z. B. ein normales Bett 205—210 cm oder nur 185—190 cm lang ist. Wir werden also auf diesen Unterschied achten müssen.

Für die Gesundung unserer Möbelkultur wäre es auch richtig, anstatt ganzer sogenannter „Garnituren" das gute Einzelmöbel herzustellen. Wirklich gute Möbel passen immer zusammen, wenn sie aus gleicher Handwerksgesinnung heraus entstanden sind. Jeder ist dann in der Lage, nach und nach seine Möbel zu ergänzen. Den Geist seiner Stube muß er allein schaffen, Baumeister und Handwerker können dabei nur Helfer sein. Wir werden einfacher werden müssen. Wenn wir nicht oberflächlich und schlechter werden wollen, müssen wir schon ehrlich werden. Wir sind ein armes Volk geworden, die Einfachheit braucht uns aber nicht zurückzubringen. Unsere Kultur kann nur gewinnen. Schaut euch doch die Wohnungen Schillers an und das Gartenhaus Goethes in Weimar! Dort habt ihr größte Einfachheit und höchste Kultur.

Aus der Wohnung des Motorenschlossers G. in Unterfürkheim. Bilder aus der Daimler-Werkzeitung als Wandschmuck.

Das Bild im Hause.

Wir sind in Deutschland geradezu reich an gutem, billigem Wandschmuck. Ich erinnere nur an die Meisterbilder des Kunstwart-Verlags, die man für 25 Reichspfennige kaufen konnte und ähnliche gute Sachen. Dieser Wandschmuck braucht nicht etwa grau und eintönig zu bleiben. Welch' freundliche Farben zeigen die billigen Teubnerschen Steindrucke, die außerdem die Werke lebender Künstler in unser Zimmer bringen. Auf keinen Fall sollte man sich schwarze Nachbildungen oder Photographien farbiger Gemälde hinhängen, die immer mangelhafter Ersatz sind und den Geschmack für das Urbild verderben. Dagegen gibt es von Handzeichnungen und Holzschnitten heute Nachbildungen, die wie das Kunstwerk selbst wirken und billig sind. Nehmt die wirklich gute Nachbildung, die euch viel vom Originalwert des Kunstwerks übermittelt. Gott sei Dank ist der schlechte Öldruck im überladenen Goldrahmen schon beinahe ausgestorben.

Freilich wird auch die Rahmenfrage heute Schwierigkeiten machen. Ist doch die Einrahmung, vor allem durch die hohen Glaspreise, heute teurer als das Bild selbst. Aber eine einfache Leiste hebt das Bild mehr als der früher unerläßliche „Gold"rahmen.

Gute Bilder im Hause sind gute Geister und zeigen am besten den Geist des Bewohners.

30. Siedlung Ooswinkel. Der Eingang zur Siedlung. Der Mauerabschluß nach der Verkehrsstraße erhöht die Abgeschlossenheit, ist gewissermaßen die Haustüre zum gemeinsamen Haus.

Der Geist der Volkswohnung.

Es wird zur Zeit recht viel gesprochen und geschrieben vom sparsamen Bauen. Nach den täglich neu auftauchenden angemeldeten Reichspatenten und Gebrauchsmustern neuer billiger Bauweisen zu schließen, blüht der Erfindergeist. Es ist kein Zweifel, daß es mehr der Geschäftsgeist unserer Zeit ist. Nur wenige Bauverfahren, wie früher erwähnt, haben brauchbare und entwicklungsfähige Gedanken gebracht. Mehr sparen als durch neue Systeme können wir durch beste alte Handwerksgesinnung, die solid und darum billig baut. Noch mehr können wir sparen durch bewußtes Abgehen von jeder billigen, oberflächlichen Eigenbrödelei. Die sogenannte „individuelle Note" hat Milliarden deutschen Volksvermögens in den Bauten der letzten Jahrzehnte verschluckt, ohne uns an wirklichen Werten reicher gemacht zu haben. Das Handwerk ist nebenher zum Teufel gegangen. Im Verzicht auf alle unnötigen oberflächlichen Dinge und im bewußten Weg zum einfach Primitiven liegt der rechte Weg zur Bauverbilligung. Auch durch

31. Siedlung Ooswinkel. Der kleine Platz mit dem Volkshaus. Die ruhigen Platzwände sind der Rahmen für das Volkshaus, das trotz seiner Einfachheit dadurch einen starken Eindruck gibt. Der schönste Schmuck werden die grünen Flächen der Hausspaliere sein.

32. Alte Weberhäuser irgendwo in Schlesien. Beispiel für die starke architektonische Wirkung von Einheitsformen, die aus solidarischem Geist entstanden sind.

33. Alte Häuser einer Straße in Hamburg mit Verwendung starker Einheitsformen.

gleichzeitigen Bau vieler Wohnungen in genossenschaftlichen Siedlungen, durch die Einigung auf wenige gute Formen, wird gespart. Hier liegt die große Mitarbeit der Genossenschaften bei der Bauentwickelung des neuen Deutschland. Wer sagt, daß durch die Wahl von Einheitsformen, „Typen", eine Schablonisierung, eine Langeweile entsteht, soll seine Augen aufmachen und Bauten früherer Zeit ansehen. Wo auch seine Heimat sei, überall wird er mehr oder weniger stark die Feststellung machen können, daß es gerade die Verwendung gleicher oder starkverwandter Formen ist, die den ganzen harmonischen Reiz unserer alten Dörfer und

34. Arbeiterhäuser der Fuggerei in Augsburg aus dem 16. Jahrhundert.

35. Alte Ackerbürgerhäuser aus Norddeutschland. Gleiche wirtschaftliche Bedingungen, gleiche Lebensformen, Handwerkertraditionen und gleiches Material haben hier einen vollkommen gleichen Typus geschaffen.

Landstädte ausmacht. Dort war der Grund für die gleiche Form solidarische Gesinnung aus Stilempfindung heraus. Heute werden wir durch Verwendung gleicher Formen wirtschaftliche Vorteile erreichen und zu gleicher Zeit, wie wir hoffen, zu einem neuen Zeitausdruck, einem Stil, gelangen.

Eine Siedlung soll von außen her schon deutlich die Idee der Genossenschaft, die solidarische Gesinnung, zeigen. Kein Haus soll das andere übertreffen, jedes ist Zelle im Organismus und trägt mit zur großen Form. Der starke Ausdruck muß im Gleichklang liegen, im beherrschten Rhythmus der Massen. Nur die Bauten besonderer Bestimmung, Schulen, Kaufläden, Verwaltungsgebäude, Ledigenheime, Gaststätten u. a. sollen die starken Auftakte sein im Aufbau der Siedlung. Kopf und Herz jeder größeren Siedlung sollte ein kleines oder großes Volkshaus sein. Hier soll auf die Bestrebungen des Deutschen Volkshausbundes warm hingewiesen sein. (Berlin-Wilmersdorf, Hildegardstr. 28.)

Bei der inneren Ausstattung der Häuser kann sehr viel gespart werden, wenn wir uns nur erst freimachen von der Gewohnheit einer langen verderbten Geschmacksrichtung. Die Höhe von Wohnräumen im Erdgeschoß genügt vollauf mit 2,50 m, für die Schlafräume des oberen Stockes ist 2,10–2,30 m das richtige Maß. In der freien Gartensiedlung sind Luft und Licht genug, und es braucht nicht die Geschoßhöhen der Mietskaserne der Stadt. Die Fenster können bedeutend kleiner sein, als wir sie von der Stadtwohnung her gewöhnt sind. Freies Himmelslicht dringt ja überall herein. Kleine Fenster sind aber zu gleicher Zeit kleine Abkühlungsflächen, dieser Umstand und die geringen Geschoßhöhen sind für die billige Heizung von großer Bedeutung. Die Treppen, die zu den Schlafräumen führen, können einfache Stiegen sein. Das Geländer soll uns nicht erinnern an die „schönen gedrehten" und schlechtpolierten Geländerstäbe des „Mietspalastes". Eine einfache Handleiste ohne teuren Ölfarbanstrich genügt uns. Wir haben vergessen, wie schön ungestrichenes Holz sein kann, wenn es richtig als Holz zur Geltung gebracht wird. Lieber einen einfachen Leimfarbenanstrich in fröhlichen Farben als eine schlechte und nicht lichtbeständige Tapete. Legt jene „Hausfrauenweisheit" ab, die das und jenes als unpraktisch bezeichnet und damit meistens nur eine Faulheit versteckt. Wir wollen in allem einfacher werden, aber, nochmals sei es betont, nicht schlechter. Wir wollen den Städter gründlich verleugnen und das Bauerntum herausholen, das in jedem Deutschen mehr oder weniger tief noch steckt. Wir wollen aber deshalb bei Leibe keine Bauernhäuser bauen, sondern Häuser, wie wir sie eben brauchen. Nur mehr Achtung haben vor wirklicher Gediegenheit und Verachtung für scheinbare Vornehmheit. So wird es gehen! Und fröhlich sollen äußerlich unsere Häuser sein, dazu gehört kein Geld, nur etwas Farbe und die Ranken und Zweige der Obstspaliere, die der Himmel wachsen läßt, wenn wir sie mit Liebe pflegen.

Und wenn die Fröhlichkeit auch in die Häuser hineindringt, dann dringen Mut und Schaffensfreude wieder heraus. So wird sich Deutschland wieder aufbauen. Wille und Gesinnung aller gehört freilich dazu.

36. Alter Wohnhof in Lübeck. Die starke Wandbepflanzung mit Obstspalier nimmt jede Langeweile, bringt Wärme und Behaglichkeit.

37. Straße eines Landstädtchens irgendwo in Deutschland. Aus solidarischem Bürgersinn und Handwerkertradition entstehen Harmonie und Rhythmus. (Überputzter Fachwerksbau.)

40. Siedlung Ooswinkel. Das Ledigenheim als Abschluß der zweiten Zugangsstraße. Die Reihenhäuser links und rechts sind aus wenig Einheiten zusammengesetzt. Die Ruhe der Hausfronten hebt die Wirkung des im Ausdruck betonten Ledigenheims. (Haus besonderer Bedeutung.)

ALTER HAUSSPRUCH
1750.

DAS BAUEN IST EIN' GROSSE LUST,
DASS'S SO VIEL KOST'T, HAB' ICH NIT G'WUSST:
BEHÜT UNS, HERR, IN ALLER ZEIT
VOR MAURER, SCHMIED UND ZIMMERLEUT'.

„Neu-Deutschland".

Geschichte einer Siedlung.

Von Dr. jur. Eugen Rosenstock,
Privatdozenten des deutschen Rechts an der Universität Leipzig.

Im Frühling 1919 wurde die Öffentlichkeit zuerst auf das Beginnen einer Arbeitsgemeinschaft aufmerksam, die im Magdeburg-Helmstedter Braunkohlenrevier unter dem Namen „Neu-Deutschland" ins Leben trat.

Man erinnere sich der trostlosen Zustände damals, der zum Zerreißen gespannten inneren Lage, des Mißtrauens und Redeschwalls von allen Seiten. Da war es etwas Außerordentliches, daß ein aktiver Hauptmann sich mit einigen Dutzend Arbeitsloser zusammenfand nicht zur Gründung eines Vereins, nicht zur Organisation irgend einer Gruppe, überhaupt nicht zu irgend etwas, sondern in etwas, nämlich in gemeinsamer Arbeit im Bergwerk und in gemeinsamem Leben in den einst für Polen und Ruthenen bestimmten Baracken einer Braunkohlengrube „Fürst Bismarck" bei Völpke, im Kreis Neuhaldensleben der preußischen Provinz Sachsen.

Hauptmann Detlev Schmude, schon vor dem Kriege in der Armee wegen seiner Unternehmungslust bekannt, während der Revolution Ortskommandant von Landsberg a. d. Warthe, wird durch groteske Mißverständnisse als polnischer Spion ins Meseritzer Gefängnis gesteckt; hier faßt er in den 11 nachdenklichen Tagen der Untersuchungshaft den Entschluß, wie er schreibt: „mit gleichgesinnten Werkarbeitern und Kameraden von der Armee ins Kohlenbergwerk zu gehen, um dort zu arbeiten und uns anzusiedeln. Die Sehnsucht nach einem eigenen Heim auf eigener Scholle, nach einer Heimstätte, stak uns allen im Blute, die wir, etwa 50 Magdeburger Erwerbslose, am 2. Mai 1919 ins Norddeutsche Braunkohlenrevier gerückt sind, um „über die Arbeit im Bergwerk" zur Siedlung zu gelangen.

„Auf Grube Fürst Bismarck sah man uns anfangs als Spartakisten an, denen der Boden unter den Füßen der Großstadt zu heiß geworden wäre, bald aber waren wir angeblich das Gegenteil, nämlich „verkappte Noske-Gardisten", Streikbrecher und sonst noch was, nur nicht das, was wir waren und sein wollen, nämlich Menschen, die, der leeren Schlagwörter und des politischen Haders von Herzen satt, zu werkschaffender Arbeit und damit zur Anbahnung unseres letzten Zieles schreiten wollen, nämlich dem eigenen Heim auf eigener Scholle, und zwar in engster Arbeitsgemeinschaft zwischen Werk- und Geistesarbeitern."

Wie sorgfältig Schmude sich davor schützen wollte, von der täglichen Arbeit abgezogen zu werden, zeigt der Nachsatz seiner Broschüre: „Zum Schlusse spreche ich die freundliche Bitte aus, weder mich noch die Siedlungs- und Arbeitsgemeinschaft „Neu-Deutschland" in Völpke mit Fragen zu bestürmen, um uns von der praktischen Arbeit nicht abzuziehen, sondern Anfragen an den Deutschen Arbeitsbund in Berlin zu richten."

Aber Hand in Hand geht damit das Bemühen, vorbildlich für weite Kreise zu wirken. Schon dem Namen „Neu-Deutschland" spürt man den sieghaften Klang deutlich an. Auch nahm Schmude vom ersten Tage an Fühlung mit den obersten Reichsbehörden. Und in einer Sitzung vom 6. August 1919 erklärte auch der Vertreter des Reichsarbeitsministeriums, es sei nicht Schmudes Siedlungs- und Arbeitsgemeinschaft als solche, die man fördern wolle; denn das sei eine „immerhin nur kleine Sache", sondern man „müsse hoffen und dazu beitragen, daß das Schmudesche Beispiel nicht eine interessante soziale Spielerei bleibe, sondern sich zu allgemeiner Bedeutung auswachse".

Auf diesem zäh festgehaltenen Doppelwesen der Schmudeschen Unternehmung: einerseits selbst im kleinsten Rahmen und in täglicher Kleinarbeit auszuharren und trotzdem das Allergrößte für Reich und Volk erreichen zu wollen, beruht ihre Eigenart und gründet sich ihr — Schicksal.

Was ist aus „Neu-Deutschland" seit dem vorigen Sommer geworden?

Über die Arbeit im Bergwerke zur Siedlung hieß die Losung. Also die Arbeitslosen dorthin werfen, wo die Volkswirtschaft am dringendsten Hilfe braucht: bei der Kohlenförderung; das war dabei die großdeutsche, die allgemeine Idee. Und dann in Kameradschaft in der arbeitsfreien Zeit einander beim Bau des eigenen Häuschens helfen: das war wieder die andere Hälfte, die auf den einzelnen Genossen gewendete Absicht. Als Bindeglied zwischen diese beiden Gedanken schob sich der dritte: Staat, Gemeinden und Industrie müssen alle drei die privaten Wünsche solcher zum Bergbau bereiten Siedler mit aller Macht fördern wegen des öffentlichen Nutzens ihres Entschlusses, Kohlenarbeiter zu werden.

Aus dem Volksganzen brauchte Schmude also die Menschen. Vom Staat brauchte er gesetzliche Handhaben zur Landentnahme, von den Gemeinden das Land, von der Industrie, aber auch von allen anderen Faktoren Geld. Was bekam er?

Die Menschen.

50 Arbeitslose folgten Schmude zur Grube. Es waren Arbeiter, Offiziere, Studenten, Kaufleute, im großen und ganzen Kriegsteilnehmer; doch fehlte es auch nicht an älteren Männern. Das mangelnde Behagen des Daseins als Bergarbeiter in unfreundlichen Baracken konnte nicht durch stramme Haltung ersetzt werden wie in der Kaserne; dafür straffte diese Menschen innerlich die reine Empfindung, das Rechte zu tun. Eine Masse hat ja nur dann den Mut, auf sofort sichtbaren Erfolg zu verzichten und zuerst Selbstüberwindung zu üben, wenn ihr ein Führer vorangeht. Denn die Masse will sich nicht lächerlich machen; sie will nicht für dumm angesehen werden. Davor schützt sie aber allein der sprachbegabte Führer, der ihre Selbstverleugnung vernünftig zu begründen weiß. „Geistesarbeiter und Handarbeiter", so rief der Führer, „werdet zu Wirtschaftspionieren, die eine Überbrückung der Klassengegensätze anbahnen. Ihr beide werdet euch aneinander von einseitiger Lebensauffassung korrigieren".

Von Mai bis September, im Sommer also, hielt der Zuzug an. Schmude entwarf einen großzügigen Plan, die Menschen aus geistigen Berufen allmählich zur Handarbeit geschickt zu machen. Es sollten Übergangslager gebildet werden, in denen leichte Gartenarbeit geplant war. Wie Fangarme sollten sich die „Übergangsstellen für Kopfarbeiter" überallhin ausstrecken, um dem darniederliegenden Wirtschaftsleben neue Kräfte zuzuführen. Schmude glaubte wohl anfangs, dieses Abwandern aus anderen Berufen, diese ewige Bewegung sei das, worauf es ankomme, und das er organisieren müsse. Aber im Herbst zeigte sich, daß allein auf die Zugvögel, die er aus den Städten aufs Land lockte, kein Verlaß sei.

Wie sie kamen, so gingen sie auch. Sollte etwas Erdhaftes, Wurzelechtes zustande kommen, so mußten die Zuwanderer ergänzt werden durch Beitritte aus der im Kohlenrevier bereits eingewohnten Arbeiterschaft.

In der Tat sprang der Funke auf die ortsansässigen Arbeiter in den Dörfern Völpke, Sommerschenburg und anderen über. Sie kamen zu Schmude und erklärten, sich seiner Bewegung anschließen zu wollen. Zahlenmäßig überwogen sie natürlich bei weitem die paar Dutzend Wandervögel. Es handelte sich da sogleich um viele Hunderte. Und das Wichtigste war: diese Leute hatten Zeit. Sie wohnten ja schon von jeher im Revier. Sie konnten warten. Die Samenkörner, die Schmude ausstreuen wollte, und die der Flugsand der Arbeitslosen in das sanfte Hügelland plötzlich hineingeweht hatte, fanden in der ansässigen Bevölkerung die feste Erde, in der sie Wurzel schlagen und auch den Winter der Enttäuschungen überdauern konnten.

Dieser Anschluß der einheimischen Bevölkerung war das Unvorhergesehene, das Unverhoffte an der Siedlungsbewegung. Bald sollte er wichtiger werden als alle vorgefaßten großen volkswirtschaftlichen Pläne. Denn nur er verschaffte diesen Plänen den Aufschub und Zeitgewinn, ohne den sich kein Gedanke in die Welt der Tatsachen einbauen läßt, weil dieser nur schrittweise erobert wird und alle Auslagen bar zurückfordert. Es ist Schmudes Verdienst, daß er sich nicht auf seine Anfangsideen versteifte; er hat mehr und mehr der Veränderung in der Zusammensetzung seiner Gefolgschaft Rechnung getragen.

Das Geld.

Das einfachste Arbeiterhaus, 3–4 Zimmer und Küche, stellt sich heute auf rund 40 000 Mark. Das ist knapp gerechnet. Die Kosten steigen ja fortwährend. Das Reich hat durch Gesetz sogenannte Übertreuerungszuschüsse denen versprochen, die heute trotzdem Wohnungen zu bauen wagen. Das Werk, für dessen Arbeiter durch den Bau gesorgt wird, die Gemeinden, die Länder – für „Neu-Deutschland" kommen Braunschweig und Preußen in Frage – und das Reich selbst müssen beisteuern. Aber wie lange werden noch Mittel dafür da sein? Werden die Werke und Gemeinden überhaupt zahlen können? In „Neu-Deutschland" gibt man sich darüber keinen falschen Hoffnungen hin, wenngleich auf im ganzen anderthalb Millionen Mark Zuschüsse buchmäßig gerechnet werden kann. Aber das doch eben nur, wenn eine entsprechende Anzahl von Häusern bis zu dem gesetzlichen Termin: 1. Juli 1920 fertig dastehen. Heute steht noch kein einziges Haus; wenn also bis zum 1. Juli etwas fertig sein wird, so doch nur wenig, und entsprechend wenig Geld wird einkommen.

Die Gebelust der Gruben schien im vorigen Sommer noch groß. Sie ist aber seitdem abgeflaut. „Werkswohnungen, die uns binden, lehnen wir ab", steht in Schmudes Leitsätzen. Die Freizügigkeit der Siedler wird auch dadurch geschützt, daß die Gemeinschaft jedem Wegziehenden sein Haus abzunehmen verpflichtet ist. Die Finanzen der Werke sind aber so angespannt, daß sie keine großen Beträge an ein Unternehmen setzen können, dessen Wirkungen ihnen höchstens sehr mittelbar zugute kämen. Indessen ist etwas Geld auch von ihnen zugesichert.

Die dritte Geldquelle ist zwar ziffernmäßig die kleinste, aber trotzdem die wichtigste: es sind die Siedler selber! Jeder Siedler untersteht einem Sparzwang. Er muß in der Woche 5 Mark zurücklegen. Das ist natürlich nur ein Mindestbeitrag, der von manchem überschritten wird. Jedes Mitglied hat absolut freie Verfügung über sein Spargeld. Es muß aber sein Sparbuch vorweisen, wenn seine Siedlung in Angriff genommen wird. Denn jeder, der sich mit Hilfe des Vereins ansiedeln will, muß 1000—1500 Mark eigenes Kapital besitzen. Dafür wird der Siedler auch sofort grundbuchmäßiger Eigentümer seines Grundstücks.

Dieser Sparzwang bewährt sich. So klein die gesparten Beiträge sein mögen, so wichtig ist doch die Erprobung des Einzelnen durch ihn. Denn „die Ansiedlung unbemittelter Personen setzt besondere Charaktereigenschaften voraus, die erst erprobt werden müssen. Dazu gehört unbedingte finanzielle Zuverlässigkeit."

Aber den Siedlern bietet sich noch ein zweiter Weg, „Geld zu ersparen". Von den Baukosten können 6000 Mark, also ein Fünftel, vielleicht noch mehr, gespart werden, wenn die Arbeitslöhne entfallen. „Die Siedler bilden daher feste Arbeitsgemeinschaften, indem sie sich vertraglich zu gegenseitiger Hilfe bis zur Ausführung der letzten Heimstätte verpflichten." Von jedem Mitglied müssen daher Arbeitswilligkeit und kameradschaftliche Gesinnung erwartet werden. Und es ist dem Vorstand ein einmonatliches Kündigungsrecht gegen die Mitglieder deshalb eingeräumt. Trotzdem bleibt jeder Siedler sein eigener Bauherr; und er hat darauf zu achten, daß sein Bau ordnungsgemäß ausgeführt wird. Der Sparzwang macht den Einzelnen, die Arbeitsgemeinschaft macht die Genossenschaft zu Mitträgern der geldlichen Lasten, und zwar zu gediegenen und nicht unerheblichen Mitträgern. Trotzdem ist natürlich die Kostenfrage eine dauernde Sorge. Ist doch z. B. der Zementpreis vom 1. Januar dieses Jahres bis zum 1. März, also in 2 Monaten, von 1700 Mark für 10 Tonnen auf 3900 Mark gestiegen. Da hört alles Kalkulieren auf.

Das Land.

Die zweite große Sorge ist die, Land zu bekommen. Im Braunkohlengebiet liegen mehrere große Herrschaften, vor allem das Gut Sommerschenburg des Grafen Gneisenau. Der erste Gedanke war, davon einen großen Teil zu erwerben. Der gegenwärtige Inhaber hat schon an Arbeiter Land verpachtet, wenn auch zu kurzen Terminen. So stand er auch einer Veräußerung nicht ablehnend gegenüber. Aber die Regierung weigerte sich, den Preis, den er forderte, zu zahlen. Auch fand seine Verkaufsabsicht nicht die Zustimmung der einigen Dutzend Seitenverwandten, die gefragt werden mußten.

Für die Stimmung der Arbeiter waren das lange Verhandeln und schließliche Fehlschlagen gerade dieser Hoffnungen bedrohlich. Das weite Land sahen sie täglich vor Augen. Diesem Anblick gegenüber sind rechtliche und finanzielle Gründe ein schwacher Trost. Außerdem war damit das ganze Siedlungswerk in dem Sinne, wie Detlev Schmude es geplant hatte, in Frage gestellt. Denn größere Massen Arbeitsloser hätten natürlich nur dann ins Kohlenrevier gezogen werden können, wenn auch entsprechend große Flächen Landes für sie freigemacht werden konnten. Der Zuzug von Siedlern, der bis zum Frühherbst 1919 noch angehalten hatte, versiegte, als die Ungeduld der Ankömmlinge das Ausmaß der Schwierigkeiten kennen lernte. Ja, die Zahl jener ersten Getreuen Schmudes sank ständig, und heute sind es nur noch 18—20 großstädtische Siedler, die auf der Grube Fürst Bismarck zäh ausharren, trotzdem ihr Ziel erst in weiter Ferne winkt.

Das Interesse „Neu-Deutschlands" hat sich notgedrungen von ihnen ab- und der ortsansässigen Arbeiterschaft zuwenden müssen. Denn diese wohnt bereits in einzelne Dörfer verteilt, hat hier ihr Wohnrecht und innerhalb der Dorfmark vielfach ihr Pachtland und strebt nur, aus der Miete eines dürftigen Gelasses und aus der kurzen Zeitpacht — der Bauer verpachtet sein Land jedesmal nur auf ein Jahr — ins Eigenheim hinüber zu gelangen und statt des Pachtlandes eine eigene Scholle zu bebauen.

Der Sauerteig der Großstädter, Offiziere, Studenten, Arbeiter, war notwendig gewesen, um die ortsansässige Arbeiterbevölkerung für den Siedlungsplan zu gewinnen. Die Tragik will es, daß jetzt nur die Ansässigen die Früchte der Werbearbeit ernten, die Pioniere aber ins Hintertreffen geraten. Diese Männer haben von der Werksleitung nicht einmal die Erlaubnis erhalten, geschlossen bestimmte Baracken zu beziehen. Seitdem ihre Zahl zusammengeschmolzen ist, sind sie auf die allgemeinen Baracken absichtlich zerstreut worden. So sind sie verhindert, durch ihr geschlossenes Auftreten vorbildlich zu wirken und sich gegenseitig zu stärken. Wo es geht, wird ihnen ein Knüppel zwischen die Beine geworfen. Der für eine Idee begeisterte Offizier oder Student haust, Falle neben Falle, mit dem neunzehnjährigen Bauernburschen aus Pommern zusammen, der nur deshalb in der Fremde auf Arbeit ist, weil der Vater noch ruhig selbst daheim wirtschaftet, den aber eine schöne Hofstelle erwartet. Solch ein

Junge begreift natürlich das Tun seines Schlafgenossen ungefähr so wie die Röntgenstrahlen. Immerhin wird Hauptmann Schmude diesen seinen Stoßtrupp, ohne den er im Völpker Revier niemals hätte Fuß fassen können, wohl nicht vergessen.

Die ortsansässigen Arbeiter beanspruchen ihr Siedlungsland innerhalb ihrer Dorfmark. Es sind über tausend, die sich im ganzen Helmstedter Revier für den Schmudeschen Plan gewinnen ließen, und die in den einzelnen Ortsgruppen, d. h. in etwa 20 Dörfern, Land zu erwerben suchen. Hierbei stößt die Arbeiterschaft auf den zähen Widerstand der Bauern. Der Bauer hängt an seinem Boden. Er findet ihn auch in Bauers Händen besser betreut und besser ausgenutzt als parzelliert zu Arbeiterbauland. Der Arbeiter beansprucht ferner $1/2$ Morgen Bau- und Gartenland und $1^1/_2$ Morgen Ackerland. Beides soll zusammenhängen, die Baustelle soll dabei möglichst an der Dorfstraße liegen. Das sind in den Augen des Bauern, der seine Äcker ja auch nicht am Haus hat, Luxusforderungen. Der jetzige Landrat des Kreises, ein ehemaliger Bauer, hat sich den Klagen der Bauern nicht verschließen können. Ja, er geht soweit, zu fürchten, diese Art der Siedlung gefährde die Versorgung der Städte; denn diese könne nur von einer sachverständig und im großen betriebenen Landwirtschaft gesichert werden. Er steht etwa auf dem Standpunkt des „Reformbundes der Gutshöfe": Wer heute auf Höchsterträge eingestellte Betriebe zerschlägt, und sei, esi es auch in der besten Absicht, in für die Allgemeinheit minderertragsfähige Wirtschaftsformen überführt, versündigt sich am Volke. Und er droht, die angesiedelten Arbeiter nicht als Selbstversorger anzuerkennen, sondern zur Ablieferung ihres Überschusses zu zwingen.

Demgegenüber wurde von „Neu-Deutschland" eine andere Dienststelle, der Bezirkswohnungskommissar, mit Erfolg in Bewegung gesetzt. Ein Reichsgesetz erlaubt nämlich die Enteignung von Baustättenland bis zu $1/2$ Morgen. Es gelang aber, darüber hinaus die Enteignung von weiteren $1^1/_2$ Morgen als „Gartenland" (?) in großzügiger Auslegung des Gesetzes durchzusetzen. Und so sind in Völpke selbst z. B. 45 Heimstätten zu je 2 Morgen bereits rechtskräftig enteignet. Die Arbeiter haben nach dem Gesetz das Recht, das gewünschte Bauland selbst zu bezeichnen, und sie haben das Land zu beiden Seiten der Staatschaussee ausgesucht, die in hundert Meter Entfernung am Dorf vorbeizieht. Dies Land gehört zwei Bauern, die sich natürlich als die Geprellten vorkommen. Sie erhalten Papierscheine für ihr gutes Land, und zwar fast den Vorkriegswert, nämlich statt 6000, 8000 Mark für den Hektar! Dies ist aber ein Verlust, der sich noch verschmerzen ließe, wenn die übrige Bauernschaft diesen Schaden anteilig mittragen und die Enteigneten anderweitig mit Land entschädigen müßte. Es ist ungerecht, den einzelnen Besitzer zu enteignen, wie es nach dem Gesetz hier geschehen ist, statt daß die Dorfgemeinde als solche verpflichtet würde, den ihr angehörigen Arbeitern das Land zu verschaffen. Dies sollte umso selbstverständlicher sein, als ja die großen Güter der Gegend vorderhand zur Abgabe von solchem Austauschland an die enteigneten Bauern nicht herangezogen werden können.

Diese Ungerechtigkeit hat den Gegensatz von Bauern und Arbeitern sehr zugespitzt. Die Arbeiter begreifen mit Recht die allgemeine Ablehnung ihrer Bestrebungen durch die Bauern nicht; die Bauern aber sind über die Art der Durchführung seitens der Arbeiter aufgebracht. Es ist lehrreich, auch hierbei zu sehen, wie alles im Leben eine Personenfrage ist. Der Baufachmann für „Neu-Deutschland" in Völpke hält unverdrossen die persönlichen Beziehungen zu den Landwirten aufrecht und wohnt sogar bei einem der von der Enteignung betroffenen Bauern zur Miete. Durch dies sein In-die-Bresche-Springen ergreift die Zwietracht zum Glück nicht alle Beziehungen zwischen den Parteien, mindestens nicht die zarten.

Wie der Geldmangel durch nichts eindrucksvoller bekämpft wird als durch den Sparzwang und die Arbeitsgemeinschaft, so ist es auch in der Landfrage der eigene Wille der Arbeiterschaft, der sich lebhaft geltend macht. Das enteignete Land in Völpke war zur Zeit der Enteignung zu Hälfte bestellt, zur Hälfte lag es brach. Der bestellte Teil ist bereits fertig vermessen, auf dem unbestellten müssen die anderthalb Morgen nachträglich bewilligten „Garten"landes erst noch dem halben Morgen Baustellenland zugesetzt werden. Da schon so viel kostbare Zeit verstrichen war, wollte die Leitung „Neu-Deutschlands" auf dem bestellten Felde sogleich zu bauen anfangen. Das haben aber die Arbeiter verhindert. Durch die Übereignung zu rechtmäßigen Eigentümern des bestellten Feldes geworden, bestehen sie darauf, dies Feld auch erst abzuernten! Lieber wollen sie die nochmalige Verzögerung in Kauf nehmen.

So unscheinbar dieser Vorgang ist, so bedeutungsvoll ist er: Denn er bekräftigt, daß es sich hier um die eigene Sache der Arbeiter handelt und daß diese dabei ihren eigenen Kopf aufsetzen. Darin aber äußert sich die Befreiung von dem ewigen Organisieren von oben mit Sekretären usw. Hier in „Neu-Deutschland" herrscht ein eigenständiges und eigenwilliges Leben, das sich nicht stumpf an programmatische Paragraphen bindet, sondern endlich einmal selber Verantwortung übernimmt, auch auf die Gefahr hin, dabei Fehler zu machen.

Daß nur auf diese Weise etwas zustande kommt, dafür ist ein Beleg die letzte Fragengruppe, bei der es sich um den r e c h t l i c h e n Aufbau der Siedlungs- und Arbeitsgemeinschaft handelt.

Die Rechtsordnung.

Sobald die Gefolgschaft, die mit Schmude die Fahrt in die Grube angetreten hatte, an Wichtigkeit verlor, und das Schwergewicht des Unternehmens auf die eingesessenen Braunkohlenarbeiter überging, mußte natürlich eine Gliederung des Unternehmens eintreten, damit die Siedler in den einzelnen Dörfern einerseits, Hauptmann Schmude und sein Stab andererseits jeder seinen Wirkungskreis erhielten.

Die Siedlungs- und Arbeitsgemeinschaft „Neu-Deutschland" wurde also zu einem eingetragenen Verein, der sich in Ortsgruppen teilte. Die Ortsgruppe ist verantwortlich für die örtliche Bauleitung als Trägerin der Selbsthilfe. Die Zentrale übernimmt den Verkehr mit den Behörden, die Baustoffbeschaffung und die Finanzierung. Sie setzt die Bedingungen der Siedlung fest, nicht die Ortsgruppe. Sie ist die Stelle, in der die Anschauungen und die Kraft des Gründers sich auswirken können.

Aber diese Ordnung reicht noch nicht aus. In ihr sind die Seele des Ganzen, Detlev Schmude, und die Zellen des Siedlungskörpers organisiert. Aber nun müssen auch noch die Behörden und Geldgeber in irgend einer Form mit hineingezogen werden in den Aufbau. Dazu mußte neben den Verein Siedlungs- und Arbeitsgemeinschaft „Neu-Deutschland" noch ein zweites Gebilde gesetzt werden: Die Heimstättengesellschaft „Neu-Deutschland" mit beschränkter Haftpflicht, in deren Aufsichtsrat die Amtsstellen sitzen. Sie ist Ende Januar 1920 gegründet worden. Auch diese Gesellschaft aber konnte keine unmittelbare Unterstützung aus der Staatskasse erlangen. Die Berliner Zentralstellen — ach, und es sind ja so viele! — konnten sich nicht entschließen, unmittelbar dem Hauptmann Schmude oder dem Völpker Bezirk zu helfen. Wenn der Deutsche keine Instanzen hat, dann schafft er sie sich. Zwischen die Reichsregierung und die G. m. b. H. wird eine weitere G. m. b. H. geschoben für die Provinz Sachsen, durch die der Goldregen erst hindurchtropfen muß, ehe er nach Völpke gelangen darf. Diese neue Provinzgesellschaft ist auch erst 4 Wochen alt, und wer weiß, wann sie etwas vollbringt.

Mit diesen Organisationsfragen sind unglaublich viel Zeit und Kraft verschwendet worden. Hier rächte sich die Verbindung des örtlichen Vorgehens mit weitausschauenden nationalen Ideen. Schmude glaubte eben noch an die alte Leistungsfähigkeit des Staates und mußte aus Rücksicht auf dessen Gepflogenheiten viel mehr Wert auf starre Paragraphen legen, als einem so jungen und flüssigen Gebilde an sich angemessen sind. Denn nun sollte alles gleich so organisiert werden, daß es für alle Siedlungen vorbildlich bleiben könne, daß man keinen Präzedenzfall schaffe, keinen Vorgang, auf den sich später Kommende würden berufen können für gleiche Vergünstigungen usw. Wie der sozialistische Landrat aus dem Freimachen von 2000 Morgen Siedlungsland gleich am fernsten Horizont das Verhungern der Großstädte ableitet, so sieht eine Zentralregierung bei jedem Schritt gleich die Gefahr des Sichfestlegens. Sie mag eben nie die Verantwortung für eine Ausnahme übernehmen. Und um alles regelrecht und allgemeingültig zu ordnen, muß innerhalb des Beamtenkörpers organisiert werden, beileibe nicht von Privatleuten, und das Organisieren verschlingt das Geld, das an sich für den guten Zweck selbst bestimmt war. Die kleinste Amtsstelle gilt für zuverlässiger als der beste einzelne Mann, nur weil sie eine Amtsstelle ist. Selbst die unverzagte Stoßkraft Schmudes versagte vor diesen unpersönlichen Verschanzungen, hinter die jeder von ihm Gewonnene unfaßlich auswich, weil gerade das Jahr 1919 unter dem Zeichen dieser „Flucht vor der Verantwortung" stand. Die einzige Stelle, die es wagte, direkt zu helfen, war die Heeresverwaltung. Ein Pionierkommando hat in Völpke ein paar Depot- und Büroschuppen erstellt, der Kauf einiger zum Glück noch unverschobener Baracken aus dem Gefangenenlager Gardelegen wurde ermöglicht, Gespanne wurden für die notwendigen Fuhren geliehen.

Das Militär war umso lebhafter bemüht zu helfen, weil es hoffte, einen Teil der Truppen nach dem Schmudeschen Vorbilde anzusiedeln. Z. B. von der Eisernen Division sind auch wirklich ganze Abteilungen geschlossen nach Pommern gezogen, um in Arbeitsgemeinschaften auf großen Gütern dort sich niederzulassen. Aber es steht noch nicht fest, ob diese Gemeinschaften dem Bilde entsprechen werden, das Schmude von einer Siedlung im Herzen trägt. Denn diese Soldaten folgen mehr der bittersten Not und dem Herdentriebe als dem starken Gefühl, das Rechte zu tun. Ihnen fehlt der Glaube.

Deshalb stimmt der Abstand zwischen dem hallenden Namen „Neu-Deutschland" und dem, was der Ablauf eines Jahres aus dem begeisterten Plane hat werden lassen, wehmütig. Noch immer steht kein Haus. Die Zahl der zugewanderten Siedler ist kaum noch nennenswert. Selbst die Ortsgruppen fangen an, den Glauben zu verlieren.

Enttäuschung und Wehmut waren meine Empfindungen, als ich an Ort und Stelle die einzelnen Vorgänge und Umstände erzählt bekam. Ob der Erzähler es mir angemerkt hat? Er führte mich an das Ende des Dorfes Völpke, dorthin wo eine aufgelassene Ziegelei sich erhebt.

Das Bauen.

Eine Chamottefabrik besitzt in Völpke eine Ziegelei, die sie auflassen wollte. Die verschiedenen Schuppen, der Schornstein usw. enthalten über 200 000 Ziegelsteine. Vor allem sind die heute unschätzbaren Dachziegel reichlich genug für 15 bis 20 Arbeiterhäuser vorhanden. Es gelang der Heimstättengesellschaft, diese Ziegelei auf Abbruch zu leidlichem Preise zu erwerben. Die Versuchung durch ein Übergebot von auswärts wurde erfreulicherweise von der Fabrik abgewiesen.

Als wir zu der Ziegelei kamen, saßen dort im Sonnenschein etwa zwanzig Frauen auf dem Gemäuer und klopften die Ziegel los. Eine Horde Kinder half dabei. Auf dem Dachsparren des schon abgedeckten Nachbarschuppens ritten junge Burschen und bemühten sich gerade, die Verbindungsschrauben zu lösen und herauszuschlagen, was ohne einige Verwünschungen nicht abging. Wenn die Kinder Israel beim Ziegelbrennen in Ägypten gemurrt haben sollen, so scheint dafür das Abtragen einer Ziegelei die vergnüglichste Sache von der Welt zu sein. Die Frauen, kräftig und fröhlich, schwatzten und hämmerten gleich eifrig. Und die hübscheste, eine blühende junge Mutter, rief uns gleich entgegen: „Ja, ja, Arbeit ist wunderschön; man kann stundenlang dabei zusehen!" Nachdem wir so ausgespottet waren, wie die Männer ja meistens von rechten Frauen, standen sie uns willig Rede und Antwort.

Sie erzählten, wie auf Zeitungsberichte hin begeisterte Auslandsdeutsche Geld von Habanna, Lebensmittel von Amerika für sie zusenden. Der Abbruch wird von den 117 Mitgliedern der Ortsgruppe Völpke und ihren Familien ausgeführt. Nur ein einziger gelernter Zimmermann mußte zugezogen werden. Nicht allein die Kinder, die Kriegsbeschädigten und die Frauen sind tätig, sondern die Arbeiter selbst arbeiten in ihrer schichtfreien Zeit ebenfalls ihre vollen vier Stunden. Der Vorsitzende der Ortsgruppe sei durch den Einfluß der Siedler zum stellvertretenden Gemeinde- und Amtsvorsteher gewählt worden. Seitdem die Enteignung Tatsache geworden ist, sei alles guten Mutes. Man hoffe sogar, Zement zu bekommen. Rahmen und Glas für die Fenster wolle man alten Kriegsbaracken entnehmen. Die Landfrage habe das meiste Kopfzerbrechen gemacht, mehr als das Bauen, aber jetzt sieht man eben, wie Tag für Tag etwas voran kommt. Alles hängt jetzt daran, daß die Völpker ihre Häuser bald zustande bringen. Denn dann ist ein Beispiel geschaffen, das die wankenden Ortsgruppen neu aufrichten wird. Auch die Beamten von der Heimstättengesellschaft setzen sich mit aller Macht erst einmal für die Völpker Siedlung ein. Alles andere mag zunächst zurückgehen. Es wird sofort wieder kommen, wenn in Völpke ein Erfolg sichtbar sein wird.

Das also ist erreicht, daß eine fröhliche Arbeitsgemeinschaft tagaus tagein hundert Familien umschließt. Ihnen winken auch im Laufe der nächsten drei oder vier Jahre Haus und Gütchen. Aber das gemeinsame Leben, das jetzt schon in Völpke sich entfaltet, ist ebenso wertvoll und anziehend als das Ziel. Kein Siedler wird die Tage der fröhlichen gemeinsamen Arbeit missen wollen. So muß es aber auch sein. Jeder Schritt hin zum Ziel muß seinen Sinn und Lohn in sich selbst tragen. Erst dann stehen Mittel und Zweck miteinander in Einklang. Und das ist hier der Fall. Aus solchen Einzelschritten wächst auch immer ein gesundes Ganzes auf. Hingegen ist die eiserne rücksichtslose Anspannung des heutigen Tages zugunsten eines fernen, möglichst allgemeinen Zieles, wie sie am Anfang der Schmudeschen Pläne drohte, immer künstlich und gewaltsam. Trotzdem sollen wir auch jenen Umweg Schmudes über gewaltige Pläne für Reich und Volk in Ehren halten. Ohne solche großen Träume entsteht nichts Wirkliches. Ohne Schmudes Weckruf hätte die Flut der allgemeinen Nichtigkeit und Papiergesetzgebung auch hier alles überschwemmt.

Detlev Schmude ist sich treu geblieben, obwohl er Stück für Stück seiner Pläne im Kampf mit der Welt umgestaltet hat. Seines Traumes „Neu-Deutschland" Rechtfertigung wird die Siedlung in Völpke werden.

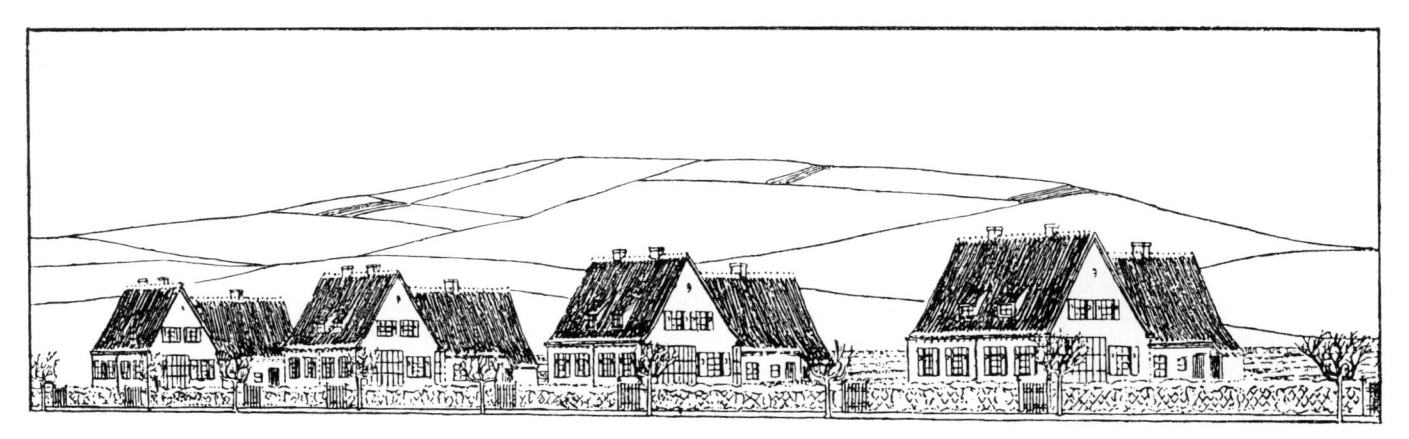

Plan einer Häusergruppe der Siedlungs- und Arbeitsgemeinschaft „Neu-Deutschland" in Völpke an der Badelebener Chaussee.

Der Stand der Siedlungs- und Wohnungsfrage in Deutschland.

Das Darniederliegen und die Umstellung der deutschen Volkswirtschaft infolge des Krieges und des Friedensvertrages bedingen die dauernde Erwerbslosigkeit einer großen Anzahl von Arbeitskräften in ihren bisherigen Berufen.

Eine Verminderung dieser Kräfte wird in erster Linie durch die Auswanderung und die Ansiedlung im Auslande sowie durch die inländische Siedlung erfolgen. Beide Möglichkeiten, die zurzeit noch in den ersten Anfängen stehen, ergänzen sich in der Weise, daß durch die verstärkte Durchführung der einen die andere mehr oder weniger entlastet wird.

Die Ansiedlung im Auslande erscheint vielfach als das einfachere und schneller durchzuführende Mittel. Die Aufnahme der Auswanderer im Auslande steht aber zurzeit unter ganz unsicheren Bedingungen, abgesehen von den gesetzlichen Erschwerungen, die die bisher feindlichen Länder der Einwanderung oder der Rückkehr früher dort ansässiger Deutscher entgegenstellen. Auch in den übrigen Ländern, soweit sie bis zum Kriege der Einwanderung geneigt waren, haben sich die Verhältnisse im Laufe der Kriegsjahre völlig verändert, vor allem sind durch die Geldentwertung und die Steigerung der Preise die Ansiedlungsmöglichkeiten verschlechtert. Endlich ist zu beachten, daß es sich um Auswanderungsziffern handelt, die weit um ein Mehrfaches die vor dem Krieg geübte Auswanderung (jährlich 20000) zu übersteigen drohen.

Das Reichswanderungsamt, das zur Regelung der Auswanderung geschaffen worden ist, hat die Aufgabe, wenn auch die Auswanderung nicht zu hemmen, so doch eine Aufklärung der Auswanderungslustigen über die Verhältnisse im Auslande und die Auswanderungsmöglichkeiten auch hinsichtlich der Berufstätigkeit im Auslande im besonderen für Ansiedler durchzuführen. Es will ferner dem Mißbrauch der Auswanderungslustigen durch Agenten, Auskunfteien usw. entgegentreten, die auf die Unwissenheit und das Vertrauen zum Schaden der Betroffenen rechnen.

Das weitaus schwierigere und langwierigere Verfahren ist die inländische Siedlung. Doch bedarf sie der stärksten Förderung, weil durch sie ein größerer Teil der Bevölkerung innerhalb des Landes erhalten und eine Steigerung der landwirtschaftlichen Eigenerzeugung und damit der inländischen Versorgung ermöglicht wird. Ferner schafft die Siedlung Aufstiegmöglichkeiten für Landarbeiter und Seßhaftmachung für Industriearbeiter, Gelegenheit der Erhaltung für Kriegsbeschädigte und Kriegshinterbliebene.

Das Siedlungswerk erfordert indessen in seiner Durchführung selbst für den einzelnen Siedler Jahre und Jahrzehnte, ist also weniger bereits in der Gegenwart eine Maßnahme zur Linderung der augenblicklichen Notstände. Andererseits erschwert gerade das wirtschaftliche Darniederliegen die Aufteilung des landwirtschaftlich genutzten Bodens, die Herstellung von Wohnungen, Stallungen und Geräten. Das Fehlen aller Baustoffe, der Kohlen und der übrigen Hilfsmittel, wird verschärft durch die außerordentliche Steigerung der Preise, die die Rentabilität der Siedlungen in Frage stellen, selbst wenn die Teuerungszuschüsse des Reiches und der Bundesstaaten noch weiter gewährt werden. Die Siedlung von Moor- und Ödland für Siedlungszwecke droht durch die Verteuerung der Bodenkultivierung unrentabel zu werden. Die Siedlung wird ferner beeinträchtigt durch die Unzuverlässigkeit und Berufsfremdheit der Siedlungslustigen. Sie bedürfen einer genauen Prüfung ihrer Befähigung und einer Anleitung in Lehrsiedlungen oder Siedlungsschulen, die selbst erst im Entstehen begriffen sind, und die für die volle Ausbildung des Siedlers mindestens ein Jahr in Anspruch nehmen.

Es bestehen ferner grundsätzliche Meinungsverschiedenheiten, ob und in welcher Form die Siedlung am zweckmäßigsten durchgeführt wird, ob als Einzelsiedlung (bäuerliche) oder als Genossenschaftssiedlung (Kolonie), ob in größerem oder kleinerem Umfang, ob in Anlehnung an die Industrie oder völlig auf dem Lande und hier wiederum ob unter Ausnutzung vorhandener landwirtschaftlicher Betriebe unter Beibehaltung von Restgütern oder unter völliger Aufteilung des Bodens und Benutzung neuer Betriebe. Ebenso zweifelhaft hinsichtlich des Erfolges ist die Frage, in welcher Betriebsform der Siedlung eine Steigerung der Produktion erzielt wird.

Eine rechtliche Grundlegung ist der Siedlung durch die Verordnung vom 19. Januar 1919 gegeben. Sie ist in der Deutschen Nationalversammlung nachgeprüft und wesentlichen Änderungen unterzogen worden. Die Verordnung bestimmt in der Hauptsache, daß Moor- und Ödländereien und sämtliche Staatsdomänen nach Ablauf der Pachtverträge für die Siedlung in Anspruch genommen und zur Verfügung gestellt werden sollen. Auf sämtlichen Gütern mit über 25 Hektar landwirtschaftlicher Fläche hat der Staat beim Verkauf für Siedlungszwecke das Vorzugsrecht. Von Gütern mit über 100 ha ist zu einem Drittel der landwirtschaftlichen Nutzfläche durch zu bildende Landlieferungsverbände bereitzustellen und gegebenenfalls zu enteignen. Die neuen Bestimmungen des nunmehr in Kraft getretenen Gesetzes sind folgende: „Das zur Verfügung zu stellende Land soll nicht nur zur Schaffung neuer Siedlungen, sondern auch zur Hebung bestehender Kleinbetriebe bis auf die Größe selbständiger Ackernahrungen zur Verfügung gestellt werden. Von den Staatsdomänen sollen auch schon vor Ablauf der Pachtverträge für die Vergrößerung bestehender Kleinbetriebe 10% der Ackerfläche abgegeben werden. Das Enteignungsrecht der Besitzungen über 100 ha soll auch eintreten, wenn die Fläche der Großgüter im Bezirk nicht 13%, sondern 10% ausmacht. Durch die Landgesetzgebung ist zur weiteren Förderung des Siedlungswesens überall die Enteignungsmöglichkeit vorgesehen, wo ein Besitz 100 ha überschreitet."

Von Bedeutung für die Siedlung ist das Kapital-Abfindungsgesetz vom 9. Juli 1916, da dadurch die Möglichkeit geschaffen ist, einen Teil der Kriegsinvaliden- und Hinterbliebenenrenten zu kapitalisieren und zum Ankauf zu verwenden. Ferner ist eine Verordnung vom 15. Januar 1919 über das Erbbaurecht von Wichtigkeit, die von der Nationalversammlung nicht angefochten und nunmehr rechtskräftig geworden ist. Das Erbbaurecht, das bisher nur durch das Bürgerliche Gesetzbuch grundsätzlich geregelt war, ist durch die Verordnung ausgebaut worden und wird den Wohnungsbau und damit auch das Siedlungswesen vorteilhaft beeinflussen.

Das Siedlungswerk selbst wird durch die Umwandlung der Siedlungskommissionen in Preußen in Landeskulturämter gefördert, sowie durch die gemeinnützigen Gesellschaften, die sich innerhalb der Provinzen und Bundesstaaten gebildet haben, und in deren Bereich bereits zahlreiche Siedlungsgenossenschaften entstanden und Siedlungen in Angriff genommen worden sind. Die Siedler selbst haben sich nur zur Durchführung ihrer Bestimmungen, zur nachdrücklichen Förderung und zur Hebung der Ausbildung der Siedler zu Verbänden zusammengeschlossen, die im Reichssiedlerbund ihre gemeinsame Vertretung finden soll.

Eine besondere Form des Siedlungswesens ist durch Arbeits- und Siedlungsgemeinschaften geschlossen worden, die im „Deutschen Arbeitsbund" ihren Zusammenschluß gefunden haben. Grundbedingung ist Förderung von Kali und Kohle in enger Verbindung mit landwirtschaftlicher Siedlung. Die Arbeitsgemeinschaften von Kopf- und Handarbeitern werden unter selbstgewählter Führung tatkräftiger Persönlichkeiten geschlossen beschäftigt. Um die Beschaffung von Baumaterialien zu verbilligen, werden von der Arbeitsgemeinschaft weitere Kohlen in Überstunden gefördert und ausschließlich zur Beschaffung von Baumaterialien für die Siedlung verwendet. Ferner führt die Arbeitsgemeinschaft den Aufbau der Siedlung selbst aus, wodurch die Kosten für den Bau eines Siedlungshauses um den vierten Teil der sonst erforderlichen Summe verbilligt werden. Die Arbeits- und Siedlungsgemeinschaften sind als eine Organisationsform zu betrachten, die durch ihr Vorgehen schon jetzt unmittelbar auf die Abstellung der allgemeinen wirtschaftlichen Notlage besonders auch hinsichtlich der Wohnungsnot einwirken.

Die Schwierigkeiten der ländlichen Siedlung treffen auch für die städtischen Siedlungen zu, die zur Überwindung der Wohnungsnot dienen sollen.

Die städtische Wohnungsnot ist zunächst eine Folge der zu geringen und fast völlig versiegenden Bautätigkeit während der Kriegszeit. Zu den vor dem Kriege bestehenden Haushaltungen sind diejenigen hinzugekommen, die während des Krieges gegründet worden sind. Die Verschlechterung der Wirtschaftsverhältnisse oder der Ausfall von Haushaltungsmitgliedern hat weniger zur Aufgabe der selbständigen Wohnungen geführt, sondern nur einer stärkeren Nachfrage nach Kleinwohnungen bis zu drei Räumen, während andererseits die wirtschaftliche Verbesserung der handarbeitenden Schichten der Bevölkerung das Bedürfnis nach eben diesen Wohnungen steigerte. Dazu kommt die starke Inanspruchnahme von Wohnräumen für die Zwecke der Behörden und von Betrieben, die vielfach ihren Umfang um ein Mehrfaches vergrößerten. Endlich ist noch zu berücksichtigen, daß der großstädtische Hausbesitz und die Bautätigkeit schon in den Jahren vor dem Kriege darniedergelegen haben, und deshalb der Neubau von Wohnungen unter ungünstigen krisenhaften Verhältnissen stand.

Die Erscheinungen der Wohnungsnot bestehen nicht nur in der Großstadt, sondern ebenso in den kleineren Städten und selbst auf dem flachen Lande, und zwar nicht nur in Deutschland, sondern in fast allen europäischen Ländern.

Die sich aus der Wohnungsnot ergebenden wirtschaftlichen Schwierigkeiten (Verschlechterung der Wohnverhältnisse, Steigerung der an sich infolge der Kriegsverhältnisse gestiegenen Mietpreise) und Spannungen zwischen den Wohnungsvermietern und den Mietern führten schon während des Krieges zu einer schärferen kommunalen Beaufsichtigung des Wohnungswesens durch die Wohnungs- und Mieteinigungsämter. Derartige Einrichtungen, die die Ausnutzung der Notlage der Mieter und die ungerechtfertigte Entfernung aus ihren Wohnungen verhindern sollen, können naturgemäß die Wohnungsnot nicht abstellen, aber dazu beitragen, die aufgetretenen Ungerechtigkeiten zu mildern und zu beseitigen.

Der gewaltige Rückstrom von entlassenen Heeresangehörigen und Arbeitern der Rüstungsindustrie, von Kriegsgefangenen und Flüchtlingen und der vertriebenen Auslandsdeutschen hat eine erhebliche Verschärfung der Wohnungsnot herbeigeführt. Als Gegenmaßregel wurde die Inanspruchnahme der Dach- und Kellergeschosse freigegeben sowie zu Zwangseinquartierungen und Wohnungsbeschlagnahmen gegriffen. Hierfür kommen besonders die Großwohnungen und die nicht dem augenblicklichen Zwecke des Wohnens dienenden Wohnungen, vor allem aber auch die von Behörden und Kriegsgesellschaften in Anspruch genommenen Wohnungen sowie die freigewordenen Schlösser und Kasernen in Frage, soweit sie zur Befriedigung des dringendsten Wohnungsbedürfnisses verwendbar sind.

Die gründlichste Maßregel, die Herstellung von Neuwohnungen, besonders auch durch städtische Siedlungen, kann nur in geringem Umfange wegen der bestehenden Schwierigkeiten (Rohstoff- und Kohlenmangel, Verkehrsnot) erfolgen. Sie wird ferner erschwert durch die außergewöhnliche Steigerung der Preise und der Löhne, die die Herstellungskosten auf das Vier- bis Sechsfache der Friedenszeit heraufsetzen. Durch diese Kosten werden auch bei den gemeinnützigen Baugenossenschaften und unter Gewährung staatlicher Zuschüsse die Mietpreise der neuen Wohnungen derart hoch, daß sie in keinem Verhältnis zu den bisherigen Mieten stehen. Es ist sogar zu befürchten, daß infolge der Verschärfung der Wohnungsnot die letztgenannten Mietpreise die Tendenz haben werden, sich den ersteren anzunähern. Dies würde zu einer unerträglichen Überlastung der Mieter führen und die Gefahr bedingen, daß die bestehende Teuerung und damit auch der Tiefstand des Markwertes zu einer Wertsteigerung im unbeweglichen Besitz und Boden führen. Dadurch könnte jenen vorübergehenden Erscheinungen der Charakter der Dauer beigelegt werden.

Derartige Aussichten sind für den Wohnungsbedarf der gesamten arbeitenden Schichten der Bevölkerung verhängnisvoll. Sie bedeuten eine besonders ernste Schädigung für die kinderreichen, minderbemittelten Familien, die weniger beweglich sind und bei stärkerer Belastung der Lebenshaltungskosten noch schwieriger eine geeignete Wohnung finden als die kinderarmen Familien und die Ledigen. Das gilt auch für die Kriegsbeschädigten und Hinterbliebenen von Kriegsteilnehmern.

Um dem entgegenzuwirken, sollen einheitliche gesetzliche Regelungen erfolgen und zum Schutz gegen Wohnungswucher Höchstmieten festgesetzt werden. Diesem Problem stehen einerseits die städtischen Haus- und Grundbesitzer und zwar im Interesse ihres Besitzes, des Hypothekarkredits und des privaten Baukapitals ablehnend gegenüber, andererseits glaubt ein erheblicher Teil der Mieter und auch der Kommunalverwaltungen, daß durch die Höchstmieten allein eine durchgreifende Verbesserung nicht geschaffen werden kann. Man fordert die Vergesellschaftung des gesamten städtischen Haus- und Grundbesitzes, um die Lasten für die Baukosten neuer Wohnungen sowie ihre Abtragung der Gesamtheit aufzuerlegen.

Einen praktischen Schritt auf dem Wege zur Überwindung der Wohnungsnot bedeutet der Entwurf eines Bergarbeiterheimstättengesetzes zur Lösung der Wohnungsfrage im Bergbau auf genossenschaftlichem Wege, im Zusammenschluß der Arbeitgeber, Bergarbeiter und Kommunalverbände. Durch die großzügige beschleunigte Errichtung von Heimstätten für 150 000 Bergarbeiter soll die unbedingt notwendige Steigerung der Kohlenförderung ermöglicht werden.

Zwischen der Erhaltung der Bevölkerung und der Hebung der Produktion einerseits und der Siedlung und Behebung der Wohnungsnot andererseits besteht ein grundlegender Zusammenhang. Die soziale und wirtschaftliche Erneuerung hängt sehr wesentlich davon ab, in welchem Umfange und in welcher Zeit die Durchführung der Siedlungs- und Wohnungsbeschaffung erfolgen wird.

*   *

*

Mein Heim.

Von Peter Rosegger.

Wer hätte in seinem Stadt- und Weltleben nicht manchmal das Gefühl tiefer Ermüdung und Verstimmung, ohne eigentlich die Ursache davon zu kennen! Ich leide gar manchmal unter solchen Stunden der Abspannung und des Unbefriedigtseins, habe dagegen aber einen Talisman. Ich öffne ein Kästchen an meinem Schreibtische, in ihm liegt ein eiserner Schlüssel. Er ist nicht etwa aus Stahl fein gearbeitet, sondern schier plump aus Schmiedeeisen vom Dorfschmied verfertigt. Der Anblick dieses Schlüssels erquickt mich, er erinnert mich an köstliche Zeiten und verspricht mir wieder solche, er ist mir ein Anker, an den ich mich anhake, wenn beim Schwimmen im Meere des Weltlebens meine Kraft erlahmen, mein Mut sinken will — es ist der Schlüssel zu meinem Sommerhause in der Waldheimat.

Das Haus steht zur Stunde vielleicht halb versunken im Schnee, Winterstürme umbrausen seine Giebel, kein Pfad führt an seine Tür, die Fensterläden sind verschlossen, und kalte Starrnis liegt in den finsteren Räumen. Längst sind auch die letzten Mäuse ausgewandert, denn ihre Naturen sind nicht ideal genug, um einen ganzen Winter über an den deutschen Klassikern und hehren Werken der Philosophen zu nagen. Es ist ein armes, inhaltsloses Haus für den, der nach Speck ausgeht. Und doch tut es mir wohl, den Schlüssel in der Hand zu halten und mich in ihm gleichsam des lieben Landsitzes zu freuen, den mir das freundliche Geschick gegeben hat.

Als ich im Jahre 1869 für mein erstes Büchlein „Zither und Hackbrett" das Honorar von hundert Gulden erhalten hatte, legte ich die Hälfte dieses Betrages in die Sparkasse. Das war der Grundstein zum eigenen Hause. Acht Jahre später, nachdem ich durch meinen hochherzigen Verleger Heckenast manche Bücher in die Welt geschickt, hatte mein Ersparnis mit Einschluß der Zinsen die Höhe von 4000 Gulden erreicht. Nun ging ich dran. Nur wenige Stunden von der Tummelstätte meines Kindes- und Jugendlebens, im Dorfe Krieglach, an der Ostseite desselben, erwarb ich einen zwischen Feldern und Wiesen gelegenen Grundstreifen von nahezu einem Joch in der Ausdehnung, und auf demselben ließ ich mir von dem wackeren Dorfzimmermeister Johann Katzenberger ein Haus bauen. Den Plan dazu hatte ich mir recht und schlecht selbst entworfen. Man warnte mich vor dem Unternehmen, es würde mir Ärger und Unannehmlichkeiten bringen, und am Ende würde der dafür festgesetzte Betrag um ein Großes überschritten sein. Das traf nicht zu; der Bau, das langsame Erstehen des neuen Heims, hatte mich im Gegenteile höchst wohltätig angeregt, jeden Tag ging ich hin und freute mich an dem Aufsteigen der Mauern, an dem Einzimmern der Türen und Fenster, an dem Errichten des Dachstuhles und endlich an dem Fertigstellen des Inneren. Und die bestimmte Bausumme ist nicht um einen Kreuzer überschritten worden.

Der Hausbau begann anfangs Juni 1877. Am ersten September waren im Arbeitszimmer bereits die Wände übertüncht und die Fenster eingeglast. Brennend vor Verlangen, in meinem eigenen Hause zu sein, zog ich sofort noch an demselben Tage mit ein paar Büchern und der Schreibmappe in das Zimmer. Die Leute warnten mich und erinnerten an das Sprichwort: Ist ein gemauertes Haus fertig geworden, so nimmt man im ersten Jahre seinen Feind, im zweiten seinen Freund in die Wohnung, im dritten zieht man erst selber ein. Ich fand aber die Mauern nach dem schönen Sommer so ausgetrocknet, daß ich ungeachtet der Warnungen tagsüber, während in den Nebenzimmern noch die Tischler und die Schlosser hämmerten, im neuen Hause arbeitete, wobei freilich durch die offenen Fenster freie sonnige Luft zu mir hereinkam. Das Freudegefühl dieser Tage war unbeschreiblich, aber, wie ich glaube, die Folgen davon stellten sich bald ein. Ein heftiger Schnupfen begann, der sich wöchentlich mehrmals wiederholte, sich jahrelang hinzog und endlich in einen chronischen Brustkatarrh ausartete, von dem ich heute noch nicht befreit bin.

Das war die erste Gabe meines neuen Hauses. Dann kamen freilich bessere. Das größte Gut erwies es meinen Kindern, denen nun ein ländlicher Tummelplatz gegeben war, auf welchem sie die schönsten Jahre ihres Lebens in heller Lust verleben konnten. Die Kinder weihten mir das Haus, wie ich es ihnen geweiht hatte. Mein Herz ist sehr mit demselben verwachsen, und es ist mir weh, wenn ich bedenke, was mit ihm geschehen soll, wenn ich nicht mehr bin, und es meinen Überlebenden der Beruf nicht gönnen wird, in ihm zu wohnen.

Es sind manchmal fremde Leute gekommen, um den Sommersitz zu sehen, sie suchten eine Villa im Schweizerstile, so einen architektonischen Salontiroler, und gingen an meinem Dache vorüber.

Das Haus hat nach außen nicht viel Zierliches, mit seinen dicken Mauern steht es ziemlich derb und vierschrötig da, gar keinen andern Zweck verfolgend, als den, seinen sieben kleinen Wohnräumen mit Zugehör ein solider Burgfried zu sein. Hinter dem Hause ein Gemüse- und Obstgarten, in welchen ich eine schmucke Bretterzelle stellen ließ; vor dem Hause ein Wildgarten, dessen gepflanzte Bäumchen jahrelang nicht wußten, sollten sie in die Erde hinein oder aus derselben hervorwachsen, die sich aber fast plötzlich für letzteres entschieden und heute stattlich und üppig den Bau vor der auf naher Eisenbahn vorüberrauschenden Welt zu verdecken trachten[1]. Die ganze Besitzung ist mit einem Holzzaune umplankt, welcher freilich alljährlich vervollständigt werden muß, weil manche arme Dorfleute aus ihm ihr Brennholz zu holen pflegen. Ich spüre nicht nach, wer es tut, denn „was ich nicht weiß, macht mich nicht heiß". Jenen aber macht es warm, und so soll darob keine Feindschaft sein.

Seit vielen Jahren bewohne ich mit meiner Familie das Haus Sommer für Sommer. Der Wildgarten gibt seinen süßen Blütenduft, seinen trauten Schatten, sein Säuseln und Vogelsingen; der Gemüsegarten wird den ganzen Sommer über nicht müde, das beste Grünzeug in die Küche zu schicken, und die Obstbäume geben uns im Herbst, wenn wir mit den Schwalben davonziehen, manchen Korb voll köstlicher Äpfel mit in die Stadt. Das Anwesen ist sehr klein, und doch schafft das Bewußtsein, es selbst gegründet zu haben, ein gutes Behagen.

Es hat sich auch schon angelassen, als ob das Haus tatsächlich zu klein werden wollte, aber ich hütete mich wohl, es zu vergrößern und dadurch den Kreis der Bedürfnisse zu erweitern. Im Gegenteile, ein einziges lichtes Zimmerchen, das meine Habseligkeiten leicht und ordentlich unterbrächte, wäre das Ideal für meine Person. Gehört ja doch alles mein, was die Natur ausgebreitet hat im weiten Rund.

Als Aufenthalt der Glücklichen in der Bibel sind das Paradies und die Stadt Zion bezeichnet worden. Letztere konnte nie so recht volkstümlich werden, selbst die goldene Stadt ist über den Garten des Paradieses nicht aufgekommen. Mir gab das gütige Geschick alljährlich sechs Monate Erdenleben in der Stadt und sechs Monate Paradies auf dem Lande.

Kaum daß der Winter seinen Höhepunkt überschritten hat, werden schon die Monate, die Wochen und endlich die Tage gezählt, bis das Landhaus zu beziehen ist. Die Stadt wird lästig und lästiger, die Menge und der Verkehr mit ihr unbehaglicher, und das Aufgrünen im Stadtpark und in der Umgebung ist für mich nur dazu da, um die Sehnsucht nach dem wirklichen Lande mächtig zu entfachen. Ich fühle mich welk, abgehetzt, stumpfsinnig, langweilig, ich empfinde eine Abneigung gegen mich selbst, und der Verkehr mit Leuten macht diese Empfindung nur noch ärger. Es ist keine Arbeitslust, keine Warmherzigkeit mehr in mir; ein grämiger, lederner Geselle, liege und sitze ich in der Stadtwohnung noch einige Zeit herum oder schleiche unlustig und halb verloren durch die lärmenden Gassen, in denen der Aprilwind den Staub aufwirbelt. — Und eines Tages packe ich urplötzlich meinen Handkoffer und übersiedle aufs Land ins Sommerhaus, wo durch die Vorsorge der wackeren Gattin alles in guter Bereitschaft steht. Die Familie bleibt einstweilen noch in der Stadt, die Kinder werden noch monatelang in den Schulen zurückbehalten und ergötzen sich im Gedanken, wie gut es dem Vater sein mag.

Dem Vater ist es wirklich gut. Die leibliche Atzung findet er im Gasthause Höhenreich, dann zieht er sich in sein stilles Haus zurück oder streicht über die Fluren, durch die Wälder. Er kann das alte Glück kaum fassen, das nun wieder wie ein neues Leben über ihn gekommen ist.

In der Stadt, die an allen Enden und Ecken von schönen Sentenzen trieft, ist mancher gute Spruch gehört und gelesen worden, aber einer erdrückt den andern. An mein Landhaus habe ich nur einen einzigen altdeutschen Spruch schreiben lassen, der aber mahnt mich und alle, die eintreten, um so eindringlicher:

„Treu unser Herz,
Wahr unser Wort,
Deutsch unser Lied,
Gott unser Hort."

Unser Ziel sei der Frieden des Herzens! Nie lebendiger wird mir dieser Gedanke, als wenn ich im Frühjahre das kühle Haus betrete. Anfangs sind die Zeitungen, die mir folgen, noch Unruhstifter, bald bleiben sie unter ihren Adreßschleifen in einem Winkel der Stube liegen, bis der Leseverein des Dorfes mich mitleidig von den Papierlasten befreit. Trete ich hinaus, so sehe ich weder Tschechen noch Franzosen, weder Heiden noch Christen, weder Juden noch Antisemiten, sondern nur Menschen, die einen gesunden Egoismus haben, neben demselben auch ein gutes Herz und beides ehrlich bekennen. Was mich anbelangt, so höre ich weder Lob noch Tadel, die Welt kann mich nicht erreichen, und das Dorf läßt mich in Ruh. So ist der liebe, erquickende, versöhnende Friede da, und in solcher Stimmung wird das Leben fast überirdisch, fast wunschlos. Nur „daß ich angesichts der heiligen Wunder Gottes mich meines Lebens freue, sonst will ich nichts".

Da sitze ich im Stübchen und blicke hinaus auf die Felder, die vor dem Hause weithin ausgebreitet liegen bis zu den blauenden Waldbergen; oder ich schaue in der andern Richtung auf den uralten Dorf-

---
[1] Geschrieben 1890.

kirchturm, den die Schwalben umkreisen. Ein Buch halte ich vielleicht in der Hand, aber ich kann nicht lesen, ich bin zu glücklich, ich kann nicht denken, ich kann nur träumen und die himmlische Ruhe empfinden, die um mich und in mir ist. — Dann wieder sitze ich am Waldrand und betrachte den allerwärts aufkeimenden Frühling und die lichten sommerlichen Wolken am Himmel. Ich sehe dort einen Landmann, der Korn säet; dieses Korn wird grünen, und ich werde seinen köstlichen Blütenduft genießen in den langen Frühsommertagen. Es wird in goldener Reife stehen, der Mohn und die Rade und die Kornblume werden in ihm leuchten, die Schnitter werden kommen mit klingenden Sicheln, Hochsommergewitter werden aufsteigen, und ich werde da sein. Auf den Feldern werden in langen Reihen die Garbenhäuschen stehen, dazwischen wird der Pflug schon wieder die Furchen ziehen, die lichtgrünen Fächer der Rübe werden darauf zittern im kühlen Winde, daneben auf dem Wiesenrand die Herbstzeitlose, und ich werde noch da sein. Endlich werden die gilbenden Blätter von den Bäumen fallen, im Grase wird Reif, auf den Bergen Schnee liegen, auf den Feldern und Gärten wird man die letzten Früchte einheimsen, und ich werde immer noch da sein. Ich sehe den Sommer aufstehen und sehe ihn schlafen gehen, und abgewendet von dem schalen Treiben der Menschen habe ich einen Blick frei in Gottes Weltenuhr.

Regt sich dann auch einmal der Hang nach Geselligkeit, so finde ich im Dorfe Genossen, die vielleicht einen engeren, doch nicht verschwommeneren Gesichtskreis haben als jene, denen sich das Weltleben zwar geweitet, aber auch verflacht hat. Der Verkehr mit den Menschen auf dem Dorfe ist mir stets anregend und meinen literarischen Arbeiten förderlich; von den Stadtkreisen läßt sich das bei mir nur beziehungsweise sagen. Meine erzählenden Werke sind größtenteils auf dem Lande oder durch dessen Befruchtung entstanden, die nachdenklichen und räsonierenden fast alle in der Stadt und durch deren Einfluß. Und doch muß ich gestehen, daß mir für zeitweiligen Aufenthalt die Stadt unentbehrlich geworden ist. Nicht allein wegen äußerer Bequemlichkeit und aus Gesundheitsrücksichten in den scharfen Wintermonaten, sondern auch wegen der geistigen Regsamkeit, die, wie gesagt, nicht eigentlich befruchtend auf meine Arbeiten wirkt, mir aber persönlich wohlbekommt, wenn sie einen gewissen Grad nicht überschreitet und nicht nervös macht.

Das Ländliche schlichtet geistige Unpäßlichkeiten auf das Trefflichste. Die im Frühjahre fast elementar gewaltige Abneigung gegen das Stadtleben beginnt gegen den Hochsommer hin die Spannung zu verlieren. Zur Zeit, wenn die Kinder mit ihren Schulerfolgen kommen und ich mit ihnen über Berg und Tal wandere, ist die Wage zwischen Stadt und Land fast ausgeglichen. Zum Beginne des neuen Schuljahres werden, ohne daß das Behagen am Landleben auch nur im geringsten abgenommen hätte, mit der Stadt neue Beziehungen angebahnt, und im späten Herbste, wenn die Wege grundlos werden und der Frost in die Mauern des Sommerhauses dringt, versucht man's neuerdings mit der Stadt. Die erste Empfindung in ihr ist die der Behaglichkeit. Der Sinn für Theater, Kunst und feinere Geselligkeit ist wieder rege, mit einem frischen Verlangen schaut man in die Welt hinein. Man wird bald enttäuscht. Ich habe, fast scheint es, das Mißgeschick, auf dem Lande in geistiger Beziehung anspruchsvoller zu werden. Der Verkehr mit der großen Natur, das Sichvertiefen in die literarischen Werke bedeutender Geister, das eigene Nachdenken auf einsamen Wegen erweitert die Seele, man schaut gleichsam von einem erhöhten Standpunkte aus auf das Menschenleben nieder. Nun ist man plötzlich wieder in der Misere der Welt. Der hohle Prunk, der geistige Hochmut, der Tratsch im großen Stile, unfruchtbare, herzvergiftende politische Gehetze und soziale Gezänke, die Modetorheiten, — alles das und viel anderes noch widert mich an, wenn ich vom Lande komme.

Man ergibt sich indes bald und hat nur sehr auf der Hut zu sein, daß man nicht selbst von solchen Früchten der Hochkultur angesteckt wird. Ein Rückzug in seine vier Mauern steht auch in der Stadt frei, und in diesen vier Mauern vermag die Erinnerung wieder eine schöne sommerliche Welt hervorzuzaubern. In der Seele sind Sonnenschein und Blumenblühen und Vogelsang und der ländliche Friede. Und geht's einmal schief, so nehme ich den Talisman aus dem Kästlein und schwelge in dem Bewußtsein des Sommerhauses und seiner reineren Freuden.

*   *

*

Von Prof. P. Schmitthenner erscheint in Kürze im Verlag von Ernst Wasmuth-Berlin: Heimstätten. Ein Buch von Siedlung und Handwerk.

Quellen: Plan einer Häusergruppe der Siedlungs- und Arbeitsgemeinschaft „Neu-Deutschland" auf Seite 287 von Architekt Schürgels-Völpke.   *   Der Stand der Siedlungs- und Wohnungsfrage in Deutschland; Blatt 2006 der Sammelmappe „Die Weltwirtschaftliche Lage" vom Auswärtigen Amt, Berlin.   *   Mein Heim; aus Peter Rosegger „Mein Weltleben" Neue Folge, Erinnerungen eines Siebzigjährigen. Verlag L. Staackmann, Leipzig.

Herausgegeben und gedruckt von der Daimler-Motoren-Gesellschaft in Stuttgart-Untertürkheim.   *   Alle Rechte vorbehalten.   *
Zuschriften an die Schriftleitung: Friedrich Muff, Stuttgart-Untertürkheim.

DAIMLER
WERKZEITUNG

2. JAHRGANG 1920

INHALT.

Aufsätze.

Nummer 1. Seite 1-24.

Aktie und Dividende. Von Dr. Arthur Loewenstein. ✶ ✶ Ein Kulturbild aus Norddeutschland. Aus dem alten Prospekt einer Bremer Firma. ✶ ✶ Gesunde oder zweckmäßige Arbeitshaltung? Von Fritz Wurzmann. ✶ ✶ Die tiefste Quelle der Arbeit. Von Kunstgewerbezeichner Friedrich Wondratschek. ✶ ✶ Die neu beginnende Volksordnung. Von Professor Dr. Hans Ehrenberg. ✶ ✶ Des Kaufmanns Sorgen. Aus den Lebenserinnerungen des Johann Gottlob Nathusius.

Nummer 2/4. Seite 25-62.

Die industrielle Psychotechnik. Von Dr.-Ing. P. Riebensahm. ✶ ✶ Betriebswissenschaft und Psychotechnik. Von Professor Dr.-Ing. G. Schlesinger. ✶ ✶ Die psychotechnischen Apparate und die Verfahren der angewendeten Psychologie. Von Dr.-Ing. Werther. ✶ ✶ Die Leistung der Psychotechnik. Von Dr. jur. Eugen Rosenstock. ✶ ✶ Eine Lehrlings-Aufnahmeprüfung. Von Oberingenieur Max Sailer. ✶ ✶ Fehlerquellen der praktischen Prüfung. Von Dr. phil. Hüssy. ✶ ✶ Meine Erfahrungen mit der Apparatur des psychotechnischen Laboratoriums. Von Professor Dr.-Ing. G. Schlesinger. ✶ ✶ Sohn und Vater bei der Berufswahl. Aus Briefen Anselm von Feuerbachs des Älteren. ✶ ✶ Das Rätsel des Menschen. Von Wilhelm Klemm. ✶ ✶ Der arme Mann im Toggenburg. 1. Hirtenleben. Von Ulrich Brägger.

Nummer 5/6. Seite 63-86.

Das Ereignis der Relativitätstheorie. Die Einschaltung der Wissenschaft ins Leben. Von Dr. Eugen Rosenstock. ✶ ✶ Wir und der Raum. Von Dr. Viktor von Weizsäcker. ✶ ✶ Die Arbeitsgemeinschaft der Astronomen. ✶ ✶ Persönliches von Einstein. ✶ ✶ Wie schnell bewegen sich die Himmelskörper? Von Adolf Wagenmann. ✶ ✶ Schwäbische Sternwarte. ✶ ✶ Die Begründer unserer Sternkunde. Von Professor Dr. Heinrich Bruns. ✶ ✶ Jeder sein eigener Astronom. ✶ ✶ Wer hat recht? Von Meister Fritz Eitel. ✶ ✶ Die Heimkehr. Von Hans Heinrich Ehrler.

Nummer 7. Seite 87-102.

Arbeitsgemeinschaft. Von Dr. Eugen Rosenstock. ✶ ✶ Zusammenarbeiten. Von Betriebsdirektor W. Krumrein. ✶ ✶ Kritische Betrachtungen über die „Vorschläge aus der Gesenkschmiede". Von Vizemeister Alle. ✶ ✶ Zum Wiederaufbau. Von Hilfsmeister X. ✶ ✶ Meine Arbeit an der englischen Goldküste. Von Meister Eberle.

Nummer 8. Seite 103-126.

Der Stein des Weisen. Ein altes Gespräch. ✶ ✶ Metalle und Legierungen. Von Ingenieur O. Becker. ✶ ✶ Einiges über Herstellung von Gesenken. Von Oberingenieur Kopf. ✶ ✶ Metallverarbeitung in der vor- und frühgeschichtlichen Zeit. Von Oberingenieur Hermann Balz. ✶ ✶ Luren. Altgermanische Blashörner aus der Zeit um 1000 vor unserer Zeitrechnung. Von Museumsdirektor Professor Dr. Hahne. ✶ ✶ Grönländische Reiseerlebnisse. Von Nordpolfahrer Knud Rasmussen.

Kunstbeilagen und Abbildungen.

Nr. 1.

Actie der Bank für Handel und Industrie
Anteilschein einer Kommandit-Gesellschaft auf Aktien
Actie der Daimler-Motoren-Gesellschaft von 1895 (Mantel und Bogen)
Satirisches Flugblatt auf die Geldgier aus dem Jahre 1652
Schema der Arbeitshaltung des Formers
Kaufmännisches Kontor vor 1700

Nr. 2/4.

Bilder von psychotechnischen Prüfungen, Apparaturen und Ergebnissen
Fragebogen der Daimler-Motoren-Gesellschaft für die Lehrlings-Aufnahmeprüfung (1920)
Aufgaben und Lösungen bei der Aufnahmeprüfung der Daimler-Motoren-Gesellschaft für Lehrlinge 1920
Kurve der Prüfungsergebnisse der Lehrlingsprüfung 1920

Nr. 5/6.

Labyrinth des menschlichen Ohres
Johann Wilkins vertheidigter Copernicus 1713
Sternwarte für jedermann nach James Hartneß

Nr. 8.

A. Eckener: Handchargieren eines Martinofens
Bronze und Weißmetall in 100facher Vergrößerung
Blei-Zinn und Kupfer-Zink Legierungen
Messing. Einfluß des Glühens auf die Festigkeitseigenschaften kalt gewalzten Messings
Bilder von Hörnern und Luren, technische Details, Guß- und Löttechnik, Verzierungen, Notenbeispiel für die Luren

Verfasser.

	Seite		Seite
Alle, Vizemeister.	95	Loewenstein, Arthur, Dr.	1
Balz, Hermann, Oberingenieur.	114	Nathusius, Johann Gottlob.	19
Becker, O., Ingenieur.	106	Rasmussen, Knud, Nordpolfahrer.	122
Brägger, Ulrich.	58	Riebensahm, Paul, Dr.-Ing.	25
Bruns, Heinrich, Dr., Professor der Astronomie an der Universität Leipzig.	77	Rosenstock, Eugen, Dr. jur.	37, 63, 87
Eberle, Meister.	97	Sailer, Max, Oberingenieur.	42
Ehrenberg, Hans, Professor.	17	Schlesinger, G., Professor Dr.-Ing. in Charlottenburg.	28, 53
Eitel, Fritz, Meister.	84	Wagemann, Adolf.	74
Ehrler, Hans Heinrich.	85	Weizsäcker, Viktor von, Dr., Privatdozent an der Universität Heidelberg.	65
Feuerbach der Ältere, Anselm von.	55		
Hahne, Professor, Museumsdirektor.	117	Werther, Dr.-Ing.	30
Hüssy, Dr. phil.	53	Wondratschek, Friedrich, Kunstgewerbezeichner.	15
Klemm, Wilhelm.	57	Wurzmann, Fritz.	14
Kopf, Oberingenieur.	112	X., Hilfsmeister.	95
Krumrein, W., Betriebsdirektor.	93		

DAIMLER WERKZEITUNG
2. Jahr — Nr. 1

INHALTSVERZEICHNIS

Aktie und Dividende. Von Dr. A. Loewenstein. ** Ein Kulturbild aus Norddeutschland. Aus dem alten Prospekt einer Bremer Firma. ** Gesunde oder zweckmäßige Arbeitshaltung? Von F. Wurzmann. ** Die tiefste Quelle der Arbeit. Von F. Wondratscheck. ** Die neu beginnende Volksordnung. Von Prof. Dr. H. Ehrenberg. ** Des Kaufmanns Sorgen. Aus den Lebenserinnerungen des Johann Gottlob Nathusius. ** Die mit D. M. G. bezeichneten Arbeiten stammen von Werksangehörigen. 3. 6. 1920.

Aktie und Dividende.
Von Dr. Arthur Loewenstein.

Wenn heute vom Kapital gesprochen wird, so wird dabei im landläufigen Sinne an Geldbesitz in irgend einer Form gedacht. Dies ist aber nur eine Form des Kapitalbesitzes und selbstverständlich nicht die ursprüngliche. Im Anfang war der Mensch mit seiner Arbeitskraft und der Boden mit seinen Schätzen. Der erste Mensch, der seine Arbeitskraft dazu verwendete, um sich irgend einen Teil der Naturschätze dienstbar zu machen und in dem das Bewußtsein aufkam: „dies gehört mir und soll mir und meinem Wohlergehen dienen", war der erste Kapitalbesitzer, wenn wir ihn wohl auch noch nicht Kapitalist im heutigen Sinne des Wortes nennen können.

Jeder, der Sachgüter in irgend einer Form besitzt, sei es Grund und Boden, Kleidung, Werkzeuge, Vieh, Schiffe, Fabriken oder irgend etwas anderes, besitzt Kapital. Der bewußte Wille, irgend eine Sache zu besitzen, über die allein oder zusammen mit einer kleineren oder größeren Anzahl anderer verfügt werden kann, ist sicher einer der angeborenen Instinkte jeden Lebewesens und nur die mehr oder weniger ausgeprägte, und ausgebildete Form der Besitzrechte unterscheidet einmal den Menschen von allen anderen Lebewesen und dann die verschiedenen Kulturstufen der Menschheit untereinander. Das Kapital in seinem weitesten Begriff läßt sich also niemals vertilgen. Nur über die Frage der Besitzrechte am Kapital können Meinungsverschiedenheiten entstehen, und diese sind es, die den Inbegriff aller unserer sozialen Kämpfe seit dem Anfang der historischen Zeiten bis auf unsere Tage ausmachen, die Meinungsverschiedenheiten über die Frage, ob eine gleichmäßige Verteilung der auf unserer Erde befindlichen Sachgüter unter alle Menschen gerechter und zweckmäßiger ist, oder ob der durch die historische Entwicklung herausgebildete Zustand dem Wohl der Menschheit besser dient, daß ein Teil der Menschen mehr, ein anderer weniger von den Sachgütern im einzelnen besitzt.

Der Gedankensprung von dieser Einleitung zu unserem eigentlichen Thema, dem Wertpapier und vor allem der Aktie ist kein so großer, wie es auf den ersten Blick scheinen könnte. Auf die Aktie, als eine der wichtigsten Erscheinungsformen des Wertpapiers, auf dieses als die heute gebräuchlichste Form des Geldkapitals, trifft im Prinzip das gleiche zu, wie für den ganzen Begriff des Kapitals.

Geld, Wertpapier und Aktie sind an sich keine realen Werte. Es sind alles nur durch unser verfeinertes Wirtschaftsleben herausgebildete Rechtsformen, die dem Besitzer entsprechende Rechte an irgend welchen Sachgütern verschaffen, oder — im Falle des Geldes — die Möglichkeit des beliebigen Erwerbs dieser Rechte. Die wirtschaftliche Entwicklung, die die Welt in den letzten Jahrhunderten und Jahrzehnten genommen hat, insbesondere die Ueberwindung von Zeit und Raum durch den Ausbau unseres Verkehrswesens, hat die Möglichkeit geschaffen, auch die Kapitalien zu mobilisieren, d. h. sie von ihrem beschränkten örtlichen Wirkungskreis loszulösen und an gewissen Mittelpunkten zusammenzufassen. Dazu kam die immer weiter greifende Erfassung der Naturkräfte zur Unterstützung und teilweise zum Ersatz der Menschenkräfte, die Maschine in aller und jeder Form.

Wir wollen, um diese Entwicklung anschaulich zu machen, das Beispiel der Mühlenindustrie heranziehen. In den ursprünglichsten Formen des Wirtschaftslebens mahlt jeder Wirtschafter sein Getreide selbst mit den einfachsten Hilfsmitteln. Die nächste Stufe ist die, daß das Getreide statt mit der ungenügenden körperlichen Kraft des einzelnen Menschen gemahlen zu werden, mit Hilfe der Wasserkraft verarbeitet wird. Sobald sich Siedlungen und Dörfer bilden, liegt es dann nahe, daß die Arbeit zusammengefaßt wird und ein Müller die Einrichtungen schafft, um mit Hilfe der Wasserkraft das Getreide für das umliegende Gebiet zu mahlen. Je besser die Verkehrsverhältnisse werden, umso größer kann dieses Gebiet sein. Endlich kommt der Augenblick, wo der Mensch die Naturkräfte in noch vollkommenerer Weise sich zunutze zu machen versteht, wo er mit Hilfe der Turbine und der Elektrizität alle im Wasser schlummernden Kräfte weckt, und wo er in großindustriellen Mühlenanlagen Getreidemengen für die Versorgung ganzer Landstriche zusammenfassend verarbeiten kann.

Diese Entwicklung drückt sich auch in den Erscheinungsformen des Kapitals entsprechend aus. Der Mensch der ersten Entwicklungsstufe, der sein Getreide mit der Hand mahlt, steht an Kapitalbesitz schon hinter dem Menschen der zweiten Entwicklungsstufe zurück, der sich die Wasserkraft nutzbar gemacht hat und darin und in dem Besitz der Wasserkraft selbst Kapitalien besitzt. Interessant wird dann die Wechselwirkung der Kapitalien untereinander bei der dritten Stufe, dem Müller, der für andere im Lohn mahlt. Schon der Ausdruck „im Lohn" zeigt uns, daß er seine Kapitalien, also seine Wasserkraft und seine Mühle seinen Mitmenschen dienstbar macht, gegen Hergabe anderer Kapitalien, die jene besitzen und er braucht. Vielleicht kommt er durch seine Mahlarbeit nicht dazu, selbst Getreide zu bauen, während seine Nachbarn dadurch, daß er für sie mahlt, die Zeit gewinnen, mehr zu bauen, wie früher. Was liegt näher, als daß sie ihm einen Teil ihrer Getreidemengen für seinen Gebrauch überlassen, für den Dienst, den er ihnen leistet. Wir haben damit noch die ursprüngliche Naturalwirtschaft vor uns, die durch Austausch der Sachgüter selbst an Ort und Stelle vor sich geht; mit Geld in irgend einer Erscheinungsform wüßte der Müller ja auch noch nichts anzufangen. Er will von seinen Nachbarn die Kapitalgüter, die er zum Leben gebraucht. Vom einen Getreide, vom anderen Fleisch oder Vieh, vom dritten Gewebe.

Kann er dann bei voller Ausnützung seiner Einrichtungen und seiner Arbeitskraft mehr von diesen Gütern erhalten, als er zur Befriedigung seiner notwendigen Lebensbedürfnisse braucht, so hat er die Wahl, entweder weniger zu arbeiten, oder aber im alten Tempo weiter zu machen und den Ueberschuß zu ersparen; er wird Kapitalist. Es gehört nicht zu den Aufgaben dieser Darstellung, im einzelnen zu zeigen, wie diese Entwicklung dann von der Natural- zur Geldwirtschaft führt. Es ist klar, daß der sparsame Müller Interesse daran hat, seine für den augenblicklichen Lebensunterhalt nicht benötigten Sachgüter in einer dem Verderben nicht ausgesetzten Form zu bekommen, die „weder Rost noch Motten" ausgesetzt ist, und in Dingen, die jedermann gut gebrauchen kann, die er also gelegentlich einzutauschen vermag gegen Güter, die er selbst noch nicht besitzt. Bald wird ein Gut, das diesen Erfordernissen entspricht, also unverderblich, allgemein begehrt und zudem noch von gleichmäßiger äußerer Beschaffenheit ist, zum Wertmaßstab aller anderen Sachgüter erhoben, das Geld, und zwar in kultivierten Ländern der historischen Zeit das Metallgeld ist geschaffen. Der nächste Schritt ist dann der, daß auch dieses Metallgeld durch bloße Anweisungen auf solches, also Papiergeld, ersetzt wird oder mindestens beliebig ersetzt werden kann, dem wieder das Wertpapier und letzten Endes die Aktie nah verwandt ist.

Wir mußten diesen Stammbaum der Wertpapiere kurz schildern, ehe wir in der Entwicklungsgeschichte der wirtschaftlichen Unternehmung, die letzten Endes zur Aktiengesellschaft führt, fortfahren. Wir haben bei der Darstellung der Entwicklung der Mühlenindustrie den Weg von der primitiven Hauswirtschaft zum handwerksmäßigen Kleinbetrieb verfolgt und stehen nun vor der Weiterbildung zum großindustriellen Unternehmen.

Es versteht sich von selbst, daß für den Aufbau und den Unterhalt solcher Großbetriebe Kapital nötig ist, und zwar sehr viel mehr, als der einzelne Mensch im allgemeinen besitzt. Wenn nun der Kapitalbesitz von A nicht für einen Großbetrieb ausreicht, wohl aber der vereinigte Kapitalbesitz von A, B und C zusammen, und wenn der eine Großbetrieb rationeller und vorteilhafter ist, als drei kleine Unternehmen, die A, B und C vielleicht einzeln betreiben könnten, so liegt es nahe, daß sich die drei zusammentun und mit vereinten Kapitalien und Kräften ein Unternehmen gründen und betreiben. Je größer nun der Betrieb ist, umso mehr Einzelpersonen werden ihre Kapitalien beisteuern müssen. Die Einen werden Sachkapitalien zu geben haben – A vielleicht eine Wasserkraft, B Grund und Boden, C Baumaterialien, D Maschinen, E Rohstoffe – die anderen Geldkapitalien, mit denen entweder die von Gesellschaftern nicht beigesteuerten Sachkapitalien von dritten erworben werden können, oder aber Löhne und Gehälter zu zahlen sind, bis verkaufsreife Produkte vorliegen. So lange an dem Unternehmen nur wenige Gesellschafter beteiligt sind, wird jeder nicht nur mit seinen Kapitalien, sondern auch mit seiner Person mitwirken oder mindestens Einfluß auf die Geschäftsführung nehmen wollen und können. Je größer aber der Kreis der beteiligten Personen wird, umso unmöglicher wird diese direkte Mitarbeit und Einflußnahme. Einige wenige durch ihre Fähigkeiten, Sachkenntnis und vielleicht ihren nahen Wohnsitz besonders geeignete Persönlichkeiten werden die tatsächliche Mitarbeit und Leitung in dem Unternehmen übertragen bekommen, die übrigen sind nur noch mit ihrer Kapitaleinlage interessiert. Sie können also ihre Arbeitskraft anderen Aufgaben zuwenden und werden in ihrem Verhältnis zu dem Unternehmen zum reinen Kapitalisten.

Natürlich werden die Kapitalien nur dann in ein Unternehmen gesteckt, wenn und so lange der Kapitalist daraus Vorteile, also Verzinsung seines Kapitals erwarten kann. Ist diese Aussicht nicht vorhanden, sei es aus betrieblichen, allgemein-wirtschaftlichen, steuerlichen oder politischen Gründen, so wird der Kapitalist ein aussichtsreicheres Unternehmen suchen oder letzten Endes seine Kapitalien in Güter umwechseln, von denen er wenigstens einen persönlichen Genuß hat, sie also verschwenden. Damit fällt die Möglichkeit des Großbetriebs weg, die wirtschaftliche Weiterentwicklung wird verhindert.

Ob eine Vergesellschaftung der Produktionsmittel den Anreiz des Gewinns für die Einzelperson mit dem gleichen oder besseren wirtschaftlichen Nutzeffekt für die Gesamtheit ersetzen kann, ist eine Frage, die hier nicht erörtert zu werden braucht.

Der Gesellschafter, der nicht mehr selbst in der Leitung des Unternehmens mitzureden hat, will nun natürlich seine finanzielle Haftung für das Unternehmen möglichst auf einen bestimmten, übersehbaren Teil seines Vermögens beschränkt haben, damit er nicht durch etwaige Fehler anderer ruiniert wird. Da er außerdem nicht mehr so mit Leib und Seele mit dem Unternehmen verwachsen ist, wie wenn er selbst mitarbeitet, ist es ihm erwünscht, seine Kapitalien ohne viele Umstände herausziehen zu können, um sie anderweitig zu verwenden. Andererseits muß das Unternehmen mit einer bestimmten Kapitalmenge rechnen können, die nicht durch die Willkür eines Gesellschafters beliebig verringert werden darf noch kann; es muß also, wenn der eine seine Kapitalien herauszieht, ein anderer sofort vollwertigen Ersatz leisten.

Aus diesen Bedürfnissen heraus hat sich das Wirtschaftsleben in jahrhundertelanger Entwicklung schließlich die Aktiengesellschaft geschaffen. Die ersten Anfänge gehen bis ins 15. Jahrhundert zurück und führen nach Oberitalien, der Wiege so vieler unserer modernen Wirtschaftsformen. In den oberitalienischen Städten saßen die Bankiers der damaligen Welt. Die Medici, Strozzi, Pitti, Lanci in Florenz, die Grimaldi und Doria in Genua, die großen Geschlechter in Siena und Venedig, kurz die Mehrzahl der weltbekannten Namen, die als Staatsmänner und Kriegshelden unsterblich geworden sind, waren Kaufmanns- und Bankiersfamilien. Sie waren im wahrsten Sinne des Wortes „Königliche Kaufleute". Sie finanzierten die Herrscher des damaligen Europas, und die Entscheidung über Krieg und Frieden war in Madrid und Wien, in Paris und London, Brüssel und Konstantinopel oft von der Geldhilfe abhängig, die diese reichen Häuser gaben oder verweigerten. In ihrem Heimatland vollends waren sie nicht nur die erste Geldmacht im Staat, sondern geradezu die „Unternehmer des Staats". Sie pachteten dem Staat die Steuervereinnahmung ab, sie mieteten Söldnerheere und schufen Flotten, um den Staat damit Kriege führen zu lassen, deren wirtschaftliche Erfolge ihnen zufallen sollten, und anderes mehr. Zu diesen großen und riskanten Unternehmungen reichten aber oft die finanziellen Mittel eines Hauses nicht aus, oder man wollte das Risiko auf mehrere Schultern verteilen. Es wurden Gesellschaften gegründet, und schließlich kam etwa um 1408 die erste Aktiengesellschaft in Genua zusammen, die nach den oben erwähnten Gesichtspunkten Stadt und Staat Genua „finanzierte". In England folgte etwa zwei Jahrhunderte später die erste englische Aktiengesellschaft, die die Kolonien in der Südsee ausbeuten wollte, und in Frankreich wiederum erheblich später eine Aktiengesellschaft, die als Notenbank Frankreich vom Finanzelend befreien sollte. Die letzterwähnten beiden Gründungen, die ohne reale Unterlagen sich mehr oder weniger auf Schwindel aufbauten, nahmen ein klägliches Ende, und die Aktionäre verloren Hab und Gut. Diese unglücklichen Erfahrungen hemmten die Entwicklung des Aktienunternehmens in allen Ländern für lange Zeit, und als dann seit Anfang des neunzehnten Jahrhunderts der Verkehr sich dieses Instrument angesichts der wirtschaftlichen Entwicklung einfach wieder schaffen mußte, da war zunächst die staatliche Bevormundung abzuschütteln, ehe sich die heutige Rechtsform der Aktiengesellschaft und damit ihre Bedeutung für unser Wirtschaftsleben herausbilden konnte.

Zunächst schrieben fast alle Staaten für die Gründung jeder einzelnen Aktiengesellschaft ein besonderes Ermächtigungsgesetz vor, einen umständlichen Apparat, der der Verbreitung der Aktiengesellschaft natürlich abträglich war. Diese Vorschrift ist überall aufgehoben, dagegen besteht in einigen Staaten, beispielsweise in Österreich, noch der staatliche Genehmigungszwang im Verwaltungswege, ein Modus, der auch in Deutschland seit der Kriegszeit wieder Geltung hat, um die Kontrolle des Kapitalmarkts zugunsten der staatlichen Geldbedürfnisse ausüben zu können. In allen Staaten sind aber heute noch die gesetzlichen Vorschriften für die Aktiengesellschaft besonders scharf gefaßt im Vergleich mit den Rechtsformen der sonstigen wirtschaftlichen Unternehmungen, um die Allgemeinheit gegen Schwindelgründungen und unordentliche Geschäftsführung zu schützen.

* *
*

Wie ist nun die heutige Gestalt der deutschen Aktiengesellschaft? Ihre Aufgabe ist, wie wir gesehen haben:

1. die Kapitalien einer unbegrenzt großen Anzahl von Einzelpersonen für eine wirtschaftliche Unternehmung zusammenzufassen,

2. die Haftung des Gesellschafters für die Verbindlichkeiten der Gesellschaft auf einen bestimmten Betrag zu beschränken,

3. den Gesellschaftern die Möglichkeit zu geben, über ihre in das Unternehmen gesteckten Kapitalien jederzeit und leicht anderweitig verfügen zu können,

4. ohne daß aber dadurch der Kapitalbesitz der Gesellschaft selbst vermindert wird, indem für den ausscheidenden Gesellschafter sofort ein anderer eintritt, der den ersten für die ursprünglich in das Unternehmen gesteckten Kapitalien in Geld entschädigt und dafür den anteilsmäßigen Anspruch auf den Kapitalbesitz der Gesellschaft und seine Früchte erwirbt,

5. die Geschäftsleitung des Unternehmens in die Hände von wenigen geeigneten Persönlichkeiten zu legen, die mit Kapital beteiligt sein können, aber nicht müssen.

Nachdem wir einleitend den Begriff des Kapitals, die geschichtliche Entwicklung der wirtschaftlichen Unternehmung und den Stammbaum des Wertpapiers dargestellt haben, werden die Mittel und Wege, durch welche diese Aufgaben gelöst werden, verhältnismäßig leicht verständlich sein. Für die Kapitalien, die, wie wir gesehen haben, in Sachgütern oder Geld zur Gründung eines Unternehmens gegeben werden, erhalten die Gesellschafter einen über einen Geldbetrag lautenden Anteilschein, eine Art

Quittung, die Aktie. Da das Geld der Wertmaßstab aller Güter ist, wird auch der Wert der Einbringung von Sachkapitalien in einer Geldsumme ausgedrückt, die dem geschätzten Wert des Sachgutes entspricht. Das Gesetz sieht bestimmte Kontrollmaßregeln vor, damit die Schätzung nicht im Widerspruch mit dem tatsächlichen Wert erfolgt.

Der Einfachheit halber werden die Aktien über einheitliche, runde Beträge ausgestellt, meistens eintausend Mark. Das heutige deutsche Recht schreibt diesen Betrag, von bestimmten Ausnahmen abgesehen, als Minimum vor, weil es davon ausgeht, daß jedes wirtschaftliche Unternehmen von so vielen Gewinn- und Verlustzufälligkeiten abhängt, daß der wirtschaftlich Schwache, der nur über ganz geringes Kapital verfügt, von der spekulativen Kapitalanlage in Aktien ferngehalten werden soll. In manchen andern Ländern ist diese Untergrenze nicht gezogen, und beispielsweise in England kennt man Aktien über einen Nennwert von 50 Pfennigen und einer Mark. Gerade bei der Spielleidenschaft des englischen Volkes ist dies natürlich nicht ungefählich, da schon manche kleine Existenz hierdurch ruiniert wurde. Nach oben besteht an sich keine Grenze, der Nennwert der einzelnen Aktie wird aber selten höher wie Mark 1000.— genommen, da sonst die Forderung der leichten Verwertbarkeit beeinträchtigt würde, denn ein je höheres Kapital für den Erwerb einer Aktie nötig ist, um so geringer wird der Kreis der Personen sein, die sie erwerben können.

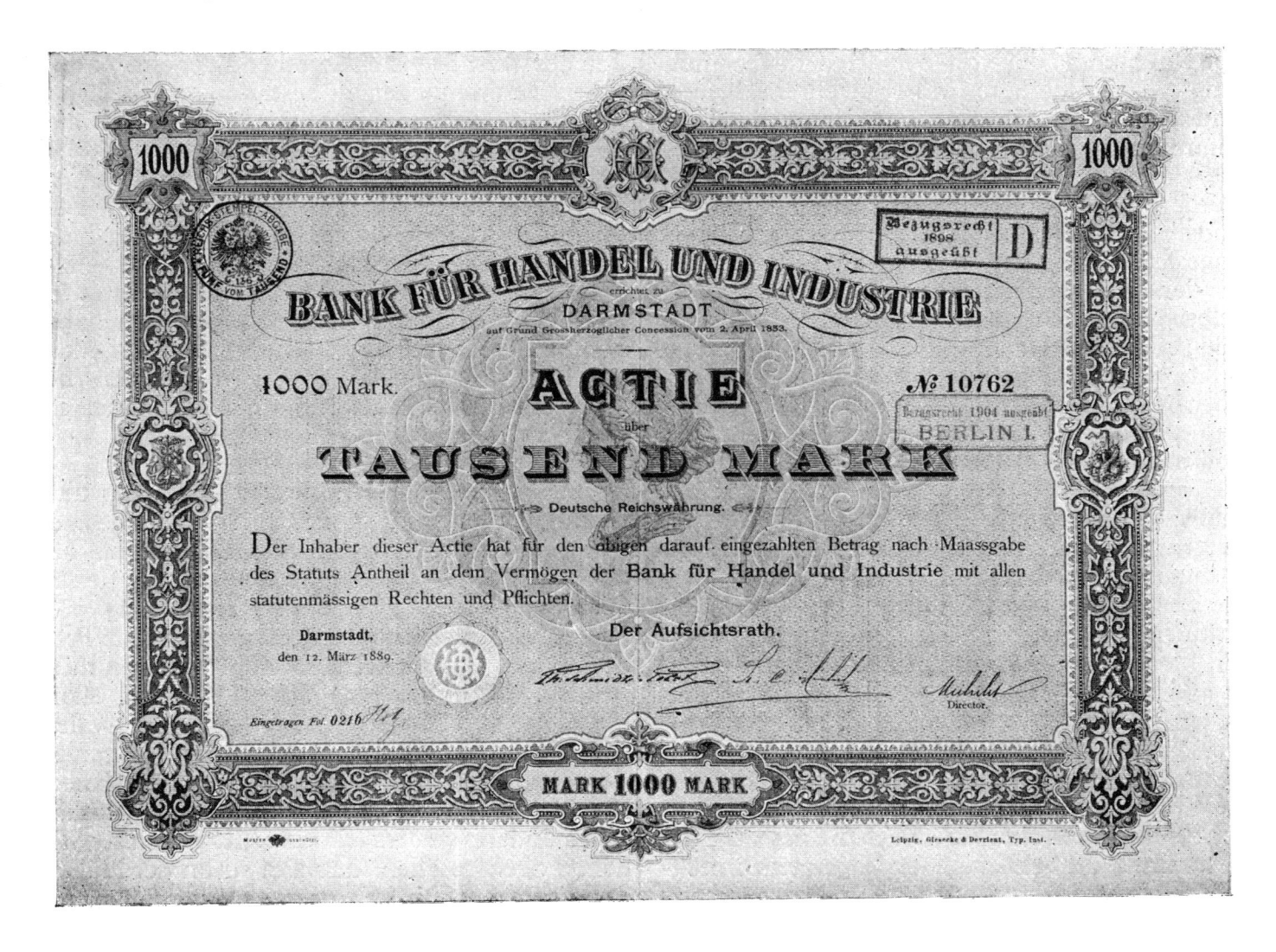

Es ergibt sich von selbst, daß die oben erwähnten Aufgaben auf diese Weise voll erfüllt werden, wenn wir noch erwähnen, daß das Gesetz ausdrücklich vorschreibt, daß die Aktienbesitzer für die Schulden der Aktiengesellschaft nicht „persönlich" haften, das heißt: nicht mit ihrem Vermögen, abgesehen von der Aktie selbst, für die sie ja den Gegenwert schon der Gesellschaft überlassen haben. Der Aktienbesitzer kann also seine Aktie, die ihm seinen Kapitalanteil an dem Unternehmen verbrieft, irgend einem Dritten abtreten, wenn ihm das paßt, ohne daß die Gesellschaft selbst dadurch berührt wird. Das Sach- oder Geldkapital, das er ursprünglich der Gesellschaft gegeben und wofür er die Aktie erhalten hat, bleibt unangetastet, und er läßt sich lediglich von dem erwerbenden Dritten eine Geldsumme dafür vergüten, daß er sein Anrecht auf die Früchte aus diesem Kapital und auf dessen Rückerhalt im Falle der Auflösung der Gesellschaft an ihn abtritt. Nach welchen Gesichtspunkten diese Entschädigung bemessen wird, soll später erläutert werden. Die Übertragung der Rechte ist eine sehr einfache, da die Aktie meistens nicht auf eine bestimmte Person als Besitzer ausgeschrieben wird, sondern jeder rechtmäßige Besitzer ohne Prüfung seiner Person in den Genuß der mit der Aktie verbundenen Vermögens- und anderen Rechte tritt, d. h. die Aktie ist ein „Inhaberpapier". Ausnahmsweise kann die Aktie allerdings auch „Namensaktie" sein, also auf einen namentlich genannten Eigentümer lauten, wie dies beispielsweise in England üblich ist. In diesem Falle muß beim Besitzwechsel der neue Eigentümer der Gesellschaft benannt werden, um ihn der Gesellschaft gegenüber als nunmehrigen Aktionär zu legitimieren.

Bezüglich der Geschäftsleitung sieht das Gesetz bestimmte Vorschriften vor. Sie liegt in den Händen des „Vorstands", also des oder der Direktoren, die von der „Generalversammlung" der Aktionäre, oder in ihrem Namen und Auftrag von einem von der Generalversammlung gewählten Ausschuß, dem „Aufsichtsrat", für ihren Posten bestimmt und angestellt werden. Der Vorstand wird also, wie jeder andere Beamte oder Arbeiter der Gesellschaft, angestellt, um seine Arbeitskraft gegen Entgelt in den Dienst des Unternehmens zu stellen; selbstverständlich kann auch ein Direktor zufällig Aktien seiner Gesellschaft wie jeder andere besitzen, wesentlich für seine Stellung ist dies aber in keiner Weise. Der Vorstand ist natürlich den Aktionären und auch der Öffentlichkeit, vor allem den Gläubigern der Gesellschaft, dafür verantwortlich, daß die Geschäfte ordnungsmäßig geführt werden, daß die Bilanzen richtig aufgemacht, die vorgeschriebenen Reserven angesammelt werden und anderes mehr. Das Gesetz enthält hierüber eine Reihe von Vorschriften und auch strenge Strafbestimmungen für den Fall der Übertretung. Insbesondere über die Bilanz der Aktiengesellschaft ist näheres in einem Artikel in Nr. 5 der Werkzeitung bereits gesagt worden. Der schon erwähnte Aufsichtsrat hat die Aufgabe, namens der Aktionäre die Geschäftsführung des Vorstands verantwortlich und genauer zu überwachen, als dies der Gesamtheit der Aktionäre im allgemeinen möglich sein würde, und auch er ist durch gesetzliche Strafbestimmungen zur genauen Beobachtung seiner Pflichten angehalten. Aufsichtsrat und Vorstand haben der Gesamtheit der Aktionäre in regelmäßig wiederkehrenden Zusammenkünften, der sogenannten „Generalversammlung", Rechenschaft über ihre Tätigkeit und die geschäftlichen Erfolge der von ihnen geleiteten Gesellschaft abzulegen. Über besonders wichtige, die Gesellschaft betreffende Fragen hat außerdem allein die Generalversammlung zu entscheiden, insbesondere darüber, ob das Kapital erhöht werden soll, ferner wenn sich die Gesellschaft mit einer anderen vereinigen will, oder aber infolge von Verlusten oder aus anderen Gründen aufgelöst werden soll.

Der Aktionär ist also im allgemeinen an dem Unternehmen verhältnismäßig unpersönlich und nur als Kapitalgeber beteiligt. Immer ist dies nicht der Fall, denn es kommt häufig vor, daß der private Unternehmer sein Geschäft in eine Aktiengesellschaft umwandelt und sämtliche oder die Mehrzahl der Aktien selbst übernimmt, im übrigen aber im gleichen leitenden Verhältnis zur Gesellschaft bleibt, wie früher als Privatunternehmer. Aus Gründen der einfacheren Erbteilung oder um das Risiko auf einen bestimmten Teil des Vermögens entsprechend der aktienrechtlichen Bestimmungen zu beschränken, oder endlich zwecks leichterer Kreditaufnahme kann dies geschehen. Da die Aktiengesellschaft nämlich zur Veröffentlichung ihrer Bilanz gesetzlich verpflichtet ist, und sich daher jedermann ein Bild über ihre Vermögenslage machen kann, findet sie natürlich leichter Kredit wie ein Privatunternehmen. Außerdem kann sie sich Kredit durch Ausgabe von Schuldverschreibungen, den sogenannten Obligationen verschaffen, ein der Aktie ähnliches Wertpapier, dessen Eigenheiten bei späterer Gelegenheit, wenn wir Kreditfragen erörtern wollen, besprochen werden sollen.

Das Interesse des normalen Aktionärs also ist mehr oder weniger ein rein materielles; er will an den Erträgnissen der Gesellschaft beteiligt sein. Die Erträgnisse erhält er in Gestalt der sogenannten „Dividende", regelmäßig wiederkehrenden Gewinnausschüttungen, die in Prozenten auf das eingezahlte Kapital ausgedrückt werden. Die Dividende erfreut sich bei allen, die nicht selbst Aktienbesitzer sind, keiner großen Beliebtheit, und mancher, der die „Kapitalrente" noch gelten läßt, erklärt der Dividende den Krieg. Mit Unrecht, denn die Dividende ist natürlich nichts anderes als Kapitalrente, Kapitalzins. Wir haben oben gesehen, daß sich schon der Müller, der für seine Dorfgenossen mahlt, dafür entlohnen läßt und daß in diesem Lohn nicht nur die Entschädigung für seine Arbeitskraft, sondern auch für die Nutzbarmachung der Naturkraft steckt. So verlangt jedes Kapital eine Entschädigung dafür, daß es Naturkräfte oder Bodenschätze, kurz irgendwelche Sachgüter der Allgemeinheit zugänglich oder der Produktion dienstbar macht. Die Entschädigung wird um so größer sein, je höher die Vorteile und Annehmlichkeiten der produzierten Güter von der Menschheit geschätzt werden und je seltener sie sind. Bei wachsender Konkurrenz sinkt die Kapitalrente; das Aufkommen der Konkurrenz wiederum hängt natürlich davon ab, wie schwierig die Produktion, wie riskant das Unternehmen, wie geschickt der Unternehmer und seine Angestellten und Arbeiter sind. Das aber sind die gleichen Momente, die, wenngleich nicht ausschließlich, aber doch zu einem guten Teil die jeweilige Höhe der Dividende bestimmen.

Machen wir uns einmal das an einem Beispiel klar. Eine Automobilfabrik floriert, weil ihre Erzeugnisse infolge ihrer konstruktiven Güte und der sorgfältigen Werkstattarbeit einerseits und dank der kaufmännisch gut geleiteten Verkaufs-Organisation andererseits überall vom Publikum gesucht und zu guten Preisen gekauft werden. Die Fabrik erzielt infolgedessen ansehnliche Gewinne. Dies läßt natürlich andere nicht ruhen, und sie überlegen sich, ob sie ihr Kapital nicht auch für eine so nutzbringende Fabrikation verwenden sollen. Sie werden aber finden, daß dies nicht ganz einfach ist. Sie sehen, daß es ein langwieriger und komplizierter Fabrikationsgang vom rohen Stahl oder Metall bis zum fertigen Objekt ist, der unendlich viele maschinelle und andere Einrichtungen erfordert; sie finden, daß das Risiko ein bedeutendes ist, denn Neuerfindungen, Mode, Zollverhältnisse in fremden Ländern und anderes mehr können den Absatz von einem Tag zum anderen vermindern oder unmöglich machen; sie erkennen schließlich, daß von den genialen Einfällen der Konstrukteure, von der guten Werkstattleitung und der gewissenhaften Werkmannsarbeit, schließlich von der zweckmäßigen Einkaufs- und Verkaufsorganisation der Erfolg und der Gewinn abhängig sind. Lassen sie sich durch diese Bedenken abhalten, so wird das erste Unternehmen weiter seine guten Gewinne erzielen können, überwinden sie aber alle die Schwierigkeiten erfolgreich, so werden sie ihm im Konkurrenzkampf einen Teil der Gewinne abnehmen und ihrem Kapital sichern. Es ist also auch hier, wie überall im Wirtschaftsleben, die Auslese der Tüchtigsten, die Erfolg und Gewinn bestimmt.

Anteilschein einer Kommandit-Gesellschaft auf Aktien noch in Taler-Währung.

Es ist aber noch ein Punkt, der bei der Beurteilung der Dividendenhöhe nicht außer Betracht gelassen werden darf. In dem schon erwähnten früheren Artikel in Nr. 5 der Werkzeitung haben wir das Wesen und die Bedeutung der stillen und offenen Reserven erklärt. Wir haben dort gesehen, daß diese Reserven Gewinne sind, die nicht an die Aktionäre zur Verteilung gelangt sind, sondern zur Verstärkung der Kapitalkraft im Unternehmen belassen werden. Sie sind also neues Kapital, auf das der alte Aktionär anteilsmäßigen Anspruch hat und für das er natürlich eine angemessene Kapitalrente erwartet. Diese stillen und offenen Reserven machen oft ein Vielfaches des eigentlichen Aktienkapitals aus, und eine Aktie, die über tausend Mark lautet, repräsentiert in diesen Fällen nicht nur diesen Wert, sondern vielleicht das Zwei — Fünf — oder Zehnfache, je nach der Höhe der Reserven. Da aber die Dividende in Prozenten auf den Nennwert, das heißt den auf dem Aktienpapier aufgedruckten Wert ausgedrückt wird, kann diese Prozentzahl unter Umständen natürlich eine recht hohe sein, ohne daß die Kapitalrente auf den tatsächlichen Aktienwert — Kapital zuzüglich Reserven — übermäßig groß zu sein braucht.

In diesem Zusammenhang sei auch darauf hingewiesen, daß es letzten Endes die Höhe dieser Reserven ist, die nicht nur die Dividende, sondern auch den Kapitalwert der Aktie bestimmt. Denn die letztere ist ja, wenngleich sie auf einen bestimmten Geldbetrag lautet, nicht diesen wert, sondern entspricht dem so und sovielten Teil des jeweiligen gesamten Kapitalwerts des Unternehmens, auf das sie dem Aktionär einen anteilsmäßigen Eigentumsanspruch verschafft.

Wenn wir vollends das Verhältnis von Unternehmerlohn zu Kapitalrente betrachten, werden wir finden, daß sich — sehr mit Recht — die Lage stark zu Gunsten des ersteren neigt. Wir wissen, daß der Unternehmergewinn in Unternehmerlohn und Kapitalrente zerfällt. Schon beim Dorfmüller, auf den wir immer wieder zurückkommen müssen, haben wir gesehen, daß das Entgelt, das er von den Dorfgenossen erhält, teils Entschädigung für seine Arbeit, also Unternehmerlohn, teils Vergütung für die Nutzbarmachung der Wasserkraft, also Kapitalrente, darstellt. Bei der Aktiengesellschaft sind Unternehmer, also alle, die körperlich oder geistig an der Produktion mitarbeiten, und Kapitalist verschiedene Individuen. Wieviel vom Unternehmergewinn, mit anderen Worten von den Einnahmen, entfallen auf den einen und wieviel auf den anderen Teil? Nehmen wir als Beispiel die Verhältnisse bei einer großen Automobilfabrik, die den Lesern der Werkzeitung besonders nahe liegt. Das Unternehmen, das wir im Auge haben, beschäftigte im Jahre 1919 in drei Werken etwa 12000 Arbeiter und Angestellte. Wir glauben nicht zu hoch zu schätzen, wenn wir annehmen, daß jeder dieser Arbeitnehmer im Jahre 1919 ein durchschnittliches Jahreseinkommen von 6000 Mark hatte. Das macht, wenn wir mit Rücksicht auf die höheren Gehälter der Direktoren und Oberbeamten etwas nach oben abrunden, einen Gesamtbetrag von etwa Mk. 72,5 Mill. als Unternehmerlohn im Jahre 1919. Das in Frage stehende Unternehmen hat im Jahre 1919 ein Aktienkapital von Mk. 32 Millionen gehabt. Im Jahre 1919 wurde hierauf für das Geschäftsjahr 1918 eine Dividende von 6% bezahlt. Die Dividende für das Jahr 1919 steht noch nicht fest, wird aber im Hinblick auf die Schwierigkeiten im abgelaufenen Geschäftsjahr keinesfalls höher als im Vorjahr ausfallen. Sechs Prozent Dividende auf ein Kapital von Mk. 32 Millionen entspricht aber Mk. 1920000.—. Von dem Unternehmergewinn entfallen also im Jahre 1919 bei der in Frage stehenden Gesellschaft über 97% auf Unternehmerlohn und nur etwa 3% auf Kapitalrente! Würde statt der Ausschüttung der Dividende der hiefür verwendete Betrag den Arbeitnehmern voll zugewendet worden sein, so hätte sich das durchschnittliche Einkommen eines jeden im Jahre 1919 um etwa 2,7% oder im ganzen Jahr um insgesamt nur 160.— Mark pro Kopf erhöht.

In den letzten zehn Jahren sind bei der in Frage kommenden Gesellschaft folgende Beträge an die Aktionäre als Dividenden verteilt worden:

Jahr	Aktien-Kapital	Dividende in %	Betrag der Dividende
1910	8 000 000.—	10	800 000.—
1911	8 000 000.—	10	800 000.—
1912	8 000 000.—	12	960 000.—
1913	8 000 000.—	14	1 120 000.—
1914	8 000 000.—	16	1 280 000.—
1915	8 000 000.—	28	2 240 000.—
1916	8 000 000.—	35	2 800 000.—
1917	8 000 000.—	30	2 400 000.—
1918	32 000 000.—	6	1 920 000.—
1919	32 000 000.—	6 geschätzt	1 920 000.—
Insgesamt in 10 Jahren Mk. 16 240 000.—			

Die Aktionäre dieser Gesellschaft haben also in 10 Jahren, den besten und weitaus ertragreichsten seit ihrem Bestehen, wie sie wohl nie wiederkehren werden, insgesamt nur soviel erhalten, wie die Arbeitnehmer in ganzen 2½ Monaten des Jahres 1919 verdient haben!

Es bleibt uns noch übrig, mit wenigen Worten darauf einzugehen, wie sich der Besitzwechsel von Aktien und ihre Preisbemessung vollzieht. Es ist bekannt, daß der Preis eines Wertpapiers als „Kurs" bezeichnet wird. Der Kurs wird im allgemeinen in Prozenten des Nennwerts ausgedrückt; der sich hieraus ergebende Betrag heißt Kurswert. Die Kurse werden an den „Börsen" festgesetzt, regelmäßigen Zusammenkünften berufsmäßiger Wertpapierhändler, der Bankiers und Banken. Je nach Angebot und Nachfrage sinken oder steigen die Kurse, genau wie die Preise irgend einer Ware. Da aber, wie wir gesehen haben, die Aktionäre keine engere Verbindung mit dem Unternehmen selbst zu haben pflegen, werden Angebot und Nachfrage oft durch Umstände und Erwägungen bestimmt, die durch die tatsächlichen Verhältnisse bei dem Unternehmen nicht immer gerechtfertigt sind. Die Börse hat beispielsweise gehört, daß Automobile gegenwärtig zu sehr guten Preisen verkauft werden können, und das Publikum sucht daher Automobil-Aktien zu kaufen und steigert durch diese Nachfrage die Kurse, ohne zu bedenken, daß die Fabriken vielleicht durch alte, ungünstige Verträge auf lange hinaus belegt sind, und statt von der günstigen Konjunktur Nutzen ziehen zu können, möglicherweise mit erheblichen Verlusten arbeiten müssen. So werden die Kurse durch manche richtige und viele falsche Gerüchte und Nachrichten bestimmt, und es wäre ein Trugschluß, wollte man die tatsächlichen Verhältnisse eines Unternehmens und damit den wirklichen Wert der Aktie allein nach den Bewegungen ihrer Börsenkurse beurteilen.

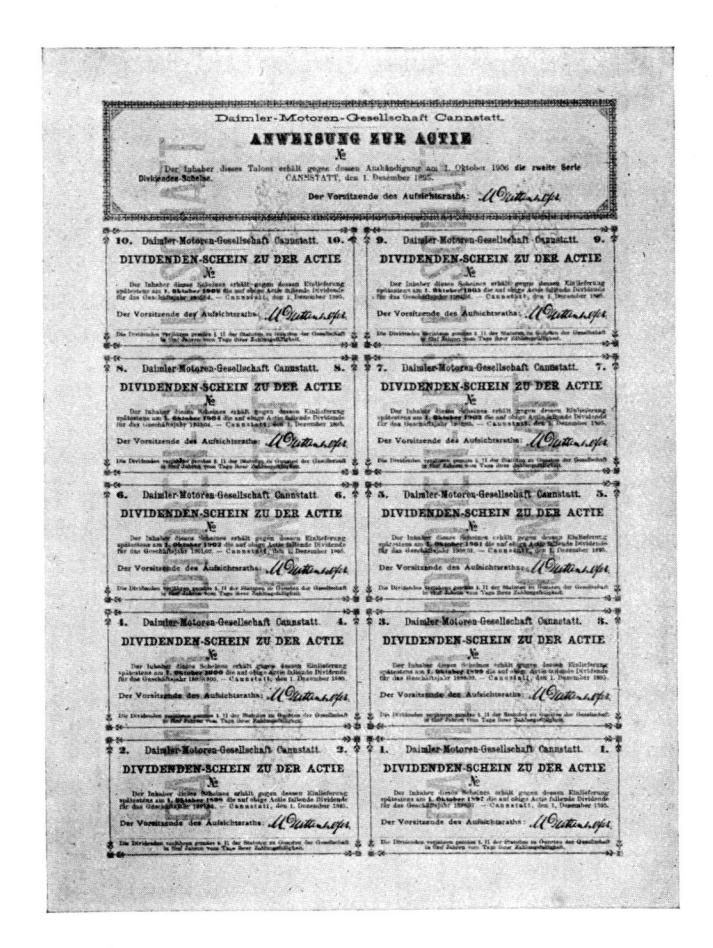

Nur für den Aktionär selbst, der nicht schon von der Gründung an bei dem Unternehmen beteiligt war, sondern die Aktie erst an der Börse gekauft hat, und das wird in der Mehrzahl der Fälle zutreffen, hat der Börsenkurs wichtigste Bedeutung. Denn dieser Aktionär muß für den Erwerb der Aktie Kapital in Höhe nicht des Nennwerts, sondern des Kurswerts geben, und die Höhe der Kapitalrente, die er in Gestalt der Dividende erhält, muß er nach dem Kurswert beurteilen. Hat er für seine Aktie 500% gegeben, also statt Mk. 1000.— Nennwert einen Kurswert von Mk. 5000.— bezahlt, und erhält er die an sich sehr hoch erscheinende Dividende von 25%, so beträgt seine Kapitalrente nur 5%, somit einen durchaus mäßigen Satz, denn die Dividende wird ja auf den Nennwert ausgedrückt, und er hat Kurswert bezahlt. Aber auch in den Fällen, in denen ein Aktionär seine Aktien seit der Gründung besitzt und sich nun vielleicht hoher Kurse und Dividenden erfreut, bedeutet dies im allgemeinen keinen mühelosen und unverdienten Gewinn. Wir haben schon dargelegt, daß das Kapital einer gut und solide geleiteten Gesellschaft nicht nur aus dem Aktienkapital, sondern auch aus nicht verteilten Gewinnen, aus den zusammengesparten offenen und stillen Reserven besteht, und daß diese ebenfalls zur Erzielung der Gewinne beitragen. Der Kapitalwert dieser Reserven drückt sich natürlich auch in den Kursen aus, und wird manche hohe Dividende ohne weiteres auf ein sehr bescheidenes Maß reduziert, wie wir ebenfalls schon dargelegt haben, wenn man das Verhältnis der Höhe der Reserven des Unternehmens zu der Größe des Aktienkapitals als Erklärung heranzieht. Ebenso wie dem Nennwert der Kurswert entspricht, so ist das „Nominalkapital", das heißt das eigentliche Aktienkapital, in Vergleich zu setzen zum „arbeitenden Kapital", also den sämtlichen im Unternehmen arbeitenden Sachgütern und Geldkapitalien. Zieht man vom arbeitenden Kapital die Schulden des Unternehmens ab, so ergibt sich der tatsächliche Kapitalwert des Unternehmens. Von Rechts wegen müßte dieser mit dem Kurswert der Aktien übereinstimmen, würde der letztere nicht, wie wir gesehen haben, oft durch Momente beeinflusst, die mit den tatsächlichen Verhältnissen bei der Gesellschaft nichts zu tun haben. Jedenfalls sorgt aber bezüglich der Kapitalrente das alte Gesetz von Angebot und Nachfrage dafür, daß keinem Aktionär die Bäume in den Himmel wachsen, und eine nicht nur auf das Nominalkapital, sondern auf das arbeitende Kapital ausnahmsweise hohe Kapitalrente, die also etwas ganz anderes ist als eine hohe Dividende, ist nur zu erklären durch außergewöhnlich gewagte Geschäfte, bei denen natürlich auch die Gewinnmöglichkeiten entsprechend große sein müssen, oder durch einen ganz besonderen, auf Tüchtigkeit oder Glück zurückzuführenden Umstand, wie eine neue Erfindung, die Entdeckung wertvoller Bodenschätze und ähnliche Zufälle.

* * *

Die vorstehenden Ausführungen sollen nur zeigen, wie sich besonders unbeliebte Erscheinungen des Kapitals wie Aktie und Dividende, aus der Wirtschaftsgeschichte erklären; dadurch wird manches unberechtigte Vorurteil schwinden und die Haltlosigkeit manches gedankenlos gebrauchten Schlagworts eingesehen werden. Die alte Streitfrage, ob Kapitalismus, Sozialismus oder Kommunismus die für die Menschheit ersprießlichste Wirtschaftsform ist, wird dadurch natürlich nicht geklärt. Aber zum Verständnis für die zurzeit herrschende Wirtschaftsform wird hoffentlich damit ein wenig beigetragen worden sein.

D. M. G.

Satirisches Flugblatt auf die Geldgier aus dem Jahre 1652, unmittelbar nach dem dreißigjährigen Kriege.

Ein Kulturbild aus Norddeutschland.

Aus dem alten Prospekt einer Bremer Firma.

Neben die allgemeine Erörterung des Aktienwesens tritt hier ein anschauliches Beispiel für die eigentümlichen früheren Möglichkeiten der Aktiengesellschaft. Es handelt sich in dem Aufsatz um Verhältnisse, die noch nicht lange zurückliegen und trotzdem bereits außerhalb aller Berührung mit den politischen oder wirtschaftlichen Kämpfen von heute stehen. Wir haben dem Schriftstück deshalb auch absichtlich die Form gelassen, in der es vor elf Jahren erschienen ist.

Vor zwanzig Jahren.

Jahrzehnte und Jahrhunderte bereits vegetieren da und dort abseits von den großen Verkehrsstraßen kleine Gemeinden, deren Umfang und deren Einwohnerzahl sich in langfristigen Zeiten nicht geändert hat und die in den Epochen vorwärtshastender Entwicklung fast in einem Winterschlaf begriffen zu sein scheinen. Zwar die Bevölkerung vermehrt sich durch reiche Geburten und die Ausweise der Volkszählung beweisen, daß gerade auf dem Lande und nicht in den Großstädten der Menschenzuwachs stattfindet, aber die Gemeinde selbst merkt nicht viel davon, denn unverändert bleibt durch eine stattliche Reihe von Jahren ihre Einwohnerzahl. Es ist erwiesen, daß die Bevölkerung des Deutschen Reiches sich jährlich um 900 000 Menschen mehrt, es ist weiter erwiesen, daß die große Anzahl nur auf dem Lande, d. h. in den Dörfern, den Kleinstädten und den Städten mit einer Einwohnerzahl von weniger als 100 000 Seelen zur Welt kommt, und dennoch beweist die Statistik, daß von dieser fast ganzen Million lediglich die Großstädte am Bevölkerungszuwachs profitieren.

Es ist nicht schwer, eine Erklärung dieser sonderbaren Erscheinung zu finden. Das Wirtschaftsleben der kleinen Gemeinden liegt danieder, und die wenigen, die dennoch in den Kleinstädten des Reiches ihr Vermögen erfolgreich vermehren, trachten danach, es in den Jahren der Muße in der Großstadt zu genießen. Denn allzu gering sind die Bequemlichkeiten, die ein Städtchen von etwa 3000 Einwohnern dem Vermögenden und die Erwerbsmöglichkeiten, die es dem Arbeitenden zu bieten vermag.

Als ob in den letzten 35 Jahren in ganz Deutschland die gleiche Parole ausgegeben worden wäre, so strebt alles dem Rufe zu: Flucht in die Großstädte. Gegenüber dieser Erscheinung konnten sich die Stadtväter der kleinen Gemeinden nicht mit einer bedauernden Feststellung begnügen, sie sahen ein, daß eine Besserung dieser Zustände eintreten müsse, und wurden sich bald klar, worin das Unheil lag. Planmäßig arbeitet man deshalb in den letzten Jahrzehnten in den Kleinstädten des Reiches an kommunalen Verbesserungen hygienischer, technischer und finanzieller Art.

Und siehe da! Schneller als man hoffen durfte, kam der Erfolg. Die Landbevölkerung ist nicht undankbar, und sie hat im Grunde trotz der faszinierenden Anziehungskraft, die die Großstadt auf sie ausübt, doch eine geheime Angst vor dem lauten, rastlosen Treiben der Residenz. Die Landbevölkerung will gar nicht in die Großstädte, sie ist nur gegen ihren Willen durch die Tatsachen und durch die früheren unglückseligen Umstände dahin getrieben worden. Kaum hat eine Kleinstadt von wenigen tausend Einwohnern damit begonnen, kommunale Reformen einzuführen, gleich wurde sie zu einem Zentrum innerhalb ihres engen Bezirkes und nahm an Bevölkerung zu, schwang sich wirtschaftlich auf, vergrößerte die Anzahl der privaten Baulichkeiten, der Straßen, der Plätze und erlebte durch den dadurch hervorgerufenen Wertzuwachs eine Belebung und Auferstehung, von der sie früher kaum zu träumen wagte. Nichts hat in dieser Beziehung so stark und so schnell gewirkt wie die Errichtung einer eigenen Gasanstalt. Die Schilderung bezieht sich in erster Linie auf Norddeutschland. Im gebirgigen Süden tritt für das Gas die Elektrizität ein, sei es auf Kosten der betreffenden Gemeinde, sei es durch eine neu gegründete Gesellschaft. Belebter blieben die Straßen bis in den späten Abend, freundlicher blickten die Schaufenster der Kaufleute und lockten die Landbevölkerung heran, die sich nun in ihrem kleinen Kreisstädtchen recht großstädtisch vorkamen, fleißiger und umfangreicher wurde die Arbeit in den Werkstätten der kleinen Gewerbetreibenden geleistet, wo jetzt ein Gasmotor als treibende Kraft mithalf, zufriedener und heimischer fühlten sich die Bürger in ihren Wohnungen, wo jetzt das Gas nicht nur als Leuchtgas diente, sondern auch in der Wirtschaft zu Koch- und Plättzwecken Verwendung fand, und gerne mietete dieser und jener eine Wohnung in dem Städtchen, in dem er sich sonst vielleicht doch nicht niedergelassen hätte. Eine saubere Neupflasterung war durch die Legung der Gasröhren bedingt, eine verbesserte Kanalisationsanlage folgte der Errichtung der Gasanstalten, eine Wasserleitung wurde gebaut, und in kürzester Zeit hatte sich aus einem stillen Nest, das für immer zu einer verkehrslosen, abseits liegenden Haltestelle verurteilt zu sein schien, eine hoffnungsreiche Kleinstadt mit Aussichten auf industrielle Entwicklung herausgeschält.

Kleinstadtkultur und Kleinstadtfinanzen.

Erfrischend und ermutigend wirkt das Bild einer aus ihrem langjährigen Winterschlaf erwachten Kleinstadt, und außer Zweifel ist nirgends zu wahrer hygienischer und wirtschaftlicher Erziehung der Bevölkerung eine so dankbare Gelegenheit wie auf dem Lande. Niemand wird den Stadtvätern das Verdienst absprechen, wenn es ihnen gelungen ist, das Kulturniveau ihrer Gemeinde durch so wohltuende und wertvolle Neueinrichtungen zu heben, wie es die Einrichtung einer Zentralstelle für Licht, wie es eine verbesserte Kanalisation oder ein zentrales Wasserleitungssystem ist. Niemand auch wird bezweifeln, daß es sich hier um die Erfüllung von Aufgaben handelt, die nicht umgangen werden dürfen. Gewiß, es soll nicht bezweifelt werden, daß sich derartigen Neueinrichtungen gewisse Schwierigkeiten in den Weg stellen, Schwierigkeiten, die nicht etwa in der konservativen Gesinnung der Bürger liegen, sondern in der Finanzierung, in dem Anspruch auf neue Kapitalien und in dem scheinbaren Risiko, das mancher Unaufgeklärte in der Anlage dieser Kapitalien erblickt.

Aber nur demjenigen, der sich mit dieser kommunalpolitischen und finanztechnischen Materie noch nicht befaßt hat, zeigen sich diese Schwierigkeiten. In der Tat bestehen sie praktisch nicht, und eine Erfahrung, die auf eine überraschend große Zahl vorangegangener Fälle gestützt ist, widerlegt alle Bedenken im Keime. Allerdings ist eine so ideale Lösung der Frage nur durch das resolute und erfolgreiche Eingreifen eines technischen Instituts, ermöglicht worden, das sich nicht nur die Lösung der Fabrikationsfragen zur Aufgabe gestellt hat, sondern das alle Punkte der finanziellen Gestaltung in einer Weise in Betracht zieht und löst, daß ohne irgendwelches Risiko mit einer im voraus garantierten Rentabilität kulturelle Verbesserungen selbst in den minimalsten Kleinstädten geschaffen werden können.

Natürlich ist dies nur möglich, indem die Interessen aller an der kommunalen Wirtschaftspolitik beteiligten Kreise gegeneinander wohl abgewogen werden und indem die Vorteile, die sich aus den verschiedenen Verwaltungsarten eines Unternehmens, wie es ein Zentralgaswerk ist, ergeben, in kluger Weise ausgenützt werden. Keine theoretische Erwägung vermag zu diesem Ziele zu führen, das uns vorschwebt, denn bei der Vielseitigkeit der verschiedenen Interessenrichtungen würden allzuviele Kollisionen entstehen, wenn nicht aus der Erfahrung, aus der Praxis, aus dem Leben selbst sich die Mittel im Laufe der Jahre ergeben hätten.

Die Firma Carl Francke in Bremen verfügt über eine derartige Erfahrung, die sie durch ihre Installation und durch ihre Verwaltung von nicht weniger als neunzig städtischen Gasanstalten erworben hat, und ihr kommt auch das Verdienst zu, das völlig neuartige kommerzielle System gefunden zu haben, das ein Zusammenwirken aller nur scheinbar entgegengesetzten Interessen zu einem finanziell rentablen und kulturell wertvollen Ziele ermöglicht.

Die Lösung des Problems.

Das System Francke beruht in einer volkswirtschaftlich überaus geschickten und psychologisch überaus taktvollen Verknüpfung städtischer Interessen mit sachkundiger Arbeit eines hervorragenden Fachmannes. Es geht von dem Grundgedanken eines Kompagniegeschäftes aus, zu, dem sich die Gemeinde und der Unternehmer verbinden. Die Installationsfirma sorgt für die Errichtung einer Zentralgasanstalt, für ihre tadellose Ausbeute, technisch vollendete und kommerziell kluge Verwaltung, während die Gemeinde den Schutz der Konzession gewährt und im allgemeinen Interesse die Aufsicht ausübt. Das Kapital wird gemeinsam aufgebracht. Hier ist bereits der erste Punkt, bei dem die Firma die Lösung des angedeuteten Problems bietet, die die allgemeine Oeffentlichkeit, die die gesetzgebenden Körperschaften und die auch die Finanzkritik bis dahin erfolglos gesucht haben. Die Kosten der gesamten Anlage werden von der Firma bestritten, so daß ein öffentliches Darlehen, das die Gemeinde sonst zu Erfüllung der Kulturforderung, eine zentrale Lichtquelle zu erbauen, aufbringen müßte, bereits von vornherein um einen beträchtlichen Teil verringert wird.

Im ganzen ist es also ein Geschäft auf halb und halb, d. h. ein Geschäft, bei welchem beide Teile gemeinsam gewinnen. Und das pflegen die besten Geschäfte zu sein. Das an vielen Orten schon erprobte System Francke hat sich in der Tat als eine Form bewährt, welche die Nachteile der rein privaten wie der bureaukratischen Gemeindeverwaltung vermeidet, ihre Vorteile aber in sich vereinigt.

Es ist eine unbestrittene Tatsache, daß ganz kleine Gemeinden, die sonst kaum in der Lage gewesen wären, ein eigenes Zentralgaswerk zu erwerben, nur durch die Kombination des Franckeschen Systems in dessen Besitz gelangt sind, und daß große Gemeinden, die sehr wohl auf eigene Rechnung ein städtisches Gaswerk errichten konnten und errichtet haben, unverhältnismäßig unrentabler arbeiteten als die halbstädtischen Werke, die von der Firma Francke erbaut und von ihrem Personal technisch und kommerziell geleitet werden.

Der Zweck, die Interessen der Gemeinde und des Unternehmers eng zu vereinen, fast zu einem Ganzen zu verschmelzen, wird praktisch auf folgende Weise erreicht.

Die Gemeinde erteilt der Firma die Konzession zur Errichtung und den Betrieb einer Beleuchtungsanlage für eine gewisse Reihe von Jahren und schließt zugleich die Konkurrenz anderer aus. Auf Grund dieser Konzession errichtet dann die Firma Francke eine besondere Aktiengesellschaft von ausschließlich lokalem Charakter. Zur Zeichnung der Aktien hat die Stadt ebenso wie ihre Bürger eine zeitlang die Vorhand, und es ergab sich bereits durch die Erfahrung, daß eine gedeihliche Entwicklung des Werkes um so sicherer gewährleistet ist, je mehr Aktien seitens der Einwohner gezeichnet werden.

Dieses eine Glied im Franckeschen System schließt aber eine besonders stattliche Reihe von Vorteilen in sich, die weit über das Maß einer klugen kaufmännischen Verwertung hinausgehen und einen grundsätzlichen Wert von hoher Bedeutung bringen.

Auch hier hat eine Firma privaten Charakters den ersten Schritt auf einem Wege getan, der von der gesamten interessierten Oeffentlichkeit seit Jahr und Tag vergebens gesucht worden ist. Seine prinzipielle Bedeutung ist zu groß, als daß sie mit einer bloßen Erwähnung abgetan werden könnte. Wie häufig hat die Regierung und die gesetzgebenden Körperschaften es versucht, das Publikum vor den Auswüchsen der Spekulationswut bei seinen Kapitalsanlagen zu schützen. Erst vor wenigen Jahren wurde aus diesem Grunde die Zulassung der letzten großen russischen Anleihen an der Berliner Börse auf dem gesetzlichen Wege gehindert, ein Fall, der hier nur unter vielen andern als Beispiel angeführt werden soll. Es ist seit langem das Bestreben der interessierten Kreise, das Publikum zu Kapitalsanlagen zu erziehen, deren Werte nicht von einem Tage zum andern verkauft werden können und deshalb auch keine Verführung zur Gewinnspekulation in sich schließen.

Das von der Firma Francke durchgeführte System, in dem jeder Bürger einer kleinen Gemeinde zum Aktionär eines rentablen Lokalunternehmens wird, stellt fast die idealste Lösung dieser seit langem gestellten Forderungen dar. Hier also wird tatsächlich auf Kosten des Spekulationssinnes der Sparsinn und Erwerbssinn der Bürger gefördert, denn die aktienbesitzenden Bürger erweisen sich im wohlverstandenen eigenen Interesse als die besten Unterstützer des Werkes, und je größer die Beteiligung der Einwohnerschaft an dem Aktienunternehmen ist, um so größer pflegt auch seine Rentabilität zu sein. Der Bürgeraktionär erwirbt durch seine Beteiligung natürlich auch ein Stimmrecht; er kann also in der wichtigen Beleuchtungsfrage mitreden und sein Interesse persönlich wahrnehmen.

Der Aufsichtsrat, das wichtigste Organ der Gesellschaft, besteht nach dem organisatorischen System Francke zur Hälfte aus Mitgliedern des Stadtrats oder sonstigen angesehenen Bürgern und zur Hälfte aus Technikern und Kaufleuten. Daraus ergibt sich, daß einerseits die fachmännische Tüchtigkeit in der Betriebsführung gesichert ist und daß andererseits die Gemeindebehörde immer das Recht hat, durch ihre Mitglieder in die Verwaltung der Beleuchtungsanlage einzugreifen. Da außerdem den Aufsichtsräten die Einsicht in alle internen Vorgänge des Betriebes offen steht, so wird auch dadurch das Vertrauen der Einwohner zu dem Unternehmen wesentlich gestärkt.

Tatsächlich ergab sich bei allen von der Firma Francke gemeinsam mit den Kommunen in Betrieb gesetzten und verwalteten Gaswerken immer das denkbar beste Einvernehmen zwischen der Verwaltung und der Einwohnerschaft, denn das Franckesche System, das in keinerlei Beziehung Prinzipienreiterei betreibt, sondern lediglich das Endziel, die Wohlfahrt des Werkes, im Auge behält, erstickt viele Unzufriedenheiten im Keime, berücksichtigt jeden durch die Lokalverhältnisse bedingten Reformvorschlag seiner interessierten Bürgeraktionäre und hat in seiner Bremer Zentrale durch die vergleichende Statistik mit den anderen Werken eine stete Uebersicht und die täglich sich bietende Gelegenheit, eventuelle sonst schwer zu entdeckende Mißstände technischer Art herauszufinden und zu beseitigen.

Die Erfahrung der Firma Francke auf technischem und kaufmännischem Gebiete ist so bedeutungsvoll, daß die Beleuchtungsanlage stets auf der Höhe der Zeit gehalten und mit allen Fortschritten der Technik versehen ist. Keiner anderen Firma steht eine solche Auswahl an technischem Personal zur Verfügung, denn gemeinsam mit der Stadt Bremen unterhält die Firma eine eigene Gasmeisterschule, die eine Abteilung des dortigen Technikums bildet und unter staatlicher Aufsicht geleitet wird. Die Gründung der Schule wurde nur dadurch ermöglicht, daß sich so zahlreiche Werke in der Franckeschen Zentralverwaltung zusammenschlossen.

Als große Vorteile neben den bereits erwähnten müssen noch die vielen technischen Verbesserungen angeführt werden, die allein geistiges Eigentum der Firma sind, und durch deren gesetzlichen Schutz Konkurrenten nicht in der Lage sind, gleiche technische Vorteile zu bieten. Die Franckesche Zentralleitung vermag außerdem infolge des Massenverbrauchs an Kohlen, Leitungsmaterialien, Fittings, Röhren, Beleuchtungswerken und Gasmessern usw. sehr nützliche Abschlüsse zu erzielen und viel vorteilhafter einzukaufen als eine Gemeinde für ihren nur beschränkten Bedarf.

Entscheidend für die Rentabilität eines Gaswerkes bleiben immer die Großkonsumenten, die sich an jedem Orte vorzufinden pflegen und nur dann gewonnen werden können, wenn sie für ihren großen Bedarf zu technischen Zwecken billigere Preise zur Verfügung haben als die Kleinkonsumenten. Für einen Fabrikanten, für einen größeren Gewerbetreibenden ist der Preis, den er für den Kubikmeter Gas zu bezahlen hat, wohl entscheidend, wenn er vor die Frage gestellt wird, ob er sein Werk durch Dampfkraft oder Elektrizität betreiben soll oder durch Gasmotoren. Gasmotoren konsumieren unverhältnismäßig viel Gas, und in der kleinsten Gemeinde vermag der Gasverbrauch um ein Drittel gesteigert zu werden, wenn nur ein Gasmotor von 20 PS. täglich 10 Stunden arbeitet. Die Gemeinde ist eine Behörde, und als solche muß sie immer allen ihren Bürgern gleiche Rechte zukommen lassen. Sie kann den Großkonsumenten städtisches Gas nicht billiger liefern als anderen Bürgern und verliert dadurch notwendigerweise einen Kunden, der für die Rentabilität des Werkes ausschlaggebend sein könnte. Eine geschäftliche Verwaltung, wie sie von der Firma Francke ausgehen wird, kann einen solchen Abschluß nicht nur tätigen, sondern sie wird auch dem betreffenden Fabrikanten, dem es vielleicht als reichen Bürger der Stadt peinlich sein könnte, bei der Gemeinde um Sondervorteile zu bitten, die Wege durch ihr eigenes Anerbieten in so taktvoller und geschäftlich selbstverständlicher Weise ebnen, wie es im Interesse des Werkes, wie es nachher auch im Interesse der Allgemeinheit liegt.

Also auch hier fallen uns offenkundige Vorteile des neuen Systems auf.

Noch eine andere Schwierigkeit, die sich der städtischen Verwaltung eines Gaswerkes gegenüberstellt und zu schwerwiegenden Kollisionen lokalpolitischen Charakters führen könnte, beseitigt erfolgreich und für immer das System Carl Francke.

Technisch geschulte, tüchtige Beamte müssen gut bezahlt werden. Würde die Gemeinde das Gehalt bewilligen, das sie von privaten industriellen Unternehmungen auf Grund ihrer Leistungsfähigkeit zu beanspruchen berechtigt sind, so würde dieses Gehalt die Rangordnung der Bezüge kommunaler Beamten auf den Kopf stellen, denn Gemeindebeamte pflegen zumeist weniger gut bezahlt zu werden, und wenn man die gleiche Gehaltskala auch bei den technischen Arbeitern der Gaswerke grundsätzlich durchführen wollte, so hätte das Werk nicht genügend fähige Arbeiter, litte in seiner Rentabilität und würde auch die Konsumenten nicht befriedigen. Auch diese Schwierigkeit wird beseitigt, wenn die städtische Verwaltung des Gaswerkes in den Händen einer Privatfirma ruht.

Abgeschlossene Leistungen.

Bereits vor 2 Jahren, im Oktober 1907, wurde das 225. komplette Steinkohlengaswerk von der Firma in Angriff genommen und in dem diesem Datum vorangehenden halben Jahrzehnt hat Carl Francke mehr als ein Drittel aller Gaswerke bis zu 1000 cbm Tagesleistung in Deutschland erbaut. Dadurch genossen damals bereits 255 kleinere und mittlere Städte und Gemeinden, die zusammen eine Einwohnerzahl von 1 300 000 Seelen einschlossen, den Vorteil einer billigen und zentralen Beleuchtung und die Möglichkeit für Heiz-, Koch- und Kraftzwecke Steinkohlengas zu verwenden. Man wird eine beiläufige Vorstellung von der Ausdehnung des Werkes haben, das in verhältnismäßig kurzer Frist eine so gigantische Leistung geschaffen hat, wenn man sich vorstellt, daß das von der Firma gelegte Gashauptrohrnetz eine Länge von über 1000 km umfaßt, daß also, selbst wenn alle Nebenleitungen hierbei völlig außer acht gelassen werden, und man sich nur die Hauptrohre in geraden Linien aneinander gefügt denkt, sich eine Länge ergibt, die die Distanz von Berlin bis Paris weit übertrifft.

* *

*

Gesunde oder zweckmäßige Arbeitshaltung?

Von Fritz Wurzmann.

Die Vorschläge, die Prof. Dr. med. Hellpach als Fachmann auf dem Gebiet der Arbeitswissenschaft in seinem Aufsatze „Die Arbeitshaltung des Formers" in Nr. 14 der Daimlerwerkzeitung macht, veranlassen mich zu einigen Bemerkungen auf Grund eigener praktischer Tätigkeit und Beobachtung.

Die Körperhaltung eines Teils der Former ist allerdings für den beobachtenden Laien etwas ungewöhnlich. Es handelt sich aber nur um einen Teil der Former, der in dieser Weise zu arbeiten hat. Es besteht nämlich ein grundsätzlicher Unterschied zwischen Eisengießerei und Metallgießerei und außerdem zwischen kleinen und großen Formarbeiten. Nur auf die Eisengießerei und den Glockenguß paßt das von Prof. Hellpach angeführte Wort Schillers: „Festgemauert in der Erden steht die Form...". Denn bei diesem Betrieb besteht der Boden aus Sand, der zum Formen benutzt wird. Bei Daimler hingegen, wo Prof. Hellpach seine Beobachtungen anstellte, ist der Fußboden auszementiert, und der Sand befindet sich in großen Blechbehältern. Seine Zeichnung Nr. 1, die den Kasten in den Boden verlegt, trifft also nicht zu. Dort aber, wo auf Sandboden gearbeitet und in den Boden hineingeformt wird, dort pflegen die Former meistens zu knien; und für die Arbeit im Knieen gelten die Einwände Prof. Hellpachs nicht. Es soll deshalb im Folgenden von den Verhältnissen die Rede sein, wie sie bei Daimler zu finden sind.

Die kleinen Formarbeiten werden in den meisten Gießereien auf Arbeitsbänken ausgeführt, oder wie der Laie es nennen würde: auf „Tischen", also so, wie es Bild 3 bei Hellpach empfiehlt. Das ist auch bei Daimler der Fall. Ohne weiteres kann eingeräumt werden, daß die Arbeitshaltung an diesen Bänken körperlich nicht so anstrengt wie die im rechten Winkel gebogene, deren Abschaffung angeraten wird.

Auf diesen Bänken kommen aber nur Kästen zur Verwendung, die Abmessungen von höchstens 50×35 cm haben. Es wäre nicht zweckmäßig, auch größere Kästen, statt wie bisher auf den Erdboden, auf Bänke zu stellen, und zwar aus folgenden Gründen:

1. Die kleineren Kästen können mit der Hand gehoben, gewendet und vom Tisch auf den Boden gesetzt werden. Die größeren Kästen sind dazu zu schwer. Man ist für jede Bewegung auf die Hilfe des Kranes angewiesen. Für den auf dem Tisch ruhenden Kasten würde der Kran häufiger heranzuziehen sein als das jetzt nötig ist. Denn ein Kasten, der auf dem Erdboden fertig gemacht ist, kann an seinem Platz bis zum Augenblick des Gießens stehenbleiben. Von einem Tisch müßte er vermittels eines Kranes heruntergehoben werden, um dem folgenden Kasten Platz zu machen, weil der Former auf einen verhältnismäßig kleinen Arbeitsplatz beschränkt ist. Am Boden hat jeder Arbeiter ein vielfach größeres Arbeitsfeld zu seiner Benutzung und kann daher den neuen Kasten neben dem fertiggestellten anfangen. Durch Einführung des Tisches entsteht also ein Zeitverlust.

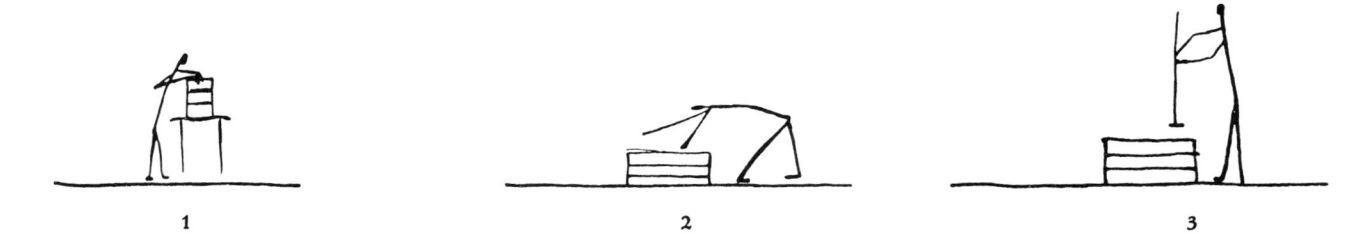

2. Die kleinen Formkästen haben niedrige Ränder, die größeren entsprechend höhere. Bei umfangreichen Modellen müssen zwei oder drei solcher hochrandiger Kästen aufeinandergestellt werden. Das ergibt bei drei Kästen fast einen halben Meter Randhöhe. An einem Tisch müßten die Arme über diesen Rand hinweggehoben werden, d. h. erheblich höher, als beim Arbeiten natürlich ist (siehe Abbildung 1). In dieser Haltung hat man zu wenig Kraft und Geschicklichkeit. Stellt sich der Arbeiter auf einen Schemel, so steht er unsicher, der Schemel ist ihm oft im Wege, da er oft herauf und heruntersteigen muß. Auch hier wieder Zeitverlust.

3. An den großen Kästen können jetzt mehrere Former von allen Seiten arbeiten. An der Werkbank dagegen nur ein Arbeiter.

4. Eine der wichtigsten Arbeiten ist das Feststampfen des Formsandes, das mit großer Gleichmäßigkeit ausgeführt werden muß. Bei dieser Arbeit steht der Former in aufrechter Haltung mannshoch über dem Kasten. (Abbildung 2.) Er stampft mit einem etwa eineinhalb Meter langen Stampfer. Denn die großen Kästen müssen fester gestampft werden als die kleinen, weil sonst der Sand nicht in dem großen Rahmen halten würde. Bei Einführung der Bänke müßte der Former zum Stampfen entweder auf den Tisch steigen oder den Formkasten mit dem Kran auf den Boden herablassen.

Die Betrachtung des Stampfens zeigt zugleich, daß der Former einen beträchtlichen Teil der Arbeitszeit nicht in der als ungesund bezeichneten Rumpfbeuge verbringt. Auch sieht man manchen Former trotz des harten Fußbodens knieen.

Damit ist allerdings die Tatsache nicht aus der Welt geschafft, daß sehr viel in gebückter Haltung mit gespreizten Beinen stehend geformt wird. Da scheint sich vielleicht manchen neben den Vorschlägen von Prof. Hellpach noch der Ausweg zu bieten, daß der Former sich durch Aufstützen der einen Hand am Kastenrand Erleichterung schafft, sodaß der Körper einen weiteren Stützungspunkt bekommt. (Abbildung 3.) Doch könnte er leicht dabei in den Formsand greifen und die Form beschädigen. Das entscheidende Hindernis ist aber, daß ein solcher Arbeiter nur mit einer Hand schaffen kann, was nicht angängig ist.

Wir sehen also immer aufs neue, daß der Former sich nach seiner Arbeit richten muß.

Wird damit die Gesundheit zu Gunsten der Zweckmäßigkeit zurückgesetzt? Wenn ein Erforscher der menschlichen Arbeitsweisen wie Prof. Hellpach uns darauf aufmerksam macht, daß die zweckmäßigste Arbeitsweise nicht immer die gesündeste ist, so ist das sicher eine sehr notwendige Kritik. Aber gerade im Beruf des Formers sind die gesundheitlichen Bedenken, die Prof. Hellpach befürchtet, nicht so groß. Der Junge, der mit 14 Jahren in die Lehre tritt, wird an die unnatürlich scheinende Körperhaltung im Laufe der Jahre gewöhnt. Vor allem aber arbeitet der Former nicht ununterbrochen in der gebückten Körperhaltung, sondern oft in aufrechter Stellung, nicht nur beim Stampfen, sondern auch beim Sandschöpfen und den verschiedenen Handreichungen. Former, die Eisenguß und Metallguß kennen, werden mich noch zu ergänzen wissen.

Bei dem hier beurteilten Formerberuf wird die Zweckmäßigkeit nicht auf Kosten der Gesundheit übertrieben, wie es in anderen Berufen der Fall sein mag. Um ihm das nachsagen zu können, müßte man jeden Beruf für ungesund erklären. Denn jeder Beruf verlangt Arbeitsleistungen, die den ungeübten Neuling überanstrengen müßten, d. h. gesundheitsschädigend wirken, die aber zur Gewohnheit geworden, den Körper stählen und widerstandsfähig erhalten. Auf diese Notwendigkeiten wird daher niemand verzichten wollen.

„Denn der Mensch ist nur lebensfähig, wenn er darauf verzichtet, seine Arbeit von sich aus zu gestalten, und statt dessen sich entschließt, in dem Nährboden der ihm gegebenen Arbeit Wurzeln zu schlagen".

Freie Rede.

Die tiefste Quelle der Arbeit.
Von Kunstgewerbezeichner Friedrich Wondratschek.

Der edle schottische Gelehrte Carlyle hat einst das Wort geprägt „Arbeiten und nicht verzweifeln." Und wir hören seit 1½ Jahren von der Regierung und allen um unsere Zukunft besorgten Männern mit wachsender Eindringlichkeit die Mahnung „Wir müssen arbeiten, wir müssen umsichtiger und besser denn je arbeiten, damit wir aus dem Elend der Gegenwart herauskommen." Ja, ein Arbeiterdichter hat seinen Brüdern sogar zugerufen: „Arbeit ist heiliger als Gebet."

Aber trotz alledem merkt man immer noch nichts von richtiger Arbeitsstimmung. Oberflächliche Beurteiler führen diese Tatsache auf Böswilligkeit oder Denkunfähigkeit zurück, während die Ursache doch viel tiefer liegt. Es fehlt eben die Grundbedingung zu ersprießlichem Arbeiten: Das seelische Gleichgewicht. Somit handelt es sich um ein Nichtkönnen aus innerem Unvermögen. Dieser Zustand ist eine Folge all der Ereignisse und Erlebnisse, die so unvorbereitet über uns gekommen sind. Die jedes frühere Maß übersteigenden Opfer an Gut und Blut und die sich daraus ergebenden seelischen Erschütterungen, die fieberhafte, Muskeln und Nerven überspannende Arbeit bei jahrelangen Entbehrungen jeglicher Art, die Enttäuschungen vor und nach der Revolution, die maßlose Teuerung bei tiefster Geldentwertung, der Schwindel in Handel und Wandel, die Bedrückung und Demütigung durch unsere Feinde, die inneren Unruhen und aller sonstiger Durcheinander haben jeden Ausblick in die Zukunft unmöglich gemacht. Man kann keinen Plan mehr fassen, keinen Vertrag mehr schließen, kaum von heute auf morgen sich etwas vornehmen, alles wird durchkreuzt und überholt von den stets sich wandelnden Verhältnissen. Jeder spürt, das Alte kommt nicht wieder, die jetzigen Zustände können nicht so bleiben, aber was und wie es werden soll, das weiß keiner klar zu sagen. Die innere und äußere Haltlosigkeit wächst ins Unheimliche.

Und doch kann man in diesem Wirrwar, in dieser Unsicherheit aller Dinge zur Ruhe gelangen und Arbeitsstimmung gewinnen! — Solange es engzusammengedrängte, von dem Zusammenhang mit der Natur losgelöste Städte gibt, solange hat es auch Menschen gegeben, die sich nicht damit begnügten, nur in den dumpfen Gassen mit ihrem Lärm zu leben und in dem oft so kleinlichen Getriebe völlig aufzugehen; sie strebten hinauf auf die Höhen, wo sie in reinerer Luft atmen, den Zusammenhang ihrer begrenzten Heimat mit dem ganzen Land übersehen und Einkehr bei sich selber halten konnten. Hernach sind sie stets wieder mit festem sicherem Tritt in die Niederungen des Alltags herabgestiegen und haben ihren Mann gestellt, überall wo es galt, weil sie das Maß der Dinge in sich trugen.

Was Höhenluft und Rundblick im kleinen vermag, das bietet im großen der christliche Glauben. Sein Anfänger und Vollender, Jesus von Nazareth, der erste Christ, hat dem Leiden in der Welt einen Sinn gegeben. Er hat ein Reich gegründet, das in seinen tiefsten Wurzeln und letzten Zielen nicht von dieser Welt ist und das dennoch die sichtbare Welt durchdringen und überwinden soll. Darum hat er seine Jünger hinausgesandt in alle Welt, wie Schafe mitten unter die Wölfe. Und das tut er heute noch. Er war sich auch bewußt, daß von dem ausgestreuten Samen viel zertreten und viel mit Unkraut vermengt werde, was die Geschichte hinreichend bestätigt hat. In großzügigen Bildern hat er vor seinem Ende davon gesprochen, daß die Sichtbarwerdung seines Reichs vor aller Welt erst dann kommen werde, nachdem ein weitreichender und tiefgreifender Abfall von seinen Lehren und ungeheure nie erlebte Völkererschütterungen vorausgegangen seien. Als die Kraft seiner ganz Geist gewordenen Person zum erstenmal eine Massenwirkung auslöste, da traten als auffallendste Folge kommunistische Triebe in Erscheinung, aber sie mußten trotz allem echten Liebesdrang bald wieder verkümmern, weil sie der Organisation, des ordnenden Denkens entbehrten und weil die Zeit noch nicht reif dafür war.

Nun aber stehen wir vor dem Abschluß der ersten christlichen Weltperiode und erleben, daß sie in ihre Anfänge zurückkehrt. Nur geht der Kommunismus der Gegenwart den entgegengesetzten Weg. Gewalt, Zwang, Organisation der Köpfe allein sollen ohne Glauben das schaffen, was einst die Liebe ohne den Kopf nicht vermochte. Selbst wenn es möglich wäre, mit einem kühnen Sprung über die Not des allgemeinen Zusammenbruchs hinüberzukommen und bessere wirtschaftliche Verhältnisse aus dem Chaos hervorzuzaubern, sie müßten kläglich in sich zusammenstürzen, solange die Menschen im eigenen Busen keine Umwandlung und Revolution durchgemacht hätten.

Die Probleme, welche die idealsten Geister beschäftigen, viele Millionen dumpfer Menschenhirne verwirren und alle wackeren Herzen mit heißer Sehnsucht erfüllen — Kapitalismus und Sozialismus, Individualismus und Kommunismus, Nationalismus und Internationalismus, der Ausgleich der Religionen und Konfessionen, des Glaubens und Wissens, die Harmonie der Stände usw. — sie werden ihre Lösung erst dann finden, wenn die zweite Periode des Christusreiches begonnen hat.

Daß dieselbe mit Riesenschritten herannaht, das kann man deutlich auf der Aussichtshöhe des christlichen Glaubens erkennen. Da wird einem der Zusammenhang unserer wirren Gegenwart mit den großangelegten Weltzielen klar und auf die bange Frage nach dem persönlichen Durchkommen in solch schwerer Uebergangszeit findet man beruhigende Antwort in dem Jesuswort „Euer Vater im Himmel weiß, daß ihr das alles bedürfet."

So gewinnt man das **seelische Gleichgewicht** zu ersprießlichem Arbeiten inmitten aller Unruhe um sich her. Man wird frei von Menschenfurcht nach oben und unten. Man wird erfüllt von Liebe zu allen Menschen; je mehr sie irren, desto mehr liebt man sie. Man hat die Pflicht und den unstillbaren Drang, von seinem eigenen Sicherheitsgefühl andern — wenn's möglich wäre, allen — mitzuteilen. Und je mehr man austeilen darf, desto reicher wird man in sich selber, trotz der äußeren Armut, die unvermeidlich ist.

Wer eine bessere Quelle nennen kann, aus der für unser bejammernswertes Volk Kraft zu ersprießlichem Arbeiten fließt, der möge sich melden!

Die neu beginnende Volksordnung.

Von Professor Dr. Hans Ehrenberg.

Wenn ein Volk dahinstirbt, dann sterben auch alle vorhandenen Ordnungen und Satzungen seines Lebens ab. Alles, was vielleicht einmal Recht gewesen war, wird Unrecht und entfesselt Kampf und Umsturz auf der einen, Verstocktheit und Rache auf der andern Seite. In solchen Zeiten teilt sich das Volk in zwei Hälften, die jede für sich das ganze Volk darstellen möchte, und die das Gefühl dafür einbüßten, daß ein Volk immer aus mehreren Teilen, wie eine Familie aus mehreren Personen, aufgebaut ist. Eine solche Zeit ist ohne Ordnung.

Wir aber erleiden das Geschick, in einer solchen Zeit zu leben. Daher sehnt sich heute alles nach dem „Aufbau", dem Neubau des Volkshauses. Und dieses Sehnen ist gleich stark bei allen denen, die sich bekämpfen.

Keiner von ihnen hat einen Vorsprung bei diesem Neubau; es ist ja nicht irgend ein Teil unserer Volksordnung zerbrochen, sondern die ganze. Die ganze Menschheit hat uns vereinzeltes Volk im Kriege erdrückt. Das ist für uns wie ein Naturereignis, eine Katastrophe; wir sind wie nach einer schweren Krankheit: Eine Ermüdung ist über uns gekommen, eine Erschöpfung. Kein Volksteil ist kräftiger als der andere, alle sind erschöpft. Das hat eine wichtige Folge: Der Umsturz rast sich nicht aus. Die beiden Hälften unseres Volkes, die bejahende und die verneinende, im politischen Sprachgebrauch: die fortschrittliche und die reaktionäre, sind zwar unversöhnt, aber sie lassen sich gegenseitig den Raum zum Leben, wenn auch noch so widerwillig. Und so sammeln sich nunmehr bei uns die alten Bestandteile der früheren, zerstörten Volksordnung, ein jeder Teil für sich in einem eigenen Sammelbecken.

Aus drei Teilen bestand die alte Volksordnung, und in drei getrennten Richtungen war die Ordnung aufgebaut. Die Teile sind der Bauer, der Bürger, der Arbeiter. Die Ordnungsrichtungen waren die politische, die wirtschaftliche und die soziale im engeren Sinne, die sogenannte gesellschaftliche. In der alten Ordnung hat ein einzelner Teil des Volkes allein geherrscht: der Bürger! Er herrschte daher in allen drei Richtungen, in der politischen, der wirtschaftlichen und der gesellschaftlichen. Er regierte im Staate, er erhielt den Mehrwert, den Reingewinn der Volkswirtschaft, und er galt im Ansehen aller als der führende Stand, wobei die Reste des dereinstigen Adels, der Junkerstand, keine größere Rolle spielten, als innerhalb des Bürgertums wiederum die obere Schicht zu bilden.

Daher hatten wir in der damaligen Zeit eine stark ausgeprägte Klassenherrschaft. Diese Klassenherrschaft ist durch unser Unglück beseitigt. Sehen wir nun, was an ihre Stelle getreten ist! Der Umsturz richtete sich gegen den Inhaber der Klassenherrschaft, gegen den Bürger und sein Anhängsel, den Junker. Ist nun der Bürger ganz gestürzt, so wie einstens in der französischen Revolution der Adel? und wie gegenwärtig in Rußland eben dieses Bürgertum? Ist unsere Revolution einseitig sozialistisch in dem Sinne, daß der Bürger durch den Arbeiter verdrängt wurde und eine einseitige Klassenherrschaft des Arbeiters an die Stelle der bürgerlichen Tyrannei trat? Würde in Deutschland ebenso wie im Osten der radikale antidemokratische Sozialismus zu Worte kommen, so würde ein neuer Klassenstaat entstehen, der Klassenstaat des Proletariats.

Aber in Deutschland hat sich bei der Übertragung der Herrschaft vom Bürger auf einen neuen Herrscher eine Spaltung vollzogen: nur die politische Herrschaft ging auf den Arbeiter über, die wirtschaftliche nicht. Aber auch diese bleibt nicht in der Hand des Städters, des Bürgers, sondern wandert allmählich zum Bauern hinüber.

Vor dem Kriege war der Bauer in anderer Weise und doch ähnlich wie der Arbeiter ein Abhängiger; der Reingewinn der Volkswirtschaft floß in die Tasche des städtischen Bürgers. Die jetzige Revolution ist nicht nur eine Arbeiterrevolution, sondern auch eine Revolution des flachen Landes wider die Stadt. Allerdings ist diese Revolution des Bauern unpolitisch und macht sich daher nicht in einzelnen Handlungen bemerkbar; denn sie ist nur wirtschaftlich. Sie entgeht daher dem Blick der meisten. Der Reingewinn der Volkswirtschaft fließt heute in die Tasche des Bauern.

Gewiß ist weder die politische Herrschaft des Arbeiters noch die wirtschaftliche des Bauern eine ausschließliche. Gewiß hat der Bauer auch einen politischen, der Arbeiter auch einen wirtschaftlichen Einfluß; und der Bürger, der entthronte Herr des alten Reiches, ist nicht ohne Anteil an politischem und wirtschaftlichem Regiment; das ergibt sich schon daraus, daß kein einzelner Stand allein die ganze Herrschaft in Händen hat. Trotzdem sind alle diese anderen Zustände nicht von Dauer, sondern so schwankend wie der Gewinn der Spekulanten und die zeitweilige Herrschaft irgendeiner Partei. Dagegen prägen sich in den wirtschaftlichen Gewinnen des Bauern, in dem politischen Regieren des Arbeiters keine Augenblicksformen, sondern Formen von Dauer heraus, denen es zum mindesten für ein Zeitalter, wenn nicht für länger, beschieden sein wird, zu gelten. Und das hat seine Gründe: in unserem

Ruin waren zwei Tatsachen noch nicht zerstört: die politische, d. h. die gemeinschaftsbildende Kraft der Arbeiterpartei und die wirtschaftliche Kraft des Bestellers von Grund und Boden. Sie beide haben uns über Wasser gehalten.

Aber auch der Bürger hat einen Teil behalten; den Teil, der ihm ward aus seiner Bildung heraus. Die gesellschaftliche Macht seiner Klasse hat er trotz seines Falles nicht im geringsten verloren, sondern verfügt unentwegt weiter über sie. Der Arbeiter ist „Regierung" geworden, der Bauer „Gewinnler des Reingewinnes", trotzdem ist der Bürger immer noch der „Gebildete". So ergibt sich besonders zwischen Arbeiter und Bürger, den beiden Bewohnern der Städte, ein Verhältnis, für das ich keinen Vergleich weiß. Der Bürger muß sich immer wieder an den Kopf greifen, wenn er zu seinem Erstaunen bemerkt, daß ein anderer herrscht in der Politik des Staates, daß er selber Oppositionspartei geworden, und dies alles doch, obwohl sich im Leben der Gesellschaft so gut wie nichts geändert hat. Und der Arbeiter muß sich darüber wundern, daß er, trotz Revolution und Arbeiterregierung, im Leben der Gesellschaft nicht den höchsten Platz erworben hat. Kein Zweifel: die gesellschaftliche Macht des Bürgers beruht auf seiner Bildung. Auch er hat ein Monopol. Politisch ungebildet, ein Kind gegenüber dem politisch geschulten Arbeiter, ist er allgemein geistig der führende Stand und wird daher gesellschaftlich nicht entthront. Drei Monopole überdauern Krieg und Revolution: das Bildungsmonopol des Bürgers, das Landmonopol des Landbebauers und das Monopol politischer Kraft des Arbeiters.

Jedoch, soll dies nun so bleiben? Sind die drei Monopole für immer gesetzt? Gehören sie zu der Arbeitsteilung, die in jeder Volksordnung unentbehrlich ist? Nun, immer werden Bauern, Bürger und Arbeiter da sein. Aber wehe der Volksordnung, in der die Stände einander nicht gegenseitig erziehen und durchdringen. Dann verfällt jeder Stand in das Laster, das seinem Monopol entspricht. Das wirtschaftliche Vorrecht des Bauern verführt ihn zum Geiz. Auf dem Lande ist wohl der Geiz das häufigste Laster. Die geistige Macht des Bürgers, seine geistige Freiheit, verführt ihn zum Stolz, zum Hochmut. Die meisten Hochmütigen finden sich unter den Gebildeten. Der Gleichheitssinn des Arbeiters aber macht ihn neidisch. Neid ist für den Arbeiter die große Versuchung; Bauer und Bürger machen sich schwer davon eine Vorstellung, wie neidisch der Arbeiter ist.

Geiz, Hochmut und Neid zerfressen die Stände, wenn sie jeder für sich bleiben. Sie können diesen Krankheiten nur entgehen, wenn sie sich gegenseitig zu einem Gesamtvolk erziehen. Sie müssen einander von ihrem Sondergut mitteilen, damit eine neue Volksordnung langsam sich bilde. Der Arbeiter ist der politisch-rechtliche Zuchtmeister; der Bauer und Bürger werden durch ihn zu einer neuen Rechtsordnung gezwungen. Der Bürger bleibt für Arbeiter und Bauern der geistig-gesellschaftliche Zuchtmeister. Seine Geisteskraft muß eine neue Ordnung der Volksbildung und der Menschenerziehung herbeizuführen trachten. Aber auch der Bauer ist ein Zuchtmeister. Denn er kann Bürger und Arbeiter zu dem einzigen von Natur gesetzten Grunde alles wirtschaftlichen Lebens, zum Land, zur Scholle, zurückweisen und dadurch aus der wirtschaftlichen Tätigkeit der Städter, es sei Bürger oder Arbeiter, die industrielle Überhitzung beseitigen. Denn der Erdboden legt dem Bauern eine vernünftige Arbeitsordnung auf; der Bauer muß seinem Werk Zeit lassen, zu wachsen und zu reifen. Und zu dieser inneren Ruhe bei der Arbeit, dieser neuen Ordnung des wirtschaftlichen Lebens muß das Vorbild des Bauern die andern beiden Stände erziehen.

Wenn so jeder Stand die andern beiden durchdringt, dann kann eine neue Volksordnung beginnen; und jeder ist dann zu einem Bauer und Miterbauer des neuen Volkshauses berufen: zum Aufbau des Geisteslebens, zum Bau der Rechtsordnung und zum Anbau des Landes und der Naturkräfte. In allem handelt es sich ums Bauen. In allem aber nicht um ein Bauen aus totem Stein, wie beim Hausbaumeister, sondern lebendige Dinge werden aufgebaut: der Erdboden; der Geist; die Geschlechter und der „Nachwuchs" (das heißt ja: „Proletariat") des Volks. Lebendiges aber läßt sich nicht vergewaltigen. Lebendiges läßt sich nur meistern und zum Bau fügen, wenn man es geduldig nach seinen eigenen inneren Gesetzen und Forderungen befragt. Arbeiter, Bauer, Bürger müssen also im gemeinsamen Bau der neuen Volksordnung ohne Willkür und Gewaltsamkeit die Gesetze zu verwirklichen trachten, die der Erde, dem Menschenvolk und dem Geiste anerschaffen sind und innewohnen.

Weil wir dieses Geistes der Gesetze bedürfen, darum bleiben Arbeiter und Bauern, die heute so plötzlich als Sieger hervortreten, nach wie vor auf die allmähliche Erneuerung auch des alten Standes, des Bürgers, angewiesen. So wenig sich heut mehr das Bildungsmonopol des Bürgers von selbst versteht, so sicher bleibt es ihm, wenn er nur durch eine Spaltung in seinen eigenen Reihen den alten Bürgergeist überwindet und die Keime zu einer neuen Aussaat des Geistes legt. Denn ewig würden die getrennten Volksteile auseinanderklaffen, weder Bauer noch Arbeiter würde über den toten Punkt der gegenwärtigen Volksunordnung hinweghelfen, wenn nicht der neue Geist des Bürgers die quellenden Kräfte zur Vereinigung des Ganzen erzeugt.

Tritt so jeder, auch der Stand der Gebildeten auf eine neue Stufe seines Daseins, dann erwächst die neue Ordnung, in der Geiz, Hochmut und Neid, die unsere Gemüter verpesten, von selber entweichen; denn alle drei Stände können sich dann brüderlich begegnen, obwohl jeder sein eigenes Arbeitsgebiet behält. Nicht nach blinder Leidenschaft, sondern nach Gesetzen, die aus der Erde, den Zeitumständen und dem Wesen des Menschen selbst zu uns sprechen, legen wir dann Hand an zum Bau des gemeinsamen Lebens.

Kaufmännisches Kontor vor 1700.

Des Kaufmanns Sorgen.
Aus den Lebenserinnerungen des Johann Gottlob Nathusius.

Johann Gottlob Nathusius (1760—1835) in Magdeburg war einer der großen Kaufleute, die am Anfang des neunzehnten Jahrhunderts das deutsche Wirtschaftsleben in die erweiterten Bahnen der technischen Industrie hinübersteuerten und zugleich durch ihre Person dem Bürgerstand die — damals noch sehr bestrittene — Ebenbürtigkeit errangen. Er arbeitete nach dem Grundsatz: „Jede Ware so gut als möglich zu liefern; wo es sein konnte, besser wie jeder andere." Nach schwerer Lehrzeit in Berlin kam er mit vierundzwanzig Jahren, noch unter der Regierung Friedrichs des Großen, zu dem Kaufmann Sengewald in Magdeburg.

Von meinem neuen Prinzipal wurde ich mit viel Zutrauen aufgenommen. Er introduzierte mich auf dem Kontor etwas feierlich und gebot jedem Kontorgehilfen, mich in seiner Abwesenheit als Prinzipal anzusehen. Er hatte mir gleich vorher geschrieben: „Diesen würde ich besonders mit gutem Exempel von Fleiß, Eifer und einer soliden Lebensart vorzugehen haben, so daß in Abwesenheit des Prinzipals es in allen Stücken so ordentlich als in seinem Beisein herginge, indem jetzt mancherlei Unordnungen und Fahrlässigkeiten in Geschäften Mode geworden." Diesem seinem Wunsche bemühte ich mich nun gewissenhaft nachzukommen. Ob ich zwar erst vierundzwanzig Jahre alt und etwas schüchtern war, so wußte ich mich doch als Vorgesetzten zu nehmen. Ich machte mir gleich zur Regel, mit keinem von meinen Untergebenen ein Wort weiter zu sprechen als was für die Geschäfte nötig war, und nur dadurch setzte ich mich in Autorität. Denn anfangs waren die übrigen Kontordiener wenig geneigt, mir dieselbe einzuräumen. Obgleich ich mich mit Schulden erst neu bekleidet hatte, waren sie doch alle besser bekleidet als ich und zum Teil auch älter. Den Prinzipal nannten sie nicht anders als den „Alten". Das erstemal, daß sich ein Lehrling dies erlaubte, tat ich, als ob ich nicht verstünde, wen er damit meinte und setzte ihn so derbe zurechte, daß sie es nie wieder probierten. Ich führte einen besseren Geschäftsgang ein und hatte das Vergnügen, daß mir Herr Sengewald fast täglich in Gegenwart aller andern seinen Beifall zu erkennen gab.

Die Hauptbücher waren drei Jahre zurück und dieses sollte ich bei vielen anderen laufenden Geschäften nachholen. Es war eine Unmöglichkeit, ohnerachtet ich jede Nacht bis ein Uhr daran arbeitete. Ich machte dem Prinzipal den Vorschlag, die alten Bücher abzuschließen und auf den Grund einer Inventur neue anzulegen. Darauf wollte er aber durchaus nicht eingehen, und dies erregte den Verdacht bei mir, daß er selbst seinen Vermögensumständen nicht traute. Er war seit dem Jahre 1770 etabliert in Kompanie mit Ballerstedt, unter der Firma Sengewald und Ballerstedt, und sie hatten sich erst im Jahre 1780 getrennt. Von der Zeit an waren seine Hauptbücher zurück. Aus den Büchern der Sozietätshandlung, die zu Rathause eines Prozesses mit Ballerstedt wegen versiegelt lagen, nachher aber an Sengewald durch einen Vergleich ausgeliefert wurden, lernte ich die Vermögensumstände bei der Separation mit Ballerstedt kennen und fand, daß beide Teile im Jahre 1780 nicht mehr als ungefähr jeder 6000 Taler Vermögen gehabt hatten. Diese konnten leicht verhandelt sein, umsomehr, da Sengewald zum Teil gewagte Geschäfte trieb, auch Getreidehandel und Wechselreiterei. Es würde zu weit führen, wenn ich mich weiter bei diesen Verhältnissen aufhalten wollte, eins aber muß ich noch erwähnen, wodurch ich gleich im ersten Jahre sein uneingeschränktes Zutrauen erhielt. Er hatte einen Bruder in Hamburg, namens Johann Gebhard Sengewald, mit dem er Wechselgeschäfte in blanco trieb — d. h. sie hatten sich gegenseitig erlaubt, so viel Wechsel aufeinander zu ziehen, als sie wollten —, der aber ebenfalls bei beschränktem Vermögen ein unternehmender Mann war. Dieser schrieb eines Tages, daß der Roggen in Hamburg sehr gestiegen sei und daß, wenn er von Riga bezogen würde, 30 Prozent dabei zu verdienen seien. Er habe bereits eine Ladung verschrieben und sei im Begriff, noch eine Ladung zu verschreiben, weil er glaube, daß sein Bruder zur Hälfte sich dabei interessieren und mithin auch die Hälfte der Gelder anschaffen würde. Er überschickte zugleich die Berechnung. Mein Prinzipal, darüber erfreut, gab mir den Brief und die Berechnung zum Nachrechnen. Ich fand es richtig. Nun sagte er: „Schreiben Sie, daß ich mit Vergnügen zur Hälfte daran teilnehme und auch, wenn die Rigaer Wechsel fällig, die Anschaffung machen würde." Ich schrieb, wie mir befohlen, setzte aber am Schluß noch hinzu: „Aber lieber Bruder, ich gebe Dir wohl zu erwägen, ob wir nicht zu spät auf den Markt nach Riga kommen und in höhere Preise verfallen. Daher ist es nötig, daß Du den Preis, wie er im Anschlag steht, begrenzest. Andre, die zuerst in Riga wohlfeiler gekauft, kommen früher wie wir in Hamburg an den Markt. Dadurch wird der Preis in Hamburg fallen und wir werden statt Gewinn, Schaden machen." Ich lege ihm diesen Brief zur Unterschrift vor und schreibe andere nötige Briefe. Bald aber läßt er sich vernehmen: „Monsieur Nathusius, was haben Sie geschrieben? Das habe ich Ihnen nicht gesagt. Wenn ich das glaubte, würde ich mich mit der Sache gar nicht befassen. Den Brief müssen Sie ändern." — „Gut, Herr Sengewald, das ist bald geschehen." Ich schrieb nun geradeso wie er mir befohlen und legte den Brief von neuem vor. Er liest ihn, sieht mich an und sagt: „Geben Sie mir den alten Brief noch einmal." — „Den habe ich schon zerrissen." — „Sie müssen nicht gleich so schnell sein. Den Brief kann ich auch nicht unterschreiben." Ich erwiderte, daß ich es bedauerte, er möchte die Güte haben, ihn mir zu diktieren. „Nein, nein," war seine Antwort, „schreiben Sie meinem Bruder, ich will mit der Sache gar nichts zu tun haben und warnen Sie ihn recht nachdrücklich, daß er sich in acht nimmt, sagen Sie ihm, daß er keine Geschäfte macht, die über seine Kräfte gingen." Ich, betreten darüber, äußerte: „Wenn es aber glücklich gehet und ich bin schuld daran, daß Sie den Profit nicht machen?" Seine Antwort war: „Ich werde Ihnen dann keine Vorwürfe machen. Ich habe mich selbst überzeugt. Haben Sie aber künftig mehr Zutrauen zu mir: wenn Sie bei meinen Dispositionen etwas zu erinnern haben, dann sagen Sie es mir gleich, ehe Sie schreiben."

Das Unternehmen des Sengewald in Hamburg hatte einen schlechten Erfolg. Es kam so, wie ich geschrieben hatte, denn es hatten mehrere in Hamburg daran gedacht. Hamburg wurde mit Roggen überfahren, der Preis ging sehr herunter, und da Sengewald einer der letzten war, die damit an den Markt kamen, so war der Roggen unverkäuflich. Er mußte ihn zu Boden nehmen und verlor beinah das ganze Kapital, welches den Erfolg hatte, daß er ungefähr 2 Jahre nachher bankerott machte.

Mein Prinzipal dankte es mir nun sehr, daß ich davon abgeraten hatte, machte mir aus Erkenntlichkeit den Vorschlag, daß ich sein Kompagnon werden sollte. Ich schlug es nicht aus und sagte ihm, daß ich mich erst verdient darum machen und die alten Bücher in Ordnung bringen wolle. Ich war noch nicht länger bei ihm als ungefähr ein halbes Jahr, aber ich hatte mich ihm unentbehrlich gemacht. Dies sollte eigentlich das Bestreben jedes Untergebenen sein. Er kann dadurch sicher sein Glück machen.

Zu derselben Zeit schrieb mir auch der Bankobuchhalter Bandow und erinnerte mich an unsere Abrede, es sei nun bald ein Jahr um und er fühle seine Kräfte sehr abnehmen. Ich reiste hin, aber als ich nach Berlin kam, war er schon tot. Ich besuchte meinen alten Prinzipal Herr wieder. Dieser freute sich sehr, mich wiederzusehen. Er sagte, daß er meine treue Hilfe sehr vermisse und trug mir an, ich solle sein Kompagnon werden, ihm auf seine alten Tage beistehen, und er wollte mir, da er doch keine Kinder hätte, nach seinem Tode sein Vermögen vermachen. So hatte ich mit einem Male Aussichten von allen Seiten. Herrn Herrs Anerbieten rührte mich sehr. Auch hat sich nachher gefunden, daß sein Vermögen sehr bedeutend gewesen ist. Aber ich wurde in Sengewalds Hause so freundschaftlich behandelt und hatte auch keine Lust, in ein Detailgeschäft wieder zurückzukehren. Ich dankte ihm also sehr und reiste wieder nach Magdeburg zurück.

Bald darauf wurde Sengewald krank und überließ mir nun, die Geschäfte ganz nach meiner Einsicht zu führen. Ich tat alles mit großer Vorsicht und nichts ohne seine Einwilligung, wurde aber nach und nach gewahr, daß es mit der Handlung nicht zum besten stand, jedoch so, daß ein jeder, der etwas zu fordern hatte, befriedigt werden konnte. Ich suchte die Geschäfte zu beschränken, um weniger Kreditores zu haben. Er wurde fortdauernd kränker und sein Arzt vertraute mir, daß er nicht mehr länger leben könnte. Er wurde ein paar Monate vor seinem Tode so schwach, daß er nicht mehr die Briefe und die Wechsel unterschreiben konnte. Es wurde daher nötig, für mich eine Vollmacht dahin auszufertigen, daß ich unumschränkt handeln, Wechsel trassieren und Wechsel akzeptieren konnte, so daß meine Unterschrift als die seinige galt. Er starb bald nachher, den 14. April 1785, und hinterließ ein Testament, wonach seine Witwe Universalerbin sein sollte, seine Geschwister aber, die in Braunschweig lebten, Legate erhielten. Sein Tod ging mir wirklich nahe, denn er hatte mich lieb gehabt. Seine Witwe blieb immer bei mir und ist erst Ende des Jahres 1813 bei mir in Hundisburg gestorben.

Sengewald verordnete noch wenige Tage vor seinem Tode, daß seine Handlung durch Johann Wilhelm Richter, den Bruder seiner Frau, und durch mich fortgesetzt oder vielmehr übernommen werden sollte. Ich akzeptierte dies aber nicht und vermochte seinen Schwager dahin, daß er es auch nicht akzeptierte. Es wurde gleich nach seinem Tode durch gedruckte Zirkularbriefe bekannt gemacht, daß die Handlung für Rechnung der Erben durch den bisherigen Buchhalter Johann Gottlob Nathusius vorderhand fortgesetzt werden würde. Den beiden Brüdern in Hamburg und in Braunschweig schrieb ich, daß sie sofort nach Magdeburg kommen möchten, um den Zustand der Handlung zu untersuchen. Sie kamen und glaubten zu erben. Es wurde nun eine genaue Inventur gehalten, und es fand sich, daß es ungefähr pari stand, d. h. es war so viel da, daß die Gläubiger nach und nach befriedigt werden konnten. Der Sengewald in Hamburg war der Hauptgläubiger für eine bedeutende Summe (24000 Mark Banko) Wechsel, die er für das Magdeburger Haus akzeptiert hatte. Die anderen Wechselgläubiger waren Julius Gebhard Lautensack in Altona, Hanedoer und von Hanswick in Amsterdam und Goldammers Erben in Breslau.

Aus diesem Grunde konnte ich mich anfangs nicht entschließen, die Sengewald'sche Handlung zu übernehmen. Nur auf vieles Zureden des Hamburger Sengewald und zum Teil aus Anhänglichkeit für die Familie, die ohnedies sehr viel verloren hätte, setzte ich sie fort unter der Firma Johann Julius Sengewald und legte es darauf an, aus der Wechselreiterei herauszukommen und dann erst die Firma Richter & Nathusius anzunehmen. Es gelang mir auch, aber unter vielen Sorgen und schlaflosen Nächten. Auf Amsterdam und Breslau zog ich keine Wechsel mehr. Daß Sengewald in Hamburg und Lautensack in Altona schlecht standen, wußte ich. Ich bekam Nachricht aus Hamburg, daß Lautensack sich nicht mehr 8 Tage würde halten können. Er war uns für einige tausend Mark Waren schuldig und ich hatte für 10000 Mark Wechsel auf ihn laufen, die er auch sämtlich schon zu zahlen akzeptiert hatte. Wenn diese nun auf mich zurückkommen! Wie ich den Brief las, bekam ich vor Schrecken eine Ohnmacht, so daß ich auf einen Stuhl fiel. Ich kam aber gleich wieder zu mir, ich hatte den Brief trotz der Ohnmacht fest in der Hand behalten, so daß ihn niemand gesehen hatte. Ich sagte auch keinem Menschen, was er enthielt, sondern gab eine bloße Unpäßlichkeit vor. Hierauf entschloß ich mich, mit Extrapost nach Hamburg zu reisen, kehrte nicht im Gasthofe ein, sondern fuhr gerade vor Sengewalds Haus vor und erklärte ihm, daß, wenn die auf Lautensack gezogenen Wechsel und größtenteils i h m remittierten Wechsel nicht in Hamburg eingelöst würden, sondern nach Magdeburg unbezahlt zurückgingen, so würde ich sofort in Magdeburg die Zahlungen einstellen. Lautensack war, als ich in Hamburg eintraf, schon bankerott. Zum Glück waren die Wechsel noch sämtlich in Hamburg. Der Schwager des Sengewald, Paul Heinrich Meyer, verstand sich auf Bitten seiner Schwester, der Hamburger Sengewaldin, dazu die Magdeburger Wechsel für Rechnung des Magdeburger Hauses in Schutz zu nehmen, d. h. sie beim Verfall zu bezahlen, und ich versprach ihm, von Magdeburg aus die Zahlungsanweisungen dafür nach und nach zu machen, welches ich auch bewerkstelligte. Bei der Lautensackschen Masse gingen aber doch für das Magdeburger Haus zirka 2000 Taler verloren.

Sobald ich mit Sengewald in Hamburg auseinander war, trug ich auch keine Bedenken mehr, meinen Namen herzugeben. Die Firma **Johann Julius Sengewald** wurde abgelegt und wir nahmen die Firma **Richter & Nathusius** an. Es wurde durch die Zeitungen und durch gedruckte Zirkularbriefe bekannt gemacht, im September 1785. Dies gab der Handlung neuen Kredit. Mein Kompagnon Richter hatte ein eigenes Haus und eine Detailhandlung. Er schätzte sein Vermögen auf 12000 Taler. Dies sollte nun der Fonds werden. Er hatte sich aber sehr verrechnet. Nachdem er das Haus und die Handlung verkauft und seine Schulden bezahlt hatte, blieben höchstens 5000 Taler übrig. Also wenig Fonds. Es fehlte uns zwar nicht an Kredit, aber auch nicht an Sorgen, diesen Kredit zu erhalten. Wir hatten ihn zuviel benutzt und konnten nicht immer Rat schaffen, um zu gehöriger Zeit zu bezahlen. Hierzu kam der Neid anderer Kaufleute in Magdeburg, deren Kundschaft wir an uns gezogen und die uns dagegen den Kredit verdarben dadurch, daß sie unsere Handlung verdächtig machten. Besonders war es Ballerstedt, der ehemalige Kompagnon von meinem Prinzipal Sengewald, der uns auf der Leipziger Messe und sonst, wo er konnte, versetzte.

Er hatte uns unter anderm auch bei dem Amsterdamer Hause, mit dem wir immer noch von früher her ziemlich bedeutend darin waren, verdächtig gemacht. Mit einem Male trassierten diese die ganze Summe auf uns. Ein Diener des Magdeburger Hauses (Ballerstedt) brachte mir den Wechsel in einem versiegelten Kuvert zur Akzeptation. Ich erschrak nicht wenig, als ich es erbrach. Aber ich faßte mich sogleich. Ich warf dem Diener das Kuvert mit dem Wechsel vor die Füße: „Weiß Ihr Herr noch nicht einmal so viel Bescheid, was kaufmännische Sitte ist," rief ich, „daß man einen Wechsel offen überreicht? Weiß er nicht, daß das gegen meinen Kredit ist? Nehmen Sie den Brief und Wechsel wieder mit. Jetzt akzeptiere ich nicht!" Denn ich wußte recht gut, daß ich von ihm versetzt war. Augenblicklich setzte ich mich nun hin und schrieb selbst nach Amsterdam den Zusammenhang der Sache. Ich legte Rimessen über einen Teil der Summe bei, der Wechsel wurde zurückgenommen und so ging die Sache vorüber.

Noch eins muß ich erwähnen. In einer andern Verlegenheit, als mehrere Wechsel auf uns zurückkamen und ich keinen Rat zu schaffen wußte, faßte ich mir ein Herz und ging zu einem alten Kaufmann namens Leppert, der mir gegenüber wohnte und wegen seiner Genauigkeit bekannt war. Es war ein Mann recht nach der alten Zeit und Sitte. Ich hatte, als ich zu ihm ging, sehr wenig Mut, aber die Not drängte, wir hatten allen sonstigen Kredit beinah verbraucht. Ich trug ihm mein Anliegen vor, er nahm mich sehr freundlich bei der Hand. „Nathusius," sagte er, „kommen Sie nur immer zu mir, wenn Sie Geld brauchen. Ich habe manche Nacht die Lampe in Ihrem Kontorfenster gesehen. Meine Kasse steht Ihnen zu Diensten und ich mache mir ein Vergnügen daraus." – Auch von Georg Wilhelm Pieschel, der einer der reichsten Kaufleute war, genoß ich viel Gefälligkeit und Kredit.

So stand Nathusius mit 26 Jahren auf eigenen Füßen, in saurer Arbeit, mit schlagfertiger Energie hatte er sein Ziel erreicht.

* * *

Sobald er in seinem Geschäft die ersten großen Schwierigkeiten überwunden hatte, faßte er im Einverständnis mit seinem Freunde Richter den Plan zu einem neuen Unternehmen: Friedrich der Große hatte bekanntlich in seinen letzten Lebensjahren das Tabaks- und Kaffeemonopol eingeführt. Der verstorbene Sengewald hatte das Kaffee-Entrepot für das Herzogtum Magdeburg in Pacht gehabt, und es war auch seiner Witwe überlassen worden. Der Kaffee wurde vom Entrepot aus gleich gebrannt und gemahlen verkauft, niemand durfte selbst Kaffee brennen, und es waren sogenannte Kaffeeriecher angestellt, welche von Haus zu Haus gingen und in die Türen hineinschnüffelten, ob auch niemand gegen das Verbot handelte. Friedrichs Nachfolger, der in allen Sachen ohne weiteres Bedenken den entgegengesetzten Weg der bisherigen Regierung einschlug, löste Kaffee- und Tabaksregie sogleich auf. Der darauf bezügliche Erlaß beginnt mit den Worten: „Da wir gleich nach Antritt Unserer Regierung Unser Augenmerk darauf gerichtet haben, alles dasjenige möglichst aus dem Wege zu räumen, was nur irgend zur Einschränkung des Handels Unserer getreuen Untertanen gereichen kann usw." – Nathusius ergriff denn auch die günstige Gelegenheit zur Gründung einer Tabakfabrik, welche noch heutzutage unter der Leitung seines Urgroßneffen besteht und ihr hundertfünfundzwanzigjähriges Jubiläum feiern konnte. Da das Kaffeeentrepot im Sengewaldschen Hause aufgehoben wurde, so konnten die leeren Räume sogleich für die neue Unternehmung benutzt werden.

Von nun an wurde es bei ihm Grundsatz, immer gleich der erste zu sein bei jeder neuen Sache, welche in sein Fach schlug, und das erklärt seine bahnbrechende Tätigkeit auf vielen Gebieten. Jetzt trat auch seine Vorliebe für industrielle Gründungen zutage, im Gegensatz zu einer rein kaufmännischen Tätigkeit. Er war immer mehr ein Mann der Produktion als der Spekulation.

Zigarren wurden damals in Deutschland noch nicht geraucht, an ihrer Stelle hauptsächlich holländische Tonpfeifen. Die größte Rolle aber spielte der Schnupftabak. Das 18. Jahrhundert ist nicht zu denken ohne seine Tabatieren, von der gemütlichen Horndose an bis zu den kostbarsten, brillantenbesetzten kleinen Kunstwerken, und die Leidenschaft dafür dauerte bis in die Hälfte des nächsten Jahrhunderts hinein. Große Geister und vornehme Frauen schwelgten in Schnupftabak, und es war eine Ausnahme, daß Goethe für seine Person den Tabak haßte, aber er beschenkte doch seine Freunde damit. Zelter dankt ihm feurig für eine Sendung Spaniol durch Herrn von Knebel: „Der herrliche Spaniol, der den Duft aller Musen haucht, ist mir ein wahres Labsal. Wenn ich nun etwas Gutes hervorbringe, ist es kein Wunder."

Guter Schnupftabak wurde aus dem Ausland bezogen, die Zubereitung desselben in Deutschland lag noch sehr im argen. Es gab fast nichts, was in die sogenannten Saucen, mit denen der Tabak behandelt wurde, nicht hineingeschmiert wurde: Tamarinden, Wacholder, große Rosinen, Kalmus, Kaskarill und Vitriol. Am 1. Juni 1787 begann nun in Magdeburg die Arbeit. Tabaksblätter und andere Materialien waren von Amsterdam und London verschrieben worden, aber Nathusius so wenig wie sein Kompagnon verstanden etwas von der Zubereitung. Sie kauften Bücher, worin die Rezepte standen, doch Nathusius hatte schon so viel chemische Kenntnisse, daß er einsah, die Rezepte taugten alle nichts. Es wurde ihm auch bald klar, daß es bei der Fabrikation alles auf die Kenntnis der Blätter, also auf das Sortieren ankam, und daß ihre gute oder schlechte Qualität nur vom Boden, von der Kultur und vom Klima abhängt. Die Blätter, welche sich zum Rauchtabak eignen, sind zum Schnupftabak nicht zu gebrauchen. Zur Herstellung der Saucen wurde nun ein Mann angenommen, der um die Sache Bescheid wissen sollte, und die Erfahrungen, welche Nathusius mit ihm machte, beschreibt er selbst:

„Ich nahm ihn mit nach Magdeburg und hier ging die Wirtschaft gleich los: getrocknete Pflaumen, Gewürze – alle möglichen Ingredienzien wurden angeschafft, auch allerhand Wohlgerüche, selbst ätzende und scharfe Substanzen, welche die Nasen zerbeizten, um die Saucen daraus zu brauen. Zuvor aber mußten die Tabaksblätter angefeuchtet in Haufen liegen und eine Art Gärung durchmachen. Das war richtig; aber der kundige Mann ließ sie so lange liegen, bis sie förmlich brannten und eine Art Fäulnis eintrat. Dann setzte er seine Saucen zu. Ich sah der Wirtschaft eine Weile zu und begriff wohl, daß so nie etwas Vernünftiges daraus werden konnte. Eines Tages, als ich dazu kam, wurde gerade ein Haufen auseinandergenommen. Ich roch hinein: „Das stinkt ja, lieber Mann," sagte ich, „weiß Er was? Hier ist Sein Geld, reise Er nur wieder Seiner Wege. Ich will es auf meine eigene Art probieren." Ich schmiß also die ganzen Saucen fort und fing an, aus meiner Idee zu fabrizieren. Ich wußte, daß die Tabaksblätter selbst alle Bestandteile schon enthalten, die zu einem guten Tabak nötig sind. Ich ließ die Blätter also nur mäßig gären, bis der rechte Geruch da war, und nahm sie dann schnell auseinander. Alles, was ich dann zusetzte, war eine Auflösung von Kochsalz und gereinigter Pottasche. Auf diese Weise erhielt ich ein natürliches, zugleich angenehmes und unschädliches Produkt, das bald, wie alles natürliche, besser wie das gekünstelte gefiel. Andere Nationen hatten es schon so gemacht, die Deutschen waren nur noch zu dumm dazu. Unsere Tabake fanden so großen Beifall, daß wir gleich das erste Jahr 60 Menschen beschäftigen konnten und einen Schuppen dazu mieten mußten."

Im März 1792 trat in Hamburg eine so hohe Flut ein, daß dadurch nicht nur die im Hafen liegenden Schiffe, sondern auch Warenlager beschädigt wurden. Eine Portion amerikanischer Tabake, die für Richter und Nathusius noch unausgeladen im Hafen lag, wurde mit davon betroffen.

Nathusius reiste auf der Stelle nach Hamburg und fand, daß die Sache nicht so schlimm war, wie sie aussah. Seine Tabake im Warenlager waren zum Glück gut geblieben, nur die 23 Fässer, welche auf einem Londoner Schiffe lagen, waren beschädigt. Sie konnten nicht gleich ausgeschifft werden, weil sie zu unterst lagen. Die Versicherungsgesellschaft weigerte sich, die Versicherungssumme auszuzahlen, da es sich um keinen totalen Schaden handle. Darum sollte die Ware taxiert werden, wieviel sie vor der Beschädigung nach dem augenblicklichen Börsenpreise wert gewesen. Danach sollte sie verauktioniert und der Unterschied im Werte vergütet werden. Nathusius fand in der Tat, daß sein Tabak nur etwa zu einem Achtel beschädigt war, und auch das Achtel hatte keinen wirklichen Schaden genommen, wenn es nur auf der Stelle verarbeitet wurde, denn angefeuchtet und in eine Art Gärung versetzt wurde der Tabak bei der Fabrikation ja doch immer. Während die anderen Beteiligten sich durch den ersten Schreck verblüffen ließen, kaufte er bei der Auktion nicht nur seine eigene Ware wieder, sondern erwarb auch eine enorme Menge von dem anderen beschädigten Tabak zu einem äußerst mäßigen Preise. Er sorgte dafür, daß dieser rasch mit einem eigenen gemieteten Kahn nach Magdeburg kam, wo er gleich sortiert und die nasse Ware sofort verarbeitet wurde.

Aber der Transport auf der Elbe machte Schwierigkeiten, da es schnell gehen sollte, und unter sechs Tagen Magdeburg nicht zu erreichen war. Die Schiffe gingen für gewöhnlich regelmäßig, und zu einer Extrafahrt mußte in Magdeburg sowie in Hamburg Erlaubnis eingeholt werden. Zu teuer sollte die Fracht auch nicht kommen. Schließlich machte Nathusius bei dieser Gelegenheit aber doch einen Gewinn von 30 000 Talern und legte damit den Grund zu neuen großen Gewinnsten, denn nun konnte er seine Geschäfte auf ganz andere Weise betreiben. Sein Kredit war fest begründet und er gab mit den gehörigen Mitteln seinen Unternehmungen Nachdruck. So schaffte er eine Maschine zum Walzen des Bleis an, welches zum Einwickeln des Schnupftabaks gebraucht wurde, ebenso wurde eine Kupferdruckerei für die Etiketten der Pakete angelegt und eine Siegellackfabrik zum Siegeln derselben.

Von dieser Zeit an datiert eine neue Epoche für die Tabakfabrikation Deutschlands. Die Firma war bald so bekannt, daß sie zum Sprichwort wurde. So pflegte ein alter Oberst in der Posener Garnison zu sagen: „Zählt mal dem Kerl 25 auf – aber von Richter und Nathusius." Zur Geschichte der Fabrik gehört auch eine Anekdote, die sich auf den alten Köckeritz, den Generaladjutanten Friedrich Wilhelms III., bezieht, der bekanntlich ein braver Mann, aber eben kein großes Genie war: Er hatte sich an Nathusius' Tabak so gewöhnt, daß ihm kein anderer mehr schmeckte, und nahm sich, als es 1806 vor den Franzosen rückwärts ging, noch einen Vorrat davon mit. Als nun dieser zu Ende war und durch den fortdauernden Krieg alle Handelsbeziehungen unterbrochen wurden, veranlaßte er einen Danziger Fabrikanten, an Nathusius zu schreiben und ihn in des Generals Namen um Mitteilung des Rezepts zu bitten. Nathusius, in gewohnter Weitherzigkeit, überschickte es sogleich, und der geschmeichelte Fabrikant bat nun um die Erlaubnis, den Namen des Generals auf diese vortreffliche Sorte Tabak setzen zu dürfen. Köckeritz gab es zu, fügte aber hinzu: „Nur keine Umschweife dabei, so ganz simpel." Bald darauf erschienen die neuen Päckchen des guten Fabrikanten mit der Inschrift: „Simpler Köckeritz".

Die Erzählung von dem Kauf des nassen Tabaks wurde allmählich im Munde der Leute zu einer Art Mythe, und natürlich auch der Gewinn, den Nathusius daraus gezogen, märchenhaft übertrieben. Diese Mythe wurde auch literarisch verwertet durch den Romantiker Clemens Brentano, der mit Nathusius' späterer Schwiegermutter und deren Familie in Kassel bekannt war. Brentano hatte in seiner Jugend eine Lehrzeit als Kaufmann durchmachen müssen, die ihm natürlich wenig behagte, und in Erinnerung an diese Zeit schrieb er später „Das Märchen von Kommanditchen", eine phantasievolle Satire auf den Kaufmannsstand. Der Vater der Jungfer Kommanditchen, Inhaber der Firma „Selige Wittibserben u. Co.", erzählt darin seiner schönen Tochter, wie er als armer Bursche zu seinem großen Vermögen gekommen sei: „Als ich die ersten 24 Kreuzer verdient hatte, kaufte ich dafür eine schön lackierte Schupftabaksdose, auf welcher eine Menge Leute abgebildet waren, die auf die verschiedenste Art Tabak schnupften. Mit der Dose ging ich auf der Börse umher, wenn alle Kaufleute beieinander waren, und wo einer dem andern ein Pris'chen präsentierte, war ich gleich bei der Hand, wünschte gute Geschäfte und bat mir eine Prise aus, die sie mir gern gaben. Ich tat, als wenn ich schnupfte, und fing entsetzlich an zu niesen, bald wie dieser, bald wie jener Kaufmann, worauf ich mich eingeübt hatte. Da guckten sie sich immer alle um und sprachen: „Zum Wohlsein, Prosit!" und wenn sie sahen, daß ich es war, lachten sie. Ich aber sammelte alle meine Prisen, die ich bekam, in die schöne Dose, und man hatte so viel Freude an meinen Possen, daß ich meine Dose bald voll hatte. Als ich einmal wieder auf der Börse war, da ließ ein Kaufmann ein Schiff voll in der See naß gewordener Tabaksblätter an den Meistbietenden verkaufen. Dieser Kaufmann, namens Gotthelf Prost, hatte eine ganz wunderbare Art zu niesen, die man auf der ganzen Börse hörte und kannte. Er hatte dem Ausrufer gesagt, wenn er ihn niesen höre, so solle er mit dem Schlüssel auf den Tisch schlagen, das Zeichen, daß der, welcher gerade geboten, die Waren haben soll. Dieses hatte ein anderer Kaufmann, Herr Prisius Nisius, welcher mein Niestalent kannte, gehört und sprach zu mir: „Bursche, wenn ich dir winke, so niese wie der Herr Gotthelf Prost. Ich verspreche dir eine gute Belohnung." Nun wurde ausgerufen: 100 Taler zum ersten, 150 zum zweiten" – da sagte mein Kaufmann: „und sechs Groschen!" und winkte mir, und ich nieste an der andern Ecke des Saales so laut wie der Kaufmann Prost, daß alles „Gotthelf, prosit!" rief; der Ausrufer ließ den Schlüssel fallen und mein Kaufmann kriegte das ungeheure Schiff voll Tabak, das wohl tausendmal soviel wert war. Jedermann verwunderte sich darüber, und Herr Gotthelf Prost kam herzugelaufen und sagte: „Es gilt nichts, ich habe nicht geniest!" Herr Prisius Nisius aber sagte: „Was geht das mich an, zugeschlagen ist zugeschlagen," legte sein Geld hin und ging zu seinem ungeheuren Schiff voll Tabak, wohin ich ihm folgte. Kaum waren wir auf dem Schiff angelangt, als Herr Prisius Nisius mich umarmte und mir sagte: „Du hast mein Glück gemacht mit deinem Niesen, was willst du haben?" Ich bat ihn, er möge mich mit meinen 20 Talern, die ich mir bereits mit meinem gesammelten Schnupftabak verdient hatte, in Kompanie nehmen, und das war er zufrieden. Wir hingen und nähten alle die feuchten Blätter an die Segel und Masten und das Tauwerk des Schiffes, und da sich eben ein guter Wind erhob, segelten wir nach Amsterdam, wo unser Tabak getrocknet ankam und Prisius Nisius fünfmalhunderttausend Taler für den Tabak allein erhielt. Als ich heiratete, schenkte mir Prisius Nisius die Handlung, welche ich schon lange geführt hatte."

* * *

Quellen: Abbildungen Seite 10 und 19; aus: G. Steinhausen „Der Kaufmann in der deutschen Vergangenheit." Verlag Eugen Diederichs - Jena. * * * Des Kaufmanns Sorgen; aus: „Johann Gottlob Nathusius, Ein Pionier deutscher Industrie." Deutsche Verlagsanstalt - Stuttgart. * *

Herausgegeben von der Daimler - Motoren - Gesellschaft in Stuttgart - Untertürkheim. * Druck von Glaser & Sulz, Stuttgart. *
Alle Rechte vorbehalten. * Zuschriften an die Schriftleitung: Friedrich Muff, Stuttgart - Untertürkheim.

DAIMLER WERKZEITUNG

2. Jahr — Nr. 2/4

INHALTSVERZEICHNIS

Die industrielle Psychotechnik. Von Dr.-Ing. P. Riebensahm. ** Betriebswissenschaft und Psychotechnik. Von Prof. Dr.-Ing. G. Schlesinger. ** Die psychotechnischen Apparate und die Verfahren der angewendeten Psychologie. Von Dr.-Ing. Werther. ** Die Leistung der Psychotechnik. Von Dr. jur. E. Rosenstock. ** Eine Lehrlings-Aufnahmeprüfung. Von Oberingenieur M. Sailer. ** Fehlerquellen der praktischen Prüfung. Von Dr. phil. Hüssy. ** Meine Erfahrungen mit der Apparatur des psychotechnischen Laboratoriums. Von Prof. Dr.-Ing. G. Schlesinger. ** Sohn und Vater bei der Berufswahl. ** Das Rätsel des Menschen. Von W. Klemm. ** Der arme Mann im Toggenburg. (1. Hirtenleben.) Von Ulrich Brägger.

15. Juni 1920.

Die industrielle Psychotechnik.

Von Dr.-Ing. P. Riebensahm.

Die auffallendste und überraschendste Erscheinung im industriellen Leben des vergangenen Jahres ist ohne Zweifel das plötzliche Entstehen und rasche Anwachsen der „industriellen Psychotechnik"! Hat doch dies Wort es vermocht, das andere große Schlagwort und Streitobjekt der vorangegangenen Jahre: „Taylorsystem" fast zu verdrängen. Dabei hat es diese Nachfolge ohne Übernahme des aufreizenden Charakters, von dem jenes Wort bisher nicht zu befreien war, angetreten. Vielmehr scheinen die Allgemeinheit wie auch die Fachgruppen mit großer Einmütigkeit und Bereitwilligkeit diesem neuen System zuzuneigen und den Forderungen, mit denen es auf den Plan tritt, sich unterwerfen zu wollen.

Die Allgemeinheit glaubt, es durch die zahlreichen Aufsätze in Tageszeitungen und illustrierten Blättern zu kennen. (Vgl. auch Daimler-Werkzeitung 1, Heft 7 und 8.) Den Fachleuten sind in Vorträgen und wissenschaftlichen Veröffentlichungen die Grundlagen und bisherigen Entwicklungsschritte dargelegt worden. Unter dem Eindruck der wirklich überraschenden und vielversprechenden Ergebnisse und Aussichten des psychotechnischen Verfahrens entschließen sich Gewerkschaften und Industrielle, politische Gruppen und Behörden, Schulausschüsse und Bildungsanstalten, dies Verfahren einzuführen und bei Ausbildung, Prüfung und Berufszuweisung die Menschen nach ihm zu beurteilen und ihnen ihren Platz im öffentlichen Leben zuzuteilen. Selbst in kleinen Bundesstaaten werden Mittel flüssig gemacht, um Lehrstühle und Forschungsinstitute für das neue Wissensgebiet errichten zu können.

Welches sind denn die besonderen Aufgaben und Leistungen der Psychotechnik, und wie bringt sie auf einmal so erheblich mehr fertig als bis dahin in der Erforschung und Beurteilung des arbeitenden Menschen geleistet wurde?

Der Name der neuen Wissenschaft deutet darauf hin, daß sie sich mit der „Psyche" (Seele) in der Technik beschäftigt, d. h. mit dem Verhalten des Menschen gegenüber seiner Arbeit. Vorangegangen war der Psychotechnik das wissenschaftlich-experimentelle Erforschen der „Psyche" in ihrem allgemeinen Verhalten durch die Psychologie, wie sie auf deutschen Universitäten gepflegt worden ist. Die Anwendung der psychologischen Ergebnisse für das Arbeitsleben als „Psychotechnik" hat der Deutsch-Amerikaner Professor Münsterberg in seinem Buche „Psychologie und Wirtschaftsleben" zuerst versucht.

In der Psychotechnik sind dann durch Wissenschaftler und Praktiker besondere Verfahren und sinnreiche technische Apparate entwickelt worden (siehe S. 30), die es möglich machen, die angeborene Veranlagung und besondere Eignung eines Menschen zu erkennen und zu messen! Wie man bisher in dem Gebiete der Arbeit die Maschinen geprüft und abgebremst und gemessen hat, so will man nun den Menschen messen. Ist auch die Eigenart der menschlichen Psyche sehr schwer erkennbar und bei jedem anders, so ergaben doch die Beobachtungen der psychotechnischen Versuche des ersten Jahres: Es lassen sich viele Konstanten, d. h. bestimmte wiederkehrende Werte aussondern, und diese Konstanten erlauben, Regeln für die Beurteilung und Ziffern für die Wertung eines Untersuchten aufzustellen.

Die Stärke der Begabung, die Widerstandskraft gegen Ermüdung und äußere Einflüsse, die Ausdauer des Willens, die Fähigkeit aufzupassen, sich zu konzentrieren und sich zu beherrschen, die Vorzüge und Mängel des Temperamentes — werden mit den Apparaten gemessen und aufgeschrieben, und die Ergebnisse in einer Karte bildlich dargestellt. Es wird nach dem Ausspruch eines Vertreters der Psychotechnik gewissermaßen eine „seelische Momentphotographie" des Menschen aufgenommen. Richtiger könnte man vielleicht sagen, daß, wie eine Röntgendurchleuchtung ein Bild des körperlichen Innern gibt, die psychotechnische Untersuchung das psychische Innere des Menschen durchleuchtet, aufdeckt und im Bilde der Prüfungskarte wiedergibt.

Aus den Ergebnissen „kann man für den Menschen Wertziffern seiner sogenannten seelischen Anlagen und Leistungen ermitteln". Daneben werden die Anforderungen, welche die verschiedenen Berufe an die psychischen Veranlagungen und Nerven des Menschen stellen, durch ähnliche Untersuchungen erfaßt und übersichtlich eingeteilt. Indem man dann den Befund eines Menschen mit den Berufsanforderungen vergleicht, kann man seine Eignung für einen bestimmten Beruf ermitteln und ziffernmäßig bewerten.

Dabei schalten die selbsttätigen Apparate jede Willkür bei der Beurteilung aus; sie machen den Gemessenen frei von der Abhängigkeit von anderen Menschen. Jeder nimmt aus der Prüfung die Bescheinigung seiner Fähigkeiten schwarz auf weiß mit und ist dadurch auch für alle Zukunft vor Übelwollen und Chikanen in der Beurteilung seiner Arbeitsleistung bewahrt.

Auf Grund dieser Leistungen wird die Psychotechnik zum unentbehrlichen Hilfsmittel erklärt, um „die geeigneten Menschen zu finden und an den richtigen Platz zu stellen", „vom Arbeiter bis zum Generaldirektor"; „Ungeeignete auszuscheiden und Begabte zu fördern", und so „der Industrie neue starke Kräfte zuzuführen". (Prof. Schlesinger S. 28.) Auf diese Weise soll nicht nur der Volkswirtschaft jede Kraftvergeudung erspart und höchste Ausnutzung der Arbeitskräfte gesichert werden, sondern es soll auch die Leistung des einzelnen Menschen gesteigert werden, da keine Unlust mehr in einer falsch gewählten, der Veranlagung widersprechenden Tätigkeit die Leistung beeinträchtigt. Unkenntnis und Sorge bei der Berufswahl werden beseitigt. „Lust und Liebe werden die Fittiche zu großen Taten sein", und so wird die „hochwertige Menschenmasse erschaffen werden, aus der uns der ersehnte Führer dereinst erstehen wird". (Prof. Schlesinger S. 28.)

*   *   *

Kann die Psychotechnik wirklich alles das?

Läßt sich wirklich der Mensch durch Apparate und Instrumente messen und hinreichend erfassen? Ist das Tiefste seines Wesens einer Prüfung und Beurteilung selbst durch Ärzte und Pädagogen, durch Psychologen und ihre feinsten Apparate zugänglich?

Ist der Mensch etwas Unveränderliches wie eine Maschine? Sind wirklich alle Eigenschaften, auch wenn sie angeboren von vorneherein und für immer festgelegt sind, schon von Anfang an wirksam und erkennbar? Wächst der Mensch nicht, macht die große unberechenbare Wandlung durch bei der Reife und entwickelt sich auch dann noch unaufhörlich in einem steten „Stirb und Werde"?

Und kommen seine wirklichen und allein wertvollen Leistungen lediglich aus einer Anwendung seiner kräftigsten Eigenschaften und Sinnesfähigkeiten? „Der menschlich-sittliche Wert aller Arbeit ruht am wenigsten in dem, was einer von vornherein brillant kann, vielmehr in dem, was er unter Schwierigkeiten erwirbt, sich aneignet, in harter Schule lernt." (Prof. Hellpach.) „Für die Leistungsfähigkeit im Leben, sei es in der Kunst, in der Wissenschaft, in der Technik und in praktischen Berufen ist nicht so sehr die Begabung von Bedeutung, als die Intensität des Willens, das Interesse für eine Sache und der Glaube an das eigene Werk. ... Häufig kann die Erkenntnis von der Unzulänglichkeit einer Begabung zu einer ungeheuren Willensanspannung und Willenskräftigung führen. Häufig tritt ein starker Wille erst zutage, wenn die Menschen im Leben und im Beruf vor wirklich für sie große Aufgaben gestellt werden, die die Überwindung von Hindernissen fordern. ... Denn im Menschen entwickeln sich immer neue seelische Möglichkeiten, ... die außerhalb jeder Berechnung stehen." (Dr. Else Hildebrandt.)

Ferner muß die Frage getan werden: Sind die Zahlen der psychotechnischen Prüfungskarte so zuverlässig und unparteiisch, wie es der dem Apparat zugesprochene Charakter der Wissenschaftlichkeit beansprucht? Es ist immer vom Prüfling und vom Apparat die Rede, es kommt aber doch noch auf einen dritten an, nämlich auf den Prüfer, der an dem Apparat sitzt. (Siehe S. 53.) Wer ist dazu berufen, Prüfer zu sein?

Die Vertreter der Psychotechnik betonen selbst, daß die Apparate nicht unverantwortlichen Händen anvertraut werden dürfen. In der Medizin wird die Handhabung von Mitteln, die über das Schicksal eines Menschen entscheiden können, nur Männern anvertraut, die selbst staatlich geprüft sind. In der industriellen Praxis läßt sich das schwerlich erreichen. Dabei sehen wir davon ab, daß sich „das Gebiet der Eignungspsychologie zur Zeit noch derartig in den Anfängen befindet, daß eine praktische Anwendung in größerem Maßstabe umfassende wissenschaftliche Vorarbeiten voraussetzt". (Prof. Stern-Hamburg.) Denn selbst später: wie werden die Prüfungen vorgenommen werden? Wie werden die Prüfer beschaffen sein? Gerade der Praktiker weiß, daß die Befreiung von der persönlichen Verantwortung Gleichgültigkeit erzeugt. Dann aber kann der Apparat statt der erhofften Vertiefung in die Eigenart des Prüflings eine unpersönliche Abfertigung bringen, und trotz aller idealen Ziele der Führer der neuen Wissenschaft wird in Praxis an den Apparaten nicht die Menschenliebe sondern die Bequemlichkeit sitzen.

*   *   *

Angesichts dieser unentschiedenen Fragen, dieser Schwierigkeiten und Gefahren, mit denen die neue Wissenschaft ringt, klingt es vermessen, wenn einer der Vertreter der Psychotechnik erklärt, es habe „bei der bisherigen Berufswahl eine geradezu lächerliche Kräftevergeudung stattgefunden", und man könne der Psychotechnik nicht entraten, „da die besten Werkzeugmaschinen und sonstigen technischen Einrichtungen, sowie die vorzüglichsten kaufmännischen Organisationsmaßnahmen völlig wertlos wären, wenn wir an den einzelnen Arbeitsplätzen gänzlich ungeeignete Arbeitskräfte hätten, die nicht imstande wären, ihre Aufgaben sachgemäß auszuführen". Es müßte geradezu von der Psychotechnik abschrecken, wenn sie solcher Begründung bedürfte. Ist denn an unsern Maschinen bisher, ohne die Psychotechnik, nichts geleistet worden?

Nein, es müssen ernsthaftere Gründe sein, die der Psychotechnik den Weg in die industrielle Praxis so rasch gebahnt haben! Vielleicht beruhen diese Gründe nicht so sehr auf dem Bedürfnis nach absoluter Wertung des einzelnen Menschen, als vielmehr auf dringenden Geboten der Organisations- und Verwaltungskunst.

Daher wird jeder Angehörige der Industrie, und zwar vom Generaldirektor bis zum Arbeiter, sich mit dem beschäftigen müssen, was hier mit so ungewöhnlichem Herrschaftsanspruch an ihn herantritt. Zu einer Prüfung sind aber die — notwendig oberflächlichen — Schilderungen in Tagesblättern nicht ernst genug. Andererseits sind die umfangreichen Veröffentlichungen, die von den Forschungsanstalten in Leipzig, Berlin und Hamburg ausgehen, zu fachwissenschaftlich und zu verstreut und stellen zu große Anforderungen für eine erste Beschäftigung mit dem Gegenstand. Deshalb soll hier eine Reihe von schildernden und betrachtenden Aufsätzen eine zusammenfassende Darstellung der Psychotechnik und ihrer Wirkungen auf die Welt der Arbeit geben, die dem eigenen Urteil jedes Lesenden möglichst wenig vorgreift. Wir glauben, dabei am unparteiischsten zu handeln, wenn wir als Ersten Dr.-Ing. Schlesinger selbst sprechen lassen, den Professor für Werkzeugmaschinenbau und Betriebslehre an der technischen Hochschule Charlottenburg und Direktor des Instituts für industrielle Psychotechnik im Versuchsfeld der Hochschule. Wir geben den Aufsatz wieder, den er als Einführung in das neue Gebiet für die seit dem Herbst vergangenen Jahres erscheinende Monatsschrift: Praktische Psychologie[1] geschrieben hat. Dieser Aufsatz dürfte dadurch besonderen Wert haben, daß er zuerst im Berliner „Vorwärts" die Konferenz für Arbeitswissenschaft begrüßt hat, als sie am 30. September 1919 aus dem ganzen Reiche in Berlin zur Beratung des Neuaufbaues unserer niedergebrochenen industriellen Arbeit zusammentrat.

D.M.G.

Betriebswissenschaft und Psychotechnik.

Von Professor Dr.-Ing. G. Schlesinger in Charlottenburg.

Die stärkste Errungenschaft der deutschen Revolution ist die Erkenntnis, daß nicht der Stoff und seine Gestaltung, nicht die Kraft und ihre Leistung — in dieser Hinsicht ist im Kriege äußerstes geleistet worden —, sondern der Mensch als Leiter und Ausführer, als Führer und Geführter das Schicksal der Welten entscheidet. Die Übertreibung der Mechanisierung des Menschen: die Zwangswirtschaft, die Zensur, der Übergehorsam, mußte schließlich zur Auflehnung, zur gewalttätigen Sprengung der Fesseln durch die geknechtete Menschheit führen. Der Mensch ist keine Maschine, für Hingabe ist Geld kein Gegenwert, daher kämpfen unsere Arbeiter heute auch sicher nicht um höheren Lohn allein, sondern um moralische Werte, vor allem um die Heraushebung aus der Deklassierung des vierten Standes zum Range der Gleichberechtigung. „Wir Arbeiter wollen mitwissen und mitwirken, und, wo immer zweckmäßig, mitbestimmen; die Leistung aber bestimme den Lohn."

Steht aber der Mensch, sein Menschentum und seine Menschenwürde, im Mittelpunkt des Interesses, handelt es sich nicht mehr nur um den Kauf der Waren: Menschenzeit und Menschenarbeit, so kommt es vor allem darauf an, den Qualitätsmenschen überall an die Spitze zu stellen: in der Werkschule, in der der Lehrling heranwächst, im Betriebe, in dem Arbeiter und Meister schaffen, im Konstruktionssaal, in dem die Maschine erdacht und fabrikationsreif gemacht wird, im Zimmer der Betriebsleitung, in der die Fäden zusammenlaufen und straff und nie verwirrt gespannt gehalten werden müssen. Den geeigneten Menschen finden und ihn an den richtigen Platz stellen, ist heute mehr denn je die Forderung des Tages in unserem niedergebrochenen Vaterlande, in dem der Mangel an leitenden Männern noch größer ist als an Rohstoffen.

Aber in der Erwartung des Messias, des hochragenden Führers, der uns aus unserer schweren Not herauszieht, dürfen wir selbst doch nicht müßig bleiben, müssen wir unsere alte deutsche Tugend: „die zähe, systematische Arbeit", walten lassen und uns bemühen, die Mittel zu finden oder zu schaffen, die dem Hauptpfeiler Deutschlands, seiner gewaltigen Industrie, neue starke Kräfte zuführen. Wir müssen mithelfen, am Menschenfundament zu bauen, ohne das unsere Wiederaufrichtung nicht möglich ist.

Lust und Liebe sind die Fittiche zu großen Taten! Wer kann rüstig und fröhlich schaffen, der in der Berufswahl fehlgegriffen hat? Wer hilft dem Jugendlichen, wenn er die Schule verläßt, und wenn eine ausgeprägte Vorliebe für einen bestimmten Beruf fehlt — was

---

[1] Herausgegeben von Dr. Moede und Dr. Piorkowski, Verlag S. Hirzel-Leipzig. Dieser Verlag läßt auch soeben den ersten Band einer „Psychotechnischen Bibliothek" (Schlesinger, Psychotechnik und Betriebswissenschaft 1920) erscheinen.

leider allzuhäufig ist —, den richtigen Weg zu finden? Der Vater ist einseitig im eigenen Fach befangen, das ihn oft genug selbst nicht befriedigt. Der Lehrer kennt meist nur oberflächlich die Anforderungen der beruflichen besonderen Tätigkeit, zu der er seinem Schüler raten soll; er weiß diesen wohl moralisch und ethisch zu werten. Der Arzt kann auf Grund der wenigen Untersuchungen seinen Pflegebefohlenen nur körperlich werten und feststellen, ob seine Gesundheit und Kräfte für eine ihm vorgeschlagene Berufswahl ausreichen.

Somit klafft hier an ausschlaggebender Stelle eine Lücke, deren Nichtausfüllung die schwersten Folgen für den Wirkungsgrad unserer Nation haben muß.

Richtige Berufswahl und anschließend gute Berufsdurchbildung sind daher an sachgemäße und praktische Berufsberatung geknüpft, und diese wieder bedarf der Fachleute, deren Kenntnisse sich paaren müssen nicht nur mit ehrlichem Wollen und warmem Herzen — wer darf sich ohne diese Berufsberater nennen? —, sondern auch mit der Beherrschung des ganzen Apparates, der uns hineinleuchten läßt in die Sinneswelt des zu Beratenden. Wie viele „geistigen" Tätigkeiten des Menschen sind doch nur mechanisch, wie falsch ist es doch, das Aufschreiben, Zusammenzählen und Abrechnen als geistig höher einzuschätzen als das Führen eines Kraftwagens, das Schneiden einer Mikrometerschraube oder das Schleifen eines Feinkalibers. Es sind das nur andere Tätigkeiten des Geistes. Bei der einen bleiben die Hände sauberer und der Kragen weiß, aber die Aufmerksamkeit, die Geistesspannung, das Verantwortungsgefühl sind keineswegs stärker angespannt oder auch nur in höherem Maße nötig.

Die Betriebswissenschaft stellt daher mit Recht die Auswahl der richtigen Menschen an die erste und wichtigste Stelle. Diese beginnt in der Großfabrik — wenn sie erfolgreich sein will — stets in den Bureaus, in denen die „Kopfarbeiter" hausen, sie stellt diese zuerst ein und ordnet nicht nur den Arbeitsgang, sondern vor allem die ausführenden Menschen; und sie endet in der Werkstatt bei den Arbeitsgängen der eigentlichen Fabrikation. Von oben herab, nicht von unten herauf, ist die Einwirkung am stärksten und durchgreifendsten. Mit dem Praktiker kann man lapidar sprechen; jedes Wort ruft eine Erinnerungsreihe wach, löst eine Erfahrungskette aus, an die man leicht anknüpfen kann. Den alteingesessenen und eingefleischten Buchhalter für neue Arbeitsweisen zu gewinnen, ist erfahrungsgemäß viel schwerer, weil die Einwirkung auf die Sinne, die in der Werkstatt so kräftig mithilft, fehlt und durch die rein erklärende Belehrung, durch das gesprochene Wort und die Begriffsbildung ersetzt werden muß.

Daher ist vorläufig der Inhalt der Berufseignungsprüfung — der Psychotechnik — vor allem auch auf die Ermittelung der Sinnestüchtigkeit der Prüflinge eingestellt. Sie umfaßt die technischen Verfahren, um die angeborene Veranlagung eines Menschen, nicht etwa seine „Seele", zu erforschen. Das Wort „Psyche" leitet tatsächlich irre; es handelt sich gar nicht um das „Seelische", nicht um die Moral oder die Ethik, oder die Willenskraft eines Menschen (die kann man nur durch langen Verkehr ermitteln, und dazu ist sein Lehrer in der Schule der berufene Mann), sondern es handelt sich nur, vom Standpunkte des Praktikers aus gesehen, um das „scheinbar" Geistige, dessen objektive, von ihm selbst nachprüfbare Feststellung keinen Menschen kränken kann; — ob der Arm stark oder schwach, das Auge weit- oder kurzsichtig, farben- oder nachtblind, das Ohr unmusikalisch, der mathematische Sinn verkrüppelt, das Gedächtnis schwach, die Ermüdbarkeit groß, sind Feststellungen, die niemals demütigend wirken. Es handelt sich um keine Deklassierung, sondern nur um die richtige Einreihung. Aber unerläßlich zur Ausübung bestimmter Berufe ist das Vorhandensein einer Anzahl dieser teils körperlichen, teils geistigen Eigenschaften. Der Schmied braucht die starke Hand, der Lokomotivführer das farbenscheidende Auge, der Klavierstimmer das musikalische Ohr, der Bibliothekar das starke Gedächtnis ebenso wie der Kellner. Der Steuermann im Schiff, im Flugzeug, im Kraftwagen darf am Steuer nie ermüden.

Der Betriebswissenschaftler kann daher Psychotechnik nicht als Wissenschaft „an sich" treiben. Er muß von einem bestimmten Berufe ausgehen, dessen Grundforderungen er sorgfältigst sammeln, sichten und analysieren muß, ehe er es wagen darf, die Eignungsprüfung mit Aussicht auf Erfolg anzustellen. Diese Vorarbeiten legt das Verfahren fest. Daran schließt sich das Suchen des Maßstabes, mit dem hier menschliche Eigenschaften gemessen werden können, und dann folgt erst die Ausarbeitung der Apparatur. Die Apparate können unmittelbar dem zu untersuchenden Berufe entnommen werden — z. B. Feinmeßapparate für Gefühlsprüfungen —, sie können aber auch dieser Anlehnung völlig entraten, wie der Hand-Zitterprüfer (Tremometer) für Former, das Fallbrett (Tachistoskop) für Straßenbahnführer usw. Langsam aber sicher werden sich durch die jetzt herbeigeführte innige Zusammenarbeit zwischen Ingenieur und Fachpsychologen die Grundverfahren entwickeln, die allen Berufen gemeinsam sind und die nur durch Sonderapparate für jeden neuen Beruf von Fall zu Fall ergänzt werden müssen. Der Maschinenbauer und der Maurer, der Kraftwagenführer und die Telephonisten haben mehr gemeinsame „geistige" Berührungspunkte, als der Fernstehende gemeinhin glaubt. Und doch ist die ganze Arbeit des Betriebspsychologen weit entfernt von der Ausstellung des „Seelenscheines", den törichte Gegner als fürchterliches Abschreckungsmittel insbesondere der Arbeiterschaft vorhalten wollen.

Wer die vielen Hundert von 14- bis 16jährigen Lehrlingen fröhlich, ja mit einer wahren Begeisterung in der Eignungsprüfung des Versuchsfeldes für Werkzeugmaschinen und Betriebslehre an der Technischen Hochschule zu Charlottenburg hat arbeiten sehen, dessen Gruppe für industrielle Psychotechnik Herr Dr. Moede leitet, wer das verständnisvolle Eingehen auf die Notwendigkeit solcher Prüfungen erlebt hat, das einerseits die Gewerkschaften, andererseits Gruppen scharf-unabhängiger Arbeiter nach Überwindung ursprünglicher Gegnerschaft an den Tag legten, der wird mit uns überzeugt sein, daß wir einen richtigen Weg gehen, daß wir an der bisher fehlenden Brücke zwischen Schule und Lebensberuf wirklich bauen, und daß wir den abschließenden Bogen schlagen werden, wenn Elternhaus und Schule, Arzt und Betriebspsychologe sich zu gemeinsamem Tun die Hand reichen.

Nicht das Wissen und die Kenntnisse entscheiden, nicht auf das Berechnen, Konstruieren, Versuchemachen kommt es allein an, sondern auf die volle, nirgends durch Unlust gehemmte Entfaltung der angeborenen Eigenschaften, kurz auf die sachlich beste Entwicklung jedes einzelnen Menschen. Nur so erziehen wir Qualitätsarbeiter vom Handarbeiter bis zum Generaldirektor, nur so schaffen wir die hochwertige Menschenmasse, aus der der ersehnte Führer dereinst erstehen wird.

Die psychotechnischen Apparate und die Verfahren der angewendeten Psychologie.

Von Dr.-Ing. Werther.

Die Untersuchung der menschlichen Sinneswerkzeuge, ob das Auge kurzsichtig, das Ohr schwerhörig ist, und dergleichen Mängel mehr, ist von jeher Sache des Arztes gewesen, und ihm überläßt sie daher auch der Psychotechniker. Die Erkenntnis des Betragens, des Fleißes, der Redlichkeit, aber auch der in einzelnen Wissenszweigen erworbenen Kenntnisse ist und bleibt Aufgabe des Lehrers. Nur den Rest von Eigenschaften, den weder Arzt noch Lehrer bislang beurteilen, übernimmt der Psychotechniker zu ermitteln und zu messen. Und für diesen Rest hat er seine eigentümlichen Apparate entwickelt.

1. Die wichtigsten dieser Apparate sind die folgenden:

Abb. 1. Großer Gelenkprüfer.

Abb. 2. Tastsinnprüfer.

Der große Gelenkprüfer.
Abb. 1.

Der Apparat sieht aus wie der Support einer Werkzeugmaschine; beim Drehen der Kurbel wird eine Feder zusammengedrückt; dadurch hat die Hand einen allmählich steigenden Widerstand zu überwinden. Der Prüfling hat die Kurbel zu drehen und soll dabei genau auf den Druck achten, den er in dem Augenblick empfindet, in welchem ihm Halt zugerufen wird. Der Prüfer merkt die Zeigerstellung, die dieser Kurbelstellung entspricht, und dreht die Kurbel zurück. Der Prüfling, dem die Zeigerstellung verdeckt ist, muß nun wieder die Kurbel drehen und zwar so weit, bis er den gleichen Gegendruck wie das erste Mal zu empfinden glaubt. Er wird die erste Einstellung nicht genau treffen; der Zeiger gibt in Graden das Maß an, um welches er sich nach oben oder unten geirrt hat; auf diese Weise wird die „Gelenkempfindlichkeit" und das „Gelenkgedächtnis" des Prüflings gemessen.

Der Tastprüfer.
Abb. 2.

In einem flach liegenden Metallring wird durch Drehen einer Schraubenspindel mit Handrad eine Scheibe auf und nieder bewegt, so daß sie entweder mit dem Ring glatt abschneidet, oder hervorsteht oder darunter bleibt. Die Stellung der Scheibe kann an einem Nonius am Handrad, der dem Prüfling nicht sichtbar ist, abgelesen werden; der Nullstrich entspricht der Gleichstellung von Ring und Scheibe. Der Prüfling erhält den Auftrag, Scheibe und Ring mit einander bündig einzustellen; der am Nonius abgelesene Grad des Abbleibens vom Nullstrich gibt den Grad der Feinfühligkeit der Finger, des Tastsinns, an.

Abb. 3. Zittermesser.

Der Zittermesser (Tremometer).
Abb. 3 und 4.

Auf einem Kasten ist eine Metallplatte angebracht, in welche Löcher von verschiedenem Durchmesser und Schlitze von verschiedener Weite und Form eingeschnitten sind; diese Platte ist mit dem einen Pol einer elektrischen Klingel verbunden, an deren anderem Pol ein Handgriff mit Metallstift durch einen beweglichen Draht angeschlossen ist. Dieser Stift soll von dem Prüfling in die

Abb. 4. Prüfung der Zielsicherheit der Hand.

Löcher und Schlitze bis zu einer bestimmten Tiefe eingeführt und in den Schlitzen entlang geführt werden, ohne daß er die Ränder berührt; wenn er sie berührt,

Abb. 5 und 6 Winkelschätz-Apparat.

Abb. 7. Der Mossosche Apparat zur Messung der Ermüdung.

so wird der elektrische Stromkreis geschlossen, und die Glocke verrät die Berührung. Es wird gewertet, welches das engste Loch ist, in das er den Stift ohne Klingeln einführen kann, und beim Durchfahren der verschiedenen Schlitze wie oft es klingelt. Danach bemessen sich die Ruhe und Sicherheit der arbeitenden Hand (der Grad des sogen. Tatterich).

Die eine Reihe der Löcher in der Platte ist mit Hartgummi gefüllt, so daß statt der Löcher schwarze Punkte verschiedener Größe erscheinen. Der Prüfling hat mit dem Stift aus einer bestimmten Höhe ins Schwarze zu zielen und zu stechen; trifft er daneben auf das Metall, so verrät wieder die Glocke den Fehler. Durch diesen Versuch wird die Zielsicherheit der Hand gemessen, bewertet nach der Zahl der Treffer und dem Durchmesser des Ziels.

Der Winkelschätzer.
Abb. 5 und 6.

Auf einem Zifferblatt mit Gradeinteilung sind zwei Zeiger angebracht, die jeder für sich mittels Schrauben hin und her gedreht werden können, so daß sie jeden beliebigen Winkel mit einander zu bilden vermögen. Eine Aufgabe lautet: genau einen rechten oder einen halben rechten Winkel einzustellen. Das Ergebnis kann auf zehntel Grade auf der Rückseite des Apparates abgelesen werden und zeigt an, wie das Augenmaß des Prüflings entwickelt ist.

Das Tachistoskop.

Wie schnell jemand auf einen neu auftauchenden Reiz achtet, zeigen verschiedene Schnelligkeitsmesser, sogenannte „Tachistoskope". Einer dieser Apparate läßt in

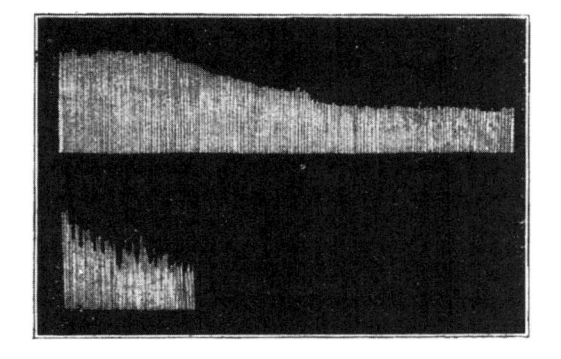

Abb. 8. Ermüdungskurven.
Oben: Gute, langsam eintretende allmähliche Ermüdung, praktisch Unermüdbarkeit.
Unten: Schlechte Leistung, rasch eintretende Ermüdung.

Abb. 9. Energograph.

einem kleinen Fenster einer Tafel plötzlich und für ganz kurze Zeit ein hellerleuchtetes Wort auftauchen. Nach der Zeitdauer, die das Wort in dem Fenster stehen bleiben muß, damit der Prüfling es erkennt, wird die Aufnahmefähigkeit des Prüflings gemessen. Der eine braucht eine halbe Sekunde, der andere vielleicht eine Viertelsekunde, um das Wort richtig zu lesen und zu nennen.

Eine andere Art der Reaktionsfähigkeit mißt eine Vorrichtung mit plötzlich aufleuchtenden Glühlampen bei den Kraftfahrern (Werkztg. 1. Jahrg. Nr. 7, S. 117). Hier muß der Prüfling selbst den Augenblick seiner Wahrnehmung durch Niederdrücken einer Taste in ein Schreibwerk eintragen. Es wird also die Zeitspanne gemessen, die er braucht, um einen Sinneseindruck auf seine Muskeln zu übertragen (Reaktionsfähigkeit).

Ermüdungsmesser (Energograph).
Abb. 7, 8 und 9.

Dieser Apparat, der älteste aller psychotechnischen Apparate, besteht aus einem wagerecht auf einem Gestell befestigten Brett, auf dem der Unterarm so fest-

Abb. 10. Schreckreize am Übungsstand für Straßenbahnführer.

geschnallt wird, daß seine Muskeln für den Versuch ausgeschaltet sind. Auch die Finger werden festgelegt, bis auf den Mittelfinger. Dieser Finger steckt in einer Hülse, die an einer Schnur hängt. Das andere Ende der Schnur ist mit Gewichten belastet. Die Aufgabe geht dahin, durch Bewegung des Mittelfingers die Gewichte immer wieder zu heben und loszulassen. Diese Bewegung wird durch ein Schreibwerk aufgezeichnet. Es entsteht eine Kurve, die ganz verschieden aussieht, je nachdem, ob der Prüfling rasch oder langsam ermüdet (siehe Bild 8). Nach Art und Maß der Kurve wird diese Probe bewertet.

Ein anderer Apparat mißt die Brauchbarkeit nicht des bewegten Muskels, sondern des ruhend angespannt arbeitenden Muskels. Der Prüfling hat einen gespaltenen Handgriff, der durch Federn auseinandergedrückt wird, mit der Hand möglichst gleichmäßig zusammengedrückt zu halten. Mit der Einsetzung der Ermüdung werden die Muskeln nachgeben, durch den Willen wieder zusammengezogen werden und in eine Art Zitterbewegung kommen. (Bild 9). Diese Bewegung wird aufgezeichnet und ein Bild ergeben, das, entgegengesetzt dem vorigen, mit einer geraden Linie beginnt und allmählich in eine, je nach den Eigenschaften des Prüflings, stärkere oder schwächere Zickzacklinie übergeht.

Schließlich zeigt das Bild 10 einen Übungsstand für Straßenbahnführer, an dem Schreckreize durch plötzlichen Kurzschluß, Niedersinken des Führersitzes und dergleichen hervorgerufen werden können, und durch Uhren die Zeit gemessen wird, die der Erschreckte benötigt, um seine Lähmung zu überwinden (Bild 10).

2. Psychologische Verfahren.

Da, wo Apparate ungeeignet wären, sind es eine ganze Reihe anderer Verfahren, die von den Psychologen zur Prüfung der geistigen Kräfte aufgewendet werden.

Das Gedächtnis wird dadurch auf die Probe gestellt, daß eine vorgesprochene Reihe zusammenhangloser Worte wiederholt werden muß. Die Anzahl

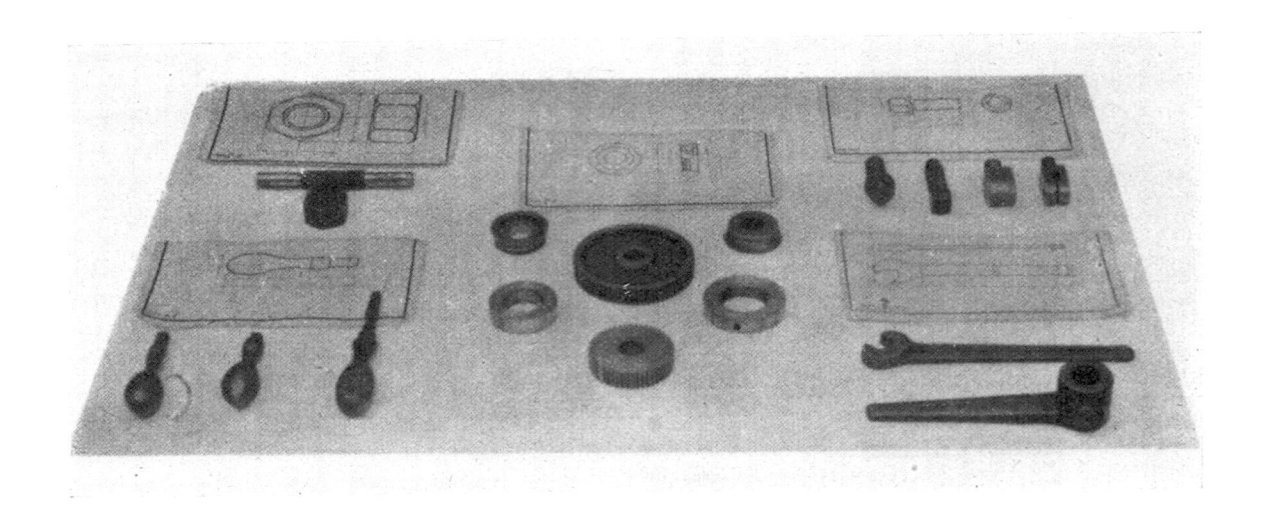

Abb. 12. Psychotechnischer Prüfkasten.

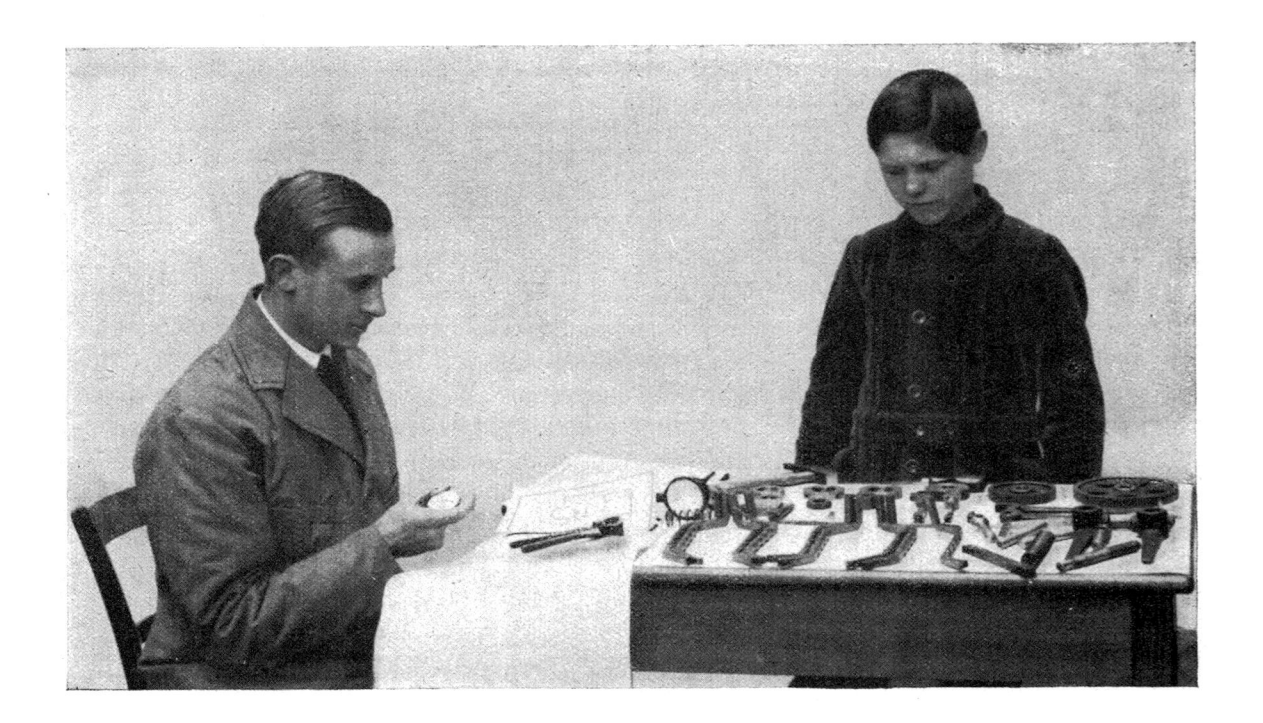

Abb. 13. Versuchsanordnung zur Prüfung des räumlichen Vorstellungsvermögens.

der richtig behaltenen und wiedergebenen Worte zeigt den Grad des reinen Gedächtnisses an.

Die **Aufmerksamkeit** beobachtet der Durchstreichversuch. In einem Abschnitt irgend eines Textes müssen alle e oder a oder n ausgestrichen werden. Die Unterschiede in der Genauigkeit bei dem Aufsuchen der Buchstaben sind überraschend groß.

Eine andere geistige Tätigkeit ist die, **Zusammenhänge zu begreifen**. Zur Prüfung muß z. B. der Prüfling aus einzelnen Worten, die ihm genannt werden, eine zusammenhängende Geschichte bilden. So ist beispielsweise aus den Worten Regen, Kälte, zerbrochener Krug, ein sinnvoller Zusammenhang zu bilden, etwa in der Weise: „Durch den Regen füllt sich der Krug mit Wasser. Es gefror, dehnte sich aus und zersprengte den Krug." Oder den Prüflingen werden Bildertafeln vorgelegt, und sie müssen Bilder zusammensuchen, die zusammengehören, also z. B. Uhr und Zeiger, Wage und Gewicht, Hammer und Nagel (Abbildung 11).

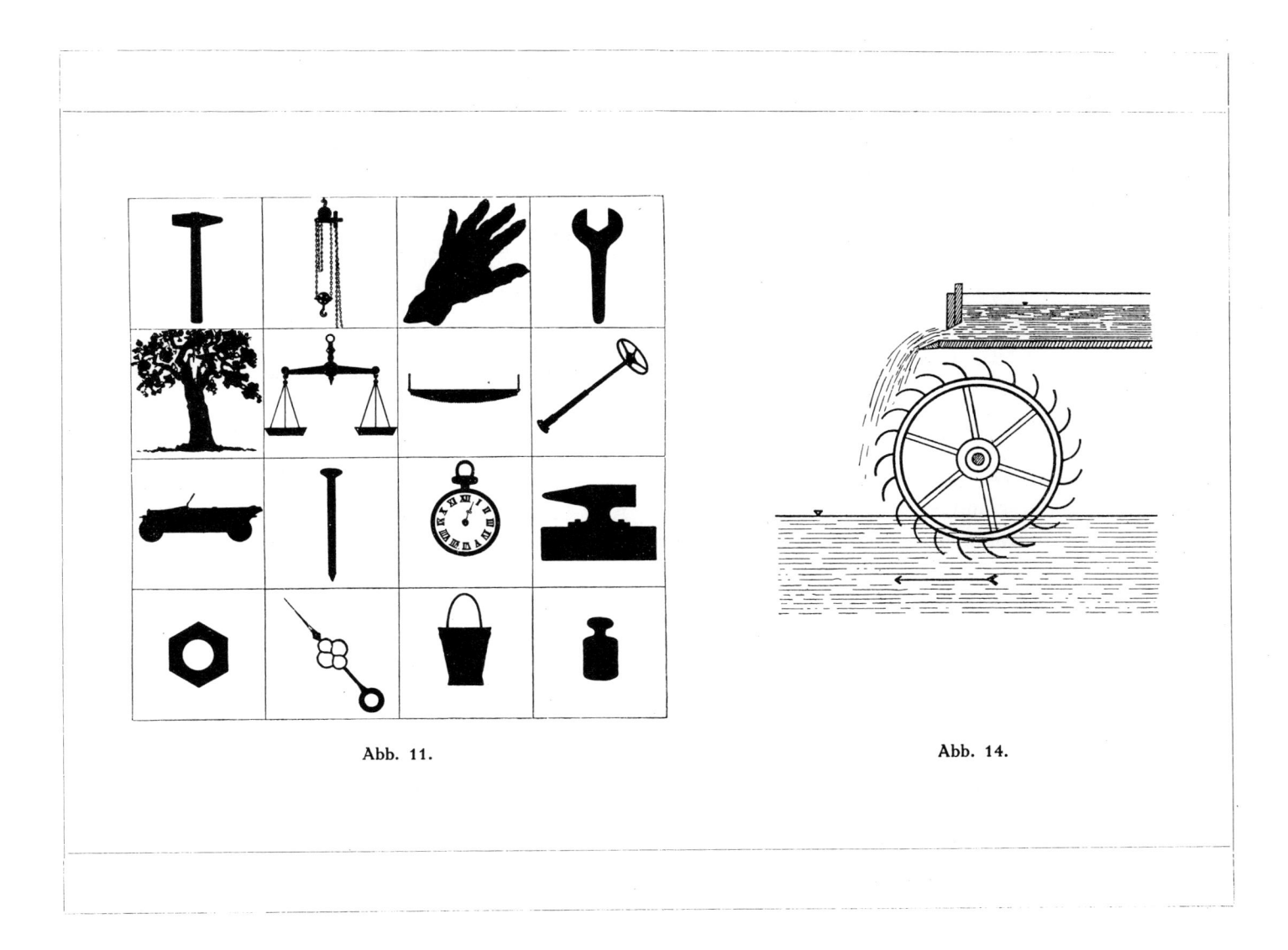

Die **Beobachtungsfähigkeit** wird u. a. dadurch geprüft, daß die Prüflinge vor einen Tisch mit Werkstücken treten müssen (Abbildung 12 und 13). Es wird ihnen eine Zeichnung in die Hand gegeben, auf der die einzelnen Werkzeuge abgebildet sind. Auf eine Abbildung wird gedeutet mit der Aufforderung, das entsprechende Stück auf dem Tisch aus den dort liegenden Gegenständen herauszusuchen. So einfach diese Aufgabe erscheint, so selten wird sie richtig gelöst.

Sehr wichtig sind die Versuche, durch die das **technische Verständnis** ermittelt wird. Es handelt sich darum, ob ein zeichnerisch dargestellter einfacher technischer Vorgang durchschaut und begriffen wird. Bild 14 zeigt eine solche Darstellung. Der Prüfling hat die Richtung anzugeben, in der das Wasserrad durch einen Wasserlauf gedreht werden würde.

Abb. 11.

Abb. 14.

3. Prüfungszahlen und Eignungskarte.

Ist die Prüfung durchgeführt, d. h., ist für jede untersuchte Eigenschaft eine Wertzahl, die zwischen 1 und 10 liegt, ermittelt, so werden diese Zahlen für jeden Prüfling bildlich in einer Kurve zusammengefaßt. Dies ist die Eigenschaftskurve. Die Kurve entsteht dadurch, daß z. B. für sechs Eigenschaften über einer wagrechten Grundlinie in sechs vertikalen Feldern die Wertzahlen im Längenmaß von unten nach oben aufgetragen werden Als sechs solche Eigenschaften sind z. B. gewählt:

1. Handgeschicklichkeit,
2. Gelenkgedächtnis,
3. Tastsinn,
4. Augenmaß,
5. Aufmerksamkeit,
6. Technisch-konstruktive Begabung.

Der Prüfling, dessen Eigenschaftskurve hier wiedergegeben ist, hat in Handgeschicklichkeit und Tastsinn den Mittelwert 5 erreicht, im Augenmaß ist er sehr schlecht. In Aufmerksamkeit überragt er den Durchschnitt; das befähigte ihn augenscheinlich zu einer ganz hervorragenden Leistung im Gelenkgedächtnis; auch in der technischen Begabung hat er einen recht hohen Wert erreicht.

Aus der Kurve werden für den Prüfling ein bestimmter Beruf und eine Wertziffer für diesen Beruf ermittelt.

Das letzte Bild gibt die Prüfungskarte eines Straßenbahnführers. Zum Unterschiede von der Eigenschaftskurve ist eine solche Karte eine ausgesprochene Berufseignungs-Karte. Sie gibt oder verweigert die Berechtigung zur Ergreifung des bestimmten Berufs. Die abgebildete Karte zeigt, wie der Prüfling, obgleich er in der Mehrzahl der Prüfungen weit über der Mindestleistung von 50% steht, durch Versagen in drei Eigenschaften als nicht berufsgeeignet ausgeschieden wird. Freilich wird man diesem Urteil die Berechtigung nicht absprechen können, da die Eigenschaften, die hier den Ausschlag gegeben haben, für den Wagenführer-Beruf wohl die wichtigsten sind.

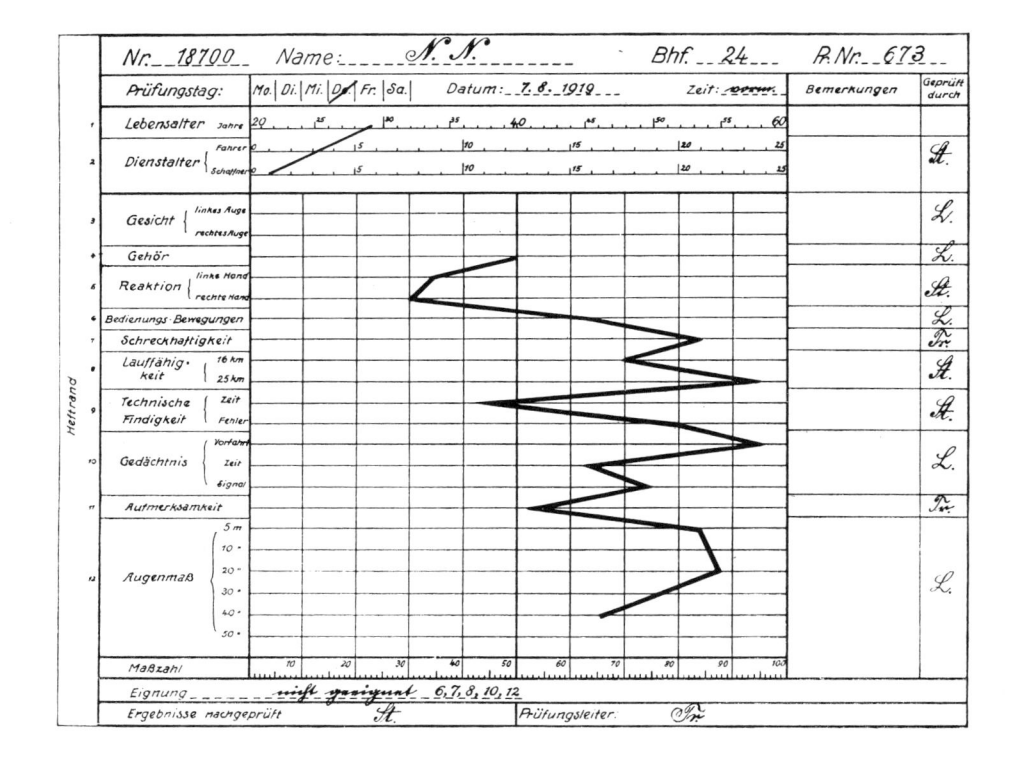

Die Leistung der Psychotechnik.

Von Dr. jur. Eugen Rosenstock.

I.

Eine Fabrik R. hatte im Kriege an den Fräsmaschinen 40—60% Ausschuß, weil die Arbeiterinnen ungleichmäßig gegen den Anschlag kurbelten und dadurch zu tief frästen. In dieser Notlage kommt der Inhaber auf den Gedanken, mittels eines besonderen Apparates die Feinfühligkeit der Arbeiterinnen zu prüfen und den Grad ihrer Eignung für das Fräsen zahlenmäßig festzustellen. Indem er die unter einer bestimmten Zahl bleibenden aussiebt und nur die tüchtigen übrig behält, setzt er den Ausschuß auf 5% herab. Darnach übertrifft die Fabrik die gesammte Konkurrenz um ein Mehrfaches an Gewinn.

Der Apparat, der diese zahlenmäßige Prüfung einer Eigenschaft des Arbeiters ermöglicht, und der in dieser Fabrik aus dem Bedürfnis des Tages heraus entsteht, heißt psychotechnischer. Das Kennzeichen eines solchen ist, daß die Tätigkeit eines Menschen an **ihm anstatt in der Wirklichkeit** ausprobiert wird. Anstatt daß die Fräserinnen nach ihren Leistungen an der Fräsmaschine im Laufe einiger Wochen ausgesondert werden, sondert sie der Apparat binnen einiger Stunden aus. Zu einem psychotechnischen Vorgehen gehört also dreierlei: Die Wirklichkeit, in der eine menschliche Eigenschaft benötigt wird, muß durch eine bloße Nachbildung in Form eines Apparates, ein sogenanntes Schema der Wirklichkeit, ersetzt werden. Dieses Schema muß zahlenmäßige, von einer Skala ablesbare, untereinander also vergleichbare, Ergebnisse liefern. Es muß in Stunden, höchstens in Tagen, dasselbe leisten, wofür die Wirklichkeit Wochen oder Monate braucht.

Der Regelfall, für den die Psychotechnik in Amerika ausgebildet worden ist, lag wohl so: Eine Fabrik hat etwa zwanzig Stellen zu besetzen. Sie hat hundert Stellungsuchende vor sich. Nimmt sie die ersten zwanzig, so verliert sie vielleicht die geschicktesten Bewerber. Ein Erproben aller kann nur stattfinden, wenn es in wenigen Stunden bewältigt werden kann. Es wird also ein Schema der verlangten Arbeit entworfen, die Eigenschaften z. B. der Sehschärfe, des Augenmaßes, der Auffassungsgabe, des Gedächtnisses als notwendig ermittelt. Es werden vier Apparate oder Prüfungen ersonnen, die einen zahlenmäßigen Vergleich über je eine der Eigenschaften bei allen Bewerbern gestatten. Die Prüfung der Aufmerksamkeit besteht z. B. darin, daß ein Wort in einem schmalen Schlitz kurz aufleuchtet. Der eine braucht $^1/_{10}$, der andere $^3/_{10}$ Sekunden, um das Wort aufzufassen. Der Erste ist also dem Zweiten um das Dreifache an Auffassungsgabe durch das Gesicht überlegen. Oder es werden Worte vorgesprochen und ermittelt, wie viele ein jeder bei einmaligem, zweimaligem und dreimaligem Vorsprechen auswendig behält.

Das Entscheidende bei diesen kurzen Prüfungen, für die der Ausdruck „Test" auch in Deutschland eingebürgert wird, ist der sachliche, unanzweifelbare Maßstab. Der Prüfende kann keinerlei Verantwortung übernehmen. Er kennt keinen der hundert Prüflinge und hat keine Zeit noch Veranlassung, einen kennen zu lernen. Er beabsichtigt, völlig gerecht zu verfahren. Man kann solche Gerechtigkeit nicht anders als durch Zahlen und vergleichende Tabellen erreichen. Ohne solche von jedermann ablesbaren Vergleichszahlen handelt es sich nicht um die amerikanische Psychotechnik, sondern um das in Europa altbekannte Prüfverfahren. Bei diesem stehen Prüfling und Prüfer sich unmittelbar in einem Examen gegenüber, und der Prüfling ist der Gewissenhaftigkeit des Prüfers ausgeliefert. Bei dem psychotechnischen „Test" schieben sich zwischen Prüfer und Prüfling der Apparat und seine Zahlenwerte, die jede menschliche Willkür ausschalten.

Der Test ist für eine Firma da zweckmäßig, wo auf eine Stelle mehrere Bewerber kommen. Fehlt es an Arbeitern, oder scheut die Fabrik häufigen Wechsel, so wird sie mit den Arbeitern vorlieb nehmen, wie sie einmal sind. Bei achtzehn Bewerbern für zwanzig Stellen ist für Psychotechnik kein Raum. Ein ebenso geistvoller wie erfolgreicher amerikanischer Maschinenbauer, James Hartneß, predigt Anstellungs- und Verwendungsgrundsätze für seine freilich hochgelernte Arbeiterschaft, die aller Psychotechnik zuwiderlaufen: „Die Leitung sollte nicht aus Ärger über einen Mann, der etwas schlecht gemacht hat oder es nicht begriff, einen Fremden einstellen, nur deshalb, weil sie hofft, daß dieser keine Fehler hat." Oder: „Die Hauptaufgabe der Leitung ist, die Menschen so zu nehmen, wie sie auf Erden sich finden". Auch in einem solchen Unternehmen kann Psychotechnik noch eine Rolle spielen, nämlich für die Aufteilung der Arbeiter auf die einzelnen Hantierungen. Aber wenn es sich nur um ein Mehr oder Weniger in der Eignung handelt zwischen Leuten, deren Verbleib im Betrieb feststeht, so fällt etwas fort, was zur Vollständigkeit des Testverfahrens gehört: Das System von Mindestzahlen, von absoluten Werten, die einen Mann für schlechthin unfähig zu einem Beruf erklären.

Es ist ein grundlegender Unterschied, ob zwei Arbeiten zwischen zwei Arbeitern zweckmäßig verteilt werden sollen, jeder Arbeiter aber bestimmt eine Arbeit erhält, oder ob der Bewerber, der gewisse Zahlenwerte bei der Prüfung nicht erreicht, ausscheidet.

Dies letztere, die absolute Entscheidung durch den Test, ist aber für die Entwicklung der Psychotechnik die Regel gewesen. Der absolute Test kann nur da auftreten, wo die arbeitvergebende Stelle das Recht hat, die Arbeitsuchenden zu nehmen oder nicht zu nehmen, wie es ihr gefällt. Ein Vergleich mit einem alten Rittergut mag zeigen, worauf's ankommt. Hier war der Gutsherr nicht in der Lage, eine Bauernstelle zu legen oder einzuziehen, nur weil ihm die Fähigkeiten des jungen Bauern nicht ausreichend schienen. Mochte die Arbeit notleiden, der Bauernsohn hatte ein Recht auf die erste erledigte Stelle im Dorf.

In Amerika war dagegen durch die ständige Anwanderung die Industrie in der Lage, den absoluten Test zu handhaben. Von da aus ist der Test dann im Krieg für die Rekruten verwendet worden. Und das Muster, das die Militärbehörde eingeführt hatte, ist sogar von der Universität Chicago für die Studenten als Intelligenzprüfung eingeführt worden. Es ist aber bezeichnend, daß den Amerikanern nicht gelungen ist, hierbei den Charakter des psychotechnischen Vorgehens rein zu erhalten. Unter fünf Prüfungen befindet sich nämlich auch eine (Nr. 4), die fünf verschiedene Fragen in je drei Minuten zu beantworten fordert, z. B.: „Welche Entwicklung wird die Regierung der Vereinigten Staaten in den nächsten zehn Jahren einschlagen?" Die Antworten auf diese Fragen nun werden nicht zahlenmäßig bewertet! Das heißt, man ist zu dem gewöhnlichen europäischen Prüfungswesen zurückgekehrt, bei dem der Prüfer die Verantwortung für seine Urteile übernimmt. Nur wird das europäische Examen hier in unsagbar roher und abgekürzter Weise, sozusagen in Warenhausmanier, aufgegriffen.

In Deutschland hatte anfangs zu so unbedingter Entscheidung über Menschenschicksale nur einer das Recht: der Staat. Für Staatszwecke ist die Psychotechnik in Deutschland zuerst ausgebildet worden. Im Kriege bedurfte es der Auswahl tüchtiger Rekruten für Kraftfahr- und Fliegertruppen. Es mußten mit dem geringsten Zeitverlust möglichst unparteiisch und ohne jede Einzelkenntnis aus Hunderttausenden von Männern ohne Ansehen der Person, aus sogenanntem „Menschenmaterial", die Sonderwaffen versorgt werden. Für die Heeresverwaltung hat daraufhin Dr. Moede, ein Schüler des Experimental-Psychologen Wundt in Leipzig, ein Schema und einen Test des Kraftfahrerberufes entworfen. Und etwa 40 000 Rekruten konnten nach diesem Schema untersucht werden. Von hier aus griff die Psychotechnik über auf die andern „Lenker"berufe (Straßenbahner). (Vgl. Daimler Werkzeitung I Nr. 5.) Aber auch das Lehrlingswesen hat die Psychotechnik bereits weithin unter ihre Botmäßigkeit gebracht.

In Berlin sind Fabriken wie Borsig, Loewe, Riebe, A. E. G., die unter den gespannten Arbeitsverhältnissen zu leiden haben, dazu übergegangen, die Verantwortung für die Ausbildung des Lehrlings dem Psychotechniker zuzuschieben. Die Prüfungen der Lehrlinge werden dem Institut des Dr. Moede an der technischen Hochschule in Charlottenburg überwiesen. Sie werden hier ohne Rücksicht auf Person und Stand gehandhabt, und ihre Ergebnisse werden rücksichtslos durchgesetzt. Z. B. meldeten sich in einer Fabrik für zwölf Lehrstellen dreißig Knaben und unter diesen der Sohn eines Meisters der Fabrik und der Sohn eines Spartakistenführers, der auch in der Fabrik arbeitete. Der Test wies den Meistersohn an die dreiundzwanzigste, den anderen an die sechsundzwanzigste Stelle und schied sie damit beide aus. Die Fabrik war ihrer persönlichen Rücksicht auf den Meister überhoben und ebensowenig konnte ihr eine Maßregelung des Spartakisten nachgesagt werden. Die Arbeiterschaft fügte sich der Sachlichkeit der Prüfungsziffern. Der Psychotechniker hatte die Nützlichkeit seines Berufes erwiesen. Alle Beteiligten werden also bei diesem Verfahren zufriedengestellt; alle Beteiligten, denn wer wird angesichts der Beruhigung der Direktion, der Arbeiterschaft und der Wissenschaft noch groß an das Schicksal der beiden Knaben denken, denen ihre Väter die sicher erwartete Lehrstelle nicht zu erwirken vermochten? Sie, um deren Lebensgang es sich handelt, sollten mehr beteiligt sein als all die mächtigen Gruppen der Erwachsenen und deren Politik?

Die Deckung durch Ausschaltung persönlicher Verantwortung hat für die heute von Schwierigkeiten umringte Werkleitung und ihre Ingenieure viel Bestechendes. Die Arbeiterschaft, vor allem die U. S. P. und die Kommunisten (Arbeiter-Ausschuß bei Borsig), erblickt gleichfalls in der Ausschaltung persönlicher „Willkür" einen Sieg über die verhaßte „Meisterwirtschaft". Der Dritte, der den beiden andern das geistige Rüstzeug liefert, der Experimentalpsychologe, sieht die Stunde gekommen, sein Verfahren auf alle Berufe ohne Ausnahme auszudehnen.

Bereits hat der Gewerkschaftskongreß in Nürnberg das psychotechnische Vorgehen bei der Lehrlingseinstellung gefordert. Die unabhängigen Sozialisten nennen die beim Test entworfene Seelenkarte, weil sie ihnen die Befreiung von den Meistern verheißt und ihre Fähigkeiten schwarz auf weiß zeigt, Ehrenkarte. In dem Ausschuß für Lehrlingswesen, den der Vater der Nürnberger Beschlüsse, Stadtrat Sassenbach, aus Männern aller Richtungen in Berlin gebildet hat, ist im Oktober 1919 der Vorschlag gemacht worden, die Berufszuteilung für das ganze Reich einheitlich auf psychotechnische Grundlage zu stellen. Je nach dem Ausfall der psychotechnischen Prüfungen, die der Staat vornimmt, sollen die Lehrlinge den einzelnen Fabriken zugewiesen werden. Schon eilen die Ingenieure aus den Fabriken des Reiches nach Charlottenburg, um bei Dr. Moede in dem neuen Verfahren Unterricht zu nehmen.

II.

Ingenieure, Psychologen und Sozialisten beschäftigen sich mit der Psychotechnik. Sie machen einander gewisse Einwände. Einer der häufigsten ist der, daß doch Fähigkeiten durch Übung erworben werden können. Eine vom Test aufgezeigte Unfähigkeit sei also überwindbar. Hierauf lautet die Antwort des Verteidigers der Psychotechnik: Auch der Befähigte gewinnt durch Übung. Er gewinnt oft sogar mehr durch Übung als der Unbefähigte. Der Abstand zwischen beiden bleibt also bestehen. Die von der Psychotechnik ermittelte Rangordnung wird durch die Übung nicht entwertet. Dem kann freilich wieder entgegnet werden: Immerhin fördert die Übung den, der bei der psychotechnischen Auslese ausschied, soweit, daß er nicht mehr auszuscheiden braucht, sondern doch noch seinen Mann stellt. Und diese nachträgliche Brauchbarkeit ist doch wichtig genug.

Bei reichlichem Andrang der Prüflinge bleibt dieser Einwand freilich nebensächlich. Ein anderer dringt tiefer.

Die Psychotechnik will höchste Wirkungsgrade der Berufsleistung erzielen. Sie will das dadurch, daß sie den Geeigneten an die geeignete Stelle bringt. Sie glaubt, der erreiche die Höchstleistung, der eine Arbeit kraft seiner Anlagen sozusagen spielend bewältigen kann. Sie betrachtet es deshalb als Qual und Kraftverlust, wenn ein Mensch einen Beruf auszuüben versucht, der ihm von Haus aus fremd und unangenehm ist. Wir wollen einmal annehmen, solch ein Versuch sei bloß ein Kraftverlust. Sollte aber nicht durch die Anstellung dessen, der seine Arbeit spielend meistert, ebenfalls ein Kraftverlust entstehen?

Dem, dem ein Beruf schwer fällt, wird jedenfalls eins nicht leicht: übermütig werden. Das Joch des Berufs wird ihn beugen, es wird ihn vielleicht zerbrechen. Wenn es ihn aber nicht zerbricht, so wird er es weiter bringen als der nur dazu Geborene. Denn er wird nicht über die Stränge schlagen, nicht leichtsinnig und nicht frech werden und dadurch der gediegenere und zuverlässigere sein. Angeborene Fähigkeiten und ohne Widerstände errungene Meisterschaft erzeugen fast regelmäßig Übermut und Überhebung. Und dies hat sich gerade in den Berufen, für die besonders die Psychotechnik tätig ist, bestätigt; nämlich in den verantwortungsvollen Tätigkeiten des Kraftfahrers, Straßenbahners, Fernsprechers und ähnlicher, die alle in größere Menschengruppen unmittelbar hineinwirken. Es sind z. B. gerade die Chauffeure mit den besten Prüfungszeugnissen, die am meisten Polizeiverordnungen übertreten. Diese Polizeiverordnungen sind aber nicht irgend etwas Äußerliches, sondern sie gehören genau so zur Bestimmung eines Berufes wie die Vorschriften z. B. für Arzt und Apotheker, ohne die kein Mensch seines Lebens sicher wäre.

Die Psychotechnik übersieht also bei ihrer Bevorzugung des Talents, der Begabung den Leistungsverlust, der durch Entartung eintritt. Der Mensch kann seine guten Anlagen auch wieder verlieren, er kann entarten, und er entartet regelmäßig bei zu weitgehender Beseitigung von Widerständen.

Die Nervenärzte wissen von einer Krankheit, die erfolgreiche Menschen befällt. Sie erkranken einzig daran, daß sie zu wenig leiden. Das „Üppigwerden" ist eine Krankheit aus Mangel an Widerstand.

Ich füge hier zwei Lebensläufe von heute an:

1.

Jemand hatte eine glänzende Begabung für Geschichte. Die wirtschaftlichen Verhältnisse und die Zeitmode bewirken, daß er Elektrotechniker wird. Sein Trieb zur Geschichte war spielerisch, glänzend, aber diesen äußeren Beweggründen nicht gewachsen. Er fügt sich daher ohne Schmerz der rein wirtschaftlichen Berufswahl. In dem neuen Beruf aber bricht die unterdrückte ursprüngliche Begabung wieder durch und bringt eine ganz neue Berufsmischung hervor; er bleibt nicht Techniker sondern wird zu etwas Neuem und Besonderen, zum Geschichtsschreiber der Technik. In diesem Falle würde ein psychotechnisches Vorgehen den Knaben auf die Geschichtslaufbahn geschoben haben. Stipendien und dergleichen würden für ihn aufgeboten worden sein, nur um die wirtschaftlichen Hindernisse zu besiegen. Wahrscheinlich würde in der hergebrachten Geschichtswissenschaft seine Begabung, die durch keine Energie gestützt war, keine besondere Leistung erzeugt haben. Erst die Durchdringung eines fremden Berufes steigert seinen Ernst und bewirkt eine neuartige Berufsmischung, die sonst der Allgemeinheit vorenthalten geblieben wäre.

2.

Ein begabter Student der Chemie strebt mit Leidenschaft zum Theater. Dabei leidet er an Stimmbruch, ein von der Psychotechnik als „−3", als absolutes Hindernis für den Schauspielerberuf, bezeichneter Schaden. Er setzt gegen tausend Widerstände durch, die Bühne zu betreten. Die ungeheure Willensanspannung erzeugt einen Kraftüberschuß, der ihn trotz und mit dem angeborenen Schaden zum Meister macht.

Die Durchführung psychotechnischer Grundsätze würde und müßte rücksichtslos Fall 1 und 2 unmöglich machen. Weder in 1 noch in 2 würde also die neue Lehre ihr Ziel, den höchsten Wirkungsgrad zu erreichen, durch ihr Vorgehen gefördert haben. Der bekannte Geschichtsschreiber der Technik, Feldhaus, wäre heute Oberlehrer, der berühmte Schauspieler Albert Bassermann Chemiker.

Also lassen sich mit der Auslese durch Psychotechnik keine höchsten Wirkungsgrade erzielen, weil die unbegrenzten Möglichkeiten, die in einem Menschen verborgen sind, durch keine Prüfung richtig abgeschätzt werden können.

Man muß noch andere Einwände gegen die Psychotechnik erheben: Sie sieht den Menschen nur als Einzelwesen und sucht an ihm nur die hervorragendste Begabung zu einem bestimmten Beruf, zu dem sie ihn dann in irgend eine Umgebung hineinsetzt. Nun kann der Mensch aber nicht als Einzelwesen losgelöst existieren. Er bedarf der Verbindung mit seinen Mitmenschen durch Heimat, Freundschaft und Sippe. Manchen charakterschwachen Menschen kann nur die Liebe und Neigung seiner Umgebung so stützen, daß er seinen Platz im Leben mit Anstand ausfüllen kann. Wo diese fehlen, da geht er zugrunde. Es ist also wichtiger, ihn im sicheren Kreise der Seinen zu lassen, als ihn wegen des scheinbaren wirtschaftlichen Wertes einer größeren Eignung in einen fremden Beruf zu versetzen.

Die jungen Menschen, deren Berufswahl die Wissenschaft regeln möchte, stehen am Ende der Knabenzeit; sie sind 13−14 Jahre alt. Gerade in diesen Jahren ist das künftige Wesen oft bis zur Unkenntlichkeit durch die Übergangserscheinungen des Reifealters verdeckt. Der Junge hat noch kein eindeutig ausgeprägtes Wesen. Was wird, was kann nicht noch alles aus ihm werden? Aufmerksamkeit und Ausdrucksfähigkeit stecken oft in dem zerstreuten und blöden Jugendlichen. Manche ererbten Wesenszüge schlagen ja sogar erst nach dem zwanzigsten Jahre durch. Manch tüchtiger Mann hat als Lehrjunge nicht gut getan. Das Zeugnis über eine wissenschaftliche Berufszuteilung, dem Werdenden als Ausweispapier auf die Lebenswanderung mitgegeben, wird es die Entwicklung neuer Kräfte in ihm erleichtern oder erschweren?

Dies alles sind doch Gründe, die es sehr gewagt erscheinen lassen, der Psychotechnik die Macht einzuräumen, die man ihr zu geben im Begriff ist: daß sie den Menschen in einen Beruf einreihen darf auf Grund von wissenschaftlichen Untersuchungen und Prüfungszahlen.

Bei dem Einfluß, den schon heute alle Zeugnisse und Legitimationspapiere bei uns haben, dürfte das zu Zuständen führen, die viel unheimlicher sind als die gewisse Abhängigkeit von persönlicher Willkür, aus der die Psychotechnik uns wissenschaftlich befreien wollte.

Können also die großen Erwartungen der Psychotechniker nicht geteilt werden, so vermag doch das neue Verfahren in bestimmter Hinsicht Nutzen zu stiften.

Wir brauchen nur an das Beispiel zu denken, mit dem dieser Aufsatz begann: die Auslese für die Arbeit an der Fräsmaschine. Da handelte es sich gar nicht um die Eignung zu einem Lebensberuf, sondern um die Auswahl ungelernter Arbeitskräfte für eine einzelne Arbeitsverrichtung. Da, wo aus einer Schar von Bewerbern eine kleine Anzahl der geeignetsten ausgewählt werden soll, und wo eine Beurteilung der Eignung auf anderem Wege nicht möglich wäre, da wird der Apparat mit seinen flinken Feststellungen am Platze sein und eine wirtschaftliche Aufgabe erfüllen. Die Apparate sind gut, wo die Prüfung als Massenabfertigung erfolgen muß. Sie sind da nicht deshalb gut, weil sie besonderes leisten, sondern weil sie überhaupt eine Ordnung statt gar keiner ermöglichen. Auch wird dem Mißtrauen der Geprüften und ihrer Angehörigen gegen Ungerechtigkeit durch die unpersönlichen Zahlen alle Nahrung entzogen.

Außerdem helfen die Apparate bei der Aufdeckung solcher Mängel, die einen Menschen für eine bestimmte Hantierung schlechthin unfähig machen. Das ist im Grunde nichts Neues. Schon seit bald fünfzig Jahren wird die Prüfung der Eisenbahnbeamten auf Farbenblindheit durchgeführt. Jemand, der rot und grün nicht unterscheiden kann, darf niemals Lokomotivführer werden. Die Psychotechnik hat aber die Regeln für solches Ausscheiden weiter entwickelt. Das Schlosserhandwerk braucht für gewisse Arbeiten verschiedene Bewegungen des Armes; dem künstlichen Arm eines Oberarmamputierten fehlen einige dieser Bewegungsmöglichkeiten; die Psychotechnik widerlegt nun durch sinnreiche Apparate und sichere Verfahren die Erwartung, daß durch Übung mit der Zeit auch mit dem künstlichen Arm diese Arbeit bewältigt werden kann. Hier darf deshalb die Psychotechnik von vornherein den Bewerber ausscheiden.

In der Schulzeit wird die Psychotechnik, vielleicht in das letzte und vorletzte Jahr verlegt, ein Mittel bieten, um aufzudecken, was der einzelne Schüler kann und was ihm schwer fällt. Das bedeutet einen nützlichen Wink für den Jungen selbst und für seine Eltern. Hier entscheidet die Psychotechnik nicht über sein Schicksal, sie erteilt ihm ihren Rat. Erfahren die Eltern, daß der Junge für das von ihnen in Aussicht genommene Fach ausgesprochen ungeeignet ist, so werden sie sich reiflich überlegen, ob sie ihren Willen trotzdem durchsetzen sollen; rechtzeitig werden sie die Angaben der psychotechnischen Prüfung und ihre eigenen Wünsche und Pläne in Einklang zu setzen suchen. Sie werden das vielleicht so machen, daß sie die schwachen Eigenschaften des Jungen nachdrücklich zu entwickeln suchen und dadurch ihm vielleicht doch noch den durch andere Rücksichten etwa erwünschten Beruf erschließen.

Und so nützlich wie in den Jahren vor der Berufswahl kann die Psychotechnik auch in den Jahren nachher, in der Lehrlingszeit, sein; die Apparate können im Unterricht selbst zu einer Art Wetturnen dienen.

Schon bevor an Psychotechnik gedacht wurde, galt der Satz: „Die Ausbildung im allgemeinen soll immer so stattfinden, daß die schwächste Seite des Lehrlings zuerst und am längsten gestärkt wird". Für diese Stärkung d e r Eigenschaft, die fehlt oder schwach entwickelt ist, kann der Apparat ein wertvolles Hilfsmittel werden.

In dieser Richtung bewegt sich denn auch die Praxis, zum Beispiel des Straßenbahnführers. Auf einem Übungsstand, der dem Führerstand des Wagens entspricht, wird er durch geeignete Vorrichtungen in ähnlicher Weise angeregt, überrascht und erschreckt, wie ihm das später auf der Straße geschieht. Auf diese Reize hin muß er seine Hebel bedienen, so wie er es auf der Straße auf Signale oder Zufälle des Verkehrs hin zu tun hat. Er gewöhnt sich dabei an diese äußeren Einflüsse und übt sich auf die richtigen Gegenmaßnahmen ein. Er wird dann später draußen fast automatisch die richtigen Handgriffe ausführen. Dadurch wird verhindert, daß der Neuling das kostbare Wagenmaterial und zugleich Menschenleben in Gefahr bringt. Die Einrichtung des Übungsstandes hat außerdem erlaubt, die Lehrzeit des Straßenbahners um die Hälfte zu verkürzen und hat die Unkosten durch Beschädigungen wesentlich verringert.

Diese letzten Beispiele sind aber eigentlich nicht mehr Psychotechnik. Es sind Übungsmethoden, die bekannt und immer in Anwendung waren. Demosthenes nahm Steine in den Mund, um die Schwäche seiner Sprache zu überwinden; der Arzt lernt das Operieren an Leichen und an einer Nachbildung des Körpers (dem sogen. Phantom); die Zielübungen am Visier gingen jedem Unterricht mit dem Gewehr in reichlichem Maße voraus.

Für die gesteigerten Anforderungen und Gefährdungen der modernen technischen Berufe und Verkehrsmittel mußte der Übungsapparat notwendig feiner und verwickelter werden. Und dieser Entwicklung dienen die Apparate und Methoden der Psychotechnik.

★ ★

★

Eine Lehrlings-Aufnahmeprüfung.

Von Oberingenieur Max Sailer.

1. Die Prüfung.

Zur Aufnahme in die Lehrlingsabteilung im Jahre 1920 waren außerordentlich zahlreiche Anmeldungen erfolgt. Bis zu dem im Monat November festgesetzten Termin waren mehr Lehrlinge vorgemerkt, als in Anbetracht der beschränkten Platzverhältnisse der Lehrlingsabteilung angenommen werden konnten. Es war also notwendig, die Zahl zu vermindern. Und die Frage war, wie das in gerechter Weise geschehen könne. Es wurde beschlossen, den Versuch zu machen, die zu einem technischen Beruf weniger Geeigneten herauszufinden und zwar durch eine Aufnahmeprüfung besonderer Art. Da die Zeit bis zur Konfirmation sehr knapp war, konnten die Vorbereitungen zur Prüfung selbst großenteils nur flüchtig vorgenommen werden.

Für die Anmeldung war vorgeschrieben, daß sämtliche Schulzeugnisse, möglichst vom ersten bis letzten Schuljahr, einzureichen seien, samt einem kurzen, selbstgeschriebenen Lebenslauf, welcher zu Hause geschrieben werden durfte. Die zur Anmeldung Erschienenen wurden in eine Liste eingetragen, in welcher außer dem Vor- und Zunamen auch der Wohnort, die Straße, der Geburtstag, ferner die Angabe, was der Junge zu lernen wünscht, ob der Vater oder sonst ein Angehöriger im Werk arbeitet, wie lange und in welcher Abteilung, verzeichnet wurden. Daß über die Prüfungsfächer strengstes Stillschweigen beobachtet wurde, um Durchstechereien zu verhindern, ist selbstverständlich.

Bei der Verlesung der Angemeldeten am Tage der Prüfung stellte es sich heraus, daß nicht ein einziger fehlte.

Die Prüfung, welche in einer der Arbeiterspeisehallen stattfand, begann damit, daß jeder Prüfling einen Fragebogen auszufüllen hatte, wie derselbe Seite 43 dargestellt ist. Um Abschreiben zu verhindern, war die Sitzordnung so bestimmt, daß an jedem Tisch nur zwei Prüflinge Platz nehmen durften, und zwar je an den Enden des Tisches. Ferner sorgten Ingenieure und Meister für Ordnung und verhüteten Unredlichkeiten.

Der Fragebogen (siehe S. 43) sollte Auskunft darüber geben, ob der Junge freiwillig den von ihm genannten Beruf erlernen will, oder ob er dazu von seiten seiner Eltern oder seines Vormundes gezwungen worden ist. Außerdem sollte er zeigen, wieviel Stunden des Tages der Lehrling beim Fabrikbesuch von zu Hause fort sein würde, um daraus schließen zu können, ob die dann noch zur Verfügung stehende Nachtruhe genügend ist für die Entwicklung des Jungen oder nicht, da hierin gerade in den letzten Jahren schlechte Erfahrungen gemacht worden waren. Die Frage nach seinen Lieblingsfächern sollte dartun, zu welchem Beruf der Junge besonders hinneigt; ferner sollte sie ein Bild von der Gedankenwelt des Jungen geben. Die darauffolgende Frage, warum dies oder jenes sein Lieblingsfach war, scheint an und für sich einfach zu sein. Sie war aber offenbar außerordentlich schwer zu beantworten, was aus den später noch näher erwähnten Resultaten hervorgeht.

Nachdem die Fragebogen ausgefüllt und eingezogen waren, wurden die Rechenaufgaben zur Verteilung gebracht, welche im allgemeinen dem in jeder 7klassigen Volksschule gesteckten Ziel entsprechen und Seite 46 u. 47 abgebildet sind. Der Leiter der Prüfung erläuterte mündlich, wie die Aufgaben zu bearbeiten seien. Es waren 11 Aufgaben gestellt. Schon nach 22 Minuten gab der erste Prüfling seinen Bogen ab, andere folgten in kurzen Zeitabständen. Nachdem etwa 80% ihre Aufgaben abgeliefert hatten, wurde vom Leiter noch eine Frist von 10 Minuten gegeben. Wer bis dahin nicht fertig werden konnte, mußte seine Arbeit so abgeben, wie sie nach 85 Minuten fertig geworden war. Es konnte folgendes beobachtet werden: Die einen waren leichtsinnig und schienen die ganze Sache als Unterhaltung anzusehen, während andere sich mit ganzem Ernste in die Arbeit vertieft hatten und, wenn es nicht so klappte, wie sie gewünscht, tränenden Auges ihr Blatt einlieferten.

Diejenigen Jungen, welche ihre Rechenaufgaben abgegeben hatten, wurden nunmehr unter Führung mit den Fragebogen dem Arzt zur körperlichen Untersuchung vorgestellt. Wie aus den Fragebogen hervorgeht, sind auch die von seiten des Arztes zu beantwortenden Fragen auf ein Minimum beschränkt. Die Untersuchung konnte nicht sehr eingehend sein. Eine kleine Anzahl von Jungen wurde ausgeschieden, welche sich für den von ihnen erwählten Beruf infolge körperlicher Gebrechen zweifellos nicht eignen.

Nachdem die ärztliche Untersuchung beendigt war, wurden die Sinnesprüfungen an 4 Aufgaben vorgenommen.

| DMG | Fragebogen. | Name: Karl Engelhardt Nr.: 115 |

1. Was willst Du werden? — Schlosser.

2. Ist dies der Wunsch Deiner Eltern oder Deines Vormunds? — Ja.

3. Ist dies Dein eigener Wunsch? — Ja.

4. Wann mußt Du morgens aufstehen, wenn Du um 8 Uhr in der Fabrik sein mußt? — ½ 7 Uhr.

5. Wann kommst Du abends nach Hause, wenn die Arbeitszeit 5²⁰ Uhr beendigt ist? — 6 Uhr.

6. Welches waren Deine Lieblingsfächer in der Schule? — Naturlehre, Aufsatzschreiben, Ornamentieren.

7. Warum? — (Zeichnen) Ich begriff leicht, u. im Aufsatzschreiben konnte ich viel schreiben.

8. Mit was beschäftigst Du Dich gegenwärtig in den freien Stunden? — Meiner Mutter helfe ich u. wenn ich fertig bin, dann lese ich.

Vom Arzt auszufüllen:

Körperbau: mittelmäßig

Aussehen und Ernährungszustand: blasses Aussehen, Ern. gut

Frühere Krankheiten: Mittelohrentz.; rechts etwas schwerhörig

Er ist ~~un~~fähig zu dem erwählten Beruf: Schlosser

Der Arzt:

Die 1. Aufgabe war das wagrechte Einstellen einer Wasserwage. Gewertet wurde die Genauigkeit unter Berücksichtigung der dazu aufgewendeten Zeit.

Die 2. Aufgabe war, an verschiedenen Bolzen, welche hinsichtlich der Stärke und Länge ziemlich gleich waren, von denen jedoch der eine etwas konisch, der andere unrund, der dritte krumm, der vierte schräg abgeschnitten usw. war, die Unterschiede herauszufinden und zu kennzeichnen. Die Zeit wurde hier nicht gewertet, sondern lediglich die Zahl der richtigen Antworten. Wenn einer die Fehler an allen sechs Bolzen richtig erkannt hatte, so bekam er eine 6, hatte er nur fünf oder vier Bolzen richtig beurteilt, so bekam er die entsprechende Note 5 oder 4.

Die 3. Prüfungsaufgabe bestand darin, sechs gleich große und gleich fein geschliffene Platten, die aber in ihrer Stärke um je 0,02 mm differierten, in der richtigen Reihenfolge zu legen, nämlich so, daß nach der ersten mit der Stärke 10,00 die zweite mit 10,02 und dann die dritte mit 10,04 usw. folgte. Wer alle sechs richtig gelegt hatte, bekam die Note 6, wobei aber auch die dazu aufgewendete Zeit gemessen wurde.

Die 4. Aufgabe verwendete sechs gleich große und gleich starke Stahlplättchen, deren Oberfläche aber mit verschiedenem Vorschub auf der Schleifmaschine geschliffen war, sodaß also vom Grobschliff bis Feinschliff Plättchen vorhanden waren. Die Aufgabe war, diese Platten ebenfalls der Reihe nach zu legen, diesmal aber nach der Beschaffenheit der Oberfläche. Sowohl bei dieser als bei der vorhergehenden Aufgabe handelt es sich um Prüfung des Gefühls. Übrigens waren die Plättchen schon nach kurzer Zeit so von Fett und Schweiß der Finger bedeckt, daß die Unterschiede im Schliff unkenntlich wurden.

Es war eine Freude, zu beobachten, wie sich sämtliche Prüflinge an allen diesen Übungen beteiligten; jeder wollte zuerst geprüft sein. Offenbar machte es ihnen außerordentlich Spaß, zu wissen, wer das beste Resultat erhält; denn hier konnte man ihnen ohne weiteres sofort sagen, wie sie abgeschnitten hatten.

Nach der ausgiebigen Mittagspause kamen, unter den gleichen Vorbereitungen wie vormittags, nun die beiden Aufgaben zur Prüfung des technischen Verständnisses zur Verteilung. Vier Prüflinge vom Vormittag nahmen an dieser Prüfung nicht mehr teil, weil sich herausstellte, daß sie das achte Schuljahr noch nicht zurückgelegt hatten. Zu den einzelnen Fragen und Zeichnungen wurden von seiten des Leiters der Veranstaltung entsprechende Erklärungen abgegeben, obwohl die Zeichnungen selbst an Deutlichkeit nichts zu wünschen übrig ließen (siehe S. 50 und 51). Bei dieser Prüfung war es überraschend, wie schnell die meisten ihre sämtlichen Aufgaben als gelöst abgegeben haben, sodaß nach 36 Minuten nur ein verschwindend kleiner Teil noch nicht abgeschlossen hatte. Dieser mußte die Aufgaben unfertig abgeben.

Gegen 4 Uhr war die Prüfung zu Ende.

2. Einzelne Bemerkungen zur Prüfung.

Die zu Hause geschriebenen Lebensläufe zerfielen in zwei deutlich verschiedene Arten. Die eine Art machte aus dem Lebenslauf nur die dringende Bitte um Aufnahme und enthielt oft als einzigen Inhalt den Nachweis, daß der Junge schon von frühester Jugend dazu auserkoren sei, Schlosser bei der D. M. G. zu werden, während man über seine häuslichen Verhältnisse und alles, was wichtig für ein Urteil, nichts erfuhr. Die zweite Art — es war leider die kleinere Anzahl — hatte die Aufgabe des Lebenslaufs richtiger erfaßt, gab sachlichen Bescheid über den Lehrling, verzichtete auf alle Schmeicheleien und diente damit seinem Vorteil besser als die wohlmeinenden Bitten der ersten Art.

Beim ärztlichen Befund waren von 108 etwa 12 mit recht gut und 75 mit gut bezeichnet. An früheren Krankheiten litten 32.

Die Beantwortung des Fragebogens nach dem Muster Seite 43 bietet folgendes Bemerkenswerte: Frage 1—3 war ausschließlich regelrecht ausgefüllt. Bei Frage 4 und 5 ergab sich:

Von 108 Lehrlingen

mußten aufstehen:			kamen heim:		
2	um	5 Uhr	2	um	$^1/_2$9 Uhr
7	„	$^1/_2$6 „	4	„	$^1/_2$8 „
20	„	6 „	17	„	7 „
46	„	$^1/_2$7 „	38	„	$^1/_2$7 „
32	„	7 „	42	„	7 „
1	„	$^1/_2$8 „	5	„	$^1/_2$6 „

Welche Unvernunft der Eltern und Erzieher, Anmarschwege von 2—3 Stunden Kindern im Reifealter zuzumuten.

Bei der Frage nach dem Lieblingsfach gaben an:

70 Zeichnen	12 Lesen	2 Religion
60 Rechnen	12 Rechtschreiben	1 Chemie
48 Raumlehre	9 Schönschreiben	1 Himmelskunde
32 Aufsatz	9 Naturgeschichte	1 Algebra
26 Naturlehre	3 Turnen	1 Maschinenlehre
19 Erdkunde	3 Deutsche Sprache	1 Alle Fächer!
18 Geschichte	2 Singen	

Manch einer hoffte wohl, durch Nennung eines für den Beruf wichtigen Faches Gnade zu finden. Die siebzig Mal „Zeichnen" wären sonst nicht erklärlich. Der einzelne hatte häufig sehr viele Lieblingsfächer, einer bis zu 7 Fächern.

Die Frage nach dem Grunde der Lieblingsneigung ergab meistens Verlegenheitsantworten.

Etwa 50—60 antworteten mit: „Weil ich gut begriffen habe". Dann: „Weil interessant," „weil eine Freude," „weil mir gut gefallen," „weil unterhaltend," „weil der Lehrer gut erklärt," „weil beliebt," „weil schön," „weil der Lehrer Zeit gelassen," „weil mir alles lieb war."

Auf die Frage, womit sie sich in der Freizeit beschäftigt haben, nannten 29 Feldarbeiten, 27 Hausarbeiten, 16 Lesen, 15 Zeichnen, 10 Fußballspielen, 9 Spielen, 8 Baden, 7 Basteln, 8 Turnen, 5 Laubsägen. Einzelne nannten: Sport, Rechnen, Soldatengießen, berufliche Vorarbeiten, Schreiben, Holzspalten, Ährenlesen (in den Weihnachtsferien!), Violin spielen, Zeitungstragen, Hobelkurs, Fischen den ganzen Tag, Mandoline spielen, Schwimmen, beim bäuerlichen Wesen helfen, Schmieden, Schreinern, Geflügelställe reinigen, Rodeln, Taglöhner, Malen, Zither spielen, Noten schreiben, streife gerne durch die Wälder, meinem Vater die Stiefel polieren, Verstecken. Die wenigsten haben das Nächstliegende angegeben: nämlich was sie in den eben zu Ende gehenden Weihnachtsferien getrieben hatten.

Einzelne Lehrlinge antworten recht treuherzig. Z. B. schreibt Nr. 60, daß er alle Fächer gern hat. Der Lehrer war ihm lieb. Er hilft seiner Mutter. Er beantwortet alle Fragen mit: Jawohl, ich will das und das werden, jawohl, es ist der Wunsch meiner Eltern u. s. w.

Von den 11 gestellten Rechenaufgaben hatten richtig gelöst:

11 Aufgaben	3 Prüflinge	5 Aufgaben	13 Prüflinge
10½ „	1 „	4½ „	3 „
10 „	3 „	4 „	13 „
9½ „	1 „	3½ „	5 „
9 „	6 „	3 „	12 „
8 „	5 „	2½ „	3 „
7½ „	5 „	2 „	8 „
7 „	10 „	1½ „	1 „
6½ „	5 „	1 „	3 „
6 „	6 „	½ „	1 „
5½ „	2 „		

Daraus ergibt sich, daß die Aufgaben weder zu leicht noch zu schwer ausgewählt worden sind, da jeder etwas, einer alles zu lösen vermocht hat. Durchschnittlich waren von 11 Rechnungen 5,3 richtig, was die Note 2,11 eintrug.

Von 5 Aufgaben im technischen Verständnis waren richtig gelöst:

5 Aufgaben	von	1	Prüfling
4,8 „	„	2	Prüflingen
4,6 „	„	2	„
4,5 „	„	13	„
4 „	„	18	„
3,5 „	„	14	„
3 „	„	20	„
2,5 „	„	9	„
2 „	„	13	„
1,5 „	„	2	„
1 „	„	9	„
0,5 „	„	1	„

Durchschnittlich waren von 5 Aufgaben 3,11 richtig, was der Note 3,11 entspricht, jedoch wurde diese Aufgabe doppelt gezählt.

Bei der Sinnesprüfung waren 4 Punkte als höchste Ziffer erreichbar. 16 Prüflinge erreichten hier als die höchsten Noten 3,67 bis herunter zu 3,4.

Auch der Zusammenhang zwischen den Leistungen auf den verschiedenen Gebieten verdient Erwähnung.

Von den 19 besten Rechnern, die 8—11 Rechnungen richtig gelöst hatten, erhielten im technischen Verständnis 16 über einen Dreier. Von den weiteren 9 Besten im technischen Verständnis hatten 7 über 4 Rechnungen richtig.

Hervorzuheben ist, daß während im Rechnen 62 nicht die Hälfte der Rechnungen recht hatten, beim technischen Verständnis nur 25 Prüflinge eine geringere Wertung als 2,5 aufwiesen.

Von den 16 Besten in der Sinnesprüfung waren 14 über dem Durchschnitt auch bei den Rechenaufgaben.

Auch hier zeigt sich die Tatsache, daß rechnerisch begabte Schüler in der praktischen Berufseignung recht gut abgeschnitten. Von den 17 waren 14 über dem Durchschnitt auch bei den Rechnungsaufgaben, da dort der Durchschnitt 5,3 betrug.

Aus dem Verhältnis der Prüfung zum Schulzeugnis ergibt sich dasselbe: Ein gutes Schulzeugnis und ein gutes Prüfungsergebnis hängen zusammen. Die grobe Einteilung in begabt und unbegabt, fähig und unfähig, klug und dumm trifft also im allgemeinen das Richtige und reicht aus. Ein Junge ist gut beanlagt im Ganzen, oder er ist, ebenfalls im Ganzen, schwach begabt. Sonderbegabungen für einzelne Fächer sind nicht die Regel sondern die Ausnahme.

Einige besonders drastische oder bezeichnende Antworten auf die Frage nach dem Wasserstand in den Gefässen seien im Wortlaut mitgeteilt:

„Der Wasserspiegel senkt sich langsam, weil fast kein Luftdruck da ist." „Der Wasserspiegel senkt sich bis zur Rohrhöhe." „Der Inhalt vom großen Gefäß

| DMG | Aufnahmeprüfung der Lehrlinge für 1920. | Name Wilhelm Nowotny 43. |

Rechnen.

Aufgaben:

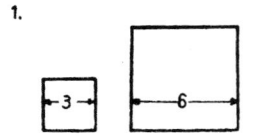

1. Zwei Quadrate haben 3 und 6 cm Seitenlänge. Wie viel mal größer ist der Flächeninhalt des größeren als der des kleinen?

2. Ein Arbeiter ist mit seiner Arbeit in 18 Stunden fertig und erhält 50,40 Mk. Wie hoch ist sein Stundenverdienst?

3. Von einem Posten Hinterradachsen werden 2 Stück von der Revision als unbrauchbar zurückgewiesen und kommen zum Ausschuß. Wie groß ist der Schaden an Material, wenn die Achse 12 kg wiegt und 1 kg Autostahl 28 Mk. kostet.

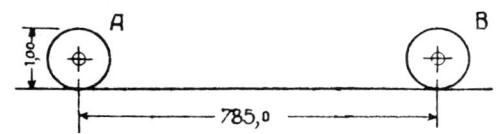

4. Ein Rad mit 3,14 m Umfang (oder 1,0 m Durchmesser) rollt von A nach B.
   1. Wie oft muß es sich drehen, wenn die Entfernung von A nach B 785 m beträgt?
   2. Wie lang braucht das Rad von A nach B, wenn es sich 2,5 mal in der Sekunde dreht?
   3. Wie oft dreht es sich in der Minute, wenn es für den ganzen Weg 200 Sekunden gebraucht?

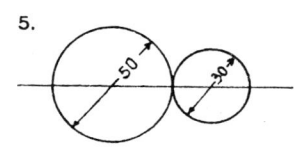

5. Zwei Kreise von 50 und 30 mm Durchmesser berühren sich. Wie weit liegen die Mittelpunkte auseinander.

6. Ein Personenzug fährt regelmäßig von Stuttgart nach Ulm in 3 Stunden 10 Minuten; die Entfernung zwischen beiden Stationen beträgt 95 km. In Geislingen hat er ausnahmsweise 33 Min. Aufenthalt wegen Lokomotivstörung.
   1. Welches ist die regelmäßige Durchschnittsgeschwindigkeit in einer Stunde ohne Störung?
   2. Wie groß ist sie am Tage der Störung?
   3. Wenn der Zug am Tage der Störung 11¹⁵ in Ulm ankommt, wann ist er in Stuttgart abgefahren?

7. Ein Automobil braucht auf 100 km 25 Liter Benzin. Wieviel braucht es von Untertürkheim nach Ulm, wenn die Entfernung von Untertürkheim nach Stuttgart 7 km beträgt?

Lösungen:

1. Heißt eine Seite 3 cm, so ist der Flächeninhalt 0,03 · 0,03 = 0,0009. So ist das größere Quadrat 0,06 · 0,06 = 0,0036. **4 mal größer**

2. In 18 St. verd. ein Arbeiter 50,40 M. Das verdient in 1 St. den 18ten Teil von 50,40 : 18 = 2,8. Er verdient in 1 St. **2,80 M**

3. 24 kg · 28 = 672. Der Schaden beträgt **672 M.**

4) 785,00 : 3,14 = 250. Das Rad dreht sich **250 mal.**

   2) 250 : 2,5 = 100. Es braucht 1 Min. u. 40 Sek. = **1 Min 40 Sek.**

   3) 785 m br. es 200. 3 · 60 = 180... 60 · 3 = 180, 471 : 2 = 235,50. **235,50 mal. 75 Umdr.**

5) Sie liegen **40 mm** weit voneinander.

6) 95 : 3 ⅙ ... **30 km.** ... **25,560 km.** ... **7³² Uhr**

7) **22 L.**

| DMG | Aufnahmeprüfung der Lehrlinge für 1920. | Name _[handwritten]_ |

Rechnen.

Aufgaben:

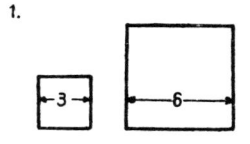

1. Zwei Quadrate haben 3 und 6 cm Seitenlänge. Wie viel mal größer ist der Flächeninhalt des größeren als der des kleinen?

2. Ein Arbeiter ist mit seiner Arbeit in 18 Stunden fertig und erhält 50,40 Mk. Wie hoch ist sein Stundenverdienst?

3. Von einem Posten Hinterradachsen werden 2 Stück von der Revision als unbrauchbar zurückgewiesen und kommen zum Ausschuß. Wie groß ist der Schaden an Material, wenn die Achse 12 kg wiegt und 1 kg Autostahl 28 Mk. kostet.

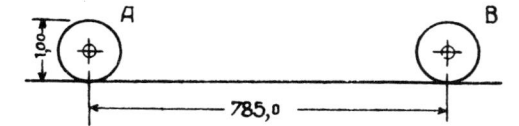

4. Ein Rad mit 3,14 m Umfang (oder 1,0 m Durchmesser) rollt von A nach B.
   1. Wie oft muß es sich drehen, wenn die Entfernung von A nach B 785 m beträgt?
   2. Wie lang braucht das Rad von A nach B, wenn es sich 2,5 mal in der Sekunde dreht?
   3. Wie oft dreht es sich in der Minute, wenn es für den ganzen Weg 200 Sekunden gebraucht?

5. Zwei Kreise von 50 und 30 mm Durchmesser berühren sich. Wie weit liegen die Mittelpunkte auseinander.

6. Ein Personenzug fährt regelmäßig von Stuttgart nach Ulm in 3 Stunden 10 Minuten; die Entfernung zwischen beiden Stationen beträgt 95 km. In Geislingen hat er ausnahmsweise 33 Min. Aufenthalt wegen Lokomotivstörung.
   1. Welches ist die regelmäßige Durchschnittsgeschwindigkeit in einer Stunde ohne Störung?
   2. Wie groß ist sie am Tage der Störung?
   3. Wenn der Zug am Tage der Störung 11¹⁵ in Ulm ankommt, wann ist er in Stuttgart abgefahren?

7. Ein Automobil braucht auf 100 km 25 Liter Benzin. Wieviel braucht es von Untertürkheim nach Ulm; wenn die Entfernung von Untertürkheim nach Stuttgart 7 km beträgt?

Lösungen:

Das kleinere Quadrat ist 4 mal kleiner als das Große.

$= 2,86$ _Mk._

12 kg _Autostahl kostet_ 672 _Mk._

Es muß sich $2465,30$ _mal drehen._

Sie sind voneinander nein Höher.

In 1 Std. macht er $31,33$ _km_

$$20 : 7 = 35$$
$$21$$
$$\overline{40}$$
$$35$$
$$\overline{5}$$

Von Untertürkheim nach Stuttgart braucht er $= 22\tfrac{3}{4}$ _Liter Benzin._

wird soviel kleiner, bis das kleine voll ist." „Das Wasser läuft nicht den Berg hinauf, deshalb geht es nicht in das kleine Gefäß. Der Wasserspiegel bleibt gleich." „Der Wasserspiegel fällt in einem andern Winkel." „Es tritt keine Veränderung ein." „Wenn das in das kleine Gefäß hineinläuft, gibt es Bläschen und schäumt."

Besonders ein Oberrealschüler hat zuviel Physikunterricht gehabt und sieht nun den Wald vor lauter Bäumen, den Vorgang selbst vor den abstrakten Lehrsätzen nicht. Denn er schreibt: „Wenn der Absperrhahn geöffnet wird, so tritt gar keine Veränderung ein, denn die Luft drückt in dem einen Behälter auf das Wasser, und in dem andern drückt die Luft in die Röhre und läßt das Wasser nicht heraus."

Diese Antworten zeigen einerseits, wie einige formelhafte Vorstellungen wie „Luftdruck" oder „Wasserspiegel" im Kopf des Schülers haften, ohne daß er den Anschluß an die Wirklichkeit findet, andrerseits, wie der ganz ungeschulte Sinn ebensowenig hinter die Erscheinung dringt, sondern sich mit einem herzlich schlecht passenden Sprichwort oder einer nebensächlichen Feststellung begnügt.

Bei der Nachprüfung zweier verspäteter Bewerber war das Prüfungsergebnis ein außerordentlich günstiges. Diese Beobachtung des Verhaltens und Hergangs in der Einzelprüfung legt den Gedanken nahe, daß eine Massenprüfung im großen Saal die Knaben hemmt, vermutlich die einzelnen in sehr verschiedenem Grade. Die Unruhe des großen Raumes ist es nicht allein. Sondern vor allem der Ehrgeizige und der Ängstliche werden jedesmal erschrecken, wenn ein anderer fertig geworden ist und seine Arbeit abgibt. Dieser Schreck wird den Zusammenhang seiner Arbeit unterbrechen und so seine Leistung herabmindern.

3. Die Berechnung der Prüfung.

Im Folgenden ist die Erläuterung gegeben, wie die Wertziffern bei den einzelnen Prüfungsfächern festgestellt worden sind:

Schulzeugnis.

Von den Zeugnisnoten der einzelnen Schulfächer des letzten Schuljahres wurde der Durchschnitt genommen, die so ermittelte Wertzahl gab die Ziffer für die Bewertung des Schulzeugnisses.

Rechnen.

Insgesamt wurden 7 Aufgaben mit zusammen 11 Fragen gestellt. Hatte einer alle 11 Aufgaben richtig gelöst, so bekam er hiefür die Wertziffer 5, hatte einer weniger Aufgaben richtig gelöst, so wurde entsprechend in diesem Verhältnis umgerechnet.

Prüfung des technischen Verständnisses.

Hier waren 3 verschiedene Aufgaben mit zusammen 5 Fragen zur Beantwortung vorgelegt; hatte einer alle 5 Fragen richtig beantwortet, so bekam er hiefür die Wertziffer 10. Bei diesem Fach wurde also das Resultat doppelt gezählt, weil wir davon ausgehen, daß einer mit einer guten technischen Auffassungsgabe für die Fabrik besser geeignet ist, als wenn ein anderer in seinem Schulzeugnis oder im Rechnen eine besonders gute Note erreicht hat.

Sinnesprüfung.

1. Wasserwage. Hatte einer die Wasserwage mit einer Differenz von ± 0 eingestellt, so erhielt er hiefür 60 Punkte; für je 10 Sekunden Zeitdauer für die Einstellung wurde ihm ein Punkt abgezogen, während für die Differenz eines Teilstriches an der Genauigkeit 10 Punkte in Abzug gebracht wurden. Beispiel: Hatte einer folgendes Resultat: 15 Sekunden, Genauigkeit 0,2, so ergab das $60 - 20 - 1,5 = 38,5$ Punkte.

2. Bei der Untersuchung der sechs verschiedenen Bolzen konnte die Zeit nicht in Betracht kommen; für jeden richtig beurteilten Bolzen wurden 10 Punkte gewertet, sodaß also maximal 60 Punkte erreichbar waren.

3. Bei der Prüfung der sechs ungleich starken, sonst aber vollständig glatten Plättchen wurde ebenfalls die Zeit, wie lange der Betreffende brauchte, um sie richtig zu legen, gewertet, und zwar derart, daß, wie in Aufgabe 1, für je 10 Sekunden 1 Punkt abgezogen wurde; jedes richtig gelegte Plättchen zählte 10 Punkte. Beispiel: Hat einer fünf Plättchen in richtiger Reihenfolge in 90 Sekunden gelegt, so bekam er hiefür $50 - 9 = 41$ Punkte.

4. Bei der letzten Aufgabe, bei welcher die sechs rauhen Plättchen der Beschaffenheit ihrer Oberfläche nach gelegt werden mußten, wurde die Zeit nicht berücksichtigt, wie diese auch bei der vorhergehenden Aufgabe eine untergeordnete Rolle gespielt hat und das Hauptgewicht auf die richtige Lösung der Aufgabe gelegt worden ist. Auch hier galt jedes in der richtigen Reihenfolge gelegte Plättchen 10 Punkte.

Für alle 4 Aufgaben der Sinnesprüfung waren 280 Punkte erreichbar. Um diese Zahl für die Gesamtwertung brauchbar zu verkleinern, wurde für 280 Punkte 4 gesetzt, die tatsächlich erreichte Punktzahl im Verhältnis 4 : 280 verkleinert, und der so erhaltene Wert als Wertziffer für die Sinnesprüfung eingesetzt.

Die Zusammenfassung aller 4 Prüfungsfächer:

der Wertziffer des Schulzeugnisses,
„   „   der Rechenaufgaben,
„   „   des technischen Verständnisses,
„   „   der Sinnesprüfung
ergab die Gesamtwertziffer.

4. Das Prüfungs-Ergebnis.

Das Prüfung-Ergebnis ist im Schaubild Seite 52 veranschaulicht. In horizontaler Richtung werden sämtliche an der Prüfung beteiligten Jungen nach der Anmelde-Nummer eingetragen, während in senkrechter Richtung die erreichten Gesamtwertziffern aufgetragen wurden. Es war dadurch außerordentlich leicht, diejenigen herauszufinden, welche nicht aufgenommen werden konnten: man brauchte lediglich die mit den niedersten Wertziffern herauszugreifen, bis die zulässige Anzahl übrig blieb.

Schon vorher schieden jedoch die Bewerber aus, die zu alt waren (über 16 Jahre). Es sind das Jungen, die das Lernen hinausgeschoben haben, um erst in der Kriegsgelegenheit Geld zu verdienen. Das ist zwar in vielen Fällen durch die bedrängte Lage des Hausstandes unvermeidlich gewesen. Aber ein zu alter Lehrling macht im Fortgang des Lehrverhältnisses allemal Schwierigkeiten. Es gibt z. B. im letzten Jahre der Lehre fast regelmäßig Streit wegen eines Nachlasses an der Lehrzeit; und so ist ein gedeihliches und rechtes Lernen von so alten Lehrlingen nicht mehr zu erwarten. Sicher fallen auf diese Weise einige Jahrgänge durch die Schuld des Krieges aus der gelernten Arbeiterschaft heraus und sind genötigt, ungelernte Arbeiter zu werden oder zu bleiben. Umso wichtiger ist es, daß dieser Ausfall als bloßer Ausnahmezustand angesehen wird, und daß die Neigung in der Arbeiterschaft nachläßt, nur weil man an die Verwahrlosung der Berufserlernung sich gewöhnt hat, sie für das Richtige zu halten.

Dann fielen jene aus, die einen überweiten Weg zur Fabrik haben würden. Belastet der lange Hin- und Rückweg schon die Erwachsenen, so ist er für die Wachstumszeit des heranreifenden Knaben unbedingt zu verwerfen. Auch die wenigen Fälle ärztlichen Abratens wurden berücksichtigt.

Da etwa 75 Lehrlinge aufgenommen werden konnten, mußten außer den aus anderen Gründen Abgestoßenen immer noch 20 abgestoßen werden. Dabei stellte es sich heraus, daß unter diesen 20 Jungen 10 waren, deren Väter bereits 14 bis 16 Jahre ununterbrochen in unserem Betriebe tätig waren. Nahmen wir aber darauf Rücksicht und ließen alle die Söhne zu, deren Väter bei der D. M. G. tätig sind, so fiel noch ein übermittelguter Prüfling (Nr. 122) aus. Damit war aber das Resultat der Prüfung entwertet.

Wir ließen nun die Väter der schlecht Bestandenen rufen und besprachen mit ihnen den Ausfall der Prüfung. Manche meinten: im Praktischen sei's doch immer ganz anders als bei der Prüfung. Da werde es der Sohn schon schaffen. Wenn wir ihnen aber die Prüfungsweise erklärten, so mußten sie einräumen, daß die Prüfung aufs Praktische ging. Trotzdem wußten die wenigsten Rat, wie sie ihren Sohn anderweitig unterbringen sollten. Es geschieht eben einem Vater ein großer Dienst, wenn er durch seine eigene treue Arbeit auch seinem Sohne die Arbeitsstelle sichern kann. Und noch mehr: Gerade der Vater, dessen Junge dumm oder schwerfällig oder flatterig ist, muß Wert darauf legen, daß der Junge dort lernt, wo er selbst ist, und das lernt, was er selbst versteht, damit er den Jungen im Auge behalten kann. Abgetrennt von dem väterlichen Einfluß in einem fremden Beruf entgleist ein schwacher Charakter, der sonst vielleicht gehalten werden könnte. Wir hätten also die Lebensaussichten schwach Veranlagter oder vielleicht auch nur weniger Entwickelter gewaltsam verschlechtert, wenn wir nach dem Prüfungsergebnis allein entschieden hätten. In einem Falle z. B. arbeitet der Vater im Werk, und drei seiner Söhne haben bereits bei uns gelernt. Nun kam der vierte. Er wußte auch bei einer Nachprüfung unter vier Augen herzlich wenig. Dafür aber sprach aus dem zarten, noch wenig entwickelten Knaben ein starkes und empfindliches Ehrgefühl, das dafür bürgte, er werde das Äußerste tun, um ein rechter Bursche zu werden. Sollte nicht ein solches Ehrgefühl mehr Wert haben als eine angeborene Begabung, die ja auch verlottern kann?

Ein anderer Lehrling hatte schon auf der Schule schlecht gelernt. Auf die Frage: „Gabs denn dann daheim Streich'?" antwortete er mit einem kräftigen „Ja". „Haben denn die Streich' was genützt?" „Ja." Darauf wurde der Vater herbeigeholt, um zu ermitteln, ob der Sprößling unter dem Drucke der väterlichen Autorität vielleicht auch hier besser abschneide. Der Vater war sehr entrüstet über die grenzenlose Unwissenheit des Sohnes. Als er aber die Aufgabe Nr. 1 für technisches Verständnis selbst lösen sollte, um seinem Sohne zu helfen, da hatte er leider, wie er sagte, „seinen Zwicker vergessen".

Gewiß, hier ist das väterliche Ansehen nicht auf eigene Weisheit gegründet. Aber so viel geht aus allen diesen Erfahrungen hervor, daß die Entscheidung über

| DMG | **Aufnahmeprüfung** der Lehrlinge für 1920. | Name: Karl Teutner 10 |

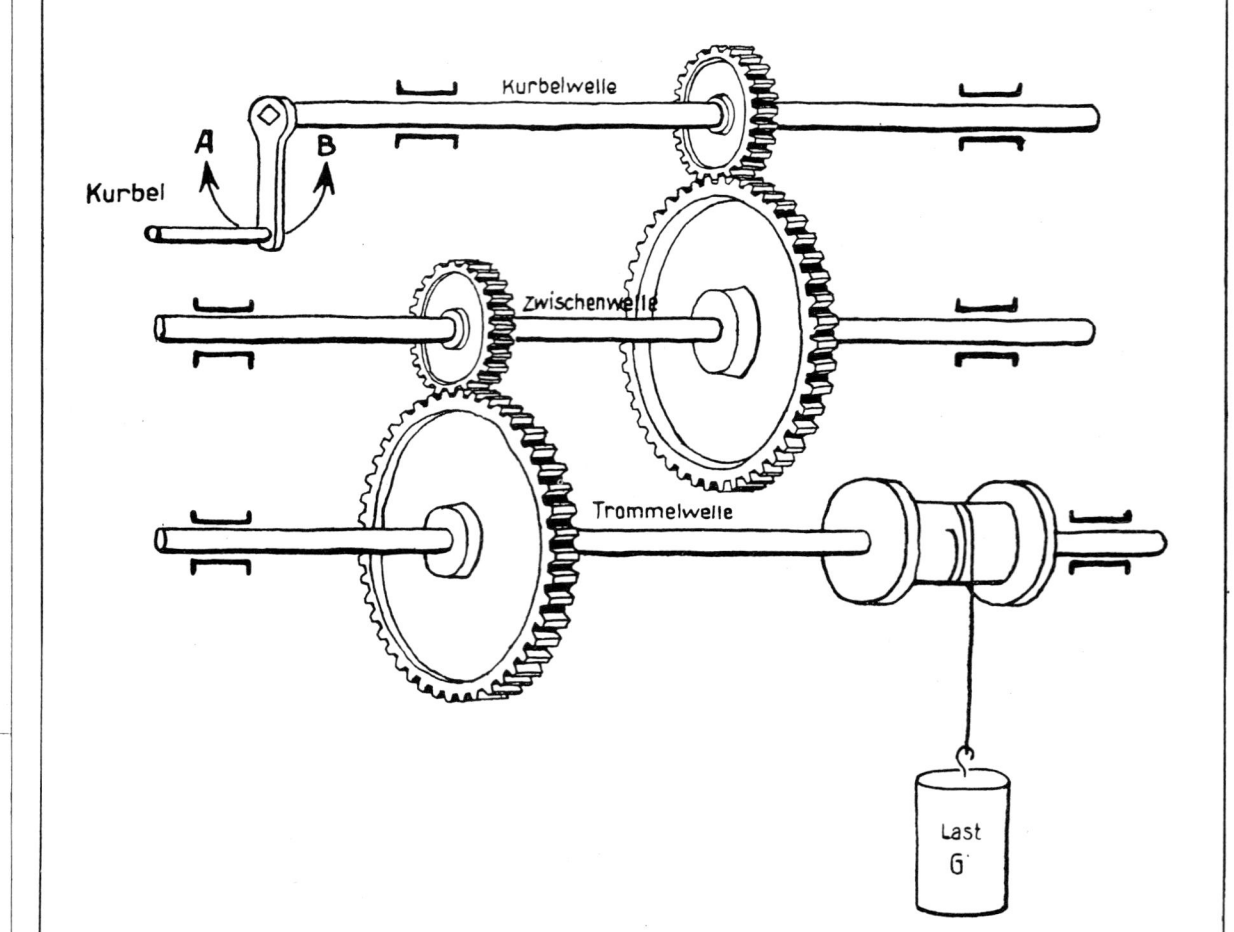

[Technische Zeichnung: Kurbel mit Pfeilen A und B, Kurbelwelle, Zwischenwelle, Trommelwelle mit Zahnrädern und Last G]

Aufgaben:

1. In welcher Pfeilrichtung (nach A oder B) muß man mit der Kurbel drehen, um die Last G heben zu können?
2. Läuft die Kurbelwelle beim Drehen schneller oder langsamer als die Trommelwelle?

Lösungen:

Nach B. muß man mit der Kurbel drehen um die Last G. zu heben.

2. Die Trommelwelle läuft schneller.

| DMG | Aufnahmeprüfung der Lehrlinge für 1920. | Name K. Engelhardt 115 |

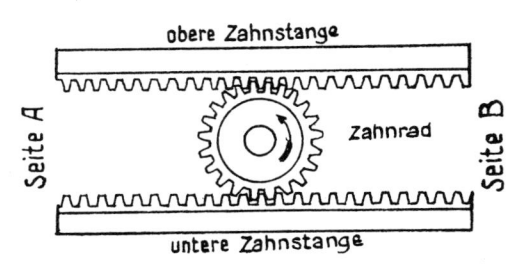

Aufgaben:

1. Was geschieht mit den Zahnstangen, wenn sich das Zahnrad in der angegebenen Pfeilrichtung dreht?
2. Was geschieht mit der unteren Zahnstange und dem Zahnrad, wenn die obere Zahnstange festgehalten wird und das Zahnrad sich in der Pfeilrichtung dreht, wobei sich dasselbe von A nach B fortbewegen kann?

Lösungen:

Eng. 1. Wenn sich das Zahnrad nach der angegebenen Richtung dreht, so bewegt sich die obere Zahnstange nach A u. die untere nach B.

Eng. 2. Wenn die obere Zahnstange festgehalten wird, so dreht sich das Zahnrad nach der Richtung B. u. die untere Zahnstange geht auch nach B.

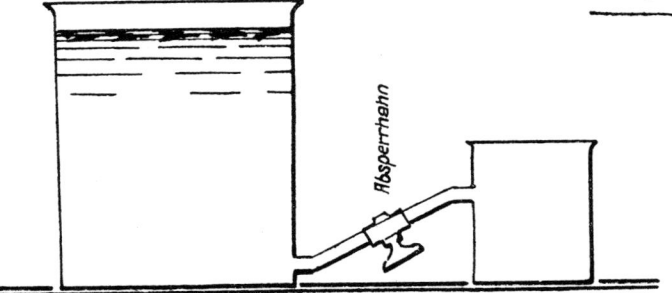

Das große und kleine Wassergefäß ist durch eine Rohrleitung mit eingebautem Absperrhahn verbunden. Der große Behälter ist bis an die gezeichnete Stelle mit Wasser gefüllt; der kleine ist leer.

1. Was geschieht, wenn der Absperrhahn geöffnet wird? Tritt eine Veränderung des Wasserspiegels ein und welche?

Eng. Wenn der Absperrhahn geöffnet wird, so tritt gar keine Veränderung ein, denn die Luft drückt in dem einen Behälter auf das Wasser u. in dem anderen drückt die Luft in die Röhre u. läßt das Wasser nicht herein.

das Lebensschicksal eines Jungen nicht auf Zeugnisse und Prüfungen aufgebaut werden darf. Der Lehrer und der Prüfer und der Apparat können auch im günstigsten Falle nicht erkennen, was in einem Kinde — und mit 14 Jahren sind es noch Kinder — steckt, und was aus ihm werden kann. Weniger als in irgend einem anderen Alter läßt sich in diesem in den Menschen hineinsehen.

Da sind Vater und Brüder, die von jeher bei der D. M. G. arbeiten, da ist ein Onkel oder Pate, der zur D. M. G. gehört, und bei dem der Junge während der Lehrzeit wohnen kann, und der vielleicht einen besonders günstigen Einfluß übt, da ist die Sicherheit, daß im Werk jemand für den Jungen sorgen und sich um ihn kümmern will. Da ist der Ehrgeiz, bei „Daimler" lernen zu dürfen. Da ist ein Freund, mit dem man zusammen eintritt. Diese Kräfte üben eine mächtige Wirkung auf den noch weichen Kern des Lehrlings. Darf man sie mutwillig ausschalten? Sind sie nicht ebenso wichtig wie umgekehrt ein zu weiter Weg in die Fabrik oder körperliche Mängel?

Wir haben also schweren Herzens die Verantwortung auf uns nehmen müssen, die persönlichen Gründe mitzuprüfen und auch nach ihnen die Auswahl vorzunehmen.

Das Endergebnis war dann, daß nicht die geringwertigsten, sondern die nachfolgenden Nummern ausgeschieden wurden: 11, 19, 27, 34, 45, 46, 56, 63, 71, 81, 87, 95, 99, 102, 113, 118, 119, 120, 125, 129, 132, 135. (Im untenstehenden Schaubild durch Kreise gekennzeichnet.)

In Zukunft wird vielleicht das Bestreben dahin gehen müssen, die Meldungsliste gleich zu schließen, sobald die Zahl der offenen Lehrstellen erreicht ist.

Nun könnte man einigermaßen mit Recht einwenden, weshalb hat man sich denn eigentlich die riesige Arbeit gemacht, wenn dann nachher doch nicht dem Rechnungsergebnis gefolgt sondern nach der alten Einstellungsmethode verfahren wird? Das hat folgende Gründe:

Es sollte versucht werden, ob eine durchdachte Prüfung das Mittel ist, um für die nun einmal unvermeidlich gewordene Ausscheidung eines Teils der Bewerber einen gerechten Maßstab zu finden.

Ferner leitete dabei die Absicht, die jetzt aufgenommenen Lehrlinge auch in den folgenden Jahren ähnlichen Prüfungen zu unterwerfen, um das Werkstattzeugnis dauernd durch sie kontrollieren zu lassen; dazu sollte die diesjährige Prüfung der notwendige Anfang sein. Erst nach Jahren wird die Erfahrung lehren können, ob diese Prüfungen das Urteil der Werkstatt eher zu berichtigen oder eher zu trüben vermögen.

Schließlich sollten mit den einfachsten Hilfsmitteln der Berufseignungsprüfung Vorerfahrungen gesammelt werden, ehe das schwierige und umfangreiche Rüstzeug der heut in Aufnahme kommenden Psychotechnik selbst zur Hand genommen würde. D.M.G.

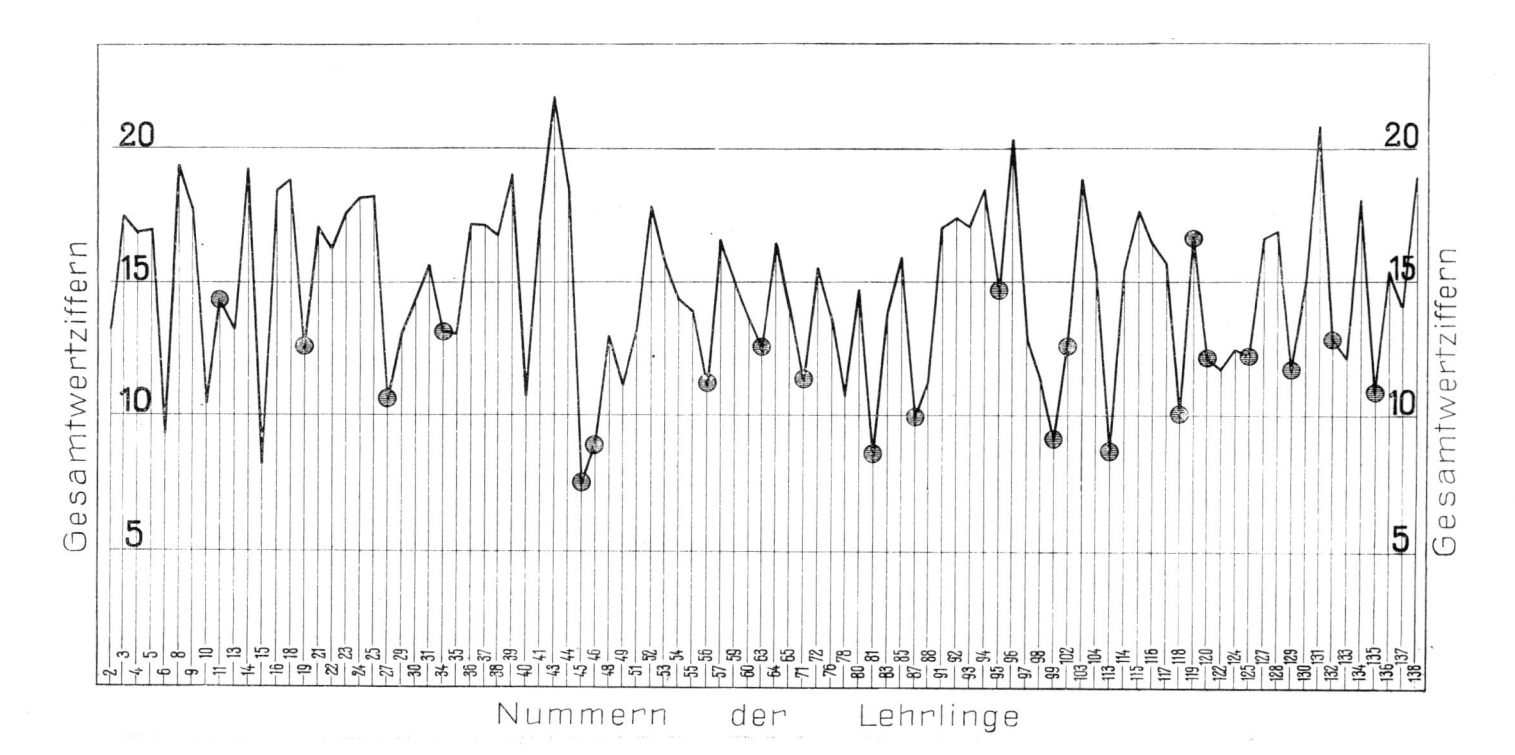

Kurve des Prüfungsergebnisses.

Fehlerquellen der praktischen Prüfung.
Von Dr. phil. Hüssy.

Die Psychotechnik ist von Gelehrten entwickelt worden, die in Laboratorien und Versuchsstationen mit aller Ruhe und hinreichender Genauigkeit arbeiten können. Werden ihre Verfahren und ihre Apparate der Unruhe der praktischen Prüfung überantwortet, so bedarf es der Vergegenwärtigung all der zahllosen Fehlerquellen, die den Ausfall eines Prüfungstages täuschend beeinflussen. Wir wollen uns begnügen, einige von ihnen aufzuzählen.

1. **Einflüsse des Prüfungsraumes**: Ungleichartige Licht- und Beheizungsverhältnisse in den verschiedenen Teilen des Zimmers. Verschiedene Höhe der Versuchstische im Verhältnis zur Körpergröße des Prüflings. Schlechte Akustik. Geräusche oder ablenkende Vorgänge, die nur von einem Teil des Raumes aus wahrgenommen werden.

2. **Einflüsse des Prüfers**: Ungleichartige Erläuterung der Versuche entweder dadurch, daß nicht jedem dasselbe gesagt wird, oder daß es nicht allen mit dem gleichen Wohlwollen gesagt wird, oder daß die Späteren aus den Mißverständnissen der Ersten Nutzen ziehen können. Ungeduld. Fremder Dialekt, der dem einen Prüfling größere Schwierigkeiten macht, als dem anderen. Persönliche Bekanntschaft mit einzelnen Prüflingen. Ungenaue Beachtung der Prüfungsbedingungen, z. B. der gleichmäßigen Ausgangsentfernung des Stifts beim Treffversuch (S. 31, Bild 4).

3. **Einflüsse der Apparatur**: Fehler im Apparat, so daß die Grundzahlen nicht mehr stimmen, können noch im Laufe des Prüfungstages selbst sich einschleichen. Fettschichten, Hitze und Kälte können z. B. die Metalle für das Tastgefühl verändern.

4. **Einflüsse des Prüflings**: Leibliches Unbehagen, das schon z. B. durch Verhalten des natürlichen Bedürfnisses hervorgerufen wird, ferner durch Unausgeschlafenheit, mangelhaftes Frühstück. Wirkung des Weges, Frost, Schweiß, Angst vor dem Prüfungsausfall, durch starke wirtschaftliche Not daheim oder Terror des Vaters. Ehrgeiz. Reizbarkeit durch das stundenlange Zusammensein mit vielen Menschen im selben Raum; manches Kind ist daran noch nicht gewöhnt und scheu. Zufällige Einübung einer oder der anderen Prüfungseigenschaft durch häusliche Liebhaberei. Absichtliche Einübung auf die Prüfungsaufgaben. Befangenheit und Scham.

5. **Einflüsse der Bewertung**: Die Zahlen ergeben oft zweideutige Werte, weil sie eine Verbindung mehrerer Eigenschaften feststellen; z. B. prüft der große Gelenkprüfer Sinnesgedächtnis und Aufmerksamkeit zugleich. Noch weniger klar sind die Ergebnisse z. B. bei den Versuchen über technisches Verständnis, denn hier wird eine Zeichnung angewendet, wie sie mancher Prüfling vielleicht noch nie gesehen hat, ein anderer vom Vater her oder aus einem Buche wie dem „Universum" gut kennt.

Die Prüfer müssen sich also bewußt bleiben, daß ihnen ein sehr empfindliches Verfahren anvertraut ist, das, selbst wenn es sorgfältig angewendet wird, immer noch eine gewisse Gefahr in sich birgt. Die mühevolle Arbeit der Wissenschaft kann zerstört werden, wenn nicht die Fehlerquellen, die die praktische Durchführung birgt, nach Möglichkeit vermieden werden.

Meine Erfahrungen mit der Apparatur des psychotechnischen Laboratoriums.
Von Professor Dr.-Ing. G. Schlesinger in Charlottenburg.

Der Unterzeichnete hat jetzt etwa 1½ Jahre hindurch die Prüfung an 800 Lehrlingen geleitet und überwacht und kommt zu den folgenden Ergebnissen aus eigner Erfahrung:

Jemand, der sich mit einem einzelnen Lehrling eingehend befaßt, eine genaue Kenntnis der Anforderungen der Werkstatt besitzt, pädagogisch veranlagt ist, Menschenkenner und sehr urteilsfähig ist, kann in der bisher üblichen Weise ohne großen Aufwand die sehr Tüchtigen und sehr Schlechten feststellen. Bei der Mittelgruppe der mäßig Geeigneten ist eine Differenzierung, wenn die zu prüfende Zahl mehr als 10 übersteigt, auch sehr geübten Leuten nicht möglich. Es hat sich ferner herausgestellt, daß am 2. und 3. Prüfungstage, wenn ganze Kolonnen von 40 bis 80 Lehrlingen zu prüfen sind, die geistige Urteilskraft des Prüfers so nachläßt, daß eine Vergleichsmöglichkeit der Versuche unter sich mit dem Anspruch auf brauchbar nicht möglich ist. Man hat dann an jedem Tage eine relative Rangreihe, die sich nur auf die vorgeführte Gruppe bezieht. Der Vergleich unter sich ist aber fast unmöglich.

Das alles unter Voraussetzung der hohen Eigenschaften des Prüfers selbst.

Hat man es aber mit normalen Prüfern zu tun, die verhältnismäßig jung im Amt sind, die Anforderungen des jeweiligen Berufes nicht kennen, deren Menschenkenntnis nicht erprobt ist, so kommt man zu den Ergebnissen, die so mangelhaft sind, daß ein Mensch, der es mit seiner Verantwortung ernst nimmt, schwere Gewissenskonflikte durchmacht, bevor er sich zur Übernahme der Ergebnisse von solchen Assistenten bei der Einstellung von Lehrlingen entscheidet.

Die Frage ist also so zu stellen: Will man objektiv messen, will man untereinander vergleichsfähige Messungen anstellen, will man mit verschiedenen Menschen gleichmäßig brauchbare Ergebnisse haben, will man an verschiedenen Orten des Reiches gleichzeitig zu Vergleichsergebnissen kommen, die eine Richtschnur bilden für den Nachwuchs an Lehrern und Prüfern, so gibt es kein anderes Mittel als Apparate zu benutzen. Alle die Herren, die sich mit der psychotechnischen Eignungsprüfung von Lehrlingen für die Berliner Großindustrie und die Zentrale für Berufsberatung befasst haben, sind ausnahmslos zur Benutzung von Apparaten übergegangen. Zwischen einzelnen dieser Herren und dem psychotechnischen Institut besteht zur Zeit nur noch ein Streit über den Grad der Apparatur. Die Praxis scheut alle umständlichen Apparate. Ich als Vertreter des Charlottenburger Instituts bin zur Überzeugung gekommen, daß nur die Verbindung von Eichvorrichtung mit einfachem Apparat zum Ziele führen kann.

Mich erinnert das an die Messung des Badewassers für ein kleines Kind. Die erfahrene Wärterin der alten Schule taucht den Ellenbogen mit der empfindlichen Haut in das Wasser und entscheidet, ob zu warm oder zu kalt. Die unerfahrene Mutter kann mit dieser Art der Schnellmessung garnichts anfangen, und auch die erprobte Wärterin der neuen Schule benutzt heute ausnahmslos das Thermometer, und dieses ist auch in der Hand des unerfahrensten Menschen ein untrügliches Mittel, um den Wärmegrad des Badewassers festzustellen. Ein ähnlicher Fall liegt bei der Beurteilung eines Kranken vor. Zur Feststellung des Fiebers braucht der erfahrene Arzt kein Thermometer, er braucht den Kranken nur anzusehen, um zu wissen, was los ist. Aber auch ein ganz ungeübter Nichtarzt ist mittels des Thermometers in der Lage, den Fiebergrad festzustellen. Er kann den Fiebergrad sogar täglich in einer Kurve feststellen, und ein Berliner und ein Münchener Arzt können ihre Ergebnisse infolgedessen vergleichen.

Dies ist der Grundzug der im psychotechnischen Laboratorium vorhandenen Apparate. Die Meßvorrichtungen, die wir zugefügt haben, gestatten uns, mit denselben Prüfern am Montag und am Sonnabend einer Woche nach heißester Prüftätigkeit noch zu vergleichsfähigen Messungen zu kommen. Wir können vier und mehr Prüfer gleichzeitig prüfen lassen, und haben festgestellt, nach sehr schwierigen und langwierigen Versuchen, daß der Fehlergrad zwischen vier Leuten am gleichen oder gleichartigen Apparat sich zwischen 1 und 5 v H bewegt, d. h., daß er für den vorliegenden Fall ausschaltet, während die Beurteilung ohne Apparat zwischen dem Unterzeichneten und Dr. Moede, der auch sehr erfahren ist, 50 v H beträgt, also unbrauchbar wäre. Wir bilden uns beide ein, ich aus der praktischen Erfahrung in der Lehrlingsschule, und Dr. Moede aus langjähriger Erfahrung bei der Lehrlingsprüfung und als ehemaliger Lehrer, diesen Beruf zu verstehen.

Nur mit Hilfe des Apparates haben wir es daher übernommen, der Eisenbahnbehörde aus 180 die 70 heraus zu suchen, die gut sind und die sie zur Zeit einstellen konnte, weil sie keine Stellen mehr frei hatte, während alle 180 Jungen Söhne von alten Arbeitern und Meistern waren, deren Zurückweisung durch die Vorschriften des Eisenbahnministeriums nur unter ganz triftigen Gründen zulässig war. Nach welchen Gesichtspunkten hätte wohl die Eisenbahnbehörde die Schätzung hervorrufen können, und welcher Mensch würde die Verantwortung übernommen haben, 110 Jungen zurückzuweisen, und wie stellt man sich eine Auseinandersetzung mit den Eltern vor ohne unparteiische Apparate? Im vorliegenden Falle konnten die Eltern dabei sein, konnten die Ablesung kontrollieren, konnten sie selbst machen und sich von der Ungeeignetheit ihres Sprößlings genau so überzeugen wie wir selbst. So ist die Abweisung der Überzähligen reibungslos erfolgt.

Wir sind dabei, die Ergebnisse der letzt geprüften 180 Eisenbahnlehrlinge in eine vergleichsfähige Form zu bringen und werden nachweisen, in wie scharfer Weise die vorhandenen Apparate unterscheiden und welch wichtiges Mittel durch diese Arbeiten allen denen in die Hand gegeben wird, die sich mit der Unterbringung von Lehrlingen zu befassen haben.

Ich bin überzeugt, daß sich auch unsere Apparatur noch wesentlich verbessern läßt, bin aber felsenfest überzeugt, daß es ohne eine ähnliche Apparatur niemals möglich sein wird, die für die Lehrlingsauswahl unerläßliche Schätzung auszuführen.

Sohn und Vater bei der Berufswahl.
Aus Briefen Anselm von Feuerbachs des Älteren.

I.

Der Stammvater eines der geistig bedeutendsten Geschlechter Deutschlands, Anselm Ritter von Feuerbach, selber einer der größten Lehrer des Rechts aller Zeiten, der die Abschaffung der Tortur und die Öffentlichkeit und Mündlichkeit der Gerichtsverhandlungen mit herbeigeführt hat, war als junger Mensch aus dem Elternhaus davon gelaufen, weil der Vater ihn nicht hatte wollen studieren lassen. Er gedachte Philosoph zu werden. Als Achtzehnjähriger zeichnet er das Bild seines Wesens voll unbeugsamer Selbständigkeit, und die folgende Niederschrift deutet darauf, daß ihn keine Macht der Hölle zwingen werde, einen anderen als den ihm zusagenden Beruf zu ergreifen.

Den 16. April 1795.

Ich will mich darstellen, wie ich bin, jede mir merkliche Falte meines Herzens will ich durchforschen und weder in meinen Fehlern, noch in meinen Tugenden mich belügen. — Ich will immer besser werden, ich will mich des hohen Namens: Mensch würdig machen, und, um dies ausführen zu können, muß das: Erkenne Dich selbst der Führer auf meinem Weg zur Tugend sein.

Von Natur habe ich einen großen Hang zu allen Arten des Lasters; ich besitze nichts von dem, was man ein gutes Herz nennt. Ich würde weder gütig, noch gerecht sein, ich würde Abscheulichkeiten und Niederträchtigkeiten begehen, wenn ich meinem überwiegenden Hang zum Bösen den Zügel ließe; aber mein Wille und meine Vernunft zügeln die Leidenschaften; und seitdem ich die Sinnlichkeit durch mein besseres Selbst bekämpfte, herrscht Ruhe und Friede in meinem Innern. Durch mein Gewissen genieße ich eine Seligkeit, die mir kein äußres Glück gewähren kann. Seitdem ich mich selbst achten gelernt habe, schwinden mir alle die kleinlichen Sorgen um Genuß und Erdenglück. Ich könnte die härtesten Schläge des Schicksals dulden, ohne zu murren — und daß ich es könnte, hat meine eigne Erfahrung mir schon bewiesen. Dies ist mein Gutes — nun meine Fehler.

Ehrgeiz und Ruhmbegierde machen einen hervorstechenden Zug in meinem Charakter aus. Von Welt und Nachwelt gepriesen zu werden, dünkt mir das größte Erdenglück. Oft wünsche ich Gelegenheit zu haben, mein Leben im Vollbringen großer Thaten selbst unter qualvollen Martern hinzugeben, um nur in den Jahrbüchern der Menschheit als großer Mann zu glänzen. Ich höre nicht gern das Lob großer Männer, ich meine, ich müßte vor Scham vergehen wenn ich bedenke, daß ich schon 18 Jahre alt und noch der Welt unbekannt bin, da doch Andere schon in den frühsten Jünglingsjahren die öffentliche Laufbahn betreten haben. — Ich trage ein Ideal von Gelehrsamkeit und Verdienst in mir herum, dem ich nahe zu kommen mich bemühe, das ich aber wohl nie erreichen werde. Dieses Ideal, dieses Streben nach ihm und das Bewußtsein meiner großen Entfernung von ihm ist die einzige Quelle meines Unglücks, ist ein Wurm, der quälend an meinem Herzen nagt. Der Gedanke daran stürzt mich häufig in die schwärzeste Melancholie, wo ich mir selbst und Andern zur Last bin. Kein Lob meiner Freunde kann mich aufmuntern oder besänftigen — mein Bewußtsein bezüchtigt sie der Lüge, denn dieses sagt mir immer: Du bist noch unendlich weit von Deinem Ziele entfernt, Du bist noch lange nicht das, was Du sein sollst und was Du sein kannst.

So sehr ich auch ehrgeizig bin, so trachte ich doch nicht nach dem Lobe derer, die mich umgeben, und suche keine Befriedigung meines Ehrgeizes in dem Beifall, den mir engere Zirkel darbringen. Mein Blick ist auf das Ganze, auf die Welt gerichtet. Von daher muß das Lob kommen, wenn meine Ehrbegierde gesättigt werden soll. Im Tempel der Unsterblichkeit will ich prangen, dies ist mein höchster Wunsch, dies ist das einzige Ziel all meines Bestrebens, daher ich auch nicht den Umgang großer Gelehrten und in ihrem Zirkel zu prangen suche.

Ich bin nicht stolz, wie man glaubt. Niemand kann eine geringere Meinung von sich und seinem Werthe haben, als ich von mir. Aber ich habe ein rauhes und starres Wesen, ich gerathe leicht in Hitze und Zorn, wenn mir in Dingen, die ich genau durchdacht habe, widersprochen wird, besonders aber, wenn ich Verachtung in dem Betragen Anderer wahrnehme oder doch wahrzunehmen glaube, und man, ohne genau meine Gründe anzuhören, absprechend über meine Behauptungen urtheilt. Ich gerathe dann so sehr in Hitze, daß ich mich kaum enthalten kann, mit tödtlichen Waffen auf meinen Gegner loszugehen. Dies bestimmt wohl meine Freunde zu diesem Urtheil.

Ich bleibe mir in meinem äußern Betragen nicht gleich, ein Fehler, der nicht mir, sondern meinem Temperament und meiner Melancholie zugerechnet werden kann. Ich habe gewisse Stimmungen, wo alle Menschen, selbst meine Freunde, mir verhaßt sind. Zu einer andern Zeit bin ich der zärtlichste Freund und liebe Jeden, der Menschenantlitz trägt. Bald bin ich übermäßig freudig, so daß ich ausgelassen bin und ein läppisches Kind zu sein scheine, bald übermäßig traurig. Ich kann dann kein Wort vorbringen und auch nicht den leichtesten Gedanken denken. Still vor mich hingebückt sitze ich oft stumm und gedankenlos mitten in dem Freudengetümmel meiner vertrautesten Freunde. Die Augenblicke, wo ich mir selbst überlassen bin und dann in den Regionen meiner ehrgeizigen Träume herumschwärme, sind die seligsten Augenblicke, die ich genießen kann. Stundenlang kann ich herumgehn und mich an den Bildern meiner Hoffnung ergötzen. Ich denke mir dann, wie ich von der Welt gerühmt, von der Nachwelt als Beförderer der Wissenschaften gepriesen werde, wie man meine Werke citirt, meinen Namen im Munde führt und mir eine ehrenvolle Stelle unter den Wohlthätern des Menschengeschlechts und den Männern anweist, die den menschlichen Geist auf höhere Stufen geführt haben. O wie selig, wie unaussprechlich glücklich bin ich dann! — Ich finde keine Worte, womit ich mein Glück beschreiben könnte! —

Ich bin eigensinnig im höchsten Grade.

Jena, 19. August 1795.

. . . . . . Sie sehen aus meinem ganzen Benehmen, daß ich mich mehr zum Gelehrten von Profession, als zum Geschäftsmann, mehr zum Philosophen, als zum Juristen gebildet habe. Ich habe mich genau geprüft, wozu ich tauge, ich habe nicht blos mich, sondern auch andere Männer vernommen und gefunden, daß ich mehr zum erstern, als zum letztern bestimmt sei. Ich habe mehr Talent für den Katheder, als für die Schranken des Gerichts, mehr Talent dazu, die Wissenschaften weiter zu bringen, als sie anzuwenden. Wehe dem, der nicht den Winken folgt, die die Natur ihm gibt, der die Talente verrosten läßt, welche die Natur ihm verlieh, und sich das erzwingen will, was sie ihm versagte! . . . . . .

II.

Fünfundzwanzig Jahre später ist Anselm Feuerbach ein berühmter Mann und hat fünf Söhne, von denen jeder Glänzendes leisten sollte. Da schreibt der von ihnen allen verehrte Vater dem ältesten Sohn, Anselm, der von Berufsnöten gequält wird und sich der Theologie in die Arme werfen will, einen Brief, der über die Berufswahl des Sohnes entschieden und diesen zu einem der anerkannten Meister auf dem Gebiet der Altertumswissenschaft hat werden lassen. Der Schluß dieses Briefes lautet:

Ansbach, den 23. März 1820.

. . . . . . Daß dieses der Weg ist, der allem unbestimmten Umherschweifen auf einmal seine bestimmte Richtung anweist, und auf welchem Du die Eintracht mit Dir selbst, die innere Zufriedenheit, die Freude eines Dir angemessenen Wirkens, und endlich auch ein bescheidenes äußeres Glück finden wirst, dieses weiß ich ganz gewiß, und Alles hängt nur davon ab, daß Du den Winken der Vorsehung und dem wohlüberlegten Rath Deines Dich so innig liebenden und in allen solchen Dingen mit Einsicht und Erfahrung gerüsteten Vaters Dich mit Vertrauen und Ernst ergibst. Solltest Du auch selbst noch nicht ganz klar hierin sein, sollte Deine durch dieses oder jenes hin und her gezogene Seele auch noch anfangs schwanken oder zweifeln: so darfst Du nur Einen Gedanken denken und immer wieder denken, — und Dein Schwanken wird zum Stehen, Dein Zweifeln zur Entscheidung kommen. Dieser Eine Gedanke ist, daß nichts Anderes mehr übrig bleibt. Begeistert Dich noch nicht der Gegenstand Deiner Studien, so wird die Notwendigkeit, das Unvermeidliche Dir die Stelle der begeisternden Muse vertreten. Der Mensch darf, wenn es der ernsten Bestimmung seines Lebens gilt, nicht bloß seine Lust befragen. Man kommt in keinerlei Studien zu etwas Rechtem, wenn man nicht auch dasjenige, was mißbehagt, was durch Trockenheit und scheinbare Unbedeutenheit uns abschreckt, mit dem Gedanken an das freudige Ziel, beharrlichen Muthes überwindet. Nur durch Arbeit (und diese ist unser Loos) kann ein geistiger Besitzthum unser werden; und Arbeit als Arbeit schmeckt niemals oder selten süß; aber was wir haben, wenn die Arbeit gethan, der Weg zurückgelegt, das Ziel erreicht ist, das ist lauter Freude und erquickender Genuß. Wie der Gedanke an Pflicht und Nothwendigkeit selbst gegen innere Neigung zu begeistern vermag, wie man, selbst in einem unserer Lust gar nicht zusagenden Fache, ausgezeichnet werden kann, wenn man nur ernstlich will, und es sich etwas Mühe kosten läßt, wenn man nicht blos dem Gelüsten nachgeht, sondern vor Allem auch durch die ernste Pflicht sich führen läßt, die bald freundlich uns lächelt, und für unseren Schweiß uns lohnt, dafür kann ich Dir mein eignes Beispiel nennen.

Die Jurisprudenz war mir von meiner frühesten Jugend an in der Seele zuwider, und auch noch jetzt bin ich von ihr als Wissenschaft nicht angezogen. Auf Geschichte und besonders Philosophie war ausschließend meine Liebe gerichtet; meine ganze erste Universitätszeit (gewiß 4 Jahre) war allein diesen Lieblingen, die meine ganze Seele erfüllten, gewidmet, ich dachte Nichts als sie, glaubte nicht leben zu können ohne sie; ich hatte schon den philosophischen Doctorgrad genommen, um als Lehrer der Philosophie aufzutreten. Aber, siehe! da wurde ich mit Deiner Mutter bekannt; ich kam in den Fall, mich ihr verpflichtet zu erkennen; es galt, ein Fach zu ergreifen, das schneller als die Philosophie Amt und Einnahme bringe — um **Deine Mutter und Dich ernähren zu können**. Da wandte ich mich mit raschem, aber festem Entschluß von meiner geliebten Philosophie zur abstoßenden Jurisprudenz; sie wurde mir bald minder unangenehm, weil ich einmal wußte, daß ich sie lieb gewinnen **müsse**; und so gelang es meiner Unverdrossenheit, meinem durch die bloße Pflicht begeisterten Muth — bei verhältnismäßig beschränkten Talenten —, daß ich schon nach zwei Jahren den Lehrstuhl besteigen, meine Zwangs-, Noth- und Brodwissenschaft durch Schriften bereichern und so einen Standpunkt fassen konnte, von welchem aus ich rasch zu Ruhm und äußerm Glück mich emporgeschwungen und von der Mitwelt das laute Zeugniß gewonnen habe, daß mein Leben der Menschheit nützlich gewesen ist. Was wäre aus mir geworden, wenn ich bloß der Lust und der Laune nachgegangen wäre! wenn jedes Hinderniß mich erschreckt und muthlos gemacht, wenn ich dann die Hände in den Schooß gelegt, und geweint und gewinselt und auf Gottes Hilfe von Außen her gewartet hätte? Gottes Hilfe kommt von der eigenen Kraft und That, zu welcher er uns aufruft durch die innere Stimme, in welcher er stets gegenwärtig sich uns offenbart: O! Sohn, es ist eine große Sache um einen **guten Willen**; er thut Wunder; mit ihm kann man Berge versetzen; mit dem Glauben an die Kraft dieses guten Willens wird man selbst zu allem Guten stark; ohne ihn ist Nichts zu vollbringen.

Das Rätsel des Menschen.

Wir wissen nicht, was das Licht ist,
Noch was der Äther und seine Schwingungen. —
Wir verstehen das Wachstum nicht
Und die wahlverwandt schaffenden Stoffe.

Fremd ist uns, was die Sterne bedeuten,
Und der Feiergang der Zeit.
Die Untiefen der Seele begreifen wir nicht
Noch die Fratzen, unter denen sich die Völker vernichten.

    Unbekannt bleibt uns das Gehen und Kommen.
    Wir wissen nicht, was Gott ist!
    O Pflanzenwesen im Dickicht der Rätsel!
    Deiner Wunder größtes ist die Hoffnung.

Wilhelm Klemm.

Der arme Mann im Toggenburg.

Ulrich Brägger (1735—1797) ist in der Geschichte nur bekannt als „der arme Mann im Toggenburg". Und wirklich enthält diese Bezeichnung die beiden wichtigsten Tatsachen seines Lebens. Das Toggenburg ist ein armes Tal im Schweizer Kanton Sankt Gallen, das damals jahrzehntelang von Hungersnot bedroht und heimgesucht wurde. Und die herbe Luft des Gebirges, die Enge der Lebensverhältnisse atmet aus allem, was er schreibt. Daneben ist es die Armut, die ebenso deutlich alle seine Äußerungen durchzieht. Von anderen Leuten aus Brägger Stande erfährt der Bücherleser nur, wenn sie hernach emporsteigen und durch Glück oder Leistungen von sich reden machen oder mindestens ganz und gar unter die Schriftsteller gehen. Brägger hingegen hat es nie zu etwas Besonderem in der Welt gebracht oder bringen wollen. Im Toggenburggrund hat er sich zeitlebens schlecht und recht ums Brot gequält als Weber und kleiner Händler, bis auf einige schlimme Jahre als gepreßter Soldat im Heere des alten Fritz. Daher ist er eine ganz einzige Erscheinung in der unübersehbaren Flut der Literatur. Als eine solche hat ihn jeder tiefere Geist, von Göthe angefangen, in hohen Ehren gehalten: ein Mann, der dem schweren und grauen Alltag Sprache und Seele zu verleihen vermag, indem er Tagebuch führt und später auf Drängen von Freunden sein Leben beschreibt, aus dem wir hier einen ersten Abschnitt wiedergeben.

1. Hirtenleben.

Ja! ja! sagte jetzt eines Tags mein Vater, der Bub wächst, wenn er nur nicht so ein Narr wäre, ein verzweifelter Lappi; auch gar kein Hirn. Sobald er an die Arbeit muß, weiß er nicht mehr, was er tut. Aber von nun an muß er mir die Geißen hüten, so kann ich den Geißbub abschaffen. Ach! sagte meine Mutter, so kommst du um Geißen und Bub. Nein! Nein! Er ist noch zu jung. Was, jung? sagte der Vater, ich will es drauf wagen, er lernt's nie jünger, die Geißen werden ihn schon lehren, sie sind oft witziger als die Buben, ich weiß sonst nichts mit ihm anzufangen.

Mutter: Ach! was wird mir das für Sorg' und Kummer machen. Sinn' ihm auch nach! Einen so jungen Bub mit einem Fasel Geißen in den wilden, einöden Kohlwald schicken, wo ihm weder Steg noch Weg bekannt sind, und es so gräßliche Töbler hat. Und wer weiß, was für Tier sich dort aufhalten, und was für schreckliches Wetter einfallen kann? Denk' doch, eine ganze Stund' weit! und bei Donner und Hagel, oder wenn die Nacht einfällt, nie wissen, wo er ist. Das ist mein Tod, und du wirst es verantworten müssen.

Ich: Nein, nein, Mutter! Ich will schon Sorge haben, und kann ja dreinschlagen, wenn ein Tier kommt, und vorm Wetter untern Felsen kreuchen, und wenn's nachtet, heimfahren, und die Geißen will ich, was gilt's, schon paschgen.[1]

Vater: Hörst jetzt! Eine Woche mußt' mir erst mit dem Geißbub gehen. Dann gib Achtung, wie er's macht, wie er die Geißen alle heißt und ihnen lockt und pfeift, wo er durchfahrt, und wo sie die beste Weid finden.

Ja, ja! sagt' ich, sprang hochauf und dacht': Im Kohlwald bist du frei; da wird dir der Vater nicht immer pfeifen und dich von einer Arbeit zur andern jagen. Ich ging also etliche Tage mit unserm Beckle hin, so hieß der Bub, ein rauher, wilder, aber ehrlicher Bursche. Denkt doch! Er stund eines Tags wegen einer Mordtat im Verdacht, da man eine alte Frau, welche wahrscheinlich über einen Felsen hinunterstürzte, auf der Kreutzegg tot gefunden. Der Amtsdiener holte ihn aus dem Bett nach Lichtensteig. Man merkte aber bald, daß er ganz unschuldig war, und er kam zu meiner großen Freud noch denselben Abend wieder heim. — Nun trat ich mein neues Ehrenamt an. Der Vater wollte zwar den Beckle als Knecht behalten; aber die Arbeit war ihm zu streng, und er nahm im Frieden seinen Abschied. Anfangs wollten mir die Geißen, deren ich bis dreißig Stück hatte, kein gut tun; das machte mich wild, und ich versucht' es, ihnen mit Steinen und Prügeln den Meister zu zeigen, aber sie zeigten ihn mir, ich mußte also die glatten Wort' und das Streicheln und Schmeicheln zur Hand nehmen. Da taten sie, was ich wollte. Auf die vorige Art hingegen verscheucht' ich sie so, daß ich oft nicht mehr wußte, was anfangen, wenn sie alle ins Holz und Gesträuch liefen, und ich meist rundum keine einzige mehr erblicken konnte, halbe Tage herumlaufen, pfeifen und johlen, sie an den Galgen verwünschen, brüllen und lamentieren mußte, bis ich sie wieder beieinander hatte.

Drei Jahre hatte ich so meine Herde gehütet; sie ward immer größer, zuletzt über hundert Köpf; mir immer lieber, und ich ihnen. Im Herbst und Frühling fuhren wir auf die benachbarten Berge, oft bis zwei Stunden weit. Im Sommer hingegen durft' ich nirgends hüten als im Kohlwald, eine mehr als Stund weite Wüstenei, wo kein recht Stück Vieh weiden kann. Dann ging's zur Aueralp, zum Kloster St. Maria gehörig, lauter Wald, oder Kohlplätz und Gesträuch, manches dunkle Tobel und steile Felswand, an denen noch die beste Geißweid zu finden war. Von unsrem Dreyschlatt weg hatt' ich alle Morgen eine Stunde Wegs zu fahren, eh' ich nur ein Tier durfte anbeißen lassen; erst durch unsre Viehweid, dann durch einen großen Wald, in die Kreuz und Quer, bald durch diese, bald durch jene Abteilung der Gegend, deren ich jede mit einem eigenen Namen taufte. Da hieß es im vordern Boden; dort, zwischen den Felsen; hier, in der Weißlauwe; dort im Köllermelch, auf der Platten, im Kessel. Alle Tag hütete ich an einem andern Ort, bald sonnen-, bald schattenhalb.² Zu Mittag aß ich mein Brötlein, und was mir sonst die Mutter verstohlen mitgab. Auch hatt' ich meine eigne Geiß, an der ich sog. Die Geißaugen waren meine Uhr. Gegen Abend fuhr ich immer wieder den nämlichen Weg nach Haus, auf dem ich gekommen war.

Welche Lust bei angenehmen Sommertagen über die Hügel fahren, durch Schattenwälder streichen, durchs Gebüsch Eichhörnchen jagen und Vogelnester ausnehmen! Alle Mittag lagerten wir uns am Bach; da ruhten meine Geißen zwei bis drei Stunden aus, wann es heiß war noch mehr. Ich aß mein Mittagsbrot, sog mein Geißchen, badete im spiegelhellen Wasser und spielte mit den jungen Gitzen. Immer hatt' ich einen Gertel³ oder eine kleine Axt bei mir und fällte junge Tännchen, Weiden oder Jlmen. Dann kamen meine Geißen haufenweis und kaffelten⁴ das Laub ab. Wenn ich ihnen Leck, Leck rufte, ging's gar im Galopp, und wurd' ich von ihnen wie eingemauert. Alles Laub und Kräuter, die sie fraßen, kostete auch ich; und einige schmeckten mir sehr gut. Solang der Sommer währte, florierten die Erd-, Im-, Heidel- und Brombeeren; deren hatt' ich immer vollauf und konnte noch der Mutter am Abend mehr als genug nach Haus bringen. Das war ein herrliches Labsal, bis ich mich einst daran zum Ekel überfraß. Und welch' Vergnügen machte mir jeder Tag, jeder neue Morgen! wenn jetzt die Sonne die Hügel vergoldete, denen ich mit meiner Herde entgegenstieg, dann jenen haldigen Buchenwald, und endlich die Wiesen und Weideplätze beschien. Tausendmal denk' ich dran, und oft dünkt's mich, die Sonne scheine jetzt nicht mehr so schön. Wenn dann alle anliegenden Gebüsche von jubilierenden Vögeln ertönten, und dieselben um mich her hüpften, oh! was fühlt' ich da! Ha, ich weiß es nicht! Halt süße, süße Lust! Da sang' und trillerte ich mit, bis ich heiser ward. Ein andermal spürte ich den muntern Waldbürgern durch alle Stauden nach, ergötzte mich an ihrem hübschen Gefieder, und wünschte, daß sie nur halb so zahm wären wie meine Geißen, beguckte ihre Jungen und ihre Eier und erstaunte über den wundervollen Bau ihrer Nester. Oft fand ich deren in der Erde, im Moos, im Farrn, unter alten Stöcken, in den dicksten Dörnern, in Felsritzen, in hohlen Tannen oder Buchen; oft hoch im Gipfel, in der Mitte, zu äußerst auf einem Ast. Meist wußt' ich ihrer etliche. Das war mir eine Wonne, und fast mein einziges Sinnen und Denken, alle Tage gewiß einmal nach allen zu sehn, wie die Jungen wuchsen, wie das Gefieder zunahm, wie die Alten sie fütterten. Anfangs trug ich einige mit mir nach Haus, oder brachte sie sonst an einen bequemeren Ort. Aber dann waren sie dahin.

Nun ließ ich's bleiben und sie lieber groß werden. Da flogen sie mir aus. Ebensoviel Freuden brachten mir meist meine Geißen. Ich hatte von allen Farben, große und kleine, kurz- und langhaarige, bös- und gutgeartete. Alle Tage ruft' ich sie zwei- bis dreimal zusammen und überzählte sie, ob ich's voll habe? Ich hatte sie gewöhnt, daß sie auf mein Zub, Zub! Leck, Leck! aus allen Büschen hergesprungen kamen. Einige liebten mich sonderbar und gingen den ganzen Tag nie einen Büchsenschuß weit von mir; wenn ich mich verbarg, fingen sie alle ein Zetergeschrei an. Von meinem Duglöörle, so hieß ich meine Mittagsgeiß, konnt' ich mich nur mit List entfernen. Das war ganz mein eigen. Wo ich mich setzte oder legte, stellte es sich über mich hin und war gleich parat zum Saugen oder Melken; und doch mußt' ich's in der besten Sommerszeit oft noch ganz voll heimführen. Andremal melkt' ich es einem Köhler, bei dem ich manche liebe Stund zubrachte, wenn er Holz schrotete oder Kohlhaufen brannte.

Welch' Vergnügen dann am Abend, meiner Herde auf meinem Horn zur Heimreise zu blasen! Zuzuschauen, wie sie alle mit runden Bäuchen und vollen Eutern dastunden, und zu hören, wie munter sie sich heimblökten. Wie stolz war ich, wann mich der Vater lobte, daß ich gut gehütet habe! Nun ging's an ein Melken, bei gutem Wetter unter freiem Himmel. Da wollte jede zuerst über dem Eimer von der drückenden Last ihrer Milch los sein und beleckte dankbar ihren Befreier.

* * *

---

¹ Bezwingen; meistern. ² Bald auf der Sonnen-, bald auf der Schattenseite. ³ Kleines Handbeil mit langer Schneide. ⁴ Nagen.

Nicht daß lauter Lust beim Hirtenleben wäre! Potz Tausend, nein! Da gibt's Beschwerden genug. Für mich war's lang die empfindlichste, des Morgens so früh mein warmes Bettlin zu verlassen und bloß und barfuß ins kalte Feld zu marschieren, wenn's zumal einen baumstarken Reif hatte, oder ein dicker Nebel über die Berge herabging. Wenn dann dieser gar so hoch ging, daß ich ihm mit meiner bergansteigenden Herde das Feld nicht abgewinnen und keine Sonn' erreichen konnte, verwünscht' ich ihn in Ägypten hinein, und eilte, was ich eilen konnte, aus der Finsternis wieder in ein Tälchen hinab. Erhielt ich hingegen den Sieg, und gewann die Sonne und den hellen Himmel über mir, das große Weltmeer von Nebeln, und hie und da einen hervorragenden Berg, wie eine Insel unter meine Füße, was das dann für ein Stolz und eine Lust war! Da verließ ich den ganzen Tag die Berge nicht, und mein Aug' konnt' sich nie satt schauen, wie die Sonnenstrahlen auf diesem Ozean spielten, und Wogen von Dünsten in den seltsamsten Figuren sich drauf herumtaumeln, bis sie gegen Abend mich wieder zu übersteigen drohten. Dann wünscht' ich mir Jakobs Leiter; aber umsonst, ich mußte fort. Ich ward traurig, und alles stimmte in meine Trauer ein. Einsame Vögel flatterten matt und mißmütig über mir her, und die großen Herbstfliegen summten mir so melancholisch um die Ohren, daß ich weinen mußte. Dann fror ich fast noch mehr als am frühen Morgen und empfand Schmerzen an den Füßen, obgleich diese so hart als Sohlleder waren. Auch hatt' ich die meiste Zeit Wunden oder Beulen an ein paar Gliedern, und wenn eine Blessur heil war, macht' ich mir richtig wieder eine andre, sprang entweder auf einen spitzen Stein auf, verlor einen Nagel oder ein Stück Haut an einem Zehen oder hieb mir mit meinen Instrumenten eins in die Finger. Ans Verbinden war selten zu gedenken; und doch ging's meist bald vorüber. Die Geißen hiernächst machten mir, wie schon gesagt, anfangs großen Verdruß, wenn sie mir nicht gehorchen wollten, weil ich ihnen nicht recht zu befehlen verstund.

Ferner prügelte mich der Vater nicht selten, wenn ich nicht hütete, wo er mir befohlen hatte, und nur hinfuhr, wo ich gerne sein mochte, und die Geißen nicht das rechte Bauchmaß heimbrachten, oder er sonst ein loses Stücklein von mir erfuhr.

Dann hat ein Geißbub überhaupt viel von andern Leuten zu leiden. Wer will einen Fasel Geißen immer so in Schranken halten, daß sie nicht einem Nachbar in die Wiesen oder Weid gucken? Wer mit soviel lüsternen Tieren zwischen Korn- und Haberbrachen, Räb- und Kabisäckern⁵ durchfahren, daß keins ein Maul voll versuchte? Da ging's an ein Fluchen und Lamentieren: Bärenhäuter! Galgenvogel! waren meine gewöhnlichen Ehrentitel. Man sprang mir mit Äxten, Prügeln und Hagstecken, einst gar einer mit einer Sense nach, der schwur, mir ein Bein vom Leibe wegzuhauen. Aber ich war leicht genug auf den Füßen, und nie hat mich einer erwischen mögen. Die schuldigen Geißen wohl haben sie mir oft ertappt und mit Arrest belegt; dann mußte mein Vater hin und sie lösen. Fand er mich schuldig, so gab's Schläge. Etliche unsrer Nachbarn waren mir ganz besonders widerwärtig und richteten mir manchen Streich auf den Rücken. Dann dacht' ich freilich: Wartet nur, ihr Kerls, bis mir eure Schuh' recht sind, so will ich euch auch die Buckel salben. Aber man vergißt's, und das ist gut. Und dann hat das Sprichwort doch auch seinen wahren Sinn: „Wer will ein Biedermann sein und heißen, der hüt' sich vor Tauben und Geißen." — So gibt es freilich dieser und anderer Widerwärtigkeiten genug in dem Hirtenstand. Aber die bösen Tage werden reichlich von den guten ersetzt, wo es gewiß keinem König so wohl ist.

Im Kohlwald war eine Buche gerad über einem mehr als turmhohen Fels herausgewachsen, so daß ich über ihren Stamm wie über einen Steg spazieren und in eine gräßlich finstre Tiefe hinabgucken konnte; wo die Äste angingen, stund sie wieder geradeauf In dieses seltsame Nest bin ich oft gestiegen und hatte meine größte Lust daran, so in den fürchterlichen Abgrund zu schauen, um zu sehen, wie ein Bächlein neben mir herunterstürzte und sich in Staub zermalmte. Einst schwebte mir diese Gegend im Traume so schauderhaft vor, daß ich von da an nicht mehr hinging. Ein andermal befand ich mich mit meinen Geißen jenseits der Aueralp, auf der Dürrwälder Seite gegen den Rotenstein. Ein Junges hatte sich zwischen zween Felsen verstiegen und ließ eine jämmerliche Melodie von sich hören. Ich kletterte nach, um ihm zu helfen. Es ging so eng und gäh, und zickzack zwischen Klippen durch, daß ich weder obsich noch niedsich⁶ sehen konnte und oft auf allen Vieren kriechen mußte. Endlich verstieg ich mich gänzlich. Über mir stund ein unerklimmbarer Fels; unter mir schien's fast senkrecht, ich weiß selbst nicht wie weit hinab. Ich fing an zu rufen und zu beten, so laut ich konnte. In einer kleinen Entfernung sah ich zwei Menschen durch eine Wiese marschieren. Ich gewahrt' es gar wohl, sie hörten mich; aber sie spotteten meiner und gingen ihre Straße. Endlich entschloß ich mich, das Äußerste zu wagen und lieber mit eins des Todes zu sein, als noch weiter in dieser peinlichen Lage zu verharren, und doch nicht lange mehr ausharren zu können. Ich schrie zu Gott in Angst und Not, ließ mich auf den Bauch nieder, meine Händ' obsich verspreitet, daß ich mich an den kahlen Fels so gut als möglich anklammern könne. Aber ich war todmüd, fuhr wie ein Pfeil hinunter, zum Glück war's nicht so hoch, als ich im Schrecken geglaubt hatte, und blieb ebenrecht in einem Schlund stecken, wo ich mich wieder halten konnte. Freilich hatt' ich Haut und Kleider zerrissen und blutete an Händen und Füßen. Aber wie glücklich schätzt' ich mich nicht, daß ich nur mit dem Leben und unzerbrochnen Gliedern davonkam! Mein Geißchen mag sich auch durch einen Sprung gerettet haben; einmal, ich fand's schon wieder bei den übrigen.

Ein andermal, da ich an einem schönen Sommertag mit meiner Herde herumgetrillert, überzog sich der Himmel gegen Abend mit schwarzen Wolken; es fing gewaltig an zu blitzen und zu donnern. Ich eilte nach einer Felshöhle, diese oder eine große Wettertann waren in solchen Fällen immer mein Zufluchtsort, und rief meine Geißen zusammen. Die, weil's sonst bald Zeit war, meinten, es gelte zur Heimfahrt und sprangen über Kopf und Hals mir vor, daß ich bald keinen Schwanz mehr sah. Ich eilte ihnen nach. Es fing entsetzlich an zu hageln, daß mir Kopf und Rücken von den Püffen sausten. Der Boden war dicht mit Steinen bedeckt; ich rannte in vollem Galopp drüber fort, fiel aber oft auf den Hintern und fuhr große Stück weit wie auf einem Schlitten. Endlich, in einem Wald, wo's gäh zwischen Felsen hinunterging, konnt' ich vollends nicht anhalten und glitschte bis zu äußerst auf einen Rand, von dem ich, wenn mich nicht Gott und seine guten Engel behütet hätten, viele Klafter tief herabgestürzt und zermürst worden wäre. Jetzt ließ das Wetter allmählich nach, und als ich nach Haus kam, waren meine Geißen schon eine halbe Stunde daheim. Etliche Tage lang fühlt' ich von dieser Partie keinerlei Ungemach; aber mit eins fingen meine Füß zu sieden an, als wenn man sie in einem Kessel kochte. Dann kamen die Schmerzen. Mein Vater sah nach und fand mitten in der einen Fußsohle ein groß Loch und Moos und Gras darin. Nun erinnert' ich mich erst, daß ich an einem spitzen Weißtannast aufgesprungen war: Moos und Gras war mit hineingegangen. Der Ätti grub mir's mit einem Messer heraus und verband mir den Fuß. Nun mußt' ich freilich ein paar Tage meinen Geißen langsam nachhinken, dann verlor ich die Binde, Kot und Dreck füllten das Loch, und es war bald wieder besser. Viel andre Mal, wenn's durch die Felsen ging, liefen die Tiere ob mir weg und rollten große Steine herab, die mir hart an den Ohren vorbeipfiffen. Oft stieg ich einem Wälschtraubenknöpfli, Frauenschühlin oder anderen Blümchen über Klippen nach, daß es eine halsbrechende Arbeit war. Wieder zündete ich große, halbverdorrte Tannen von unten an, die bisweilen acht bis zehn Tage aneinander fortbrannten, bis sie fielen. Alle Morgen und Abend sah ich nach, wie's mit ihnen stund.

Einst hätte mich eine maustot schlagen können: denn indem ich meine Geißen forttrieb, daß sie nicht getroffen würden, krachte sie hart an mir in Stücken zusammen. So viele Gefahren drohten mir während meinem Hirtenstand mehrmal, Leibs und Lebens verlustig zu werden, ohne daß ich's viel achtete, oder doch alles bald wieder vergaß, und leider damals nie daran dachte, daß du allein es warst, mein himmlischer Vater und Erhalter! der in den Winkeln einöder Wüste die Raben nährt, und auch Sorge für mein junges Leben trug.

Mein Vater hatte bisweilen aus der Geißmilch Käse gemacht, bisweilen Kälber gesäugt und seine Wiesen mit dem Mist geäufnet.[7] Dies reizte unsere Nachbarn, daß ihrer vier auch Geißen anschafften und beim Kloster um Erlaubnis baten, ebenfalls im Kohlwald hüten zu dürfen. Da gab's nun Kameradschaft. Unser drei oder vier Geißbuben kamen alle Tag zusammen. Ich will nicht sagen, ob ich der beste oder schlimmste unter ihnen gewesen, aber gewiß ein purer Narr gegen die andern, bis auf einen, der ein gutes Bürschchen war. Einmal, die übrigen alle gaben uns leider kein gutes Exempel. Ich wurde ein bißlein witziger, aber desto schlimmer. Auch sah's mein Vater gar nicht gern, daß ich mit ihnen laichte,[8] und sagte mir, ich sollte lieber allein hüten und alle Tage auf eine andere Gegend treiben. Aber Gesellschaft war mir zu neu und zu angenehm; und wenn ich auch etwa einen Tag den Rat befolgte und hörte die andern hüpfen und johlen, so war's, als wenn mich ein paar beim Rock zerrten, bis ich sie erreicht hatte.

Bisweilen gab's Zänkereien, dann fuhr ich wieder einen Morgen allein oder mit dem guten Jacobli, von dem hab' ich selten ein unnützes Wort gehört, aber die andern waren mir kurzweiliger. Ich hätte noch viele Jahre für mich können Geißen hüten, eh' ich den Zehnteil von dem allem inne worden wäre, was ich da in kurzem vernahm. Sie waren alle größer und älter als ich, fast ausgeschossene Bengel, bei denen schon alle argen Leidenschaften aufgewacht. Schmutzige Zoten waren alle ihre Reden und unzüchtig alle ihre Lieder, bei deren Anhören ich oft Maul und Augen auftat, oft aber auch aus Schamröte niederschlug. Über meinen bisherigen Zeitverreib lachten sie sich die Haut voll. Späne und junge Vögel galten ihnen gleich viel, außer wenn sie glaubten, Geld aus einem zu lösen, sonst schmissen sie dieselben samt den Nestern fort. Das tat mir anfangs weh; doch macht' ich's bald mit. So geschwind konnten sie mich hingegen nicht überreden, schamlos zu baden wie sie. Einer besonders war ein rechter Unflat, aber sonst weder streit- noch zanksüchtig, und darum nur desto verführerischer. Ein anderer war auf alles verpicht, womit er einen Batzen verdienen konnte, der liebte darum die Vögel mehr als die andern, die nämlich, welche man ißt; suchte allerlei Waldkräuter, Harz, Zunderschwamm und dergleichen. Von dem lernt ich manche Pflanze kennen, aber auch, was der Geiz ist. Noch einer war etwas besser als die schlimmern; er machte mit, aber furchtsam. Jedem ging sein Hang

---

[5] Acker von weißen Rüben und Kohl. [6] Weder aufwärts noch abwärts. [7] Emporbringen, heben. [8] Herumstreichen.

sein Leben lang nach. Jacobli ist noch ein guter Mann, der andre blieb immer ein geiler Schwätzer und ward zuletzt ein miserabler hinkender Tropf; der dritte hatte mit List und Ränken etwas erworben, aber nie Glück dabei. Vom vierten weiß ich nicht, wo er hingekommen ist.

Daheim durft' ich mir von dem, was ich bei diesen Kameraden sah und hörte, nichts merken lassen. Ich genoß aber nicht mehr meine vorige Fröhlichkeit und Gemütsruhe. Die Kerls hatten Leidenschaften in mir rege gemacht, die ich noch selbst nicht kannte, doch merkte ich, daß es nicht richtig stund. Im Herbst, wo die Fahrt frei war, hütete ich meist allein. Ein Büchlein, das mir bloß darum jetzt noch lieb ist, trug ich bei mir und las oft darin. Noch weiß ich verschiedene sonderbare Stellen auswendig, die mich damals bis zu Tränen rührten. Jetzt kamen mir die bösen Neigungen in meinem Busen abscheulich vor, und sie machten mir angst und bang. Ich betete, rang die Hände, sah zum Himmel, bis mir die hellen Tränen über die Backen rollten, faßte einen Vorsatz über den andern und machte mir so strenge Pläne für ein künftiges frommes Leben, daß ich darüber allen Frohmut verlor. Ich versagte mir alle Arten von Freude und hatte zum Beispiel lang einen ernstlichen Kampf mit mir selber wegen eines Distelfinken, der mir sehr lieb war, ob ich ihn weggeben oder behalten sollte? Über diesen einzigen Vogel dacht' ich oft weit und breit herum. Bald kam mir die Frommkeit, wie ich mir solche damals vorstellte, als ein unersteiglicher Berg, bald wieder federleicht vor. Meine Geschwister mocht' ich herzlich lieben, aber je mehr ich's wollte, je mehr sah ich Widriges an ihnen. In kurzem wußt' ich weder Anfang noch End, und es war niemand mehr, der mir heraushelfen konnte, da ich meine Lage keiner Menschenseele entdeckte. Ich machte mir alles zur Sünde: Lachen, Jauchzen und Pfeifen.

Meine Geißen sollten mich nicht mehr erzürnen dürfen, und ich ward eher böser auf sie. Eines Tags bracht' ich einen toten Vogel nach Haus, den ein Mann geschossen und auf einem Stecken in die Wiese aufgesteckt hatte. Ich nahm ihn, wie ich in dem Augenblick wähnte, mit gutem Gewissen weg, ohne Zweifel, weil mir seine zierlichen Federn vorzüglich gefielen. Aber sobald mir der Vater sagte, das heiße auch gestohlen, weint' ich bitterlich – ich hatte diesmal recht – und trug das Äschen morgens darauf in aller Frühe wieder an seinen Ort. Doch behielt ich etliche von den schönsten Federn; aber auch dies kostete mich ziemliche Überwindung. Doch dacht' ich: Die Federn sind nun ausgerupft, wenn du sie schon auch hinträgst, verblast sie der Wind, und dem Mann nützen sie so nichts. Bisweilen fing ich wieder an zu jauchzen und zu johlen und trollte aufs neue sorglos über alle Berge. Dann dacht' ich: So alles, alles verleugnen, bis auf meine selbstgeschnitzelten hölzernen Kühe – wie ich mir damals den rechten Christensinn buchstäblich vorstellte – sei doch ein traurig elendes Ding.

Indessen wurde der Kohlwald von den immer zunehmenden Geißen übertrieben; die Rosse, die man auf den fettern Grasplätzen weiden ließ, bisweilen von den Geißbuben verfolgt oder gesprengt. Einmal legten die Bursche ihnen Nesseln unter die Schwänze; ein paar stürzten sich im Lauf über einen Felsen zu Tode. Es gab schwere Händel, und das Hüten im Kohlwald wurde gänzlich verboten. Ich hütete darauf noch eine Weile auf unserm eignen Gut. Dann löste mich mein Bruder ab. Und so nahm mein Hirtenstand ein Ende.

★

★

★

Quellen: Prof. Dr.-Ing. G. Schlesinger, Betriebswissenschaft und Psychotechnik; aus „Praktische Psychologie", I. Jahrgang 1919, 1. und 2. Heft. Verlag S. Hirzel-Leipzig. • Die Abbildungen: 10 S. 33, 14 S. 35, 16 S. 36 aus „Praktische Psychologie", I. Jahrgang 1919, 1. bis 3. Heft. Verlag S. Hirzel-Leipzig. • Sohn und Vater in der Berufswahl; aus „Anselm Ritter von Feuerbachs Leben und Wirken". Veröffentlicht von seinem Sohne Ludwig Feuerbach. Verlag Otto Wigand-Leipzig. • Der arme Mann im Toggenburg. (1. Hirtenleben); aus „Das Leben und die Abenteuer des armen Mannes im Tockenburg". Verlag Meyer & Jessen-Berlin. • W. Klemm, Das Rätsel des Menschen; aus „Philosophie", abgedruckt in „Menschheitsdämmerung", Symphonie jüngerer Lyrik von K. Pinthus.

Herausgegeben und gedruckt von der Daimler-Motoren-Gesellschaft in Stuttgart-Untertürkheim. • Alle Rechte vorbehalten. • Zuschriften an die Schriftleitung: Friedrich Muff, Stuttgart-Untertürkheim.

DAIMLER WERKZEITUNG

2. Jahr — Nr. 5/6

INHALTSVERZEICHNIS

Die Einschaltung der Wissenschaft ins Leben. Von Dr. E. Rosenstock. ** Wir und der Raum. Von Dr. V. v. Weizsäcker. ** Die Arbeitsgemeinschaft der Astronomen. ** Notizen über Einstein. ** Wie schnell bewegen sich die Himmelskörper? Von A. Wagenmann. ** „Schwäbische Sternwarte". ** Die Begründer unserer Astronomie. Von Professor Dr. H. Bruns. ** Wer hat recht? Von F. Eitel. ** Jeder sein eigner Astronom. ** Die Heimkehr. Von Hans Heinrich Ehrler. ** Die am Schluß mit D. M. G. bezeichneten Arbeiten stammen von Werksangehörigen.

15. Juli 1920.

Das Ereignis der Relativitätstheorie.

Die Einschaltung der Wissenschaft ins Leben.

Von Dr. Eugen Rosenstock.

Albert Einsteins, des deutschen Physikers Ruhm durchhallt die allem Deutschen sonst feindliche Welt. Die Astronomie und die Physik, so lesen wir, sollen durch seine „Relativitätstheorie" auf den Kopf gestellt sein. Was heißt das eigentlich? Was geht es denn den Laien an, wenn eine Wissenschaft auf den Kopf gestellt wird?

Das natürliche Denken des Laien und das wissenschaftliche Denken des Gelehrten hängen ja anscheinend kaum miteinander zusammen. Denn der Gelehrte pflegt doch fast immer das Gegenteil zu sagen von dem, was sich der natürliche Mensch auf den ersten Blick vorstellt.

Das Kind sagt z. B.: die Sonne geht auf und geht unter. Der Gelehrte hingegen: die Erde dreht sich um die Sonne. Wird also heute die Wissenschaft „auf den Kopf" gestellt, so bedeutet das im Grunde: sie sage jetzt nicht mehr das Gegenteil, sondern das selbe, was der gesunde Menschenverstand sich ungefähr gleich gedacht hat.

Mancher Hämische freut sich darüber: Es sei also nichts mit der Wissenschaft; sie müsse schon wieder umlernen. Gemach! Trotz solcher Umwege ist die Wissenschaft niemandem entbehrlich. Und das ist leicht einzusehen. Jedes einzelnen Menschen Lebensweg klärt darüber auf.

Der junge Mensch wächst in der Heimat heran. In der Heimat geht er zur Schule und in die Lehre. Er kann sich darum das Leben nicht anders vorstellen, als wie er's in der Heimat kennt; so ist's ihm natürlich. Dann aber wandert er in die Fremde; schon hinterm Berg merkt er, daß anders gesprochen und gegessen, und etwas weiter fort, daß sogar anders gedacht wird als bei seinen Leuten. Da bleibt ihm die Heimat nicht mehr maßgebend. Schließlich aber, des Wanderns müde, gründet er einen Hausstand, vielleicht wieder in der Heimat. Jetzt hört der bunte Wechsel auf; jetzt muß er sich entscheiden, welch eine Sitte in seinem Hause gelten soll; er muß eine Auswahl treffen aus dem, was er von zu Hause mitbekommen und dem, was er draußen neu erfahren hat. Die Überlieferung aus der Lehrzeit und die Erfahrungen aus der Wanderzeit muß der fertige Mann irgendwie miteinander verschmelzen. Nur so wird er Meister.

Lehre, Wanderschaft, Meisterschaft sind drei Stufen. Der Lehrling glaubt das, was er lernt und sieht. Der Wanderbursche erkennt vieles, vergleicht und zweifelt. Dem Meister müssen sie beide verständlich sein, obwohl er wieder anders urteilt als sie; denn er muß Entschlüsse fassen. Also: Lebensweisen, die sich feindlich zu widersprechen scheinen, wie Heimat und Fremde, müssen trotzdem beide durchschritten werden, damit auf der dritten Stufe die Leistung des Mannes zur Vollendung komme

Ähnlich wie zwischen Lehrling und Wanderbursch verhält es sich zwischen ungelehrtem und wissenschaftlichem Denken. Auch hier folgen sich die drei Stufen des blinden Glaubens, des freien Schweifens und der Wiederaufrichtung einer festen Ordnung. Der natürliche Verstand des Ungelehrten hängt von dem ab, was ihm gerade vor die Augen kommt, also vom Zufall. Dafür ist er frisch und kräftig und greift entschlossen zu. Die Wissenschaft befreit uns vom Zufall. Sie zweifelt an allem und erkennt dadurch das Gesetz und die gültigen Regeln. Dafür ist sie trocken und bedenklich. So sind im Volk beide, der ungelehrte Laie und der Fachmann für alle Fragen nötig, obwohl sie einander fremd sind. Denn dann kann das Gesamtvolk auf der dritten Stufe die zerbrochene Einheit zwischen ursprünglichem und gelehrtem Geist wieder herstellen. Würden sich nicht erst einmal die Zufallswahrheiten des gesunden Menschenverstandes und die gewissenhaften Entdeckungsfahrten der Wissenschaft entzweit haben, so würde es nie zu der dritten Stufe ruhiger Meisterschaft kommen.

Nun muß aber der einzelne Mensch oft lange Jahre wandern, ehe er klug geworden ist und sich ein Haus daheim gründen kann. So wandert auch die einzelne Wissenschaft, jedoch nicht Jahre, sondern Jahrhunderte lang. Und die Geschlechter der Gelehrten müssen diese Jahrhunderte zur Gedankenwanderung ausnützen, auf die Gefahr hin, in unheimlicher Ferne und Entfremdung vom Denken des Volks zu bleiben. Erst hernach, wenn die Zeit reif ist, finden die Wissenschaft und das natürliche Leben wieder zusammen.

In der Physik scheint heute dieser wichtige Zeitpunkt erreicht zu sein. Albert Einstein hat jenen letzten Schritt getan, durch den ein Ort erreicht ist, von dem aus die Gedanken der Physiker und die Vorstellungen der Ungelehrten beide zu ihrem Rechte kommen. Er steht auf der obersten Stufe der Gedankenleiter, die aus dem natürlichen Denken heraus durch viele Gelehrtengenerationen hindurch von der Physik aufgebaut worden ist.

Die wunderbare Konstruktion dieser letzten Leitersprosse, die Einstein im Verein mit anderen Forschern gelungen ist, erscheint sogar den Fachleuten noch vielfach rätselhaft. Es ist ebenso aussichtslos wie töricht, als Laie diese mathematischen Formeln mitdenken zu wollen. Hingegen ist die glücklich erkämpfte Aussicht von jener obersten Sprosse etwas, an dem teilzunehmen jeder wünschen muß. Soll sie uns doch auch das natürliche Leben des Geistes erläutern, wie wir alle es leben. Dieser allgemeinen Aussicht sind wir uns aber bisher noch kaum bewußt geworden. Soweit mir bekannt, ist der folgende Aufsatz der erste grundsätzliche Versuch, nicht nur die Lehre von der Relativität faßlich darzustellen, sondern mit ihrer Hilfe die Wissenschaft der Physik dem Leben zurückzugeben.

Wir und der Raum.

Von Dr. Viktor v. Weizsäcker,
Privatdozenten an der Universität Heidelberg.

Der Raumsinn.

Wenn wir an einem menschlichen Schädel die Gegend aufsuchen, an der die Ohrmuschel sich befindet, und nun von hier in das knöcherne Gehäuse tief eindringen, dann stoßen wir auf ein steinhartes, pyramidenförmiges Gebilde, wir nennen es das Felsenbein. Wenn wir dieses mit einem guten Stahl sorgfältig aufmeißeln, so entdeckt sich uns ein seltsam phantastisches System Teile. Sie haben, soviel wir wissen, mit Hören nichts zu tun, sondern sie sind das **Gleichgewichtsorgan** unseres Körpers. Wie arbeitet dieses Organ?

Es arbeitet immer dann, wenn unser Kopf sich im Raume bewegt. In jenen kreisförmigen Kanälen, den „Bogengängen", befindet sich eine

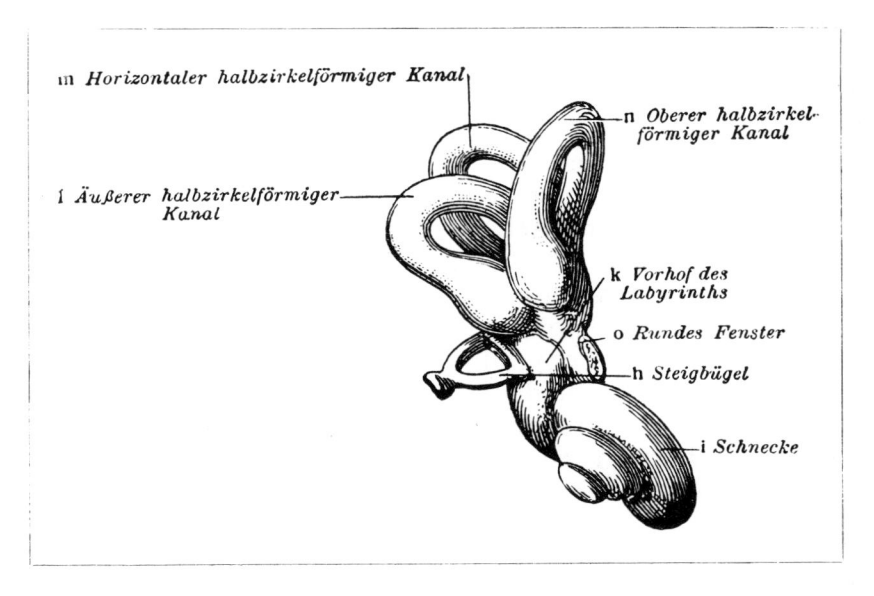

Bild 1.

von winzigen Hohlräumen und Ringkanälen, deren Inneres von einem ganz entsprechenden Inhalt förmlich ausgegossen ist: dieser Inhalt ist ein zartes häutiges Gebilde, und wir nennen es das Labyrinth.

Kein Organ unseres Körpers ist so verborgen und so mächtig geschützt gegen Beschädigung. Wir haben in jedem Ohr ein Labyrinth, und diese beiden sind symmetrisch gebaut und verhalten sich wie Bild und Spiegelbild. Die Figur 1 zeigt es in Vergrößerung. Von dem Teil, den man die Schnecke nennt und als solche sofort erkennt, ist hier nicht zu reden; sie dient dem Gehör. Uns beschäftigen vielmehr die übrigen Flüssigkeit. Am Anfang jeden Boganges sieht man eine kolbige Auftreibung. Diese ist innen mit feinsten Haarborsten ausgekleidet, und auf den Borsten ruhen winzige Steinchen. Was geschieht, wenn unser Körper und mit ihm unser Kopf sich bewegt oder dreht? Vermöge ihrer Trägheit und zugleich Verschiebbarkeit werden jene Flüssigkeit und jene Steinchen erschüttert und bewegt werden, kleine Strömungen, Wirbel, Erzitterungen, Verschiebungen werden stattfinden und auf die Härchen und die häutigen Wandungen übertragen werden. In diesen aber befinden sich empfindliche Nerven, welche jetzt erregt werden und den Reiz zum Gehirn weiter leiten, ganz ebenso wie etwa gewisse andere

Nerven einen Stich in meine Zehe als Schmerzerregung zum Gehirn melden.

Die Meldung des Labyrinthnerven bewegt sich nun nicht in allgemeinen Ausdrücken wie etwa: „Eine Bewegung des Kopfes hat stattgefunden." Damit würde nur sehr bescheidenen Anforderungen des Lebens genügt. Wir müssen wahrnehmen können, wie schnell und in welcher Richtung eine Bewegung erfolgt ist. Betrachten wir das System von Einrichtungen näher, und wir werden sehen, daß das „Labyrinth" gerade die Einrichtung ist, mit deren Hilfe wir uns im Durcheinander der Bewegungen unseres Körpers zurechtfinden können.

Ebenso wie von jeher die Wissenschaft der Geometrie zum Zweck einer Ortsbestimmung vorgeht, so geht auch unser System von Bogengängen vor. Will die Geometrie einen Ort im Raume bestimmen, dann gibt sie auf einem dreiachsigen Koordinatensystem die drei Werte x, y und z an (Bild 2); aus ihnen ergibt sich der Ort des Punktes P innerhalb des Raumes. In ähnlicher Weise läßt sich auch die Bewegung eines Punktes im Raume durch Angabe dreier Bewegungen auf den drei Achsen eindeutig angeben. Die einzige Voraussetzung ist, daß dabei der Nullpunkt mit den drei Achsen ruhe und nicht selbst bewegt werde. Geschähe dies, dann geriete unsere Ortsbestimmung alsbald in Unordnung. Wir bemerken nun, daß auch die Zahl der Bogengänge des Labyrinths drei beträgt und daß sie in drei verschiedenen, ungefähr zueinander senkrechten Ebenen des Raumes liegen. Sie stellen folglich eine Art von Koordinatensystem vor. Aber während wir soeben sahen, daß eine geometrische Orts- und Bewegungsbestimmung ein ruhendes Koordinatensystem erfordert, sehen wir hier gerade das Labyrinth„koordinatensystem" mit jeder Kopfbewegung sich im Raume bewegen. Und was wir so wahrnehmen, sind also nicht etwa die Bewegungen eines Punktes im Raume, es sind umgekehrt die Bewegungen der Raumbezugsordnung, mittels deren wir wahrnehmen, selbst.

Was hier also die Natur vollzieht, ist die genaue Umkehrung dessen, was der menschliche Geist in der Geometrie vollzieht. Während die Geometrie so tut, als ob ein fester Raum da wäre, in welchem ein Punkt sich von Ort zu Ort bewegt, läßt die Natur in der Sinneswahrnehmung des Labyrinths ein Raumsystem sich bewegen, wodurch dann alle Dinge im wahrgenommenen Raume ruhend werden.

So kommt es denn in der Tat, mögen wir unsern Kopf drehen und wenden: die uns umgebende Welt der Dinge, Erde, Himmel und Häuser – immer scheinen sie uns im Zustand unbewegter Ruhe zu verharren. Allerdings nur genau solange, als das Labyrinth, das unsere Kopfbewegungen erkennt, mit geometrischer Genauigkeit und Vollkommenheit arbeitet. Tritt aber in ihm eine Störung ein, krankhafte Entzündung, Blutung, Verletzung, dann ist es mit jener unbewegten Ruhe der Umgebung auch zu Ende, das Zimmer, der Erdboden geraten in drehende Bewegung, der Kranke glaubt seine Umwelt in verhextem Wirbel, die Füße an der Decke, „alles vertauscht".

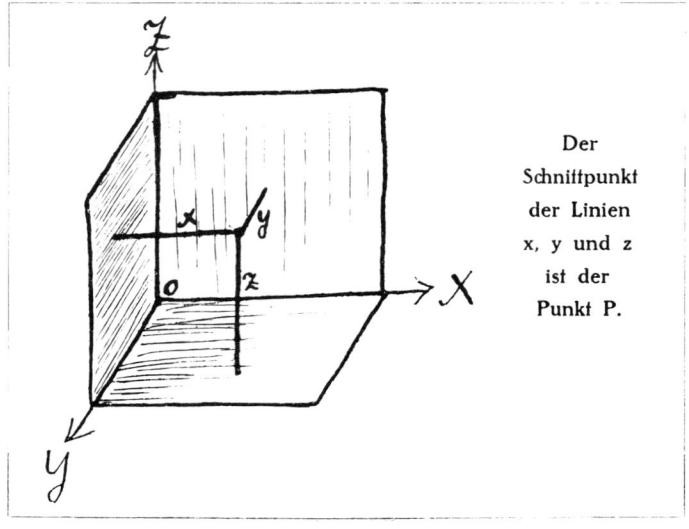

Der Schnittpunkt der Linien x, y und z ist der Punkt P.

Bild 2.

Im Rausch oder im Karussell hat mancher Gesunde dergleichen an sich erfahren; die am Labyrinth Erkrankten wissen, daß dieser Zustand zu den entsetzlichsten und quälendsten gehört. Schon der Ausfall eines Bogenganges wirft unser ganzes Orientierungssystem über den Haufen, genau wie es unmöglich ist, mit nur zwei Achsen an Stelle von dreien einen Ort im Raume genau zu bestimmen. Nur wenn jeder der drei Bogengänge die Bewegungen des Bezugssystems richtig auflöst, kann also das, was im Bezugssystem sich befindet, als völlig ruhend wahrgenommen werden. Wenn wir uns auf einem Drehstuhle 10 mal rasch um uns selbst drehen, dann gerät die Flüssigkeit in den Bogengängen derartig in Aufruhr, daß sie, halten wir plötzlich inne, sich nicht sogleich wieder beruhigt, – wie der See nach dem Sturm. Alsbald erfolgen also Falschmeldungen im Nerven, und die Folge ist der bekannte Drehschwindel, die Scheinbewegungen unserer Umgebung.

Wir besitzen also ein Organ, durch das wir stets erfahren, welche Bewegungen unser Kopf im Verhältnis zu seiner Umgebung ausführt — seien diese Bewegungen nun fortschreitender Art oder nur reine Drehbewegungen. Beides nehmen wir wahr. Und zugleich — das ist im Grunde ein anderer Ausdruck für dieselbe Tatsache — bewirkt dieses Organ, daß diese Umgebung uns stets den Eindruck unbewegter Ruhe macht. Solange unser Labyrinth normal und gesund arbeitet, sind wir niemals im Zweifel, ob eine Veränderung des Lageverhältnisses zwischen Kopf und Erdboden darauf beruht, daß der Kopf sich dreht oder darauf, daß der Erdboden sich dreht. Immer sind wir überzeugt, immer sehen und empfinden wir unsere Umgebung als fest, den Kopf als beweglich. Diese absolute Festheit des äußeren Raumes verdanken wir unserer Labyrinthfunktion.

Man könnte versucht sein, das Labyrinth mit einem Kompaß zu vergleichen. Nichts wäre unrichtiger.

Ein Kompaß hat kein Bewußtsein von der Lagebeziehung zwischen seiner Windrose und dem Nordpol draußen. Wir aber haben ein Bewußtsein von der Lagebeziehung zwischen unserm Kopfe und unserer Umgebung, der gesamten wahrnehmbaren Natur. Wir wissen, ob wir auf unsern Beinen oder auf dem Kopfe stehen, ob wir uns drehen oder nicht.

Zu diesem Bewußtsein tragen auch andere Sinnesorgane, besonders die Augen bei. Aber diese brauchen wir nicht unbedingt, und das wichtigste Organ unseres Gleichgewichts ist unser Labyrinth.

Hier aber macht eins Schwierigkeiten. Wir sagten soeben, der Kompaß habe kein Raumbewußtsein. Wir können hinzufügen, er weiß auch gar nicht, was der Raum ist. Aber wissen wir es denn?

Der Raum und ich.

Was ist der Raum? Jeder weiß es, jeder kennt ihn, jeder ist darin, und doch vermag ihn keiner zu beschreiben. Man kann Dinge, die im Raume sind, beschreiben, z. B. diese Stube, sie hat ein Oben und Unten, und dann ein Vorne und Hinten, und endlich ein Rechts und ein Links.

Aber den Raum im allgemeinen kann niemand solcherweise beschreiben. Wir können ihn auch nicht sehen oder tasten; denn was wir sehen oder tasten, das sind die Dinge im Raum, nicht der Raum selbst. Und doch muß er da sein, damit die Dinge darin sein können, und er muß wohl ganz fest sein, denn die Dinge sind ja wohl auch im Raume festgeordnet, und sie bewegen sich im Raume ganz nach festen Plänen, wie etwa die Himmelskörper oder wie unsere Eisenbahnen.

Und wenn ich die Festigkeit des Räumlichen ausdrücken will, dann sage ich eben wie vorhin bei der Stube: da ist „vorne", dort ist „oben", hier ist „links". Nun drehen Sie sich bitte auf ihrem Stuhl nach der entgegengesetzten Seite. Es ist geschehen? Da bemerken sie nun plötzlich: Was eben noch vorne hieß, ist jetzt hinten, was eben links hieß, ist jetzt rechts! Also ist der Raum doch nicht fest?

Wir haben entdeckt: Er ist veränderlich. Aber Sie wenden ein: das, was sich verändert, ist ja gar nicht der Raum gewesen, sondern ich habe mich verändert. Und Sie müssen jetzt weiter folgern: wenn ich mich verändere, dann verändert sich auch der Raum, nämlich für mich; denn was vorher das Links im Raume war, z. B. jenes Fenster, das ist jetzt das Rechts im Raume. Also: Ich und der Raum — wir hängen zusammen. Nur wenn wir an diesem Zusammenhang festhalten, können wir uns über Räumliches verstehen und verständigen.

Was wir so kennen lernten, das ist die Bezogenheit des Raumes, seine sogenannte Relativität. Wir könnten noch mehr Beispiele finden und wollen bei der Wichtigkeit der Sache, (und sie ist wichtig) noch eines nennen. Denken Sie an Ihre frühe Kindheit, wie groß Ihnen Ihr Vater damals vorkam. Er war für Sie ein großer Mann. Jetzt stehen Sie erwachsen vor ihm und überragen ihn vielleicht sogar um eine halbe Haupteslänge; er erscheint Ihnen sogar als kleiner Mann. Woran messen Sie denn hier die Größe des Räumlichen? Warum nennen sie denn dasselbe einmal groß und einmal klein? Warum ist der Elefant groß, der Käfer klein? Weil Sie an sich, an Ihrem Ich, die Dinge messen.

Oder ein Weg ist weit, wenn Sie 5 Stunden, er ist nah, wenn Sie 5 Minuten brauchen. Immer ist es Ihr eigenes Ich, wodurch das Räumliche groß oder klein oder lang oder kurz wird.

Das Ich also ist's, worauf wir den Raum zuletzt immer beziehen müssen, worauf er, da er ja relativ, zu deutsch verhältnismäßig oder bezogen, ist, allein ganz eindeutig bezogen werden kann. Was ist denn nun dies Ich? Da sagen wir nun wieder: Jeder kennt es, jeder weiß es, jeder hat es, und keiner kann doch sagen, was es denn eigentlich sei. Ich sehe in den Raum hinein, ich gehe im Raum umher, ich bin im Raume; und für mich kommt es gar nicht darauf an, wo im Raume ich bin; denn ich bleibe doch immer ich, ob in Cannstatt oder in Stuttgart, ob ich ruhe oder mich rege.

Wenn ich aber in den Raum hineinsehe, wie kommt denn mein Ich zu den Dingen im Raum? Geht mein Ich zu jenem Stuhl, Fenster, Schornstein, Mond und Sternen hin, wenn ich sie sehe, oder kommt der Stern zu mir, kommen Mond, Schornstein, Fenster, Stuhl zu mir? Sie wissen, es ist das Licht, welches zu mir kommt. Und der Weg, auf dem es zu mir kommt, ist zuletzt das Auge, der Sehnerv und mein Gehirn. So also kommt das Ich, so komme ich zum Raum und zu allem, was darin ist: durch meine Sinne. Nicht nur das Augenlicht dient mir dazu. Um etwas vom Raume zu wissen, brauche ich nicht unbedingt das Licht. Denn auch der Blindgeborene ist im Raume, weiß auch um Räumliches. Auch ein völlig lichtloser Raum ist ein Raum.

Aber — der Raum eines Blinden ist doch ein anderer. Es ist ja nur der Raum, den der Blinde mit seinen Händen ertasten kann — seine Raumwahrnehmung reicht nicht weiter als seine Arme. Welcher Unterschied gegenüber dem Sehenden, der bis zu den fernsten leuchtenden Gestirnen zu dringen vermag! Also wir, die wir sehend sind, müssen den Raum des Blinden klein und beschränkt nennen. Was dieser selbst erfahren kann, ist die Kleinwelt seines Zimmers, und ein Spaziergang, eine Reise ist das Äußerste, was er mit seinen Sinnen ermessen kann; ein ferner Schuß oder Donner seine fernste Ahnung räumlicher Weite. Denn sein Tastraum ist winzig gegenüber unserem Sehraum. Aber er wird diese Beschränkung gar nicht empfinden, er hat es ja nie anders gewußt. Was wir klein nennen, ist ihm das All. Der Sinnenraum, in dem wir leben, ist eben unser Maßstab für die Welt.

Nur dadurch, daß der Blinde unter uns, die wir sehen können, aufwächst, dringen vielleicht gewisse Ahnungen unseres Weltbildes auch in ihn hinein. Wir teilen ihm von unserem Weltbild mit, weil er ja unsere Sprache spricht und so unsere Gedanken erfährt. Ein ganzes Volk von Blinden außer Berührung mit Sehenden aber würde alles „mit anderen Augen", eben mit lichtlosen, ansehen. Und so hat die Ameise, die im Grase klettert, ein anderes Weltbild als ein Walfisch. Ein Mensch, dessen kleiner Finger von der Erde bis zur Sonne reichte, hätte eine andere Physik als der irdische Mensch. Ebenso hat der heutige Physiker, dessen Fernrohre und dessen Mikroskope die Grenzen unserer Sinne so sehr veränderten, eine andere Physik als der Gelehrte des Altertums. Die Wissenschaft, deren Beobachtungen sich über einige Jahre erstrecken, ist eine andere, als die, welche Jahrzehnte und Jahrhunderte lang die Bahn der Planeten und Kometen aufzeichnet. Und eine Chemie, welche ihre Reaktionen nur zwischen $-10°$ und $+100°$ anstellt, ist nicht dieselbe Chemie, wie die, welche bis beinahe zu $300°$ Kälte, bis zu ebenso viel Tausenden Grad Wärme vorzudringen vermag.

Neue Naturgesetze, andere Daseinsformen erschließen sich dem Forscher, der die Grenzen, welche die unbewaffneten Sinne uns ziehen, durch seine Ausrüstung hinauszurücken vermag. Denn die Bewegungsarten der Elektronen sind andere wie die der Moleküle, die der Planeten andere wie die der Sternennebel, wenn sie auch schließlich alle zusammenhängen.

So müssen wir denn einsehen: Tatsachen unseres Ichs bestimmen die Tatsachen unserer Wissenschaft. Daß wir gerade 1,70 m groß sind, daß wir uns bei etwa $20°$ Wärme wohl fühlen, daß wir, wenn wir gesund sind, 70 Jahre leben — alle diese Tatsachen bestimmen das Wesen unseres Raumbildes, den Inhalt unseres Weltbildes. Auch die Tatsache, daß wir in der Minute nicht mehr als etwa 150 getrennte Lichtempfindungen haben können, oder daß wir in einer Sekunde nicht viel mehr als 10 Silben aussprechen, nicht viel mehr als zehn Bewegungen mit einem Finger machen können, hat zur Folge, daß die Geschwindigkeit unseres Lebens nach oben und nach unten ganz bestimmte Grenzen hat.

Grob ausgedrückt: die Größe unseres Magens begrenzt unsere Fähigkeit zu essen, und diese Grenze bestimmt wieder die Grenze unseres Stoffwechsels, unserer Leistungen; diese Grenze unserer Leistungen bestimmt aber unsere Kenntnis, unsere Erkenntnis der Welt; und so sind die Grenzen der Wissenschaft vorausbestimmt durch unsere eigene Beschaffenheit. Die Grenzen des Wissens stammen aus der Beschaffenheit unseres lebendigen Ichs.

Die Grenzen eines Dinges, z. B. eines Landes, sind aber nun die Gestalter seines Schicksals und damit auch die Former dessen, was sich innerhalb der Landesgrenzen abspielt und was nicht. Sie entscheiden über die Leistungsfähigkeit eines Landes. So auch in der Wissenschaft. Ihre Grenzen sind nicht gleichgiltig, sondern entscheidend. Und so sehr ist dies der Fall, daß auch eine Wissenschaft, die von den Zufälligkeiten des Lebens am unabhängigsten bleiben wollte, die sich ganz auf reines Anschauen und Denken gründen will, daß die Wissenschaft vom Raume, die Geometrie, dem Gesetz von der Lebensbedingtheit alles Wissens sich hat beugen müssen. Auch von unserer alten Raumlehre ist es jetzt erkennbar, daß sie von unserem lebendigen Ich bedingt wurde. Und dies müssen wir jetzt noch etwas näher betrachten.

Für das Maß, an dem wir den Raum messen, haben wir schon die Bedeutung der eigenen Körpergröße erkannt; im englischen Leben wird ja heute noch nach Elle, Fuß, Daumen gemessen.

Aber darin sind wir nicht gebunden; wir können auch einen fremden Gegenstand als Maß wählen, uns von dem Maßstab des eigenen Körper-Ichs befreien. Indessen sahen wir, daß über eine gewisse Ferne hinaus, unter eine gewisse Kleinheit der Dinge herab, Beschaffenheit und Größe unserer Sinnesorgane Grenzen ziehen. Zwar vermag das Werkzeug der Wissenschaft diese Grenzen weit hinauszuschieben durch Instrumente und dann durch denkende Betrachtung. Wir vermögen uns hier von unseren Sinnen auf weite Strecken unabhängig, frei zu machen. Können wir ganz auf sie verzichten? Können wir Erkenntnis haben, welche von diesem lebendigen Ich völlig unberührt ist?

Wir haben schon gesehen, daß wir noch ein anderes Verhältnis zum Raume haben als das der Größenbestimmung und -Messung: die Richtung im Raume. — Und auf dies merkwürdige Verhältnis müssen wir jetzt eingehen.

Die Richtung im Raume.

Denn hier sind wir, wie es scheint, von unserer und unserer Organe Größe ja ganz unabhängig: Nord und Süd, links und rechts sind Raumbestimmungen, die mit meiner Größe nichts zu tun haben. Ich könnte in mir selbst ebenso gut nur ein ausdehnungsloser Punkt sein und doch draußen ein Rechts und ein Links unterscheiden. Haben wir denn nun, ebenso wie wir die Größe der Dinge an unserer eigenen Größe messen, auch etwas an uns, womit wir die Richtung unseres Raumes bestimmen können? Hat denn ein Mensch, dem z. B. alle anderen Raumsinne, das Auge, das Ohr, alle Tastorgane genommen sind, dem alle Mittel zur Wahrnehmung ausgedehnter Körper fehlen, überhaupt ein Mittel, noch etwas vom Raum zu erfahren, nämlich wenigstens die Richtungen im Raum?

Wir wissen heute, daß diese Frage mit einem ganzen Ja zu beantworten ist. Auch ein Flieger, ein Vogel, der im dichtesten Nebel sich bewegt oder die Augen schließt, auch ein untergetaucht im Wasser Schwimmender vermag noch zu erkennen, was oben und unten, rechts und links ist, und ob er sich in einer dieser Richtungen bewegt, oder ob er still steht, ob er sich um sich selber dreht oder nicht.

Wie ist das möglich? Wir wissen es schon, eben vermöge jenes Sinnesapparates, den wir zu Anfang kennen lernten. Menschen, die kein brauchbares Labyrinth mehr besitzen, sind verloren, wenn sie unter Wasser schwimmen; sie verlieren die Richtung völlig, können die Oberfläche nicht mehr finden. In der Regel handelt es sich um Taubstumme. Die Vögel sind ganz besonders auf ihr Labyrinth angewiesen; und die Taube besitzt z. B. ein großes und überaus vollkommenes Labyrinth. Aber ohne Labyrinth ist sie unfähig, sich fliegend noch richtig zu bewegen.

Also durch unsere Sinnesorgane und vornehmlich durch unser Labyrinth erfahren wir unzweideutig, was ruht und was sich bewegt, ob unser Körper oder unsere Umgebung. Darin nun haben wir einen Vorsprung gegenüber der Geometrie. Stellen Sie sich in einem dichten Nebel, in dem sonst nichts zu sehen ist, zwei parallele Balken vor, die sich aneinander vorbeischieben.

A_1 —————— A_2 ——————

Im Augenblick A_1 haben sie die Stellung der Figur A_1 zueinander; eine Sekunde später im Augenblick A_2 mögen sie die Stellung A_2 zueinander haben. Keine wie auch beschaffene geometrische Erkenntnis vermag nun zu entscheiden, ob die Stellung A_2 aus der Stellung

A_1 dadurch hervorging, daß der obere Balken sich nach links verschob, während der andere ruhte, oder umgekehrt dadurch, daß der obere ruhig blieb und der untere sich nach rechts verschob, oder endlich dadurch, daß beide sich bewegten. Ich kann dies geometrisch nicht eher entscheiden, als bis ich eine weitere Festsetzung gemacht habe, indem ich einen Raum mit einer festen Bezugsordnung (Koordinatensystem) festlege, an dem ich die Bewegungen messen kann. Aber in den beiden Balken selbst ist kein Zeichen der Entscheidung vorhanden. Ich muß entscheiden, was ich als ruhend, was ich als bewegt ansehen will. Angenommen aber, ich selbst setzte mich auf einen der Balken, sodaß ich seine Bewegungen mitmachte, dann wird mir mein Labyrinth alsbald melden, ob der Balken bewegt wird, oder ob er ruht. Jetzt also kann ich mit absoluter Gewißheit unsere Frage entscheiden, und eine solche Entscheidung durch ein wahrnehmendes Ich ist mithin eine sogenannte **absolute Raumbestimmung**. Denn ich weiß jetzt, ob ich mich im Verhältnis zu unserem Sonnensystem und zur Gesamtheit aller Sternsysteme überhaupt bewegt habe oder nicht.

Leider müssen wir sogleich feststellen, daß auch in dieser Bestimmung nicht alle Relativität überwunden ist. Es zeigt sich dies darin, daß wir nur unser Bewegtsein **im Verhältnis** zur bekannten Sternenwelt entschieden haben. Ob aber etwa im gegebenen Augenblick diese Sternenwelt sich gegen mich, oder ob ich mich gegen diese Sternenwelt verschoben habe, das ist auch jetzt nicht entschieden worden. Zwar nimmt der natürliche Mensch immer dies letztere an, aber die Kritik der heutigen Physik zeigt, daß sich diese naive Annahme nicht beweisen läßt. Und die Physik zeigt auch — und nichts ließ sich bisher dagegen einwenden —, daß diese letzte Frage, ob bei der „Bewegung" eines Körpers gegen alle übrigen Körper der Welt sich der Körper oder die übrige Welt verschoben hat —, daß diese Frage nicht nur überhaupt unentscheidbar sondern überdies ganz gleichgültig oder vielmehr ganz falsch gestellt ist. Für den Standpunkt der physikalischen **Wissenschaft** sind beide Antworten gleich befriedigend und endgültig.

Trotzdem sträubt sich das ursprüngliche Bewußtsein des Menschen mit aller Macht gegen die Vorstellung, als ob es z. B. bei einem Spaziergange erlaubt wäre, sich vorzustellen, die ganze Welt rolle wie die Tonne eines Akrobaten im Zirkus unter mir weg, während ich selbst gleichsam auf der Stelle trete. Warum wehrt sich mein Bewußtsein dagegen? Warum kann ich ein solches schwankendes Raumverhältnis zur Welt, eine solche Willkür meiner Vorstellungen nicht recht ertragen, ohne Schwindel zu empfinden? Es ist das Bewußtsein von meinem Willen, das sich dagegen sträubt. Es ist das Bewußtsein, daß ich, wenn ich gehen will und dann auch gehe, daß **ich** es dann tue, und daß dies nicht dasselbe ist, als wenn die **Welt** unter mir wegläuft. Ich setze die Beine vor, nicht die Welt geht unter meinen Beinen weg. Wenn ich **nicht will**, dann verschiebe ich meinen Körper auch nicht gegen die Raumwelt. Und andererseits: wenn ich nun gehe, soll ich dann glauben, **ich** hätte die Macht, die gesamte Welt mit aller ihrer Masse unter mir weglaufen zu machen, sodaß ich auf der Stelle trete? Auch ein solches Machtgefühl gegenüber dem Weltall übersteigt das, was ich mir, **meinem Ich**, als Ich zutrauen kann. Es ist also ebensowohl das Bewußtsein der Freiheit wie auch wieder das der Kleinheit meines Ichs, meines Willens, Machtgefühl und Ohnmachtsgefühl, die beide der Vorstellung einer physikalischen Relativität der Bewegungen widersprechen möchten.

Ich glaube ganz genau zu wissen, daß **ich** es bin, durch dessen Willen sich jetzt mein Körper in Bewegung setzt; ich glaube zu wissen, daß ich ganz allein diesen Entschluß mit mir ausmache. Aber die Betrachtung der Physik lehrt mich, daß ich diesen Schritt allerdings nicht tun kann, ohne daß mein Verhältnis zur **ganzen** Raumwelt sich mit einemmale ändert — ich bin also nicht und nie allein und unabhängig, und diese Raumwelt ist auch nicht unabhängig von mir. Bis zum letzten fernen Sternennebel hat sie ein Verhältnis zu mir, dem auch sie sich nicht entziehen kann. Ich bin nicht ohne die Welt, aber die Welt ist auch nicht ohne mich: so können wir den Grundsatz der Relativität jetzt ausdrücken. Und darum habe ich jetzt in der Tat das Recht zu sagen: wenn ich mich bewege, dann muß auch die Gesamtheit der Raumwelt bis zum letzten Sterne sich bewegen, nämlich im Verhältnis zu mir.

„Wir."

Gottähnliche Empfindungen mag der sich einreden, der zum ersten Male dieses Verhältnisses zur Welt sich bewußt wird. Bis zur gotteslästerlichen Selbsterhöhung kann dieser Gedanke in solcher oder verwandter Form den Menschen treiben, der vergißt, daß er und sein Leben nicht das einzige vorhandene ist, daß das lebendige Ich und die Welt nicht alles, eben nicht die ganze Welt sind. Denn es gibt noch andere Iche!

Stellen wir uns jetzt vor, daß zwei Menschen sich auf dem Wege in entgegengesetzter Richtung gehend begegnen. Jeder von den beiden stellt die Betrachtung an, die wir soeben anstellten: daß er das Recht habe, sich die ganze Welt als unter seinem Tritt wegrollend vorzustellen, wie der Zirkuskünstler das Faß, auf dem er wandelt. Überlegen wir uns scharf, was diese beiden einander Begegnenden mit ihrem Gedanken tun! Der eine läßt die Welt nach links, der andere nach rechts wegrollen. Ist dies vereinbar? Muß, wenn beide dies Recht haben sollen, muß da die Erde nicht im gleichen Augenblick in zwei Stücke zerreißen und die darauf Wandelnden auf ewig trennen? Ist nicht der eine ebenso lächerlich mit seinen Überlegungen wie der andere, da sie doch in Wirklichkeit im nächsten Augenblick beisammen sein werden, sich die Hände schütteln werden?

Also Ich und die Welt – wir sind nicht allein. Mein Verhältnis zur Welt für die ganze Wahrheit, die ganze Erkenntnis zu nehmen, das ist ja nur ein gewaltiger Versuch, der Versuch eines groß und herrisch denkenden Menschen. Aber er mißlingt – die Erde birst, wie wir gesehen, buchstäblich unter seinen Füßen auseinander; Luzifer stürzt in die Tiefe, er kann die Wirklichkeit nicht erfassen. Denn mein Ich ist nicht das einzige Ich auf Erden; und mein System ist eben immer nur mein System. Nicht mehr ist es gleich, ob ich die Welt als bewegt und mich als ruhend oder mich als bewegt und die Welt als ruhend betrachte, wenn ich außer meinem Leben noch ein zweites oder drittes Leben anerkenne, welches dasselbe Recht, die selbe Willkür hätte. Solange ich als einziger Mensch auf der Welt lebe, hat die Physik der Relativität recht. Ich kann diesen Robinson-Versuch machen. Aber dies Robinson-Leben wird mich lehren, ob der Versuch gelingt, ob Leben das Leben einer Person sei, oder ob es nicht in dem selben Augenblick erlösche, in dem es völlig allein mit der Welt ist. Wird dieser Robinson auf seiner Insel noch Interesse an seiner Physik der Relativität haben, wenn sein letztes Stündlein naht, und niemand ist, der seine Weisheit höre, und niemand, dem er sie übergebe? Und wenn er seine Theorie in die Rinde der Bäume kratzt, hofft er nicht da auf den zweiten Menschen, der nach ihm komme und seine Weisheit von ihm nehme, und hofft er nicht damit auf den, der seine Theorie der Relativität zu schanden macht – durch sein bloßes Auch-Da-Sein, sein bloßes Auch-Ich-Sein?

Gerne wird er seine Relativität der Welt opfern, ja er wird auf den Knien beten, sie opfern, von ihr frei werden zu dürfen. Und so wird ihm der absolute Raum wider seinen Willen neu erstehen: nicht als der feste Raum, in dem sein Ich sich bewegt – dies Verhältnis ist immer ein relatives –, sondern als der gemeinsame Raum, der sein muß, sofern zwei Menschen sich überhaupt verstehen sollen, wenn sie sagen: „dies bewegt sich dorthin", oder: „jenes ruht an diesem Ort". Das können sie nur, wenn sie beide ihre Relativität opfern, sich zu einem gemeinsamen, festen Raumhause entschließen, in dem sie wohnen können – geometrisch zu zweien wohnen können. Entschließen sie sich dazu nicht, dann werden sie jeder in seiner Relativität verharren, und keiner wird den andern verstehen können, wenn er sagt: „Ich bewege mich"; ganz ebenso wie der Relativitätsphysiker im Zustand verharren wird, nicht und von niemandem verstanden zu werden, solange er sich nicht zu einer absoluten Bestimmung entschlossen haben wird.

Aber wie können wir denn überhaupt zu dieser Gemeinsamkeit kommen? Wenn die völlige Relativität des Verhältnisses von Ich und Welt wirklich wahr ist, dann kann wohl keine Verständigung erfolgen; denn ein jedes Ich kennt doch nur seine Welt, und es kennt nicht außerdem eine „gemeinsame" Welt; wo sollte die zu finden sein? Und doch liegt hier der Schlüssel nun eben wieder in unserer Sinnlichkeit und unserem von Sinnlichem bewegten Bewußtsein – dadurch wir uns eben vom Kompaß unterschieden! Wir sehen sie eben doch, diese Welt, und dadurch eben kommen wir zu dieser äußeren gemeinsamen Welt, daß wir sie sinnlich wahrnehmen können. Die Atome und Moleküle sind nur Iche, wissen nichts von der Welt und nichts voneinander, haben kein gemeinsames Raumhaus. Wir aber haben eben dies adligste Vermögen, das Licht zu sehen, und haben so den gemeinsamen Raum. So ist denn in der Geschichte der Physik auch das Licht zu einer Grundbestimmung der Welt geworden, und die Geschwindigkeit des Lichtes ist die Größe, an der wir alles messen müssen, wenn wir irgend etwas messen wollen, auch die Zeit. Und so ist die Frage: können wir uns ganz von unseren Sinnen und damit ganz von unserem lebendigen Ich befreien, wenn wir die Welt erkennen? – diese Frage ist jetzt zu verneinen. Unsere ganze alte Physik ist wesensbestimmt von der Tatsache, daß wir das Licht empfinden, daß unsere meßbare Raumwelt die Lichtwelt ist. Deshalb hat Albert Einstein die Lichtverbundenheit, wissenschaftlich ausgedrückt: die Konstanz der Lichtgeschwindigkeit zur Grundlage aller physikalischen Messungen gemacht.

Durch Sinnlichkeit, durch Sehen wird der Ich-Raum auch zum Wir-Raum; freilich ist diese Sinnlichkeit nur die Bedingung, die uns Gemeinsamkeit überhaupt **ermöglicht**, ist nicht die **wirkliche** Gemeinsamkeit selbst. Wir können auch einsame Iche bleiben, aber am Relativismus unseres Verhältnisses zur Welt werden wir uns dann den Kopf einrennen.

Was wir aber den absoluten Raum jetzt nennen müssen, das ist nun nicht mehr ein im Verhältnis zu mir und meinem leiblich-geistigen Ich fester Raum — mit der Vorstellung einer vom Menschen unabhängigen Festigkeit des Raumes hat die Physik in der Tat seit Kopernikus aufgeräumt — sondern absoluter Raum ist der **durch Entschluß zur Gemeinschaft der Personen** von uns als fest bestimmte Raum, unser gemeinsamer Entschluß.

Als die Europäer z. B. vor 130 Jahren das Metermaß einführten, da glaubten sie damit einen absoluten, von menschlicher Willkür befreiten, also einen wissenschaftlichen Maßstab zu schaffen. Ein Meter sollte der 20 millionste Teil eines Erdmeridians, also des halben Erdumfangs von Pol zu Pol gemessen, sein, und man goß diesen Meterstab in Platin und hinterlegte ihn in Paris. Ob diese Berechnung stimmt, kann auch wieder wissenschaftlich angezweifelt werden. Absolut fest steht nur, was über diesen Stab beschlossen worden ist: **Dieser** Stab aus Platin soll das Meter sein, an dem wir alles messen wollen. **Diese** Fixsterne, **diese** Sonnen **wollen wir** als festes Bezugssystem annehmen, an den wir uns heute und für alle Zeiten orientieren wollen. **Diese** Lichtgeschwindigkeit bestimme den Zeitpunkt aller unserer Beobachtungen, damit wir sie miteinander vergleichen können. Nur dann können wir uns verstehen, und nur dann können meine Beobachtungen nicht nur für mich, nicht nur hier und nicht nur in diesem Augenblick, sondern für uns alle, überall und für alle Generationen Sinn haben.

Dies also ist die sogenannte Absolutheit in der Wissenschaft: nicht der Raum ist absolut, sondern die Gemeinsamkeit allein schafft Absolutes, nie für mich, stets für **Uns**: diese Gemeinsamkeit **ist** das Absolute und nur sie.

So hat denn auch die Wissenschaft diesen Weg schon längst betreten, aber mit zunehmender Kraft und Entschlossenheit hat sie ihn doch erst jetzt beschritten. Wir aber überlassen es dem Leser darüber nachzudenken, was es wohl zu bedeuten hat, daß ein so großer, so ursprünglicher und siegreicher Gedanke wie der des absoluten Raumes einer neuen Erkenntnis Platz machen mußte: Den absoluten Raum gibt es nur für die lebendige Gemeinschaft des Menschen, die für einander verantwortlich sind, sein wollen.

Dabei möge aber daran erinnert sein, daß der absolute Raum nur eine besondere Gestalt des Absoluten überhaupt ist.

So ist es also zuerst und zuletzt immer das **Leben**, aber auch **nur** das Leben selbst, in dem sich die absolute, d. h. unbedingte und schlechthin feste Bestimmung des Raumes findet.

Denn zunächst ist es ja das Leben allein, das die sichere Arbeit des Labyrinthes gewährleistet und damit die unzweifelhafte feste Ruhe des Bodens, auf dem ich wandle.

Freilich, was meinem ursprünglichen Sinn als absolut Festes erschien, das kommt mit dem Eintritt der wissenschaftlichen Kritik ins Schwanken. Sie ist unvermeidlich, aber sie ist nicht endgültig.

Denn wieder ist es das Leben, nämlich der lebendige Entschluß, der aus dem relativ gewordenen Raumverhältnis zwischen Weltraum und Ich eine feste Grundlage neu hervorbildet. Freilich kann nun nicht mehr das Leben des **einzelnen** Menschen für sich allein den Maßstab geben, der das Absolute bestimmt, sondern nur unser Wille zur **Gemeinschaft** kann das Raumhaus schaffen, das uns die Möglichkeit gibt, einander zu verstehen.

Ein solcher gemeinsamer Entschluß ist keine Vereinbarung, die wir treffen und ebensogut unterlassen könnten. Er ist mehr wie eine bloße Abrede. Er macht unser „relatives" Einzeldasein zum bewußten Teil einer gemeinsamen Lebensordnung. Und nur gemeinschaftliches Leben ist wirkliches, nämlich hervorbringendes, zeugendes Leben. Und nur in diesem erhebt die Schöpfung sich zum Geiste, und wird das Geistige zur Natur. In dieser Bestimmung des Menschen ist auch die Wurzel und das Endziel der Wissenschaft, denn auch sie ist nur ein Stück Menschenwerk — nicht Offenbarung.

Die Arbeitsgemeinschaft der Astronomen.

Keine Wissenschaft kennt ein solches internationales Zusammenwirken, eine so fröhliche Arbeitsgemeinschaft wie die Himmelskunde. Während der einzelne Astronom häufig als weltfremder Mann unter seiner Umgebung gilt, weil seine Interessen nicht die ihrigen, weil die Art, wie er seine Zeit ausnutzt, von der sonst üblichen verschieden ist, lebt er auf in der literarischen Berührung mit seinesgleichen aus weiter Ferne. Vor hundert Jahren hat darum Goethe die Himmelsforscher mit Recht die geselligsten Einsiedler genannt. Zur gemeinsamen Arbeit frühzeitig durch die Erwägung veranlaßt, daß selbst der ganze Erdball ein recht kleines Brett darstellt für den Aufschwung ins Weltall, daß er uns schon hinreichend beschränkt auch ohne Beiziehung von territorialen, sprachlichen und gesellschaftlichen Grenzen, haben sie eher als die anderen eine gemeinsame Redeweise ersonnen. Sie bezieht sich auf ihre ganze Begriffswelt und selbst auf Dinge, die man an sich für klein ansehen möchte, bei denen aber eine gewisse Peinlichkeit unbedingt nötig ist, soll nicht neben der Übersicht sogar die sichere Feststellung der einzelnen Gegenstände verloren gehen.

* * *

Persönliches von Einstein.

Daß Albert Einstein aus schwäbischer Familie stammt, ist bekannt. Der Vater ist aus Buchau a. F., die Mutter aus Cannstatt. Die Eltern wohnten früher in Ulm, später in München. Einstein ist der einzige Sohn, er hat nur noch eine jüngere Schwester. Er ist 1879 in Ulm geboren; also erst 41 Jahre alt, einer der jüngsten ordentlichen Professoren der Berliner Hochschule. Der Vater hatte in München eine elektrotechnische Fabrik, die nicht besonders ging. Die Fabrik und gleichzeitig der Wohnsitz der Familie wurden daher später nach Mailand verlegt. Auch dort blieben die geschäftlichen Erfolge aus, so daß die äußeren Verhältnisse der Familie sich recht einfach gestalteten.

Albert Einstein besuchte das Gymnasium in München, später, als seine Eltern nach Mailand zogen, die Mittelschule in Aarau, und zwar die mathematisch-physikalische Abteilung. Er blieb von da ab viele Jahre in der Schweiz und hat auch das Schweizer Bürgerrecht erworben. Nach Beendigung der Mittelschulzeit studierte Einstein in Bern Mathematik und Physik. Nach vollendetem Examen nahm er eine Stellung am Patentamt an. Während dieser Zeit veröffentlichte er seine ersten grundlegenden Arbeiten über die Relativitätstheorie, auf Grund deren er sich bald als Privatdozent an der Berliner Hochschule niederlassen konnte. Einige Zeit später kam er als außerordentlicher Professor an die Züricher Universität, dann als ordentlicher Professor nach Prag und schließlich wieder als ordentlicher Professor für theoretische Physik nach dem vorherigen Wirkungskreis Zürich zurück, aber diesmal an die dortige Technische Hochschule. Von Zürich berief man ihn nach Berlin als Mitglied der Preußischen Akademie der Wissenschaften und als Vorstand des neugegründeten physikalischen Kaiser-Wilhelm-Instituts. Seit dieser Berufung lebt und lehrt Einstein in Berlin.

Seit frühester Jugend ist Einstein mit bewußter Folgerichtigkeit auf sein Ziel losgegangen. Schon als Junge war er nicht untröstlich über seine lateinischen Hefte, die voll roter Striche und Korrekturen waren. Das mache ihm gar nichts aus, erklärte er damals lachend: sein Gebiet sei Mathematik und Naturwissenschaften. Im persönlichen Verkehr ist Einstein ein anregender, humorvoller Gesellschafter. Wie viele Naturwissenschaftler ist er ein guter Musiker.

Die ersten Veröffentlichungen Einsteins über die Relativitätstheorie stammen bereits aus dem Jahre 1905. In rascher Entwicklung erstand, zunächst durch praktische Ergebnisse noch nicht bewiesen, aus der speziellen die allgemeine Relativitätstheorie. Die Sonnenfinsternisbeobachtung, die im Mai 1919 englische Astronomen vornahmen, hat dann bekanntlich die praktische Bestätigung von der Richtigkeit der Einsteinschen Theorie erbracht.

* * *

"Vorlage der Lichtablenkungsaufnahme bei der Sonnenfinsternis am 29. Mai 1919." So lautete der letzte Punkt der Tagesordnung der Sitzung der „Deutschen physikalischen Gesellschaft", bei der ausnehmend zahlreich die Eingeweihten erschienen waren, die wußten, daß es sich dabei um nichts Geringeres handelt als den Beweis für die Einsteinsche Relativitätstheorie. Drei Behauptungen hat Professor Einstein aufgestellt, deren experimenteller Beweis zugleich der Beweis für seine Theorie sein sollte und ihr das Recht geben sollte, die jahrtausendealten, mit dem Menschengeschlecht geborenen Anschauungen von Raum und Zeit umzustoßen. Die erste Behauptung, daß die langumstrittenen, unerklärlichen Störungen in der Bahn des Merkur sich aus der Theorie mathematisch ergeben müßten, hat sich glänzend bewährt; die zweite, die Verschiebung der Spektrallinien des Sonnen- und Sternenlichts im Gegensatz zu irdischen Lichtquellen steht noch über der Leistungsfähigkeit unserer derzeitigen Meßinstrumente. Die dritte und wichtigste, die Ablenkung des Sternenlichts, das dicht an der Sonne vorübergegangen ist, hat im Mai vorigen Jahres durch eine englische Sonnenfinsternisexpedition ihren Beweis gefunden.

Dieser Beweis in Form einer Photographie soll nun zum erstenmal in Deutschland greifbar vorgelegt werden. Die Spannung eines bedeutenden Moments. Eine Versammlung von Köpfen: Nernst, Planck, Rubens und zahlreiche junge Gelehrte. v. Laue ergreift das Wort. Durch persönliche Beziehungen ist es ihm gelungen, die Aufnahme von London herüberzubekommen. Der Saal wird verdunkelt, es erscheint das Bild der verfinsterten Sonne, von ihrem Strahlenkranze umgeben. Und ringsherum, kaum sichtbar, mit Tinte markiert, ein paar kleine Sternchen. Sonst nichts. Mit knappen Worten erklärt v. Laue, was sie bedeuten, wie gut, besonders bei einigen, Theorie und Beobachtung sich decken. Ein Zweifel sei vor diesem Bilde nicht mehr möglich. Knapp, klar, streng sachlich, keine zwei Minuten. Die zwingende Gewalt der Wahrheit bedarf keines großen, klingelnden Wortschwalls. Und doch fühlt jeder, daß hier Menschengeist triumphiert hat. Das Licht zuckt wieder auf, die Sitzung ist geschlossen. An der Wandtafel hängt die Originalphotographie. Hart drängen sich Gelehrte und Laien, um die sechs oder sieben unscheinbaren weißen Pünktchen zu sehen, die Welten stürzen und Welten bauen.

Wie schnell bewegen sich die Himmelskörper?

Von Adolf Wagenmann †.

Der Verfasser dieses Aufsatzes, Oberingenieur der Firma Bosch in Stuttgart, hat vom 15. Februar 1865 bis zum 28. Mai 1920 gelebt, die letzten Jahre schon schwer leidend. Er gehört zu den Männern der Praxis, die der Wissenschaft dadurch neue Bahnen des Lebens weisen können, daß sie die aus den seelischen Leiden des Alltags gewonnene Weisheit und Herzensgüte mit der unerbittlichen Nüchternheit des Fachgelehrten zu verschmelzen wissen. Die Vollendung seines seit zwei Jahrzehnten unermüdlich in der kargen Freizeit, die Beruf und Krankheit ihm ließen, bearbeiteten großen Werkes über eine neue Grundlegung der Physik war ihm nicht beschieden. Schon dem Tode verfallen, entsprach er dennoch unserer Bitte, wenigstens mit einem kleinen Beitrag zu bekunden, wie sehr ihm die in diesem Hefte vorgetragenen Gedanken am Herzen lagen.

Soweit wir die Eigengeschwindigkeit der Himmelskörper überhaupt kennen, und das ist fast ausschließlich nur innerhalb unseres engeren Sonnensystems der Fall, so finden wir uns ganz außerordentlich großen, ja zum Teil geradezu unvorstellbaren Geschwindigkeiten gegenüber, welche in uns den Eindruck erwecken, als geschähen alle diese Bewegungen mit großer Eile und Unrast. 464 Meter in der Sekunde beträgt schon allein die Geschwindigkeit, mit welcher sich jeder Punkt des Äquators täglich einmal um die Erdachse herum bewegt! Das ist bereits die Geschwindigkeit eines Verderben bringenden Geschosses, doch was will sie besagen angesichts der Geschwindigkeit von beinahe 30 km in der Sekunde, mit welcher die Erde ihren jährlichen Umlauf um die Sonne vollendet? Man vergegenwärtige sich, daß dies über hunderttausend Kilometer in der Stunde, über $2^{1}/_{2}$ Millionen Kilometer im Tag ergibt, und daß wir, ohne uns dessen bewußt zu werden, dieser ungeheuren Bewegungsgeschwindigkeit fortwährend selbst mit unterworfen sind.

Betrachten wir hiernach auch die Bewegungsverhältnisse der Sonne, so interessiert uns vor allem wieder deren eigene Umdrehungsgeschwindigkeit. In 25 Tagen und 4 Stunden dreht sich die Sonne um ihre Achse, und da ihr Durchmesser das 109fache des Erddurchmessers beträgt, so bewegt sich ein Punkt des Sonnenäquators über viermal so schnell, als ein Punkt des Erdäquators, nämlich mit 2 Kilometern in der Sekunde. Und auch die Sonne durchläuft eine Bahn, längs welcher sie sich innerhalb der Fixsternwelt von Ort zu Ort bewegt. Ohne bestimmte Kenntnis davon, ob wir es hier ebenfalls mit einer Zentralbewegung zu tun haben, ist uns nur bekannt, daß die Sonne mit all ihren Planeten und deren Monden dem Sternbilde des Herkules zueilt, mit einer Geschwindigkeit, welche zu ungefähr 25 Kilometern in der Sekunde, also auf täglich über 2 Millionen Kilometer, berechnet werden konnten.

Berücksichtigen wir noch die Reihe der großen Planeten, so ergeben sich alles in allem folgende Äquator- und Bahngeschwindigkeiten:

Himmels-körper	Äquator-geschwindig-keit	Bahn-Geschwindigkeit		
	Kilometer i. d. Sekunde	Kilometer i. d. Sekunde	Kilometer i. d. Stunde	Kilometer im Tag
Sonne	2	25	90 000	2,16 Millionen
Merkur	0,002	49	176 000	4,25 „
Venus	–	35	125 000	3 „
Erde	0,464	30	108 000	2,6 „
Mars	0,24	25,25	91 000	2,2 „
Jupiter	12,5	13	47 000	1,12 „
Saturn	9,9	9,65	34 800	0,84 „
Uranus	–	7	25 000	0,6 „
Neptun	–	5,55	20 000	0,48 „

Abgesehen von der Äquatorgeschwindigkeit des Planeten Merkur, welche auffallenderweise nur 0,002 km/Sek. (= 2 m/Sek.) beträgt, haben wir es überall nur mit ganz bedeutenden Geschwindigkeiten zu tun, und es ist bezeichnenderweise gerade wieder der Merkur, welcher bei seinem Lauf um die Sonne unter allen Planeten die allergrößte Bahngeschwindigkeit entwickelt, nämlich 49 km/Sek. = 176 000 km/Stunden = 4,25 Millionen km/Tag.

Und dennoch, wie geringfügig erscheinen uns alle diese ungeheuer großen Geschwindigkeiten bei einer unmittelbaren Beobachtung am Himmel selbst; wie fast unmerklich gehen alle diese Bewegungen dort von statten, indem sie uns geradezu Stillstand vortäuschen.

Was ist nun hier Schein, was Wirklichkeit? Ist es denn lediglich nur die verkleinernde Wirkung einer täuschenden Perspektive, welche bei der beträchtlichen Entfernung, in der sich die Himmelskörper befinden, nicht allein deren Masse für unser Auge zusammenschrumpfen läßt, sondern auch deren Bewegungsgeschwindigkeit einer scheinbaren Verlangsamung unterwirft?

So sonderbar es uns auf den ersten Blick auch erscheinen mag, so bedeutet die optische Wirkung der

Perspektive in dieser Hinsicht durchaus keine Verschleierung der tatsächlichen Verhältnisse, vielmehr gewinnen wir durch sie erst den richtigen Maßstab, der uns alle diese Geschwindigkeiten nicht mehr im bloßen Vergleich mit unserer engsten Umwelt, also nur relativ als ungeheuerlich empfinden läßt, sondern sie in ihrem ursächlichen Zusammenhang mit den Maßgrößen der Gestirne und ihrer Bahnen selbst rein objektiv zu erkennen und zu beurteilen gestattet.

Alle diese Geschwindigkeiten entstammen doch einer Drehbewegung und hängen somit außer von der Umlaufszeit auch vom Drehungshalbmesser ab, sind also ausschließlich nur in bezug auf diesen letzteren richtig und verständlich. Da nun der in einer Sekunde durchlaufene Äquatorbogen sowohl, wie auch die seitens des Himmelskörpers sekundlich, stündlich oder täglich zurückgelegte Bahnstrecke stets nur einen sehr kleinen Bruchteil der vollen Kreisbewegung ausmacht, so haben wir es bei alledem auch in zeitlicher Hinsicht nur mit entsprechend geringen Bruchteilen mehr oder weniger langfristiger Drehbewegungen zu tun, und wir erkennen in diesem Zusammenhange, daß der bei direkter Beobachtung empfangene Gesichtseindruck der Langsamkeit aller dieser Bewegungen keineswegs nur eine Wirkung der Perspektive, sondern auch eine in den Bewegungsverhältnissen selbst wesentlich begründete Eigenschaft ist.

So können wir uns z. B. eine deutliche Vorstellung von der außerordentlichen Langsamkeit der Achsendrehung der Erde machen, wenn wir den Lauf des Stundenzeigers einer in Gang befindlichen Uhr betrachten. Dreht sich schon der Minutenzeiger nur mit einer kaum wahrnehmbaren Geschwindigkeit im Kreise herum, so scheint der zwölfmal langsamere Stundenzeiger geradezu stille zu stehen, und doch dreht er sich noch immer doppelt so schnell als die Erde, von deren Umwälzung wir also um so mehr den Eindruck des völligen Stillstandes erhalten. Besonders schön zeigen dies jene Erdgloben, welche von einem Uhrwerk in 24 Stunden gerade einmal um ihre Achse gedreht werden: sie scheinen tatsächlich unbeweglich, obwohl ihre Umdrehungsgeschwindigkeit genau die gleiche ist wie diejenige der wirklichen Erdkugel. Maßgebend ist eben nicht die von der zufälligen Größe des Drehungshalbmessers abhängige Geschwindigkeit, wie wir sie vorhin für einen Punkt des Äquators festgestellt hatten, sondern die von jeglichem Längenmaß befreite, vom Pol bis zum Äquator gleich bleibende Winkelgeschwindigkeit, welche somit ein absolutes Maß für die in Rede stehende Drehbewegung bildet. Sie ist deshalb auch beim Modell genau die gleiche wie beim wirklichen Himmelskörper und beträgt für die tägliche Achsendrehung der Erde in jeder Sekunde nur den 86 400sten Teil einer vollen Umdrehung, nämlich

$\frac{1}{240}$ Grad $= {}^1/_4$ Bogenminute $=$ 15 Bogensekunden.

Dies bedeutet aber optisch anstatt einer mehr oder weniger raschen Achsendrehung, wie man sie sich angesichts der beträchtlichen Äquatorgeschwindigkeit von 464 m/Sek. vorzustellen geneigt ist, wie gesagt, beinahe völligen Stillstand.

In noch höherem Maße gilt dies auch beim jährlichen Umlauf der Erde um die Sonne, denn dieser Umlauf benötigt eben trotz der ungeheuren Bahngeschwindigkeit, welche 30 km in der Sekunde beträgt, die Zeit eines vollen Jahres. Er geht also noch 365mal langsamer von statten, als die Achsendrehung der Erde, nämlich 730mal langsamer als der Stundenzeiger! Es ist ganz unmöglich, sich davon eine Vorstellung zu machen; der optische Eindruck wird stets nur der einer völligen Bewegungslosigkeit sein.

So gut wie Stillstand zeigen auch alle übrigen vorhin in gegenseitigen Vergleich gezogenen Himmelskörper, über deren absolute Drehgeschwindigkeiten die folgende Tafel nähere Auskunft gibt:

Himmels-körper	Eine volle Achsenumdrehung		Ein voller Bahn-Umlauf	
	dauert:	erfolgt gegenüber der Drehung des Stundenzeigers:	dauert:	erfolgt gegenüber der Drehung des Stundenzeigers:
Sonne	25 Tage, 4 Stunden	50 mal langsamer	ungezählte Jahre!	unendlichmal langsamer
Merkur	88 „	176 „ „	88 Tage	176 „
Venus	—	—	225 „	450 „ „
Erde	24 Stunden	2 mal langsamer	365 „	730 „ „
Mars	24 Stunden, 37 Minuten	2,06 mal langsamer	687 „	1 375 „ „
Jupiter	9 „ 55 „	1,2 „ schneller	11 Jahre, 315 Tage	8 550 „ „
Saturn	10 „ 29 „	1,15 „ „	29 „ 167 „	21 500 „ „
Uranus	—	—	84 „ 7 „	615 000 „ „
Neptun	—	—	164 „ 280 „	1 220 000 „ „

Um auch diese Winkelgeschwindigkeiten richtig einschätzen zu können, sind sie ebenfalls mit derjenigen des Stundenzeigers in Vergleich gestellt und zwar gibt die Tafel neben der vollen Dauer einer Achsendrehung oder eines Bahnumlaufes auch an, wie viel mal langsamer diese Bewegungen vor sich gehen, als die uns jederzeit leicht vor Augen zu führende Drehung des Stundenzeigers.

Wie man sieht, erfolgt die Achsendrehung des Jupiter und Saturn ein wenig schneller als jene Zeigerbewegung, doch kann man sich leicht davon überzeugen, daß dieser Unterschied praktisch völlig belanglos ist, indem sich eben auch hier der Eindruck des scheinbaren Stillstandes ergibt, genau wie bei dem nur ganz unmerklich langsameren Stundenzeiger.

Dem gegenüber besitzt wiederum der Bahnumlauf des Planeten Neptun nur eine Winkelgeschwindigkeit, welche über 1 Million mal kleiner ist, als diejenige des Stundenzeigers, und wenn wir vollends die Eigengeschwindigkeit der Sonne an der Uhrzeigerbewegung messend vergleichen, so finden wir infolge der sich auf ungezählte Jahre, vielleicht über Jahr-Millionen erstreckenden Umlaufszeit der Sonne eine geradezu unendlich kleine Winkelgeschwindigkeit, wie sie sich auch für alle weiteren, hier nicht mehr in Betracht gezogenen Fixsternbewegungen wohl als zutreffend erweisen dürfte.

Waren wir unter dem Eindruck der meist unfaßbar großen Äquator- und Bahngeschwindigkeiten früher vielleicht geneigt, uns auch die Drehgeschwindigkeit der Himmelskörper als sehr rasch, ja sogar als rasend schnell vorzustellen, so dürfte es uns im Hinblick auf die vorstehend entwickelten Tatsachen nicht mehr schwer fallen, uns von jener irrigen Anschauung ein für allemal frei zu machen. Wir werden also endgültig anstelle einer rasch wirbelnden Bewegung das weit zutreffendere Bild eines fast völligen Stillstandes aller Himmelskörper zu setzen haben, ein Bild übrigens, welches der ungeheuren räumlichen Größe des Weltalls, wie auch seiner unermeßlichen zeitlichen Dauer, ganz allein nur angemessen erscheint.

★

★

★

Schwäbische Sternwarte.

Am 348. Geburtstage Keplers (geb. 27. 12. 1571 zu Weil im Dorf) hat sich ein „Verein schwäbische Sternwarte" gebildet, der sich die Verbreitung volkstümlicher astronomischer Kenntnisse in Württemberg zur Aufgabe stellt. Prof. Dr. Staus, Eßlingen, hat dem Verein für seine Arbeiten ein größeres Fernrohr (Refraktor von 220 mm Öffnung) mit Drehkuppel bis auf weiteres zur Verfügung gestellt. Weitere Stiftungen sind zugesagt. Für die Aufstellung des Instrumentes ist eine geeignete Stuttgarter Höhe in Aussicht genommen. In etwa zwei bis drei Monaten wird der Verein mit Vorträgen in allen Landesteilen, Führungen und anderen Veranstaltungen in der Öffentlichkeit hervortreten. Zur Durchführung der ersten Arbeiten und zur Herstellung der wünschenswerten Beziehungen zu den bestehenden Volksbildungs-Unternehmungen und den an einem derartigen Wirken zu interessierenden Behörden ist ein vorbereitender Ausschuß zusammengetreten, dem bisher angehören: Ob.-Ing. H. Büggeln, Dr. Dybeck, Prof. Dr. v. Hammer, R. Henseling, Redakteur E. Jäger, Reg.-Baumeister W. Jost, P. Langbein-Erkenbrechtsweiler, Prof. Dr. Rosenberg-Tübingen, Dr. Schock, W. Schreyer-Tübingen, Prof. Dr. Staus, Ob.-Ing. A. Utzinger. Zur Erlangung der für die weiterreichenden Ziele des Vereins erforderlichen beträchtlichen Mittel ist eine Keplerstiftung 1919 in Bildung begriffen, mit der zugleich dem Andenken Keplers ein bleibendes Denkmal gesetzt werden soll. Keplers „Zusammenklänge der Welten", sein Lieblingswerk und das Werk der Vollendung seiner Gesetze der Planetenbewegung, sind gerade vor dreihundert Jahren im Druck erschienen. Näheres durch die „Schwäbische Sternwarte", Ecklenstraße 18.

Gleichzeitig entnehmen wir dem „Sozialdemokraten" vom 1. Juni 1920:

Der Verein Schwäbische Sternwarte veranstaltet für seine Mitglieder eine Reihe von Vorträgen zur Einführung in den Relativismus, zu deren Übernahme sich der als Vorkämpfer relativistischer Betrachtungsweise bekannte Dr. Ludwig Lange erboten hat.

★

★

★

Die Begründer unserer Sternkunde.

Von Dr. Heinrich Bruns,
Professor der Astronomie an der Universität Leipzig.

Als Kaiser Wilhelm I. einstmals bei einem Besuche der Stadt Bonn die Professoren der dortigen Universität um sich sah, war darunter auch der damalige Direktor der Bonner Sternwarte Argelander. Kaiser und Astronom waren alte Bekannte: waren sie doch Spielkameraden gewesen in jener schweren Zeit, als nach dem Tage von Jena das preußische Königspaar vor dem eindringenden Feinde bis nach Memel zurückgewichen war und die königlichen Prinzen dort in dem Hause von Argelanders Vater Wohnung gefunden hatten. Auf die Frage des Kaisers „Na Argelander, was gibts denn Neues am Himmel?" schaute der so Angeredete ganz treuherzig auf: „Kennen denn Majestät schon alles Alte?".

Eine solche Frage möchte auch ich hier stellen und versuchen, in großen Zügen deutlich zu machen, wie denn eigentlich das Weltbild der heutigen Astronomie, das gewöhnlich als das Kopernikanische bezeichnet wird, entstanden ist. Vielleicht gelangt dann der Leser zu der Auffassung, daß die landläufige Meinung, wie sie namentlich in populären Schriften zum Vorschein kommt, in mancher Beziehung ein schiefes Bild liefert. Die Summe der astronomischen Arbeit der Griechen, deren Wurzeln bis in den babylonischen Kulturkreis hinabreichen, ist uns in der „Syntaxis des Klaudius Ptolemäus" erhalten, die zumeist mit ihrem arabischen Titel kurz als der Almagest bezeichnet wird, und die vierzehnhundert Jahre hindurch gewissermaßen die Bibel der Astronomen gewesen ist.

Das Werk des Ptolemäus wird in populären Darstellungen gewöhnlich mit reichlicher Geringschätzung bedacht. Wer das tut, hat sich niemals die Mühe gemacht, den Inhalt des Almagest anzusehen. Ehe ich jedoch hierauf eingehe, habe ich eine Bemerkung allgemeiner Art vorauszuschicken. Wenn eine Fliege an der Wand eines Saales in die Höhe kriecht, so erzeugt das eine Änderung in der Massenverteilung der Erde, und diese Änderung wirkt auf die Bewegung der Erde und darüber hinaus durch das Sonnensystem bis zu den fernsten Fixsternen hin. Für einen Studenten der Mathematik, der das normale Pensum der analytischen Mechanik erledigt hat, ist es eine leichte Aufgabe zu berechnen, wie viel hierbei z. B. die Umdrehung der Erde verzögert, d. h. die Dauer des Tages verlängert wird. Der Betrag ist ja recht winzig, aber er ist vorhanden und ohne Mühe anzugeben. Diese Betrachtung lehrt, daß wegen des Zusammenhanges, der zwischen allen Teilen des Kosmos besteht, jeder natürliche Vorgang, auch der anscheinend einfachste, in Wahrheit unermeßlich verwickelt ist, und daß jede mathematische Theorie solcher Vorgänge, sobald sie ziffernmäßige Angaben liefern soll, notwendig unvollständig bleibt. Darum ist die Frage, ob eine mathematische Theorie richtig oder falsch sei, schief gestellt — wesentlich ist vielmehr, wie weit sich eine solche Theorie für die geistige, auf Zahl und Maß beruhende Beherrschung der Erscheinungen als brauchbar erweist. Legt man diesen Maßstab an, so sind von dem Inhalte der griechischen Astronomie folgende Hauptstücke zu berücksichtigen.

Die Erde ist eine Kugel, frei schwebend und von den Sphären der Gestirne umgeben. Damit war die Vorstellung beseitigt, daß die Erdoberfläche der Fußboden eines Saales sei, dessen Keller die Erde und dessen Decke der mit Sternen besetzte Himmel ist. Der Versuch des Griechen Eratosthenes, die Größe der Erdkugel zu bestimmen, gab von der Größenordnung des Erddurchmessers eine durchaus zutreffende Vorstellung; der Grundgedanke seines Verfahrens gehört noch heute zu den Methoden der Erdmessung. Die im Almagest vorgetragene Sphärik, d. h. die Vorschriften und Lehrsätze über die Einteilung der Erdkugel und der Sphäre der Gestirne, ist, ähnlich wie das Werk des Euklid, in den eisernen Bestand unsrer Lehrbücher übergegangen.

Die Erde ruht in der Mitte des Weltalls; das besagt — mathematisch gesprochen — weiter nichts, als daß sie den Nullpunkt für alle räumlichen Beziehungen bildet. Um sie läuft der ganze Himmel in vierundzwanzig Stunden und nimmt dabei die scheinbar zwischen den Fixsternen laufenden Wandelgestirne mit. In dieser Vorstellung denkt und rechnet der Astronom auch noch heute, so lange er es nur mit den Beobachtungen und ihrer Aufbereitung zu tun hat. Sie war damals die annehmbarste und bot bei dem damaligen Stande der physikalischen Kenntnisse ungleich geringere Schwierigkeiten als ihr Gegenteil. Ähnlich beginnt die Naturforschung auch heute die Untersuchung eines bestimmten Kreises von Erscheinungen mit Voraussetzungen, die vorläufig als die nächstliegenden und annehmbarsten anzusehen sind, und gibt sie erst auf, wenn triftige Gründe dazu nötigen.

Bei den Bewegungen der Wandelgestirne stand die griechische Astronomie anfänglich unter dem Banne der Vorstellungen der alten Naturphilosophie. Es hieß damals: der Himmel ist das Vollkommene, deshalb sind es auch die himmlischen Bewegungen; die vollkommenste

Bewegung ist aber die gleichförmige im Kreise. Es ist von Interesse zu sehen, wie sich der Almagest mit diesem Dogma abfindet. Die Sonne bewegt sich allerdings am Himmel in einem Kreise; die Angelpunkte dieses Kreises, nämlich die Punkte des längsten und kürzesten Tages, sowie der Tag- und Nachtgleichen stehen um je einen Quadranten, also um gleiche Bögen von einander ab; hingegen sind die vier Jahreszeiten, in denen die einzelnen Quadranten durchlaufen werden, von ungleicher Länge und widersprechen damit einer gleichförmigen Bewegung der Sonne um die Erde. Hipparch, der zwischen Frühling und Herbst einen Unterschied von reichlich sechs Tagen festgestellt hatte, half sich durch den einfachen Ausweg, daß er die gleichförmige Kreisbewegung zwar festhielt, aber ihren Mittelpunkt in einen Ort außerhalb der Erde verlegte. In der Tat ist es möglich, durch dieses Hilfsmittel der exzentrischen Kreisbewegung bei richtiger Wahl der Exzentrizität, d. h. der Verlegung des Mittelpunktes, den scheinbaren Sonnenlauf mit einer Annäherung darzustellen, deren Fehler vor Einführung des Fernrohrs durch Messung überhaupt nicht nachweisbar war.

Etwas anders stellte sich die Sache bei den sogenannten alten Planeten Merkur, Venus, Mars, Jupiter und Saturn. Im allgemeinen laufen sie für den Beobachter längs des Tierkreises rechtläufig, d. h. in derselben Richtung wie Sonne und Mond. Von Zeit zu Zeit tritt jedoch periodisch eine Umkehrung dieser Richtung, eine sogenannte Rückläufigkeit, ein, wobei allerlei Schlingen und Schleifen entstehen, während die Mitte der Rückläufigkeit jedesmal in die Zeit fällt, zu der Planet und Erde ihre kleinste Entfernung von einander annehmen. Um diese Erscheinung, der die Babylonier hilflos gegenüber gestanden hatten, mathematisch zu fassen, benutzt der Almagest das Hilfsmittel des Epizykels, das in manchen populären Darstellungen als eine Art geistiger Mißgeburt bewertet wird. Wie es in Wahrheit damit steht, lehrt folgende Betrachtung. Geht man von der Ihnen allen geläufigen Vorstellung aus, daß die Erde samt den übrigen Planeten in Kreisen um die Sonne läuft, so hat man, um den beobachteten scheinbaren Lauf eines Planeten zu finden, von seiner wirklichen Bewegung die wirkliche Bewegung der Erde — wie die Mathematik sich ausdrückt — abzuziehen. Wird diese Subtraktion ausgeführt, so ergibt sich nachstehende Konstruktion: der Planet läuft zunächst auf einem besonderen Kreise, dem sogenannten Epizykel (Beikreis), dessen Mittelpunkt seinerseits auf einem anderen Kreise, dem sogenannten Deferens, um den Beobachter läuft. Das ist aber die Konstruktion, die der Almagest zur Darstellung der Rückläufigkeit benutzt, und sie war lediglich eine notwendige Folge der Wirklichkeit, sobald man einmal mit dem Almagest den Nullpunkt aller Bewegungen von vornherein in den Beobachtungsort legt.

Es dürfte nicht überflüssig sein anzuführen, daß heutzutage die rechnenden Wissenschaften, insonderheit die Astronomie, die Physik, die Meteorologie von der epizyklischen Konstruktion den ausgiebigsten Gebrauch machen, wenn es sich um die Zerlegung periodischer Vorgänge handelt, — nur daß man jetzt den Namen „trigonometrische Entwicklung" statt Epizykel gebraucht. Ein Beispiel statt vieler: die 1867 vollendete Mondtheorie von Delaunay, die ihrem Urheber die goldene Medaille der Londoner Royal Astronomical Society einbrachte, enthält in ihrem zweiten Bande den Ausdruck für den Ort des Mondes in seiner Bahn. Die Formel nimmt 173 Quartseiten ein und setzt sich aus 481 Gliedern zusammen, von denen mit Ausnahme des ersten, jedes einen Epizykel bedeutet.

Fragt man nunmehr, welches Maß von Brauchbarkeit der Almagest besaß, so darf man ruhig sagen, daß er trotz der Mängel, die weder seinem Verfasser noch seinen Nachfolgern verborgen blieben, den Astronomen die Möglichkeit bot, sich in den himmlischen Bewegungen zurecht zu finden, und daß seine Unvollkommenheit nicht größer war als bei vielen Theorien der Physik, die geraume Zeit schlecht und recht ihre Schuldigkeit getan haben, bis sie durch besseres abgelöst wurden. Wenn z. B. bei dem Planeten Mars, der ob seiner Widerspenstigkeit bei den Römern das der Kunst der Astronomen spottende Gestirn genannt wird, die Rechnung des Almagest gelegentlich um 5° oder zehn Vollmondbreiten vom Himmel abwich, so hatte das für die damalige Zeit ungefähr dieselbe Bedeutung, als wenn heute eine im himmlischen Fahrplan angekündigte Sonnenfinsternis mit zehn Minuten Verspätung eintreffen würde. Für den zünftigen Astronomen war eine solche Abweichung natürlich widerwärtig genug, hingegen hatte die übrige Menschheit keinen Anlaß, sich darüber sonderlich aufzuregen. Was diese verlangte und mit Recht von den Astronomen verlangen durfte, nämlich Ordnung in der Zeitrechnung und taugliche Unterlagen für die Bedürfnisse der Geographie, das hat der Almagest seinerzeit reichlich geleistet. An dem Kalenderwirrwarr, der zur Einführung des Gregorianischen Kalenders Anlaß gab, war nicht die Astronomie schuld, sondern die einer vernünftigen Zeitrechnung Hohn sprechende bis dahin übliche Festsetzung über das Osterfest; und über die der Geographie geleisteten Dienste besitzen wir ein lehrreiches Zeugnis von keinem Geringeren als Kolumbus. In der Beschreibung seiner vierten Reise heißt es: „Es gibt nur eine untrügliche Schiffsrechnung, die der Astronomen. Wer diese versteht, kann zufrieden sein. Was sie gewährt, gleicht einer prophetischen Schau. Unsre unwissenden Steuerleute, wenn sie viele Tage die Küste aus den Augen verloren haben, wissen nicht, wo sie sind. Sie würden die Länder nicht wiederfinden, die ich entdeckt habe. Zum Schiffen gehört die Bussole und die Kunst der Astronomen." Diese von Kolumbus gerühmte Kunst ist aber nichts andres als der von den Arabern überlieferte Almagest.

Es ist Ihnen bekannt, daß der erste von Folgen begleitete Versuch, an die Stelle des Almagest etwas Vollkommeneres zu setzen, von Koppernikus gemacht worden ist. Sein Werk trägt den Titel „De revolutionibus orbium coelestium libri sex" (Über die Umdrehungen der Himmelskreise Sechs Bücher), wobei die Worte „orbium coelestium", die mir stets unverständlich geblieben sind, ein Einschiebsel von fremder Hand bilden. Das Buch erschien 1543, im Todesjahre des Verfassers und erst nach seinem Ableben.

Das erste Buch der Libri sex, das samt der Widmung an Papst Paul III. für den heutigen Leser den interessantesten Teil bildet, enthält die auf allgemeine Betrachtungen gestützte Darlegung der Sätze, daß der tägliche Umschwung des Himmelsgewölbes nur das Spiegelbild der Erddrehung sei, daß die von Hipparch entdeckte Verschiebung der Nachtgleichen von einer langsamen Änderung der Richtung der Erdachse herrühre, und daß endlich die Erde samt den übrigen Planeten in Kreisen um die Sonne laufe, ohne daß aber die Sonne den genauen Mittelpunkt dieser Kreise bilde. Der letzte Satz verlegt den Nullpunkt der himmlischen Bewegungen von der Erde fort in die Sonne und machte den Epizykel überflüssig, den Ptolemäus wegen der Annahme einer ruhenden Erde hatte einführen müssen. Die fünf anderen Bücher enthalten die eingehende mathematische Durcharbeitung der neuen Theorie. Koppernikus wußte genau, daß seinen Fachgenossen nicht mit Worten und allgemeinen Ideen, sondern nur mit Formeln und Zahlen gedient war, und daß ohne klare Rechenvorschriften seiner Lehre das Schicksal bevorstand, für die Astronomie ebenso unfruchtbar zu bleiben, wie die Auslassungen seiner sogenannten Vorläufer vor und nach Christi Geburt. Darum hat er an diesem Teile seines Werkes unablässig gefeilt, nicht nur die Horazischen neun Jahre hindurch, sondern — wie er selbst berichtet — bis in das vierte Jahrneunt hinein, fast bis an sein Lebensende.

Wie war zunächst die Aufnahme der neuen Theorie bei den Astronomen beschaffen? Man darf sagen: wie in ähnlichen Fällen, wenn eine Persönlichkeit von anerkanntem wissenschaftlichem Rufe mit einer völlig neuen Lehre hervortritt; auf der einen Seite schroffe Ablehnung, auf der andern begeisterte Zustimmung, dazwischen kritische Zurückhaltung, im ganzen jedoch Bereitwilligkeit, mit der neuen Lehre eine ernsthafte Probe auf ihre Brauchbarkeit vorzunehmen. Und wie fiel diese Probe aus? Nun, die landläufige Ansicht geht dahin, daß durch das Erscheinen der Libri sex die Quälerei mit dem Almagest behoben gewesen und den nachfolgenden Generationen im wesentlichen nur die Aufgabe zugefallen sei, das von Koppernikus aufgeführte Gebäude hier und da auszubauen und wohnlicher einzurichten, etwa so, wie man heute in einem schönen alten Schlosse nachträglich Zentralheizung, elektrische Beleuchtung und ähnliche nützliche Dinge anbringt. Das ist aber eine Legende, ein Märchen; das Ergebnis der Probe war eine bittere Enttäuschung. Die von Erasmus Reinhold, einem Schüler des Koppernikus, mit der Theorie und den Daten der Libri sex berechneten Prutenischen Tafeln ließen beispielsweise beim Mars gelegentlich Abweichungen bis zu zehn Vollmondbreiten übrig; wesentlich schlechter hatte aber auch der Almagest nicht gestimmt. Durch die ersten Jahrzehnte nach Koppernikus geht es wie ein Notruf: wer bringt uns die ersehnte neue Astronomie ohne Hypothesen, die Astronomie, die der Wirklichkeit entspricht, und die mit dem Himmel stimmt? Petrus Ramus versprach, seinen Lehrstuhl am Collège royal de France demjenigen abzutreten, der eine hypothesenfreie Astronomie schaffe, und Kepler konnte später scherzend bemerken, daß der Pariser Gelehrte durch den Tod davor bewahrt worden sei, sein Versprechen einzulösen. Über Rhetikus, einen begeisterten Schüler des Koppernikus, ging die Erzählung um, er habe in seiner Ratlosigkeit wegen des Mars das Orakel seines Hausgeistes befragt, und der habe, ergrimmt wegen der widerwärtigen Frage, den Rhetikus beim Schopfe genommen, ihn erst an die Zimmerdecke und dann auf den Dielen herumgeworfen, mit dem Bescheide: das sei die Bewegung des Mars. Kepler bemerkt dazu trocken: die Sache werde wohl so zusammenhängen, daß Rhetikus einmal voller Wut ob der Tücke des Mars mit dem Kopfe gegen die Wand gerannt sei, wie einst Kaiser Augustus ob der Niederlage des Varus im Teutoburger Walde.

Angesichts der erwähnten Tatsachen könnte es scheinen, als ob die Libri sex für die Astronomie nicht viel mehr als einen unfruchtbaren Versuch bedeutet haben. Und doch bezeichnet — trotz des offenkundigen Mißerfolges — der Name Koppernikus einen Markstein auch in der Geschichte der Astronomie, nur daß der Gewinn nicht da zu suchen war, wo Koppernikus selber vermeinte. Ich will ein Bild gebrauchen. Vor der Pforte, die den Zugang zum Geheimnis der Planetenbewegung verschloß, lag ein großer Felsblock; diesen hat Koppernikus aus dem Wege geräumt, die Pforte selber aber nicht geöffnet, denn dazu bedurfte es, wie wir heute klar zu übersehen vermögen, andrer Männer mit anders gearteter Begabung. Oder ohne Bild gesprochen: die Annahme einer bewegten Erde bot die Möglichkeit einer völlig neuen Fragestellung, bot die Möglichkeit, die wirkliche Gestalt der Planetenbahnen frei von jeder besonderen Voraussetzung durch bloße Messungen, nämlich durch direkte Triangulation festzulegen. Folgende Betrachtung möge das erläutern. Wenn der Feldmesser einen unzugänglichen Gegenstand nur von einem einzigen Standorte aus anvisiert, so erhält er nur die Richtung, aber nicht auch die Entfernung, d. h. der Ort des Gegenstandes im Raume bleibt tatsächlich unbestimmt. Das war die Lage, in der sich Ptole-

Die neue Ordnung des Sonnensystems durch Kopernikus zwingt die Erde, ihren Platz im Himmelsreigen einzunehmen. Schon schwingen sich oben Merkur und Venus um die Sonne, Mars (rechts) sitzt schon auf seiner Wolke und wartet auf den Vorantritt der Erde. Jupiter reicht väterlich der Erde den Arm; hinter ihm schreitet Saturn. Die Mondgöttin Luna trägt der Erde die Schleppe. Das neue Spiel kann beginnen. Das Bild ist aus dem Jahre 1713, als es immer noch nötig war, Kopernikus zu verteidigen.

mäus mit seiner rein dem Augenschein folgenden Lehre befand, denn die als ruhend angenommene Erde lieferte für den Beobachter nur einen einzigen und unveränderlichen Standort, und damit war die Möglichkeit einer wirklichen Ausmessung der Planetenbahnen abgeschnitten. Läßt sich dagegen der unzugängliche Gegenstand von zwei gegenseitig sichtbaren Standorten aus anvisieren, deren gegenseitige Lage überdies bekannt ist, so hat man damit auch den Ort des Gegenstandes festgelegt. Allerdings ließ sich dies Verfahren nicht unmittelbar auf das System des Koppernikus übertragen, denn von den einzelnen Orten der bewegten Erde, die allein als Beobachtungsort in Frage kam, war ja die gegenseitige Lage vorläufig unbekannt; auch war der zu bestimmende Planet nicht fest, wie es diese Art der Ortsbestimmung voraussetzt. Trotzdem gelang Kepler die Ortsbestimmung. Die Art, wie er dabei die Möglichkeit der neuen Fragestellung erfaßte und das erwähnte Hindernis aus dem Wege räumte, gemahnt an das Ei des Kolumbus, und man muß an diesem Streiche des Schwaben Kepler seine helle Freude haben. Doch einstweilen war es noch nicht so weit, und es mußte etwas andres vorhergehen.

Die Mängel der vorhin genannten Prutenischen Tafeln entsprangen im wesentlichen aus zwei Ursachen. Zunächst war der im zweiten Buche der Libri sex enthaltene Katalog von rund tausend Fixsternen, der das feste Gerüst für die astronomischen Beobachtungen zu liefern hatte, nur eine Abschrift der Sternliste des Griechen Hipparch und so ziemlich mit allen Fehlern behaftet, die er nach der Art seiner Entstehung überhaupt besitzen konnte. Die Angaben Hipparchs, die selbstverständlich nicht frei von Beobachtungsfehlern waren, wurden in der Hauptsache ohne Nachprüfung von Ptolemäus übernommen. Daran schloß sich dann, durch über 1400 Jahre reichend, die handschriftliche Überlieferung durchs Griechische hindurch ins Arabische und schließlich ins Lateinische. Was dabei herauskommen kann, noch dazu wenn es sich um Zahlenangaben handelt, davon weiß die Philologie ein Lied zu singen. Die andere Ursache lag in der Kreisbewegung der Planeten, die Koppernikus ohne Bedenken aus dem Almagest herübergenommen hatte; damit war gerade das, was in dem mathematischen Ansatz des Ptolemäus den Hauptgrund der Unstimmigkeiten ausmachte, unverbessert geblieben.

*   *   *

Unter solchen Umständen war die erste Forderung die Herstellung eines neuen sicheren, auf eigene Erfahrungen gegründeten Bodens. Bei den Bemühungen, die von verschiedenen Seiten her auf diese Aufgabe gerichtet wurden, fiel die Palme des Erfolges dem Dänen Tycho Brahe zu; es gelang ihm, die Fehler der astronomischen Winkelmessungen auf die Größenordnung der Bogenminute herunterzudrücken und damit die Genauigkeit so weit zu treiben, als dies ohne Anwendung des Fernrohrs im Durchschnitt möglich ist.

Schon als fünfzehnjährigen Studenten in Leipzig im Jahre 1561 hatte ihn die Himmelskunde gefangen genommen; hinter dem Rücken seines Hofmeisters benutzte er die Nächte zu astronomischen Beobachtungen, also wohl nützlicher, als die mit der löblichen Stadtmiliz sich balgenden Insassen der Bursen. Seine ganz interessanten Lehr- und Wanderjahre muß ich hier übergehen. Die Empfehlung des Landgrafen Wilhelm IV. von Hessen-Kassel, der selber ein eifriger Astronom war, bewirkte, daß König Friedrich II. von Dänemark Tycho in die Heimat berief und ihm die Insel Hven, im Sunde etwa 25 Kilometer nördlich von Kopenhagen gelegen, zum persönlichen Lehn gab, nebst reichlichen Mitteln zur Errichtung einer Sternwarte. Was hier auf dem bescheidenen Eiland in den vier Jahren 1576—80 emporwuchs, war ein Forschungsinstitut ersten Ranges und, mit dem Maße jener Zeit gemessen, glänzender eingerichtet, als irgend eine wissenschaftliche Anstalt der Gegenwart. Die Anlage umfaßte einen fürstlichen Schloßbau, die Uranienburg, daneben als die eigentliche Sternwarte mit den größeren Instrumenten die halb unterirdisch angelegte Sternenburg, dazu eine eigene Druckerei mit Papiermühle, eine Kornmühle und was sonst noch nötig war, um mit einem stattlichen Stabe von Beobachtern, Rechnern und Handwerkern einen geregelten wissenschaftlichen Betrieb durchzuführen. Doch ungleich wichtiger als der von den Zeitgenossen bewunderte Zuschnitt dieser astronomischen Kolonie war die Tatkraft und die Umsicht, mit der ein klar vorgezeichnetes Ziel nach einem sachgemäßen Plane verfolgt wurde, und die bei den Zeitgenossen dem Leiter des Ganzen den Beinamen eines Erneurers der Sternkunde verschafften.

Als Friedrich II. 1588 gestorben war, wollte der neue Pharao nichts von Joseph wissen. Zudem hatte Tycho Feinde genug, denn er war von hochfahrender Natur, und da ihn der königliche Lehnsbrief schützte, so versuchte man es mit dem Fortärgern. Eine Zeit lang hielt Tycho trotzig Stand, dann ging er 1597 zu dem Grafen Rantzau nach Wandsbek, einem eifrigen Verehrer der Astrologie. Zwei Jahre später berief ihn Rudolf II. nach Prag als kaiserlichen Rat und Mathematikus. Hier ist Tycho 1601 gestorben, und den Aufgabe, die von ihm hinterlassenen Schatz zu heben, fiel nach einigen Weiterungen Kepler zu. Was Kepler vor sich hatte, war einem Haufen wertvollen Erzes zu vergleichen, aus dem eine kundige Hand das gediegene Metall zu gewinnen hatte, um den Schlüssel zu schmieden, der die verschlossene Pforte öffnen sollte.

Ich muß es mir hier versagen, die wechselvollen Lebensschicksale Keplers auch nur zu streifen; man liest die Schilderung davon mit Bewunderung für die geistige Begabung und den Charakter des Mannes, aber auch mit dem Gefühl der Bitterkeit, daß die protestantischen Universitäten Deutschlands in ihrer kirchlichen Einseitigkeit damals unfähig gewesen sind, dieser Zierde des menschlichen Geschlechts eine Stätte des Wirkens zu bereiten.

Acht Jahre nach dem Tode Tychos erschien die „Astronomia nova", in der Kepler den Gang und die Ergebnisse seiner Untersuchung mitteilt. Man hat gelegentlich gesagt, daß dieses Buch von einer geradezu dämonischen Begabung Kunde gebe. In der Tat wird man in der wissenschaftlichen Literatur nicht leicht ein anderes Werk finden, bei dem in gleicher Weise bohrender Scharfsinn, schöpferisches Kombinationsvermögen bei der Überwindung mathematischer Schwierigkeiten, Beherrschung einer umfangreichen Fachliteratur im Verein mit einer erstaunlichen, an die Bewältigung mühevoller Rechenarbeit gesetzten, physischen Spannkraft auftreten, und das alles unter niederdrückenden äußeren Verhältnissen, denn der Kaiserliche Mathematikus Johannes Kepler erhielt seinen Anteil an der chronischen Geldklemme Rudolfs II. unverkürzt zugemessen.

Schält man nun aus dem Gedankengange Keplers die Hauptstücke heraus und ordnet sie nach dem Zusammenhange, in dem sie für unsere heutige Auffassung miteinander stehen, so stößt man zunächst auf die Frage, was Kepler bei der von ihm — und erst von ihm — formulierten neuen Fragestellung aus dem Werke des Koppernikus übernommen habe. Die Antwort lautet: erstens die Drehung der Erde, zweitens als Arbeitsannahme den Satz, daß sich die auf die Sonne bezogenen Bewegungen der Erde und der Planeten periodisch in geschlossenen Bahnen vollziehen. Im übrigen sind bei seiner Aufgabe die Form und Lage dieser Bahnen, ebenso das Gesetz für die Bewegung längs der Bahn die unbekannten Stücke; über sie werden keinerlei weitere Annahmen gemacht, denn sie sollen ja gerade aus den Messungen gefunden werden. Damit wurde der ganze mühevolle mathematische Aufbau, an den Koppernikus seine Lebensarbeit gesetzt hatte, beiseite geschoben; Kepler brauchte ihn nicht.

Der erste Schritt, den Kepler ausführte, und für dessen Gelingen die Reichhaltigkeit des Tychonischen Beobachtungsmaterials entscheidend war, bestand in der gleichzeitigen Messung der Bahnen von Erde und Mars. Kepler hatte den Mars gewählt, gerade weil er seither der widerspenstigste Planet gewesen war. Die Arbeit war mühevoll, aber für Kepler in ihrer Richtung klar vorgezeichnet, und das Ergebnis folgendes. Ähnlich wie der Feldmesser für den Lauf einer Straße oder eines Flusses auf dem Plane eine Anzahl von Punkten festlegt, so erhielt Kepler für die beiden Bahnen eine Reihe von Punkten, die nur auf Messungen und der vorhin erwähnten, durch eben diese Messungen bestätigten Arbeitsvoraussetzung beruhten. Schon dieses Ergebnis bedeutete einen außerordentlichen Erfolg, an dessen Möglichkeit Tycho selber seinerzeit gezweifelt hatte.

Durch das gefundene Ergebnis wurde Kepler nunmehr vor die weitere Aufgabe gestellt, aus den ermittelten Örtern von Erde und Mars das Bildungsgesetz der Bahnkurven und das Gesetz der Bewegung in der Bahn abzuleiten. Der zweite Teil dieser Aufgabe erwies sich als der leichtere, war aber trotzdem schwierig genug, denn Kepler mußte die hierbei nötigen mathematischen Verfahren selber erst erfinden. Die Frucht dieser Mühen war das sogenannte erste Gesetz, nämlich der Satz von der Konstanz der Flächengeschwindigkeit. Ungleich schwieriger war der erste Teil der Aufgabe, das Bildungsgesetz der Bahnkurven. Hier war Kepler auf ein fortgesetztes Suchen und Versuchen angewiesen. Unermüdet hat er lange Zeit Annahme um Annahme durchprobiert, doch ohne Erfolg; erzwang er an einer Stelle den Anschluß an die Beobachtungen, so klaffte an einer andern der Widerspruch um so stärker. Endlich bei der vorletzten Annahme, die er durchrechnete, waren die Widersprüche unter 8' gesunken, also unter einen Betrag, der zur Zeit des Koppernikus als völlig belanglos gelten durfte. Doch auch das war gegenüber der Genauigkeit der Tychonischen Messungen noch vielzuviel, und so versuchte denn Kepler eine letzte Annahme. Sie führte zu dem ersehnten Ziele, nämlich zu dem sogenannten zweiten Gesetz, welches besagt, daß die Bahn jedes Planeten eine Ellipse ist, mit der Sonne in dem einen Brennpunkte.

Eindrucksvoll ist die Stelle, wo Kepler von der entscheidenden Wendung seiner Untersuchung spricht: es hatte, wie später noch manchmal — so z. B. bei der Anziehungskraft — eine grundlegende Entdeckung in letzter Linie von der Genauigkeit der Messungen abgehangen. Unter neidloser Anerkennung des Anteiles Tychos heißt es zunächst: „Da uns die göttliche Güte in Tycho Brahe den sorgfältigsten Beobachter geschenkt hat, so wollen wir füglich auch dies Gottesgeschenk dankbar anerkennen und auswerten." Und dann einige Zeilen weiter: „Also einzig diese acht Minuten haben den Weg zum Neubau der gesamten Sternkunde gebahnt." Kepler durfte so sprechen, er durfte mit Fug und Recht auf den Titel seiner Marsuntersuchung setzen „Astronomia nova", denn das, was er gab, war die gesuchte „neue Astronomie" ohne Hypothesen. Die Bemühungen seiner Vorgänger um das Planetenproblem von Hipparch bis Koppernikus hatten ihren Dienst getan und besaßen fortan nur noch geschichtlichen Wert.

Aber noch etwas ganz andres war in Keplers Untersuchung völlig neu, denn sie bedeutet — zusammengenommen mit den gleichzeitigen physikalischen Entdeckungen Galileis — das erste und sogleich mit vollem

Gelingen gekrönte, für die Nachfolger vorbildliche Auftreten einer neuen Denkweise. Koppernikus steht mit der Methode seines Denkens noch ganz auf dem Boden der Scholastik, und es dürfte nicht überflüssig sein, hiervon eine Probe zu geben. Im ersten Buche der Libri sex trägt das erste Kapitel die Überschrift: Daß die Welt eine Kugel sei. Wohlgemerkt, die Welt, denn über dem zweiten Kapitel steht: Daß auch die Erde eine Kugel sei. Wie sieht nun der Beweis für die Kugelgestalt der Welt aus? Er lautet: „Zuerst müssen wir bemerken, daß die Welt kugelförmig ist, teils weil diese Form als die vollendete, keiner Zusammenfügung bedürftige Ganzheit die vollkommenste von allen ist, teils weil sie die geräumigste Form bildet, welche am meisten dazu geeignet ist, alles zu enthalten und zu bewahren; oder auch weil alle in sich abgeschlossenen Teile der Welt, ich meine die Sonne, den Mond und die Planeten, in dieser Form erscheinen; oder weil alles dahin strebt, sich in dieser Form zu begrenzen, was an den Tropfen des Wassers und den übrigen flüssigen Körpern zur Erscheinung kommt, wenn sie sich aus sich selbst zu begrenzen streben." An einer andren Stelle, wo es sich um die Bewegung der Erde handelt, heißt es: „Es kommt nun noch hinzu, daß der Zustand der Unbeweglichkeit für edler und göttlicher gilt, als der der Veränderung und Unbeständigkeit, welcher letztere deshalb eher der Erde als der Welt zukommt; auch füge ich hinzu, daß es widersinnig erscheint, dem Enthaltenden und Setzenden eine Bewegung zuzuschreiben, und nicht vielmehr dem Enthaltenen und Gesetzten, welches die Erde ist." Nur einmal stößt man zwischen all den scholastischen Floskeln auf eine hausbackene Bemerkung, bei der man geradezu aufatmet. Nachdem nämlich Koppernikus dargelegt hat, daß die Erde nur ein winziges Teilchen des Weltalls darstelle, sagt er, es sei doch wunderlich anzunehmen, daß die unermeßlich ausgedehnte Welt sich in vierundzwanzig Stunden leichter solle im Raum bewegen können, als ein so winziges Teilchen, wie es die Erde ist.

Doch wir haben uns wieder zu Kepler zu wenden. Mit dem ersten und zweiten Gesetz war eine für die damalige Zeit erschöpfende Behandlung der Frage nach den Bahnen der Planeten gegeben. Indessen Kepler blieb dabei nicht stehen, denn in ihm lebte die schon in seinen Jugendarbeiten erkennbare Überzeugung, daß die Harmonie des Kosmos (des Weltalls) ihren Ausdruck in einfachen Zahlenbeziehungen finde. Und so hat er denn nach diesen Beziehungen gesucht und das Ergebnis seiner Mühen in der „Harmonice mundi" (Weltharmonik) niedergelegt. Dieses neun Jahre nach der Astronomia nova erschienene Werk enthält neben vielem, was heute nur noch als ein Spiel mit Zahlen erscheint, das sogenannte dritte Gesetz, nämlich den Satz, daß die Quadrate der Umlaufzeiten sich verhalten wie die Kuben der großen Achsen der Bahnellipsen. Daß Kepler dieses Gesetz als seine größte Entdeckung aufgefaßt hat, lehrt der Schwung, mit dem die Vorrede zum fünften Buche der Harmonice geschrieben ist, vor allem aber der berühmte Schluß dieser Vorrede: „Ich werfe den Würfel und schreibe das Buch, gleichviel ob es die Gegenwart liest oder erst die Nachwelt; es mag hundert Jahre auf seinen Leser harren, wenn Gott der Herr selber sechstausend Jahre auf das Verstehen seiner Werke hat warten müssen".

Keplers Buch sollte seinen Leser finden, bevor ein Jahrhundert vergangen war. Als etwa siebzig Jahre nach dem Erscheinen der Weltharmonik wiederum einer von den großen Entdeckern auf den Plan trat, als Newton die Aufgabe gelöst hatte, Keplers Gesetze zu deuten, war das Fundament der himmlischen Mechanik gelegt und die Entwicklung, die mit Tycho begonnen hatte, an einen Abschnitt gelangt. Gleichzeitig war der Streit um Ptolemäus und Koppernikus müßig geworden: beide hatten — je nachdem — Unrecht und Recht. Denn wenn im Sonnensystem die Bewegungen von der allgemeinen Schwere regiert werden, so kann keiner der in ihm enthaltenen Körper in wirklicher Ruhe sein, und wenn es sich um die relativen Bewegungen handelt, die allein der Beobachtung zugänglich sind, so nimmt der Astronom als ruhend denjenigen Körper an, der ihm jeweils als Nullpunkt der geeignete scheint.

Ich kehre zum Ausgangspunkt zurück. Vielleicht ist es mir gelungen, deutlich zu machen, warum die Geschichte der Himmelskunde — im Gegensatze zur Kulturgeschichte — in Koppernikus, der die bereits im Altertum ausgesprochenen Vorstellungen mathematisch durcharbeitete, nur den Abschluß der mit den Babyloniern beginnenden alten Astronomie erblickt, und warum sie die Geburt der neuen, der heutigen Astronomie in jene Stunde legt, wo in dem weißen Dünensande von Hven der erste Spatenstich für Tychos Uranienburg getan wurde.

Jeder sein eigner Astronom.

„Hab acht auf die Gassen, blick auf zu den Sternen", lautet ein altes Sprichwort.

Weshalb ist uns wohl beides nötig? Nun, auf der Gasse drängt und stößt sich die Willkür; die tierischen Triebe des Herdenwesens Mensch, seine Launen und Leidenschaften wirbeln da. Und jeder hat Mühe, sich heil hindurchzuwinden durch diese Gasse. Oben die Sterne zeigen hingegen das unerbittliche, erhabene Gesetz an, unter dem in Wahrheit alles Weltleben steht und verläuft. Die tolle Freiheit der Gasse, in deren buntem Treiben alle Menschen verschieden sind — das starre Gesetz des Himmels, unter das sich unser Geschlecht einheitlich beugen muß: der Mensch muß beides miteinander in seiner Brust versöhnen. Aber dem Großstädter von heute ist es besonders schwer gemacht, den Blick von den Gassen abzuziehen. Unzufrieden mit diesem Zustand des modernen Menschen hat ein Amerikaner, der große Ingenieur James Hartneß, davon geträumt, eine Sternwarte für jedermann zu konstruieren, leicht montierbar, von mäßiger Größe und billig. Er, der Praktiker, von dessen menschlicher Denkweise schon auf Seite 37 des Jahrgangs die Rede war, wußte, was ein Blick in die Sternenwelt wert ist. Das Bild gibt die Ausführung wieder, die er dem Deutschen Museum in München geschenkt hat.

Wer hat recht?

Von Meister Fritz Eitel.

Wer wollte diese heikle Frage zu aller Zufriedenheit beantworten? Niemand!

Oder wird es soweit kommen, daß dies doch möglich ist? Niemals, solange es Menschen gibt! Menschen mit Verschiedenheit des Charakters, des Gemüts, des Berufs, des Standes, des Geschlechts oder auch der Körperbeschaffenheit. Diese Verschiedenheit der menschlichen Natur ist eine der Ursachen fortgesetzter Kämpfe. Kämpfe, hervorgerufen durch die Meinungsverschiedenheit in der Auffassung des Rechtsbegriffs. So, wie die Elemente im häufigen Kampf miteinander stehen, wie die Natur in stetem Wechsel begriffen ist, so werden auch die Menschen immerwährenden Kämpfen unterworfen sein. „Was er schuf, zerstört er wieder. Nimmer ruht der Wünsche Streit", sagt Schiller. Diese menschliche Naturnotwendigkeit ist unabwendbar und an sich nichts Schlimmes. Darauf weist auch ein Zitat aus Göthe's Werken hin, das lautet: „Nur nicht so viel Federlesens, laß mich in den Himmel rein, denn ich bin ein Mensch gewesen, und das heißt ein Kämpfer sein". Aber dennoch darf der Mensch als das entwickeltste und edelste Geschöpf sich nicht mit der rücksichtslosen Natur des Raubtieres oder mit der entfesselten, haßerfüllten Wut des rasenden Feuerelements vergleichen. Er muß höher stehen. Seine Kämpfe müssen in Bahnen gelenkt werden, die seiner würdig sind. Nicht ewig sollen die Worte Schillers Berechtigung haben: „Doch der schrecklichste der Schrecken, das ist der Mensch in seinem Wahn".

Für einen wahrhaft gebildeten Menschen, d. h. nicht allein mit Schulweisheit vollgepfropften, sondern moralisch gebildeten Menschen gilt heute schon die Behauptung als widersinnig: „Ich habe unter allen Umständen recht!" Denn es wird wohl kaum jemand geben, der ernsthaft zu bestreiten wagt, daß jeder Mensch mit mehr oder weniger Fehlern behaftet ist. Schon daraus läßt sich die unzweifelhafte Folgerung schließen, daß auch jeder mehr oder weniger Irrtümern und Täuschungen unterliegt, d. h. mit seiner Meinung oder in seinem Tun und Lassen unrecht hat. Dessen ungeachtet, wird es doch der weiseste Orakelspruch nicht fertig bringen, den Ausweg zu finden, der zur allseitigen Zufriedenheit führt, wenn er die Frage entscheiden soll: Wer hat recht? Praktisch erfolglos wird auch der salomonische Spruch des gemütlichen Dorfschulzen sein, der nach Anhörung der beiden streitenden Parteien jedem erklärte: Du hast recht! Und als der Gemeindediener einwandte, daß doch unmöglich beide Teile recht haben könnten, diesem prompt erwiderte: Du hast auch recht.

Die Verschiedenheit des Rechtsgefühls des Einzelmenschen überträgt sich natürlich auf Familie, Gesellschaft und Staat. In jeder Staatsform wird es infolgedessen verschiedene Auffassungen und Rechtsbegriffe geben. Abgesehen von denjenigen, die ausnahmsweise als hartnäckig und rechthaberisch genannt werden dürfen, glauben große Teile der Schichten der menschlichen Gesellschaft aus ehrlicher, innerer Überzeugung, mit ihrer Ansicht das allein Richtige getroffen zu haben. Die natürliche Folge ist ein immerwährender, erbitterter Kampf ums Recht. — Ist das notwendig? Woher kommt das? oder besser, wie kann dieser Kampf gemildert werden? Wie können Rechtsbegriffe ausgeglichen werden? Es fehlt am gegenseitigen Verständnis. Der im engen Gefühlskreis verharrende Blick einer Masse von Menschen und das Widerstreben, sich in die Schwäche und Stärke, in das Gute und Schlimme und deren Ursachen bei den Nebenmenschen hineinzudenken und zu fühlen, stören ohne direktes Übelwollen den Ausgleich des Rechtsbegriffs. Ich möchte hier ein Beispiel gebrauchen. Es ist bei der schon angeführten Verschiedenheit der Menschennatur, als besähe jeder die Vorgänge seiner Zeit durch einen Scheinwerfer. Was er innerhalb dieses Lichtkegels sieht, das kennt er aufs Genaueste. Täglich dasselbe und immer dasselbe. Allmählich bildet dieser begrenzte, lichte Raum seine Anschauungsweise, die er sich nicht bestreiten läßt, weil sein Blick ihm täglich untrügerische Tatsachen vor Augen stellt, aber was außerhalb des Lichtkegels liegt, ist für ihn dunkel. Daraus ergibt sich ein verkehrter, einseitiger, mangelhafter Rechtsbegriff. Kein Wirkungskreis, kein Lichtkegel ist so groß, um alles zu übersehen. Deshalb ist es notwendig, sich heranzudrängen an die verschiedenen menschlichen Scheinwerfer, und durchzublicken in das Gebiet des Nebenmenschen, um verstehen zu lernen. Dann wird gegenseitig die Beantwortung der Frage: wer hat recht? eine weniger schwierige sein.

Wer sich sträubt, in die Art und Gründe der Anschauung des Andern einzudringen, der kann auch kein Vertreter des wahren Rechtsstandpunktes sein. Reiche Erfahrung ist ein fundamentaler Grundsatz des Rechtsurteils. Wenn auch nie eine Götterdämmerung die ganze Menschheit beglücken wird, wenn es auch unvermeidliche, schwankende Rechtsbegriffe immer geben wird, aber sie dürfen bei gegenseitigem Verständnis nicht von Haß durchsickert sein. Wenn der gesunde und arbeitende Mensch infolge des Drucks der Sorge klagt, mir geht es schlecht, und er fragt den Blinden im Blindenasyl, oder den Krebskranken im Sanatorium, so wird der ihm sagen: Dir geht es nicht schlecht. Wer hat recht?

Mögen Stürme und Kämpfe über das Menschentum hinweggehen, sie können zum Segen sein, wenn Achtung vor der Meinung und dem Rechtsbegriff des Nebenmenschen das Menschheitsstreben in Bahnen lenkt, die in dem Gefühl gemeinsamer Arbeit eine Frage nicht mehr so hart klingen läßt, die Frage: Wer hat recht?

D. M. G.

Die Heimkehr.
Von Hans Heinrich Ehrler.

Der folgende Abschnitt handelt von der Einschaltung der Großstädte ins Leben der Menschen. Zu seinem Verständnis sei kurz der Zusammenhang des Buches erzählt, aus dem er stammt.

Ein Landkind, im Herzen jung aber doch schon fast vierzig Jahre, hat in der Stadt lange gelebt und ist hier einer schönen und feinen Frau nahe getreten, die an der Seite eines ungeliebten Mannes dahin lebt. Solange er in der Stadt ist, hat dieser Sohn der freien mütterlichen Erde nicht die Kraft, die Geliebte aus ihrem hohlen Tagesdasein herauszureißen. So nimmt er Abschied und geht hinaus aufs Land, in sein heimatliches Dorf, scheinbar in die Verbannung, scheinbar für immer verzichtend auf die Vereinigung mit „Frau Hedwig", die sich von den Anschauungen der Stadt nicht loslösen mag.

Aber das Land erweckt in ihm neue Kräfte. Hier wird er wieder der ursprüngliche, sichere Mensch. Hier in dem Abstand wächst ihm der Mut, den geistigen Stadtkerker der Freundin zu sprengen. Sein einziges Mittel aber, die Verwunschene zu befreien und zu gewinnen, sind seine Briefe, in denen er vom Leben des Landes und der zweiten Jugend, die das Land ihm schenkt, ihr erzählt.

In einem dieser Briefe nun hüllt er seinen eigenen Weg vom Land durch die Stadt hindurch zurück aufs Land in den Vergleich mit dem Wege, den das Weltbild der ganzen Menschheit seit Kopernikus und Kepler zurückgelegt hat.

Kepler und Kopernikus haben die Himmelsglocke zerschlagen und die Erde in der Schöpfung aus ihrem Mittelpunkt gerückt und sie ihrer phantastischen Atmosphäre entkleidet; dunkel unbekannte Erdteile sind entdeckt worden, die Eisenbahn und das Dampfschiff haben die dämmernden Wunder der Ferne entschleiert. Im Lauf eines Jahrhunderts ist unter ihren Netzen die ungeheure Kugel auch in ihrer Körperlichkeit zusammengeschrumpft. Plötzlich beinahe ist der Mensch, der ihr hilfloses Kind war, ihr harter Herr geworden und hat sie, da er den Respekt eingebüßt, in die Hände einer hoffärtigen Geschäftigkeit genommen. Sie nennen es Entdeckung, Verkehr, Fortschritt, Zivilisation, Kultur und haben sich auf den jäh verkürzten Wegen zusammengehäuft und zusammengerottet und heißen es Stadt und soziale Gemeinschaft.

Vielleicht geschah das alles auch, weil sie sonst unter dem Verlust jener Lufthülle des geschwundenen Weltbildes erfroren wären. Sie mußten sich zusammendrängen und sich eine andere Atmosphäre suchen in dem zusammenströmenden Atem ihres verarmenden Daseins. Sie mußten nebeneinander arbeiten, um nicht ins Zwecklose zu versinken. Sie mußten sich in den Koffern der Zinshäuser nahe und dicht, Mauer an Mauer nebeneinander legen, um nicht verlassen zu sein. Sie mußten sich neue Wichtigkeiten und Bedürfnisse unter sich schaffen und gegeneinander emportreiben und dann sagen, sie seien reich und stark geworden.

Eure Stadt mußte kommen. Eine andere Stadt als die Städte der alten Welt; die Zentralen der Reiche, Völker und Stämme waren und natürlich aufgeblühte Stapelplätze.

Es konnte nicht ausbleiben, daß in den rasch gehäuften Kräften rasch und vielfältig neue Dinge sich ausrieben und Werte sich bauten, daß sich Errungenschaften türmten, die streng und groß als gefesselte Kraft der Natur dastehen, daß überraschende Daseinsfragen aufsprangen und feine Gefühlsmischungen sich destillierten, daß insbesondere auch die erotische Sensation sich in neue Keime spaltete.

Die Stadt hat sich ihre Atmosphäre gefunden und hat die Millionen in deren Atem eingewöhnt. Es gibt eine Städtekultur, eine Natur der Städte, die nicht mehr nur ein mechanischer Betrieb ist, in der sich geboren werden, leben und sterben läßt, die sogar ihre schönen Individualitäten, heroische Großtaten und edle Künste erzeugt, Leiden und Lüste ableitet, und die ihren Geschöpfen Lautes und Leises genug schenkt, um ihnen die Einbildung zu erhalten, sie lebten in einer Melodie und schritten im schwingenden Rhythmus.

Sie sind der Mutter Natur Herr geworden, des Heimwehs nach ihr haben sie nicht Herr werden können. In den Stunden, da sie sich von ihren Geschäften aufheben, kommt es von Jahr zu Jahr bedrängender in ihre angehäuften Täuschungen, wie frischgeworfene Luft unter das dumpfe Dach einer über sie hergewachsenen Wand. Die Reichen rücken ihre Landhäuser hinaus, die Armut stellt einen Feldstrauß auf den Tisch, pflegt Geranienfenster, Aquarien, Kaninchenställe und mietet Laubenkolonien. Die Feiertage leeren die Städte aus, und Sommer und Winter umkränzen und vergolden mit ihren ländlichen Freuden die Taglast der Kontore und Schulen.

Sie machen's freilich grob und ungeschickt. Die Kleinen sitzen unter dem Baum der schönen Aussicht, um dort ihr Schinkenbrot zu essen. Die Großen bringen ihre Hoffart, ihr Geld und ihre Saloninstinkte mit hinaus. Sie wollen's der Natur abkaufen, wie daheim ihrem Wertheim. Eine Portion Nordsee, Schwarzwald, Engadin, Pyramiden mit Komfort. Und in ihren Koffern bringen sie ihr Weltmenschentum mit, den Seidenstrumpf und den Frack.

Frau Hedwig, ich wollte nicht räsonieren; ich wollte mir nur klar werden, wie das Heimweh sich nicht hat zudecken lassen, sondern ausbricht und zurück verlangt. Daß es herauskollert wie aus einem engen Flaschenhals und sich so tragikomisch seinen Platz sucht, zeigt das Übermaß seiner Fülle.

Das Land wird einmal wieder eine neue Heimat der Menschen werden. Wenn diese in sich die Kraft zu einer neuen Einsamkeit werden gefunden haben.

Es wird nicht mehr jene primitive Eingeburt sein, kraft der das nicht von der Scholle gerissene und nicht durch die Stadt gegangene Bauernvolk unbewußt im Schoß der Natur sitzt; unter dem Schutz des ihm noch gläubig bewahrten alten Weltbildes und in der Lufthülle eines ererbten Dämoniums. Es wird die Rückkehr nicht unter den Schleier von Göttermythen sein, auch nicht unter die Spiegel des Sentimentalen, sondern die Heimkehr ins unverstellte Licht einer wissend vertrauten, dankbar sinnlich genießenden Kindschaft.

Sehen Sie, Frau Hedwig, ich bin nicht ungerecht. Der Weg durch die Stadt muß gegangen werden. Babel und Ninive sind nicht umsonst aufgebaut.

Aber man soll die nicht halten, die unter Eueren Lampen nach dem Morgen wittern.

Quellen: Die Sätze über die Arbeitsgemeinschaft der Astronomen entstammen einem Aufsatz von J. Plaßmann, „Hochland" 1910 Seite 706. • Das Bild auf Seite 80 ist das Titel-Kupfer des Werkes von Wilkins „Der vertheidigte Koppernikus" in der Leipziger Ausgabe von 1713. • „Die Begründer unserer Sternkunde" ist ein Teil der Rede des Professors H. Bruns bei Antritt des Rektorats der Universität Leipzig im Jahr 1912. • Das Bild Seite 84 ist entnommen dem Aufsatz von Prof. Ambronn im 9. Band des Jahrbuchs des Vereins Deutscher Ingenieure 1919, Seite 38. • Die Heimkehr ist ein Abschnitt aus des Verfassers Buch „Briefe vom Land" Seite 20—25; Verlag Strecker & Schröder, Stuttgart.

Gedruckt von der Daimler-Motoren-Gesellschaft. • Alle Rechte vorbehalten. • Schriftleitung: Friedrich Muff, Untertürkheim. Privatdozent Dr. Rosenstock, Stuttgart. • Zuschriften an die Daimler-Werkzeitung Untertürkheim.

DAIMLER WERKZEITUNG

2. Jahr — Nr. 7

INHALTSVERZEICHNIS

Arbeitsgemeinschaft. Von Dr. E. Rosenstock. ∗∗ Zusammenarbeiten. Von Betriebsdirektor W. Krumrein. ∗∗ Kritische Betrachtungen über die „Vorschläge aus der Gesenkschmiede." Von Vizemeister Alle. ∗∗ Zum Wiederaufbau. Von Hilfsmeister X. ∗∗ Meine Arbeit an der englischen Goldküste. Von Meister Eberle. ∗∗ Die am Schluß mit D. M. G. bezeichneten Arbeiten stammen von Werksangehörigen.

29. Juli 1920.

Arbeitsgemeinschaft.

Von Dr. Eugen Rosenstock.

Das Gesetz unserer Natur.

„Die sind wie Feuer und Wasser miteinander." Mit Feuer und Wasser vergleichen wir zwei Wesen, wenn wir ihr feindseligstes Verhalten gegeneinander ausdrücken wollen. Keinen größeren „Haß" scheint es im weiten Umkreis der Natur zu geben als den zwischen diesen beiden Elementen. Das Wasser löscht das Feuer. Das Feuer zerstört das Wasser.

Und doch hat der menschliche Geist, über der Natur stehend, dies feindliche Brüderpaar zusammengeschweißt zu gemeinsamem Wirken.

Alle Fülle und Bereicherung des menschlichen Daseins nimmt ihren Ausgang vom Schmieden und vom Kochen. In diesen beiden Vorgängen wird das Aufeinanderwirken von Wasser und Feuer ausgenutzt zu menschlichen Leistungen.

Was von Natur auseinanderstrebt und auseinanderklafft, durch einen kühnen Entschluß zu gemeinsamem Wirken zu bringen, das ist die Aufgabe des menschlichen Geistes. Wirkensgemeinschaften unter den Kräften der Erde begründet er neu. Das Feuer brennt nun um so heftiger; das Wasser entfaltet jetzt erst alle seine Spannkraft, seitdem sie ebenbürtig nebeneinander stehen. Der Mensch gestattet ihnen zwar, weiter miteinander zu ringen. Aber sie sollen sich nicht mehr gegenseitig zerstören oder ausrotten. Er überwindet das Gesetz ihrer Natur, nicht indem er die Kräfte lähmt, sondern indem er sie in ihrer vollen Stärke zu höheren Bahnen zusammenordnet.

Dem Menschen ist dafür an sich selbst ein Beispiel gesetzt. Nichts klafft so himmelweit auseinander unter aller Menschenart wie Weib und Mann, wie die beiden Geschlechter. Ein rastloser Kampf tobt zwischen ihnen, ein Kampf der Unterjochung, der List und des Verrats. In ihm fließen die heißesten Schmerzens- und Reuetränen der Menschheit. Die Brandung begehrlicher Leidenschaft spottet der festesten Sicherungen, die Sitte und Recht der menschlichen Gesellschaft aufgerichtet haben. Und damit diese Gesellschaft sich über ihre Ohnmacht nicht täusche, zeigt ihr der unablässige Anblick zerstörter Schönheit, daß ihre Gesellschaftsordnung täglich neu zerstört und vergiftet wird durch Liebeskrankheit und Geschlechtsleidenschaft.

In diesem rücksichtslosen Kampfe werden alle Mittel von der leichten Verstellung bis zum Morde angewendet. Dennoch ist es dem menschlichen Geist gelungen, diesen Abgrund, das Toben aller Leidenschaften, zu bezwingen. Eine bestimmte Form der Geschlechtsgemeinschaft macht der Selbstzerstörung des Menschengeschlechts ein Ende. Die bloße Natur, die sich hilflos zerreibt, wird unter das Gesetz des Geistes gezwungen jedesmal, wenn aus dem regellosen und schonungslosen Wogen des Geschlechterkampfes ein Paar heraustritt ans ruhige Gestade der Ehe. Hier in der Ehe ist die rechte Form gefunden — wie in der Schmiede für Wasser und Feuer. Das Widerstreitendste, Mann und Weib, sind beide in einträchtiger Wirkensgemeinschaft verbunden. Das Verschiedene bleibt verschieden. Der Mann wird noch männlicher, das Weib weiblicher in der Ehe. Trotzdem umschlingt beide ein Ring. Durch diesen Ring werden die beiden Teile einander ebenbürtig und ihres Daseins gegenseitig versichert. Innerhalb dieses Reifes der Einheit bleiben die Schmerzen und Leiden, die Mann und Weib einander nach Naturgesetz zufügen. Zur Liebe gehören notwendig Leiden. Aber sie bekommen nun Sinn; sie dienen dem inneren Aufbau des Bündnisses.

Das Wort „Ehe" ist leider uns Heutigen nicht gleich durchschaubar. Aber es lohnt, sich seine Herkunft anzusehen. Es gehört mit „ewig" zusammen und heißt einfach: „Gesetz", „Satzung". So ist die Ehe das eingesetzte Friedensband, um die Wirkensgemeinschaft der Geschlechter herzustellen. Jede einzelne Ehe aber ist ein Anwendungsfall dieses von uns der Natur auferlegten Gesetzes.

Aber es wäre gefehlt, in der Einrichtung der Ehe den einzigen Bund des Friedens unter verschiedener Menschenart zu erblicken. Denn die Trennung unter den Menschen ist tausendfältig. Nicht nur Mann und Weib, auch Eltern und Kinder, Führer und Geführte, Geistliche und Laien, Offiziere und Soldaten, Arbeitgeber und Arbeiter leben sich auseinander, und das Volksleben droht sich so immer, ganz wie die blinde Natur, in seine Bestandteile aufzulösen. Da kann die Ehe nur eine Bedeutung haben:

Sie ist das Vorbild für alle Lösungsversuche, die nötig werden, um den Streit, den Krieg, den Haß zwischen Menschen zu überwinden. Wie die erste technische Erfindung vorbildlich bleibt für all die viel größeren nach ihr, so bleibt die Ehe das erste Beispiel eines geglückten geistigen Gesetzes. Auf sie wird jeder blicken müssen, der den Schlüssel zum Friedenstore seines eigenen Streitfalles sucht. Denn er findet nur bei ihr die rechte Mischung der Grundstoffe. Das Verschiedene muß verschieden bleiben; es darf sich nicht selbst preisgeben in feiger Entartung. Ein weibisches, unkriegerisches Männchen wird ewig etwas Greuliches bleiben. „Mannweib" wird immer ein Scheltwort für eine Frau sein. Aber das Verschiedenbleibende muß trotzdem zusammengehalten und in einander verwirkt werden.

Weil die Zersetzung unter den Menschen immer wieder aufs neue hervorzubrechen droht, ist immer wieder eine neue Anstrengung des Geistes von nöten, das neue, das passende Gesetz für die hilflose Natur zu entdecken.

Die neuen Tatsachen.

Heut ist die Herstellung der Wirkensgemeinschaft zwischen den Volksgenossen die Aufgabe, vor die wir uns gestellt sehen.

Mit Redensarten von Frieden und Freundschaft und liebevoller Gesinnung läßt sich da nichts ausrichten. Aber das abgelaufene Jahr hat ein neues Ding wachsen und sich ausbreiten sehen, das den ersten verschämten Versuch der Ehestiftung darstellt. Der Ehestiftung; das hieße also des ausdrücklichen, durch den Geist aufgestellten Gesetzes.

Dies neue Ding birgt sich unter dem Ausdruck der „Arbeitsgemeinschaft".

Er taucht allenthalben heute auf. Gelehrte bilden unter sich Arbeitsgemeinschaften, die Lehrer mit ihren Schulen; und viele Sondergruppen vereinigen sich zu Arbeitsgemeinschaften.

Bei allen Tarifverhandlungen der Industrie spielt er eine Rolle. Aber weder sein Sinn noch seine Herkunft sind ohne weiteres klar, sondern sie verdienen eine genauere Betrachtung.

Das Wort „Arbeitsgemeinschaft" stammt aus dem Zusammenbruch des Novembers 1918. Am 15. November 1918 traten die großen Verbände der Arbeiterschaft und der Industriellen zusammen und beschlossen, alle Fragen im Wege der Arbeitsgemeinschaft zu besprechen. Das sollte heißen: eine Körperschaft tritt regelmäßig zusammen, die aus Vertretern der Verbände der „Arbeitgeber" und „Arbeitnehmer" zu gleichen Teilen besteht. Die Gegenparteien vereinigen sich in einem Zimmer; sie setzen sich einer dauernden, gegenseitigen Berührung, Reibung und Beeinflussung aus, so unbequem das auch sein mag.

Die obersten zentralen Vertretungen beider Teile, die Generalkommission der Gewerkschaften und die Zentralverbände der Industrie, fanden sich zuerst. Hier war zuerst die Not stärker als das Vorurteil; hier zuerst zerbrachen die sozialistischen und die bürgerlichen Dogmen. Noch kurz zuvor hatten die Industriellen die Parität schroff abgelehnt. Und heute ist umgekehrt bei der Arbeiterschaft schon wieder vergessen, was durch die Gleichberechtigung in der Arbeitsgemeinschaft erreicht worden ist. Das Notwendige wird eben zuerst nur den unmittelbar Genötigten sichtbar. Genötigt waren aber nur die verantwortlichen Spitzenverbände zu klarem Entschluß.

Erst von der Reichsarbeitsgemeinschaft her gliederte sich die ganze Welt der Arbeit in zahllose landschaftliche und berufliche Einzelabteilungen. Ein ganzer Turmbau von Arbeitsgemeinschaften für alle Industriezweige und alle Länder und Provinzen erhebt sich heute über ganz Deutschland.

Schon im November 1918 bemächtigte sich auch der Gesetzgeber, das war damals der Rat der Volksbeauftragten, des neuen Gebildes. Die Regierung Ebert-Haase gab den Maßnahmen der Arbeitsgemeinschaften zuerst durch den Abdruck im Reichsanzeiger am 18. November den Charakter der Vorbildlichkeit. An „Gesetze" war damals nicht zu denken. Sondern die neuen Männer griffen beglückt nach dieser einzigen besonnenen Tat im allgemeinen Strudel.

Unabhängige und Mehrheitssozialisten waren damals einig!

Bald ging der Gesetzgeber weiter und baute seine eigenen Gesetze auf dieser ihm freiwillig entgegengewachsenen Grundlage der Arbeitsgemeinschaft auf. So kommt es, daß sie heut bereits zwingendes Recht auch für solche Kreise und Verhältnisse mitschaffen darf, die ihr nicht unmittelbar angehören.

Eine solche Neuerung hat immer eine Vorgeschichte, bedurfte des allmählichen, wenn auch verdeckten Wachstums. Was hier unter dem Namen der Arbeitsgemeinschaft sichtbar wurde, das hatte sich schon seit dem Hilfsdienstgesetz vorbereitet. Die Schlichtungsausschüsse dieses Gesetzes hatten vorhergehen müssen und die vielfältigen Verhandlungen des großen Generalstabs mit der Generalkommission der Gewerkschaften. Hier war Aussprache und persönliches Zusammensein üblich geworden.

Aber erst als der äußere Zwang, der dieses Gesetz aufrecht hielt, wegbrach, erst mit dem Ende des Belagerungszustandes, konnte sichs zeigen, ob aus eigener Kraft das damals Angebahnte weiter wirken würde. Deshalb empfängt die Arbeitsgemeinschaft ihren besonderen Namen und ihre Aufnahme in den Sprachschatz des Volks mit Recht erst in dem Augenblick, wo sie nach Wegfall des staatlichen Zwangs aus freiem Entschluß der Beteiligten stehen gelassen und neu aufgebaut wird. Aber wie bescheiden tritt sie auch dann noch in die Erscheinung; mit dreimonatlicher Kündigung ist der Vertrag vom 15. November geschlossen! Heut ist sie längst der Kern einer ganz neuen Rechtsepoche geworden.

Denn wie die Arbeitsgemeinschaft ihre Wurzeln in die Vergangenheit unserer Volksordnung erstreckt, obgleich sie ein Gewächs des Umsturzes, der Revolution ist, so treibt sie sogleich Sprossen und Ableger nach allen Seiten unseres Rechtslebens. Die beiden großen bergbaulichen Gesetze des vorigen Sommers: über die Reichswirtschaft für die Kohle und für das Kali, verwerten den Gedanken der Arbeitsgemeinschaft für die Bildung ihrer großen Reichsräte. Im Reichskohlenrat und im Reichskalirat sitzen Arbeitgeber und Arbeitnehmer paritätisch, d. h. zu gleichen Teilen. Der Reichskohlenrat soll die gesamte Kohlenwirtschaft, Absatz, Ein- und Ausfuhr, Verwertung und Erzeugung regeln. Der Arbeiter wird hier mittels der Arbeitsgemeinschaft zum Wirtschaftsschöffen. Im Reichskohlenrat geht es nicht mehr um Arbeiterinteressen im engeren Sinne. Hier geht es um das gesellschaftliche Dasein. Und um das Dasein der Gesellschaft geht es, wenn in Spa die Vertreter der Arbeitsgemeinschaft die Welt der deutschen Kohle gegen das Ausland vertreten. An die Stelle eines Teils der Staatsautorität ist hier die Autorität einer von unten herauf gebauten Gesellschaftsordnung getreten.

Nun ist zu beachten, daß in dem Wort „Arbeitsgemeinschaft" das Wort „Arbeit" in einem andern Sinne gebraucht wird als etwa in „Arbeiter", „Arbeitsamt" und dergleichen mehr. Das Wort hat einen weitergehenden Sinn.

Es zielt nicht auf das Regen der Hände, sondern auf das Ringen, Denken und Vorgehen des Geistes. Die Arbeit, die vollbracht wird, ist Gedankenarbeit. Das Wort Arbeit wird im übertragenen Sinne gebraucht und bedeutet Planen und Entschlußfassen. Diese „Arbeit" soll jetzt gemeinsam vollführt werden, in Form gemeinsamer Auseinandersetzung und Aussprache.

Bisher war das getrennte Planen und Beraten die Regel. Die gemeinsame Konferenz war die Ausnahme, die von einsichtigen Männern freiwillig gemachte Ausnahme. Jetzt soll sich das Verhältnis von Ausnahme und Regel umkehren. Gemeinsame Beratung und Besprechung soll zur verpflichtenden Regel werden. Das Miteinandersprechen der Arbeitsgenossen war in der Arbeitsteilung mehr und mehr verloren gegangen. Stumm und blind wirkte jeder Arbeitsteilnehmer nur noch sein Teil. Jetzt muß das Sprechen wiederhergestellt werden. Denn nur „wenn Menschen miteinander sprechen", können sie sich verständigen, wie es in dem ersten Aufsatz der Werkzeitung heißt, die zuerst auf dem neuen Boden praktisch zu bauen versucht.

Also zum bloßen stummen Werken und Arbeiten der Hände, dessen natürlicher Zusammenhang versagt, muß und soll heute das Sprechen der Geister hinzutreten. Sein Hinzutritt kann allein die wahre Wirkensgemeinschaft wieder herstellen. Die äußere Werksgemeinschaft wird durch innere Sprach- und Denkgemeinschaft ergänzt. Der Zusammenhalt der Arbeitenden ist auseinandergefallen. Nun soll die Natur durch den Geist und das Wort der Menschen ihr neues Gesetz empfangen. Es muß etwas „über die Natur" kommen und sie meistern; das einzige Übernatürliche aber ist der Geist. Weil die neue, geistige Gemeinschaft auf die Heilung der Arbeit zielt, nennt sie sich überbescheiden selbst Arbeitsgemeinschaft. Aber sie ist eine Gemeinschaft des Geistes; und der Geist weht, wo er will; deshalb hat sie nicht da angefangen, wo der gesunde Menschenverstand sie suchen würde, in der einzelnen Werkstatt, sondern oben bei den obersten Führern. Die Grundlagen der Volkspyramide sollen geheilt werden. Aber die Notwendigkeit geistiger Verbindung tritt zuerst oben bei den Häuptern des Ganzen hervor. Später, wenn die Welt der Arbeit einmal gesundet ist, dann wird jede Werkeinheit, jede Fabrik auch eine geistige Einheit wieder sein; nicht nur die Hände werden da ein Werk vollführen, sondern auch ein Geist wird die Köpfe beherrschen und eine gemeinschaftliche Sprache. Dann wird die einzelne Fabrik selbst eine Arbeitsgemeinschaft heißen; und niemand wird begreifen, weshalb es heute anders hat sein müssen, weshalb heute gerade die von der Fabrikarbeit des Alltags am weitesten entfernten Führer mit der Gemeinschaftsarbeit des Geistes den Anfang haben machen müssen. Aber ein kranker Körper empfängt seine Arznei nicht an der kranken Stelle, sondern durch den Mund, obwohl doch am Ende die Arznei an die kranke Stelle hinkommen soll. Ist der Leib wieder gesund, dann erhalten sich die genesenen Teile wieder selbst. So war in der Welt der Arbeit am ersten Tage nach der Katastrophe nichts, gar nichts anderes da als die Arbeitsgemeinschaft der Führer. Erst allmählich ist sie nach unten gewachsen, immer näher auf das einzelne Werk zu. Wird jedes einzelne Werk genesen sein zu Vertrauen und Gemeinschaft, dann ist die große Reichsarbeitsgemeinschaft, die heute den Anfang gemacht hat, überflüssig geworden, oder aber nur noch wie der schmückende Schlußstein und die Krönung eines reichgegliederten Hauses.

Die Rolle der Politik.

Die Reichsarbeitsgemeinschaft ist die erste Tatsache in diesem Heilungsprozeß. Sie ist vielleicht eine sehr bescheidene Tatsache angesichts der großen Aufgabe der Einbettung der Industrie in eine neue Volksordnung. Aber eine Tatsache ist sie. Darum kann kein Parteigeist sie wegreden. Sie wirkt ja schon längst.

Indessen bleibt die Wiederherstellung der einzelnen Fabrik als echter Arbeits-, als bewußt gewordener Wirkensgemeinschaft das Ziel. Damit dies Ziel näher komme, wird ein Druck auf die Volksteile ausgeübt, die den Sinn des Vorgangs nicht begreifen und deshalb als ungläubiges Schwergewicht wirken. Der Teil des Volks, der diesen Druck nach Vorwärts ausübt, übersieht aber wieder seinerseits geflissentlich die schon geschaffenen Tatsachen und behauptet von ihnen „unabhängig" zu bleiben. Er will nichts von der Arbeitsgemeinschaft wissen. Z. B. wird der Arbeitsgemeinschaft vorgeworfen, daß Unternehmer und Arbeiter sich in ihr statt zu einer Arbeitsgemeinschaft lieber zu einer Profitgemeinschaft zusammensetzen. Wessen Blick hypnotisiert an großen Zukunftsvisionen hängt, der erspart sich die eigentliche Aufgabe unserer Einsicht:

> Was ist das Schwerste von allem?
> Was dir das Leichteste scheinet:
> Mit den Augen zu sehn,
> Was vor den Augen dir liegt.

Je einseitiger nun der eine Teil von der Gegenwart „absieht", desto eifriger widmet sich der andere Teil der Behauptung des schon Erreichten.

Uns jedenfalls enthüllt sich die Wahrnehmung, daß der Zwiespalt unter den politischen Parteien nur eine – Arbeitsteilung ist! Die eine sorgt sich um die Anfänge, die andere um die Ziele des Wegs. Freunde und Gegner der „Arbeitsgemeinschaft" bilden also selbst wieder eine – Arbeitsgemeinschaft, weil in der Wirklichkeit alle Kräfte zusammenhängen. Der Vorgang, dem beide dienen, ist einheitlich: Die Wiederherstellung der verloren gegangenen Willensverbindung zwischen den handarbeitenden und den händeordnenden Schichten, zwischen Führern und Geführten im Volk durch Hinzutritt des bewußten Gesetzes.

Und dieser Vorgang ist so umfassend, daß die bloße Politik dabei nur eine kleine Rolle spielt. Er liegt hoch über der Ebene der Tagespolitik. Das geistige Gesetz muß ausdrücklich ergehen nicht etwa nur für die Industrie sondern für die ganze Gesellschaft. Denn das alte Gesetz der Staaten hat für die neue Gesellschaft nicht ausgereicht. Wie konnte es dazu kommen?

Die neue Ordnung.

Im neunzehnten Jahrhundert sind Massen aus dem Boden gestampft worden, Städte emporgeschossen, Fabriken entstanden; wuchernd und üppig quellend; aber auch zügellos wie die blinde Natur. Diese neue Welt der Arbeit ist bloß aus dem „freien Spiel der Kräfte" hervorgegangen. Sie ist nicht aus einer bewußten Volksordnung als legitimes Kind entsprossen. Sondern als wilder Sprößling brach sie hervor, die alten Staaten und ihre Gesetze überwuchernd und unterwühlend zugleich.

Hilflos standen die Staatsmänner vor diesem entfesselten Treiben einer neuen Menschenart. Sie suchten es zu dämpfen. Aber sie hatten noch nicht begriffen, daß die Natur nicht nur erforscht werden will, ehe sie sich meistern läßt. Die Natur will erst einmal anerkannt werden in ihrer dämonischen Gewalt, ehe sie das Joch des Gesetzes auf sich nimmt. Die menschliche Natur heischt wie alle Natur Sicherheit dafür, daß ihr Leiter sie nicht haßt noch ausrotten will, sondern daß er sich gewissenhaft bemühe, alle ihre Möglichkeiten zu entfalten und sie ihrer angeborenen Bestimmung zuzuführen.

Die wie eine neue Schöpfung hervorbrechende Welt der Technik war ein Fremdkörper im alten Staat und blieb es trotz aller seiner „Fürsorge". Sie war nicht Fleisch von seinem Fleisch, noch Blut von seinem Blut. Sie galt eben noch nicht als gleich ursprüngliche Natur wie die älteren Teile der Menschenwelt.

Aber die mächtigen Kräfte des Dampfes, der Elektrizität, der Luft und Gase, der Wellen und Strahlen, die von der Technik betreut werden, und die sie hereingezogen hat ins Leben der von Menschen bewohnten Erde, sind auch Natur, auch geschaffene Kräfte, wie der Wald und der Acker und der Garten und der Steinbruch. Die Welt der Industrie ist keine künstliche Welt. Denn sie reißt Schöpfungskräfte in unser Leben hinein.

Freilich stürmen diese Kräfte über die ganze Erde hinweg und umspannen sie mit Leichtigkeit. Darum einigen sie die ganze Erde; darum zwingen sie das ganze Menschengeschlecht zum Zusammenwirken. Darum spotten sie der alten Staatsmänner.

Denn diese kamen aus einer Länderordnung, deren Grenzen vor der Entdeckung der neuen Naturkräfte entstanden waren, aus der Welt des sich an die einzelne Scholle hartnäckig anklammernden einzelnen Menschen und einzelnen Volkes mit seinen starren Grenzen.

Die neue Welt der Technik aber muß in diese Mauern Bresche legen. Ihr Weg geht quer durch die Leidenschaften der Natur. Sie nimmt ihre Rohstoffe, Erz und Gummi, Wasser und Kohle, wo sie sie findet, sie verschifft und fährt sie quer durch die alten Staatsgebiete, und sie wirkt sie aus, wohin sie kann. Denn ihre Kräfte, ihre Funken, ihre Drähte, ihre Flugzeuge, ihre Schiffe, ihre Meßapparate überstürmen die ganze Erde. Die drahtlosen Wellen, die die berühmten Funksprüche „an alle" über die Erde tragen, eben an alle und zu allen, bringen vor uns täglich aus aller Herren Länder die entgegengesetztesten Ansichten und Meinungen. Sie stellen die Menschheit vor die Wahl zu verzweifeln oder aber eines Geistes an die Arbeit zu gehen. Jedes Zeitungsblatt ist aber so mit teuflischen Krähenfüßen besät, die zeigen, daß wir mit unseren Gegnern zusammengeschmiedet sind in eine Wirklichkeit, in ein einheitliches Erdenleben.

Deshalb kennen die neuen Erdkräfte und ihre Träger nur die „Gesellschaft", die an der Durchkräftigung der ganzen Erde tätige Gesellschaft. Die Gliederung in einzelne Länder und Erdteile ist für die neue Welt der Arbeit nur ein Unterfall der Einheit der menschlichen Gesellschaft. Die Zerstreuung der einzelnen Menschen in ihrem Kampf ums Dasein ist für sie nur ein Unterfall des Kampfes der ganzen Menschheit um die Entzauberung, Befreiung und Vollendung der Natur.

Dieser Entdeckerweg quer durch die Natur hindurch bedrohte die alten Staaten und Nationen in ihrem eigentümlichen Stolz und vor allem in ihrer Sonderexistenz. Sie fühlten ihre Grundfesten wanken. Waren sie doch auf einen zerklüfteten, abgegrenzten und eingeschränkten Erdboden gegründet worden. Deshalb konnten sie der neuen Schöpfung der Erde durch die Technik unmöglich gerecht werden. Durch nationale Patente, nationale Erfindungen, nationale Industrien suchten sie einen Vorbehalt für den eigenen Staat zu gewinnen, um das eigene Volk auf eine besondere Höhe bringen zu können. Der Krieg sah den Höhepunkt dieses Geistes der Absonderung. Jeder glaubte an seine eigenen Erfindungen. Aber jede Erfindung wurde auch von jedem anderen nachgemacht oder überboten. Und so wurden im Krieg und durch den Ausgang des Kriegs die übermäßigen technischen Vorbehalte des Einzelstaats zerschlagen. Die großen Naturkräfte sind so wenig patentierbar wie das Ackern und Pflügen oder die Forstkultur.

Heut ist der alte Staat fortgeschwemmt; und die Ebenbürtigkeit der neuen Welt der Industrie und ihrer Arbeiter ist gesichert. Heut besteht nun die umgekehrte Gefahr, daß auch das Gute der alten Ordnung verloren geht. Welches Gute das aber war, ist leicht zu sehen: Ihr Gutes war, daß sie Ordnung, verehrte, heilig gehaltene Ordnung war, daß sie aus einer gebildeten und gestalteten Geisteswelt stammte. Hingegen ist die neue Zeit noch voller Unordnung. Hier droht eine Gefahr, vor der die Geister der alten Zeit sich nicht ohne Grund entsetzen. Sie rufen: Besser die alte Ordnung als gar keine. Und von den Jungen schallts dann zurück: Besser gar keine Ordnung als die alte.

Beide glauben nicht an die Gesetzgebung durch den Geist. Sie glauben nicht, daß der Geist uns gegeben ist, um jeder Aufgabe gewachsen zu sein. Aber der Geist hat die Kraft, die neue Schöpfung zu ordnen. Er tritt zwischen die untergegangene alte und die emporgetauchte neue Welt.

Die neue Schöpfung hat das Geheimnis der **Dauer**, der Fortpflanzung erst noch von der alten gebildeten und vergeistigten Welt zu lernen. Noch ist sie in Gefahr unfruchtbarer Gewaltsamkeit. Der Nachwuchs in der Industrie ist ein noch ungelöstes Problem. Der Mittel für die Verbindung zwischen der erbfähigen alten und der lebensfähigen neuen Welt sind mehrere, je nach dem erreichten Zeitpunkt verschiedene. So wenig der Betriebsrat das Ende des Wegs ist, so sicher ist die Tatsache, daß die gesetzliche, die bewußte Festsetzung der neuen Gesellschaftsordnung schon mit der „Arbeitsgemeinschaft" angefangen hat.

Ihr werdet sagen: weiter nichts? Nein, weiter nichts.

Es scheint ja eine ganz unbedeutende, geistlose und begeisterungslose Sache, solche „Arbeitsgemeinschaft". Dennoch ist sie das einzige, was uns von den übrigen Ländern, vor allem von Rußland und Amerika, unterscheidet. Wäre sie nicht, so könnte einer glauben, wir steuerten in ein Fahrwasser, wo wir nur bei einer bolschewistischen Filiale oder einer amerikanischen Kolonie landen müßten. Denn die papierene Herrlichkeit unserer „Verfassung" haben wir mit der freien Negerrepublik Liberia gemein, deren „Konstitution" den Vergleich mit der unseren wohl wagen darf. Geistig aber sind wir dem Einstrom des Amerikanismus und des Bolschewismus etwa gleichmäßig und etwa gleich widerstandslos ausgesetzt.

Aber hinter allem, was „auf dem Papier steht", hinter dieser bloßen Kulisse steht als Wirklichkeit die Arbeitsgemeinschaft. Sie ist nichts Staatliches; sie ist die freiwillige Tat der Selbstüberwindung zweier Hauptträger der Gesellschaft. So ist sie in dem Augenblick, wo unser Staatsleben seine Eigentümlichkeit verliert, Bürgin dafür, daß wir eine eigenartige Gesellschaftsordnung auch künftig behalten werden.

Das Volksganze fiel geistig, richtiger entgeistert, auseinander, die eine Hälfte war dem Staat einverleibt, die andere stand ihm fremd gegenüber. Die einzelnen aufgelösten Bestandteile starben dadurch geistig mehr und mehr ab. Das ist die Krankheit, die an dem in millionenfacher Arbeitsteilung gegliederten Volke gezehrt hat.

Die Arbeitsgemeinschaft packt das Übel an der Wurzel. Sie läßt das Verschiedene verschieden, läßt es seine Verschiedenheit recht kräftig aussprechen und bringt es als verschiedenes dennoch zusammen unter dem Schutze unzerstörbarer Einheit, durch den Ehereif ebenbürtiger und notwendiger und ausdrücklicher Gemeinschaft.

Sie ist nur ein Anfang. Aber das ganze Geheimnis eines jeden Dings steckt schon im Anfang. Sie ist das Wort für den ersten Schritt, aber auch der richtige Name für den ganzen weiten Weg, zu dem ein ins Unglück geratenes, ein trotz aller „Verfassungen" unverfaßtes und formlos gewordenes Volk der Arbeit sich heute anschickt. Nackt und bloß, ohne Staat, ohne Grenzen, ohne Recht, als bloße Gesellschaft im Kampf gegen die gemeinsame Not des Daseins findet sich dies Volk vor. Vorbehaltlos wie es leben muß, darf es dafür nun auch vorurteilslos, d. h. für alle Menschennatur gültig, denken. Zu bloßer Natur geworden, darf es beginnen, diese seine bloße Natur zu überwinden. Das Naturgesetz des Geschlechtslebens, daß ein jeder fortgerissen wird von der Leidenschaft, hat seine Erlösung in der Ehe, in einem geistigen „Gesetz" gefunden. Das Naturgesetz der Menschen, daß ein jeder von ihnen im Schweiße seines Angesichts arbeiten muß, findet seine Lösung in dem neuen, dem ausdrücklichen, dem menschlichen Gesetz von der Gemeinschaft aller Arbeit an der Vollendung der Erde.

Freie Rede.

Zusammenarbeiten.

Von Betriebsdirektor W. Krumrein.

Es gibt ein Sprichwort: „Der Eine hebt's, und der Andere läßt's nicht fahren."

In einem Großbetriebe, wie es die D. M. G. ist, könnte dieses Sprichwort jeden Tag des öfteren angewandt werden, besonders da, wo es sich um das Zusammenarbeiten der einzelnen Organe handelt, sei es beim Zusammenarbeiten vom Arbeiter zum Arbeiter, vom Arbeiter zum Vorgesetzten oder umgekehrt.

Verschiedene Aufsätze, die in letzter Zeit aus Arbeiterkreisen in der Werkzeitung erschienen, lassen deutlich fühlen, daß es gerade um das Zusammenarbeiten nicht besonders gut steht, denn sonst müßten Anregungen, wie sie von Praktikern in diesen Aufsätzen gemacht wurden, längst von den Stellen, an die sie gerichtet sind, aufgenommen worden sein.

Der Verfasser von „Anregungen", ein Gesenkschlosser, in Nr. 12/13 des 1. Jahrgangs der Werkzeitung spricht es ja auch offen aus, die „Leitenden„ möchten für Anregungen aus der Praxis etwas zugänglicher sein.

Er hat also auch das Empfinden, daß hier etwas nicht in Ordnung ist.

Und das stimmt! Wo liegt aber der Fehler?

Man sollte meinen, daß, wenn jemand einen Verbesserungsvorschlag zu machen hat, dieser Vorschlag gerne von jedermann angenommen wird. Ich kann mir nicht vorstellen, daß z. B. der Leiter eines Konstruktionsbüros sich berechtigten Anträgen von seiten des Betriebs — ob nun von Meistern oder Arbeitern — verschließen würde. Oder daß ein Betriebsleiter den Vorschlag zu einer praktischen Vorrichtung oder einer vorteilhafteren Bearbeitungsmethode zurückweisen würde.

Und doch die Klagen von Seiten der Arbeiter!

Wo fehlt's also?

Sollte es nicht daran liegen, daß das Nichtannehmen von Vorschlägen darauf zurückzuführen ist, daß die Anträge vielfach an die falsche Adresse geleitet werden?

Mancher Meister wird einer Anregung aus Arbeiterkreisen deshalb nicht Folge leisten, weil er sich sagt: eigentlich hätte ich selbst schon längst auf diesen Gedanken kommen müssen; mancher jüngere Betriebstechniker oder Konstrukteur ist nicht bescheiden genug, von einer Stelle, die nach seiner Meinung unter ihm steht, sich etwas sagen zu lassen. Er nimmt die Vorschläge entgegen, mängelt an ihnen mit einer gewissen Überlegenheit herum und nimmt so dem Antragsteller gleich beim erstenmal die Lust, in Zukunft weitere Vorschläge zu machen.

So manche gute Vorschläge werden auf diese Art unterschlagen oder zum mindesten verschleppt.

Wie gerne von seiten der Werksleitung Vorschläge entgegengenommen werden, das wurde in unserem Werke während der Kriegszeit bewiesen. Damals, wo alles an eine erhöhte Produktion gesetzt wurde, wo den Betriebsleitern ständig neue Aufgaben in Form von erhöhten Programmen gestellt wurden, da waren es öfters Meister und Arbeiter, die mit wirklich guten Vorschlägen ihre Ingenieure unterstützten und der Fabrikation von großem Nutzen waren. Einige von ihnen wurden da erst richtig erkannt und aus ihren früheren Stellungen an gehobene Posten gebracht, nicht zum Nachteil des Werks.

Also der Wille ist da, auf beiden Seiten!

Wie könnte nun abgeholfen werden, daß praktische Winke verloren gehen und dem Antragsteller die Lust und Liebe zu weiteren Vorschlägen vergällt werden?

Ein Weg wäre der, eine neutrale Stelle zu schaffen, die solche Anregungen und Vorschläge sammelt, sie vorprüft und dann unter Namensnennung der Antragsteller den obersten Stellen zur endgültigen Entscheidung vorlegt. Da diese Annahmestelle nicht dazu da ist, selbst Vorschläge zu machen, hätte sie auch kein Interesse, einer Anregung ablehnend gegenüberzustehen, und die Antragsteller wären sicher, daß ihre Vorschläge einer unparteiischen Prüfung unterzogen würden.

Diese Stelle allein schafft's aber nicht. Sie wäre nur ein Hilfsmittel in einem Falle, da, wo das Zusammenarbeiten versagte.

Und doch ist das letztere so außerordentlich notwendig.

Genau wie bei unserem Mercedeswagen der Motor durch die Kupplung auf das Getriebe arbeitet, im Getriebe die einzelnen Übersetzungsräder aufeinander abgestimmt sein müssen, um die in sie geleitete Kraft durch die Kardanwelle auf das Differential und auf die Hinterräder übertragen zu können, genau so müssen die Gedanken des Konstrukteurs über die Reißbretter der Ingenieure in den Betrieb geleitet und dort so verarbeitet werden, daß nicht ein Teil besonders bevorzugt wird, sondern daß sie den Monteuren so zugehen, daß sie imstande sind, den Zusammenbau ohne Hemmung vorzunehmen, nicht daß 99 Teile fertig sind und der hundertste fehlt. Das Fehlen dieses einen Teiles kann schwerwiegender sein, als wenn 50 fehlen.

Bei vielen fehlenden Teilen werden die fertigmachenden Abteilungen eine Serie nicht in Arbeit nehmen, da sie von Anfang an die Unmöglichkeit einsehen. Ein fehlender Teil kann von ihnen übersehen werden, und es wird eine Menge von Arbeit geleistet, die dann später zurückgestellt werden muß. Tausende von Arbeitsstunden werden dadurch zu frühzeitig geleistet und stehen dann als totes Kapital herum, bis durch Ablieferung des fehlenden Teiles die Fertigstellung vollendet werden kann. Die Folgen äußern sich dann durch die Reklamation der Kunden wegen Überschreitung der Lieferzeiten, die Verkaufsabteilungen müssen sich rechtfertigen, die Direktion forscht nach der Ursache der Verzögerung und zum Schluß stellt sich heraus, daß das Zusammenarbeiten, sei es nun im Betrieb oder im Konstruktionsbüro oder sonstwo, wieder einmal nicht geklappt hat.

Wenn ein Fabrikationsgegenstand aus tausenden von Teilen besteht, werden ähnliche Störungen nie ganz zu vermeiden sein. Durch großzügig angelegte Fabrikationseinteilung und durch sorgfältig ausgearbeitete Terminlisten wird wohl viel vermieden werden können, nicht wenig kann aber durch ein inniges Zusammenarbeiten erreicht werden, besonders dann, wenn Arbeiter und Meister, Betriebsingenieur und Konstrukteur, Terminbüro und Verkaufsabteilungen, überhaupt alle Stellen so miteinander arbeiten, daß jeder den andern anhört und sich nicht gleich in seinen Befugnissen angegriffen fühlt, wenn er von einer andern Stelle auf ein Versehen aufmerksam gemacht wird, die nach seiner Ansicht nicht dazu berechtigt ist, die es aber im Interesse des Ganzen tut.

Vor- und Rückwärtsschauen von jeder Stelle, Äußerung von berechtigten Wünschen nach oben und unten, auf der andern Seite aber auch Eingehen und Annehmen derselben, das dient zur Förderung des Zusammenarbeitens, dann gilt nicht mehr das am Eingang dieses Aufsatzes stehende Sprichwort, sondern dann ziehen wir alle an einem Strang. D. M. G.

Kritische Betrachtung über die „Vorschläge aus der Gesenkschmiede."

Von Vizemeister Alle.

Zu dem oben angeführten Artikel in der Nummer 12/13 des 1. Jahrgangs der Daimler-Werkzeitung ist dringend einiger Aufschluß nötig, um auch dem mit den Verhältnissen im Gesenkbau Unbekannten ein klares Bild zu geben, um was es sich hierbei handelt.

Bei dieser Betrachtung soll alles Persönliche ausgeschieden sein. Um das, was folgt, besser zu verstehen, sei vorweg bemerkt, daß in der Gesenkmacherei für die Fallhämmer und Stauchmaschinen der Schmiede sowie für die hydraulischen Pressen der Rahmenpresserei Cesenke angefertigt werden. Es sind dies Gesenke bis zu 900 kg. Bei der nun bald mehrjährigen Meinungsverschiedenheit um die beste Arbeitsmethode ist zu beachten, daß mit der alten Methode alle Gesenke angefertigt werden können, mit der seit einem halben Jahr teilweise eingeführten Methode etwa $1/10$ sämtlicher Gesenke und mit dem Ätzverfahren noch weniger. Das angeführte Beispiel mit den Kolbenstangen in obigem Artikel wäre ein Beweis dafür. Große Gesenke, sowie solche, die auf der Drehbank ganz fertig gemacht werden können, scheiden dabei unter allen Umständen aus. Der Rest sind die sogenannten Feingesenke. Es müssen ferner noch die Gesenke extra ausgelesen werden, in welchen viele Teile oder nur wenige Teile geschmiedet werden, so daß nicht wahllos für jedes Feingesenk 1 oder 2 Pfaffen (Prägestempel) angefertigt werden, wo es sich von vornherein nicht rentiert. Von den weitaus meisten Gesenken werden höchstens 2-3 Paar benötigt. Nun kommt der springende Punkt: Je mehr Gesenke mit einem Pfaffen hergestellt werden, je eher wird er sich bezahlt machen. Die Anwendung der Pfaffen ist nicht „unrichtigerweise bekämpft" worden, dazu war keine Möglichkeit vorhanden, weil dieses Verfahren von der Betriebsleitung ohne Rücksprache mit der „alten Garde" eingeführt wurde. Es entstanden kein Zweifel über die Verwendungsmöglichkeit der Pfaffen. Diese Zweifel sind vollauf berechtigt, weil ihre Verwendbarkeit in gar keinem Verhältnis zu den Kosten steht, die sie verursachen. Wenn auch die Deformierung der Pfaffen beim Ätzen nicht sehr groß ist (vorhanden ist sie dennoch), so wäre doch dafür ein langsamer Arbeitsgang mit in Kauf zu nehmen. Eine Nacharbeit der Gesenke wäre „fast" unnötig, aber doch nicht ganz. Bei Gesenkhälften, die ungleiche Gravuren haben, sind sogar zwei Pfaffen nötig. Für einzelne Flugmotorteile wurden während des Krieges allerdings Hunderte von Gesenken angefertigt, auch dafür wäre eine ziemliche Anzahl Pfaffen nötig gewesen, da ja wie oft Zeichnungsänderungen vorkamen oder Wünsche aus den mechanischen Abteilungen nachträglich berücksichtigt werden mußten, die jedesmal eine Neuanfertigung oder Nacharbeit der Pfaffen zur Folge gehabt hätten. Solche Änderungen kommen natürlich auch jetzt noch vor. Die Nützlichkeit der Pfaffen sowie die Anwendung der Graviermaschine sind nicht von der Hand zu weisen für reliefartige, kunstgewerbliche Teile, die aus freihändigen Entwürfen entstehen. Nicht aber für Teile, die auf Grund der Projektionszeichnung entstehen und mittels moderner Drehbänke und Fräsmaschinen mit Leichtigkeit angefertigt werden können. Dasselbe gilt auch für „Präzisionsgesenke". Ein weiteres Hindernis für die Anwendung der Pfaffen bilden diejenigen Gesenke, die „gekröpft" werden müssen. Dies soll noch des Näheren besprochen werden. Bei einem Schmiedestück, das verschiedene Krümmungen aufweist, müssen die Gesenkhälften gekröpft werden. Das „Legen" des Schmiedestückes verursacht manchmal vieles Kopfzerbrechen, damit es so sauber wie möglich, getreu der Zeichnung, das Gesenk verläßt. Dem Nichtfachmann ist es schwer verständlich zu machen, welche mühevolle Arbeit die Anfertigung solcher Pfaffen machen würde.

Durch diese Ausführungen ist der Beweis erbracht, daß durch Verwendung der Pfaffen auch beim Ätzen nichts „Vollendetes" geschaffen, auch keine Verbilligung erzielt wird, was ja die Hauptsache ist und deshalb nicht im Interesse der D. M. G. liegt.

Für die raschere Fertigstellung der Gesenke wäre eine Zeichnung von Vorteil, wie sie der Werkzeugbau für die Vorrichtungen hat. Eine Zeichnung, die jedem Arbeiter, vom Anreißer bis zum fertig machenden Gesenkschlosser, nur die Maße zeigt, welche das Gesenk braucht und nicht das zu schmiedende Stück. Durch die Halbierung der Gesenke und eventuelle Kröpfung, Zugabe der Bearbeitung, Abzug der Gratstärke, entstehen so vielerlei Maße, daß es nur großer Erfahrung im Gesenkbau gelingt, das Gesenk so anzulegen, daß es bei seiner Fertigstellung auch paßt, auch würden viele zeitraubende Rücksprachen während des Arbeitsganges vermieden. D. M. G.

Zum Wiederaufbau.

Von Hilfsmeister X.

Es ist zur Zeit viel die Rede vom Wiederaufbau unserer Industrie und des gesamten Wirtschaftslebens und von der Pflicht jedes Einzelnen, an diesem Wiederaufbau mitzuhelfen. Höchste Arbeitsleistung, Qualitätsarbeit, sparsamstes Wirtschaften mit dem wenig vorhandenen Material und mit der Arbeitskraft sind die Forderungen des Tages.

Jeder Einsichtige muß zugeben, daß bei unserer heutigen Wirtschaftslage diese Forderungen voll berechtigt sind. Wird nun aber auch von den Werksleitungen alles getan, um die Verwirklichung dieser Forderungen zu ermöglichen?

Es sind ja in letzter Zeit Maßnahmen getroffen worden, die Produktion zu steigern. Da ist z. B. die Gruppenfabrikation eingeführt worden, die all die Vorteile bringen sollte, die Herr Direktor Lang in seinem Artikel in Nr. 1 der Werkzeitung in Aussicht stellte. Daß diese Vorteile erreicht worden sind, soll auch nicht bestritten werden.

Eine andere Frage ist die, ob nicht mehr geschehen könnte.

Auch in den anderen Abteilungen, die nicht unter der Gruppeneinteilung arbeiten können, sind eine Anzahl von Arbeitern zu Hilfsmeistern befördert worden, welche Maßnahmen durch die Größe der Abteilungen gerechtfertigt erschienen.

Vom Standpunkt dieser Hilfsmeister aus, wolle man die folgenden Ausführungen betrachten. Mit Lust und Liebe sind sie ans Werk gegangen, mit dem Vorsatz, alle die Mängel, mit denen sie als Arbeiter zu kämpfen hatten, zu beseitigen, und ihre Kenntnisse und Erfahrungen im Dienste der Firma und somit der Allgemeinheit zu verwerten, kurzum, am Gelingen des Ganzen mitzuarbeiten. Dazu gehörte nun auch die Aufgabe, die Arbeitsweise zu verbessern und zu vereinfachen, wo es möglich war. Die Hilfsmeister hielten das für ihre Pflicht, aber sie hatten auch aus sich selbst heraus das Bedürfnis dazu, denn jeder rechtlich denkende Mensch will den Posten, auf den er gestellt ist, auch vollständig ausfüllen. Manche aber waren nicht wenig enttäuscht, als sie die Wahrnehmung machen mußten, daß man auf ihre Mitarbeit gar nicht viel Wert legte, daß ihre Vorschläge nicht einmal einer Erörterung für wert befunden wurden. Das muß nun unbedingt dazu führen, daß der Arbeitseifer nach und nach erlahmt, und manchen dieser Hilfsmeister hat man denn auch in der letzten Zeit mißmutig sagen hören, wenn er wahrnahm, daß seine Anregungen keine Beachtung fanden: Nun dann brauchte ich nicht Hilfsmeister zu werden. Daß es in allen Abteilungen so ist, soll jedoch nicht gesagt sein.

Was ist nun der Grund eines solchen Verhaltens? Fühlen sich die Vorgesetzten gekränkt, wenn der Hilfsmeister sich erlaubt, auch etwas verstehen zu wollen?

Das wäre ein falscher Standpunkt. Die Abteilungen sind in den letzten Jahren so groß geworden, daß die Meister gar keine Zeit hatten, über Verbesserungen der Arbeitsweise nachzudenken. Ganz anders ist die Sache bei den Hilfsmeistern; sie, die kurze Zeit vorher noch selbst an der Maschine, am Schraubstock oder am Amboß standen, befinden sich auch jetzt noch in fortwährender Berührung mit der Arbeit, haben Kenntnis von vielen Dingen, die dem Hauptmeister oder Gruppenleiter entgehen.

Sache dieser Vorgesetzten sollte es also vielmehr sein, die Hilfsmeister zu Verbesserungen anzuspornen und zur Mitarbeit heranzuziehen. Es ist deshalb auch nicht ganz in der Ordnung, daß man sie bei Besprechungen der Abteilungsangelegenheiten übergeht. Der Hilfsmeister ist oft die treibende Kraft im Betrieb und hat deshalb auch ein Anrecht darauf, an Besprechungen, die die Abteilung betreffen, teilzunehmen; er will nicht nur Betriebspolizist und ausführendes Werkzeug des Vorgesetztenwillens sein. Ich verweise hier auf den Artikel von Herrn Dr.-Ing. Riebensahm in Nr. 1 der Werkzeitung, dort wird im letzten Absatz hervorgehoben, daß wir in der Arbeit alle Kameraden sind.

Überhaupt glaube ich, daß vor allen Dingen zwischen den Meistern und Betriebsbeamten viel mehr Verständigung Platz greifen muß, wenn die oben angeführten Forderungen für den Wiederaufbau erfüllt werden sollen. Diese Verständigung könnte erzielt werden, wenn jedem Abteilungsingenieur die Aufgabe gestellt würde, in gewissen Zeitabschnitten, vielleicht einmal wöchentlich, zu seinen Meistern auch die Hilfsmeister zusammenzuberufen. Diese Zusammenkünfte sollen den Zweck haben, eine freie Aussprache über alle, die Abteilung betreffenden Angelegenheiten herbeizuführen. Jeder Teilnehmer soll das Recht haben, sich zum Wort zu melden. Insbesondere werden in diesen Konferenzen zu besprechen sein: Mißstände, die zu beseitigen der einzelne Meister nicht in der Lage ist, Vorschläge über Verbesserung der Arbeitsweise, Verteilung der Arbeit auf die einzelnen Gruppen. Ein Beispiel: Manche Arbeitsstücke werden mit einem großen Aufwand an Material hergestellt. Eine Verständigung zwischen der herstellenden und der bearbeitenden Abteilung könnte vielleicht diesen Mißstand beseitigen; der Hilfsmeister hat das Gefühl, daß er nichts zu sagen hat, oder er weiß, daß er sich durch seine Vorschläge und Neuerungen leicht mißliebig macht, und es bleibt alles beim alten. Ganz anders würde die Sache verlaufen, wenn sie in einer Konferenz zur Sprache gebracht werden könnte, dort hätte jeder nicht nur das Recht, sondern auch die Pflicht, Vorschläge zu machen, und niemand könnte sich dadurch gekränkt fühlen.

Das Wesentliche an der Einrichtung ist, daß der Untergebene nicht verpflichtet ist, seine Vorschläge dem einzelnen Vorgesetzten zu unterbreiten. Nicht immer ist dieser so selbstlos, das Verdienst hiefür auch dem Untergebenen zukommen zu lassen. Das soll ihm auch nicht besonders übel genommen werden, aber es soll wenigstens dafür gesorgt sein, daß gute Vorschläge nicht kurzerhand verworfen werden können. Dadurch, daß dieselben nicht der Beurteilung eines Einzelnen, sondern in offener freier Weise besprochen werden können, wird diese Gefahr beseitigt.

In manchen Fällen würde die Herstellung oder Bearbeitung eines Werkstückes billiger werden durch Anfertigung geeigneter Werkzeuge oder Vorrichtungen. Solche Fälle könnten ebenfalls der Beurteilung der Konferenz unterliegen.

Auch Fragen der Betriebsorganisation sollten zum Gegenstand der Besprechung gemacht werden; das ist auch so ein Punkt, über welchen viel zu reden wäre. Die Zuweisung der Hilfsmeister in eine Abteilung z. B. wird ja nicht ohne vorhergehende Rücksprache mit dem Hauptmeister stattfinden.

Außerdem wäre durch die Abteilungskonferenzen die Möglichkeit gegeben, Theoretiker und Praktiker einander näher zu bringen. Daß das notwendig ist, beweist die Tatsache, daß in jüngster Zeit ein Bund ins Leben getreten ist, der sich ebenfalls diese Aufgabe gestellt hat. Auch in der Werkzeitung ist schon auf diese Notwendigkeit hingewiesen worden. Was wäre aber geeigneter hiezu als die wöchentlichen Zusammenkünfte im Betrieb?

Vielleicht würde dann das Wort von der „grauen Theorie" ein gut Teil seiner Berechtigung verlieren. Von einem tüchtigen Meister wird verlangt, daß er die Eigenschaften seiner Arbeiter kennt, von einem Abteilungsvorstand muß das gleiche in Bezug auf seine Meister verlangt werden. Dadurch würden Ungerechtigkeiten sich noch besser vermeiden lassen.

Die Abteilungskonferenzen hätten die weitere Aufgabe, Meinungsverschiedenheiten zwischen Meistern und Beamten auszugleichen und ein gegenteiliges Vertrauensverhältnis herzustellen.

In verschiedenen Artikeln der Werkzeitung ist darauf hingewiesen worden, daß die Arbeiterschaft vielmehr zur Mitarbeit herangezogen werden soll.

Mancher Arbeiter könnte auf Grund seiner Tätigkeit und Erfahrung gute Vorschläge zur Verbesserung der Arbeitsweise machen, aber es muß ihm auch gezeigt werden, wie er es anzufangen hat, wenn dieser Fall eintritt; er könnte ebenfalls auf die Einrichtung der Abteilungskonferenzen hingewiesen werden. Es soll ihm dann unbenommen bleiben, seine Vorschläge unmittelbar dem Abteilungsvorstand zu unterbreiten oder einem Meister davon Meldung zu machen.

In letzterem Falle hat der Meister die selbstverständliche Pflicht, die Sache unter Angabe des Namens des betreffenden Arbeiters in der Konferenz zur Sprache zu bringen.

Man glaube nicht, daß in Vorstehendem alle die Widerstände berührt sind, die sich der Verwirklichung der Eingangs erwähnten Forderungen in den Weg stellen; diese Ausführungen erheben auch nicht den Anspruch, zu deren Beseitigung das unbedingt Richtige getroffen zu haben.

Beamte mit organisatorischem Talent könnten hier zweifellos viel Besseres schaffen. Wenn aber diese Zeilen die Veranlassung sein sollten, daß man an berufener Stelle über die Sache nachdenkt, dann ist ihr Zweck erfüllt.

Wenn man diese täglichen Ermahnungen liest, am Gelingen des Ganzen mitzuarbeiten, auch den guten Willen dazu hat, bei der Ausführung dann aber auf allen Seiten anstößt, so ist es schließlich auch kein Wunder, wenn einmal einer zur Feder greift, der nicht dazu berufen ist. Dies möge man bei der Beurteilung dieses Aufsatzes in Betracht ziehen, und dem Schreiber verzeihen, daß er diese Zeilen verbrochen hat. D. M. G.

Meine Arbeit an der englischen Goldküste.
Von Meister Eberle.

Nun lag die weite Reise mit all ihren Schönheiten und Bitternissen endlich hinter mir. Ein kleines Ruderboot, bemannt mit sechs schwarzen Ruderern, die kleine aber breite Schaufeln führten, schoß heran. Ein langer hagerer junger Engländer im Tropenhelm erstieg das Fallreep und suchte nach mir, ich melde mich ihm, und so ward ich feierlich in Empfang genommen und abgeholt. Erst trank er noch ein paar Pilsner vom Faß, auf die er, wie er meinte, lange sehnsüchtig gewartet hatte, kaufte noch einige Sachen beim Stuart ein und dann stiegen wir hinab ins Boot, wo mein 2-Zentnerkoffer und meine übrigen Habseligkeiten bereits verstaut waren. Unter dem Sing-Sang der Schwarzen gings flugs dem Ufer zu, d. h. zum englischen Zollamt, wo mich ein schwarzer Zollbeamter breit grinsend in Empfang nahm; interessiert hat ihn in erster Linie wohl mein großer Koffer.

Also, da stand ich nun auf englisch-afrikanischem Boden, eine Bruthitze schon in aller Gottesfrühe, das konnte ja recht werden.

Allein nicht meinem Koffer galt sein Interesse, denn seine erste Frage war: „Have you revolvers, Sir". Wohl oder übel mußte ich ihm eine meiner guten Waffen übergeben, denn auf eine Leibesvisitation durfte ich es nicht ankommen lassen. Er stellte mir auch sogleich ein Ticket über den Empfang der Waffe aus, die ich erst erhalten sollte, wenn ich fünf Pfund (5 £), 100 Mark, hinterlegt habe, oder wenn die Faktorei einen Haftschein für die Waffe ausgestellt hatte. Hier sei gleich erwähnt, daß ich auf meinen späteren Reisen nach Deutsch-West-Afrika die Erfahrung machte, daß die deutschen Zollbehörden den Punkt der Waffen-Einfuhr beileibe nicht so genau genommen haben, wie es dieser schwarze Gentlemen tat, denn sonst hätte es dort nicht so weit kommen können, daß bereits jeder Buschklepper im Besitze eines Revolvers war, was manchem braven deutschen Soldaten das Leben kostete. Der fragwürdige Händler und Hausierer dort handelt ja mit allem möglichen, und seinen Zweck hat der, der ihn ausgesandt, auch voll und ganz erreicht, denn seine Abnehmer hat er gefunden.

Gar bald sollte sich die Spannung lösen, in der ich mich befand, und ich über meine Mitmenschen, über meine Wohnung für lange drei Jahre Klarheit bekommen. Mein Chef, der First Officer der größten dortigen Kakao- und Palmöl-Gesellschaft, ein Fakturist und Korrespondent, ein Expedient und ich nebst einem Herrn aus einer Zweigfaktorei im Innern, der zur Zeit gesundheitshalber hier war, machten den englischen Haushalt der Faktorei aus.

Die Faktorei selbst, ein großes viereckiges, einstockiges, recht solide erbautes Haus, mit großen luftigen Wohnräumen hatte nur den einen Fehler, daß für mich darin kein Platz vorhanden war.

Ich verschluckte den Ärger über diese Tatsache und ließ mich zu meiner Behausung führen. Vor einem kleinen viereckigen Bonglow stand ein riesiger Schwarzer, der Eigentümer der Bude, der mich und meinen Begleiter bereits erwartete. Im ersten Stock wies man mir ein Zimmer, besser gesagt ein viereckiges Loch, mit einem Fenster und einer bedeckten Veranda mit 4 Fenstern in der Front an, d. h. Fenster waren da, aber das Glas fehlte darin, dafür waren Fensterläden vorhanden.

In dieser Veranda, die ganz annehmbar war, stand ein Korbtisch mit zwei gleichen Sesseln, und hinten ein Divan, der früher einmal in London E. C.[1] gebaut worden sein dürfte, dem ich erst mit Lattenstücken noch zwei künstliche Beine anfertigen mußte, bevor man sich darauf setzen konnte. Das Zimmer selbst enthielt eine eiserne Bettstelle, eine Palmblättermatratze, einen Tisch, ein Wandbrett als Kasten, mein Koffer ersetzte den Waschtisch. Über das Bett selbst war ein großes Moskito-Netz gezogen, welches eigentlich nur aus einem riesigen Loch bestand, das an einem ganzen Bündel spinnfadendünner Fäden hing. Nach langem Basteln gelang es mir, das Loch geschickt an die Wand zu dirigieren, so daß das Ding endlich wenigstens einigermaßen seinem Zweck entsprach. Ein schwarzer Cruhjunge gehörte natürlich auch zu dieser feudalen afrikanischen Einrichtung.

Der schwarze Villenbesitzer kehrte sehr bald der Sache die geschäftliche Seite nach oben, indem er mir erklärte: Sir, i am Washmen, d. h. nicht er war der Waschmann, sondern seine beiden Frauen, die er auf Grund seines Geschäftes halten durfte, sie taten die Arbeit. Er war dagegen derjenige, welcher mir später in meine weißen Anzüge die Brandflecken aufbügelte und dafür gute Bezahlung forderte.

[1] = East City, Ostmitte, Posteinteilung in London.

Das schönste an meinem Bonglow war, daß er ziemlich dicht am Meer stand. Die abendliche Brise vom Meere her machte sich recht angenehm fühlbar, da ja die glaslosen Fenster kein Hindernis für sie waren, bei mir eindringen zu können. Aber — zugleich mit Eintritt der Kühle schwirrte auch eine kaum glaubliche Anzahl von Moskitos durch die Fenster, die mir sehr zu schaffen machten. Moskitos und immer wieder Moskitos, darunter recht stattliche Exemplare, sie sind die schlimmsten Fieberträger.

Ein knorriger alter Pfefferbaum, einige blasse Palmen vervollständigten endlich das afrikanische Wohnungs-Idyll.

Nun zum Parterre. In diesem hockten sechs nackte Negerknirpse und zwei schwarze Mammis, die eine vor einem riesigen Blechkübel, die andere vor einem etwa 1 Meter langem Sandsteinblock, ein Wäschestück bearbeitend. Es war mir sofort klar, daß das Hemd, das sie eben bearbeitete, auf diesem Block sein Dasein beschließen wird, denn der Sandsteinblock war ihr Ersatz für Sunlight-Soap.

Dieses Parterre war aber auch auf das Wohl anderer bedacht, denn am oberen Ende desselben hockten acht kräftige Schwarze, die irgendwoher aus dem Busch zugewandert kamen und hier in meiner Villa bis zur Erledigung ihrer Geschäfte Unterkunft gefunden hatten. Größte Vorsicht war hier am Platze, „alles dicht" war die Losung, denn wenn der liebe Mond sein Licht nicht leuchten ließ, war es stets „stromlos" bei mir, nur eine schlechte Erdöllampe stand mir in diesem Rattennest zur Verfügung. Die ersten Nächte waren fürchterlich, kaum hatte ich mich mit Not der größten Anzahl der Moskitos — unter meinem Netz — verwehrt, erwachte ich wieder durch ein grausiges Geheul, das erst wie der Klageschrei eines Totenvogels dann erschütternd langgezogen wie das Geheul einer hungrigen Hyäne sich anhörte und in nicht zu beschreibenden Kehllauten ausklang. Dieses Gejammer dauerte bis zum Tagesgrauen fort, wo ich dann wie zerschlagen von meiner Palmblätterpritsche abrutschte. Mein erster Gang war zu meinem schwarzen Hausbesitzer, um Aufklärung über diese Störung zu verlangen; er kam mir schon mit ernster Miene entgegen, furchtsam und beteuernd: „O, Massa, diese Nacht sind wieder acht Neger an der hier grassierenden Pest gestorben, und was Du gehört hast, war der Totensänger für ihre armen Seelen". Aha, also auch noch die Pest war hier vertreten, die Kranken steckten also unter den weißen Zelten, die mir von Bord des Dampfers aus beim Landen aufgefallen waren, warum hat mein Begleiter mir dies — wohl geflissentlich — verschwiegen?

Der Leser wird wohl auch finden, daß ich mit vollen Händen in den afrikanischen Dreck gegriffen habe. Doch, was war zu machen? Solche Sachen stehen eben nicht im Vertrag, also „Kopf hoch", heimrudern kann man nicht, und für mich geht der nächste Dampfer in die Heimat erst in drei Jahren wieder ab.

In der Umgebung meines Bonglow nichts als Kaktuspflanzen, alte, knorrige Stauden mit langen, lanzenförmigen, haarscharfen, gestachelten Blättern, mit wunderbar schönen roten Blumenglocken behangen. Eine fischreiche Lagune begrenzte das Kaktusfeld nach der See zu.

Ganz dicht am Meer zieht sich die einzige Hauptstraße des Ortes hin, umsäumt von gut gebauten Häusern, die von glatten, kahlen Mauern umgeben sind. Die Gleichförmigkeit wird nun ab und zu durch größere Bonglows, deren Eigentümer Mulatten oder begüterte Eingeborene sind, unterbrochen. Am Ende der Straße erblickt man den langen Store der Basler Mission, anschließend eine kleine Kirche, weiter oben die englische Bank, das Gerichtshaus, gegenüber der Golf-, Tennis- und Polo-Sportplatz. Ganz abseits, in unmittelbarer Nähe des Meeres, erhebt sich noch ein schöner Bau das Krankenhaus, das zwei Abteilungen, eine für Weiße eine für Schwarze aufweist. Leider sollte ich das Innere des Krankenhauses gar bald kennen lernen. Erwähn sei noch die Kaserne der Schwarzen mit eingebautem Gefängnis für Leicht- und Schwerverbrecher. Letztere werden mit Ketten an die Handkarren angeschmiedet, womit sie täglich Steine fahren müssen, bewacht von schwarzen Polizei-Soldaten, welche auch sonst als Posten und Patrouillen für Ordnung sorgten in den Straßen und Gassen. Wirtschaften, Hotels, Cafés waren nicht vorhanden, nur ein englischen Clubhaus, und dieses ist natürlich nicht für jeden offen!

Es gehört nicht gerade zu den angenehmsten Dingen ganz und gar auf die Verpflegung in der Faktorei angewiesen zu sein, wo man kontraktlich „freie Kost und Wohnung" haben soll. Den Tischbedarf liefern englische Dampfer, bestehend in allem Möglichen, jedoch alles fast ausschließlich Konserven, nichts als Konserven. Bananen und Ananas waren außerhalb des Ortes reichlich und in allerbester Qualität vorhanden. Es gab Wein, Bier (englisches und bayerisches), Whisky mit und ohne Soda, auch Sekt, jedoch fast alles mit Chinin eingebraut und sündhaft teuer. Wasser? ja, Wasser gab's auch. Die Platzregen im Oktober (Ersatz für Winter) sind die Lieferanten des Wassers. Dieses läuft, in möglichst viel Fachrinnen aufgefangen, im Hofe der Faktorei in eine Betonzisterne zusammen, aus der in erster Linie die achtzig schwarzen Arbeiter unter Aufsicht und scharfer Kontrolle ihre Tagesration schöpften, denn der Vorrat muß unbedingt bis zum Oktober nächsten Jahres ausreichen. Eine große Falltüre bewahrt das kostbare Naß der Zisterne vor jedem Mißbrauch. Der Weiße trinkt das Wasser nur abgekocht als Tee. Trinkt man viel, schwitzt man viel, dieser Umstand und der fabelhafte Preis der anderen Getränke stempeln den Weißen allmählich zum Abstinenzler, es sei denn, er lernt beizeiten Whisky „mit oder ohne" zu trinken.

„Ohne" ist Whisky ein vorzügliches Fiebervorbeugungsmittel. Sterilisierte Milch mit Soda ist auch recht gut und lindert das Fieber am allerschnellsten. Absolut notwendig für jeden Weißen ist sein tägliches Quantum Chinin, das allerdings in dieser gesegneten Gluthitze so stark bemessen war, daß es nur in Gelatin gekapselt genommen werden konnte. Mein Begleiter, der mich am Dampfer in Empfang genommen hatte, unterließ es, Chinin regelmäßig zu nehmen, 7 Monate später starb er an Lungeneiterung.

Wäre doch mein großer Marienfelder-Daimler erst da, damit ich an meine Aufgabe: Einrichtung und Leitung eines Kakao- und Palmöl-Transports gehen könnte! Doch der schwamm leider noch auf hoher See! Ich erhielt daher den Auftrag, auf dem großen Platz vor meiner Villa einen Lagerschuppen für Kakao, etwa 100 m lang und 30 m breit, zu erstellen. Ich hatte zwar mein Lebtag weder mit der Erstellung solcher Bauten noch mit Patentwinkeleisen, das als hauptsächlichstes Baumaterial diente, zu tun gehabt. Trotzdem ging ich unverzagt an die Arbeit. Unter meinem Gepäck befand sich u. a. auch ein Öltuch-Paket, das ein Modell eines aus Patentwinkeleisen hergestellten Lagerschuppens enthielt. Patentwinkeleisen kann kalt verarbeitet werden. Die einzelnen Teile werden verlascht und verschraubt. Holzstäbe werden zwischen die Winkel gelegt, dann das Wellblech aufmontiert, und der Schuppen ist fertig!

Zunächst galt es, den Bauplatz von den Kaktusstauden zu säubern. Das war, nebenbei bemerkt, keine ganz ungefährliche Aufgabe, denn da kein Mensch in das Stachellabyrinth eines Kaktusfeldes eindringen kann, sind dieselben oft hundert Jahre alte Brutstätten von Schlangen.

Ich ließ fünfzig geschärfte Blechsäbel anfertigen, um damit die Stauden niederzuhauen. Schon zu Beginn dieser Arbeit schossen kleine Schlangen, die in dieser Jahreszeit ganz besonders giftig und gefährlich sind, unter den Stauden hervor. Die nackten Beine manches Schwarzen haben hierbei mit den Stacheln und mit den Schlangen recht unliebsame Bekanntschaft gemacht. Bei mehreren arbeitete der Höllensteinstift recht ausgiebig in der Bißwunde. Eine große Flasche „Gin" mußte zur Linderung der Schmerzen herhalten.

Nach tagelangen recht mühevollen Arbeiten war der neue Bauplatz für den Schuppen freigelegt und die Kaktuspflanzen verbrannt.

Nun ging's zum Steinbruch. Meine schwarze Kolonne, aus siebzig Mann bestehend, lauter Cruh-Boys, die sich noch um zwanzig Sträflinge vergrößerte, mußte hier die für den Bodenbelag nötigen Steine brechen und zerkleinern.

Endlich war die ganze Baufläche von ca. 300 Metern mit den geklopften Steinen bedeckt, nun mußte noch ein Betonguß darüber kommen. Also auch das mußte versucht werden.

Zement war in Massen vorhanden, noch reichlicher und dazu noch kostenlos der Meeressand, Wasser ließ ich in großen Fässern aus dem Meere herrollen. Den so gemischten Beton trugen meine Schwarzen in alten Petroleumbüchsen auf dem Kopfe, recht bedächtig und behäbig dahertrippelnd, auf die Steine. Nachdem die Arbeit in Gang gesetzt war, begann der schwarze Singmen sein Lied, (eigentlich eine recht eintönige sich ewig gleichbleibende Leier), in das so ziemlich alle nach und nach einfielen, nicht eher aber als bis ich ein paar Zigaretten hergegeben hatte. Nach endlos vieler Mühe waren die Steine mit Zement ausgegossen, ein Glattstrich — es war beinahe ein gut gelungener, wenn derselbe auch nicht überall hätte die Wasserwage vertragen können — vervollständigte das Ganze. Sogar mein First Officer, wenn er ab und zu einmal zur Besichtigung in seinem Dogart, von zwei Schwarzen gezogen, angefahren kam, sprach sich recht befriedigt über die mir so ungewohnte Arbeit aus, und das war ja schließlich die Hauptsache.

Nun kam auch der lang ersehnte Zahltag für die Schwarzen an die Reihe. Sie erhielten 20 sh. pro Mann den Monat nebst freier Kost und Barackenwohnung. Der schwarze Hetman, der Führer der siebzig Cruhjungen, war als Urkundsperson natürlich pünktlich zur Stelle. Meine Zahltagliste enthielt die angenommenen Namen der Schwarzen so lange sie auf dieser Faktorei in Arbeit standen. An einer Schnur um den Hals trug jeder ein Pappdeckelschildchen, auf dem sein Name geschrieben stand, z. B. John, Charles, Fred etc. oder Monday, wie es sich eben gab, denn im allgemeinen hieß fast jeder „Nuemle" in seiner Stammessprache. Sehen durfte jeder die zwanzig blanken Silbershillinge wohl — aber eingesteckt hat alle der Hetman. Nun ja, er muß auch die Hin- und Rückreise bezahlen, und wohl mancher von den Schwarzen wird bei ihm auch in der Kreide sitzen!

Eigentlich erging es mir selber ja auch nicht viel besser, denn von meinem allerdings recht bedeutenden Gehalt bekam ich anfangs nur M. 100.— auf die Hand, sicher ist sicher, die dortige Konkurrenz zahlt tüchtige Leute ebenfalls sehr gut, was ich in London eben noch nicht wußte, und die teure Reise mußte ja auch erst abverdient sein.

An einem schönen Sonntag morgen, ich war kaum mit meinem Boot zu meinem Sonntagsvergnügen, dem Fischfang, hinausgerudert, bemerkte ich einen Dampfer, etwa 2000 Meter vom Ufer weg, anlaufen. Pfeilschnell schoß mein Boot, mit acht Schwarzen bemannt, dem Dampfer entgegen, denn da er das Signal: „Frachtgüter abholen" gesetzt hatte, wollte ich erfahren, ob er meinen „Daimler" an Bord hatte. Erst tutete mich der erste Offizier mit dem Sprachrohr an, ob ich ein Gesundheitszeugnis besitze (die Pestzelte waren ja immer noch nicht abgebrochen). Einen solchen Schein vom Arzt besaß ich, da ich kurz vorher untersucht worden war. Nun wurde ich in einem Korbe an Deck gezogen und sah meinen „Daimler" schon ausladefertig in der Kiste an Bord stehen.

Ach wenn ich ihn nur erst sicher auf trockenem festen Boden hätte! Halt, zuerst in die Schiffs-Messe, dort gabs Bier vom Fass, ein tüchtiges Stück Beef, Holländer Käse und Wurst, meine Schwarzen erhielten Schiffszwieback, aber auf den „Gin" warteten sie vergebens. Nun aber herunter von dem Kasten und Vorbereitungen treffen zur Abholung des Wagens. Der Dampfschlepper im Hafen, sonst zur Kakaobeförderung verwendet, war bald in Schuß. Mit drei starken Kakaotransporten im Schlepptau, auch mit starken Bohlen wohl versehen, ging's wieder zurück zum Dampfer. Im Halbkreis an den Dampfer angefahren, stellte ich die drei Boote wohlverlascht neben einander auf. Die Kiste senkte sich langsam auf die Bohlen der Boote hernieder. Jetzt war der Kapitän seines Risikos enthoben, der Wagen war in meiner Hand. Schon einmal habe ein Motorar sein Grab in den Wellen gefunden, erzählten mir die Schwarzen, denn die Boote waren nach vorne gekippt! Schnell wurden die Papiere erledigt, und dem Kapitän ein Gegengeschenk (einen kleinen Holzgötzen) verabreicht für meine Bewirtung an Bord. Ein Schwarzer hockte sich oben auf meine Daimler-Kiste und mit „langsam schwenken" gings dem Ufer zu. Bis zur Rückkehr der Flut, die uns dem Kranen am Ufer entgegentrug, waren es noch 1½ Stunden. Ich wartete sie ruhig ab, denn das Wasser war für mich das sicherste Beförderungsmittel.

Am Kranen angelangt zogen wir die Kiste sachte hoch, eine Schwenkung mit demselben, und mein „Daimler" saß auf festem Boden. Nun flugs die Vorderseite gelöst! Ein Blick überzeugte mich, daß in der Kiste alles heil und ganz geblieben war, nichts, gar nichts hatte sich verschoben. Den Deckel wieder zu, ich hatte für heute Sonntag genug geleistet, auch war die Schar der schwarzen Gaffer inzwischen recht groß geworden. Am andern Morgen, der Tag begann bei mir meistens um 4 Uhr, — allerdings nicht immer schon zur Arbeit — denn die afrikanische Sonne kennt später kein Erbarmen, zuerst ein Wellenbad im Meer, dann zum Frühstück, das mein schwarzer Boy schon ganz gut auf meinem Petrolkocher fertig machen konnte ohne daß er seine Finger als Rührlöffel oder als Probierstäbchen mehr verwendete, wenngleich viel Geduld bei ihm nötig gewesen war.

Nun zu meinem „Daimler". Wasser und Benzin waren bald aufgefüllt. Geölt war der Motor tadellos, fast zu gut, denn alles saß fest; vom langen Stehen war das Öl dick geworden. Ich spannte mit einigen Drahtseilen meine schwarze Mannschaft an den Wagen, und ließ denselben eine kurze Strecke vom Meere weg bergan ziehen. Plötzlich ein Knall, noch einer und noch einer! Mein Wagen war in Schuß, und stolz fuhr ich meiner Garage zu, ein neben meinem Bonglow erbautem Sonnendach.

Gleich beim ersten Knall stob die schwarze Schar auseinander, als wenn der Blitz unter sie gefahren wäre, kein gutes Wort, nicht einmal die Aussicht auf eine Flasche „Gin" konnte sie bewegen, noch einmal in die Nähe meines Wagens zu kommen; nun es war ja auch gar nicht mehr nötig. Mit meinem First Officer an Bord ging andern Tags die Reise zur ersten Zweigfaktorei, die etwa 112 km weit entfernt war.

Außerhalb des Ortes fiel mir eine große Anzahl leerer Fässer auf, die in Reih und Glied am Straßenrand aufgestellt waren. Diese Fässer hatten die Schwarzen nicht selten bis zu 130 km Wegs mit Kakaobohnen angefüllt ans Meer gerollt. Drei Mann rollen ein Faß seinem Bestimmungsorte zu, dafür erhält jeder 20 shilling, d. h. 15 sh. bekommt jeder bei voller Ablieferung auf die Hand, und 5 sh. wenn er das leere Faß an seinem Ausgangsort wieder pünktlich abliefert, und das war recht selten der Fall.

Kommt so eine Faßkolonne z. B. im Store der Basler Mission an, so wird sie sofort abgelohnt. Natürlich gehen die Schwarzen flugs in den Store und kaufen, was sie für die 15 sh. haben können, möglichst einen billigen Kattun-Umhang, mit großen Herzen bedruckt, unbedingt aber — als Gentlemen — einen schwarz lakierten Strohhut nebst ein paar Manschetten für den Sonntag. Wenn dann noch ein Geldrest vorhanden ist, so wird derselbe in der heimlichen Neger-Ginkneipe vollends klein gemacht, um mit leeren Händen (also auch ohne Faß) den Heimweg anzutreten. Das Fässerrollen hatte den Vorzug, daß die Straße ziemlich fest gewalzt war, was mir sehr zu statten kam.

Zu meinen Passagieren gehörte auch der junge Engländer, der bei meiner Ankunft zur Erholung bei uns am Meere weilte, und der so wacker mitgeholfen hatte (natürlich außer Etat), unseren Lebensmittelvorrat vor Verwesung zu schützen. Dazu gesellten sich schon in aller Gottesfrühe farbige Händler, die, mit riesigen Warenballen beladen, die Fahrt mitmachen wollen, um ihre Konkurrenten, die gezwungen waren, den endlos langen Weg zu Fuß zurückzulegen, zu überflügeln, selbst unter Aufwendung des allerhöchst bemessenen Fahrpreises, denn darin versteht der Engländer keinen Spaß. Der Weg führte an endlosen Kaktusfeldern vorbei, die noch ihrer Bebauung harrten, und die vielen Hundert von Menschen gar bald Brod und Geld gegeben hätten; vorbei an unübersehbaren Bananen- und Ananasfeldern mit ihrem köstlichen, scharfen Duft, vorbei an schönen Gruppen von hohen Palmen, vereinzelt stehenden Bambusstangen, hinein ins Gebirge, durch prachtvolle, dunkelgrüne Palmenhaine. Die Station war erreicht.

Mein First Officer zollte den Leistungen meines Daimler-Prachtexemplars alle Anerkennung, die er bei einem solchen Wege durch Dick und Dünn auch voll beanspruchen konnte.

Kaum angelangt stellte sich eine große Schar der Dorfbewohner ein. Dort sah ich auch einen „Native Fetish", einen Götzentempel, wie ihn wohl selten ein Weißer zu Gesicht bekommen hat. Der Tempel ist ständig bewacht, daher sein Besuch nicht ungefährlich.

Bald war ein schwunghafter Handel zwischen meinen schwarzen Begleitern und den Dorfbewohnern im Gange. Ich erstand mir für eine Shage-Pfeife ein possierliches Äffchen, dessen Zuneigung ich mit Bananen und Kondenzmilch bald errang. Lange war das liebe Tierchen mein treuer Begleiter. Nach übernommener Fracht, gesackten Kakao, ging die Heimreise am dritten Tag auf demselben Wege wieder zurück. Die nächste Ausfahrt zu Faktorei II, etwa 70 km Entfernung, zeigte so ziemlich das gleiche Tropenbild, nur kam ich bälder ins Gebirge und hatte noch schwierigere Fahrt- resp. Wegverhältnisse zu überwinden. Mein First Officer fehlte, dagegen hatte ich Lebensmittel und Getränke für die Faktorei in Masse geladen, denen wir dann dort zum Einstand tüchtig zusprachen. Kilometerweit lagen hier die bitteren unentölten Kokaobohnen zum Trocknen ausgebreitet da, die später in handliche Säcke verpackt werden. Endlose Reihen gefüllter Kakaofässer standen rollfertig bereit, um hinter meinem Wagen her ihren alten Weg zu rollen, bis dereinst auch das letzte Faß dem „Auto" aufgeladen sein wird. Angesichts dieses Kakao-Meeres, wurde es mir so richtig klar, warum es mir während meiner kontraktmäßigen Dienstzeit unter § 1 des Verbotenen strengstens untersagt war, in Afrika irdische Güter zu sammeln. Denn Geld, viel Geld ist dort zu verdienen, das stand unleugbar fest!

Es fiel mir auf, daß zur Bergung dieser Riesenernte eigentlich gar keine Weißen aufgeboten wurden. Nur einige Engländer, ich zählte vier Mann, führten die Aufsicht. Wie viel mehr hätte erzielt werden können bei richtiger Ausbeute! Wie viel wirtschaftlicher würde der Deutsche gearbeitet haben! — Viele hundert Zentner Kakaobohnen wurden von den Schwarzen zertreten, sie verschimmelten und verfaulten! Sicher hätte der Deutsche auch für die tausende von Zentnern grüner Schalen, die sehr ölhaltig sind und unbeachtet umherlagen, Verwendung gehabt oder gefunden (vielleicht zur Seifenfabrikation).

Auf meinen Kreuz- und Querfahrten durch Englisch-Afrika fand ich nirgends magere Plantagen. Alle gedeihen auf das prächtigste ohne sonderlich viel Arbeit. Hier ist es nicht nötig, zuerst tausende von Mark in eine Plantage zu stecken, um sie endlich ertragsreich zu machen, wie dies z. B. in Westafrika der Fall war. Hier hatte ich Gelegenheit, die mustergültig angelegte Baumwollplantage der Spinnerei Otto in Württemberg zu besichtigen. Deutscher Fleiß haftete an jeder Staude.

Der Leser würde staunen über die große Anzahl von gefüllten Kakaosäcken, die ich mit meinem Daimler aus den vier Zweigfaktoreien zur Verladung ans Meer schleppte. Dampfer um Dampfer füllte ich mit dem kostbaren Gut. Gar nicht gerechnet ist dabei die beträchtliche Zahl der gefüllten Palmölfässer, die nach Bewältigung des Kakaotransportes noch ihrer Abholung durch meinen Daimler harrten.

Mein Daimler hatte mit den zehn Wochen ununterbrochener Fahrten eine glänzende Leistung hinter sich. Ohne Seufzer hat er sie bestanden! Ganz besonders haben sich die dicht verschlossenen Teile bewährt, denn sonst wäre ein schwerer Kampf mit dem immer und überall eindringenden Sand (Wegsand, Flugsand) zu bestehen gewesen. Ein engmaschiges Flugsandnetz, das ich vollständig über die offene Haube des Motors gezogen hatte, schützte denselben vor dem Eindringen des Sandes, weitaus besser als mich mein Moskitonetz zu Hause in meinem Bonglow vor den Fliegen.

Nicht befriedigt von dieser Zehn-Wochenhetze waren meine zwei schwarzen Fahrschüler. Sie konnten es nicht fassen, daß gar kein Hollyday (Feiertag) in die Arbeitszeit eingeschaltet wurde. Ganz besonders zuwider waren ihnen die Sonntagsfahrten. Sie waren der Überzeugung, daß es im Schatten ihrer Hütte bei Bananen, Ananas und Palmwein, den es jetzt in Fülle gab, im Kreise ihrer Kameraden doch gemütlicher war, als bei mir Tag und Nacht auf dem Motocar in der sengenden Tageshitze und der empfindlichen Kühle der Nächte. Die Folge war, daß ich bald wieder allein am Steuer saß. Für einen weiteren Verdienst auf solche Weise dankten die schwarzen Gentlemen, denn der liebe Gott ernährte sie auch ohne meinen Daimler.

Trotzdem ich Tag für Tag mein Chinin gewissenhaft verschluckte, packte mich schon am zweiten Tag nach meiner Rückkehr aus dem milden Gebirgsklima mit aller Gewalt das Fieber. Mein schwarzer Boy rannte gleich ins Hospital, von wo, wie ich später erfuhr auch sofort vier schwarze Krankenträger erschienen, die mich auf ihrer Tragbahre dorthin verbrachten.

Erst gegen Mittag des andern Tags erwachte ich dort, als vier schwarze Hände dabei waren, mich mit Schwämmen voll heißen Wassers von Kopf zu Fuß zu frottieren. Diese Kur war radikal, aber sie hat geholfen. Wieder Chinin und ein unglaubliches Quantum Sodawasser mit Milch, wieder zwei heiße Waschungen des ganzen Körpers, diesmal vorsichtiger eingeleitet sorgten dafür, daß das Fieber bedeutend sank. Es war auch höchste Zeit, denn diese Sorte Aklimatisierungsfieber ist sehr schwer, fackelt nicht lange und hat schon oft mit dem Schwarzwasserfieber endgültig geendet. Wie mir der mich behandelnde Arzt später mitteilte, war ich dicht an der Schwelle desselben gestanden, und nur seiner aufopfernden Pflege verdanke ich meine Rettung. Die großartige Einrichtung des Hospitals für Weiße, auch die fürsorgliche Behandlung durch die englischen Krankenschwestern seien hier noch besonders lobend erwähnt.

Mein erster Besuch im Hospital war der eines — Schwarzen, des Platzkommandanten und Polizeioffiziers des Ortes, mit dem ich trotz des Verbotes Nr. 2 in meinem Dienstvertrag recht gut befreundet war.

Endlich nach zwölf langen Tagen war ich wieder auf dem Damm und konnte mich meinem ausgeruhten Daimler wieder aufs Neue widmen. Andern Tags gings auch wieder los mit vieler Fracht und vielen Händlern auf den Markt nach Fodowah, halbwegs unserer Faktorei. Auf dieser Fahrt fungierte mein Daimler als Lebensretter im weiteren Sinne des Wortes. Nach ca. 40 km zurückgelegter Fahrt trafen wir unseren Konkurrenten, — einen kleinen Schnell-Lastwagen englischen Fabrikats — elend im Sand versunken. Sein Führer, ein sogenannter englischer Ingenieur (Ingenieur ist in England bald jeder), zugleich der Versuchserbauer einer Schmalspur-Eisenbahn, lag mir ständig in den Ohren mit seiner spleenigen Behauptung, daß das Auto ohne die Eisenbahn nicht leben könne (jedenfalls hat er die seinige dabei nicht gemeint). Jetzt aber hatte er den Beweis von mir, daß ein Auto ohne das andere nicht leben kann, denn ohne meinen Daimler wäre sein Kasten wohl vollends zu Grunde gegangen. Er war einem Straßenloch in zu großem Bogen ausgewichen, rutschte von der Straße ab und bohrte sich in voller Fahrt, schwer beladen, in den weichen Sand ein, immer tiefer und tiefer versinkend. Bei solchen Hilfeleistungen der Konkurrenz gegenüber ist sonst vor allem die Bezahlung von 15 £ = 300 Mark erste Bedingung, — ohne diese wird keine Hand angelegt! Doch ich wollte mich dem Herrn Engländer nicht von der englischen sondern von der deutschen Seite zeigen; auch mußte ich etwas Diplomat spielen, denn der Eisenbahnerbauer hatte neben meinem Bonglow eine gut eingerichtete Schmiede stehen, und einmal werde ich auch diese in Anspruch nehmen müssen, und so zog ich ihn unentgeldlich wieder auf festen Boden, wobei er versicherte, daß er bei der nächsten Fahrt auch Drahtseil, Winden, Dielen, Axt und Spitzhacke, die er bei meiner Wageneinrichtung vorfand, mitnehmen werde.

Das Resultat war, wir blieben bei einem kräftigen „skake Hand" gute Freunde (auch ohne Eisenbahn), und besiegelten diese später mit einigen Flaschen Münchner Goldbock aus seinem Vorrat, die er natürlich auch seinem — Whisky — vorzog!

So ungefähr wickelte sich mein tägliches Arbeits-Pensum ab: wechselreiche Begleiterscheinungen und täglich sich steigernde Mehranforderungen an mich und meinen Daimler im fernen doch so „schönen freien Afrika"! Immer hielt ich dabei an meinem Wahlspruch fest: Unentwegt gerade durch! D. M. G.

Quellen: Dr. E. Rosenstock, Arbeitsgemeinschaft; aus des Verfassers Werk „Die Hochzeit des Krieges und der Revolution". Patmos-Verlag Würzburg.

Gedruckt von der Daimler-Motoren-Gesellschaft. • Alle Rechte vorbehalten.
Schriftleitung: Friedrich Muff, Untertürkheim. • Privatdozent Dr. Rosenstock, Stuttgart. • Zuschriften an die Daimler-Werkzeitung Untertürkheim.

DAIMLER WERKZEITUNG

2. Jahr — Nr. 8

INHALTSVERZEICHNIS

Der Stein der Weisen. Ein altes Gespräch. ** Metalle und Legierungen. Von Ingenieur O. Becker. ** Einiges über Herstellung von Gesenken. Von Oberingenieur Kopf. ** Metallverarbeitung in der vor- und frühgeschichtlichen Zeit. Von Oberingenieur H. Balz. ** Luren. Altgermanische Blashörner aus der Zeit um 1000 vor unserer Zeitrechnung. Von Prof. Dr. Hahne. ** Grönländische Reiseerlebnisse. Von Nordpolfahrer Knud Rasmussen. ** Die mit D. M. G. bezeichneten Arbeiten stammen von Werksangehörigen.   26. August 1920.

Der Stein der Weisen.

Ein altes Gespräch.

Als die Beiträge für ein Heft über die wichtigsten Baustoffe, aus denen heute Maschinen entstehen, über die Metalle, gesammelt wurden, da wurden auch alte Schriften über die Anfänge der Metallkunde durchblättert. Überraschend stellte sich heraus, daß sie uns auch heute noch etwas zu sagen haben. Wir bringen daher das nachfolgende „freundliche, lustige und hochnützliche Gespräch" über den Stein der Philosophen, den Stein der Weisen. Es stammt aus dem Jahre 1606, ist also über dreihundert Jahre alt. Damals war die allgemeine Tagesfrage, mit Hilfe der Goldmacherkunst, der sogenannten Alchymie, alles auf das Gold der Sonne zurückzuführen, als auf den reinsten Stoff. Der Stein der Philosophen sollte das Mittel dazu sein. Jede Zeit hat ja irgend einen solchen Stein der Weisen, dessen Mischung sie erzwingen will.

Um 1600 wollte also jeder den Stein der Philosophen finden, gerade wie heut jeder glaubt, er müsse sich unbedingt persönlich an der Lösung der sozialen Frage beteiligen. Der damalige Sachverständige — Artist, d. h. Techniker, genannt — hat nun in dem Gespräch seine liebe Not, den gierig hinzudrängenden Laien in Schranken zu halten, ohne ihn doch mit dürren Worten zu enttäuschen. Der Laie redet ihn respektvoll als „Philosophen" an, also als Besitzer des Steins der Philosophen, und will nicht begreifen, daß der Techniker das Rezept noch gar nicht hat, sondern eben erst danach zu suchen anfängt.

Aus dieser mühevollen Suche der Techniker und Philosophen ist aber im Laufe von dreihundert Jahren die Lehre von den Naturgesetzen und unsere heutige Beherrschung der Naturkräfte entstanden! Gerade so wird heut der Politiker von der sehnsuchtsvollen Menge als Sozialist angeredet, und auch er kann ihr schwer begreiflich machen, daß er das Rezept für die Lösung der sozialen Frage erst zu suchen anfängt. Wir aber dürfen hoffen, daß auch aus der Suche nach dem heutigen Stein der Weisen bei gewissenhafter Arbeit im Laufe der nächsten

Jahrhunderte unsere Erkenntnis der politischen Gesetze und die Herrschaft des sozialen Politikers in der menschlichen Gesellschaft Fortschritte macht.

Wenn dieser Erfolg winkt, so wollen wir uns geduldig mit den dunkeln und rätselhaften Andeutungen einstweilen abfinden, in denen sich die Fachleute von heut wie damals zur Abspeisung von uns Laien ergehen müssen.

Noch etwas kann übrigens das folgende Gespräch lehren. Aus Leidenschaft für die Technik wurden gewisse philosophische Schriften geradezu heilig gehalten, gerade so wie heut der Eifer für die Politik in manchem sozialistischen Buch ein Evangelium erblickt. Die Bibel für unser „Gespräch" sind die Schriften des großen Arztes Parazelsus, dessen Geschlecht aus dem Dorf Hohenheim bei Stuttgart stammt. Theophrastus Parazelsus von Hohenheim, der geniale Forscher, war 1606 schon 65 Jahre tot. Der Artist in unserem Gespräch scheint aber seine geheime Meinung, die aller Menschenvergötterung abhold war, ganz gut erfaßt zu haben.

* * *

Laie: Lieber Künstler, sag mir, wie kommt's, daß die Alchemie in so großen Abgang und Betrug kommen ist?

Artist: Das macht's, daß die Menschen nie glauben, sondern meinen, sie wollen das, was Gott macht, selbst machen können, und verlassen sich auf ihre Weisheit und Geschicklichkeit. Darum läßt sie Gott zu schanden werden, so daß sie nichts zustande bringen. Dadurch ist die herrliche Kunst Alchymi in einen großen Verruf geraten, indem der Mensch gottgleich will sein.

Laie: Wie machen sie es denn, daß sie es nicht recht treffen?

Artist: Also machen sie es: Sie wollen machen, was ihnen nicht möglich ist, nämlich was allbereits von Gott gemacht ist. Darum verbrennen sie die Finger. Item (d. h. ferner): ein jeglicher Schuster, Schneider will sich dieser herrlichen Kunst unterwinden, obwohl sie doch dazu nicht tauglich, auch von Gott nicht dazu erwählt sind. Sondern es wäre dem Schuster besser, daß er seine Leisten zählte, dem Schneider, daß er seine Hosen flickte, statt daß sie sich in das große Geheimnis dieser Welt wollen einmischen. Denn, lieber Bruder, es muß kein Schuster oder Schneider, auch sonst keine Weingans sein, die verstehen will, was 1×3 und 3×4 ist Item was 7×1 sei. Dies mußt du fressen, willst du ein Alchymist sein.

Laie: Ja, lieber Alchymist, so nimmt es mich auch nicht Wunder, daß in jetziger Zeit die herrliche Kunst so gräulich gelästert wird; wenn es eine solche Bewandtnis damit hat, so ist es besser, daß ich und meinesgleichen davon still schweigen und unseres Berufes warten.

Artist: Ja freilich, lieber Bruder, wäre es viel besser, als daß ein jeglicher Bauernbengel heutzutage ein Alchymist gescholten sein will, wodurch die herrliche Kunst gelästert, geschändet und geschmäht wird. Es läßt unser Herr Gott allemal solche Strafe unter uns kommen wegen unseres Ungehorsams. Lieber Bruder, es müßte doch einer, der solche herrliche Kunst hat, ein Tor sein, wenn er sie so geschwind ohne verdunkelte Worte an den Tag geben wollte. Wie würde doch das liebe Gold so in Abgang gekommen und verachtet werden. Darum wills Gott nicht haben; brauchst auch nicht zu sorgen, daß dir solche Kunst an den Tag gegeben werden könnte. Sondern sie ist von allen Philosophen gewaltig verdeckt worden, so daß es ohne Gottes besondere Gabe nicht wohl möglich ist, dieselbige zu ergründen.

Ja und es bleibt wahr, daß alle Philosophen die reine lautere Wahrheit geschrieben haben und verständlich genug. Aber die Menschen haben Ohren, hören nicht, Nasen und riechen nicht, Augen und sehen nicht.

Laie: Nun, lieber Philosoph, da ich ein freundliches Gespräch mit dir geführt habe und wohl sehe, daß derlei nicht für mich taugt, so will ich mich verabschieden, doch möchte ich wohl etwas wissen, was doch der Stein der Weisen wäre, damit ich auch etwas davon zu reden vermag, wenn ich heut oder morgen darnach gefragt werde. Lieber, ich bitte dich, sage mir nur irgend etwas.

Artist: Nun, lieber Bruder, da du so herzliches Verlangen hast, etwas davon zu wissen, so frag nur, was du willst. Dir soll von mir jederzeit geantwortet werden. Da magst du die Ohren auftun und gut hören.

Laie: So frag ich nun erstlich, ob der Stein wirklich gemacht werden kann.

Artist: Ja, sage ich.

Laie: Was ist der Stein für ein Ding, und aus was wird er gemacht?

Artist: Aus dem Anfang und aus dem Ende.

Laie: Wie muß ich das verstehen?

Artist: Aus dem Chaos (dem wüsten vor der Schöpfung) und dem Weizenkörnlein.

Laie: Ich verstehe es noch nicht; sag mirs noch deutlicher. Du weißt wohl, daß ich nicht sehr gebildet bin.

Artist: Nun hab acht: aus dem allerverächtlichsten und aus dem allerhöchsten und würdigsten wird er gemacht. Item aus zweien, die einander gleich aussehen.

Laie: Ja wie sehen sie einander gleich?

Artist: Das sagt dir Theophrast. Den lies! Item aus zwei Dingen, die eins sind.

Laie: Möchtest du mirs nicht ein wenig beschreiben?

Artist: Das kann ich wohl. Sieh, aus Himmel und Erde wird er gemacht. Gott gebe dir vom Tau des Himmels und von der Fettigkeit der Erde, heißt es im ersten Buch Mosis.

Laie: Wie wird er mit seinem richtigen Namen geschrieben?

Artist: Er heißt Jehovah; tu die Augen auf. Ich sag dir nichts mehr.

Laie: Es ist wohl, wie ich sehe, eine feine Kunst. Aber ich kann sie nicht verstehen.

Artist: Ei, Lieber, es heißt Eile mit Weile; du mußt nicht allein meine, sondern auch anderer Philosophen Schriften lesen. So magst du endlich etwas davon verstehen. Es ist mir so wenig von Stund an zugeflogen als dir.

Damit du aber meinen guten Willen verstehst, will ich dir aufzeichnen, was noch niemand getan hat. Lerne des Theophrast Wappen kennen. Neben dem Wappen sitzt der einäugige Pfaffe. Nimm den Riesen hinzu, der beim Dichter Virgil beschrieben wird. Bedenk die Erscheinung in der Offenbarung Johannis im ersten Kapitel. Bedenke sorgfältig die heilige Siebenzahl. Denn wenn unser Allheilmittel durch drei und vier schlüpft, dann hat es sieben Fähigkeiten in sich. Denk an den Terpentinbaum, von dem Theophrast schreibt. Denk an die Vierzahl. Tu die Augen auf. Sei nicht so blind! Wenn du jetzt nicht die philosophischen Schriften begreifst, so hast du keinen Mutterwitz und magst es auch wohl bleiben lassen. Denn wenn du auch noch so gelehrt wirst, so soll eben mit deiner Kunst nichts werden.

Weit von dannen, Ihr Schmiertiegel, Ihr Kellerärzte, Ihr Schüler, die ihr machen wollt, was Gott zuvor schon gemacht hat! Ihr Eselsköpfe, ihr wollts kaufen, und Gott will es doch umsonst geben.

Herbei alle, die ihr töricht seid und vor der Welt nichts geltet, die ihr kein Geld mehr habt. Ihr kaufts umsonst.

Ich sage dir, alle Könige und Herren, die bisher geirrt haben, wollten die Kunst sich kaufen, die sich doch nicht kaufen läßt; sondern sie müssen zu schanden werden und verderben, denn sie meinen, es sei mit Geld da etwas ausgerichtet. Nein; denn wems Gott gönnt, dem gibt ers im Schlaf. Wie's in der Offenbarung Johannis heißt im letzten Kapitel: Wens dürstet, komme, und wer will, empfange das Wasser des Lebens umsonst.

Laie: Soviel ich auch höre, gefällt mir deine Rede gar nicht übel. Auch einen Trost schöpf ich: Dieweil unser lieber Herrgott sagt, er wolle uns alle Guttaten umsonst geben, daß wir sie nicht zu kaufen brauchen, und auch arm bin, und durch Reichtum nie diese Kunst überkommen kann, so glaub ich auch, daß die Kunst den Armen so gut verliehen ist als den Reichen.

Artist: Ja freilich, lieber Bruder. Sie ist den Armen viel eher zugänglich als den Reichen, wie das auch der Philosophen Schriften anzeigen. Aber die legt heut ein jeder Schwärmer nach seinem Gefallen aus auf Biegen oder Brechen.

Wenn zum Beispiel einer käme, der mir den Theophrast erklären wollte, dem glaubte ich nicht. Denn Theophrast ist ein Deutscher gewesen. Deshalb hoffe ich, daß ich ihn mit Gottes Hilfe selbst verstehen kann; mag auch nicht alles zur Sache helfen, was er geschrieben, so mußt du auf etliche Sprüche acht haben, die er gleichsam hier und in seinen Büchern eingeflickt hat, welche so klar und deutlich, daß sie auch nicht deutlicher sein könnten. Deshalb muß es gelesen sein; sonst wird nichts daraus, willst anders du etwas wissen. Nun will ich dir zum Beschluß in allen Ehren das größte und höchste Geheimnis herbeten: (auf lateinisch) „Der Stein der Weisen hat eine irdische Gestalt, die in seinem allerinnersten Mittelpunkt verborgen steckt; wie die durch Gottes Willen sich verwirklicht, das drückt kein Wort aus. Um sie aber jetzt zu verwirklichen, wirken Sonne und Mond mit ihrer erzeugenden Kraft zusammen."

Nun, lieber Bruder, ich hab dir für dies Mal genug gesagt. Nimm mit diesem vorlieb. Eile mit Weile. Denn Zeit bringt Rosen.

Aus der „Cabala Chymica" des Magisters Franziskus Kieser. Mühlhausen i. Elsaß 1606. S. 254 ff.

Metalle und Legierungen.

Von Ingenieur O. Becker.

„Was ist Stahl?" In einer Maschinenfabrik wurde eine Rundfrage hierüber bei Meistern, Formern, Schmelzern, Drehern veranstaltet. An den Antworten, die eingingen, war vor allem eines merkwürdig, daß nur einer, ein Schmelzer, das Wesen der Frage zu erfassen vermochte, indem er den Stahl als eine Mischung verschiedener Körper mit Eisen bezeichnete. Das Wesen des Stahls ist in der Tat, daß er eine Mischung, eine „Legierung" ist. Bei einer Legierung werden Stoffe an einen Hauptträger gebunden, lateinisch: „legiert". Alle metallischen Baustoffe, wie der Stahl, sind Legierungen.

Eine Rundfrage würde aber auch bei uns ergeben, daß über die Wichtigkeit dieses Umstandes nicht sehr viel nachgedacht wird. Die Masse der Menschen hat sich von jeher lieber von den großen einfachen Metallen, Gold, Silber, Eisen, Zinn, Kupfer, Blei erzählt. Jeder kennt Märchen über das Gold oder das Silber, die Sagen vom goldenen oder eisernen Zeitalter der Menschheit. Das Wesen der reinen Metalle zog die Phantasie der Dichter und des Volkes immer lebhaft an. Aber was wir für unser Leben und für die Beherrschung der stofflichen Welt brauchen und woran sich die Technik seit je abmüht, das ist immer die Mischung. Während daher die gewöhnlichen Sterblichen nach Gold jagten und drängten, suchten die tieferen Geister nach der Verbindung aller Stoffe, die von allen das Wertvollste enthalten sollte. Das Geheimnis des „Steines der Weisen" war, daß er die rechte Mischung aller Dinge und Kräfte sollte herbeiführen können. Ein absolut reines Wesen taugt eben nicht in die Welt, wo alles miteinander verbunden ist und in einander übergeht. Und so „kommt es für alle Aufgaben des Menschen auf Mischung an". (Goethe). Das gilt gleich von dem vornehmsten der Technik dienenden Metalle, vom Eisen.

Das Eisen.

Die Grundlage alles technisch verwerteten Eisens bilden die Eisenkohlenstofflegierungen, die stets mehr oder weniger mit Mangan, Silizium, Phosphor und Schwefel vermischt sind.

Man teilt das Eisen ein in zwei durch ihre verschiedenen Eigenschaften gekennzeichneten Klassen, Roheisen und schmiedbares Eisen. Umgeschmolzenes Roheisen heißt Gußeisen.

Roheisen hat einen verhältnismäßig niederen Schmelzpunkt (1050—1250°) und ist spröde, schmiedbares Eisen schmilzt erst bei 1400° und ist auch im kalten Zustande dehnbar.

Schmiedbar ist ein Eisen, wenn es bei höherer Temperatur durch mechanische Bearbeitung, Schmieden, Walzen, Pressen in eine gewünschte Form gebracht werden kann; nicht schmiedbares Eisen verträgt diese Bearbeitung nicht, es zerfällt. Die Erfahrung hat gelehrt, daß die Schmiedbarkeit von dem Kohlenstoffgehalt des Eisens abhängig ist; allgemein ist Eisen bis 1,7% Kohlenstoff schmiedbar.

Das schmiedbare Eisen zerfällt wieder in zwei durch die physikalischen Eigenschaften gekennzeichnete Arten, von denen die eine härtbar ist, d. h. durch starkes Abkühlen aus dem rotwarmen Zustande größere Härte annimmt und Stahl genannt wird, während die andere diese Eigenart nicht zeigt und den Namen Schmiedeeisen trägt.

Durch den Aufschwung des Verkehrswesens, der Maschinenindustrie, der elektrischen Industrie im 19. Jahrhundert erwuchsen auch der Hütten- und besonders auch der Eisenindustrie neue Aufgaben. Man wünschte nicht nur große Mengen zu billigen Preisen, sondern vor allem wurden von den Abnehmern neuartige Forderungen an die Beschaffenheit des Eisens gestellt. Brücken- und Maschinenbauer brauchen Eisen mit bestimmten Festigkeitseigenschaften, die elektrische Industrie solches von bestimmten magnetischen Eigenschaften; der Werkzeugfabrikant braucht Stahl mit hoher Härte und großer Schneidfähigkeit, der selbst in der Wärme diese Eigenschaft behält.

Geschütze, Panzerplatten, Schiffsmaschinen, Nadeln, Schienen, Draht, Blech, Öfen und viele andere Gegenstände werden aus Eisen gefertigt, und jeder Gegenstand erfordert ein besonderes Material mit bestimmten Eigenschaften. Es ist erstaunlich, daß das eine Metall mit einer solchen Fülle von Eigenschaften ausgestattet ist, um all diesen Anforderungen zu genügen.

Wie viel Arbeit und Fleiß mußten die Chemiker und Hüttenleute aufwenden, um all die Mischungen und Bedingungen ausfindig zu machen, unter denen das eine Metall die für die verschiedenen Gebrauchszwecke nötigen Eigenschaften erlangt! Nur dadurch konnten im Maschinen- und Brückenbau die großen Erfolge erzielt werden. Mit der Herstellung brauchbarer Legierungen der Metalle außer Eisen sah es ähnlich aus. Die Kunst, eine brauchbare Legierung herzustellen, war nur wenigen Menschen vorbehalten. Durch Versuche auf eigene Faust, die viel Mühe und Geld kosteten, erlangte man gewisse Erfolge, die von den Praktikern falscherweise wohl verwahrt und verschwiegen wurden. Die Einführung der analytischen Chemie in die Metallschmelzbetriebe gab Aufschluß über die genaue Zusammensetzung der Legierungen. Man fand jedoch in der Praxis, daß Metalle und Legierungen von gleicher chemischer Zusammensetzung oft ganz verschiedene mechanische Eigenschaften besitzen. In der physikalischen Chemie und der Metallographie sind uns heute weitere wissenschaftliche Hilfsmittel an die Hand gegeben, durch welche die Art und Anordnung der mikroskopisch kleinen Kristalle, aus denen alle Metalle und Legierungen aufgebaut sind, ermittelt werden können. Ebenso sind wir in der Lage, die Einflüsse der verschiedenartigsten Behandlungen auf die Gefügeanordnung und die damit verbundenen Veränderungen der physikalischen Eigenschaften festzustellen.

Eigenschaften der Metalle.

Man ordnet die Grundstoffe oder Elemente in zwei große Klassen ein, Metalle und Nichtmetalle oder Metalloide. Die Übergänge zwischen den beiden Gruppen sind nicht immer scharf, so zeigen z. B. die in der Praxis zu den Metallen zählenden Elemente Antimon und Wismut gewisse chemische Eigenschaften der Nichtmetalle.

Die kennzeichnenden Merkmale der Metalle sind: der eigentliche Metallglanz, gutes Leitungsvermögen für Wärme und Elektrizität. Den Nichtmetallen fehlen diese Eigenschaften. Die Metalle bilden mit Sauerstoff Verbindungen, Oxyde genannt, die mit Wasser zu Basen vereinigt werden; die Oxyde der Nichtmetalle vereinigen sich mit Wasser zu Säuren. Alle Metalle haben die Eigenschaft, den wässrigen Lösungen ihrer Salze bei inniger Berührung elektrische Ladungen zu erteilen und dabei selbst im umgekehrten Sinne beladen zu werden. Die Spannungsdifferenz zwischen Metall und Lösung nennt man allgemein das elektrische Potential des Metalles. Die Größe des Potentiales ist für verschiedene Metalle verschieden. Ebenso kann man aus einem Elektrolyten durch den elektrischen Strom Metalle zur Abscheidung bringen. Diese Abscheidung benützt man sowohl zur technischen Gewinnung der Metalle als auch zur Mengenbestimmung. Die Leitfähigkeit für den elektrischen Strom sinkt bei den Metallen bei steigender Temperatur. Wegen seines großen Leitvermögens hat das Kupfer eine große Bedeutung für die elektrische Industrie gewonnen.

Die Metalle werden aus den natürlichen Erzen auf hüttentechnischem Wege gewonnen, gediegene Metallvorkommen sind nur selten. Die Farbe der Metalle ist meist weiß bis grau, nur Gold und Kupfer machen eine Ausnahme (gelb und rot). In vielen Fällen ist die Färbung infolge des Einflusses der Atmosphäre veränderlich. Die meisten Metalle sind sehr geschmeidig und zähe und lassen sich zu dünnen Platten walzen oder hämmern; Wismut und Antimon machen eine Ausnahme, sie sind sehr spröde. Alle Metalle sind schmelzbar und lassen sich bei entsprechender Temperatur verflüchtigen. So ist Quecksilber schon bei gewöhnlicher Temperatur flüssig, während reines Eisen erst bei 1600° schmilzt. Der Übergang vom festen in den flüssigen Zustand erfolgt bei den verschiedenen Metallen nicht unter den gleichen Verhältnissen. Viele Metalle werden plötzlich flüssig, z. B.: Blei, Zinn und Zink; andere nehmen vor dem Flüssigwerden teigigen Zustand an, z. B.: Eisen. In diesem Zustand sind die Metalle schweißbar.

Nach dem spezifischen Gewicht unterscheidet man Leicht- und Schwermetalle; ein Kubikdezimeter Natrium wiegt 0,97 kg, Aluminium 2,56, Eisen 7,8 und Gold 19,3 kg.

Für die Beurteilung der Metalle sind die physikalischen Eigenschaften von größter Wichtigkeit, sind doch mechanische Bearbeitung und technische Verwendung vielfach davon abhängig. Man bezeichnet sie darum auch als Arbeitseigenschaften, die weiter nichts sind als Erscheinungsformen der Kohäsion und Adhäsion. Unter Kohäsion kann man den Widerstand verstehen, den die einzelnen kleinen Metallteile einer versuchten Trennung entgegenbringen. Die Kohäsion ist eine Folge des Gefüges und wird sich mit der Veränderung des Gefüges ändern; sie ist grundlegend für die meisten Arbeitseigenschaften der Metalle, wie z. B.: Elastizität, Festigkeit, Härte und Sprödigkeit.

Elastisch nennt man einen Körper, wenn er eine durch äußere Krafteinwirkung veränderte Form nach Einstellen der äußeren Kraft wieder aufgibt, d. h., wenn die Formveränderung nur eine vorübergehende war. Überschreitet jedoch die äußere Kraft eine gewisse Größe, die Elastizitätsgrenze, so tritt bleibende Formveränderung ein, worauf dann schließlich Trennung der einzelnen kleinen Teile erfolgt.

Die Größe des Widerstandes, welche die Kohäsion der Trennung der einzelnen kleinen Teile eines Metalles entgegensetzt, nennen wir seine Festigkeit. Diese Größen, Elastizitäts- und Festigkeitsgrenze, lassen sich an Versuchs- oder Probestäben unter Anpassung an die im Betrieb auftretenden Beanspruchungsverhältnisse mittels besonderer Maschinen und Meßverfahren genau bestimmen und zahlenmäßig ausdrücken.

Rücken Elastiziät und Festigkeit nahe zusammen, ist also die Formveränderung nach dem Überschreiten der Elastizitätsgrenze gering, so nennt man den betreffenden Körper spröde. Nimmt ein Körper bleibende Formveränderung an, so ist er dehnbar; sehr dehnbare Metalle nennt man zähe.

Diese Eigenschaften bilden die Grundlagen für die Bearbeitung und Formgebung des Materials.

Unter Härte versteht man den Widerstand eines Körpers, den er dem Eindringen eines zweiten Körpers beim Abtrennen durch Sägen, Schneiden oder auch bei der Bearbeitung entgegensetzt. Man unterscheidet harte und weiche Metalle. Ein absolutes Maß für die Härte gibt es nicht. Je härter ein Metall, umso größer muß die Kraft bei der Bearbeitung sein. Bei höherer Temperatur nehmen die Härte und Festigkeit ab, beim Schmelzpunkt ist sie gleich null. Das Zink zeigt ein eigentümliches Verhalten, bei 150°C ist es zähe, daß man es walzen kann, bei 200°C wird es spröde, daß es sich pulvern läßt.

Die meisten Metalle werden durch rasches Abkühlen aus hoher Temperatur spröde und hart, worauf ja bekanntlich das Stahlhärten beruht; bei Metallegierungen findet man manchmal das Umgekehrte; so wird Bronce durch langsames Abkühlen spröde. Spröde wird ein Metall auch durch schädliche Verunreinigungen, z. B. wirkt ein gewisser Gehalt an Schwefel oder Phosphor derart auf die Eigenschaften des Eisens ein, daß die Brauchbarkeit dadurch oft in Frage gestellt wird. Festigkeit und Härte werden durch mechanische Bearbeitung sowohl bei gewöhnlichen als auch bei höheren Temperaturen erhöht, die Sprödigkeit nimmt dabei ungleich stärker zu.

Der Bruch mancher Maschinenteile ist nur auf starke Bearbeitung im kalten Zustande zurückzuführen. Ausglühen hebt die Sprödigkeit in den meisten Fällen wieder auf.

Durch fortgesetztes Erwärmen findet bei manchen Metallen eine Oxydation (d. h. eine Sauerstoffaufnahme) statt, die oft von einem Farbenwechsel begleitet ist (Anlauffarben). Man macht davon Gebrauch beim Härten, resp. Anlassen des Stahles. Bei stärkerem Erhitzen tritt an die Stelle der Anlauffarben eine starke Oxydschicht (Schmiede- und Walzzunder).

Die Metalle ziehen sich nach dem Übergang aus dem flüssigen in den festen Zustand zusammen. Diese Erscheinung nennt der Gießer Schwinden.

In der Regel bilden die Metalle mit den Nichtmetallen chemische Verbindungen. Die Verwandtschaft der Metalle zum Sauerstoff ist sehr verschieden. Einige oxydieren schon bei bloßer Berührung (Natrium), andere erst bei höherer Temperatur, wieder andere unter keinen Umständen (Edelmetalle).

Legierungen.

Wir sind nun vorbereitet, das Wesen der Legierungen zu besprechen. Diese herrschen in der Technik vor, weil die Eigenschaften der reinen Metalle in den meisten Fällen den Anforderungen der Technik nicht genügen.

Die Legierungen sind ihrem Wesen nach Lösungen zweier oder mehrerer Metalle oder auch Lösungen von Metallen und Nichtmetallen im geschmolzenen Zustande.

Der Begriff des Wortes Legierung ist demnach nicht in enge Grenzen zu pressen. Die Legierungen zeigen im allgemeinen den Charakter und die Eigenschaften der Metalle. So stellt die harte Phosphorbronce mit durchaus metallischem Charakter und hoher Zähigkeit eine Mischung des Kupfers und Zinnmetalles mit dem Nichtmetall Phosphor dar. Bei der Einteilung des Eisens wurde von Eisenkohlenstofflegierungen gesprochen, woraus hervorgeht, daß das technisch verwertete Eisen in der Tat als eine Legierung des Eisens mit Kohlenstoff anzusehen ist.

Die Bildung der Legierungen findet manche Ähnlichkeit in den Vorgängen beim Mischen von Flüssigkeiten, und es gelten die physikalisch-chemischen Gesetze der flüssigen Lösungen ohne weiteres auch für die Legierungen.

Der Schmelzpunkt einer Legierung kann niedriger liegen als jeder einzelne ihrer Komponenten: Blei schmilzt bei 326°C, Antimon bei 631°C; hingegen eine Legierung, bestehend aus 13% Antimon und 87% Blei schon bei 247°C.

Bei der Bildung einer Legierung brauchen nicht unbedingt alle einzelnen Metalle flüssig zu sein, in vielen Fällen können die im festen Zustande befindlichen Metalle in den flüssigen gelöst werden, ohne daß dabei die Schmelztemperatur des festen Metalles erreicht ist; so kann man z. B. Kupfer in geschmolzenem Zinn lösen. Ebenso muß die Lösung des Kohlenstoffs im flüssigen Eisen aufgefaßt werden. Legierungen können aber auch im festen Zustande erfolgen. So wird in der Rotwärme Kohlenstoff von weichem Flußeisen bei inniger Berührung aufgenommen, worauf bekanntlich das „Einsetzen", auch Zementieren genannt, beruht.

Die Legierungsfähigkeit der Metalle ist sehr verschieden, einzelne Metalle legieren sich leicht und in jedem Verhältnisse, andere hingegen nur schwer und noch andere gar nicht. So sind die Metalle Aluminium und Kadmium im flüssigen Zustande vollkommen unlöslich; Aluminium und Chrom nur beschränkt, Eisen und Mangan in jedem Verhältnis vollkommen löslich ineinander.

Daraus erkennt man, wie töricht es ist, wenn man bei der Darstellung einer neuen Legierung irgend welche Metalle in beliebigen Verhältnissen mischen wollte.

Legierungen, bei denen sich die Bestandteile im flüssigen Zustande nicht in jedem Verhältnis lösen, trennen sich in Schichten, wobei sich die spezifisch schwerere unten, die leichtere oben absetzt. Jede der beiden Schichten hat eine gewisse Menge der Nachbarschicht aufgenommen. Bei steigender Temperatur nimmt das Lösungsvermögen des einen Stoffes für den anderen zu.

Während z. B. bei einer Blei-Zinklegierung bei 700°C nur 8% Blei in der oberen Zinkschicht und 17% Zink in der unteren Bleischicht löslich sind, nimmt bei steigender Temperatur in der oberen Schicht der Bleigehalt, in der unteren der Zinkgehalt zu, bei 900° ist eine homogene Mischung vorhanden, die Trennung nach Schichten ist aufgehoben.

Absolute Unlöslichkeit für zwei flüssige Metallschichten finden wir bei Eisen und Blei, die sich nach dem spezifischen Gewicht trennen. Die schwerere untere Bleischicht ist dabei eisenfrei, das Eisen bleifrei. Diese Metalle können also nur durch Umrühren ein mechanisches Gemenge bilden.

Wegen der Wichtigkeit der Legierungen hat man neuerdings diesem Studium in einem besonderen Zweig der Wissenschaft „Metallographie" große Aufmerksamkeit gewidmet.

Bei der Beobachtung eines geätzten Metallschliffes unter dem Mikroskop kann man die einzelnen Gefügebildner, ihre Form, Größe und Anordnung im Kristallaufbau feststellen.

In Fig 1 wird das durch Ätzen mit verdünnter Salpetersäure erhaltene Kleingefüge einer Kupfer-Zinnlegierung – Bronce – wiedergegeben. Man erkennt verschiedene Gefügebestandteile. Die dunklen Gefügeteile entsprechen einer kupferreichen Mischkristallart, die helle Grundmasse ist

Fig. 1 Bronze
100fache Vergrößerung.

zinnreicher. Die Anordnung der zuerst beim Erstarren aus der Schmelze auskristallisierten kupferreichen Kristalle ist tannenbaumartig und bildet gewissermaßen das Gerippe, um das sich die später ausscheidenden Kristalle lagern.

Die Fig. 2 und 3 geben typische Bilder von einer Zinn-Antimonlegierung wieder, wie solche als Lagermetalle verwendet werden. Helle kubische Kristalle, die der Verbindung Sb–Sn ent-

Fig. 2 Weißmetall
100fache Vergrößerung.

sprechen, sind in eine Grundmasse dunkel erscheinender, zinnreicher Kristalle eingebettet. Die beiden Schliffbilder stammen von ein und derselben Legierung. Es fallen die Größenunter-

Fig. 3 Weißmetall
100fache Vergrößerung.

schiede der gleichartigen Gefügebestandteile sofort ins Auge. Dieser Unterschied ist nur auf die Vorbehandlung des Werkstoffes zurückzuführen. Die feinkörnige Legierung wurde aus dem rot-

warmen Zustande plötzlich abgeschreckt, die grobkörnige langsam abgekühlt. Durch diese Gefügeveränderung werden auch die mechanischen Eigenschaften in starkem Maße beeinflußt, Härte und Festigkeit nehmen bei der abgeschreckten, feinkörnigen Legierung stark zu, während die Dehnung und die Zähigkeit abnehmen. Man ersieht aus dieser Betrachtung, daß gleichartig zusammengesetzte aber verschieden behandelte Legierungen als Lagermetalle sichtlich verschiedenes Verhalten zeigen werden.

In Fig. 4 sind die Schmelzpunkte von Blei-Zinnlegierungen zusammengestellt. Durch die Linie A B C ergibt sich ein Kurvenbild, aus dem man ohne weiteres die Schmelzpunkte sämtlicher zwischen Blei und Zinn denkbaren Mischungsverhältnisse ablesen kann. Auf dem Kurvenast A B

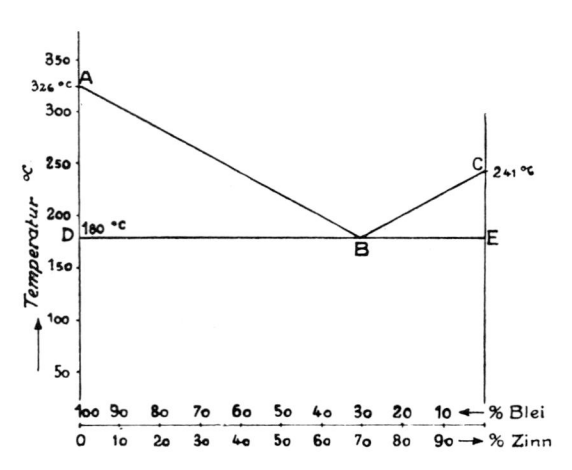

Fig. 4 Blei-Zinn-Legierungen.

liegen die Schmelzpunkte der Legierungen unter 70% Zinn, während der Ast B C diejenigen mit höherem Zinngehalt anzeigt. Der Schnittpunkt der beiden Äste B gibt die Temperatur und Zusammensetzung der leicht schmelzbarsten Legierung dieser Gruppe an, die man auch eutektische (gutflüssige) Legierung nennt.

Ist man vor die Aufgabe gestellt, ein Zinn-Bleilot mit dem niedrigsten Schmelzpunkt darzustellen, so kann es nur die eutektische Legierung mit 70% Zinn und 30% Blei sein, die bei 180°C schmilzt.

Durch Legieren zweier Metalle kann man ihre physikalischen Eigenschaften in erheblichem Maße verändern, die Bearbeitungsfähigkeit auf mechanischem Wege weit verbessern. So wird Kupfer durch Legieren mit Zinn oder Zink fester und härter und zum Gießen geeigneter gemacht. Die Festigkeit eines Metalles wird durch das

Legieren eines zweiten Metalles erhöht und wächst mit Zunahme dieses zweiten Metalles bis zu einer Höchstgrenze, um dann wieder zu fallen.

Aus der Kurve in Fig. 5 geht hervor, daß Zink mit Kupfer legiert die Festigkeit des Kupfers beträchtlich erhöht. Man erkennt ein langsames Ansteigen der Festigkeit bis 36% Zinkgehalt, dann steigt die Festigkeitskurve rasch und er-

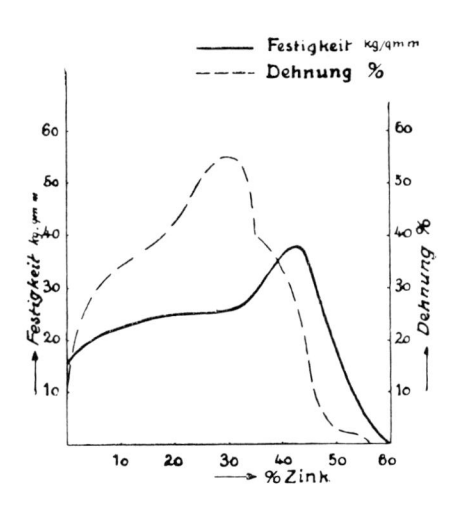

Fig. 5 Kupfer-Zink-Legierungen.

reicht bei 45% Zink ihren Höchstwert. Die Dehnung erreicht bei 30% Zink ihren Höchstwert.

Alle vorstehenden Angaben über die Festigkeitseigenschaften der Legierungen sind auf gewöhnliche Zimmertemperatur zu beziehen. Mit steigender Temperatur nimmt die Festigkeit ab, während die Dehnung zunimmt. Diesem Gesetz hat man im Betrieb Bedeutung zuzumessen, da viele Maschinenteile, z. B. an Dampfturbinen und Verbrennungsmotoren, dauernd bei höheren Temperaturen beansprucht werden.

In Fig. 6 sind die Änderungen der Eigenschaften an einer Kupferzinklegierung dargestellt, wie sie durch Glühen bei steigender Temperatur erhalten wurden. Zugfestigkeit und Streckgrenze nehmen schon bei einer Glühtemperatur von 300°C merklich ab, während die Dehnung stark zunimmt.

Die Härte eines weichen Metalles kann durch Legieren eines zweiten Stoffes größer werden, selbst wenn die Härte des letzteren geringer ist, als die des ursprünglichen Metalles. Der Praktiker bestimmt die Härte am einfachsten mit einem Schneidwerkzeug oder der Feile; genauere Härteprüfungen führt man mit besonderen Apparaten aus.

Mit zunehmender Härte einer Legierung nimmt die Geschmeidigkeit ab.

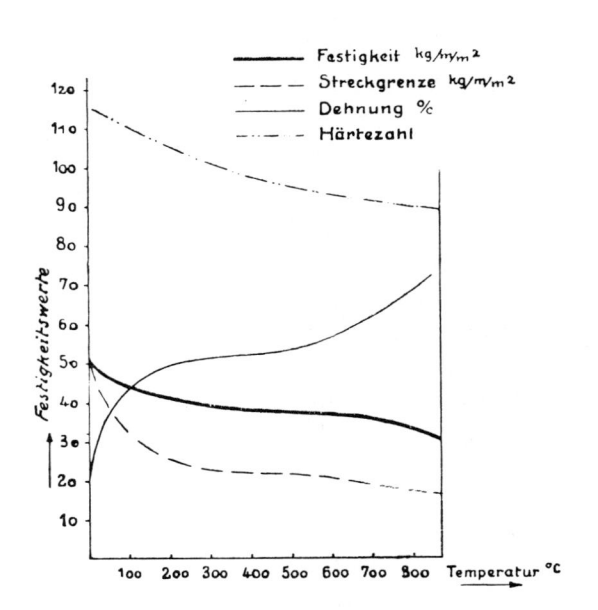

Fig. 6 Messing
Einfluß des Glühens auf die Festigkeitseigenschaften kalt gewalzten Messings. 70% Kupfer und 30% Zink.

Diese Beispiele mögen genügen, um die Fülle von Beziehungen ahnen zu lassen, die den „Mischungen" der Metalle abgelauscht worden sind. Heute unterhält wohl jede größere Maschinenfabrik eine eigene wissenschaftliche Anstalt. Auch bei uns werden alle Baustoffe durch eine besondere Stelle auf chemischem, mechanischem und metallographischem Wege untersucht. Dadurch ist ein enger Zusammenhang des einzelnen Unternehmens mit dem internationalen wissenschaftlichen Leben entstanden. Diese tiefe Abhängigkeit jeder einzelnen Fabrik von der technischen und der Naturwissenschaft unterscheidet sie aber von aller früheren gewerblichen Tätigkeit. Jede Industrie marschiert heute in Reih und Glied mit bei der Erforschung der Lebensgesetze der Natur und der Auswahl ihrer für den Menschen wertvollsten Stoffe. Indem die Metallindustrie zu ihrem Teil die Entscheidung über die Legierungen zu treffen hat, erfüllt sie also eine Teilaufgabe der Arbeit an der richtigen Mischung und Verteilung der Baustoffe unseres gesellschaftlichen Daseins.

D. M. G.

Einiges über Herstellung von Gesenken.

Von Oberingenieur Kopf.

Ein Verfahren zur Herstellung von Gesenken, welches in der Gesenkmacherei der D.M.G. nach dem Kriege zunächst versuchsweise in Anwendung gebracht wurde, hat in Heft 12/13 der Daimler-Werkzeitung mit dem Artikel „Vorschläge aus der Gesenkschmiede" die Kritik des Gesenkkontrolleurs Beck hervorgerufen.

Da ich mich mit dem Verfasser schon vor dem Kriege des öfteren über die vorteilhafteste Herstellung von Gesenken unterhalten hatte, wobei er mir immer das Ätzverfahren mundgerecht zu machen suchte und sogar erreichte, daß ich ihm einen Versuch zusagte, welcher aber wegen des inzwischen ausgebrochenen Krieges nicht zur Ausführung kam, nehme ich gerne Veranlassung, die damaligen Unterhaltungen wieder aufzunehmen, um auf diesem Wege einen größeren Kreis teilnehmen lassen zu können. Wie die Gesenke bei uns früher ausschließlich und heute noch in der Mehrzahl hergestellt werden, hat der Verfasser in seinem Artikel ausführlich beschrieben; inwieweit diese Herstellungsart ihre Berechtigung hat, sei weiter unten ausgeführt.

Es bleibt also zunächst übrig, die Einwände und Bedenken des Verfassers gegen das neuerdings zur Anwendung kommende Verfahren näher zu betrachten.

Wie vom Verfasser bereits dargestellt, wird zunächst von dem auszuarbeitenden Gesenk ein Gegenstück in erhabener Form hergestellt, welches Pfaffe genannt wird. Dieser Pfaffe ist in seinen Abmessungen von dem später in dem Gesenk herzustellenden Schmiedestück darin verschieden, daß er mit dem doppelten Schwindmaß hergestellt werden mußte, da er ja bei unserem Verfahren in das warme Gesenk eingedrückt wird, während der Pfaffe bei dem Ätzverfahren mit einfachem Schwindmaß hergestellt ist, da er in das kalte Gesenk gedrückt wird. Bis hieher sind beide Verfahren gleich. In der Verwendung des Pfaffen besteht aber von jetzt ab eine grundsätzliche Verschiedenheit, und hier setzt auch sofort die Kritik des Verfassers ein.

Bei unserem Verfahren preßt man die Pfaffen, wie schon gesagt, in den warmen Gesenkblock ein und erhält damit ohne weiteres den für die Aufnahme des Schmiedestücks erforderlichen ausgesparten Raum.

Bei dem Ätzverfahren muß zunächst die Form, in welche der Pfaffe hineinpassen soll, möglichst genau ausgeführt werden, worauf dann erst der Pfaffe eingedrückt wird. Er liegt nun natürlich noch nicht an allen Stellen gleichmäßig an und wird an den noch zu hohen Stellen Eindrücke erzeugen, welche durch Salpetersäure zurückgeätzt werden müssen. Die vom Pfaffen nicht berührten Stellen müssen dabei durch einen säurefesten Lack abgedeckt werden, damit die Säure nicht auch an diesen Stellen Material wegnimmt. Dieses Eindrücken des Pfaffen und Nachätzen müssen so oft wiederholt werden, bis der Pfaffe genügend tief hineingeht und überall satt aufsitzt und müssen um so öfter wiederholt werden, je weniger genau das Gesenk vorgefräst ist.

Nun zu den Einwänden des Verfassers gegen das erstere Verfahren:

Der Mehrverbrauch an Material für Pfaffen und Gesenk, welcher dadurch entsteht, daß der Pfaffe 5—8 mm höher gemacht werden muß als der normalen Tiefe des Gesenkes entspricht, weil das Herunterziehen der Ecken und Kanten beim Einpressen durch tieferes Eindrücken des Pfaffen und nachheriges Abhobeln am Gesenk ausgeglichen werden muß, übersteigt bei den heutigen Löhnen und Verwaltungskosten sicher nicht die Aufwendung für Ausfräsen des Gesenkes einschließlich Werkzeuge, namentlich, wennn es tief ist und eine komplizierte Form hat.

Auf das Schräghobeln oder Fräsen vor dem Eindrücken der Pfaffen an der Fläche, in welche das Gesenk hineinkommt, kann übrigens meines Erachtens verzichtet werden und es genügt, eine eben gehobelte Fläche, welche erst nach dem Eindrücken abgeschrägt wird, so daß die Kosten für das Abschrägen nur einmal aufzubringen sind.

Das seitliche Hinausdrücken des Materials an den übrigen Flächen beim Eindrücken des Pfaffen kann ohne weiteres vermieden werden durch Einkasten des Gesenks auf allen 4 Seitenflächen, wodurch noch erreicht wird, daß das Material etwas verdichtet wird, was für die Abnützung und Lebensdauer des Gesenkes wichtig ist.

Nun kommt ein sehr beachtenswerter Einwand, die Erwärmung, welche bei den heutigen Kohlenpreisen dem Verfahren den Todesstoß zu versetzen im Stande sein könnte. Aber auch damit ist es nicht so schlimm, da vorsichtigerweise zu diesem Zweck nicht ein besonderer Ofen angeheizt, sondern die Wärme eines für andere Zwecke benützten Ofens ausgenützt wird.

Da wir die Pfaffen unter der hydraulischen Presse eindrücken, können die Öfen der Rahmenpresserei zur Erwärmung benützt werden, welche nie so voll belegt sind, daß nicht noch einige Gesenke miterwärmt werden könnten; namentlich, wenn man die Erwärmung auf das Ende der Arbeitszeit verlegt, wo die Öfen die höchste Temperatur haben. Das Eindrücken der Pfaffen erfordert dann nur noch einige Minuten.

Wenn das Eindrücken der Pfaffen auf die richtige Tiefe vorgenommen ist, wird das Nachfräsen ganz gespart und das schlossermäßige Nacharbeiten auf ein Minimum beschränkt, so daß nur das Nachhobeln auf richtige Tiefe resp. Schräghobeln oder Fräsen der oberen Fläche bleibt. Die befürchtete Deformierung des Pfaffen beim Eindrücken in das warme Gesenk ist nicht eingetreten, denn das Eindrücken geht verhältnismäßig rasch vor sich, und der Pfaffe kann sofort abgekühlt werden.

Wie steht es nun demgegenüber mit dem Ätzverfahren? Ist es wirklich so ideal, wie es aus den Betrachtungen des Verfassers hervorschaut? Es ist außer Zweifel, daß das Ausfräsen namentlich tiefer Gesenke mit schwierigen Formen, selbst wenn man die Kopierfräsmaschine, welche dem Verfasser vorschwebt, zu Hilfe nimmt, stets sehr teuer werden wird, denn wenn man nicht sehr genau mit verhältnismäßig geringer Zugabe vorfräßt, wird das nachherige Abätzen sehr langwierig und umständlich.

Die Verwendung von Kopierfräsmaschinen macht namentlich bei großen tiefen Gesenken nicht restlos glücklich, wenigstens haben wir im Krieg für andere Zwecke verschiedenes probiert, aber keine befriedigende Konstruktion finden können. Da fernerhin zum Kopieren ein Modell vorhanden sein muß, welches auch nicht gerade billig wird, so werden die Gesenkkosten selbst beim Kopierfräsen nicht gerade gering, und es muß schon eine sehr große Massenfabrikation, welche einen großen Bedarf an Gesenken zur Folge hat, vorliegen, um die Anfertigung eines besonderen Kopiermodells zu rechtfertigen.

Daß das Gesenk nach dem Ätzen zum Nachdrücken des Pfaffen immer wieder unter die Presse gebracht werden muß, bis dasselbe überall satt und in der richtigen Tiefe sitzt, ist zeitraubend und umständlich. Eine Unannehmlichkeit scheint mir ferner zu sein, daß bei tiefen Gesenken mit verhältnismäßig senkrechten Flächen leicht ein Unterfressen der Fläche durch die Säure eintreten kann, wodurch dann das Schmiedestück, wenn die Stelle im Gesenk nicht nachgearbeitet wird, hängen bleibt und schlecht aus dem Gesenk zu bringen sein wird.

Doch wir wollen auch die Vorteile des Verfahrens zum Wort kommen lassen.

Bei flachen Gesenken, welche wenig Fräsarbeit, aber verhältnismäßig viel Schlosserarbeit erfordern, glaube ich die Verwendung des Ätzverfahrens verantworten zu können. Unbestreitbare Vorteile scheint es mir im Zusammenhang damit unter folgenden Bedingungen zu haben: Die Verhältnisse zwingen uns bekanntlich mehr denn je darauf zu achten, daß die Bearbeitung der Teile auf das Notwendigste beschränkt wird, ohne daß dadurch die Qualität und das Augenfällige notleiden. Bei Schmiedestücken ergibt dies die Notwendigkeit, dieselben auf Maschinen mittels Werkzeuge herzustellen, welche die höchste Präzision zulassen.

Der Fallhammer und Gesenkdampfhammer sind hiefür nicht mehr genügend genau, weil das Spiel in den Führungen nicht vermieden werden kann, wodurch stets kleine Versetzungen der beiden Gesenkhälften vorkommen, welche eine Nacharbeit an dem betr. Schmiedestück erforderlich machen. Es sind deshalb hiefür Pressen vorgesehen, welche es ermöglichen, die Gesenke in genauen Führungen haarscharf einzustellen und zu sichern. Um nun fortlaufend Schmiedestücke von höchster Genauigkeit herstellen zu können, müssen auch die Gesenke immer in tadelloser Verfassung sein, oder leicht mit verhältnismäßig wenig Kosten in solche gebracht werden können.

Dazu bietet das Ätzverfahren unstreitig die Hand. Da das Nacharbeiten der Gesenke so gedacht ist, daß ein wenig an der oberen Fläche abgeschliffen und dann der Pfaffe kalt nachgepreßt wird, so kann dazu der bei der ersten Herstellung des Gesenkes verwendete Pfaffe verwendet werden, während beim Verfahren 1 erst ein besonderer Pfaffe hierzu hergestellt werden muß, da ja der erste Pfaffe mit doppeltem Schwindmaß angefertigt wurde, während beim Kalteinpressen nur einfaches nötig ist. Auch wird beim Nachätzen der Gravur ein geringer Druck notwendig sein und daher der Pfaffe mehr geschont, als wenn die ganze Nacharbeit nur durch Nachdrücken des Pfaffen auf die erforderliche Tiefe erreicht werden soll.

Alles zusammengefaßt komme ich nach reiflicher Überlegung und aus meinen praktischen jahrelangen Erfahrungen heraus zu dem Schluß, daß die für Herstellung von Schmiedegesenken angewendeten 3 Verfahren nicht als feindliche Brüder sich bekämpfen sollen, sondern ruhig nebeneinander sich behaupten können, je nachdem die Verhältnisse liegen.

Das ursprüngliche Verfahren des Ausfräsens und schlossermäßigen Bearbeitens des Gesenkes wird überall da seine Berechtigung behalten, wo von vornherein nicht mit einer größeren Massenfabrikation gerechnet werden kann und sich die Anfertigung eines Gesenkes doch wegen der Schwierigkeit des Schmiedestücks oder wegen zu hoher Bearbeitungskosten lohnt.

Die Anfertigung eines Pfaffen zum Warmeindrücken denke ich mir da am Platz, wo mit großen Stückzahlen und wegen der Kompliziertheit mit großen Gesenkverlusten gerechnet werden muß. Ist das Schmiedestück symetrisch gestaltet, so daß Ober- und Untergesenk mit demselben Pfaffen hergestellt werden können, so fällt die Wahl für den Pfaffen gegenüber 1 um so weniger schwer.

Das 3. Verfahren, das Ätzverfahren, wird in Frage kommen, wenn bei großen Stückzahlen und verhältnismäßig wenig tiefem und in der Form wenig kompliziertem Gesenk besonders genaue Arbeit erreicht werden soll, was durch öfteres und leichtes Nacharbeiten der Gesenke ermöglicht wird.

Zusammenfassend sehen wir, daß nicht ohne weiteres nach Schema-F vorgegangen werden kann, sondern, daß vielmehr die Leitung der Gesenkmacherei sich die Wahl des einen oder anderen Vefahrens sehr überlegen wird und ihre Entschließung nötigenfalls nur im Einvernehmen mit der Betriebsleitung treffen kann. Die Ausführungen des Verfassers der „Vorschläge aus der Gesenkschmiede" in Heft 12/13 werden nicht ungehört verhallen und am richtigen Platz Verwendung finden.

D. M. G.

Metallverarbeitung in der vor- und frühgeschichtlichen Zeit.

Von Oberingenieur Hermann Balz.

Einer der wichtigsten Punkte in der menschlichen Entwicklung ist die Einführung des Metalls. Seit der Entdeckung des Feuers, das den Frühmenschen über seinen tierischen Zustand erhob, war bis zur Benützung des Dampfes und der Elektrizität kein ähnlicher wichtiger Einschnitt zu verzeichnen.

In dem ungeheuren Zeitraum, den wir mit Steinzeitalter bezeichnen, sind ja gewiß auch Fortschritte, z. B. in den Steinwerkzeugen, zu verzeichnen. Aber was sind sie im Vergleich zu den ungeahnten Fortschritten, die die Kultur vor etwa 6000 Jahren durch die Einführung des Metalles nahm?

Die verschiedenen Menschenrassen und Völker der Erde haben ein „Steinzeitalter" gehabt, aber den Übergang vom Steinzeitalter zur Metallzeit nicht gleichmäßig durchgemacht, und einige haben ihn sogar bis heute noch nicht gefunden.

Die ersten Metalle, die schon in den letzten Jahrhunderten der jüngeren Steinzeit in Europa bekannt wurden, waren das Gold und das Kupfer, beide zuerst als Schmuckmetalle verwendet. Früheren Ansichten nach sollte das Kupfer aus dem weiten Südosten unseres Kontinents über Ägypten, das etwa im 4. Jahrtausend v. Chr. (Bergwerke am Sinai) über Cypern, das etwa im 3. Jahrtausend Kupfer verarbeitete, auf dem Handelsweg zu uns gekommen sein.

Neuere Forschungen haben unzweifelhaft ergeben, daß Europa in jenen Zeiten selbst Kupfer und daran anschließend Bronze erzeugte. Ohne Zweifel waren Spanien und England Kupfer und Zinn erzeugende Länder. Auch in Ungarn wurde z. B. schon sehr früh einheimisches Kupfer verarbeitet, ebenso wie auch bei Salzburg bereits gegen 2000 v. Chr. Kupferbergbau getrieben wurde. Hier konnte ein altes Bergwerk wieder aufgedeckt werden, in welchem man steinerne und kupferne Werkzeuge, Mahlsteine, Tiegel usw. fand.

Etwa im Anfang des 3. Jahrtausends wurde die Erfindung gemacht, daß zur Härtung des Kupfers ein zweites Metall, das Zinn, zugesetzt werden muß. Hierdurch entsteht die Bronze. Durch chemische Analyse vorgeschichtlicher Bronzen läßt sich feststellen, daß die Mischungen (Zinnzusatz) zwischen 1 und 10 % betragen. Das klassische Mischverhältnis 9 : 1 wurde bereits im Laufe der ersten Zeitperiode der Bronzezeit zwischen 2000 und 1500 v. Chr. gefunden. Diese Mischung, 9 Teile Kupfer, 1 Teil Zinn, wird noch heutzutage im größten Maße verwendet.

Wo die Bronze erfunden wurde, läßt sich mit Sicherheit nicht sagen. Für Europa sind vermutlich England und Spanien die Wiege dieser Mischung, da dort Kupfer und Zinn gleichzeitig vorkommen.

Die Bronze erst vermochte durch ihre Härte die Steinwerkzeuge und die denselben zunächst nachgebildeten Kupferwerkzeuge zu verdrängen. Die Geräte und Waffen wurden zumal in Nordeuropa durchweg in Guß hergestellt und durch Nachhämmern die Spitzen und Schärfen hergerichtet. Die ältesten Schmucksachen sind meist ebenfalls gegossen. Die prächtige Farbe verlockte zur Herstellung von Schmucksachen. Gußformen verschiedener Art wurden bei Ausgrabungen gefunden. Als Werkzeuge wurden verwendet: das Flachbeil, dann das Randbeil mit flacher und gebogener Schneide, später das sogenannte Absatzbeil mit Querrippe zum Halten des Griffs und das Tüllenbeil, endlich die Lochaxt (Hammer). Als Waffen: Dolch und später auch Kurz- und Langschwerter, Lanzenspitzen, Messer. Als Schmuck: Hals-, Arm-, Fußringe und Fußspiralen, Nadeln zum Festhalten des Gewandes usw. Eine große Rolle spielt die Fibel, d. h. Gewandhaftel in der Art unserer Sicherheitsnadel, die in größter Formenmannigfaltigkeit auftritt. Unsere Funde zeugen von der großen Kunstfertigkeit jener Zeit. Wie schon oben erwähnt wurde das Kupfer im Bergwerkbetrieb gewonnen. Daß dieser Betrieb mit den einfachen Werkzeugen äußerst

Zu Daimler-Werkzeitung Nr. 8. Prof. A. Eckener Handchargieren eines Martinofens.

mühsam war, läßt sich denken; immerhin betreiben die Römer und Karthager mit Sklaven besonders in Spanien Kupferbergwerke bis zu 200 Meter Tiefe.

Das Rohkupfer wurde in den verschiedenen Ländern verschieden behandelt. In einer Art Schachtöfen, Tiegelöfen und dergl. wurde das Rohmaterial niedergeschmolzen. Auch noch auf alten griechischen Vasenbildern kann man feststellen, daß dies teilweise mit Handgebläse geschah.

Durch mehrmaliges Umschmelzen wurde das Kupfer gereinigt. Zinn, das zur Bereitung der Bronze unentbehrliche Metall, wurde, wie erwähnt, in Spanien und England gefunden. In zinnarme Gegenden des Ostens wurde dieses Metall auf dem Handelsweg nachweislich aus England gebracht. Die Gewinnung und Herstellung erfolgten wohl ähnlich wie beim Kupfer. Erwähnt kann hier werden, daß mit Kupfer und Zinn auch vielfach Blei gewonnen wurde, ein Metall, das schon im hohen Altertum des Orients vorkommt. Doch erst zur Griechen- und Römerzeit wurde das Blei in ausgedehntem Maße verwendet, wie z. B. zu Wasserleitungsröhren, Steinklammern, Kisten usw. Wie ein aufgefundener römischer Bleiofen zeigt, erfolgte die Gewinnung durch Erschmelzen. Der Ofen, der eine Höhe von $3^{1}/_{2}$ und eine Weite von $2^{1}/_{2}$ Meter hatte, war in die Erde gebaut, zeigte feuerfeste Wandungen von 14 cm Dicke und hatte am Boden eine Abflußrinne.

Mehr als ein halbes Jahrtausend dauerte es seit dem Beginn der „Metallzeit" noch, bis der europäische Mensch zur Kenntnis der Bronze auch die des Eisens gewann: das geschah etwa 1200 v. Chr. in Südeuropa, um 1000 v. Chr. im Norden.

Nach der seitherigen Auffassung kam das Eisen aus dem Orient, etwa aus dem südwestlichen Asien, wo es im 2. Jahrtausend bekannt war. Der Weg würde über Griechenland und Italien zu uns geführt haben. Wie beim Kupfer und der Bronze neigen aber neuere Forscher zu der Ansicht, daß auch das Eisen selbständig in Europa, wahrscheinlich im Bereich des ägäischen Meeres oder in den Donauländern, gefunden wurde und sich von hier aus verbreitete. Der Übergang von der Bronze- zur Eisenzeit erfolgte natürlich ebenso allmählich, wie der der Steinzeit in die Bronzezeit. Hinderlich aber für die neue Erfindung war die Weichheit des Eisens, die die Bronze so leicht nicht ersetzen konnte. Noch im 2. Jahrhundert vor Chr. mußten die Gallier, wie römische Schriftsteller berichten, ihre Eisenschwerter während des Kampfes gerade biegen, denn der Stahl wurde erst viel später erfunden. Allen Rückschlüssen auf diesem Gebiet steht übrigens der Umstand hindernd im Wege, daß der Mangel an alten Eisenfunden mit Sicherheit auf die starke Oxydationsfähigkeit des Eisens zurückgeführt werden kann. Eisen rostete deshalb in feuchter Erde rasch, und ein solcher Eisenfund wurde unbeachtet bei Seite geworfen, während Bronze gut erhalten bleibt und dem Finder durch die grüne Farbe und das hohe Gewicht auffallen muß.

In dieser Übergangszeit zur eigentlichen „vollen" Eisenzeit entwickelt sich aber auch die Bronzetechnik weiter. Aus dieser Zeit, der sogenannten Hallstattzeit, stammen auch ausgezeichnete Bronze-Schwerter mit prachtvollen Griffen, Helme, Gürtel, Nadeln aller Art, Fibeln, Figuren, Eimer und Kessel aus Bronze mit getriebenem Figurenschmuck. Die Hauptfabrikation solcher getriebenen Arbeiten, die weithin als Handelsware ausgeführt wurden bis zum höchsten Norden, lag wohl eine Zeit lang bei den Etruskern in Mittelitalien. In den Gräbern der Hallstattzeit finden sich aber neben den Bronzegegenständen bereits eiserne Schmucksachen, Lanzenspitzen, Schwerter, Äxte und dergl.

Mit Ende des 5. Jahrhunderts v. Chr. hat das Eisen die Bronze als Material für Waffen und Werkzeuge auch in Nordeuropa nahezu vollständig verdrängt. Nur für Schmuck und häusliche Bedarfsgegenstände bleibt die Bronze neben Eisen noch vielfach in Gebrauch. Die nun einsetzende eigentliche Eisenzeit nennt man La Tènezeit, nach einem Pfahlbau in der Schweiz, wo man typische Eisenfunde gemacht hat: Schwerter, Schwertscheiden aus gehämmertem Eisenblech, Lanzen, Schildbuckel, Helme, Brustpanzer, Äxte, Sicheln, Sensen, Messer, Ketten, Ringe usw.

Die Gewinnung des Eisens schließt sich im großen und ganzen der des Kupfers an. Die frühesten gefundenen Öfen bestehen aus runden Gruben, die ausgemauert waren; in diese wurden Eisenerz und Holzkohlen geschüttet. Eigentliche Tiegel sind wohl erst später aufgekommen. Im Laufe der Zeit wurden höhere Öfen erbaut und mit Gebläse betrieben. Abbildungen in ägyptischen Gräbern zeigen einen Blasebalg, der aus einem Ledersack hergestellt, mit dem Fuße getreten und mit Schnüren hochgezogen wurde. Die erzeugte Preßluft wurde in tönernen Röhren dem Ofen zugeführt. Das erzielte Eisenprodukt hatte in Mitteleuropa oft die Form von Doppelpyramiden, deren beide Spitzen in die Länge geschmiedet waren. Solche „Luppen" findet man häufig an „eisenzeitlichen" Wohnplätzen. Bei einer Länge von 20—40 cm und einer Dicke von 6—10 cm betrug das Gewicht bis zu 10 kg. Das Roheisen, das in der genannten Form in den Handel kam, mußte teilweise unter nochmaligem Umschmelzen verarbeitet werden.

Es entspricht jedoch nicht dem Material, das wir heute Roheisen nennen. Zur Herstellung von Roheisen benötigt man eine Temperatur von etwa 1200° und darüber, also einen Hitzegrad, den man zu jener Zeit wohl nicht erreichen konnte. Die Eisenreduktion tritt schon bei ungefähr 700° ein, und hierbei wird Schmiedeeisen gewonnen.

Gußeisen scheint in vorgeschichtlicher Zeit nicht hergestellt worden zu sein; man fand wenigstens keine derartigen Erzeugnisse. Technisch wäre die Herstellung jedoch nicht unmöglich gewesen.

Vorgeschichtliche Metallfundgegenstände aller Art geben davon Zeugnis, daß ihre Herstellung in technischer und künstlerischer Beziehung auf mannigfaltige Art erfolgt sein muß. Wie erwähnt, waren die ersten Kupfer- und Bronzeerzeugnisse durch Guß hergestellt. Die Gußformen bestanden aus Sandstein, noch häufiger aus Ton, der ein bequemes Abformen gestattete, oder aus Metall. Die meisten Formen waren zweiteilig, hatten entsprechendes Eingußloch und zeigen teilweise Luftkanäle. Das genaue Zusammenpassen der Gußhälften erfolgte mit Sicherungszapfen, deren Löcher in den Formen sichtbar sind. Hauptsächlich wurden gegossen: Dolche, Lanzenspitzen, Schwerter, Beile, Sicheln, Messer und allerlei Schmuck. Aber schon von der Hallstattzeit an finden wir besonders im Süden prachtvoll getriebene Kessel, Vasen, Flaschen, Spiegel, Schmuck, vielfach auch in Gold und Silber. Die Bronze wurde auch genietet, gestanzt, ziseliert, zu Münzen geprägt, graviert. Die hierzu nötigen Werkzeuge, wie auch solche zum Löten (Lötkolben und Lötrohr) bilden interessante Funde unserer Museen. Außer Bronzeblech wurde auch Bronzedraht hergestellt, wie, das entzieht sich unserer sicheren Kenntnis; vermutlich jedoch durch Hämmern. Ein in Mittelitalien aufgefundenes Bronzedrahtseil besteht aus drei Strängen, die aus je drei Drähten zusammengedreht waren.

Eine wohlbekannte Metallbearbeitung war jedoch auch schon in der Bronzezeit das Schmieden. Homer besingt in der Ilias den Schmied Hephästos und seinen Betrieb. Er schildert die Entfachung des Feuers mit Blasbälgen, die von zwanzig Mann in Betrieb gesetzt werden. Das Eisen wird mittels Zangen auf den Ambos gehalten und mit schweren Hämmern bearbeitet. Durch Abschrecken in kaltem Wasser wurde sodann eine gewisse Härtung erzielt. Alte Schriftsteller erwähnen auch das Härten in Öl sowie Einsatzhärtung in Horn und Salz.

In der römischen Zeit wurden Blasebälge aus Ochsenhäuten hergestellt, deren Betrieb vielfach mit Wasserkraft erfolgte.

Was die Schmiedewerkzeuge betrifft, so besitzen wir im großen und ganzen noch heute nach 1900 Jahren die von nordeuropäischen und römischen Schmieden verwendeten Ambosformen, Hämmer, Zangen, Meißel, Pickel, Hauen, Schaufeln, Gabeln, Äxte, Sicheln, Hufeisen.

Ungeheuer reiche Funde in allen Ländern zeugen von der Art der vor- und frühgeschichtlichen Metallbehandlung; von der Fabrikation und den Fabrikaten in Griechenland und Rom zeugen auch viele Vasenbilder, Wandgemälde, Reliefs und Gemmen.

Wir erkennen auf solchen z. B. Schmiedeeinrichtungen mit Schmiedemeister und Gesellen in voller Arbeit am Ambos, selbst Feueresse und Blasbalg sind deutlich zu sehen. Ein römisches Relief zeigt unter anderem einen Messerschmiedladen mit seinen vielen Messerformen; wieder ein anderes läßt einen Schleifstein im Holzgestell erkennen, genau wie ihn noch heute der fahrende Messerschleifer benützt.

Endlich ist noch der Bronzekunstguß zu erwähnen, der in griechischer und namentlich römisch-kaiserlicher Zeit zu einem noch heute bewunderten und angestaunten Kunstgewerbe sich entwickelt hat, dessen Anfänge aber schon in der frühesten Bronzezeit liegen. An Stelle des früheren Vollgusses trat bereits in der mittleren Bronzezeit auch in Europa bis zum Norden der bedeutend schwierigere Hohlguß. Die bekannten ägyptischen Bronzefiguren sind Hohlgußfiguren, nachweislich durch das Wachsausschmelzverfahren hergestellt. In römischen Zeiten war das Gießereiwesen derart ausgebildet, daß selbst große Bronzestatuen nur wenige Millimeter starke Wandungen haben. Manche Bildwerke wurden in einzelnen Stücken gegossen und, dem bloßen Auge unsichtbar, zusammengefügt. Eine Menge herrlichster griechischer und römischer Statuen schmücken heute unsere europäischen Museen und zeugen von der hervorragenden Gußtechnik jener längstvergangenen Zeit.

★ ★

★

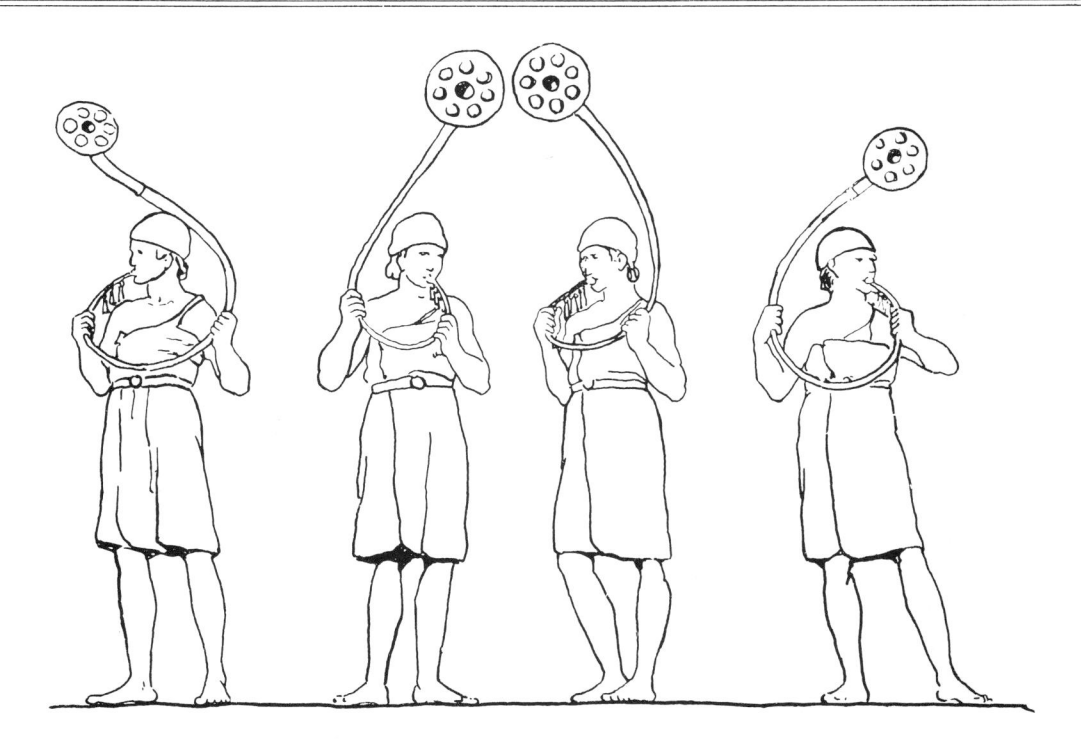

Luren.
Altgermanische Blashörner aus der Zeit um 1000 vor unserer Zeitrechnung.
Von Museumsdirektor Professor Dr. Hahne.

Umgeben von den verwickeltesten Erfindungen, an ihnen schaffend und von ihnen abhängig, sind wir gar leicht geneigt, auf die einfachen Techniken, auf die „primitiven" handwerklichen Verrichtungen, auf die allen, auch den auf niedrigster Kulturstufe stehenden Menschen gemeinsamen Geräte herabzublicken, als auf überwundene Dinge, die uns oft sogar komisch anmuten. Wie anders aber sieht die Sache aus, wenn wir zurückgehen in die Anfänge menschlicher Werktätigkeit und Erfindungen, an den Beginn des Menschengeschlechtes, da es noch kaum der Tierheit entstiegen, die ersten Schritte auf dem langen, langen Wege zurücklegte, dessen vorläufiges Ende die Gegenwart ist. Da werden dann die einfachsten Erfindungen, die ersten Errungenschaften der materiellen und geistigen Kultur zu kaum begreiflichen Großtaten, und wir verstehen, weshalb sie uralte Sagen und Märchen Göttern und Halbgöttern zuschreiben. Welche Umwälzungen im Dasein des Urmenschen, als er begriffen hatte, daß man das mächtige Urwesen Feuer jederzeit erzeugen und nach seinem Belieben verwenden kann! Den primitiven Menschen ist es ein gewaltiges, „göttliches" Wesen, klarer erkennenden alten Völkern ist es immerhin noch etwas Götterentstammendes, Heiliges: Prometheus hat es den Göttern geraubt, als heiliges Gut bewahrt es Vesta, hütet es die Frau am Herde und hegen es Gotteshäuser als heilige Flamme.

Kaum vorstellen können wir uns noch, was die Erfindung bedeutete, daß scharfe und spitze Steinsplitter als erste Werkzeuge die Wirksamkeit der Hand vertausendfachten; welche Umwälzungen es in dem Lebenswege der Menschen bedeutete, daß der Tontopf erfunden wurde, Ackerbau, Viehzucht, Spinnen und Weben und das Ausschmelzen der Metalle.

Marksteine von höchster Bedeutung auf den Wegen der Menschheit sind das alles. Viele der modernsten Erfindungen sind in ihren grundsätzlichen Teilen uralt, und fortgeschritten ist nur ihre Anwendungsmöglichkeit.

Über Schlagen, Drücken, Schneiden, Sägen, Bohren, Reißen, Spalten und Schaben geht keine mechanische Werkzeugmaschine hinaus. In Ackerbau, Viehzucht und vielen Gewerben werden uralte, erprobte Techniken heute noch angewendet.

Besonders „primitiv" sind in ihren Grundzügen auch die Musikinstrumente, unter ihnen besonders die Blashörner; aber welch ein Weg von der Schallverstärkung für die menschliche Stimme durch die hohle Hand oder durch das Stierhorn bis zum wirklichen „Blasinstrument". Fast ein Allgemeingut der Menschheit ist das Tuthorn in irgend einer Form; bis zur einfachen Posaune hatten es nur wenige Völker des Altertums gebracht.

Durch verschieden kräftiges Anblasen, Öffnen und Zusammenpressen der Lippen kann schon der bloße Mund verschiedene Töne hervorbringen, ein Schallrohr verstärkt und erleichtert diese „Ton"-Unterscheidung.

Abb. 1.

Abb. 2.

Abb. 3.

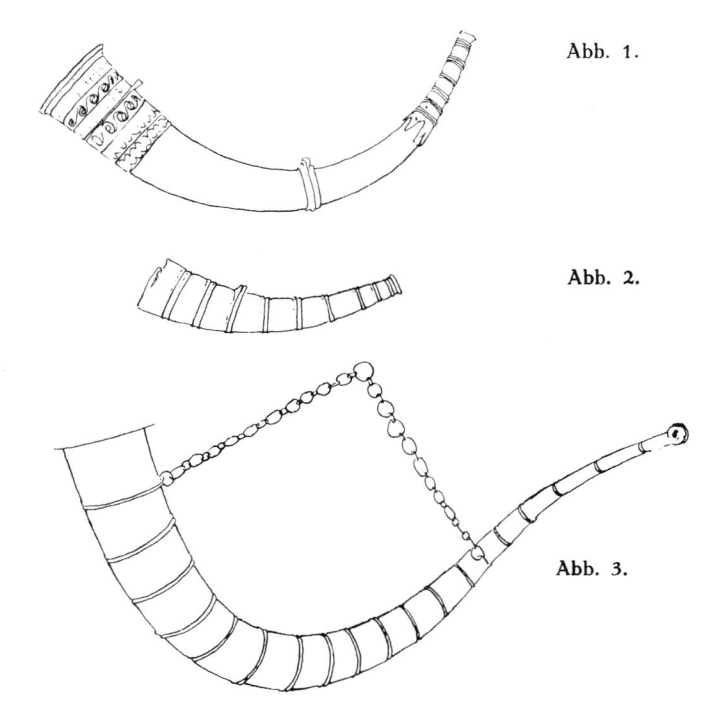

Erst aber aus Rohren, deren Durchmesser sich vom „Mundstück" zur Schallöffnung in der regelmäßig fortschreitenden Erweiterung eines regelrechten Kegels (konisches Rohr) erweitert, klingt nach reichlicher Übung eine festbestimmte Folge von Tönen. Seit kurzem wissen wir, daß es eine Tonreihe ist, deren Schwingungszahlen sich verhalten wie 1 zu 2, zu 3, zu 4 (Helmholz) usw.; je länger das Horn, desto länger die Reihe. Die Reinheit der Töne hängt vor allem ab von der Gleichmäßigkeit der Hornwandung und der Genauigkeit der allmählichen Erweiterung. Ein solches Blashorn ist noch das alte, klappenlose Waldhorn. Die Klappen und Ventile sind erst eine Erfindung des 19. Jahrhunderts.

Das Vollkommenste, was im Altertum in der Herstellung von Blashörnern geleistet ist, kennen wir aus dem altgermanischen Kulturbereich Nordeuropas aus der Zeit um 1000 v. Chr. Einheimische Vorstufen, die Jahrhunderte älter sind, zeigen deutlich, wie man durch allerlei technische Vervollkommnungen die musikalische Leistung solcher Hörner anstrebte und erreichte. Schon um mindestens 1500 v. Chr. gab es hier Stierhörner (Abb. 1), deren Mundstück und Schallöffnung nach der Technik und Sitte der Zeit und des germanischen Volkes von gegossenen Bronzehülsen eingefaßt waren, ihr Ton war sicher der der gewöhnlichen Nachtwächter-Tuthörner. Dann treten vollständig aus Bronze gegossene Blashörner (Abb. 2 u. 3) mit dicken Wandungen auf. Ihre Form und Verzierung verraten noch deutlich, daß es Metallnachformungen von Blashörnern sind. Die ersten Stücke sind kurz und plump und ihr Ton war nicht besser als der der einfachen Kuhhörner. Bald aber stellte man lange, schön gewundene Hörner her, die aus mehreren Gußteilen zusammengefügt sind. Einige dieser Stücke sind heute noch blasbar. Die ältesten sind noch nicht regelmäßig konisch, und ihre Wandstärke ist noch ungleichmäßig, vor allem infolge mangelhafter Ineinanderfügung aus mehreren Gußstücken mittels unbeholfener Löttechnik. Daher ist ihre Tonfolge

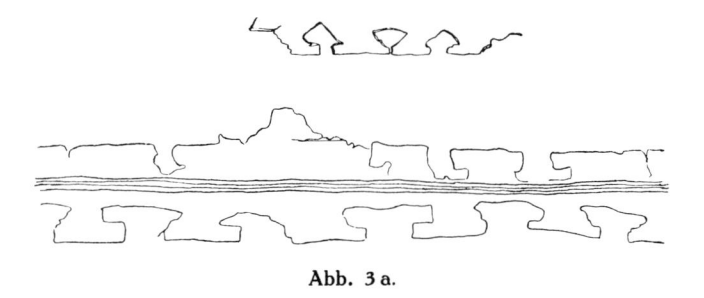

Abb. 3 a.

noch unrein, sie geben nur dumpfe Tutlaute verschiedener Höhe. Bald aber setzt eine Entwicklung ein, die um 1000 v. Chr. zu äußerst eleganten, 2 m langen, erstaunlich regelmäßig geformten und in geradezu raffinierter Guß- und Löttechnik (Abb. 3 a) hergestellten Stücken führt. Die Zeit jener schönen Blashörner, die heute „Luren" (Abb. 3 u. 4) nach dem norwegischen Wort für Alphörner genannt werden — germanisch werden sie wohl Trompen geheißen haben — war eine hohe Blütezeit der nordischen Menschengruppe, die wir schon damals Germanen nennen.

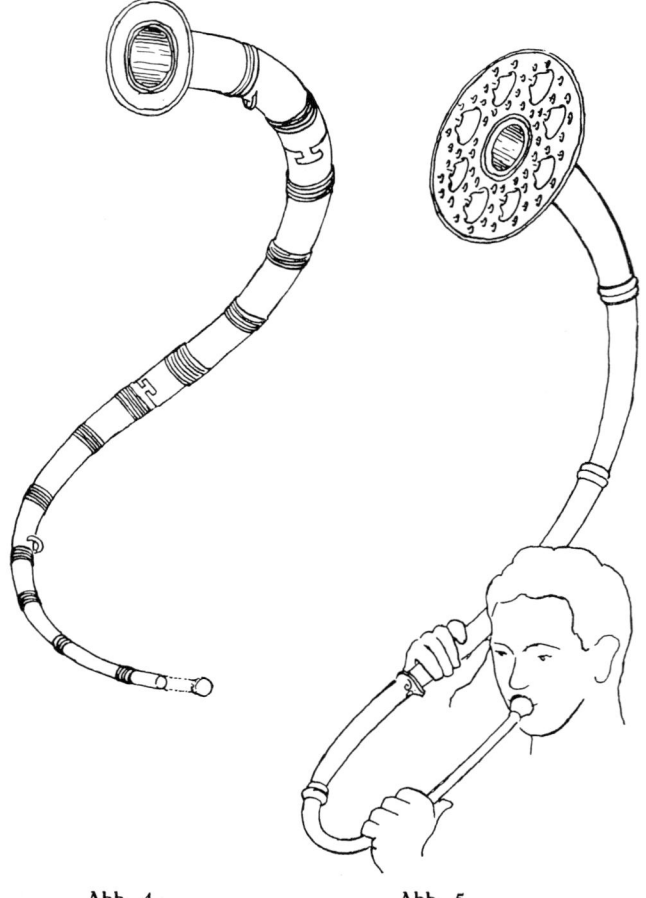

Abb. 4.   Abb. 5.

Die Verzierung der Hörner, sowie kennzeichnend geformte Ketten, Anhänger an den Schallscheiben, die an den Schallöffnungen angelötet sind, und anderes mehr geben (Abb. 6) die sichere Zeitansetzung auf die Zeit ca. 1400 und 1000, das entspricht der 4. und 5. Stilperiode der nordischen, germanischen sog. Bronzezeit, die ihren Namen erhielt von der Tatsache, daß eine

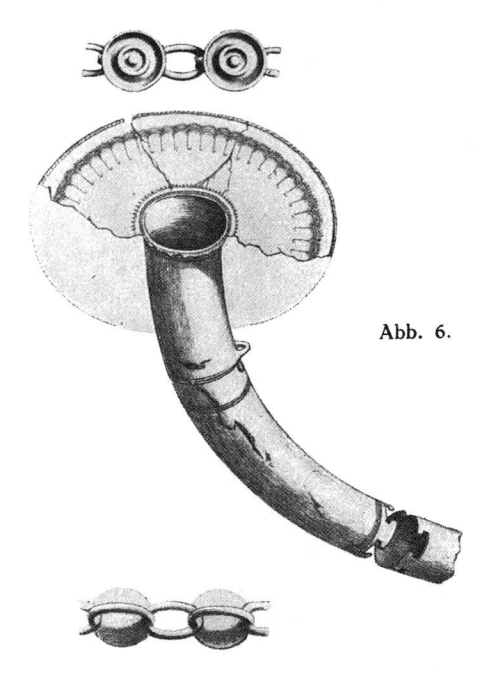

Abb. 6.

Legierung von Kupfer und Zinn, meist im Verhältnis von 9 : 1, das Metall der wichtigsten und meisten Geräte, Werkzeuge und Waffen war. Das Eisen war bis gegen 1000 v. Chr. den Völkern Mittel- und Nordeuropas nicht bekannt, auch im Mittelmeerbezirk erst seit etwa 1500, und überall jahrhundertelang erst spärlich verwendet neben der Bronze. Das Gold war schon seit etwa 2000 als kostbares Schmuckmetall verbreitet.

Die spätesten, vollkommensten Luren enthalten 16 mit Übung gut blasbare Töne, in dem Schwingungsverhältnis von 1 zu 2, zu 3 etc. bis 16 — in moderner Notenschrift ausgedrückt und in der C-dur-Tonleiter geschrieben: C. 1. C. 2. G. 2. C. 3. E. 3. G. 3. C. 4. D. 4. E. 4. F. 4. Fis. 4. G. 4. A. 4. H. 4. Be. 4. C. 5.

Bei den besten Exemplaren dieser spätesten Gattung, die heute noch blasbar sind, sind sie in guter Reinheit hervorrufbar, nur beeinträchtigt durch die Verrostung während der jahrtausendlangen Lagerung im moorigen Boden.

Nachbildungen in der originalen Technik, die ich nach Bruchstücken von Garlstorf, Provinz Hannover, habe herstellen lassen (Abb. 8), gestatten weitere, höchst interessante Versuche, von denen noch einige erwähnt seien. Eine Lure der spätesten Art ist in der Provinz Hannover gefunden worden, leider in viele Stücke zerbrochen, aber sichtlich soweit den dänischen Stücken entsprechend in Form und Technik, daß die hier gewonnenen Untersuchungsergebnisse auf jene anderen Stücke angewendet werden können. Das jetzt ziemlich zerrostete Metall des Stückes von Garlstorf[1] hat folgende Zusammensetzung:

Kupfer	87,10
Zinn	12,04
Blei	1,47
Eisen	0,09
Nickel	0,32
Zink	0,07

Arsen- und Antimonspuren.

Die Wandstärke ist recht gleichmäßig 1 mm. Daß die Kerne für die Gußformen gut und glatt gearbeitet waren, beweißt die Glätte der im Übrigen nicht nach dem Guß abgeputzten Innenfläche. Außen war das Horn wenig überarbeitet, wo Unebenheiten des Gusses vorhanden waren. Sämtliche Verzierungen sind im Guß hergestellt und nicht nachgearbeitet. An ihrer Formgebung läßt sich noch gut erkennen, wie die verlorene Form hergestellt war in Wachs, welches auf dem festen Kern aufgetragen war. Da die Gußstücke beiderseits offen waren, bot die Festlegung des Kernes in der Form keine Schwierigkeiten. An manchen Luren sind Reste der Formstützstäbchen gefunden. Es wäre an sich auch Guß in fester Form denkbar. Das Ganze ist aus mehreren Gußstücken zusammengesetzt, auch die Platte war für sich gegossen. Die Zusammenfügung der übrigens glatten Fugen ist durch Hartlötung geschehen. Versuche, die an einfache, heute noch geübte Löttechnik anschließen, lassen annehmen, daß ein Brei aus Metallspänen, Wasser und einem Flußmittel (heute Borax) an den Lötstellen aufgetragen wurde. Bei der Erhitzung wird diese Masse schneller flüssig als das Metall der Lötstücke selbst und bringt die Lötung hervor. Über manche nicht ganz glatte Lötstellen ist auf diese Weise ein die beiden Stücke zusammenfügender Reif aufgeschmolzen, von dem Zapfen in das Innere des Rohres gelaufen waren. Ein solcher Reif (Abb. 9) ergab folgende Metallmischung:

Kupfer	86,75
Zinn	12,55
Blei	0,25
Eisen	0,22
Nickel	0,13
Zink	0,10
	100,00

Antimon- und Arsenspuren.

---

[1] Von mir veröffentlicht in „Vorzeitfunde aus Niedersachsen", Verlag Gersbach (Hannover) S. 41 in 3 Tafeln.

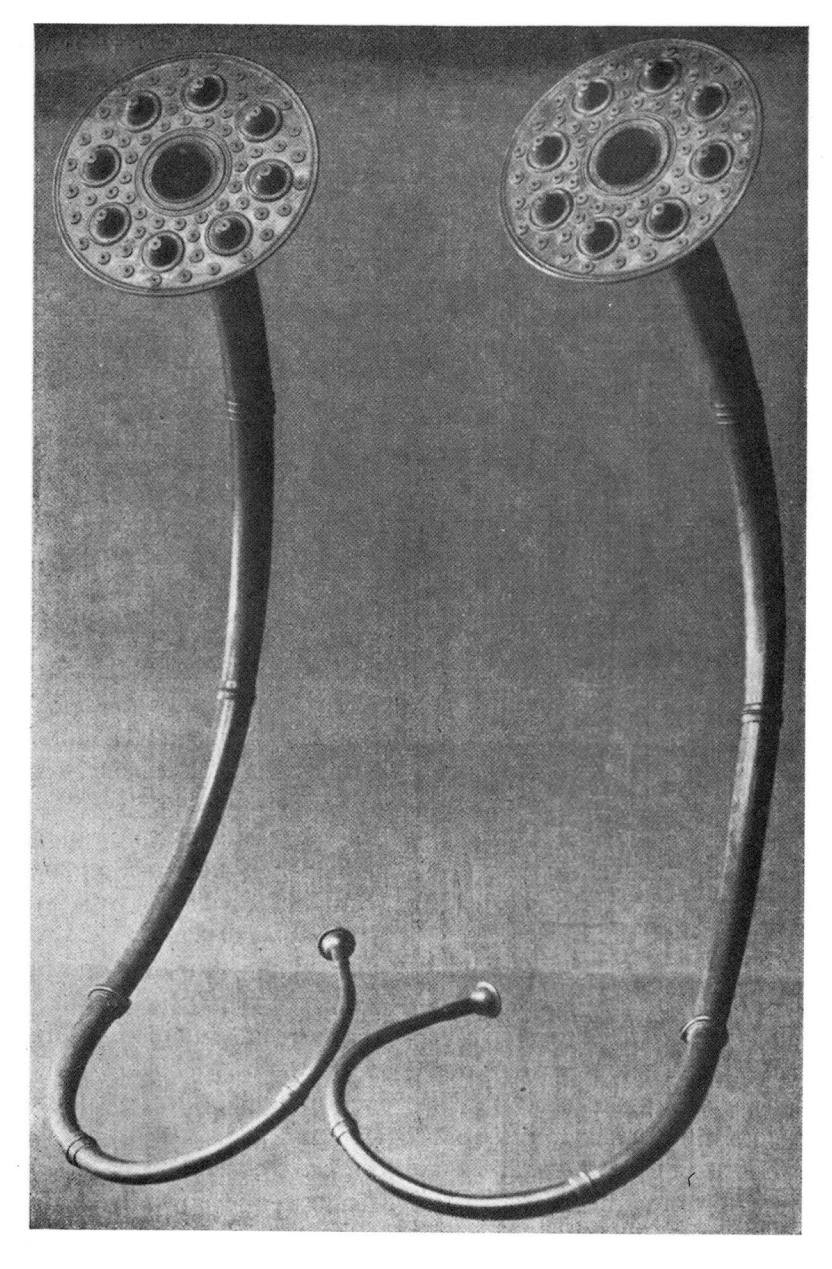

Abb. 8.

Ein anderer derartiger Ring (Abb. 9):

$$\begin{aligned}
\text{Kupfer} &\quad 78{,}51 \\
\text{Zinn} &\quad 9{,}75 \\
\text{Blei} &\quad 1{,}47 \\
\text{Eisen} &\quad 1{,}13 \\
\text{Nickel} &\quad - \\
\text{Zink} &\quad 9{,}14 \\
\hline
&\quad 100{,}00
\end{aligned}$$

Arsen- und Antimonspuren.

Erwähnt muß noch werden, daß für unsere Nachbildungen eine Metallmischung mit mehr Blei angewendet werden mußte, wodurch das Metall leichter fließt. Die alten Gießer müssen irgendwelche — uns noch nicht bekannten — „Kniffe" gehabt haben, die hoffentlich bei weiteren Versuchen noch ermittelt werden. Vielleicht war die Mischung und Behandlung ihrer Tonmasse eine besondere.

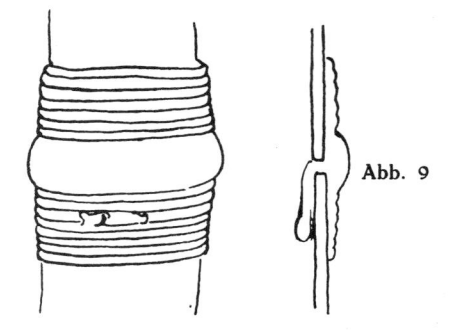

Abb. 9

In den bisher bekannten Funden von hochentwickelten Luren lagen meist zwei, einmal sogar sechs Stück beieinander, jedes Paar ist auf genau denselben Ton, z. B. C, gestimmt, das zweite in dem Funde mit sechs Stücken in der Terz zu dem ersten (also E, bezw. Es), das dritte Paar in der Quint zu dem ersten (also in G). Bei der verwickelten Formgebung und Technik der

Stücke erscheint schon die genaue Übereinstimmung der Hörner in einem Paar auf den ersten Blick verwunderlich, zumal da das eine Horn links, das andere rechts gewunden ist. Unsere Versuche ergaben aber, daß die Teilung des Hornes so gewählt wurde, daß die gleichen Gußstücke (meist sechs) ein nach links oder rechts gedrehtes Horn ergeben, je nachdem sie in entsprechender, verschiedener Drehung zusammengefügt werden. Bei dem Fund mit sechs Stücken ist ein Paar nach links, ein Paar nach rechts gedreht, und ein Paar nimmt eine Mittelstellung ein, so daß, wenn die sechs Bläser nebeneinander stehen, die Schallplatten der zwei linksstehenden nach links außen, der rechtsstehenden nach rechts außen, die der mittleren nach vorn weisen.

Die Mundstücke (Abb. 10) der ältesten derartigen Hörner sind einfach konisch, die jüngsten von einer unseren modernen Posaunenmundstücken fast völlig entsprechenden, kesselförmigen Bohrung, an der das konische Blasrohr mit einer wenige Millimeter Durchmesser haltenden Öffnung beginnt. Die Mundstücke sind fest

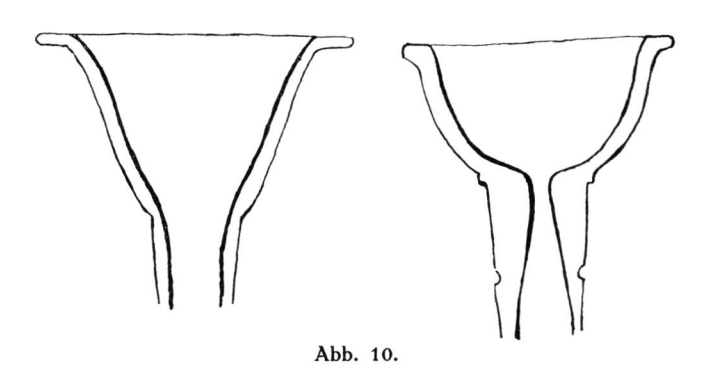

Abb. 10.

im Guß oder Lötung mit dem Horn verbunden. Nach dem ersten Drittel ihrer Länge ist meist ein Stöpselverschluß an den Hörnern angebracht, der bei den jüngeren Stücken sinnreicher eingerichtet ist als bei den älteren. In der Schallplatte endigen die Rohre mit einem Durchmesser von annähernd 5 cm.

Der Stöpselverschluß (Abb. 11) diente dazu, das Horn auseinander zu nehmen; heute würden wir als Grund dafür die Entleerung des beim Blasen angesammelten Speichels vermuten. Vielleicht war es aber auch nur ein Mittel, das Horn in drei Teile zu zerlegen wegen der leichteren Fortschaffung. **Am leichtesten sprechen beim Blasen der Hörner die zwölf mittleren Töne an**, und sie allein haben den für die Luren charakteristischen schönen, vollen, dröhnenden Klang. Bei unseren Versuchen ergab sich, daß z. B. all die Jagdsignale aus der Zeit vor der Erfindung der Ventile besonders gut klingen. Die damaligen Hörner (Waldhörner) sind im Grunde ja noch dieselben, wie die alten Luren, sind aber immer getrieben und haben andere Biegung, die aber wohl für Tonfolge und Klang gar nicht von Einfluß ist. Wohl aber besteht ein großer Unterschied in der Klangfarbe, auch in der Reinheit der Töne zwischen getriebenen Hörnern und unseren gegossenen; getriebene lassen die Töne eher kippen und Schmettern, und die gegossenen erlauben mehr als die besten getriebenen vielfaches, schnelles und sicheres Übergehen von äußerster Zartheit zu äußerster

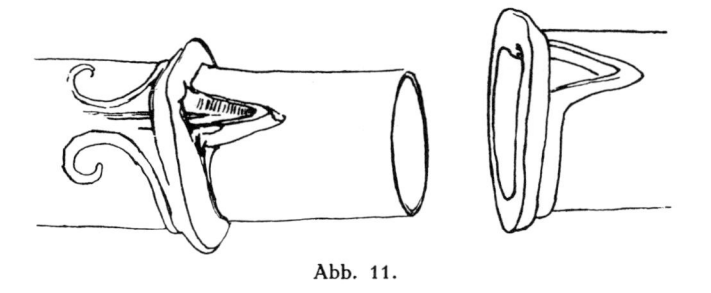

Abb. 11.

Kraft des Tones. Mehr als bei getriebenen Hörnern ist auch ein Senken und Heben der Töne jedesmal mindestens um einen halben Ton möglich, da aber hierbei zugleich die Klangfarbe sich ändert und der Klang schwächer wird, ist kaum anzunehmen, daß diese Zwischentöne wirklich benutzt sind.

An den Endplatten, die offenbar den Ton in der Richtung des Instrumentes nach vorn werfen sollen, zugleich aber auch durch Mitschwingen den Klang dröhnender machen, sind bei manchen Stücken hängende Ketten, an deren Ende gegossene Scheibchen angebracht sind, die durch Mitschwingen besonders die tiefen Töne noch erheblich dröhnender machen.

Daß die Luren meist zu zweien zusammengefunden werden, weist schon darauf hin, daß sie zu mehreren gleichzeitig geblasen worden sind. Wird auf zwei solchen gleich gestimmten Hörnern geblasen, so ergibt von vornherein schon jede Abweichung sehr oft eine wohlklingende Mehrstimmigkeit, wenn die zu einem Akkord gehörigen Töne dabei geblasen werden. Daß das Gehör für diese Harmonie bereits den Germanen um 100 v. Chr. zu eigen war, dürfen wir aus verschiedenen Gründen annehmen.

Abb. 12.

Auf alle Fälle zeigen die Luren, daß die Germanen damals schon irgendwelche, auf die natürliche Klangfolge aufgebaute **Blasmusik** hatten. Was sie sonst musikalisch empfanden, leisteten, können wir allein aus den Hörnern nicht schließen, so wenig wie die

Musik Bachs allein aus den Blashörnern seiner Zeit, die übrigens musikalisch ganz dasselbe leisten wie die Luren.

Über die **Verwendung der Luren** können wir nur weniges vermuten. Sie sind fast alle unter Umständen gefunden, die auf eine absichtliche Niederlegung an heiliger Stätte hinweisen (sog. Depotfunde). Sie sind die größten Metallgegenstände der nordischen Bronzezeit und gehören zu deren kunstvollsten Erzeugnissen. Auf schwedischen Felsbildern (Abb. 12) aus jener Zeit erscheinen sie neben Götterdarstellungen, was also ebenfalls auf ihre außergewöhnliche Bedeutung hinweist, wahrscheinlich auf Zusammenhang mit religiösen und anderen Feierlichkeiten.

Nicht nur rein wissenschaftlich wichtig ist die **zeitliche und örtliche Verbreitung der Luren**. Aus der Zeit um 1500 v. Chr. sind Kuhhörner mit Metallbeschlägen nur von Norddeutschland bekannt. Die ersten Versuche, lange, geschwungene Hörner ganz aus Bronze herzustellen, stammen aus der Zeit um 1200 aus Südwestschweden und Südostdänemark. Die nächste, vollkommenere Form aus West- und Süddänemark und Norddeutschland, weiter vervollkommnete aus Mittel- und Nordostdänemark. Die **schönsten und vollkommensten Stücke** aus der Zeit um 1000 haben das größte Verbreitungsgebiet — Nordwest- und Nordostdeutschland, Dänemark, Südschweden, Südnorwegen — alle diese Gebiete sind damals schon rein germanisch. **Die ganze Entwicklung spielt sich auf germanischem Boden ab**, und nirgends in so alter Zeit wurden ähnlich hochwertige Blashörner hergestellt. Für die Musik haben von alters her die Germanen, zu denen in ihren wesentlichen Bestandteilen die Deutschen gehören, eine besondere Begabung.

Grönländische Reiseerlebnisse.

Von Nordpolfahrer Knud Rasmussen.

6. April 1912.

Heute beginnt im Frühjahrssonnenschein und herrlicher Aufbruchsfreude die Reise, die große Schlittenfahrt nördlich um Grönland herum. Hei, Kammeraden, glückliche Männer auf der Schwelle zu frohen Offenbarungen! Das Morgen soll den Zipfel zum großen Unbekannten lüften; mit der Sonne eilen wir unserer Sehnsucht entgegen.

Hinaus ins Wetter, begierig der kommenden Tage! Mit gespannten Muskeln, von einem hungrigen Verlangen getrieben wie Raubtiere auf ihren Zügen, grüßen wir die Fahrt nach Norden!

Das Gemüt klar, mit allen Segeln gehißt, steuern wir in neue Welten hinein!

— — —

Kann jemand reicher sein?

— — —

Die Schlitten versammeln sich vor unserer Ansiedlung bei Umanaqs mächtig aufragendem „Herzfelsen", und die junge Aprilsonne, die ihr Licht übers Land sendet, macht die Gedanken festlich erglühen. Man ist glücklich, daß man hinaus kann, um seine Kräfte zu prüfen, fern vom bequemen Herd und den gewohnten Fleischtöpfen. Man fühlt sich wie ein Adler, der die Luft stürmen will. Der Abschied kennt keine Wehmut. Ein Mann ist dort zu Hause, wo seine Arbeit ist, und die unsrige besteht nun für lange Zeit im Vorwärtsstreben.

Freuchen ist schon vorausgefahren, um einige Proviantangelegenheiten zu ordnen, und Inukitsoq, der eine unserer Eskimobegleiter, erwartet uns ebenfalls weiter nördlich. Das Abschiednehmen ist also nur an Uvdloriaq und mir und einigen Begleitschlitten, die uns ein Stück Wegs das Geleit geben wollen.

Es ist eine Freude, unter Polareskimos Abschied zu nehmen: keine überflüssige Empfindsamkeit, keine Verschwendung von Freundschaftsversicherungen; ein freier Mann bricht zu einer weiten Reise auf, das ist alles. Uvdloriaqs Frau und seine vier Kinder zeigten sich nicht einmal draußen auf dem Eis; sie verstanden so gut, daß es einer letzten Umarmung zum Abschied nicht mehr bedurfte.

Beim Aufbruchssignal fahren die Hunde in die Höhe, und bald gleiten Landzungen und Felsen auf dem Wege zu Kap Parry an uns vorbei. Es ist, als ob die ganze frühlingshelle Felsenküste, die den weißen Fjord einrahmt, in dem Augenblick, wo wir sie verlassen, um dem Unbekannten entgegenzueilen, all die frohen Erinnerungen, die uns mit ihr verknüpfen, wachruft.

Dort, vor jener Bucht, pflegen die jungen, unerfahrenen Seehunde sich auf dem Eis zu versammeln, wenn die Sonne zu wärmen beginnt. Dort, zwischen den kleinen Inseln hin geht die Wanderung der Walrosse, wenn der Sommer das Eis auf dem Fjord aufgetaut hat. Und dort oben auf dem „Sohlenlappenfelsen" konnte man stets eines Hasen sicher sein. Heitere Jagderinnerungen und Vorstellungen von üppigem Wohlbehagen in Zeltlagern, wo die Beute verdaut wurde, steigen schmunzelnd in einem auf.

Die Hunde traben, greifen tüchtig aus, so daß Fels um Fels hinter uns verschwindet. Die weiten Landstrecken kommen uns entgegen, man sitzt wie ein König auf dem Schlitten und sieht Fjorde und Buchten vorbeistreichen.

Ein geflüstertes Wort, ein leises, aufreizendes Signal läßt die Hunde die Ohren spitzen. Sie schnuppern in der Luft und sträuben die Haare. Das Aufbruchszeichen ist gegeben, und die Hunde wissen, daß die große Galoppade begonnen hat!

Meine weißen Hunde leuchten in der Sonne, ihr zäher Ansprung zeugt von guten und gesunden Kräften, die sich freuen, in Tätigkeit zu treten. Vierzehn prächtige, kraftfrohe Hunde öffnen uns das Tor zu dem großen Unbekannten, das unser wartet.

Und das Fremde, Neue, das uns bevorsteht, findet uns nicht unvorbereitet, mag es nun zu frühlingshellem Sieg oder in die große Dunkelheit führen, die den Unterlegenen verschlingt!

Vor uns wird jetzt ein kleiner schwarzer Punkt sichtbar, dem wir mit unseren bellenden Hunden immer näher kommen und den wir schließlich erreichen. Und seht: es ist Ilánguaq!

Ilánguaq! Gibt es ein besseres Wahrzeichen unserer vorwärtsdrängenden Reiselust? Kameraden, was war euer Leben bisher, und ist es das jetzt nicht noch mehr als je: das Streben ins Weite, der große Sprung ins Neue hinaus!

Und was ist Ilánguaq? Der Mann, der in der Vergangenheit stecken blieb.

Seht ihr die mageren Hunde seines Gespanns, die sich von uns überholen lassen? Seinen elenden Schlitten, seine Ausschußwaffen und Gerätschaften, die alle schadhaft sind? Ist es nicht, als ob wir in ihm auf einmal alle diejenigen verkörpert sehen, die zurückgeblieben sind auf dem Vormarsch der Entwicklung?

Denn Ilánguaq ist hier oben bei uns der Typ dessen, der stehengeblieben ist, während alle andern vorwärtsgekommen sind. Er verschaffte sich kein Kajak, als seine Landsleute den Gebrauch desselben durch Einwanderer aus Baffinsland erlernten. Und als fremde Schiffer die Büchse aus dem Lande der Weißen einführten, erwarb er keine, denn er besaß nicht jene Frische des Bluts, die Trieb zum Neuen, die Quell des Fortschritts ist.

Wir kamen über ihn wie eine Lawine, unsere Hunde umtobten ihn ausgelassen, und er sprang vom Schlitten, verwirrt über den Jubel der Kraft, der ihm aus unseren dampfenden Gespannen entgegenschlug.

Wir machten halt und verteilten sein Hab und Gut zwischen uns: Einer nahm seine Frau zu sich auf den Schlitten, ein zweiter seinen Sohn, ein dritter seine Tochter und ein vierter seinen bescheidenen Hausstand. Und Ilánguaq lächelte demütig wie der Faule, dem man seine Last abnimmt. Und weiter rasten wir, ohne die neue Bürde im geringsten zu spüren, während Ilánguaq bald hinter uns verschwand.

Hei, Ilánguaq! Es tat wohl, dir zu begegnen! Du steigerst noch unsere Reiselust, die uns wie auf Schwingen trägt.

Denn alle Reisen der Welt existieren nur für den, der sie selbst macht; für andere bleibt nur das, was man durch armselige Worte geben kann.

— — —

Noch ist die Bahn der Aprilsonne nur kurz, und lange vor Abend wirft der brennende Ball sich ins Meer, um sich im Eis des Horizonts zu kühlen.

Und seht! Das Rot der Abendwolken und das Weiß des Schnees breiten die dänischen Farben über die grönländischen Felsen.

Kurz vor Mitternacht hatten wir unser Ziel, die Ansiedlung Ulugssat, erreicht; da hatten wir zwanzig dänische Meilen in zwölf Stunden zurückgelegt.

— — — So war die Ausfahrt.

Die Lebensfreude der Bewohner von „Fleisch".

10. April.

In einer kleinen geschützten Bucht, hinter einem der wildesten Vorgebirge des nördlichen Grönlands haben die munteren Polareskimos eine Wohnstätte gefunden, der sie den Namen „Fleisch" gegeben haben.

In dem bloßen Klang liegt die Bürgschaft des erdgebundenen Jägervolkes, daß hier gut weilen ist!

Draußen in dem launenvollen Meer schwimmen vollblütige Walrosse, wie das leibhaftige tägliche Brot. Im Sommer, wenn die Sonne die Bande des Eises löst, treiben sie sich im Fahrwasser herum, so daß der aufregende Kajakfang beginnen kann; und im Winter bleiben sie da, festgehalten von den Millionen von Muscheln auf dem Grund des Meeres. Dadurch werden die Fleischdepots auf dem Lande niemals leer.

Dem, der frei sein Leben als Einsatz gibt, bietet der Fang aber auch verschwenderische Fülle, und darum ist der Ort „Fleisch" für die Polareskimos, die sich dort ansiedeln, eine Oase geworden, wie man sie andern Völkern auch wohl gönnen möchte.

Und wie überall, wo die Launen der Natur gesegneten Überfluß schaffen, so auch hier; die etwas derbe tägliche Kost von Walroßfleisch ist nicht das einzige, was geboten wird; es ist für reichliche Abwechslung gesorgt.

Hasen, wohlschmeckend von Fleisch, springen auf den grasbewachsenen Abhängen herum, und wenn man nur eine Tagereise übers Inlandeis macht, kann man talgfette Renntiere jagen.

Zu Scharen streifen Blaufüchse mit ihren schönen Pelzen durch die Gebirgswildnis, und vom Mai bis in den August hinein bauen sich kleine leckere Seekönige in die Klippen ein, die sich willig zu Tausenden im Kesser einfangen lassen, um in dem Speck frischabgezogener Seehundshäute eingemacht zu werden; ein ausgesuchtes Festdessert bei den Freßgelagen der Polarnächte.

So war das Eskimo-Kanaan beschaffen, von wo wir unsere Reise antreten wollten. Wir kamen dort eines Morgens zeitig an, just als die Sonne durch den Nebel brechen wollte, der noch über den Felsen lag.

Die Fleischbewohner standen in Reihen neben ihren Schneehütten und empfingen uns mit einem feierlichen Schweigen, durch das sie zu erkennen gaben, daß unsere Ankunft das Ereignis sei, worauf sie schon lange gewartet hätten. Hier wurde nicht mit Willkommphrasen um sich geworfen, aber wir begriffen, daß man sich mit dem vornehmen Empfang vor dem Ungewöhnlichen beugte.

Man wußte, daß wir eine lange Reise vorhatten und war sich klar darüber, was für uns auf dem Spiel stand. Schon im voraus hatten sie Hundefutter für uns gesammelt und warteten nur, daß wir ihre gewaltigen Fleischdepots als Proviant für uns und unsere Begleitschlitten übernehmen würden.

Das Eis, auf dem wir unsere Reise nach Norden fortsetzen wollten, war kürzlich von einem Nordsturm aufgerissen worden, und da das Neueis noch nicht stark genug war, um unsere schweren Lasten zu tragen, mußten wir unserer Ungeduld zum Trotz warten, bis der Frost einiger Tage und Nächte es fest gemacht hatte.

Darum war es ganz natürlich, daß der erste Tag im Zeichen des Festes stand.

Das Programm für die Spiele gestaltete sich von selbst, ohne eine bewußte Anordnung. Hier oben kann man nirgends hingehen, und sich von anderen für Geld unterhalten lassen, hier muß man sich selbst bemühen. Die Gemüter sind einfach und unverdorben, und deshalb befinden sie sich so ganz im Einklang mit den Vergnügungen, die eigentlich nur Kinderspiele sind, von Erwachsenen ausgeführt.

In einer Art Auftakt beginnt man mit **Tauziehen**.

Lange, solide Seehundsriemen werden herbeigeholt, die Männer teilen sich in zwei Parteien, und jede zieht gewaltig, während die Frauen sie mit Zurufen ermuntern. Es wurde gelacht und geschrien, aber es war, als ob man vorläufig nur die Stimmen probierte; Siege und Niederlagen wurden festgestellt, ohne daß die Leidenschaften in Bewegung kamen.

Dann verschnaufte man bei den sehr beliebten Hundekämpfen.

Jeder Mann hat in seinem Gespann einen oder mehrere Hunde mit ausgeprägten Raufbrudereigenschaften, die dem Kutscher keineswegs angenehm sind, weil solche Hunde sich bisweilen durch Bisse in die Pfoten Wunden beibringen, die sie für mehrere Tage arbeitsunfähig machen. Darum muß man ihnen von Zeit zu Zeit Gelegenheit geben, ihr hitziges Blut zu kühlen.

Jeder Mann wählt aus seinem Gespann einen Hund, dem etwas Erziehung not tut, und befestigt eine Leine an seinem Hinterleib, wodurch er die Rauferei leiten kann. Man muß nämlich darauf achten, daß die Hunde sich nur in den Kopf oder in die Ohren beißen, wo es weh tut, ohne zu schaden.

Sobald zwei solche Raufbrüder einander gegenübergestellt werden, sind sie sich klar über die Situation, fletschen die Zähne und knurren, messen sich mit Blicken und stürzen sich im nächsten Augenblick schonungslos aufeinander.

Anfangs sind sie einander meistens ebenbürtig, Biß folgt auf Biß mit solcher Wildheit, daß der Schnee nach und nach rotgefleckt wird. Bei der allzu großen Heftigkeit aber lassen die Kräfte bald nach, und der Augenblick ist da, wo der eine Teil den Kampf aufgibt und die Bisse des anderen mit Resignation hinnimmt — und dann ist man bei dem erzieherischen Moment angelangt. Der Kampf wird eingestellt, und man sucht einen frischen Gegner aus, der den Sieger zähmen soll.

Wenn die frischen Kräfte den verbrauchten gegenübergestellt werden, ist der Kampf natürlich ungleich; da er aber vor allen Dingen einen moralischen Zweck hat, muß die Gerechtigkeit ein Auge zudrücken.

Natürlich wird der Kampf selbst als Unterhaltung betrachtet; im Gegensatz zu den Tierkämpfen anderer Völker muß man aber hervorheben, daß die Veranlassung nicht bloße Belustigung oder primitive Freude an der Selbstmißhandlung von Tieren ist, sondern daß man im Gegenteil den Tieren das Raufen dadurch abgewöhnen will; solche ernsthafte Rauferei hat darum auch meistens zur Folge, daß die Hunde für lange Zeit genug davon bekommen haben.

Gegen Abend begannen kleine weiße Wolken hinter den Berggipfeln hervorzuwachsen, und im Laufe von einigen Minuten hatten wir den Schneesturm mit dem ganzen Rasen eines Unwetters über uns. Unseren Spielen tat es indessen keinen Abbruch. Sie wurden trotz des Wetters fortgesetzt.

Jetzt war man beim Bärenjagdspiel angelangt, dem spannendsten von allen, der Feuerprobe für Jäger und Hundekutscher.

Ein Junge wird in ein Bärenfell eingewickelt und begibt sich, von den Hunden ungesehen, so weit aufs Eis hinaus, daß man ihn nur noch wie einen Punkt hin und wieder im Schneegestöber auftauchen sieht. Inzwischen haben die Jäger ihre Hunde vor die Schlitten gespannt und sind über die Eisbarriere gefahren. Wenn die Silhouette des Jungen einen Augenblick im Schneegestöber sichtbar wird, bekommen die Hunde das Bärensignal. Die Hunde, die glauben, daß sie es mit einem richtigen Bären zu tun haben, legen die Ohren zurück, wittern durch die Luft, heben die Schwänze und rasen in wilder Eile hinter dem Flüchtling her. Der Junge im Bärenfell gebärdet sich, als ob er plötzlich der Hunde ansichtig würde, und indem er die Bewegungen eines Bären getreu nachahmt, flieht er übers Eis, von den Hunden verfolgt. Und jetzt kommt der spannende Augenblick, da man zeigen soll, was man seine Hunde bei der Bärenjagd gelehrt hat.

Anfangs fahren die Schlitten in einem Haufen zusammen, einzelne Ungeschickte fahren ineinander und werden ohne Erbarmen ausgeschieden, schließlich sausen nur noch vier, fünf in einer Reihe dahin, die Kutscher ihre Hunde unermüdlich durch Zurufe anfeuernd.

Plötzlich aber ist es, als ob einer von den Fahrern eine Beschwörungsformel findet, mit der er die ganze noch unverbrauchte Kraft seines Gespannes hervorzulocken versteht. Wie ein Pfeil schießt er aus dem Haufen heraus, und nachdem er seiner Überlegenheit genügend Nachdruck verliehen, indem er mehr und mehr Vorsprung gewonnen hat, schneidet er mit einer blitzschnellen Bewegung die Leine durch, so daß die Hunde, von der Last des Schlittens befreit, übers Eis fliegen, mit dem Schneesturm um die Wette.

Kaum sind die Hunde des ersten Schlittens losgelassen, so folgen die anderen Kutscher dem Beispiel, und im nächsten Augenblick ist der arme Junge von einigen hundert wilden, aufgeregten, bellenden Raubtieren umgeben. Jetzt gilt es für den Jungen, in dem Augenblick, wo die Hunde sich auf ihn stürzen wollen, mit fabelhafter Geistesgegenwart das Bärenfell abzuwerfen, sonst wird er unfehlbar zerrissen, bevor die Hunde sich in ihrer Erregung darüber klar werden, daß das Ganze nur ein kühner Spaß war.

In solchen Sekunden aber werden die Nerven eines halbwüchsigen Knaben auf die Probe gestellt, und er bekommt Gelegenheit, sich in der Geistesgegenwart zu üben, die einst sein Schicksal als Jäger entscheiden soll.

Schließlich sammeln die Kutscher die enttäuschten Hunde und fahren wieder zum Lager zurück. — —

Jetzt ist man aber durch die verschiedenen Spiele in solche Ausgelassenheit geraten, daß man unbedingt irgendetwas Kopf stellen muß, und man bekommt den köstlichen Einfall, den Hunden einen Tag freizugeben und statt dessen die Männer unter dem Joch gehen zu lassen.

Zehn, zwölf Stück werden vor die Schlitten gespannt, und die Wettläufe beginnen unter den neuen Formen, so daß die Spannung aufs neue belebt wird. Man bekommt reichlich Gelegenheit, seine Lungen und Kräfte zu probieren, denn es sind keine kleinen Strecken, die in einer Stunde laufend zurückgelegt werden müssen.

Von dem Augenblick, wo die Männer Hunde geworden sind, kann keine Frau sich mehr unangefochten zwischen den Hütten bewegen, was zu viel Heiterkeit Anlaß gibt.

Später werden Kämpfe zwischen den Hunden alias Männern aufgeführt, wobei man beißen darf, wenn auch in gewissen Grenzen. Wenn so ein Haufe von Männern sich übereinander wälzt, prügelnd und Schmerz verursachend, bekommt man einen kleinen Einblick in die Unberührtheit ihrer Gemüter, denn es kommt nie vor, daß einer in der Heftigkeit zu weit geht, so daß das Spiel in Ernst ausartet.

Als Abschluß für die Festbewegung des Tages wurden überall in den Hütten Trommelgesänge zum besten gegeben. Die monotonen Geisterlieder erklangen, bis die Hauswärme die Gemüter einschläferte und all denen, die einen ganzen Tag in der sorglosen Entfaltung von Freiheit und Gesundheit geschwelgt hatten, die Augen schloß.

Draußen in der kalten Nacht aber spielten jetzt die Kinder, für die in den warmen Schneehütten, die von den vielen Gästen überfüllt waren, kein Platz mehr war. Dafür können sie ein andermal schlafen, wenn die Alten wachen. Und auf diese Weise werden sie durch nächtliche Spiele an die Unregelmäßigkeit des Lebens gewöhnt, die eine naturnotwendige Folge im Leben des Polarkreises ist.

Hundefutter wird gesammelt.

11. April.

Das Gelingen der Reise hängt von dem Futter für die Hunde ab, das wir mitbekommen; die Eskimos wissen das, und darum ist besser für unsere Hunde als für uns gesorgt.

„Auf einer Reise kann ein Mensch leichter hungern als ein Hund", sagt man dort oben. „Und", fügt man hinzu, „es ist unglaublich, wie lange man hungern kann, ohne Schaden zu nehmen." Denn der Mensch ist klug und kennt die Ursache zu seiner Not; der Hund aber versteht nichts von dem Zweck der Reise und faßt darum den Hunger wie einen Schmerz in seinen Eingeweiden auf, der im Gehirn beängstigende Verwirrung hervorruft und die Arbeitskraft schwächt. Wir Menschen hungern geduldig und halten aus, weil die Hoffnung, daß jeder Schritt, jede Anstrengung uns der lieblichen Nahrung näherbringt, ermuntert, während die Hunde in ihrem tierischen Unverstand meinen, daß sie sich nur immer mehr der Hungersnot entgegenarbeiten.

Die Bewohner von „Fleisch" hatten im letzten Monat guten Fang an Walrossen getan. Überall sahen wir große Vorratskammern aus mannshohen, klafterbreiten Eisblöcken. Oben auf den Dächern lag das Fleisch in blaugefrorenen Stücken, die sich flammend wie große rote Blumen von dem weißen Schnee abhoben. Man wurde so sorglos, so zuversichtlich beim Anblick all dieses Überflusses.

Der Walroßfang nimmt jeden Winter zur Lichtzeit seinen Anfang, auf dem Neueis, das sich bildet, wenn ein Sturm das Meereis geborsten und seewärts getrieben hat. Das Walroß liebt das Neueis sehr, das es leichter mit dem Kopf durchstoßen kann, wenn es frische Luft schnappen will.

Sobald der Kopf aber mit gewaltiger Luftentladung im Luftloch auftaucht, saust die Harpune des Eskimos durch seine dicke Haut, und bevor der vom Schmerz betäubte Koloß Zeit zur Besinnung findet, wird er mit einer langen und dicken Fangleine von Seehundshaut am Eis festgebunden. Dadurch wird er gezwungen, immer wieder im selben Luftloch aufzutauchen, wenn er Luft haben will, bis ein wohlgezielter Harpunenstoß seinem Leben ein Ende macht. —

Der größte Teil unseres Hundefutters bestand aus dicken, zähen Walroßhäuten, nach der Länge und Breite unserer Schlitten zurechtgeschnitten. Diese Walroßhaut, der man beim Schlachten etwas von der Speckschicht läßt, wird von den Hunden sehr langsam verdaut und gilt darum als praktisches Reisefutter; denn das Gefühl von Sättigung, das die Hunde nach solch einer soliden Mahlzeit haben, hält sehr lange vor.

Den ganzen Tag lang kamen die Walroßfänger mit ihren Beiträgen zu unserem Reiseproviant angefahren, so daß sich schließlich ein ganzer Fleischberg vor unserem Zelt erhob. Die Vorräte schienen unerschöpflich, und obgleich wir hier draußen auf dem Schneefeld nicht viel zum Tausch geben konnten, schienen doch alle sehr zufrieden mit dem, was sie bekamen.

Man betrachtete die Lieferung des Fleisches auch weniger als Handel wie als Reisebeitrag; denn alle diese professionellen Reisenden und Entdecker interessierten sich lebhaft für die Richtigstellung der Landkarte in den unbekannten Gegenden, die wir durchstreifen würden. Ein eskimoischer Jäger hat eine erstaunliche geographische Aufnahmefähigkeit, und alles, was zur Erweiterung des Jagdgebiets durch gesteigerte Kenntnis des Landes gehört, findet seinen ungeteilten Beifall.

Dazu kam allerdings noch, daß alle diese Walroßfänger seit mehreren Jahren meine guten Jagdgefährten waren. Und wenn man bei dem grönländischen Kampf ums Dasein einmal mit jemand Hand in Hand gegangen ist, mit dem fühlt man sich für immer auf eine eigene Weise verbunden.

Als das Fleisch abgeliefert und alles aufgeladen war, versammelten die Männer sich zu einer festlichen Tasse Tee vor meinem Zelt; denn das Aufladen des Proviants hatte so viel Zeit in Anspruch genommen, daß wir die Abreise bis zum nächsten Tag verschieben mußten. Wie die Stimmung des Abends wuchs, kam es ganz von selbst, daß ich aufstand und eine kleine Rede für meine Gäste hielt, denen ich so viel zu verdanken hatte, und die mir als Siedlungsgenossen so lieb geworden waren.

Ich sprach von der Polarforschung in Nordgrönland und den Nordpolfahrten, von der Zeit an, wo die Weißen die Reisetechnik der Eskimos und die Eskimos selbst in den Dienst der Wissenschaft genommen hatten. Wie sie das große Wagnis stets mit gutem Humor getragen und als namenlose, zähe Arbeiter unbewußt das Ihre dazu beigetragen hatten, daß Unternehmungen, die Licht auf so manche arktische Rätsel geworfen hatten, ausgeführt werden konnten.

Der junge Odark, einer von Admiral Pearys Begleitern zum Nordpol, gab mir folgende stolze Antwort:

„Sprich nicht von unserer Arbeit oder der Hilfe, die wir vielleicht geleistet haben. Können wir dafür, daß unsere Mutter uns mit der großen Unruhe im Gemüt gebar, oder daß unser Vater uns zeitig lehrte, daß das Leben eine Reise ist, wo nur die Untauglichen zurückbleiben?

Die jungen Männer müssen ihre Tage damit verbringen, Neues zu entdecken, darum folgten wir den Weißen bei ihren Unternehmungen.

Jetzt, wo ihr ins Weite reist, werden wir Zurückbleibenden eure Heimkehr ersehnen, und werden an euren Lippen hängen, wenn es so weit ist, daß ihr uns spannende Berichte von den Erlebnissen eurer Reise gebt."

— — —

Die Sonne hatte bereits begonnen, die Südhänge der Berge zu schmelzen, die sich dunkel und sonnenverbrannt von dem weißen Schnee ringsumher abhoben. Der starke Raubzahnfelsen, der durch seine Hundeamuletts berühmt ist, schneidet glühend in rote Sonnenuntergangswolken hinein, und steht dort aufrecht und unzugänglich in seiner Steilheit wie ein Protest gegen die flache Einförmigkeit des Meereises.

Ein kleiner Schneespatz fliegt über den Platz — der erste, der sich in diesem Jahr gezeigt hat — und sein zartes, halb angstvolles Gezwitscher weckt eine Woge von Frühling und Sehnsucht in unserm Gemüt.

„Upernaleqissoq, upernaleqissoq!" wird in ausgelassener Befreiung gebrüllt.

Jetzt kommt der Frühling, der Frühling mit seiner tausendfachen Reiselust, der Zeit der munteren Jagdreisen, in der Umarmung des großen Erwärmers!

Und der Ruf geht von Kehle zu Kehle, durch das ganze Lager von Schneehütten, wie eine Vorbedeutung zu kommenden Freuden.

Jetzt sind wir zur Ausfahrt bereit!

Quellen: Grönländische Reiseerlebnisse aus: Ultima Thule von Knud Rasmussen. Morawe und Scheffelt-Verlag, Berlin.

Gedruckt von der Daimler-Motoren-Gesellschaft. • Alle Rechte vorbehalten.
Schriftleitung: Friedrich Muff, Untertürkheim. • Privatdozent Dr. Rosenstock, Stuttgart. • Zuschriften an die Daimler-Werkzeitung Untertürkheim.

Anhang.

DENKSCHRIFT
Über die geistige Sanierung des Daimlerwerks.

Krankheitsdiagnose; Untaugliche Hilfsmittel; Vorschlag (A. Richtung; B. Gestalt).

Eugen Rosenstock-Huessy
(1919)

I. *Krankheitsdiagnose.*

Der einzelne Mensch kann sich nur dann wohlfühlen, wenn sein leibliches, wirtschaftliches Dasein und sein geistiges Selbstbewußtsein irgendwie zueinander stimmen. Darum muß auch jeder wirtschaftliche Körper, der mehrere solche einzelne umfaßt, seinerseits zugleich eine geistige Einheit darstellen, d. h. er muß eine Sprachgemeinschaft sein, die ihren eigenen Dialekt, ihre Haussprache spricht. Eine solche Haussprache verbindet die sonst in Arbeitsteilung auseinandersplitternden Obern und Niedern, Alte und Junge, Männer und Weiber. Die Wissenschaft des neunzehnten Jahrhunderts hat diese Entsprechung von Wirtschaftskörpern und sprachlicher Einheit für alle Geschichte nachgewiesen. Die antike Familia mit ihren gemeinsamen Penaten, die antike Stadt mit ihrem gemeinsamen Gott und Theater, der feudale Clan mit seinem gemeinsamen Hainkult, das evangelische Haus mit seiner gemeinsamen Hausandacht, die Dorfgemeinde, das Rittergut mit ihrem einheitlichen Gottesdienst sind alles Wirtschaftseinheiten, die sich durch eigenen Dialekt gesund erhalten.

Das Gesetz ist von der Wissenschaft nicht auf die Gegenwart angewandt worden. Für ein Menschenalter kann nämlich die gemeinsame Sprache durch die Liebe zum Führer, durch den Respekt vor dem erfolgreichen Unternehmer ersetzt werden. Bismarck hat so dem deutschen Reich die geistige Einheit auf eine Generation ersetzt. Für die Fabrik der Großindustrie leistete das die Persönlichkeit des Gründers, heut aber fehlt der politischen Gründung, dem Militarismus, die einheitliche Sprache zwischen Fürst, Führer, Leutnant und Soldat; dem Kapital fehlt ebenso die einheitliche Sprache von Direktion, Beamten und Arbeitern. Vergeblich, daß dort das stumme Pflichtgefühl, hier der blinde Eigennutz als Ersatzbindemittel angepriesen worden sind. Reich und Fabrik sind beide heut geistig zerrüttet und umnachtet, weil sie blinde und starre Körper sind.

II. *Untaugliche Heilmittel.*

Heut wird an den bloßen Symptomen dieser Zerrüttung herumkuriert.

1. Der Appell an das Pflichtgefühl oder die Anstachelung des Eigennutzes (höhere Löhne) verschärfen die Krankheit des sprachlos gewordenen Körpers; sie sind ja selbst das Gift der Stummheit und Blindheit, das die Krankheit hervorruft.

2. Poetische Sentimentalität, Kunstgenuß, Religion oder Lebensmittel, technische oder berufliche Aufklärung überkleben den zentralen Riß durch bloße Pflaster. Denn sie bieten schon irgendwelche Einzelheiten, Nützliches oder Schönes, die nur Sinn bekommen auf der Einheit des erkrankten Körpers. Eben diese aber ist noch in Gefahr.

3. Einflüsse aus dem allgemeinen öffentlichen Leben, die in die Fabrik hineinstrahlen, können ihr immer nur schaden, solange sie nicht ihr eigenes Bewußtsein und ihre Haussprache erlangt hat. Denn solange ergreifen solche Einflüsse die einzelnen Glieder ungleichmäßig (wenn etwa die Direktion anthroposophisch, die Beamten demokratisch, die Arbeiter spartakistisch begeistert werden), d. h. der Rest einheitlichen Geistes wird nur noch weiter zersetzt.

4. Zuspruch eines Gliedes zum anderen (Direktor an die Beamten und Arbeiter, Beamten an die Direktoren und Arbeiter, Arbeiterrat an Beamte und Direktoren) kann nicht helfen, da eben jedes Glied bereits bloß noch als Glied, als Partei, statt als Vertreter der Werkeinheit angesehen, angehört und vernommen wird. Auch welches Glied die gemeinsame Sprache spricht, wird doch nicht als gemeinsamer Sprecher empfunden, weil seine wirtschaftliche Funktion (Direktor, Angestellter) Teilfunktion bleibt. Geistige und wirtschaftliche Funktion müssen aber identisch sein, wenn heut ein Mensch Glauben finden soll.

III. *Der Vorschlag.*

A. Die Richtung.

Es trete jemand auf, der zu nichts anderem da ist, als diese Übersetzung der Parteien ineinander, die gemeinsame Werksprache, zu sprechen, dessen Beruf eben das und nur das, auch wirtschaftlich, ist. Er maskiert sich weder als Arbeiter noch als Beamter. Er saniert die geistige Einheit des Werks, indem er anfängt, aus ihr heraus zu sprechen. Dazu gehört dreierlei:

1. Er muß von den einzelnen leiblichen Trägern des Werks (Direktion, Arbeiter, Beamte) unabhängig bleiben. Er darf kein Angestellter sein; denn dann kann ihm niemand glauben. Eben um der Einheit von Wirtschaft und Geist willen, die der einzelne wie der Wirtschaftskörper zur Gesundheit brauchen, muß er ein wirtschaftliches Risiko für seine geistige Arbeit tragen. Hingegen müssen ihm seine einzelnen Leistungen von Tag zu Tag bezahlt werden. Also gerade umgekehrt wie bei der heutigen Wohlfahrtspflege der Fabriken. Jetzt wird ein Redakteur, ein Rechtsberater, ein Lehrer usw. mit festem Gehalt angestellt. Die Leistungen aber (Zeitung, Kurse, Auskunft) werden umsonst oder „spottbillig" geliefert. Dadurch wird die Leistung entwertet und die leistende Persönlichkeit zum Spott. Man hält sie sich, das Werk kann sie sich leisten.

2. Er muß aber auch nicht für eine andere größere Gemeinschaft (Stadt, Provinz, Industriezweig) tätig sein, sondern für die Werkeinheit selbst. Er soll ja niemand anders sein als der erste, der die Werksprache spricht. Also nützt es nichts, wenn er von einem allgemeineren geistigen Bereich her aus bloßer Teilnahme in das Werk hineinspräche und hineinwirkte.

3. Die Werkangehörigen können ihm zunächst nur eine wohlwollende Duldung und eine abwartende Haltung entgegenbringen. Denn keiner, auch die Direktion nicht, kann sich mit ihm zunächst, bevor er etwas leistet, moralisch identifizieren. Er kann nicht Süßholz raspeln noch ölig predigen noch die Konkurrenz in allgemeiner Bildung und Belehrung mit Wirtshaus oder Kino aufnehmen. Er kann und muß vorerst herbe, essigsaure Männerkost bieten. Diese Männerkost muß beherzt anknüpfen an die paar wissenschaftlichen Brocken, die als letzte Spracheinheit noch übrig sind, um von hier aus den Weg ins Freie der Sprache zurückzufinden.

B. Die Gestaltung.

Ich erbiete mich, als Sprecher für die Werkeinheit Daimler nach Untertürckheim zu ziehen.

Mehrmals wöchentlich erscheint ein mehr in Broschüren- als in Zeitungsformat gehaltenes Werbeblatt, welches das Privileg erhält, in den Fabrikräumen ausgerufen zu werden. Auslegen in der Kantine usw. ist Nebensache. Denn es muß so interessant und spannend sein, daß die Beamten wie die Arbeiter es kaufen und abonnieren. Bis sein Absatz gesichert ist, muß es teuer und klein sein. Wenn es sich nicht durchsetzt, dann tauge ich eben nichts, und dann soll es schleunigst eingehen, ehe die Entsprechung von geistiger Leistung und wirtschaftlichem Ertrag, die einzige Kontrolle für seine Echtheit, geopfert wird.

Das Werk, Direktion und Betriebsrat, entlasten mich nur von dem Risiko für das Zeitungsunternehmen, nicht für meine persönliche Existenz, durch eine Zinsgarantie, leihweise Hergabe der Druckerei, Gestellung technischer Gehilfen oder dergleichen. Meine Finanzgebarung ist öffentlich.

Der Betriebsrat und sonstige Gruppen (Direktion, Beamtenschaft) benutzen das Blatt für ihre Veröffentlichungen, technischen Belehrungen usw. in einem auch äußerlich abgegrenzten amtlichen Teil.

Ich halte eine öffentliche Sprechstunde für alle Werkangehörigen ab. Sie ist der Übergang von der Zeitung zu der viel wesentlicheren persönlichen Wirksamkeit, die sich aber nur von Fall zu Fall, von Person zu Person ergeben kann. In dieser Sprechstunde stehe ich für meine Haltung in der Zeitung jedermann Rede und Antwort; bei dieser Erörterung kann jedermann zuhören. Ich werde also dazu eines besonderen, meiner Wohnung angegliederten Raumes bedürfen.

3. Juni 1919

M/Fch.

An den
Arbeiterausschuß
im Hause der D. M. G.
Stuttgart-Untertürkheim

Betr.: Daimler-Werkzeitung

Nächsten Freitag wird die Daimler-Werkzeitung zum erstenmal erscheinen.

Vor ihrem Erscheinen überreichen wir Ihnen hiermit die erste Nummer der Zeitung. Sie soll Sie in die Lage versetzen, Ihre Kollegen aufzuklären, wenn sie vor dem Werbeblatt stehen werden, das am Tage vor dem ersten Verkauf in den Werkstätten ausgehängt werden wird.

Wir stellen Ihnen anheim, für die Zeitung zu werben, wenn sie Ihnen gefällt und wenn Sie glauben, etwas von den Erwartungen teilen zu können, die wir an sie knüpfen.

Zweck und Inhalt der Werkzeitung werden in dem einleitenden Artikel gekennzeichnet. Wir hoffen, daß dieser Artikel das Vertrauen der Angestellten- und Arbeiterschaft haben wird.

Die erste Nummer der Zeitung will nicht durch besonders reichen Inhalt bestechen, sie soll mehr durch die dargelegte Absicht interessieren. Durch gemeinsame Arbeit aus dem Kreise des Werkes heraus, wie wir das als unsere Erwartung dargestellt haben, wird sich der Inhalt allmählich bilden und beleben.

Die Ausstattung der Zeitung haben wir auf ein hohes künstlerisches Niveau zu heben versucht. Der Kopf der ersten Seite ist von einem Künstler entworfen. Wir hatten ihm die Richtlinie gegeben, kein übermodernes oder eigenartiges Bild zu schaffen, sondern eine dem Inhalt angepaßte schwere Zeichnung des Titels, welche besonders den Namen Daimler in Erscheinung treten läßt, der für das Werk und unser ganzes Streben charakteristisch ist.

Das Umschlagblatt des ersten Heftes bildet die Zeichnung der Einbanddecke, deren halbjährliche Lieferung später beabsichtigt ist.

Der Druck ist für die technisch-wissenschaftlichen Artikel, die durch den Inhalt an sich eine größere Aufmerksamkeit des Lesenden erfordern, besonders groß und deutlich gewählt, um alle geistigen Kräfte für das Verständnis des Inhaltes freizuhalten.

Die Schrifttype ist aus den vielen vorhandenen, modernen Typen unter künstlerischer Beratung mit Sorgfalt ausgewählt worden. Es interessiert uns, über diese Dinge das Urteil unserer Werksangehörigen zu hören, und es wird uns eine Befriedigung sein, wenn die ernste Arbeit, die bei der Vorbereitung der Zeitung geleistet worden ist, Anerkennung finden sollte.

Wir hoffen, daß die Aufforderung zur Mitarbeit günstig aufgenommen wird, und wir werden jede Mitarbeit, besonders auch die des Angestellten- und Arbeiter-Ausschusses, begrüßen.

Hochachtungsvoll
DAIMLER-MOTOREN-GESELLSCHAFT

Aus den Papieren der Daimler-Werk-Zeitung

(die 1919 und 1920 von Dr.-Ing. Riebensahm, Major a. D. Muff und Dr. jur. Rosenstock
in gemeinsamer Redaktion herausgegeben wurde.)

Die Fabrik im Kampf ums Dasein
Ein Gespräch

Motto: Die einzige wahre Voraussicht ist, zu sehen, daß sich nichts voraussehen läßt.

Der Ingenieur: Ich beschwöre Sie, mein Herr, sagen Sie mir, wohin Sie mit Ihrer Planwirtschaft und Sozialisierung hinsteuern. Wir geben in unserem Werk 7000 Arbeitern Brot. Aber wie haben wir das erreicht? Indem wir Automobile bauen, Automobile, also etwas, ohne das man leben kann, ohne das die Menschheit bisher ganz gut gelebt hat. Ihr werdet also sagen: Automobile sind Luxus. Luxus wird verboten; in der sozialistischen Planwirtschaft werden nur noch Dampfpflüge gebaut. Damit schlagt ihr alles in Scherben, was wir hier aufgebaut haben. Unser Stolz ist hin, aber zugleich auch unser Verdienst. Zugunsten eines ausgedachten Planes, dessen Nutzen niemand vorhersehen kann, macht ihr in aller Seelenruhe die Bevölkerung dieser kleinen Mittelstadt brotlos, und unsere Maschinen macht ihr zu wertlosem alten Eisen.

Der Sozialist: Wir machen eure Maschinen zu altem Eisen? Wir ließen eure Arbeiter feiern? O nein, das besorgt ihr Ingenieure selbst. Was hat dies Umstellen auf die Friedenswirtschaft, wie ihr es nennt, Geld gekostet! Wie viele Stunden mußten die Arbeiter feiern, bis die Maschinen wieder betriebsfähig waren. Und wie war es denn mit den Fenstern, die ihr zerstört habt? Nie wird ein Sozialist begreifen, daß kostbare Scheiben gewaltsam eingeschlagen werden. So üppig wirtschaftet nur der Kapitalismus.

Der Ingenieur: Üppig? Glauben Sie nicht, daß wir genau ausgerechnet hatten, es sei noch das billigste, die Fenster zu zerschlagen? Die Halle war für andere Zwecke eingerichtet. Wer konnte voraussehen, daß wir den Betrieb umstellen mußten? Wir mußten damals froh sein, den Bau fertigzubekommen. Auf solch gewaltsame Veränderungen kann man sich nicht vorbereiten. Das ist doch von außen über uns hereingebrochen.

Der Sozialist: Vor solchen Gefahren wollen wir euch ja eben schützen. In unserer Planwirtschaft wird nichts mehr von außen hereinbrechen. Da wird jede Fabrik sicher sein, bei ihren Leisten bleiben zu können. Die Erlaubnis vom Staat oder Wirtschaftsrat, und sie ist als volkswirtschaftlich nützlicher Betrieb für alle Ewigkeit gesichert.

Der Ingenieur: Und vor dieser künftigen Ewigkeit zerstört ihr erst alle bestehenden Fabriken, indem ihr sie ruiniert. Ist das nicht ein merkwürdiger Ausweg? Und sehen Sie, mit der künftigen Ewigkeit haben wir doch schon Erfahrungen gemacht. Als die Engländer ihre Industrie ausbauten, glaubten sie sich auch für die Ewigkeit einzurichten. Aber da kam Deutschland dreißig Jahre später und überholte England in Maschinen, Kraftausnützung und Vertrieb. Wir konnten gleich viel moderner sein als England, einfach deshalb, weil wir später angefangen hatten. Und das droht uns heut. Jedes Land, das später sozialisiert, wird nur weil es später kommt, besser sozialisieren können. Und dadurch wird es unseren Plan über den Haufen werfen.

Der Sozialist: Aber wer hat denn mehr für die Ewigkeit gebaut, als die deutsche Industrie vor dem Kriege? Das wuchs und wuchs und spezialisierte sich „Rühmt sich mit stolzem Mund fest wie der Erde Grund steht mir des Hauses Pracht". So arg werden wir es nie treiben.

Der Ingenieur: Aber wir haben unseren Stolz doch auch schon gesühnt. Wir haben uns doch im Krieg umstellen müssen. Die größten Werke haben von heut auf morgen ihren Betrieb über den Haufen geworfen. Da ist ein Raum aus einer Schlosserei eine Gießerei geworden, da sind alle Transmissionen neu verlegt, Ventilatoren neu eingebaut, Wasserspeisung eingerichtet worden. Und welche Mühe hat die andere Verteilung der Rohrleitungen verursacht. Und sehen Sie, wir haben es doch fertiggebracht. Die Friedensfabrik und die Kriegsfabrik, dazwischen liegt eine Revolution des Betriebes.

Der Sozialist: Ja, eben eine Revolution! Das heißt also ein Vorgang, den ihr heut als unwirtschaftlich fürchtet und bejammern wollt! Und war die Betriebsrevolution nicht eine gräßliche Angelegenheit? Da stand der Arbeiter plötzlich zwischen zwei Pfeiler eingekeilt, die viel zu dicht beieinander standen, und befand sich unbewußt den ganzen Tag unbehaglich, ohne zu wissen, daß es die falsche Raumanlage war, die ihn störte. Die Halle war eben zu ganz anderen Zwecken bestimmt gewesen. Und wie viel Pfeiler sind angehackt worden, wie viel Wände zerstört. Wäre die Kriegsbegeisterung nicht gewesen, dann hätte die Leitung geflucht und geseufzt. Und mancher kühlere Industrielle hat ja doch anfangs seinen Betrieb lieber stillgelegt, als sich alles zu ruinieren durch die neuen Aufträge. Der war gescheit.

Der Ingenieur: Ich glaube nicht, daß er gescheit war. Sondern die anderen, die sich begeistert umstellten, waren nur noch nicht gescheit genug! Sie nahmen die Veränderung bloß als ein notwendiges einmaliges Übel hin und suchten so schnell wie möglich wieder in einen neuen endgültigen Betriebszustand hinüberzugelangen. Wie dann mit dem Hindenburgprogramm wieder neue Aufgaben sich einstellten, waren sie schon mürbe, und eine zweite Veränderung hätte so viel Kosten verursacht, daß sie nicht lohnte. Aber die Veränderung ist vielleicht gar kein notwendiges Übel. Wir sehen es ja jetzt, sie kommt immer wieder vor. Bei der Umstellung auf den Frieden, bei der Einführung der Gruppenfabrikation. Heut stößt sie jedesmal auf die ungeheuersten Widerstände. Die Leitung zögert, die Ingenieure zweifeln, die Arbeiter schimpfen. Ich könnte mir aber denken, daß wir die Veränderlichkeit des Betriebes, statt sie als notwendiges einmaliges Übel zu vermeiden, geradezu als Grundlage unserer Einrichtungen ansehen lernen.

Der Sozialist: Das scheint mir reichlich kühn. Sie müssen doch ihre Fräserei, Schlosserei, Montage usw. zweckmäßig bauen?

Der Ingenieur: Natürlich müssen wir das. Aber die Hauptsache braucht das nicht zu bleiben. Die gebändigte und geordnete Kraft, Wasser, Gas, Dampf, Elektrizität, das ist das Haustier, das der Industrielle an seine Kette legt. In welcher Richtung er diese Kräfte walten läßt, das hängt einmal von dem Arbeitsheer ab, das er zu führen die Ehre hat, von dem Können seiner Mitarbeiter, und zum anderen von dem Bedürfnis draußen in der Welt. Der fette Frieden verführte jeden Industriellen sich eine feste Pfründe zu suchen, und seine Arbeiter und seine Anlagen wählte er nach dem bestimmten Erzeugnis aus, das er produzieren wollte. Heut hat sich das gründlich verschoben. Die Arbeiter sind da und die Kraftanlagen sind vorhanden. Aber der Absatz muß erst neu errungen werden. Die Erzeugnisse sind durch die Kriegsunterbrechung fraglich geworden. Jetzt wäre die ideale Fabrik die, die ohne Kosten und Energieverbrauch, ohne Widerwillen des Arbeiters, ohne Unlust der Leitung ihre Produktion nach den Absatzmöglichkeiten beweglich halten könnte. Ich würde also z. B. in eine neue Halle gleich so und so viel Änderungsmöglichkeiten mit einbauen, z. B. die Zwischenwände müßten ohne Kosten auslösbar und auswechselbar sein. Das Kraftgeäder, das die Fabrik durchzieht, müßte allseitig so ausgebaut werden, daß das gefesselte Haustier mir überall zum Dienst gleichmäßig erbötig wäre. Die Transportwege müßten jeden Winkel der Anlage erfassen. Und die Ausrüstung der Räume müßte entsprechend universell gehalten sein. Raum, Ausrüstung, Transport und Kraftgeäder wären also die vier Punkte, die auf Veränderlichkeit angelegt sein müßten. Die sichtbare Szene der Fabrik muß sich schmerzlos verschieben lassen. Die Einrichtung wird elastisch, während sie bisher starr war. Das Geld, das die elastische Ausrüstung am Anfang kostet, ist schon bei der zweiten Veränderung eingebracht. Denn die einzelne Veränderung kostet nun fast nichts mehr. Sie wird aus einem Stein des Anstoßes, der einem die Fenster entzweischlägt, eine planmäßig vorgesehene Selbstverständlichkeit.

Der Sozialist: Merkwürdig; damit würde das Unternehmen ja einem Lebewesen in der Natur ähnlich. Denn es würde elastisch und anpassungsfähig im Kampf ums Dasein. Es wäre nicht mehr abhängig von einem bestimmten ausgeglichenen Zustand in der übrigen Wirtschaftswelt; und auf den können wir ja vorerst noch nicht hoffen. Aber wir brauchen es ja dann auch nicht mehr. Denn die einzelne Fabrik wird dann ein Unternehmen, ähnlich wie ein Schiff, das vollbemannt durch die Brandung des Meeres fährt und dessen Besatzung bald in dieser bald in jener Weise eingesetzt werden muß. Dann ist sie nicht mehr magnetisch angezogen von der fixen Idee, mit allen Anlagen und Angestellten abhängig von dem Absatz dieses einzigen Produktes zu sein. Sondern es tritt ein heilsamer Rückschlag gegen die Knechtschaft unter das Erzeugnis und seinen mit allen Listen zu erzwingenden Absatz hin. Das Unternehmen selbst wird die entwicklungsfähige Hauptsache, sowohl die Arbeitsgemeinde, wie die Kraftanlagen. Die Erzeugnisse aber nehmen die ihnen zukommende Stellung als bloße wechselnde Früchte der lebendigen Werkgemeinschaft ein. Bisher standen ja die Dinge auf dem Kopf; die Erzeugnisse galten als die Hauptsache, die Werkgemeinschaft aber zitterte um ihretwillen.

Der Ingenieur: Da können Sie Theoretiker einmal sehen, in welcher Reihenfolge sich eine solche geschichtliche Entwicklung in der Praxis abspielt. Nämlich gerade umgekehrt, als Sie es sich gewöhnlich in Ihren Gedanken vorstellen. In der Theorie, da ist das einfachste immer das erste. Da ist also auch die verwandelbare Werkanlage die einfachste Sache von der Welt. Aber es hat hundert Jahre gedauert, in denen niemand begriff, daß eine Schlosserei anders gebaut werden könne denn als Schlosserei, eine Gießerei anders denn als Gießerei usw. Wir Menschen sehen immer nur das Nächste, was uns vor Augen liegt, den erstbesten Zweck von heute. Daß hinter all den Kräften die Naturkraft an und für sich steckt, und daß ein elastisches Gebilde lebensfähiger im Kampf ums Dasein ist, als ein starres, das sind die einfachsten Theorien von der Welt. Aber ohne den Krieg wären die Ingenieure nicht alle auf dies Problem hingelenkt worden. Nur der äußerste Zwang bringt uns jetzt dazu, unsere Fabriken mit veränderten Augen anzusehen und ihre Umstellbarkeit langsam zu erhöhen. Ihr Sozialisten aber träumt sogar heut noch von einer Planwirtschaft und einer ewigen Ruhe, während wir schon beherzt aufs Meer des Lebens hinausfahren wollen, wie es uns die Naturwissenschaft darstellt.

Der Sozialist: Wir haben allerdings die Fabrik immer als etwas Statisches statt als etwas Dynamisches betrachtet, und ich begreife jetzt, weshalb Sie mich so flehentlich beschworen haben, sie nicht durch die Planwirtschaft zu ruinieren. Aber dafür habe ich die Genugtuung, daß Sie selbst uns die Planwirtschaft möglich machen wollen. Denn wenn die Fabriken in sich elastisch geworden sein werden, dann werden sie einer Gemeinwirtschaft und irgendeinem Luxusverbot nie mehr hilflos erliegen. Ihr schafft also die wichtigste Voraussetzung zu aller Sozialisierung, in dem ihr euch zum Kampf ums Dasein jetzt erst richtig tauglich macht. Ich hätte nicht gedacht, daß der Ingenieur uns eines Tages vom „Warenfetischismus" befreien würde.

Der technische Fortschritt erweitert den Raum, verkürzt die Zeit und zerschlägt menschliche Gruppen

Eugen Rosenstock-Huessy
(März 1962)

1. Der technische Fortschritt erweitert den Raum

Als ich neulich nach langer Zeit zum ersten Mal wieder bei Daimler-Benz war, dachte ich an die Zeit der Auswandererzüge, die aus Untertürkheim abgingen. Ein Jahrhundert lang hatte ja Württemberg für seine nichtbeschäftigten Menschen das Ventil der Auswanderung. Auch wenn ich an meine Heimat Oberschlesien zurückdenke und an die Auswanderermassen, die in drei Etappen über Berlin und das Ruhrgebiet schließlich nach Pennsylvanien kamen, zeigt sich die Macht des technischen Fortschritts. Zugleich wird klar, warum für die unterentwickelten Völker, etwa für Indien und Ägypten, die Probleme der Technisierung so besonders schwierig sind: Aus Indien und Ägypten kann man nicht auswandern. Die erste Folge der Industrialisierung ist aber stets eine erhöhte Arbeitslosigkeit. Durch die Auswanderungsbewegung in den ersten beiden Jahrhunderten der europäischen Industrialisierung wurden menschliche Gruppen aufs Gründlichste zerbrochen. An diese Dinge denkt man meist sehr wenig. Meist betrachtet man den technischen Fortschritt in sich isoliert. Wenn wir uns fragen: Wozu wird erfunden? So muß die Antwort heißen: Der Ansatzpunkt liegt nicht beim Menschen, sondern bei der Ersparung von Kraftaufwand.

Bei der Betrachtung der Industrialisierung und des technischen Fortschrittes führe ich gern den Gegensatz „verständig" und „vollständig" ein. Jeder technische Fortschritt ist eine Leistung der „Verständigkeit", und von diesem Erfolg her ist man dann auch versucht, bei der Betrachtung der Gesamtphänomene des menschlichen Lebens die Verständigkeit für das Einzige und Ausreichende zu halten. So gab es etwa in den USA 20 Jahre lang eine verständige Baby-Erziehung. Es hieß, man dürfe die kleinen Kinder nicht kosen, sie nicht in den Arm nehmen, man müsse sie überhaupt völlig aseptisch behandeln. Eine solche Erziehung ist zwar verständig, aber sie ist nicht vollständig. Der Gegensatz zu rational müßte in unserem Zusammenhang also nicht „irrational" heißen, sondern „vollständig". Die Frage wäre also zu stellen: Wie sieht die „vollständige" Verwandlung der Welt durch die Technik aus?

Hier kommen wir zunächst zu dem ersten Satz, der in unserem Programm abgedruckt ist: „Der technische Fortschritt erweitert den Raum." Die Beziehungen der Menschen verflechten sich immer vielfältiger und über immer weitere Räume hinweg. Die einzelnen Menschen geraten in immer größere Abhängigkeit von Faktoren, die sie nicht selbst beherrschen. Zunächst dachte man nur so, daß das, was im Haushalt verloren ginge, der Nationalökonomie zugeschanzt würde. Die Frage ist aber, ob sich das wirkliche Leben tatsächlich in der Hauptsache zwischen Familie und Nation abspielt. Denn der technische Fortschritt zerschlägt ja auch die Einheit des nationalen Raumes. Die Staatsgrenzen haben mit den Wirtschaftsgrenzen überhaupt nichts zu tun. Durch den technischen Fortschritt wurde eine Bewegung ausgelöst, die vom Haus in die Welt hinein, nicht aber vom Haus in die Provinz oder in den Staat hineingeht. Daher war auch die nationale Wirtschaftsautarkie vom technischen Fortschritt her gesehen eine unsinnige Illusion.

Der technische Fortschritt hat für die Nationen ungeheure Konsequenzen. Wirft man sich auf Autarkiebestrebungen, so landet man in einer Überhitzung des Patriotismus. Der andere richtige Weg ist die Erkenntnis der tatsächlich geschehenen Raumerweiterung, die der technische Fortschritt gebracht hat. Zu dieser Raumerweiterung gehörte unter anderem auch die Auswanderung und sollte eigentlich auch die moralische Anerkennung gehören. Vielleicht wird es in der Zukunft einmal Sammler von Staatsangehörigkeiten geben. Da aber die Welt ein Raum geworden ist, kann man auch nicht mehr gegeneinander Krieg führen.

Aus der traditionellen Verklärung der Hauswirtschaft, die alles erzeugt, kam auch für die Frauen die rückständige These, daß ihr Reich die Kinder, die Küche und die Kirche seien. Inzwischen aber sind Männer und Frauen Angestellte in einem großen Haushalt, und die Welt muß ein großer Haushalt werden. Es geht darum, diesen Welthaushalt menschlich zu gestalten. Wir aber sind immer noch versucht, Hauswirtschaft und Weltwirtschaft einander gegenüber oder gegeneinander zu stellen und vergessen dabei oft, daß es eigentlich nur noch eine „Welt-Hauswirtschaft" gibt, daß wir zumindest mitten in einem Prozeß sind, der zu einer solchen „Welt-Hauswirtschaft" führen muß. Durch diesen Prozeß werden auch die Verhältnisse von Politik und Wirtschaft verschoben. Alle Grenzen sind zum Verschwinden bestimmt. Zwar hat man früher — und man tut es heute in verstärktem Maße — in den Entwicklungsländern mit staatlichen Mitteln die Industrialisierung vorangetrieben, aber diktiert wird die Entwicklung vom technischen Fortschritt. Die Staatsmänner können nur hinterherlaufen. Sie können gar nicht so viel tun, wie sie sich einbilden. Man könnte sagen, daß der Nationalismus heute nur noch die Begleitmusik der Industrialisierung darstellt.

Diskussion

In der Diskussion brachte Professor Rosenstock-Huessy zum Teil in Erwiderung auf an ihn gestellte Fragen noch unter anderem die folgenden Gedankengänge vor:

Es ist das Kennzeichen der modernen Technik, wie sie im europäischen Kulturkreis entwickelt wurde, daß in ihr das Erfinden erfunden wurde. Früher wurden zwar auch Erfindungen gemacht, doch waren es Zufallserfindungen. Kennzeichnend für den Unterschied ist die Tatsache, daß im Altertum genauso viele Erfindungen vergessen als neu gemacht wurden. Wir aber würden verhungern, wenn wir nicht täglich etwas Neues erfänden. Der Wendepunkt dieser Entwicklung war das Christentum. Durch den christlichen Glauben wurde jeder Mensch am Gesamtprozeß beteiligt. Das Heidentum dagegen hat immer Privilegien gekannt, die auf Geheimhaltung beruhten. Bei uns aber ist alles so angelegt, daß es bekannt werden muß. Man könnte sagen, daß Hitlers Rückfall in das Heidentum ihm seinen Untergang brachte. Denn in unserer heutigen Welt gilt das Primat der Solidarität der menschlichen Rasse. Eine wirkliche Führungsmacht kann nur diejenige sein, die die Interessen der Menschheit über die partikularen Interessen stellt. In unserer Zeit ist die reine Machtpolitik zum Bankrott bestimmt.

Glaubensglanz für das Wort Haushalt

Heute müssen durch das Bewußtsein Prozesse eingeleitet werden, die früher einfach faktisch tatsächlich ohne Reflexion und Einsatz des bewußten Willens geschahen. Leider ist seit 200 Jahren in unserem Christentum insofern eine Verarmung passiert, als die Pietisten den Begriff des Haushalts Gottes nicht mehr verstanden und nur noch von der Einzelseele redeten. Die Christen haben sich leider den Haushaltsbegriff von den Ökonomen stehlen lassen, und die Theologen haben sich die Abwanderung des Ökonomischen aus der Verkündigung gefallen lassen. Das Wort „Haushalt" muß aber wieder Glaubensglanz bekommen. Wir müssen die Ökonomie des Glaubens ernst nehmen.

Viele kleine Veränderungen

Der Unterschied zwischen Bolschewismus und Nationalismus und anderen gegenrevolutionären Bewegungen ist die Tatsache, daß der Bolschewismus grundsätzlich niemanden ausschließt. Daher kann man die bolschewistische Revolution auch nicht dem Heidentum zurechnen. Es ist das Kennzeichen jeder heidnischen Bewegung, daß sie begrenzt ist, während sich die echte Revolution an alle wendet. Wer aber ein universales Gebot für die ganze Menschheit hat, ist kein Heide. Wenn wir anerkennen, daß in der heutigen Situation Kriege nicht mehr möglich sind, weil es keine sinnvollen Ziele für den Krieg gibt, dann müssen wir daraus schließen, daß an die Stelle der Kriege viele kleine Veränderungen treten müssen. Den Verzicht der Staatsmänner auf eine Reform durch Krieg verdanken wir der Atombombe.

2. Der technische Fortschritt verkürzt die Zeit

Alle technischen Handgriffe sparen Zeit. Zu fragen ist: Welche Zeit wird gespart, die wirkliche Zeit? Das menschliche Leben dauert immer noch 70 Jahre und, wenn es hoch kommt, 80 Jahre. Daran hat die technische Entwicklung nichts geändert. Es gibt aber verschiedene Arten Zeit, die Zeit für die toten Dinge, die Zeit für die lebendigen Dinge und die Zeit für Gott.

Wir haben aber weitgehend vergessen, was die Zeit für die lebendigen Dinge bedeutet, und daß sie etwas anderes ist, als die Zeit für die toten Dinge. An die Stelle der Feiertage ist die Freizeit getreten, die durch die Freizeitgestalter ausgebeutet werden kann. Der Sinn des Sonntags aber ist es, den Sinn des Lebens 52mal im Jahr zu verkündigen: daß wir sterben, um aufzuerstehen. Diese Rangordnung in der Zeit ist in Vergessenheit geraten. Früher wußte der Mensch noch, daß er an den Feiertagen Gott gleich war und an den Werktagen Erdenmensch.

Die Vorstellung von der Zeitverkürzung ist insofern teilweise irreführend, als nur ein Teil unserer Existenz davon profitiert; denn nur die Zeit für die Bewegung toter Dinge kann verkürzt werden. Die Maße meiner Lebenszeit ändern sich nicht. Unser Leben aber wird vom Tode her gerichtet und interpretiert. Die Zeit, die unter dem Anblick des Todes gelebt wird, ist revisibel. Die physikalische Zeit dagegen läuft geradlinig weiter, während die lebendige Zeit dadurch gekennzeichnet ist, daß in ihr die Zukunft die Gegenwart erzeugt. Die lebendige Zeit ist revisibel, man kann Schritte zurück tun, man kann büßen und wiedergutmachen. Die lebendige Zeit ist frei beweglich, wir aber merken oft unsere Freiheit gar nicht mehr. Denn die naturwissenschaftlichen Lehren haben auf Gebiete übergegriffen, in die sie nicht hingehören. Man kann den Zeitpunkt, an dem dies signalhaft geschehen ist, ziemlich exakt definieren.

Es geschah, als Nietzsche das Wort aussprach: Gott ist tot. Dies war ein Signal dafür, daß die lebendige Zeit verlorengegangen ist. Daß sie verlorengegangen ist, können wir auch daran erkennen, daß wir heute vom Wochenende sprechen, während der Sonntag doch der erste und nicht der letzte Tag der Woche ist. Wir dürfen uns von der Technik aber nur dann ungestraft die Zeit verkürzen lassen, wenn wir die falsche Übertragung auf die Lebenszeit vermeiden. Ein Kind muß genau wie früher ausreifen können, sonst geht die Welt aus den Fugen. Ein Beispiel für die Zerstörung der Zeitverhältnisse sind die beiden Weltkriege, die technisch schneller geführt worden sind, als sie seelisch begriffen wurden. So sind etwa die Amerikaner erst Ende 1944 seelisch in den Zweiten Weltkrieg eingetreten. Früher dagegen dauerten die Kriege technisch länger als seelisch.

Darin liegt die Gefahr für die Menschheit, daß die Völker die notwendigen Lösungen nicht zur rechten Zeit finden, da sie seelisch nicht mit der technischen Zeit mitkommen. Früher konnten die Menschen aus den Ereignissen lernen, bevor sie darüber entscheiden mußten, was sie bedeuteten. Man kann vielleicht annehmen, daß den deutschen Bundeskanzler Adenauer die erzwungene Muße von 1933 bis 1945 dazu befähigte, das zu begreifen, was sich nach 1945 als nötig erwies. Die Zeitverkürzung durch die Technik droht uns um sehr viel seelische Erfahrungen zu verkürzen. Die Staatsmänner kommen heute zu schnell zueinander. Deswegen sind die meisten Gipfelkonferenzen weder Gipfel noch Konferenzen. Für uns wäre die Frage zu stellen: Wie sollte ein mit 65 Jahren pensionierter Arbeiter vorher gelebt haben, wenn die Zeit im Betrieb nur tote Zeit ist, tote technische Zeit? Er muß geübt haben, mit seiner Zeit auch sonst etwas anzufangen. Oder wird ihm etwa erst mit der Pensionierung die grundsätzliche Entscheidung gestellt, wie er das eigene Leben zu Ende leben soll? Früher glaubten die Arbeiter, daß die Zukunft auf sie warte, und sie blieben elastisch. Was aber soll sie heute elastisch machen?

Ich habe den Eindruck, daß in Europa nach einer Zeit der Einsicht in diese Gefahren wieder ein ungerechtfertigter Optimismus eingekehrt ist. Der Nationalökonom Röpke sagte 1939: Europa hat eine große Zukunft hinter sich. Das entsprach weitgehend den Realitäten.

Die Zeit des Lebendigen umfaßt immer die ganze Zeit, denn nur die tote Zeit ist zerhackbar. An dieser Stelle wäre auch die Frage akut, ob wir wirklich in der Wirtschaft den Zeitstudienmann hätten einführen sollen und ob er heute noch wirklich nötig ist.

Die eigentliche Problematik des Arbeiters sehe ich nicht in der Freizeitgestaltung, sondern darin, daß er ein „Epochenbild" bekommt. Ich habe in den Vereinigten Staaten den Vorschlag gemacht, daß dem Werktätigen alle acht Jahre ein Jahr Gelegenheit gegeben werden soll für andere, für neue Möglichkeiten, für Umschulungen und dergleichen. Bei der lebendigen Zeit müssen wir nicht so rechnen, daß wir aus den Details das Ganze aufbauen, sondern aus dem Ganzen die Details erkennen und beleuchten.

Gott hat einen großen Reichtum von Zeiterfahrung in den Menschen hineingelegt. Wir aber haben einseitig das Zeitgefühl kultiviert, das der wache Wille hat, und wir tendieren zur Unterschätzung der unbewußten Rhythmen. Viele Krankheiten entstehen durch ein solches überbewußtes Leben und durch eine solche Überschätzung des Willens. Sicher, wir können alles wollen, aber sollen wir alles können?

Ein Beispiel für den anderen Charakter der lebendigen Zeit ist der Liebende. Er unterliegt nicht den Gesetzen der Ermüdung, denen der Wollende unterliegt. Wo Liebe ist, treten neue Gewichtsverteilungen und treten Entlastungsvorgänge ein. Noch über der Liebe ist die Selbstvergessenheit des Opfers. Hölderlin hat das Opfer so definiert, daß das höchste Göttliche sei, was in dem einzigen Augenblick getan werden muß, in dem es getan wird, und daß es von diesem bestimmten Menschen getan werden muß. Im Opfer erfahren wir die höchste Stufe der Zeit, die göttliche Zeit.

Die Verengung und Verzerrung des Zeitverstehens ist außerordentlich gefährlich. Es ist schlimm, wenn die Menschen die Wahrnehmung für das Außerordentliche verlieren. Wir sind aber als Menschen keinen Augenblick sicher, in welchem Zeitbegriff wir handeln müssen. Daher sollten wir die ganze Skala der Zeitbegriffe parat haben.

Diskussion

In der Diskussion äußerte Professor Rosenstock-Huessy u. a. die folgenden Gedanken: Eine Sache bringt um so größeren Segen, je mehr sie verheißen ist. Das sollten wir aus dem Alten und aus dem Neuen Testament lernen. Wir dagegen befinden uns immer noch in einem Prozeß der Zerstörung der Zeitbegriffe. Denkt man etwa an die heutige Universität, so muß man sie als den Inbegriff der Zerstörung der Zeit bezeichnen. Der Arbeitsbegriff wird immer weiter erweitert und bewirkt die Zerstörung der lebendigen Zeit. Es ist grotesk, daß sich jede Professorenehefrau in Deutschland rühmt, daß ihr Mann überarbeitet sei. Der Mensch wird heute in der Arbeit oft nicht mehr zum reifen und erwachsenen Mann. Schon das Wort erwachsen muß als krank bezeichnet werden.

Wir müssen einen übernatürlichen Standort finden, eine Art Konfirmation, in der die Zugehörigkeit des Staates zur Menschheitsordnung sinnfällig statuiert wird. Die Männer vom 20. Juli 1944 haben dieses Sakrament zu vollziehen versucht. Denn es gibt Lagen, in denen man das Vaterland verlieren muß um Gottes willen. Zur Lage der deutschen Jugend wäre zu sagen, daß etwas in Deutschland geschehen muß, denn die Jugend kann nicht ohne Ziele und damit ohne eigentliche Zeit und ohne Zukunft aufwachsen.

3. *Der technische Fortschritt zerschlägt menschliche Gruppen*

In allen Gruppen ist jeweils schon ein Element der Hinleitung zu einer Aufspaltung der Gruppe und der Welt enthalten. Die Gruppen sind vorübergehend. Sie hängen ab von Notständen und Notwendigkeiten, die aus dem Augenblick entstehen. Es werden Gruppen für den Augenblick zur Bewältigung bestimmter Aufgaben gebildet. Diese Art der Gruppenbildung ist gegenüber den Erziehungsvorgängen eine neue Welt. In der Arbeitswelt ist die Gruppe kurzlebiger als der Mensch, der in sie eingeht. Damit geht aber ein störendes Element in das innere Leben der Gruppe ein. Im Betrieb ist die Einheit die Betriebsgruppe. Daher war es schon immer meine Ansicht, daß die Betriebsratswahlen von der Gruppe als Gruppe zu bestreiten wären. Es ist ein Fehler der Gewerkschaft, daß sie die Kandidaten für den Betriebsrat nicht aus den existierenden Gruppen rekrutiert, sondern über die Gruppen hinweg. Man beginnt ja überhaupt, die Gruppe in der Arbeitswelt erst seit 50 Jahren allmählich zu entdecken. Seit dem Buch „Gruppenfabrikation" von Hellpach-Lang ist in Deutschland nichts mehr über die Gruppe in der Arbeitswelt erschienen.

Die Kurzlebigkeit der Gruppen in der Arbeitswelt ergibt sich daraus, daß wir morgen anders produzieren müssen, weil wir heute so produzieren. Heute müssen wir unser tägliches Brot so erwerben, morgen anders. Auch die Gruppe ist ganz dem Heute verhaftet, sie ist nichts Bleibendes. In den USA haben Untersuchungen ergeben, daß die Lebensdauer einer Gruppe im Höchstfall fünf bis sieben Jahre beträgt, daß aber dann Reibungen und Verödungen eintreten. Sie erschöpft sich also recht schnell. Damit ist ein Stück des menschlichen Lebens, das Leben in der Arbeitsgruppe, mitten im Leben unter das Siegel der Sterblichkeit gestellt. Darin liegen ernste Krisenmöglichkeiten. Die Auflösung der Gruppen wird durch die Veränderung der Produktionsweisen auch dann erzwungen, wenn der Gruppenangehörige im Betrieb selbst bleibt. Von jedem Mitarbeiter wird verlangt, daß er ständig umstellungsfähig bleibt.

Hier sehe ich ein gutes Element, ein heilendes Element, am Auftreten der sogenannten Masse. Masse kommt aus dem Lateinischen und bedeutet dort Teig, Knetbarkeit, Verformbarkeit. Da aber die meisten Menschen verformbar, umstellungsfähig sein müssen, sollte das Wort Masse ein Ehrenausdruck werden, da wir ohne die sogenannte Masse und ihre Eigenschaften die Umstellungsnotwendigkeiten nicht zustande bringen können. Leider ist dieses ehrenvolle Element im Ausdruck Masse nicht mit enthalten. Diese Wandelbarkeit und Knetbarkeit bilden aber die tiefsten Elemente dessen, was wir Masse nennen. Alles, was gewöhnlich über die Masse sonst noch gesagt wird, ist nicht das Wesentliche, sondern nur ein Zusatz. Gerade auch wir Professoren sollten daran denken, daß ohne die Masse auch die sogenannten Persönlichkeitsberufe nicht mehr möglich wären. Die Gebildeten aber wollen nicht einsehen, daß sie ohne die Wandlungsfähigkeit der Masse verhungern müßten. Von daher erkläre ich mir auch den bizarren Stolz der Angestellten, der nur daher rührt, daß sie im allgemeinen länger das gleiche tun als die Arbeiter. Die Arbeiterschaft hat leider auch das Gefühl, daß es ehrenvoll ist, zur Masse zu gehören, verloren.

Zu der Zerschlagung der menschlichen Gruppe gehört auch die Veränderung der Bedeutung der Wohnwelt. Wenn aber – man denke etwa an das Städtchen Horb – die Heimatstadt mehr oder weniger nur Schlafquartier ist, so schwindet bei den Pendlern das Interesse am Wohlergehen des Wohnsitzes. Dann haben nur noch die Grundstücksspekulanten ihr Herz in der Stadt, die zum Schlafquartier geworden ist. Das ist ein weiteres Kennzeichen, daß man in der modernen Industriewelt verschiedenen Gruppen angehört. Es gibt den Spruch, daß ein Mann in der Fabrik Kommunist ist, im Bus ein Sozialdemokrat und zu Hause ein CDU-Mann.

Kennzeichnend für die moderne Situation ist auch, daß die Arbeitslast auf den Arbeiter zukommt und daß er kaum auf sie Einfluß nehmen kann. Der Vollzug seiner Arbeit wird nicht nur von seinen Vorgesetzten, sondern von der ganzen Welt bestimmt. Es hat einmal ein Arbeiter gesagt: Mein Lohn wird in Australien oder in den USA gemacht.

Auch das Team wird von der ganzen Welt bestimmt und hat nur ein vorübergehendes Leben. Welche Eigenschaften kann der Mensch in eine solche kurzlebige Gruppe einbringen? Er kann der Gruppe nicht die ewige Treue versprechen, sondern er muß die Fähigkeit zu neuem Anschluß an andere Gruppen behalten. Er darf sich nicht ganz ausgeben. Darin liegt ein Widerspruch. Die beste Arbeit können wir nur dann leisten, wenn wir mit dem Bewußtsein arbeiten, daß es „für die Ewigkeit ist". Der Arbeiter aber muß eine Reserve für die Umschaltung behalten und darf sich daher mit seiner Arbeit nicht für alle Ewigkeit identifizieren.

Um so wichtiger wird es für den Arbeiter, eine Vorstellung von seinem eigenen Wert und von dem Stolz zu behalten, den er sich selbst schuldet. Das wurde immer dann akut, wenn Arbeitslosigkeit herrschte. Auch die Gewerkschaften empfahlen den Arbeitslosen, jede ihnen angebotene Arbeit, wenn sie nur einigermaßen erträglich war, anzunehmen. Die Arbeitslosen aber reagierten richtig. Sie harrten aus, bis sie wieder einen angemessenen Arbeitsplatz fanden. Es ist klar, daß sich die Bemühungen der Öffentlichkeit um eine Sanierung der Situation und die Bemühungen des privaten Menschen um eine Sanierung seiner Existenz bei der Arbeitssuche nie gegenseitig decken können. Jeder Arbeiter muß sozusagen auch sein eigener Arbeitsnachweis sein. In einer solchen Situation wird ein sehr großer Nerveneinsatz gefordert.

In ähnlicher Weise ist auch ein Arbeitsplatzwechsel eine Kraftanstrengung sittlicher Art. Man soll der Gruppe in der Industrie daher auch die Ehre erweisen, die ihr gebührt. Es ist sehr schwer, die Gruppe zu wechseln. In Amerika beispielsweise zeigte es sich, daß eine Gruppe von Frauen, die aufgelöst wurde, hinterher sehr schlecht arbeitete und deprimiert war. Auf die Frage, was sie denn bedrücke, wurde geantwortet: „We have lost our honour" – wir haben unsere Ehre verloren. Man sollte sich auch darüber im klaren sein, daß in der Gruppe mehr geleistet wird, als was je verlangt oder bezahlt werden kann, daß die Fabrik nicht durch die Anordnungen von oben in Gang gehalten wird, sondern durch den guten Willen in den Gruppen. Die Hälfte aller menschlichen Beziehungen werden geschenkt. Nur deswegen kann die andere Hälfte berechnet und bezahlt werden, denn man kann nicht alles in Geld umrechnen. Wir brauchen diesen neuen Blick. Je mehr die Vollbeschäftigung die Situation bestimmt, desto leichter können wir vielleicht verstehen, daß die Hälfte des Lebens auf unbezahlbaren Geschenken beruht.

Das hat man früher in der Industrie nicht begriffen und begreift es häufig auch heute noch nicht. Sonst hätte man früher nicht und würde heute nicht mehr den großen Fehler machen, in der Gruppe nach dem Akkordbrecher zu suchen. Es ist Aufgabe der Gruppe, den Akkord zu bestimmen. Der Zeitstudienmann dagegen gehört zu den veralteten Negersitten. Es ist ja kein guter Gruppenwille möglich, der die Fabrik in Gang hält, wenn die Gruppe nicht glimpflich miteinander umgeht. Niemals können Menschen nur rational miteinander umgehen.

Nun wird durch die Arbeitsvorbereitung und -planung in der Industrie oft die irrige Vorstellung erweckt, daß alles im Werk wie geplant geht und deswegen funktioniert, weil es geplant ist. Das ist aber eine Fehlspekulation. Zu der Planung muß das innere Funktionieren in der Gruppe hinzukommen. Eine Gruppe ist aber nur dann eine funktionierende Gruppe, wenn sie angstlose Menschen enthält. Angst aber ist das gleiche wie Atemnot und Glaube das gleiche wie weiter Atem. Geisthaben heißt angstlos gemeinsam atmen können. Wenn die Menschen in einer Fabrik nicht angstlos miteinander atmen können, so bekommen sie Magengeschwüre.

Die Betriebsgruppe hat nur eine beschränkte Reichweite. Sie unterscheidet sich darin von der Freundschaft, daß sie weit weniger total ist, zeitlich und nach dem Anspruch auf den Mitmenschen, den sie erheben kann. Bekanntlich gibt es in den USA viel weniger Freundschaften in unserem Sinne als bei uns, dagegen weit mehr gute Kollegenschaft und Kameradschaft. Die Freundschaft kann nicht als ein Produkt der Arbeitsgemeinschaft angesehen werden, sie ist vielmehr immer ein Geschenk der Muße. Die Industrie aber verlangt die zeitweise Bindung, die sich auch wieder lösen und neu gruppieren kann, und unterscheidet sich darin von den ursprünglichen Gemeinschaftsbindungen wie Familie und Freundschaft.

Wenn ich aber, wie vorhin gesagt, u. a. mein eigener Arbeitsnachweis und der Generator meiner Hoffnung sein muß, dann brauche ich Freunde, die nicht aus meiner Berufswelt stammen und nicht allein durch sie mit mir verhaftet sind, sondern die aus einer Gegenwelt kommen, in der auch andere Gruppen sind. Es darf sich nicht immer nur gleich und gleich gesellen, sonst verarmt das Leben.

Gerade weil der technische Fortschritt notwendigerweise Gruppen zerschlagen muß, muß man auch bewußt Gegengruppen aufbauen. Die Situation der Zeit schreit nach Institutionen wie der Evangelischen Akademie Bad Boll. Wir brauchen „Sicherheitsgruppen", die den zum Gruppenwechsel der Industrie Gezwungenen einen Rückhalt geben können. Die Ortsgemeinden können das nicht mehr leisten, da die Nachbarschaft heute nicht mehr eine lokale Angelegenheit ist. Der Verschleiß an seelischer Kraft, der durch den Gruppenwechsel in der modernen Wirtschaft verursacht wird, kann nicht am Ort repariert werden. Der Mensch verlangt eine Seelenstärkung immer dann am meisten, wenn er in ein neues Leben eintreten muß. Ich glaube, daß hier auch die Kirche noch mehr lernen muß, denn die Kirche des industriellen Zeitalters, die eine Wanderkirche sein müßte, ist noch nicht gegründet worden.

Personenregister.

(erstellt von Sven Olsson)

Daimler Werkzeitung Band 1 und 2

(Seitenangaben, die sich auf den Band 2 beziehen, sind zur Unterscheidung kursiv gesetzt.)

Adler, Viktor 24
Argelander 77

Bach, Johann Sebastian *122*
Banning, J. 170
Bassermann, Albert *40*
Bismarck, Otto von 82
Borgia, Cesare 46
Boulton, Matthew 130 ff.
Brahe, Tycho *81 ff.*
Braille, Louis 214
Bückling 130, 140
Büggeln, (Ober-Ing.) 76

Carlyle *15*
Chantrey 134
Clémenceau 96

D'Albe, Fournier 214
Da Vinci,
   Leonardo 45 ff., 58, 158
Daimler, Gottlieb 1 f.
De Fries, Heinrich 6 f.
De Vougie, M. 84, 88
Descartes, René 158
Doria *3*
Dybeck Dr. 76

Eberstadt, Rud. Prof. Dr. 6
Ebert, Friedrich 11
Einstein, Albert *63 f., 72 f.*
Erasisthratus 154
Erdberg, Dr. R. von 152
Euklid 77

Faulhaber 193
Ferero 58
Friedrich der Große
   82, 130, 140, 192, *19*
Friedrich II.
   von Dänemark *81*

Galenus, Claudius 155, 158
Galilei 159
Goecke, Theodor 6
Goethe,
   Johann Wolfgang 275, *73*
Gordon 84
Grimaldi *3*
Großmann, H. Prof. Dr. 195

Hammer, Prof. Dr. von 76
Hartneß, James *37, 84*
Harvey 158
Haupt, Albrecht Prof. 121
Hegemann, W. Dr. 5
Hehn Dr. 13
Heinrich VI. 158
Hellpach,
   Willy Prof. Dr. 21, *14 f.*, 27
Hensling, R. 76
Hephästos *116*

Herophilus 154
Hildebrandt, Else Dr. *27*
Hipparch *81*
Hippokrates 185
Hofrichter, A. Dr. 13
Homer 35, *116*

Illingworth, S. Roy 195

Jäger, E. 76
Jost, W. 76

Kellermann, Bernhard 160
Kepler 158, 76, 79, *81 ff.*
Klein, Clemens Dr. 39
Kolumbus 57, 78
Konfuzius 81
Kopernikus *79, 81 ff.*

Lamartine 96
Lambach, Walter 39
Lanci *3*
Lang (Direktor) 95
Langbein, P. 76
Lange, Ludwig Dr. 76
Lassalle, Ferdinand 94, 152
Laue, von *73*
List, Guido von 120
Luther, Martin 58, 158

Marx, Karl 152
Medici *3*
Michels, Robert 58
Moede Dr. 116, *28 f., 38 f., 54*
Möhring, Bruno Prof. 6
Möser, Justus 232
Mosso 142
Murdock 132

Napoleon 88
Nathusius, Gottlob *19*
Nerst *73*
Nietzsche, Friedrich 24
Nitti 58

Papin, Denis 134 f.
Paracelsus,
   Theophrastus *104*
Paust, Clara 13
Petersen Prof. 121
Pettenkofer Prof. 196
Picht, Werner Dr. 152
Piorkowski Dr. *28*
Piorkowsky Dr. 116
Pitti *3*
Planck, Max *73*
Ptolemäus 77, 79, *81*

Rathenau, Walter 38 f.
Reinhold, Erasmus *79*
Rhetikus *79*
Riebensahm,
   Paul Dr. Ing. 197, 215, *96*

Riedler, A. Prof. 206
Robinson 134
Roselius, Ludwig 39
Rosenberg Prof. Dr. *76*
Ruppmann, Wilhelm 173

Scheidemann 57
Schiller,
    Friedrich 231, 275, *14, 84*
Schlesinger Prof. *26, 28*
Schloß Dr. 233
Schmitthenner, Paul Prof. 254
Schmude, Detlev 282 ff.
Schock Dr. *76*
Schreyer, W. *76*
Scott, Walter 133
Sengewald *19*
Siemens, Wilhelm von 83 f.
Sitte, Camillo 6
Smith, W. 212
Staus Prof. Dr. *76*
Steiner, Rudolf Dr. 114, 215

Steinitz, von 140
Stephenson, Georg 93
Stern Prof. 27
Stoß, Ellen 108
Strozzi *3*
Stuhlmann, F. 11

Teubner 276
Tosi, Franco 65

Utzinger, A. (Ober-Ing.) *76*

Verne, Jules 160
Vesalius, Andreas 157 f.
Watt, James 129 ff.
West, Julius 114
Whitehouse 83
Wiese, Leopold von 39
Wilhelm I. 77
Wilhelm IV.
    von Hessen-Kassel *81*
Wilson 12, 22, 33
Wundt *38*